Baumgarth / Hörner / Reeker (Hrsg.)
Handbuch der Klimatechnik
Band 2: **Anwendungen**

Baumgarth / Hörner / Reeker (Hrsg.)

Handbuch der Klimatechnik

Band 2: **Anwendungen**

4., völlig neu bearbeitete Auflage

 C. F. Müller Verlag, Heidelberg

4., völlig neu bearbeitete Auflage 2003
© C. F. Müller Verlag, Hüthig GmbH & Co. KG, Heidelberg
Printed in Germany

TeX-Satz: Prof. Dr.-Ing. Herbert Schedwill
Druck und Verarbeitung: Druckhaus Beltz, Hemsbach
Gedruckt auf chlorfrei gebleichtem Papier

ISBN 3-7880-7578-3

Vorwort zur 4. Auflage

Vor drei Jahren erschien Band 1 der völlig neu überarbeiteten Neuauflage des Handbuchs der Klimatechnik, dessen Erstausgabe als dreibändiges Lehrbuch der Klimatechnik im Januar 1974 vom damaligen Arbeitskreis der Dozenten für Klimatechnik herausgegeben wurde. Von Anfang an war geplant, dem neu bearbeiteten Grundlagenband einen Anwendungsband folgen zu lassen — entsprechend Band 2 und 3 des alten Handbuchs der Klimatechnik.

Die nun vorliegende Neuauflage des zweiten Bandes des Handbuches der Klimatechnik vereinigt die alten Bände 2 und 3 und ist völlig neu gegliedert. Sie baut auf den Grundlagen in Band 1 auf und orientiert sich am Ablauf der Ingenieurtätigkeiten bei Planung, Auslegung und Betrieb von Klimaanlagen unter Berücksichtigung der neuesten Normen und Richtlinien.

Den jüngsten Entwicklungen in der Klimatechnik und der damit einhergehenden Verschiebung von Schwerpunkten wurde durch Aufnahme neuer Kapitel Rechnung getragen, wie z. B. Berechnung von Raumluftströmungen, Brandschutz und Entrauchung sowie Betreiben von Anlagen und Instandhaltung. Dadurch hat sich auch der Kreis der Autoren vergrößert: zu den Professoren des Arbeitskreises Klimatechnik sind eine Reihe weiterer Autoren aus dem Hochschulbereich und aus der Industrie getreten.

Diese Neuauflage des zweiten Bandes des Handbuchs der Klimatechnik soll Planern und Betreibern als Nachschlagwerk zur Verfügung stehen und den Studierenden die Einarbeitung in das weite Feld der Klimatechnik erleichtern.

Die Herausgeber

Wolfenbüttel, München, Münster Herbst 2002

Siegfried Baumgarth, Berndt Hörner, Josef Reeker

Beiträge der Autoren dieses Bandes

Einführung (1)
Professor Dr.-Ing. B. Hörner
Fachhochschule München

Lastberechnung (2)
Professor Dr.-Ing. U. Schnieder
Fachhochschule Braunschweig-Wolfenbüttel

Raumlufttemperatur bei freier Lüftung (3)
Professor Dr.-Ing. A. Trogisch / Professor Dr.-Ing. H. Löber
Hochschule für Technik u. Wirtschaft Dresden (FH) / Fachhochschule Zittau/Görlitz

Zuluftparameter (4)
Professor Dr.-Ing. habil. EUR ING M. Schmidt
Fachhochschule Zittau/Görlitz

Freie Lüftung (natürliche Lüftung) (5)
Professor Dr.-Ing. A. Trogisch
Hochschule für Technik und Wirtschaft Dresden (FH)

Raumlufttechnische Anlagen (6)
Professor Dr.-Ing. K. Müller
Fachhochschule Braunschweig-Wolfenbüttel

Luftdurchlässe (7)
Professor Dr.-Ing. R. Külpmann
Technische Fachhochschule Berlin

Berechnung von Raumluftströmungen (8)
Dr.-Ing. habil. B. M. Hanel / Dr.-Ing. habil. K. Döge
E. Missel GmbH & Co., Stuttgart / Institut für Luft- und Kältetechnik gGmbH, Dresden

Kanalnetz (9)
Professor Dr.-Ing. J. Janssen
Technische Fachhochschule Berlin

Ventilatoren (10)
Professor Dr.-Ing. A. Kullen
Fachhochschule München

Wärmeübertrager (11)
Professor Dr.-Ing. F. R. Stupperich / Professor Dr.-Ing. H. Schedwill
Fachhochschule Münster, Abt. Steinfurt / Fachhochschule für Technik Esslingen

Hydraulische Schaltungen (12)
Professor Dr.-Ing. S. Baumgarth
Fachhochschule Braunschweig-Wolfenbüttel

Luftbefeuchter (13)
Professor Dr.-Ing. H. Brüggemann
Fachhochschule Braunschweig-Wolfenbüttel

Luftfilter (14)
Dipl.-Ing. G. Ritscher / Dipl.-Ing. M. Sauer-Kunze
GEA Delbag-Lufttechnik GmbH Berlin/Herne

Wärmerückgewinnung (15)
Professor Dr.-Ing. A. Trogisch
Hochschule für Technik und Wirtschaft Dresden (FH)

Sorptionsgestützte Klimatisierung (16)
Professor Dr.-Ing. U. Franzke
Institut für Luft- und Kältetechnik gGmbH, Dresden

Akustische Auslegung von RLT-Anlagen (17)
Prof. Dr.-Ing. B. Hörner / Prof. Dipl.-Ing. W. Leiner / Prof. Dr.-Ing. H. Löber
Fachhochschule München / Fachhochschule Esslingen / Fachhochschule Zittau/Görlitz

Brandschutz in Lüftungsanlagen und Rauch- und Wärmeableitung in Gebäuden im Brandfalle (18)
Dipl.-Ing. J. Zitzelsberger / Univ.-Prof. Dr.-Ing. D. Ostertag
Technische Universität München

Kälteanlagen (19)
Professor Dr.-Ing. H. R. Engelhorn
Fachhochschule Gießen-Friedberg

Beispiele raumlufttechnischer Anlagen und Geräte (20)
Professor Dr.-Ing. K. Müller
Fachhochschule Braunschweig-Wolfenbüttel

Abnahme von raumlufttechnischen Anlagen (21)
Professor Dr.-Ing. A. Henne
Fachhochschule Köln

Wirtschaftlichkeit von Anlagen (22)
Dipl.-Ing. A. Gerhardy
m+p consulting Prof. K. Müller+Partner GmbH Braunschweig

Planung von RLT-Anlagen (23)
Professor Dr.-Ing. A. Trogisch
Hochschule für Technik und Wirtschaft Dresden (FH)

Betriebsführung und Instandhaltung in der Klimatechnik (24)
Dipl.-Ing. O. Clausen
m+p consulting Prof. K. Müller+Partner GmbH Braunschweig

Koordinatoren:

Professor Dr.-Ing. H. Brüggemann
Fachhochschule Braunschweig-Wolfenbüttel

Prof. Dr.-Ing. H. Löber
Fachhochschule Zittau/Görlitz

Prof. Dipl.-Ing. J. Reeker
Fachhochschule Münster

Professor Dr.-Ing. H. Schedwill
Fachhochschule für Technik Esslingen

Inhaltsverzeichnis

1 Einführung 1

2 Lastberechnung 5

2.1 Begriffe der Lastberechnung 7

2.2 Das Speicherverhalten des Raumes 9

2.3 Ermittlung von Schatten 11

2.4 Innere und äußere Kühllast 14

    2.4.1 Innere Kühllast $\dot{Q}_I$ 15

      2.4.1.1 Kühllast durch Personen 15

      2.4.1.2 Kühllast durch Beleuchtung $\dot{Q}_B$ 15

      2.4.1.3 Kühllast durch Maschinen und Geräte $\dot{Q}_M$ 16

      2.4.1.4 Kühllast durch Stoffdurchsatz $\dot{Q}_G$ 17

      2.4.1.5 Kühllast infolge sonstiger Wärmeabgabe im Raum $\dot{Q}_C$ .. 17

      2.4.1.6 Kühllast infolge unterschiedlicher Nachbarraumtemperaturen $\dot{Q}_R$ 17

    2.4.2 Äußere Kühllast $\dot{Q}_A$ 18

      2.4.2.1 Kühllast durch Außenwände und Dächer $\dot{Q}_W$ 18

      2.4.2.2 Kühllast infolge Transmission durch Fenster $\dot{Q}_T$ 20

      2.4.2.3 Kühllast infolge Strahlung durch Fenster $\dot{Q}_S$ 20

      2.4.2.4 Kühllast infolge Infiltration $\dot{Q}_{FL}$ 21

    2.4.3 Beispiel zur Berechnung der Kühllast eines Raumes nach dem Kurzverfahren 22

2.5 Ablaufschema einer Berechnung der trockenen Kühllast eines Raumes nach dem Kurzverfahren 26

2.6 EDV-Verfahren zur Kühllastberechnung 27

    2.6.1 Möglichkeiten des EDV-Verfahrens 27

    2.6.2 Beispiel zur Kühllastberechnung mittels EDV-Verfahren 29

    2.6.3 Vergleich der Berechnungsergebnisse aus EDV- und Kurzverfahren 30

    2.6.4 Kühllastberechnung mittels EDV-Verfahren nach VDI 2078 unter Berücksichtigung der operativen Raumtemperatur [6] 31

2.7 Übernahme von Ergebnissen aus der Heizlastberechnung 32

2.8 Lastberechnung bei offenen Wasserflächen am Beispiel eines Schwimmbades 33

3 Raumlufttemperatur bei freier Lüftung 37

3.1 Handberechnungsverfahren 38

    3.1.1 Grundlagen 38

    3.1.2 Tagesmittelwert der Raumlufttemperatur $\vartheta_{R,m}$ 40

    3.1.3 Tagesamplitude der Raumlufttemperatur $\hat{\Theta}_R$ 41

    3.1.4 Beispiele 43

    3.1.5 Minimierung der maximalen Raumlufttemperatur 46

3.2 Sommerlicher Wärmeschutz 47

    3.2.1 Vorbemessung 47

    3.2.2 Nachweis des sommerlichen Wärmeschutzes 51

4 Zuluftparameter 55

4.1 Einleitung 55

4.2 Zuluft und raumlufttechnische Aufgabenstellung 56

4.3 Bestimmen der Zuluftparameter für die einzelnen raumlufttechnischen Aufgabenstellungen 58

    4.3.1 Vermindern der Luftverunreinigung 58

    4.3.2 Kompensieren der Wärme- und der Feuchtelast 62

    4.3.3 Aufrechterhalten eines benötigten Schutzdruckes 68

    4.3.4 Garantieren einer Raumdurchströmung 68

4.4 Berechnen der Schadstoffkonzentration 69
4.5 Einfluss des Zuluftmassestroms auf erreichbare Raumluftzustände 72

5 Freie Lüftung (natürliche Lüftung) 75

5.1 Übersicht 75
5.2 Freie Lüftungssysteme 76
    5.2.1 Grundlagen 76
    5.2.2 Fensterlüftung 81
    5.2.3 Freie Schachtlüftung 84
    5.2.4 Dachaufsatzlüftung 86
    5.2.5 Rauch- und Wärmeabzugsanlagen (RWA) 87
    5.2.6 Anwendungsbeispiele für Kombinationen der freien Lüftung 87

6 Raumlufttechnische Anlagen 95

6.1 Einleitung 96
6.2 Auswahl des Klimasystems 99
    6.2.1 Grundlagen der Systemauswahl 100
        6.2.1.1 Das Anforderungsprofil raumlufttechnischer Anlagen 100
        6.2.1.2 Luftführungssystem im Raum 103
        6.2.1.3 Raumlast und Raumlastdeckung 104
        6.2.1.4 Volumenvariable Systeme 105
    6.2.2 Systementscheidung 106
6.3 Auslegung der RLT-Anlage 108
    6.3.1 Konzeption des Gesamtsystems 108
    6.3.2 Volumenströme der Anlage 112
    6.3.3 Regelungskonzept 115
    6.3.4 Auslegung der Anlagenkomponenten 115
6.4 Klimasysteme 119
    6.4.1 RLT-Anlagen ohne nachgeschaltete Behandlung 119
    6.4.2 Mehrzonenanlagen 129
    6.4.3 Volumenvariable Einzelraumregelsysteme 132
    6.4.4 Zweikanalanlagen 139
    6.4.5 Primärluftanlagen 146

7 Luftdurchlässe 151

7.1 Einführung 151
7.2 Grundformen und Hauptmerkmale von Raumluftströmungen 152
7.3 Zuluftdurchlässe für Mischluftströmungen 155
    7.3.1 Eigenschaften der Strahlausbreitung 155
    7.3.2 Häufige Bauformen 156
    7.3.3 Auslegungshinweise 158
7.4 Luftdurchlässe für Quellluftströmungen 168
    7.4.1 Eigenschaften der Strahlausbreitung 168
    7.4.2 Häufige Bauformen 169
    7.4.3 Auslegungshinweise 171
7.5 Luftdurchlässe für Verdrängungsströmungen 174
    7.5.1 Eigenschaften der Strahlausbreitung 174
    7.5.2 Häufige Bauformen 175
    7.5.3 Auslegungshinweise 177
7.6 Überströmöffnungen und Außenluftdurchlässe 177
7.7 Abluft- und Fortluftdurchlässe 179
    7.7.1 Übliche Abluftdurchlässe 179
    7.7.2 Sonderbauformen von Abluftdurchlässen 180
    7.7.3 Fortluftdurchlässe 182

8 Berechnung von Raumluftströmungen 185

8.1 Einführung 185

8.2 Übersicht über Methoden zur Berechnung und Vorausbestimmung
von Raumluftströmungen 188
   8.2.1 Klassifizierung 188
   8.2.2 Empirische Methoden 188
   8.2.3 Experimentelle Methoden 189
   8.2.4 Mathematische Methoden 191
   8.2.5 Bewertung der Methoden 195

8.3 Numerische Berechnung von Raumluftströmungen 199
   8.3.1 Vorbemerkungen 199
   8.3.2 Eigenschaften turbulenter Strömungen und Modellierung des
      Impuls-, Enthalpie- und Stofftransports mit den *Reynolds*-Gleichungen 201
      8.3.2.1 Turbulenzentstehung 201
      8.3.2.2 *Reynolds*-Gleichungen 203
   8.3.3 Turbulenzmodell 205
      8.3.3.1 Einführende Bemerkungen und *Boussinesq*-Ansatz 205
      8.3.3.2 Das k-ε-Modell 206
      8.3.3.3 Low-*Reynolds*-Number-Modell und weitere Möglichkeiten
         der Turbulenzmodellierung 208
   8.3.4 Anfangs- und Randbedingungen 210
   8.3.5 Ein Lösungskonzept für die Transportgleichungen 213
   8.3.6 Numerisches Modell und Lösung der diskreten Gleichungen 214
      8.3.6.1 Räumliche Diskretisierung mittels Finiter Volumen Methode 214
      8.3.6.2 Lösung des Differenzengleichungssystems 218
   8.3.7 Ergebnisse numerischer Simulationsrechnungen und Vergleich mit
      experimentellen Daten 219
   8.3.8 Hinweise auf verfügbare Computercodes 228

9 Kanalnetz 231

9.1 Grundsätze zur Projektierung des Kanalnetzes 231

9.2 Berechnungsgrundlagen 233
   9.2.1 Druckverlust in geraden Rohrleitungen 233
   9.2.2 Hydraulischer und gleichwertiger Durchmesser 234
   9.2.3 Druckverteilung in einer geraden Luftleitung 236
   9.2.4 Druckverlust in Rohrleitungen durch Einzelwiderstände 239

9.3 Einregulierung 256

9.4 Addition der Widerstände 257

9.5 Berechnung des Kanalnetzes 258

9.6 Wirtschaftlichkeitsbetrachtung 263

9.7 Software zur Berechnung von Luftleitungen 265

10 Ventilatoren 269

10.1 Einleitung 269

10.2 Grundlagen 269
   10.2.1 Kennlinie und Betriebspunkt 269
   10.2.2 Proportionalitätsgesetze 272

10.3 Bauformen von Ventilatoren 273
   10.3.1 Radialventilatoren 274
   10.3.2 Systemvergleich zwischen freilaufendem Rad und Ventilator mit Spiralgehäuse . 275
   10.3.3 Hochleistungslaufrad oder Trommelläufer? 282
   10.3.4 Drehrichtung und Gehäusestellung 285
   10.3.5 Volumenstrom-Messvorrichtung im Radialventilator 286
   10.3.6 Axialventilatoren 286
   10.3.7 Querstromventilatoren 289

10.4 Genauigkeit der Katalog-Kennlinien 290
10.5 Betriebsverhalten der Ventilatoren 290
    10.5.1 Veränderung der Kennlinie bei ungünstigen Einbauverhältnissen 290
    10.5.2 Ventilatoren in Klimazentralen 293
    10.5.3 Parallelbetrieb 293
    10.5.4 Reihenschaltung 296
10.6 Regelung von Ventilatoren 297
    10.6.1 Drallregler 297
    10.6.2 Drosselung 299
    10.6.3 Bypass- und Nebenauslassregelung 299
    10.6.4 Drehzahlregelung 300
    10.6.5 Laufschaufelverstellung bei Axialventilatoren 301

11 Wärmeübertrager 303
11.1 Gegenstromführung 306
11.2 Gleichstromführung 308
11.3 Kreuzstromführung mit einer Rohrreihe 309
11.4 Kreuzstromführung 310
11.5 Wärmeübertrager mit Zwischenfluid (Kreislauf-Verbundsystem) 313
11.6 Kreuz-Gegenstromführung 316
11.7 Rotations-Regenerator 317
11.8 Effektivität für verschiedene Stromführungen 321
11.9 Auslegungs-Kurzverfahren für Kreuzstromwärmeübertrager 323

12 Hydraulische Schaltungen 329
12.1 Hydraulische Schaltungen beim Lufterhitzer 329
12.2 Hydraulische Schaltungen beim Luftkühler 331
12.3 Beispiele von Ventilauslegungen 337
12.4 Inbetriebnahme von Regelkreisen mit Wärmeübertragern 341

13 Luftbefeuchter 345
13.1 Einführung 345
13.2 Anforderungen 346
13.3 Verdunstungsbefeuchter 347
    13.3.1 Düsenbefeuchter 347
    13.3.2 Zerstäubungsbefeuchter 355
    13.3.3 Rieselbefeuchter 357
    13.3.4 Winglet-Wirbel-Befeuchter 358
13.4 Dampfbefeuchter 359
13.5 Vergleich der Befeuchtungssysteme 363
13.6 Regelung der Luftbefeuchter 365
    13.6.1 Feuchteregelung 365
    13.6.2 Wirtschaftliche Regelungskonzepte 367

14 Luftfilter 371
14.1 Einführung 371
14.2 Partikel-Luftfilter für die allgemeine Raumlufttechnik 372
14.3 Schwebstofffilter 378
14.4 Elektro-Luftfilter 380
14.5 Adsorptionsfilter 383

15 Wärmerückgewinnung 387

15.1 Übersicht 388

15.2 Regenerative Verfahren 391
15.2.1 Regeneratoren 391
15.2.2 Wechselspeicher / Umschaltgeneratoren 405

15.3 Rekuperative Verfahren 408
15.3.1 Plattenwärmeübertrager 409
15.3.2 Glattrohrwärmeübertrager 414
15.3.3 Wärmerohr 418
15.3.4 KV-Systeme 421

16 Sorptionsgestützte Klimatisierung 431

16.1 Allgemeines 431

16.2 Anforderungen an die Komponenten 432

16.3 Klassische SGK-Anlage 434

16.4 Integration eines Oberflächenkühlers in den SGK-Prozess 437

16.5 Kopplung mit Kältemaschine 438

16.6 Allgemeines zur Regelung 440

17 Akustische Auslegung von RLT-Anlagen 443

17.1 Geräuschquellen 444
17.1.1 Geräuschentwicklung von Ventilatoren 444
17.1.2 Strömungsgeräusch in geraden Kanälen 449
17.1.3 Strömungsgeräusch in Umlenkungen, Abzweigen und Kreuzstücken mit Kreisquerschnitt 450
17.1.4 Strömungsgeräusch von Drosselklappen 453
17.1.5 Strömungsgeräusch von Luftdurchlässen 455
17.1.5.1 Lüftungsgitter 455
17.1.5.2 Induktionsgeräte 458
17.1.6 Strömungsrauschen der Schalldämpfer 459
17.1.7 Andere Geräuschquellen 459

17.2 Geräuschminderung 460
17.2.1 Reduzierung des Ventilatorschallleistungspegels 460
17.2.2 Schalldämpfung im geraden Kanal 460
17.2.3 Pegelminderung durch Formstücke 463
17.2.3.1 Pegelminderung durch Umlenkungen 463
17.2.3.2 Pegelminderung durch Verzweigungen 465
17.2.3.3 Pegelminderung durch Querschnittsänderungen 466
17.2.4 Pegelminderung durch Einbauteile 467
17.2.4.1 Entspannungs- und Luftverteilkasten 467
17.2.4.2 Pegelminderung durch Bauteile einer Klimazentrale 468
17.2.5 Pegelminderung durch Luftdurchlässe 468
17.2.5.1 Gitterdurchlässe und freie Kanalmündungen 468
17.2.5.2 Pegelminderung durch Druckkammerauslässe 469
17.2.6 Schalldämpfer 470
17.2.6.1 Absorptionsdämpfer 470
17.2.6.2 Resonanzdämpfer 471
17.2.6.3 Beispiele von Schalldämpfern für raumlufttechnische Anlagen 472
17.2.6.4 Druckverlust in Schalldämpfern 474
17.2.6.5 Strömungsgeräusche in Schalldämpfern 475
17.2.6.6 Beeinflussung der Dämpfung durch die Luftströmung 476
17.2.6.7 Montage der Schalldämpfer 476
17.2.7 Schallabschirmung 477
17.2.8 Schallpegelsenkung im Raum 478

17.3 Schalldämpferauslegung 479
 17.3.1 Kurzmethode 480
 17.3.2 Überlagerungsmethode 481
17.4 Schalldämmung von Luftleitungen 484
 17.4.1 Schalldämmmaß Wickelfalzrohr 486
 17.4.2 Schalldämmmaß Rechteckluftleitung 487
 17.4.3 Schallabstrahlung und Schalleinstrahlung über die Wand von Luftleitungen 488
17.5 Körperschallisolierung 491
 17.5.1 Das einfache Schwingungssystem 491
 17.5.2 Anwendung und Ausführung 494
  17.5.2.1 Auslegung der Schwingungsisolatoren 494
  17.5.2.2 Ausführung und Einbau der Schwingungsisolatoren 497
 17.5.3 Montagefehler 499
 17.5.4 Körperschallmessungen 501
17.6 Praktische Empfehlungen 504
 17.6.1 Beurteilung der Sollpegel und Raumzuordnungen 504
 17.6.2 Durchführung der Messungen 505
 17.6.3 Ermittlung der Geräuschübertragung 505
 17.6.4 Abhilfemaßnahmen 506

18 Brandschutz in Lüftungsanlagen und Rauch- und Wärmeableitung
in Gebäuden im Brandfalle 511
18.1 Brandschutz in Lüftungsanlagen 511
 18.1.1 Schadenserfahrung und daraus gezogene Konsequenzen 511
 18.1.2 Bauaufsichtliche Anforderungen und Begriffe 512
  18.1.2.1 Musterbauordnung (MBO 97) und Landesbauordnungen 512
  18.1.2.2 Sonderbauverordnungen 513
  18.1.2.3 Liste der technischen Baubestimmungen 513
  18.1.2.4 Bauregelliste A, Bauregelliste B und Liste C 514
  18.1.2.5 Anforderungen nach der MLüAR 515
 18.1.3 Absperrvorrichtungen, Brandschutzklappen, Rauchschutzklappen 527
  18.1.3.1 Brandschutzklappen K30 und K90 528
  18.1.3.2 Brandschutzklappen K30-U bzw. K90-U 529
  18.1.3.3 Absperrvorrichtungen K30-18017 bzw. K90-18017 und K30-18017S
    bzw. K90-18017S 529
  18.1.3.4 Rauchschutzklappen 530
 18.1.4 Feuerwiderstandsfähige Lüftungsleitungen 530
  18.1.4.1 Unterscheidungsmerkmale 530
  18.1.4.2 Anforderungen an feuerwiderstandsfähige Lüftungsleitungen 530
  18.1.4.3 Feuerwiderstandsfähige Lüftungsleitungen nach DIN 4102-4 532
  18.1.4.4 Feuerwiderstandsfähige Lüftungsleitungen nach allgemeinen
    bauaufsichtlichen Prüfzeugnissen 533
  18.1.4.5 Abhängungen für waagrechte feuerwiderstandsfähige
    Lüftungsleitungen 534
18.2 Rauch- und Wärmeableitung in Gebäuden im Brandfalle 537
 18.2.1 Brandgeschehen und dessen Beeinflussung 537
 18.2.2 Rauchbewegung in Gebäuden im Brandfalle 539
 18.2.3 Schutzziele und Anwendungsbereiche von Einrichtungen zur Rauch- und
  Wärmeableitung in Gebäuden 539
 18.2.4 Grundsatzanforderungen an Einrichtungen zur Rauch- und Wärmeableitung
  in Gebäuden 540
 18.2.5 Maschinelle Rauchabzüge (Rauchabzugsanlagen) 540
  18.2.5.1 Anlagenkonzept und Bauteile 540
  18.2.5.2 Voraussetzungen für die Bemessung der Bauteile maschineller
    Rauchabzugsanlagen 542
  18.2.5.3 Geeignete und ungeeignete Bemessungsansätze 543
  18.2.5.4 Bemessungsbeispiele 547
  18.2.5.5 Anforderungen an die Bauteile von maschinellen Rauchabzügen 549

    18.2.6 Druckbelüftungsanlagen 554
        18.2.6.1 Wirkungsweise und Anwendungsbereiche 554
        18.2.6.2 Einflussgrößen 555
        18.2.6.3 Normungsaktivitäten 555
        18.2.6.4 Anlagenanforderungen 555
  18.3 Europäische Klassifikationen für den Feuerwiderstand 556
  18.4 Glossar 556

19 Kälteanlagen 565
  19.1 Einleitung 565
  19.2 Rückkühlwerke 566
    19.2.1 Nasskühltürme 566
    19.2.2 Trockenkühlwerke 567
  19.3 Verdichterkälteanlagen 569
    19.3.1 Kältemittelverdichter 569
    19.3.2 Wärmeübertrager 581
    19.3.3 Expansionsorgane 585
    19.3.4 Anlagenkomponenten 589
    19.3.5 Kälteanlagenaggregate 590
  19.4 Absorptionskälteanlagen 591

20 Beispiele raumlufttechnischer Anlagen und Geräte 595
  20.1 Klimatisierung eines Drucksaals 597
    20.1.1 Beschreibung 597
    20.1.2 Nutzungsvarianten und Anforderungsprofil 597
    20.1.3 Systemauswahl 598
    20.1.4 Luftführung im Drucksaal 598
    20.1.5 Aufbau der RLT-Anlage 599
    20.1.6 Betriebsvarianten 601
    20.1.7 Regelung der RLT-Anlage 601
    20.1.8 Auslegung 603
  20.2 Büroklimatisierung 607
    20.2.1 Beschreibung 607
    20.2.2 Nutzungsvarianten und Anforderungsprofil 608
    20.2.3 Systemauswahl 608
    20.2.4 Kühldecke mit Mindestaußenluftversorgung 608
        20.2.4.1 Beschreibung 608
        20.2.4.2 Luftströmung im Raum 610
        20.2.4.3 Aufbau der Grundaufbereitung 610
        20.2.4.4 Betriebsvarianten 612
        20.2.4.5 Regelung 612
        20.2.4.6 Auslegung 614
    20.2.5 Volumenstromregler mit Nacherhitzern 618
        20.2.5.1 Beschreibung 618
        20.2.5.2 Luftströmung im Raum 619
        20.2.5.3 Aufbau der RLT-Anlage 619
        20.2.5.4 Betriebsvarianten 621
        20.2.5.5 Regelung 621
        20.2.5.6 Auslegung 622
    20.2.6 Zweikanalanlage mit volumenvariablen Mischreglern 628
        20.2.6.1 Beschreibung 628
        20.2.6.2 Luftströmung im Raum 628
        20.2.6.3 Aufbau der RLT-Anlage 630
        20.2.6.4 Betriebsvarianten 630
        20.2.6.5 Regelung 630
        20.2.6.6 Auslegung 631

20.3 Teilklimatisierung eines Hörsaals 636
    20.3.1 Beschreibung 636
    20.3.2 Nutzungsvarianten und Anforderungsprofil 636
    20.3.3 Systemauswahl 636
    20.3.4 Luftführung im Hörsaal 637
    20.3.5 Aufbau der RLT-Anlage 639
    20.3.6 Betriebsvarianten 639
    20.3.7 Regelung der RLT-Anlage 639
    20.3.8 Auslegung 642

21 Abnahme von raumlufttechnischen Anlagen 647
21.1 Vollständigkeitsprüfung 649
21.2 Funktionsprüfung 650
21.3 Funktionsmessung 652
    21.3.1 Geschwindigkeiten und Luftstrom 653
        21.3.1.1 Luftstrom- und Geschwindigkeitssensoren 653
        21.3.1.2 Luftstrom am Gerät bzw. in der Luftleitung 654
        21.3.1.3 Raumluftstrom 659
        21.3.1.4 Raumluftgeschwindigkeit 662
    21.3.2 Temperaturen 664
        21.3.2.1 Temperatursensoren 664
        21.3.2.2 Lufttemperaturen am Gerät bzw. in der Luftleitung 666
        21.3.2.3 Zulufttemperatur und operative Raumtemperatur 667
        21.3.2.4 Wärmeübertrager 668
    21.3.3 Luftfeuchtigkeit 671
        21.3.3.1 Luftfeuchtesensoren 671
        21.3.3.2 Raumluftfeuchte 672
        21.3.3.3 Luftfeuchtigkeit im Gerät 672
    21.3.4 Druckmessungen 672
        21.3.4.1 Drucksensoren 673
        21.3.4.2 Druckabfall am Filter 673
    21.3.5 Ventilator 673
        21.3.5.1 Stromaufnahme 673
        21.3.5.2 Drehzahl 674
    21.3.6 Schalldruckpegel 675
    21.3.7 Regelungs- und steuerungstechnische Funktionsmessungen 676
    21.3.8 Toleranzen und Unsicherheiten 676

22 Wirtschaftlichkeit von Anlagen 683
22.1 Überblick und Motivation 683
22.2 Investitionsrechenverfahren 686
    22.2.1 Statische Verfahren der Investitionsrechnung 687
    22.2.2 Dynamische Verfahren der Investitionsrechnung 688
22.3 Berechnungsgrundlagen 689
    22.3.1 Kapitalkosten 690
    22.3.2 Betriebsgebundene Kosten 691
    22.3.3 Verbrauchsgebundene Kosten 692
22.4 Haupteinflussgrößen auf den Jahresenergie- und -medienverbrauch 695
    22.4.1 Jahreshäufigkeit einzelner Außenluftzustände 695
    22.4.2 Anforderungsprofile 696
    22.4.3 Einfluss der Regelstrategie auf den Jahresenergieverbrauch 699
    22.4.4 Einfluss der Anlagentechnik auf die Wirtschaftlichkeit 709
22.5 RLT-Anlagen mit erweitertem Funktionsumfang 717
    22.5.1 Volumenvariabler Betrieb 717
    22.5.2 Betrieb mit unterschiedlichen Betriebsvarianten 720
    22.5.3 Betrieb im Anlagenverbund 723
    22.5.4 Einbindung des Wäschers in die Kühlung 725
22.6 Gestaltungsgrundsätze 728

23 Planung von RLT-Anlagen 731

23.1 Planungsgrundsätze 731

23.2 Planungsablauf 735
    23.2.1 Grundlagen 735
    23.2.2 Planungsphasen nach HOAI 739
        23.2.2.1 Grundlagenermittlung 739
        23.2.2.2 Vorentwurf 741
        23.2.2.3 Entwurfsplanung 744
        23.2.2.4 Genehmigungsplanung 747
        23.2.2.5 Ausführungsplanung 748
        23.2.2.6 Erstellung des Leistungsverzeichnisses, Vergabe 750
        23.2.2.7 Mitwirkung bei der Vergabe 754
        23.2.2.8 Objektüberwachung (Bauüberwachung) 754
        23.2.2.9 Objektbetreuung, Dokumentation 755

23.3 Angebotserstellung und Vertragsgestaltung 755

24 Betriebsführung und Instandhaltung in der Klimatechnik 757

24.1 Einführung in das Facility Management 757

24.2 Begriffe, Normen und Richtlinien 761

24.3 Betriebsführung und Instandhaltung im Kontext des
     Gebäudemanagements 763

24.4 Gebäudemanagement als integriertes Organisationsmodell 765
    24.4.1 Gebäudemanagementstrategie 765
    24.4.2 Prozesse 766
    24.4.3 Organisation 767
    24.4.4 Systeme 767
    24.4.5 Daten 768

24.5 Organisationsmodell für die Klimatechnik 768
    24.5.1 Instandhaltungs- und Betriebsführungsstrategie 769
    24.5.2 Instandhaltungsorganisation 774
        24.5.2.1 Aufbauorganisation 774
        24.5.2.2 Ablauforganisation 777
        24.5.2.3 Leistungskataloge und Arbeitsaufträge 778
    24.5.3 Instandhaltungsplanung und Leistungserbringung 780
        24.5.3.1 Einsatzplanung und Ressourcenbedarf 781
        24.5.3.2 Ausschreibung und Vergabe von Dienstleistungen 783
        24.5.3.3 Leistungserbringung und Leistungskontrolle 787

24.6 EDV-Systeme 788
    24.6.1 EDV-Gesamtarchitektur 788
    24.6.2 Gebäudeleittechnik 790
    24.6.3 Computer Aided Facility Management (CAFM-Systeme) 793
    24.6.4 EDV-Systeme in der Instandhaltung 795

24.7 Dokumentation und Daten 797
    24.7.1 Bestandsdokumentation und Bewirtschaftungsdokumentation ... 798
    24.7.2 Stammdatengenerierung in vorhandener Immobiliensubstanz ... 799
    24.7.3 Stammdatengenerierung aus Bauvorhaben 803
    24.7.4 Kennzeichnungssysteme 805
    24.7.5 Stammdatenpflege 806

24.8 Kostenrechnung und Controlling 806
    24.8.1 Kostenrechnung und Kalkulation 806
    24.8.2 Controlling 808

24.9 Bewirtschaftungsaspekte bei der Anlagenprojektierung und im
     Anlagenbau 811

Stichwortverzeichnis 815

Beilagen (Arbeitsblätter 9-1 bis 9-7)

1 Einführung

B. HÖRNER

Dieser zweite Band widmet sich der Planung, Auslegung und dem Betrieb von Lüftungs- und Klimaanlagen. Er folgt in seinem Aufbau weitgehend den dafür erforderlichen Schritten, die sich in den Kapiteln dieses Bandes widerspiegeln. Dem planenden Ingenieur soll damit ein Kompendium zur Verfügung gestellt werden, das ihm über Faustregeln, Erfahrungswerte, Richtlinien und Normen hinaus das erforderliche Hintergrundwissen vermittelt, um auch nicht routinemäßig zu lösende Aufgaben erfolgreich zu bearbeiten. Ableitungen von wissenschaftlich erarbeiteten Zusammenhängen sind allerdings nur insoweit enthalten, wie es zum Verständnis der komplexen physikalischen Gesetzmäßigkeiten z. B. bei der Lastabfuhr aus den Räumen, der Luftaufbereitung und Luftverteilung notwendig ist.

Dazu ist es notwendig, den Einfluss verschiedenster Randbedingungen auf Planung, Ausführung und Betrieb von Klimaanlagen aufzuzeigen, von denen einige in neuerer Zeit stärker ins Bewusstsein gerückt sind. Dabei handelt sich um:

- den Einfluss von Lage, Struktur und äußerer Hülle des Gebäudes,
- die Notwendigkeit eines hygienischen und gleichzeitig wirtschaftlichen Betriebs bei wechselnden äußeren und inneren Lasten,
- die Forderung nach umweltschonender Technik,
- eine wartungsfreundliche Ausführung und Dokumentation der Anlage.

Um den Einfluss von Lage und Struktur samt Fassade des Gebäudes auf das Raumklima quantifizieren zu können, werden bereits Werkzeuge zur Verfügung gestellt bzw. entwickelt. Damit werden Architekten, Anlagenplaner und Betreiber in die Lage versetzt, bereits im Vorplanungsstadium Aussagen zu machen über die räumliche und zeitliche Lastverteilung im Gebäude und deren Abfuhr durch entsprechende Wahl des Klimatisierungssystems. Mit Hilfe thermischer Simulationsrechnungen können z. B. extreme Lasten lokalisiert und möglicherweise vermieden werden bzw. der Einfluss der thermischen Bauteilaktivierung auf Oberflächentemperaturen und auf die Verringerung bzw. die zeitliche Verschiebung der durch die Klimaanlage abzuführenden Spitzenlasten berechnet werden. Mit Hilfe der numerischen Simulation der Raumluftströmung kann z. B. der Einfluss von Windlasten ermittelt sowie Bereiche mit Zugluft bzw. nicht ausreichender Belüftung erkannt bzw. vermieden werden. Diese Simulationsprogramme sind komplex und größtenteils nicht einfach zu handhaben mit der Folge, dass diese Aufgaben in absehbarer Zeit wohl vorwiegend von eigens darauf spezialisierten Planungsbüros erledigt werden können, die auch in der Lage sind, die Ergebnisse der Simulation richtig zu interpretieren.

Aus Untersuchungen der Gebäudehygiene ist seit langem bekannt, dass die Klimaanlage selbst einen Teil der Geruchsbelastung in den Räumen verursacht [1]. Diesem unbefriedigenden Zustand muss bei der Planung neben ausreichender Außenluftzufuhr durch entsprechende Anordnung der Luftansaugöffnungen, der Auswahl der Luftbehandlungskomponenten, deren Zugänglichkeit in der Zentrale und der Kanalführung

im Gebäude entgegengetreten werden. Im Betrieb erfordert die Hygiene z. B. das
Vermeiden von Kondensat oder Befeuchterwasser im Kanalsystem durch gesicherte
Kondensatabfuhr an Kühlern und durch Trockenfahren der Befeuchter vor Abstellen
der Anlage und den regelmäßigen Austausch von Filterelementen. Selbstverständlich
darf die Anlage auch nicht außerhalb der Betriebszeiten des Gebäudes auf Umluftbetrieb umgestellt werden.

Der energieeffiziente Betrieb des Gebäudes bedeutet behagliches Klima unter Scho-
nung von Ressourcen. Das bedeutet möglichst geringer Primärenergieeinsatz sowohl
für die Gebäudeheizung als auch bei der Erzeugung der zur Raumkühlung erforderlichen Kälte.

Hierzu sind im Vorplanungsstadium zunächst die äußeren Lasten kritisch zu überprüfen, eine Maßnahme, die in die Planung der Gebäudehülle eingreift. Darüber hinaus muss die jeweilige Leistungsaufnahme der Anlagenkomponenten der momentanen Lastabfuhr angepasst sein. Da die Klimaanlage praktisch ganzjährig in Teillast
gefahren wird, kommt den Regelungskonzepten der Anlage für den energieeffizien-
ten Betrieb eine herausragende Rolle zu. Diese werden in einem speziellen Kapitel
vorgestellt. Dabei muss z. B. im Falle der Umluftbeimischung die Enthalpie der Mischluft durch entsprechende Vorgaben für die Mischklappenregelung möglichst nahe an
die der Zuluft gebracht werden, wodurch die Deckung des Lüftungswärmebedarfs
durch Erhitzerleistung im Winter minimiert und in der Übergangszeit sogar vermieden
werden kann.

Die Wirtschaftlichkeit von Anlagen kann außerdem durch kostengünstige modulare
Bauweise erhöht werden. Diese Module sind steckerfertige Geräte einschließlich Re-
gelung und Steuerung, die vom Gerätehersteller in hohen Stückzahlen für vielfältige
Einsatzbereiche gefertigt werden. Dem Planer obliegt dann die Auswahl derjenigen
Geräte, die zum jeweiligen Anwendungsfall passen.

Als Folge der vorgeschriebenen Begrenzung des spezifischen Energieeinsatzes nach der
neuesten Energieeinsparverordnung 2002 [2] ergibt sich eine weitgehend wärme- und
damit auch stoffdichte Gebäudehülle. Der dadurch mangelhafte natürliche Luftaustausch muss durch mechanische Außenluftzufuhr ins Gebäude kompensiert werden.
Dies macht gerade in der Heizperiode den Einsatz der Wärmerückgewinnung aus der
Abluft notwendig. Die darüber hinaus erforderliche Wärme kann dann zum Teil regenerativ, z. B. durch Sonnenkollektoren, bereitgestellt werden.

Bei zentraler Luftaufbereitung muss im Sommerbetrieb der Verzicht auf Kompres-
sorkälte mit ihrer FCKW-Problematik durch eine verbesserte Kälterückgewinnung
erkauft werden. Hier werden derzeit hauptsächlich zwei Wege beschritten:

• die Kälterückgewinnung zusammen mit adsorptiver Entfeuchtung der Außenluft
  und Verdunstungskühlung von Ab- und Zuluft in sog. Desiccant Cooling (DEC)-
  Anlagen,

• die absorptive Entfeuchtung der Außenluft mit gleichzeitiger Kühlung durch das
  Umlaufwasser eines Kreislauf-Verbund-Systems, in dem auf der Abluftseite eine
  Verdunstungskühlung der Abluft und damit des Umlaufwassers integriert ist.

Mit DEC sind bereits einige ausgeführte Anlagen ausgestattet, während sich das Ab-
sorptionssystem noch im Versuchsstadium befindet [3]. Es arbeitet mit einer gekühlten
wässrigen Lithiumchlorid(LiCl)-Lösung als Absorbens, die durch die Wasserdampf-
absorption aus der Außenluft verdünnt wird. Die erforderliche Aufkonzentration der

Salzlösung erfolgt in einem Regenerator durch Kopplung mit einem Solarkreislauf, wobei dann das Entfeuchtungspotential für die Außenluft in Form der konzentrierten LiCl-Lösung in Tanks gespeichert und im Bedarfsfalle abgerufen werden kann.

Neben der Wärme- und Kälterückgewinnung aus der Abluft müssen Heizung und Kühlung möglichst aus dem Angebot natürlicher Wärme- und Kältequellen bewerkstelligt werden. Diese Angebote finden sich einerseits in der Solarenergie [4], andererseits im geothermischen Energiepotential, das mittels Erdwärmetauscher, Erdwärmesonden oder Grundwassernutzung meist über Wärmepumpen genutzt werden kann [5].

Die Kühlung des Gebäudes mit Wasser bietet sich an, da die gleichen thermischen Lasten mit etwa einem Viertausendstel des Volumens der Luft transportiert werden. Sie wird für konventionelle Zonenanlagen und Induktionsgeräte, aber auch für Heiz- und Kühldecken und für die thermische Bauteilaktivierung eingesetzt. Raumnahe Wassertemperaturen machen bei den beiden letzteren Systemen den Einsatz natürlicher Wärme- und Kältequellen wirtschaftlicher. Während Kühldecken mit Vorlauftemperaturen von ca. 16 °C Stand der Technik sind, wird auch die thermische Bauteilaktivierung mit Vorlauftemperaturen von über 18 °C in neuerer Zeit erfolgreich zur Gebäudeklimatisierung eingesetzt.

Die wartungsfreundliche Ausführung von Anlagen ermöglicht einerseits die geplante Wartung und Instandhaltung, zum anderen auch die ständige Überprüfung des Betriebs im Hinblick auf wirtschaftliche Fahrweise. Dies geschieht durch Monitoring und Auswertung der relevanten Betriebsdaten mit entsprechender Anpassung der Führungsgrößen bzw. der gesamten Regelungsalgorithmen in der Gebäudeleittechnik.

Für diese Anpassungen, die sich auch durch notwendige Umbauten und Nutzungsänderungen innerhalb des Gebäudes ergeben können, muss die Klimaanlage integraler Bestandteil des Facility Managements sein. Dies erfordert nicht nur die genaue Kenntnis aller Betriebsparameter der Anlage, sondern auch die detaillierte Dokumentation sämtlicher relevanter Gebäudedaten und Anlagenkomponenten einschließlich deren Regelung.

Insgesamt können diese komplexen Zusammenhänge nur durch integrierte Gebäudeplanung bewältigt werden, die immer noch ein Umdenken bei der Rollenverteilung von Architekten und Gebäudetechnikern und deren Zusammenarbeit im Frühstadium der Planung erfordert.

Literatur

[1] *Fanger, P. O. et al.*: Air Pollution Sources in Offices and Assembly Halls, quantified by the olf Unit. Energy and Buildings 12 (1988) S. 7.

[2] Verordnung über energiesparenden Wärmeschutz und energiesparende Anlagentechnik bei Gebäuden (Energieeinsparverordnung — EnEV) vom 01. 02. 02.

[3] *Kessling, W., E. Laevemann* und *M. Peltzer*: Energy Storage in Open Cycle Liquid Dessicant Cooling Systems. Int. J. of Refrigeration 21 (1988) 2, S. 150–156.

[4] *Henning, H.-M., H. Wolkenhauer* und *U. Franzke*: Auslegung von Anlagen der solaren Klimatisierung. HLH 1/2002, S. 42.

[5] *Hellmann, H.-M.*: Geothermisches Heizen und Kühlen von Bürogebäuden. BHKS-Almanach 2002, S. 39.

2 Lastberechnung

U. SCHNIEDER

Formelzeichen

A	Fläche, Wasseroberfläche, gesamte Glasfläche	I_{max}	Maximalwert der Gesamt-strahlung im Auslegungsmonat
A_B	Fußbodenfläche	k	Wärmedurchgangskoeffizient
A_h	Summe der horizontalen Raumumschließungsflächen	k_F	Wärmedurchgangskoeffizient des Fensters
A_M	gesamte Fensterfläche (Maueröffnungsmaß)	l	Gleichzeitigkeitsfaktor zur betreffenden Zeit
A_v	Summe der vertikalen Raumumschließungsflächen	LW	Luftwechsel
		M	Meridian
a_S	Absorptionsgrad	$\dot{m}$	Massenstrom (Masse des in der Zeiteinheit in den Raum
a_W	Wandazimut		gebrachten bzw. aus dem Raum
a_0	Sonnenazimut		entfernten Gutes)
A_1	besonnte Glasfläche		
b	Durchlassfaktor der Fenster u. Sonnenschutzeinrichtungen	$\dot{m}_l$	Massenstrom der trockenen Luft
		$\dot{m}_{lZU}$	Massenstrom der trockenen Zuluft
c	mittlere spezifische Wärmekapazität	$\dot{m}_W$	Feuchtigkeitsstrom
		n	Anzahl
c_{pD}	spezifische Wärmekapazität des Wasserdampfes	p	Luftdruck
		P	gesamte Anschlussleistung der Leuchten
c_{pl}	spezifische Wärmekapazität der trockenen Luft	P_j	Nennleistung (Wellenleistung) der j-ten Maschine
c_{pL}	spezifische Wärmekapazität der feuchten Luft	$\dot{Q}_A$	äußere Kühllast
c_W	spezifische Wärmekapazität des Wassers	$\dot{Q}_B$	Kühllast durch Beleuchtung
		$\dot{Q}_{Be}$	Wärmezufuhr zur Deckung des trockenen Wärmeübergangs an der Wasseroberfläche und der benötigten Verdampfungswärme
d	Breite der Sonnenblende		
g_v	Glasflächenanteil		
h_W	spezifische Enthalpie des Wassers oder Wasserdampfes	$\dot{Q}_C$	Kühllast durch chemische Reaktionen
h_{1+x}	spezifische Enthalpie (Enthalpie der feuchten Luft bezogen auf die Masse der trockenen Luft)	$\dot{Q}_f$	feuchte Last
		$\dot{Q}_F$	Teilkühllasten, die über Fenster in den Raum eintreten
h	Höhenwinkel	$\dot{Q}_{FL}$	Kühllast infolge von außen in den Raum einströmender Luft (Infiltration)
h_1	projizierter Höhenwinkel		
$h_{1+x,LR}$	spezifische Enthalpie der feuchten Luft bei Raumlufttemperatur	$\dot{Q}_G$	Kühllast infolge Stoffdurchsatz durch den Raum
$h_{1+x,ZU}$	spezifische Enthalpie der feuchten Luft bei Zulufttemperatur	$\dot{Q}_{ges}$	Gesamtlast
		$\dot{Q}_{HR}$	Heizlast des Raumes
h''	Enthalpie des Wasserdampfes bei Grenzschichttemperatur	$\dot{Q}_I$	innere Kühllast
		$\dot{Q}_{KA}$	konvektive Raumbelastung durch Anlagen
$I_{diff,max}$	Maximalwert der Diffusstrah-lung im Auslegungsmonat	$\dot{Q}_{KG}$	Kühllast des Gebäudes

$\dot{Q}_{KG,Nenn}$	Maximalwert der Kühllast des Gebäudes	x_S	Feuchtegehalt der gesättigten Luft
$\dot{Q}_{KR}$	Kühllast des Raumes	x_{ZU}	Feuchtegehalt der Zuluft
$\dot{Q}_{KR,Nenn}$	Maximalwert der trockenen Kühllast des Raumes	α_K	konvektiver Wärmeübergangskoeffizient
$\dot{Q}_{KR,ges,Nenn}$	Maximalwert der gesamten Kühllast des Raumes	$\alpha_{K,h}$	konvektiver Wärmeübergangskoeffizient für horizontale Flächen
$\dot{Q}_l$	latente Kühllast	$\alpha_{K,v}$	konv. Wärmeübergangskoeffizient für vertikale Flächen
$\dot{Q}_M$	Kühllast durch Maschinen und Geräte	β	Differenzwinkel
$\dot{Q}_N$	Norm-Wärmebedarf des Raumes	η	mittlerer Motorwirkungsgrad
		Δa_S	Differenz des Absorptionskoeffizienten
$\dot{Q}_P$	Kühllast durch Personen	Δh_{1+x}	Enthalpiedifferenz zwischen Raum- und Zuluft
$\dot{q}_{Pf}$	feuchte Wärmeabgabe je Person		
$\dot{Q}_{Pf}$	feuchte Wärmeabgabe	Δx	Feuchtedifferenz zwischen Raum- und Zuluft
$\dot{q}_{P\,ges}$	gesamte Wärmeabgabe je Person		
		$\Delta\tau$	Zeitkorrektur
$\dot{q}_{P\,tr}$	trockene Wärmeabgabe je Person	$\Delta\vartheta$	Temperaturdifferenz
$\dot{Q}_{P\,tr}$	trockene Wärmeabgabe	$\Delta\vartheta_{\ddot{a}q}$	äquivalente Temperaturdifferenz
$\dot{Q}_R$	Kühllast infolge über Raum- innenflächen aus Nachbar- räumen zuströmender Wärme	$\Delta\vartheta_{\ddot{a}q,as}$	Korrekturwert
		$\Delta\vartheta_{\ddot{a}q\,1}$	korrigierte äquivalente Temperaturdifferenz
$\dot{Q}_s$	sensible Kühllast		
$\dot{Q}_S$	Kühllast infolge Strahlung durch Fenster	$\Delta\vartheta_{\ddot{a}q\,2}$	korrigierte äquivalente Temperaturdifferenz
		$\Delta\vartheta_U$	Übertemperatur der Raumumschließungsflächen
$\dot{Q}_T$	Kühllast infolge Transmission durch Fenster		
$\dot{Q}_{tr}$	trockene Last	ε	Emissionsgrad
$\dot{Q}_W$	Kühllasten durch Außenwände und Dächer	ϑ_A	Austrittstemperatur
		ϑ_E	Eintrittstemperatur
$\dot{Q}_{Wf}$	feuchte Last infolge Verduns- tung an der Wasseroberfläche	ϑ_f	Feuchtkugeltemperatur der Luft
		ϑ_G	Grenzschichttemperatur
$\dot{Q}_{W\,tr}$	Wärmeübergang an der Wasseroberfläche infolge des Temperaturunterschiedes	ϑ_{La}	momentane Außenlufttemperatur
		$\vartheta_{La,m}$	mittlere Außenlufttemperatur
		ϑ_{LR}	Temperatur der Raumluft
r	spezifische Verdampfungsenthalpie	ϑ_o	operative Raumtemperatur
		ϑ_U	Temperatur der Raumumschließungsflächen
r_0	spezifische Verdampfungsenthalpie des Wassers bei 0 °C		
		$\vartheta_{W,i}$	Temperatur des Wassers
		$\vartheta_{W,o}$	Temperatur der Wasseroberfläche
S_a	Kühllastfaktor für äußere Strahlungslasten		
		ϑ_{ZU}	Temperatur der Zuluft
S_i	Kühllastfaktor für innere Lasten	μ_{aj}	Belastungsgrad der j-ten Ma- schine zur betreffenden Zeit
$\dot{V}$	Luftvolumenstrom		
V_R	Raumvolumen	μ_B	Raumbelastungsgrad infolge Beleuchtung
$\dot{V}_{ZU}$	Zuluftvolumenstrom		
w	Luftgeschwindigkeit	ϱ_L	Luftdichte
WL	Reaktionswärmelast	τ	Zeit
x	Feuchtegehalt der Luft	τ_{MESZ}	Sommerzeit
x_{La}	Feuchtegehalt der Außenluft	τ_{MEZ}	Mitteleuropäische Zeit
x_{LR}	Feuchtegehalt der Raumluft	τ_W	wahre Ortszeit
		σ	Verdunstungskoeffizient
		φ_R	relative Feuchte der Raumluft

2.1 Begriffe der Lastberechnung

Klimaanlagen haben die Aufgabe, Räume mit ausreichend gesundheitlich zuträglicher Atemluft zu versorgen [1]. Wichtige Kenngrößen dieses Luftzustandes sind Temperatur und Feuchte. Beide Größen können durch in Räumen entstehende und durch Raumbegrenzungsflächen eintretende Wärme- und Feuchtigkeitsströme beeinflusst werden. Die Klimaanlage muss in Reaktion darauf einen Zuluftzustand derart realisieren, dass die zulässigen Raumlufttemperatur- und Raumluftfeuchtewerte eingehalten werden.

Die in einem Raum eintretenden bzw. aus einem Raum austretenden Wärme- bzw. Feuchteströme werden als Lasten bezeichnet. Je nach Art und Größe dieser Energieströme spricht man von Heiz- oder Kühllast, Befeuchtungs- oder Entfeuchtungslast.

In Abhängigkeit von der konkreten Aufgabenstellung werden unterschiedliche Werte berechnet. Für die Anlagenauslegung werden die Maximallasten benötigt. Die Auslegung und Untersuchung des Regelverhaltens erfolgen auf der Basis von Informationen über Teillastzustände. Für Wirtschaftlichkeitsbetrachtungen braucht man Tages- und Jahresverläufe. Dabei muss aber zwischen den die Kosten bestimmenden Anlagenleistungen und den Lasten im Raum unterschieden werden. Eine Heiz- oder Kühllast bzw. Befeuchtungs- oder Entfeuchtungslast ist der Energiestrom, der dem Raum zugeführt oder aus dem Raum abgeführt werden muss, um die gewünschte Raumlufttemperatur zu halten. Die Leistung der Anlage ist der Energiestrom, der der Außen- oder Umluft zugeführt werden muss, um den für die Lastabfuhr erforderlichen Zuluftzustand zu erzeugen.

Die Unterteilung der Lasten kann auf unterschiedlichen Wegen erfolgen (Bild 2-1).

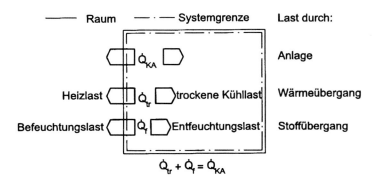

Bild 2-1: Energiebilanz eines Raumes im stationären Zustand

Die Unterteilung in trockene und feuchte Lasten bezieht sich auf das Ein- oder Austreten eines Energiestromes, der nicht durch die Zuluft in den Raum gelangt bzw. durch die Abluft aus dem Raum abgeführt wird.

Eine trockene Last $\dot{Q}_{tr}$ entspricht einer Wärmezufuhr an die Raumluft (Kühllast) oder einer Wärmeabgabe der Raumluft (Heizlast). Sie beeinflusst die Temperatur ϑ_{LR} der Raumluft bei gleichbleibendem Feuchtegehalt x_{LR}.

Die Kühllast ist die kalorische Leistung, die zu einem bestimmten Zeitpunkt über die Raumluft aus dem Raum abgeführt werden muss, um vorgegebene Luftzustandswerte (z. B. eine konstante Raumlufttemperatur) zu halten [2], S. 2.

Die Berechnung der Kühllast erfolgt in Deutschland meist auf der Grundlage der VDI-Richtlinie 2078 „Berechnung der Kühllast klimatisierter Räume" (im Folgenden VDI 2078 genannt). Die Ausführungen dazu beziehen sich auf die Ausgabe vom Juli 1996 [2].

Eine Heizlast liegt dann vor, wenn dem Raum über die dem Raum zugeführte Luft zu einem bestimmten Zeitpunkt eine kalorische Leistung zugeführt werden muss, um vorgegebene Luftzustandswerte (z. B. eine konstante Raumlufttemperatur) zu halten.

Eine feuchte Last $\dot{Q}_f$ entspricht der Enthalpie des dem Raum zu- oder von ihm abgeführten Feuchtigkeitsstroms $\dot{m}_W$, wobei h_W die spezifische Enthalpie der Feuchtigkeit ist [3]:

$$\dot{Q}_f = \dot{m}_W\, h_W.\tag{2-1}$$

Bei einem Feuchtegewinn der Raumluft (z. B. in Schwimmbädern) muss zum Erreichen des Sollraumluftzustandes die Raumluft entfeuchtet werden, d. h. es liegt eine Entfeuchtungslast vor. Tritt ein Feuchteverlust der Raumluft auf (z. B. bei der Lagerung hygroskopischer Produkte), so muss zum Erreichen des Sollraumluftzustandes die Raumluft befeuchtet werden, d. h. es liegt eine Befeuchtungslast vor.

Trockene und feuchte Last bilden zusammen die Gesamtlast $\dot{Q}_{\text{ges}}$:

$$\dot{Q}_{\text{ges}} = \dot{Q}_{tr} + \dot{Q}_f = \dot{Q}_{tr} + \dot{m}_W\, h_W.\tag{2-2}$$

Eine Last kann auch als Energiestrom aufgefasst werden, der zur Aufrechterhaltung der gewünschten Raumluftbedingungen (ϑ_{LR}, x_{LR}) durch Einstellung bestimmter Zuluftbedingungen (ϑ_{ZU}, x_{ZU}) durch die RLT-Anlage aus dem Raum abgeführt oder dem Raum zugeführt werden muss. Bei dieser Last ($\dot{Q}_{KA}$) kann zwischen einem sensiblen und einem latenten Anteil unterschieden werden (Bild 2-2).

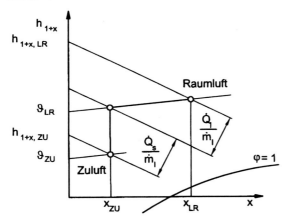

Bild 2-2: Sensible und latente Kühllast eines Raumes im h_{1+x}, x-Diagramm

Bezogen auf den Kühlfall umfasst die sensible Kühllast $\dot{Q}_s$ die fühlbare Wärme, die durch Kühlung aus dem Raum abgeführt werden muss:

$$\dot{Q}_s = \dot{m}_l\,(c_{pl} + x_{ZU}\, c_{pD})(\vartheta_{LR} - \vartheta_{ZU}).\tag{2-3}$$

Die latente Kühllast $\dot{Q}_l$ umfasst die Wärme, die zur Entfeuchtung aus dem Raum abgeführt werden muss. Der Bezugszustand ist dabei durch die einzuhaltende Raumlufttemperatur und Raumluftfeuchte definiert [4]:

$$\dot{Q}_l = \dot{m}_l\,(r_0 + c_{pD}\, \vartheta_{LR})(x_{LR} - x_{ZU}).\tag{2-4}$$

Die Summe aus sensibler und latenter Last ist wiederum die Gesamtlast.

$$\dot{Q}_{\text{ges}} = \dot{Q}_s + \dot{Q}_l$$
$$= \dot{m}_l\,(c_{pl} + x_{ZU}\,c_{pD})(\vartheta_{LR} - \vartheta_{ZU}) + \dot{m}_l\,(r_0 + c_{pD}\,\vartheta_{LR})(x_{LR} - x_{ZU}). \quad (2\text{-}5)$$

Da bei einem stationären Zustand die Summe der ausströmenden Energieströme gleich der Summe der einströmenden Energieströme ist, gilt:

$$\dot{Q}_{\text{ges}} = \dot{Q}_s + \dot{Q}_l = \dot{Q}_{tr} + \dot{Q}_f = \dot{Q}_{KA}. \quad (2\text{-}6)$$

Solange nur trockene Lasten einwirken, sind trockene und sensible Lasten identisch. Wirkt aber gleichzeitig eine feuchte Last ein, so sind im allgemeinen trockene und sensible Last sowie feuchte und latente Last nicht mehr gleich. Die Enthalpie der zu- oder abgeführten Feuchtigkeit unterscheidet sich im allgemeinen von der Enthalpie einer gleichgroßen Wasserdampfmenge mit Raumlufttemperatur [3]. Da die Anlage eine Last mit Raumlufttemperatur abführt, ist nur dann, wenn die feuchte Last als Wasserdampfmassenstrom mit Raumlufttemperatur anfällt, die abgeführte latente Last gleich der zugeführten feuchten Last.

Je größer die Lasten werden, desto weiter entfernt sich im h_{1+x}, x-Diagramm der zur Aufrechterhaltung bestimmter Raumluftkonditionen erforderliche Zuluftzustand vom Raumluftzustand (bei konstantem Zuluftmassenstrom, siehe auch Bild 2-3). Die Darstellung basiert auf der Annahme, dass die feuchten Lasten als Wasserdampf- massenstrom mit Raumlufttemperatur auftreten.

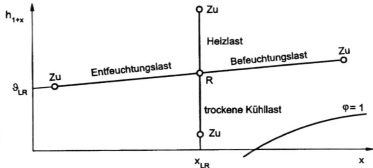

Bild 2-3: Einfluss der Lasten auf die Lage des Zuluftzustandes im h_{1+x}, x-Diagramm

2.2 Das Speicherverhalten des Raumes

Die in einen Raum eindringenden Wärmeströme führen nicht immer sofort vollständig zu einer Erhöhung der Raumlufttemperatur ϑ_{LR}, da die Lufttemperatur eines Raumes durch die Summe aller einwirkenden konvektiven Wärmeströme bestimmt wird. Wär- meströme infolge der Strahlung beeinflussen die Lufttemperatur erst nach Absorp- tion an den Raumumschließungsflächen und den Einrichtungsgegenständen, dortiger zeitverzögerter Wärmespeicherung und anschließender Umformung in konvektiv über- tragene Wärme [2], S. 6. Dieser Wärmespeicherungsvorgang tritt nicht nur bei der

Sonneneinstrahlung auf, sondern bei allen Wärmequellen, die Wärme in Form von Strahlungswärme abgeben. Bei Personen geht man z. B. davon aus, dass deren trockene Wärmeabgabe zu 50 % aus Strahlungswärme besteht. Bild 2-4 zeigt den Verlauf der Wärmeabgabe eines Menschen, der sich von 8:00 Uhr bis 16:00 Uhr in einem Raum mittelschwerer Bauweise aufhält und den Verlauf der aus der Wärmeabgabe resultierenden Kühllast.

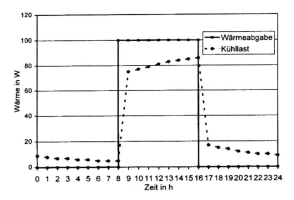

Bild 2-4: Wärmeabgabe eines Menschen und daraus resultierende Kühllast

Die Wärmespeicherung der Raumumgrenzungsflächen und des Mobiliars führen dazu, dass sich zwischen dem Belastungsverlauf einer Wärmestrahlungslast und der aus dem Raum abzuführenden Kühllast eine zeitliche Verschiebung und eine Dämpfung des Verlaufes ergeben (siehe Bild 2-5).

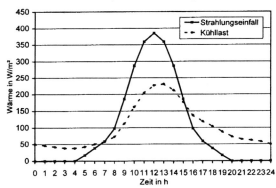

Bild 2-5: Tagesgang (23. Juli) von Gesamtstrahlung und abzuführender Kühllast hinter Zweifachverglasung bei Fenstern auf der Südseite, mittelschwere Bauweise, 24-stündiger Betrieb

Die Flächen unter den Kurven sind gleich groß, d. h. die in den Raum in Form von Strahlung einströmende Wärmemenge ist gleich der als Kühllast aus dem Raum abzuführenden Wärmemenge.

Der Effekt der Speicherung vergrößert sich mit der Masse und Wärmekapazität der Raumumschließungsflächen und Einrichtungsgegenstände. Da die spezifische Wärmekapazität der mineralischen Baustoffe mit Werten von $\approx$ 900 J/(kg K) annähernd gleich ist, kann man sagen, dass die Wärmespeicherung mit der Bauschwere zunimmt. Isolierende Verkleidungen, wie z. B. Teppiche, Holzverkleidungen der Wände und schwimmende Estriche, vermindern die Speicherung [5], S. 1482.

Bild 2-6 zeigt den Einfluss der Bauschwereklasse nach VDI 2078 und damit der Speichermasse.

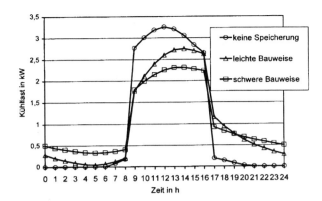

Bild 2-6: Einfluss der Bauschwereklasse nach VDI 2078 auf den Kühllastverlauf

Mit zunehmender Speichermasse sinkt die zur Aufrechterhaltung der Soll-Raumtemperatur abzuführende Kühllast. Gleichzeitig verschiebt sich das Kühllastmaximum zeitlich nach hinten. Berechnungsgrundlage ist das Beispiel 2-2 aus Abschnitt 2.4.3.

2.3 Ermittlung von Schatten

Die direkte Sonneneinstrahlung hat insbesondere bei Südwänden und großen Fensterflächen einen wesentlichen Einfluss auf die aus dem Raum abzuführende Kühllast. Durch an der Wand angebrachte bewegliche Jalousien, feste Blenden, Fassadenvorsprünge usw. kann dieser Kühllastanteil verringert werden.

Die Größe der beschatteten Fensterfläche kann zeichnerisch oder rechnerisch bestimmt werden.

Für die Ermittlung des Schattens müssen die Himmelsrichtung der Wandnormalen, der Wandazimut a_W, der Höhenwinkel der Sonne h und der Sonnenazimut a_0 bekannt sein.

Der Höhenwinkel h ist der Winkel zwischen Erdoberfläche und Einfallsrichtung der Sonnenstrahlen. Der Sonnenazimut a_0 ist der Winkel zwischen der Nordrichtung und der auf die Erdoberfläche projizierten Einfallsrichtung der Sonnenstrahlen. Der Winkel a_0 wird ausgehend von der Nordrichtung im Uhrzeigersinn positiv angegeben. Der Wandazimut a_W ist der Winkel zwischen der Nordrichtung und der Wandnormalen. Der Wert für a_W kann aus der Gebäudegrundrisszeichnung unter Berücksichtigung des dort eingezeichneten Nordpfeils bestimmt oder aus VDI 2078 Tabelle A 14 entnommen werden. Ausgehend von Bild 2-19 in Band 1 [9] sind in Bild 2-7 diese Winkel in Anlehnung an VDI 2078 noch einmal dargestellt.

Werte für den Höhenwinkel h und den Sonnenazimut a_0 in Abhängigkeit von der Sonnenzeit (wahre Ortszeit τ_W) findet man u. a. in VDI 2078 Tabelle A 15.

In Deutschland gilt die Mitteleuropäische Zeit τ_{MEZ}. Bei Sonnenhöchststand ist τ_{MEZ} festgelegt auf 12:00 Uhr über 15° östlicher Länge. Der internationale Null-Meridian bezieht sich auf Greenwich in England. Die „Sonnenwanderung" beträgt 360° pro 24 Stunden und damit 15° pro Stunde.

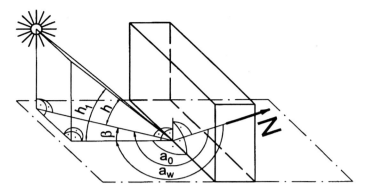

Bild 2-7: Ermittlung der Winkel h_1 und β

Damit ergibt sich für die Umrechnung von τ_{MEZ} in τ_W die Gl. (2-7):

$$\tau_W = \tau_{\text{MEZ}} + (M - 15°)\frac{1\,\text{h}}{15°} \tag{2-7}$$

mit

τ_W wahre Ortszeit in h,

τ_{MEZ} Mitteleuropäische Zeit in h,

M Meridian des Ortes, dessen wahre Ortszeit berechnet werden soll, in °.

Deutschland liegt etwa zwischen 6° (z. B. Aachen) und 15° (z. B. Görlitz) östlicher Länge.

Die im Sommer in Deutschland übliche sog. Sommerzeit τ_{MESZ} weicht um plus eine Stunde von der Mitteleuropäischen Zeit ab (Gl. (2-8)).

$$\tau_{\text{MESZ}} = \tau_{\text{MEZ}} + 1\,\text{h} \tag{2-8}$$

mit

τ_{MESZ} Sommerzeit in h.

Damit ergibt sich für die Umrechnung der Sommerzeit τ_{MESZ} in die wahre Ortszeit τ_W folgende Gleichung:

$$\tau_W = \tau_{\text{MEZ}} + (M - 15°)\frac{1\,\text{h}}{15°} = \tau_{\text{MESZ}} - 1\,\text{h} + (M - 15°)\frac{1\,\text{h}}{15°}. \tag{2-9}$$

Für die zeichnerische Ermittlung des Schlagschattens auf einer senkrechten Wand wird der Gebäudegrundriss in der Dreitafelprojektion so gedreht, dass die beschattete Wand in der Seitenansicht in wahrer Größe erscheint. Weiterhin wird die Projektion h_1 des Höhenwinkels h in der Aufrissebene benötigt. Dazu wird der vorzeichenbehaftete, horizontale Differenzwinkel β zwischen dem Sonnenazimut a_0 und dem Wandazimut a_W definiert:

$$\beta = a_0 - a_W. \tag{2-10}$$

Der projizierte Winkel h_1 ist größer als Höhenwinkel h und ergibt sich zu:

$$h_1 = \arctan\frac{\tan h}{\cos \beta}. \tag{2-11}$$

Mit den Winkeln β und h_1 kann nun die Schattenkonstruktion durchgeführt werden.

Beispiel 2-1: Ermittlung des Schlagschattens, den eine abgewinkelte Blechblende am 21. 06. um 16:30 Uhr (wahre Ortszeit) auf die Fensterfläche einer Südwest-Wand wirft.

Aus VDI 2078, Tabelle A 15

Sonnenzeit (wahre Ortszeit)	Sonnenhöhe h	Sonnenazimut a_0
16:00 Uhr	37°	263°
17:00 Uhr	27°	273°
damit ergibt sich für 16:30 Uhr	32°	269°

$a_W = 225°$ (VDI 2078, Tabelle A 15)

$$\beta = a_0 - a_W = 269° - 225° = 44°$$

$$h_1 = \arctan \frac{\tan h}{\cos \beta} = \arctan \frac{\tan 32°}{\cos 44°} = 39{,}45°.$$

Die schraffierte Fläche ist die beschattete Fensterfläche.

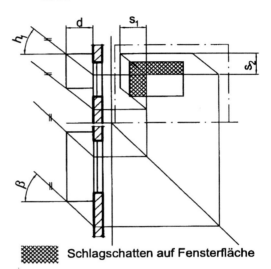

Schlagschatten auf Fensterfläche

Bild 2-8: Konstruktive Ermittlung der Schattenflächen

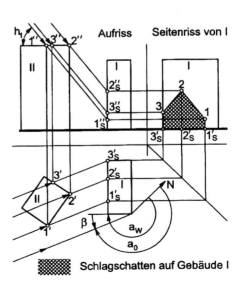

Schlagschatten auf Gebäude I

Bild 2-9: Fassadenbeschattung durch Nachbargebäude (nach [2], S. 37)

Das Bild 2-8 zeigt auch, wie die Schattenfläche rechnerisch ermittelt werden kann. Mit den aus den Gln. (2-12) und (2-13) bzw. (2-14) ermittelten Längen s_1 und s_2 könnte man die Schattenflächen im obigen Beispiel auch ohne Konstruktion sofort in die Seitenansicht einzeichnen.

$$s_1 = d \tan |\beta| \tag{2-12}$$

$$s_2 = d \tan h_1 \tag{2-13}$$

$$s_2 = d \, \frac{\tan h}{\cos \beta} \tag{2-14}$$

Die zeichnerische Ermittlung der Fassadenfläche, die im Schlagschatten eines Nachbargebäudes liegt, zeigt Bild 2-9.

2.4 Innere und äußere Kühllast

Die VDI 2078 unterscheidet nach der Art der Raumbelastung die konvektiv an die Raumluft abgegebene Wärme als Folge gebäudeinnerer Raumbelastungen $\dot{Q}_I$ (innere Kühllast), die konvektiv an die Raumluft abgegebene Wärme als Folge äußerer Raumbelastungen $\dot{Q}_A$ (äußere Kühllast) und die konvektive Raumbelastung durch Anlagen $\dot{Q}_{KA}$. Aus Energiebilanzgründen muss zu jedem Zeitpunkt gelten:

$$\dot{Q}_I + \dot{Q}_A + \dot{Q}_{KA} = \frac{V_R \varrho_L}{1 + x_{LR}} \, c_{pl} \, \frac{\partial \vartheta_{LR}}{\partial \tau}. \tag{2-15}$$

Unter der Voraussetzung, dass die Anlage, die bei der Kühllastberechnung vorgegebene Lufttemperatur im Raum halten kann, muss dann gelten:

$$\dot{Q}_I + \dot{Q}_A = -\dot{Q}_{KA} = \dot{Q}_{KR}. \tag{2-16}$$

$\dot{Q}_{KR}$ ist die Kühllast des Raumes bei einer vorgegebenen Raumlufttemperatur und einem eingeschwungenen Zustand (alle 24 h wiederholt sich der Lastverlauf). Da die innere und die äußere Kühllast meist zeitabhängig schwanken, ist auch die Kühllast des Raumes eine zeitabhängige Größe:

$$\dot{Q}_{KR}(\tau) = \dot{Q}_I(\tau) + \dot{Q}_A(\tau). \tag{2-17}$$

Der Maximalwert wird Nenn-Kühllast $\dot{Q}_{KR,\mathrm{Nenn}}$ genannt:

$$\dot{Q}_{KR,\mathrm{Nenn}} = \max.\dot{Q}_{KR}(\tau). \tag{2-18}$$

Die Zeiten der Raumkühllastmaxima sind im allgemeinen unterschiedlich. Die Gebäudekühllast zu einem bestimmten Zeitpunkt τ ergibt sich als Summe aller Raumkühllasten zur Zeit τ.

$$\dot{Q}_{KG}(\tau) = \sum_{j=1}^{n} \dot{Q}_{KRj}(\tau) \tag{2-19}$$

Das Maximum der Gebäudekühllast ergibt sich somit zu:

$$\dot{Q}_{KG,\mathrm{Nenn}} = \max.\dot{Q}_{KG}(\tau). \tag{2-20}$$

Die VDI 2078 bieten zwei Verfahren der Kühllastberechnung an. Das Kurzverfahren arbeitet mit festgelegten Belastungsverläufen. Beim EDV-Verfahren sind die Belastungsverläufe wählbar. Die Erläuterungen zur Berechnung der inneren und äußeren Kühllast basieren auf den Berechnungsvorschriften des Kurzverfahrens.

2.4.1 Innere Kühllast $\dot{Q}_I$

Die innere Kühllast $\dot{Q}_I$ eines Raumes erfasst die Teilkühllasten infolge Wärmeabgabe der Personen $\dot{Q}_P$, der Beleuchtung $\dot{Q}_B$, von Maschinen und Geräten $\dot{Q}_M$, infolge Stoffdurchsatz durch den Raum $\dot{Q}_G$, durch chemische Reaktionen $\dot{Q}_C$ und infolge aus Nachbarräumen über Rauminnenflächen zuströmender Wärme $\dot{Q}_R$.

$$\dot{Q}_I = \dot{Q}_P + \dot{Q}_B + \dot{Q}_M + \dot{Q}_G + \dot{Q}_C + \dot{Q}_R \qquad (2\text{-}21)$$

2.4.1.1 Kühllast durch Personen

Die Wärme durch Personen ist in der VDI 2078 als gesamte, trockene ($\dot{q}_{Ptr}$) und feuchte ($\dot{q}_{Pf}$) Wärmeabgabe in Abhängigkeit vom Aktivitätsgrad und der Raumtemperatur angegeben:

$$\dot{Q}_P = n \, \dot{q}_{Ptr} \, S_i \qquad (2\text{-}22)$$

mit n Anzahl der Personen,

$\dot{q}_{Ptr}$ trockene Wärmeabgabe je Person in W (siehe VDI 2078 Tabelle A 1),

S_i Kühllastfaktor für innere Lasten (siehe VDI 2078 Tabelle A 5).

Der Kühllastfaktor S_i berücksichtigt das Wärmespeicherverhalten des Raumes. Er gibt in Abhängigkeit vom Raumtyp, vom Belastungsbeginn und Belastungsende, der Tageszeit sowie dem Konvektivanteil der Wärmeabgabe an, welcher Anteil der von den Personen abgegebenen Wärme konvektiv im Raum wirksam wird. Für Personen wird ein Konvektivanteil von 50 % angenommen. Der Kühllastfaktor für die trockene Wärmeabgabe von Personen wird deshalb in der Zeile für Leuchten mit einem Konvektivanteil von 50 % abgelesen. Der Raumtyp kennzeichnet die Wärmespeicherfähigkeit des Raumes. In der VDI 2078 werden vier verschiedene Raumtypen (XL-„sehr leicht", L-„leicht", M-„mittel" und S-„schwer") unterschieden. Eine Einordnung des zu berechnenden Raumes kann durch den Vergleich mit den in VDI 2078 Abschnitt 5.5 Tabellen 3 und 4 beschriebenen Typräumen erfolgen. Wenn die gesamte Kühllast berechnet werden soll, ist zu der nach Gl. (2-22) berechneten trockenen Kühllast ($\dot{Q}_P \equiv \dot{Q}_{Ptr}$) noch die feuchte Wärmeabgabe ($\dot{Q}_{Pf} = n \, \dot{q}_{Pf}$) hinzuzufügen. Bei der feuchten Wärmeabgabe entfällt der Speicherfaktor, weil von einem Konvektivanteil von 100 % ausgegangen wird.

2.4.1.2 Kühllast durch Beleuchtung $\dot{Q}_B$

Zur Berechnung bzw. Abschätzung der durch die Beleuchtung hervorgerufenen Kühllast wird die installierte bzw. geplante Anschlussleistung der Leuchten (incl. Verlustleistung der Vorschaltgeräte) benötigt. Richtwerte für die Nennbeleuchtungsstärken und für eine auf die Grundfläche bezogene Anschlussleistung findet man in VDI 2078 Tabellen A 2 und A 3:

$$\dot{Q}_B = P \, l \, \mu_B \, S_i \qquad (2\text{-}23)$$

mit P gesamte Anschlussleistung der Leuchten, bei Entladungslampen
               einschließlich der Verlustleistung der Vorschaltgeräte,

     l Gleichzeitigkeitsfaktor der Beleuchtung zur betreffenden Zeit,

     μ_B Raumbelastungsgrad infolge Beleuchtung (VDI 2078 Tabelle A 4),

     S_i Kühllastfaktor für innere Lasten (VDI 2078 Tabelle A 5).

Der Kühllastfaktor S_i berücksichtigt den Konvektivanteil der Wärmeabgabe der
Leuchten. Die Einbausituation bestimmt den Konvektivanteil. Bei frei hängenden
Leuchten beträgt der Konvektivanteil 50 %. Dieser Anteil verringert sich auf 30 % bei
in die Decke eingebauten Leuchten und wird mit 0 % bei Abluftleuchten angenommen.
Über den Raumbelastungsgrad μ_B wird berücksichtigt, dass z. B. bei Abluftleuchten
ein Teil der entstehenden Wärme nicht als Kühllast im Raum wirksam wird. Für den
Gleichzeitigkeitsfaktor wird in Abhängigkeit vom Anteil der zum Berechnungszeit-
punkt eingeschalteten Leuchten ein Wert zwischen 0 und 1 gewählt.

2.4.1.3 Kühllast durch Maschinen und Geräte $\dot{Q}_M$

In den Räumen aufgestellte Maschinen und Geräte geben die aufgenommene elektrische Energie letztlich in Form von Wärme wieder ab:

$$\dot{Q}_M = l\, S_i \sum_{j=1}^{n} \left(\frac{P_j}{\eta} \mu_{aj} \right) \tag{2-24}$$

mit
l Gleichzeitigkeitsfaktor,
S_i Kühllastfaktor für innere Lasten (VDI 2078 Tabelle A 5),
P_j Nennleistung (Wellenleistung) der j-ten Maschine,
η mittlerer Motorwirkungsgrad (VDI 2078 Tabelle A 6.1),
μ_{aj} Belastungsgrad der j-ten Maschine zur betreffenden Zeit.

Der Kühllastfaktor S_i berücksichtigt den Konvektivanteil der Wärmeabgabe. Bei Unsicherheiten über die Größe des Konvektiv- bzw. Strahlungsanteils an der Gesamtwärmeabgabe sollte ein Konvektivanteil von 100 % angenommen werden. Damit ist
S_i dann immer 1,0.

Die Werte für die Nennleistung P_j können aus den Planungsunterlagen entnommen
bzw. vom Typenschild abgelesen werde. Der Wirkungsgrad η von Elektromotoren
ist auch abhängig von der Motorleistung. In der VDI 2078 Tabelle A 6.1 findet man
Werte für den Motorwirkungsgrad in Abhängigkeit von der Nennleistung. Die oben
angegebene Gleichung gilt für den Fall, dass sich Motor und Arbeitsmaschine im zu
berechnenden Raum befinden. Bei abweichenden Konstellationen ist die Berechnungs-
gleichung entsprechend anzupassen (siehe VDI 2078 Tabelle A 6.1). Anhaltswerte
für den Wärmeanfall durch EDV-Technik am Arbeitsplatz liefert VDI 2078 Tabelle
A 6.2. Für ausgewählte Industriezweige sind in Tabelle 2-1 Bereiche für installierte
Maschinen- und Apparateleistungen in W/m^2 Fußbodenfläche, Belastungsgrade und
Gleichzeitigkeitsfaktoren angegeben. Diese Werte sollten im Einzelfall überprüft werden.

Tabelle 2-1 Ausgewählte installierte Maschinen- und Apparateleistungen $\dfrac{\sum_{j=1}^{n} P_j}{A_B}$ in $\mathrm{W/m^2}$

(A_B Fußbodenfläche in $\mathrm{m^2}$), Belastungsgrade μ_a und Gleichzeitigkeitsfaktoren l [11], Seite 40

	$\dfrac{\sum_{j=1}^{n} P_j}{A_B}$	μ_a	l
Papierindustrie	700	0,6 . . . 0,8	0,8 . . . 0,9
Galvanik	400 . . . 800	0,8 . . . 0,9	0,7 . . . 0,8
Kunststoffverarbeitung	bis 500	0,7 . . . 0,8	0,6 . . . 0,8
Elektronik	bis 400	0,2 . . . 0,8	0,2 . . . 0,7
Feinmechanik	bis 500	0,3 . . . 0,5	0,6 . . . 039
Metallverarbeitung	bis 300	0,6 . . . 0,9	0,2 . . . 0,8
Textilindustrie	bis 300	0,7 . . . 0,8	0,8 . . . 0,95

2.4.1.4 Kühllast durch Stoffdurchsatz $\dot{Q}_G$

Geben Materialien, die in den Raum gebracht werden, Wärme an den Raum ab, so ergibt sich daraus eine Kühllastkomponente:

$$\dot{Q}_G = \dot{m}\, c\, (\vartheta_E - \vartheta_A)\, S_i \tag{2-25}$$

mit

$\dot{m}$ Masse des in der Zeiteinheit in den Raum gebrachten bzw. aus dem Raum entfernten Gutes,

c mittlere spezifische Wärmekapazität,

ϑ_E Eintrittstemperatur,

ϑ_A Austrittstemperatur,

S_i Kühllastfaktor für innere Lasten (VDI 2078 Tabelle A 5).

Der Kühllastfaktor S_i berücksichtigt den Konvektivanteil der Wärmeabgabe. Bei Unsicherheiten über die Größe des Konvektiv- bzw. Strahlungsanteils an der Gesamtwärmeabgabe sollte ein Konvektivanteil von 100 % angenommen werden. Damit ist S_i dann immer 1,0.

2.4.1.5 Kühllast infolge sonstiger Wärmeabgabe im Raum $\dot{Q}_C$

Sonstige Wärmequellen (z. B. chemische Reaktionen) sind in ihrer Wirkung auf das Raumklima (Größe, trocken und/oder feucht, Strahlungsanteil) abzuschätzen und zu berücksichtigen.

2.4.1.6 Kühllast infolge unterschiedlicher Nachbarraumtemperaturen $\dot{Q}_R$

Wenn Nachbarräume eine von der Raumtemperatur des zu berechnenden Raumes abweichende Raumtemperatur haben, entstehen Wärmeströme:

$$\dot{Q}_R = k\,A\,\Delta\vartheta \qquad\qquad (2\text{-}26)$$

mit

k Wärmedurchgangskoeffizient,

A Fläche,

$\Delta\vartheta$ Temperaturdifferenz.

Der k-Wert kann nach DIN 4108, DIN 4701 bzw. VDI 2078 Tabelle A 17 und VDI 2078 Tabelle A 20 bestimmt werden. Anhaltswerte für die Temperatur angrenzender, nicht klimatisierter Räume und des Erdreichs liefert VDI 2078 Tabelle A 5.

2.4.2 Äußere Kühllast $\dot{Q}_A$

Die äußere Kühllast $\dot{Q}_A$ eines Raumes erfasst die Teilkühllasten, die über die Gebäudeumschließungsflächen (Wände bzw. Dächer $\dot{Q}_W$ und Fenster $\dot{Q}_F$) von außen in den Raum eintreten. Beim Fenster werden die eintretende Transmissionswärme $\dot{Q}_T$ und die Kühllast infolge Strahlung $\dot{Q}_S$ separat berechnet. Der Einfluss von außen in den Raum einströmender Luft wird durch die Komponente $\dot{Q}_{FL}$ berücksichtigt:

$$\dot{Q}_A = \dot{Q}_W + \dot{Q}_F + \dot{Q}_{FL} \qquad\qquad (2\text{-}27)$$

mit

$$\dot{Q}_F = \dot{Q}_T + \dot{Q}_S. \qquad\qquad (2\text{-}28)$$

Das Maximum der äußeren Kühllast tritt meist im Monat Juli auf. Das Kühllastmaximum kann auch im September liegen, z. B. bei Südwänden mit einem hohen Glasanteil. Infolge der niedrigeren Außenlufttemperatur ist der Transmissionswärmestrom zwar geringer, durch den flacheren Sonnenstand nehmen Einstrahlungsquerschnitt und Eindringtiefe aber zu.

2.4.2.1 Kühllast durch Außenwände und Dächer $\dot{Q}_W$

Beim Wärmestrom durch Außenwände und Dächer wird die Wirkung von Strahlung und Transmission kombiniert berechnet:

$$\dot{Q}_W = k\,A\,\Delta\vartheta_{\ddot{a}q} \qquad\qquad (2\text{-}29)$$

mit

k Wärmedurchgangskoeffizient,

A Fläche,

$\Delta\vartheta_{\ddot{a}q}$ äquivalente Temperaturdifferenz.

Der k-Wert kann für übliche Außenwand- und Dachkonstruktionen aus VDI 2078 Tabelle A 17 und VDI 2078 Tabelle A 20 entnommen werden. In den Wert für $\Delta\vartheta_{\ddot{a}q}$ gehen alle übrigen Einflüsse auf den Wärmestrom (z. B. der Speicherwirkung der Wände) ein.

Der erste Schritt bei der Berechnung des Wärmestroms durch Wände bzw. Decken besteht darin, den vorliegenden Wand- bzw. Deckenaufbau einem der in VDI 2078 Tabelle A 17 (Wände) bzw. VDI 2078 Tabelle A 20 (Decken) beschriebenen Beispiele zuzuordnen. Aus den Tabellen können dann der k-Wert, die Bauklasse und der Wert für die Zeitkorrektur $\Delta\tau$ entnommen werden. Den Wert für $\Delta\vartheta_{\ddot{a}q}$ findet man in VDI 2078 Tabelle A 18. Die dort angegebene Himmelsrichtung ist die Richtung der Wandnormalen. Die Ablesezeit ergibt sich durch die Korrektur der wahren Ortszeit um die Zeitkorrektur $\Delta\tau$. Es gilt:

$$\Delta\vartheta_{\ddot{a}q}(\tau) = \Delta\vartheta_{\ddot{a}q,\text{Tabelle}}(\tau + \Delta\tau). \tag{2-30}$$

Die dort angegebenen Werte für $\Delta\vartheta_{\ddot{a}q}$ gelten für eine mittlere Außenlufttemperatur $\vartheta_{La,m}$ von 24,5 °C (Berechnungsmonat Juli) bzw. 18,5 °C (Berechnungsmonat September) und eine Raumlufttemperatur ϑ_{LR} von 22 °C. Weichen die vorliegenden Werte davon ab, so ist der aus VDI 2078 Tabelle A 18 abgelesene Wert von $\Delta\vartheta_{\ddot{a}q}$ zu korrigieren. Für alle Wandorientierungen im Monat Juli gilt:

$$\Delta\vartheta_{\ddot{a}q\,1} = \Delta\vartheta_{\ddot{a}q} + (\vartheta_{La,m} - 24{,}5\,°\text{C}) + (22\,°\text{C} - \vartheta_{LR}) \tag{2-31}$$

mit

$\vartheta_{La,m}$ wirklicher Mittelwert der Außenlufttemperatur im Juli,

ϑ_{LR} wirkliche Raumlufttemperatur.

Die Werte für $\vartheta_{La,m}$ können aus VDI 2078 Tabelle A 8 oder VDI 2078 Tabelle B 1 (jeweils letzte Zeile) entnommen werden. Dafür wird die sog. Kühllastzone benötigt. Mittels VDI 2078 Bild 2 oder VDI 2078 Tabelle 1 kann der vorliegende Standort einer der vier Kühllastzonen in Deutschland zugeordnet werden.

Im Monat September gilt für die Südorientierung:

$$\Delta\vartheta_{\ddot{a}q\,1\,sept} = \Delta\vartheta_{\ddot{a}q} + (\vartheta_{La,m} - 18{,}5\,°\text{C}) + (22\,°\text{C} - \vartheta_{LR}) \tag{2-32}$$

mit

$\vartheta_{La,m}$ wirklicher Mittelwert der Außenlufttemperatur im September,

ϑ_{LR} wirkliche Raumlufttemperatur.

Für alle anderen Wandorientierungen gilt im September:

$$\Delta\vartheta_{\ddot{a}q\,1\,sept} = \Delta\vartheta_{\ddot{a}q} + (\vartheta_{La,m} - 24{,}5\,°\text{C}) + (22\,°\text{C} - \vartheta_{LR}) \tag{2-33}$$

mit

$\vartheta_{La,m}$ wirklicher Mittelwert der Außenlufttemperatur im Juli,

ϑ_{LR} wirkliche Raumlufttemperatur.

Die Werte in VDI 2078 Tabelle A 18 gelten für eine hell getönte Wand ($\varepsilon = 0{,}9$; $a_S = 0{,}7$) bzw. ein dunkles Dach ($\varepsilon = 0{,}9$; $a_S = 0{,}9$). Weicht die vorliegende Wand- bzw. Dachfläche davon ab, so ist entsprechend des unterschiedlichen Absorptions- und Emissionsgrades der $\Delta\vartheta_{\ddot{a}q}$-Wert anzupassen. Dazu wird der $\Delta\vartheta_{\ddot{a}q}$-Wert aus VDI 2078 Tabelle A 18 bzw. der ggf. korrigierte $\Delta\vartheta_{\ddot{a}q}$-Wert $\Delta\vartheta_{\ddot{a}q\,1}$ zu dem $\Delta\vartheta_{\ddot{a}q\,2}$-Wert umgerechnet. Dafür wird der Korrekturwert $\Delta\vartheta_{\ddot{a}q,as}$ benötigt. Aus VDI 2078 Tabelle A 19 (Wände) und VDI 2078 Tabelle A 22 (Dächer) kann man in Abhängigkeit von der Bauartklasse, der Himmelsrichtung der Wandnormalen und der Zeit den $\Delta\vartheta_{\ddot{a}q,as}$-Wert entnehmen, der sich bei einer Veränderung des Absorptionsgrades von $\Delta a_S = 0{,}2$ ergibt. Für die Ablesezeit gilt wiederum:

$$\Delta\vartheta_{\ddot{a}q,as}(\tau) = \Delta\vartheta_{\ddot{a}q,\text{Tabelle}}(\tau + \Delta\tau). \tag{2-34}$$

Der $\Delta\vartheta_{\ddot{a}q,as}$-Wert wird bei den verschiedenen Wänden und Decken folgendermaßen verrechnet:

Bei einer dunkel getönten Wand ($\varepsilon = 0{,}9$; $a_S = 0{,}9$):

$$\Delta\vartheta_{\ddot{a}q\,2} = \Delta\vartheta_{\ddot{a}q} + \Delta\vartheta_{\ddot{a}q,as}. \tag{2-35}$$

Bei einer weißen Wand ($\varepsilon = 0{,}9$; $a_S = 0{,}5$):

$$\Delta\vartheta_{\ddot{a}q\,2} = \Delta\vartheta_{\ddot{a}q} - \Delta\vartheta_{\ddot{a}q,as}. \tag{2-36}$$

Bei einer metallisch blanken Wand ($\varepsilon = 0{,}5$; $a_S = 0{,}5$):

$$\Delta\vartheta_{\ddot{a}q\,2} = \Delta\vartheta_{\ddot{a}q} - \Delta\vartheta_{\ddot{a}q,as} + 2{,}0. \tag{2-37}$$

Bei einem hell getönten Dach ($\varepsilon = 0{,}9$; $a_S = 0{,}7$):

$$\Delta\vartheta_{\ddot{a}q\,2} = \Delta\vartheta_{\ddot{a}q} - \Delta\vartheta_{\ddot{a}q,as}. \tag{2-38}$$

Bei einem weißen Dach ($\varepsilon = 0{,}9$; $a_S = 0{,}5$):

$$\Delta\vartheta_{\ddot{a}q\,2} = \Delta\vartheta_{\ddot{a}q} - 2\,\Delta\vartheta_{\ddot{a}q,as}. \tag{2-39}$$

Der so ermittelte Wert $\Delta\vartheta_{\ddot{a}q}$ bzw. $\Delta\vartheta_{\ddot{a}q\,1}$ bzw. $\Delta\vartheta_{\ddot{a}q\,2}$ wird in Gl. (2-29) eingesetzt.

2.4.2.2 Kühllast infolge Transmission durch Fenster $\dot{Q}_T$

Der Transmissionswärmestrom durch Fenster wird in ähnlicher Weise berechnet wie die Wirkung abweichender Nachbarraumtemperaturen:

$$\dot{Q}_T = k_F\,A_M\,(\vartheta_{La} - \vartheta_{LR}) \tag{2-40}$$

mit

k_F Wärmedurchgangskoeffizient des Fensters,

A_M gesamte Fensterfläche (Maueröffnungsmaß),

ϑ_{La} momentane Außenlufttemperatur,

ϑ_{LR} Raumlufttemperatur.

Werte für den Wärmedurchgangskoeffizienten von Fenstern liefert die DIN 4108, Teil 4. In VDI 2078 Tabelle A 8 (Monate Juli und September) bzw. VDI 2078 Tabelle B 1 (Januar bis Dezember) findet man die Werte für die momentane Außenlufttemperatur ϑ_{La}.

2.4.2.3 Kühllast infolge Strahlung durch Fenster $\dot{Q}_S$

Die Kühllast infolge Strahlung durch Fenster setzt sich aus den Wärmewirkungen durch die besonnte Glasfläche und durch die beschattete Glasfläche zusammen:

$$\dot{Q}_S = [A_1\,I_{\max} + (A - A_1)I_{diff,\max}]\,b\,S_a \tag{2-41}$$

mit

A_1 besonnte Glasfläche,

A gesamte Glasfläche,

$I_{\max}$ Maximalwert der Gesamtstrahlung im Auslegungsmonat,

$I_{diff,\max}$ Maximalwert der Diffusstrahlung im Auslegungsmonat,

b Durchlassfaktor der Fenster und Sonnenschutzeinrichtungen
          (VDI 2078 Tabelle A 13),

S_a Kühllastfaktor für äußere Strahlungslasten (VDI 2078 Tabelle A 16).

Dabei kann A über das Maueröffnungsmaß A_M und den Glasflächenanteil g_v der Fensterfläche näherungsweise bestimmt werden:

$$A = g_v \, A_M \, . \qquad (2\text{-}42)$$

Die Differenz zwischen A_M und A ist somit die Fläche des Fensterrahmens. Die besonnte Glasfläche A_1 ist zum Zeitpunkt der maximalen Gesamtstrahlung zu bestimmen. Dieser Zeitpunkt lässt sich aus VDI 2078 Tabelle A 9 bzw. VDI 2078 Tabelle B 2 ermitteln. Der Berechnungszeitpunkt für die Kühllast spielt dabei keine Rolle. Werte für den Durchlassfaktor für Fenster und Sonnenschutzeinrichtungen findet man in VDI 2078 Tabelle A 13. Bei Berücksichtigung mehrerer Durchlassfaktoren ergibt sich der Gesamtdurchlassfaktor als Produkt der Einzelfaktoren. Werte für die Maxima der Gesamtstrahlung ($I_{\max}$) findet man in VDI 2078 Tabelle A 11. Dort sind die monatlichen Maxima der Gesamtstrahlung durch zweifach verglaste Flächen in Abhängigkeit von der Himmelsrichtung aufgeführt. Der Wert für $I_{diff,\max}$ kann aus VDI 2078 Tabelle A 9 oder VDI 2078 Tabelle B 2 entnommen werden.

Die Werte für den Kühllastfaktor S_a sind in VDI 2078 Tabelle A 16 für die Berechnungsmonate Juli und September in Abhängigkeit vom Raumtyp, von der Beschattungseinrichtung (außen bzw. ohne oder innen), von der Himmelsrichtung der Wandnormalen und der wahren Ortszeit gegeben. Wenn 90 % oder mehr der Glasfläche beschattet sind, d. h. $A_1/A \leq 0{,}1$, dann ist unabhängig von der vorliegenden Richtung der Wandnormalen der S_a-Wert der Nordrichtung einzusetzen.

2.4.2.4 Kühllast infolge Infiltration $\dot{Q}_{FL}$

Das Eindringen von Außenluft in klimatisierte Räume kann bei heutiger Fensterbautechnik meist vernachlässigt werden. Dazu kommt, dass an heißen Sommertagen die Windkräfte und Auftriebskräfte im Gebäude meist gering sind. Die Berechnung eines eindringenden Luftvolumenstroms kann z. B. nach DIN 4701 erfolgen. Bei Vorhandensein nicht zu vernachlässigender eindringender Luftströme wird die Kühllastkomponente folgendermaßen berechnet:

$$\dot{Q}_{FL} = \frac{\dot{V} \, \varrho_L}{1 + x_{La}} \, c_{pl} \left(\vartheta_{La} - \vartheta_{LR} \right) \qquad (2\text{-}43)$$

mit

$\dot{V}$ eindringender Luftvolumenstrom,

ϱ_L Dichte der Luft,

c_{pl} spezifische Wärmekapazität der trockenen Luft,

ϑ_{La} Außenlufttemperatur,

ϑ_{LR} Raumlufttemperatur,

x_{La} Feuchtegehalt der Außenluft.

Dieser Kühllastanteil entfällt auch, wenn im Raum Überdruck herrscht.

2.4.3 Beispiel zur Berechnung der Kühllast eines Raumes nach dem Kurzverfahren

Beispiel 2-2: Berechnung der trockenen Kühllast eines Raumes (siehe Bild 2-10) im Juli um 12:00 Uhr (wahre Ortszeit).

Festlegungen:

Raumbeschreibung:

— Standort: Braunschweig Innenstadt,

— Nutzung: Büroraum mit 4 Arbeitsplätzen,

— Ausstattung: pro Arbeitsplatz ein PC mit Farbbildschirm,

— Arbeitszeit: 8:00 Uhr bis 16:00 Uhr,

— Zwischengeschoss,

— Grundfläche: 66,7 m²,

— Raumhöhe: 3 m,

— Raumtyp: M „mittel",

— Außenwandbauart: 2 b, hell getönt,

— Raumlufttemperatur: 23 °C,

— Beleuchtung: Entladungslampen, spezifische Anschlussleistung: 15 W/m² (Büroraum – Gruppenraum),

— Abluftleuchten mit Absaugung über Deckenhohlraum,

— angenommener Zuluftvolumenstrom: 5-facher Luftwechsel pro Stunde,

— Fenster: Stahlfenster, $k_F = 1{,}4$ W/(m² K), Doppelverglasung aus Tafelglas mit Außenjalousie, Öffnungswinkel 45°,

— keine Beschattung durch Nachbargebäude, vorspringende Fassadenelemente o. ä.,

— vernachlässigbare Fugenlüftung (Überdruck im Raum).

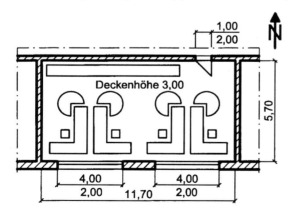

Bild 2-10: Grundriss des Beispielraums

Innere Kühllast:

• Kühllast durch Personen $\dot{Q}_P$

$$\dot{Q}_P = n\,\dot{q}_{P\,tr}\,S_i = 4 \cdot 85\,\text{W} \cdot 0{,}81 = 275\,\text{W}$$

mit

$n = 4$,

$\dot{q}_{P\,tr} = 85$ W (siehe VDI 2078 Tabelle A 1, körperlich nicht tätig, trockene Wärmeabgabe,
Raumlufttemperatur 23 °C),

$S_i = 0{,}81$ (siehe VDI 2078 Tabelle A 5, Raumtyp M „mittel", Belastungsbeginn 8:00 Uhr, Belastungsende 16:00 Uhr, Wert für Leuchten mit Konvektivanteil 50 %).

- Kühllast durch Beleuchtung $\dot{Q}_B$

$$\dot{Q}_B = P\,l\,\mu_B\,S_i = 1000\,\text{W} \cdot 1 \cdot 0{,}45 \cdot 0{,}62 = 279\,\text{W}$$

mit

$P = 15\,\dfrac{\text{W}}{\text{m}^2}\,66{,}7\,\text{m}^2 = 1000\,\text{W}$ (siehe VDI 2078 Tabelle A 2, Bürotätigkeit − Gruppenräume),

$l = 1$ (Annahme),

$\mu_B = 0{,}45$ (siehe VDI 2078 Tabelle A 4, Zwischengeschoss

mit $\dot{V}_{ZU} = LW\,V_R = 5\,\dfrac{1}{\text{h}} \cdot 66{,}7\,\text{m}^2 \cdot\,3\,\text{m} = 1000\,\dfrac{\text{m}^3}{\text{h}}$ wird $\dfrac{\dot{V}_{ZU}}{P} = \dfrac{1000\,\text{m}^3}{1000\,\text{W\,h}} = 1\,\dfrac{\text{m}^3}{\text{W\,h}}$),

$S_i = 0{,}62$ (siehe VDI 2078 Tabelle A 5, Raumtyp M „mittel", Belastungsbeginn 8 Uhr, Belastungsende 16 Uhr, Leuchten Konvektivanteil 0 %, da Abluftleuchten).

- Kühllast durch Maschinen und Geräte $\dot{Q}_M$

In den Räumen aufgestellte Maschinen und Geräte geben die aufgenommene elektrische Energie letztlich in Form von Wärme wieder ab.

$$\dot{Q}_M = l\,S_i\,\sum_{j=1}^{n}\left(\frac{P_j}{\eta}\,\mu_{aj}\right) = l\,S_i\,n\,P = 1 \cdot 1 \cdot 4 \cdot 250\,\text{W} = 1000\,\text{W}$$

mit

$l = 1$ (Annahme: alle PCs sind ständig eingeschaltet),

$S_i = 1$ (Annahme: Konvektivanteil 100 %),

$n = 4$ (1 PC pro Arbeitsplatz),

$P = 200$ W (siehe VDI 2078 Tabelle A 6.2, PC mit Farbbildschirm).

- Kühllast durch Stoffdurchsatz $\dot{Q}_G$

$$\dot{Q}_G = 0,\ \text{da kein Stoffdurchsatz.}$$

- Kühllast infolge sonstiger Wärmeabgabe im Raum $\dot{Q}_C$

$$\dot{Q}_C = 0,\ \text{da keine sonstigen Wärmequellen.}$$

- Kühllast infolge unterschiedlicher Nachbarraumtemperaturen $\dot{Q}_R$

$$\dot{Q}_R = 0,\ \text{da alle Nachbarräume klimatisiert sind.}$$

Summe der inneren Kühllasten:

$$\dot{Q}_I = \dot{Q}_P + \dot{Q}_B + \dot{Q}_M + \dot{Q}_G + \dot{Q}_C + \dot{Q}_R = 275\,\text{W} + 279\,\text{W} + 1000\,\text{W} + 0\,\text{W} + 0\,\text{W} + 0\,\text{W} = 1554\,\text{W}.$$

Äußere Kühllast

- Kühllast durch Außenwände und Dächer $\dot{Q}_W$

$$\dot{Q}_W = k\,A\,\Delta\vartheta_{\ddot{a}q\,2} = 0{,}54\,\frac{\text{W}}{\text{m}^2\,\text{K}}\,19{,}1\,\text{m}^2\,2{,}8\,\text{K} = 29\,\text{W}$$

mit

$k = 0,54 \dfrac{W}{m^2 K}$ (siehe VDI 2078 Tabelle A 17, Wandausführung 2 b),

$A = (11,7\,\text{m} \cdot 3\,\text{m}) - 2 \cdot (4,0\,\text{m} \cdot 2,0\,\text{m}) = 19,1\,\text{m}^2$

(siehe Bild 2-10, Außenwandfläche minus Summe der Maueröffnungsmaße der Fenster),

$\Delta\vartheta_{\ddot{a}q\,2} = 2,8\,\text{K}$

wegen

$\Delta\vartheta_{\ddot{a}q} = 3,7\,\text{K}$

(siehe VDI 2078 Tabelle A 18, mit Bauartklasse 6, wegen Wandausführung 2b siehe VDI 2078 Tabelle A 17, Himmelsrichtung S, Ablesezeit: 8 Uhr, wegen $\Delta\tau = -4$ h, wegen Wandausführung 2b siehe VDI 2078 Tabelle A 17):

$$\Delta\vartheta_{\ddot{a}q\,1} = \Delta\vartheta_{\ddot{a}q} + (\vartheta_{La,m} - 24,5\,^\circ\text{C}) + (22\,^\circ\text{C} - \vartheta_{LR})$$
$$= 3,7\,\text{K} + (24,6\,^\circ\text{C} - 24,5\,^\circ\text{C}) + (22\,^\circ\text{C} - 23\,^\circ\text{C}) = 2,8\,\text{K}$$

mit

$\vartheta_{La,m} = 24,6\,^\circ\text{C}$

(siehe VDI 2078 Tabelle A 8 letzte Zeile, Kühllastzone 3 siehe VDI 2078 Bild 2 oder VDI 2078 Tabelle 1, Monat Juli),

$\vartheta_{LR} = 23\,^\circ\text{C}$,

hell getönte Wand ($\varepsilon = 0,9$; $a_S = 0,7$) – daraus folgt: $\Delta\vartheta_{\ddot{a}q,as} = 0$

$\Delta\vartheta_{\ddot{a}q\,2} = \Delta\vartheta_{\ddot{a}q\,1} + \Delta\vartheta_{\ddot{a}q,as} = 2,8\,\text{K} + 0 = 2,8\,\text{K}$.

- Kühllast infolge Transmission durch Fenster $\dot{Q}_T$

$$\dot{Q}_T = k_F A_M (\vartheta_{La} - \vartheta_{LR}) = 1,4\,\frac{W}{m^2 K}\,16\,\text{m}^2 (28,8\,^\circ\text{C} - 23\,^\circ\text{C}) = 130\,\text{W}$$

mit

$k_F = 1,4\,\dfrac{W}{m^2 K}$ (siehe Festlegung oben),

$A_M = 2(4,0\,\text{m} \cdot 2,0\,\text{m}) = 16\,\text{m}^2$ (siehe Bild 2 − 10),

$\vartheta_{La} = 28,8\,^\circ\text{C}$

(siehe VDI 2078 Tabelle A 8, Tageszeit 12 Uhr, Kühllastzone 3 siehe VDI 2078 Bild 2 oder VDI 2078 Tabelle 1, Monat Juli),

$\vartheta_{LR} = 23\,^\circ\text{C}$.

- Kühllast infolge Strahlung durch Fenster $\dot{Q}_S$

$$\dot{Q}_S = [A_1 I_{max} + (A - A_1) I_{diff,max}] b\, S_a$$
$$= \left[14,4\,\text{m}^2 \cdot 385\,\frac{W}{m^2} + (14,4\,\text{m}^2 - 14,4\,\text{m}^2) \cdot 129\,\frac{W}{m^2} \right] 0,15 \cdot 0,59 = 491\,\text{W}$$

mit

$A = g_v A_M = 0,9 \cdot 16\,\text{m}^2 = 14,4\,\text{m}^2$

mit

$g_v = 0,9$ (siehe VDI 2078 Tabelle A 12, Stahlfenster, A_M pro Fenster: $8\,m^2$),

$A_M = 2 \cdot (2,0\,\text{m} \cdot 4,0\,\text{m}) = 16\,\text{m}^2$ (siehe Skizze),

$A_1 = A$, da keine Beschattung (siehe Festlegung oben),

$I_{max} = 385\,\dfrac{W}{m^2}$ (siehe VDI 2078 Tabelle A 11, Monat Juli, Himmelsrichtung der

  Wandnormalen S),

$I_{diff,max} = 129\,\dfrac{W}{m^2}$ (siehe VDI 2078 Tabelle A 9, Monat Juli, Himmelsrichtung der

  Wandnormalen S),

$b = b_1 \, b_2 = 1{,}0 \cdot 0{,}15 = 0{,}15$ (siehe VDI 2078 Tabelle A 13)

mit

$b_1 = 1{,}0$ (siehe VDI 2078 Tabelle A 13, Doppelverglasung aus Tafelglas),

$b_2 = 0{,}15$ (siehe VDI 2078 Tabelle A 13, Außenjalousie, Öffnungswinkel 45°,

$S_a = 0{,}59$ (siehe VDI 2078 Tabelle A 16, Raumtyp M, Himmelsrichtung der Wandnormalen S, Sonnenschutz außen, wahre Ortszeit 12 Uhr).

Summe der äußeren Kühllasten:

$$\dot{Q}_A = \dot{Q}_W + \dot{Q}_F + \dot{Q}_{FL} = 29\,\text{W} + 621\,\text{W} + 0 = 650\,\text{W}$$

mit

$$\dot{Q}_F = \dot{Q}_T + \dot{Q}_S = 130\,\text{W} + 491\,\text{W} = 621\,\text{W}.$$

Kühllast des Raumes:

$$\dot{Q}_{KR} = \dot{Q}_I + \dot{Q}_A = 1554\,\text{W} + 650\,\text{W} = 2204\,\text{W}.$$

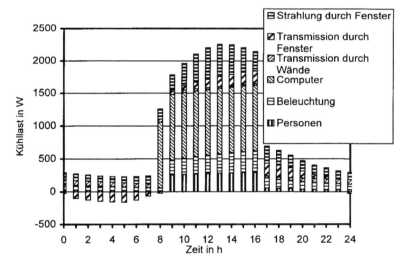

Bild 2-11: Kühllastverlauf und Kühllastanteile nach dem Kurzverfahren

Bild 2-11 zeigt den mit dem Kurzverfahren errechneten Verlauf der Gesamtkühllast und der einzelnen Kühllastanteile. Der trotz äußerem Sonnenschutz immer noch erhebliche Kühllastanteil infolge der Strahlung durch Fenster macht deutlich, wie wichtig dieser Sonnenschutz ist, wenn die Lasten im Raum reduziert werden sollen. Den mit Abstand größten Kühllastanteil verursachen die Computer. Betrachtet man die Summe der ganzjährig anfallenden Kühllasten durch Personen, Beleuchtung und Maschinen, so wird nachvollziehbar, warum bei gut gedämmten Bürogebäuden im Winter nur relativ wenig geheizt werden muss.

2.5 Ablaufschema einer Berechnung der trockenen Kühllast eines Raumes nach dem Kurzverfahren

Schritt 1	Eingangsinformationen
	– Standort des Gebäudes
	– Baubeschreibung (Lageplan, Zeichnungen der Etagengrundrisse, Schnittzeichnungen, Informationen über Wand- und Deckenaufbau, Fenster, Sonnenschutzeinrichtungen, E-Installation und RLT-Anlagen)
	– Raumnutzung (Nutzungsart, Nutzungszeit)
	– Berechnungszeitpunkt
Schritt 2	Berechnung der inneren Last
	A Personen
	– Anzahl der Personen im Raum
	– Schweregrad der körperlichen Tätigkeit
	– Raumlufttemperatur
	– trockene Wärmeabgabe einer Person
	– Raumtyp
	– Belastungszeit
	– Speicherfaktor der Personen
	Kühllast durch Personen
	B Beleuchtung
	– Gesamtanschlussleistung der Leuchten
	– Gleichzeitigkeitsgrad
	– Art der Leuchten, Einbau der Leuchten, bei Abluftleuchten noch Luftvolumenstrom
	– Raumbelastungsgrad
	– Raumtyp, Belastungszeit, Konvektivanteil, Speicherfaktor der Beleuchtung
	Kühllast durch Beleuchtung
	C Maschinen und Geräte
	– Anzahl
	– Leistung
	a Motornennleistung, mittlerer Motorwirkungsgrad, Belastungsgrad, Aufstellung der Motoren
	oder
	b aufgenommene elektrische Leistung bzw. abgegebene Wärme
	– Gleichzeitigkeitsfaktor
	– Konvektivanteil (ggf. Raumtyp, Belastungszeit, Speicherfaktor der Motoren und Geräte)
	Kühllast durch Maschinen und Geräte
	D Stoffdurchsatz
	– Stoffmassenstrom
	– mittlere spezifische Wärmekapazität des Stoffs
	– Eintrittstemperatur, Austrittstemperatur
	– Konvektivanteil (ggf. Raumtyp, Belastungszeit, Speicherfaktor des Stoffdurchsatzes)
	Kühllast infolge Stoffdurchsatz
	E sonstige Wärmeabgabe
	– Größe
	– Konvektivanteil (ggf. Raumtyp, Belastungszeit, Speicherfaktor der sonstigen Wärmeabgabe)
	Kühllast durch sonstige Wärmeabgabe
	F unterschiedliche Nachbarraumtemperaturen
	– Wärmedurchgangskoeffizienten, Wand-, Decken- und Fußbodenabmessungen, Temperaturdifferenzen
	Last aus Nachbarräumen

Schritt 3	Berechnung der äußeren Last im Sommer
	G Außenwände und Dächer
	– Wärmedurchgangskoeffizient
	– Wand-, Deckenabmessungen
	– Wandausführung, Bauartklasse, Wandorientierung, Zeitkorrektur $\Delta\tau$
	– Kühllastzone
	– Mittelwert der Außenlufttemperatur
	– Raumlufttemperatur
	– abweichende Wand- und Deckenoberflächen (Absorptions- und Emissionsgrad)
	– äquivalente Temperaturdifferenz
	Kühllast durch Außenwände und Decken
	H Transmission durch Fenster
	– Wärmedurchgangskoeffizient
	– Fensterabmessungen
	– Kühllastzone, momentane Außenlufttemperatur, Raumlufttemperatur
	Kühllast infolge Transmission durch Fenster
	I Strahlung durch Fenster
	– Fensterabmessungen, Glasflächenanteil, Glasfläche
	– besonnte Glasfläche
	– Wandorientierung, Maximalwert der Gesamtstrahlung, Maximalwert der Diffusstrahlung
	– Fenstergläser, zusätzliche Sonnenschutzeinrichtungen, Gesamtdurchlassfaktor des Fensters
	– Raumtyp, Wandorientierung, Anordnung Sonnenschutz
	Kühllast infolge Strahlung durch Fenster
	J Infiltration
	– eindringender Luftvolumenstrom, Dichte der Luft, spezifische Wärmekapazität der Luft, Feuchtegehalt der Luft
	– Außenlufttemperatur, Raumlufttemperatur
	Kühllast infolge Infiltration
Schritt 4	Summe der Lasten **A** bis **J**

2.6 EDV-Verfahren zur Kühllastberechnung

2.6.1 Möglichkeiten des EDV-Verfahrens

Das EDV-Verfahren bietet neben der Berechnung der Kühllast eine ganze Reihe weiterer Berechnungsmöglichkeiten, die mit dem Kurzverfahren nicht bzw. nur sehr aufwendig möglich sind [2], S. 47. Es kann z. B. eine nicht über 24 Stunden durchgehende Betriebsweise simuliert werden. Daraus abgeleitet, können die Anfahrspitzen der Kühllast unter Auslegungsbedingungen und im Normalbetrieb berechnet werden. Weiterhin ist die Berechnung der Raumlufttemperaturen außerhalb der Anlagenbetriebszeit möglich. Nach Vorgabe einer von der Anlage maximal aus dem Raum abführbaren Kühlleistung, die geringer ist als die Kühllast bei Auslegungsbedingungen, kann die sich einstellende Raumlufttemperatur berechnet werden.

Im Bild 2-13 ist eine derartige Konstellation beispielhaft den in Bild 2-12 gezeigten Verläufen bei vollständiger Lastdeckung und ununterbrochenem Anlagenbetrieb gegenübergestellt. Die Berechnungsbedingungen entsprechen bis auf die maximal abführbare Kühllast und die Anlagenbetriebszeit dem Beispiel 2-2 aus Abschnitt 2.4.3. Bei der Variante mit nur teilweiser Deckung der anfallenden Kühllast wurde angenommen, dass die Anlage nicht die auftretende Maximallast von ca. 2,5 kW, sondern nur 2 kW aus dem Raum abführen kann. Außerdem wird angenommen, dass die Anlage bei einer Raumbelegungszeit von 8:00 Uhr bis 16:00 Uhr nur von 6:00 Uhr bis 19:00 Uhr betrieben wird. Wie das Bild 2-13 zeigt, steht der möglichen Kosteneinsparung durch eine verkleinerte Kälteanlage und reduzierte Betriebszeiten eine im Sommer noch akzeptable Temperaturzunahme von 23 °C (Soll-Raumlufttemperatur) auf knapp 26 °C (Maximalwert der Ist-Raumlufttemperatur) entgegen. Anhand solcher Betrachtungen können über die übliche Anlagenauslegung hinausgehende Überlegungen angestellt werden.

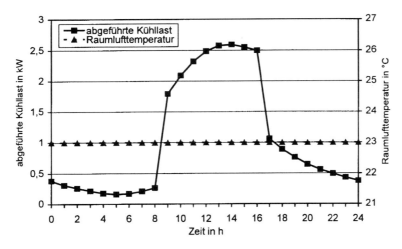

Bild 2-12: Lastverlauf und Raumlufttemperatur bei vollständiger Lastdeckung und ununterbrochenem Anlagenbetrieb

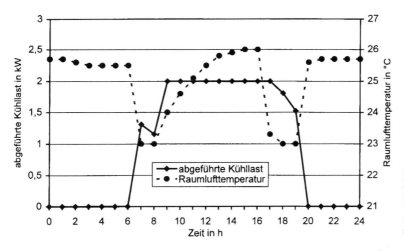

Bild 2-13: Lastverlauf und Raumlufttemperatur bei teilweiser Lastdeckung und unterbrochenem Anlagebetrieb

Die Berechnungen wurden mit dem Programm „Kühllastberechnung nach VDI 2078" der mh-software GmbH durchgeführt.

Mit dem EDV-Verfahren ist es weiterhin möglich, unterschiedliche und zeitveränderliche Soll-Raumlufttemperaturen vorzugeben. Gegenüber der Berechnung im Kurzverfahren, bei der die Beschattung zum Zeitpunkt der maximalen Gesamtstrahlung ermittelt wird, können beim EDV-Verfahren beliebige Beschattungen der Fensterflächen und Außenwände (wandernde Schatten) berücksichtigt werden. Auch kann eingegeben werden, dass ein beweglicher automatischer Sonnenschutz erst ab einer bestimmten Strahlungsleistung aktiviert wird. Die Strahlungs- und Konvektivanteile innerer und äußerer thermischer Lasten können unterschiedlich eingegeben werden.

2.6.2 Beispiel zur Kühllastberechnung mittels EDV-Verfahren

Das Ergebnis einer Berechnung des im Abschnitt 2.4.3 beschriebenen Beispiels mit dem EDV-Verfahren zeigt Bild 2-14. Die Kühllast setzt sich aus sechs Reaktionsgrößen (konvektive Wärmelasten) zusammen. Dies sind im einzelnen [2], S. 52:

$WL\,(1)$ Reaktionswärmelast durch aufgeprägte konvektive innere Wärmebelastungen, z. B. durch Personen, Beleuchtung, Maschinen, Sonneneinstrahlung durch Fenster und gesteuerte statische Heizanlagen,

$WL\,(2)$ Reaktionswärmelast durch konvektive Wärmepotentiale, z. B. durch abweichende Nachbarraumtemperaturen, Außenluftwechsel über Fenster, gesteuerte statische Heizanlagen sowie gesteuerte RLT-Anlagen,

$WL\,(3)$ Reaktionswärmelast durch eine sich von der Soll-Raumlufttemperatur (hier $+23\,°\mathrm{C}$) unterscheidende Bezugstemperatur von $+22\,°\mathrm{C}$,

$WL\,(4)$ Reaktionswärmelast durch kombinierte Außenlufttemperatur vor transparenten Außenflächen, z. B. infolge Transmission durch Fenster,

$WL\,(5)$ Reaktionswärmelast durch kombinierte Außenlufttemperatur vor nichttransparenten Außenflächen, z. B. bei Transmission durch Außenwände, Dächer und Fußböden sowie durch Sonnenstrahlung auf Außenwände und Dächer,

$WL\,(6)$ Reaktionswärmelast durch innen aufgeprägte absorbierte kurz- und langwellige Strahlung, z. B. durch Personen, Beleuchtung, Maschinen, Sonneneinstrahlung durch Fenster und gesteuerte statische Heizanlagen, wenn der Strahlungsanteil getrennt gerechnet wird.

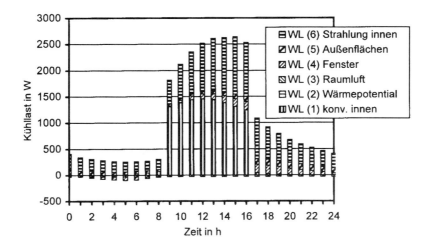

Bild 2-14: Kühllastverlauf und Kühllastanteile nach dem EDV-Verfahren

2.6.3 Vergleich der Berechnungsergebnisse aus EDV- und Kurzverfahren

EDV-Verfahren und Kurzverfahren liefern für das berechnete Beispiel (siehe Abschnitte 2.4.3 und 2.6.2) ähnliche Lastverläufe. Einen direkten Vergleich der Gesamtlasten zeigt Bild 2-15.

Der große Unterschied bei den berechneten Kühllastwerten um 8:00 Uhr ist einfach erklärbar. Beim Kurzverfahren geht die Wärmeabgabe der Computer (1000 W) wegen des angenommenen Konvektivanteils von 100 % (damit ist der Speicherfaktor während der Einschaltzeit $S_i = 1$) schon um 8:00 Uhr mit der vollen Größe in den Wert für die Kühllast ein. Die anderen inneren Lasten, wie z. B. Personen und Beleuchtung haben um 8:00 Uhr noch einen realistischeren, relativ kleinen Speicherfaktor ($S_i = 0{,}05$ bzw. $0{,}09$).

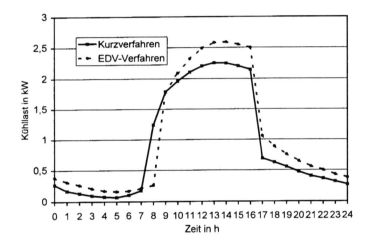

Bild 2-15: Kühllastverläufe, berechnet mit EDV- und mit Kurzverfahren

Beim EDV-Verfahren umfasst der Kühllastwert von 8:00 Uhr den Betrachtungszeitraum 7:01 Uhr bis 8:00 Uhr. Das hat zur Folge, dass sich die Computer erst beim Kühllastwert von 9:00 Uhr auswirken.

Der Zeitpunkt des auftretenden Maximums der Kühllast ist bei den beiden Verfahren unterschiedlich. Der berechnete Kühllastmaximalwert ergibt sich beim Kurzverfahren um 13:00 Uhr, wobei bis 14:00 Uhr nur eine sehr geringe Abnahme um 6 W erfolgt. Beim EDV-Verfahren tritt der Maximalwert um 14:00 Uhr auf, der schon um 13:00 Uhr mit einem geringfügig niedrigeren Wert (nur 14 W weniger) fast erreicht wird. D. h., in der Tendenz ergeben sich ähnliche Zeitpunkte.

Das Kurzverfahren errechnet mit 2253 W einen Maximalwert, der um 338 W unter dem Wert des EDV-Verfahrens (2593 W) liegt, was einer noch akzeptablen Abweichung von minus 13 % entspricht.

Trotz der vielen Vorteile, die das EDV-Verfahren besitzt, ist die Kenntnis des Kurzverfahrens unverzichtbar.

Während z. B. bei einem gut gedämmten Bürogebäude der Transmissionswärmestrom durch Außenwände und Dächer nur eine untergeordnete Rolle spielt (siehe Beispiel 2-2), kann dieser Anteil bei einer ausgedehnten Fertigungshalle eine nicht zu vernachlässigende Größe annehmen. Auch der im Beispiel nicht berechnete Transmissionswärmestrom durch Innenwände (infolge abweichender Nachbarraumtemperaturen) kann einen bedeutenden Anteil an der Gesamtkühllast darstellen, z. B. dann, wenn sich der zu berechnende Raum über einer Technikzentrale befindet, in der auch im Sommer mit schlecht gedämmten Kesseln Warmwasser erzeugt wird.

Mit dem Kurzverfahren kann die Relation zwischen den einzelnen Lastanteilen rasch überschlägig ermittelt werden. Aus den sich dabei ergebenden Verhältnissen kann man dann entnehmen, welche Eingabedaten des EDV-Verfahrens besonders sorgfältig zu ermitteln sind.

2.6.4 Kühllastberechnung mittels EDV-Verfahren nach VDI 2078 unter Berücksichtigung der operativen Raumtemperatur [6]

Die Berechnung der Kühllast nach VDI 2078 [2] erfolgt auf der Basis der Lufttemperatur ϑ_{LR}. Nach der DIN 1946 Teil 2 [7] gilt aber die operative Raumtemperatur ϑ_o als raumseitige Bezugsgröße für die Auslegung und den Betrieb von RLT-Anlagen. Für die Auslegung von konvektiv arbeitenden RLT-Anlagen nach der operativen Raumtemperatur ϑ_o wird in [6] daher folgende Vorgehensweise vorgeschlagen.

1. Zunächst erfolgt die Berechnung der Kühllast mit dem EDV-Verfahren nach VDI 2078 mit der gewünschten operativen Raumtemperatur ϑ_o als Wert für die Raumlufttemperatur ϑ_{KR1}.

2. Aus den Ergebnissen des ersten Berechnungsdurchlaufs wird für den Zeitpunkt der maximalen Raumlufttemperatur bzw. maximalen Kühllast mit Hilfe der angegebenen Reaktionswärmelasten $WL(1)$ und $WL(2)$ die mittlere Übertemperatur der Raumumschließungsflächen $\Delta\vartheta_{U1}$ näherungsweise berechnet.

$$\Delta\vartheta_{U1} = \vartheta_{U1} - \vartheta_{KR1} = \frac{\dot{Q}_{KR1} - WL(1) - WL(2)}{A_h\,\alpha_{K,h} + A_v\,\alpha_{K,v}} \qquad (2\text{-}44)$$

mit

ϑ_{U1} mittlere Temperatur der Raumumschließungsflächen nach der ersten Berechnung,

ϑ_{KR1} Raumlufttemperatur aus der ersten Berechnung (Startwert),

$\dot{Q}_{KR1}$ Raumkühllast nach dem ersten Rechendurchlauf,

$WL(1)$ Reaktionswärmelast nach dem ersten Rechendurchlauf infolge sofort wirksamer konvektiver Anteile von Raumlasten, siehe auch Abschnitt 2.6.2,

$WL(2)$ Reaktionswärmelast nach dem ersten Rechendurchlauf infolge vorhandener konvektiver Wärmepotentiale, z. B. durch abweichende Nachbarraumtemperaturen, Außenluftwechsel über Fenster, gesteuerte statische Heizanlagen sowie gesteuerte RLT-Anlagen, siehe auch Abschnitt 2.6.2,

A_h Summe aller horizontalen Raumumschließungsflächen,

A_v Summe aller vertikalen Raumumschließungsflächen,

$\alpha_{K,h}$ konvektiver Wärmeübergangskoeffizient für horizontale Flächen
(im EDV-Verfahren: $\alpha_{K,h} = 1{,}67$ W/(m^2 K),

$\alpha_{K,v}$ konvektiver Wärmeübergangskoeffizient für vertikale Flächen
(im EDV-Verfahren: $\alpha_{K,v} = 2{,}70$ W/m^2 K).

3. Berechnung der Kühllast mit dem EDV-Verfahren nach VDI 2078 mit der Raumlufttemperatur ϑ_{KR2}, für die gilt:

$$\vartheta_{KR2} = \vartheta_{KR1} - 0{,}5\,\Delta\vartheta_{U1} \qquad (2\text{-}45)$$

mit

ϑ_{KR2} Raumlufttemperatur, die zur gewünschten operativen Raumtemperatur ϑ_o führt.

Nach diesem zweiten Durchlauf der Kühllastberechnung liegt die Kühllast vor, die sich näherungsweise bei der gewünschten operativen Raumtemperatur ϑ_{LR} ergeben würde.

Die Begründung für die gewählte Vorgehensweise liefern die Gln. (2-46) und (2-47).

Da sich die mittlere Übertemperatur der Raumumschließungsflächen im zweiten Berechnungsdurchlauf nur unwesentlich ändert, d. h.

$$\vartheta_{U1} - \vartheta_{KR1} = \Delta\vartheta_{U1} \approx \Delta\vartheta_{U2} = \vartheta_{U2} - \vartheta_{KR2}, \qquad (2\text{-}46)$$

gilt näherungsweise für die operative Raumtemperatur ϑ_o:

$$\begin{aligned}
\vartheta_o \cong 0{,}5(\vartheta_{KR2} + \vartheta_{U2}) &= \vartheta_{KR2} + 0{,}5\,\Delta\vartheta_{U2} \\
&= (\vartheta_{KR1} - 0{,}5\,\Delta\vartheta_{U1}) + 0{,}5\,\Delta\vartheta_{U2} \approx \vartheta_{KR1} \qquad (2\text{-}47)
\end{aligned}$$

mit

ϑ_{KR2} Raumlufttemperatur beim zweiten Berechnungsdurchlauf,

ϑ_{U2} mittlere Temperatur der Raumumschließungsflächen beim zweiten Berechnungsdurchlauf,

$\Delta\vartheta_{U2}$ mittlere Übertemperatur der Raumumschließungsflächen beim zweiten Berechnungsdurchlauf.

2.7 Übernahme von Ergebnissen aus der Heizlastberechnung

Die Berechnung der Heizlast eines Gebäudes wird in der BRD meist auf der Grundlage der DIN 4701 [8] durchgeführt. Der dort berechnete Norm-Wärmebedarf $\dot{Q}_N$ kann u. U. nicht ohne weiteres als Heizlast $\dot{Q}_{HR}$ für den Winterauslegungsfall übernommen werden. Während die DIN 4701, z. B. bei Bürogebäuden, eine Norm-Innentemperatur von 20 °C vorsieht, empfiehlt die DIN 1946 Teil 2 (Raumlufttechnik – Gesundheitstechnische Anforderungen) eine operative Raumtemperatur von 22 °C. Die höhere

Raumtemperatur führt zu einem größeren Transmissionswärmestrom, der bei der Berechnung der Heizlast ggf. berücksichtigt werden muss.

$$\dot{Q}_{HR} = \dot{Q}_N \frac{(22\,^{\circ}\mathrm{C} - \vartheta_{La})}{(20\,^{\circ}\mathrm{C} - \vartheta_{La})} \qquad (2\text{-}48)$$

2.8 Lastberechnung bei offenen Wasserflächen am Beispiel eines Schwimmbades

Bei Schwimmbädern werden die Lastverhältnisse stark durch die Verdunstung an der Wasseroberfläche bestimmt.

Die Berechnung der entstehenden Lasten kann auf zwei verschiedenen Wegen erfolgen [3], S. 19.

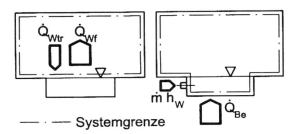

Bild 2-16: Energiebilanz an offenen Wasserflächen
links: System Raumluft   rechts: System Raumluft + Wasser

Weg 1 (System Raumluft, Bild 2-16 links):
Die Systemgrenze sind die Umschließungsflächen des betrachteten Raumes und die Wasseroberfläche. Der Systeminhalt ist die Raumluft. Durch die Verdunstung entsteht eine feuchte Last:

$$\dot{Q}_{W\,f} = \dot{m}_W\, h'' \qquad (2\text{-}49)$$

mit

h'' Enthalpie des Wasserdampfes bei Grenzschichttemperatur.

Wenn sich die Raumtemperatur von der Temperatur der Wasseroberfläche unterscheidet, entsteht durch den Wärmeübergang eine trockene Last:

$$\dot{Q}_{W\,tr} = -\alpha_K\, A\,(\vartheta_{LR} - \vartheta_G) \qquad (2\text{-}50)$$

mit

α_K konvektiver Wärmeübergangskoeffizient,

A Wasseroberfläche,

ϑ_{LR} Raumlufttemperatur,

ϑ_G Grenzschichttemperatur.

Wenn keine weiteren Lasten zu berücksichtigen sind, ergibt sich die Gesamtlast somit zu

$$\dot{Q}_{\text{ges}} = \dot{m}_W\, h_W + \dot{Q}_{Be}. \tag{2-51}$$

Weg 2 (System Raumluft + Wasser, Bild 2-16 rechts):
Die Systemgrenze schließt zusätzlich zum Luftvolumen nach Weg 1 auch das Wasservolumen ein. Über die Systemgrenze werden dem System der Wassermassenstrom $\dot{m}_W$ mit Grenzflächentemperatur und ein Wärmestrom $\dot{Q}_{Be}$ zugeführt. Der Wärmestrom $\dot{Q}_{Be}$ dient dazu, zusammen mit einem trockenen Wärmeübergang an der Wasseroberfläche (siehe $\dot{Q}_{W\,tr}$ in Gl. (2-50)), dem Beckenwasser die benötigte Verdampfungswärme $\dot{m}_W\, r$ zuzuführen.

Der zugeführte Energiestrom beträgt somit:

$$\dot{Q}_{\text{ges}} = \dot{m}_W\, h_W + \dot{Q}_{Be}, \tag{2-52}$$

wobei h_W die Enthalpie des zugeführten Wassers ist.

Die Gesamtlast $\dot{Q}_{\text{ges}}$ ist, wie das folgende Beispiel zeigt, gleich groß.

Beispiel 2-3: Für das Hallenschwimmbad aus Beispiel 4-18 aus Band 1 [9] sollen die durch das Schwimmbecken entstehenden Lasten berechnet werden.

Abmessungen Schwimmbecken:	25,0 m × 12,5 m = 312,5 m²
aufrechtzuerhaltender Luftzustand:	$\vartheta_{LR} = 32,0\,°\mathrm{C}\ /\ \varphi_R = 60\,\%$
Wassertemperatur:	$\vartheta_{W,i} = 28,0\,°\mathrm{C}$
Massenstrom des verdunstenden Wassers:	$\dot{m}_W = 5,33\ \mathrm{g/s}$

Die Temperatur der Grenzschicht ϑ_G ergibt sich nach Gl. (2-54).

$$\vartheta_G = \vartheta_{W,o} = \vartheta_{W,i} - 0{,}125\,(\vartheta_{W,i} - \vartheta_f) = 28\,°\mathrm{C} - 0{,}125\,(28\,°\mathrm{C} - 25{,}5\,°\mathrm{C}) = 27{,}7\,°\mathrm{C}$$

Damit beträgt $x_S = 0{,}0240$.

Mit einem Wert von $h'' = 2551{,}43\ \mathrm{kJ/kg}$ (Wasserdampf bei $27{,}7\,°\mathrm{C}$) bedeutet dieser Wassermassenstrom eine feuchte Last von:

$$\dot{Q}_{W\,f} = \dot{m}_W\, h'' = 5{,}33\,\frac{\mathrm{g}}{\mathrm{s}} \cdot 2551{,}43\,\frac{\mathrm{kJ}}{\mathrm{kg}} = 13{,}60\ \mathrm{kW}.$$

Bei einem Wärmeübergangskoeffizienten $\alpha_K = 3{,}141\ \mathrm{W/(m^2\,K)}$ (aus den Gln. (5-39) und (5-44) aus Band 1 [9], mit $c_{pL} = 1{,}050\ \mathrm{kJ/(kg\,K)}$) entsteht eine trockene Last infolge konvektivem Wärmeübergangs von der Luft zum Wasser von:

$$\dot{Q}_{W\,tr} = -\alpha_K\, A\,(\vartheta_{LR} - \vartheta_G) = -3{,}141\,\frac{\mathrm{W}}{\mathrm{m^2\,K}} \cdot 312{,}5\ \mathrm{m^2} \cdot (32{,}0\,°\mathrm{C} - 27{,}7\,°\mathrm{C}) = -4{,}22\ \mathrm{kW}.$$

Damit beträgt die Gesamtlast nach Weg 1:

$$\dot{Q}_{\text{ges}} = \dot{Q}_{W\,tr} + \dot{Q}_{W\,f} = -4{,}22\ \mathrm{kW} + 13{,}60\ \mathrm{kW} = 9{,}38\ \mathrm{kW}.$$

Nach Weg 2 werden folgende Lasten ermittelt:
Mit $h_W = c_W\,\vartheta_G = 4{,}19\ \mathrm{kJ/(kg\,K)} \cdot 27{,}7\,°\mathrm{C} = 116{,}06\ \mathrm{kJ/kg}$ wird

$$\dot{m}_W\, h_W = 5{,}33\,\frac{\mathrm{g}}{\mathrm{s}} \cdot 116{,}06\,\frac{\mathrm{kJ}}{\mathrm{kg}} = 0{,}62\ \mathrm{kW}.$$

Mit $r = 2435{,}30\ \mathrm{kJ/kg}$ (bei $\vartheta_{W,o} = 27{,}7\,°\mathrm{C}$) wird $\dot{Q}_{Be}$ berechnet.

$$\dot{Q}_{Be} = \dot{m}_W\, r + \dot{Q}_{W\,tr} = 5{,}33\,\frac{\mathrm{g}}{\mathrm{s}} \cdot 2435{,}30\,\frac{\mathrm{kJ}}{\mathrm{kg}} - 4{,}22\ \mathrm{kW} = 12{,}98\ \mathrm{kW} - 4{,}22\ \mathrm{kW} = 8{,}76\ \mathrm{kW}$$

Damit entsteht als Gesamtlast beim Weg 2:

$$\dot{Q}_{ges} = \dot{m}_W \, h_W + \dot{Q}_{Be} = 0{,}62 \text{ kW} + 8{,}76 \text{ kW} = 9{,}38 \text{ kW}.$$

Für die Ermittlung der Verdunstung von Wasser bei offenen Wasserflächen gibt es neben der Vorgehensweise nach Beispiel 4-18 aus Band 1 [9] noch weitere Möglichkeiten der näherungsweisen Berechnung [5], [10].

Der Massenstrom des verdunstenden Wassers kann z. B. auch nach Gl. (5-39) aus Band 1 [9] berechnet werden.

$$\dot{m}_W = \sigma \, A \, (x_S - x_{LR}) \text{ in kg/h} \tag{2-53}$$

mit

$\dot{m}_W$ Feuchtigkeitsstrom,

σ Verdunstungskoeffizient,

A Wasseroberfläche,

x_S Feuchtegehalt der gesättigten Luft bei der Temperatur der Grenzschicht ϑ_G,

x_{LR} Feuchtegehalt der Raumluft.

Der Feuchtegehalt x_S ist der Feuchtegehalt der gesättigten Raumluft unmittelbar über der Wasseroberfläche. Die Temperatur dieser Schicht ϑ_G weicht geringfügig von der Temperatur der Wasseroberfläche $\vartheta_{W,o}$ ab [3], S. 19. Diese wiederum ist geringer als die Wassertemperatur im Inneren $\vartheta_{W,i}$. Die Temperatur der Wasseroberfläche $\vartheta_{W,o}$ kann mit der Gleichung

$$\vartheta_{W,o} = \vartheta_{W,i} - 0{,}125 \, (\vartheta_{W,i} - \vartheta_f) \tag{2-54}$$

berechnet werden, wobei ϑ_f die Feuchtkugeltemperatur der Luft ist [5], S. 170.

Vereinfachend kann dieser Wert als Temperatur der Grenzschicht verwendet werden: $\vartheta_G = \vartheta_{W,o}$ [3], S. 19.

Für Hallenbäder kann man für σ folgende Richtwerte annehmen [5], S. 1606:

bei ruhendem Wasser $\sigma = 10 \; \dfrac{\text{kg}}{\text{m}^2 \, \text{h}}$,

bei mäßig bewegtem Wasser $\sigma = 20 \; \dfrac{\text{kg}}{\text{m}^2 \, \text{h}}$,

bei stark bewegtem Wasser $\sigma = 30 \; \dfrac{\text{kg}}{\text{m}^2 \, \text{h}}$.

Für den Fall von ruhendem Wasser werden mit den Randbedingungen aus Beispiel 4-18 aus Band 1 [9] mit den Berechnungsverfahren nach [5] und [10] annähernd die gleichen Massenströme des verdunstenden Wassers berechnet.

Literatur

[1] Regelwerk: Arbeitsstätten – Vorschriften und Richtlinien. 27. Auflage Bremerhaven: Verlag für neue Wissenschaft GmbH, 1999. – ISBN 3-89701-243-X, §5.

[2] VDI-Richtlinie 2078: Berechnung der Kühllast klimatisierter Räume (VDI-Kühllastregeln). Ausg. 7.96. Düsseldorf. Verein Deutscher Ingenieure.

[3] *Doering, E.* und *W. Stäbler*: Kühl- und Heizlastberechnung. In: Arbeitskreis der Dozenten für Klimatechnik: Handbuch der Klimatechnik. Band 2, 3. Auflage Karlsruhe: Verlag C. F. Müller GmbH, 1989. - ISBN 3-7880-7324-1. S. 4.

[4] *Esdorn, H.*: Einzelheiten zur Kühllastberechnung. In: Heizung Lüftung/Klima Haustechnik, Band 45 (1994) Nr. 4, Seite 165–175.

[5] *Recknagel, Sprenger, Schramek*: Taschenbuch für Heizung und Klimatechnik 69. Auflage München: R. Oldenburg Verlag GmbH, 1999. - ISBN 3-486-26215-7.

[6] *Külpmann, R.* und *O. Diehl*: Kühllastberechnung nach VDI 2078. In: Heizung Lüftung/Klima Haustechnik, Band 47 (1996) Nr. 7, Seite 18–24.

[7] DIN-Norm 1946 Teil 2: Raumlufttechnik – Gesundheitstechnische Anforderungen (VDI-Lüftungsregeln). Ausg. 1/94: Deutsches Institut für Normung.

[8] DIN-Norm 4701: Regeln für die Berechnung des Wärmebedarfs von Gebäuden. Ausg. 3/83: Deutsches Institut für Normung.

[9] *Baumgarth, S., Hörner, B., Reeker, J.*: Handbuch der Klimatechnik, Band 1 Grundlagen. 4. Auflage Heidelberg: Müller, 2000. - ISBN 3-7880-7577-5.

[10] VDI-Richtlinie 2089 Blatt 1: Wärme-, Raumlufttechnik, Wasserver- und -entsorgung in Hallen- und Freibädern, Hallenbäder. Ausg. 6.94. Düsseldorf. Verein Deutscher Ingenieure.

[11] *Petzold, K.*: Wärmelast. 1. Auflage Berlin: VEB Verlag Technik, 1975.

3 Raumlufttemperatur bei freier Lüftung

A. TROGISCH, H. LÖBER

Formelzeichen

A	Fläche	$\dot{q}_m$	mittlere spezifische Wärmelast
A_B	Fußbodenfläche	t_E	Zeitpunkt der maximalen
A_e	an die Außenluft grenzende Fläche		Sonnenstrahlung
A_{FG}	verglaste Fläche	t_0	Periodendauer (hier 24 h)
A_i	raumluftumspülte speichernde	t_Q	Zeitpunkt des Wärmelastmaximums
	Bauteilflächen	t_R	Zeitpunkt der maximalen
B_R	Wärmeabsorptionsvermögen des		Raumlufttemperatur
	Raumes	t_Z	Zeitpunkt der maximalen
c_L	spezifische Wärmekapazität der		Zulufttemperatur
	feuchten Luft $(= c_{pL})$	$t_{\Theta,e}$	Zeitpunkt des Maximums der
f_e	Flächenverhältnis $(= \sum A_e/A_B)$		Außenlufttemperatur
f_i	Flächenverhältnis $(= \sum A_i/A_B)$	V_R	Raumvolumen
g	Gradient der fühlbaren Wärme-	$\dot{V}$	Außenluftvolumenstrom $(= \dot{V}_{AU})$
	abgabe einer Person	$\dot{V}_{opt}$	optimaler Außenluftvolumen-
H	lichte Raumhöhe		strom $(= \dot{V}_{AU,opt})$
k	Wärmedurchgangskoeffizient	WSK	Wärmeschutzklasse
n_P	Anzahl der Personen je m^2	w	Wärmekapazitätsstrom bezogen auf
	Fußbodenfläche		die Fußbodenfläche (Wärmewert des
$m_{B,sp}$	spezifische speicherwirksame		Abstromes)
	Bauwerksmasse [1], [6]	w_L	Außenluftwärmekapazitätsstrom
$\dot{q}$	spezifische Wärmelast (Kühllast)	$w_{L,opt}$	optimaler Außenluftwärmekapazitäts-
$\hat{q}$	spezifische Wärmelastamplitude		strom
$\dot{q}_{Am}$	mittlere spezifische Aufbereitungs-	w_T	Transmissionswärmekapazitätsstrom
	last der Luft	w_U	Umwandlungswärmekapazitätsstrom
$\dot{q}_{I,m}$	mittlere innere nutzbedingte	λ	Luftwechsel $(= \beta = n)$
	spezifische Wärmelast	μ	Lastamplitudenverhältnis
$\dot{q}_L(\vartheta_{R,m})$	Tagesmittelwert des	$\hat{\Theta}_e$	Außenlufttemperaturamplitude
	raumlufttemperaturabhängigen	$\hat{\Theta}_R$	Raumlufttemperaturamplitude
	Außenluftwärmestromes	$\vartheta_{e,m}$	mittlere Außenlufttemperatur
$\dot{q}_{S,m}$	mittlere spezifische	ϑ_R	Raumlufttemperatur
	Strahlungswärmelast	$\vartheta_{R,m}$	mittlere Raumlufttemperatur
$\dot{q}_T(\vartheta_{R,m})$	Tagesmittelwert des	$\vartheta_{R,max}$	maximale Raumlufttemperatur
	raumlufttemperaturabhängigen	ϱ_L	Luftdichte
	Transmissionswärmestromes	σ	Durchlasskoeffizient des
$\dot{q}_{T,m}$	mittlere spezifische		Sonnenschutzes
	Transmissionswärmelast	τ	Zeit
$\dot{q}_U(\vartheta_{R,m})$	Tagesmittelwert des	Ω	relative Aufenthaltsdauer
	raumlufttemperaturabhängigen	ω	Kreisfrequenz
	Umwandlungswärmestromes		

3.1 Handberechnungsverfahren

3.1.1 Grundlagen

Eine exakte Berechnung der Raumlufttemperatur erfolgt zweckmäßigerweise mit geeigneter Software am PC. Das Handrechenverfahren zur Vorbemessung der Raumlufttemperatur nach *Petzold* [1] dient

- der Abschätzung in der Vorentwurfsphase zur Begründung von baulichen Veränderungen oder/und Konzeption raumlufttechnischer Anlagen oder Raumkühlanlagen und

- dem Erkennen der wesentlichen Einflussgrößen auf die Raumlufttemperatur unter sommerlichen Bedingungen.

Es wird vereinfachend angenommen, dass die zeitabhängigen Größen einen harmonischen Verlauf besitzen:

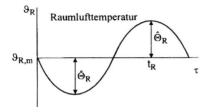

$$\vartheta_R(\tau) = \vartheta_{R,m} + \hat{\Theta}_R \cos(\omega\,\tau)$$

$$\omega = \frac{2\,\pi}{24} \text{ in } \frac{\text{rad}}{\text{h}}$$

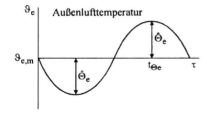

Der Zeitpunkt des Maximums liegt bei $t_{\Theta,e} = 15{:}00$ Uhr.

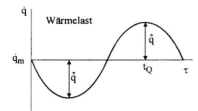

Die Wärmelast $\dot{q}$ enthält Transmissionswärme, Sonnenstrahlungswärme und nutzungsbedingte Wärme (Personen, Maschinen, Beleuchtung).

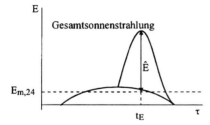

Die Sonnenstrahlung (kurzwellig) wird hier als Gesamtstrahlung E behandelt, d. h. als Summe aus direkter Strahlung, diffuser Himmelsstrahlung und reflektierter Sonnenstrahlung.

Bild 3-1: Definition der zeitabhängigen Größen

Der zur Berechnung erforderliche Wertevorrat verringert sich auf Tagesmittel, Tages-amplitude und Zeitpunkt des Maximums.

Es wird eingeschwungener Zustand angenommen, das heißt, die Verläufe entsprechen jeweils dem Vortag. Die Lüftung erfolge mit Außenluft ununterbrochen bei idealer Vermischung mit der Raumluft.

Um eine Iteration zu vermeiden wird der für Kühllast verwendete Sollwert der zeitkon-stanten Raumlufttemperatur als „Systemtemperatur" vorgegeben. Es ist zweckmäßig, hierbei den Tagesmittelwert der Außenlufttemperatur zu wählen.

Die Raumlufttemperatur wird dann in einem Rechengang als Abweichung von der Systemtemperatur bestimmt.

Der **Tagesmittelwert des raumlufttemperaturabhängigen Transmissionswärmestro-mes** lässt sich wie folgt formulieren:

$$\dot{q}_T(\vartheta_{R,m}) = \frac{\sum A_e\, k}{A_B}(\vartheta_{R,m} - \vartheta_{e,m}) = \sum f_e\, k(\vartheta_{R,m} - \vartheta_{e,m}) = w_T(\vartheta_{R,m} - \vartheta_{e,m}). \quad (3\text{-}1)$$

Es werden sämtliche Raumumschließungsbauteile erfasst, über die eine Transmissions-wärmeübertragung mit der Umgebung erfolgt.

Analog gilt für den **Tagesmittelwert des raumlufttemperaturabhängigen Außenluft-wärmestromes**:

$$\dot{q}_L(\vartheta_{R,m}) = \frac{\dot{V}\, \varrho_L\, c_L}{A_B}(\vartheta_{R,m} - \vartheta_{e,m}) = w_L(\vartheta_{R,m} - \vartheta_{e,m}). \quad (3\text{-}2)$$

w_T und w_L entsprechen einem auf die Fußbodenfläche bezogenen Wärmekapazitäts-strom

$$w_{T,L} = \frac{\dot{C}}{A_B} \qquad \text{in } \frac{\text{W}}{\text{m}^2\,\text{K}}. \quad (3\text{-}3)$$

In Versammlungsräumen, Stallbauten u. ä. wird die Wärmelast zu einem Teil aus physiologischer Wärmeabgabe bestimmt. Die fühlbare Wärmeabgabe ist von der Raumlufttemperatur abhängig. Sie sinkt im interessierenden Temperaturbereich etwa linear mit steigender Lufttemperatur (bzw. es wird statt der sensiblen latente Wärme an die Raumluft abgegeben) und kann als „**Umwandlungswärmestrom**" in der Berech-nung berücksichtigt werden:

$$\dot{q}_U(\vartheta_{R,m}) = w_U(\vartheta_{R,m} - \vartheta_{e,m}) = \sum \frac{n_P\, g\, \Omega}{A_B}(\vartheta_{R,m} - \vartheta_{e,m}) \quad (3\text{-}4)$$

mit

n_P Anzahl der Personen

$g = 6\, \dfrac{\text{W}}{\text{K Person}}$ Gradient der fühlbaren Wärmeabgabe einer Person nach [1]

$\Omega = \dfrac{\tau}{24}$ relative Aufenthaltsdauer

3.1.2 Tagesmittelwert der Raumlufttemperatur $\vartheta_{R,m}$

- bei Lüftung mit Außenluft

Der Tagesmittelwert $\vartheta_{R,m}$ ergibt sich aus einer Wärmebilanz ohne Berücksichtigung von Speichervorgängen.

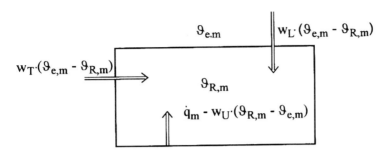

Bild 3-2: Wärmebilanz bei Lüftung mit Außenluft

Wird die zugeführte Energie positiv und die abgeführte Energie negativ festgelegt, dann ist

$$\dot{q}_m - w_U(\vartheta_{R,m} - \vartheta_{e,m}) + w_L(\vartheta_{e,m} - \vartheta_{R,m}) + w_T(\vartheta_{e,m} - \vartheta_{R,m}) = 0 \qquad (3\text{-}5)$$

$$\dot{q}_m - (w_U + w_L + w_T)(\vartheta_{R,m} - \vartheta_{e,m}) = 0 \qquad (3\text{-}6)$$

$$\vartheta_{R,m} = \vartheta_{e,m} + \frac{\dot{q}_m}{w_T + w_L + w_U}. \qquad (3\text{-}7)$$

- bei Lüftung mit aufbereiteter Luft

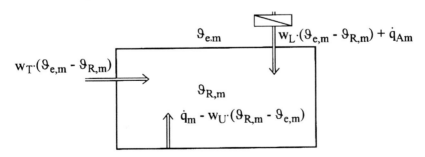

Bild 3-3: Wärmebilanz bei Lüftung mit aufbereiteter Luft

Die Aufbereitungslast wird ebenfalls auf die Fußbodenfläche bezogen.

$$\vartheta_{R,m} = \vartheta_{e,m} + \frac{\dot{q}_m + \dot{q}_{Am}}{w_T + w_L + w_U} \qquad (3\text{-}8)$$

Im Heizfall ist $\dot{q}_{Am} = \dot{q}_H > 0$, im Kühlfall $\dot{q}_{Am} = \dot{q}_K < 0$ zu setzen.

3.1.3 Tagesamplitude der Raumlufttemperatur $\hat{\Theta}_R$

- bei zeitgleichen Maxima der Belastung (Phasengleichheit)

Die Tagesschwingung wird durch instationäre Wärmeströme verursacht. Diese sind die Wärmelastamplitude $\hat{q}$ vermindert um die physiologisch begründete Umwandlungswärme $w_U \hat{\Theta}_R$ und in gelüfteten Räumen die Amplitude der Lüftungswärmelast $w_L(\hat{\Theta}_e - \hat{\Theta}_R)$. Als Folge der Raumlufttemperaturschwingung mit der Amplitude $\hat{\Theta}_R$ ergibt sich ein konvektiver Wärmeaustausch zwischen Raumluft und Raumbegrenzungsbauteilen (sowie Möbel, Lagergut u. a. m.). Er stellt über die jeweils halbe Schwingungsperiodendauer die Wärmespeicherbeladung und -entladung dar. Dieser Wärmespeichervorgang (sog. Sekundärspeicherung) ist mit Hilfe des Wärmeabsorptionsvermögens des Raumes B_R zu quantifizieren [1]:

$$B_R = \frac{\hat{q}_{Sp}}{\hat{\Theta}_R} = \frac{\text{Amplitude des Speicherwärmestromes}}{\text{Amplitude der Raumlufttemperatur}} \text{ in } \frac{\text{W}}{\text{K m}^2 \, \text{Bauteilfläche}}. \qquad (3\text{-}9)$$

Somit ergibt sich als Wärmebilanz

$$\hat{q} - w_U \, \hat{\Theta}_R + w_L(\hat{\Theta}_e - \hat{\Theta}_R) - f_i \, B_R \, \hat{\Theta}_R = 0 \qquad (3\text{-}10)$$

und

$$\hat{\Theta}_R = \frac{\hat{q} + w_L \, \hat{\Theta}_e}{w_L + w_U + B_R \, f_i} \qquad (3\text{-}11)$$

mit

$$f_i = \frac{\sum A_i}{A_B} = \frac{\text{raumluftumspülte speichernde Bauteilflächen}}{\text{Fußbodenfläche}}. \qquad (3\text{-}12)$$

Werte für $B_R \, f_i$ können Bild 3-4 nach [2] entnommen werden.

Die durch den Sekundärspeichervorgang verursachte Zeitverschiebung des Maximums der Raumlufttemperatur gegenüber den Lastmaxima von Außenlufttemperatur und resultierender Wärmelast wird vernachlässigt.

- bei zeitverschobenen Maxima der Belastung

$$\text{Wärmelast} \qquad \dot{q}(\tau) = \dot{q}_m(\vartheta_{R,m}) + \hat{q} \, \cos[\omega(\tau - t_Q)] \qquad (3\text{-}13)$$

$$\text{und Lüftungswärmelast} \qquad \dot{q}_L(\tau) = w_L \left\{ \vartheta_{e,m} + \hat{\Theta}_e \, \cos[\omega(\tau - t_Z)] \right\} \qquad (3\text{-}14)$$

mit

$\omega = \dfrac{2\pi}{t_0}$ Kreisfrequenz in $\dfrac{\text{rad}}{\text{h}}$ t Uhrzeit

t_0 Periodendauer, hier 24 h t_Q Zeitpunkt des Wärmelastmaximums

t_Z Zeitpunkt der maximalen Zulufttemperatur, hier 15:00 Uhr.

Die Raumlufttemperaturamplitude berechnet sich nach

$$\hat{\Theta}_R = \frac{w_L \, \hat{\Theta}_e \, \cos[\omega(t_R - t_Z)] + \hat{q} \, \cos[\omega(t_R - t_Q)]}{w_L + w_U + B_R \, f_i}. \qquad (3\text{-}15)$$

Für den Tagesgang der Raumlufttemperatur gilt:

$$\vartheta_R(\tau) = \vartheta_{R,m} + \hat{\Theta}_R \cos[\omega(\tau - t_R)]. \tag{3-16}$$

Der Zeitpunkt der maximalen Raumlufttemperatur t_R berechnet sich aus

$$t_R = t_Z + \frac{1}{\omega} \arctan \frac{\mu \sin[\omega(t_Q - t_Z)]}{1 + \mu \cos[\omega(t_Q - t_Z)]} \tag{3-17}$$

mit dem Lastamplitudenverhältnis

$$\mu = \frac{\hat{q}}{w_L \hat{\Theta}_e}. \tag{3-18}$$

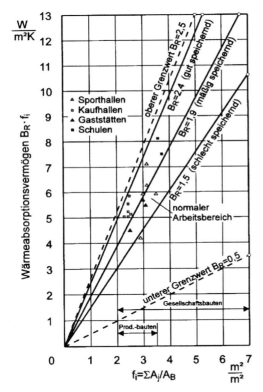

Bild 3-4: Klassifizierung des Wärmeabsorptionsverfahrens nach [2]

Beispiel 3-1: Berechnung des Zeitpunktes der maximalen Raumlufttemperatur t_R
gegeben: $t_Q = 11{:}00$ Uhr; $t_Z = 15{:}00$ Uhr; $\mu = 1$.

$$t_R = 15{:}00\,\text{Uhr} + \frac{24\,\text{h}}{2\,\pi} \cdot \arctan \frac{1 \cdot \sin\left[\dfrac{2\,\pi}{24\,\text{h}} \cdot (11{:}00 - 15{:}00)\,\text{h}\right]}{1 + 1 \cdot \cos\left[\dfrac{2\,\pi}{24\,\text{h}} \cdot (11{:}00 - 15{:}00)\,\text{h}\right]}$$

$$t_R = 15{:}00\,\text{Uhr} + \frac{24\,\text{h}}{2\,\pi} \cdot \arctan \frac{-0{,}866}{1 + 0{,}5} = 15{:}00\,\text{Uhr} - 2\,\text{h} = 13{:}00\,\text{Uhr}.$$

Die Funktion $y = \arctan x$ ist mehrdeutig. Das Raumlufttemperaturmaximum kann nur zwischen 11:00 Uhr und 15:00 Uhr liegen. Also lautet das Ergebnis 13:00 Uhr.

gegeben: $t_Q = 19\text{:}00\,\text{Uhr}$; $t_Z = 15\text{:}00\,\text{Uhr}$; $\mu = 1$.

$$t_R = 15\text{:}00\,\text{Uhr} + \frac{24\,\text{h}}{2\,\pi} \cdot \arctan \frac{1 \cdot \sin\left[\dfrac{2\,\pi}{24\,\text{h}} \cdot (19\text{:}00 - 15\text{:}00)\,\text{h}\right]}{1 + 1 \cdot \cos\left[\dfrac{2\,\pi}{24\,\text{h}} \cdot (19\text{:}00 - 15\text{:}00)\,\text{h}\right]}$$

$$t_R = 15\text{:}00\,\text{Uhr} + \frac{24\,\text{h}}{2\,\pi} \cdot \arctan \frac{0,866}{1 + 0,5} = 17\text{:}00\,\text{Uhr}.$$

3.1.4 Beispiele

Beispiel 3-2: Ermittlung der Raumlufttemperatur (Maximum, Mittelwert und Amplitude) für einen Büroraum nach Bild 3-5

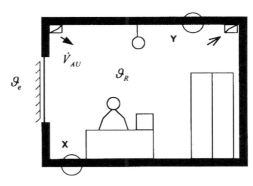

Bild 3-5: Schematischer Schnitt eines Büroraumes mit **gut speichernder** Raumumschließungskonstruktion

Es sind folgende Größen gegeben:

- Anzahl der Personen: $n_P = 4$
- relative Aufenthaltsdauer der Personen: $\Omega = 10\,\text{h/d}$
- Fußbodenfläche: $A_B = 50\,\text{m}^2$; lichte Raumhöhe: $H = 2,70\,\text{m}$
- Wärmelasten, auf die Fußbodenfläche bezogen:

$$\dot{q}_{S,m} = 12\,\frac{\text{W}}{\text{m}^2} \qquad \dot{q}_{T,m} = 5\,\frac{\text{W}}{\text{m}^2} \qquad \dot{q}_{I,m} = 20\,\frac{\text{W}}{\text{m}^2} \qquad \hat{q} = 15\,\frac{\text{W}}{\text{m}^2}$$

- mittlere Außentemperatur: $\vartheta_{e,m} = 24\,°\text{C}$; Amplitude der Außentemperatur: $\hat{\Theta}_e = 8\,\text{K}$
- Wärmekapazitätsstrom durch Transmission: $w_T = 1\,\dfrac{\text{W}}{\text{m}^2\,\text{K}}$

Unter der Annahme, dass die Amplitude der Raumtemperatur zeitgleich mit den Maxima der Belastung liegt, ist für unterschiedliche Varianten (s. a. Tabelle 3-1)

a) die mittlere Raumtemperatur $\vartheta_{R,m}$,

b) die Amplitude der Raumtemperatur $\hat{\Theta}_R$ sowie

c) die maximale Raumtemperatur $\vartheta_{R,\max}$ zu berechnen.

Unter der Annahme, dass der Zeitpunkt des Wärmelastmaximums bei $t_Q = 9\text{:}00\,\text{Uhr}$ liegt, ist

d) der Tagesgang der Raumtemperatur für die Variante 6 zu berechnen.

- Beispielrechnung für Variante 1:

Luftwechsel: $n = \lambda = 1,25\,\dfrac{1}{\text{h}}$; gut speichernd; keine Aufbereitungslast

a) mittlere Raumtemperatur $\vartheta_{R,m}$

$$\vartheta_{R,m} = \vartheta_{e,m} + \frac{\dot{q}_m + \dot{q}_{Am}}{w_T + w_L + w_U}.$$

Mit

$$\vartheta_{e,m} = 24\,^\circ\text{C}; \quad \dot{q}_m = \dot{q}_{S,m} + \dot{q}_{T,m} + \dot{q}_{I,m} = 12\,\frac{\text{W}}{\text{m}^2} + 5\,\frac{\text{W}}{\text{m}^2} + 20\,\frac{\text{W}}{\text{m}^2} = 37\,\frac{\text{W}}{\text{m}^2}; \quad \dot{q}_{Am} = 0; \quad w_T = 1$$

$$w_L = \frac{\dot{V}\,\varrho_L\,c_L}{A_B} = \frac{V\,n\,\varrho_L\,c_L}{A_B} = \frac{H\,A_B\,n\,\varrho_L\,c_L}{A_B} = H\,n\,\varrho_L\,c_L$$

$$w_L = \frac{2,70\,\text{m} \cdot 1,25 \cdot 1,2\,\text{kg} \cdot 1000\,\text{J}}{3600\,\text{s} \cdot \text{m}^3 \cdot \text{kg}\,\text{K}} = 1,33\,\frac{\text{W}}{\text{m}^2\,\text{K}}$$

$$w_U = \frac{n_P\,g\,\Omega}{A_B} = \frac{4\,\text{Pers.} \cdot 6\,\text{W} \cdot 10\,\text{h}}{50\,\text{m}^2 \cdot \text{K}\,\text{Pers.}\,24\,\text{h}} = 0,2\,\frac{\text{W}}{\text{m}^2\,\text{K}}$$

folgt:

$$\vartheta_{R,m} = 24\,^\circ\text{C} + \frac{(37 + 0)\,\dfrac{\text{W}}{\text{m}^2}}{(1 + 1,33 + 0,2)\,\dfrac{\text{W}}{\text{m}^2\,\text{K}}} = 38,6\,^\circ\text{C}.$$

b) Amplitude der Raumtemperatur $\hat{\Theta}_R$

$$\hat{\Theta}_R = \frac{\hat{q} + w_L\,\hat{\Theta}_e}{w_L + w_U + B_R\,f_i}.$$

Mit

$$\hat{q} = 15\,\frac{\text{W}}{\text{m}^2}, \quad \hat{\Theta}_e = 8\,\text{K}, \quad B_R\,f_i = 6,5\,\frac{\text{W}}{\text{m}^2\,\text{K}}$$

sowie den in a) ermittelten Werten folgt:

$$\hat{\Theta}_R = \frac{15\,\dfrac{\text{W}}{\text{m}^2} + 1,33\,\dfrac{\text{W}}{\text{m}^2\,\text{K}} \cdot 8\,\text{K}}{1,33\,\dfrac{\text{W}}{\text{m}^2\,\text{K}} + 0,2\,\dfrac{\text{W}}{\text{m}^2\,\text{K}} + 6,5\,\dfrac{\text{W}}{\text{m}^2\,\text{K}}} = 3,2\,\text{K}.$$

c) maximale Raumtemperatur $\vartheta_{R,\max}$

$$\vartheta_{R,\max} = \vartheta_{R,m} + \hat{\Theta}_R = 38,6\,\text{K} + 3,2\,\text{K} = 41,8\,\text{K}.$$

Bild 3-6 zeigt eine mögliche Veränderung des Speicherverhaltens durch Einbauten.

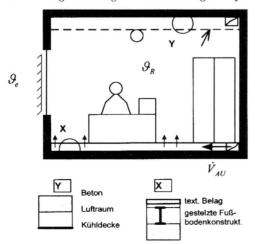

Bild 3-6: Schematischer Schnitt eines Büroraumes mit **schlecht speichernder** Raumumschließungskonstrution

In Tabelle 3-1 ist mit den Varianten 2 bis 6 dargestellt, wie durch sinnvolle Annahmen die Bauentscheidung im Handrechenverfahren herbeigeführt wird. Dabei werden Annahmen zur Speicherfähigkeit nach Bild 3-4 getroffen.

Tabelle 3-1: Zusammenfassung der Varianten 1 bis 6

Variante	Luftwechsel	Speicherfähigkeit der Raumumschließungs-konstruktion	Kühllast $\dot{Q}_{A,m}$	$\vartheta_{R,m}$ in °C	Θ_R in K	$\vartheta_{R,max}$ in °C
1	$1{,}25\ \mathrm{h^{-1}}$*)	gut speichernd $\Rightarrow B_R f_i = 6{,}5\,\dfrac{\mathrm{W}}{\mathrm{m^2\,K}}$	0	38,6	3,2	41,8
2	$1{,}25\ \mathrm{h^{-1}}$	mäßig speichernd $\Rightarrow B_R f_i = 5\,\dfrac{\mathrm{W}}{\mathrm{m^2\,K}}$	0	38,6	3,93	42,55
3	$5\ \mathrm{h^{-1}}$	mäßig speichernd $\Rightarrow B_R f_i = 5\,\dfrac{\mathrm{W}}{\mathrm{m^2\,K}}$	0	29,7	5,5	35,2
4	$5\ \mathrm{h^{-1}}$	mäßig speichernd $\Rightarrow B_R f_i = 5\,\dfrac{\mathrm{W}}{\mathrm{m^2\,K}}$	1,5 kW	25,8	5,5	31,3
5	$5\ \mathrm{h^{-1}}$	schlecht speichernd $\Rightarrow B_R f_i = 4\,\dfrac{\mathrm{W}}{\mathrm{m^2\,K}}$	0	29,7	6,1	35,7
6	$5\ \mathrm{h^{-1}}$	gut speichernd $\Rightarrow B_R f_i = 6{,}5\,\dfrac{\mathrm{W}}{\mathrm{m^2\,K}}$	0	29,7	4,8	34,5

*) Es ist zweckmäßig, Annahmen zu treffen

d) Berechnung des Tagesganges der Raumtemperatur $\vartheta_{R,max}$ für die Variante 6

$$\vartheta_R(\tau) = \vartheta_{R,m} + \hat{\Theta}_R \cos[\omega(\tau - t_R)]$$

$$\hat{\Theta}_R = \frac{w_L\,\hat{\Theta}_e\,\cos[\omega(t_R - t_Z)] + \hat{\dot{q}}\,\cos[\omega(t_R - t_Q)]}{w_L + w_U + B_R f_i}$$

$$t_R = t_Z + \frac{1}{\omega}\arctan\frac{\mu\,\sin[\omega(t_Q - t_Z)]}{1 + \mu\,\cos[\omega(t_Q - t_Z)]}$$

$$\mu = \frac{\hat{\dot{q}}}{w_L\,\hat{\Theta}_e} = \frac{15\,\dfrac{\mathrm{W}}{\mathrm{m^2}}}{5{,}32\,\dfrac{\mathrm{W}}{\mathrm{m^2\,K}}\cdot 8\,\mathrm{K}} = 0{,}35$$

$$t_R = 15{:}00\,\mathrm{Uhr} + \frac{24\,\mathrm{h}}{2\,\pi}\cdot\arctan\frac{0{,}35\cdot\sin\left[\dfrac{2\,\pi}{24\,\mathrm{h}}\cdot(9 - 15)\,\mathrm{h}\right]}{1 + 0{,}35\cdot\cos\left[\dfrac{2\,\pi}{24\,\mathrm{h}}\cdot(9 - 15)\,\mathrm{h}\right]}$$

$$t_R = 15{:}00\,\mathrm{Uhr} - 1{,}29\,\mathrm{h} = 13{,}71 = 13{:}43\,\mathrm{Uhr} \qquad (t_R - t_Z = -1{,}29\,\mathrm{h}, \quad t_R - t_Q = 4{,}71\,\mathrm{h})$$

$$\hat{\Theta}_R = \frac{5{,}32\,\dfrac{\mathrm{W}}{\mathrm{m^2\,K}}\cdot 8\,\mathrm{K}\cdot\cos\left[\dfrac{2\,\pi}{24\,\mathrm{h}}\cdot(-1{,}29)\,\mathrm{h}\right] + 15\,\dfrac{\mathrm{W}}{\mathrm{m^2}}\cdot\cos\left[\dfrac{2\,\pi}{24\,\mathrm{h}}\cdot 4{,}71\,\mathrm{h}\right]}{5{,}32\,\dfrac{\mathrm{W}}{\mathrm{m^2\,K}} + 0{,}2\,\dfrac{\mathrm{W}}{\mathrm{m^2\,K}} + 6{,}5\,\dfrac{\mathrm{W}}{\mathrm{m^2\,K}}} = 3{,}75\,\mathrm{K}.$$

Vereinfachend wird der Zeitpunkt des Maximums der Raumlufttemperatur auf $t_R = 14{:}00$ Uhr gerundet:

Tabelle 3-2: Zusammenfassung der Berechnung für Variante 6

Uhrzeit τ	0	2	4	6	8	10	12	14	16	18	20	22
$\tau - t_R$ in h	-14	-12	-10	-8	-6	-4	-2	0	2	4	6	8
$\cos[\omega(\tau - t_R)]$	-0,87	-1	-0,87	-0,5	0	0,5	0,87	1	0,87	0,5	0	-0,5
$\hat{\Theta}_R \cos[\omega(\tau - t_R)]$	-3,25	-3,75	-3,25	-1,88	0	1,88	3,25	3,75	3,25	1,88	0	-1,88
ϑ_R in °C	26,4	25,9	26,4	27,8	29,7	31,6	32,9	33,4	32,9	31,6	29,7	27,8

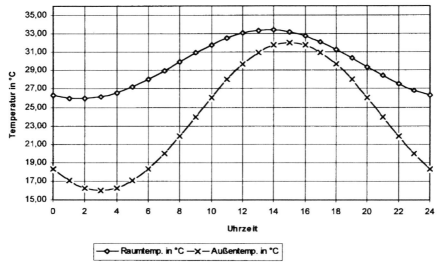

Bild 3-7: Tagesgang der Außenluft- und Raumlufttemperatur für die Variante 6

3.1.5 Minimierung der maximalen Raumlufttemperatur

Bei gut speichernden Räumen wird mit Vergrößerung des Außenluftstromes die maximale Raumlufttemperatur $\vartheta_{R,\max}$ angehoben statt gesenkt. Durch Nullsetzen der ersten Ableitung findet man einen optimalen Außenluftstrom $w_{L,\mathrm{opt}}$, bei dem $\vartheta_{R,\max}$ ein Minimum aufweist.

Vereinfachend wird Phasengleichheit $(t_R = t_Z = t_Q)$ und Lüftung mit Außenluft ohne Luftaufbereitung angenommen.

$$w_{L,\mathrm{opt}} = \frac{w_U + B_R f_i}{\sqrt{X} - 1} - \frac{(w_U + w_T)\sqrt{X}}{\sqrt{X} - 1} \tag{3-19}$$

mit

$$X = \frac{(w_U + B_R f_i)\hat{\Theta}_e - \hat{\dot{q}}}{\dot{q}_m}. \tag{3-20}$$

Die Gleichung ist nur bestimmt bei $\sqrt{X} > 1$. Nur dann ergibt sich ein Optimum. (Ansonsten sinkt $\vartheta_{R,\max}$ mit Vergrößerung des Außenluftstromes). Dann ist:

$$\dot{q}_m + \hat{\dot{q}} = \dot{q}_{\max} < (w_U + B_R f_i)\hat{\Theta}_e. \tag{3-21}$$

Beispiel 3-3: Für den Raum sind folgende Größen gegeben:

- Anzahl der Personen: $n_P = 4$
- relative Aufenthaltsdauer der Personen: $\Omega = 10\ \text{h/d}$
- Gradient der fühlbaren Wärmeabgabe pro Person: $g = 6\ \dfrac{\text{W}}{\text{Pers.}\,\text{K}}$
- Fußbodenfläche: $A_B = 50\ \text{m}^2$; lichte Raumhöhe: $H = 2{,}70\ \text{m}$
- gut speichernd $\Rightarrow\ B_R\,f_i = 10\ \dfrac{\text{W}}{\text{m}^2\,\text{K}}$
- Wärmelasten, auf die Fußbodenfläche bezogen:

$$\dot{q}_{S,m} = 3\ \frac{\text{W}}{\text{m}^2} \qquad \dot{q}_{T,m} = 2\ \frac{\text{W}}{\text{m}^2} \qquad \dot{q}_{I,m} = 3\ \frac{\text{W}}{\text{m}^2} \qquad \hat{q} = 5\ \frac{\text{W}}{\text{m}^2}$$

- mittlere Außentemperatur: $\vartheta_{e,m} = 24\,^\circ\text{C}$; Amplitude der Außentemperatur: $\hat{\Theta}_e = 8\ \text{K}$
- Wärmekapazitätsstrom durch Transmission: $w_T = 1\ \dfrac{\text{W}}{\text{m}^2\,\text{K}}$

$$w_{L,\text{opt}} = \frac{w_U + B_R\,f_i}{\sqrt{X} - 1} - \frac{(w_U + w_T)\sqrt{X}}{\sqrt{X} - 1}$$

mit

$$X = \frac{(w_U + B_R\,f_i)\hat{\Theta}_e - \hat{q}}{\dot{q}_{S,m} + \dot{q}_{T,m} + \dot{q}_{I,m}}$$

$$w_U = \frac{n_P\,g\,\Omega}{A_B} = \frac{4\,\text{Pers.} \cdot 6\,\text{W} \cdot 10\,\text{h}}{50\,\text{m}^2 \cdot \text{K}\,\text{Pers.}\,24\,\text{h}} = 0{,}2\ \frac{\text{W}}{\text{m}^2\,\text{K}}$$

$$X = \frac{\left(0{,}2\,\dfrac{\text{W}}{\text{m}^2\,\text{K}} + 10\,\dfrac{\text{W}}{\text{m}^2\,\text{K}}\right) \cdot 8\,\text{K} - 5\,\dfrac{\text{W}}{\text{m}^2}}{(3 + 2 + 3)\,\dfrac{\text{W}}{\text{m}^2}} = 9{,}58$$

$$w_{L,\text{opt}} = \frac{0{,}2\,\dfrac{\text{W}}{\text{m}^2\,\text{K}} + 10\,\dfrac{\text{W}}{\text{m}^2\,\text{K}}}{\sqrt{9{,}58} - 1} - \frac{\left(0{,}2\,\dfrac{\text{W}}{\text{m}^2\,\text{K}} + 1\,\dfrac{\text{W}}{\text{m}^2\,\text{K}}\right) \cdot \sqrt{9{,}58}}{\sqrt{9{,}58} - 1} = 3{,}10\ \frac{\text{W}}{\text{m}^2\,\text{K}}$$

$$w_L = \frac{\dot{V}\,\varrho_L\,c_L}{A_B}$$

$$\dot{V}_{\text{opt}} = \frac{w_{L,\text{opt}}\,A_B}{\varrho_L\,c_L} = \frac{3{,}10\,\dfrac{\text{W}}{\text{m}^2\,\text{K}} \cdot 50\,\text{m}^2}{1{,}2\,\dfrac{\text{kg}}{\text{m}^3} \cdot 1000\,\dfrac{\text{W}\,\text{s}}{\text{kg}\,\text{K}}} \cdot 3600\,\frac{\text{s}}{\text{h}} = 465\ \frac{\text{m}^3}{\text{h}}.$$

Es empfiehlt sich $\dot{V} < \dot{V}_{\text{opt}}$ zu wählen, weil der flache Kurvenverlauf beim Optimum nur eine geringe Erhöhung von $\vartheta_{R,\text{max}}$ bewirkt.

3.2 Sommerlicher Wärmeschutz

3.2.1 Vorbemessung

Für die Vorbemessung des sommerlichen Wärmeschutzes von Räumen, bei denen die Strahlungslast im Vergleich zur Transmissionslast groß ist, wurde von [3] ein überschlägiges Verfahren (Tabelle 3-6) entwickelt, welches aus der Abhängigkeit von spezifischer speicherwirksamer Bauwerksmasse $m_{B,sp}$, den Wärmeschutzklassen ((Tabellen 3-3 und 3-4) nach [3]) und dem spezifischen Fensterflächenverhältnis A_{FG}/A_B erforderliche Maßnahmen zur Beeinflussung der Strahlungslast (Sonnenschutz) abgeleitet und Grenzen der „freien Klimatisierung" (Tabelle 3-4) aufzeigt [4].

Für gleiche vereinfachende Annahmen führt das Verfahren zu denselben Bauentscheidungen wie das Verfahren nach DIN 4108 [5].

Mit den Klimagebieten 1 bzw. 2 wird die Höhe des Gebäudes über NN bzw. eine sich ändernde Außenlufttemperatur ϑ_e berücksichtigt.

Tabelle 3-3: Berechnungsaußenlufttemperatur als Funktion des Klimagebietes

	Höhe über NN	$\vartheta_{e,m}$ in °C	Θ_e in K	$\vartheta_{e,max}$ in °C
Klimagebiet 1	$\leq$ 500 m (Binnentiefland)	24	8	32
Klimagebiet 2	> 500 m und Küstenbereich	22	7	29

Tabelle 3-4: Wärmeschutzklassen (WSK)

Außenlufttemperatur $\vartheta_{e,m}$ in °C	Raumlufttemperatur $\vartheta_{R,m}$ in °C			
Klimagebiet 1; **24**	24	26	28	30
Klimagebiet 2; **22**	22	24	26	28
Wärmeschutzklasse	**A**	**B**	**C**	**D**

Klimagebiet 1: Binnentiefland bis Höhe < 500 m NN
Klimagebiet 2: Oberhalb 500 m NN und Küstenbereich
Tagesgang der Raumlufttemperatur: $\vartheta_R = \vartheta_{R,m} \pm 2\,\mathrm{K}$

Diese Vorbemessung ist für normalgeschossige Gebäude (z. B. Wohnungsbau, Verwaltungsbau und ähnliche Gebäude) anwendbar.

Tabelle 3-5: Zuordnung der Sonnenschutzmaßnahmen

Sonnenschutzmaßnahmen	Durchlässigkeitskoeffizient für Sonnenstrahlung σ	Zeichen
keine	> 0,7	○
Stoffvorhang	0,50 − 0,64	●
Innenjalousie oder Rollo	0,52 − 0,67	
Horizontalblende 0,375 m tief (südorientiert)	0,57 − 0,65	
Zwischenjalousien	0,33 − 0,49	□
Loggia 1,20...1,80 (O/W-orientiert)	0,34 − 0,43	
Horizontalblende 0,75 m tief (südorientiert)	0,35 − 0,43	
Außenjalousien	0,11 − 0,14	■
Markisen	0,16 − 0,22	
Loggia 1,20 (südorientiert)	0,29	
geforderte Raumlufttemperatur ist durch bauliche Maßnahmen allein nicht zu erreichen (erzwungene Klimatisierung ist notwendig)		▽

Tabelle 3-6: Zusammenhang zwischen speicherwirksamer Bauwerksmasse und Sonnenschutz bei Außenluftwechsel von $\beta = 0{,}5$ 1/h nach [3]

Spaltenvariable: A_{FG}/A_B

WSK	$\vartheta_{R,m}$	$m_{B,sp}$	0,075	0,1	0,125	0,15	0,2	0,25	0,3	0,4	0,5
D	30 °C	1000	○	○	○	○	○	○	●	●	□
D		900	○	○	○	○	○	○	●	●	□
D		800	○	○	○	○	○	●	●	□	□
D		700	○	○	○	○	●	●	●	□	□
D		600	○	○	○	○	●	●	□	■	■
D		500	○	○	○	●	●	□	□	■	■
C	28 °C	1000	○	○	○	○	○	○	●	□	■
C		900	○	○	○	○	○	○	●	□	■
C		800	○	○	○	○	○	●	□	□	■
C		700	○	○	○	○	●	□	□	■	■
C		600	○	○	○	●	□	□	□	■	■
C		500	○	○	●	□	□	□	□	■	■
B	26 °C	1000	○	○	○	○	●	●	□	□	■
B		900	○	○	○	●	●	□	□	■	■
B		800	○	○	●	●	□	□	■	■	■
B		700	○	○	●	□	□	■	■	■	■
B		600	○	●	□	□	■	■	■	■	▷
B		500	●	□	□	□	■	■	■	▷	▷
A	24 °C	1000	○	○	●	□	□	■	■	▷	▷
A		900	●	●	□	■	■	■	▷	▷	▷
A		800	□	□	■	■	■	▷	▷	▷	▷
A		700	□	□	■	■	▷	▷	▷	▷	▷
A		600	■	■	■	▷	▷	▷	▷	▷	▷
A		500	■	■	▷	▷	▷	▷	▷	▷	▷

Beispiel 3-4: Zur Vorbemessung des sommerlichen Wärmeschutzes und zur Entscheidung über Sonnenschutzmaßnahmen, notwendige speicherwirksame Bauwerksmassen, die Größe des Fensterflächen/Fußbodenflächenverhältnisses, einzuhaltende WSK bzw. mittlere Raumlufttemperaturen und freie Klimatisierung bzw. erzwungene Klimatisierung sind die Parameter in der Tabelle 3-6 zu variieren.

Beispiel 3-4.1:

Größe	unter Verwendung von	Zahlenwert/ Kennzeichen	Einheit
gegeben:			
Wärmeschutzklasse		B	
speicherwirksame Bauwerksmasse $m_{B,sp}$		700	kg/m^2
Fensterflächen-/Fußbodenflächenverhältnis A_{FG}/A_B		0,15	m^2/m^2
Ergebnis			
mittlere Raumlufttemperatur $\vartheta_{R,m}$	Tabelle 3-6	**26**	°C
Sonnenschutzmaßnahme	Tabelle 3-5	**Sonnenschutz z. B. Zwischenjalousie**	

Beispiel 3-4.2:

Größe	unter Verwendung von	Zahlenwert/ Kennzeichen	Einheit
gegeben:			
Sonnenschutzmaßnahme	Tabelle 3-5	kein Sonnenschutz	
speicherwirksame Bauwerksmasse $m_{B,sp}$		800	kg/m^2
Fensterflächen-/Fußbodenflächenverhältnis A_{FG}/A_B		0,20	m^2/m^2
Ergebnis			
mittlere Raumlufttemperatur $\vartheta_{R,m}$	Tabelle 3-6	**28**	°C
Wärmeschutzklasse	Tabelle 3-6	**C**	

Beispiel 3-4.3:

Größe	unter Verwendung von	Zahlenwert/ Kennzeichen	Einheit
gegeben:			
Sonnenschutzmaßnahme	Tabelle 3-5	äußerer Sonnenschutz	
speicherwirksame Bauwerksmasse $m_{B,sp}$		500	kg/m^2
Wärmeschutzklasse		B	
Ergebnis			
mittlere Raumlufttemperatur $\vartheta_{R,m}$	Tabelle 3-6	**26**	°C
Fensterflächen-/Fußbodenflächenverhältnis A_{FG}/A_B	Tabelle 3-6	**$\leq$ 0,30**	

Beispiel 3-4.4:

Größe	unter Verwendung von	Zahlenwert/ Kennzeichen	Einheit
gegeben:			
Wärmeschutzklasse		A	
speicherwirksame Bauwerksmasse $m_{B,sp}$		1000	kg/m^2
Fensterflächen-/Fußbodenflächenverhältnis A_{FG}/A_B		0,40	m^2/m^2
Ergebnis			
mittlere Raumlufttemperatur $\vartheta_{R,m}$	Tabelle 3-6	**24**	°C
Sonnenschutzmaßnahme/andere Maßnahmen	Tabelle 3-5	**erzwungene Klimatisierung notwendig**	

3.2.2 Nachweis des sommerlichen Wärmeschutzes

Zeichen	Bedeutung	Einheit
$\dot{q}_{S,m}$	Strahlungswärmestromdichte	$W/m^2_{\text{Fußbodenfläche}}$
$\dot{q}_{T,m}$	Transmissionswärmestromdichte	$W/m^2_{\text{Fußbodenfläche}}$
$\dot{q}_{T,i,m}$	Wärmestromdichte durch benachbarte Räume	$W/m^2_{\text{Fußbodenfläche}}$
$\dot{q}_{Fb}$	Wärmestromdichte in Fußboden auf Erdreich oder in Kellerräume	$W/m^2_{\text{Fußbodenfläche}}$
$\dot{q}_{e,m,\text{zulässig}}$	mittlere äußere zulässige Wärmstromdichte	$W/m^2_{\text{Fußbodenfläche}}$
$\dot{q}_{i,m,\text{zulässig}}$	mittlere innere zulässige Wärmestromdichte	$W/m^2_{\text{Fußbodenfläche}}$
$E_{S,m}$	Tagesmittelwert der Solarstrahlung hinter dem durchsichtigen Bauteil nach Tabelle 3-8	$W/m^2_{\text{Fensterfläche}}$
a_S	Absorptionsgrad gegenüber der Solarstrahlung	
$\Theta_{T,m}$	mittlere Strahlungsübertemperatur für das Bauteil durch Solarstrahlung nach Tabelle 3-8	K
$\Delta\vartheta_i$	Temperaturdifferenz zwischen Räumen zu berücksichtigen, wenn $>2\,\text{K}$	K
$\dot{q}_L$	spezifischer Lüftungswärmestrom nach Tabelle 3-10	$W/m^2_{\text{Fensterfläche}}$
A_L	Lüftungsfläche	m^2
ε	Fensterlüftungsfaktor nach Tabelle 3-11	

Für den Nachweis sind für den thermisch kritischen Raum die Forderungen zu erfüllen.

äußere Wärmelast (Kühllast)		
$\dot{q}_{e,m} = \dot{Q}_{A,m}\ /\ A_B$	$< \dot{q}_{e,m,\text{zulässig}}$	$W/m^2_{\text{Fußbodenfläche}}$
innere Wärmelast (Kühllast)		
$\dot{q}_{I,m} = \dot{Q}_{I,m}\ /\ A_B$	$< \dot{q}_{i,m,\text{zulässig}}$	$W/m^2_{\text{Fußbodenfläche}}$

Die Tagesmittelwerte der äußeren und inneren Wärmelast $\dot{q}_{e,m}$ und $\dot{q}_{I,m}$ lassen sich nach VDI 2078 bzw. bzw. [8] berechnen. Vereinfachend ergibt sich für die **vorhandene äußere** Wärmelast

$$\dot{q}_{e,m} = \dot{q}_{S,m} + \dot{q}_{T,m} + \dot{q}_{T,i,m} - \dot{q}_{Fb} \qquad (3\text{-}22)$$

Strahlungswärmestromdichte durch durchsichtige Bauteile

$$\dot{q}_{S,m} = \frac{\sum_{j=1}^{n} (E_{S,m}\, A_{FG})_j}{A_B}. \qquad (3\text{-}23)$$

Transmissionswärmestrom durch undurchsichtige Bauteile auf Grund von Sonnenbestrahlung

$$\dot{q}_{T,m} = \frac{\sum_{j=1}^{n} (a_S\, \Theta_{T,m}\, k\, A)_j}{A_B}. \qquad (3\text{-}24)$$

Wärmestromdichte zu benachbarten Räumen

$$\dot{q}_{T,i,m} = \frac{\sum_{j=1}^{n} (k \, A \, \Delta\vartheta_i)_j}{A_B}. \tag{3-25}$$

Wärmestromdichte in Fußböden auf Erdreich oder in Kellerräume: Dieser Wert kann mit hinreichender Genauigkeit mit $\dot{q}_{Fb} = 5 \text{ W/m}^2$ angenommen werden.

Tabelle 3-7: Mittlere Strahlungsübertemperatur $\Theta_{T,m}$ von Bauoberflächen durch Solarstrahlung

Orientierung	$\Theta_{T,m}$
Horizontal	19
Nord	5
Nordost/Nordwest	8
Ost/West	11
Südost/Südwest	11
Süd	10

Anmerkung: Für zweischalige, durchlüftete Dächer und hinterlüftete Fassaden ist $\Theta_{T,m}$ nach Tabelle 3-7 mit dein Faktor 0,33 zu multiplizieren.

Tabelle 3-8: Tagesmittelwert der Solarstrahlung $E_{S,m}$ hinter dem durchsichtigen Bauteil in W/m^2

Orientierung	ohne Sonnenschutz						mit Sonnenschutz					
	a	b	c	d	e	f	g	h	i	j	k	l
Horizontal	220	190	200	160	130	90	–	–	30	120	100	70
Nord	60	50	50	40	35	25	40	30	10	30	25	20
NO/NW	100	80	90	70	55	40	60	50	15	50	40	30
Ost/West	130	110	120	100	80	55	70	60	20	70	50	40
SO/SW	140	110	120	90	80	55	60	50	20	70	50	40
Süd	120	100	100	80	70	50	40	30	20	70	50	40

Legende:

ohne Sonnenschutz

a   Einfachfenster, klares Tafelglas   Wohn- u. Gesellschaftsbau
b   Zweifachfenster, klares Tafelglas   (geringe Verschmutzung)
c   Einfachfenster, klares Tafelglas   Industriebau
d   Zweifachfenster, klares Tafelglas   (starke Verschmutzung)
f   Profilglas, Drahtglas
g   Glasbausteine

mit Sonnenschutz

g   äußere Verschattung   Horizontalblende: 0,4 × Fensterhöhe
                               Vertikalblende: 0,4 × Fensterbreite
h   äußere Verschattung   Horizontalblende: 0,7 × Fensterhöhe
                               Vertikalblende: 0,4 × Fensterbreite
i   Außenjalousie, Fensterläden
j   Absorptionsglas
k   Tafelglas + Absorptionsglas
l   Reflexionsglas

Die **zulässige äußere** Wärmelast berechnet sich in Abhängigkeit von der Wärmeschutz-klasse WSK und der spezifischen speicherwirksamen Bauwerksmasse $m_{B,sp}$ zu

$$\dot{q}_{e,m,\text{zulässig}} = C \, m_{B,sp}. \tag{3-26}$$

Tabelle 3-9: Faktor C nach Gl. (3-26)

WSK nach Tabelle 3-3	A	B	C	D
Faktor C	0,010	0,015	0,020	0,025

Die **zulässige innere** Wärmelast ist abhängig von den vorhandenen Fensterlüftungsmöglichkeiten und deren Effizienz

$$\dot{q}_{i,m,\text{zulässig}} = \frac{A_L\,\dot{q}_L}{A_B\,\varepsilon}. \tag{3-27}$$

Bei Nichteinhaltung der zulässigen inneren Wärmelast sind

- die innere Wärmelast infolge Personen, Maschinen oder Beleuchtung zu reduzieren oder
- die freie Lüftung durch z. B. Vergrößerung der Fensterfläche zu erhöhen.

Tabelle 3-10: Wärmestrom $\dot{q}_L$ je m^2 Lüftungsfläche

	$\dot{q}_L$ in W/m^2 Lüftungsfläche							
WSK	A		B		C		D	
Lüftungs-art	einseitig	Quer- u. Schacht-lüftung	einseitig	Quer- u. Schacht-lüftung	einseitig	Quer- u. Schacht-lüftung	einseitig	Quer- u. Schacht-lüftung
Dauerlüf-tung[1]	100	200	200	400	300	600	400	800
unterbro-chene Lüftung[2]	30	5	65	130	100	200	130	250

[1] Für die Berechnung darf Dauerlüftung (Fensterfläche während der gesamten Nutzungszeit geöffnet) nur dann angenommen werden, wenn der Schallpegel im Raum bei geöffnetem Fenster unter dem zulässigen Wert liegt.

[2] Unterbrochene Lüftung ist anzunehmen, wenn die Fenster etwa 15 % der Nutzungszeit voll geöffnet werden und die Lüftung in regelmäßigen Abständen, mindestens jedoch einmal je Stunde erfolgt. Sind die Bedingungen nicht erfüllt, muss mechanisch gelüftet werden.

Tabelle 3-11: Fensterlüftungsfaktor ε

	Fensterlüftungsfaktor ε für Fenster mit		
Lage des Bauwerkes zur Umgebung	Drehflügel, Wendeflügel	Klappflügel, Schwingflügel, Kippflügel	oberem und unterem Kippflügel, Höhe des fest verglasten Teils $> 3 \times$ Kipp-flügelhöhe
innerhalb städtischer und ländlicher Bebauung; Bauwerk überragt die benachbarten nicht wesentlich; in Tälern	1,0	2,0	0,5
hohe Bauwerke, Hochhäuser und andere die benachbarte Bebauung überragende Bauwerke in ungeschützter Stadtrandlage; freistehende Einzelbauwerke; in Uferzonen größerer Gewässer; auf Hochflächen und Bergkuppen	0,5	1,0	0,25

Literatur

[1] *Petzold, K.*: Raumlufttemperatur, 2. Auflage, Verlag Technik Berlin, Bauverlag Wiesbaden und Berlin 1983.

[2] *Tesche, P.*: Untersuchungen zur Senkung der Aufwendungen für lüftungstechnische Anlagen, Dissertation, TU Dresden 1982.

[3] *Hakenschmied, E.*: Untersuchungen baulicher Möglichkeiten zur Stabilisierung des sommerlichen Raumklimas, Dissertation, TU Dresden 1973.

[4] *Petzold, K.*: Jährlicher Heizenergiebedarf von Gebäuden — ein einfaches Berechnungsmodell, Ki Klima-Kälte-Heizung 21 (1993), 1, S. 36–41.

[5] DIN 4108-2, Wärmeschutz und Energie-Einsparung in Gebäuden, Teil 2 Mindestanforderungen an den Wärmeschutz, März 2001.

[6] *Arndt, H.*: Wärme- und Feuchteschutz in der Praxis, Verlag für Bauwesen, Berlin 1996.

[7] *Petzold, K.*: Wärmelast, 2. Auflage, Verlag für Technik, Berlin 1980.

[8] *Baumgarth / Hörner / Reeker*: Handbuch der Klimatechnik, C. F. Müller Verlag, Heidelberg 2001, Bd. 1; Abschnitt 2; Bd. 2, Abschnitt: 2.

4 Zuluftparameter

M. Schmidt

Formelzeichen

c_{AU}	Schadstoffkonzentration der Außenluft	p_b	barometrischer Luftdruck
$c_{p,D}$	spezifische Wärmekapazität des Wasserdampfes	$\dot{Q}_{La}$	Wärmelast (Oberbegriff für Wärmebedarf und Kühllast)
$c_{p,L}$	spezifische Wärmekapazität der trockenen Luft	$\dot{Q}_0$	Kühlleistung
		$\dot{q}_0$	spezifische Kühlleistung
c_R	Schadstoffkonzentrationsgrenzwert im Raum	$\overline{R}$	allgemeine Gaskonstante
		t_R	Raumlufttemperatur
c_{R0}	anfängliche Schadstoffkonzentration im Raum	t_{ZU}	Zulufttemperatur
		$\dot{V}_{CO_2}$	Kohlendioxidvolumenstrom
c_{ZU}	Schadstoffkonzentration der Zuluft	$\dot{V}_{L,AU}$	Außenluftvolumenstrom
G	Schadstoffemission als Gesamtbelastung	$\dot{V}_{L,AU,\min}$	Mindestaußenluftvolumenstrom
		$\dot{V}_{L,ZU}$	Zuluftvolumenstrom
$\dot{G}$	Schadstoffstrom	V_R	Raumvolumen
$\dot{H}_{AB}$	Abluftenthalpiestrom	$\dot{V}_{SS}$	Schadstoffstrom
$\dot{H}_{ZU}$	Zuluftenthalpiestrom	w_R	Raumluftgeschwindigkeit
h_{AB}	spezifische Abluftenthalpie	x_R	Raumluftwassergehalt
h_R	spezifische Raumluftenthalpie	x_{ZU}	Zuluftwassergehalt
h_{ZU}	spezifische Zuluftenthalpie	Δh_{La}	spezifische Wärmelast
M	Molmasse	Δh_V	Verdampfungsenthalpie
$\dot{m}_{L,AB}$	Abluftmassestrom	$(\Delta h/\Delta x)_{La}$	Lastgerade
$\dot{m}_{L,AU}$	Außenluftmassestrom	$\Delta \tau$	Zeitdauer
$\dot{m}_{L,MI}$	Mischluftmassestrom	λ_{AU}	Außenluftwechselkoeffizient
$\dot{m}_{L,UM}$	Umluftmassestrom	λ_{ZU}	Zuluftwechselkoeffizient
$\dot{m}_{L,ZU}$	Zuluftmassestrom	ϱ_{ZU}	Zuluftmassedichte
$\dot{m}_{W,La}$	Feuchtelast (Oberbegriff für Be- und Entfeuchtungslast)	τ	Zeit
		φ_R	relative Raumluftfeuchte
		φ_{ZU}	relative Zuluftfeuchte

4.1 Einleitung

Zuluftparameter sind zu bestimmen, wenn Nur-Luft-Klimaanlagen mit dem alleinigen Medium Zuluft und Wasser-Luft-Klimaanlagen, bei denen neben dem Medium Zuluft noch der Energieträger Wasser eingesetzt wird, zu bemessen sind. Determiniert werden sie durch die raumlufttechnischen Aufgabenstellungen, Kapitel 4.2. Da bei Wasser-Luft-Klimaanlagen z. B. nur ein Teil der Wärmelast mit der zuzuführenden Zuluft zu kompensieren ist, werden für entsprechende Einsatzfälle die Zuluftparameter hinsichtlich der beiden Klimaanlagentypen unterschiedlich sein. Mit diesem Kapitel soll deshalb das Grundverständnis zur Auswahl der Zuluftparameter erreicht werden. Weiterführende Überlegungen zur Wahl der Zuluftparameter werden beim Bemessen konkreter Anlagen in den Kapiteln 5 und 13 angestellt.

Um den Zusammenhang zwischen den unterschiedlichen raumlufttechnischen Aufgabenstellungen und den Zuluftparametern zu verdeutlichen, wird er für jede raumlufttechnische Aufgabenstellung einzeln im Kapitel 4.3 dargestellt, obwohl natürlich fast immer mehrere dieser Aufgaben gleichzeitig wirken. Als Ergänzung und Erweiterung wird im Kapitel 4.4 die sich bei unterschiedlichen Belüftungen einstellende Schadstoffkonzentration berechnet und im Kapitel 4.5 der Einfluss des gewählten Zahlenwertes des Zuluftmassestroms auf die erreichbaren Raumluftzustände erläutert.

4.2 Zuluft und raumlufttechnische Aufgabenstellung

Der Begriff „Zuluft" sollte immer auf die Luft angewendet werden, die am Zuluftdurchlass in den zu klimatisierenden Raum eintritt. Manchmal wird auch die Luft am Austritt aus der zentralen Luftaufbereitungsanlage als Zuluft bezeichnet, obwohl sie noch durch ein Kanalnetz zum eigentlichen Zuluftdurchlass im Raum transportiert werden muss. Um Missverständnisse auszuschließen, sollte in diesem Fall von „Primärzuluft" gesprochen werden. Die Parameter der Primärzuluft unterscheiden sich in der Regel von denen der Zuluft im hier verwendeten Sinne und sind so zu bestimmen, dass Änderungen des Luftzustandes und des Massestroms auf dem Weg zum Zuluftdurchlass im Raum Berücksichtigung finden.

Zuluft wird von den **qualitativen Parametern**

- Zulufttemperatur t_{ZU},
- relative Zuluftfeuchte φ_{ZU} oder
  Zuluftwassergehalt (Zuluftfeuchtegehalt nach [4]) x_{ZU},
- Zuluftenthalpie h_{ZU} und
- Außenluftmassestrom $\dot{m}_{L,AU}$

und dem **quantitativen Parameter**

- Zuluftmassestrom $\dot{m}_{L,ZU}$

beschrieben. Zur exakten Kennzeichnung des thermodynamischen Zuluftzustandes reichen zwei der vier erstgenannten qualitativen Parameter aus.

Entsprechend der luftseitigen Betriebsweise einer raumlufttechnischen Anlage (RLT-A) kann der Zuluftmassestrom qualitativ unterschiedlich zusammengesetzt sein. Möglich sind

- Außenluftanlagen, mit denen nur Außenluft aufbereitet wird:

$$\dot{m}_{L,ZU} = \dot{m}_{L,AU}, \tag{4-1}$$

- Mischluftanlagen, in denen aus Außen- und Umluft gemischte Luft (Mischluft MI) aufbereitet wird:

$$\dot{m}_{L,ZU} = \dot{m}_{L,MI} = \dot{m}_{L,AU} + \dot{m}_{L,UM}, \tag{4-2}$$

- Umluftanlagen, die ohne Zuführung von Außenluft arbeiten:

$$\dot{m}_{L,ZU} = \dot{m}_{L,UM}. \tag{4-3}$$

Die Mischluftanlage ist der allgemeine Fall. Um- und Außenluftanlagen sind als Grenzfälle dieses allgemeinen Falls aufzufassen. Die Gln. (4-1) bis (4-3) gelten in quantitativer Hinsicht exakt nur bei Vernachlässigen von Undichtheiten im Kanalnetz.

Für welchen Zweck welche luftseitige Betriebsweise zu bevorzugen ist, hängt ab von

- den energetischen Bedingungen,
- den Platzverhältnissen und
- der raumlufttechnischen Aufgabe.

Folgende raumlufttechnischen Aufgaben sind im Einzelnen zu lösen:

- Vermindern der Luftverunreinigung,
- Kompensieren der Wärme- und Feuchtelast,
- Aufrechterhalten eines benötigten Schutzdruckes,
- Garantieren einer Raumdurchströmung und
- Erhalten der Gebäudesubstanz.

Das **Vermindern der Luftverunreinigung** geschieht durch Zufuhr von Außenluft. Der Außenluftmassestrom $\dot{m}_{L,AU}$ wird entsprechend der Verunreinigungslast berechnet, siehe Abschnitt 4.3.1. Außenluft- und Zuluftmassestrom, $\dot{m}_{L,AU}$ und $\dot{m}_{L,ZU}$ sind quantitativ gleich, wenn (ungewollte) Luftinfiltration unberücksichtigt bleibt. Die weiteren qualitativen Parameter haben Außenluftzustand. Als normierte Parameter kommen in Frage:

- Außenluftmassestrom oder Außenluftvolumenstrom $\quad \dot{m}_{L,AU}$ oder $\dot{V}_{L,AU}$,

- Außenluftwechselkoeffizient $\qquad\qquad\qquad \lambda_{AU} = \dfrac{\dot{V}_{L,AU}}{V_R},$ \qquad (4-4)

- Außenluftrate.

Der Außenluftwechselkoeffizient λ_{AU} ist eine hygienische Raumklimakomponente, die Auskunft über den Außenluftvolumenstrom $\dot{V}_{L,AU}$ gibt, der dem Raumvolumen V_R zugeführt wird oder werden muss.

Beispiele sind Lüftungsanlagen für solche Einsatzfälle, wo durch Nutzung von Räumen Luftverunreinigungen entstehen und Heizung und Kühlung über statische Heiz- und Kühlflächen erfolgen.

Das **Kompensieren der Wärme- und Feuchtelast** bedingt thermodynamische Qualitätsparameter, wie t_{ZU}, φ_{ZU}, x_{ZU} oder h_{ZU} und den Zuluftmassestrom $\dot{m}_{L,ZU}$ als normierte Parameter. Diese werden aus der Wärme- und der Feuchtelast ermittelt, siehe Abschnitt 4.3.2. Der Zuluftmassestrom kann gleich dem Mindestaußenluftmassestrom — falls überhaupt ein Außenluftmassestrom nötig ist — oder größer sein. Im zweiten Fall wird entweder der Mindestaußenluftmassestrom erhöht, was den Energieverbrauch steigert, oder dem Mindestaußenluftmassestrom wird ein Umluftmassestrom zugemischt, was energetisch sinnvoll sein kann.

Beispiele sind RLT-A in der gesamten Breite von der Luftheiz- bis zur Klimaanlage.

Das **Aufrechterhalten eines benötigten Schutzdruckes** bedingt bei

- gefordertem Überdruck im Raum einen Zuluftmassestrom $\dot{m}_{L,ZU}$ und bei
- Unterdruck einen Abluftmassestrom $\dot{m}_{L,AB}$.

Es muss immer gelten: $\dot{m}_{L,ZU} \neq \dot{m}_{L,AB}$. Über die qualitativen Parameter können hier keine allgemeingültigen Aussagen getroffen werden.

Ein Beispiel ist die Klimatisierung in Kernkraftwerken, wo zu stärker kontaminierten Räumen hin — also in Richtung zum Primärkreislauf des Kernkraftwerks — ein Druckabfall erzeugt wird, um das unkontrollierte Austreten möglicherweise kontaminierter Luft zu verhindern. An dem Ort in der Anlage mit der größten zu erwartenden Kontamination wird dann die Luft abgesaugt und vor Austritt in die Umgebung gefiltert.

Das **Garantieren einer Raumdurchströmung** setzt einen Zuluftmassestrom $\dot{m}_{L,ZU}$ voraus, der aus raumströmungstechnischen Forderungen errechnet werden muss. Gewünscht wird in der Regel — wenn auch nicht immer nötig — ein überall gleicher Raumluftzustand mit den normierten Parametern t_R, φ_R, Luftgeschwindigkeit im Raum w_R und Zuluftwechselkoeffizient λ_{ZU}. Letzterer ist eine thermische Raumklimakomponente, die eine Aussage ausschließlich zur Raumdurchströmung bzw. Luftbewegung im Raum liefert und deshalb gleichbedeutend mit der Luftgeschwindigkeit ist. Der Zuluftwechselkoeffizient ist definiert:

$$\lambda_{ZU} = \frac{\dot{V}_{L,ZU}}{V_R}. \tag{4-5}$$

Trotz formal gleicher Definition wie für den Außenluftwechselkoeffizient λ_{AU} haben beide Luftwechselkoeffizienten eine völlig andere physikalische Aussage. Da das in der Praxis kaum beachtet wird, ist bei Zahlenangaben meist nicht zu erkennen, ob der Luftwechselkoeffizient zur Verminderung der Luftverunreinigung benötigt wird, das entspräche λ_{AU}, oder eine Raumdurchströmung garantieren bzw. Zugerscheinungen verhindern soll, also λ_{ZU} gemeint ist. Bei Verwendung der Luftwechselkoeffizienten und deren quantitative Auswahl ist deshalb Sorgfalt geboten.

Anwendungsfälle, bei denen ausschließlich eine Raumdurchströmung erreicht werden soll, sind äußerst selten. Für diese Aufgabe allein reicht eine Umluftanlage aus.

Das **Erhalten der Gebäudesubstanz** (Gebäudeschutzfunktion) erfordert einen Zuluftmassestrom, der mindestens die überschüssige Raumfeuchte aufnehmen kann. Das entspricht der Feuchtelastkompensation unter den spezifischen Bedingungen zum Erhalt der Bausubstanz. Diese Aufgabe kann in der raumlufttechnischen Aufgabenstellung „Kompensieren der Wärme- und Feuchtelast" bearbeitet werden. Sie wird deshalb nicht weiter separat behandelt.

Beispiele sind zeitweilig nicht genutzte Gebäude und thermisch abgekoppelte Räume. Es genügt eine Umluftanlage mit Entfeuchtungseinrichtung der Zuluft.

4.3 Bestimmen der Zuluftparameter für die einzelnen raumlufttechnischen Aufgabenstellungen

4.3.1 Vermindern der Luftverunreinigung

Damit in der Raumluft Schadstoffgrenzwerte nicht überschritten werden, ist einem Raum zu dessen Lufterneuerung ein Außenluftmassestrom zuzuführen. Das geschieht durch freie Lüftung oder durch erzwungene Lüftung mit Ventilatoren, die Volumenstromförderer sind. Dieser Umstand wird berücksichtigt, wenn anstelle des quantitativ eindeutigen Luftmassestroms mit dem massedichteabhängigen Luftvolumenstrom gerechnet wird.

Der erforderliche Außenluftvolumenstrom ist in Abhängigkeit der nutzungs- und baustoffbedingten Schadstoffemission im Raum zu berechnen. Schadstoffe können

- Feuchtigkeit,
- Kohlendioxid CO_2,
- Staub und Gerüche sowie
- produktionsbedingte Schadstoffe

sein. Der Mindestaußenluftvolumenstrom durch Schadstoffemission ergibt sich aus

$$\dot{V}_{L,AU,\min} = \frac{\dot{G}}{c_R - c_{ZU}} \tag{4-6}$$

mit

$\dot{G}$ gesamter Schadstoffstrom,

c_R oberer Schadstoffgrenzwert bzw. zugelassene maximale Schadstoffkonzentration im Raum (z. B. MAK-Wert),

c_{ZU} Schadstoffkonzentration in der dem Raum zugeführten Zuluft.

Am Beispiel der CO_2-Emission und der Geruchsemission wird im Folgenden die Berechnung des Mindestaußenluftvolumenstroms gezeigt (vergleiche auch Kapitel 3.4 im Band 1: Grundlagen, [4]).

CO_2-Emission. Im Aufenthaltsbereich von Menschen entsteht durch deren Atemtätigkeit eine Schadstoffbelastung durch CO_2-Emission. Diese kann je nach körperlicher Tätigkeit unterschiedlich sein, Tabelle 4.1 nach [1] und [4].

Tabelle 4-1: Von erwachsenen Menschen abgegebener CO_2-Volumenstrom $\dot{V}_{CO_2}$, (CO_2-Emission) in Abhängigkeit der körperlichen Tätigkeit (Kinder $70 \ldots 80\,\%$) nach [1] und [4]

Tätigkeit	$\dot{V}_{CO_2}$ in $m^3/(h\ Pers)$
Grundumsatz	$0{,}010 \ldots 0{,}012$
Sitzende Tätigkeit	$0{,}012 \ldots 0{,}015$
Leichte Büroarbeit	$0{,}019 \ldots 0.024$
Mittelschwere Arbeit, Gymnastik	$0{,}033 \ldots 0{,}043$
Tanzen, Tennis	$0{,}055 \ldots 0{,}070$

In Tabelle 4-1 und in den weiteren Ausführungen des Kapitels 4 wird die nicht SI-gerechte Einheit $m^3/(h\ Pers)$ verwendet, mit der zum Ausdruck gebracht werden soll, dass sich der Wert auf eine Person bezieht. Um den absoluten Wert zu erhalten, muss mit der Anzahl der Personen multipliziert werden, womit sich dann die Einheit Pers kürzen lässt.

Die zur Verfügung stehende Außenluft ist nicht CO_2-frei. In [1] werden Werte zwischen 330 ppm (heutige „reine Naturluft") und 700 ppm (im Freien gemessene Stadtluftwerte) angegeben. Da CO_2 beim Luftaufbereitungsprozess nicht entfernt werden kann, wird die in Gl. (4-6) enthaltene Zuluftkonzentration c_{ZU} mit der Außenluftkonzentration c_{AU} gleichgesetzt.

Beispiel 4-1: In einem Einzelbüro in Innenstadtlage arbeiten zwei Personen. Wie groß muss der Mindestaußenluftvolumenstrom für eine Person sein, wenn als Grenzwert der maximalen CO_2-Konzentration in einem Büro der Wert $c_{CO_2,R} = 1400$ ppm gilt?

Lösung: Es gilt Gl. (4-6), für Büroarbeit wird $\dot{V}_{CO_2} = 0{,}020$ m^3/(h Pers) verwendet:

$$\dot{V}_{L,AU,\min} = \frac{\dot{V}_{CO_2}}{c_{CO_2,R} - c_{CO_2,ZU}} = \frac{0{,}020 \text{m}^3/(\text{h Pers})}{0{,}0014 - 0{,}0007} = 28{,}6 \text{ m}^3/(\text{h Pers}),$$

wobei 1000 ppm $= 0{,}1$ Vol% $= 0{,}001$ ist.

Für die maximale Schadstoffkonzentration im Raum mit Komfortklima wurde von *Max von Pettenkofer* (1818 bis 1901) der Wert $c_{CO_2,R} = 1500$ ppm angegeben, der als *Pettenkofer*-Maßstab in die Literatur eingegangen ist.

Zum Vergleich des im Beispiel 4-1 erhaltenen Ergebnisses werden die in der DIN 1946-2 (01.94) „Raumlufttechnik; Gesundheitstechnische Anforderungen (VDI-Lüftungsregeln)" [2] angegebenen Werte bzw. die Tabelle 3-9 in [4] benutzt. Dort ist ein Wert von $\dot{V}_{L,AU,\min} = 40$ m^3/(h Pers) angegeben, der über dem im Beispiel berechneten Wert liegt. Das ist damit zu begründen, dass heute nicht mehr der ursprüngliche *Pettenkofer*-Wert, sondern ein auf 1000 ppm reduzierter CO$_2$-Grenzwert vorgegeben wird.

Geruchsemission. Zunehmend wird die Geruchsemission als unangenehm und gesundheitsbeeinträchtigend empfunden. Es wurde festgestellt, dass sich in vollklimatisierten Räumen die Insassen trotz ordnungsgemäß arbeitender Klimaanlage nicht wohl fühlen und sogar krank werden. Dieses Phänomen ist als „sick building syndrome" SBS („krank machendes Gebäude") unter Hygienikern und Klimatechnikern bekannt.

Das SBS wird auf Gerüche unterschiedlichster Quellen und eine Vielzahl von Schadstoffen, freigesetzt aus Bau- und Ausstattungsmaterialien, zurückgeführt. Die Geruchsbelastung könnte zukünftig zum Berechnen des Mindestaußenluftvolumenstroms dienen, da nach Beseitigen der Geruchsbelastung in der Regel auch die anderen Schadstoffe abgeführt sind. Im Unterschied zur CO$_2$-Emission, die gemessen werden kann, ist allerdings gegenwärtig die Geruchsemission noch nicht eindeutig quantifizierbar [4].

Zum Charakterisieren des Geruchs dienen die Einheiten olf und decipol. Zum besseren Verständnis sind in Tabelle 4-2 Einheiten von mit Sinnesorganen wahrgenommenen Erscheinungen zusammengestellt.

Tabelle 4-2: Vergleich der von Sinnesorganen wahrgenommenen Erscheinungen

Einfluss	Licht	Schall	Geruch
Sinnesorgan	Auge	Ohr	Nase
Emission der Quelle	Lichtstrom in lm (lumen)	Schallleistung in W	Geruchsstoffstrom in olf
Wahrgenommene Erscheinung	Beleuchtungsstärke in lm/m^2 (lx)	Lautstärke, bewerteter Schalldruckpegel in decibel (dB)	Geruchspegel in decipol

Die Einheit decipol ist definiert als die Verunreinigung einer Standardperson beim Belüften mit 10 ℓ/s Außenluft. Daraus ergibt sich der Zusammenhang der Einheiten olf und decipol:

$$1 \text{ decipol} = \frac{1 \text{ olf}}{10 \, \ell/s} = 0{,}1 \, \frac{\text{olf}}{\ell/s}. \tag{4-7}$$

Für die Geruchsemission liegen Werte in [1] und [2] vor, Tabelle 4-3. Vergleiche auch [4], Tabelle 3-12.

Tabelle 4-3: Geruchsemissionswerte nach [1] und [2]

Emissionsquelle		Geruchsemission
1 Person sitzende Tätigkeit (1 met)	[2]	1 olf
1 Athlet bei 15 met	[1]	30 olf
1 Normalraucher (nicht rauchend)	[2]	6 olf
1 Kettenraucher	[2]	25 olf
Marmor	[1]	$0,01$ olf/m^2
Wollteppich, PVC-Linoleum	[1]	$0,2$ olf/m^2
Kunstfaserteppich	[1]	$0,4$ olf/m^2

Die Außenluft ist auch nicht frei von belastenden Gerüchen. In Tabelle 4-4 sind Geruchspegelwerte in der Außenluft und in Räumen angegeben.

Tabelle 4-4: Typische Geruchspegel in der Außenluft und in Räumen nach [2]

Geruchsträger	Geruchspegel
sick building	10 decipol
gesundes Gebäude	1 decipol
Städte mit hoher Außenluftqualität	0,1 decipol
Gebirge, Meer	0,05 decipol

Beispiel 4-2: Für einen Nichtraucher, sitzende Tätigkeit, in einem Einzelbüro in einer Stadt mit hoher Außenluftqualität, soll der Außenluftvolumenstrom entsprechend dem Geruchsmaßstab bestimmt werden.

Lösung: Der Mindestaußenluftvolumenstrom infolge Geruchsemission wird entsprechend Gl. (4-6) berechnet

$$\dot{V}_{L,AU,\min} = \frac{\dot{G}}{c_{\text{Ger},R} - c_{\text{Ger},ZU}}$$

mit

$\dot{G}$	= 1 olf/Pers (Nichtraucher)	Geruchsemissionsstrom im Raum,
$c_{\text{Ger},R}$	= 1 decipol (gesundes Gebäude)	Grenzwert für den Geruchspegel im Raum
$c_{\text{Ger},ZU} = c_{\text{Ger},AU}$	= 0,1 decipol (Stadt mit hoher Außenluftqualität)	Geruchspegel in der Zuluft, Tabelle 4-4,

gilt

$$\dot{V}_{L,AU,\min} = \frac{1 \text{ olf/Pers}}{(1-0,1) \text{ decipol}} = \frac{1 \text{ olf/Pers}}{0,9 \text{ decipol}} \cdot \frac{1 \text{ decipol} \cdot 10 \, \ell/\text{s}}{1 \text{ olf}} \cdot \frac{1 \text{ m}^3}{1000 \, \ell} \cdot \frac{3600 \text{ s}}{1 \text{ h}}$$

$$= \frac{10 \cdot 3600}{0,9 \cdot 1000} \frac{\text{m}^3}{\text{h Pers}} = 40 \text{ m}^3/(\text{h Pers}).$$

Das Ergebnis von Beispiel 4-2 entspricht dem in [4], Tabelle 3-9, angegebenen Wert für ein Einzelbüro.

4.3.2 Kompensieren der Wärme- und der Feuchtelast

Die Zuluftparameter ergeben sich für diese lüftungstechnische Aufgabe aus einer Bilanz um den Raum, in dem die Lasten wirksam werden. Bild 4-1 gilt exakt für eine Nur-Luft-Klimaanlage bzw. für eine einstufige Klimaanlage.

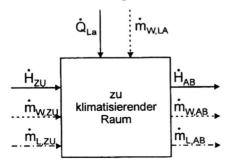

Bild 4-1: Bilanzgebiet für einen zu klimatisierenden Raum bei Einsatz einer einstufigen Klimaanlage

Die Energiestrombilanz um den zu klimatisierenden Raum lautet:

$$\dot{Q}_{La} = \dot{H}_{AB} - \dot{H}_{ZU} = \dot{m}_{L,AB}\, h_{AB} - \dot{m}_{L,ZU}\, h_{ZU}. \tag{4-8}$$

Es bedeuten

$\dot{Q}_{La}$	Wärmelast des Raums
$\dot{H}_{AB}$	Enthalpiestrom der Abluft
$\dot{H}_{ZU}$	Enthalpiestrom der Zuluft
$\dot{m}_L$	Luftmassestrom
h	spezifische Enthalpie.

Im stationären Betrieb mit relativ dichter Raumhülle gilt:

- Zu- und Abluftmassestrom sind annähernd gleich groß, $\dot{m}_{L,ZU} \approx \dot{m}_{L,AB}$.
- Raum- und Abluft haben gleiche thermodynamische Qualität, z. B. $h_{AB} \approx h_R$.

Damit kann Gl. (4-8) geschrieben werden

$$\dot{Q}_{La} = \dot{m}_{L,ZU}(h_R - h_{ZU}). \tag{4-9}$$

Analog dazu liefert die Feuchtestrombilanz die Beziehung

$$\dot{m}_{W,La} = \dot{m}_{L,ZU}(x_R - x_{ZU}) \tag{4-10}$$

mit

$\dot{m}_{W,La}$	Feuchtelast,
x	Wassergehalt oder Feuchtegehalt (nach [4], S. 192).

Wärme- und Feuchtelast sind aus der Lastberechnung bekannt. Der Raumluftzustand R ist als gewünschter / gewollter / benötigter Zustand vorgegeben.

Für das Berechnen der drei Zuluftparameter $\dot{m}_{L,ZU}$, h_{ZU} und x_{ZU} stehen allerdings nur die beiden Gln. (4-9) und (4-10) zur Verfügung, was mathematisch nicht zu einer Lösung führt. Die praktische Lösung kann nur iterativ bei Beachten bestimmter Grenzbedingungen erhalten werden. Wie ist vorzugehen?

Die Zuluft muss mit solchen Zuluftparametern in den Raum eingebracht werden, dass Wärme- und Feuchtelast vollständig kompensiert werden. Während der Lastkompensation ändert sich der Zustand der eingebrachten Zuluft vom ursprünglichen Zuluft- zum Raumluftzustand. Diese Zustandsänderung kann aus dem Verhältnis der beiden Lastgleichungen ermittelt werden:

$$\frac{\dot{Q}_{La}}{\dot{m}_{W,La}} = \frac{\dot{m}_{L,ZU}(h_R - h_{ZU})}{\dot{m}_{L,ZU}(x_R - x_{ZU})} = \frac{h_R - h_{ZU}}{x_R - x_{ZU}} = \left(\frac{\Delta h}{\Delta x}\right)_{La}. \qquad (4\text{-}11)$$

Mit diesem Verhältnis wird im h, x-Diagramm die Lastgerade $\left(\dfrac{\Delta h}{\Delta x}\right)_{La}$ markiert, auf der sich der Zustand der eingebrachten Zuluft im Raum verändert, Bild 4-2.

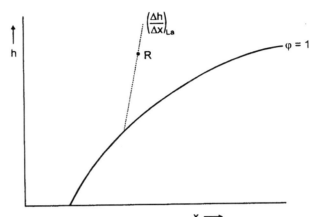

Bild 4-2: Lastgerade $(\Delta h/\Delta x)_{La}$ mit Raumluftzustand R als Endpunkt

Die genaue Lage des Zuluftzustandes auf dieser Lastgeraden kann durch die Vorgabe bestimmter Bedingungen ermittelt werden. Diese ergeben sich sowohl aus den lüftungstechnischen Aufgaben, wie eingangs besprochen, als auch aus wärmephysiologischen Forderungen. Die Grenzbedingungen lauten:

- Der hygienisch erforderliche Mindestaußenluftvolumenstrom $\dot{V}_{L,AU,\text{min}}$ darf nicht unterschritten werden. Er markiert die untere Grenze für den Zuluftvolumenstrom $\dot{V}_{L,ZU,\text{min}} > \dot{V}_{L,AU,\text{min}}$.

- Zum Gewährleisten einer stabilen Raumdurchströmung ist ein minimaler Zuluftvolumenstrom nötig, der bei Tangential- oder Wurflüftung nicht unterschritten werden sollte:
  $\dot{V}_{L,ZU,\text{min}} \approx 3\,h^{-1}V_R$.
  V_R ist das Raumvolumen.

- Zum Vermeiden von Zugerscheinungen darf ein maximaler Zuluftwechselkoeffizient $\lambda_{ZU,\text{max}}$ nicht überschritten werden. Damit liegt die obere Grenze für den Zuluftvolumenstrom $\dot{V}_{L,ZU,\text{max}}$ fest:
  $\dot{V}_{L,ZU,\text{max}} \leq \lambda_{ZU,\text{max}}V_R$.

- Wärmephysiologisch bedingt existieren Grenzwerte für die Zulufttemperatur im Kühl- und im Heizlastfall. Sie lauten, z. B. bei Komfortklimatisierung,
  im Kühllastfall: $t_{ZU} \geq 15\,°\text{C}$ oder auch $t_R - t_{ZU} \leq 10$ K,
  im Heizlastfall: $t_{ZU} \leq 40\,°\text{C}$.

Ist wie bei der letztgenannten Bedingung die Zulufttemperatur t_{ZU} gegeben, kann der Zuluftzustand grafisch im h,x-Diagramm oder rechnerisch bestimmt werden. Bei der grafischen Lösung werden Lastgerade $(\Delta h/\Delta x)_{La}$ und Gerade der Zulufttemperatur zum Schnitt gebracht. Der Schnittpunkt ist der Zuluftzustand, falls er sich im ungesättigten Gebiet des h,x-Diagramms befindet.

Bei der rechnerischen Lösung wird von Gl. (4-11) ausgegangen. Mit

$$\frac{h_R - h_{ZU}}{x_R - x_{ZU}} = \frac{\dot{Q}_{La}}{\dot{m}_{W,La}}$$

ergibt sich

$$h_{ZU} = h_R - \frac{\dot{Q}_{La}}{\dot{m}_{W,La}}\,(x_R - x_{ZU}). \tag{4-12}$$

Wird Gl. (4-12) mit der Zustandsgleichung der Enthalpie der feuchten Luft

$$h_{ZU} = c_{p,L}\, t_{ZU} + x_{ZU}\,(\Delta h_V + c_{p,D}\, t_{ZU}) \tag{4-13}$$

gleichgesetzt, folgt

$$h_R - \frac{\dot{Q}_{La}}{\dot{m}_{W,La}}\,(x_R - x_{ZU}) = c_{p,L}\, t_{ZU} + x_{ZU}\,(\Delta h_V + c_{p,D}\, t_{ZU})$$

und damit

$$x_{ZU} = \frac{h_R - \dfrac{\dot{Q}_{La}}{\dot{m}_{W,La}}\, x_R - c_{p,L}\, t_{ZU}}{\Delta h_V + c_{p,D}\, t_{ZU} - \dfrac{\dot{Q}_{La}}{\dot{m}_{W,La}}}. \tag{4-14}$$

Es bedeuten (siehe auch [4], Kap. 5.2):

$c_{p,L}$ = 1,006 kJ/kg K   spezifische Wärmekapazität der trockenen Luft

$c_{p,D}$ = 1,860 kJ/kg K   spezifische Wärmekapazität des Wasserdampfes

Δh_V = 2500,9 kJ/kg   spez. Verdampfungsenthalpie des Wasserdampfes bei $0\,°C$.

Mit dem berechneten Zuluftwassergehalt x_{ZU} wird die Zuluftenthalpie h_{ZU} mit Gl. (4-13) ermittelt. Die Zuluftparameter x_{ZU} und t_{ZU} bzw. h_{ZU} bilden einen möglichen Zuluftzustand. Aus dem grafisch oder rechnerisch ermittelten Zuluftzustand lässt sich der Zuluftvolumenstrom ermitteln. Es gilt

$$\dot{V}_{L,ZU} = \frac{\dot{m}_{L,ZU}}{\varrho_{ZU}} = \frac{\dot{Q}_{La}}{\varrho_{ZU}\,(h_R - h_{ZU})} = \frac{\dot{m}_{W,La}}{\varrho_{ZU}\,(x_R - x_{ZU})}. \tag{4-15}$$

Mittels der Grenzbedingungen für den konkreten Einsatzfall muss untersucht werden, ob dieser Zuluftvolumenstrom realisierbar ist.

Eine andere Möglichkeit zum Bestimmen des Zuluftvolumenstroms besteht darin, die in Kapitel 2 definierte sensible oder trockene Kühllast $\dot{Q}_{KR,\mathrm{Nenn}} = \dot{Q}_{La,K,\mathrm{tr}}$ auf die Enthalpie der trockenen Luft zu beziehen:

$$\dot{V}_{L,ZU} = \frac{\dot{Q}_{La,K,\mathrm{tr}}}{\varrho_{ZU}\, c_{p,L}\,(t_R - t_{ZU})}. \tag{4-16}$$

Der so ermittelte Zuluftvolumenstrom weicht zwar geringfügig von dem mit dem exakten Verfahren berechneten ab, ist aber für viele praktische Fälle ausreichend genau. Diese zweite Möglichkeit bietet sich vor allem dann an, wenn die trockene Last überwiegt, es auf das Einhalten einer bestimmten Raumlufttemperatur ankommt oder die Raumluftfeuchte nicht geregelt wird.

Beispiel 4-3: Ein Speiseraum mit Thermoscheiben (Holzrahmen, Scheibenabstand 10 mm) ist für den Sommereinsatz zu klimatisieren. Als Auslegungswerte für den Raum gelten $t_R = 24\,°C$; $\varphi_R = 0,6$. Im Raum finden $n_P = 50$ Pers Platz. Die Wärmelast für Transmission und Strahlung beträgt $\dot{Q}_T + \dot{Q}_S = 7$ kW. Die Feuchteabgabe der Speisen wird durch einen Zuschlag von 100 % zur Feuchteabgabe der Menschen, $\dot{m}^*_{W,P} = 16,1 \cdot 10^{-3}$ g/(s Pers) berücksichtigt. Die spezifische Wärmelast der Personen beträgt $\dot{q}_P = 118$ W/Pers, die der Speisen ist mit $\dot{q}_{Sp} = 17,5$ W/Pers festgelegt.

a) Wie groß sind die Zuluftparameter h_{ZU}, x_{ZU} und $\dot{m}_{L,ZU}$?

b) Wie gut kann die hygienische Forderung bzgl. des Mindestaußenluftvolumenstroms pro Person $\dot{V}_{L,AU,P,\min}$ erfüllt werden? Welche luftseitige Betriebsweise sollte gewählt werden?

c) Welches Mischungsverhältnis von Außenluft und Umluft ist dann notwendig?

Lösung:

a) Der Zuluftzustand liegt auf der Lastgeraden $(\Delta h/\Delta x)_{La}$, Gl. (4-11):

$$\left(\frac{\Delta h}{\Delta x}\right)_{La} = \frac{\dot{Q}_{La}}{\dot{m}_{W,La}}.$$

Die Wärmelast wird bestimmt mit

$$\dot{Q}_{La} = \dot{Q}_T + \dot{Q}_S + \dot{Q}_P + \dot{Q}_{Sp} = \dot{Q}_T + \dot{Q}_S + n_P\,(\dot{q}_P + \dot{q}_{Sp}) = 7000\text{ W} + 50 \cdot (118 + 17,5)\text{ W} = 13\,775\text{ W}$$

und die Feuchtelast mit

$$\dot{m}_{W,La} = \dot{m}_{W,P} + \dot{m}_{W,Sp} = 2\,\dot{m}_{W,P} = 2\,n_P\,\dot{m}^*_{W,P} = 2 \cdot 50 \cdot 16,1 \cdot 10^{-3}\text{ g/s} = 1,61\text{ g/s}.$$

Damit wird

$$\left(\frac{\Delta h}{\Delta x}\right)_{La} = \frac{13\,775\text{ W}}{1,61\text{ g/s}} = 8556\text{ kJ/kg}.$$

Diese Zustandsänderungslinie schneidet die Linie $\varphi = 1$ bei $t = 13\,°C$. Der Luftzustand muss oberhalb der Linie $\varphi = 1$ liegen und wird unter Nutzung der Grenzbedingung für Komfortanlagen $t_R - t_{ZU} \leq 10$ K mit $t_{ZU,\min} = 14\,°C$ festgelegt. Daraus folgt:

$h_{ZU} = 38,5$ kJ/kg,

$x_{ZU} = 9,65$ g/kg.

Der notwendige Zuluftmassestrom lässt sich mit Gl. (4-9) berechnen

$$\dot{m}_{L,ZU} = \frac{\dot{Q}_{La}}{h_R - h_{ZU}} = \frac{13775\text{ W}}{(52,8 - 38,5)\text{ kJ/kg}} = 0,963\text{ kg/s}$$

oder mit Gl. (4-10)

$$\dot{m}_{L,ZU} = \frac{\dot{m}_{W,La}}{x_R - x_{ZU}} = \frac{1,61\text{ g/s}}{(11,3 - 9,65)\text{ g/kg}} = 0,976\text{ kg/s}.$$

Die Unterschiede ergeben sich bei Benutzung des h,x-Diagramms aus Ableseungenauigkeiten. Für weitere Berechnungen wird ein Mittelwert gebildet: $\dot{m}_{L,ZU} = 0,97$ kg/s.

b) Die hygienische Forderung für Gaststätten lautet nach DIN 1947-2 pro Person: $\dot{V}_{L,AU,P,\min} = 30$ m^3/(h Pers).

Für $\varrho_L = 1{,}165$ kg/m^3 im Behaglichkeitsbereich zwischen 20 °C und 24 °C ergibt sich der hygienisch notwendige Außenluftmassestrom zu

$$\dot{m}_{L,AU} = \dot{V}_{L,AU,\mathrm{P,min}}\, n_P\, \varrho_L = 30 \text{ m}^3/(\text{h Pers}) \cdot 50 \text{ Pers} \cdot 1{,}165 \text{ kg/m}^3 = 1747{,}5 \text{ kg/h}$$

$$= 0{,}485 \text{ kg/s} < \dot{m}_{L,ZU}.$$

Damit kann die hygienische Forderung nach einem Außenluftmassestrom von $\dot{m}_{L,AU} = 0{,}485$ kg/s mit einem Zuluftmassestrom von $\dot{m}_{L,ZU} = 0{,}97$ kg/s erfüllt werden. Die energetisch günstigste luftseitige Betriebsweise ist Mischluftbetrieb.

c) Mit

$$\frac{\dot{m}_{L,AU}}{\dot{m}_{L,UM}} = \frac{\dot{m}_{L,AU}}{\dot{m}_{L,ZU} - \dot{m}_{L,AU}} = \frac{0{,}485}{0{,}97 - 0{,}485} = 1$$

liegt ein Mischungsverhältnis von einem Teil Außenluft und einem Teil Umluft vor.

Beispiel 4-4: Die Führerkabine einer Lokomotive soll für den Einsatz des Triebfahrzeugs im feuchtwarmen Klimagebiet klimatisiert werden. Die Wärmelast wurde zu $\dot{Q}_{La} = 2$ kW und die Feuchtelast zu $\dot{m}_{W,La} = 10^{-4}$ kg/s ermittelt. Die Luftaufbereitungsanlage wird nur mit Umluft gefahren. Die tiefste Zulufttemperatur darf $t_{ZU,\mathrm{min}} = 15$ °C betragen. Die Luftentfeuchtung kann bis maximal $\varphi_{\mathrm{max}} = 0{,}95$ durchgeführt werden.

a) Wie groß ist der Zuluftmassestrom $\dot{m}_{L,ZU}$, wenn in der Führerkabine Luftzustände erreicht werden sollen, die im h, x-Diagramm nicht oberhalb der Linie zwischen $t = 27{,}5$ °C, $\varphi = 0{,}3$ und $t = 24$ °C, $\varphi = 0{,}7$ (obere Begrenzung des Behaglichkeitsfeldes) liegen dürfen?

b) Welcher Raumluftzustand stellt sich unter der Annahme gleichbleibender Lasten ein, wenn nur ein Zuluftwechselkoeffizient von $\lambda_{ZU} = 15$ h^{-1} zugelassen wird und das Raumvolumen $V_R = 11$ m^3 beträgt?

c) Skizze der Zustandsverläufe im h, x-Diagramm.

Lösung:

a) Mit der Wärme- und der Feuchtelast, $\dot{Q}_{La}$ und $\dot{m}_{W,La}$, liegt die Richtung der Änderung des Zuluftzustandes fest; allerdings ist der Raumluftzustand nicht punktuell gegeben. Mit Gl. (4-11) gilt

$$\left(\frac{\Delta h}{\Delta x}\right)_{La} = \frac{2 \text{ kW}}{10^{-4} \text{ kg/s}} = 20\,000 \text{ kJ/kg}.$$

Ausgehend von der günstigen Zuluftaufbereitung ohne Nachheizung sollte der Zuluftzustand mit dem Luftaustrittszustand aus dem Verdampfer bzw. Luftkühler zusammenfallen. Das ist laut Aufgabenstellung der Zustand $\varphi_{ZU} = 0{,}95$, $t_{ZU} = 15$ °C und damit $h_{ZU} = 40{,}8$ kJ/kg, $x_{ZU} = 10{,}3$ g/kg. Von diesem Zuluftzustand ausgehend, wird mit der Lastgeraden $(\Delta h/\Delta x)_{La} = 20\,000$ kJ/kg der Raumluftzustand als Schnittpunkt dieser Linie mit der Behaglichkeitsfeldobergrenze gefunden. Er lautet

$$t_R = 25{,}3 \text{ °C}, \quad h_R = 53 \text{ kJ/kg}, \quad x_R = 10{,}9 \text{ g/kg}.$$

Damit ergibt sich der Zuluftmassestrom entweder mit Gl. (4-9)

$$\dot{m}_{L,ZU} = \frac{\dot{Q}_{La}}{h_R - h_{ZU}} = \frac{2 \text{ kW}}{(53 - 40{,}8) \text{ kJ/kg}} = 0{,}164 \text{ kg/s}$$

oder mit Gl. (4-10)

$$\dot{m}_{L,ZU} = \frac{\dot{m}_{W,La}}{x_R - x_{ZU}} = \frac{10^{-4} \text{ kg/s}}{(10{,}9 - 10{,}3) \text{ g/kg}} = 0{,}167 \text{ kg/s}.$$

Nachfolgend wird mit dem Mittelwert $\dot{m}_{L,ZU} = 0{,}165$ kg/s gerechnet.

b) Bei gleichbleibenden Lasten bleibt die Lastgerade und damit die Zustandsänderungslinie des Zuluftzustandes gleich. Durch die obere Begrenzung des Zuluftwechselkoeffizienten λ_{ZU} wird sich der Zuluftmassestrom verändern. Er ergibt sich nun zu

$$\dot{m}_{L,ZU,\mathrm{max}} = \dot{V}_{L,ZU,\mathrm{max}}\, \varrho_{L,ZU} = \lambda_{ZU,\mathrm{max}}\, V_R\, \varrho_{L,ZU} = 15\,\frac{\ell}{\text{h}} \cdot 11 \text{ m}^3 \cdot 1{,}2 \text{ kg/m}^3$$

$$= 198 \text{ kg/h} = 0{,}055 \text{ kg/s}.$$

Dieser Wert ist beträchtlich kleiner als der unter a) berechnete Wert. Damit können die unter a) getroffenen Festlegungen nicht realisiert werden. Zunächst werden 2 Lösungsmöglichkeiten untersucht, mit denen aber die Grenzbedingung $t_R - t_{ZU} \leq 10$ K nicht mehr eingehalten werden kann.

c) Skizze

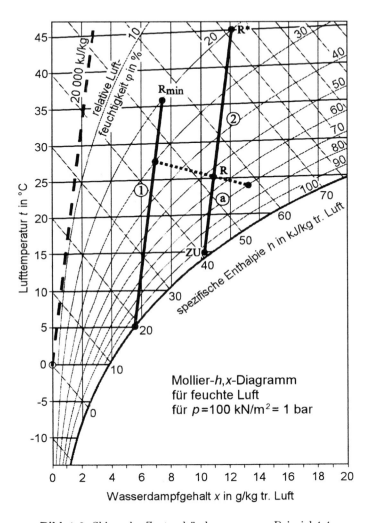

Bild 4-3: Skizze der Zustandsänderungen zum Beispiel 4-4

① Es wird der äußerste linke Zustand auf der oberen Grenze des Behaglichkeitsfeldes angestrebt, wobei der Zuluftzustand zu tieferen Temperaturen wandert. Mit

$$h_R - h_{ZU} = \frac{\dot{Q}_{La}}{\dot{m}_{L,ZU}} = \frac{2 \text{ kW}}{0,055 \text{ kg/s}} = 36,4 \text{ kJ/kg}$$

folgt

$$h_{ZU} = h_R - 36,4 \text{ kJ/kg} = (45 - 36,4) \text{ kJ/kg} = 8,6 \text{ kJ/kg}.$$

Die niedrigste Enthalpie, die mit der vorgegebenen Zustandsänderung, ausgehend vom linken Raum-luftzustand der oberen Begrenzung des Behaglichkeitsfeldes, erreichbar ist, beträgt aber

$$h_{ZU,\mathrm{min}} = 18,5 \text{ kJ/kg} > h_{ZU,\mathrm{nötig}} = 8,6 \text{ kJ/kg}.$$

Das heißt, mit $h_{ZU,\mathrm{min}} = 18,5$ kJ/kg wird

$$h_{R,\mathrm{min}} = (18,5 + 36,4) \text{ kJ/kg} = 54,9 \text{ kJ/kg}$$

erreicht, was einer Raumlufttemperatur von $t_R = 35{,}8\,^\circ\mathrm{C}$ entspricht.

② Der Zuluftzustand bleibt wie bei a). Es ergibt sich

$$h_{R,\mathrm{max}} = (40,8 + 36,4) \text{ kJ/kg} = 77,11 \text{ kJ/kg} \quad \text{und} \quad t_{R,\mathrm{max}} = 45{,}0\,^\circ\mathrm{C}.$$

Schlussfolgerung: Bleibt die Forderung für $\lambda_{ZU} = 15$ h^{-1} bestehen, was ziemlich sicher ist, da bei einem noch höheren Zuluftwechselkoeffizienten unerträgliche Zugerscheinungen entstehen, muss versucht werden, die Wärmelast zu senken, um annehmbare Raumtemperaturen zu erreichen. Das könnte z. B. durch besser wärmegedämmte oder kleinere Fenster erreicht werden.

4.3.3 Aufrechterhalten eines benötigten Schutzdruckes

Bei der alleinigen Aufgabe einer Schutzdruckhaltung spielen die qualitativen Zuluft-parameter eine untergeordnete Rolle. Sie sollten zumindest Werte des Raumluftzu-standes haben, wie das bei einer Druckbelüftung gefordert wird. Bei undichten Raum-umgrenzungen, wie es bisher üblich und auch gewollt war, wurde eine Schutzdruck-haltung erreicht, indem entweder ein Zuluftvolumenstrom $\dot{V}_{L,ZU}$ zugeführt oder ein Abluftvolumenstrom $\dot{V}_{L,AB}$ abgeführt wurde. Um den Effekt der Schutzdruckhal-tung zu erreichen, genügen geringe Luftvolumenströme. Die geforderte Schutzdruck-differenz lässt sich mit einem umso kleineren Luftstrom garantieren, je weniger Leck-luft über die Raumumhüllungsflächen strömen kann. Für solche Fälle sollte die Dicht-heit z. B. mit einem Blower-Door-Nachweis geprüft werden.

Die Forderung nach dichten Konstruktionen, die zunehmend gestellt wird, um Ener-gieströme zu kontrollieren und Durchfeuchtungen infolge Lufteintritt in die Um-fassungskonstruktion zu verhindern, führt zu kombinierten Zuluft- und Abluftanla-gen, deren Volumenströme so bestimmt werden, dass eine Differenz von bis zu 30 % entsteht.

4.3.4 Garantieren einer Raumdurchströmung

Für eine stabile Raumdurchströmung ist bei Tangential- bzw. Wurflüftung in der Regel mindestens ein dreifacher Luftwechsel pro Stunde im Raum nötig: $\lambda_{ZU} \geq 3$ h^{-1}. Damit ergibt sich für den minimalen Zuluftvolumenstrom

$$\dot{V}_{L,ZU,\mathrm{min}} = \lambda_{ZU,\mathrm{min}}\, V_R. \tag{4-17}$$

4.4 Berechnen der Schadstoffkonzentration

Für bestimmte Einsatzfälle ist es wichtig, die Veränderung der Schadstoffkonzentration in Räumen zu kennen. Die Berechnung der Schadstoffkonzentration erfolgt über eine Schadstoffstrombilanz. Für die Formulierung der Bilanz wird von Bild 4-4 ausgegangen.

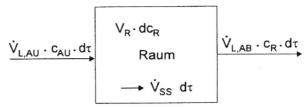

Bild 4-4: Schadstoffbilanzierung eines Raums

Mit den Schadstoffströmen und der Schadstoffspeicherung im Raum entsprechend Bild 4-4 ergibt sich als Bilanzgleichung

$$\dot{V}_{L,AU}\, c_{AU}\, d\tau + \dot{V}_{SS}\, d\tau - \dot{V}_{L,AB}\, c_R\, d\tau = V_R\, dc_R. \tag{4-18}$$

Es bedeuten:

$\dot{V}_{L,AU}\, c_{AU}\, d\tau$ im Außenluftvolumenstrom enthaltener Schadstoff,

$\dot{V}_{L,AB}\, c_R\, d\tau$ im Abluftvolumenstrom enthaltener Schadstoff,

$\dot{V}_{SS}\, d\tau$ im Raum emittierter Schadstoff,

$V_R\, dc_R$ im Raum gespeicherter Schadstoff.

Mit der schon begründeten Vereinfachung

$$\dot{V}_{L,AU} \approx \dot{V}_{L,AB}$$

folgt

$$\left[\dot{V}_{L,AU}(c_{AU} - c_R) + \dot{V}_{SS} \right] d\tau = V_R\, dc_R \tag{4-19}$$

mit c_R als Variable.

Nach Umstellung

$$d\tau = V_R \frac{dc_R}{\dot{V}_{SS} - \dot{V}_{L,AU}\,(c_R - c_{AU})}$$

kann integriert werden mit dem Ergebnis

$$\Delta\tau = V_R \left\{ -\frac{1}{\dot{V}_{L,AU}} \ln\left[\dot{V}_{SS} - \dot{V}_{L,AU}\,(c_R - c_{AU}) \right] \right\}_{c_R=c_{R0}}^{c_R}. \tag{4-20}$$

Die untere Grenze ist die Anfangskonzentration des Schadstoffes im Raum c_{R0}.

Nach Einsetzen der Grenzen

$$-\frac{\dot{V}_{L,AU}}{V_R} \Delta\tau = \ln\left[\dot{V}_{SS} - \dot{V}_{L,AU}\,(c_R - c_{AU}) \right] - \ln\left[\dot{V}_{SS} - \dot{V}_{L,AU}\,(c_{R0} - c_{AU}) \right]$$

und der Umformung

$$e^{-\dfrac{\dot{V}_{L,AU}}{V_R}\Delta\tau} = \dfrac{\dot{V}_{SS} - \dot{V}_{L,AU}\,(c_R - c_{AU})}{\dot{V}_{SS} - \dot{V}_{L,AU}\,(c_{R0} - c_{AU})}$$

bzw.

$$\left[\dot{V}_{SS} - \dot{V}_{L,AU}\,(c_{R0} - c_{AU})\right] e^{-\dfrac{\dot{V}_{L,AU}}{V_R}\Delta\tau} = \dot{V}_{SS} - \dot{V}_{L,AU}\,(c_R - c_{AU})$$

ergibt sich die Schadstoffkonzentration in Abhängigkeit von der Zeitdauer $\Delta\tau$ des Schadstoffausstoßes zu

$$c_R = c_{AU} + \dfrac{1}{\dot{V}_{L,AU}}\left\{\dot{V}_{SS} - \left[\dot{V}_{SS} - \dot{V}_{L,AU}\,(c_{R0} - c_{AU})\right] e^{-\dfrac{\dot{V}_{L,AU}}{V_R}\Delta\tau}\right\}. \quad (4\text{-}21)$$

Wird die Anfangskonzentration im Raum mit der Außenluftkonzentration gleichgesetzt,

$$c_{R0} = c_{AU},$$

und mit der Beziehung für den Außenluftwechselkoeffizienten, Gl. (4-4), gerechnet, folgt als vereinfachte Beziehung der Gl. (4-21)

$$c_R = c_{AU} + \dfrac{\dot{V}_{SS}}{\lambda_{AU}\,V_R}\left(1 - e^{-\lambda_{AU}\Delta\tau}\right). \quad (4\text{-}22)$$

Beispiel 4-5: In einem Kältemaschinenraum mit dem Raumvolumen $V_R = 100$ m^3, dem barometrischen Druck $p_b = 0{,}1$ MPa und der Raumlufttemperatur $t_R = 20\,^\circ$C strömt aus einer Kältemaschine ein Kältemittelmassestrom Ammoniak (NH$_3$) von $\dot{m}_{\mathrm{NH_3}} = 0{,}01$ kg/h aus.

a) Welcher Außenluftwechselkoeffizient λ_{AU} ist erforderlich, damit der MAK-Wert für NH$_3$ von $c_{\mathrm{NH_3},R} = 50$ ppm nicht überschritten wird?

b) Welche NH$_3$-Konzentration stellt sich nach $\Delta\tau = 2$ h ein, wenn nur ein Luftwechsel von $\lambda_{AU} = 1$ h^{-1} möglich ist?

Lösung:

a) Der Außenluftwechselkoeffizient wird mit Gl. (4-4) berechnet:

$$\lambda_{AU} = \dfrac{\dot{V}_{L,AU}}{V_R}.$$

Der notwendige Außenluftvolumenstrom zum Austrag der NH$_3$-Emission ergibt sich analog Gl. (4-6) aus

$$\dot{V}_{L,AU} = \dfrac{\dot{V}_{\mathrm{NH_3}}}{c_{\mathrm{NH_3},R} - c_{\mathrm{NH_3},AU}} = \dfrac{\dot{V}_{\mathrm{NH_3}}}{c_{\mathrm{NH_3},R}},$$

wenn zunächst die Zuluftkonzentration $c_{\mathrm{NH_3},ZU}$ mit der Außenluftkonzentration $c_{\mathrm{NH_3},AU}$ gleichgesetzt wird und in der Außenluft kein Ammoniak enthalten ist, also $c_{\mathrm{NH_3},AU} = 0$ gilt.

Der NH$_3$-Volumenstrom wird mit der Zustandsgleichung idealer Gase berechnet:

$$p_b\,\dot{V}_{\mathrm{NH_3}}\,R_{\mathrm{NH_3}}\,T_R = \dot{m}_{\mathrm{NH_3}}\,\dfrac{\overline{R}}{M_{\mathrm{NH_3}}}\,T_R$$

mit

$\overline{R}$ allgemeine Gaskonstante

M_{NH_3} Molmasse von Ammoniak

$$\dot{V}_{NH_3} = \frac{\dot{m}_{NH_3}\,\overline{R}\,T_R}{p_b\,M_{NH_3}} = \frac{0,01 \text{ kg/h} \cdot 8,314 \text{ kJ/(kmol K)} \cdot 293 \text{ K}}{0,1 \text{ MPa} \cdot 17 \text{ kg/kmol}} = 0,0143 \text{ m}^3/\text{h}.$$

Damit ergibt sich der notwendige Außenluftvolumenstrom zu

$$\dot{V}_{L,AU} = \frac{0,0143 \text{ m}^3/\text{h}}{50 \cdot 10^{-6} - 0} = 286 \text{ m}^3/\text{h}.$$

Es ist ein Außenluftwechselkoeffizient von

$$\lambda_{AU} = \frac{286 \text{ m}^3/\text{h}}{100 \text{ m}^3} = 2,86 \text{ h}^{-1}$$

zur Einhaltung dieses Zustandes notwendig.

b) Bei einem Luftwechsel von 1 h^{-1} beträgt nach einer Zeitdauer von 2 Stunden die Ammoniakkonzentration

$$c_{NH_3,R} = \frac{\dot{V}_{NH_3}}{\lambda_{AU}\,V_R}\left(1 - e^{-\lambda_{AU}\,\Delta\tau}\right) = \frac{0,0143 \text{ m}^3/\text{h}}{1,0 \text{ h}^{-1} \cdot 100 \text{ m}^3}\left(1 - e^{-\frac{1}{h}\,2\,h}\right) = 124 \text{ ppm},$$

d. h., der MAK-Wert wird um rund das 2,5fache überschritten.

Beispiel 4-6: Ein Schlafzimmer von $V_R = 30 \text{ m}^3$, in dem sich 2 Personen befinden, ist aus Lärmgründen nicht über das Fenster zu lüften. Bei einer CO_2-Emission der beiden Personen von je $\dot{V}_{CO_2} = 12 \text{ }\ell/\text{h}$ und einer Anfangskonzentration von $c_{CO_2,R0} = 300$ ppm soll ermittelt werden, nach welcher Zeit der *Pettenkofer*-Maßstab erreicht ist.

Lösung:

Die Schadstoffbilanz eines nicht belüfteten Raums, wenn $\dot{V}_{SS} = \dot{V}_{CO_2}$ ist, lautet

$$\dot{V}_{CO_2}\,d\tau = V_R\,dc_{CO_2,R0}.$$

Daraus folgt

$$d\tau = \frac{V_R}{\dot{V}_{CO_2}}\,dc_{CO_2,R0}.$$

Nach Integration und Einsetzen der Grenzen ergibt sich

$$\Delta\tau = \frac{V_R}{\dot{V}_{CO_2}}\left(c_{CO_2,R} - c_{CO_2,R0}\right).$$

Werden für das Schlafzimmer die für CO_2 geltenden Werte eingesetzt, ergibt sich

$$\Delta\tau = \frac{30 \text{ m}^3}{0,024 \text{ m}^3/\text{h}}\left(1500 - 300\right) \text{ ppm} = 1,5 \text{ h}.$$

In anderthalb Stunden ist bereits der von *Pettenkofer* angegebene Grenzwert der CO_2-Konzentration erreicht!

4.5 Einfluss des Zuluftmassestroms auf erreichbare Raumluftzustände

In den vorstehenden Ausführungen ist davon ausgegangen worden, dass der Raumluftzustand eine fest vorgegebene Größe ist. Im Beispiel 4-4 hatte sich aber gezeigt, dass unter bestimmten Bedingungen der gewünschte Raumluftzustand nicht erreichbar sein kann. Um einen zu großen Zuluftwechselkoeffizienten oder eine zu große Geschwindigkeit im Raum zu vermeiden, sollte zuallererst die Wärmelast verringert werden. Wenn das nicht möglich ist, muss untersucht werden, ob der Zuluftmassestrom reduziert werden kann. Welche Folgen ergeben sich daraus?

Das Verringern des Zuluftmassestroms führt zum Vergrößern der spezifischen Wärmelast Δh_{La}. Das hat Einfluss auf den erreichbaren feuchtesten Raumluftzustand und auf die unterste Begrenzung des Zuluftzustandes. In Bild 4-5 ist ein solcher Fall eingezeichnet.

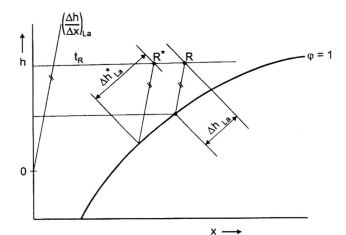

Bild 4-5: Abhängigkeit der erreichbaren Raumluftfeuchte vom Zuluftmassestrom

Der Zustand „R" kennzeichnet den ursprünglichen Raumluftzustand. Ist aus den oben erläuterten Gründen der Zuluftmassestrom zu groß und kann er reduziert werden, vergrößert sich die spezifische Wärmelast von Δh_{La} auf Δh_{La}^*. Darf der Raumluftzustand nicht über die Raumlufttemperatur t_R steigen, verringert sich der Wassergehalt, und auch die Zulufttemperatur wird geringer. Der minimalen Zulufttemperatur sind allerdings Grenzen gesetzt.

Da der Zuluftzustand im h, x-Diagramm nach links unten wandert, vergrößert sich auch die spezifische Kühlleistung $\dot{q}_0$. Das wiederum hat eine Verringerung des aufzubereitenden Luftmassestroms, der quantitativ gleich dem Zuluftmassestrom ist, zur Folge. Ob dabei die absolute Kühlleistung gleich bleibt oder sich ändert, kann mit folgender Überlegung beantwortet werden: Da gezwungenermaßen ein trockenerer Raumluftzustand als zuvor erreicht wird, kann das nur durch eine größere Kühlleistung für die größere Entfeuchtung zustande kommen. Mit einem Beispiel aus [3] soll das quantitativ belegt werden, Tabelle 4-5.

Tabelle 4-5: Zusammenhang zwischen Zuluftmassestrom und Kühlleistung nach [3]

$\dfrac{t_{AU}}{°C}$	$\dfrac{\varphi_{AU}}{\%}$	$\dfrac{t_R}{°C}$	$\dfrac{\dot{Q}_{La}}{kW}$	$\dfrac{\dot{m}_{W,La}}{g/s}$	$\dfrac{\dot{m}_{L,AU}}{kg/s}$	$\dfrac{\dot{m}_{L,ZU}}{kg/s}$	$\dfrac{\varphi_R}{\%}$	$\dfrac{\dot{Q}_0}{kW}$
						1.39	67	20,3
40	30	25	13,3	0,75	0,333	1,11	60	21,5
						0,69	45	24,5
						1,39	76	19,6
32	70	25	10,6	0,75	0,333	1,11	70	20,8
						0,69	56	23,2

In Tabelle 4-5 ist bei gleichbleibender Raumlufttemperatur t_R für zwei unterschiedliche Außenluftzustände, gekennzeichnet durch t_{AU}, φ_{AU}, die eine entsprechende unterschiedliche Kühllast $\dot{Q}_{La}$ und Feuchtelast $\dot{m}_{W,La}$ zur Folge haben, der Zuluftmassestrom $\dot{m}_{L,ZU}$ bei gleichem Außenluftmassestrom $\dot{m}_{L,AU}$ verringert worden. In den letzten beiden Spalten sind die sich daraus ergebende relative Raumluftfeuchte φ_R und die Kühlleistung $\dot{Q}_0$ abzulesen. Es zeigt sich der erwartete Effekt.

Literatur

[1] *Recknagel, Sprenger, Schramek*: Taschenbuch für Heizung und Klimatechnik. 67. Auflage, R. Oldenbourg Verlag München Wien 1995.

[2] DIN 1946-2 (01.94): Raumlufttechnik; Gesundheitstechnische Anforderungen (VDI-Lüftungsregeln)

[3] *Schmidt, M.*: Raumluftzustand und Kühlleistung bei der Reisezugwagen-Klimatisierung. Wissenschaftliche Zeitschrift der Hochschule für Verkehrswesen „Friedrich List" Dresden, 30 (1983) 1, S. 39 – 45.

[4] Baumgarth/Hörner/Reeker (Hrsg): Handbuch der Klimatechnik, Band 1: Grundlagen. 4., völlig neubearbeitete Auflage, C. F. Müller Verlag, Heidelberg 2000.

5 Freie Lüftung (natürliche Lüftung)

A. Trogisch

Formelzeichen

A_F	Fensterfläche	z	Höhenkoordinate
A_L	freie Lüftungsfläche	z_F	Öffnungshöhe
$A_{Schacht}$	Schachtquerschnitt	$z_{Schornst}$	Schornsteinhöhe
a	Abstand	z'_S	erforderliche Höhe über OK Dach
c_W	Windgeschwindigkeit	p_{AU}	Außendruck
D	Durchmesser	p_R	Raumdruck
g	Erdbeschleunigung	Δp_A	Auftriebsdruck
I_O	Impuls	Δp_W	Winddruck
$\dot{Q}$	Wärmelast (Kühllast)	$\Delta \varrho$	Dichtedifferenz
$\dot{Q}_B$	Wärmelast durch Beleuchtung	Δz	Höhendifferenz
$\dot{Q}_N$	innere Wärmelast	Δz_F	Höhendifferenz der Fensteröffnung
$\dot{Q}_{N,m}$	mittlere innere Wärmelast	Δz_{Geb}	Höhendifferenz der Überbauung
$\dot{Q}_P$	Wärmelast durch Personen	$\Delta z_{Schacht}$	Schachthöhe
$\dot{Q}_S$	Strahlungswärmelast	ϑ_{AU}	Außenlufttemperatur
tr	Raumtiefe	ϑ_R	Raumlufttemperatur
V_R	Raumvolumen	ϑ_{SP}	Spalttemperatur
$\dot{V}_L$	Luftvolumenstrom	ϑ_W	Wassertemperatur
$\dot{V}_{AB}$	Abluftvolumenstrom	ϱ_L	Rohdichte der Luft
$\dot{V}_{ZU}$	Zuluftvolumenstrom	$\tau_{Öffn}$	Öffnungszeit des Fensters
Z_F	Fensterhöhe	ζ_{LEE}	Leeseitiger Druckverlustbeiwert
Z_R	Raumhöhe	ζ_{LUV}	Luvseitiger Druckverlustbeiwert

5.1 Übersicht

Die Lufttechnik wird nach DIN 1946, Teil 1 [1] entsprechend Bild 5-1 nach verfahrenstechnischen Merkmalen eingeteilt.

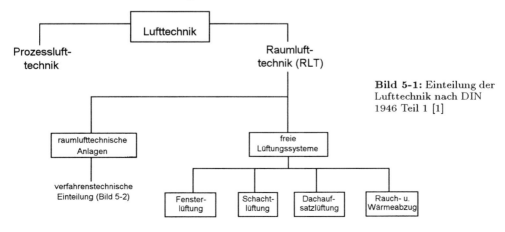

Bild 5-1: Einteilung der Lufttechnik nach DIN 1946 Teil 1 [1]

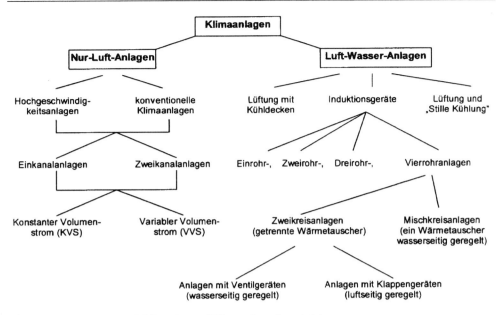

Bild 5-2: Einteilung der RLT-Anlagen (Klimaanlagen) nach [2]

5.2 Freie Lüftungssysteme

5.2.1 Grundlagen

Die „freie Lüftung oder natürliche Lüftung" ist ein lüftungstechnisches Grundprinzip, das in vielfältiger Weise in der Natur vorkommt, wie z. B. die Belüftung des unterirdischen Baus eines Präriehundes oder die eines Thermitenbaus. Dieses Wirkprinzip ist vom Menschen erkannt worden und schon frühzeitig in südlicheren Ländern beim Bau von Wohngebäuden und Gebäudekomplexen zur Anwendung gekommen.

Gegenwärtig gibt es wieder bemerkenswerte Bestrebungen aus ökologischen und ökonomischen Gründen, diese natürlichen Lüftungsprinzipien unter Nutzung des vorhandenen technischen Potentials anzuwenden.

Bei den *freien Lüftungssystemen* erfolgt die Förderung der Luft ausschließlich durch natürliche Druckunterschiede infolge

- von Temperaturdifferenzen (z. B. von innen und außen) — *thermischer Auftrieb*
- von Wind — *Winddruck*.

Thermischer Auftrieb

In erster Näherung ergibt sich die Druckdifferenz des Auftriebes aus

$$\Delta p_A = g \, \Delta \varrho \, \Delta z, \qquad\qquad (5\text{-}1)$$

wobei gilt, dass die Dichte der feuchten Luft umgekehrt proportional der Temperatur ist.

Dies bedeutet, dass mit steigender Temperatur die Dichte der Luft geringer wird und dass mit größerer Temperaturdifferenz ein größerer Dichteunterschied verbunden ist.

Aus den thermodynamischen Gesetzmäßigkeiten der feuchten Luft ergeben sich zwei
Grundaussagen

*die **Dichte der wärmeren Luft** ist kleiner als die der kälteren **Luft**,*

*die **Dichte der feuchteren Luft** ist kleiner als die der trockeneren **Luft**.*

Dichtedifferenzen und damit Druckdifferenzen entstehen im Allgemeinen durch Temperaturunterschiede z. B. zwischen

- der Raumluft und der Außenluft,
- benachbarten Räumen und wie z. B. Treppenhäusern oder Aufzugsschächten,
- Räumen und lüftungstechnischen Einrichtungen, wie Schächten oder Kanälen,
- der Außenluft und lüftungstechnischen Einrichtungen (Kamineffekt) und
- in hohen Räumen durch Änderung der Lufttemperatur in Abhängigkeit von der
  Raumhöhe.

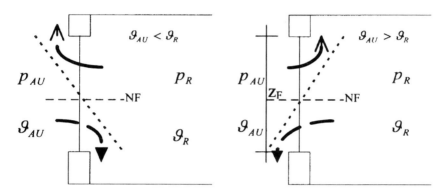

Bild 5-3: Strömungsverhältnisse bei einem *vollgeöffneten* Fenster, wenn Raumlufttemperatur ϑ_R
und Außenlufttemperatur ϑ_{AU} unterschiedlich sind

Für die Darstellung der Druckverhältnisse wird
im Allgemeinen davon ausgegangen, dass der
Bezugsdruck im Raum konstant ist.

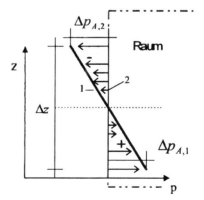

Bild 5-4: Druckverhältnisse an einem geöffneten Fenster, wenn der Druck im Raum (2) als konstant angenommen wird

Der Luftaustausch ist dort am größten, wo die Druckdifferenz Δp_A am größten ist,
d. h. je weiter sich eine Öffnung von der Stelle $\Delta p_A = 0$ entfernt befindet. Dies wird
als „neutrale Linie bzw. neutrale Fläche" bezeichnet. Die Lage der neutralen Linie
bzw. neutralen Fläche (NF) ist ausschließlich abhängig von der Anordnung, der Größe
und der Form der Bauwerksöffnungen. Bild 5-5 zeigt Beispiele für die Verteilung des

thermischen Auftriebsdruckes in einem Raum und in der Kombination von Räumen nach [4].

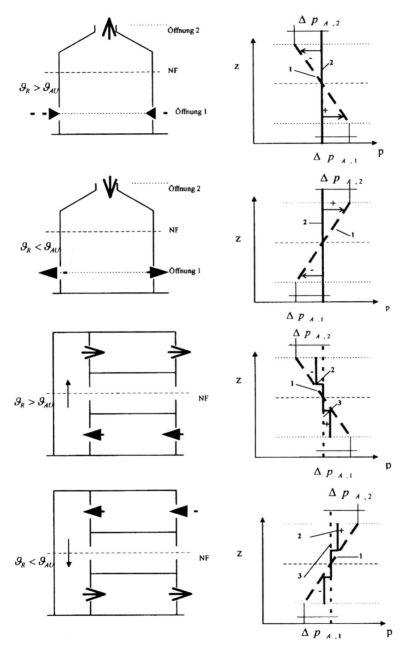

Bild 5-5: Beispiel der Verteilung des Auftriebsdruckes bei konstantem Druck im Bezugsraum (2) und in Abhängigkeit der Temperaturdifferenz

1 Außendruck	2 Druck im Raum	3 Druck im Treppenhaus
NF neutrale Fläche	ϑ_R Raumlufttemperatur	ϑ_{AU} Außenlufttemperatur

Um eine intensive Lüftung durch thermischen Auftrieb zu erzielen, sollten

- das Gebäude oder die Öffnung möglichst hoch sein,
- die Zu- bzw. Abluftöffnung sich an der höchsten und tiefsten möglichen Stelle befinden,
- der Strömungswiderstand an den Zu- und Abluftöffnungen und der luftseitige Druckverlust im „Strömungskanal" möglichst gering sein.

Grundsätzlich ist davon auszugehen, dass die Summe der Zuluftvolumenströme $\sum \dot{V}_{ZU}$ gleich der Summe der Abluftvolumenströme $\sum \dot{V}_{AB}$ ist.

$$\sum \dot{V}_{ZU} = \sum \dot{V}_{AB} \tag{5-2}$$

Druckdifferenz Δp_A

Im *Winter* ist die Temperaturdifferenz zwischen Innen- und Außenraum groß und der Auftriebsdruck beträgt in etwa

$$\Delta p_A \approx (0{,}8 \ldots 1{,}7) \Delta z. \tag{5-3}$$

Dagegen verringert sich die Temperaturdifferenz im *Sommer*, d. h. dass $\Delta p_A \to 0$ bzw. sogar warme Luft aus den Außenraum in den kühleren Innenraum strömen kann.

Deshalb erfordert die Nutzung des thermischen Auftriebes unter sommerlichen Bedingungen eine Erhöhung der Raumlufttemperatur ϑ_R z. B. durch zusätzliche Wärmequellen $\dot{Q}$.

Die zusätzliche Wärmequelle $\dot{Q}$ kann eine Wärmelast durch Sonnenstrahlung $\dot{Q}_S$ und/oder eine nutzungsbedingte innere Wärmelast $\dot{Q}_I$ sein.

Die Wirkung der Wärmequellen ist dann günstig, wenn sie unter der Abströmfläche bzw. Abströmöffnung angeordnet wird.

Die Wärmequelle ist zum überwiegenden Teil auf eine kleine Fläche zu konzentrieren, damit die durch die Wärmequelle erwärmte Luft ohne maßgebliche Beeinflussung der Raumlufttemperatur abgeführt werden kann.

In Abhängigkeit von der mittleren Wärmelast $\dot{Q}_{I,m}$, der Temperaturdifferenz $\vartheta_R - \vartheta_{AU}$ und der Höhe Δz kann u. a. nach [3] die erforderliche freie Lüftungsfläche A_L bestimmt werden (s. a. Bild 5-5 und Beispiel 5-1).

Beispiel 5-1: Ermittlung der erforderlichen Lüftungsfläche für zwei Fenster

gegeben: $\vartheta_R - \vartheta_{AU} = 3$ K; Fensterhöhe: $\Delta z = 1{,}8$ m, Fußbodenfläche: $A_B = 25$ m^2
mittlere innere nutzungsbedingte spezifische Wärmelast: $\dot{q}_{I,m} = 25$ W/m^2

$$\dot{Q}_{I,m} = \dot{q}_{I,m} A_B = 625 \text{ W}$$

gesucht: A_L für Kippflügelfenster (1) und ein Drehflügelfenster (3)

	$A_L/\dot{Q}_{I,m}$ in m^2/kW	A_L in m^2
Kippflügelfenster	$\approx 7{,}8$	$\approx 4{,}9$
Drehflügelfenster	$\approx 3{,}1$	$\approx 1{,}9$

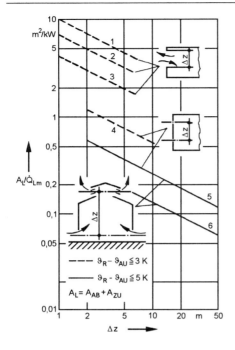

Bild 5-6: Spezifische Lüftungsfläche $A_L/\dot{Q}_{I,m}$ als Funktion der wirksamen Höhe Δz [3]
1 Kippflügelfenster,
2 Schwingflügelfenster,
3 Dreh- und Wendeflügelfenster,
4, 5 Fenster in zwei Ebenen,
5 Dachaufsatzlüftung bei gleichmäßig über den Boden verteilten Wärmequellen,
6 Dachaufsatzlüftung bei konzentrierten Wärmequellen

Winddruck

Wird ein Gebäude durch Wind angeströmt, so bildet sich

- auf der Anströmseite (Luvseite) *Überdruck* (+) und
- auf der Abströmseite (Leeseite) *Unterdruck* (-) aus.

Daraus resultiert sowohl eine Querlüftung als auch eine Übereck-Lüftung in einem Gebäude.

Bei senkrechter Anströmung eines Gebäudes besteht an den Gebäudeflächen parallel zur Windrichtung ebenfalls ein Unterdruck. Bild 5-7 zeigt schematisch die Umströmung eines Gebäudes.

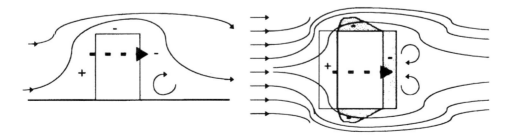

Bild 5-7: Umströmung eines Gebäudes im Seiten- und im Grundriß

Der Widerstand, der bei der Gebäudeumströmung auftritt, wird durch einen Druckbeiwert (Gesamtdruckverlustbeiwert) ζ beschrieben. Größenordnungsmäßig kann von

- Luvseite: $\zeta_{LUV} = 0{,}8\ldots 1{,}0$
- Leeseite: $\zeta_{LEE} = 0{,}05\ldots 0{,}25$

ausgegangen werden.

Die Ermittlung der Druckbeiwerte ζ für konkrete Objekte und die sich einstellenden Anström- und Umströmsituationen können nur unter Beachtung einer Vielzahl von möglichen Einflusskomponenten, wie z. B.

- Lage und Form des Gebäudes
- Einordnung zu umliegenden Hindernissen (Gebäude, Großgrün)
- Windgeschwindigkeit und -richtung

experimentell in Strömungs- oder Windkanälen erfolgen. Die Übertragbarkeit der Ergebnisse auf andere ähnliche Objekte durch Analogiebeziehungen ist kaum gegeben. Der Winddruck Δp_W ergibt sich zu

$$\Delta p_W = p_{LUV} - p_{LEE} \approx (0{,}8\ldots 1{,}2)\,(\varrho_L/2)\,c_W^2. \tag{5-4}$$

Im europäischen Binnentiefland liegt die Windgeschwindigkeit bei $c_W = (0\ldots 20)$ m/s, im Jahresmittel ist $c_W = (3\ldots 4)$ m/s. Bei einem freistehenden Gebäude kann deshalb mit $\Delta p_W = (4\ldots 12)$ Pa gerechnet werden.

Der Winddruck überlagert den durch den thermischen Auftrieb verursachten Druck, d. h.

- auf der Luvseite verschiebt er die neutrale Linie nach oben und verstärkt im unteren Teil des Gebäudes die Luftzufuhr und
- auf der Leeseite verschiebt er die neutrale Linie nach unten und verstärkt im oberen Teil des Gebäudes die Luftabfuhr.

Die Lüftung durch Winddruck

- ist kaum determinierbar, da Windrichtung und Windgeschwindigkeit sehr variabel und nicht vorhersagbar sind,
- muss den Lüftungseffekt unterstützen und darf den thermischen Auftrieb nicht behindern,
- kann nur zur Unterstützung des thermischen Auftriebes herangezogen werden und
- ist für die Bemessung der freien Lüftung nicht mit einzubeziehen.

5.2.2 Fensterlüftung

Die Fensterlüftung ist die bekannteste Form der „freien Lüftung". Die Fensterlüftung kommt durch die Temperaturdifferenz und Druckdifferenz zwischen den Raumbedingungen und den äußeren Bedingungen zustande.

Die Kühlung eines Raumes durch eine freie Lüftung erfordert immer, dass die Raumlufttemperatur ϑ_R größer ist als die Außenlufttemperatur ϑ_{AU}.

$$\vartheta_R > \vartheta_{AU} \tag{5-5}$$

Die Wirksamkeit der Fensterlüftung wird bestimmt vor allem durch

- die Fensterform und deren Lüftungseffektivität (Tabelle 5-1),
- den effektiven freien Querschnitt A_L und
- die Höhe des Fensters Z_F bzw. Höhendifferenz zwischen zwei Lüftungsöffnungen Δz_L.

Tabelle 5-1: Fensterform und deren Lüftungseffektivität nach [3]

Fensterform	in %
Drehflügel	100
Wendeflügel	100
Kippflügel	20
Klappflügel	20
Wendeflügel	36
Kippflügel in 2 Ebenen, $\Delta z_L > 3$ Kippflügelhöhe	≈ 100

Einsatzgrenzen und Vor- und Nachteile der Fensterlüftung weist Tabelle 5-2 aus.

Tabelle 5-2: Einsatzgrenzen, Vor- und Nachteile der Fensterlüftung

Einsatzgrenzen	Vorteile	Nachteile
• keine äußere Schadstoffbelastung • nur zulässig, wenn der Schallpegel im Innenraum durch den Schallpegel im Außenraum nicht unzulässig erhöht wird (Richtwert: Schallpegel innen ca. 10 dB(A) niedriger als Schallpegel außen) • $\vartheta_R > \vartheta_{AU}$ ==> Kühlung des Raumes • $\vartheta_R > \vartheta_{AU}$ ==> Erwärmung des Raumes • Vorliegen entsprechender Druckverhältnisse am und im Gebäude • öffenbares Fensterelement • ausreichende Fensterhöhe	• flexibel und wechselnden Anforderungen gut anpassbar • energiewirtschaftlich dort günstig, wo kurzzeitig große Luftvolumenströme benötigt werden und in der übrigen Zeit kleine Luftvolumenströme erforderlich sind. • keine Investitions- und Betriebskosten für RLT-Anlagen	• im fensternahen Bereich können Zugerscheinungen (besonders im Winter) auftreten • Energierückgewinnung ist nicht möglich • stark individuell geprägt durch die Nutzer

Der Wirkungsbereich der Fensterlüftung ist aus Bild 5-8 erkennbar. Dieser wird primär bestimmt durch die Lüftungseffektivität der Fensterkonstruktion, die aus der vorhandenen Druckdifferenz resultierende Zuluftgeschwindigkeit w_O am Fenster und den sich daraus ergebenden Zuluftimpuls I_O.

Der Primärwirbel hat elliptische Form, dagegen hat der Sekundärwirbel und alle folgenden Wirbel Kreisform.

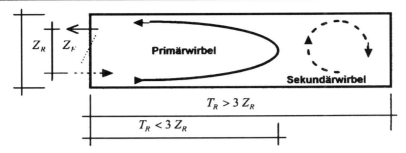

Bild 5-8: Schematische Darstellung für Raumdurchspülung, wenn $\vartheta_R > \vartheta_{AU}$, das Fenster vollge-öffnet ist und Δz_L bzw. $Z_F \geq 1,5 \ldots 2,0$ ist

Es werden die Lüftungsformen unterschieden: einseitige Lüftung und Querlüftung

einseitige Lüftung: *intensive Durchlüftung* ist möglich bei:

- Raumtiefe $T_R \leq (2 \ldots 3)\, Z_R$,
  eingeschränkte Durchspülung (Sekundärbereich) auf ca. 60 bis 70 % bei
- Raumtiefe $T_R > 3\, Z_R$.

Querlüftung: *Querlüftung/(Überecklüftung)*,
Fenster in gegenüberliegenden oder orthogonal angeordneten Außenwänden.
Der Raum wird annähernd vollständig durchspült.

Ein weiteres zu beachtendes Bewertungskriterium ist die Dauer der Lüftung (Öffnungszeit des Fensters $\tau_{\text{Öffn}}$), d. h.

- *Dauerlüftung* oder
- *unterbrochene Lüftung.*

Die Einflussgrößen auf die beiden Lüftungsformen und deren Charakteristika sind aus der Tabelle 5-3 ersichtlich.

Tabelle 5-3: Dauerlüftung — unterbrochene Lüftung

		Einflussgrößen auf die Effizienz
Dauerlüftung	die Fenster sind während der gesamten Nutzungszeit des Raumes geöffnet	• Lüftungsfläche/Fensterform • Druckdifferenzen (Δp) • Fensterhöhe (Z_F bzw. Δz_F) • innere Wärmelasten ($\dot{Q}_{I,m}$)
unterbrochene Lüftung	mehrmaliges kurzzeitiges Öffnen des Fensters ($\cong 15 \ldots 25$ % der Nutzungszeit)	• Lüftungsfläche/Fensterform • Druckdifferenzen (Δp) • Fensterhöhe (Z_F bzw. Δz_F) • innere Wärmelasten ($\dot{Q}_{I,m}$) • Speicherverhalten der Raumumschließungskonstruktion • Öffnungszeit $\tau_{\text{Öffn}}$

Für die Bemessung der notwendigen Lüftungsfläche bzw. des erforderlichen Lüftungsvolumenstromes können die Diagramme und Grenzwerte nach [3] genutzt werden.

Für Überschlagsrechnungen gibt Tabelle 5-4 Orientierungswerte für die notwendige erforderliche effektive Lüftungsfläche bei unterbrochener Lüftung.

Es ist zu beachten:

- Die Lüftungsfläche A_L muss mit der erforderlichen Fensterfläche A_F nach der Bemessung für den sommerlichen Wärmeschutz korrelieren.
- Sind größere Lüftungsflächen erforderlich als nach den Bemessungsvorschriften für den sommerlichen Wärmeschutz zulässig, so ist eine mechanische Lüftung (Zwangslüftung) notwendig.

Tabelle 5-4: Orientierungswerte für die notwendige erforderliche effektive Lüftungsfläche A_L nach [3]

		A_L / V_R in m²/m³Raumvolumen
Produktionsräume	einseitige Lüftung	$\geq 0{,}02$
	Querlüftung	$\geq 0{,}01$
		A_L in m²/Person, m²Fußbodenfl.
Räume, deren Luftbedarf nahezu vollständig durch Menschen bestimmt wird (z.B. Büroräume, Lesesäle, Speisesäle)	einseitige Lüftung	$> 0{,}10$
	Querlüftung	$> 0{,}05$

5.2.3 Freie Schachtlüftung

Räume können unter Beachtung der brandschutztechnischen Regelungen (allgemein [6] bzw. der jeweiligen länderspezifischen Regelungen) durch freie Schachtlüftung gelüftet werden. Diese Lüftungsform ist besonders in den Anfangsjahren des 20. Jahrhunderts zur Anwendung gekommen und findet unter dem Aspekt der Minimierung des technischen Aufwandes für die Lüftung in modifizierter Form Anwendung (s. a. 5.2.6). Ein Prinzipschema ist in Bild 5-9 dargestellt.

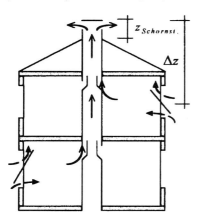

Bild 5-9: Schematische Darstellung der freien Schachtlüftung

Zu beachten ist:

Die Funktion der Schachtlüftung ist wirkungslos,

- wenn die Bauwerkstemperatur bzw. die Raumlufttemperatur ϑ_R kleiner als die Außenlufttemperatur ϑ_{AU} ist und
- bei Windstille.

Die Anwendung kann nur erfolgen, wenn kurzzeitige Unterbrechungen der Lüftung zulässig sind.

Die Tabelle 5-5 enthält allgemeine Forderungen für die Ausbildung des Schachtes und die Anordnung der Mündung des Schachtes. Durch die Gewährleistung der baulichen Randbedingungen nach Tabelle 5-5 und Bild 5-10 wird erreicht, dass

- die Mündung des Sammelschachtes in der freien Windströmung liegt und durch den Wind die Saugwirkung erhöht wird,
- die Abgase mit den entstandenen Wirbeln, die sich hinter Strömungshindernissen bilden, zwar in die bodennahe Strömung gelangen, aber nicht den möglichen Aufenthaltsbereich des Menschen erreichen können.

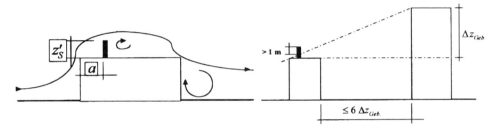

Bild 5-10: Maßskizze für die Anordnung von Lüftungsschächten
a erforderliche Höhe z'_S von Lüftungschächten bei Flachdächern
b erforderlicher Abstand von Lüftungschächten auf niedrigen Gebäuden, die sich in der Nähe höherer Gebäude befinden

Tabelle 5-5: Bauliche Hinweise für die freie Schachtlüftung

Sammelschacht	• lotrecht • gleicher Querschnitt • über Dach
Anordnung der Mündung	• in der freien Windströmung • nahe an der Traufkante (Abstand: $a \leq 10\,\mathrm{m}$) (s. a. Bild 5-10) • Die Höhe der Mündung muß: $z'_S \geq a$ (s. a. Bild 5-10) • bei Gebäuden, deren Breite $2 * a \geq 20m$ ist, ist a der Abstand zu der am weit entferntesten Traufkante
Einfluss von benachbarten Gebäuden	• ist der Abstand zwischen den Gebäuden $\leq 6 * \Delta z_{Geb.}$, so sind die Bedingungen nach Bild 5-10 einzuhalten

Der erforderliche Schachtquerschnitt A_{Schacht} ergibt sich zu

$$A_{\mathrm{Schacht}} = \dot{V}_L / w \qquad\qquad (5\text{-}6)$$

mit w Geschwindigkeit im Schacht in m/s (überschlägig nach Bild 5-11),
$\dot{V}_L$ abzuführender Luftvolumenstrom, ergibt sich aus abzuführender
Belastung (Wärme- oder Schadstofflast) bzw. Luftwechsel β des zu
belüftenden Raumes.

Die Unterdruckwirkung an der Schachtmündung kann verstärkt werden durch bauliche Lüftungsaufsätze, wobei die bekannteste Form die „Meidinger Scheibe" ist (Bild 5-12).

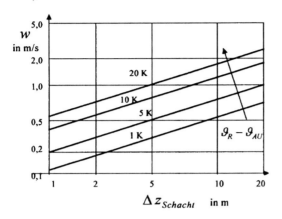

Bild 5-11: Luftgeschwindigkeit w in Lüftungsschächten in Abhängigkeit von der wirksamen Höhe $\Delta z_{Schacht}$ und der Temperaturdifferenz $\vartheta_R - \vartheta_{AU}$ nach [3]

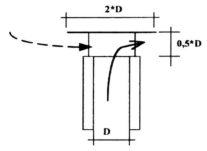

Bild 5-12: Prinzipskizze „Meidinger Scheibe"

5.2.4 Dachaufsatzlüftung

Die Dachaufsatzlüftung hat sich im Allgemeinen in industriell genutzten Gebäuden mit großen inneren Wärmelasten $\dot{Q}_I$, aber auch in großen verglasten Hallenkonstruktionen unter sommerlichen Bedingungen durchgesetzt [4], [5]. Der Dachaufsatz ist dabei die Abluftöffnung. Die Zuluft strömt über regelbare Öffnungen in der Außenwand (z. B. Fenster, Jalousien) zu (Bild 5-13). Gegen negativ wirkende Windeinflüsse sollten Windabweiser am Dachaufsatz angeordnet werden.

Unter winterlichen Bedingungen ist der durch die Druckdifferenz geförderte Luftvolumenstrom durch Veränderung des Querschnittes der Lüftungsfläche zu reduzieren, um

• Zugerscheinungen und
• Durchfallen von *Kaltluftsträhnen*

zu vermeiden.

Bei den Zuluftöffnungen ist darauf zu achten, dass sie sich durch eine ausreichende effektive Fläche A_L und einen geringen Strömungswiderstand auszeichnen.

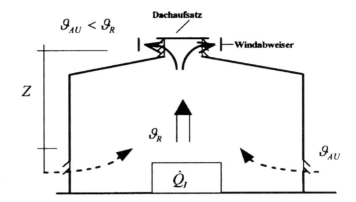

Bild 5-13: Prinzipskizze einer Dachaufsatzlüftung

5.2.5 Rauch- und Wärmeabzugsanlagen (RWA)

Eine besondere Art der Dachaufsatzlüftung stellen die Rauch- und Wärmeabzugsanlagen (RWA) dar, deren Aufgabe ist

im Brandfall

- Abführung von Rauch und Wärme,
- Schaffung einer rauchfreien Schicht über dem Fußboden und
- durch Wärmeabfuhr Verminderung von Feuer-Übersprung.

Lüftung und Belichtung

- Die Kombination von Rauchabzug und Belichtungselement kommt sehr häufig bei Oberlichten zur Anwendung.

5.2.6 Anwendungsbeispiele für Kombinationen der freien Lüftung

Mit dem Einsatz von Glas als Konstruktionsmaterial, dem Bestreben möglichst mit natürlichen Mitteln zu lüften, Fenster in einem Raum — vor allem in hohen Gebäuden — öffnen zu können und Schall- und Windbelastungen zu reduzieren, werden die vorgenannten Systeme kombiniert. An Beispielen werden Lösungsvarianten vorgestellt.

Beispiel 5-2:

Für die Belüftung eines Warenhauses in Großbritannien (UK) wurde unter Nutzung der inneren Wärmelasten (Mensch $\dot{Q}_P$; Beleuchtung $\dot{Q}_B$; $\dot{Q}_I = \dot{Q}_P + \dot{Q}_B$) die freie Lüftung in Form der Schachtlüftung eingesetzt. Die Außenluftansaugung konnte wegen starker Verkehrsbelastung nicht an der Außenwand vorgenommen werden.

Der Außenluftschacht ist großzügig bemessen, um die Druckverluste infolge der Strömung zu minimieren. Die natürliche Belüftung kann auch während der Nachtstunden ohne Beeinträchtigung durch einzuhaltende Sicherheitsaspekte erfolgen.

Die thermische Speicherfähigkeit der Bauwerksmassen bewirkt einerseits die Dämpfung der Wärmelast am Tag und andererseits in der Nacht bei niedrigeren Außenlufttemperaturen durch die Entspei-

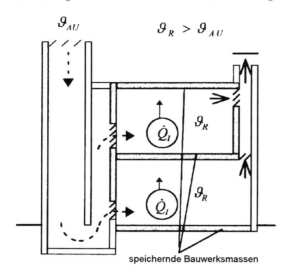

cherung. Neben der vorhandenen Temperaturdifferenz als zusätzliche treibende Kraft kann die bei der Entspeicherung frei werdende Wärme genutzt werden. Dadurch können günstige raumklimatische Bedingungen für die ersten Stunden der Nutzung der Räume ermöglicht werden.

Bild 5-14: Prinzipskizze: Anwendungsbeispiel einer Schachtlüftung in UK

Beispiel 5-3:

Der Foyerbereich eines Kinos in Dresden (D) wurde vollständig in Glas ausgeführt. Die sich einstellenden hohen Wärmelasten durch Sonnenstrahlung $\dot{Q}_S$ bewirken ein Ansteigen der Raumlufttemperatur. Mit der Anordnung einer großen öffenbaren Fläche im unteren Bereich und im Dach (wobei zusätzlich noch die RWA-Öffnungen genutzt werden können) ist eine ausreichende Belüftung und unkritische Luftgeschwindigkeiten im Aufenthaltsbereich und den freistehenden Treppen und Zugängen zum Kinobereich gegeben.

Die Zuluftöffnungen sind so angeordnet, dass auch außerhalb der Nutzungszeit die „freie Lüftung" genutzt werden kann, ohne dass zusätzliche notwendige Sicherheitsmaßnahmen für das Gebäude erforderlich sind. Die eine Innenwand besteht aus Sichtbeton und der Fußbodenbelag ist aus speicherndem Material ausgeführt. Zusätzlich besteht am Betonkern für den Aufzug ein Potential zur Speicherung von Wärme, so dass auch bei geringen Wärmelasten durch die Entspeicherung eine ausreichende Temperaturdifferenz als treibende Kraft zur Verfügung steht.

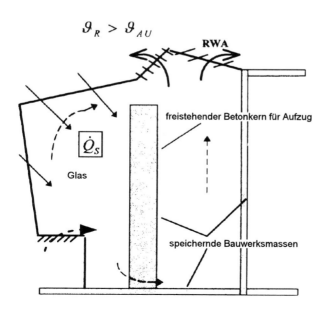

Bild 5-15: Prinzipskizze: Anwendungsbeispiel der „freien Lüftung" in einem Foyer eines Kinos in Dresden (D)

Beispiel 5-4:

Der Zentralbereich der Neuen Messe Leipzig (D) ist eine einfach verglaste Glashalle (Breite: ca. 78 m, Höhe: ca. 30 m, Länge: ca. 180 m). Die hohe Wärmelast durch Sonnenstrahlung $\dot{Q}_S$, aber auch innere Wärmelasten durch Besucher $\dot{Q}_I = \dot{Q}_P$, ermöglichen die Anwendung der Dachaufsatzlüftung im Sommer. Die Außenluft strömt über Öffnungen aus Glaslamellen im Bereich bis 2,5 m über OK Fußboden in die Halle.

Zusätzlich kann durch die Umströmung und das Anströmen dieses Bauwerkes durch den Wind die freie Lüftung unterstützt werden. Die sich einstellenden möglichen Strömungsbedingungen bei Windeinfluss, aber auch infolge des thermischen Auftriebes, wurden in einem Strömungs- und Windkanal untersucht.

Da die thermische Belastung durch Sonnenstrahlung sehr groß ist, wurde der Fußboden über die vorhandene Fußbodenheizung gekühlt.

Die möglicherweise — außerhalb des Behaglichkeitsbereiches liegenden — auftretenden sommerlichen oder winterlichen Raumlufttemperaturen können nur dann akzeptiert werden, wenn die Aufenthaltsdauer der Personen i. A. kleiner als 0,5 Stunden beträgt.

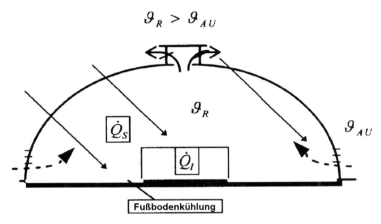

Bild 5-16: Prinzipskizze: Anwendungsbeispiel einer Dachaufsatzlüftung für eine Messehalle (Zentralbereich)

Eine Möglichkeit, die angesaugte Außenluft vorher zu kühlen, kann darin bestehen, dass im Ansaugbereich Wasserflächen (z. B. Hardenberghaus in Dortmund) angeordnet oder Wasser versprüht oder verrieselt wird (Bild 5-17). Dieser Effekt, thermodynamisch als adiabate Kühlung bezeichnet, kann eine Temperaturabsenkung von 2 bis 4 K hervorrufen.

Es ist jedoch darauf hinzuweisen, dass bei diesem Vorgang der Feuchtegehalt der Luft x und die relative Feuchte φ stark ansteigt und diese feuchte Luft gegebenenfalls bei Kontaktierung mit kühlen Flächen Kondensaterscheinungen bewirken kann.

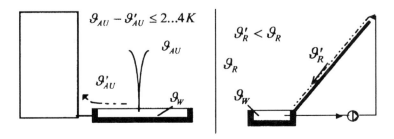

Bild 5-17: Prinzipskizze für Anwendung der adiabaten Kühlung zur Luftkühlung

Beispiel 5-5: Vorhangfassaden — „Klimafassaden"

Vorhangfassaden — auch Klimafassaden — finden verstärkt in der modernen Architektur Anwendung. Der Grund ist u. a. darin zu suchen, dass die Nutzer von Räumen in Gebäuden, die im durch Verkehrslärm geprägten innerstädtischen Bereich liegen oder sich in Hochhäusern (Vermeidung des Einflusses von Windkräften) befinden, auf die Möglichkeit der Fensterlüftung nicht verzichten möchten. Weiterhin sollen die äußere Wärmebelastung im Sommer und die Wärmeverluste im Winter reduziert werden. Es wurden verschiedene modifizierte Formen der Schachtlüftung entwickelt, die auch auf eine Unterstützung durch mechanische Entlüftung zurückgreifen können.

Die folgenden Bilder zeigen schematische Lösungsvarianten. Grundsätzlich bieten diese Lösungen den Vorteil, die akustische Belastung im genutzten Raum durch den Außenraum zu reduzieren.

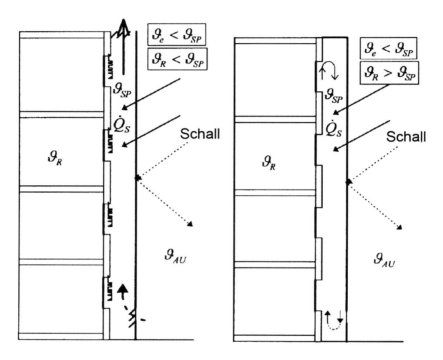

Bild 5-18:
Prinzipskizze: vorgehängte Fassade
Sommerbetrieb
- Lüftungsklappen unten und oben weit geöffnet
- Wärmelast durch Sonnenstrahlung erhöht die Spalttemperatur und verstärkt den thermischen Auftrieb
- Äußerer Sonnenschutz verhindert Strahlungsbelastung der Räume
- Fenster sollten während des Tages geschlossen bleiben, nur unterbrochene Lüftung
- bei geöffnetem Fenster ist auf Grund der schallharten Vorsatzschale die Luftschallübertragung von einem Raum zum anderen Raum erhöht

Bild 5-19:
Prinzipskizze: vorgehängte Fassade
Winterbetrieb
- Lüftungsklappen unten und oben weitestgehend geschlossen, erforderlicher Außenluftvolumenstrom sollte Mindestaußenluftanteil entsprechen
- Wärmelast durch Sonnenstrahlung erhöht die Spalttemperatur und verringert den Transmissionwärmeverlust
- im Spalt bildet sich eine konvektive Eigenströmung aus, indem sich die Luft an der kalten Glaswand abkühlt
- bei geöffnetem Fenster ist auf Grund der schallharten Vorsatzschale die Luftschall-Übertragung von einem Raum zm anderen Raum erhöht

Es ist darauf zu achten, dass die Strömungswiderstände geringer sind als der durch den thermischen Auftrieb entstehende Druck. Dies kann dadurch erreicht werden, dass

- der Schacht möglichst eine Breite > 0,50 m aufweist,
- der freie Querschnitt in der Ansaugöffnung und Ausblasöffnung möglichst groß ist,
- die Geschwindigkeiten im Schacht und den Lufteintritts-, Luftaustrittsöffnungen und Überström-öffnungen klein sind (möglichst < 1,5 m/s),
- die Fenster eine gute Lüftungseffektivität aufweisen,
- eine ausreichende Schachthöhe $\Delta z_{Schacht}$ vorhanden ist,
- die Wärmebelastung durch Sonnenstrahlung $\dot{Q}_S$ genutzt wird.

Bei diesen Lösungen dürfen zwei Aspekte nicht unterschätzt werden

- die Einhaltung der landesspezifischen Brandschutzbedingungen,
- die Möglichkeiten der Reinigung der Außenseite des Fensters und der Innenseite der Glasvorhang-fassade.

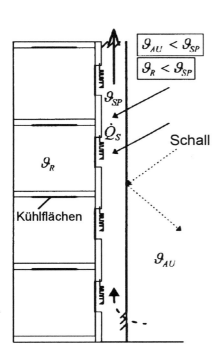

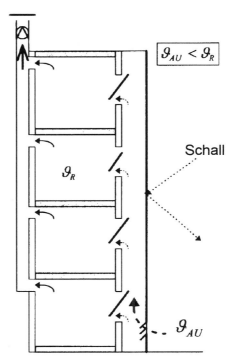

Bild 5-20:
Prinzipskizze: vorgehängte Fassade
Sommerbetrieb: am Tag bei Strahlungsbelastung
- Lüftungsklappen unten und oben weit geöffnet
- Wärmelast durch Sonnenstrahlung erhöht die Spalttemperatur und verstärkt den thermischen Auftrieb
- Äußerer Sonnenschutz verhindert Strahlungsbelastung der Räume
- *Fenster* sollten während des Tages geschlossen bleiben, *nur unterbrochene Lüftung*
- bei geöffnetem Fenster ist auf Grund der schallharten Vorsatzschale die Luftschall-übertragung von einem Raum zum anderen Raum erhöht.
- Abbau der Wärmelast durch Kühlflächen

Bild 5-21:
Prinzipskizze: vorgehängte Fassade
Sommerbetrieb: am Tag ohne Strahlungs-belastung und in der Nacht
- Lüftungsklappen unten offen und oben weitestgehend geschlossen
- Fenster sind geöffnet
- Abluft wird mechanisch abgesaugt
- Luftvolumenstrom kann besonders nachts wesentlich größer sein als am Tag, um durch intensive Nachtkühlung eine Entspeicherung der Bauwerksmassen zu erreichen
- Sicherheit der Räume ist gewährleistet
- u. U. kann Abluftventilator auch als Rauch-abzug genutzt werden
- zu beachten sind jedoch die Brandschutz-bestimmungen

Ein weiterer möglicher Lösungsansatz besteht darin, dass die Außenfassade in zwei Bereiche unterteilt wird. Während im Fensterbereich die Außenluft zugeführt wird, erfolgt die Abluftführung über den Bereich der monolytischen Außenwand. Die einzelnen Geschosse sind zuluftseitig abgeschottet, während der Abluftschacht durchgängig ausgeführt ist. Die zuluftseitige Abschottung bietet brandschutztechnische und akustische Vorteile. In Bild 5-22 ist der Zustand der sommerlichen Belastung dargestellt, wobei die Fenster mit einem wirksamen äußeren Sonnenschutz versehen sind. Bild 5-23 zeigt dagegen den Zustand, dass bei $\vartheta_{AU} < \vartheta_R$ Fensterlüftung angewendet werden kann und die Abluft aus dem Raum in den gemeinsamen Abluftschacht überströmen kann.

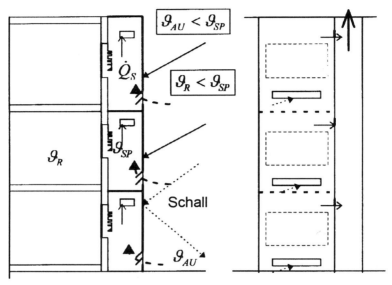

Bild 5-22: Prinzipskizze: vorgehängte geteilte Fassade — *Sommerbetrieb* — *am Tag bei Strahlungsbelastung*

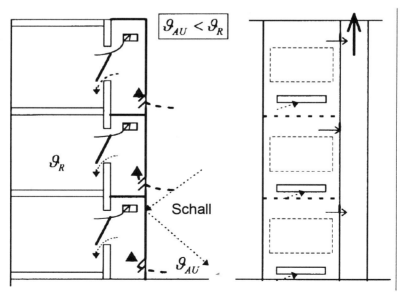

Bild 5-23: Prinzipskizze: vorgehängte geteilte Fassade — *Sommerbetrieb* — *Fensterlüftung bei* $\vartheta_{AU} < \vartheta_R$

Literatur

[1] DIN 1946, Teil 1, Terminologie und graphische Symbole (VDI-Lüftungsregeln) 10/1988.

[2] *Steimle, F.*: Handbuch der haustechnischen Planung, Abschn. 13. Karl-Krämer-Verlag, Stuttgart + Zürich 2000.

[3] *Lutz / Jenisch* u. a.: Lehrbuch der Bauphysik, Abschnitt VI. 4. Aufl. B. G. Teubner-Verlag, Stuttgart 1997,

[4] *Dietze, L.*: Freie Lüftung von Industriegebäuden. 1. Aufl. Verlag für Bauwesen, Berlin 1987.

[5] ILKA-Berechnungskatalog, Katalog L. ILK Dresden GmbH.

[6] *Kircher, Frieder*: Brandschutz im Bild, Rechtsvorschriften. WEKA Baufachverlage, 2000.

6 Raumlufttechnische Anlagen

K. MÜLLER

Formelzeichen

A	Grundfläche des Raumes	$\dot{Q}_{KA,\text{Nenn}}$	Maximalwert der trockenen Kühlleistung der RLT-Anlage
c_{pL}	spezifische Wärmekapazität der trockenen Luft	$\dot{Q}_{KD}$	dezentrale trockene Kühlleistung im Raum
f_G	Gleichzeitigkeitsfaktor	$\dot{Q}_{KD,\text{Nenn}}$	Maximalwert der dezentralen trockenen Kühlleistung im Raum
f_L	Leckluftfaktor	$\dot{Q}_{KD,\text{Nenn},G}$	maximale sekundäre Kühlleistung je Induktionsgerät
h_{1+x}	Enthalpie der feuchten Luft		
$h_{1+x,K}$	Enthalpie der Kaltluft	$\dot{Q}_{KR}$	trockene Kühllast des Raumes
$h_{1+x,W}$	Enthalpie der Warmluft	$\dot{Q}_{KR,\text{Nenn}}$	Maximalwert der trockenen Kühllast des Raumes
$\Delta h_{1+x,\text{ges}}$	gesamte Enthalpiedifferenz der feuchten Luft im Kühler		
		$\dot{Q}_{KP}$	Kühlleistung der Primärluft
$\Delta h_{1+x,\text{sen}}$	sensible Enthalpiedifferenz der feuchten Luft im Kühler	$\dot{q}_{KR,\text{Nenn}}$	Maximalwert der spezifischen trockenen Kühllast des Raumes
l_F	Länge der Fensterfront	n	Anzahl
$\dot{m}_{L,K}$	Massenstrom der trockenen Kaltluft	P	Ventilatorleistung
$\dot{m}_{L,P}$	Massenstrom der trockenen Primärluft	Δp_{ges}	Gesamtdruckdifferenz
		$\dot{V}$	Volumenstrom
$\dot{m}_{L,W,0}$	Massenstrom der trockenen Warmluft bei geschlossener Warmluftklappe	$\dot{V}_{AB}$	Abluftvolumenstrom
		$\dot{V}_{AB,M}$	Abluftvolumenstrom der Maschinenabsaugung
$\dot{m}_{L,ZU}$	Massenstrom der trockenen Zuluft	$\dot{V}_{AU}$	Außenluftvolumenstrom
$\Delta \dot{m}_W$	Wasserdampfabgabe im Raum	$\dot{V}_{AU,\text{min}}$	Mindestaußenluftvolumenstrom
$\dot{Q}_{HA}$	Heizleistung der RLT-Anlage	$\dot{V}'_{AU,\text{min}}$	Mindestaußenluftvolumenstrom im Ansaugkanal
$\dot{Q}_{HA,\text{Nenn}}$	Maximalwert der Heizleistung der RLT-Anlage		
		$\dot{V}_K$	Kaltluftvolumenstrom
$\dot{Q}_{HD}$	dezentrale Heizleistung im Raum	$\dot{V}_{LU}$	Volumenstrom der Luftdurchlässe
$\dot{Q}_{HD,\text{Nenn}}$	Maximalwert der dezentralen Heizleistung im Raum		
		$\dot{V}_P$	Primärluftvolumenstrom
$\dot{Q}_{HD,\text{Nenn},G}$	maximale sekundäre Heizleistung je Induktionsgerät	$\dot{V}_W$	Warmluftvolumenstrom
		$\dot{V}_{ZU}$	Zuluftvolumenstrom
$\dot{Q}_{HR}$	Heizlast des Raumes	$\dot{V}'_{ZU}$	Anlagenvolumenstrom
$\dot{Q}_{HR,\text{Nenn}}$	Maximalwert der Heizlast des Raumes	$\dot{v}_{ZU}$	spezifischer Zuluftvolumenstrom
$\dot{Q}_{HE}$	Erhitzerleistung	$\dot{V}_L$	Leckluftvolumenstrom
$\dot{Q}_{KA}$	trockene Kühlleistung der RLT-Anlage	x	Feuchtegehalt
		x_{AB}	Feuchtegehalt der Abluft
		x_{AU}	Feuchtegehalt der Außenluft

x_{GA}	Feuchtegehalt der Grundaufbereitung	$\Delta\vartheta_{ZU}$	Temperaturdifferenz Raumluft-Zuluft
x_P	Feuchtegehalt der Primärluft	ϱ_f	Dichte der feuchten Luft
$x_{P,\text{ber}}$	berechneter Feuchtegehalt der Primärluft		

Häufig verwendete Indizes

x_{RA}	Feuchtegehalt der Raumluft	AB	Abluft
x_{ZU}	Feuchtegehalt der Zuluft	AU	Außenluft
φ	relative Feuchte	Aus	aus
φ_{AB}	relative Feuchte der Abluft	Ein	ein
φ_{AU}	relative Feuchte der Außenluft	FO	Fortluft
φ_{RA}	relative Feuchte der Raumluft	GA	Grundaufbereitung
φ_{ZU}	relative Feuchte der Zuluft	K	Kaltluft
ϑ	Temperatur	P	Primärluft
ϑ_{AB}	Ablufttemperatur	RA	Raumluft
ϑ_{AU}	Außenlufttemperatur	So	Sommer
ϑ_{GA}	Temperatur nach der Grundaufbereitung	UM	Umluft
ϑ_K	Kaltlufttemperatur	W	Warmluft
$\vartheta_{KW,\text{Ein}}$	Eintrittstemperatur des Kaltwassers	Wi	Winter
		ZU	Zuluft
ϑ_P	Primärlufttemperatur		
ϑ_{RA}	Raumlufttemperatur		
$\vartheta_{TP,RA}$	Taupunkttemperatur der Raumluft	**Bezeichnungen der Regelungstechnik**	
ϑ_W	Warmlufttemperatur	A	Schaltbefehl
$\vartheta_{WW,\text{Ein}}$	Eintrittstemperatur des Warmwassers	E	Meldung
		W	Sollwert
ϑ_{ZU}	Zulufttemperatur	X	Messgröße
		Y	Stellgröße
		Z	Zählgröße

6.1 Einleitung

In den vorangegangenen Kapiteln der Bände 1 und 2 wurden die Voraussetzungen zur Auslegung raumlufttechnischer Anlagen geschaffen. Dieser Abschnitt führt die Fachinhalte zur Entwicklung klimatechnischer Gesamtsysteme zusammen.

Ausgangspunkt der Auslegung raumlufttechnischer Anlagen ist die Nutzung der zu versorgenden Räume oder Zonen. Auf der Basis des Raumbuchs der Architekten und mit Hilfe einer Nutzerbefragung wird deren lückenloses Jahresnutzungsprofil aufgestellt. Zusammen mit den Richtlinien und Normen entsteht daraus das Anforderungsprofil der Räume. Die geografische Anordnung und die Anforderungsprofile der Räume erlauben dann die Zusammenfassung zu Versorgungsbereichen und die Erarbeitung des Anforderungsprofils der zugehörigen RLT-Anlage als Entscheidungsgrundlage für die Systemauswahl und die Auslegung. Die schematische Darstellung dieser Abläufe enthält Bild 6-1.

Erst nach der Analyse unterschiedlicher Lösungsvarianten und unter Beachtung des Kostenrahmens und der architektonischen Randbedingungen fällt die Entscheidung für das Klimasystem. Die ausschreibungsreife Ausarbeitung der gewählten Lösung wird anschließend zusammen mit der detaillierten Auslegung der Anlage und der Anlagenkomponenten (Bild 6-2) durchgeführt.

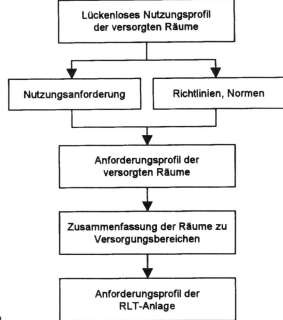

Bild 6-1: Arbeitsschritte zur Definition des Anforderungsprofils der RLT-Anlagen

Der beschriebene Arbeitsprozess muss iterativ bearbeitet werden, da Entscheidungen zu Rückkopplungen mit vorherigen Planungsschritten in der Technik und in der Architektur führen. So beeinflusst beispielsweise die Fassadenkonstruktion mit den integrierten Beschattungseinrichtungen wesentlich die zu deckende Kühllast des Gebäudes und damit die Anlagengröße.

In der Praxis wird der Planungsprozess daher auch in mehreren Schritten unterschiedlicher Tiefe durchgeführt. Die Honorarordnung für Architekten und Ingenieure (HOAI) [1] trägt dieser Vorgehensweise durch seine Gliederung in Leistungsphasen Rechnung (Tabelle 6-1).

Zu beachten ist, dass die Honorarsätze der Leistungsphase 8, Objektüberwachung, in der Regel nicht ausreichen; es müssen finanzielle Reserven aus den vorherigen Leistungsphasen gebildet werden.

Im Bereich öffentlicher Aufträge gelten die in der RB-Bau [2] festgelegten Teilschritte nach Tabelle 6-2. Auf die Erstellung einer KVM-Bau wird häufig verzichtet. Im öffentlichen Bereich sind für jeden der Teilschritte die Genehmigungen in den vorausgegangenen Teilschritten verbindlich.

Der Planungsprozess setzt eine enge Zusammenarbeit zwischen allen Baubeteiligten voraus. Der Planer der RLT-Anlagen muss intensiv mit dem Auftraggeber, dem Architekten und dem Tragwerksplaner zusammenarbeiten. Weitere Schnittstellen ergeben sich zu den genehmigenden Behörden und den Planern anderer technischer Ge-

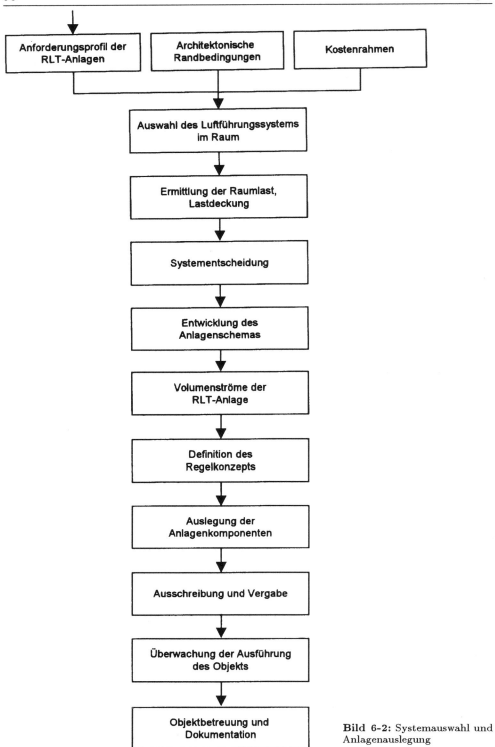

Bild 6-2: Systemauswahl und Anlagenauslegung

Tabelle 6-1: Planungsschritte nach HOAI

Leistungs-phase	Planungsschritt	Aufgabe
1	Grundlagenermittlung	Klärung der Aufgabenstellung
2	Vorplanung	Erarbeitung der wesentlichen Teile der Lösung der Planungsaufgabe, Kostenschätzung
3	Entwurfsplanung	Erarbeitung der endgültigen Lösung der Planungsaufgabe, Kostenberechnung
4	Genehmigungsplanung	Erarbeiten der Vorlagen für die erforderlichen Genehmigungen
5	Ausführungsplanung	Erarbeitung und Darstellung der ausführungsreifen Planungslösungen
6	Vorbereitung der Vergabe	Ermittlung der Mengen und Aufstellung von Leistungsverzeichnissen
7	Mitwirkung bei der Vergabe	Prüfen der Angebote und Mitwirkung bei der Vergabe
8	Objektüberwachung	Überwachung der Ausführung des Objekts
9	Objektbetreuung und Dokumentation	Überwachung der Beseitigung von Mängeln und Dokumentation des Gesamtergebnisses

Tabelle 6-2: Planungsschritte nach RB-Bau

	Planungsschritt	Aufgabe
KVM-Bau	Kostenvorermittlung Bau	Festlegung des Grobkonzepts, Kostenschätzung
HU-Bau	Haushaltunterlage Bau	Vorplanung, Entwurfsplanung Untersuchung von Lösungsvarianten mit jeweiliger Kostenermittlung Ausführungsvorschlag
AFU-Bau	Ausführungsunterlage Bau	Ausführungsplanung Leistungsverzeichnis

werke, z. B. bei der Wärme-, Kälte-, Wasser- und Elektroversorgung. Die technisch und wirtschaftlich erfolgreiche Abarbeitung eines Projekts hängt in hohem Maße von der Lösung dieser Schnittstellenproblematik ab. Dabei gilt es, den gemeinsamen Planungsprozess durch Zeitverzögerungen nicht zu behindern. Zu frühe Detailtiefe führt aber ebenfalls zu Schwierigkeiten, da es danach nur schwer möglich ist, grundlegende Änderungen durchzusetzen.

6.2 Auswahl des Klimasystems

Die Einzelanlage je Raum stellt aus der Sicht der Nutzungsanforderungen, der Regelbarkeit und der energetischen Optimierung die beste Lösung zur raumlufttechnischen Versorgung eines Raumes dar. Aus Kostengründen und wegen des hohen Platzbedarfs ist diese Systemlösung nur selten realisierbar. Es müssen daher Kompromisse gefunden werden, die die gewünschten Nutzerforderungen noch ausreichend erfüllen. Dazu gehören die Zusammenfassung der Räume mit gleichen oder ähnlichen Anforderungen zu Versorgungsbereichen, der Verzicht auf eine individuelle Regelung der Raumluftfeuchte oder sogar auf eine individuelle Regelung der Raumlufttemperatur. Da der Nutzer nur seine spezifischen Raumkonditionen bewertet, sind bei allen Kompromissen Schwierigkeiten mit ihm vorprogrammiert. Eine verbesserte Akzeptanz der Kompromisslösung erhält man, wenn der Nutzer über eine veranlassergerechte Verteilung mit seinen Jahresbetriebskosten direkt belastet wird.

Zu beachten ist auch, dass der erforderliche Erfüllungsgrad der Nutzerforderungen von der unternehmerischen Position des Nutzers abhängt. Kompromisse bei der Versorgung von Büros der Chefetage sind daher besonders abzusichern.

Als Anlagenvarianten werden heute ausgeführt:

- Einzelanlagen ohne nachgeschaltete Behandlung,
- Mehrzonenanlagen,
- volumenvariable Einzelraumregelungssysteme mit Grundaufbereitung,
- Zweikanalanlagen,
- RLT-Anlagen mit Induktionsgeräten,
- Einzelgeräte.

Die besonderen Eigenschaften der Varianten werden in Abschnitt 6.4 behandelt.

6.2.1 Grundlagen der Systemauswahl

6.2.1.1 Das Anforderungsprofil raumlufttechnischer Anlagen

Unter dem Anforderungsprofil einer raumlufttechnischen Anlage versteht man die Zusammenstellung aller Anforderungen, die von der RLT-Anlage erfüllt werden müssen, um die bestimmungsgerechte Nutzung der versorgten Räume zu gewährleisten. Das Anforderungsprofil wird vom lückenlosen Nutzungsprofil der versorgten Räume festgelegt; es soll künftige Nutzungsänderungen berücksichtigen und muss den wirtschaftlichsten Betrieb der Anlage sicherstellen.

Das Anforderungsprofil der RLT-Anlage enthält mindestens:

- Allgemeine Anforderungen,
- Betriebsvarianten,
- Raumluftkonditionen.

Allgemeine Anforderungen

Die Ausführungsqualität der RLT-Anlage bestimmt wesentlich die Investitionskosten und die Jahresbetriebskosten. Dazu sind eine Reihe von Bedingungen vor Planungsbeginn zu klären.

- Komfortstufe,
- Anlagenqualität,
- Anlagenverfügbarkeit,
- Einbindung in die Bewirtschaftung (Facility Management) [3],
- Reinraumklasse,
- hygienische Bedingungen,

- Standards des Kunden,
- Kostenrahmen.

Betriebsvarianten

Die Nutzung der von der RLT-Anlage versorgten Räume ist im Tages-, Monats- und Jahresverlauf meist sehr unterschiedlich. Bei einem Hörsaal kann man beispielsweise zwischen den Nutzungsvarianten Vorlesungsbetrieb, Hörsaalbereitschaft und ungenutzter Hörsaal unterscheiden. Jede dieser Varianten hat ihre eigenen Raumluftkonditionen:

Vorlesungsbetrieb: 1600 h/a
                           Raumlufttemperatur (22 bis 26)°C
                           Mindestaußenluftrate nach der Personenzahl

Hörsaalbereitschaft: 800 h/a
                           Raumlufttemperatur (22 bis 26)°C
                           keine Mindestaußenluftrate

Hörsaal ungenutzt: 6360 h/a
                           Raumlufttemperatur > 18 °C
                           keine Mindestaußenluftrate

Die RLT-Anlage muss so ausgelegt werden, dass für die Nutzungsvarianten die jeweils geforderten Raumluftkonditionen erfüllt sind. Betreibt man die Anlage allein in der Variante Vorlesungsbetrieb, so sind die Bedingungen der anderen Nutzungsvarianten zwar gesichert, die daraus resultierenden Jahresverbrauchskosten werden aber unverantwortlich hoch. Es ist daher erforderlich, die Betriebsweise der RLT-Anlage über unterschiedliche Betriebsvarianten variabel zur Verfügung zu stellen, damit eine wirtschaftliche Anpassung an die Nutzungsvarianten möglich ist. Dazu definiert man Module, die als Programmbausteine in den Gebäudeautomationssystemen abgelegt sind und bedarfsabhängig aktiviert werden können.

Mögliche Betriebsvarianten einer Hörsaalanlage:

Starklastbetrieb: Betriebsweise der Anlage bei voller Belegung

Schwachlastbetrieb: Betriebsweise der Anlage bei Teilbelegung

Stützbetrieb: RLT-Anlage als Warmluftheizung zur Sicherung der
                        Mindestlufttemperatur 18 °C im ungenutzten Hörsaal

Start-Stop-Optimierung: Optimierung des Ein- und Ausschaltzeitpunkts der Anlage
                        in Abhängigkeit von Raumlufttemperatur, Außenlufttem-
                        peratur und Speicherverhalten des Gebäudes

Nachtkühlung: Nachtkühlung des Hörsaals mit kalter Außenluft im
                        Sommer

Diese Betriebsvarianten werden von den Zeitschaltprogrammen der Gebäudeautomation nutzungsabhängig über Wochenprogramm, Jahresprogramm, Sondertageprogramm oder Handanwahl aufgerufen.

Raumluftkonditionen der RLT-Anlage

Für jede dieser Betriebsvarianten werden die von der RLT-Anlage zu erfüllenden Raumluftkonditionen definiert. Sie umfassen beispielsweise:

Raumlufttemperatur mit Zulässigkeitsbereich und Genauigkeit,

Raumluftfeuchte mit Zulässigkeitsbereich und Genauigkeit,

Raumdruck,

Mindestaußenluftrate,

Schalldruckpegel,

Luftwechsel,

zulässiger Schadstoffgehalt.

Der geforderte Raumluftzustand hat großen Einfluss auf die Jahresenergiekosten der RLT-Anlage. Fordert man zusätzlich zur Raumlufttemperatur auch die Raumluftfeuchte, so sind damit erheblich höhere Investitions- und Betriebskosten verbunden. Kleine Zulässigkeitsbereiche und enge Toleranzen wirken sich ebenfalls kostensteigernd aus. Die Möglichkeiten für die Festlegung des Raumluftzustands bei einer Klimaanlage zeigt Bild 6-3.

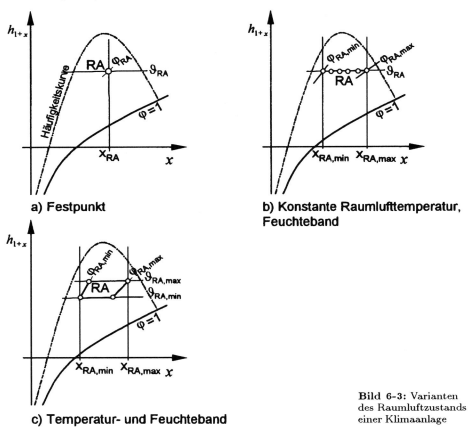

a) Festpunkt

b) Konstante Raumlufttemperatur, Feuchteband

c) Temperatur- und Feuchteband

Bild 6-3: Varianten des Raumluftzustands einer Klimaanlage

Der Festpunkt wird manchmal bei empfindlichen Fertigungsprozessen gefordert; er verursacht die höchsten Kosten. Das Feuchteband bei konstanter Raumlufttemperatur ist beispielsweise in Büroräumen im Bereich $\varphi = 40\,\%$ bis $60\,\%$ zulässig. Dadurch werden die Be- und Entfeuchtungskosten erheblich reduziert, ohne dass vom Nutzer Komforteinbußen bemerkt werden. Die kostengünstigste Variante mit Temperatur- und

Feuchteband führt wegen der veränderlichen Raumlufttemperatur in Büros manchmal zu Beanstandungen.

Hinweise zu den erforderlichen Konditionen findet man beispielsweise im Taschenbuch für Heizung + Klimatechnik [4] und in den sehr umfangreichen Richtlinien und Normen.

6.2.1.2 Luftführungssystem im Raum

Die Nutzer der versorgten Räume beurteilen die RLT-Anlage hauptsächlich nach ihrer Wirkung im Raum. Die Festlegung des Luftführungssystems hat daher entscheidenden Einfluss auf die Nutzerakzeptanz. Für die Systementscheidung und die Auslegung der RLT-Anlage ist das Luftführungssystem ebenfalls von großer Bedeutung. Bild 6-4 zeigt diesen Einfluss am Beispiel der Raumluftversorgung über Quelldurchlässe mit einer Luftführung von unten nach oben und über Luftdurchlässe im Deckenbereich mit der Luftführung von oben nach unten.

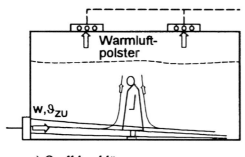 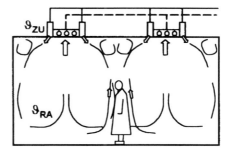

a) Quelldurchlässe   b) Luftdurchlässe im Deckenbereich

Bild 6-4: Luftführung im Raum

Bei der Verwendung von Quelldurchlässen mit Verdrängungsströmung sammelt sich ein Warmluftpolster oberhalb der Aufenthaltszone und nicht die gesamte Kühllast wird in der Aufenthaltszone wirksam. Für den Komfortbereich gilt wegen der unmittelbaren Nähe der Aufenthaltszone dabei für die Zulufttemperatur $\vartheta_{ZU} \geq 21\,°\mathrm{C}$ und für die Austrittsgeschwindigkeit aus den Durchlässen $w \leq 0{,}3$ m/s. Da die Zulufttemperatur konstant ist, stellt sich die Raumlufttemperatur lastabhängig ein.

Luftdurchlässe im Deckenbereich führen zu einer turbulenten Mischungsströmung der gesamten Raumluft; die Kühllast muss zur Sicherstellung der Konditionen in der Aufenthaltszone daher vollständig gedeckt werden. Für die Auslegung der RLT-Anlage sind folgende Eigenschaften der Durchlässe zu beachten:

- Maximale Zulufttemperaturdifferenz im Winterauslegungsfall

$$\Delta\vartheta_{ZU,\max,Wi} = \vartheta_{ZU} - \vartheta_{RA}. \tag{6-1}$$

- Maximale Zulufttemperaturdifferenz im Sommerauslegungsfall

$$\Delta\vartheta_{ZU,\max,So} = \vartheta_{RA} - \vartheta_{ZU}. \tag{6-2}$$

- Maximaler Zuluftvolumenstrom je Durchlass ohne Zug oder Geräuschbelästigung.
- Minimaler Zuluftvolumenstrom je Durchlass ohne Strömungszusammenbruch.

Die Festlegung der Daten der Luftduchlässe ist nur in Zusammenarbeit mit der Herstellerfirma oder mit Herstellerunterlagen sinnvoll. In kritischen Fällen ist ein Luftströmungsversuch unverzichtbar.

Im Winter entsteht an den Fenstern eine Abwärtsbewegung kalter Luft; Zugerscheinungen sind in der Nähe daher unvermeidlich. Lösungsansätze bieten Heizkörper unter den Fenstern, Abluftfenster oder Fensterschleieranlagen. Diese Systeme sind ebenfalls in die Entscheidung einzubeziehen.

6.2.1.3 Raumlast und Raumlastdeckung

Der Verlauf der Heizlast $\dot{Q}_{HR}$ und der Kühllast $\dot{Q}_{KR}$ der versorgten Räume sind wichtige Basisgrößen für die Auslegung der RLT-Anlagen. Sie bestimmen die Anlagengröße in vielen Fällen ganz wesentlich. Es muss daher jede Möglichkeit genutzt werden, diese Lasten zu reduzieren. Dazu bieten sich beispielsweise an:

- Beschattungseinrichtungen an den Fenstern,
- Abluftleuchten,
- Einhausung von Wärmequellen mit Abluftabsaugung.

Weitere Reduzierungen ergeben sich, wenn ein Teil der Lasten schon im Raum gedeckt wird durch

- Heizkörper,
- Kühldecken, Kühlwände,
- Umluftkühlgeräte,
- sekundäre Wärmeübertrager der Induktionsgeräte

oder, wenn nur ein Teil der Kühllast in der Aufenthaltszone frei wird, wie zum Beispiel bei

- Quelldurchlässen.

Soll die Raumlufttemperatur ganzjährig eingehalten werden, so müssen die Raumlasten zu jedem Zeitpunkt von der RLT-Anlage oder den dezentralen Einrichtungen gedeckt werden (Bild 6-5, Fall 1). Daraus ergibt sich unter Berücksichtigung der maximalen dezentralen Heizleistung $\dot{Q}_{HD,\text{Nenn}}$ oder der dezentralen Kühlleistung $\dot{Q}_{KD,\text{Nenn}}$:

Heizleistung der RLT-Anlage im Winterauslegungsfall

$$\dot{Q}_{HA,\text{Nenn}} = \dot{Q}_{HR,\text{Nenn}} - \dot{Q}_{HD,\text{Nenn}}, \tag{6-3}$$

Kühlleistung der RLT-Anlage im Sommerauslegungsfall

$$\dot{Q}_{KA,\text{Nenn}} = \dot{Q}_{KR,\text{Nenn}} - \dot{Q}_{KD,\text{Nenn}}. \tag{6-4}$$

Aus Kostengründen wird heute manchmal auf die vollständige Deckung der Kühllast verzichtet; man nimmt dann bei Spitzenlasten leicht erhöhte Raumlufttemperaturen in Kauf (Bild 6-5, Fall 2).

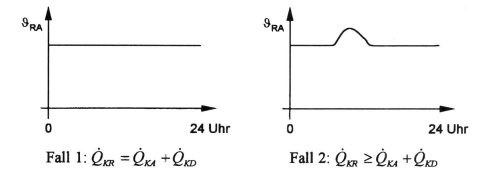

Bild 6-5: Der Tagesgang der Raumlufttemperatur abhängig von der Raumlastdeckung

Es ist empfehlenswert, die Verläufe der Raumlufttemperatur in Fall 2 durch eine Simulation zu überprüfen [5].

6.2.1.4 Volumenvariable Systeme

Der Zuluftvolumenstrom einer RLT-Anlage ist neben dem Anlagentyp der wichtigste Parameter für die zu erwartenden Jahresenergiekosten. Über die Förderkosten der Zu- und Abluft wird ein entscheidender Anteil der elektrischen Energie bestimmt. Da der Auslegungsvolumenstrom in der Regel nur im „Katastrophenfall" auftritt, ist es heute Stand der Technik, den Zuluftvolumenstrom möglichst variabel an die Lastverhältnisse anzupassen. Die dabei erzielbaren Einsparungen hängen vom Verlauf der Kennlinie des Kanalnetzes und der Ventilatorkennlinie ab. Bei einer Kanalnetzkennlinie mit kleinem konstantem Druckanteil (Bild 6-6, Fall 1), gilt für die Förderleistung bei veränderlichem Volumenstrom:

$$\frac{P_1}{P_2} = \left(\frac{\dot{V}_1}{\dot{V}_2}\right)^3 . \tag{6-5}$$

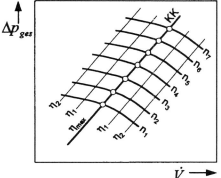

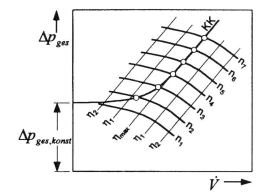

Fall 1: Kleiner konstanter Druckanteil   **Fall 2: Großer konstanter Druckanteil**

Bild 6-6: Lage der Betriebspunkte bei variablem Volumenstrom

Bei Kanalnetzen mit Misch- oder VVS-Geräten ist ein hoher konstanter Druckanteil $\Delta p_{\text{ges,konst}}$ zu erwarten (Bild 6-6, Fall 2). Hier kann die Förderleistung bei Teilvolumenstrom nur mit Hilfe des Ventilatorkennfelds und der Kanalnetzkennlinie punktweise bestimmt werden.

Die volumenvariablen Systeme entsprechen heute, auch wegen der stark gesunkenen Kosten der Frequenzumformer, dem Stand der Technik. Sie sind bei allen modernen Systemlösungen unverzichtbar.

6.2.2 Systementscheidung

Anlagentyp nach DIN 1946, Teil 1 [6]

Das Anforderungsprofil der RLT-Anlage liefert die dazu erforderlichen thermodynamischen Behandlungsfunktionen Heizen H, Kühlen K, Befeuchten B, Entfeuchten E und zusammen mit der Zuluftstromermittlung die Verwendung von Außenluft AU, Mischluft MI oder Umluft UM.

Einzelraumregelung

Versorgt eine RLT-Anlage mehrere Räume oder Zonen, so entscheidet die geforderte Genauigkeit der Raumlufttemperatur und der Raumluftfeuchte über die Lösungsvariante der Einzelraumregelung.

Tabelle 6-3: Lösungsvarianten der Einzelraumregelung

Typ	Raumlufttemperatur		Raumluftfeuchte	
	Hohe Genauigkeit	Niedrige Genauigkeit	Hohe Genauigkeit	Niedrige Genauigkeit
Einzelanlage	x	x	x	x
Mehrzonenanlage ohne Be- und Entfeuchtung in den Zonenanlagen	x	x		x
Mehrzonenanlage mit Be- und Entfeuchtung in den Zonenanlagen	x	x	x	x
Zweikanalanlagen	x	x		x
Volumenstromregler ohne Nacherhitzer		x		x
Volumenstromregler mit Nacherhitzer	x	x		x
Primärluftanlagen mit Induktionsgeräten		x		x

Auswahl nach der spezifischen Kühlleistung und dem spezifischen Zuluftvolumenstrom

Eine wichtige Hilfe für die Systemauswahl stellen die auf die Grundfläche A bezogene Kühllast

$$\dot{q}_{KR,\text{Nenn}} = \frac{\dot{Q}_{KR,\text{Nenn}}}{A} \qquad (6\text{-}6)$$

und der spezifische Zuluftvolumenstrom dar

$$\dot{v}_{ZU} = \frac{\dot{V}_{ZU}}{A}. \qquad (6\text{-}7)$$

Übliche Kennzahlen für die spezifische Kühllast sind:

normale Büros	$(30 \ldots\ 60)$ W/m^2,
thermisch hochbelastete Büros	$(50 \ldots\ 80)$ W/m^2,
Besprechungsräume	$(50 \ldots 110)$ W/m^2,
EDV-Räume	$(50 \ldots 300)$ W/m^2.

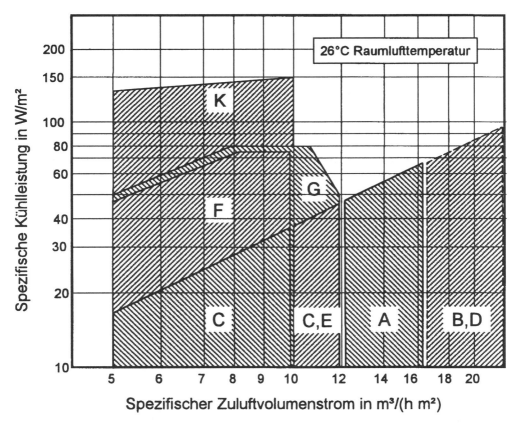

Bild 6-7: Einsatzbereiche der Klimasysteme in Bürogebäuden
A Einkanalanlage mit konstantem Volumenstrom
B Zweikanalanlage mit variablem Volumenstrom
C VV-Anlage mit Fenster-Luftdurchlass
D VV-Anlage mit Schlitz-Luftdurchlass
E VV-Anlage mit Fenster-Luftdurchlass und integrierter Heizung
F 4-Leiter-Induktionsanlage mit konstantem Volumenstrom
G 4-Leiter-Induktionsanlage mit variablem Volumenstrom
K Kühldecke

Für Bürogebäude enthält Bild 6-7 [7] Lösungsvarianten in Abhängigkeit vom spezifischen Volumenstrom der Zuluft und der spezifischen Kühlleistung. Außerhalb der jeweiligen Felder können die Behaglichkeitskriterien für Büroräume nicht eingehalten werden.

An dieser Stelle sei auch darauf hingewiesen, dass nicht jedes Nutzungsprofil von RLT-Anlagen mit befriedigenden Ergebnissen gelöst werden kann. Besondere Probleme machen kleine Räume mit großen Raumlasten und große Räume mit örtlich ungleich verteilten Raumlasten.

6.3 Auslegung der RLT-Anlage

6.3.1 Konzeption des Gesamtsystems

Auf der Basis des Anforderungsprofils der Anlage und der Systementscheidung findet die Entwicklung des Anlagenaufbaus statt. Die RLT-Anlage wird in der ersten Planungsstufe über ein Anlagenschema mit Regelung dargestellt. Nach der endgültigen Festlegung des Konzepts wird die Auswahl der Komponenten nach Firmenunterlagen durchgeführt und mit einer Zeichnung der Zentrale abgeschlossen. Bei aufwändigen Kanalführungen ist dazu eine 3D-Darstellung, mindestens des Zentralgeräts, sinnvoll. In der Konzeptphase sind die folgenden Grundsätze zu beachten.

Frostschutzsicherung

Alle wasserführenden Komponenten der RLT-Anlagen müssen gegen Einfrieren geschützt werden. Dazu wird der erste Erhitzer nach dem Außenlufteintritt in die Anlage auf eine Luftaustrittstemperatur von mindestens 10 °C bis 12 °C geregelt. Ein luftseitig hinter dem Erhitzer eingebauter Frostschutzwächter oder/und ein wasserseitig im Warmwasserrücklauf angeordneter Wächter überwachen den Betrieb (Bild 6-8) [8]. Diese Wächter werden auf mindestens 5 °C eingestellt. Der luftseitige Frostschutz setzt zur einwandfreien Funktion eine hydraulische Schaltung des Erhitzers im Kreuz-Gleichstrom und die Leistungsregelung über die Rücklaufbeimischung voraus. Bei Frostschutzstörungen, z. B. durch eine ausgefallene Warmwasserversorgung, wird die RLT-Anlage ausgeschaltet, das Erhitzerventil wird voll geöffnet und die Erhitzerpumpe läuft einige Minuten nach.

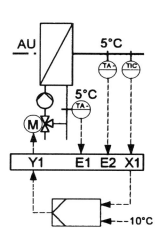

Bild 6-8: Frostschutzsicherung des Erhitzers 1 luftseitig, 2 wasserseitig

Eine weitere Lösung für die Frostschutzsicherung kann durch Umluftbeimischung oder die Senkung der Außenluftrate in der Mischkammer erreicht werden. Dabei wird in

Kauf genommen, dass die Mindestaußenluftrate bei extremen Außentemperaturen nicht eingehalten wird.

Zuluftventilator

Der Zuluftventilator wird in den meisten Fällen am Ende des Zentralgeräts angeordnet, damit die Ventilatorleistung zur Nacherhitzung genutzt werden kann. Außerdem ist eine gleichmäßige Durchströmung der Komponenten leichter zu realisieren. Nachteilig ist jedoch, dass das Zentralgerät gegenüber der Umgebung mit Unterdruck gefahren wird. Unkontrollierte Luftströme durch Undichtigkeiten und leere Siphons an Kühler oder Wäscher sind die Folge.

Wäscher

Um austretendes Wäscherwasser zu vermeiden, wird der Wäscher meist auf der Saugseite des Zuluftventilators angeordnet. Er ist heute über die Drehzahl der Wäscherpumpe und über schaltbare Düsenstöcke regelbar. Zur Wasserversorgung ist aufbereitetes Wasser erforderlich. Seine hygienischen Bedingungen müssen sorgfältig überwacht werden. Der sichere Anschluss an das Abwassernetz über einen Siphon ist zu gewährleisten.

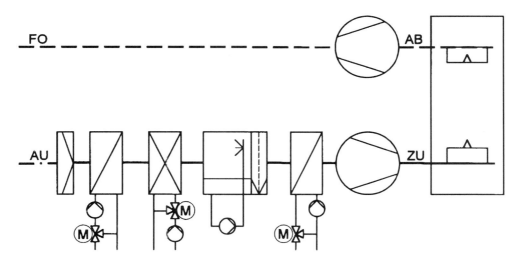

Bild 6-9: Geräteanordnung in einer Klimaanlage mit Wäscherbefeuchtung und Taupunktregelung

Die Gerätereihenfolge in einer Klimaanlage mit Wäscherbefeuchtung bei Taupunktregelung (besser: Regelung der Wäscheraustrittstemperatur) ist in Bild 6-9 dargestellt. Diese früher übliche Art der Regelung arbeitet mit ungeregeltem durchlaufendem Wäscher. Die erzielbare Genauigkeit der Raumluftfeuchte ist jedoch begrenzt.

Die direkte Feuchteregelung der Raumluft ist heute die wirtschaftlich beste Lösung. Bei ihr wird die Raumluftfeuchte als Regelgröße benutzt; das Verfahren setzt jedoch stetig regelbare Wäscher voraus. In der Praxis ist häufig die gleiche Gerätereihenfolge wie bei der Taupunktregelung anzutreffen. Aus regelungstechnischen und energetischen Gründen ist die Reihenfolge nach Bild 6-10 vorzuziehen. Zu beachten ist außerdem, dass die schwingende Zulufttemperatur durch einen taktenden Wäscher zu Schwierigkeiten bei der Kaskadenregelung führen kann.

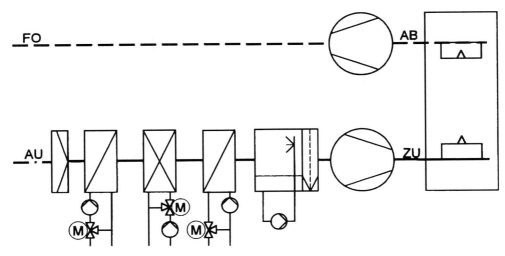

Bild 6-10: Geräteanordnung in einer Klimaanlage mit Wäscherbefeuchtung und direkter Feuchteregelung

Dampfbefeuchter

Der Dampfbefeuchter wird bei kleinen Anlagen im Kanalnetz hinter dem Zuluftventilator eingebaut. Bei großen Anlagen mit ausreichender Nachverdampferstrecke ist auch die saugseitige Anordnung üblich. Der Dampfbefeuchter kann aus Reindampferzeugern oder elektrischen Dampferzeugern versorgt werden. Elektrische Dampferzeuger führen zu sehr hohen Energiekosten; bei Reindampferzeugung sind die hohen Investitions- und Instandhaltungskosten der aufwändigen Dampf- und Kondensatnetze zu beachten. Die übliche Gerätereihenfolge in einer Klimaanlage mit Dampfbefeuchtung zeigt Bild 6-11.

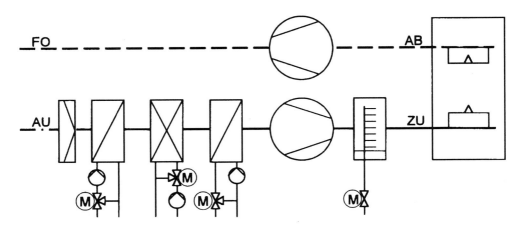

Bild 6-11: Gerätereihenfolge in einer Klimaanlage mit Dampfbefeuchtung

Entfeuchter

Die Entfeuchtung der Luft kann über Kühler mit Oberflächentemperaturen unterhalb des Taupunkts der feuchten Luft oder mit Trocknern erfolgen. Der Einsatz des Kühlers zur Entfeuchtung setzt Kaltwasser mit 6 °C Kaltwasservorlauftemperatur voraus. Er sollte im Kreuz-Gegenstrom geschaltet sein und über den Wasservolumenstrom geregelt werden. Zur Entfeuchtung senkt der Kühler die Luftaustrittstemperatur auch unter die von der Temperaturregelung erforderliche Temperatur ab; ein nachgeschalteter Erhitzer wird daher meist benötigt.

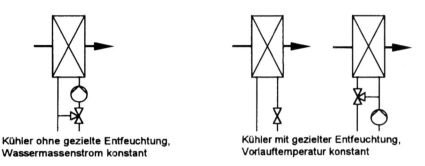

Kühler ohne gezielte Entfeuchtung,
Wassermassenstrom konstant

Kühler mit gezielter Entfeuchtung,
Vorlauftemperatur konstant

Bild 6-12: Kühlerhydraulik

Mischkammer

Mischkammern führen meist nur zu unbefriedigender Mischung zwischen Außenluft und Umluft; Schichtungen können sich bis in das Kanalnetz fortsetzen. Verbesserungen werden durch Einbauten in der Mischkammer erreicht. Wegen der Schichtung und aus energetischen Gründen ist eine Regelung der Mischkammer über die Mischungstemperatur nicht zu empfehlen. In modernen Regelkonzepten wird die Mischkammer in die Temperatur- oder Feuchteregelung des Raumluftzustands eingebunden.

Filter [9]

Je nach Reinraumklasse sind in der RLT-Anlage unterschiedliche Filterstufen einzusetzen. Ein Filter vor dem ersten Wärmeübertrager ist unverzichtbar. Weitere Filterstufen sind bei hohen Anforderungen am Ende der Anlage erforderlich. Für Reinräume sind außerdem endständige Filter direkt vor dem Lufteintritt in den Raum notwendig [5].

Schalldämpfer

Die Geräuschentstehung an den Ventilatoren und im Kanalnetz führen sowohl im Raum als auch in der Umgebung zu Belästigungen. Es sind daher im Zuluft-, Abluft-, Fortluft- und Außenluftkanal Schalldämpfer vorzusehen.

Wärmerückgewinner [10]

Die Wärmerückgewinnung kann regenerativ oder rekuperativ erfolgen. Die am häufigsten verwendeten Systeme sind rotierende Wärmerückgewinner, Plattentauscher und kreislaufverbundene Systeme. Rotierende Wärmerückgewinner können mit oder ohne Wasserdampfübertragung eingesetzt werden. Sie haben ähnlich wie der Plattentauscher wegen der Zusammenführung des Außenluft- und des Fortluftkanals hohen Platzbedarf. Zu beachten ist auch, dass Zu- und Fortluftventilator saugend anzuordnen sind.

Die kreislaufverbundenen Systeme lassen keine Feuchteübertragung zu. Sie erreichen geringere Rückwärmezahlen als die rotierenden Wärmerückgewinner. Die dezentrale Anordnung der Wärmeübertrager in Fort- und Außenluft ist möglich.

Zu den erforderlichen Frostschutzmaßnahmen bei den gewählten Wärmerückgewinnern sind die Herstellerangaben zu beachten.

6.3.2 Volumenströme der Anlage

Raumluft- und Zuluftzustand

Der nach dem Anforderungsprofil geforderte Raumluftzustand beeinflusst die Anlagenauslegung wesentlich. Grundsätzlich gilt, dass mit höher werdenden Anforderungen die Investitions- und die Jahresverbrauchskosten steigen. Der feste Raumluftzustand in Bild 6-13a hat höhere Kosten zur Folge als der Raumluftzustand mit Feuchteband nach Bild 6-13b.

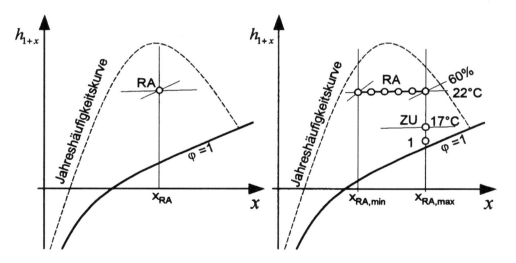

a) Fester Raumluftzustand　　　　**b) Raumluftzustand mit Feuchteband**

Bild 6-13: Anforderungen an den Raumluftzustand

Entscheidenden Einfluss hat auch die Lage des Zuluftzustands. Die maximal mögliche Temperaturdifferenz zwischen Raum- und Zuluftzustand legt den Zuluftmassenstrom zur Deckung der konvektiven Raumbelastung durch die RLT-Anlage fest.

$$\dot{m}_{L,ZU} = \frac{\dot{Q}_{KA}}{c_{pL}\,(\vartheta_{RA} - \vartheta_{ZU})_{\max}} \tag{6-8}$$

Die zulässige Temperaturdifferenz $\vartheta_{RA} - \vartheta_{ZU}$ wird neben dem Induktionsverhältnis der Luftdurchlässe begrenzt durch die Warmluftschichtung im Heizfall, die Sättigungslinie und die Bildung von Kaltluftduschen im Kühlfall. Wenn keine gesicherten Daten der Luftdurchlässe vorliegen, kann gelten:

- Heizfall: $\vartheta_{ZU} - \vartheta_{RA} = 6\,^\circ\mathrm{C}$,
- Kühlfall: $\vartheta_{RA} - \vartheta_{ZU} = (6\ldots8)\,^\circ\mathrm{C}$.

Bild 6-13b zeigt, dass durch die Wahl des Feuchtegehalts $x_{RA,\mathrm{max}}$ wegen der Begrenzung durch die Sättigungslinie und der Erwärmung im Ventilator nur eine Zulufttemperaturdifferenz von $5\,^\circ\mathrm{C}$ erreichbar ist. Den Einsparungen durch die geringere Entfeuchtung stehen erhöhte Kosten durch den größeren Zuluftvolumenstrom gegenüber.

Um größere Anlagenflexibilität zu erhalten, ist die Komponentenauslegung bei Verwendung des Feuchtebands nach einem mittleren Raumluftzustand durchzuführen.

In Bild 6-14 sind die Volumenströme einer RLT-Anlage dargestellt. Für die Auslegung der Anlage ist der Zuluftvolumenstrom $\dot{V}_{ZU}$ die bestimmende Größe.

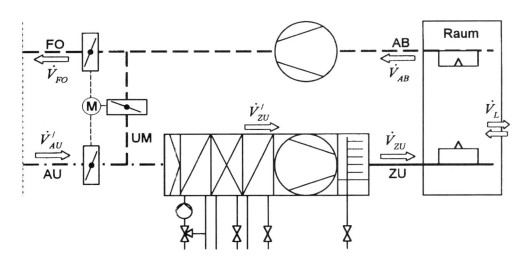

Bild 6-14: Volumenströme einer RLT-Anlage

Zuluftvolumenstrom

Die Auslegung des Zuluftvolumenstroms wurde bereits in Abschnitt 4 behandelt. Es sind dabei eine Reihe von Bedingungen zu erfüllen:

- Raumlastdeckung,
- Außenluftversorgung der Personen [11],
- Einhaltung der zulässigen Schadstoffkonzentration [12],
- Deckung der Abluftvolumenströme,
- Aufbau der erforderlichen Raumluftströmung.

Der größte erforderliche Zuluftvolumenstrom $\dot{V}_{ZU}$ und der maximale Außenluftvolumenstrom $\dot{V}_{AU}$ sind der Auslegung zu Grunde zu legen. Da diese Volumenströme maßgeblich die Investitionskosten und die betriebsgebundenen Kosten bestimmen, muss jede Einzelbedingung sorgfältig auf Einsparpotentiale untersucht werden.

Aus dem Zuluftvolumenstrom können alle anderen Volumenströme der Anlage berechnet werden. Da der Zuluftvolumenstrom direkt am Eintritt in den Raum ermittelt wurde, müssen der Auslegungsvolumenstrom der Anlage $\dot{V}'_{ZU}$ und der Außenluftvolumenstrom $\dot{V}_{AU,\max}$ um die Verluste infolge der Undichtigkeiten des Zuluftkanals erhöht werden.

$$\dot{V}'_{ZU} = 1,05\,\dot{V}_{ZU} \tag{6-9}$$

$$\dot{V}'_{AU,\min} = (1,03\ldots 1,05)\,\dot{V}_{AU,\min} \tag{6-10}$$

Der Leckluftvolumenstrom $\dot{V}_L$ ist vom Raumdruck und von den Undichtigkeiten der Raumumschließungsflächen abhängig. Näherungsweise kann angesetzt werden:

$$\dot{V}_L = \pm 0,1\,\dot{V}_{ZU}. \tag{6-11}$$

Der Raumdruck gegenüber Umgebung wird bei vorgegebenen Undichtigkeiten der Raumumschließungsflächen von der Differenz zwischen Zuluftvolumenstrom $\dot{V}_{ZU}$ und Abluftvolumenstrom $\dot{V}_{AB}$ bestimmt. Diese Differenz muss bei VV-Systemen auch bei Teillast erhalten bleiben.

$$\dot{V}_{AB} = \dot{V}_{ZU} \pm \dot{V}_L \tag{6-12}$$

Eine endgültige Festlegung des Differenzvolumenstroms erfolgt bei der Inbetriebnahme über die Differenz der Stellsignale der Zu- und Abluftventilatoren oder der Volumenstromregler.

Deckung der Abluftvolumenströme

Die Abluftvolumenströme werden über die Abluftventilatoren aus dem Raum abgesaugt. In Fertigungsbetrieben installiert man häufig Maschinenabsaugungen, um schadstoff- oder wärmebelastete Luft direkt abzuführen (Bild 6-15).

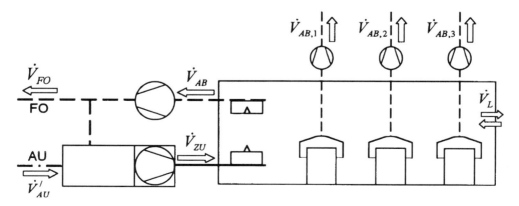

Bild 6-15: Einbindung von Maschinenabsaugungen

Da diese Luft in der Regel in die Umgebung abgegeben wird, muss sie von der RLT-Anlage als aufbereitete Außenluft zugeführt werden. Bei unstetig geschalteten Absaugungen kann der vorhandene Abluftvolumenstrom $\dot{V}_{AB,M}$ mit Hilfe der Schaltbefehle A_1, A_2, ... oder deren Rückmeldungen in der Automationsstation berechnet werden.

$$\dot{V}_{AB,M} = \dot{V}_{AB,1} \, A_1 + \dot{V}_{AB,2} \, A_2 + \dots \tag{6-13}$$

Der auszuführende Außenluftanteil $\dot{V}_{AU}$ im Zuluftvolumenstrom muss dann mindestens den Abluftvolumenstrom der Maschinenabsaugung und den Leckluftvolumenstrom aus der Raumdruckhaltung decken.

$$\dot{V}_{AU,\mathrm{min}} = \dot{V}_{AB,M} \pm \dot{V}_L \tag{6-14}$$

Für den Abluftventilator verbleiben dann:

$$\dot{V}_{AB} = \dot{V}_{ZU} - \dot{V}_{AB,M} \pm \dot{V}_L. \tag{6-15}$$

In Fertigungsbetrieben werden häufig die Volumenströme bei Fertigungsänderungen nicht nachgepflegt. Die dann unkontrolliert über Tore und Fenster einströmende Außenluft führt, besonders im Winter, zu erheblicher Beeinträchtigung der Behaglichkeit in den Einströmbereichen.

6.3.3 Regelungskonzept

Im Gegensatz zu den Marktgepflogenheiten ist das Regelungskonzept fester Bestandteil der RLT-Anlage. Ohne die Kenntnis der Regelstrategie lässt sich weder der Anlagenaufbau noch die Auslegung der Anlage durchführen. Ein falscher Anlagenaufbau führt stets zu unbefriedigenden Lösungen bei der Regelung. In vielen Fällen ist das Regelkonzept der Schlüssel zur energetischen Optimierung. Es sei an dieser Stelle auch auf die Möglichkeit der h, x-geführten Regelung hingewiesen. Bei dieser Strategie wird der Einsatz der Anlagenkomponenten abhängig vom Außenluftzustand und dem Raumluftzustand energetisch optimiert. Für jede Anlagenkonfiguration ist diese Strategie unterschiedlich.

Eine ausführliche Darstellung der Regelung raumlufttechnischer Anlagen findet sich in Abschnitt 10, Band 1; Beispiele werden in Abschnitt 20 vorgestellt.

6.3.4 Auslegung der Anlagenkomponenten

Außenluftzustand

Als Hilfe bei der Geräteauslegung und der Beurteilung des Regelverhaltens der Anlage wird das h_{1+x}, x-Diagramm verwendet. Zunächst erfolgt die Festlegung der Außenluftzustände als Basis für die Auslegung der Geräte. Da die Außenluft ohne Zeitverzögerung direkt angesaugt wird, gelten die Außenlufttemperaturen aus der Wärmebedarfsberechnung hier nicht. Für normale Umgebungsbedingungen in Mitteleuropa kann gewählt werden:

Winterauslegungsfall $\quad \vartheta_{AU} = -15\,°\text{C}; \vartheta_{AU} = 80\,\%,$

Sommerauslegungsfall $\quad \vartheta_{AU} = 32\,°\text{C}; x_{AU} = 12\,\text{g/kg},$

$\qquad\qquad\qquad\qquad \vartheta_{AU} = 29\,°\text{C}; h_{1+x,AU} = 63\,\text{kJ/kg}$ (Schwülepunkt).

Am Schwülepunkt liegt der für die Auslegung des Kühlers ungünstigste Außenluftzustand vor.

Bei hohen Anforderungen an die Konstanz des Raumluftzustands müssen extremere Wetterdaten mit geringerer Häufigkeit zugrunde gelegt werden. Andere Außenluftzustände sind auch bei exponierter Gebäudelage, z. B. Kaffee im Fernsehturm, zu berücksichtigen.

Es ist erforderlich, das Regelverhalten der Anlage durch ein h_{1+x}, x-Diagramm für andere Außenluftzustände zu untersuchen. Zu empfehlen sind beispielsweise:

Zwischenzustand 1 $\qquad \vartheta_{AU} = 8\,°\text{C}; \varphi_{AU} = 80\,\%,$

Zwischenzustand 2 $\qquad \vartheta_{AU} = 18\,°\text{C}; \varphi_{AU} = 90\,\%.$

h_{1+x}, x-Diagramm

Die Konstruktion der Zustandsänderungen im h_{1+x}, x-Diagramm für den Winter- und Sommerauslegungsfall erfordert eine Reihe von Informationen. Zunächst muss der Gesamtdruck festgelegt werden, für den das h_{1+x}, x-Diagramm berechnet werden soll. In normalen Höhenlagen kann vom Umgebungsdruck 1 bar ausgegangen werden.

Aus den Planungen in den anderen Gewerken oder aus den Bestandsdaten sind Auslegungsdaten der Kaltwassertemperaturen, der Warmwassertemperaturen und des Dampfzustands erforderlich.

Die Konstruktion des h_{1+x}, x-Diagramms für den Sommer- und Winterauslegungsfall setzt zusätzliche Informationen über die Eigenschaften der eingesetzten Geräte voraus. Bei schon ausgewähltem Fabrikat für das Zentralgerät sind diese Daten den Firmenunterlagen zu entnehmen. Liegt das Fabrikat noch nicht fest, so kann näherungsweise für die erste Auslegung gelten:

Befeuchtungsgrad des Wäschers $\qquad$ 0,8 ,

Rückwärmzahl $\qquad\qquad\qquad\qquad$ kreislaufverbundene Systeme 0,6 ,
$\qquad\qquad\qquad\qquad\qquad\qquad$ Regeneratoren 0,8 ,

Rückfeuchtezahl $\qquad\qquad\qquad\qquad$ 0,8 ,

Kühleraustrittszustand nach dem t_{Oef}-Verfahren.

Anlagenkomponenten

Die Gerätegröße der RLT-Anlage wird hauptsächlich vom Anlagenvolumenstrom bestimmt. Kleine Geräte haben niedrigere Investitionskosten und geringeren Platzbedarf, sie verursachen bei gleichem Anlagenvolumenstrom aber sehr viel höhere Druckverluste und damit größere Förderleistungen. Bei der Auswahl ist darauf zu achten, dass möglichst alle Baugruppen die gleiche Gerätegröße erhalten, damit Übergangsstücke vermieden werden.

Zusammen mit den Besonderheiten bei der Auslegung der wichtigsten Komponenten sollen deren Auslegungsdaten nachfolgend zusammengestellt werden.

Ventilator

Eingangsgrößen der Auslegung:

Anlagenvolumenstrom $\dot{V}'_{ZU}$

Gesamtdruckerhöhung Δp_{ges}

Kennlinientyp.

Die Auslegung liefert Baugröße, Ventilatortyp, Nenndrehzahl, Wirkungsgrad, Antriebsleistung und schalltechnische Daten.

Erhitzer

Die Erhitzer werden für den Winterauslegungsfall ausgelegt. Im Sommerauslegungsfall ist eine Überprüfung für den Erhitzer hinter dem Kühler notwendig. Er muss bei fehlender Raumlast zur Erwärmung auf eine Temperatur $\vartheta_2 \approx \vartheta_{RA}$ ausreichend sein. Zu beachten ist auch, dass ein Erhitzer bei Kreuz-Gleichstrom-Schaltung gegenüber den Firmenunterlagen um etwa 15 % größer ausgelegt werden muss.

Eingangsgrößen der Auslegung:

Anlagenvolumenstrom $\dot{V}'_{ZU}$,

Art der Erhitzerschaltung,

Warmwassertemperaturen für Vorlauf und Rücklauf,

Lufteintrittstemperatur ϑ_1,

Luftaustrittstemperatur ϑ_2.

Die Auslegung liefert Baugröße, Typ, Anzahl der Rohrreihen, Wasservolumenstrom, Druckverluste und Erhitzerleistung.

Kühler

Bei der Auslegung des Kühlers sind die Ein- und Austrittszustände mit Temperatur und Enthalpie erforderlich. In den Firmenunterlagen wird für die Kühlerauslegung häufig das Verhältnis $\Delta h_{1+x,\text{sen}}/\Delta h_{1+x,\text{ges}}$ (Bild 6-16) verwendet.

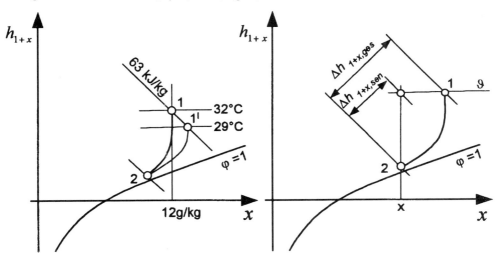

Bild 6-16: Auslegungsdaten des Kühlers

Bei wichtigen Anlagen sollte die Auslegung nach dem Schwülepunkt $1'$ überprüft werden, da sich bei gleicher Kühlerleistung wegen der niedrigeren Eintrittstemperatur größere Kühleroberflächen ergeben.

Bei der Auslegung sind ferner folgende Fälle zu beachten:

> Fall 1: Abkühlung der feuchten Luft,
> Fall 2: Abkühlung und Entfeuchtung der feuchten Luft.

Obwohl im Fall 1 nur die Absenkung der Temperatur gefordert ist, kann es bei tiefen Austrittstemperaturen zur Entfeuchtung kommen; die Kühlerleistung steigt daher an.

Eingangsgrößen der Auslegung:

> Anlagenvolumenstrom $\dot{V}'_{ZU}$,
> Kaltwassertemperaturen für Vorlauf und Rücklauf,
> Lufteintrittszustand ϑ_1, $h_{1+x,1}$,
> Luftaustrittszustand ϑ_2, $h_{1+x,2}$.

Die Auslegung liefert Baugröße, Typ, Anzahl der Rohrreihen, Wasservolumenstrom, Druckverluste und Kühlerleistung.

Dampfbefeuchter

Eingangsgrößen der Auslegung:

> Anlagenvolumenstrom $\dot{V}'_{ZU}$,
> Dampfzustand,
> Lufteintrittszustand ϑ_1, $h_{1+x,1}$,
> Luftaustrittszustand ϑ_2, $h_{1+x,2}$.

Die Auslegung liefert Baugröße, Typ, Anzahl der Dampflanzen und Dampfleistung.

Wäscher

Eingangsgrößen der Auslegung:

> Anlagenvolumenstrom $\dot{V}'_{ZU}$,
> Art des Wäschers,
> Lufteintrittszustand ϑ_1, $h_{1+x,1}$,
> Luftaustrittszustand ϑ_2, $h_{1+x,2}$.

Die Auslegung liefert Baugröße, Typ, Befeuchtungsgrad, Wasservolumenstrom, Druckverluste und Antriebsleistung.

Wärmerückgewinner

Eingangsgrößen der Auslegung:

Anlagenvolumenstrom $\dot{V}'_{ZU}$,

Außenluftvolumenstromstrom $\dot{V}'_{AU}$,

Fortluftvolumenstrom $\dot{V}_{FO}$,

Typ,

Lufteintrittszustand ϑ_1, $h_{1+x,1}$,

Luftaustrittszustand ϑ_2, $h_{1+x,2}$.

Die Auslegung liefert Baugröße, Typ, Rückwärmzahl, Rückfeuchtezahl und Druckverluste.

6.4 Klimasysteme

6.4.1 RLT-Anlagen ohne nachgeschaltete Behandlung

Durch RLT-Anlagen ohne nachgeschaltete Behandlung wird ein gemeinsamer Zuluftzustand für den gesamten Versorgungsbereich angeboten. Besteht der Versorgungsbereich nur aus einer Zone, kann der geforderte Raumluftzustand eingehalten werden. Sind mehrere Zonen an eine RLT-Anlage angeschlossen, so ist eine individuelle Raumzustandsregelung nicht möglich. Die Regelung des gemeinsamen Zuluftzustands erfolgt dann entweder nach dem Raumluftzustand eines Referenzraums, nach dem Zustand der gemeinsamen Abluft aller Zonen oder nach Minimal- und Maximalauswahl der Zuluftzustände aus den Kaskadenregelungen aller Zonen. Die Versorgung mehrerer Zonen über einen Zuluftzustand ist nur bei annähernd gleichem Tagesgang der Raumlast vertretbar. Unterschiedlich hohe Lastspitzen $\dot{Q}_{KA,\text{Nenn}}$ in den Zonen können über die Verteilung der Zuluftvolumenströme angepasst werden.

Sind die Abweichungen der Raumluftzustände von den Sollwerten zu hoch, muss auf mehrere Einzelanlagen oder auf Zonennachbehandlungsanlagen zurückgegriffen werden.

In den nachfolgenden Beispielen werden die Eigenschaften unterschiedlicher Anlagentypen behandelt. Die Wahl des Anlagentyps ist dabei vom geforderten Raumluftzustand abhängig. Die jeweils vorgestellte Lösung ist nur eine von vielen ausführbaren Varianten. In den Beispielen wurde das Anlagenschema um das Regelschema erweitert, da nur so ein eindeutiger Zustandsverlauf im h_{1+x}, x-Diagramm darstellbar ist.

Ausführlichere Beispiele mit Berechnungen enthält Abschnitt 20 des Handbuchs.

HKBE-AU: Klimaanlage mit Dampfbefeuchtung

Raumluftzustand

Der Raumluftzustand soll ganzjährig als Festwert garantiert werden:

Raumlufttemperatur $\vartheta_{RA} = (23 \pm 0{,}5)\,^\circ\text{C}$,

Raumluftfeuchte $\varphi_{RA} = (50 \pm 5)\,\%$.

Anlagenschema

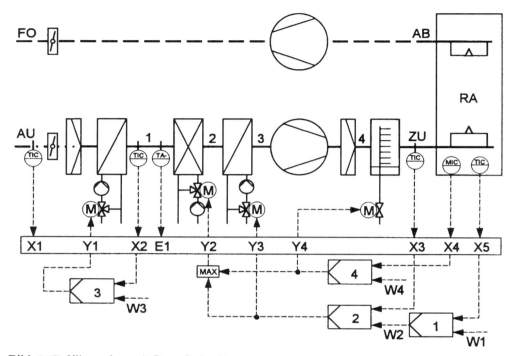

Bild 6-17: Klimaanlage mit Dampfbefeuchtung

Beschreibung

Nach einer ersten Filterung der Außenluft erfolgt im Vorerhitzer die Erwärmung vom Außenluftzustand AU auf die Temperatur ϑ_1 zur Sicherung der nachfolgenden Anlagenkomponenten gegen Frostschäden (Bild 6-17, Bild 6-18). Für den Regler 3 wird dazu der Sollwert $w_3 = (10$ bis $12)\,°C$ gewählt. Der Frostschutzwächter E1 nach dem Vorerhitzer mit der Einstellung $> 5\,°C$ schaltet die Anlage bei Funktionsstörungen im Vorerhitzer aus. Damit die Überwachung der Luftaustrittstemperatur auch die Wassertemperaturen absichert, muss die Leistungsregelung des Vorerhitzers über die Vorlauftemperatur erfolgen und der Erhitzer muss im Kreuz-Gleich-Strom geschaltet sein.

Der nachfolgende Kühler dient der Kühlung und der Entfeuchtung der Luft auf ϑ_2, x_2. Wegen der Entfeuchtung sind dazu Kaltwassertemperaturen, üblicherweise $6\,°C$ Vorlauftemperatur und $12\,°C$ Rücklauftemperatur, unterhalb des Taupunkts der Luft erforderlich. Die Leistungsregelung des Kühlers wird über den Wassermassenstrom ausgeführt, damit eine Entfeuchtung auch bei Teillast möglich ist.

Der Nacherhitzer erwärmt die Luft auf die Temperatur ϑ_3 und erreicht zusammen mit der Erwärmung im Zuluftventilator und im Dampfbefeuchter den Zuluftzustand ZU.

Der Dampfbefeuchter ist für die Befeuchtung der Luft erforderlich. Er sitzt bei kleineren Anlagen hinter dem Ventilator im Kanalnetz; bei großen Anlagen mit ausreichender Nachverdampfungsstrecke ist auch eine Anordnung im Zentralgerät vor dem Ventilator möglich. Eine φ_{max}-Überwachung im Zuluftkanal ist sinnvoll.

Zur Regelung der Raumlufttemperatur ist eine Kaskadenregelung vorgesehen. Dazu liefert der Raumlufttemperaturregler 1 den Sollwert w_2 für den Zulufttemperaturregler 2. Diese Regelstrategie trennt den Regelvorgang der Luftaufbereitung von der Raumlastdeckung. Bei taktendem Dampfbefeuchter können Schwingungen der Zulufttemperatur angeregt werden. Für diesen Fall schafft beispielsweise ein zeitlicher Mittelwert der Zulufttemperatur als Regelgröße Abhilfe.

h_{1+x}, x-Diagramm

In Bild 6-18 ist die Zustandsänderung in der RLT-Anlage im Winter- und im Sommerauslegungsfall dargestellt. Für die Zustandsänderungen in den Einzelkomponenten sei auf Band 1, Kapitel 5 verwiesen. Ausgehend vom extremen Außenluftzustand im Sommer und im Winter ergeben sich die folgenden Zustandsänderungen in den Geräten als Basis für die Komponentenauslegung.

Winterauslegungsfall ($\vartheta_{AU} = -15\,°C$; $\varphi_{AU} = 80\,\%$)

Der ungünstigste Fall tritt in der Aufheizphase vor Nutzungsbeginn ohne Personen und ohne innere Lasten auf. Dann gilt $x_{ZU} = x_{RA}$:

AU − 1	Vorerhitzer,
1,2	Kühler nicht in Betrieb,
2 − 3	Nacherhitzer,
3 − 4	Erwärmung im Ventilator ($\approx 2\,°C$),
4 − ZU	Dampfbefeuchtung auf Zuluftfeuchtegehalt.

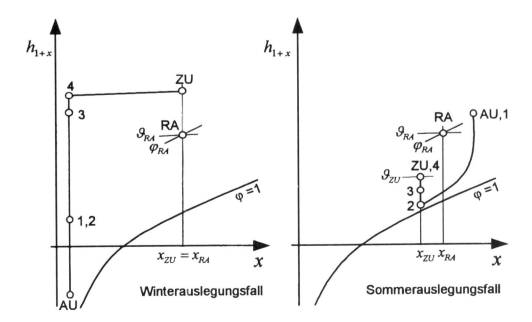

Bild 6-18: Winter- und Sommerauslegungsfall im h_{1+x}, x-Diagramm

Sommerauslegungsfall ($\vartheta_{AU} = 32\,^{\circ}\mathrm{C}$; $\varphi_{AU} = 40\,\%$)

Der ungünstigste Fall tritt bei maximaler Kühlleistung mit dem Maximalwert der Außenluftenthalpie auf. Zur Entfeuchtung muss mehr gekühlt werden als für die Zulufttemperatur erforderlich ist; der Nacherhitzer ist daher in Betrieb. Es gelten:

AU,1   Vorerhitzer nicht in Betrieb,

1 − 2   Kühler entfeuchtet auf x_{ZU} und kühlt auf ϑ_2,

2 − 3   Nacherhitzung auf ϑ_3 oder ohne Kühllast auf etwa ϑ_{RA},

3 − 4   Erwärmung im Zuluftventilator auf Zuluftzustand.

HKBE-AU: Klimaanlage mit Wäscherbefeuchtung

Raumluftzustand

Der Raumluftzustand soll ganzjährig als Festwert garantiert werden:

Raumlufttemperatur $\vartheta_{RA} = (23 \pm 0{,}5)\,^{\circ}\mathrm{C}$,

Raumluftfeuchte $\varphi_{RA} = (50 \pm 5)\,\%$.

Anlagenschema

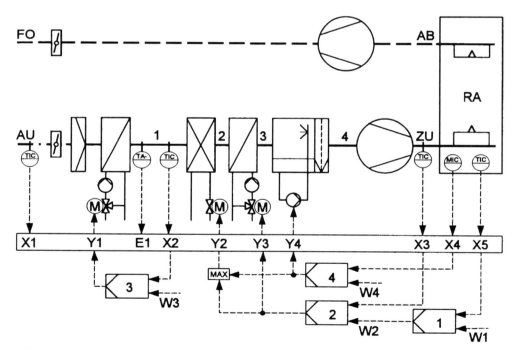

Bild 6-19: Anlagenschema einer Klimaanlage mit Wäscherbefeuchtung bei konstantem Volumenstrom

Beschreibung

Im Gegensatz zum vorherigen Beispiel wird die Befeuchtung mit einem regelbaren, adiabaten Wäscher vorgenommen. Da der Wäscher keine nennenswerte Enthalpieerhöhung erzielt, muss die für die Befeuchtung benötigte Enthalpieerhöhung durch den

Vorerhitzer aufgebracht werden; der Zustandspunkt 3 liegt gegenüber der Dampfbefeuchtung bei wesentlich höheren Temperaturen (Bild 6-18, Bild 6-21). Wegen der geforderten Genauigkeit der relativen Feuchte im Raum wird die direkte Feuchteregelung vorgesehen. Regelungstechnisch ist Variante 1 mit konstantem und Variante 2 (Bild 6-20) mit variablem Luftvolumenstrom dargestellt. Im Anlagenaufbau unterscheiden sich die Varianten nur durch die zusätzlichen Frequenzumformer der Ventilatoren und deren regelungstechnische Einbindung. Sind bei Variante 2 große Volumenstrombereiche abzudecken, werden an den Wärmeübertragern Sequenzventile für den Teillastfall erforderlich.

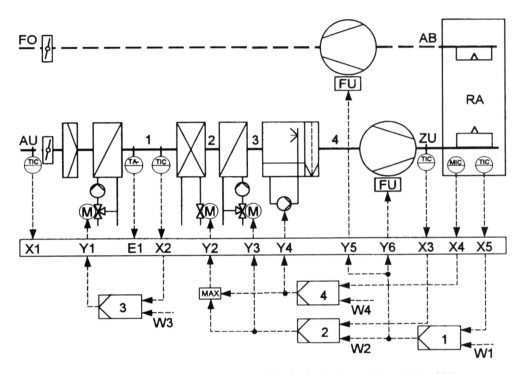

Bild 6-20: Anlagenschema einer Klimaanlage mit Wäscherbefeuchtung bei variablem Volumenstrom

h_{1+x}, x-Diagramm

Winterauslegungsfall

Der ungünstigste Fall tritt in der Aufheizphase vor Nutzungsbeginn ohne Personen und ohne innere Lasten auf. Dann gilt $x_{ZU} = x_{RA}$:

AU − 1	Vorerhitzer,
1,2	Kühler nicht in Betrieb,
2 − 3	Nacherhitzer,
3 − 4	Befeuchtung im Wäscher auf Zuluftfeuchtegehalt,
4 − ZU	Erwärmung im Ventilator ($\approx 2\,°C$).

Sommerauslegungsfall

Die größte Kühlleistung tritt bei maximaler Außenluftenthalpie auf. Zur Entfeuchtung muss mehr gekühlt werden als für die Zulufttemperatur erforderlich ist; der Nacherhitzer ist daher in Betrieb. Daraus folgt:

AU,1   Vorerhitzer nicht in Betrieb,

$1-2$ Kühler entfeuchtet auf x_{ZU} und kühlt auf ϑ_2,

$2-3$ Nacherhitzung auf ϑ_3 oder ohne Kühllast auf etwa ϑ_{RA},

$3,4$ Wäscher nicht in Betrieb,

$4,ZU$ Erwärmung im Zuluftventilator auf Zuluftzustand.

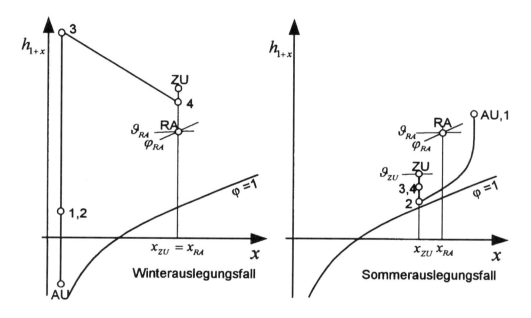

Bild 6-21: Winter- und Sommerauslegungsfall im h_{1+x}, x-Diagramm

HKB-AU: Teilklimaanlage mit Wäscherbefeuchtung und Wärmerückgewinnung

Raumluftzustand

Die Raumlufttemperatur soll ganzjährig als Festwert garantiert werden; für die Raumluftfeuchte ist ein Mindestwert gefordert.

Raumlufttemperatur $\vartheta_{RA} = (22 \pm 0{,}5)\,°C$,

Raumluftfeuchte $\varphi_{RA} \geq 40\,\%$.

Beschreibung

In der Teilklimaanlage Bild 6-22 folgt nach der Vorfilterung der kreislaufverbundene Wärmerückgewinner. Bei sehr niedrigen Außentemperaturen liegt der Luftaustrittszustand 1 nicht oberhalb des Grenzwertes des Frostschutzwächters; der nachfolgende Erhitzer muss in die Frostschutzsicherung der Anlage eingebunden werden. Die Pumpe

des Wärmerückgewinners wird im Fortluftkreis angeordnet, damit an der Oberfläche
des Fortluftwärmetauschers keine Eisbildung entsteht. Der Einsatz eines Wärmerückgewinners ist wirtschaftlich bei hoher Betriebszeit der Anlage und wenn Umluftbeimischung nicht zulässig ist.

Anlagenschema

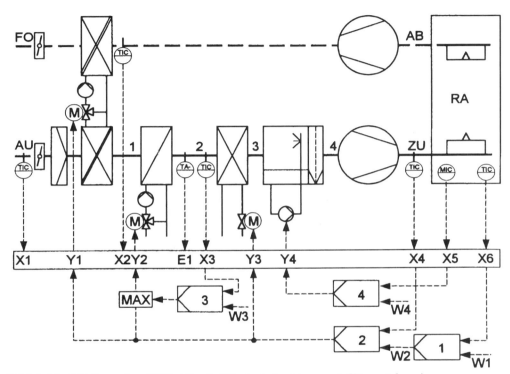

Bild 6-22: Teilklimaanlage HKB-AU mit Wäscherbefeuchtung und Wärmerückgewinnung

Der Erhitzer erwärmt auf den Eintrittszustand des Wäschers oder für $x_{AU} > x_{RA}$
etwa auf Zulufttemperatur (Bild 6-23). Diese Temperatur liegt bei funktionierender
Anlage immer weit oberhalb des Grenzwertes des Frostschutzfühlers.

Der Kühler muss nicht entfeuchten, er kann daher auch mit höheren Kaltwassertemperaturen betrieben werden. Verwendet man Kaltwasser 6/12 °C, so ist im Sommerauslegungsfall stets auch eine Entfeuchtung zu erwarten. Der Kühler wird dann größer
ausgelegt als bei trockener Kühlung. Im Beispiel ist die Kühlerhydraulik mit Leistungsregelung über den Volumenstrom ausgeführt; eine Leistungsregelung über die
Vorlauftemperatur ist auch denkbar.

Der saugseitig angeordnete Wäscher ist über die Wäscherpumpe stetig regelbar.

h_{1+x}, x-Diagramm

Winterauslegungsfall

Der ungünstigste Fall tritt in der Aufheizphase vor Nutzungsbeginn ohne Personen
und ohne innere Lasten auf. Dann gilt $x_{ZU} = x_{RA}$:

AU − 1   Wärmerückgewinner,
1 − 2   Erhitzer,
2,3   Kühler nicht in Betrieb,
3 − 4   Wäscherbefeuchtung,
4 − ZU   Erwärmung im Ventilator ($\approx 2\,°\text{C}$).

Sommerauslegungsfall

Der ungünstigste Fall tritt bei maximaler Außenluftenthalpie auf. Es wird nur auf Ventilatoreintrittstemperatur $\vartheta_4 \approx \vartheta_{ZU} - 2\,°\text{C}$ gekühlt:

AU,1   Wärmerückgewinner für $x_{AU} > x_{RA}$ nicht in Betrieb,
1,2   Erhitzer nicht in Betrieb,
2 − 3   Kühler kühlt auf ϑ_3,
3,4   Wäscher nicht in Betrieb,
4 − ZU   Ventilator.

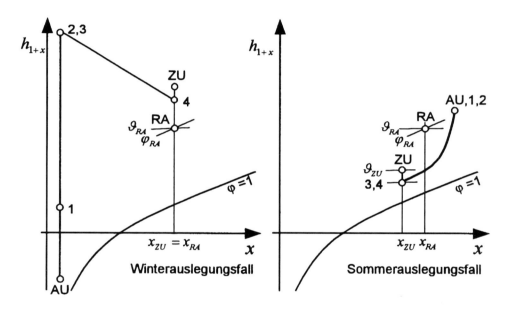

Bild 6-23: Winter- und Sommerauslegungsfall im h_{1+x}, x-Diagramm

H-MI: Lüftungsanlage

Raumluftzustand

Die Raumlufttemperatur wird als Minimalwert festgelegt:

Raumlufttemperatur $\vartheta_{RA} \geq 20\,°\text{C}$,
Raumluftfeuchte nicht gefordert.

Beschreibung

Die in Bild 6-24 dargestellte RLT-Anlage kann ganzjährig nur die Mindestraumlufttemperatur garantieren. Im Winterauslegungsfall wird zunächst Abluft mit der Mindestaußenluftrate gemischt. Vom Mischungszustand 1 aus erfolgt die Filterung und die Erhitzung auf den Zustandspunkt 2. Zusammen mit der Erwärmung im Ventilator wird dann der Zuluftzustand ZU erreicht. Bei steigender Außenlufttemperatur wird zunächst der Erhitzer geschlossen und anschließend der Außenluftanteil erhöht. Gilt für die Außenlufttemperatur $\vartheta_{AU} < (\vartheta_{RA} - 2\,^{\circ}\mathrm{C})$, ist eine Kühlung des Raumes mit Außenluft möglich. Hohe Außenlufttemperaturen bewirken, dass sich die Raumlufttemperatur in Richtung höherer Temperaturen verschiebt. Die Höhe der sich einstellenden Raumlufttemperatur ist dabei von den inneren Lasten und vom Speicherverhalten des Gebäudes abhängig.

Anlagenschema

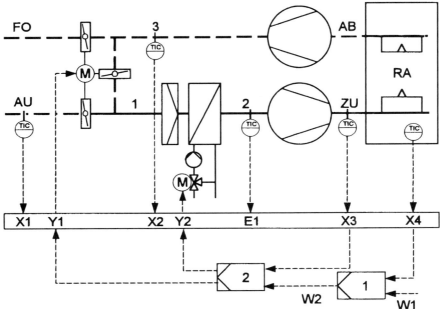

Bild 6-24: Lüftungsanlage

h_{1+x}, x-*Diagramm*

Winterauslegungsfall

Der ungünstigste Fall tritt in der Aufheizphase vor Nutzungsbeginn ohne Personen und ohne innere Lasten auf. Dann gilt $x_{ZU} = x_{RA}$ (Bild 6-25):

AU − 1	Wärmerückgewinner zwischen Außenluft und Fortluft,
1 − 2	Erhitzer,
2 − ZU	Erwärmung im Zuluftventilator,
RA − 3	Erwärmung im Abluftventilator und in den Leuchten.

Sommerauslegungsfall

Da die Anlage nicht mit einem Kühler ausgerüstet ist, kann bei hohen Außenlufttemperaturen nur eine Belüftung mit 100 % Außenluft erfolgen. Die Raumlasten verschieben den Raumluftzustand gegenüber dem Außenluftzustand zu höheren Temperaturen und höheren Feuchtegehalten. In Fertigungshallen werden in diesen Fällen zusätzlich Tore und Fenster geöffnet.

AU − 1   Mischkammer mit 100 % Außenluft,
1,2   Erhitzer nicht in Betrieb,
2 − ZU   Enthalpieerhöhung im Zuluftventilator.

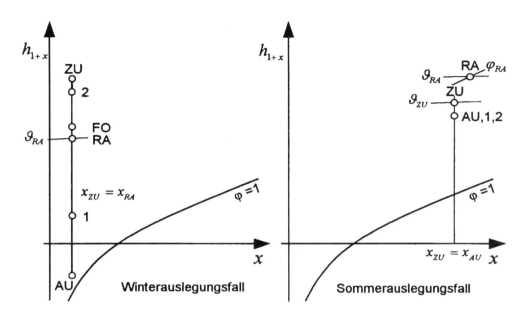

Bild 6-25: Winter- und Sommerauslegungsfall im h_{1+x}, x-Diagramm

Besonderheiten bei der Auslegung

Ausgangbasis für die Auslegung bilden die Daten:

Sommerauslegungsfall

- Raumlufttemperatur im Sommerauslegungsfall $\vartheta_{RA,So}$,
- maximale trockene Kühlleistung der RLT-Anlage $\dot{Q}_{KA,\text{Nenn}}$,
- zulässige Zulufttemperaturdifferenz im Sommer $\Delta\vartheta_{ZU,So}$.

Winterauslegungsfall

- Raumlufttemperatur im Winterauslegungsfall $\vartheta_{RA,Wi}$,
- maximale Heizleistung der RLT-Anlage $\dot{Q}_{HA,\text{Nenn}}$,
- zulässige Zulufttemperaturdifferenz $\Delta\vartheta_{ZU,Wi}$.

Volumenstromgrenzen

- Mindestaußenluftrate $\dot{V}_{AU,\text{min}}$,
- Mindestzuluftvolumenstrom der Luftdurchlässe $\dot{V}_{LU,\text{min}}$.

Für den Zuluftvolumenstrom gilt dann:

$$\dot{V}_{ZU,So} = \frac{\dot{Q}_{KA,\text{Nenn}}\,(1 + x_{ZU,So})}{c_{pL}\,\Delta\vartheta_{ZU,So}\,\varrho_f}, \tag{6-16}$$

$$\dot{V}_{ZU,Wi} = \frac{\dot{Q}_{HA,\mathrm{Nenn}}\left(1 + x_{ZU,Wi}\right)}{c_{pL}\,\Delta\vartheta_{ZU,Wi}\,\varrho_f}, \tag{6-17}$$

$$\dot{V}_{ZU,\mathrm{min}} \geq \dot{V}_{AU,\mathrm{min}} \geq \dot{V}_{LU,\mathrm{min}}. \tag{6-18}$$

Die Lage des Zuluftzustands zum Raumluftzustand erhält man durch die Zulufttemperaturen und den Feuchtegehalt.

Für Klimaanlagen wird für den Feuchtegehalt der Zuluft im Winterauslegungsfall

$$x_{ZU} = x_{RA} \tag{6-19}$$

und im Sommerauslegungsfall

$$x_{ZU} = x_{RA} - \frac{\Delta\dot{m}_W}{\dot{m}_{L,ZU}}. \tag{6-20}$$

Bei RLT-Anlagen ohne Entfeuchtung, wie im Beispiel HKB-AU, stellt sich der Raumluftzustand im Sommerauslegungsfall nach dem Kühleraustrittszustand ein.

$$x_{RA} = x_3 + \frac{\Delta\dot{m}_W}{\dot{m}_{L,ZU}} \tag{6-21}$$

Im Beispiel H-MI ohne Kühler, Be- und Entfeuchtung ist der Feuchtegehalt im Winterauslegungsfall

$$x_{RA} = x_{AU} \tag{6-22}$$

und im Sommerauslegungsfall

$$x_{RA} = x_{AU} + \frac{\Delta\dot{m}_W}{\dot{m}_{L,ZU}}. \tag{6-23}$$

Die in den Gleichungen berücksichtigte Wasserdampfabgabe $\Delta\dot{m}_W$ im Raum wird noch durch das Speicherverhalten der Wände beeinflusst.

6.4.2 Mehrzonenanlagen

In den Mehrzonenanlagen wird die Luftaufbereitung auf eine gemeinsame Grundaufbereitung und auf individuelle Nachaufbereitungen je Zone aufgeteilt. RLT-Anlagen dieses Typs sind in der Praxis sehr häufig anzutreffen. Sie werden eingesetzt, wenn mehrere Zonen mit unterschiedlichen Anforderungsprofilen von einer einzigen Gesamtanlage versorgt werden sollen. Derzeit sind Anlagen mit zentralen Ventilatoren (Bild 6-26) und mit dezentralen Ventilatoren (Bild 6-27) gebräuchlich.

Der Zustand der feuchten Luft nach der Grundaufbereitung richtet sich nach den Anforderungen der Räume und den Möglichkeiten der Zonen. Die Wahl des gemeinsamen Zustands nach der Grundaufbereitung stellt energetisch stets einen Kompromiss dar. Den wirtschaftlichsten Zustand nach der Grundaufbereitung erhält man durch regelungsbegleitende iterative Optimierung der Gesamtkosten der RLT-Anlage abhängig von den Volumenströmen, den thermodynamischen Behandlungsfunktionen und den spezifischen Energiekosten. Die einzelnen Zonen können mit Hilfe von Absperrklappen oder Volumenstromreglern zeitlich unabhängig voneinander betrieben werden. Die Frequenzumformer der Ventilatoren regeln dann die erforderlichen Gesamtdrücke $\Delta p_{\text{ges},ZU}$ und $\Delta p_{\text{ges},AB}$ der Grundaufbereitung und stellen so den benötigten Gesamtvolumenstrom ein.

Mehrzonenanlagen mit zentralen Ventilatoren

Die zentralen Ventilatoren erzeugen den Druck, der für die entfernteste Zone benötigt wird. Zur Sicherung der Volumenströme werden entweder Einregulierungen über Drosselklappen vorgesehen, oder es werden Volumenstromregler eingesetzt.

Die thermodynamischen Eigenschaften der jeweiligen Zonenversorgung ergeben sich aus den Behandlungsfunktionen der Grundaufbereitung und der jeweiligen Zone. Im Beispiel nach Bild 6-26 können für die Zonen mit Grundaufbereitung und Nachbehandlung die Anlagentypen HK-AU, HKE-AU und HKBE-AU realisiert werden.

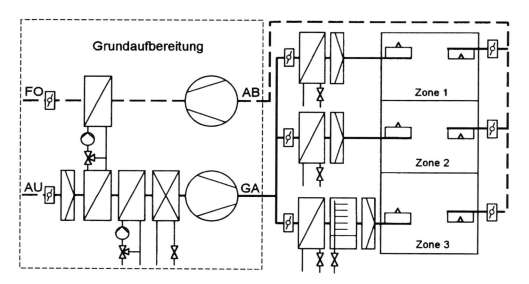

Bild 6-26: Mehrzonenanlage mit gemeinsamen Ventilatoren

Mehrzonenanlagen mit dezentralen Ventilatoren

Die Mehrzonenanlage nach Bild 6-27 ist in großen Versorgungssystemen, z. B. in Krankenhäusern, anzutreffen. Die Grundaufbereitung beschränkt sich dabei auf die gemeinsame Wärmerückgewinnung und eine Frostschutzsicherung der nachfolgenden RLT-Anlagen. Die Anpassung der Grundaufbereitung an die Volumenströme der Zonen erfolgt dabei über die Druckregelung in der Zuluft- und in der Fortluftkammer. Jede nachgeschaltete Anlage arbeitet bis auf die Wärmerückgewinnung eigenständig. Die parallelen Grundaufbereitungsanlagen werden zur Sicherung der Redundanz oder zur Aufteilung der Volumenströme aus Platzgründen eingesetzt; sie müssen bei gleichzeitigem Betrieb sowohl für Temperatur, Feuchte und Druck parallel über einen gemeinsamen Mittelwert geregelt werden.

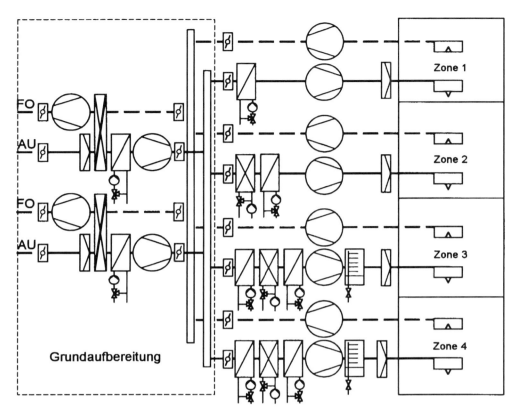

Bild 6-27: Mehrzonenanlage mit eigenen Ventilatoren in den Zonenanlagen

Besonderheiten bei der Auslegung

Zunächst ermittelt man auf der Basis der Anforderungsprofile der Zonen den jeweils erforderlichen Anlagenaufbau als Einzelanlage und deren Zuluftvolumenstrom. Für das Beispiel in Bild 6-26 gilt:

$$\text{Zone 1:} \quad \text{HK-AU,} \quad \dot{V}_{ZU,1},$$
$$\text{Zone 2:} \quad \text{HK-AU,} \quad \dot{V}_{ZU,2},$$
$$\text{Zone 3:} \quad \text{HKB-AU,} \quad \dot{V}_{ZU,3}.$$

Der Zustand nach der Grundaufbereitung ϑ_{GA}, x_{GA} wird so festgelegt, dass alle Zuluftzustände mit den nachgeschalteten Zonenbehandlungen erreicht werden können. Der Anlagenvolumenstrom der Grundaufbereitung errechnet sich mit Hilfe des Gleichzeitigkeitsfaktors f_G zu:

$$\dot{V}'_{ZU,GA} = \sum_{1}^{n} \dot{V}'_{ZU,i} \, f_G. \tag{6-24}$$

6.4.3 Volumenvariable Einzelraumregelsysteme

Das volumenvariable Einzelraumregelsystem stellt eine sehr wirtschaftliche Möglichkeit dar, die Raumlufttemperatur der Räume eines Versorgungsbereichs individuell zu regeln. Dabei besteht die Aufgabe, die Heiz- oder Kühlleistung der RLT-Anlage $\dot{Q}_{HA}$, $\dot{Q}_{KA}$ den veränderlichen Raumlasten $\dot{Q}_{KR}$, $\dot{Q}_{HR}$ auch über den Zuluftvolumenstrom anzupassen. Wie Gl. (6-25) zeigt, kann die Lastdeckung im Raum i bei vorgegebener Raumlufttemperatur sowohl über die Zulufttemperatur $\vartheta_{ZU,i}$ als auch über den Zuluftvolumenstrom $\dot{V}_{ZU,i}$ erfolgen.

$$\dot{Q}_{KA} = \frac{\dot{V}_{ZU,i}\,\varrho_{f,i}}{1 + x_{ZU,i}}\,c_{pL}\,(\vartheta_{RA,i} - \vartheta_{ZU,i}) \tag{6-25}$$

Bei den volumenvariablen Einzelraumregelungssystemen wird zur Reduzierung der Energiekosten die Regelung der Raumlufttemperatur so weit wie möglich über den Zuluftvolumenstrom vorgenommen. Jeder Raum erhält dazu einen Volumenstromregler für die Zuluft und für die Abluft (Bild 6-29). Der Abluftvolumenstrom wird so eingestellt, dass der gewünschte Über- oder Unterdruck im Raum garantiert ist.

Bild 6-29 stellt beispielhaft den Aufbau einer raumlufttechnischen Anlage mit volumenvariablem Einzelraumregelungssystem dar. Die Grundaufbereitung stellt allen Räumen die aufbereitete Außenluft mit der Temperatur ϑ_{GA} und dem Feuchtegehalt x_{GA} zur Verfügung. Die Regelung der Raumlufttemperatur $\vartheta_{RA,i}$ des Raumes i übernehmen Zonennacherhitzer und Zuluftvolumenstromregler; der Feuchtegehalt der Zuluft wird allein von der Zustandsänderung in der Grundaufbereitung vorgegeben. Im h_{1+x}, x-Diagramm (Bild 6-28) zeigt sich, dass der Feuchtegehalt der Raumluft abhängig von der Feuchtelast im Raum zwischen x_{GA} und x_{RA} schwanken kann.

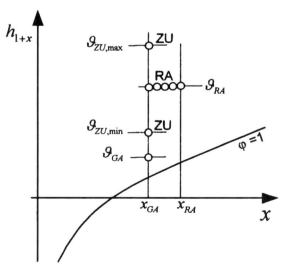

Bild 6-28: Zuluft- und Raumluftzustand im h_{1+x}, x-Diagramm

Den Zusammenhang zwischen der Leistung der Anlage und der Betriebsweise von Volumenstromregler und Erhitzer erläutert Bild 6-30.

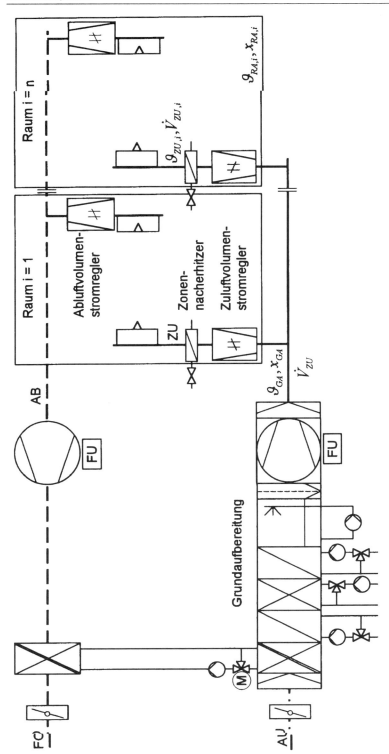

Bild 6-29: Grundaufbereitungsanlage HKBE-AU mit volumenvariabler Einzelraumregelung

- B1: Maximaler Zuluftvolumenstrom $\dot{V}_{ZU,Wi}$ im Winterauslegungsfall, höchste Zulufttemperatur $\vartheta_{ZU,\max}$ im Winterauslegungsfall, konstante maximale Heizleistung,

- B2: Variabler Zuluftvolumenstrom, höchste Zulufttemperatur $\vartheta_{ZU,\max}$ im Winterauslegungsfall, über den Zuluftvolumenstrom variable Heizleistung,

- B3: Minimaler Zuluftvolumenstrom $\dot{V}_{ZU,\min}$, Zulufttemperatur wechselt gleitend vom Höchstwert $\vartheta_{ZU,\max}$ im Winterauslegungsfall zum Mindestwert $\vartheta_{ZU,\min}$ im Sommerauslegungsfall, die Leistung der Anlage wechselt gleitend von Heizlast auf Kühllast,

- B4: Variabler Zuluftvolumenstrom, niedrigste Zulufttemperatur $\vartheta_{ZU,\min}$ im Sommerauslegungsfall, variable Kühlleistung über den Zuluftvolumenstrom,

- B5: Maximaler Zuluftvolumenstrom $\dot{V}_{ZU,\max}$ im Sommerauslegungsfall, niedrigste Zulufttemperatur $\vartheta_{ZU,\min}$ im Sommerauslegungsfall, konstante maximale Kühlleistung.

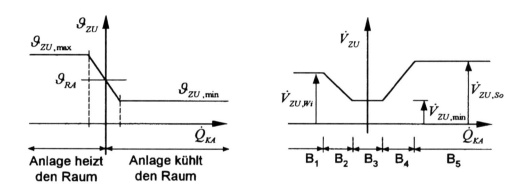

Bild 6-30: Arbeitsbereiche des Einzelraumregelungssystems

Statt des Erhitzers hinter dem Volumenstromregler werden manchmal auch die Heizkörper im Raum verwendet. Diese Lösung hat zwar den Vorteil, dass im Winter der Kaltluftabfall am Fenster verringert werden kann, es entstehen jedoch im Raum unterschiedliche Zonen der Behaglichkeit. In der Nähe des Fensters liegen im Winterfall eher zu hohe und in der Raummitte zu niedrige Raumlufttemperaturen vor. Aus der Sicht der Behaglichkeit stellt die Kombination aus Erhitzer und Heizkörpern die optimale Lösung dar. Der Heizkörper wird außentemperaturabhängig so gesteuert, dass er dem Kaltluftabfall am Fenster entgegen wirkt.

Die Funktion eines Volumenstromreglers soll am Beispiel einer einfachen Drosselklappe nach Bild 6-31 erklärt werden.

Bei geöffneter Drosselklappe ist die Mindestdruckdifferenz $\Delta p_{\mathrm{ges,min}}$ erforderlich, damit der Volumenstromregler den Sollwert $\dot{V}_W$ erreicht. Innerhalb des Arbeitsbereichs kann der Sollwert des Volumenstroms durch Drosselung im Rahmen der Regelgenauigkeit eingehalten werden. Oberhalb der Druckdifferenz $\Delta p_{\mathrm{ges,max}}$ ist die Drosselklappe geschlossen; es ist keine Regelung mehr möglich. Diese Betrachtungen zeigen, dass zur Funktion des Volumenstromreglers ein Mindestvordruck p_1 an allen Geräten garantiert werden muss. Mit dem Druck p_2 aus der Kanalnetzberechnung und der

Druckdifferenz $\Delta p_{\text{ges,min}}$ aus Firmenunterlagen erhält man den Mindestvordruck $p_{1,\text{min}}$.

$$p_{1,\text{min}} = p_2 + \Delta p_{\text{ges,min}} \tag{6-26}$$

Diese Sollwertvorgabe für die Regelung des Zu- und des Abluftventilators muss je nach der Verzweigung des Kanalnetzes unterschiedlich festgelegt werden (Bild 6-32).

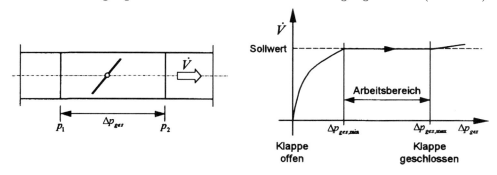

Bild 6-31: Prinzipielle Funktion des Volumenstromreglers

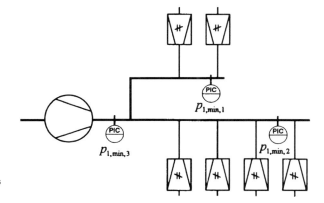

Bild 6-32: Festlegung des Sollwerts bei der Kanaldruckregelung

Entweder wird der erforderliche Druck $p_{1,\text{min},3}$ vor der Abzweigung oder energetisch besser der Maximalwert von $p_{1,\text{min},1}$ und $p_{1,\text{min},2}$ als Sollwert der Druckregelung vorgegeben. In jedem Fall wird wegen der kurzen Reaktionszeiten der Anlage ein I-Regler benötigt.

Die Drosselvorgänge im Volumenstromregler führen zu Strömungsgeräusche, die sich sowohl in Kanalrichtung als auch über die Gehäusewand ausbreiten. Je nach Anwendungsfall können Schalldämmmaßnahmen und Schalldämpfer erforderlich werden.

Einzelraumregelung

Zur Realisierung der Einzelraumregelung sind die folgenden Varianten möglich:

Variante 1: Volumenstromregelung ohne Zonennacherhitzung (Bild 6-33)

Die Grundaufbereitung bietet eine Zulufttemperatur $\vartheta_{ZU} < \vartheta_{RA}$ an; die Deckung der Kühllast zur Regelung der Raumlufttemperatur X1i erfolgt über den Zuluftvolumenstrom Y1i. Je nach gefordertem Raumdruck erhält der Abluftvolumenstromregler einen höheren oder niedrigeren Volumenstrom Y2i (Bild 6-34).

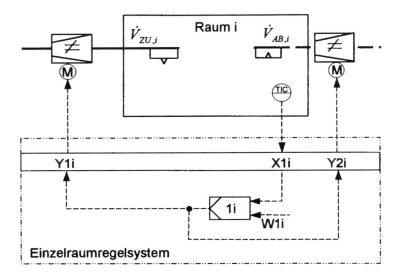

Bild 6-33: Volumenstromregler ohne Zonennacherhitzung

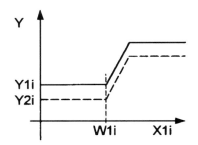

Regler 1i: Raumlufttemperatur

Da der Raum nur gekühlt werden kann, ist diese Variante nur für Innenzonen ohne Heizlast geeignet.

Bild 6-34: Sequenzbild der Raumlufttemperaturregelung

Variante 2: Volumenstromregelung mit Einbindung der statischen Heizung (Bild 6-35)

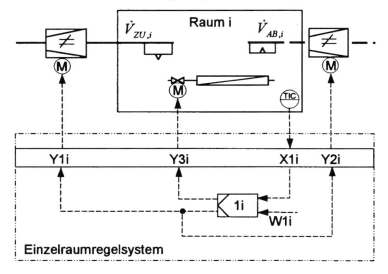

Bild 6-35: Volumenstromregler ohne Zonennacherhitzung

Zusätzlich zum Zuluftvolumenstrom Y1i ist die statische Heizung Y3i in die Regelung der Raumlufttemperatur eingebunden (Bild 6-36). Die statische Heizung erwärmt den Raum, wenn die niedrige Zulufttemperatur aus der Grundaufbereitung trotz gesenktem Zuluftvolumenstrom zu hohe Kühlleistung verursacht.

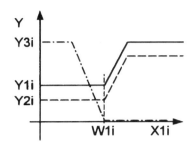

Bild 6-36: Sequenzbild der Raumtemperaturregelung

Regler 1i: Raumlufttemperatur

Diese Lösung ist für Außenzonen mit statischen Heizflächen unter den Fenstern geeignet. Es besteht jedoch die Gefahr, dass Außen- und Innenzonen bei gleicher Zulufttemperatur unterschiedliche Raumlufttemperatur erreichen. Andererseits wirken die Heizflächen dem Kaltluftabfall an den Fenstern entgegen. Die Heizflächen können bei abgeschalteter RLT-Anlage die Mindesttemperatur im Raum regeln.

Variante 3: Volumenstromregelung mit Zonennacherhitzung (Bild 6-37)

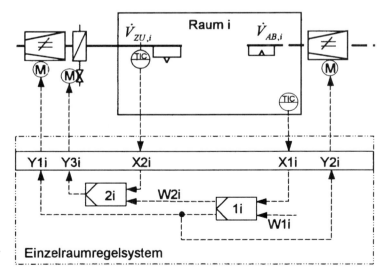

Bild 6-37: Volumenstromregler mit Zonennacherhitzung

Der Erhitzer hinter dem Zuluftvolumenstromregler sorgt für die erforderliche Heizleistung im Winterauslegungsfall. In Bild 6-38 ist die Regelung der Raumlufttemperatur X1i über eine Raumluft-Zuluft-Kaskade dargestellt. Neben der Entkopplung von Raumlastdeckung und Luftaufbereitung ist die obere und untere Begrenzung der Zulufttemperatur X2i von Vorteil.

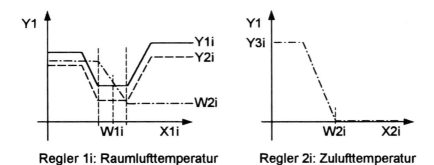

Bild 6-38: Kaskadenregelung der Raumlufttemperatur

Im Winter ist der Kaltluftabfall am Fenster bei dieser Variante nicht behoben. Eine statische Heizung ist bei abgeschalteter RLT-Anlage zur Sicherung der Raumlufttemperatur erforderlich.

Variante 4: Volumenstromregelung mit Zonennacherhitzung und Einbindung der statischen Heizung (Bild 6-39)

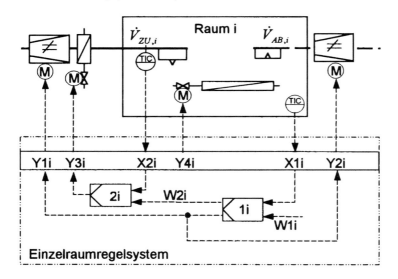

Bild 6-39: Kaskadenregelung der Raumlufttemperatur mit zusätzlicher statischer Heizung unter den Fenstern

Die statische Heizung Y4i unter den Fenstern verhindert den Kaltluftabfall im Winter; ihre Steuerung erfolgt in Abhängigkeit von der Außenlufttemperatur. Diese Verbesserung der Behaglichkeit wird mit zusätzlichen Energiekosten erkauft, da die statische Heizung im Winter trotz hoher Kühllasten betrieben wird. Bei abgeschalteter RLT-Anlage regelt die statische Heizung die Raumlufttemperatur.

Aufschaltung der Einzelraumregelungen auf die Gebäudeleitzentrale

Die Automationssysteme der Einzelraumregelung werden heute über Bussysteme miteinander verbunden und an eine Gebäudeleitzentrale angeschlossen. Leitzentrale und Einzelraumregelsysteme tauschen die aktuellen Daten aus und erlauben die zentrale Parametrierung.

Besonderheiten bei der Auslegung

Zunächst werden die Volumenströme der Räume $i = (1$ bis $n)$ aus dem Anforderungs-profil ermittelt.

Mindestaußenluftrate $\dot{V}_{AU,\min,i}$,

Mindestzuluftvolumenstrom der Luftdurchlässe $\dot{V}_{LU,\min,i}$.

Für den Zuluftvolumenstrom gilt im Sommerauslegungsfall

$$\dot{V}_{ZU,So,i} = \frac{\dot{Q}_{KA,\text{Nenn},i}\,(1 + x_{ZU,So})}{c_{pL}\,\Delta\vartheta_{ZU,So,i}\,\varrho_f} \tag{6-27}$$

und im Winterauslegungsfall

$$\dot{V}_{ZU,Wi,i} = \frac{\dot{Q}_{HA,\text{Nenn},i}\,(1 + x_{ZU,Wi})}{c_{pL}\,\Delta\vartheta_{ZU,Wi,i}\,\varrho_f}. \tag{6-28}$$

Danach kann der Mindestzuluftvolumenstrom je Raum festgelegt werden.

$$\dot{V}_{ZU,\min,i} \geq \dot{V}_{AU,\min,i} \geq \dot{V}_{LU,\min,i} \tag{6-29}$$

Zu beachten ist dabei, dass die Mindestaußenluftrate bei VV-Systemen nur mit Außenluftanlagen sichergestellt ist; der Einsatz von Wärmerückgewinnern ist daher unverzichtbar.

Für die Auslegung der Grundaufbereitungsanlage der Zuluft nach Bild 6-29 werden gewählt:

Temperatur nach der Grundaufbereitung im Sommerauslegungsfall

$$\vartheta_{GA,So} \leq \min(\vartheta_{ZU,So,i}\ldots\vartheta_{ZU,So,n}), \tag{6-30}$$

Feuchtegehalt nach der Grundaufbereitung im Sommerauslegungsfall

$$x_{GA,So} \approx x_{RA,So}, \tag{6-31}$$

Zuluftvolumenstrom der Grundaufbereitung im Sommerauslegungsfall unter Berücksichtigung des Gleichzeitigkeitsfaktors f_G

$$\dot{V}_{ZU,So} = \sum_1^n \dot{V}_{ZU,So}\,f_G, \tag{6-32}$$

Zuluftvolumenstrom der Grundaufbereitung im Winterauslegungsfall unter Berücksichtigung des Gleichzeitigkeitsfaktors f_G

$$\dot{V}_{ZU,Wi} = \sum_1^n \dot{V}_{ZU,Wi}\,f_G. \tag{6-33}$$

Die Leistung der Erhitzer hinter den Volumenstromreglern ergeben sich dann zu:

$$\dot{Q}_{HE,i} = \frac{\dot{V}_{ZU,Wi,i}\,\varrho_f}{1 + x_{ZU,i}}\,c_{pL}\,(\vartheta_{ZU,Wi,i} - \vartheta_{GA,Wi}). \tag{6-34}$$

6.4.4 Zweikanalanlagen

Bei den Zweikanalanlagen wird die Luft in einer Grundaufbereitung auf den Zustand ϑ_{GA}, x_{GA} aufbereitet. Nach der Auftrennung in einen Kalt- und einen Warmluftkanal erfolgt die weitere Luftaufbereitung zum Kaltluft- und Warmluftzustand. Im Beispiel Bild 6-40 ist der Zustand nach der Grundaufbereitung identisch mit dem Zustand im Kaltluftkanal; der Zustand im Warmluftkanal wird durch den Nacherhitzer geregelt.

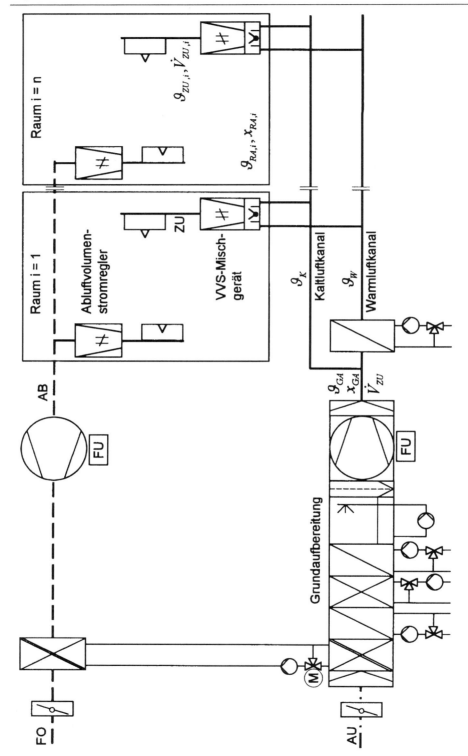

Bild 6-40: Grundaufbereitungsanlage HKBE-AU mit VV-Mischgeräten

Die Mischgeräte der einzelnen Räume mischen Warm- und Kaltluft auf die zur Raumlastdeckung benötigte Zulufttemperatur (Bild 6-41 und Bild 6-42).

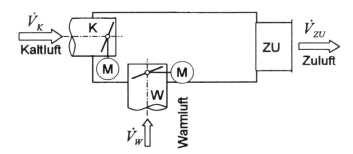

Bild 6-41: Aufbau eines
volumenvariablen Mischgeräts

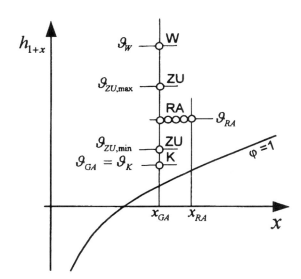

Bild 6-42: Zustandsänderung
im Mischgerät

In modernen Anlagen ist eine Volumenstromregelung mit dem Mischgerät gekoppelt, um die Kühlleistung der RLT-Anlage so weit wie möglich volumenvariabel zu
verändern. Im Mischgerät nach Bild 6-41 regeln die Klappen das Mischungsverhältnis
und die Volumenströme so, dass der Verlauf nach Bild 6-43 erreicht wird. Zur Raum-
druckregelung ist ein Abluftvolumenstromregler erforderlich. Für die Druckregelung in
den Kanälen gelten die analogen Regeln wie bei den VV-Systemen. Bei Zweikanalanlagen haben die Druckverhältnisse in den Kanälen noch höhere Bedeutung, da es bei
großen Druckdifferenzen zwischen Warm- und Kaltluftstutzen zu Überströmungen
kommen kann.

Um Netzzusammenbrüche im Anfahrbetrieb zu vermeiden, sollte die Warmluftmenge
begrenzt werden.

Die Parameter für Bild 6-43 werden berechnet und am VVS-Mischgerät direkt oder
über die Gebäudeleitzentrale eingestellt.

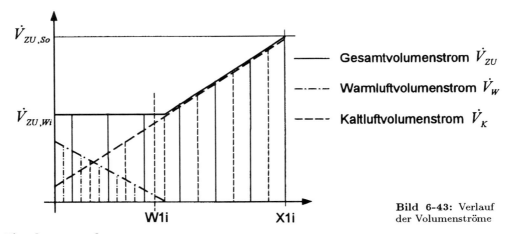

Bild 6-43: Verlauf
der Volumenströme

Einzelraumregelung

Nachfolgend werden beispielhaft zwei Varianten der Einzelraumregelung mit VVS-
Mischgeräten beschrieben. Die Wahl der Regelung sollte mit den Herstellern der
Mischgeräte und des Regelsystems abgeglichen werden.

Kaskadenregelung

In Bild 6-44 ist die Regelung der Raumlufttemperatur als Raumluft-Zuluft-Kaskade
skizziert. Die Zulufttemperatur wird vom Regler 2i über das Mischungsverhältnis
geregelt; der Führungsregler 1i regelt Zuluft- und Abluftvolumenstrom, und er gibt
den Sollwert der Zulufttemperatur vor.

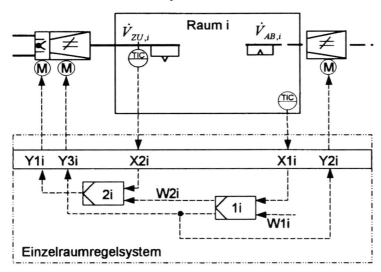

Bild 6-44: Kaska-
denregelung

Das zugehörige Sequenzbild zeigt Bild 6-45.

Regelung der Raumlufttemperatur über die Volumenströme

Bei der Einzelraumregelung nach Bild 6-46 gibt der Regler 1i die Sollwerte für den Zuluftvolumenstrom, den Abluftvolumenstrom und den Kaltluftvolumenstrom vor (Bild
6-47).

Der Regler 1i gibt die Sollwerte W2i für den
Zuluftvolumenstrom und W3i für den Kaltluftvolumenstrom vor. Gleichzeitig legt er
das Stellsignal Y3i für den Abluftvolumenstrom fest. Der Regler 3i regelt den Kaltluftvolumenstrom mit Hilfe der Kaltluftklappe
Y1i. Fehlt noch Zuluftvolumenstrom X3i, so
wird Warmluft über Klappe Y2i bis zum Sollwert des Zuluftvolumenstroms W2i nachgeregelt. Diese Verknüpfungen erreichen die
Verläufe nach Bild 6-43.

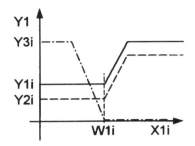

Regler 1i: Raumlufttemperatur

Bild 6-45: Sequenzbild der
Kaskadenregelung

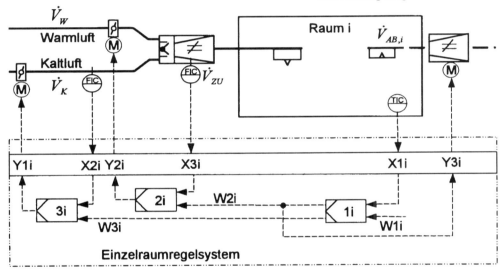

Bild 6-46: Regelung der Raumlufttemperatur über die Volumenströme

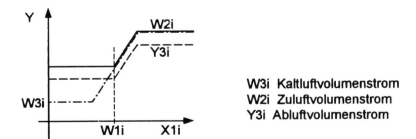

Regler 1i: Raumlufttemperatur

W3i Kaltluftvolumenstrom
W2i Zuluftvolumenstrom
Y3i Abluftvolumenstrom

Bild 6-47: Sequenzbild Regler 1i

Um geringeren Energieverbrauch zu realisieren, können Warmluft- und Kaltlufttemperatur außentemperaturabhängig geführt werden. Außerdem lässt sich eine wirt-

schaftlichere Auslastung des Warmluft- und des Kaltluftkanals über Volumenstrom-messungen und damit verbundene Temperaturverschiebungen erreichen.

Besonderheiten bei der Auslegung

Sommerauslegungsfall

Im Sommerauslegungsfall wird die Kühlleistung der RLT-Anlage bei voll geöffneter Kaltluftklappe und geschlossener Warmluftklappe realisiert. Der Kaltluftkanal muss daher für den maximalen Zuluftvolumenstrom ausgelegt werden. Undichtigkeiten an der geschlossenen Warmluftklappe beeinflussen den erforderlichen Zuluftvolumen-strom ganz erheblich, da die Heizleistung der warmen Leckluft über Kaltluft kom-pensiert werden muss und gleichzeitig der wirksame Zuluftvolumenstrom sinkt (Bild 6-48).

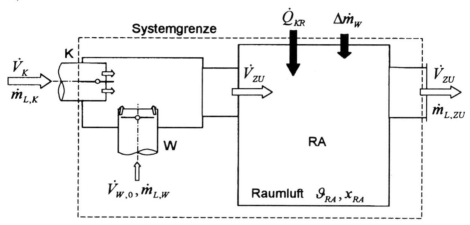

Bild 6-48: VVS-Mischgerät im Sommerauslegungsfall

Mit dem Leckluftverhältnis

$$f_L = \frac{\dot{m}_{L,W,0}}{\dot{m}_{L,ZU}} \tag{6-35}$$

liefern Energie- und Massenbilanz des betrachteten Systems nach Bild 6-44 für den Raum i

$$\dot{m}_{L,ZU,So,i} = \frac{\dot{Q}_{KA,\text{Nenn},i}}{h_{1+x,RA} - (1 - f_L)\, h_{1+x,K} - f_L\, h_{1+x,W}} \tag{6-36}$$

oder näherungsweise

$$\dot{m}_{L,ZU,So,i} = \frac{\dot{Q}_{KA,\text{Nenn},i}}{c_{pL}\,(\vartheta_{RA} - (1 - f_L)\,\vartheta_K - f_L\,\vartheta_W)}. \tag{6-37}$$

Je nach Ausführung und Zustand des Mischgeräts kann $f_L = 0 \ldots 0{,}05$ angenommen werden.

Da im Sommerauslegungsfall die Zuluft dem Kaltluftkanal entnommen wird, muss die Kaltlufttemperatur oberhalb des Taupunkts der Raumluft liegen.

$$\vartheta_{ZU,So} \approx \vartheta_K \geq \vartheta_{TP,RA} \tag{6-38}$$

Die Temperatur der Warmluft wird im Sommer so gewählt, dass die Raumlufttemperatur noch geregelt werden kann.

$$\vartheta_{W,So} = \vartheta_{RA} + 3\,^\circ\text{C} \qquad (6\text{-}39)$$

Im Sommerauslegungsfall ergeben sich dann für den betrachteten Raum näherungsweise

$$\dot{V}_{ZU,So,i} = \frac{\dot{m}_{L,ZU,So,i}\,(1 + x_{ZU})}{\varrho_{f,ZU}}, \qquad (6\text{-}40)$$

$$\dot{V}_{W,0,i} = f_L\,\dot{V}_{ZU,i}, \qquad (6\text{-}41)$$

$$\dot{V}_{K,So,i} = \dot{V}_{ZU,So,i} - \dot{V}_{W,0,i}. \qquad (6\text{-}42)$$

Winterauslegungsfall

Im Winterauslegungsfall ist die Zulufttemperatur der Räume durch die zulässige Differenz der Zulufttemperatur begrenzt. Die Temperatur der Warmluft hat ihre Grenze nur in den steigenden Wärmeverlusten in den Kanälen. Im Winterauslegungsfall wird die Zulufttemperatur durch die Mischung aus Warm- und Kaltluft gebildet; das Problem der Leckluftströme an der geschlossenen Kaltluftklappe tritt daher nicht auf. Je höher die Warmlufttemperatur gewählt wird, um so geringer ist der erforderliche maximale Warmluftvolumenstrom und damit verringern sich auch die Abmessungen des Warmluftkanals. Bei der Wahl der Warmlufttemperatur $\vartheta_{W,Wi} > \vartheta_{ZU,Wi}$ ist eine Begrenzung der Zulufttemperatur unverzichtbar.

Es kann gelten:

$$\vartheta_{W,Wi} \leq 40\,^\circ\text{C}. \qquad (6\text{-}43)$$

Der erforderliche Zuluftvolumenstrom im Winterauslegungsfall ist dann

$$\dot{V}_{ZU,Wi,i} = \frac{\dot{Q}_{HR,\text{Nenn},i}}{c_{pL}\,(\vartheta_{ZU,Wi} - \vartheta_{RA})}, \qquad (6\text{-}44)$$

und die Volumenströme in den Kanälen errechnen sich zu

$$\dot{V}_{W,Wi,i} = \dot{V}_{ZU,Wi,i}\,\frac{\vartheta_{ZU,Wi} - \vartheta_{K,Wi}}{\vartheta_{W,Wi} - \vartheta_{K,Wi}}, \qquad (6\text{-}45)$$

$$\dot{V}_{K,Wi,i} = \dot{V}_{ZU,Wi,i} - \dot{V}_{W,Wi,i}. \qquad (6\text{-}46)$$

Die maximalen Volumenströme im Warm- und im Kaltluftkanal können aus den Einzelvolumenströmen der Räume unter Berücksichtigung der Gleichzeitigkeit ermittelt werden.

$$\dot{V}_{ZU,So} = \sum_{1}^{n} \dot{V}_{ZU,So,i}\,f_G \qquad (6\text{-}47)$$

$$\dot{V}_{ZU,Wi} = \sum_{1}^{n} \dot{V}_{ZU,Wi,i}\,f_G \qquad (6\text{-}48)$$

$$\dot{V}_{K,So} = \sum_{1}^{n} \dot{V}_{K,i}\,f_G \qquad (6\text{-}49)$$

$$\dot{V}_{W,Wi} = \sum_{1}^{n} \dot{V}_{W,i}\, f_G \qquad (6\text{-}50)$$

Ein andere Lösungsmöglichkeit bietet die Berechnung aus der Überlagerung der Lastverläufe der Einzelräume. Zu beachten ist dabei aber, dass sich die Nutzung der Räume heute in immer kürzeren Zyklen verändert; eine zu spezielle Anpassung ist daher nicht zu empfehlen.

6.4.5 Primärluftanlagen

In Primärluftanlagen wird Außenluft auf den Primärluftzustand x_P, ϑ_P aufbereitet und den Induktionsgeräten über Düsen zugeführt. Durch den dabei erzeugten Unterdruck im Gerät strömt Raumluft als Sekundärluft in das Induktionsgerät. Im Induktionsgerät erfolgt eine Nachbehandlung auf die Zustände S1 oder S2 nach den Wärmeübertragern. Anschließend mischen sich Primärluft und aufbereitete Sekundärluft zur Zuluft. Eine Ausführung mit volumenvariablem Zuluftvolumenstrom ist auch möglich. Die Anpassung des Volumenstroms erfolgt dann beispielsweise mit Hilfe einer Regelung an einer der Düsenreihen.

In Bild 6-49 ist der prinzipielle Aufbau der unterschiedlichen Typen der Induktionsgeräte dargestellt.

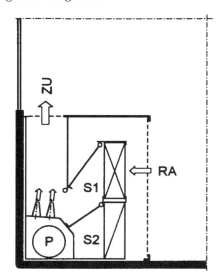

a) Regelung über Sequenzklappen, zwei Wärmeübertrager

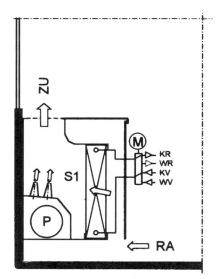

b) Regelung über Sequenzventil, ein Wärmeübertrager

Bild 6-49: Aufbau eines Induktionsgeräts, P Primärluft, S Sekundärluft, S1 Sekundärluft nach dem Kühler, S2 Sekundärluft nach dem Erhitzer

Bild 6-49a zeigt ein Induktionsgerät mit Erhitzer und Kühler, das über verbundene Sequenzklappen geregelt wird. Je nach Stellung der Klappen (Bild 6-51) sind die folgenden Varianten realisierbar:

Fall 1: Die Sekundärluft strömt über den Kühler (Zustandspunkt S1 in Bild 6-50),

Fall 2: Die Sekundärluft tritt als unbehandelte Raumluft in den Mischraum ein (Zustandspunkt RA),

Fall 3: Die Sekundärluft strömt über den Erhitzer (Zustandspunkt S2).

Je nach Sequenzklappenstellung verändert sich der Zuluftzustand stetig von $\vartheta_{ZU,\text{min}}$ nach $\vartheta_{ZU,\text{max}}$. Außerdem können die Erhitzer bei ausgeschalteter Primärluft als statische Heizung dienen.

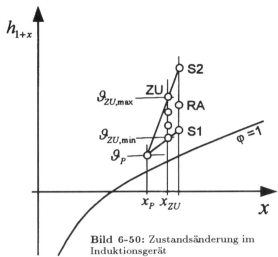

Bild 6-50: Zustandsänderung im Induktionsgerät

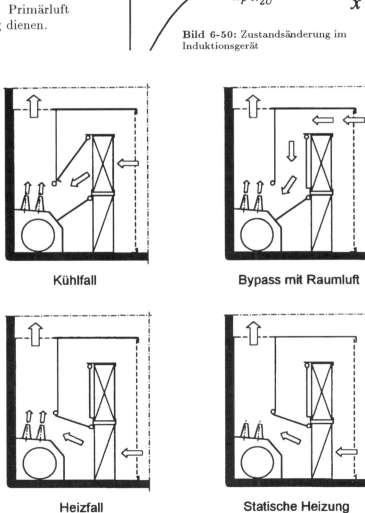

Kühlfall

Bypass mit Raumluft

Bild 6-51: Funktionsweise der Sequenzklappenregelung

Heizfall

Statische Heizung

Im Induktionsgerät in Bild 6-49b ist nur ein Wärmeübertrager vorhanden. Er ist über ein 4-Leiter-System sowohl an das Kaltwassernetz als auch an das Warmwassernetz angeschlossen. Je nach Stellung des Sequenzventils kann der Wärmeübertrager als Kühler, mit Raumluftbypass oder als Erhitzer wirksam werden. Statt des 4-Rohr-Systems ist auch ein 2-Rohr-System einsetzbar; die Umschaltung von Kühlung auf Erhitzer kann dann jedoch nur für alle angeschlossenen Induktionsgeräte gemeinsam erfolgen. Bei dieser Variante ist die individuelle Regelung der Raumlufttemperatur eingeschränkt.

Induktionsgeräte werden hauptsächlich in den Außenzonen unter den Fenstern eingesetzt. Es sind aber auch Geräte für den Deckeneinbau erhältlich. Eine weitere Variante stellen die Ventilatorkonvektoren dar, bei denen Raumluft oder auch zusätzlich Außenluft von einem eingebauten Ventilator angesaugt wird; die Primärluftaufbereitung entfällt bei dieser Bauart.

Der Aufbau der RLT-Anlage für die Primärluftaufbereitung kann nach den Überlegungen der vorangegangenen Abschnitte analog vorgenommen werden.

Regelung

Um gegeneinander arbeitende Systeme zu vermeiden, werden alle Induktionsgeräte einer Zone oder eines Raumes regelungstechnisch parallel betrieben (Bild 6-52).

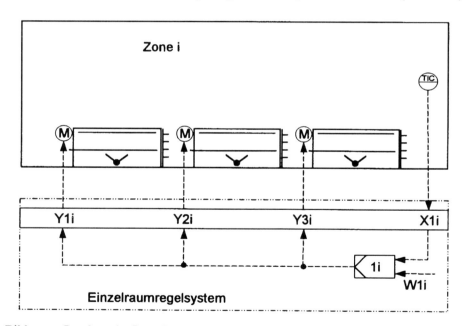

Bild 6-52: Regelung der Raumlufttemperatur einer Zone mit mehreren Induktionsgeräten

Besonderheiten bei der Auslegung

Festlegung des Primärluftvolumenstroms und des Primärluftzustands

Der Primärluftvolumenstrom muss die Mindestaußenluftrate des Raumes decken

$$\dot{V}_P \geq \dot{V}_{AU,\mathrm{min}}, \tag{6-51}$$

und er ist zur Realisierung der Heiz- und Kühlleistung der Geräte erforderlich. Der Primärluftvolumenstrom hängt neben den Raumlasten auch von den baulichen Gegebenheiten und den thermodynamischen Randbedingungen ab. Der wirschaftlichste Primärluftvolumenstrom ist nur iterativ zu bestimmen. Als erster Näherungswert kann mit der Fensterlänge l_F des Raumes gelten:

$$\dot{V}_P \approx (60\ldots100)\frac{\mathrm{m}^3}{\mathrm{h\,m}}\,l_F. \tag{6-52}$$

Die Primärlufttemperatur wird unterhalb der Raumlufttemperatur gewählt. Es darf jedoch nicht zur Kondenswasserbildung an den Rohren kommen.

$$\vartheta_P > \vartheta_{TP,RA} \tag{6-53}$$

Die Feuchtelasten können nur von der Primärluft übernommen werden.

$$x_{P,\mathrm{ber}} = x_{RA} - \frac{\Delta\dot{m}_W}{\dot{m}_{L,P}} \tag{6-54}$$

Da sich Schwankungen des Feuchtegehalts der Raumluft infolge wechselnder Feuchtelasten ergeben, kann man der Auslegung den Mittelwert zugrunde legen.

$$x_P = (x_{P,\mathrm{ber}} + x_{RA}) \cdot 0{,}5 \tag{6-55}$$

Die Primärlufttemperatur und der Feuchtegehalt lassen sich zur Verbesserung der Wirtschaftlichkeit auch außentemperaturabhängig führen.

Sommerauslegungsfall

Im Sommerauslegungsfall wird der Raum durch die Kühlleistung der Primärluft

$$\dot{Q}_{KP,So} = \dot{m}_{L,P,So}\,(h_{1+x,RA} - h_{1+x,P})_{So} \tag{6-56}$$

und durch die Sekundärluft der Induktionsgeräte gekühlt. Die Induktionsgeräte müssen dann die Kühlleistung aufbringen:

$$\dot{Q}_{KD,\mathrm{Nenn}} = \dot{Q}_{KA,\mathrm{Nenn}} - \dot{Q}_{KP,So}. \tag{6-57}$$

Die Anzahl n der Geräte, gewählt nach den Möglichkeiten der Anordnung im Raum, ergibt die Nennkühlleistung je Induktionsgerät.

$$\dot{Q}_{KD,\mathrm{Nenn},G} = \frac{\dot{Q}_{KD,\mathrm{Nenn}}}{n} \tag{6-58}$$

Mit der Kaltwassereintrittstemperatur

$$\vartheta_{KW,\mathrm{Ein}} \geq \vartheta_{TP,RA} \tag{6-59}$$

erhält man die Gerätekennzahl

$$\left(\frac{\dot{Q}_{KD,\mathrm{Nenn},G}}{\vartheta_{RA,So} - \vartheta_{KW,\mathrm{Ein}}}\right) \tag{6-60}$$

zur Auswahl der Induktionsgeräte nach Firmenunterlagen.

Die Wassereintrittstemperatur am Kühler und am Erhitzer können zur Verbesserung der Wirtschaftlichkeit auch außentemperaturabhängig gefahren werden.

Bei Räumen mit gleitender Raumlufttemperatur ist eine Überprüfung der Auslegung am Knickpunkt der Raumlufttemperatur erforderlich.

Winterauslegungsfall

Im Winterauslegungsfall müssen die Erhitzer der Induktionsgeräte die Kühlleistung der Primärluft

$$\dot{Q}_{KP,Wi} = \dot{m}_{L,P,Wi} \, (h_{1+x,RA} - h_{1+x,P})_{Wi} \tag{6-61}$$

und die vom Raum benötigte Heizleistung erbringen

$$\dot{Q}_{HD,\text{Nenn}} = \dot{Q}_{HR,\text{Nenn}} + \dot{Q}_{KP,Wi}. \tag{6-62}$$

Mit der Gerätekennzahl

$$\left(\frac{\dot{Q}_{HD,\text{Nenn},G}}{\vartheta_{WW,\text{Ein}} - \vartheta_{RA,Wi}} \right) \tag{6-63}$$

aus Firmenunterlagen für das im Sommerauslegungsfall gewählte Induktionsgerät, kann nun die erforderliche Eintrittstemperatur des Warmwassers $\vartheta_{WW,\text{Ein}}$ in den Erhitzer überprüft werden. Die Berechnung der erforderlichen Eintrittstemperatur des Warmwassers für den Betrieb als statische Heizung kann ebenfalls mit Firmenunterlagen erfolgen.

Literatur

[1] HOAI; Ausgabe 1996-1; Honorarordnung für Architekten und Ingenieure.

[2] RB-Bau — Vertragsmuster; Ausgabe 1994; Vertragsmuster und die zugehörigen Hinweise mit einer Einführung.

[3] DIN 32736; Ausgabe 2000-08; Gebäudemanagement — Begriffe und Leistungen.

[4] Taschenbuch für Heizung + Klimatechnik 2001; Oldenbourg Verlag.

[5] Kühllastberechnung; MH-Software, Karlsruhe.

[6] DIN 1946-1; Ausgabe 19988-10; Raumlufttechnik; Terminologie und grafische Symbole.

[7] LTG Komponenten für Klimasysteme; LTG Lufttechnische GmbH; Stuttgart.

[8] DIN 19227-1; Ausgabe 1993-10; Leittechnik; Grafische Symbole und Kennbuchstaben für die Prozessleittechnik.

[9] VDI 6022, Blatt 1; Ausgabe 1998-07; Hygienische Anforderungen an Raumlufttechnische Anlagen — Büro- und Versammlungsräume.

[10] VDI 2071; Ausgabe 1997-12; Wärmerückgewinner in Raumlufttechnischen Anlagen.

[11] DIN 1946-2; Ausgabe 1994-01; Raumlufttechnik; Gesundheitstechnische Anforderungen.

[12] Technische Regeln für Gefahrstoffe TRGS 001; Ausgabe 2001 Bundesanstalt für Arbeitsschutz und Arbeitsmedizin.

7 Luftdurchlässe

R. KÜLPMANN

7.1 Einführung

Luftdurchlässe sind der für jedermann sichtbare Teil von raumlufttechnischen Anlagen. Raumseitig strömt die Zuluft durch sogenannte Zuluftdurchlässe in den Raum ein und durch Abluftdurchlässe wieder aus. Außen- und Fortluftdurchlässe stellen die Verbindung der RLT-Anlage zur Außenwelt her. Die in den Raum eingebrachte Luft soll in behaglicher Art und Weise zur Luftqualitätsverbesserung dienen und häufig auch zur Abfuhr von thermischen Raumlasten (Heiz-, Kühllast). Mit der Auswahl von Luftdurchlässen wird die im Raum vorherrschende Luftströmung maßgebend beeinflusst. Während natürliche Raumluftströmungen nur vom Wechselspiel der Auftriebskräfte von wärmeren und kühleren Luftmassen beeinflusst werden, können die Impulskräfte von Zuluftstrahlen aus Luftdurchlässen erheblich stärker sein als Auftriebskräfte und somit bestimmend werden für die Grundform einer Raumluftströmung. Da es in der Klimatechnik immer das oberste Ziel sein sollte, die zulässigen Behaglichkeitsparameter der Luftströmung in der Aufenthaltszone sicher einzuhalten, kommt der Wahl der Luftströmungsform und der Auslegung von Luftdurchlässen eine wichtige Rolle zu. Neben den funktionalen Aspekten von Luftdurchlässen müssen sie aber auch wirtschaftlichen und architektonischen Aspekten genügen. Folglich sind am Markt eine Vielzahl von unterschiedlichen Bauformen erhältlich, die durch ständige Weiterentwicklung und individuelle Anpassung an neue Gegebenheiten ständig zunimmt. Es ist daher wichtig, sich vor der Auswahl und Auslegung von Luftdurchlässen über grundlegende Punkte im Klaren zu werden. Hierzu zählen zum Beispiel:

1. welche Raumluftströmungsform wird angestrebt, bzw. ist sinnvoll,

2. welche architektonischen Gesichtspunkte werden an die Luftdurchlässe gestellt,

3. welche thermischen und akustischen Behaglichkeitsbedingungen sind in der Aufenthaltszone einzuhalten,

4. ob die Luft eine Heiz- und/oder Kühlaufgabe abdecken muss,

5. welche wirtschaftlichen Rahmenbedingungen gegeben sind.

Ehe auf die Eigenschaften, Bauformen und Auslegungsgrundsätze von Luftdurchlässen eingegangen wird, sollen noch einmal die Grundformen und Hauptmerkmale von Raumluftströmungen erläutert werden, da sie von Luftdurchlässen im Wesentlichen erzeugt werden können. Zur ausführlichen Erläuterung von Raumluftströmungen wird auf Band 1 vom Handbuch der Klimatechnik verwiesen [1]. Die Grundlagen zur Berechnung von Raumluftströmungen werden ab Kapitel 8 erläutert.

7.2 Grundformen und Hauptmerkmale von Raumluftströmungen

Üblicherweise werden drei Strömungsgrundformen unterschieden, deren Bezeichnungen aus den sie charakterisierenden Hauptluftbewegungen abgeleitet sind.

Die natürlichste Raumluftströmungsform ist die durch Wärmequellen bedingte Luftströmung. Denn ohne den Einfluss von Luftdurchlässen stellt sich in Räumen mit Wärmequellen eine freie Konvektionsströmung ein. Dabei strömt an den Wärmequellen erwärmte Luft im Raum auf, wo sie die dortigen Luftmassen nach unten verdrängt. Diese Luft dient dann wieder zur Speisung der Auftriebsvolumenströme. Versorgt man nun die zur Wärmequelle nachströmende Luft in Fußbodennähe mit Zuluft für den Raum und führt Abluft in Deckennähe ab, dann erhält man eine Raumlüftungsform, die nur von den Auftriebsvolumenströmen der Wärmequellen dominiert wird und daher im deutschsprachigen Raum die Bezeichnung Wärmequellenlüftung, bzw. kurz „Quelllüftung" trägt (englisch: Displacement Ventilation). Ferner findet man auch die Bezeichnungen „thermisch gesteuerte Verdrängungsströmung" sowie „Schichtenströmung", da sich bei dieser Raumströmungsform über der Raumhöhe ein Temperatur- und Stoffkonzentrationsanstieg einstellt.

Überlagert man jedoch den von den Wärmequellen verursachten Auftriebskräften viel stärkere Impulskräfte mit Hilfe eines eingebrachten Zuluftstromes, so sind im Idealfall zwei andere Raumströmungsgrundformen möglich, die sogenannte „Mischströmung" oder die „erzwungene Verdrängungsströmung". Beide Formen sind also nur durch die Art und Weise der Zulufteinbringung erreichbar.

Bei der Mischströmung tragen die Auftriebsvolumenströme von Wärmequellen und punktuell in den Raum eingebrachte Zuluftstrahlen zur Vermischung der Luftmassen im Raum bei. Im günstigsten Fall sind die Impulskräfte in der Lage, alle Luftpartikel im Raum in vollständig ungeordnete Bewegungen zu versetzten. Man spricht dann von einer „idealen Mischströmung" und einer „Mischlüftung" als Lüftungsform (englisch: Mixed Ventilation). Auf diese Weise wird das eigentliche Ziel dieser Raumströmungsform erreicht, die Lasten im Raum mit der Zuluft zu verdünnen. Frühere Bezeichnungen trugen daher auch den Namen „Verdünnungslüftung" oder „Strahllüftung", weil Zuluftstrahlen die Vermischung bewirken. Unter realen Bedingungen sind jedoch eher zwei Haupterscheinungsbilder von Mischluftströmungen anzutreffen: solche, bei denen sich im Raum eine oder mehrere Luftströmungswalzen ausbilden und solche, bei der keine Raumluftströmungswalzen auftreten, sondern eine diffuse Luftströmung vorherrscht. Beide Strömungsformen werden zunächst von der Stärke und Position der Wärmequellen im Raum und der Raumgeometrie beeinflusst. Zum Beispiel können dezentral angeordnete starke Wärmequellen wie Maschinen- und Personengruppen und auch kalte oder warme Außenfassaden leicht zur Bildung von Raumluftwalzen führen. Diese Raumluftbewegung kann dann mit Hilfe von Luftdurchlässen mit vorwiegend tangential zur Luftwalzenströmung ausströmender Zuluft stabilisiert werden. Auf diese Weise bleiben die Raumwalzen erhalten und bewegen so alle Luftpartikel im Raum, wodurch es zu der gewünschten raumerfüllten Luftbewegung und ihrer Verdünnung durch die Zuluft kommt.

Diffuse Raumströmungsverhältnisse sind häufig anzutreffen, wenn keine starken, aber viele und weitgehend gleichverteilte Wärmequellen im Raum vorhanden sind. Dann ist es auch sinnvoll, diffus ausströmende Luftdurchlässe zu verwenden, um diese Raumströmungsform zu erhalten. Sie sind gekennzeichnet von einer Vielzahl von kleineren Durchlassöffnungen, aus der die Zuluft mit hohem Impuls und häufig auch mit hohem Anfangsdrall austritt.

Bei einer „erzwungenen und turbulenzarmen Verdrängungsströmung" (englisch: Piston Flow) wird schließlich das Ziel verfolgt, mit Hilfe von großflächigen Luftdurchlässen und turbulenzarmer Zuluftströmung die Raumluft großflächig in eine Richtung zu verdrängen. Dadurch gelangt saubere Zuluft ohne vorherige Vermischung mit der belasteten Raumluft in eine bestimmte Raumzone, die z. B. sehr rein oder keimfrei bleiben soll. Wiederum wird diese Lüftungsform also nur durch die Anordnung und Größe von Luftdurchlässen sowie durch die Zuluftstromstärke im Raum erzeugt.

Die drei Grundformen der Raumluftströmungen sind in Bild 7-1 mit ihren typischen Luftbewegungsformen im Raum schematisch verdeutlicht.

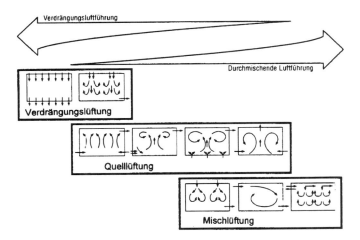

Bild 7-1: Grundformen von Raumluftströmungen [14]

Alle drei Grundformen von Raumluftströmungen und damit Raumlüftungskonzepten sind durch typische Geschwindigkeits-, Temperatur- und Stofffelder im Raum gekennzeichnet. Die jeweils notwendige Anordnung der Luftdurchlässe und ihre Auslegungsbereiche sind unterschiedlich. In einer Übersicht sind sie in Bild 7-2 beschrieben. Neben den charakteristischen Temperaturverläufen über der Raumhöhe sind in der Abbildung die idealisierten Verläufe der bezogenen Raumluftkonzentrationen als Maß für die Luftqualität der Raumluftströmungen im Beharrungsfall skizziert. Bei der idealen Mischlüftung ist zum Beispiel die Verteilung der Raumluft und damit auch die Stofflast an allen Punkten im Raum gleich, so dass die lokale Konzentration c_x an jeder Stelle im Raum gleich der Abluftkonzentration c_{AB} ist, also das Verhältnis $c_x/c_{AB} = 1$ wird. Dieses Verhältnis wird üblicherweise als Raumbelastungsgrad η_c bezeichnet. Mit Berücksichtigung der Stoffkonzentration in der Zuluft lautet seine Definition:

$$\eta_c = \frac{c_x - c_{ZU}}{c_{AB} - c_{ZU}} \tag{7-1}$$

mit:

η_c Raumbelastungsgrad,

c_x Konzentration am Messort,

c_{ZU} Konzentration in der Zuluft,

c_{AB} Konzentration in der Abluft.

Merkmal	Quelllüftung	Ideale Mischlüftung	Abwärtsgerichtete Verdrängungslüftung
Idealisierter Temperaturverlauf über der Raumhöhe (Beispiel Kühlfall) H: Raumhöhe T: Temperatur	 *(Diagramm: H über T)*	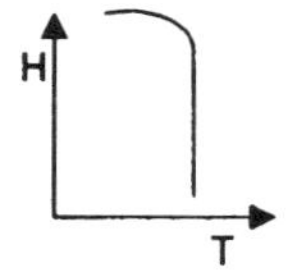 *(Diagramm: H über T)*	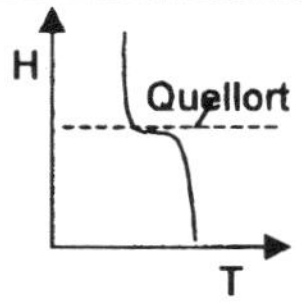 *(Diagramm: H über T, Quellort)*
Idealisierter Konzentrationsverlauf über der Raumhöhe H: Raumhöhe c: Konzentration x: Lokal AB: Abluft	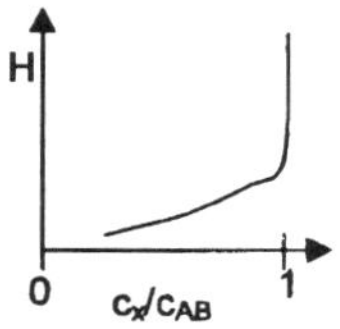 *(Diagramm: H über c_x/c_{AB}, 0 … 1)*	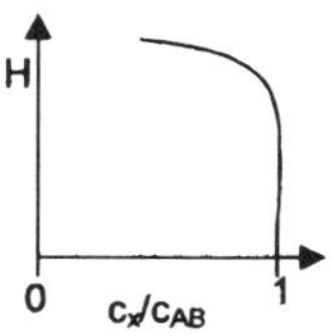 *(Diagramm: H über c_x/c_{AB}, 0 … 1)*	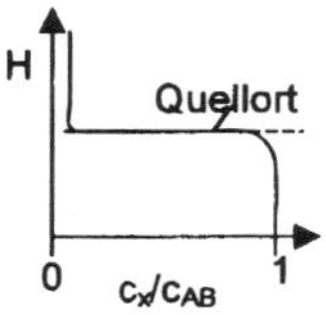 *(Diagramm: H über c_x/c_{AB}, 0 … 1, Quellort)*
Anordnung der Zuluftdurchlässe	Innerhalb der Aufenthaltszone	Oberhalb der Aufenthaltszone	Oberhalb vom Quellort
Art der Zuluftdurchlässe	Einzeldurchlässe	Einzeldurchlässe, Linienförmige Durchlässe	Großflächige Durchlässe
Zuluft-geschwindigkeiten	Niedrig, $v_0 \leq 0{,}2$ m/s üblich	Hoch, $v_0 = 1 - 6$ m/s üblich	Niedrig, $v_0 \leq 0{,}40$ m/s üblich
Temperaturdifferenz der Zuluft gegenüber dem Raum	Geringe Untertemperatur, Heizen nicht möglich	Hohe Unter- oder Übertemperatur, Heizen und Kühlen möglich	Geringe Untertemperatur Heizen nicht möglich
Anordnung der Abluftdurchlässe	Oberhalb der AZ	Theoretisch beliebig, üblicherweise oberhalb der AZ	Außerhalb der Verdrängungszone, möglichst gegenüber vom Zuluftdurchlass
Luftgeschwindig-keiten und Turbulenzgrade in der Aufenthaltszone	Unkritisch, da nur von den Wärmequellen erzeugt	Zu beachten, da dem Raum fremdaufgeprägt	Zu beachten, da gerichtete Strömung erforderlich
Weitere zu beachtende Behaglichkeits-kriterien	Temperaturanstieg in der AZ, fußbodennahe Lufttemperatur	Möglichkeit von instationären Raumwalzen, Strahlablösung	Nachrangig, da Luftqualitätsergebnis maßgebend

Bild 7-2: Typische Merkmale von Lüftungskonzepten und Luftdurchlässen

Bei der erzwungenen Verdrängungslüftung ist die Luft erst nach der Überströmung der Verunreinigungsquelle beladen. Folglich haben Zonen vor der Verunreinigungsquelle einen Raumbelastungsgrad von $\eta_c = 0$ und im Abluftdurchlass den Wert $\eta_c = 1$.

Bei der Quelllüftung werden die Auftriebsvolumenströme von Wärmequellen von der Zuluft und meistens auch noch von zurückströmender Raumluft aus den oberen, beladenen Raumbereichen versorgt. In der Aufenthaltszone stellen sich daher Raumbelastungsgrade im Wertebereich von $\eta_c \leq 1$ ein, je nach dem, welcher Versorgungsluftstrom überwiegt.

Auf die Eigenschaften von Luftdurchlässen, die üblichen Bauformen und ihre Auslegung wird im Folgenden eingegangen.

7.3 Zuluftdurchlässe für Mischluftströmungen

7.3.1 Eigenschaften der Strahlausbreitung

Durchlässe mit Frei- und Wandstrahlverhalten

Tritt ein Zuluftstrahl aus einer runden Düse oder einer ebenen Öffnung frei in einen Raum ein, so breitet er sich dreidimensional in Ausströmungsrichtung aus. An seinen Rändern wird sogenannte Sekundärluft mitgerissen, induziert. Auf die Sekundärluft werden die Impulskräfte des Zuluftstromes übertragen. Dabei baut sich die Geschwindigkeit des Zuluftstromes ab und mehr Luft kommt insgesamt im Raum in Bewegung. Aus Behaglichkeitsgründen ist es nun wichtig, die Lage der Randzonen des Strahles zu ermitteln, bei der sich die Luftgeschwindigkeit bis auf einen behaglichen Wert abgebaut hat (z. B. 0,20 m/s). Die erreichte Ausdehnung des Strahls in Richtung der Strahlachse wird als Wurfweite bezeichnet und die Ausdehnung quer zur Strahlachse als Strahlbreite.

Allgemein kann beobachtet werden, dass bei runden Freistrahlen und radialen Wandstrahlen ein rascher Geschwindigkeitsabbau erfolgt und dies zu kurzen Wurfweiten führt. Große Wurfweiten erreichen demgegenüber unendlich in der Ebene ausgebildete Frei- und Wandstrahlen. Hauptursache für diese Verhaltensweisen sind die jeweils zur Verfügung stehenden Strahloberflächen, an der sich Sekundärluft mit dem Strahl vermischen kann und so für einen Geschwindigkeitsabbau und eine Strahlvolumenzunahme sorgen. Bei unendlich ausgedehnten, ebenen Strahlen fehlen z. B. die seitlichen Zumischflächen, bei an der Wand angelegten Strahlen verbleibt nur noch eine zum Raum offene Strahlfläche. Bis zum Erreichen des gleichen Geschwindigkeitsabbaus wie bei runden Freistrahlen wird folglich ein längerer Strahlweg benötigt. Bei realen Luftdurchlässen mit Freistrahlverhalten sind aber weniger die unterschiedlichen geometrischen Ausströmformen als vielmehr die Austrittsgeschwindigkeiten und der Turbulenzgrad des Zuluftstrahles, Strömungsumlenkungen wie z. B. Leitbleche, raumseitige Strömungshindernisse und die Wirkung weiterer Luftstrahlen im Raum und oft auch der sogenannte *Coanda*-Effekt von größerer Bedeutung. Als *Coanda*-Effekt wird die Eigenschaft von ebenen Luftstrahlen bezeichnet, sich an eine in ihrer Nähe befindliche Fläche (Wand, Decke) anzulegen und bei ihrer Strahlausbreitung praktisch an der Fläche „kleben" zu bleiben. Da auch auf der flächennahen Seite beim Luftstrahl Sekundärluft beigemischt und mitgerissen wird, entsteht im weiteren Strahlverlauf durch die Flächenbegrenzung ein Nachströmdefizit von Sekundärluft. Der entstehende geringe Unterdruck zwischen dem Luftstrahl und der Fläche führt schließlich zur Ablenkung des Strahles in Richtung der Fläche. Diese Erscheinung ist besonders bei Wandstrahlen mit einem geringen Abstand zur Deckenfläche und ebenen Deckenstrahlen, die unter einem Austrittswinkel von weniger als 45° ausströmen, zu beachten.

Infolgedessen wird die Strahlweglänge gegenüber der von einem Freistrahl erheblich länger. Ein ähnlicher Effekt tritt bei zwei benachbarten Strahlen auf, wenn sie zu dicht nebeneinander angeordnet sind. Sie vereinigen sich nach einer kurzen Lauflänge zu einem gemeinsamen Freistrahl, der eine erheblich längere Wurfweite hat als die Einzelstrahlen. Diese Erscheinung wird auch als Wirbelgrenzflächen-Effekt bezeichnet [2]. Gerade der *Coanda*-Effekt kann bei vielen Auslegungsfällen hilfreich sein, wenn z. B. mit wenigen Luftdurchlässen eine große Wurfweite im Raum erreicht werden soll oder er bei radialer Deckenstrahlausbreitung zum optimalen Geschwindigkeits- und Temperaturabbau genutzt wird. Analog sind auch unbeabsichtigte Anlegungseffekte in Betracht zu ziehen, die zu einer erheblichen Strahlwegverlängerung und geringerer Sekundärluftbeimischung führen, so dass es u. U. dann doch in der Aufenthaltszone entgegen der Auslegung zu Behaglichkeitsproblemen auf Grund zu hoher Luftgeschwindigkeiten kommen kann.

Zusätzlich zu den Impulskräften der Zuluft treten bei Strahlen mit Unter- oder Übertemperatur gegenüber der Umgebung noch Auftriebskräfte auf (allg. Bezeichnung: Trägheitskräfte), die ebenfalls zu einer Beeinflussung der Strahlausbreitung führen. So kommt es bei waagerechten Freistrahlen mit Untertemperatur zu einem Abfall der Strahlachse bzw. einem Anstieg bei Übertemperatur. Analog wird die Wurfweite bei senkrechten Strahlen bei nicht isothermen Verhältnissen verlängert oder verkürzt. Und Wandstrahlen können sich bei Untertemperatur trotz *Coanda*-Effekt früher von der Wand ablösen. Auch dieser Einfluss ist unter praktischen Betriebsbedingungen von großer Bedeutung.

Durchlässe mit Diffusstrahlverhalten

Bei diesen Luftdurchlässen ist es gerade beabsichtigt, die Zuluft möglichst nach allen Richtungen (diffus) und häufig auch mit hohem Drall austreten zu lassen. Durch diese Vielzahl von erzeugten kleinen Einzelstrahlen ist die insgesamt mitgerissene Sekundärluft schon in kurzem Abstand vom Luftdurchlass erheblich größer als bei einem großen Einzelstrahl und dadurch wird auch die Geschwindigkeit und Temperaturdifferenz der Zuluft gegenüber der Umgebung schneller abgebaut. Folglich ist auch die erzielbare Eindringtiefe in den Raum geringer als bei Frei- oder Wandstrahlen.

Auch bei dieser Strahlausbreitung wird bedarfsweise der *Coanda*-Effekt genutzt, in dem die Zuluft an einer Oberfläche angelegt wird, um eine größere Reichweite zu erreichen.

Vor dem Hintergrund, dass über die jeweilige Strahlausbreitung noch keine einfachen und genügend genauen Vorausberechnungen möglich sind, beruhen die meisten Angaben der Hersteller zur Strahlcharakteristik ihrer Luftdurchlässe auf der Basis von messtechnischen Untersuchungen in Modellräumen vom Maßstab 1:1. Dabei wird von einer realitätsüblichen Parametervariationsbreite ausgegangen, um eine Übersichtlichkeit der Ergebnisse in den Diagrammen, Tabellen und Korrekturfaktoren zu erhalten.

7.3.2 Häufige Bauformen

Die weitaus meisten am Markt befindlichen Luftdurchlässe sind für die Erzeugung von Mischluftströmungen konzipiert. Abgesehen von Sonderbauformen können sie grob nach ihrer erzeugten Strahlform und ihren typischen Einbauorten differenziert werden.

Ansicht	Schnitt	Übliche Strahlformen
Drallschaufel-Luftdurchlass 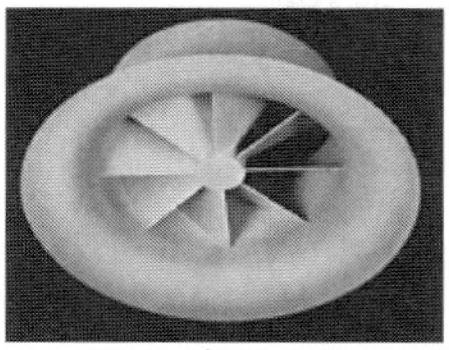	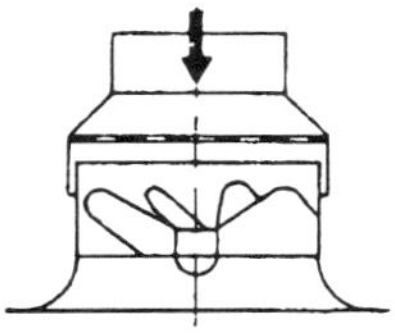	Radialer oder axialer Strahl mit hohem Anfangsdrall. Drallschaufeln manchmal einstellbar.
Deckenluftdurchlass 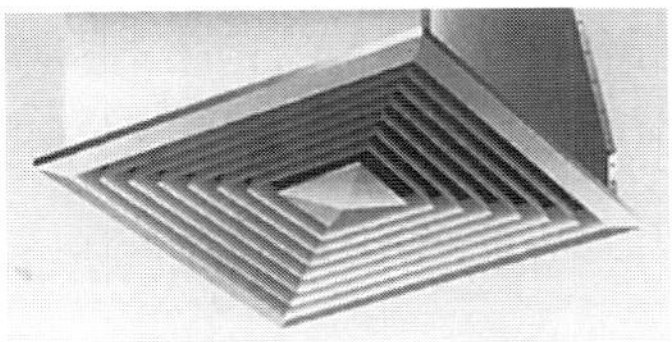		Diffusstrahl, Bauformen mit einseitiger, mehrseitiger oder radialer Strahlrichtung.
Schlitzschienen-Luftdurchlass 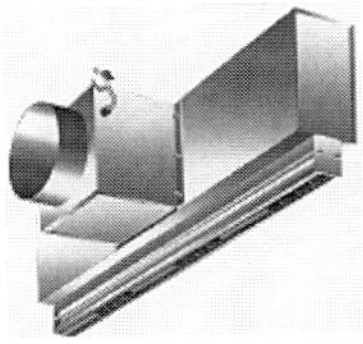	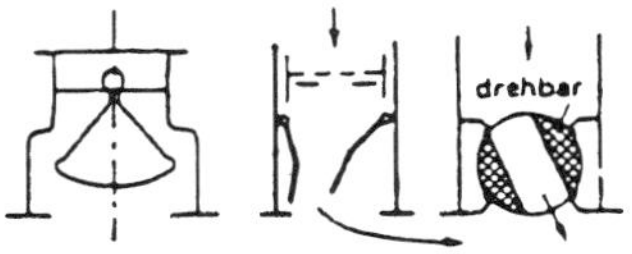	Kurze Einzelstrahlen, Richtung meist einstellbar. Ermöglicht tangentiale Frei- oder Wandstrahlen
Weitwurfdüsen 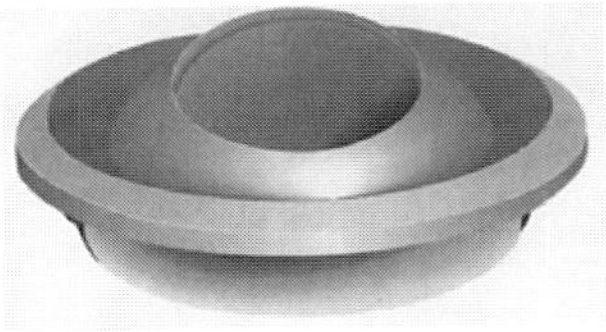	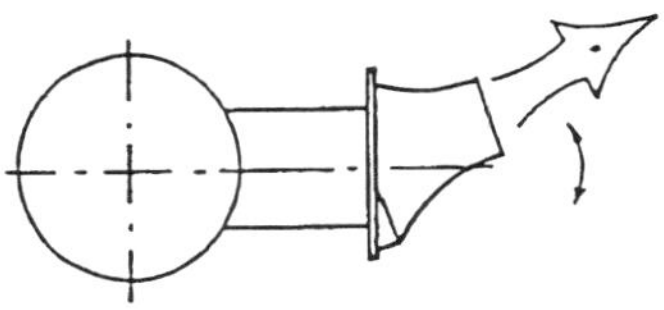	Einzelstrahl mit großer Reichweite. Düsenrichtung einstellbar
Lüftungsgitter 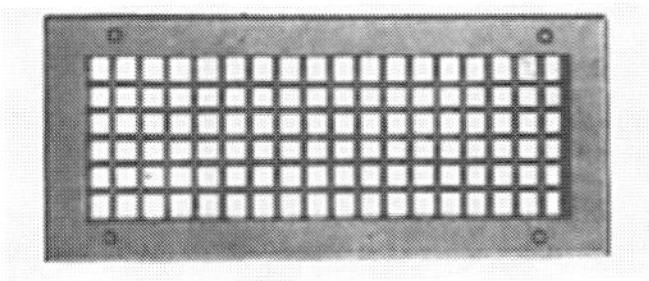	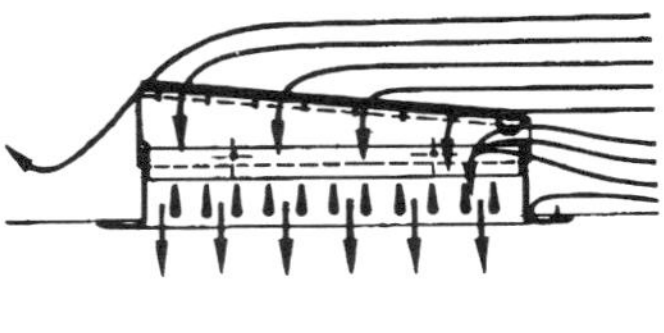	Meist einstellbare Gitterschaufeln für Frei- oder Wandstrahlen. Vergleichsweise langsamer Abbau der Strahlgeschwindigkeit
Industrie-Luftdurchlass 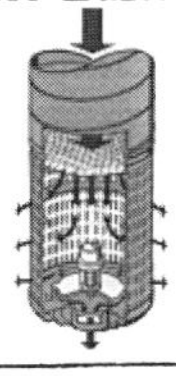	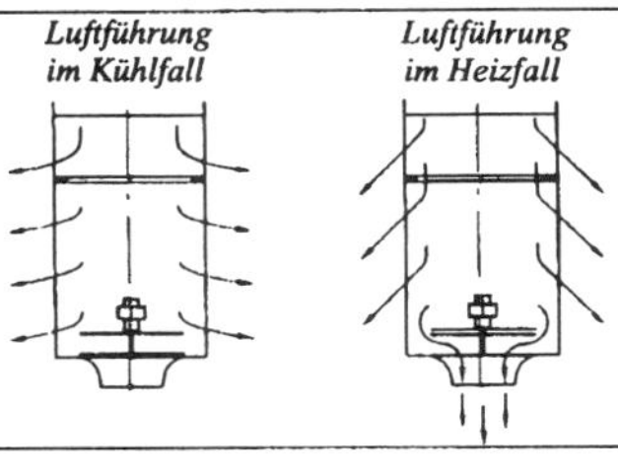 *Luftführung im Kühlfall* *Luftführung im Heizfall*	Radiale, senkrechte oder tangentiale Freistrahle. Oft mit Strahllenkung für Heiz- oder Kühlfälle.

Bild 7-3: Beispiele von Luftdurchlässen für Mischluftströmungen

Eine grobe Klassifizierung wird in der DIN EN 12238 [3] vorgenommen. Nicht immer geben die Herstellerbezeichnungen für die Luftdurchlässe auch gleich Auskunft über die von ihnen erzeugte Strahlform. Luftdurchlässe mit Frei- und Wandstrahlverhalten sind z. B. sogenannte Lüftungsgitter, Weitwurfdüsen und einige Schlitzdurchlässe. Luftdurchlässe mit überwiegend diffuser oder radialer Strahlausbreitung sind z. B. unter den Bezeichnungen Diffusoren, Prallplattenluftverteiler, Tellerventile und wiederum Schlitzdurchlässe bekannt. Drallerzeugende Luftdurchlässe tragen oft die Bezeichnungen Dralldiffusoren oder einfach Dralldurchlässe.

Luftdurchlässe bestehen in der Regel aus einem raumseitig sichtbaren Bauteil und einem Anschlussteil. Das raumseitige Bauteil sollte in erster Linie den architektonischen Ansprüchen der Innenraumgestaltung genügen. Es sollte aber immer strömungstechnisch und akustisch optimiert sein. In Räumen mit hohem Luftbedarf kann die Bauform der Luftdurchlässe das Deckenbild auch nachhaltig bestimmen. Luftdurchlässe sind in der Regel aus Stahl, Aluminium oder Kunststoff gefertigt. Häufig weisen sie quadratische, runde oder längliche Grundformen auf und sind schon in der Abstufung ihrer Abmessungen an übliche Deckenunterkonstruktionen angepasst. Frei hängende oder für den direkten Kanaleinbau vorgesehene Luftdurchlässe sind besonders für industrielle Anwendungsfälle zu finden. Sie sind primär strömungstechnisch optimiert. Einige Luftdurchlässe sind mit verstellbaren Durchlasseinrichtungen ausgestattet. Ihre Verwendung ist besonders wichtig, wenn mit der Luft abwechselnd eine Heiz- und Kühlaufgabe zu bewältigen ist, oder die Raumgeometrie und Lastverteilung keine sichere Vorherbestimmung der Strahlausbreitung ermöglicht. Die Verstellbarkeit kann sich von einfacher Einstellung von Leitblechen (sinnvoll bei nur einmalig notwendiger Feineinstellung) bis zu motorisch angetriebenen Luftlenkblechen erstrecken (bei der Abdeckung von Heiz- und Kühllasten).

Im Anschlussteil sind die jeweiligen Besonderheiten der Luftdurchlässe eingebaut wie z. B. Luftleitelemente, Verteilungsbleche, Schöpfzungen. Schließlich sind an den Außenwänden vom Anschlussteil (kann auch als Kasten ausgeführt sein) noch die jeweiligen Vorrichtungen zur Installation des Luftdurchlasses am Kanal oder an der Decke angebracht.

Einige Beispiele von Luftdurchlässen für Mischluftströmungen sind in Bild 7-3 dargestellt.

7.3.3 Auslegungshinweise

Für die Anordnung von Mischluftdurchlässen sind in der Regel die Zonen und Flächen oberhalb der Aufenthaltszone prädestiniert (Decke und obere Wandbereiche). Denn in diesem Bereich kann die Mischung von Zuluft und Raumluft stattfinden, ohne dass dabei schon die Behaglichkeitsparameter einzuhalten sind. In dem Moment aber, wo die verbleibenden Zuluftstrahlen die Aufenthaltszone erreichen, müssen ihre Restgeschwindigkeiten und Temperaturen ein behagliches Maß erreicht haben.

Zu Beginn der Auslegung sollten wesentliche Rahmenbedingungen festgestellt und Grundsatzentscheidungen getroffen werden, insbesondere

1. über die architektonischen und wirtschaftlichen Anforderungen und Wünsche,

2. die zulässigen Behaglichkeitsparameter in der Aufenthaltszone (siehe z. B. DIN 1946/2 [4]),

3. über den notwendigen Außenluftstrom für den Raum und die von der Luft zu transportierende Wärme- bzw. Kühlleistung,

4. über strömungstechnische Besonderheiten (u. a. Raumgeometrie, Strömungsversperrungen, Art und Lage von Wärmequellen und -senken im Raum).

Weiterhin ist die mögliche Lage der Zu- und Abluftkanäle von Bedeutung, da hieran die Luftdurchlässe platzsparend anzuschließen und leicht zugänglich einzuregeln sind.

Zunächst sollte eine Bauform von Luftdurchlässen nach architektonischen Gesichtspunkten ausgewählt werden, natürlich unter der Voraussetzung, dass diese Bauart schon vom Hersteller als für den Anwendungsfall geeignet ausgewiesen ist (erfolgt häufig durch die Angabe seiner Eignung in bestimmten Raumhöhengrenzen oder durch Hervorhebung für die Anwendung im Komfort- oder Industriebereich).

Die benötigte Anzahl und günstigste Anordnung im Raum ergibt sich in der Regel erst nach mehreren Optimierungsschritten. Denn neben den strömungstechnischen Aspekten sind auch noch energetische, akustische und betriebstechnische von großer Bedeutung — und alle Aspekte beeinflussen sich gegenseitig. Es gibt daher bisher keine allgemein gültige Schrittfolge für die Auslegung von Luftdurchlässen. So soll hier eine Variante, die meist für Standardfälle geeignet ist, erläutert werden. Dabei wird unter Standardfall die Lüftung von Aufenthaltsräumen bis zu einer Höhe von ca. 4 m verstanden. Für höhere Räume sind numerische Strömungssimulationen, Modellversuche oder ein Quelllüftungskonzept dringend anzuraten.

Schritt 1: Auswahl einer Bauform und Ermittlung des Zuluftstromes je Durchlass: Ein wichtiger energetischer Aspekt ist der wärmelastbedingte Volumenstrom für den Raum, um die notwendige Raumkühl- oder Heizlast abzuführen. Für die sensible Wärme gilt:

$$\dot{V}_{th} = \frac{\dot{Q}_R}{\varrho\, c\, (t_{AB} - t_{ZU})} \tag{7-2}$$

mit:

$\dot{V}_{th}$ wärmelastbedingter Volumenstrom für den Raum,

$\dot{Q}_R$ Raumkühl- bzw. -heizlast,

ϱ Dichte der Zuluft,

c spezifische Wärmekapazität der Zuluft,

t_{AB} Ablufttemperatur = Raumlufttemperatur bei Mischlüftung,

t_{ZU} Zulufttemperatur.

Aus der Gleichung ist erkennbar, dass der wärmelastbedingte Volumenstrom um so niedriger werden kann, je höher die zulässige Differenz der Zulufttemperatur gegenüber der Raumlufttemperatur ist, die der ausgewählte Luftdurchlasstyp erlaubt. Die Spanne von zulässigen Temperaturdifferenzen reicht von ca. 6 K bei einfachen Durchlassgittern bis zu 14 K bei Spezialdralldurchlässen. Der dem Raum zuzuführende Volumenstrom muss natürlich mindestens dem hygienisch erforderlichen Wert entsprechen, er sollte aber nicht dem wärmelastbedingten entsprechen, wenn er ein Vielfaches von dem hygienisch notwendigen Wert annimmt. Bei Zuluftströmen, die das Dreifache des hygienisch erforderlichen Wertes übersteigen würden, ist es erfahrungsgemäß wirtschaftlicher, die RLT-Anlage nur nach dem minimal notwendigen Zuluftstrom auszulegen und für die damit nicht abgedeckte Wärmelast die Möglichkeiten der Flächentemperierung (z. B. Kühldecken, Betonkerntemperierung) anzuwenden.

Hinsichtlich der Frage zur erforderlichen Anzahl von Luftdurchlässen im Raum sei zunächst erwähnt, dass in vielen Untersuchungen nachgewiesen wurde, dass bei Mischluftsystemen ein direkter Zusammenhang zwischen der Kühlleistung im Raum und der Raumluftgeschwindigkeit besteht. Hierzu sei eine Darstellung von *Fitzner* [5] wiedergegeben. Aus dem Bild 7-4 ist zunächst zu erkennen, dass die Raumluftgeschwindigkeit für alle untersuchten Luftdurchlassarten mit zunehmender Kühllast steigt. Weiterhin ist zu erwähnen, dass Luftdurchlässe, die Diffusströmungen erzeugen, zu geringeren Raumluftgeschwindigkeiten führen, als Luftdurchlässe, die eine Tangentialströmung im Raum unterstützten. Aus Untersuchungen von [6] geht hervor, dass die Raumluftgeschwindigkeiten bei Schlitzdurchlässen bis zu Kühllasten von ca. 60 W/m^2 in etwa der gleichen Größenordnung liegen, wie die von Dralldurchlässen. Allerdings wurden diese Messungen in Modellräumen mit einer Kühldecke durchgeführt.

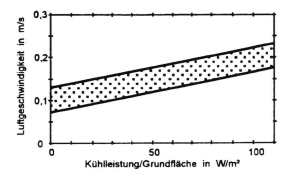

Bild 7-4: Luftgeschwindigkeiten in Räumen mit Mischlüftung von oben in Abhängigkeit von der Kühlleistungsdichte [5]

In konvektiv gekühlten, thermisch höher belasteten Räumen (> 60 W/m^2) können die Auftriebsvolumenströme von Wärmequellen trotz des Einsatzes von Mischluftdurchlässen dominierend werden. Dann besteht die Gefahr, dass Teile der Zuluftstrahlen von den Luftdurchlässen zwischen den Auftriebsströmen abfallen und die Aufenthaltszone erreichen, ohne dass ihre Geschwindigkeit ausreichend abgebaut ist. Eine graphische Verdeutlichung der Vorgänge ist in Bild 7-5 skizziert [7]. Durch die Verwendung von vielen kleinen statt wenigen großen Luftdurchlässen kann dieser Erscheinung wirksam begegnet werden und es wird gleichzeitig eine bessere Raumdurchspülung erreicht. Aus den Erfahrungswerten des Herstellers [7] wurde daher das Bild 7-6 erstellt, das für Dralldurchlässe bzw. radial ausblasende Durchlässe gilt. Es gibt die zulässige Größenordnung der Kühlleistung von einem Durchlass an, wenn bei einer gegebenen Raumkühllast eine gewünschte Raumluftgeschwindigkeit in der Aufenthaltszone eingehalten werden soll. Aus dem Bild ist zu erkennen, dass mit zunehmender Kühllast die zulässige Kühlleistung je Durchlass geringer werden muss, um die gewünschte Raumluftgeschwindigkeit in der Aufenthaltszone zu erhalten. Mit den Werten aus diesem Diagramm kann für Diffusströmungen ein erster Anhaltswert für die erforderliche Anzahl von Luftdurchlässen im Raum bei gegebener Raumlast und gewünschter Raumluftgeschwindigkeit gefunden werden.

Schließlich sei noch als Erfahrungswert für den üblichen Abstand von Luftdurchlässen untereinander als Startwert genannt, dass er etwa dem der Raumhöhe entsprechen sollte. Mit diesen Hinweisen kann dann eine erste Festlegung über die Anzahl und mögliche Anordnung von Zuluftdurchlässen für Diffusströmungen im Raum getroffen werden.

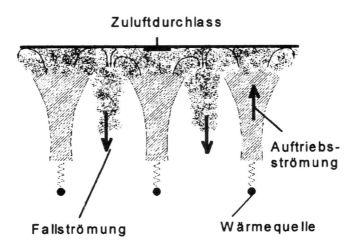

Bild 7-5: Schematische Darstellung von Fallströmungen zwischen großen Wärmequellen bei Mischluftströmungen [7]

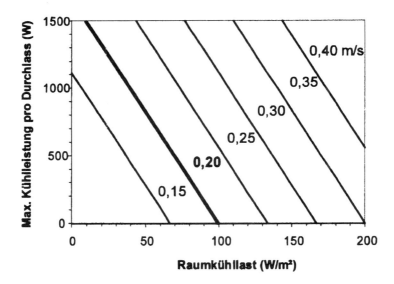

Bild 7-6: Empfehlungswerte zur Begrenzung der maximalen Kühlleistung je Durchlass in Abhängigkeit von der Raumkühllast und Raumluftgeschwindigkeit für radial ausblasende Durchlässe und Dralldurchlässe nach [7]

Bei der Realisierung von Tangentialströmungen, die mit Frei- oder Wandstrahlen erzeugt werden, ist zunächst darauf zu achten, dass die Strahlausbreitung noch deutlich vor dem Erreichen der gegenüberliegenden Wand enden soll, um eine Strömungsumkehr und Ablenkung in die Aufenthaltszone sicher zu vermeiden. Weiterhin ist wesentlich, dass die Zuluftstrahlen in die gleiche Richtung gehen, wie die thermisch bedingte Tangentialströmung im Raum erwartet wird, um Strömungsstabilität zu sichern und ein möglicher lastbedingter Strahlabfall in die Aufenthaltszone vermieden wird. Hierzu sei auch auf die Messergebnisse von [8] hingewiesen. Erfahrungswerte zeigen außerdem, dass Wurfweiten von 6 m nicht überschritten werden sollten, um noch eine hohe Strömungsstabilität beizubehalten.

Schritt 2: Als Startwerte liegen nun der Einzelvolumenstrom je Durchlass, die maximale Untertemperatur der Zuluft zum Raum, der verfügbare Strahlausbreitungsweg in waagerechter und senkrechter Richtung bis zum ersten Strömungshindernis und die zulässigen Behaglichkeitsparameter am Beginn der Aufenthaltszone vor. Bei der Auslegung über Herstellerdiagramme sollte man sich zunächst mit dem individuellen Auslegungsprinzip des Herstellers durch Nachvollziehung eines Auslegungsbeispiels vertraut machen. Die wichtigsten Ergebniswerte bei der Auslegung sind die Strahlwege in senkrechter und waagerechter Richtung, der Schallleistungspegel, der Gesamtdruckverlust und meist auch der sogenannte kritische Strahlweg als Prüfkriterium für die mögliche vorzeitige Strahlablösung bei Zuluft mit Untertemperatur gegenüber der Umgebung. Weitere Auslegungsergebnisse können das sogenannte Induktions- und das Temperaturverhältnis sein. Das Induktionsverhältnis gibt den empirisch gefundenen Wert an, wie viel Gesamtvolumenstrom der Zuluftstrahl bei seiner Einströmung in den Raum in Bewegung gesetzt hat (meist guter Anhaltswert für die Feststellung einer raumerfüllten Mischströmung). Das Temperaturverhältnis ist eine Kenngröße für den Abbau der Untertemperatur des Zuluftstrahles beim Erreichen der Wurfweite.

Die mögliche gegenseitige Beeinflussung von mehreren Zuluftstrahlen ist insbesondere bei parallelen Strahlen durch das näherungsweise Einzeichnen von den jeweiligen Strahlwegen erkennbar. Sollten sich z. B. die Linien für eine Geschwindigkeit von 0,2 m/s überschneiden oder berühren, ist in der Realität eine Strahlbündelung nach dem schon erläuterten Wirbelgrenzflächeneffekt zu erwarten und damit eine Strahlwegverlängerung. Auch sollte man bei Wandstrahlen nicht von einer sicheren Überströmung von z. B. abgehängten Leuchten oder Spalten in der abgehängten Decke ausgehen, ohne dass es dabei zu einer Strahlablösung kommt. In solchen Fällen ist es eher günstiger, für den verfügbaren Strahlausbreitungsweg die Länge vom Luftdurchlass bis zum vermeintlichen Ablösepunkt und zusätzlich die verbleibende Weglänge bis zum Erreichen der Aufenthaltszone zugrunde zu legen.

Bei der Auslegung von Luftdurchlässen mittels Herstellerprogrammen sind die Ergebniswerte im Prinzip gleich. Zunehmend erhält man bei der Verwendung von Programmen auch eine Skizze mit einer zweidimensionalen Darstellung des Raumströmungsbildes, aus der dann anschaulich die Länge der Strahlwege erkennbar wird. Diese Programme sind aber noch von sehr unterschiedlicher Genauigkeit, z. B. ob der Einfluss von Nachbarstrahlen und der Zulufttemperaturdifferenz berücksichtigt ist. Sie sind meist auch anwendungsfreundlich aufgebaut, aber daher auch nur für einfache Raumgeometriedarstellungen geeignet. Strömungswiderstände, wie z. B. abgehängte Leuchten sollten dann eher als Wand simuliert werden, wodurch das Ergebnis zwar überzogen wird, jedoch eine deutliche Information liefert.

Als weiteres Auslegungsergebnis ist der Gesamtdruckverlust vom Luftdurchlass energetisch bedeutsam, da die hierfür notwendige Energie vom Zuluftventilator aufgebracht werden muss. Sehr niedrige Werte haben zwar einen energetischen und meist auch akustischen Vorteil, aber der Einregulierungsaufwand wird wesentlich erschwert. Empfehlenswert ist dann eine Vorregelung des Zuluftstromes für den Raum oder einer ganzen Zone mittels Volumenstromregler, die im Zuluftkanal angeordnet sind. Sie haben zwar auch einen nicht zu vernachlässigenden Druckverlust, ermöglichen aber erst eine komfortable und wirtschaftliche Bedarfsanpassung.

Bekanntlich besteht ein grundsätzlicher Unterschied zwischen dem Schallleistungs-pegel des Luftdurchlasses und dem Schalldruckpegel im Raum, für den die Grenz-werte als Behaglichkeitsgrößen gegeben sind. In der Phase der Auslegung von Luft-durchlässen sind die Schallleistungen der übrigen Luftdurchlässe im Raum und Bau-teile der RLT-Anlage noch nicht bekannt und auch nicht das Raumdämpfungsmaß. Näherungsweise wird daher bei der ersten Auslegung von Luftdurchlässen empfohlen, als Grenzwert für den Schallleistungspegel des ausgesuchten Luftdurchlasses den ma-ximal zulässigen Wert für den Schalldruckpegel im Raum zu nehmen.

Schritt 3: Berücksichtigung von einigen Sonderaspekten.

Bei der Auslegung von RLT-Anlagen mit variablem Volumenstrom müssen die Luft-durchlässe nach der Nennlastauslegung auch auf eine mögliche Strahlablösung bei minimalem Volumenstrom und maximaler Temperaturdifferenz überprüft werden. Vereinzelt werden auch besondere Durchlässe angeboten, bei denen z. B. im Anschluss-kasten eine hilfsenergiefreie Teilschließung von Zuluftöffnungen vorgenommen wird, um die verbleibenden Ausströmverhältnisse konstant zu halten [9].

Je eine Auslegung ist ggf. für die Heiz- und Kühlaufgabe durchzuführen, weil sich die Auftriebskräfte bei geheizter bzw. gekühlter Luft unterschiedlich auf die Strahl-ausbreitung auswirken. Bei verstellbaren Luftdurchlässen ist darauf zu achten, dass sie trotz Verstellung einen konstanten Druckverlust beibehalten, da sonst der Netz-abgleich verloren geht und es zu einer entsprechenden Volumenstromverschiebung kommt, wenn keine Volumenstromregler eingebaut sind.

Bei wandbündigen, hochinduktiven Luftdurchlässen sollte auf eine einfache Montier- und Demontierbarkeit geachtet werden, um sie günstig reinigen zu können. Die Mehr-zahl dieser Art von Luftdurchlässen neigt noch wegen ihrer intensiven Raumluft-beimischung zur Verschmutzung ihrer unmittelbaren Umgebung. Neuere Untersu-chungen [10] dürften aber bald zu wirksamen Verbesserungen führen. Schon heute werden von einigen Herstellern Luftdurchlässe angeboten, die diesbezüglich beson-ders optimiert, aber noch nicht optimal sind z. B. [9], [11], [12].

Beispiel 7-1: Für einen Schulungsraum mit den Abmessungen: Länge: 10 m, Breite: 7 m, lichte Höhe: 3 m sollen die Zuluftdurchlässe für eine Mischluftströmung ausgelegt werden. An der abgehängten Decke sind drei Leuchtenbänder aufgesetzt. Ihre Lage ist aus der Skizze von Bild 7-7 erkennbar. Die eine Längsseite des Raumes grenzt an den Flurbereich, wo auch die Zu- und Abluftkanäle geführt werden. Der Raum ist für eine Belegung von 30 Personen zugelassen und hat eine Raumkühllast von insgesamt 3,5 kW. Die verbleibende Strahlgeschwindigkeit am Beginn der Aufenthaltszone in 1,8 m Höhe soll 0,2 m/s nicht überschreiten. Im Raum soll der Schalldruckpegel maximal 35 dB(A) betragen.

Lösung:
Geht man von einem minimalen Außenluftvolumenstrom von 35 m³/(h Pers.) für die Rauminsassen aus, beträgt bei Vollbesetzung der erforderliche Zuluftstrom:

$$\dot{V}_{AU} = 30 \text{ Pers.} \times 35 \text{ m}^3/(\text{h Pers.}) = 1050 \text{ m}^3/\text{h}.$$

Wenn man mit diesem Luftstrom auch die gesamte Kühllast über die Lüftung abführen würde, errechnet sich für die erforderliche Untertemperatur der Zuluft aus der Umstellung von Gleichung

(7-2) ein Wert von:

$$t_{AB} - t_{ZU} = \frac{\dot{Q}_R}{\varrho\,c\,\dot{V}_{ZU}} = \frac{3{,}5\ \text{kW} \cdot 3600\ \text{s/h}}{1{,}2\ \text{kg/m}^3 \cdot 1\ \text{kW s/(kg K)} \cdot 1050\ \text{m}^3/\text{h}} = 10\ \text{K}$$

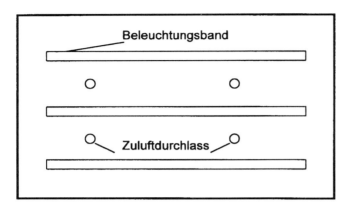

Bild 7-7: Skizze des Deckenspiegels für den Schulungsraum

Auf Grund dieser hohen Untertemperatur kann bereits eine erste Auswahl von möglichen Luftdurchlässen getroffen werden. In Frage kommen z. B. Drall- und Schlitzdurchlässe, aber keine Gitterdurchlässe mehr, die bei der hier vorliegenden Raumgeometrie nur bis zu Untertemperaturen von etwa 6 K strömungsstabil sind. Eine Begrenzung der Untertemperatur auf diesen Wert und Anhebung des Zuluftstromes zur Abführung der Raumkühllast ist aber aus wirtschaftlicher Sicht nicht sinnvoll. In Absprache mit dem Architekten und Bauherrn soll der Raum mit Dralldurchlässen ausgestattet werden. Im Folgenden werden beispielhaft die Herstellerunterlagen von [12] verwendet, zunächst mit den Auslegungsdiagrammen, dann mit dem Auslegungsprogramm.

Nach der Übersicht vom Hersteller für den empfohlenen Einsatzbereich der einzelnen Baugrößen von Dralldurchlässen werden 4 Stück vom Typ DRS 483/250 gewählt. Der Einzelvolumenstrom beträgt somit:

$$\dot{V}_{DRS} = \dot{V}_{ZU}/4 = 263\ \text{m}^3/\text{h}.$$

Die Werte von diesem Durchlass lassen sich aus den folgenden beiden Bildern ermitteln: Nach dem oberen Diagramm von Bild 7-8 beträgt der Gesamtdruckverlust vom Durchlass in Abhängigkeit vom spezifischen Volumenstrom ca. 14 Pa und sein Schallleistungspegel ca. 20 dB. Mit 14 Pa hat der Durchlass wahrscheinlich einen geringen Anteil am Gesamtdruckverlust von der Anlage. In der Praxis ist dann die Einregulierung der Volumenströme sehr aufwendig, so dass es ratsamer ist, für diesen Raum hinter dem Abzweig zunächst einen Volumenstromregler vorzusehen, der auf den Gesamtvolumenstrom für den Raum von 1050 m³/h eingestellt wird. Der Vorteil von einem niedrigen Druckverlust eines Luftdurchlasses zeigt sich jedoch ein gleichzeitig niedrigen Schallleistungspegel, der in diesem Beispiel weit unter dem zulässigen Wert liegt. Alle 4 Zuluftdurchlässe, die Abluftdurchlässe und der Volumenstromregler tragen aber auch noch zur Erhöhung des Geräuschpegels bei, so dass es in dieser Auslegungsphase ratsam ist, den Wert des zulässigen Schalldruckpegels nicht schon mit dem Schallleistungspegel von einem Durchlass zu erreichen.

Die unteren Diagramme von Bild 7-8 ermöglichen die Feststellung des Mindestabstandes vom Durchlass vor Strömungsversperrungen, bzw. des Mindestabstandes zwischen zwei Durchlässen. Zum besseren Verständnis sind die relevanten Strahlwege in Bild 7-9 verdeutlicht. Sie bedeuten:

y vertikale Strahllauflänge nach dem Aufeinandertreffen zweier gegeneinander gerichteter horizontaler Strahlen.

x Die Strahllauflänge vom geometrischen Zentrum des Durchlasses entlang einer Oberfläche.

x_{kr} Strahlweg bis zur untertemperaturbedingten Ablösung von der Oberfläche (kritischer Strahlweg).

Aus Bild 7-8 ist für eine maximale Strahlgeschwindigkeit von $v_{max} = 0{,}2$ m/s am Beginn der Aufenthaltszone y = Raumhöhe − Aufenthaltshöhe = 3,0 m − 1,8 m = 1,2 m ein Mindestabstand zwischen zwei Durchlässen von dem Doppelten des abzulesenden Strahlweges erforderlich: ca. 2 · 0,8 m = 1,6 m. Bei größeren Abständen ist mit noch niedrigeren Strahlgeschwindigkeiten am Beginn der Aufenthaltszone zu rechnen. Sollen sich die Strahlen aber gar nicht treffen, sondern ihre Kerngeschwindigkeiten

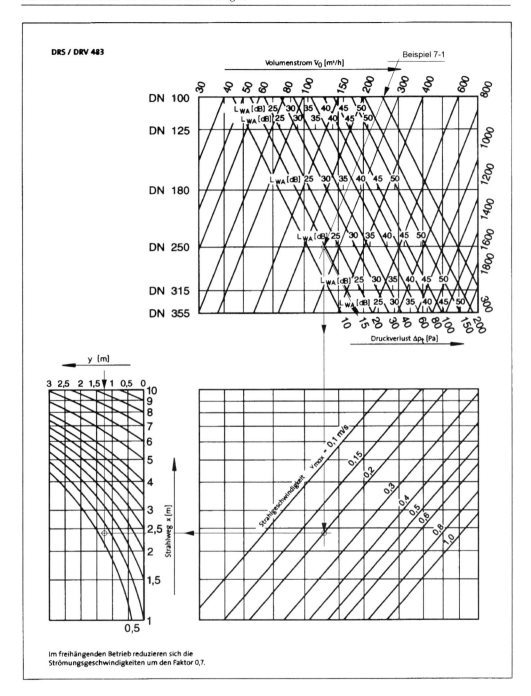

Bild 7-8: Auslegungsdiagramm Dralldurchlass Typ DRS nach [12]

schon an der Decke bis auf 0,2 m/s abgebaut werden, dann ist aus dem Bild 7-8 für einen Abstand y = 0 m eine ungestörte Strahlweglänge von ca. 2,2 m erforderlich. Nun kann in der hier vorliegenden

Raumgeometrie zwar ein Abstand zwischen den Zuluftdurchlässen von mindestens $2 \cdot 2{,}2 = 4{,}4$ m eingehalten werden, kritischer aber ist der Umstand, dass bei der radialen Strahlausbreitung unter der Decke jeweils zwei Teilstrahlen auf die abgehängten Leuchtenbänder treffen. Als ungestörter Strahlweg verbleibt bei mittiger Anordnung der Durchlässe zwischen den Beleuchtungsbändern ein Abstand von $2{,}5/2 = 1{,}25$ m. Da dieser Weg aber noch größer ist als der oben ermittelte erforderliche halbe Mindestabstand zwischen zwei Durchlässen von 0,8 m, kann davon ausgegangen werden, dass sich die Teilstrahlen zwar an den Beleuchtungsbändern ablösen, aber ihre Kerngeschwindigkeit beim Erreichen der Aufenthaltszone (also nach weiteren 1,2 m freiem Strahlweg) auf unter 0,2 m/s abgebaut ist.

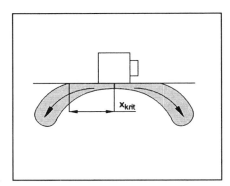 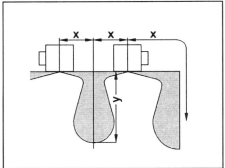

Bild 7-9: Relevante Strahlwege bei der Auslegung von Mischluftdurchlässen nach [12]

Da die Zuluft mit einer Untertemperatur von 10 K eingeblasen wird, muss aus den Herstellerunterlagen noch der sogenannte kritische Strahlweg ermittelt werden. Sein Wert sollte immer größer sein als der bisher ermittelte minimale Strahlweg, um ein Indiz dafür zu erhalten, dass sich der Strahl nicht schon vor seinem Auftreffen auf einen Nachbarstrahl oder ein Strömungshindernis ablöst. Aus

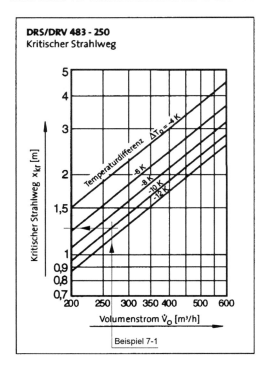

Bild 7-10: Kritischer Strahlweg für den Dralldurchlass Typ DRS nach [12]

Bild 7-10 ist hierzu in Abhängigkeit vom spezifischen Volumenstrom und der Untertemperatur ein kritischer Strahlweg von $x_{kr} = 1{,}3$ m abzulesen. Der Vergleich der Bedingung: $x < x_{kr}$: 0,8 m < 1,3 m zeigt, dass nicht mit einer vorzeitigen Strahlablösung zu rechnen ist.

Nun kann die geometrische Anordnung der Zuluftdurchlässe an der Decke festgelegt werden. Beispielsweise bietet sich ein Abstand zur Wand von 2,5 m an und ein Abstand zwischen den Durchlässen von 5 m. Je zwei Durchlässe wären dann zwischen den Leuchtenbändern anzuordnen. Die Abluft könnte im Deckenhohlraum über Deckenfugen abgesaugt werden. Ansonsten sind auch Abluftdurchlässe in gleicher Flucht mit den Zuluftdurchlässen in den längsseitigen Randdeckenfeldern denkbar.

Bei diesem Raum ist die Decke abgehängt, so dass die Luftdurchlässe zum Beispiel über Anschlusskästen mit dem Kanalsystem verbunden werden können. Es bietet sich ein Zentralabzweig vom Zuluftkanal im Flur an, der sich nach einem Volumenstromregler auf die vier Zuluftdurchlässe verteilt.

Bei der Auslegung der Luftdurchlässe mit dem Herstellerprogramm (hier nach [12]) sind zunächst die gleichen Anfangsüberlegungen und -werte erforderlich wie bei der Auslegung über Diagramme. Bemerkenswerte Ergebnisunterschiede bestehen jedoch in der vorläufigen Berechnung des Summenwertes für den Schalldruckpegel, da im Programm alle geplanten Luftdurchlässe und ein bestimmter Raumtyp (wegen seines Raumdämpfmaßes) Berücksichtigung finden, sowie in der Skizzierung des zu erwartenden Raumströmungsprofils. Bei den meisten Programmen beschränken sich die Eingabewerte für die Strömungssimulation aus Qualitäts- und Übersichtlichkeitsgründen auf die Vorgabemöglichkeit der drei Raumabmessungen und der Abstände von den Luftdurchlässen untereinander bzw. zur nächsten Wand. Dargestellt wird dann jeweils das Gebiet der Strahlen, in dem sie die vorgegebenen Maximalgeschwindigkeiten noch überschreiten. Um die Wirkung einer Strömungsversperrung simulieren zu können, kann der Beginn der Strömungsversperrung an der Wand eingegeben werden. Dann zeigt die Strömungssimulation, wie der Strahl an der Wand in Richtung der Aufenthaltszone strömt und diese möglicherweise erreicht. Damit wird das Ergebnis aber überzeichnet, weil Wandstrahlen bekanntlich einen praktisch doppelt so langen Ausbreitungsraum benötigen als Freistrahlen, aber man hat eine gute Information über das Ausbreitungsverhalten einschließlich des Untertemperatureinflusses. Im Bild 7-11 ist das Ergebnis der Strömungssimulation für das Beispiel dargestellt. Dabei wurde als linke Begrenzungswand der Wert 1,25 m eingegeben, also das Maß, wo die abgehängten Leuchten beginnen. Für den Abstand zwischen den Durchlässen wurde das beabsichtigte Maß von 5 m eingegeben und der Beginn der rechten Begrenzungswand auf 2,5 m gesetzt, wie es auch dem realen Wandabstand entsprechen soll. Die dickere waagerechte Linie zeigt den Beginn der Aufenthaltszone in 1,8 m Höhe. Es ist zu erkennen, dass lediglich der linke „Wandstrahl" die Aufenthaltszone erreicht. In der Realität handelt es sich hierbei aber um einen abgelösten Freistrahl, dessen Lauflänge erheblich kürzer wäre.

Gitter-Raster 1 m   Grau: Luftgeschw. >=0.20 [m/s]

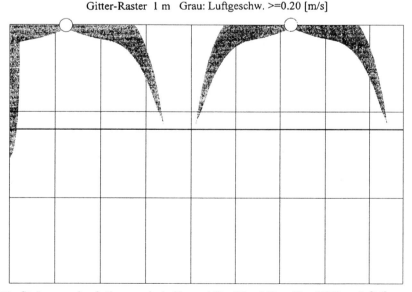

Bild 7-11: Strömungssimulationsergebnis für zwei Dralldurchlässe Typ DRS nach [12]

7.4 Luftdurchlässe für Quellluftströmungen

7.4.1 Eigenschaften der Strahlausbreitung

Idealerweise soll die Zuluft mit Quellluftdurchlässen so in die Aufenthaltszone eingebracht werden, dass sie die Auftriebsvolumenströme der dortigen Wärmequellen möglichst ohne vorherige Vermischung mit der übrigen Raumluft versorgen kann. Daher sollte ein Quellluftdurchlass auch in der Aufenthaltszone angeordnet werden.
Ehe die Zuluft nach Austritt aus dem Durchlass jedoch ein behagliches Niveau erreicht hat, ist wieder eine Ausbreitungszone vor dem Durchlass erforderlich. Sie wird
meistens als Nahzone bezeichnet. Um sie klein zu halten und die Vermischung der
Zuluft mit der Raumluft zu minimieren, ist die Austrittsgeschwindigkeit bei allen
Arten von Quellluftdurchlässen mit ca. 0,2 m/s im Vergleich zu der von Mischluftdurchlässen erheblich niedriger. Folglich sind bei der Quelllüftung auch weniger die
Strömungsgeschwindigkeiten in der Aufenthaltszone die schwieriger einzuhaltenden
Behaglichkeitsparameter als vielmehr die Lufttemperatur in Fußbodennähe (behag-
lichkeitsrelevante Messebene: 0,1 m über dem Fußboden) und der Lufttemperaturanstieg in der Aufenthaltszone zwischen 1,1 m und 0,1 m Höhe. Die Zuluft sollte
sich quasi „ergießend" auf dem Boden des Raumes ausbreiten, statt mit großem Impuls einzuströmen. Die Geschwindigkeit kann sich aber bei sehr hohen Luftdurchlässen
oder bei ihrer Anordnung oberhalb der Aufenthaltszone auch über das Niveau der Austrittsgeschwindigkeit hinaus beschleunigen, da dann die Entfernung zum Fußboden
groß genug ist, um die Auftriebskräfte der kühlen Zuluft strömungsbeschleunigend
wirksam werden zu lassen. *Guntermann* [13] hat hierzu festgestellt, dass die Bauhöhe
von Quellluftdurchlässen nicht über 0,8 m sein sollte, um die Beschleunigungswirkung
der Zuluft klein zu halten.

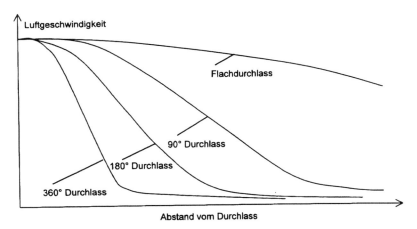

Bild 7-12: Abnahme der Kerngeschwindigkeit bei verschieden geformten Quellluftdurchlässen und
gleichen Austrittsvolumenströmen [14]

Schon in der Nahzone soll sich die Zuluft möglichst gleichmäßig in zweidimensionaler Richtung auf dem Boden ausbreiten, um zum einen die Kerngeschwindigkeit
möglichst rasch abzubauen und zum anderen die Zuluft durch den Fußbodenkontakt

schnell aufzuwärmen. Daher ist die Form der Zuluftdurchlässe auch für die Größe der Nahzone von Bedeutung. So kann sich die Zuluft z. B. aus einem langen und flachen Wanddurchlass nur sehr langsam radial ausbreiten gegenüber einem Durchlass, der schon in halbrunder oder runder Form ausgeführt ist. In Bild 7-12 ist dazu der qualitative Verlauf der anfangs gleichen Kerngeschwindigkeit nach dem Austritt aus verschieden geformten Luftdurchlässen dargestellt. Man erkennt, dass sich die Größe der Nahzone deutlich reduzieren lässt, wenn der Luftdurchlass halbrund oder rund statt lang und gerade geformt ist.

In Räumen mit verschiedenen Fußbodenebenen, z. B. ansteigende Zuschauerräume oder mit Emporen, ist es bei geringer Raumbelastung und ungeregelter Zulufteinbringung ebenfalls möglich, dass mangels Wärmequellen nicht gebrauchte Zuluft der oberen Ebenen in die unteren Bereiche strömt und sich dabei auf ein unbehagliches Niveau beschleunigt. Solche Effekte können aber durch eine Zulufttemperatur- bzw. Volumenstromregelung verhindert werden.

Gegenüber Mischluftsystemen ist bei Quelllüftungssystemen ein Temperaturgradient sowohl in der vertikalen Richtung vom Raum als auch in der horizontalen Richtung nachweisbar. Er ist um so ausgeprägter, je größer die örtliche Entfernung der Zuluftdurchlässe von den Wärmequellen im Raum ist. Maßgebend für die Behaglichkeitsfeststellung ist aber nur der Bereich der Aufenthaltszone, wo sich Personen dauerhaft aufhalten.

Aus Kontinuitätsgründen fließt die Zuluft immer zu den Orten, an denen sich Wärmequellen befinden, weil deren Auftriebsvolumenströme nachgespeist werden müssen. Daher braucht ein Zuluftdurchlass nicht in der unmittelbaren Nähe von Wärmequellen angeordnet zu sein, sondern kann vorzugsweise außerhalb von Aufenthaltsbereichen liegen, z. B. im Erschließungsbereich des Raumes, der kein Daueraufenthaltsort von Personen ist. Eine Ausnahme ist bei Wärmequellen sinnvoll, die gleichzeitig eine hohe Stoffquelle im Raum sind. Hier sollte der Zuluftdurchlass in der Nähe der Stoffquelle liegen, um seine Versorgung optimal zu gewährleisten.

Aus Kosten- und Platzgründen werden Quellluftdurchlässe manchmal auch oberhalb der Aufenthaltszone, meistens wandbündig angeordnet. Auf dem Weg zum Fußboden vermischt sich die Zuluft dann teilweise schon mit der Raumluft, wodurch einerseits ihre Untertemperatur abgebaut werden kann, andererseits aber auch ihre Luftqualität gemindert wird. Bei dieser Anordnung ist verstärkt die Luftgeschwindigkeit am Eintritt in die dauerhaft benutzte Aufenthaltszone zu prüfen.

Die erwärmte Raumluft ist bei Quelllüftung prinzipbedingt in Deckennähe abzuführen. Bei Wärmequellen mit Stofflastfreisetzung sind die Abluftdurchlässe möglichst direkt über diesen anzuordnen.

7.4.2 Häufige Bauformen

Grundsätzlich könnte man Quellluftdurchlässe nach ihrer Anordnung im Raum einteilen, nämlich im Fußboden, auf dem Fußboden und oberhalb der Aufenthaltszone. Wie auch Mischluftdurchlässe bestehen sie im Wesentlichen aus zwei Baueinheiten, dem Luftdurchlass- und dem Anschlussteil. Im Fußboden eingebaute Luftdurchlässe sind meistens rund geformt, da sie in der Regel auch statische Lasten aufnehmen müssen. Die Durchlassfelder sind meistens nur in das Anschlussteil eingelegt und können ohne Werkzeug entnommen werden, um die Hohlräume vom Anschlussteil leicht zu reinigen. Je nach Hersteller sind die Mengeneinstellmöglichkeiten dieser Durchlässe durch Verdrehung gegen eine gelochte Grundplatte oder über eine Drosselklappe im Anschlussteil realisierbar. Das Anschlussteil hat neben der Aufnahmemöglichkeit für das Durchlassteil noch eine Anschlussmöglichkeit für den Zuluftkanal, oder es ist als ein Element des Zwischenbodens ausgeführt, der als Überdruckboden (im Komfortbereich jedoch lufthygienisch problematisch) konzipiert ist. Dann können die Zuluftdurchlässe besonders leicht den Erfordernissen entsprechend im Raum platziert werden.

Bei den auf dem Fußboden angeordneten Quellluftdurchlässen sind sowohl wandbündige, halbrunde, für eine Raumecke geformte und auch runde, freistehende Durchlässe üblich. Ihre Durchlassfelder sind häufig aus einem Lochblech mit ansprechendem Lochmuster (kann auch das Firmenlogo sein) hergestellt, im Komfortbereich häufig auch noch mit einem Stoffbezug hinterlegt. Im Anschlussteil ist meistens auch noch ein Luftverteilelement untergebracht, das manchmal auch noch eine geringe Filterwirkung erfüllen soll. Wegen der niedrigen Austrittsgeschwindigkeit haben Quellluftdurchlässe in der Regel einen sehr niedrigen Luftwiderstand. Zur Einregulierung ist es bei diesem Lüftungskonzept daher besonders wichtig, dass der Raum über einen Volumenstromregler insgesamt gegenüber den übrigen Räumen eindeutig einregelbar ist. Zur Vermeidung von Strömungsgeräuschen, die vom Volumenstromregler erzeugt werden, ist nach dem Regler häufig noch ein Rohrschalldämpfer zweckmäßig. Manche Quellluftdurchlässe sind auch innenseitig mit einer schalldämpfenden Auskleidung versehen, die aus hygienischen Gründen dauerhaft abriebfest ausgeführt sein sollte.

Bei Nach- bzw. Umrüstungen von z. B. Fensterinduktionsgeräten bietet sich die Aufstellung von Quellluftdurchlässen direkt an der Außenwand an, wenn auch wegen der Nähe zu den überwiegend am Fenster befindlichen Arbeitsplätzen ein erhöhter Auslegungsanspruch besteht. Besonders für diesen Anwendungsfall wurden sogenannte Quellluftinduktionsgeräte (z. B. [15]) entwickelt, die Umluft aus dem Raum ansaugen, sie über einen Wärmeübertrager vorkühlen oder nachheizen und sie mit der niedrig temperierten Zuluft vermischen, ehe das Gemisch dem Raum wieder zugeführt wird und die thermischen Behaglichkeitsbedingungen bei nur geringer Verschlechterung der Zuluftqualität erreicht werden.

Abgesehen von weiteren Sonderbauformen, wie Fußleistendurchlässe, Säulendurchlässe, Stoffdurchlässe etc. sind wandbündig flache, teilkreisförmige und runde Quellluftdurchlässe übliche Formen, die meist lagermäßig lieferbar, gut erprobt und auslegbar sind (z. B. [11], [12], [14] – [19].

Quellluftdurchlässe, die oberhalb der Aufenthaltszone angebracht werden, unterscheiden sich äußerlich in der Regel nicht viel von den Luftdurchlassformen für eine fußbodennahe Aufstellung. Es sollte bei ihrer Auswahl aber darauf geachtet werden, dass sich die Zuluft beim Abströmen zum Fußboden an der Wand anlehnen kann, um nur eine geringe Vermischung mit der Raumluft zu erhalten. Daher empfiehlt es sich, flache, in der Decke eingebaute Durchlässe oder solche mit Abströmung in Wandrichtung auszuwählen. Im Komfortbereich sind Quellluftdurchlässe an Innenwänden häufig auch wandbündig einbaubar. Hierfür sind die Anschlusskästen besonders flach ausgeführt und manchmal berücksichtigen ihre Ausführungen auch schon die Auflagen für den Brandschutz der Innenwand gegenüber dem Nachbarraum.

Beispiele von Quellluftdurchlässen sind im Bild 7-13 gezeigt.

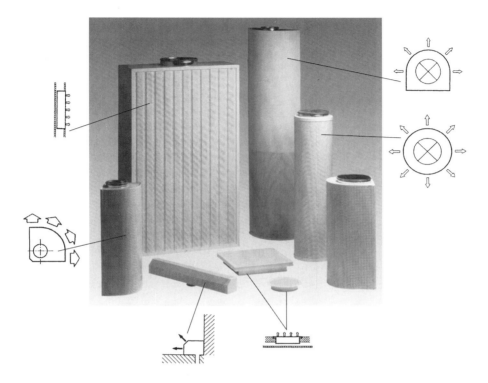

Bild 7-13: Beispiel von Quellluftdurchlässen: Fußbodendurchlässe

7.4.3 Auslegungshinweise

Auf die Besonderheiten bei der Ermittlung des Zuluftstromes bei Quellluftsystemen ist bereits im Kapitel 7 vom Band 1 dieses Handbuches [1] eingegangen worden. Ein ähnliches Auslegungsverfahren wird auch in [20] erläutert, das noch mehr auf die behaglichkeitsrelevanten Temperaturen in der Aufenthaltszone eingeht. Wenn der erforderliche Zuluftstrom nach einem dieser Verfahren gefunden worden ist, sollten die möglichen Aufstellorte für die Durchlässe zunächst in Fußbodennähe gesucht werden. Da sich für den Platzbedarf der Nahzonen häufig die Erschließungsbereiche eines Raumes anbieten, ist die Aufstellung der Zuluftdurchlässe in der Nähe von Raumtüren günstig. In größeren Räumen bietet sich auch die Anlehnung an Säulen an.

Analog zu den Hinweisen bei der Auslegung von Mischluftdurchlässen sollte auch bei Quellluftdurchlässen der Abstand zwischen ihnen so groß sein, dass sich ihre Nahzonen nicht berühren oder überschneiden. Die erforderliche Anzahl von Luftdurchlässen wird von der ausreichenden „Versorgungskapazität" für jeden einzelnen Durchlass für alle Auftriebsvolumenströme in „seinem" Bereich bestimmt. Die Summe aller Auftriebsvolumenströme, die in Relation zum Gesamtzuluftstrom für den Raum zu stellen ist, bestimmt dann die Anzahl der erforderlichen Quellluftdurchlässe in einem Raum. Wenn z. B. ein Büroraum mit 2 Personen und üblichen Wärmequellen belegt ist, reicht in der Regel ein Durchlass aus, der möglichst an der Innenwand nahe der Eingangstür angeordnet ist. In Fabrikgebäuden, Kaufhäusern oder Hallen sollten die Durchlässe entsprechend der erwarteten Lastverteilung verteilt werden. Bei z. B. Turnhallen und Räumen mit wechselnden Lastanordnungen ist eine gleichmäßige Verteilung von gleich großen Luftdurchlässen sinnfällig. Ansonsten gilt allgemein das Prinzip, dass freie Flächen mit nur wenigen großen Luftdurchlässen bedient werden können und Flächen mit vielen Verstellungen mit mehreren kleinen. Sollten sich nach der Installation vereinzelt doch Zugerscheinungen im Fußbodenbereich von sitzenden Personen einstellen, können häufig schon Strömungshindernisse, wie Rollschränke o. ä. Abhilfe schaffen, ohne dass die Personen eine Luftqualitätsminderung in Kauf nehmen müssen. Zugprobleme lassen sich in einem Raum mit Mischlüftungssystem dagegen nicht so einfach beheben.

Auf die zu bevorzugende Ausströmung der Zuluft mit Wandanbindung bei der Anordnung von Quellluftdurchlässen oberhalb der Aufenthaltszone wurde schon bei den möglichen Bauformen hingewiesen, um eine Vermischung der Zuluft mit der belasteten Raumluft zu minimieren. Bei diesem Konzept, wie auch allgemein bei der Anordnung von Luftdurchlässen in unmittelbarer Nähe von Personen (z. B. bei der Ausstattung von Zuschauerräumen) empfiehlt es sich, experimentelle Voruntersuchungen durchzuführen, um die Interaktion von Zuluftströmen mit den beabsichtigten Raumeinbauten und Lasten zu erkennen.

Beispiel 7-2: Für den schon im Beispiel 7-1 genannten Schulungsraum sollen nun für die Zuluft Quellluftdurchlässe ausgelegt werden. Der Raum hat $10 \cdot 7 \ \mathrm{m}^2$ Grundfläche, eine abgehängte Decke und die lichte Raumhöhe beträgt 3 m. Der Raum soll von maximal 30 Personen genutzt werden und hat eine maximale Kühllast von 3,5 kW. Die eine Längsseite der Raumes grenzt an den Flurbereich, in dem auch die Versorgungskanäle für die Zu- und Abluft liegen. Es sollen der Zuluftvolumenstrom, die Quellluftdurchlässe und ihre Anordnung im Raum festgelegt werden.

Lösung:
Mit dem kühllastbedingten Zuluftvolumenstrom müssen auch Quellluftdurchlässe die Behaglichkeitsbedingungen einhalten können. Dabei ist insbesondere der Lufttemperaturanstieg in der Aufenthaltszone maßgebend. Als Anhaltswert für den kühllastbedingten Zuluftstrom kann nach dem Verfahren in [20] folgende Gleichung verwendet werden:

$$\dot V_R = \frac{\dot Q_R \, C}{\varrho \, c \, \Delta t_{AZ}}$$

mit:

$\dot V_R$ kühllastbedingter Zuluftvolumenstrom,

$\dot Q_R$ Raumkühllast,

C empirisch ermittelte Kennzahl für das Verhältnis zwischen dem Temperaturanstieg in der Aufenthaltszone und der Temperaturdifferenz zwischen Abluft und Zuluft [20]; der Wert ist im Wesentlichen von der Raumnutzungsart und der Lage der Wärmequellen im Raum abhängig,

Δt_{AZ} Lufttemperaturanstieg in der Aufenthaltszone zwischen 0,1 und 1,1 m Höhe.

Für den Lufttemperaturanstieg in der Aufenthaltszone wird in der DIN 1946/2 ein Richtwert von 2 K angegeben und in der DIN/ISO 7730 ein Wert von 3 K. In diesem Beispiel soll der höhere Wert für Kurzzeitbelastungen als noch vertretbar angesehen werden.

Für einen Versammlungsraum, dessen Kühllastquellen überwiegend am Boden anzutreffen sind, beträgt der Wert der Kennzahl nach [20] $C = 0{,}4$. Als kühllastbedingter Zuluftstrom ergibt sich dann nach der obigen Gleichung:

$$\dot V_R = \frac{3{,}5 \ \mathrm{kW} \cdot 0{,}4}{1{,}2 \ \mathrm{kg/m^3} \cdot 1 \ \mathrm{kW\,s/(kg\,K)} \cdot 3 \ \mathrm{K}} = 1400 \ \mathrm{m^3/h}.$$

Mit diesem Anhaltswert sind nunmehr geeignete Quellluftdurchlässe auszuwählen und ihre Aufteilung im Raum vorzunehmen. Es sollen Quellluftdurchlässe des Herstellers TROX [9], Serie QLK zur Anwendung kommen. Hinsichtlich der Aufteilung im Raum erscheinen die vier Raumecken günstig, da hier der mögliche Abstand zum Aufenthaltsbereich von Personen am größten sein dürfte. Bei vier Durchlässen beträgt der Zuluftstrom je Durchlass:

$$\dot{V}_{QLK} = \dot{V}_R/4 = 350 \text{ m}^3/\text{h}.$$

Gewählt wird eine Ausführung für Eckanordnungen (QLK-90) und aus den Produktunterlagen ist nach Bild 7-14 eine Bauhöhe von 800 mm erforderlich bei einer Nennweite von 315 (zulässiger Wert: 360 m³/h).

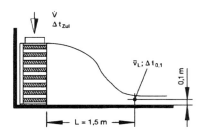

$\Delta t_{Zul} = t_{1,1} - t_{Zul} = 1 \dots 6$ K

$\Delta t_{0,1}$ bei L = 1,5 m $\leq$ 0,5 x Δt_{Zul}

$\bar{v}_L \leq$ 0,2 m/s bei L = 1,5 m

$\Delta p_t \approx$ 20 Pa

$L_{WA} \approx$ 30 dB(A)

Technische Daten

Bauform	90°							
NW	160		200		250		315	
max. Volumenstrom ($\dot{V}$)	l/s	m³/h	l/s	m³/h	l/s	m³/h	l/s	m³/h
500	35	126	40	144	50	180	60	216
Höhe **600**	40	144	50	180	60	216	75	270
(mm) **800**	55	198	65	234	80	288	100	360
1000	70	252	80	288	100	360	125	450

Bauform	180°							
NW	160		200		250		315	
max. Volumenstrom ($\dot{V}$)	l/s	m³/h	l/s	m³/h	l/s	m³/h	l/s	m³/h
500	50	180	60	216	75	270	90	324
Höhe **600**	60	216	70	252	85	306	105	378
(mm) **800**	80	288	95	342	115	414	140	504
1000	100	360	120	432	145	522	180	648

Bild 7-14: Beispiel für Auslegungsangaben von Quellluftdurchlässen nach [9]

Mit den vom Hersteller angegebenen Behaglichkeitskennwerten sind nun die weiteren Auslegungswerte und erreichbaren Behaglichkeitswerte zu bestimmen:

Maximal zulässig: $\Delta t_{ZU\max} = 6$ K $= t_{1,1} - t_{ZU}$. Bei Annahme einer maximalen Raumlufttemperatur in 1,1 m Höhe von $t_{1,1} = 26\,°C$ ergibt sich für die erforderliche Zulufttemperatur ein Wert von $t_{ZU} = 20\,°C$. Weiterhin sind die Herstellerangaben gegeben: $\Delta t_{0,1}$ bei $L = 1,5$ m $= 0,5 \cdot \Delta t_{ZU}$. L kennzeichnet die Entfernung vom Durchlass. Für $\Delta t_{ZU} = 6$ K folgt mit $\Delta t_{0,1} = t_{0,1} - t_{ZU} = 0,5 \cdot 6$ K $= 3$ K. Die Temperatur in 1,5 m Abstand vom Durchlass beträgt demnach in 0,1 m Höhe über dem Boden: $t_{0,1} = 3$ K $+ 20\,°C = 23\,°C$. Schließlich kann der Temperaturanstieg in der Aufenthaltszone nach 1,5 m Abstand vom Luftdurchlass ermittelt werden: $t_{1,1} - t_{0,1} = 26 - 23 = 3$ K. Von diesem Wert wurde auch bei der Ermittlung des erforderlichen kühllastbedingten Zuluftstromes ausgegangen. Mit dem ausgewählten Durchlass ist der Wert also erreichbar. Weiterhin gibt der Hersteller an, dass nach 1,5 m vom Durchlass die mittlere Geschwindigkeit in 0,1 m über dem Boden auf unter 0,2 m/s abgesunken ist und der Schallleistungspegel 30 dB(A) und Gesamtdruckverlust 20 Pa beträgt.

Die Anordnung der vier ausgewählten Quellluftdurchlässe ist in Bild 7-15 eingezeichnet. Neben der Position der Durchlässe sind auch die Nahzonen mit dem Radius $r = L = 1,5$ m der Durchlässen gestrichelt angegeben in denen noch keine Behaglichkeit möglich ist. Die Luftdurchlässe sind z. B. über den Deckenhohlraum an den Zuluftkanal im Flurbereich anschließbar, wobei wiederum der Abzweig mit einem Volumenstromregler beginnen sollte, um den Raum gut einregeln und/oder lastabhängig betreiben zu können.

Die Abluftdurchlässe können wiederum in der Decke angeordnet oder die Abluft über den Deckenhohlraum abgesaugt werden. Der in diesem Beispiel errechnete kühllastbedingte Zuluftvolumenstrom ist gegenüber dem schon in Beispiel 7-1 berechneten Mindestaußenluftstrom $\dot{V}_{AU} = 1050$ m³/h deutlich höher. Je nach Anlagenkonzept für das gesamte Gebäude kann es energetisch und wirtschaftlich sinnvoll sein, den in der Lüftungszentrale erzeugten Primärzuluftstrom auf den minimalen Außenluftstrom zu begrenzen und im Raum sogenannte induzierende Quellluftdurchlässe zu verwenden, bei denen ein Teil der Raumluft durch Induktionswirkung vom Primärluftstrom dem Zuluftstrom zugemischt und so die Untertemperatur des Primärstromes schon im Durchlass etwas abgebaut wird.

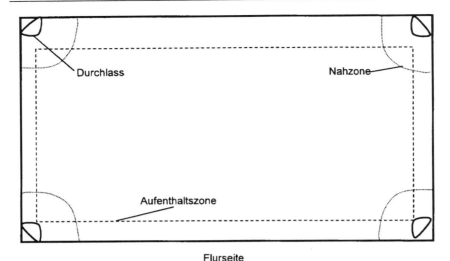

Flurseite

Bild 7-15: Beispielaufgabe: Grundfläche vom Schulungsraum mit der Anordnung von Quellluftdurchlässen und ihren Nahzonen

7.5 Luftdurchlässe für Verdrängungsströmungen

7.5.1 Eigenschaften der Strahlausbreitung

Bei den meisten Arbeitsvorgängen und Produktionsprozessen, die Reinluftumströmung benötigen, wird die reine Zuluft von oben durch große Zuluftfelder zugeführt, da sie von hier aus meist ungestört ihre Verdrängungswirkung entfalten kann. Zur einwandfreien Funktion dieser Raumströmungsform müssen die Impulskräfte der Zuluft den natürlichen Auftriebskräften von Auftriebsvolumenströmen überlegen sein, um sie sicher verdrängen zu können. Die Mindestaustrittsgeschwindigkeiten liegen bei 0,3 m/s, bei geringen Behaglichkeitsanforderungen auch bei 0,4 m/s. Der Austritt der Zuluft aus dem Durchlass sollte möglichst ohne große Turbulenz erfolgen, denn durch sie kann ein Quereintrag von unsauberer Luft über die Randzonen erheblich verstärkt werden, wie z. B. auch *F. Scheer* nachgewiesen hat [21].

Eine weitere Möglichkeit, den Eintrag von unsauberer Raumluft über die Randzonen zu minimieren, besteht in der möglichst weit zum Arbeitsplatz hin geführten Strömung, z. B. durch sogenannte Schürzen oder Leitbleche. Im Bereich von Operationsräumen sind sie jedoch nur in sehr begrenztem Umfang anwendbar, hier ist nur durch die großflächige Überströmung vom OP-Tisch, dem Instrumententisch und dem OP-Personal am OP-Tisch eine erhöhte Schutzwirkung möglich.

Je höher die Untertemperatur der Zuluft gegenüber dem Raum ist, je stärker wirken sich die Trägheitskräfte der Zuluft beschleunigend auf sie aus. Dadurch kommt es im Verlauf der Strömung zu einer Einschnürung mit Strömungsspitzen im Kernbereich des Zuluftstrahles. Dieses Problem ist insbesondere bei kleinen Luftdurchlässen für Operationsräume zu beobachten, da hier in der Regel auch hohe thermische Lasten auftreten. Wiederum sind hier große Zuluftfelder mit großem Zuluftstrom von Vorteil, die aber aus Wirtschaftlichkeitsgründen mit einem großen Anteil von raumweise geführter Umluft betrieben werden sollten.

Während es durch entsprechende Gestaltung der Zuluftdurchlässe heute leicht möglich ist, eine sehr gleichmäßige Verdrängungsluftströmung zu erzeugen, kommt es bei der weiteren Strahlausbreitung darauf an, dass sich keine Strömungsversperrungen vor oder in unmittelbarer Nähe vom rein zu haltenden Gut befinden. Sie sind in der Lage, die Strömung abzulenken und Rückströmung hinter sich zu erzeugen, in der sich Partikel ansammeln können. Deshalb sind reine Arbeitsplätze häufig besonders strömungsgünstig gestaltet, z. B. durch von der Wand abgesetzte Einrichtungsgegenstände oder gelochte Arbeitsflächen (siehe auch VDI 2083 [22]). Besonders in Operationsräumen können sich herkömmlich geformte OP-Lampen zusammen mit ihren Tragarmen verheerend auf die Luftqualität im Wundbereich auswirken, wie z. B. in einer Untersuchung von *Külpmann* [23] erneut nachgewiesen wurde.

Eine eher seltene Anwendung von Verdrängungsströmungen ist die horizontal geführte. Sie ist immer dann sinnvoll, wenn das rein zu haltende Produkt von der Seite her ohne Versperrungen für die Zuluft anströmbar ist. Diese meist wandhohen Luftdurchlässe sind aus Stabilitätsgründen meist aus Lochblechen gestaltet. Bei dieser Strömungsrichtung ist wiederum die Strahlablenkung bei Untertemperatur gegenüber dem Raum zu beachten, die zu Rückströmungsgebieten und damit Beimischung von partikelbeladener Raumluft führen kann.

Bei Verdrängungsströmungen ist wegen der hohen Zuluftströme und der gewünschten Strömungsrichtung die Lage der Abluftöffnungen von erheblicher Bedeutung. Sie sollten gegenüber den Zuluftöffnungen liegen. Nur bei Zuluftdurchlässen mit geringer Flächenausdehnung gegenüber der Raumgrundfläche können die Abluftöffnungen auch mehrheitlich in Deckennähe angeordnet sein, wenn die Zuluftdurchlassfläche gering ist gegenüber der übrigen Deckenfläche. Aus Kontinuitätsgründen ist dann eine Rückströmung der Luft zu den Deckenabluftöffnungen mit erheblich niedrigerer Geschwindigkeit als die Zuluftgeschwindigkeit möglich.

7.5.2 Häufige Bauformen

Luftdurchlässe für Verdrängungsströmungen sind immer mit einer endständigen Filterstufe kombiniert. Nur dann ist es möglich, die Zuluft in der gewünschten Partikelkonzentration herzustellen und dem Raum zuzuführen. Daher sind in den Anschlusselementen der Zuluftdurchlässe zunächst Luftfilter mit besonders sorgfältig geformten Aufnahmerahmen angeordnet, um den Filterdichtsitz zu ermöglichen und um ihn regelmäßig prüfen zu können (siehe auch [22]). Unmittelbar im Anschluss an die Luftfilter befindet sich meistens ein Gewebevlies, das möglichst mit einem Spannrahmen von geringer Breite auf dem Anschlusselement als Durchlassbauteil montiert ist. Bei wenigen Bauarten wird auch ein Lochblech mit hohem Lochflächenanteil statt Gewebevliese verwendet. Der Turbulenzgrad der Zuluft ist bei der Durchströmung durch ein Lochblech höher als bei der Durchströmung durch ein Gewebevlies [24]. Wie bereits oben erläutert, führt eine turbulenzarme Strömung aber bei endlich ausgedehnten Verdrängungsluftdurchlässen zu den geringsten Raumluftbeimischungen an den Randzonen des Strahles.

Aus kosten- und fertigungstechnischen Gründen hat sich ein Rasterkonzept bei der

Gestaltung von Lüftungsdecken für Verdrängungsströmungen im Reinraumbereich von größeren Produktionsstätten, wie z. B. zur Chipfertigung, durchgesetzt. Manchmal sind auch noch die Beleuchtungskörper für die Grundbeleuchtung der Räume zwischen der Durchlass- und Luftfilterebene angeordnet, um diese Strömungsstörung vor die ausgleichende Wirkung der Durchlassebene zu bringen.

Beispiele von Verdrängungsluftdurchlässen sind in den Bildern 7-16 und 7-17 gezeigt.

Bild 7-16: Beispiel für einen Verdrängungsluftdurchlass als Rasterdecke in Reinräumen. Das Raster verfügt über einen Spezialdichtsitz für die Filterelemente

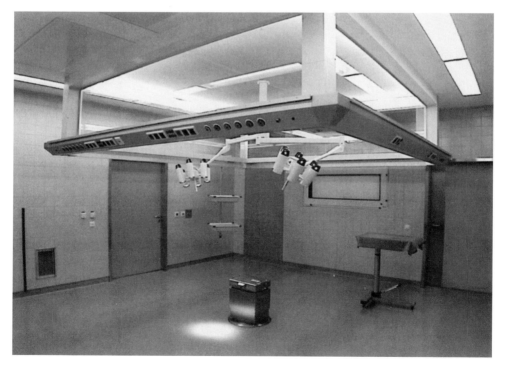

Bild 7-17: Beispiel für einen Verdrängungsluftdurchlass als Operationsraum-Lüftungsdecke. Zusätzlich: Umlaufender Medienbalken und Lüftungsschürze, strömungsgünstig geformte OP-Leuchte. DRK-Krankenhaus Neuwied [28]

7.5.3 Auslegungshinweise

Verdrängungsströmungen werden nur mit großflächigen Luftdurchlässen ermöglicht. Sie sollen so groß ausgeführt sein, dass sie sowohl das rein zu haltende Gebiet überdecken als auch den weiteren Randbereich. Je nach Untertemperatur der Zuluft ist nämlich von Strahleinschnürungen von mindestens 15° gegenüber der Senkrechten auszugehen [22]. Mit der strömungsstabilisierenden Wirkung von Leitblechen bzw. Schürzen können auch Fremdlufteinströmungen unter breit ausgeführten Spannrahmen für die Gewebefliese wirksam minimiert werden [25].

Großflächige Luftdurchlässe führen zu beachtlichen Zuluftvolumenströmen. Aus energetischen Gründen sollten daher die Zuluftaufbereitungsanlagen mit dem maximal zulässigen Umluftanteil geplant werden und in unmittelbarer Nähe zu den Reinräumen stehen, um den Förderaufwand niedrig zu halten. In Betriebspausen kann der Zuluftstrom häufig auf ein Minimum reduziert werden, ohne den Überdruck vom Raum und dem Zuluftkanalsystem gegenüber seiner Umgebung zu unterbrechen.

Praktisch alle vorgefertigten Zuluftdurchlässe für Verdrängungsströmungen sind einer Typprüfung unterzogen worden, um ihre grundsätzliche Eignung nachzuweisen (bei OP-Lüftungsdecken z. B. nach DIN 4799 [26]). In der Interaktion mit den Wärmelasten im Raum, der realen Einbauart und der Lage der Abluftdurchlässe können sich die Strömungsergebnisse jedoch noch erheblich verändern, weshalb eine strömungstechnische Abnahmeuntersuchung unter genau festzulegenden Bedingungen unabdingbar ist (siehe z. B. SR 99-3 [27]).

7.6 Überströmöffnungen und Außenluftdurchlässe

Überströmöffnungen

Bei Räumen, die gegenüber ihrer Umgebung auf Über- oder Unterdruck gehalten werden, kann der Differenzvolumenstrom zum Druckausgleich über natürliche Undichtigkeiten in den Raumumschließungsflächen fließen (z. B. über Türspalte) oder über sogenannte Überströmöffnungen geführt werden. Der Vorteil bei der Verwendung von Überströmöffnungen liegt in der deutlichen Minderung von nachteiligen Effekten, die einfache Spalte in einer Öffnung mit sich bringen. Neben der Luftüberströmung erfolgt nämlich auch eine Schallübertragung, eine Lichtübertragung und eine Schwächung der Brandschutzstruktur und bei einfachen Außenwandöffnungen noch die Abhängigkeit des überströmenden Volumenstromes von den Winddruckkräften. Je nach Anforderungen können industriell gefertigte Überströmöffnungen neben definierten Querschnitten und architektonisch ansprechender Gestaltung noch über verschiedene Zusatzausstattungen verfügen. Zum Beispiel haben sie in der Regel eine schalldämpfende Auskleidung, die manchmal auch eine einfache Filterfunktion übernimmt. Außenwandöffnungen verfügen zudem über Wetterschutzgitter und Strömungsklappen, die bei hoher Durchströmung schließen und so eine übermäßige Einströmung bei hohem Winddruck unterbinden. Überströmöffnungen können auch mit temperaturabhängigen, nicht brennbaren Quellstoffen ausgestattet sein, um sie z. B. in Wände mit Brandschutzfunktion einsetzen zu können (z. B. bei der Überströmung vom Büroraum zum

Flur). Zwei Beispiele von Überströmöffnungen sind im Bild 7-18 gezeigt.

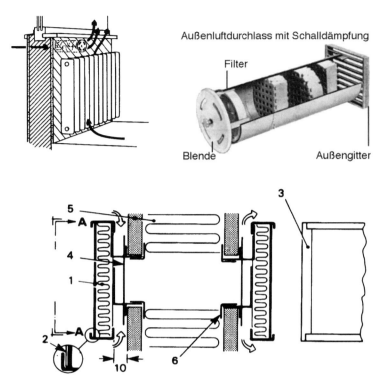

Außenluftdurchlass mit Schalldämpfung

Filter

Blende   Außengitter

1. Deckplatte aus Aluminiumprofil,
   innen mit Dämmstoff verkleidet.
2. Rille für die Befestigung von Tapete o.dgl.
3. Endstück
4. Halteblech
5. Zwischenwand
6. Faltblech, 40 mm

Bild 7-18: Beispiele von Überströmöffnungen [14], [29]

Außenluftdurchlässe

Die Luft für raumlufttechnische Anlagen wird über Außenluftdurchlässe angesaugt. Sie sind in der Regel sichtbar angeordnet und sollten daher neben lufttechnischen auch architektonischen Anforderungen gerecht werden. Zu den lufttechnischen Anforderungen zählen zunächst die Sicherheit vor dem Eintritt von z. B. Laub und Vögeln. Dieses wird in der Regel durch ein einfaches Drahtgitter realisiert. Weiterhin ist der Schutz vor Regenwassereintritt erforderlich. Weder sollen Tropfen durch hohe Strömungsgeschwindigkeiten angesaugt werden können, noch soll die Ausführung so ausgerichtet sein, dass Wassertropfen über die Ränder in den Kanal einfließen können. Die Ansauggeschwindigkeit sollte daher unter 3 m/s liegen und zur Sicherheit sollten Ansaugkanäle an ihrem Tiefpunkt eine Entwässerungsmöglichkeit aufweisen. Schließlich sollten Außenluftdurchlässe so angeordnet werden, dass sie nicht aufgeheizte oder

gar belastete Außenluft ansaugen können. Hierzu sind z. B. die Richtlinien der DIN
1946/2 [4] zu beachten.

Zur Erfüllung der architektonischen Anforderungen an Außenluftdurchlässe sind einfachste Varianten möglich, die nur aus einem schräg angeschnittenen Kanalstück
bestehen, bis hin zu großen verchromten Ansaugröhren, die auf einem Gelände frei
vor einem Gebäude stehen. Alle Varianten müssen natürlich witterungsbeständig ausgeführt sein und zur hygienischen Prüfung und Pflege leicht einsehbar und zu reinigen
sein. Wasseraufnehmende oder schmutzablagerungsfähige Oberflächen sind nicht hygienisch und nicht zu verwenden. Eine Ausführung von Außenluftdurchlässen ist im
Bild 7-19 gezeigt.

 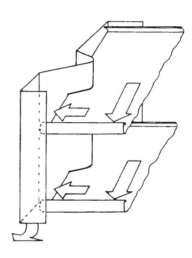

Bild 7-19: Beispiel für einen Außenluftdurchlass mit Detail zur Regenwasserableitung [17]

7.7 Abluft- und Fortluftdurchlässe

7.7.1 Übliche Abluftdurchlässe

Wie zuvor ausführlich erläutert, wird die Misch- und Quellluftströmung durch die Art
und Anordnung der Zuluftdurchlässe im Raum und die Höhe der Zuluftgeschwindig-
keiten erzeugt. Demgegenüber wirkt sich die Anordnung der Abluftdurchlässe bei
diesen Strömungsformen zwar auf die Luftqualität im Raum aus, nicht aber auf die
behaglichkeitsrelevanten Luftgeschwindigkeiten. Da häufig mit den Wärmequellen im
Raum auch eine wesentliche Stoffquelle verknüpft ist, soll bei Quelllüftung prinzipbedingt, aber auch bei realer Mischlüftung die Anordnung der Abluftdurchlässe in
Deckennähe sein, um dort die wärmste und am meisten belastete Luft abführen zu
können.

Eine hohe Abluftgeschwindigkeit im Querschnitt von Abluftdurchlässen kann sich
nicht auf die mittleren Geschwindigkeiten im Raum übertragen, weil Luft eine geringe

Zähigkeit hat und sich der vergleichsweise unendlich große Strömungsquerschnitt vom Raum gegenüber dem Querschnitt vom Abluftdurchlass aus Kontinuitätsgründen entsprechend geschwindigkeitsmindernd auswirkt (siehe auch die Beispielaufgabe im Band 1 von diesem Handbuch [1]).

Aus gestalterischen Gründen werden in Räumen mit Mischluftströmungen häufig die gleichen Luftdurchlassbauarten für Zu- und Abluftdurchlässe gewählt, so dass man sie im Raum auf den ersten Blick gar nicht voneinander unterscheiden kann. Insbesondere werden zum Beispiel Dralldurchlässe und auch Lüftungsgitter als Abluftdurchlässe verwendet. Beim genaueren Hinsehen kann man jedoch bei den Abluftdurchlässen manchmal fehlende Strömungslenkeinrichtungen feststellen, die schon herstellerseitig zum Zwecke einer geringeren Geräuschemission entfernt wurden. Auch ist das Verschmutzungsverhalten von Abluftdurchlässen geringfügig unterschiedlich gegenüber Zuluftdurchlässen. Die Einrichtungen zur Eindrosselung, Montage, und Reinigungsfähigkeit bleiben aber auch bei Abluftdurchlässen erforderlich. Bei baugleichen Zu- und Abluftdurchlässen sind auch die Druckverluste und Schallleistungswerte gleich, sofern herstellerseitig nichts anderes vermerkt ist.

Bei Mischluftströmungen ist mit der Anordnung von Abluftdurchlässen in Deckennähe zunächst darauf zu achten, dass Zuluftstrahlen nicht gleich wieder durch eine Kurzschlussströmung vom Abluftdurchlass aus dem Raum abgesaugt werden können. Ansonsten gelten für beide Raumströmungsarten primär architektonische Gesichtspunkte für die Anordnung und Größe der Abluftdurchlässe. Wie bei Zuluftdurchlässen gilt aber auch hier als Orientierung, dass in hohen Räumen meistens wenige große Durchlässe ausreichen, während in niedrigen und thermisch höher belasteten Räumen und in Raumecken viele kleine Durchlässe günstiger sind. Bei beiden Raumströmungsformen sollte die Anordnung der Abluftdurchlässe auch der Lage von besonderen Luftbelastungsquellen entsprechen, um ihre Ausbreitungswirkung zu minimieren. Abluftdurchlässe sollten jedoch nicht in der Nähe von Außenfassaden angeordnet werden, wenn dort auch Raumheizflächen mit hohem konvektiven Anteil stehen, um nicht die von ihnen erzeugte Warmluft ungenutzt aus dem Raum abzuziehen.

In Räumen mit abgehängten Decken ist es manchmal möglich, die Abluft über den Deckenhohlraum durch offene Randspalte, Höhenversatze oder deckenseitig offene Beleuchtungskörper abzuziehen. Dann sind im Deckenbild keine Abluftöffnungen mehr vorhanden, jedoch sollte der Abluftkanal für den Raum wieder mit einem Schalldämpfer und Eindrosselungselement (einschließlich Revisionsöffnung in der Decke) beginnen. Die mittlere Geschwindigkeit in den Randspalten sollte nicht wesentlich über 0,2 m/s liegen, um eine Verschmutzung ausschließen zu können.

7.7.2 Sonderbauformen von Abluftdurchlässen

Zu-/Abluftkombinationen

Für Räume mit normaler Raumtiefe (ca. 5 m) und einem Grundlüftungsbedarf sind seit einiger Zeit auch strömungstechnisch optimierte Kombinationen von Zu- und Abluftdurchlässen beziehbar, die z. B. in Deckennähe an der Innenwand angeordnet werden und von der Flurseite her leicht anzuschließen sind. Bei ihrer Gestaltung wurde besonders darauf geachtet, dass es zu keinem Ansaugen der Zuluft kommen kann, indem die Zuluft mit hohem Impuls aus dem Durchlass strömt. Ein Beispiel ist in Bild 7-20 gezeigt.

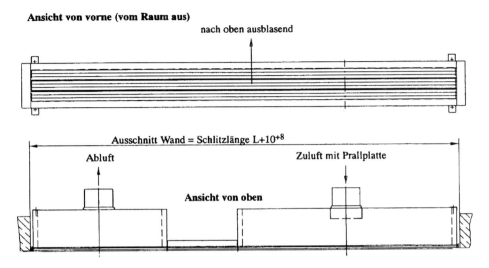

Bild 7-20: Kombinierte Einheit aus Zu- und Abluftdurchlass [11]

Durchlässe mit Brandschutzeinrichtung

Häufig werden beim Anschluss von Räumen an eine Lüftungszentrale über das Kanalsystem mehrere Brandabschnitte verbunden, was ohne weitere Maßnahmen unzulässig ist. Entsprechend sind die Kanalstrecken in einer bestimmten Brandschutzwiderstandsfähigkeit auszuführen oder Brandschutzklappen am Durchtritt durch eine Brandabschnittsfläche vorzusehen. Bei kleineren Abluftdurchlässen, z. B. Abluftstutzen für innenliegende Nasszellen von Gebäuden, können diese Abluftdurchlässe auch mit einer Quellmasse oder Klappe ausgeführt sein, die bei der Absaugung von heißen Rauchgasen aufquillt oder in die Strömung fällt und so einen Verschluss bewirkt. Der bedeutende Nachteil dieser einfachen Ausführungen ist allerdings, dass sie vor ihrer Schließung Kaltrauch durchlassen, der bekanntlich mindestens so gefährlich wie Feuer ist.

Absaugungen

Als eine besondere Art von Abluftdurchlässen sind Absaugungen anzusehen. Da Abluftöffnungen nur in ihrer unmittelbaren Umgebung eine geringe Raumströmungsbeeinflussung bewirken können, sind Absaugungen um so effizienter, je näher sie am Entstehungsort von Stoff- oder Wärmequellen angeordnet sind. Typische Beispiele sind Dunstabzugshauben in Küchen und Abgasabsaugungen in Werkstätten. Wenn mit der Stoff- auch eine Wärmefreisetzung verbunden ist, sollte die Absaugung oberhalb der Quelle sein, um die belasteten Auftriebsvolumenströme aufnehmen zu können. Manchmal sind Absaugeinrichtungen zusätzlich mit Zuluftdüsen kombiniert, deren Strahl als gezielter Stützstrahl in Richtung der Abluftöffnung geht. Damit wird die am Strahlrand mitgerissene Raumluft etwas stabiler über eine längere Wegstrecke dem Abluftstutzen zugeführt. Derartige Konzepte mögen in Einzelfällen sinnvoll sein, es ist aber zu beachten, dass jede zusätzlich induzierte Zuluft den raumseitig zu fördernden Zu- und Abluftströmen hinzuzurechnen ist. Effizienter und konsequenter kann es häufig sein, wenn die Raumlüftung als Quellluftströmung statt als hochturbulente Mischluftströmung erfolgen würde, da bei der Quellluftströmung die Auftriebsvolumenströme erhalten bleiben.

Je nach Gefährlichkeit von der abzusaugenden Stofflast müssen Absaugeinrichtungen nicht nur strömungstechnisch optimiert sein, sondern auch weiteren Aspekten genügen. Küchenabzugshauben z. B. müssen mit einem Fettabscheidekonzept beginnen (z. B. Filter oder Umlenkbleche mit Prallplatten zur Tropfenabscheidung), das zudem aus nicht brennbarem Material gefertigt sein muss und leicht zu reinigen ist.

Bei Laborabzügen ist wiederum eine Mindestabsauggeschwindigkeit in der Arbeitsöffnung bei allen Öffnungsgraden sicherzustellen. Das ist jedoch nur durch ein schnelles und intelligentes Regelungskonzept der Abluft- und Zuluftvolumenströme für den Raum sicher erreichbar, siehe z. B. [9].

Ebenso ist es bei der Auswahl von technischen Geräten mit hoher Wärmeentwicklung günstig, die Abwärme schon durch werkseitig berücksichtigte Absaugstutzen abzuführen. Vielfach ist dieses schon bei großen Computern, Kopierern, Spülmaschinen und Produktionsmaschinen realisiert.

Bei der Gefahr der Freisetzung von Luftschadstoffen, die schwerer sind als Luft, ist ein Teil der Raumabluft in Fußbodennähe dauerhaft abzusaugen. Meistens sind derartige Absaugungen schon in den Lagerstätten für solche Stoffe integriert, z. B. bei Chemikalienschränken. In Operationsräumen sind individuell gefertigte Abluftstutzen in Fußbodennähe erforderlich, die zudem hohen hygienischen Bedingungen genügen müssen.

7.7.3 Fortluftdurchlässe

Die Abluft verlässt über sogenannte Fortluftdurchlässe das Gebäude. Neben ihrer Witterungsbeständigkeit sollten auch diese Durchlässe den unterschiedlichen architektonischen Ansprüchen genügen können. Strömungstechnisch ist es wesentlich, dass die Fortluft mit großem Impuls in die Umgebung strömt, damit sie sich rasch mit der Außenluft vermischen kann und so Geruchs- und Belastungsstoffe verdünnt werden. Schadstoffbelastete Fortluft ist senkrecht nach oben auszublasen. Um den Fortluftkanal wiederum vor dem Eintrag von Schmutz und Regenwasser schützen zu können, sind Fortluftdurchlässe mit einer Regenwasserableitung ausgestattet, was äußerlich an einer Kanalquerschnittsvergrößerung zu erkennen ist. Übliche Bauformen sind in Abbildung 7-21 dargestellt.

Bei der Anordnung von Fortluftdurchlässen ist wiederum darauf zu achten, dass keine Ansaugung von Fortluft als Außenluft möglich ist. Dieses ist zumindest über einen genügend großen Abstand von Außen- und Fortluftöffnungen zu verhindern (siehe auch DIN 1946/2 [4]).

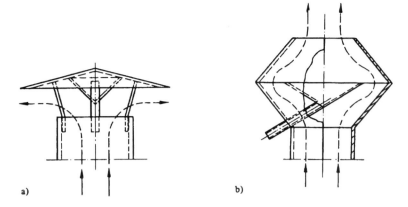

Bild 7-21: Schnittdarstellungen von zwei Fortluftdurchlässen

Literatur

[1] *Baumgarth/Hörner/Reeker* (Hrsg.): Handbuch der Klimatechnik; Band 1: Grundlagen.

[2] *Katz, P.:* Gesundheitsingenieur 6/73. S. 169–174.

[3] DIN EN 12238: Lüftung von Gebäuden — Luftdurchlässe — (12/01); Beuth-Verlag, Berlin.

[4] DIN 1946/2: Raumlufttechnik: Gesundheitstechnische Anforderungen; (3/92) Beuth-Verlag, Berlin.

[5] *Fitzner, K.:* Einfluss der Kühlleistungsdichte auf die Luftgeschwindigkeit; KI 4/96. S. 153–156.

[6] Forschungsprogramm ERL: Dokumentationsreihe für die Praxis. Heft 7; VSHL, Zürich.

[7] Lindab GmbH: Herstellerunterlagen: Comfort 96.

[8] *Sodec, F.:* Luftzufuhr aus Wanddurchlässen in Büroräumen. TAB 12/97, S. 53–56.

[9] Gebrüder Trox GmbH: Herstellerunterlagen: Klima 1.

[10] *Timmer, H.* et al.: Einfluss von Thermo- und Elektrophorese auf die Partikelablagerung im Nahbereich von Deckenluftdurchlässen, DKV-Tagung 2001, Tagungsband IV.

[11] LTG Aktiengesellschaft: Herstellerunterlagen Luftdurchlässe.

[12] EMCO Klima GmbH & Co. KG: Herstellerunterlagen.

[13] *Guntermann, K.* et al.: Einsatzmöglichkeiten und Grenzen von Quellluft-Endgeräten, HLH 7/94, S. 337.

[14] ABB-Fläkt Produkte GmbH: Herstellerunterlagen.

[15] Gebrüder Trox GmbH: Herstellerunterlage Quellluftinduktionsgeräte.

[16] Strulik GmbH: Herstellerunterlagen: Luftdurchlässe.

[17] Halton System GmbH Klimatechnik: Herstellerunterlagen.

[18] SCHAKO, Ferdinand Schad KG: Herstellerunterlagen.

[19] Hesco Deutschland GmbH: Herstellerunterlagen.

[20] Gebrüder Trox GmbH: Quelllüftung-Grundlagen und Auslegungshinweise (1997).

[21] *Scheer, F.* et al.: Mikroorganismen in laminarer und turbulenter Strömung. DKV-Tagung 2000, Tagungsband IV.

[22] VDI 2083: Reinraumtechnik, Bl. 1: 04/95, Bl. 2: 02/96, Bl. 3: Entwurf 02/93, Beuth-Verlag, Berlin.

[23] *Külpmann, R.:* Wirtschaftlichkeit und Abnahme von OP-Lüftungsdecken. 6. Int. Kongress der Deutschen Gesellschaft für Krankenhaushygiene DGKH, 4/2002, Kongressband.

[24] *Grübbel, M.:* Experimentelle Untersuchungen zur Stabilität von Verdrängungsströmungen in einem Kubusraum. Diplomarbeit, TU-Berlin, HRI, 12/2000, unveröffentlicht.

[25] *Seipp, H.-M.* et al.: Operative Reinraumtechnik, Teil 1, Hyg Med 23, (12/98).

[26] DIN 4799: Raumlufttechnik: Luftführungssysteme für Operationsräume, Prüfung. (6/90), Beuth-Verlag, Berlin.

[27] Schweizer Richtlinie SR 99-3: Heiz- und Raumlufttechnische Anlagen in Spitalgebäuden , Weißdruck voraussichtlich 08/02, SWKI, Zürich.

[28] ADMECO AG Medizintechnik (Hochdorf, Schweiz): Herstellerunterlagen.

[29] Lunos-Lüftung GmbH & Co. Ventilatoren KG: Herstellerunterlagen.

8 Berechnung von Raumluftströmungen

B. M. HANEL, K. DÖGE

Formelzeichen

Ar	*Archimedes*-Zahl	$-\varrho\overline{u_i'u_j'}$	turbulente Reibung
a	Temperaturleitfähigkeit		(turbulenter Spannungstensor)
D	Diffusionskoeffizient	$\varrho c_p\overline{u_j'T'}$	turbulente Wärmestromdichte
f	Frequenz	$\overline{u_j'\varrho_\alpha'}$	turbulente Stoffstromdichte
f_i	äußere Kraft je Volumeneinheit		der Stoffkomponente α
g_i	Vektor der Erdbeschleunigung	$x_i(i=1,2,3)$	Ortsvektor
h	Höhe eines Luftauslasses	δ_{ij}	Einheitstensor 2. Stufe
k	spezifische kinetische		(*Kronecker*-Symbol)
	Turbulenzenergie	Δt	Zeitschrittweite
l	integraler Längenmaßstab der	Δx	Schrittweite in x-Richtung
	Turbulenzelemente; Bezugsgröße	Δy	Schrittweite in y-Richtung
$\dot{m}_\alpha^v$	Stoffstrom je Volumeneinheit	Δz	Schrittweite in z-Richtung
	der Stoffkomponente α	ε	Dissipation der kinetischen
$\dot{m}_\alpha''$	Stoffstromdichte der		Turbulenzenergie
	Stoffkomponente α	ν	kinematische Viskosität
P	Druck	ϱ	Dichte
Pr	*Prandtl*-Zahl	ϱ_α	Konzentration der
$\dot{q}$	Wärmestromdichte		Stoffkomponente α
Re	*Reynolds*-Zahl	ϱ_α'	Schwankungskonzentration
Sc	*Schmidt*-Zahl	Φ	Dissipation der kinetischen
T	Temperatur		Energie
T'	Schwankungstemperatur	Ψ	Stromfunktion
Tu	Turbulenzgrad	ω	Wirbelstärke
t	Zeit		
U,V,W	Komponenten des		
	Geschwindigkeitsvektors	Indizes	
$U_i(i=1,2,3)$	Geschwindigkeitsvektor	A	Auftrieb
$\overline{U}_i(i=1,2,3)$	zeitlich gemittelter	i,j,k	Indizes des Ortes, Laufvariable
	Geschwindigkeitsvektor	k	auf die Turbulenzenergie bezogen
u_i'	Vektor der	t	turbulent
	Schwankungsgeschwindigkeit	0	auf den Zuluftquerschnitt oder
			Ausgangszustand bezogen

8.1 Einführung

Die Architekten und anschließend die Klimaingenieure legen entsprechend Raumgestalt, bauphysikalischen und meteorologischen Parametern, Art, Größe und Verteilung

von Wärme- und Schadstoffquellen, Raumnutzung usw. ein Luftführungsprinzip fest (s. Kap. 7 bzw. Bd. 1, Kap. 1., 2. und 7.). Sie stützen sich bei dieser Festlegung bzw. bei der folgenden, genaueren Planung der Raumluftströmung im Wesentlichen auf experimentelle und empirische Kenntnisse bzw. auf möglichst einfache ingenieurtechnische Rechenverfahren, die fast ausschließlich auf den Ausbreitungsgesetzen von Freistrahlen basieren (s. Bd. 1, Kap. 7.8). Diese Methoden sind oft und für viele Fälle ausreichend, zumal eine genauere und umfassendere Berechnung von Strömungsvorgängen in klimatisierten Räumen viele Jahre lang als nahezu aussichtslos angesehen wurde und ausschließlich eine Aufgabe für eine kleine Anzahl von Spezialisten zu sein schien. Die Fortschritte in der Computertechnik, die gewachsenen Kenntnisse bei der mathematisch-numerischen Behandlung von Problemen der Fluidmechanik und der wachsende Bedarf nach computergestützten Planungshilfen ermöglichen bzw. fordern jedoch auch die numerische Lösung komplizierterer Strömungsvorgänge durch einen größeren Kreis von Ingenieuren. Dabei kommt der Voraussage mit Hilfe flexibler und leicht handhabbarer numerischer Algorithmen und Computercodes eine besondere Bedeutung zu, denn die Voraussage von Geschwindigkeits-, Temperatur- und Konzentrationsfeldern und die damit verbundene Festlegung von Luftführungsprinzipien und Auswahl von Luftdurchlässen sind bei der Planung klimatechnischer Einrichtungen sowohl Ausgangspunkte als auch Schwerpunkte der Ingenieurarbeit.

In diesem Kapitel werden zunächst die gegenwärtig angewandten Methoden zur Vorausbestimmung von Strömungsvorgängen in Räumen kurz umrissen und diskutiert. Dabei wird u. a. gezeigt, dass mathematische Methoden gegenüber experimentellen und empirischen Verfahren Vorzüge aufweisen, die sich vor allem in geringeren Kosten, geringeren materiellen Aufwendungen und in der Bereitstellung von Ergebnissen in wesentlich kürzeren Bearbeitungszeiten und größerer Vielfalt niederschlagen. Die Diskussion über die experimentellen Verfahren wird aber nicht nur zur besseren Einordnung von Rechenmethoden geführt. Die Experimente liefern auch eine Reihe für die Rechnung erforderlicher Randwerte bzw. liefern bei all jenen Aufgaben die voraussagenden Ergebnisse, bei denen infolge einer zu großen Komplexität eine mathematische Lösung nicht möglich ist. Es ist demzufolge vorteilhaft, wenn man auch über Umfang, Aufwand und Aussagefähigkeit experimenteller Untersuchungen gewisse Vorstellungen besitzt. Ebenso wird nochmals kurz auf die Freistrahlbeziehungen hingewiesen, ohne die auch künftig die Lüftungs- und Klimatechnik nicht auskommen wird und die häufig auch zu Wirkung und Bewertung der in bemerkenswerter Vielfalt angebotenen Luftdurchlässe sehr wertvolle Hinweise geben können. Zu den Problemkreisen Luftdurchlässe und Luftverteilung in einem Raum wurden bereits in Kap. 7 und Bd. 1, Kap. 7 alle wesentlichen Zusammenhänge vorgestellt und Einsatzparameter diskutiert.

Die im Mittelpunkt des Kapitels 8 stehenden Grundlagen der mathematisch-numerischen Modellierung von Geschwindigkeits-, Temperatur- und Konzentrationsfeldern in Räumen werden kurz, übersichtlich und für jeden Ingenieur und Planer, aber auch für jeden Architekten, Baufachmann und Studenten leicht verständlich dargestellt. Die Bilanz- und Transportgleichungen für Masse, Impuls, Energie und Stoff sind dabei in differentieller Form und in knapper, indizierter Schreibweise angegeben. Die Möglichkeiten zur Lösung der vollständigen, dreidimensionalen Gleichungssysteme werden allerdings nur synoptisch behandelt. Zur Diskretisierung der Gleichungen wird beispielhaft ein Finites-Volumen-Verfahren verwendet, in dem zur Approximation von Differentialen, ausgehend von einer formalen Integration, endliche Differenzen erzeugt werden. Dieses Verfahren, das vor allem im Ingenieurbereich einen großen Zuspruch und eine breite Anwendung gefunden hat, wird seit längerem bei der Berechnung von Strömungsvorgängen in klimatisierten Räumen angewandt und ist experimentell vielfältig verifiziert worden [1] bis [4]. Kompliziertere Fragen und Einzelheiten aus der numerischen Mathematik, die bei numerischen Lösungen immer auftreten (Konsistenz und Genauigkeit, numerische Stabilität und Konvergenz der Differenzengleichungssysteme sowie Probleme anderer Lösungsverfahren wie Finite-Elemente-Methode, Differenzenverfahren höherer Ordnung, Integralmethoden u. a.), sind bewusst weggelassen worden und müssen im Bedarfsfall spezieller Literatur entnommen werden.

Anhand grafisch veranschaulichter Beispielrechnungen wird die Leistungsfähigkeit von Computercodes demonstriert. Um den Umfang des Kapitels zu begrenzen, sind jedoch nur einige wenige berechnete Beispiele angegeben. Der Leser darf deshalb kein Projektierungshandbuch erwarten. Erfahrungen, die bei der Erarbeitung solcher Handbücher gesammelt wurden, zeigen ohnehin, dass es effektiver ist, ein Programmsystem und die Formulierung von Randbedingungen immer den aktuellen Aufgaben anzupassen. Das ist um so einfacher und erfolgreicher, je größer die Anzahl von Bearbeitern ist, die mit einem Programm umzugehen verstehen. Auch auf die Angabe eines vollständigen Rechenprogramms wird aus verschiedenen Gründen verzichtet. Zum einen haben die Programme in der Regel mehrere tausend Programmzeilen, zum anderen ist es nicht mehr zeitgemäß, die meist kommerziell entstandenen und angebotenen Codes in einem Handbuch anzugeben. Statt dessen wird im Kap. 8.3.8 eine kleine Liste von Computercodes angegeben, auf die man bei Bedarf zurückgreifen kann.

Anliegen des Kapitels ist vor allem, anhand eines numerischen Lösungsverfahrens zu zeigen, dass man heute schwierige Strömungsvorgänge mit guter Genauigkeit sowohl nachrechnen als auch vorausrechnen kann und dass das Problem tatsächlich nicht so kompliziert ist, wie es auf den ersten Blick aussieht. Das Kapitel bietet darüber hinaus die Grundlagen für die Berechnung und Bewertung von nicht isothermen Strömungen und von Strömungen mit Stofftransport bzw. Schadstoffausbreitung. Derartige Aussagen benötigt man beispielsweise bei der Planung von Reinräumen zur Fertigung mikroelektronischer Bauelemente und von Räumen mit großen und/oder stark wechselnden Lasten. Das Anwendungsgebiet der Rechenverfahren zur Simulation von Strömungs-, Temperatur- und Konzentrationsfeldern reicht demzufolge von Wohn- und Büroräumen, konventionellen Industriehallen und großen Räumen in Kultur- und Gesellschaftsbauten über Kabinen in Fahrzeugen, Bedienungskabinen, Schiffsräume und Reisezüge bis hin zu Operationsräumen medizinischer Einrichtungen und den bereits genannten Reinräumen. Für die Ingenieure und Planer klimatechnischer Einrichtungen, aber auch für alle Architekten und Baufachleute wird damit eine bessere Möglichkeit geschaffen, prinzipielle Lösungen und Varianten von Luftführungen in zu klimatisierenden Räumen, die Wirkung von Wärme- oder Schadstoffquellen sowie von Versperrungselementen und diversen Raumformen und -gestaltungen einzuschätzen, zu diskutieren und die klimatechnisch und energetisch optimale Variante auszuwählen.

8.2 Übersicht über Methoden zur Berechnung und Vorausbestimmung von Raumluftströmungen

8.2.1 Klassifizierung

Die Einteilung der Methoden zur Vorausbestimmung von Strömungsvorgängen in klimatisierten Räumen erfolgt in drei Klassen:

- empirische Methoden,
- experimentelle Methoden,
- mathematische Methoden.

Wie bei jeder Klassifikation lassen sich die einzelnen Methoden in die vorgegebenen Klassen nicht völlig gewaltlos einordnen. Andere Ordnungsprinzipien mit anderen Schwerpunkten sind denkbar.

Innerhalb der vorgenommenen Unterteilung kann man zwischen einfachen und komplizierten Methoden unterscheiden. In diesem Sinne sind beispielsweise Rechenverfahren zur Bestimmung von Strömungsverhältnissen in einem Raum mit Hilfe von Freistrahlbeziehungen einfache Methoden und solche, die die differentiellen Bilanzgleichungen verwenden, kompliziertere Methoden. Die Übersicht über die Methoden zur Vorausbestimmung von Strömungsvorgängen erhebt keinen Anspruch auf Vollständigkeit. Die Forschungstätigkeit auch zu diesem Problemkreis reicht viele Jahrzehnte zurück und hat in einer kaum überschaubaren Fülle von Publikationen ihren Niederschlag gefunden, die eine vollständige Erfassung aller, zum Teil sehr spezieller Methoden unmöglich macht. Verschiedene Methoden werden aber auch bewusst fortgelassen oder lassen sich in der folgenden Diskussion nicht einordnen. So werden u. a. experimentelle Untersuchungen in ausgeführten Räumen (Originalräume) nicht als voraussagende Methoden angesehen, weil sie entweder nur zur Regulierung bzw. zur Korrektur der Raumluftströmung verwendet werden oder weil die Ergebnisse erst in späteren Untersuchungen in Form von Erfahrungen, Berechnungsunterlagen, Projektierungsrichtlinien und Ähnlichem einfließen.

8.2.2 Empirische Methoden

Sind die Anforderungen an das Raumklima gering und die Gestalt des Raumes so einfach, dass Wirkungen verschiedener Luftführungsprinzipien überblickt werden können, genügt es, Art und Lage der Zuluft- und Abluftöffnungen aufgrund vorhandener Erfahrungen zu bestimmen, die anhand von ausgeführten Projekten, berechneten bzw. gemessenen Vergleichsbeispielen oder Projektierungsrichtlinien vorliegen. Das heißt, es werden beobachtete physikalische Erscheinungen beispielsweise über das Verhalten und die Wirkungen von Freistrahlen beim Einblasen in einen geschlossenen Raum oder in der Nähe fester Wände gesammelt, ohne dass eine im Einzelnen tiefe physikalische Durchdringung oder besondere Beeinflussung der Strömungsvorgänge angestrebt wird. Es müssen lediglich die erforderlichen Zuluft- und Abluftmasseströme mit Hilfe einfacher Bilanzen bzw. aus Erfahrungswerten, die in einschlägigen ingenieurtechnischen Normen, Richtlinien und Handbüchern (z. B. [3] bis [6]) zu finden sind, ermittelt werden. Liegen Erfahrungen über die Handhabung von solchen Überschlagswerten und über sich einstellende Raumströmungsbilder nicht in ausreichendem Maß vor, kann man bei dieser Methode zu Fehlentscheidungen kommen, deren Folgen nicht ohne Aufwand behoben werden können (Beispiel: Bestimmung des Massestromes ausschließlich nach dem stündlichen Luftwechsel bzw. den stündlichen Luftraten pro Person).

Sehr häufig werden empirische Auslegungsmethoden aber auch gerade bei sehr komplizierten Raumformen und vielfältig wechselnden Lastfällen verwendet, weil Rechenverfahren bzw. experimentelle Methoden nicht vorliegen bzw. zu aufwendig sind. In solchen Fällen kommt man allerdings ohne ein enges Wechselspiel mit einfachen experimentellen und einfachen mathematischen Methoden nicht aus.

8.2.3 Experimentelle Methoden

Grundsätzlich kann man zwischen qualitativen und quantitativen experimentellen Methoden unterscheiden. Zu qualitativen experimentellen Methoden zählt beispielsweise die Sichtbarmachung einer Raumluftströmung durch Schwebeteilchen (Additive, Tracer) mit Lichtschnittverfahren und fotografischer oder videotechnischer Auswertung. Quantitative experimentelle Methoden wie Hitzdrahtanemometrie, Laser-Doppler-Anemometrie u. a. fordern nicht nur die Festlegung der zu messenden Größen, sondern auch geeignete Mess- und Anzeigeinstrumente sowie benutzerfreundliche Auswertealgorithmen. Einzelheiten sind z. B. [7], [8] zu entnehmen. Je nachdem, ob man nur spezielle oder ob man verallgemeinerungsfähige Aussagen erhalten möchte, kann man beide Methoden in einfache, zweckorientierte Untersuchungen und in Verfahren des wissenschaftlichen Experimentierens einteilen. Bei Objekten mit höheren Anforderungen bezüglich klimatechnischer Parameter sind experimentelle Untersuchungen zur Luftführung in Modellräumen notwendig. Die Verwendung von Modellräumen setzt Kenntnisse und Vorstellungen über deren Bau, Gestaltung und Grenzen voraus. Infolge der Größe der zu klimatisierenden Räume müssen experimentelle Untersuchungen zum Studium der Raumluftströmung häufig in maßstabsverkleinerten Modellen durchgeführt werden (Bild 8-1). Die Modellverkleinerung ist immer dann erforderlich, wenn neben fehlenden Berechnungsunterlagen der Aufwand für Versuche im Originalmaßstab zu groß wird. Der Maßstab sollte bei Räumen gesellschaftlicher Bauten nach Möglichkeit nicht kleiner als 1:10 sein, bei Lager- und Sporthallen oder bei Industriebauten kann dieser u. U. auch etwas kleiner gewählt werden.

Die Übertragung von Ergebnissen auf die Originalausführung erfolgt nach Modellregeln. Bei der Modellierung von Strömungsfeldern in Räumen nutzt man die Tatsache, dass die Felder der Geschwindigkeit, Temperatur und Konzentrationen von Stoffkomponenten zwischen Modell und Originalausführung ähnlich sind, wenn die Koeffizienten der den Vorgang beschreibenden Differentialgleichungen gleich sind. Diese Koeffizienten werden als Ähnlichkeitskennzahlen bezeichnet. Eine strenge physikalische Ähnlichkeit ist praktisch nicht zu verwirklichen. Man beschränkt sich auf die Einhaltung der wesentlichsten Ähnlichkeitskennzahlen (partielle Ähnlichkeit). Je mehr dabei jedoch Vereinfachungen in den Differentialbeziehungen zur Aufstellung der Ähnlichkeitskennzahlen vorgenommen werden, d. h., je geringer die Anzahl der Ähnlichkeitsbeziehungen wird, um so physikalisch unähnlicher gestaltet sich ein Modell. Selbstverständlich wird der Aufwand für die Einrichtung eines Modellraumes und zur Durchführung der Versuche geringer und die Versuchsergebnisse beschreiben nur spezielle Fälle, je weniger Ähnlichkeitskennzahlen eingehalten werden. Im Allgemeinen müssen auch sämtliche geometrische Randbedingungen von Modell und Originalausführung ähnlich sein.

Ähnlichkeitsbetrachtungen spielten in der Strömungsmechanik — und damit auch in der Lüftungs- und Klimatechnik — von jeher eine bedeutende Rolle, denn mit ihrer Hilfe lassen sich Messergebnisse auf ähnliche Vorgänge übertragen, sinnvoll ordnen und übersichtlich darstellen. Die Ähnlichkeitstheorie ist somit ein theoretisches Hilfsmittel bei der Anwendung experimenteller Methoden. Sie bildet die Grundlage der Anwendung von Modellversuchen und Analogien und gibt Auskunft über die notwendigerweise zu messenden Größen. Für wichtige und kostenintensive Raumprojekte wie Theater, Flughafenterminals, Sportarenen, Konferenzzentren, Messehallen usw. werden immer wieder Modelle gebaut werden, weil die bisher in der Praxis verwendeten Rechenmethoden nicht in jedem Falle zu sicheren Ergebnissen führten.

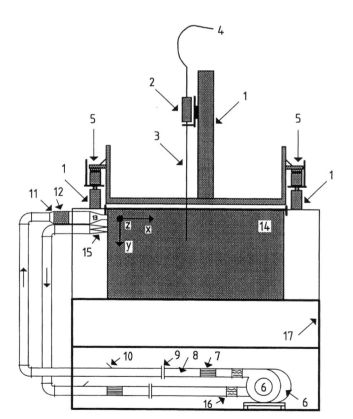

Bild 8-1: Schematische Darstellung eines Modells im Maßstab 1:5 zur Messung von Raumluftströmungen [12]
1 Isel-Doppelspureinheiten mit Schrittmotor und Kugelgewindetrieb;
2 Halterung für Sonden;
3 Hitzdrahtsonde;
4 Sondenkabel;
5 Isel-Pneumatik-Hubvorrichtung;
6 Ventilator;
7 Gleichrichter;
8, 9 Luftleitung mit Normblende zur Volumenstrommessung;
10 Temperaturmessstelle;
11 Übergangsstück (Diffusor);
12 Wärmeübertrager;
13 Zuluftdüse;
14 Modellraum (Pyacryl);
15 Abluftöffnung;
16 Schwingungskompensator;
17 Grundgestell/Rahmen

Der Bau von Modellen ist jedoch auch kosten- und zeitaufwendig und infolge der Nichteinhaltung der physikalischen Ähnlichkeit ist die quantitative Vorhersage, die an maßstabsverkleinerten Modellen gewonnen wird, häufig unsicher und nicht möglich.

Die Modellierung von Raumluftströmungen erfordert z. B. in rauminneren Gebieten die Identität der *Archimedes*-Zahl und der *Reynolds*-Zahl im Original und im Modell, d. h., es gilt

$$Ar_{\text{Modell}} = Ar_{\text{Original}} \tag{8-1}$$

und

$$Re_{\text{Modell}} = Re_{\text{Original}}. \tag{8-2}$$

Die Archimedes-Zahl

$$Ar = \frac{g\,l\,\Delta T}{U^2\,T} \tag{8-3}$$

spiegelt eine Beziehung zwischen freier und erzwungener Konvektion wider, und die *Reynolds*-Zahl

$$Re = \frac{U\,l}{\nu} \tag{8-4}$$

ist definiert durch das Verhältnis von Trägheits- und Reibungskraft. Häufig muss jedoch auf die Einhaltung der *Reynolds*-Zahl verzichtet werden, weil bei geometrisch stark verkleinerten Modellen die Realisierung der erforderlichen hohen Temperaturen Schwierigkeiten bereitet bzw. undurchführbar ist. Das verdeutlicht das folgende Beispiel:

Bläst man Außenluft mit einer Geschwindigkeit von 1 m/s und einer Temperatur von 20 °C in einen Raum ein, wobei die Temperaturdifferenz 5 K und der Durchmesser des Luftdurchlasses 0,5 m betragen sollen, so müsste bei einem Modell dieses Raumes im Maßstab 1 : 5 die Temperaturdifferenz entsprechend der Gln. (8-1) bis (8-4) etwa 623 K betragen. Verkleinerte man den Maßstab auf das Verhältnis 1 : 10, so wäre eine theoretische Temperaturdifferenz von 5000 K erforderlich.

Eine Vielzahl von Experimenten hat glücklicherweise gezeigt, dass bei Modelluntersuchungen die Einhaltung der *Reynolds*-Zahl keine notwendige Bedingung ist, sondern dass es genügt, wenn eine im Original turbulente Strömung auch im Modell turbulent ist. Allerdings darf eine bestimmte Grenze nicht unterschritten werden, weil sonst der Zustand einer Raumluftströmung nicht mehr als ausgebildet turbulent betrachtet werden kann. Diese Grenze liegt, bezogen auf den Zuströmquerschnitt, bei etwa $Re_0 = 3000$ bis 5000 [9]. Ein anderes Problem ist die maßstabsverkleinerte Modellierung von Luftdurchlässen, bei der die Nachbildung geometrischer Feinheiten (Leitschaufeln, diverse Gitter u. a.) nicht möglich ist. Ungeklärt ist beispielsweise, ob eine künstliche Turbulenzerzeugung gefordert werden muss, weil Wirkungen erhöhter Anfangsturbulenz auf das mittlere Strömungsfeld im Raum von Bedeutung sind. Weitere Ausführungen zur Ähnlichkeitstheorie sind beispielsweise in [9] bis [11] nachzulesen.

8.2.4 Mathematische Methoden

Eine einfache, für ingenieurtechnische Belange leicht handhabbare Methode zur Vorausberechnung von Strömungs- und Temperaturfeldern in Räumen besteht in der Verwendung halbempirischer Berechnungsgleichungen, die ihre theoretischen Grundlagen in den Grenzschicht- und Turbulenzhypothesen *Prandtls* bzw. in der *Reichardt*-schen Freistrahltheorie haben (s. Bd. 1, Kap. 7.8.1.1). Man reduziert bei dieser Methode das Problem der Berechnung von Raumluftströmungen auf die Verfolgung der

Zuluftstrahlen, die sich als Frei- oder Wandstrahlen ausbilden. Der Grundgedanke besteht dabei darin, dass in einem bestimmten Querschnitt (z. B. an der Decke oder beim Eintritt des Freistrahls in eine Aufenthaltszone) die Freistrahlgeschwindigkeit und die Temperatur des Freistrahls auf Grenzwerte abgebaut sind, die dann auch in den übrigen Raumpunkten nicht mehr überschritten werden. Diese Verfahrensweise bietet somit eine gewisse Sicherheit für die geforderten oder die zulässigen Grenzen der Raumluftparameter im Aufenthaltsbereich der Menschen.

Die einfachen Gleichungen liefern mit unterschiedlichem Erfolg Aussagen über den Abbau der mittleren Geschwindigkeit und der mittleren Temperatur, die Eindringtiefe und die Ausbreitung der Freistrahlen und das mitbewegte Raumluftvolumen. Weitergehende Aussagen wie etwa über Wirbelbewegungen und Schwankungsgrößen können mit diesen halbempirischen Beziehungen nicht gemacht werden.

Wie in 8.1 erwähnt, ermöglichen die Fortschritte in der Computertechnik zunehmend eine numerische Berechnung von Raumluftströmungen auf der Basis mathematisch-numerischer Modelle. Die Strömungen sind jedoch im Allgemeinen infolge ihres turbulenten Charakters in ihren Einzelheiten äußerst kompliziert, weil die turbulenten Bewegungen unregelmäßig sind und eine Vielzahl elementarer Vorgänge und Bewegungsmaßstäbe auftreten. Eine alle Elementarvorgänge beschreibende numerische Simulation ist bei großen *Reynolds*-Zahlen noch immer nicht durchführbar. Wegen der dreidimensionalen und instationären Natur der turbulenten Bewegung ist eine Beschreibung der Raumluftströmungen nur mit einem Differentialgleichungssystem möglich, in dem diese oben genannten Eigenschaften zumindest im Mittel berücksichtigt werden. Ein solches System stellen die Impulstransportgleichungen dar, die für instationäre, inkompressible Strömungen in kurzer Indexschreibweise ($i = 1, 2, 3$; $j = 1, 2, 3$) lauten

$$\frac{\partial U_i}{\partial t} + U_j \frac{\partial U_i}{\partial x_j} = -\frac{1}{\varrho} \frac{\partial P}{\partial x_i} + \frac{\partial}{\partial x_j} \left[\nu \left(\frac{\partial U_i}{\partial x_j} + \frac{\partial U_j}{\partial x_i} \right) \right] + \frac{f_i}{\varrho} \tag{8-5}$$

und durch die Kontinuitätsgleichung

$$\frac{\partial U_j}{\partial x_j} = 0 \tag{8-6}$$

vervollständigt werden. Die Zuordnung und Bezeichnung der Koordinaten x_i bzw. x_j sowie die Zuordnung der Erdbeschleunigung sind Bild 8-2 zu entnehmen. In den

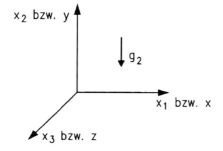

Bild 8-2: Kartesisches Koordinatensystem

Gln. (8-5) und (8-6) und in allen folgenden Gleichungen ist zu beachten, dass eine Summation der Anteile $j = 1, 2, 3$ durchzuführen ist, wenn der Index j in einem Term doppelt auftritt. Es gilt beispielsweise bei $i = 1$

$$U_j \frac{\partial U_i}{\partial x_j} = U_1 \frac{\partial U_1}{\partial x_1} + U_2 \frac{\partial U_1}{\partial x_2} + U_3 \frac{\partial U_1}{\partial x_3} = U \frac{\partial U}{\partial x} + V \frac{\partial U}{\partial y} + W \frac{\partial U}{\partial z}. \qquad (8\text{-}7)$$

Demzufolge besteht die Gl. (8-5) aus drei Gleichungen, wobei jede dieser Gleichungen ein Gleichgewicht zwischen den am infinitesimalen Volumenelement wirkenden Trägheitskräften und den Druck-, Reibungs- und äußeren Kräften zum Ausdruck bringt. Von den äußeren Kräften f_i wird hier nur der Vektor der Auftriebskraft $f_{A,i}$ betrachtet, die durch eine Dichtedifferenz im Gravitationsfeld hervorgerufen wird. Es gilt unter Verwendung eines reduzierten Druckes

$$f_{A,i} = \Delta \varrho \, g_i. \qquad (8\text{-}8)$$

In belüfteten oder klimatisierten Räumen ist die Temperaturabhängigkeit der Dichte gering. Sie kann für kleine Temperaturdifferenzen durch eine Temperaturänderung ausgedrückt werden, die aber nur in der Auftriebskraft berücksichtigt zu werden braucht (sogenannte *Boussinesq*-Vereinfachung). Die Impulsbilanz wird deshalb mit der Bezugsdichte ϱ_0 durchgeführt. Mit dem Volumenausdehnungskoeffizienten für Gase bei konstantem Druck $\gamma = 1/T$ gilt

$$\varrho = \varrho_0 \left[1 - \gamma (T - T_0) \right]. \qquad (8\text{-}9)$$

Die Auftriebskraft ergibt sich mit Gl. (8-9) und den Bezugswerten T_0 und ϱ_0 zu

$$f_{A,i} = -g_i \, \varrho_0 \, \gamma (T - T_0). \qquad (8\text{-}10)$$

Sinnvolle Bezugswerte sind beispielsweise die Parameter der Zuluft.

Zur Berechnung der Temperaturfelder in klimatisierten Räumen geht man von der Energiegleichung aus und erhält nach elementaren Umformungen und unter Vernachlässigung der Energieanteile durch Druckänderungen die Enthalpietransportgleichung in der Form

$$\frac{\partial T}{\partial t} + U_j \frac{\partial T}{\partial x_j} = \frac{\partial}{\partial x_j} \left(a \, \frac{\partial T}{\partial x_j} \right) + \Phi. \qquad (8\text{-}11)$$

Die Größe Φ in Gl. (8-11) stellt die durch Reibung erzeugte Energiedissipation dar, die bei Strömungen in klimatisierten Räumen ebenfalls vernachlässigt werden kann.

In analoger Form kann man den Transport eines Stoffes mit der Konzentration ϱ_α durch die Stofftransportgleichung

$$\frac{\partial \varrho_\alpha}{\partial t} + U_j \frac{\partial \varrho_\alpha}{\partial x_j} = \frac{\partial}{\partial x_j} \left(D \, \frac{\partial \varrho_\alpha}{\partial x_j} \right) + \dot{m}_\alpha^v \qquad (8\text{-}12)$$

beschreiben. Das auf ein Volumenelement bezogene Massequellglied $\dot{m}_\alpha^v$ wird zur Darstellung von Schadstoffquellen in klimatisierten Räumen verwendet. Die Gln. (8-11) und (8-12) sind die Grundformen der Transportgleichungen. In [13] sind Transportgleichungen zu finden, die weitere Glieder enthalten, um zusätzliche physikalische Erscheinungen wie Thermodiffusion, Diffusionsthermik u. a. zu beschreiben. Einzelheiten wie Randbedingungen, Modellierung turbulenter Transportvorgänge usw. werden im Kap. 8.3 behandelt.

Die Lösung der partiellen Differentialgleichungen (8-5), (8-6), (8-11) und (8-12) ist nicht ohne weiteres möglich. Geschlossene analytische Lösungen sind bisher nur für Spezialfälle gelungen, so dass man sich mit numerischen Näherungslösungen begnügen muss. Am häufigsten werden Differenzenverfahren verwendet, weil diese relativ einfach sind und durch sie die Punktaussage der Differentialgleichungen erhalten bleibt. Dabei werden die Differentialquotienten durch Differenzenquotienten ersetzt (s. dazu Kap. 8.3), und das betrachtete Strömungsgebiet wird mit diskreten Punkten eines Gitters oder Netzes belegt. Bei Raumluftströmungsberechnungen ist das einfachste Gitter orthogonal und raumorientiert, Bild 8-3. Für jeden Gitterpunkt erhält man entsprechend der Anzahl der zur Berechnung verwendeten Differentialgleichungen die gleiche Anzahl von Differenzengleichungen.

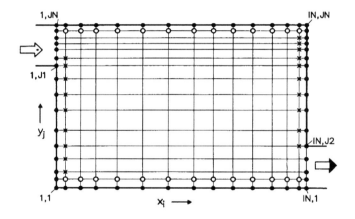

Bild 8-3: Einfaches Gitter zur Berechnung des Strömungsfeldes in einem klimatisierten Raum mit Differenzenverfahren (zweidimensionale Betrachtung)
• Randpunkte;
×, o wandnahe Punkte

Die Differenzengleichungen sind durch die Differenzenbildung miteinander gekoppelt. Da man bei der Differenzenbildung im Allgemeinen Glieder höherer Ordnung vernachlässigt, sind die Differenzengleichungen nur bei sehr kleinen Gitterabständen (Schrittweiten) als hinreichend genau anzusehen. Diese Schrittweiten werden durch die zur Verfügung stehende Rechenzeit und durch die vorhandenen Speicherkapazitäten der Computer bestimmt und begrenzt. Allerdings spielen diese Begrenzungen inzwischen eine untergeordnete Rolle, obwohl sich auch dahinter Kosten verbergen. Trotzdem können die kleinsten Wirbel und Strukturen einer Strömung, die von der molekularen Viskosität des Fluids abhängig sind, noch immer nur bei relativ geringen *Reynolds*-Zahlen dargestellt werden. Deshalb ist selbst die näherungsweise Berechnung dreidimensionaler Raumluftströmungen noch nicht umfassend und in allen Einzelheiten durchführbar. Hinweise auf weitere und zum Teil einfachere Berechnungsverfahren wie die Lösung der reibungsfreien Potentialgleichung für Probleme bei Verdrängungslüftungen, die Berechnung von auftriebsinduzierten Freistrahlen für Teilfragen von Quelllüftungen oder die Lösung von Grenzschichtgleichungen für Aussagen über Strömungsgebiete an großen und kalten Fensterflächen sind beispielsweise in [7] zu finden.

8.2.5 Bewertung der Methoden

Um zu entscheiden, wann man die eine oder die andere der genannten Methoden einsetzen muss bzw. in welcher Weise die Methoden zu kombinieren sind, sollte man Vorstellungen über die Aussagefähigkeit, die Zuverlässigkeit und die Grenzen der Methoden besitzen. Die Auswahl richtet sich auch nach den zu untersuchenden Aufgaben und der Qualität der geforderten Ergebnisse, den Möglichkeiten der Realisierung und dem Stand der Kenntnisse und Erfahrungen bei der Anwendung einer Methode.

Die Anwendung der empirischen Methode ist in der Planung weit verbreitet, da man auf einfache Weise mit gewissen physikalischen Vorstellungen und ingenieurtechnischem Gefühl funktionstüchtige Luftführungsprinzipien entwerfen und mit Hilfe einfacher Gesamtbilanzen erforderliche Außenluftmengen, abzuführende Wärme- und Schadstofflasten u. a. ermitteln kann. Die Zuverlässigkeit und die Grenzen vermag jeder selbst sofort abzuschätzen.

Um der empirischen Methode Sicherheiten und größeren Aussagegehalt zu geben, werden häufig die einfachen Freistrahlgleichungen zu Hilfe genommen. Durch die Anwendung der Freistrahlgesetze lassen sich gewisse Erkenntnisse über die Eindringtiefe, Achsenkrümmung, Geschwindigkeits- und Temperaturverteilungen von Zuluftstrahlen gewinnen. Grenzen der Aussagen werden aus den Bildern 8-4 und 8-5 ersichtlich. Man erkennt, dass der primäre Wirkungsbereich der Freistrahlen im Verhältnis zur Größe der Räume relativ schmal ist und nur durch Sekundärwirkungen werden weiter entfernt vom Zuluftfreistrahl liegende Raumluftgebiete in Bewegung versetzt, die dadurch einen gewissen Luftaustausch erfahren.

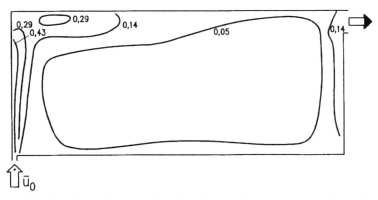

Bild 8-4: Numerisch berechnete Isotachen in m/s in einem näherungsweise zweidimensionalen Raum $L = 6{,}25$ m, $H = 2{,}90$ m mit Luftzufuhr über eine Konvektortruhe ($\overline{U}_0 = 1{,}4$ m/s; $h_0 = 0{,}08$ m)

Der Anwendbarkeit der Kombination zwischen der empirischen und der einfachen Rechenmethode werden auch überall dort Grenzen gesetzt, wo eine stark unterschiedliche Nutzung, stark wechselnde Wärmebelastung des Raumes oder eine ungleichmäßige Verteilung der Wärmequellen und eine komplizierte innere und äußere Geometrie (vieleckige oder runde Räume, Räume mit großen Versperrungen im Luftstrom u. ä.) vorliegen und eine gegenseitige Beeinflussung mehrerer Freistrahlen nicht zu vermeiden ist. Auch sind die in den Beziehungen auftretenden Konstanten problemabhängig und werden durch zahlreiche Einflussfaktoren (Eigenschaften der Luftdurchlässe) bestimmt.

Die Unsicherheiten der einfachen Berechnungsmethoden können abgebaut werden, wenn weitere Informationen über das Strömungsfeld aus der Lösung der Differentialgleichungen (8-5), (8-6), (8-11), (8-12) unter Einbeziehung von Gl. (8-10) verwendet werden.

Durch intensive Bemühungen um ausgereifte computergestützte, mathematisch-numerische Lösungsmethoden und durch die großen Erfahrungen bei der Handhabung verschiedener einfacher Rechenmethoden gelingt es in vielen Fällen und immer umfassender, die Strömungsvorgänge in klimatisierten Räumen voraus zu berechnen, auch wenn die dazu erforderlichen, relativ umfangreichen Softwarepakete (s. Kap. 8.3) zur Berechnung dreidimensionaler Strömungsvorgänge incl. der bemerkenswerten farbgrafischen Auswertungen nicht ohne tiefgehende Sachkenntnisse zu handhaben sind. (Hinweis: Aus drucktechnischen und Kostengründen werden im Folgenden alle Bilder nur schwarz-weiß und mit verschiedenen Graustufen gezeigt.)

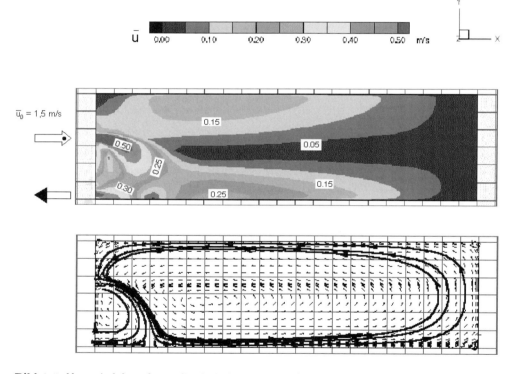

Bild 8-5: Numerisch berechnete Geschwindigkeiten in m/s und Stromlinien in einer näherungsweise zweidimensionalen, isothermen Raumluftströmung (Raumabmessungen $L/H = 3{,}5$)

Zu beachten ist dabei auch, dass bei den in der Klimatechnik gewöhnlich auftretenden dreidimensionalen Raumluftströmungen vor allem bei kleineren Luftwechseln in der Regel nahezu alle Probleme zusammentreffen, die bei Strömungsvorgängen auftreten können, d. h.,

- die mittleren Strömungsgeschwindigkeiten sind überwiegend gering bei gleichzeitig relativ starken turbulenten Bewegungen, die zudem häufig verhältnismäßig niederfrequent sind;

- Zuluft- und Abluftöffnungen sind, bezogen auf die gesamte Oberfläche eines Raumes, sehr klein, stellen aber wichtige Einflussgrößen dar, die durch Randbedingungen modelliert werden müssen und die sich entscheidend auf eine korrekte mathematisch-numerische Lösung auswirken;

- zwischen Geschwindigkeits- und Temperatur- (und/oder Konzentrations-) feldern gibt es Wechselwirkungen, die zur Kopplung der Differentialgleichungen führen;

- das Temperatur- (Konzentrations-) feld wird sowohl durch konvektive Vorgänge als auch durch Wärmeleitung, Wärmestrahlung und innere Wärmequellen beeinflusst, die sehr vielfältig sind sowie zeitlich und örtlich wechselnde Lasten aufweisen können (sich bewegende Personen, wärme- und schadstoffabgebende Maschinen, Außenklima, Bauhülle, Heizkörper bzw. Heizsysteme usw.);

- Raumluftbewegungen können sehr verschieden erzeugt werden. Man denke an die Variantenvielfalt lüftungstechnischer Konzeptionen wie großräumige Luftzirkulationen durch Freistrahlen, an Verdrängungsströmungen, lokale Klimatisierung, freie Lüftung usw., siehe Kap. 7 bzw. Bd. 1, Kap. 1, 2 und 7;

- die innere Geometrie (Einbauten wie Schreibtische, Beleuchtungseinrichtungen, Sitzreihen, Treppen, Maschinen usw.) und die äußere Geometrie (Hexaeder-, Polyedergestalt mit schrägen Wänden, gewölbten Dächern usw.) sind oft außerordentlich kompliziert und rufen im Detail komplizierte Strömungsabläufe (Ablösungen, Rezirkulationen, starke Richtungsänderungen in Raumecken) hervor;

- der Strömungsantrieb durch thermische und/oder Konzentrationsunterschiede ist nicht zu vernachlässigen.

Vorbeugend und vor Illusionen warnend muss man deshalb sagen, dass eine komplexe numerische Lösung **aller** aufgeworfenen Problemkreise auch in den nächsten Jahren noch nicht zu erwarten sein wird. Schrittweise und im Detail wird man allerdings mit Hilfe mathematisch-numerischer Algorithmen auch Raumluftströmungen immer genauer und sicherer voraus bestimmen können. Zur Lösung der „reinen" Strömungsprobleme in relativ einfachen Geometrien sind bereits seit etwa 1980 eine Reihe von Computercodes entwickelt worden. Die Arbeiten zur Verbesserung und Erweiterung dieser Codes und deren experimentelle Verifikation wurden und werden ständig fortgesetzt, s. z. B. [32]. So kann man zwischenzeitlich bereits Wärmebilanzrechnungen für ein Gebäude (Gebäudesimulation) mit der Strömungsfeldberechnung innerhalb des Gebäudes koppeln, die Randbedingungen zwischen beiden Rechenverfahren abgleichen und auch die Wirkung der Wärmestrahlung auf Geschwindigkeits- und Temperaturfelder in das Gesamtsystem einbinden [14], [33].

Bei genauer Analyse der mit diesen Computercodes erzielten und zum Teil sehr unterschiedlichen Ergebnisse zeigt sich aber auch, dass gewisse Bereiche der physikalischen bzw. mathematisch-numerischen Modellierung offenbar noch nicht ausreichend abgesichert und tragfähig sind. Das betrifft vor allem die Turbulenzmodellierung bei niedrigen Strömungsgeschwindigkeiten, die Modellierung von Randbedingungen und insbesondere die des turbulenten Wärmeübergangs, die Modellierung der Strömung hinter Hindernissen und die Gesetze der wandnahen Strömung. Aber auch Fragen der Diskretisierung der Differentialgleichungen und der Lösung der dabei auftretenden, sehr großen Gleichungssysteme sind noch nicht vollständig geklärt und führen sowohl zu fehlerbehafteten Ergebnissen als auch zu relativ hohen Rechenzeiten, die — je nach Leistungsfähigkeit des Computers und Größe des Differenzengleichungssystems — für einfache Strömungsfelder gegenwärtig beispielsweise noch immer zwischen wenigen Minuten und einigen Tagen liegen können. Abhilfe für derartige Unsicherheiten können Vergleichsrechnungen oder Vergleiche mit experimentellen Befunden schaffen.

Ohne die Details numerischer Diskretisierung an dieser Stelle vorweg nehmen zu wollen, wird bei der Betrachtung eines numerischen Gitters in der Nähe von Zuluftdurchlässen eines Raumes deutlich (Bild 8-3), dass man in diesem Bereich möglichst viele Gitterpunkte zur Verfügung haben muss, um Eintrittsprofile realitätsnah zu simulieren. Weniger als fünf Punkte zu verwenden (Bild 8-3), hat wenig Sinn und führt oft zu unrealistischen Strömungsbildern. Beträgt nun aber beispielsweise die Höhe des Luftdurchlasses 0,2 m und die Raumhöhe 5 m, so benötigte man bei einfachster, äquidistanter Gitterteilung bereits 125 Punkte in y-Richtung bzw. für alle drei Richtungen ca. $2 \cdot 10^6$ Punkte. Computertechnisch ist das inzwischen natürlich realisierbar und Stand der Technik, aber die hardwareseitigen Anforderungen und die Rechenzeiten sind für die Klimatechnik nicht immer akzeptabel. In der Klimatechnik orientiert man sich auf Lösungen, die in möglichst kurzer Zeit erzielt werden.

Sehr häufig müssen deshalb auch — und kombiniert mit mathematischen Lösungen — experimentelle Methoden zur Vorausbestimmung von Raumluftströmungen verwendet werden. Die experimentellen Methoden liefern aber nicht nur Ergebnisse, wenn mathematische oder empirische Verfahren fehlen oder versagen, sondern sind in vielen Fällen für die Bestimmung von Randbedingungen, die man zur Lösung der Differentialgleichungen (8-5) bis (8-12) braucht, erforderlich. (Beispielsweise benötigt man zur Charakterisierung und Modellierung einer Zuluftöffnung mindestens die Profile der mittleren Geschwindigkeit, der mittleren Temperatur und den Turbulenzgrad.)

Qualitative Experimente sind in ihrer Aussage selten ausreichend und erfordern immer eine große Erfahrung, um Bewertungen vornehmen und Schlussfolgerungen ziehen zu können. Ein Raum ist beispielsweise durch die Zugabe von Additiven nach kurzer Zeit nicht mehr zu beobachten und zu bewerten (z. B. Vernebelung durch Rauch). Häufig kommt es auch zu starken Verfälschungen der Strömungsbilder, wenn die Eigenschaften der Additive nicht beachtet werden (Auftriebseffekte infolge hoher Additivtemperaturen, Sinkgeschwindigkeiten von Schwebeteilchen u. a.). Oft verbindet man qualitative und quantitative experimentelle Methoden. In geringem Umfang durchgeführte quantitative Messungen stützen qualitative Aussagen und helfen, Fehlinterpretationen beobachteter Strömungsbilder zu vermeiden. Umgekehrt können qualitative Beobachtungen dazu beitragen, den Aufwand der quantitativen Methoden einzuschränken, wenn man beispielsweise mit Rauchsonden die Strömungsrichtung in einem Raum bestimmt. Jedoch auch dann, wenn die Modellräume mit großem Aufwand ausgemessen werden, ist die Übertragung auf einen Originalraum an verschiedenen Raumpunkten wie wandnaher Bereich und über Wärmequellen keineswegs sicher, weil — wie an einem einfachen Beispiel im Kap. 8.2.3 gezeigt wurde — die Kenntnisse über die Gesetze der Ähnlichkeit nicht umgesetzt werden können und die Simulation von Wärmequellen, Einbauten und die Modellierung der Zuluftöffnungen in jedem Fall und zu stark von den Erfahrungen und vom Einfallsreichtum des Experimentators abhängen.

Es kann deshalb nicht Ziel sein, grundsätzlich nur **eine** Methode zur Vorausbestimmung von Strömungsvorgängen in klimatisierten Räumen anzuwenden. Die strömungstechnischen Aufgaben des Klimaingenieurs sind in ihrer Komplexität von keiner der genannten Methoden allein zu lösen. Am aussichtsreichsten allerdings ist eine computergestützte Berechnung auf der Grundlage der angegebenen Bewegungs- und Transportgleichungen (8-5), (8-6), (8-11), (8-12). Besonders zu empfehlen ist die Kombination experimenteller Untersuchungsmethoden mit theoretischen Überlegungen und mathematischen Verfahren. In diesem Sinne behalten auch alle einfachen Methoden zur Untersuchung von Strömungen ihre Gültigkeit und ihre Existenzberechtigung. Diese zum Teil recht bewährten, elementaren Methoden der praktisch tätigen Ingenieure können und sollten nicht einfach durch die mathematisch-numerischen Methoden ersetzt werden. Die mathematisch-numerischen Methoden stellen aber eine Alternative dar, um die Möglichkeiten zur sicheren Vorausbestimmung von Raumluftströmungen deutlich zu erweitern. Diese Erweiterung wird bereits durch die wenigen Beispiele, die im Kap. 8.3.7 gezeigt werden, ersichtlich. Es wird darauf verwiesen, dass jede einseitige Betrachtung, sei es rein empirisch, rein experimentell oder ausschließlich mathematisch-theoretisch, im Allgemeinen nur mit außerordentlich großem, unangemessenem Aufwand oder praktisch überhaupt nicht zum Erfolg führt.

8.3 Numerische Berechnung von Raumluftströmungen

8.3.1 Vorbemerkungen

Die numerische Berechnung von Raumluftströmungen erfordert — wie in Kap. 8.2.4 erwähnt — spezielle Methoden und Algorithmen zur näherungsweisen Lösung der Bilanz- und Transportgleichungen. Den im Kap. 8.2.4 in allgemeinen Worten skizzierten Ablauf einer numerischen Simulation von Raumluftströmungen, der im Folgenden beispielhaft konkretisiert wird, kann man zusammengefasst dem Bild 8-6 entnehmen. Ohne im Einzelnen auf die im Bild 8-6 angegebenen Teilaufgaben, Lösungsschritte und Zwischenergebnisse einzugehen, wird darauf aufmerksam gemacht werden, welcher Umfang und welche Probleme sich in jedem einzelnen Schritt verbergen und welche umfassenden Kenntnisse und welche Vorarbeit bei der Erstellung eines Computercodes zur Berechnung von Raumluftströmungen erforderlich sind. Natürlich sind diese Aufgaben heute nicht mehr von einem Einzelnen zu lösen und die Programmierung überlässt man Spezialisten. Dennoch sollte auch ein „Nur-Nutzer" eine grundsätzliche Vorstellung von den im Hintergrund ablaufenden Verfahren und Algorithmen haben, um die zu erwartenden Ergebnisse mit Sachkenntnis bewerten zu können. Liegt ein fehlerfreier, flexibler und anwenderfreundlicher Algorithmus einmal vor, so ist der Informations-, Zeit- und Kostengewinn — verglichen mit experimentellen Aufwendungen — außerordentlich hoch.

Ausgehend von den Bilanz- und Transportgleichungen (8-5), (8-6), (8-11), (8-12) gibt es — wie in Bild 8-6 angedeutet — eine Reihe von Möglichkeiten, numerische Berechnungen durchzuführen. Je nach Turbulenzmodellierung, Diskretisierungsmethode (in Verbindung mit einer Gittergenerierung), Lösungskonzept usw. ergeben sich unterschiedliche Verfahren und Herangehensweisen der Modellbildung.

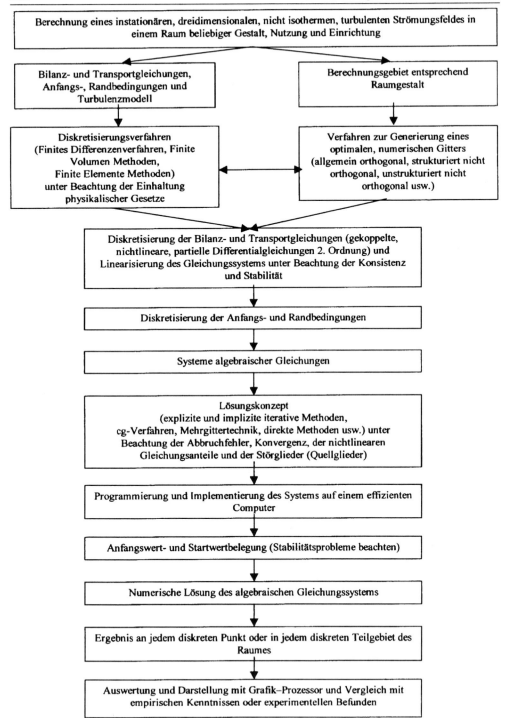

Bild 8-6: Schematischer Ablauf zur Erstellung einer numerischen Simulation von Raumluftströmungen

Im Folgenden wird eine Methode etwas näher erläutert und der Weg vom mathematischen Modell bis zum Ergebnis der Computersimulation einer Raumluftströmung demonstriert. Da die Strömungen turbulent sind, ist es jedoch zunächst notwendig, die Eigenschaften turbulenter Strömungen und das Problem der Turbulenzmodellierung kurz zu umreißen. Im Anschluss an die theoretischen Ausführungen werden einige Beispiele vorgestellt, die numerisch berechnet und — soweit das möglich und der Aufwand gerechtfertigt war — experimentell verifiziert wurden.

Insgesamt darf man allerdings nicht erwarten, dass mit den angegebenen Grundlagen und Gleichungen bereits ein vollständiger und in allen Einzelheiten leicht nachvollziehbarer Algorithmus vorliege. Die Ableitungen und Hinweise genügen in der Regel noch nicht, um die erwähnten Computercodes selbständig anzuwenden oder gar einen eigenständigen Code zu programmieren. Ziel des Kapitels ist, Verfahren und Herangehensweise bei der numerischen Berechnung von Raumluftströmungen etwas transparenter zu machen, um Entscheidungen für den Erwerb und die Nutzung solcher Computercodes zu erleichtern. Es ist schon aus Gründen des Umfangs nicht das Anliegen dieses Kapitels, ein Softwarepaket und ein Benutzerhandbuch zur Verfügung zu stellen.

8.3.2 Eigenschaften turbulenter Strömungen und Modellierung des Impuls-, Enthalpie- und Stofftransports mit den *Reynolds*-Gleichungen

8.3.2.1 Turbulenzentstehung

In der Lüftungs- und Klimatechnik treten vorrangig turbulente Strömungen auf, die durch instationäre, dreidimensionale Wirbelbewegungen und unregelmäßiges Verhalten gekennzeichnet sind. Durch diese instationären Wirbelbewegungen sind die Austauschprozesse für Impuls, Energie und Stoff — verglichen mit den Vorgängen in laminaren Strömungen — wesentlich intensiver.

Der turbulente Strömungszustand stellt sich ein, wenn die *Reynolds*-Zahl, die das Verhältnis von Trägheits- zu Reibungskräften in Gl. (8-5) charakterisiert, einen kritischen Wert überschreitet. Bleibt die *Reynolds*-Zahl unter diesem kritischen Wert, wird durch die dämpfende Wirkung der viskosen Reibung die turbulente Bewegung verhindert und die Strömung ist laminar. Die Entstehung der Turbulenz kann man sich so vorstellen, dass im Verlauf des Strömungsumschlages kleine Störungen in der Strömung angefacht werden und relativ schnell zu kleinen Wirbeln anwachsen, die wiederum untereinander in vielfältiger Wechselbeziehung stehen, Längswirbelpaare und Turbulenzflecken bilden, sich zu noch größeren Wirbeln vereinigen bzw. infolge der oben bereits erwähnten dämpfenden Zähigkeitswirkung wieder abklingen.

Seit etwa 1970 weiß man (z. B. [15]), dass die Turbulenz nicht völlig regellos ist. In Wandnähe sind beispielsweise kohärente Strukturen nachgewiesen worden, d. h., die Fluidelemente führen vorzugsweise normal zur Wand quasi-periodische Bewegungen aus, die als „bursting phenomenon" bezeichnet werden.

Trotz der möglichen Regelmäßigkeiten darf man erwarten und annehmen, dass der turbulente Strömungsvorgang in Räumen stochastisch und deshalb nur durch mittlere Werte reproduzierbar ist, s. Bild 8-7a. In turbulenten Strömungen treten Wirbel

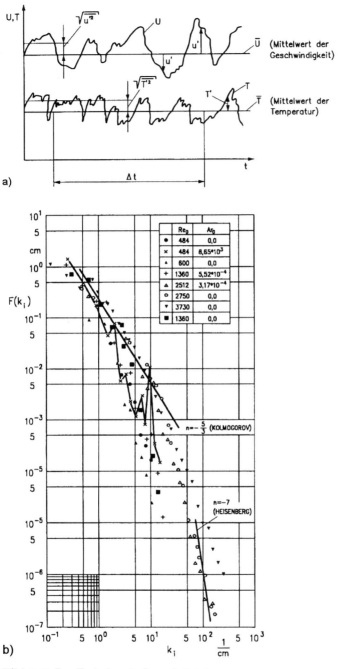

Bild 8-7: Zur Turbulenz in Raumluftströmungen

a) Ein mit einer Hitzdrahtsonde aufgenommenes Oszillographenbild (schematisch) der Strömungsgeschwindigkeit U und der Temperatur T

b) Frequenzspektrum der Geschwindigkeitsschwankung u' in einem Modellraum an der Stelle x/H = 1,6; y/H = 0,82 bei verschiedenen *Reynolds*- und *Archimedes*-Zahlen

(Turbulenzelemente) unterschiedlichster Abmessung und Intensität auf. Die Turbulenzelemente mit großen Abmessungen bilden die sogenannte Grobstruktur der Turbulenz, ihre Größe wird durch die Gestalt und Struktur des Strömungsgebietes und die Randbedingungen für die Strömung (Art und Größe der Luftdurchlässe) festgelegt. Für die Austauschprozesse ist die Grobstruktur der Turbulenz von entscheidender Bedeutung, da im Wesentlichen durch die großen Wirbelbewegungen der Transport von Impuls, Energie und Stoff bestimmt wird. Den Mechanismus des Energietransports innerhalb einer turbulenten Strömung kann man sich kaskadenartig vorstellen. Die großen Turbulenzelemente, die ihre Energie aus der kinetischen Energie der mittleren Bewegung erhalten, werden durch Instabilitäten zerstört und übergeben ihren Energiebetrag an die dabei entstehenden kleineren Turbulenzelemente (Feinstruktur der Turbulenz). Innerhalb der kleinsten Turbulenzelemente wird die kinetische Energie durch die Wirkung der viskosen Reibung in innere Energie umgewandelt (Dissipationsvorgang). Der Betrag der dissipierten Energie wird durch die Grobstruktur der Turbulenz bestimmt. Die Viskosität legt die Größe der kleinsten Turbulenzelemente fest. Einzelheiten über die Struktur einer turbulenten Strömung und deren Turbulenzzustand kann man u. a. aus Frequenzanalysen erhalten, s. Bild 8-7b. Dazu zerlegt man mit Hilfe von in der Akustik üblichen Terz-Oktav-Filtern die Schwankungsgeschwindigkeiten u'_i in diskrete, Frequenzbändern zugeordnete Anteile. Die in Bild 8-7b angegebenen frequenzabhängigen Turbulenzintensitäten wurden mit einem Hitzdrahtanemometer gemessen und stellen Spektren für die Geschwindigkeitsschwankung u' dar, die auf die Gesamtintensität bezogen und über der Wellenzahl

$$k_i = 2\pi\, f_i / \overline{U} \tag{8-13}$$

aufgetragen wurden. Dabei ist f_i das geometrische Mittel der Grenzen eines Frequenzbandes. Das Spektrum wurde aus der Beziehung

$$F_i(k_i) = \frac{\overline{u_i'^2}}{\overline{u'^2}\,(f_{o,i} - f_{u,i})}\frac{\overline{U}}{2\pi} \tag{8-14}$$

berechnet. Die Frequenzen $f_{o,i}$ und $f_{u,i}$ sind die obere bzw. untere Grenzfrequenz eines Frequenzbandes. Die Spektren in Bild 8-7b zeigen, dass es neben dem regelmäßigen Abklingverhalten (Kurven $\circ$,$\blacktriangledown$,$\blacksquare$) auch solche gibt, die deutlich schneller abklingen (Kurve $\blacktriangle$) oder die Peaks (Kurve $\times$) bzw. gewisse Unregelmäßigkeiten aufweisen, die darauf hindeuten, dass die Turbulenz nicht ausgebildet ist oder die Strömung sich in einem laminar-turbulenten Übergang befindet. Daraus folgt u. a. die in Kap. 8.2.3 gemachte Aussage, dass die auf den Zuströmquerschnitt bezogene *Reynolds*-Zahl größer als etwa 3000 bis 5000 sein muss, um eine ausgebildete Turbulenz der Raumluftströmung auch bei Modellversuchen zu erreichen.

8.3.2.2 *Reynolds*-Gleichungen

Für viele in der Natur und Technik ablaufende turbulente Strömungen (u. a. für die hier betrachteten Raumluftströmungen) ist die Kenntnis des zeitlich gemittelten Verhaltens ausreichend. Man begnügt sich mit der Bestimmung der mittleren Geschwindigkeits-, Druck-, Temperatur- und Konzentrationsfelder. Zunächst ersetzt man dazu die in den Gln. (8-5) bis (8-12) auftretenden Momentanwerte durch die zeitlichen Mittelwerte und die Schwankungsanteile

$$U_i = \overline{U}_i + u_i' \qquad P = \overline{P} + p' \qquad T = \overline{T} + T' \qquad \varrho_\alpha = \overline{\varrho}_\alpha + \varrho_\alpha', \qquad (8\text{-}15)$$

wobei die zeitlichen Mittelwerte bei stationären Prozessen durch die Vorschrift

$$\overline{\varphi}(x_i) = \lim_{t^* \to \infty} \frac{1}{t^*} \int_{t_1 - t^*/2}^{t_1 + t^*/2} \varphi(x_i, t)\,\mathrm{d}t \qquad (8\text{-}16)$$

definiert werden. Die Variable φ steht hier für U_i, P, T, ϱ_α. Korrekterweise müssten auch die Dichte ϱ und die Stoffwerte ν, λ, c_p in einen Mittelwert und eine Schwankungsgröße zerlegt werden. Die Berücksichtigung dieser Schwankungsgrößen würde jedoch die weitere Diskussion außerordentlich erschweren. Es darf angenommen werden, dass die Wirkungen dieser Schwankungen vernachlässigbar sind. Im Gegensatz dazu wird erwartet, dass Konzentrationsschwankungen, ausgedrückt durch die Größe ϱ_α', einen spürbaren Anteil zum turbulenten Stoffaustausch beitragen.

Aufgrund der Definition (8-16) gilt

$$\overline{u_i'} = \overline{p'} = \overline{T'} = \overline{\varrho_\alpha'} = 0, \qquad (8\text{-}17)$$

d. h., um praktisch handhabbare Turbulenzgrößen zu erhalten, muss man die Schwankungen erst quadrieren und dann mitteln ($\sqrt{\overline{u_i'^2}} \neq 0$, $\sqrt{\overline{T'^2}} \neq 0$ usw. s. Bild 8-7a).

Führt man Gl. (8-15) unter Beachtung der Gl. (8-17) und weiterer Regeln für das Rechnen mit Mittelwerten in die Differentialgleichungen (8-5) bis (8-12) ein, so erhält man die folgenden Bilanzgleichungen, die auch als *Reynolds*-Gleichungen bezeichnet werden, wiederum in der kurzen Indexschreibweise

$$\frac{\partial \overline{U}_i}{\partial t} + \overline{U}_j \frac{\partial \overline{U}_i}{\partial x_j} = -\frac{1}{\varrho} \frac{\partial \overline{P}}{\partial x_i} + \frac{\partial}{\partial x_j}\left[\nu\left(\frac{\partial \overline{U}_i}{\partial x_j} + \frac{\partial \overline{U}_j}{\partial x_i}\right)\right] - g_i\,\gamma(\overline{T} - \overline{T}_0) - \frac{\partial \overline{u_i' u_j'}}{\partial x_j} \quad (8\text{-}18)$$

$$\frac{\partial \overline{U}_j}{\partial x_j} = 0 \qquad (8\text{-}19)$$

$$\frac{\partial \overline{T}}{\partial t} + \overline{U}_j \frac{\partial \overline{T}}{\partial x_j} = \frac{\partial}{\partial x_j}\left(a\,\frac{\partial \overline{T}}{\partial x_j}\right) - \frac{\partial \overline{u_j' T'}}{\partial x_j} \qquad (8\text{-}20)$$

$$\frac{\partial \overline{\varrho}_\alpha}{\partial t} + \overline{U}_j \frac{\partial \overline{\varrho}_\alpha}{\partial x_j} = \frac{\partial}{\partial x_j}\left(D\,\frac{\partial \overline{\varrho}_\alpha}{\partial x_j}\right) + \overline{\dot{m}_\alpha^v} - \frac{\partial \overline{u_j' \varrho_\alpha'}}{\partial x_j}. \qquad (8\text{-}21)$$

In den Gln. (8-18) bis (8-21) treten neben den molekularen Reibungsgliedern, Wärmeleitungs- und Diffusionsanteilen auch Produkte von Schwankungsgrößen auf. Der Ausdruck $-\varrho\,\overline{u_i' u_j'}$ wird als *Reynolds*scher Spannungstensor bezeichnet und beschreibt die infolge turbulenter Geschwindigkeitsbewegungen auftretende zusätzliche (turbulente) Reibung. Die Größe $-\varrho\,c_p\,\overline{u_j' T'}$ ist die durch die turbulente Bewegung hervorgerufene mittlere (turbulente) Wärmestromdichte. Analog wird die Größe $-\overline{u_j' \varrho_\alpha'}$ in Gl. (8-21) als turbulente Stoffstromdichte infolge der turbulenten Schwankungsbewegung bezeichnet.

In den Gln. (8-18) bis (8-21) sind mehr Unbekannte enthalten als Gleichungen zu ihrer Bestimmung zur Verfügung stehen. Zur Lösung der *Reynolds*-Gleichungen benötigt man deshalb ergänzende Beziehungen, die die näherungsweise Berechnung der Zusatzglieder $-\varrho\,\overline{u_i' u_j'}$, $-\varrho\,c_p\,\overline{u_j' T'}$ und $-\overline{u_j' \varrho_\alpha'}$ gestatten. Solche ergänzenden Beziehungen (sogenannte Abschlusshypothesen) werden als Turbulenzmodelle bezeichnet.

8.3.3 Turbulenzmodell

8.3.3.1 Einführende Bemerkungen und *Boussinesq*-Ansatz

In der Turbulenztheorie gibt es eine Vielzahl nebeneinander stehender Auffassungen aufgrund einer Reihe ungelöster Probleme, die bereits mit der Definition des Begriffs „Turbulenz" beginnen. Die im Folgenden angegebenen und verwendeten Turbulenzmodelle schließen an den praktisch erfolgreichen Weg der Turbulenzforschung an, bei dem die turbulenten Strömungen durch die in Kap. 8.3.2 angegebenen Eigenschaften gekennzeichnet werden und bei dem als Grundlage die mathematische Statistik verwendet worden ist, d. h., die turbulenten Bewegungen und Erscheinungen werden mit wahrscheinlichkeitstheoretischen Vorstellungen verknüpft. In Anlehnung an einen von *Boussinesq* (1877) vorgeschlagenen Ansatz wird zur Bestimmung der turbulenten Reibung die Beziehung

$$-\varrho \, \overline{u_i' u_j'} = \tau_{ij,t} = \varrho \, \nu_t \left(\frac{\partial \overline{U}_i}{\partial x_j} + \frac{\partial \overline{U}_j}{\partial x_i} \right) - \frac{1}{3} \varrho \, \delta_{ij} \, \overline{u_k' u_k'} \qquad (8\text{-}22)$$

benutzt. Die Komponenten des Tensors δ_{ij} in Gl. (8-22) sind gleich eins für i gleich j. Für alle anderen Fälle sind die Komponenten von δ_{ij} gleich null. Damit kann man das Problem auf die Berechnung der turbulenten Viskosität verlagern. Allerdings benötigt man bei dieser Modellvorstellung relativ umfangreiche Kenntnisse über einzufügende empirische Konstanten (bzw. Funktionen), die im Allgemeinen für jeden Strömungstyp unterschiedlich (d. h., für Raumluftströmungen benötigt man andere empirische Größen als für Strömungsgrenzschichten) und vor allem für Übergangszustände (laminar-turbulent) unsicher sind.

Der in Gl. (8-22) formulierte Zusammenhang zwischen turbulenter Reibung und den Deformationen des Geschwindigkeitsfeldes lässt sich auf den turbulenten Wärme- und Stofftransport übertragen, d. h., die turbulente Wärmestromdichte kann durch

$$\varrho \, c_p \, \overline{u_j' T'} = \dot{q}_{j,t} = -\varrho \, c_p \, a_t \, \frac{\partial \overline{T}}{\partial x_j} \qquad (8\text{-}23)$$

dargestellt werden. Analog erhält man für die turbulente Stoffstromdichte die Gleichung

$$\overline{u_j' \varrho_\alpha'} = \dot{m}_{\alpha,j,t}'' = -D_t \frac{\partial \overline{\varrho}_\alpha}{\partial x_j} . \qquad (8\text{-}24)$$

Die turbulenten Transportkoeffizienten a_t und D_t sind ebenso wie die turbulente Viskosität ν_t empirische Hilfsgrößen. Sie können mit Hilfe der turbulenten *Prandtl*- bzw. *Schmidt*-Zahl ausgedrückt werden

$$Pr_t = \nu_t / a_t \qquad (8\text{-}25)$$

bzw.

$$Sc_t = \nu_t / D_t . \qquad (8\text{-}26)$$

Pr_t und Sc_t sind im Allgemeinen Funktionen der *Reynolds*- und der *Prandtl*-Zahl. Für Strömungsvorgänge in Räumen werden Pr_t und Sc_t (mit Ausnahme der unmittelbaren Wandbereiche) als konstant angenommen. Es gilt außerdem näherungsweise

$$\nu_t \approx a_t \approx D_t . \qquad (8\text{-}27)$$

8.3.3.2 Das k-ε-Modell

In der hier zugrunde gelegten, relativ einfachen statistischen Theorie der Turbulenz unterscheidet man zwei Arten von Turbulenzmodellen zur Berechnung der turbulenten Viskosität. Die erste Art (z. B. Mischungswegansatz von *Prandtl*, s. u. a. [16]) geht davon aus, dass die turbulente Viskosität durch dimensionsgleiche Kombinationen aus örtlichen Größen des Geschwindigkeitsfeldes beschrieben werden kann. Sie soll im Weiteren keine Rolle spielen, weil im Allgemeinen das örtliche Profil der turbulenten Reibung und das örtliche Geschwindigkeitsprofil nicht in dieser einfachen Weise miteinander gekoppelt sind. Die turbulenten Reibungen werden tatsächlich nicht nur von den Nachbarströmungsteilen, sondern vor allem von stromaufwärtigen Strömungsgebieten mitbestimmt. Um die aus dieser Abhängigkeit entspringenden Effekte besser erfassen zu können, ging man zu der zweiten Art von Turbulenzmodellen über, bei denen zur Berechnung der turbulenten Viskosität (und weiterer Turbulenzgrößen) dynamische Gleichungen für ihre Entwicklung in Strömungsrichtung eingeführt wurden. Die Methode, die erstmals von *Kolmogorov* (1942) und *Prandtl* (1945) verwendet wurde (s. dazu [16]), besteht in der Herleitung von Differentialgleichungen für turbulente Schwankungsgrößen aus den Grundgleichungen (8-5) bis (8-12).

Ausgangspunkt zur Berechnung der turbulenten Viskosität ist dabei die von *Prandtl* und *Kolmogorov* vorgeschlagene Beziehung

$$\nu_t = k^{1/2}\, l. \tag{8-28}$$

In Gl. (8-28) ist k die spezifische kinetische Energie der turbulenten Bewegung, die definiert ist durch

$$k = 0{,}5\, \overline{u_i' u_i'}. \tag{8-29}$$

$k^{1/2}$ ist demnach eine mittlere Geschwindigkeitsschwankung und wird als Turbulenzintensität bezeichnet. Die Größe l in Gl. (8-28) ist eine charakteristische Abmessung der Turbulenzelemente, die auch als Maßstab der Turbulenzelemente bezeichnet wird.

Die Transportgleichung (dynamische Gleichung) für die Turbulenzenergie k erhält man aus der Differenz zwischen der Impulsgleichung der momentanen Bewegung und der gemittelten Impulsgleichung. Anschließend wird die erhaltene Gleichung mit dem Vektor der Schwankungsgeschwindigkeit multipliziert und zeitlich gemittelt. Führt man weitere Vereinfachungen ein, gelangt man zu der halbempirischen Gleichung

$$\frac{\partial k}{\partial t} + \overline{U}_j \frac{\partial k}{\partial x_j} =$$

Konvektion

$$= \frac{\partial}{\partial x_j}\left[\left(\nu + \frac{\nu_t}{Pr_k}\right)\frac{\partial k}{\partial x_j}\right] + \nu_t \frac{\partial \overline{U}_j}{\partial x_i}\left(\frac{\partial \overline{U}_j}{\partial x_i} + \frac{\partial \overline{U}_i}{\partial x_j}\right) - \varepsilon + g_j\gamma\frac{\nu_t}{Pr_t}\frac{\partial \overline{T}}{\partial x_j}. \tag{8-30}$$

Diffusion infolge molekularer   Produktion   Dissipation   Quellterm
und turbulenter Bewegung   (Auftrieb)

Wie aus den vereinfachten Bezeichnungen in der Gl. (8-30) hervorgeht, lassen sich die einzelnen Glieder physikalisch interpretieren. Der Konvektionsterm der Gl. (8-30) bringt den Transport von Turbulenzenergie infolge zeitlicher und örtlicher Änderung zum Ausdruck. Der Diffusionsterm enthält sowohl Druck- als auch Geschwindigkeitsschwankungen, die analog zur turbulenten Diffusion durch einen Gradientenansatz (Gln. (8-23), (8-24)) beschrieben werden. Der Produktionsterm stellt die Neuschaffung von Turbulenzenergie dar, d. h., der Hauptströmung wird Energie entzogen, die der Schwankungsbewegung zugeführt wird. Die Dissipation ε beschreibt den Abbau des Energieniveaus und ist definiert durch

$$\varepsilon = \nu \frac{\overline{\partial u_i' \partial u_i'}}{\partial x_j \partial x_j}. \tag{8-31}$$

Diese Gleichung gilt unter der Voraussetzung, dass das Turbulenzfeld homogen sei. Das bedeutet, dass alle statistischen Größen und Verteilungen vom Ortsvektor x_i unabhängig und der Geschwindigkeitsvektor $U_i(x_i)$ zeitlich und örtlich konstant sind.

Der Auftriebsterm in Gl. (8-30) entsteht bei nicht isothermen Strömungen durch einen turbulenten Wärmestrom im Gravitationsfeld. Zu beachten ist dabei, dass in Abhängigkeit vom Vorzeichen des Temperaturgradienten $\partial T / \partial x_j$ die kinetische Energie der turbulenten Bewegung vergrößert oder verringert werden kann.

Man kann aus den Gln. (8-5), (8-6) mit den Ansätzen nach Gln. (8-15) weitere Gleichungen ableiten, die auch die Abmessung der Turbulenzelemente l enthalten [16]. Nimmt man an, dass die Dissipation ε durch die großen örtlichen Turbulenzelemente und die Turbulenzenergie darstellbar ist, ergibt sich

$$\varepsilon = C_D \, k^{3/2} / l. \tag{8-32}$$

Beschreibt man die Entwicklung der Dissipation ε durch eine der Gl. (8-30) analog aufgebaute dynamische Gleichung

$$\frac{\partial \varepsilon}{\partial t} + \overline{U}_j \frac{\partial \varepsilon}{\partial x_j} = \frac{\partial}{\partial x_j} \left[\left(\nu + \frac{\nu_t}{Pr_\varepsilon} \right) \frac{\partial \varepsilon}{\partial x_j} \right] + C_1 \, f_1 \, \nu_t \frac{\varepsilon}{k} \frac{\partial \overline{U}_j}{\partial x_i} \left(\frac{\partial \overline{U}_j}{\partial x_i} + \frac{\partial \overline{U}_i}{\partial x_j} \right) -$$

$$-C_2 \, f_2 \frac{\varepsilon^2}{k} + C_1 \, g_j \, \gamma \frac{\nu_t}{Pr_t} \frac{\varepsilon}{k} \frac{\partial \overline{T}}{\partial x_j}, \tag{8-33}$$

die wiederum eine größere Anzahl von Vereinfachungen (Abschlusshypothesen) enthält, ist damit die charakteristische Abmessung der Turbulenzelemente l bestimmbar, s. [17], [35].

Setzt man Gl. (8-32) in Gl. (8-28) ein, ergibt sich für die turbulente Viskosität die *Prandtl-Kolmogorov*-Beziehung in modifizierter Form

$$\nu_t = C_D \, f_D \, k^2 / \varepsilon. \tag{8-34}$$

Die in den Gleichungen (8-30) bis (8-34) enthaltenen empirischen Konstanten

C_1	C_2	C_D	Sc_t	Pr_t	Pr_k	Pr_ε
1,44	1,92	0,09	0,77	0,77	1,0	1,3

wurden teilweise aus der Betrachtung einfacher Strömungen (Grenzschichtströmung in Wandnähe, Abklingverhalten der Turbulenz hinter einem Gitter), in denen ein Teil der Terme der Gln. (8-30) und (8-33) vernachlässigt werden konnte, und teilweise durch numerische Optimierung bestimmt. Weiterhin gilt für das sogenannte Standard-k-ε-Modell $f_1 = f_2 = f_D = 1$. Die empirischen Konstanten bzw. die zu Konstanten vereinfachten Funktionen gelten nur für große turbulente $Reynolds$-Zahlen (Bereich der ausgebildeten turbulenten Strömung), d. h.,

$$Re_t = \frac{k^2}{\varepsilon\,\nu} > 400, \qquad (8\text{-}35)$$

und sind auf die hier betrachteten Raumluftströmungen zugeschnitten. Diese Konstanten sind somit nicht auf beliebige Strömungstypen übertragbar, d. h., sie besitzen keine Universalität. Das k-ε-Modell ist an einer Vielzahl von Strömungen in klimatisierten Räumen erprobt worden. Da das Modell jedoch nur für ausgebildete Turbulenz anzuwenden ist, müssen in der Nähe fester Wände weitere Modellvorstellungen (sogenannte Wandfunktionen), zu Hilfe genommen oder die im folgenden Abschnitt angegebenen Modifikationen des Modells eingesetzt werden.

8.3.3.3 Low-$Reynolds$-Number-Modell und weitere Möglichkeiten der Turbulenzmodellierung

Um Wandeinflüsse und Effekte des Übergangs von laminarer zu turbulenter Strömung im Turbulenzmodell zu erfassen, gibt es zahlreiche Vorschläge zur Erweiterung und Verfeinerung des k-ε-Modells. Dabei wird versucht, das veränderte Verhalten der Strömung bei kleinen lokalen $Reynolds$-Zahlen, z. B. im Wandbereich, nachzubilden. Zum einen ist hierfür eine besonders feine Diskretisierung in Wandnähe nötig, zum anderen wird über die oben erwähnten Funktionen f_1, f_2 und f_D sowie eventuell weitere Zusatzterme in den Gln. (8-30), (8-33), (8-34) die Berechnung der Turbulenzgrößen beeinflusst. Beispielsweise sind nach [18] die Dämpfungsfunktionen wie folgt zu wählen:

$$f_1 = 1 + (0{,}05/f_D)^2 \qquad f_2 = 1 - \exp(-Re_t^2)$$

$$f_D = [1 - \exp(-0{,}0165\ Re_k)]^2(1 + 20{,}5/Re_t) \qquad (8\text{-}36)$$

mit

$$Re_k = y_W\,\sqrt{k}/\nu \qquad (8\text{-}37)$$

sowie Re_t nach Gl. (8-35).

Ansonsten verwendet man in der Regel bei Low-$Reynolds$-Number-Modellen den oben angegebenen Konstantensatz des Standard-k-ε-Modells.

Neben den erwähnten, sehr einfachen Turbulenzmodellen (algebraische Ansätze wie die Mischungswegtheorie von $Prandtl$) und den k-ε- bzw. Low-$Reynolds$-Number-Modellen gibt es weitere, zahlreiche Modelle, um die Turbulenzphänomene zu beschreiben (s. z. B. [16], [35], [36], [40]), und es fehlt nicht an Bemühungen, neue Turbulenzmodelle zu entwickeln, z. B. [19], oder Rechnungen ohne Turbulenzmodellierung durchzuführen. Mit der in diesem Zusammenhang zu nennenden Large Eddy Simulation (LES), bei der man nur noch die kleinsten, durch die Diskretisierung nicht erfassbaren Turbulenzstrukturen modelliert, hat man auch erfolgreich Raumluftströmungen berechnet [29]. Die Impulstransportgleichungen (8-5) auf direktem Weg numerisch zu lösen (Direct Numerical Simulation — DNS) ist trotz leistungsfähiger Computer noch immer nur für Strömungen mit relativ geringen *Reynolds*-Zahlen möglich und von einer ingenieurmäßigen Anwendung in der Klimatechnik noch relativ weit entfernt.

Bei den sogenannten *Reynolds*-Stress-Turbulenzmodellen werden Gleichungen zur Berechnung der Komponenten des *Reynolds*schen Spannungstensors $-\varrho\,\overline{u'_i u'_j}$, Gl. (8-18) ff., abgeleitet. Auch bei diesen Turbulenzmodellen gibt es wiederum relativ einfache Ansätze, die auf algebraische Gleichungen führen und solche, die mit Transportgleichungen den gesamten oder Teile des Spannungstensors beschreiben, was numerisch außerordentlich aufwendig ist. Hinzu kommt, dass die allgemeinen *Reynolds*-Stress-Modelle zu einer großen Anzahl unbekannter Glieder in den Gleichungen führen, die durch einfache Annahmen, Konstanten und Funktionen ersetzt werden müssen. Die Folge davon sind in der Regel unsichere Ergebnisse. Außerdem sind die quelltermdominanten Gleichungen numerisch schwer zu handhaben. Der Vorzug der *Reynolds*-Stress-Turbulenzmodelle ist, dass man die Wirkung der Turbulenz auf das mittlere Strömungsfeld ohne die turbulente Viskosität ν_t erfassen kann. Gegenwärtig sind diese Modelle nicht praxisrelevant.

Um zumindest weitere Komponenten der *Reynolds*spannungen darstellen zu können und somit eine genauere Vorhersage von Strömungen insbesondere mit Sekundärbewegungen, starken Stromlinienkrümmungen, Ablösegebieten usw. zu ermöglichen, werden verstärkt seit etwa 1990 die Ansätze für die Bestimmung der turbulenten Viskosität, s. Gl. (8-22), erweitert und verfeinert. Gemeinsames Merkmal dieser Modelle ist ein allgemeiner nichtlinearer Zusammenhang zwischen den *Reynolds*spannungen und den Geschwindigkeitsgradienten. Einige der abgeleiteten Beziehungen und Modelle basieren auf strengen mathematischen Grundlagen wie der Renormierungsgruppen-Theorie (RNG-Theorie), andere Vorschläge sind mehr heuristischer Natur, siehe dazu [38]. Aber auch RNG-k-ε-Modelle (z. B. [34], [35]) führen nur zu weiteren Verfeinerungen, zusätzlichen Gleichungen, Gleichungsgliedern und — um die Gleichungssysteme zu schließen — zu neuen Funktionen und Konstanten. Den bisherigen Erfahrungen zufolge erzielt man aber mit diesen Gleichungen und Ansätzen und dem damit verbundenen höheren mathematischen und numerischen Aufwand eine gute Anpassung an die entsprechenden Strömungssituationen und Randbedingungen. Außerdem kann man mit diesen neueren Modellen die teilweise mühsame und aufwendige Anpassung an Rand- und Strömungsbedingungen durch Zusatzfunktionen wie bei den Low-*Reynolds*-Number-Modellen umgehen. Ob damit jedoch eine durchgreifende Verbesserung der Turbulenzmodellierung erreicht worden ist oder werden kann, kann gegenwärtig noch nicht abschließend beantwortet werden. Der Grund für diese Unsicherheit ist in den immer etwa gleichen physikalischen und mathematischen Modellen zur Beschreibung der Turbulenzphänomene zu suchen. Grundsätzlich geht man in der statistischen Turbulenztheorie von der *Reynolds*schen Zerlegung der Momentanwerte eines Strömungsfeldes in zeitliche Mittelwerte und überlagerte Schwankungsgrößen (Gl. (8-15) und Bild 8-7) aus und die meisten der gegenwärtig erfolgreich verwendeten Ansätze führen auf die Bestimmung einer oder mehrerer Hilfsgrößen wie der turbulenten Viskosität. Neue Überlegungen und Theorien könnten deshalb erforderlich werden, um die Stagnation der vorhandenen Theorie zu überwinden, s. dazu auch [30].

Trotz der nicht in jedem Fall befriedigenden Situation bei der Turbulenzmodellierung kann man aber auch beobachten, dass das mittlere Strömungsfeld in der Regel relativ „gutartig" auf Veränderungen von Turbulenzmodellen, deren Konstanten, Funktionen und Erweiterungen reagiert und insbesondere die mittleren Geschwindigkeiten, die mittleren Temperaturen usw. auch bei größeren Änderungen im Wesentlichen konstant bleiben. Möglicherweise liegt das daran, dass mit zunehmend feinerer Diskretisierung tatsächlich auch die Struktur und die Wirkungen der turbulenten Bewegungen immer besser beschrieben werden und zu Fehlern führende Glättungseffekte verschwinden oder zumindest in Grenzen gehalten werden können. Hinzu kommt, dass sich zwar die Turbulenzgrößen — auch wenn man diese in der Regel nicht lückenlos messen kann oder messen möchte, weil der Aufwand dafür zu hoch ist — in der Klima- und Lüftungstechnik zu wichtigen Parametern entwickelt haben, dass aber dennoch nicht abschließend geklärt ist, welchen Einfluss diese Größen auf den Wärmeübergang am Menschen und damit auf Behaglichkeitsempfindungen wirklich haben. Man sollte deshalb mit der Forderung nach zu vielen Einzelheiten und zu vielen Informationen, die man u. U. gar nicht verwerten kann oder die in ihrer Wirkung und Bewertung unsicher sind, vorsichtig sein.

8.3.4 Anfangs- und Randbedingungen

Zur Lösung der Gln. (8-18) bis (8-21) sowie (8-30) und (8-33) sind Bedingungen erforderlich. Sie werden in Form von Anfangs- und Randbedingungen angegeben, d. h., der Anfangszustand und die Bedingungen auf dem Gebietsrand, unter denen eine Lösung erfolgen soll, müssen spezifiziert werden. Je eine Anfangsbedingung ist für alle Geschwindigkeitskomponenten, die Temperatur, die Konzentration sowie die Turbulenzgrößen im gesamten Berechnungsgebiet einschließlich Rand vorzugeben. Denkbare, wenn auch für eine quasistationäre numerische Rechnung ungünstige und wegen der Gefahr von Division durch Null in der Regel sogar unbrauchbare Anfangsbedingungen sind Vorgaben der Art $U = V = W = k = \varepsilon = 0$. Randbedingungen sind für die genannten Größen auf dem gesamten Rand des Berechnungsgebietes zu formulieren. Unter dem Gebietsrand sind in den hier betrachteten Fällen vor allem Wände, Decken, Fußböden, Zuluft- und Abluftöffnungen sowie Symmetrielinien eines Raumes zu verstehen. Zu beachten ist, dass auch Oberflächen von Maschinen, Raumausstattungen oder offene Hallentore einen Gebietsrand darstellen können.

Für das Geschwindigkeitsfeld benötigt man bei dreidimensionalen Problemen drei, bei zweidimensionalen Problemen zwei Bedingungen. Für das Temperaturfeld, für das Konzentrationsfeld einer Stoffkomponente und für die Turbulenzparameter k und ε benötigt man je eine Randbedingung. Eine Sonderrolle spielt der Druck, für ihn ist lediglich eine geeignete Normierungsbedingung erforderlich. Alle angegebenen Zusatzbedingungen müssen verträglich, d. h. widerspruchsfrei sein. Darauf ist besonders bei der Formulierung der Randbedingungen für das Geschwindigkeitsfeld zu achten. Mögliche Vorgaben für zweidimensionale Aufgaben sind U, V oder U, $\partial V/\partial n$ oder auch ω, Ψ, wenn die Impulstransportgleichungen in die Wirbeltransportgleichung für die Wirbelstärke ω und die Gleichung für die Stromfunktion Ψ transformiert werden, s. z. B. [2]. Analoge Vorgaben muss man bei dreidimensionalen Aufgabenstellungen machen.

Anfangs- und Randbedingungen ergeben sich aus der physikalisch-technischen Aufgabenstellung. Vor allem bei der Formulierung von Randbedingungen gibt es eine Fülle von Möglichkeiten, und häufig sind die Bedingungen so kompliziert, dass die Differentialgleichungen auch numerisch nur iterativ und mit einem relativ hohen Aufwand zu lösen sind. Der Verwendung und Modellierung von Randbedingungen liegen deshalb fast immer starke Vereinfachungen und eine gewisse Willkür zugrunde. So wird beispielsweise entlang einer Wand selten entweder die Temperatur oder die Wärmestromdichte konstant sein. Man denke beispielsweise an eine Kühldecke, bei der man zwar eine über der Fläche gleichmäßige Temperatur anstrebt, dies aber technisch nicht wirklich realisieren kann. Dennoch wird man möglichst eine relativ einfache Randbedingung bei der mathematisch-numerischen Lösung verwenden wollen. Trotz solcher Vereinfachungen hat es sich aber auch erwiesen, dass mit einfachen Randbedingungen ingenieurtechnisch recht brauchbare und qualitativ richtige Ergebnisse erzielt werden. Natürlich kann man auch kompliziertere Randbedingungen verwenden oder abschnittsweise Änderungen von Randwerten vornehmen, wenn es die Genauigkeit der Lösung der Aufgabe erfordert. Eine grundsätzliche rechentechnische Barriere gibt es nicht, mitunter muss man sich lediglich mit mehreren Simulationen an das Endergebnis „heranarbeiten".

Bei der Berechnung von Raumluftströmungen verwendet man drei Arten von Randbedingungen. Nimmt man an, dass f_1 bis f_4 vorgegebene Funktionen oder Konstanten auf dem Rand eines Strömungsfeldes sind und ersetzt die Variablen U, V, W, T, k usw. durch das Symbol φ, unterscheidet man

a) *Dirichlet*sche Randbedingungen (Randbedingungen 1. Art: direkte Vorgabe von φ-Werten)

$$\varphi\big|_W = f_1.\tag{8-38}$$

Beispiele:

$$U_W = \overline{U}(y^*)$$

(Vorgabe eines Geschwindigkeitsprofils in der Zuluftöffnung, Bild 8-8a),

$$U_W = 0 \qquad V_W = 0 \qquad W_W = 0$$

(Haftbedingungen an einer festen Wand),

$$T_W = \text{const}$$

(konstante Wandtemperatur z. B. durch kondensierenden Sattdampf),

$$\varrho_{\alpha,W} = 0$$

(z. B. Ammoniak-Absorption an einer feuchten Oberfläche).

b) *Neumann*sche Randbedingungen (Randbedingungen 2. Art: Festlegungen über die Richtungsableitungen von φ; n ist die Koordinate normal zu einem Rand)

$$\frac{\partial \varphi}{\partial n}\bigg|_W = f_2.\tag{8-39}$$

Beispiele:

$$\left.\frac{\partial \overline{U}}{\partial n}\right|_W = 0$$

(Die Ableitung der Geschwindigkeitskomponente im Abströmquerschnitt oder an einer Symmetrielinie verschwindet, s. Bild 8-8a. An einer Symmetrielinie ist im Übrigen auch die Normalkomponente der Geschwindigkeit Null.),

$$\left.\frac{\partial \overline{T}}{\partial n}\right|_W = \text{const} \quad (\equiv \dot{q}_W = \text{const, z. B. eine elektrisch beheizte Wand}),$$

$$\dot{m}''_{\alpha,W} = \text{const} \quad (\text{Stoffstromdichte der Stoffkomponente } \alpha \text{ an der Wand konstant}).$$

c) *Robin*sche Randbedingungen (Randbedingungen 3. Art: Kombination der Gln. (8-38) und (8-39), wobei diese Beziehung auch nichtlinear sein kann)

$$\left(\frac{\partial \varphi}{\partial n} + f_3\,\varphi\right)_W = f_4. \tag{8-40}$$

Einzelheiten dazu s. [11].

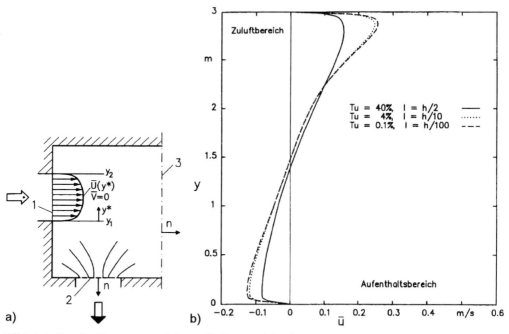

Bild 8-8: Randbedingungen und deren Einflüsse auf das Strömungsfeld
a) Zur Erläuterung der Randbedingungen in Zuluft- und Abluftöffnungen sowie an Symmetrielinien
1 Zuluftöffnung (turbulentes Geschwindigkeitsprofil)
2 Abluftöffnung mit dem Normalenvektor n
3 Symmetrielinie mit dem Normalenvektor n

b) Geschwindigkeitsprofile in einem zweidimensionalen Raum bei $x = 6$ m
(numerisches Gitter: 128 × 64, 8 Gitterpunkte in der Zuluftöffnung) bei unterschiedlichem Turbulenzniveau in der Zuluftöffnung

Zu beachten ist weiterhin, dass beispielsweise der Rand eines zweidimensionalen, rechteckigen Strömungsfeldes aus vier Seiten mit unterschiedlichen Teilgebieten zusammengesetzt wird (Zuströmung, Abströmung, feste Wand) und an allen Seiten bzw. Teilgebieten Randbedingungen anzugeben sind. Eine gewisse Verkomplizierung der Randbedingungen kann auftreten, wenn bei zweidimensionalen Aufgaben statt mit den ursprünglichen Variablen U, V und p mit den Variablen ω und Ψ gerechnet wird und wenn außerdem turbulente Grenzschichten mit empirischen Gesetzen beschrieben werden. Ausführlich wird diese Problematik in [2] behandelt.

Man muss sich grundsätzlich bemühen, dass das physikalische Verhalten möglichst realistisch beschrieben wird, denn die Lösung der Gleichungen wird durch das Festlegen von Anfangs-, Rand- bzw. weiteren Bedingungen für die Formulierung von Randbedingungen wesentlich bestimmt. Das gilt auch für die Spezifizierung der Turbulenzgrößen am Rand. Die Wirkungen veränderter Eintrittsgrößen auf das numerische Ergebnis veranschaulicht Bild 8-8b. Bei der numerischen Berechnung einer zweidimensionalen Raumluftströmung mit dem Computercode PSIOM2D (RAUMSTRÖMUNG [2]) ergeben sich beispielsweise im Querschnitt $x = 6$ m drei Geschwindigkeitsprofile und zwar in Abhängigkeit des vorgegebenen Turbulenzniveaus (Randbedingungen 1. Art, charakterisiert durch den Turbulenzgrad Tu und den turbulenten Längenmaßstab l, s. Kap. 8.3.3) im Zuluftquerschnitt. Bei kleinem und mittlerem Turbulenzniveau sind die Differenzen zwischen den Geschwindigkeiten gering, d. h., es hat sich offenbar eine raumspezifische turbulente Strömung herausgebildet, die von den Randbedingungen relativ unabhängig ist. Dagegen bleiben bei sehr starkem, u. U. zu großem und falsch gewähltem Turbulenzgrad bzw. Turbulenzmaßstab Wirkungen auch in dem von der Zuluft weit entfernten Querschnitt erhalten und führen zur Berechnung von deutlich veränderten Raumluftbewegungen.

8.3.5 Ein Lösungskonzept für die Transportgleichungen

Die Gln. (8-18) bis (8-21), (8-30), (8-33) mit (8-34) stellen zusammen mit entsprechenden Anfangs- und Randbedingungen ein mathematisches Modell zur Berechnung von Raumluftströmungen dar. Analytische Lösungen gibt es für dieses System nichtlinearer partieller Differentialgleichungen 2. Ordnung nicht. Man kann das Gleichungssystem aber mit numerischen Methoden lösen. Dazu gibt es diverse Möglichkeiten. Sie reichen von der Lösung des Gesamtgleichungssystems bis zu Lösungskonzeptionen, bei denen das komplexe Problem in überschaubarere Teilprobleme aufgespaltet wird, s. Bild 8-6 und z. B. [20], [37]. Eine einfache und überschaubare Methode, deren Grundgedanke auf *Harlow* und *Welch* [21] zurückgeht, wird im Folgenden näher erläutert. Um den formelmäßigen Aufwand in Grenzen zu halten, wird die Strategie nur anhand der Impulstransportgleichungen dargestellt.

Die Integration der Gl. (8-18) über einen Zeitschritt Δt liefert unter Verwendung einer effektiven Viskosität $\nu_{eff} = \nu + \nu_t$ sowie mit den Abkürzungen $\bar{p} = \overline{P}/\varrho$ und $\bar{f}_i = g_i\,\gamma(\overline{T} - \overline{T}_0)$

$$\overline{U}_i^{m+1} = \overline{U}_i^m + \int_{t^m}^{t^{m+1}} \left\{ \frac{\partial}{\partial x_j}\left[\nu_{eff}\left(\frac{\partial \overline{U}_i}{\partial x_j} + \frac{\partial \overline{U}_j}{\partial x_i}\right)\right] - \overline{U}_j\frac{\partial \overline{U}_i}{\partial x_j} - \frac{\partial \bar{p}}{\partial x_i} + \bar{f}_i \right\}\,\mathrm{d}t. \quad (8\text{-}41)$$

Führt man eine näherungsweise Auswertung der Integrale durch, erhält man

$$\overline{U}_i^{m+1} = \overline{U}_i^m + \Delta t \left\{ \frac{\partial}{\partial x_j} \left[\nu_{eff} \left(\frac{\partial \overline{U}_i}{\partial x_j} + \frac{\partial \overline{U}_j}{\partial x_i} \right) \right] - \overline{U}_j \frac{\partial \overline{U}_i}{\partial x_j} - \frac{\partial \overline{p}}{\partial x_i} + \overline{f}_i \right\}^m . \quad (8\text{-}42)$$

Diese relativ einfache Vorgehensweise entspricht dem expliziten *Euler*-Verfahren. Genauere Zeitapproximationen liefern kompliziertere Interpolationsformeln für den Integranden, s. z. B. [22] bis [24]. In analoger Weise werden auch die Transportgleichungen (8-20), (8-21), (8-30) und (8-33) behandelt. Durch Bildung der Divergenz von beiden Seiten der Gl. (8-42), Anwendung der Kontinuitätsgleichung und Umstellen erhält man eine *Poisson*-Gleichung zur Druckberechnung

$$\frac{\partial^2 \partial \overline{p}^m}{\partial x_i^2} = \frac{1}{\Delta t} \frac{\partial \overline{U}_i^m}{\partial x_i} + \frac{\partial}{\partial x_i} \left\{ \frac{\partial}{\partial x_j} \left[\nu_{eff} \left(\frac{\partial \overline{U}_i}{\partial x_j} + \frac{\partial \overline{U}_j}{\partial x_i} \right) \right] - \overline{U}_j \frac{\partial \overline{U}_i}{\partial x_j} + \overline{f}_i \right\}^m . \quad (8\text{-}43)$$

Der Algorithmus verläuft so, dass, beginnend mit Anfangswerten für Geschwindigkeit, Temperatur usw., die Druckgleichung gelöst wird. Nach dieser Druckberechnung können die Geschwindigkeiten, Temperaturen und anderen Variablen zum neuen Zeitschritt bestimmt werden. Alle Schritte werden solange wiederholt, bis eine vorgegebene Genauigkeit erreicht ist s. z. B. [22] bis [24], [27].

Damit ist die Lösung des Gesamtproblems auf die iterative Folge von Teilproblemen verlagert worden. Der Algorithmus, der auch als explizite Druck-Geschwindigkeitsiteration bezeichnet wird, besteht demzufolge aus der Lösung expliziter Gleichungen für alle Transportgrößen und einer linearen partiellen Differentialgleichung zur Berechnung des Druckes. Die Transparenz dieses einfachen Konzeptes muss allerdings mit Restriktionen bezüglich der zu wählenden Größe der Zeitschritte Δt bezahlt werden, d. h., es kann nur mit relativ kleinen Zeitschritten (Größenordnung 10^{-6} s bis 10^{-2} s) gearbeitet werden. Mit deutlich größeren Schrittweiten kann man bei Verwendung impliziter Verfahren arbeiten. Der Darstellungs- und Berechnungsaufwand steigen natürlich entsprechend.

8.3.6 Numerisches Modell und Lösung der diskreten Gleichungen

8.3.6.1 Räumliche Diskretisierung mittels Finiter Volumen Methode

Innerhalb der im vorigen Abschnitt beschriebenen Lösungsstrategie wurde bereits eine zeitliche Diskretisierung durchgeführt. Damit ist das zeitlich kontinuierliche Problem in eine Folge von Teilproblemen zu diskreten Zeitpunkten überführt worden. Auch für das räumlich kontinuierliche Problem muss ein diskretes Modell aufgestellt werden. Dazu ist eine Zerlegung des betrachteten Strömungsgebietes sowie eine dazu passende Diskretisierung der Differentialgleichungen und Randbedingungen notwendig. Eine gegenwärtig oft angewandte Methode ist die dem klassischen Differenzenverfahren nahestehende Finite Volumen Methode (FVM), die im Folgenden nur in groben Zügen beschrieben wird, da sie zwar auf einfache, dafür aber sehr umfangreiche Differenzengleichungen führt. Das Berechnungsgebiet muss bei der FVM in Zellen unterteilt bzw. mit einem Gitter überzogen werden. Die Basiszelle für eine Diskretisierung auf einem orthogonalen Gitter zeigt Bild 8-9a.

a) Basiszelle der Diskretisierung mit Relativindizierung
(P: point, f: front, b: back, n: north, s: south,
e: east, w: west)

b) Finites Bilanzgebiet
zur Diskretisierung der
Impulstransportgleichung in x-Richtung
mit Nachbarzellen und
erweiterter Relativindizierung

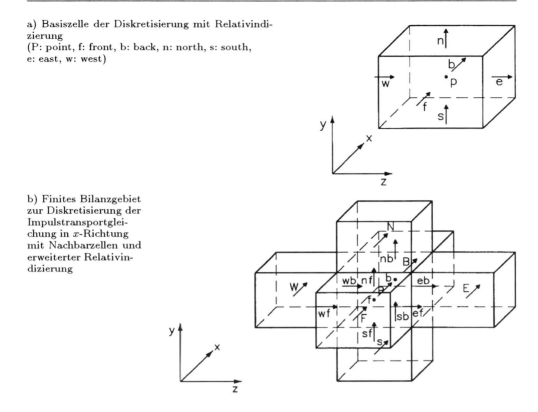

Bild 8-9: Bilanzgebiete zur Diskretisierung der Differentialgleichungen

Die versetzte Anordnung der Variablen bzw. die Verwendung eines gestaffelten Gitters (staggered grid) ist eine Möglichkeit, um die (hier nicht näher diskutierten) Besonderheiten der Impuls- und Kontinuitätsgleichung bei der Diskretisierung zu berücksichtigen, siehe z. B. [24], [25]. (Die versetzte Anordnung der Variablen ist besonders bei nicht orthogonalen Gittern nachteilig. In diesen Situationen arbeitet man besser mit nicht versetzten Gittern, muss dafür aber zwei Druckkorrekturgleichungen lösen und die Werte der Variablen, die außerhalb des Zentrums der Basiszelle liegen, müssen durch Interpolation ermittelt werden, s. dazu z. B. [37].) Die in Bild 8-9a dargestellte Basiszelle, die als Repräsentant für alle sich aus der Diskretisierung des Berechnungsgebietes ergebenden Zellen steht, ist zugleich finites Bilanzgebiet für alle skalaren Größen. Mit Hilfe einer formalen Integration über jedes dieser Bilanzgebiete innerhalb des gesamten Gitters wird auf anschauliche Weise das räumlich kontinuierliche Problem in ein räumlich diskretes Problem überführt. Die Vorgehensweise lässt sich am Beispiel der Kontinuitätsgleichung einfach demonstrieren. Die Kontinuitätsgleichung (8-19) lautet in ausführlicher Form

$$\frac{\partial \overline{U}}{\partial x} + \frac{\partial \overline{V}}{\partial y} + \frac{\partial \overline{W}}{\partial z} = 0. \tag{8-44}$$

Die Integration über ein finites Bilanzgebiet (Basiszelle)

$$\int\limits_{z_w}^{z_e} \int\limits_{y_s}^{y_n} \int\limits_{x_f}^{x_b} \left(\frac{\partial \overline{U}}{\partial x} + \frac{\partial \overline{V}}{\partial y} + \frac{\partial \overline{W}}{\partial z} \right) \mathrm{d}x\,\mathrm{d}y\,\mathrm{d}z = 0 \tag{8-45}$$

liefert formal

$$\int\limits_{z_w}^{z_e} \int\limits_{y_s}^{y_n} (\overline{U}_b - \overline{U}_f)\,\mathrm{d}y\,\mathrm{d}z + \int\limits_{z_w}^{z_e} \int\limits_{x_f}^{x_b} (\overline{V}_n - \overline{V}_s)\,\mathrm{d}x\,\mathrm{d}z + \int\limits_{y_s}^{y_n} \int\limits_{x_f}^{x_b} (\overline{W}_e - \overline{W}_w)\,\mathrm{d}x\,\mathrm{d}y \approx$$

$$\approx (\overline{U}_b - \overline{U}_f)\Delta y\,\Delta z + (\overline{V}_n - \overline{V}_s)\Delta x\,\Delta z + (\overline{W}_e - \overline{W}_w)\Delta x\,\Delta y \approx 0. \tag{8-46}$$

Nach Division durch das Volumen des finiten Bilanzgebietes ($\Delta x\,\Delta y\,\Delta z$) und unter Vernachlässigung des Diskretisierungsfehlers erhält man die diskrete Kontinuitätsgleichung

$$\frac{\overline{U}_b - \overline{U}_f}{\Delta x} + \frac{\overline{V}_n - \overline{V}_s}{\Delta y} + \frac{\overline{W}_e - \overline{W}_w}{\Delta z} = 0. \tag{8-47}$$

In gleicher Weise werden auch alle Transportgleichungen diskretisiert, d. h., nach Durchführung der Integration wird die jeweils entstandene Gleichung unter Zuhilfenahme lokaler Approximationen in eine Differenzengleichung überführt. Zu beachten ist dabei, dass gemäß dem gestaffelten Gitter auch das finite Bilanzgebiet verschoben werden muss. Als Beispiel wird die so erhaltene Differenzengleichung zur Berechnung der Geschwindigkeitskomponente $\overline{U}$ angegeben. Der obere Index kennzeichnet den Zeitschritt, für die räumliche Position innerhalb des Gitters wurde die in Bild 8-9a eingeführte Relativindizierung noch erweitert. Das zugehörige finite Bilanzgebiet mit den zur Diskretisierung benötigten Nachbarzellen zeigt Bild 8-9b. Die Differenzengleichung lautet:

$$\frac{\overline{U}_P^{m+1} - \overline{U}_P^m}{\Delta t} + \frac{\overline{p}_b^m - \overline{p}_f^m}{\Delta x} - \overline{f}_{x,P}^m +$$

$$+ \left\{ \frac{\overline{U}_B^m + \overline{U}_P^m}{2\Delta x} \left[\omega_b \overline{U}_B^m + (1 - \omega_b)\overline{U}_P^m \right] - \frac{\nu_{eff,b}}{\Delta x} \left(2\frac{\overline{U}_B^m - \overline{U}_P^m}{\Delta x} \right) \right\} -$$

$$- \left\{ \frac{\overline{U}_P^m + \overline{U}_F^m}{2\Delta x} \left[\omega_f \overline{U}_P^m + (1 - \omega_f)\overline{U}_F^m \right] - \frac{\nu_{eff,f}}{\Delta x} \left(2\frac{\overline{U}_P^m - \overline{U}_F^m}{\Delta x} \right) \right\} +$$

$$+ \left\{ \frac{\overline{V}_{nb}^m + \overline{V}_{nf}^m}{2\Delta y} \left[\omega_n \overline{U}_N^m + (1 - \omega_n)\overline{U}_P^m \right] - \frac{\nu_{eff,n}}{\Delta y} \left(\frac{\overline{U}_N^m - \overline{U}_P^m}{\Delta y} + \frac{\overline{V}_{nb}^m - \overline{V}_{nf}^m}{\Delta x} \right) \right\} -$$

$$- \left\{ \frac{\overline{V}_{sb}^m + \overline{V}_{sf}^m}{2\Delta y} \left[\omega_s \overline{U}_P^m + (1 - \omega_s)\overline{U}_S^m \right] - \frac{\nu_{eff,s}}{\Delta y} \left(\frac{\overline{U}_P^m - \overline{U}_S^m}{\Delta y} + \frac{\overline{V}_{sb}^m - \overline{V}_{sf}^m}{\Delta x} \right) \right\} +$$

$$+ \left\{ \frac{\overline{W}_{eb}^m + \overline{W}_{ef}^m}{2\Delta z} \left[\omega_e \overline{U}_E^m + (1 - \omega_e)\overline{U}_P^m \right] - \frac{\nu_{eff,e}}{\Delta z} \left(\frac{\overline{U}_E^m - \overline{U}_P^m}{\Delta z} + \frac{\overline{W}_{eb}^m - \overline{W}_{ef}^m}{\Delta x} \right) \right\} -$$

$$-\left\{ \frac{\overline{W}_{wb}^m + \overline{W}_{wf}^m}{2\Delta z} \left[\omega_w\, \overline{U}_P^m + (1 - \omega_w)\overline{U}_W^m \right] - \right.$$

$$\left. - \frac{\nu_{eff,w}}{\Delta z} \left(\frac{\overline{U}_P^m - \overline{U}_W^m}{\Delta z} + \frac{\overline{W}_{wb}^m - \overline{W}_{wf}^m}{\Delta x} \right) \right\} = 0. \qquad (8\text{-}48)$$

Es ist weiterhin zu beachten, dass bei der hier durchgeführten Diskretisierung des Konvektionstermes spezielle Approximationen (stromaufwärtige Differenzen oder sogenannte upwind-Approximationen) eingesetzt werden müssen, um eine wichtige Eigenschaft, die Stabilität der Differenzenapproximation, zu gewährleisten. In Gl. (8-48) wurde eine mit dem Faktor ω gewichtete upwind-Approximation gewählt. Zu bemerken ist noch, dass als Ausgangspunkt der Diskretisierung die konservative Schreibweise des Konvektionsterms benutzt wurde. Einzelheiten dazu sind u. a. in [20], [23], [26] zu finden.

Zur Vervollständigung des diskreten Modells müssen selbstverständlich auch die Randbedingungen diskretisiert werden. Die diskrete Formulierung kontinuierlicher Randbedingungen scheint zunächst kein Problem zu sein. Man denke etwa an die Überführung der Haftbedingung an der Wand (Geschwindigkeiten sind gleich null) in eine diskrete Form, d. h., jeder Randpunkt wird mit einer Null belegt. Wird beispielsweise eine Randbedingung 2. Art gesetzt (etwa die vereinfachte Abströmbedingung $\partial \overline{V}/\partial y = 0$ für die in Bild 8-8a angegebene Abluftöffnung), kann über die beschriebene formale Integration bzw. über eine entsprechende Differenzenbildung eine Berechnungsformel hergeleitet werden. Unter Beachtung der Relativindizierung aus Bild 8-9 erhält man für diese Abströmbedingung an einem im Sinne der Relativindizierung südseitig gelegenen Rand

$$\frac{\overline{V}_s - \overline{V}_n}{\Delta y} = 0. \qquad (8\text{-}49)$$

Das bedeutet, dass für jede Randzelle, in der diese Randbedingung gesetzt wurde, die Geschwindigkeit $\overline{V}_s$ gleich der Geschwindigkeit $\overline{V}_n$ ist. Im Zusammenhang mit dem Turbulenzmodell können aber dennoch Schwierigkeiten auftreten, die zwar weniger beim Randpunkt selbst, dafür aber bei dessen Verbindung zum randnächsten Punkt entstehen. Je nach gewähltem Turbulenzmodell und je nach Feinheit der Diskretisierung (liegen beispielsweise Gitterlinien in der laminaren Unterschicht) müssen weitere Vorstellungen zu Hilfe genommen werden, um die Verläufe der gesuchten Funktionen im Wandbereich möglichst realistisch zu beschreiben bzw. zu approximieren. Am bekanntesten davon ist das logarithmische Wandgesetz, bei dem auf der Grundlage der *Prandtl*schen Mischungswegtheorie Ansätze für die verschiedenen Bereiche der Wandgrenzschicht (Plattengrenzschicht) bereitgestellt und damit Überbrückungen vom Wandpunkt zum wandnächsten Punkt geschaffen werden. Einzelheiten dazu sind u. a. in [2] zu finden.

Ohne die umfangreichen Differenzengleichungen anzugeben, besteht das nun vorliegende diskrete Modell in Verbindung mit dem in Kap. 8.3.5 angegebenen Lösungskonzept aus diskreten expliziten Gleichungen zur Berechnung der Geschwindigkeitskomponenten, der Temperatur, der Konzentration und der Turbulenzgrößen für jeden Gitterpunkt im Berechnungsgebiet sowie einem linearen Gleichungssystem zur

Berechnung des Druckes an jedem Gitterpunkt. Zu betonen ist dieses „an jedem Gitterpunkt", weil sich dahinter der numerische Aufwand verbirgt. Die Zahl der zu lösenden Gleichungen in jedem Zeitschritt ergibt sich aus der Anzahl der Gitterpunkte multipliziert mit der Anzahl der Differenzengleichungen der Variablen. Bei den hier verwendeten 8 Variablen $\overline{U}_i$, p, $\overline{T}$, $\overline{\varrho}_\alpha$, k, ε sind bei einem Gitter mit 10^5 Punkten und beispielsweise 10^5 Zeitschritten 7×10^{10} Differenzengleichungen für $\overline{U}_i$, $\overline{T}$, $\overline{\varrho}_\alpha$, k, ε iterativ zu lösen. Dazu kommt in jedem Zeitschritt (also in diesem Beispiel 10^5-mal) die Lösung des Gleichungssystems für den Druck p. Der Aufwand dafür hängt vom gewählten Lösungsverfahren (direktes Verfahren, *Gauß-Seidel*-Iteration u. ä.) und der Ausnutzung der speziellen Eigenschaften der Koeffizientenmatrix ab.

Die hier dargestellte Diskretisierungsmethode ist nicht auf orthogonale Gitter beschränkt. Zum einen kann man von vornherein als finite Bilanzgebiete zur Diskretisierung der Differentialgleichungen unregelmäßige Hexaeder oder Tetraeder wählen (s. z. B. [24]), zum anderen besteht aber auch die Möglichkeit, mit Transformationen zwischen dem physikalischen (eventuell krummlinig begrenzten) und dem geradlinig begrenzten, orthogonal vernetzten Berechnungsgebiet auf dem Computer zu arbeiten. Wie erwähnt, gibt es aber auch grundsätzlich andere Wege, bei denen bei der Diskretisierung der Differentialgleichungen auf versetzte Gitter verzichtet wird oder bei denen die klassische Differenzenmethode gar nicht mehr benutzt wird. In jedem Fall ist mit einem beachtlichen mathematischen und rechentechnischen Mehraufwand zu rechnen, der auch in Verbindung mit der für komplizierte geometrische Gebiete unerlässlichen Gittergenerierung zu sehen ist (s. z. B. [27], [37]). Der praktisch tätige Klimaingenieur muss sich mit diesen Fragen in der Regel nicht mehr befassen, weil die Probleme gelöst und in kommerziellen Computercodes bereits eingearbeitet wurden und verfügbar sind. Die Frage nach dem verwendeten Diskretisierungsverfahren sollte dennoch immer gestellt werden, weil hiervon das Konvergenzverhalten, die Genauigkeit und Stabilität der Lösung, die Flexibiltät und der Aufwand bei der Benutzung eines Computercodes abhängen.

8.3.6.2 Lösung des Differenzengleichungssystems

Obwohl bei dem hier beispielhaft dargestellten Lösungskonzept nur ein lineares Gleichungssystem zur Berechnung des Druckes entsteht, muss auf den Umfang und die Problematik der Lösung des Differenzengleichungssystems nochmals nachdrücklich hingewiesen werden. Bei der Diskretisierung entstehen schwachbesetzte Koeffizientenmatrizen, die bei typischen Gitterpunktzahlen von 10^5 bis 10^6 ebenfalls sehr groß sind. Deshalb scheiden in der Regel zur Lösung des Gleichungssystems einfache, auf dem *Gauß*-Algorithmus basierende direkte Lösungsverfahren infolge ihres hohen Rechenaufwandes und Speicherplatzbedarfes aus, s. dazu z. B. [39]. Eine Lösung mittels schneller *Fourier*-Transformation wäre denkbar, bietet aber zu wenig Flexibilität bei der Wahl des Berechnungsgebietes. Klassische iterative Lösungsverfahren (*Jacobi*- oder *Gauß-Seidel*-Verfahren) weisen ein stark gitterabhängiges Lösungsverhalten auf und sind für hohe Gitterpunktzahlen nicht geeignet.

Neben leistungsfähigen konjugierten Gradientenverfahren (cg-methods) besteht ein häufig verwendetes und sehr effizientes Verfahren in einer sogenannten Mehrgittertechnik (multigrid method). Darunter versteht man die Kombination von eventuell auch verschiedenen Lösungsverfahren auf feinen und groben Gittern innerhalb einer Iterationstechnik zur Lösung großer Gleichungssysteme. Als einfache Variante wäre z. B. die Kombination des *Gauß-Seidel*-Verfahrens mit der Lösung einer Korrekturgleichung auf einem gröberen Gitter mittels *Gauß*-Algorithmus möglich. Die Wirkungsweise einer solchen Iterationstechnik auf mehreren Gittern lässt sich theoretisch über unterschiedliche Frequenzen des Fehlers und dessen Abbau auf verschiedenen Gittern erklären. Auch hierzu wird für weitere Einzelheiten auf die Literatur verwiesen, z. B. [28].

8.3.7 Ergebnisse numerischer Simulationsrechnungen und Vergleich mit experimentellen Daten

Im Folgenden werden einige ausgewählte Ergebnisse numerischer Simulationsrechnungen angegeben. Sie wurden teilweise mit dem Computercode ResCUE erzielt, der auf der erläuterten Lösungsstrategie, Diskretisierungsmethode und Mehrgittertechnik basiert. Außerdem wurden der in [2] ausführlich beschriebene Code PSIOM2D (RAUMSTRÖMUNG) sowie der Code FLUENT eingesetzt. Alle Codes benutzen das Standard-k-ε-Turbulenzmodell.

Ziel der nachfolgend beschriebenen Beispiele ist es, durch eine ausreichend große Zahl von Gitterpunkten und eine geschickte Modellbildung, z. B. Vereinfachung der Geometrie und der Randbedingungen, Aufteilung in Teilmodelle und Verwendung experimenteller Ergebnisse, die gestellten Aufgaben genügend genau zu lösen. Es steht außer Frage, dass mit feinerem Gitter und größeren Rechenzeiten und damit größerem Bearbeitungsaufwand mehr Einzelheiten der Raumströmung z. B. in Wandnähe berechnet werden können. Besser ist es, den Aufwand in die Absicherung von Ergebnissen beispielsweise durch Variation der Randbedingungen zu stecken.

Das erste hier dargestellte, einfache Beispiel zur Berechnung und numerischen Verifizierung zweidimensionaler Raumluftströmungen wurde erstmals in [31] verwendet. Der Modellraum ist in Bild 8-10 dargestellt. Zur Berechnung wurden der bereits

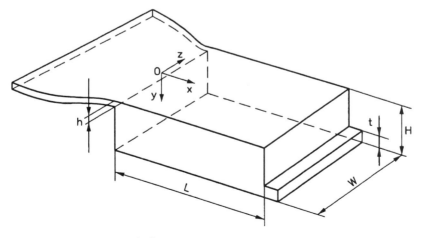

Bild 8-10: Testraum nach [31] mit den Abmessungen $L = 9$ m, $H = 3$ m, $h = 0,168$ m, $t = 0,48$ m

erwähnte Code PSIOM2D (Ψ-ω-Verfahren, s. [2]) sowie der Code ResCUE benutzt und die Ergebnisse mit Messwerten nach [31] verglichen. Für diesen zweidimensionalen Fall wurden Punktzahlen von nur 128×64 bzw. 128×56 verwendet. Die Resultate in ausgewählten Ebenen bzw. Schnitten sind in Bild 8-11 angegeben. Zusätzlich sind

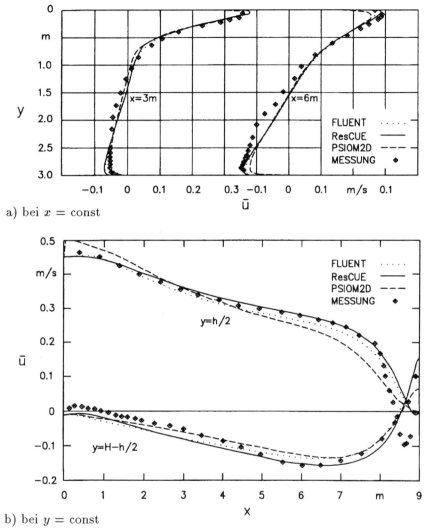

a) bei $x = $ const

b) bei $y = $ const

Bild 8-11: Berechnete Geschwindigkeitsprofile und Messwerte entlang ausgewählter Linien im Testraum nach [31]

Werte eingetragen, die mit dem Computercode FLUENT für diese Situation erzielt wurden. Der Vergleich der Rechnungen mit den Messwerten zeigt, dass das Verhalten der Strömung im Raum sowohl qualitativ als auch quantitativ gut von allen Rechnungen widergespiegelt wird. Der langsame Abbau des Wandstrahls und das starke Rückströmgebiet in der Aufenthaltszone des Raumes werden sehr genau simuliert.

Gangeintritt dargestellt. Man erkennt großräumige Wirbel und Geschwindigkeiten im Gang, die mehrmals so groß wie die Eintrittsgeschwindigkeit von 0,08 m/s sind. Dadurch entsteht eine intensive Vermischung der Luft, die eine ausgeprägte thermische Schichtung verhindert. Die gleiche Aussage liefern auch experimentelle Untersuchungen [41]. Die Strömung in den Gängen ist sehr stabil gegen mäßige Veränderungen der Verteilung der Lasten, was durch verschiedene hier nicht dargestellte Modellvarianten nachgewiesen wurde. Die Temperaturen an den Palettenoberflächen sind in Übereinstimmung mit der Temperaturverteilung im Gang gleichmäßig.

Am folgenden Berechnungsbeispiel unter Verwendung des Computercodes ResCUE soll gezeigt werden, dass sich die Strömungssimulation zur effektiven und flexiblen Lösung von Aufgaben des instationären Stofftransports einsetzen lässt [43]. Gegeben ist ein Laborraum mit normgerecht ausgeführtem Tischabzug, siehe Bild 8-13. Versperrungen durch Möblierung und Personen werden nicht berücksichtigt. Vorgegeben sind die Raum- und Zulufttemperatur mit 20 °C und die Temperatur im Abzug mit 28 °C. Die Luft im Abzug enthält anfangs gleichmäßig verteilt Ammoniak als Schadstoff in einer Konzentration von $\varrho_{Schad} = 5$ mg/m^3. Die Luft wird mit einer Geschwindigkeit von 0,2 m/s oberhalb der Tür zugeführt. Erfahrungsgemäß stellen sich die kritischen Zustände beim plötzlichen vollständigen Öffnen des anfangs geschlossenen Frontschiebers und somit beim plötzlichen Erreichen der Zuluftgeschwindigkeit ein, so dass dieser Fall modelliert wird. Die Rechnungen dienen dem Verständnis, wie es zum Schadstoffeintrag in den Laborraum kommt. Die berechneten Stromlinien, Geschwindigkeits- und Konzentrationsfelder (im Bild 8-13 dargestellt als Stromlinien mit Pfeilen, Verteilungen der mittleren Geschwindigkeit $\overline{U}$ und der Konzentration ϱ_{Schad}) zeigen die zeitliche Entstehung der Raumluftwirbel, beginnend mit zur Potentialströmung vergleichbaren Verhältnissen über kleine Wirbel unter dem Lufteintritt und über dem Frontschieber bis hin zum ausgebildeten Zustand. Die unterschiedlichen Strukturen sind die Ursache für die Schadstoffwolke im Raum. Da die mit Schadstoff beladene Luft im Abzug sowohl größere als auch kleinere Dichte haben kann als das Labor, ist der Schadstoffeintrag durch Verlegen der Zuluftöffnungen nicht zu unterbinden. Die Wechselwirkungen zwischen Raum- und Abzugsströmung sind dafür zu groß. Deshalb sollte in einem Labor im Auslegezustand eine stabile Raumluftströmung angestrebt werden, die sich beim Öffnen des Frontschiebers nicht grundsätzlich ändert. Die Konzentrationsfeldberechnung bietet weiterhin die Möglichkeit, den zeitlichen Verlauf der maximalen Konzentration im Raum zu verfolgen [43]. Die Berechnungsergebnisse zeigen außerdem, dass sich in verschiedenen Raumpunkten die Konzentrationsverläufe erheblich verändern. Deshalb ist bei Tracergas-Messungen eine Kombination mit Konzentrationsfeldberechnungen zu empfehlen.

In Räumen mit großen Kühllasten ist es vorteilhaft, Luft-Wasser-Systeme für die Klimatisierung einzusetzen. Hierbei werden die Kühllastabfuhr mit Wasser in Kühldecken oder Konvektoren und die Zufuhr von aufbereiteter Außenluft kombiniert. Dadurch lassen sich verschiedene Systemvorteile wie geringe Kanalquerschnitte und geringer Primärenergiebedarf nutzen [44]. Ein solches System wurde von der Firma HANSA Ventilatoren und Maschinenbau als Klimasystem „SMART" entwickelt. Der Beitrag des ILK Dresden besteht in der Optimierung der abgeführten Leistungen und der Anordnung der Deckenkühler in den Räumen. Bild 8-14 zeigt oben einen Schnitt durch den in die Rasterdecke integrierten Deckenkühler. Der aufbereitete Primärluft-

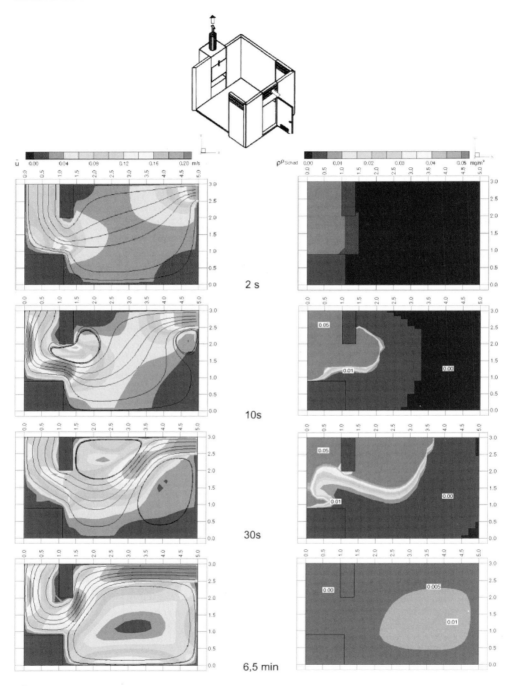

Bild 8-13: Stromlinien, Geschwindigkeits- und Konzentrationsfelder zu verschiedenen Zeitpunkten in einem Labor mit Abzug

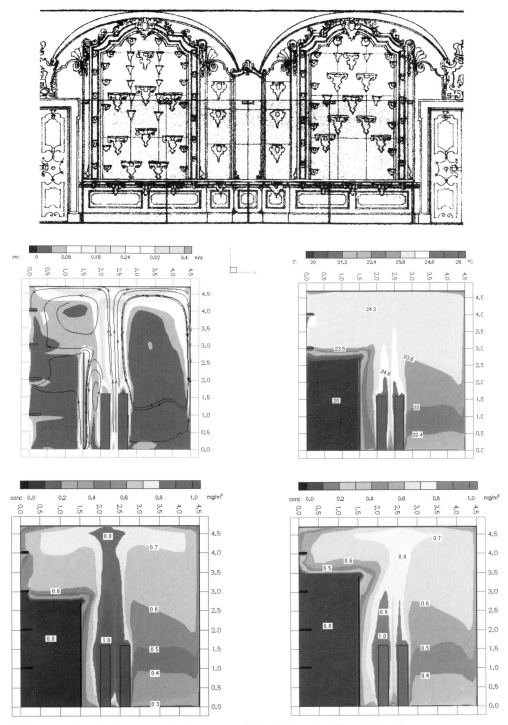

Bild 8-15: Raumluftströmung im Pretiosensaal des Grünen Gewölbes in Dresden

Saal kleine Geschwindigkeiten und an Hand der Stromlinien großräumige Wirbel, die bis an die linke Wand reichen. Die Temperaturen sind gleichmäßig. Hinter der Glasscheibe befindet sich die kalte Luft. Da der zugeführte Volumenstrom und damit der Austrittsimpuls klein sind, verläuft die Grenze zwischen Raumluft und Luft hinter der Scheibe fast horizontal. Die analoge Aussage ergibt sich für die Konzentrationsverteilung. Die Konzentrationsgrenze liegt etwa horizontal in Scheibenhöhe. Eine Abschirmung des Staubs ist bei den gemachten Vorgaben somit nicht möglich. Die gestellte Aufgabe kann nur durch höhere Scheiben oder kombiniert mit vergrößertem Impuls der Zuluft an der Scheibe erreicht werden.

Weitere Möglichkeiten einer effektiven Nutzung der numerischen Modellierung gibt es in der Klimatechnik z. B. bei der Untersuchung der Rauchausbreitung, der Kombination von Außen- und Raumluftströmung [45], der Optimierung von Absaughauben, der Ausbreitung von Luftfeuchte mit örtlicher Taupunktunterschreitung und der Planung von Atrien, Doppelfassaden und Räumen mit großer Strahlungslast.

Die behandelten Beispiele machen deutlich, dass bei der Behandlung klimatechnischer Aufgaben außer leistungsfähiger Hard- und Software die physikalische Modellierung eine entscheidende Rolle spielt. Sie zeigen weiterhin, dass die numerische Simulation Ergebnisse liefert, die durch die Behandlung verschiedener Varianten gut abgesichert sind und die hinsichtlich Aufwand und Umfang der Aussagen durch andere Methoden wie z. B. empirische Methoden oder Modellversuche nicht zu erreichen sind [40].

8.3.8 Hinweise auf verfügbare Computercodes

Es gibt eine Reihe von in der Mehrzahl kommerziellen Computercodes, mit denen eine numerische Berechnung von Raumluftströmungen möglich ist. Einerseits sind das Programme, die einen großen Bereich von Problemen abdecken, andererseits werden auch spezielle Programme oder Programmversionen für die Aufgaben der Klimatechnik angeboten. Die Codes unterscheiden sich vor allem in Lösungsstrategie, Diskretisierungsmethode und Lösungsverfahren für die großen Gleichungssysteme und bieten dem Nutzer auch meist verschiedene Auswahlmöglichkeiten an. Trotz reichhaltiger Erfahrungen, die in diese Codes größtenteils eingearbeitet wurden und trotz bedienerfreundlicher Menüführung sollte man die Programme nur anwenden und einsetzen, wenn man sich ausreichend mit der u. a. in den vorangegangenen Kapiteln dargelegten und in Manuals weiter spezifizierten Theorie vertraut gemacht hat. Bei fachgerechtem Einsatz sind numerische Berechnungen der Raumluftströmung in der Klimatechnik ein wertvolles Arbeitsmittel, bei unsachgemäßer und unkritischer Anwendung erhält man jedoch nicht selten falsche Aussagen, die — u. U. in bunten Bildern versteckt — erheblichen Schaden anrichten können.

In der Tabelle 8-1 sind einige zum Zeitpunkt der Erarbeitung des Kapitels verfügbare und bekannte Computercodes zur numerischen Simulation von Raumluftströmungen ohne Wertung, willkürlich, ohne Anspruch auf Vollständigkeit und in alphabetischer Reihenfolge angegeben (Name des Codes, vertreibende Firma bzw. Ansprechpartner bei nicht kommerziellen Codes). Auf die Angabe von näheren Charakteristiken wie Hardware-Anforderungen, Diskretisierungsverfahren, Leistungsumfang, Flexibilität der Gittergenerierung an die Raumgestalt, -einrichtung und -nutzung, Leistungsfähigkeit des Grafik-Postprozessors, Preis für Lizenznahmen, Schulungsumfang, Service

9 Kanalnetz

J. Janssen

Formelzeichen

A	Fläche	R	Druckgefälle
A_A	Fläche für abzweigenden Teilstrom	Re	*Reynolds*-Zahl
A_D	Fläche für durchgehenden Teilstrom	V	Volumen
a	Kanalseitenlänge	$\dot{V}$	Volumenstrom
b	Kanalseitenlänge	$\dot{V}_A$	Volumenstrom im abzweigenden
d	Durchmesser		Teilstrom
d_h	hydraulischer Durchmesser	$\dot{V}_D$	Volumenstrom im durchgehenden
d^*	gleichwertiger Durchmesser		Teilstrom
K, K_α	Konstanten, Korrekturfaktoren	w	mittlere Geschwindigkeit
K_A, K_B	Konstanten, Korrekturfaktoren	w_A	mittlere Geschwindigkeit im
k	Rauhigkeitshöhe		abzweigenden Teilstrom
l	Länge	w_D	mittlere Geschwindigkeit im
l_D	Diffusorlänge		durchgehenden Teilstrom
p	Druck	$w_{\max}$	maximale Geschwindigkeit
p_0	Atmosphärendruck	w_0	Eintritts-(Anfangs-)Geschwindigkeit
p_t	Gesamtdruck	α	Umlenkwinkel
p_{st}	statischer Druck	β	Öffnungs-, Kegelwinkel
p_d	dynamischer Druck	δ	Stellwinkel
Δp_V	Druckverlust	ε	relative Rauhigkeit
Δp_R	Reibungsdruckverlust	η_D	Diffusorwirkungsgrad
Δp_Z	Druckverlust am Einzelwiderstand	λ	Rohrreibungszahl
Δp_{Sa}	Druckverlust auf der Saugseite	ζ	Widerstandszahl
Δp_{Dr}	Druckverlust auf der Druckseite	ζ_A	Widerstandszahl für abzweigenden
Δp_A	Druckverlust am abzweigenden		Strom
	Teilstrom	ζ_D	Widerstandszahl für durchgehenden
Δp_D	Druckverlust am durchgehenden		Strom
	Teilstrom	ζ_R	Widerstandszahl infolge Reibung
R	Umlenkradius	ζ_U	Widerstandszahl infolge Umlenkung

9.1 Grundsätze zur Projektierung des Kanalnetzes

In Kanalnetzen von RLT-Anlagen müssen bestimmte Massenströme gefördert und in vorbestimmter Weise auf die angeschlossenen Nebenstränge verteilt werden. Nachdem also zuerst der für jeden Raum oder Raumbereich erforderliche Zuluftmassenstrom aufgrund der Lüftungsanforderung oder aufgrund der Lastberechnungen ermittelt worden ist, muss die benötigte Zuluftleitung so berechnet und projektiert werden, dass die erforderlichen Massenströme dem jeweiligen Raum auch zuverlässig zugeführt werden. Analog gilt natürlich für die Abluftleitung, dass die entsprechenden Massenströme auch wieder aus dem Raum abgeführt werden müssen.

Die Berechnung von Kanalnetzen besteht zunächst aus der Festlegung der Querschnitte und dem Bestimmen der Gesamtdruckdifferenz (bzw. des Gesamtdruckverlustes), damit die Leistung des Ventilators festgelegt werden kann. Eine ordnungsgemäße Belüftung bzw. Klimatisierung der an das Kanalnetz angeschlossenen Räume ist aber nur gewährleistet, wenn nicht nur die Hauptleitung einschließlich Zentralgerät zur Erfassung des Ventilatorbetriebspunktes berechnet wird, sondern alle einzelnen Leitungsabschnitte in bezug auf die geplanten Massenströme rechnerisch abgeglichen werden [1], S. 10. Dadurch entfällt oder reduziert sich die zeitaufwändige Einregulierung vor Ort. Eine einzige hydraulische Änderung im System führt zur Verschiebung des Massenstrom-Sollwertes je Abschnitt [2], so dass nach dem Verstellen z. B. nur einer Drosseleinrichtung der Druck an mehreren Anschlussstellen kontrolliert und nötigenfalls korrigiert werden muss.

Der Gesamtdruckverlust in dem Kanalnetz einer RLT-Anlage (sowohl auf der Saug- als auch auf der Druckseite) ist die Summe der Druckverluste für die Überwindung der Reibungswiderstände und der Druckverluste durch Einzelwiderstände wie Formstücke oder Einbauten bzw. Apparate wie Filter, Erhitzer, Kühler, Wäscher, Tropfenabscheider, Schalldämpfer usw.

Die Druckverluste des Kanalnetzes können somit anhand der folgenden Gleichung berechnet werden:

$$\Delta p_t = \Delta p_{Sa} + \Delta p_{Dr}$$
$$= \left(\sum \Delta p_R + \sum \Delta p_Z + \sum \Delta p_{App}\right)_{Sa} +$$
$$\left(\sum \Delta p_R + \sum \Delta p_Z + \sum \Delta p_{App}\right)_{Dr}, \qquad (9\text{-}1)$$

wobei Δp_{Sa} bzw. Δp_{Dr} den jeweiligen Druckverlust auf der Saug- und Druckseite des Ventilators kennzeichnen, und Δp_R, Δp_Z und Δp_{App} die o. g. Druckverlustanteile durch Reibung, Formstücke und Apparate angeben. Strömungstechnisch haben im Kanalnetz die Einzelwiderstände eine sehr große Bedeutung. Ihr Anteil an dem Gesamtdruckverlust ist häufig bestimmend, die Druckverluste durch die Rohrreibung treten demgegenüber zurück. Insofern ist auf eine sehr gute strömungstechnische Gestaltung der Formstücke oder Einbauten zu achten; dies um so mehr, als der Energieverbrauch für den Lufttransport in RLT-Anlagen eine große Rolle spielt.

Die jährlichen Betriebskosten eines Kanalnetzes, durch das ein bestimmter Volumenstrom $\dot{V}$ strömt, sind in erster Linie die Kosten für die elektrische Energie, die in diesem Zeitraum vom Ventilator verbraucht werden. Dabei spielt natürlich auch eine Rolle, ob der Ventilator nur wenige Stunden am Tag in Betrieb ist oder ob er über einen längeren Zeitraum läuft. Die Projektierung eines Luftleitungssystems hat deshalb neben dem Einhalten des geforderten Raumluftzustandes durch die Auslegung eines strömungstechnisch einwandfreien und wirtschaftlich tragbaren Leitungsnetzes nach Möglichkeit immer das Minimum der Summe aus Investitions- und Betriebskosten zum Ziel.

Aus dieser Zielsetzung heraus werden zunächst die Grundlagen zur Berechnung des Druckverlustes der Einzelelemente in Kanalnetzen von RLT-Anlagen behandelt. Auch auf die Möglichkeiten, in einem weitverzweigten Leitungssystem einen hinreichend gleichen Druckverlust bei allen angeschlossenen Zuluftdurchlässen zu erreichen, wird kurz eingegangen.

In der Vergangenheit wurden sehr oft sog. Hochgeschwindigkeitsanlagen gebaut. Als Vorteil galt es, die Kanäle mit geringen Querschnitten verlegen zu können. Die Betriebskosten der Anlagen wurden dabei praktisch nicht berücksichtigt. Bei der Festlegung der Luftgeschwindigkeiten ist jedoch zu beachten, dass der Energiebedarf des Ventilators mit der Luftgeschwindigkeit stark ansteigt. Dadurch können mehr als 60 % der Betriebskosten einer RLT-Anlage durch den Transport von Zuluft und Abluft entstehen. Die gebäudebedingten Kühl- und Heizlasten sind im Vergleich dazu u. U. relativ niedrig.

Es ist deshalb das wirtschaftliche Optimum, unter Berücksichtigung des Energiebedarfs, der direkten Kosten für die Luftkanäle und des Platzbedarfs für die letzteren, anzustreben. Mit anderen Worten, es sollen vielmehr die vorhandenen Platzverhältnisse ausgenutzt werden, um die Geschwindigkeiten und damit die Energiekosten niedrig zu halten.

Bei der Auslegung eines verzweigten Kanalnetzes ist eine möglichst symmetrische Anordnung anzustreben. Dadurch können ausgeglichene Druckverhältnisse erreicht werden, die zur besseren Funktion der Zuluftdurchlässe beitragen und die Einregulierung des Systems wesentlich vereinfachen.

9.2 Berechnungsgrundlagen

Da die in RLT-Anlagen auftretenden Druckunterschiede im allgemeinen relativ klein sind, wird bei allen Berechnungen die Luft als inkompressibel angesehen. Nach [3], S. 284 gilt somit für den Gesamtdruck

$$p_t = p_{st} + p_d = p_{st} + \frac{\varrho}{2} w^2. \qquad (9\text{-}2)$$

Dabei ist p_t der Gesamt-(Total-)druck, der sich aus dem statischen Druck p_{st} und dem dynamischen Druck p_d zusammensetzt. Der dynamische Druck oder auch Staudruck ändert sich mit dem Quadrat der Geschwindigkeit w.

9.2.1 Druckverlust in geraden Rohrleitungen

Für den Druckabfall durch Reibung Δp_R und der mittleren Geschwindigkeit $\overline{w}$[1] in einem geraden Rohr mit Kreisquerschnitt gilt folgender Zusammenhang

$$\Delta p_R = \lambda \frac{l}{d} \varrho \frac{w^2}{2} = \lambda \frac{l}{d} p_d = R\, l \qquad (9\text{-}3)$$

mit λ als der Rohrreibungszahl und der Leitungslänge l bzw. Leitungsdurchmesser d.

---

[1] Die mittlere Geschwindigkeit wird im Folgenden nur noch mit w (ohne den Querstrich) angegeben.

Zur Berechnung des Reibungsdruckverlustes Δp_R einer inkompressiblen einphasigen turbulenten Rohrströmung wird heute die empirische *Colebrook-White*-Formel

$$\frac{1}{\sqrt{\lambda}} = -2 \log\left(\frac{2{,}51}{Re\,\sqrt{\lambda}} + \frac{k}{3{,}71\,d}\right) \qquad (9\text{-}4)$$

oder das im Band 1 des Handbuchs der Klimatechnik [3], S. 301 enthaltene *Colebrook*-Diagramm benutzt. Die *Colebrook-White*-Gleichung (9-4) ist zwar eine implizite Gleichung, dennoch ist mit Hilfe eines (programmierbaren) Taschenrechners z. B. der zeitliche Aufwand für die Iteration relativ gering, auch wenn ungenügende Kenntnisse über die Rohrrauhigkeit k bzw. die relative Rohrrauhigkeit $\varepsilon = k/d$ vorhanden sind. In der Praxis wird jedoch oftmals noch das Druckgefälle R (Druckverlust je m Rohrlänge) anhand von sog. Arbeitsblättern ermittelt. Diese Unterlagen sind relativ ungenau, da sie meist für eine konstante Rohrrauhigkeit k aufgebaut sind. Die Rohrreibungszahl λ und damit auch das Druckgefälle R sind aber nach Gl. (9-4) sowohl von der *Reynolds*-Zahl als auch der Rauhigkeit des Rohres abhängig. Die Arbeitsblätter können aber meist mit hinreichender Genauigkeit für glatte Blechrohre gemäß [4] bis [6], aber auch für andere Rohre mit glatter Oberfläche wie z. B. Faserzement benutzt werden. Eine akzeptable Lösung ist das Arbeitsblatt 9-1 nach *Rötscher* [7], bei dem in Abhängigkeit der Rohrrauhigkeit k der spezifische Druckverlust abgelesen werden kann.

Zur Ermittlung des spezifischen Druckverlustes in Wickelfalzrohren [8] bzw. flexiblen oder halbflexiblen Rohren [9] können andere Arbeitsblätter (z. B. 9-2) verwendet werden, wegen der großen Bandbreite der Rauhigkeit ist es jedoch sinnvoll, bei höheren Genauigkeitsansprüchen Firmenunterlagen zu benutzen.

Beispiel 9-1: Ermitteln Sie für eine Rohrleitung mit einem Rohrdurchmesser von $d = 0{,}35$ m das Druckgefälle R je m Kanallänge für einen Volumenstrom von $\dot{V} = 5400$ m^3/h, wenn es sich

a) um ein Blechrohr mit $k = 0{,}15$ mm

oder

b) um ein halbflexibles Rohr ($20\,^\circ$C)

handelt.

a) Druckgefälle aus Arbeitsblatt 9-1: $R = R_0\,f_R = 5{,}8$ Pa/m $\cdot\ 1{,}25 = 7{,}25$ Pa/m

b) Druckgefälle aus Arbeitsblatt 9-2: $R = 12$ Pa/m

9.2.2 Hydraulischer und gleichwertiger Durchmesser

Die oben verwendeten Diagramme wie auch die Gleichungen, auf denen die Arbeitsblätter basieren, beziehen sich auf Luftleitungen mit kreisförmigem Querschnitt. Für Luftleitungen mit rechteckigem Querschnitt und den Kantenlängen a und b gibt es keine Rohrreibungsdiagramme. Man benutzt deshalb auch die Arbeitsblätter für kreisförmige Rohre, jedoch nach vorheriger Bestimmung des hydraulischen d_h oder gleichwertigen Durchmessers d^* eines entsprechenden Kreisrohres [3], S. 304.

Der hydraulische Durchmesser d_h ist der Durchmesser eines Rohres mit kreisförmigem Querschnitt, in dem das gleiche Druckgefälle R je m Rohrlänge verursacht wird, wenn die Luft mit der gleichen Geschwindigkeit wie in dem Kanal mit rechteckigem Querschnitt durchströmt.

Der hydraulische Durchmesser wird wie folgt berechnet:

$$d_h = \frac{4\,a\,b}{2(a+b)} = \frac{2\,a\,b}{a+b},$$ (9-5)

wobei das Verhältnis der Kantenlängen a und b nicht größer als 1 : 5 sein sollte.

Wegen der unterschiedlichen Querschnittsflächen der Rohrleitung mit dem hydraulischen Durchmesser gegenüber dem wirklichen rechteckigen Kanal, aber der gleichen Luftgeschwindigkeit ist aufgrund der Kontinuitätsgleichung der geförderte Volumenstrom in beiden Kanälen unterschiedlich.

Zur Bestimmung des Druckgefälles R für den rechteckigen Kanal unter Verwendung des hydraulischen Durchmessers d_h ist es erforderlich, als Ausgangsparameter in den entsprechenden Arbeitsblättern die gegebene Luftgeschwindigkeit und den berechneten hydraulischen Durchmesser d_h anzuwenden.

In der Lüftungs- und Klimatechnik ist jedoch aufgrund der Lastberechnung meist der Volumenstrom bekannt. Es liegt somit nahe, für die Kanalnetzberechnung vom berechneten Volumenstrom auszugehen und dabei möglichst noch einen einheitlichen Durchmesser vorauszusetzen. Unter dieser Voraussetzung wurde der so genannte gleichwertige Durchmesser definiert.

Der gleichwertige Durchmesser d^* ist der Durchmesser eines Rohres mit kreisförmigem Querschnitt, das bei gleichem Volumenstrom wie im rechteckigen Kanal das gleiche Druckgefälle R verursacht. Der gleichwertige Durchmesser d^* wird wie folgt berechnet:

$$d^* = \sqrt[5]{\frac{32}{\pi^2}} \, \sqrt[5]{\frac{a^3\,b^3}{a+b}} = 1{,}27 \, \sqrt[5]{\frac{a^3\,b^3}{a+b}}.$$ (9-6)

Wegen der unterschiedlichen Querschnittsflächen der Rohrleitung mit dem gleichwertigen Durchmesser gegenüber dem wirklichen rechteckigen Kanal, aber dem gleichen Volumenstrom ist die Luftgeschwindigkeit in beiden Kanälen unterschiedlich.

Zur Bestimmung des Druckgefälles R für den rechteckigen Kanal unter Verwendung des gleichwertigen Durchmessers d^* ist es erforderlich, als Ausgangsparameter in den Arbeitsblättern 9-1 und 9-2 den gegebenen Volumenstrom und den berechneten bzw. aus Arbeitsblatt 9-3 ermittelten gleichwertigen Durchmesser d^* anzuwenden.

Bei der Anwendung des hydraulischen Durchmessers d_h sind somit die Werte für w, d und R maßgebend, dagegen sind bei Anwendung des gleichwertigen Durchmessers d^* die Werte für $\dot V$, d und R maßgebend. Nichtbeachtung dieser Prinzipien führt zu großen Fehlern bei den Berechnungen. Die Differenzen zwischen dem hydraulischen Durchmesser d_h und dem gleichwertigen Durchmesser d^* werden dabei umso größer, je mehr der rechteckige Querschnitt des Kanals vom kreisförmigen (quadratischen) Querschnitt abweicht.

Bei Anwendung der Gl. (9-4) ist der λ-Wert aber stets mit d_h zu berechnen. Andernfalls wird Re zu groß und damit λ zu klein.

Beispiel 9-2: Ermitteln Sie für einen rechteckigen Luftkanal ($k = 0{,}15$ mm) mit $a = 0{,}3$ m und $b = 0{,}2$ m das Druckgefälle R je m Kanallänge für einen Volumenstrom von $\dot V = 1800$ m³/h

a) mit dem hydraulischen Durchmesser und

b) mit dem gleichwertigen Durchmesser.

a)

$$d_h = \frac{2\,a\,b}{(a+b)} = \frac{2 \cdot 0{,}3 \text{ m} \cdot 0{,}2 \text{ m}}{(0{,}3 \text{ m} + 0{,}2 \text{ m})} = 0{,}24 \text{ m}$$

$$w = \frac{\dot{V}}{A} = \frac{1800 \text{ m}^3/\text{h}}{0{,}3 \text{ m} \cdot 0{,}2 \text{ m}} = 8{,}3\ \frac{\text{m}}{\text{s}}.$$

Aus dem Arbeitsblatt 9-1 ergibt sich mit d_h und w (nur diese Kombination ist zulässig!)

$$\Rightarrow R \approx 3{,}5 \text{ Pa/m}.$$

b)

$$d^* = 1{,}27\ \sqrt[5]{\frac{a^3 b^3}{a+b}} = 1{,}27\ \sqrt[5]{\frac{0{,}3^3 \text{ m}^3 \cdot 0{,}2^3 \text{ m}^3}{0{,}3 \text{ m} + 0{,}2 \text{ m}}} \approx 0{,}27 \text{ m}$$

Aus dem Arbeitsblatt 9-1 ergibt sich mit d^* und $\dot{V}$ (nur diese Kombination ist zulässig!)

$$\Rightarrow R \approx 3{,}5 \text{ Pa/m}$$

9.2.3 Druckverteilung in einer geraden Luftleitung

Mit Hilfe einer graphischen Darstellung sollen im Folgenden die Luftströmungen, Druckumsetzungen und Druckverluste in einer sehr einfachen geraden Luftleitung ohne Querschnittsveränderung veranschaulicht werden. Gleichzeitig sollen sie zur Erläuterung der Begriffe Gesamt-(Total-)druck, statischer und dynamischer Druck [3], S. 284 dienen.

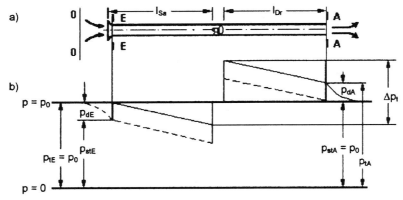

Bild 9-1: a) Srömungsleitung mit unveränderlichem Querschnitt
b) Druckverlustverlauf über die Leitungslänge

Das Schema nach Bild 9-1a zeigt eine Rohrleitung mit Ventilator und einer Einlaufdüse, die den Druckverlust an der Ansaugöffnung minimiert [3], S. 316. Der Ventilator erzeugt einen Gesamtdrucksprung, der im angeschlossenen Leitungssystem durch die Rohrreibung aufgebracht wird. In Bild 9-1b ist der zugehörige Verlauf von Gesamtdruck und statischem Druck in der Luftleitung aufgetragen. Die Differenz zwischen Gesamtdruck und statischem Druck ist der dynamische Druck.

In einer bestimmten Entfernung vor der Luftansaugung (Querschnitt 0-0) ist die Luftgeschwindigkeit w_0 praktisch gleich 0 und der Gesamtdruck an dieser Stelle $\in$

entspricht dem äußeren Luftdruck p_0. Innerhalb der Einlaufdüse steigt die Strömungsgeschwindigkeit an, bis sich der Leitungsquerschnitt bzw. -durchmesser nicht mehr verringert (Querschnitt E-E), und die Strömungsgeschwindigkeit w_E mit dem zugehörigen dynamischen Druck p_{dE} erreicht ist.

Wird auf diese beiden Querschnitte die *Bernoulli*-Gleichung angewendet [3], S. 284, so folgt

$$p_{st0} + \varrho\,\frac{w_0^2}{2} = p_{stE} + \varrho\,\frac{w_E^2}{2} \qquad (9\text{-}7)$$

bzw. (weil $p_{st0} = p_0$ und $w_0 = 0$)

$$p_{stE} = p_0 - \varrho\,\frac{w_E^2}{2} = p_0 - p_{dE}.$$

Daraus ist zunächst einmal ersichtlich, dass in der Ansaugstelle bzw. auf der Saugseite der statische Druck p_{stE} kleiner als der atmosphärische Druck p_0 sein muss, da der dynamische Druck p_{dE} aufgrund der physikalischen Eigenschaften immer einen positiven Wert aufweist.

Des Weiteren geht aus der obigen Gl. (9-7) hervor, dass im Ansaugstutzen der Gesamtdruck p_{tE} als Summe von statischem Druck p_{stE} und dynamischem Druck p_{dE} damit gleich dem atmosphärischem Druck p_0 ist:

$$p_{stE} + \frac{\varrho}{2}\,w_E^2 = p_{stE} + p_{dE} = p_{tE} = p_0. \qquad (9\text{-}8)$$

Geht man jetzt von der Eintrittsöffnung (E-E) in der Luftleitung weiter in Luftströmungsrichtung, also in Richtung des Ventilators, vermindert der Druckabfall durch Wandreibung Δp_R stetig den Gesamtdruck p_t gemäß

$$p_t(l) = p_{tE} - \Delta p_R(l) = p_{tE} - R\,l. \qquad (9\text{-}9)$$

Bei gleichem Leitungsquerschnitt fallen Gesamtdruck und statischer Druck linear in Strömungsrichtung ab.

Da sich ferner hinter dem Ansaugstutzen (E-E) die Luftgeschwindigkeit in der Leitung nicht mehr ändert, ist der dynamische Druck über die Leitungslänge konstant. Für den Querschnitt unmittelbar vor dem Ventilator ergibt sich damit

$$p_{t,Sa} = p_0 - R\,l_{Sa} = p_{st,Sa} + \frac{\varrho}{2}\,w^2 \qquad (9\text{-}10)$$

und

$$p_{st,Sa} = p_0 - R\,l_{Sa} - \frac{\varrho}{2}\,w^2.$$

Bei der Betrachtung des Druckverlaufs auf der Druckseite ist es zweckmäßig, vom Leitungsende in Richtung des Ventilators vorzugehen. Vorausgesetzt wird auch hier, dass in der Ausblasöffnung (A-A) keine Verluste auftreten, also ein statisches Druckgefälle nicht vorhanden ist. Damit ist der statische Druck p_{stA} gleich dem atmosphärischem Druck p_0, wenn der aus der Ausblasöffnung austretende Luftstrahl sich frei in ruhender Luft ausbreiten kann. Aufgrund dessen beträgt der Gesamtdruck in der Ausblasöffnung

$$p_{tA} = p_0 + \frac{\varrho}{2} w^2 = p_0 + p_{dA}. \tag{9-11}$$

In Richtung von der Ausblasöffnung zum Ventilator muss der Gesamtdruck linear ansteigen. Betrachtet man den Querschnitt unmittelbar hinter dem Ventilator, dann muss der Gesamtdruck dort infolge der Druckverluste durch Wandreibung auf der Druckseite der Luftleitung um diesen Betrag größer sein als der Gesamtdruck in der Ausblasöffnung

$$p_{t,Dr} = p_{tA} + R \, l_{Dr} = p_0 + p_{dA} + R \, l_{Dr}. \tag{9-12}$$

Voraussetzung für eine einwandfreie Funktion und wirtschaftliche Betriebsweise von RLT-Anlagen ist die richtige Ventilatorauslegung. Der Förderdruck des Ventilators ergibt sich rechnerisch und graphisch als Summe der Druckverluste infolge Rohrreibung einschließlich des Austrittsverlustes am Leitungsende, wo die Luft mit dem dynamischen Druck das Rohr verlässt. Mit anderen Worten, der Förderdruck des Ventilators beträgt für die Darstellung in Bild 1b

$$\Delta p_t = R \, l_{Sa} + R \, l_{Dr} + p_{dA}. \tag{9-13}$$

Der Förderdruck des Ventilators wird auch als Gesamtdruckdifferenz bezeichnet, denn er ist die Differenz des Gesamtdruckes vor und hinter dem Ventilator

$$\Delta p_t = \Delta p_{Sa} + \Delta p_{Dr}.$$

Beispiel 9-3: Ermitteln Sie für eine Rohrleitung gemäß Bild 1a aus Stahlblech den Rohrdurchmesser d_i, wenn der Ventilator einen Volumenstrom von $\dot{V} = 5400$ m³/h ($= 1{,}5$ m³/s) mit $w = 7{,}6$ m/s durch diese befördert. Ferner sind die Druckverläufe als Differenz zum Atmosphärendruck p_0 über eine Leitungslänge von $l = 20$ m sowohl auf der Saug- als auch der Druckseite für $k = 0{,}1$ mm darzustellen.

$$\dot{V} = A\,w \Rightarrow d_i = \sqrt{\frac{4\,\dot{V}}{\pi\,w}} = \sqrt{\frac{4 \cdot 1{,}5 \ \mathrm{m^3/s}}{\pi \cdot 7{,}6 \ \mathrm{m/s}}} = 0{,}5 \ \mathrm{m}$$

Mit der angenommenen Rohrrauhigkeit von $k = 0{,}1$ mm ergibt sich iterativ nach Gl. (9-4) oder aus dem *Colebrook*-Diagramm [3], S. 301 eine Rohrreibungszahl von $\lambda \approx 0{,}0213$ und damit $R \approx 1{,}5$ Pa/m.

(Zum Vergleich: Druckgefälle aus Arbeitsblatt 9-1: $R = 1{,}2$ Pa/m.)

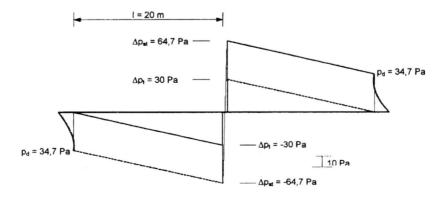

9.2.4 Druckverlust in Rohrleitungen durch Einzelwiderstände

Zur Berechnung des Druckverlustes infolge von Einbauten, die die Strömungsrichtung und/oder die Querschnittsfläche verändern, also eines Einzelwiderstandes, kann in allen Fällen die folgende Gleichung zugrunde gelegt werden [3], S. 306:

$$\Delta p_Z = \zeta \, \frac{\varrho}{2} \, w^2. \tag{9-14}$$

Der Druckverlust wird über die dimensionslose Widerstandszahl ζ und den dynamischen Druck p_d bestimmt. Die Widerstandszahl ist in den wenigsten Fällen analytisch zu bestimmen, meistens entstammt sie experimentellen Untersuchungen. Insofern findet man für verschiedene Einzelwiderstände bei sonst gleichen geometrischen Bedingungen oftmals in der Literatur (z. B. [10] bis [13]) aufgrund unterschiedlicher Versuchsmethodik erhebliche Abweichungen unter den Werten. Ferner ist bei den Widerstandszahlen stets anzugeben, ob sie sich auf die Geschwindigkeit vor oder nach dem Einzelwiderstand beziehen.

Unterschieden wird zwischen Widerstandszahlen für Übergänge (divergierend oder konvergierend), Luftdurchlässe (Zu- und Abluft), Richtungsänderungen (Bogen, Kniestücke) sowie Stromtrennung und -vereinigung.

• Querschnittserweiterung bzw. Diffusor

Die konische Querschnittserweiterung, auch Diffusor genannt, ist der Übergang von einer kleinen auf eine größere Querschnittsfläche und spielt in Luftkanalnetzen eine recht große Bedeutung. Denn sie ermöglicht den statischen Druckrückgewinn, d. h. die Umwandlung von dynamischem Druck in statischen Druck durch die Geschwindigkeitsverringerung bei minimalem Gesamtdruckverlust.

Für eine ideale, reibungsfreie Strömung in einem Diffusor entsprechend Bild 9-2 gilt nach *Bernoulli*

$$p_{st1} + \frac{\varrho}{2} \, w_1^2 = p_{st2} + \frac{\varrho}{2} \, w_2^2 \Rightarrow p_{st2} - p_{st1} = \frac{\varrho}{2} \, (w_1^2 - w_2^2). \tag{9-15}$$

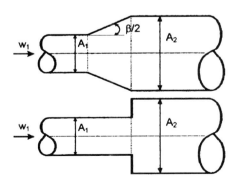

Bild 9-2: Querschnittserweiterung:
stetig (oben); unstetig (unten)

$(p_{st2} - p_{st1})$ wird als der theoretisch mögliche Druckrückgewinn bezeichnet und tritt nur bei einer allmählichen Erweiterung auf. Infolge Wandreibung kann jedoch keine

ideale Umwandlung des dynamischen Drucks in statischen Druck erfolgen. Der Druckverlust in einem Diffusor errechnet sich gemäß o. g. Gleichung dann zu

$$\Delta p_Z = \zeta_1 \, \frac{\varrho}{2} \, w_1^2 = \zeta_1 \, p_{d1}. \tag{9-16}$$

Um die Strömung so zu verzögern, dass ein möglichst großer Anteil des dynamischen Drucks in statischen Druck umgesetzt wird, darf ein bestimmter Öffnungswinkel
nicht überschritten werden. Der günstigste Öffnungswinkel liegt bei Diffusoren mit
Kreisquerschnitt in Kanalnetzen im Bereich $\beta = 4\text{--}12°$ [13], S. 187 f. Bei Öffnungs-
winkeln $\beta > 12°$ kommt es zu einer Ablösung der Strömung und damit zu einer
Wirbelbildung. Die Widerstandszahl des Diffusors ζ_1 ist damit in erster Linie abhängig
vom Querschnittsverhältnis A_1/A_2 und der relativen Diffusorlänge l_D/d. Bild 9-3 zeigt
die Abhängigkeit der Widerstandszahl für runde Diffusoren vom Öffnungswinkel β.
Deutlich erkennbar sind die stark divergierenden Angaben der verschiedenen Quellen
[10], S. 1057; [12], S. 31.29; [13], S. 217.

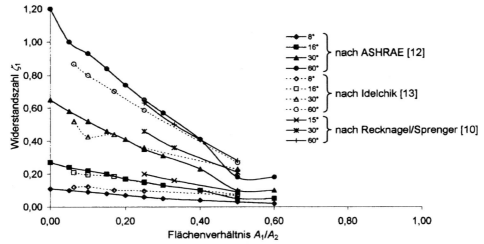

Bild 9-3: Widerstandszahl ζ_1 für verschiedene Öffnungswinkel β in Abhängigkeit vom Flächenverhältnis A_1/A_2

Für Querschnittserweiterungen mit rechteckiger (quadratischer) Querschnittsfläche
liegt der obere Grenzwert für den Öffnungswinkel mit $\beta \leq 7°$ sehr viel niedriger.

Vielfach wird die Widerstandszahl des Diffusors ζ_1 in Abhängigkeit vom Querschnittsverhältnis A_1/A_2 und dem sog. Diffusorwirkungsgrad η_D angegeben (u. a. [1], S.
35). Unter der Voraussetzung einer gleichmäßigen Verteilung der Geschwindigkeit
($w_{max}/w = 1$) am Ein- und Austritt des Diffusors gilt

$$\zeta_1 = \left[1 - \left(\frac{w_2}{w_1} \right)^2 \right] (1 - \eta_D) = \left[1 - \left(\frac{A_1}{A_2} \right)^2 \right] (1 - \eta_D). \tag{9-17}$$

In der Raumlufttechnik wird oftmals ein Diffusorwirkungsgrad von $\eta_D = 0,85$ zugrunde gelegt (z. B. [1], S. 36; [3], S. 308). Für ablösefreie Öffnungswinkel $\beta \leq 12°$ kann

mit einem Diffusorwirkungsgrad von $\eta_D \geq 0{,}80$ gerechnet werden, der mit kleiner werdendem Öffnungswinkel ansteigt.

Bei großen Querschnittsverhältnissen $A_1/A_2 > 0{,}7$ kann anstelle einer allmählichen Querschnittserweiterung (Diffusor) eine plötzliche Querschnittserweiterung (Stoßdiffusor) sinnvoll sein. Bei den Stoßdiffusoren tritt die Luft gemäß Bild 9-2 aus einer Leitung mit dem Querschnitt A_1 in eine Leitung mit größerem Querschnitt A_2. Es entsteht ein expandierender Strahl mit starker Wirbelbildung, der sich nach etwa 8 bis 10 d_2 wieder an die Wand anlegt.

Die Widerstandszahl kann in diesem Fall auf der Grundlage des *Carnot*'schen Stoß-verlustes ermittelt werden [3], S. 307

$$\Delta p_t = \Delta p_Z = \frac{\varrho}{2}\left(w_1 - w_2\right)^2 = \left(1 - \frac{A_1}{A_2}\right)^2 \frac{\varrho}{2}\, w_1^2 = \zeta_1\, p_{d1}. \qquad (9\text{-}18)$$

Ein Vergleich dieser theoretisch abgeleiteten Beziehung für die Widerstandszahl mit verschiedenen Angaben im Schrifttum zeigt in Bild 9-4 eine weitgehende Übereinstimmung mit Gl. (9-18), aber teilweise auch erhebliche Abweichungen.

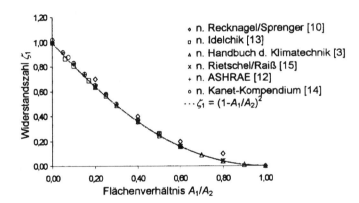

Bild 9-4: Widerstandszahl ζ_1 für den Stoßdiffusor in Abhängigkeit vom Flächenverhältnis A_1/A_2

Das Ausströmen der Luft aus einer Luftleitung in einen offenen Raum mit $A_2 \Rightarrow \infty$ kann als Sonderfall der plötzlichen Querschnittserweiterung betrachtet werden; in diesem Fall ist die Widerstandszahl mit $\zeta_1 = 1{,}0$ anzunehmen.

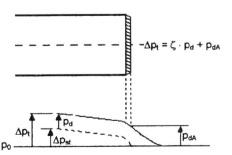

Bild 9-5: Druckverlauf am Zuluftdurchlass

Bei der Zuführung der Zuluft über Lüftungsgitter oder ähnliche Zuluftdurchlässe in den zu belüftenden Raum muss zur Sicherstellung der zugfreien Raumluftströmung die

Zuluftgeschwindigkeit beachtet werden. Insofern hat neben dem statischen Druckverlust im Zuluftdurchlass der Ventilator auch die Austrittsenergie $\Delta p_{tA} = p_{dA} = \varrho/2 \, w_A^2$ bereitzustellen. Da dieser Energieanteil separat jedoch messtechnisch sehr schwer zu erfassen ist, wird von den Herstellern zumeist vorgeschlagen, den Strömungswiderstand des Zuluftdurchlasses in einem Schritt zusammen mit der Austrittsenergie zu messen, so dass in Anlehnung an Bild 9-5 gilt:

$$\Delta p_{t,\text{Zuluft}} = \zeta_{\text{Zuluft}} \, p_d + p_{dA}. \tag{9-19}$$

Beispiel 9-4: In einer Lüftungsleitung mit kreisförmigem Querschnitt soll der Durchmesser von d_1 = 0,25 m auf d_2 = 0,4 m erweitert werden. Für einen Volumenstrom von $\dot{V}$ = 1800 m³/h ($\equiv 0,5$ m³/s) sind die Widerstandszahl ζ_1 und der Gesamtdruckverlust Δp_Z zu ermitteln, wenn

a) ein Stoßdiffusor

oder

b) eine allmähliche Querschnittserweiterung (Diffusor) mit $\beta = 10°$

eingebaut wird.

$$w_1 = \frac{\dot{V}}{A_1} = \frac{4 \, \dot{V}}{\pi \, d_1^2} = \frac{4 \cdot 0,5 \text{ m}^3/\text{s}}{\pi \cdot 0,0625 \text{ m}^2} = 10,2 \text{ m/s}$$

$$\frac{A_1}{A_2} = \frac{d_1^2}{d_2^2} = \frac{0,0625 \text{ m}^2}{0,16 \text{ m}^2} = 0,39$$

a) nach Gl. (9-17) bzw. Arbeitsblatt 9-5 ist

$$\zeta_1 = (1 - A_1/A_2)^2 = 0,3721 \quad \Rightarrow \quad \Delta p_Z = \zeta_1 \frac{\varrho}{2} \, w^2 = 0,37 \cdot \frac{1,2 \text{ kg/m}^3}{2} \cdot 104 \text{ m}^2/\text{s}^2 = 23,22 \text{ Pa}$$

b) nach Gleichung (9-17) und Arbeitsblatt 9-5 ist

$$\zeta_1 = \left[1 - \left(\frac{A_1}{A_2}\right)^2\right](1-\eta_D) = 0,0915 \Rightarrow \Delta p_Z = \zeta_1 \frac{\varrho}{2} \, w^2 = 0,0915 \cdot \frac{1,2 \text{ kg/m}^3}{2} \cdot 104 \text{ m}^2/\text{s}^2 = 0,94 \text{ Pa}.$$

- **Querschnittsverengung bzw. Reduzierstücke**

Die Reduzierung des Volumenstromes bzw. des Drucks in Kanalnetzen kann sowohl durch eine plötzliche als auch eine stetige Querschnittsverengung erfolgen. Bei einer stetigen Verengung gemäß Bild 9-6 treten keine Strahlablösungen auf, sofern der Kegelwinkel $\beta < 45°$ bleibt [1], S. 30. Die Druckverluste sind sehr gering, so dass die auf die kleinere Querschnittsfläche bezogene Widerstandszahl etwa $\zeta_2 \approx 0 \ldots 0,05$ beträgt.

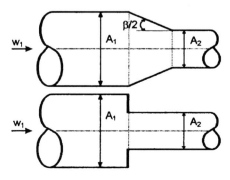

Bild 9-6: Querschnittsverengung: stetig (oben); unstetig (unten)

Bei größerem Winkel β nähert man sich dem Fall der plötzlichen Verengung, der wesentlich stärkere Druckverluste verursachen kann. Starken Einfluss übt dann jedoch die Ausbildung der Kante am Eintritt in den kleineren Leitungsquerschnitt aus. An einer scharfen Kante entsteht eine Einschnürung und damit ein höherer Druckverlust als an einer glatten, abgerundeten Kante. Bei einer guten Abrundung der Eintrittskante kann mit der o. g. Widerstandszahl ζ_2 für eine stetige Querschnittsverengung gerechnet werden.

Als Sonderfälle einer plötzlichen Verengung können z. B. der Eintritt von Raumluft von dem größeren Raum in die Leitung oder auch die Strömung durch eine Blende aufgefasst werden. In beiden Fällen treten infolge einer starken Umlenkung der Strömungsteilchen in der Regel Ablösungen an der Eintrittsstelle auf, die zur Wirbelbildung und Einschnürung der Strömung führen.

Beispiel 9-5: In einer Lüftungsleitung mit kreisförmigem Querschnitt soll der Durchmesser von $d_1 = 0,4$ m auf $d_2 = 0,25$ m verkleinert werden. Für einen Volumenstrom von $\dot{V} = 1800$ m³/h ($\equiv 0,5$ m³/s) sind die Widerstandszahl ζ_2 und der Gesamtdruckverlust Δp_2 zu ermitteln, wenn eine plötzliche Querschnittsverengung mit scharfer Kante eingebaut wird.

$$w_2 = \frac{\dot{V}}{A_2} = \frac{4\,\dot{V}}{\pi\,d_2^2} = \frac{4 \cdot 0,5 \text{ m}^3/\text{s}}{\pi \cdot 0,0625 \text{ m}^2} \approx 10,2 \text{ m/s}$$

$$\frac{A_2}{A_1} = \frac{d_2^2}{d_1^2} = \frac{0,0625 \text{ m}^2}{0,16 \text{ m}^2} = 0,39$$

nach Arbeitsblatt 9-5 ergibt sich

$$\zeta_2 = 0,3 \quad \Rightarrow \quad \Delta p_Z = \zeta_2\,\frac{\varrho}{2}\,w_2^2 = 0,3 \cdot \frac{1,2 \text{ kg/m}^3}{2} \cdot 104,04 \text{ m}^2/\text{s}^2 = 18,73 \text{ Pa}.$$

• Druckverteilung in einer Luftleitung mit Querschnittsänderung

In Analogie zu den im Bild 9-1 für die einfache Luftleitung durchgeführten Betrachtungen soll nachfolgend eine entsprechende qualitative Betrachtung mit Hilfe der graphischen Darstellung der Luftströmungen, Druckumsetzungen und Druckverluste in einem Luftleitungssystem mit Querschnittsveränderung gemäß Bild 9-7a bzw. 9-7b durchgeführt werden [16].

Im Querschnitt 0-0 ist die Luftgeschwindigkeit w_0 praktisch wieder gleich 0 und der Gesamtdruck an dieser Stelle $\ominus$ somit wieder gleich dem äußeren Luftdruck p_0. Das Leitungsschema von Bild 9-7a hat jedoch einen Einzelwiderstand in der Ansaugöffnung in Form eines scharfkantigen Einlaufs mit $\zeta_2 \approx 1$, der damit einen bleibenden Druckverlust verursacht.

Anhand der *Bernoulli*-Gleichung kann somit für den Querschnitt 0-0 sowie den Querschnitt E-E am Eintritt in die Leitung geschrieben werden

$$p_{st0} = p_0 = p_{stE} + \frac{\varrho}{2}\,w_E^2 + \Delta p_{VE} \quad \text{bzw.} \quad p_{stE} = p_0 - \Delta p_{VE} - p_{dE}. \tag{9-20}$$

Der Gesamtdruck beträgt damit

$$p_{tE} = p_{stE} + p_{dE} = p_0 - \Delta p_{VE}. \tag{9-21}$$

Auf der Leitungslänge von E nach 1 mit konstantem Leitungsquerschnitt bzw. -durchmesser verringert sich der Gesamtdruckverlust linear aufgrund der Reibungsverluste. Der dynamische Druck p_d bleibt unverändert.

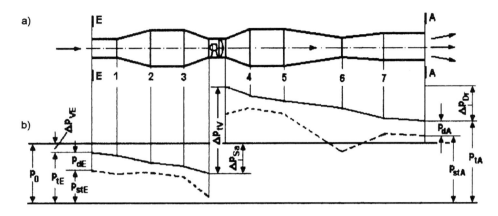

Bild 9-7: Druckverlauf in einer Luftleitung mit veränderlichen Querschnitten [16]

In der folgenden Querschnittserweiterung 1-2 wird der Gesamtdruck p_t stärker abnehmen, da sowohl Reibungsdruckverlust als auch der Druckverlust durch den Einzelwiderstand sich auswirken. Um die Änderung des statischen Drucks p_{st} zu erläutern, wird wiederum die *Bernoulli*-Gleichung für die Querschnitte am Anfang und am Ende der Querschnittserweiterung aufgestellt

$$p_{st1} + p_{d1} = p_{st2} + p_{d2} + \Delta p_{VD} \quad \Rightarrow \quad p_{st1} - p_{st2} = \Delta p_{VD} - (p_{d1} - p_{d2}). \quad (9\text{-}22)$$

Wenn die Luftgeschwindigkeit im Diffusor sich derart verringert, dass $(p_{d1} - p_{d2}) > \Delta p_{VD}$ ist, kommt es wegen $p_{st2} > p_{st1}$ zu dem oben erwähnten statischen Druckrückgewinn, also zu einer Umwandlung von dynamischen Druck in statischen Druck. Bild 9-7b zeigt, wie der statische Druck im Diffusor trotz der Druckverluste anwächst. Der Gesamtdruck nimmt jedoch aufgrund des ständigen Druckverlustes, in Richtung der Luftströmung gesehen, kontinuierlich ab.

Während der in der Querschnittserweiterung von 1-2 abnehmende dynamische Druck einen Anstieg des statischen Druckes verursachen kann, findet in einer Querschnittsverengung wie z. B. zwischen 3 und dem Ventilatoreintritt die Geschwindigkeitszunahme auf Kosten des statischen Druckes statt. Dies kann beispielsweise dazu führen, dass in der Querschnittsverengung 5-6 der statische Druck sogar unter den atmosphärischen Druck fällt, obgleich wir uns auf der Druckseite des Leitungssystems befinden.

Auf der Druckseite der Luftleitung wird der Druckverlauf wiederum vom Luftdurchlass A-A zum Ventilator hin verfolgt. Am Luftdurchlass hat die Luft noch einen dynamischen Druck von $p_{dA} = \varrho\, w_A^2/2$, der über den Ventilator zugeführt wurde und den die Luft beim Verlassen des Luftdurchlasses mit sich „fortnimmt", d. h. am Luftdurchlass ist der Gesamtdruck p_{tA} die Summe aus statischem Druck p_{stA} und dynamischem Druck p_{dA}. Um den Druckverlust am Einzelwiderstand „Luftdurchlass" zu überwinden, muss somit der statische Druck p_{stA} größer sein als der Umgebungsdruck p_0. Die Gesamtdruckdifferenz am Luftdurchlass A-A ergibt sich damit, wie oben erwähnt, aus

$$\Delta p_{tA} = \zeta_A \, p_d + p_{dA}. \tag{9-19}$$

Zum Ventilator hin vergrößert sich der Gesamtdruck p_t um den Druckverlust, der zur Überwindung der Reibungsverluste und der Einzelwiderstände benötigt wird. Der dynamische Druck stabilisiert sich in jedem Querschnitt, in Abhängigkeit von der Luftgeschwindigkeit in diesem Querschnitt [16].

Weil die Widerstandszahlen am Luftdurchlass aufgrund der genannten Vorgehensweise die verlorene kinetische Energie berücksichtigen, reicht es, zur Berechnung des Förderdruckes des Ventilators Δp_t die Druckverluste auf der Saug- und Druckseite des Ventilators aufzuaddieren.

Die Gesamtdruckdifferenz bzw. der Förderdruck des Ventilators gliedert sich auf in den statischen und dynamischen Druck. Der dynamische Druck des Ventilators ist der dynamische Druck im Druckstutzen resp. im Luftdurchlass. Die Differenz der Gesamtdruckdifferenz und des dynamischen Druckes ergibt den vom Ventilator aufzubringenden statischen Druck Δp_{stV}.

Beispiel 9-6: Ermitteln Sie für eine Rohrleitung gemäß Bild 9-7 mit einer angenommenen Rohrrauhigkeit von $k = 0{,}15$ mm die Druckverläufe über die Leitungslänge als Differenz zum Atmosphärendruck p_0, wobei für die einzelnen Strecken gilt:

Strecke:	Angaben:
E–1	Blechrohr: $l = 5$ m; $d_{E\text{-}1} = 0{,}4$ m; $\dot V = 1{,}5$ m^3/s; $w = 11{,}94$ m/s
1–2	Diffusor (stetig): $d_1 = 0{,}4$ m; $d_2 = 0{,}5$ m; $\beta = 6°$
2–3	Blechrohr: $l = 6$ m; $d_{2\text{-}3} = 0{,}5$ m; $\dot V = 1{,}5$ m^3/s; $\beta = 6°$
3–Ventilator	Konfusor: (stetig): $d_3 = 0{,}5$ m; $d_V = 0{,}4$ m; $\beta = 30°$
Ventilator–4	Diffusor (stetig): $d_V = 0{,}4$ m; $d_4 = 0{,}63$ m; $\beta = 10°$
4–5	Blechrohr: $l = 5$ m; $d_{4\text{-}5} = 0{,}63$ m; $\dot V = 1{,}5$ m^3/s; $w = 4{,}81$ m/s
5–6	Konfusor (stetig): $d_5 = 0{,}63$ m; $d_6 = 0{,}4$ m; $\beta = 15°$
6–7	Diffusor (stetig): $d_6 = 0{,}4$ m; $d_7 = 0{,}5$ m; $\beta = 6°$
7–A	Blechrohr: $l = 8$ m; $d_{7\text{-}A} = 0{,}5$ m; $\dot V = 1{,}5$ m^3/s; $w = 7{,}6$ m/s

Die Luft strömt am Eintritt E aus einem Raum in die Rohrleitung und tritt am Austritt A wieder in einen Raum aus.

Der Eintritt der Strömung in die Rohrleitung an der Stelle E führt mit $\zeta_E = 0{,}5$ gemäß Arbeitsblatt 9-5 zu einem bleibenden Druckverlust von $\Delta p_{VE} = \zeta_E \, p_{dE} = 42{,}8$ Pa.

Iterativ nach Gl. (9-4) oder aus dem *Colebrook*-Diagramm [3], S. 301 ergibt sich für den Leitungsabschnitt E–1 eine Rohrreibungszahl von $\lambda \approx 0{,}0246$ und damit $R \approx 5{,}3$ Pa/m. (Arbeitsblatt 9-1: $R = 4{,}0$ Pa/m)

Im Diffusor (1–2) tritt keine Ablösung auf, da der Öffnungswinkel $\beta < 12°$. Die Widerstandszahl beträgt $\zeta_1 \approx 0{,}01$, so dass für den Druckverlust folgt: $\Delta p_{1\text{-}2} = 0{,}9$ Pa.

Für den Leitungsabschnitt 2–3 erhält man iterativ nach Gl. (9-4) oder aus dem *Colebrook*-Diagramm [3], S. 301 eine Rohrreibungszahl von $\lambda \approx 0{,}0234$ und damit $R \approx 1{,}6$ Pa/m. (Arbeitsblatt 9-1: $R = 1{,}2$ Pa/m)

Im anschließenden Konfusor vor dem Ventilatoreintritt (3–Vent.) beträgt bei $\beta = 30°$ die Widerstandszahl $\zeta_{VE} = 0{,}026$ und führt damit zu einem Druckverlust von $\Delta p_{3\text{-}Vent} = 2{,}2$ Pa.

Bei gleichem Vorgehen für die Druckseite der Rohrleitung, beginnend am Luftaustritt A ($\zeta_A = 1$), ergeben sich dann schließlich folgende Druckzustände:

Lfd. Nr.	p_{st}	p_d	p_t
E	−128,3	85,5	−42,8
1	−154,8	85,5	−69,3
2	−105,2	35,0	−70,2
3	−114,8	35,0	−79,8
V_{ein}	−167,5	85,5	−82,0
V_{aus}	+7,3	85,5	+92,8
4	+73,8	13,9	+87,7
5	+71,3	13,9	+85,2
6	−1,8	85,5	+83,7
7	+47,8	35,0	+82,8
A	+35,0	35,0	+70,0

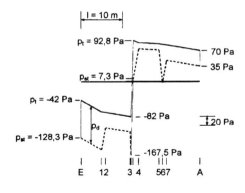

• Umlenkungen

Als Umlenkungen kommen in Kanalnetzen vornehmlich glatte Bogen mit rundem oder rechteckigem Querschnitt (Krümmer), Segmentbogen und Kniestücke vor [17]; aber auch Etagen werden eingesetzt. Außer den Reibungsverlusten an der Rohrwand treten zusätzlich Verluste durch Ablösungen und Querströmungen durch Sekundär-Wirbel auf, so dass auch die Widerstandszahl ζ sich aus zwei Teilwerten gemäß

$$\zeta = \zeta_R + \zeta_U = \lambda \frac{l_B}{d} + \zeta_U \qquad (9\text{-}25)$$

mit ζ_R als dem Reibungsanteil und ζ_U als dem Umlenkungsanteil zusammensetzt, wobei l_B die mittlere Stromfadenlänge ist. Nach [13], S. 265 f. kann für Bogen die Widerstandszahl für den Reibungsanteil folgendermaßen ermittelt werden:

$$\zeta_R = 0{,}0175 \, \lambda \, \frac{R}{d} \, \alpha. \qquad (9\text{-}26)$$

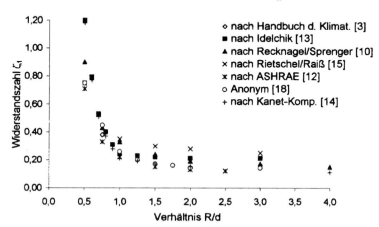

Bild 9-8: Widerstandszahl ζ_1 für glatte 90°-Bogen in Abhängigkeit vom Verhältnis R/d

Da jedoch in der Lüftungstechnik der Reibungsdruckverlust in einfachen Umlenkungen wie z. B. glatten Bogen mit kreisförmigem Querschnitt normalerweise relativ klein ($\zeta_R < 0{,}1$) und damit auch messtechnisch sehr schwer zu erfassen ist, wird in den meisten Fällen lediglich die Gesamtwiderstandszahl angegeben. Generell steigt bei glatten Bogen mit kreisförmigem Querschnitt die Widerstandszahl ζ mit dem Grad des Umlenkwinkels α an. Bei einem bestimmten Umlenkwinkel ist dann das Verhältnis Umlenkradius R zum Leitungsinnendurchmesser d_i maßgebend für den Umlenkdruckverlust [3], S. 312. Nach Bild 9-8 differieren aber auch dann noch die Werte aus verschiedenen Quellen beträchtlich für einen derartigen glatten Bogen mit dem Umlenkwinkel von $\alpha = 90°$. Erkennbar ist jedoch, dass sich die Druckverluste durch möglichst große Umlenkradien minimieren lassen.

Andererseits ist die Widerstandszahl auch von der Strömungsgeschwindigkeit abhängig. Insbesondere bei Bogen mit kleinen Durchmessern kann die Vernachlässigung dieser Abhängigkeit bereits zu erheblichen Ungenauigkeiten führen.

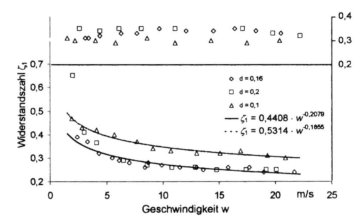

Bild 9-9: Widerstandszahl ζ_1 für glatte Bogen (unten) und Faltenbogen (oben) in Abhängigkeit von der mittleren Rohrgeschwindigkeit w nach [20]

In Bild 9-9 sind die an einem Versuchsstand gemessenen Widerstandszahlen für glatte Bogen (unten) und sogenannte Faltenbogen (oben) für $R/d_i = 1$ und drei verschiedene Innendurchmesser d_i über der mittleren Geschwindigkeit w aufgetragen. Die ebenfalls eingezeichneten Tendenzlinien für die Widerstandszahl des glatten Bogens lassen eindeutig erkennen, dass bei Geschwindigkeiten unter $w \approx 10$ m/s mit sinkender Strömungsgeschwindigkeit die Widerstandszahl erheblich ansteigt. Bei Faltenbogen macht sich diese Erscheinung dagegen im betrachteten Geschwindigkeitsbereich nicht oder kaum bemerkbar.

Für glatte Bogen mit anderen Umlenkungswinkeln kann die Widerstandszahl näherungsweise über

$$\zeta = \zeta_{90°} \, K_\alpha \tag{9-27}$$

errechnet werden, worin $\zeta_{90°}$ die entsprechende Widerstandszahl für den 90°-Bogen ist und für den Korrekturfaktor K_α gilt nach [13], S. 289

$$\alpha \leq 60° : K_\alpha = 0{,}9 \cdot \sin\alpha$$

$$60° < \alpha < 110° : K_\alpha = 0{,}0646 \cdot \alpha^{0{,}609}$$

$$\alpha \geq 110° : K_\alpha = 0{,}7 + 0{,}35 \cdot \frac{\alpha}{90°}$$

Anhand dieses Beispiels für den Bogen ist jedoch ganz allgemein bereits zu erkennen, dass einerseits die Wahl eines Formstücks die Dimensionierung eines Kanalnetzes stark beeinflussen kann, andererseits aber auch die Wahl der Literaturstelle erheblichen Einfluss haben kann [21]. Es ist zu berücksichtigen, dass diese Werte unter schwierigen Bedingungen messtechnisch ermittelt worden sind. Da das Strömungsprofil hinter einem Formstück verzerrt ist, liegt die Messstelle weit hinter dem Formstück und der gemessene Wert muss entsprechend rechnerisch korrigiert werden. Es bleibt damit immer eine gewisse Dimensionierungsunsicherheit.

Dieses Dilemma hinsichtlich der Dimensionierung verstärkt sich noch bei hintereinander geschalteten Bogen, um bei diesem Formstück zu bleiben. Bei hintereinander geschalteten Bogen tritt der aus den ζ-Werten für die Einzelbogen addierte Maximalwert nur dann auf, wenn diese durch gerade Leitungsstrecken von mehr als 10 d_i Länge voneinander getrennt sind [11], S. Lc 5. Ist der Abstand zwischen den Bogen kleiner, ergeben sich nach [22] unübersichtliche Strömungsbilder mit einem kleineren Wert für den Gesamtwiderstand als aus der Summe der Einzelwerte folgt, während nach [23] z. B. die Druckverluste bei drei direkt hintereinander geschalteten Bogen erheblich größer sein können als der dreifache Druckverlust eines Bogens.

Für Bogen mit rechteckigem (quadratischen) Querschnitt wird die Widerstandszahl analog in Abhängigkeit vom Umlenkwinkel α, dem Verhältnis Umlenkradius R zur gekrümmten Leitungsseite b sowie dem Seitenverhältnis a/b angegeben [12], S. 31.28. Für andere Umlenkwinkel kann die Widerstandszahl wieder über

$$\zeta = \zeta_{90°} K_\alpha$$

mit den oben angegebenen Korrekturfaktoren errechnet werden.

Im Gegensatz zum glatten Bogen vollzieht sich beim Segmentbogen die Umlenkung der Strömung in einer Reihe aneinandergefügter gerader Rohrsegmente. Neben dem Umlenkwinkel α und dem Verhältnis R/d_i spielt die Anzahl der Segmente noch eine große Rolle [1], S. 20; [13], S. 300.

Bei Kniestücken tritt infolge der scharfen Umlenkung eine stärkere Strömungsablösung an der Innenseite auf als bei Bogen, so dass sich beim Einbau von Kniestücken in Lüftungsleitungen sehr hohe Widerstandszahlen ergeben. Zusammengesetzte Kniestücke haben ebenfalls einen kleineren ζ-Wert für den Gesamtwiderstand als aus der Summe der Einzelwerte errechnet.

Scharfe Umlenkungen werden am besten durch eine oder mehrere Leitschaufeln strömungstechnisch verbessert. Im allgemeinen genügen nichtprofilierte Schaufeln.

Trotz dieser Unsicherheiten, die sich bei den Angaben von Widerstandszahlen normalerweise ergeben, muss und kann näherungsweise in der Praxis mit den in den Arbeitsblättern angegebenen Werten gerechnet werden. Da die aus dem Schrifttum ermittelten Zahlenangaben für die Widerstandszahlen meist aus Versuchen mit idealen Strömungsbedingungen stammen, muss andererseits im praktischen Einsatz meist mit einer Verschlechterung gerechnet werden.

Beispiel 9-7: In einer Rohrleitung mit kreisförmigem Querschnitt, durch die Luft mit einer Geschwindigkeit von $w = 10$ m/s strömt, befinden sich
a) ein vierteiliger Segmentbogen mit $\alpha = 90°$ und einem Umlenkverhältnis von $R/d = 1{,}0$
und
b) ein scharfkantiges Kniestück von $\alpha = 90°$.

Wie groß ist der Gesamtdruckverlust dieser Einzelwiderstände?

a) Aus Arbeitsblatt 9-4 ergibt sich $\zeta = 0{,}59$

$$\Delta p_Z = 0{,}59 \cdot \frac{1{,}2 \ \mathrm{kg/m^3}}{2} \cdot 100 \ \mathrm{m^2/s^2} = 35{,}4 \ \mathrm{Pa}.$$

b) Aus Arbeitsblatt 9-4 ergibt sich $\zeta = 1{,}2$

$$\Delta p_Z = 1{,}2 \cdot \frac{1{,}2 \ \mathrm{kg/m^3}}{2} \cdot 100 \ \mathrm{m^2/s^2} = 72 \ \mathrm{Pa}.$$

• Stromtrennung und -vereinigung

Verzweigungen im Kanalnetz sind Stellen, an denen sich durch Zu- oder Abflüsse die Massenströme ändern. Bei einer Aufspaltung eines Hauptstromes in zwei oder mehrere Teilströme spricht man von einer Stromtrennung, das Zusammenfließen von Teilströmen nennt man Stromvereinigung. Nach Bild 9-10 wird ein Abzweig dabei charak-

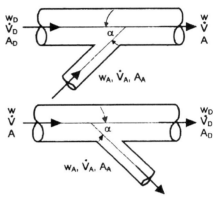

terisiert durch den Abzweigwinkel α und die Flächenverhältnisse der Teilstrecken A/A_D, A/A_A und A_D/A_A. Außerdem sind natürlich sehr unterschiedliche Volumenstromverhältnisse $\dot{V}/\dot{V}_D$ und $\dot{V}/\dot{V}_A$ mit wiederum verschiedenartigen Geschwindigkeitsverhältnissen möglich.

Wenn beispielsweise zwei Teilströme mit unterschiedlicher Geschwindigkeit zusammengeführt werden, tritt bei der turbulenten Mischung ein Stoßverlust auf. Es findet ein Energieaustausch zwischen den beiden Teilströmen statt, indem der Teilstrom mit der höheren Geschwindigkeit einen Teil seiner kinetischen Energie an den sich langsamer bewegenden Teilstrom abgibt und somit sich ein Geschwindigkeitsausgleich vollzieht.

Bild 9-10: Bezeichnungen bei Verzweigungen:
Stromvereinigung (oben)
Stromtrennung (unten)

Bei der Stromtrennung treten Wirbel-, in erster Linie aber Stoßverluste auf. Verursacht werden sie durch die plötzliche Umlenkung eines Teilstromes sowie in dem anderen durchgehenden Teilstrom infolge des abnehmenden Volumenstromes.

Auch Verzweigungen werden als Einzelwiderstände betrachtet, deren Druckverluste wiederum durch die Widerstandszahl ζ gekennzeichnet werden. Während bei der Stromtrennung immer Verluste auftreten und folglich die Widerstandszahl immer einen positiven Wert annimmt, kann es jedoch bei der Stromvereinigung u. U. auch zu einem sogenannten Druckrückgewinn kommen, d. h., dass ζ negativ wird. Dieser Druckrückgewinn ist oftmals gewollt, um die Strömungsverluste in einem Kanalnetz möglichst klein zu halten.

Es gibt sehr viele unterschiedliche Formen von Leitungsverzweigungen wie z. B. (scharfkantiges) T-Stück, Sattelstutzen, Krümmerabzweig, Hosenstücke usw. Für viele Ausführungen liegen empirische Untersuchungsergebnisse vor; in einigen Fällen lassen sich auch theoretische Berechnungsansätze ableiten. Die nachfolgenden Betrachtungen beschränken sich auf Abzweige mit kreisförmigem Querschnitt gemäß DIN

24147, Tl. 6 [17]. Widerstandszahlen für andere Bauformen können dem Arbeitsblatt 9-7 entnommen werden.

In der Strömungstechnik ist es üblich, für die Bestimmung der ζ-Werte die Geschwindigkeit im Hauptstrom zugrunde zu legen, sie also nach Bild 9-10 auf die Geschwindigkeit w zu beziehen. Abweichend davon wird jedoch in der Klima- bzw. Lüftungstechnik der ζ-Wert eines Abgangs für die Geschwindigkeit im Teilstrom angegeben, um die ζ-Werte der einzelnen Leitungsstrecken mit gleichem Durchmesser und gleichem Massenstrom zu einem Gesamtwert zusammenfassen zu können.

Allgemein wird bei der Stromtrennung für den durchgehenden Teilstrom von folgendem, auf dem *Carnot*'schen Stoßverlust basierenden Ansatz für den Druckverlust ausgegangen:

$$\Delta p_D = K_C \frac{\varrho}{2}(w - w_D)^2. \tag{9-28}$$

Bezogen auf den dynamischen Druck im Durchgang ergibt sich dann für den ζ-Wert

$$\zeta_D = \frac{\Delta p_D}{\frac{\varrho}{2}w^2} = K_C\left(1 - \frac{w_D}{w}\right)^2 \Rightarrow \zeta_D = K_C\left(1 - \frac{\dot{V}_D\,A}{\dot{V}\,A_D}\right)^2. \tag{9-29}$$

Für Stromtrennungen mit $A_D + A_A > A$; $A_D = A$ und $w_D/w \leq 1$ beträgt der Proportionalitätsfaktor $K_C \approx 0{,}4$ [13], S. 333 f.; [15], Bd. 2, S. 122.

Für den abzweigenden Teilstrom kann mit den oben definierten Flächenverhältnissen die Widerstandszahl berechnet werden aus [13], S. 336; [15], Bd. 2, S. 122

$$\zeta_A = \frac{\Delta p_A}{\frac{\varrho}{2}w^2} = K_A\left[1 + \left(\frac{w_A}{w}\right)^2 - 2\frac{w_A}{w}\cos\alpha\right] \tag{9-30}$$

oder

$$\zeta_A = \frac{\Delta p_A}{\frac{\varrho}{2}w^2} = K_A\left[1 + \left(\frac{\dot{V}_A\,A}{\dot{V}\,A_A}\right)^2 - 2\frac{\dot{V}_A\,A}{\dot{V}\,A_A}\cos\alpha\right].$$

Für $w_A/w > 0{,}8$ beträgt der Proportionalitätsfaktor $K_A = 0{,}9$; ansonsten kann er mit $K_A = 1{,}0$ eingesetzt werden.

Verschiedene Untersuchungen [24], [25], [26] zeigen, dass die Widerstandszahl für den abzweigenden Teilstrom in erster Linie eine Funktion des Geschwindigkeitsverhältnisses w_A/w ist, und weniger des Flächenverhältnisses A_A/A. Die Gl. 9-30 macht andererseits aber auch deutlich, dass eine Angabe über die gewählte Bezugsgeschwindigkeit unverzichtbar ist. Für inkompressible Medien lässt sich jedoch eine einfache Beziehung herleiten, um die Widerstandszahl auf die Geschwindigkeit w_A im abzweigenden Strom bzw. w_D im durchgehenden Strom umzurechnen

$$\zeta_A(w_A) = \frac{\Delta p_A}{\frac{\varrho}{2}w_A^2} = \frac{\zeta_A(w)}{\left(\frac{w_A}{w}\right)^2} = \frac{\zeta_A(w)}{\left(\frac{\dot{V}_A}{\dot{V}}\frac{A}{A_A}\right)^2} \tag{9-31}$$

und

$$\zeta_D(w_D) = \frac{\Delta p_D}{\frac{\varrho}{2} w_D^2} = \frac{\zeta_D(w)}{\left(\frac{w_D}{w}\right)^2} = \frac{\zeta_D(w)}{\left(1 - \frac{\dot{V}_A}{\dot{V}}\right)^2 \left(\frac{A}{A_D}\right)^2}.$$

Mit den o. g. Gleichungen wurden die ζ-Werte in Arbeitsblatt 9-6 berechnet.

Beispiel 9-8: In einer Rohrleitung mit kreisförmigem Querschnitt soll durch einen rechtwinkligen stumpfen Abzweig ein Teilstrom abgezweigt werden. Die Leitungsquerschnitte sind alle gleich; es gilt $A = A_D = A_A = 0{,}15\ \mathrm{m^2}$. Die Geschwindigkeit im Hauptstrom beträgt $w = 10\ \mathrm{m/s}$, während im Abzweig die Luft mit $w_A = 5\ \mathrm{m/s}$ strömt. Berechnen Sie den Gesamtdruckverlust Δp_t und statischen Druckverlust Δp_{st} des Abzweigs sowie die Geschwindigkeit w_D des durchgehenden Teilstroms.

Aus Gln. 9-30 und 9-31 bzw. Arbeitsblatt 9-6 ergibt sich bei $w_A/w = 0{,}5$ eine Widerstandszahl von

$$\zeta = 1{,}65 \ (\text{bezogen auf } \mathrm{w_A}).$$

Der Gesamtdruckverlust Δp_t beträgt damit

$$\Delta p_t = \zeta\, \frac{\varrho}{2}\, w_A^2 = 1{,}65 \cdot \frac{1{,}2\ \mathrm{kg/m^3}}{2} \cdot 25\ \mathrm{m^2/s^2} = 24{,}75\ \mathrm{Pa}.$$

Der statische Druckverlust Δp_{st} des Abzweigs errechnet sich aus dem Gesamtdruckverlust zu

$$\Delta p_{st} = \Delta p_t - \Delta p_d = \Delta p_t - \frac{\varrho}{2}\,(w^2 - w_A^2) = \Delta p_t - \frac{\varrho}{2} w^2 \left[1 - \left(\frac{w_A}{w}\right)^2\right]$$

$$\Delta p_{st} = 24{,}75\ \mathrm{Pa} - \frac{1{,}2\ \mathrm{kg/m^3}}{2} \cdot 100\ \mathrm{m^2/s^2} \cdot (1 - 0{,}25) = -20{,}25\ \mathrm{Pa}.$$

Die Geschwindigkeit im durchgehenden Teilstrom beträgt

$$w_D = \frac{\dot{V}_D}{A_D} = \frac{\dot{V} - \dot{V}_A}{A_D} = \frac{w\,A - w_A\,A_A}{A_D} = w - w_A = 5\ \mathrm{m/s}.$$

Insbesondere bei Hochgeschwindigkeitsanlagen, bei denen mit Luftgeschwindigkeiten bis $w = 20\ \mathrm{m/s}$ in der Hauptleitung gearbeitet wird, sollte die Zuluftleitung nach der „Methode des statischen Druckrückgewinns" dimensioniert werden. Ein umfangreiches Kanalnetz wird dazu in die Abschnitte Haupt- und Nebenleitungen unterteilt. In den geraden Hauptleitungen mit mehreren Luftmengenverteilern (Abzweigen) soll in allen Abzweigen die gleiche Luftgeschwindigkeit und der gleiche statische Druck herrschen. Das wird mit Hilfe des erzielbaren Druckrückgewinns versucht, indem die Umwandlung von dynamischen in statischen Druck planmäßig zum Ausgleich der Druckverluste durch Reibung und Richtungsänderung eingesetzt werden.

Mit anderen Worten, der Leitungsabschnitt 1–2 in Bild 9-11 muss dabei so bemessen werden, dass der auf diesem Teilstück der durchgehenden Leitung hinter dem Abzweig auftretende Reibungs- ($\Delta p_V = R\,l$) und Diffusordruckverlust genauso groß ist wie der erzielbare statische Druckrückgewinn infolge Geschwindigkeitsabnahme durch die Querschnittsänderung in diesem Teilstück.

Dieses Dimensionierungsverfahren ist jedoch nur zulässig, wenn die Abzweigungen von der Hauptleitung zu den Nebenleitungen ein rechtwinkliges T- oder ein konisches

T-Passstück sind und gleichzeitig die Abzweigungen alle den gleichen Querschnitt besitzen [28]. Die Luftströmung muss außerdem vor dem Eintritt in den Abzweig möglichst geradlinig sein, so dass zwischen zwei Abzweigen eine entsprechend lange gerade Kanalstrecke vorhanden sein muss. Bei Verwendung eines nicht rechtwinkligen Abzweigs ist ein Abgleich des Leitungssystems nur über eine Betrachtung des Gesamtdruckverlaufs möglich und führt auf umfangreichere Beziehungen als die nachstehend angegebenen [28], [29].

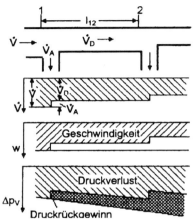

Bild 9-11: Volumenstromverhältnisse Geschwindigkeiten und Druckverlauf bei Druckrückgewinn

Mit dem Druckrückgewinn in der Strecke 1–2, die gemäß Bild 9-11 zwischen zwei Abzweigen liegt, lässt sich der auf dieser Strecke auftretende Reibungsdruckverlust ausgleichen. Damit herrscht in allen Abzweigen die gleiche Geschwindigkeit und folglich der gleiche statische Druck, so dass unter der Voraussetzung gleicher Leitungsdurchmesser im Abzweig auch gleiche Volumenströme erreicht werden.

Da der Übergang vom Querschnitt A an der Stelle 1 auf den Querschnitt A_D an der Stelle 2 sprungartig erfolgt, kann nicht der theoretische Druckrückgewinn genutzt werden, sondern die Umsetzung von dynamischen in statischen Druck wird im Allgemeinen mit einem Verlust verbunden sein, so dass gilt

$$\Delta p_{st} = K_{DR}\,\frac{\varrho}{2}\,(w_1^2 - w_2^2) = K_{DR}\,\frac{\varrho}{2}\,(w^2 - w_D^2). \qquad (9\text{-}32)$$

Der Faktor K_{DR} wird über $K_{DR} = 1 - \zeta_D$ mit der Widerstandszahl ζ_D des Diffusors verbunden und schwankt nach [10], S. 1116 im Allgemeinen zwischen 0,70 und 0,90. In [30], [31] wird jedoch eine Verlustzahl von $\zeta_D = 0,5$ angegeben, nach [28] beträgt K_{DR} dagegen $0,9 - 0,85$ ($\zeta_D = 0,1 - 0,15$). Es muss somit gelten

$$\Delta p_{st} = K_{DR}\,\frac{\varrho}{2}\,(w^2 - w_D^2) = \lambda\,\frac{l_{12}}{d_D}\,\frac{\varrho}{2}\,w_D^2 = R\,l_{12}. \qquad (9\text{-}33)$$

Unter den genannten Voraussetzungen kann dann der Querschnitt an der Stelle 2 aus nachfolgender Gleichung ermittelt werden

$$A_D = A\left(1 - \frac{\dot{V}_A}{\dot{V}}\right)\sqrt{1 + \frac{1}{K_{DR}}\,\zeta_{12}} \qquad \text{mit} \qquad \zeta_{12} = \lambda\,\frac{l_{12}}{d_D}. \qquad (9\text{-}34)$$

Nachteilig ist, dass die Gl. (9-34) nur iterativ gelöst werden kann. Bei einem ausgedehnten Kanalnetz kann es somit durchaus sinnvoll sein, die Bedingungen am (in Strömungsrichtung gesehen) letzten Abzweig festzulegen und dann sukzessive gegen die Strömungsrichtung A aus A_D zu berechnen.

Beispiel 9-9: In einer Rohrleitung mit kreisförmigem Querschnitt und einer Rohrrauhigkeit von k = 0,15 mm wird ein Zuluftvolumenstrom von $\dot{V}_{Zu}$ = 10 000 m³/h über insgesamt fünf rechtwinklige stumpfe Abzweige mit gleichem Abstand von je l = 8 m in die Nebenleitungen abgezweigt, siehe Anlagenschema. Der Leitungsdurchmesser des ersten Teilstücks der Hauptleitung beträgt $d = 450$ mm. Berechnen Sie die Durchmesser der Hauptleitung unter Berücksichtigung des statischen Druckrückgewinns.

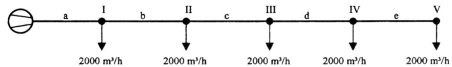

Aus der Kontinuitätsgleichung ergibt sich für das erste Teilstück a zwischen Ventilator und Abzweig I eine Luftgeschwindigkeit von $w = 17,47$ m/s.

Der dann mit Gl. (9-34) errechnete Leitungsquerschnitt für das Teilstück b zwischen den Abzweigen I und II beträgt $d_b = 450$ mm.

Die restlichen berechneten Werte sind in der folgenden Tabelle zusammengestellt

Teil-strecke	$\dot{V}$ m³/h	w m/s	d mm	A m²	A berechnet nach Gl. (9-34)	R Pa/m	$R\,l$ Pa	Δp_{st} nach Gl. (9-33)
a	10000	17,47	450	0,1590	-	11,05	88,40	-
b	8000	13,98	450	0,1590	0,1610	7,09	56,72	52,69
c	6000	11,75	440	0,1419	0,1521	5,40	43,20	27,54
d	4000	8,84	400	0,1257	0,1238	3,32	26,56	28,76
e	2000	5,61	355	0,0990	0,0964	1,58	12,64	22,40

Auch bei der Stromvereinigung hängen die anzusetzenden Widerstandszahlen von den Querschnitts- und Volumenstromverhältnissen der beiden Vereinigungszweige ab. Eine gleichartige Betrachtung wie bei der Stromtrennung über den Druckverlust im Abzweig und die Impulsänderung führt schließlich auf folgende ungleich komplizierteren Beziehungen für die Widerstandszahl des abzweigenden Stroms

$$\zeta_A = \frac{\Delta p_A}{\frac{\varrho}{2}\,w^2} = K_A\left[1 + \left(\frac{w_A}{w}\right)^2 - 2\,\frac{A_D}{A}\left(\frac{w_D}{w}\right)^2 - 2\,\frac{A_A}{A}\left(\frac{w_A}{w}\right)^2\cos\alpha\right] + K_S \quad (9\text{-}35)$$

oder

$$\zeta_A = \frac{\Delta p_A}{\frac{\varrho}{2}\,w^2} = K_A\left[1 + \left(\frac{\dot{V}_A}{\dot{V}}\,\frac{A}{A_A}\right)^2 - 2\,\frac{A}{A_D}\left(1 - \frac{\dot{V}_A}{\dot{V}}\right)^2 - 2\,\frac{A}{A_A}\left(\frac{\dot{V}_A}{\dot{V}}\right)^2\cos\alpha\right] + K_S\,.$$

Für das Flächenverhältnis $A_D/A = 1$ wird das Additionsglied $K_S = 0$, während der Proportionalitätsfaktor K_A sowohl vom Flächenverhältnis als auch vom Volumenstromverhältnis (und damit Geschwindigkeitsverhältnis) abhängig ist. ([13], S. 336: $K_A = 1,0$ für $A_A/A \leq 0,35$; $A_A/A > 0,35$: $K_A = 0,9\cdot(1 - \dot{V}_A/\dot{V})$ wenn $\dot{V}_A/\dot{V} \leq 0,4$, sonst $K_A = 0,55$)

Die Widerstandszahl des durchgehenden Stroms ergibt sich aus der Gleichung

$$\zeta_D = \frac{\Delta p_D}{\frac{\varrho}{2}\,w^2} = 1 + \left(\frac{A}{A_D}\right)^2\left(1 - \frac{\dot{V}_A}{\dot{V}}\right)^2 - 2\,\frac{A}{A_D}\left(1 - \frac{\dot{V}_A}{\dot{V}}\right)^2$$

$$- 2\,\frac{A}{A_A}\left(\frac{\dot{V}_A}{\dot{V}}\right)^2\cos\alpha + K_D, \quad (9\text{-}36)$$

die sich für $A_D/A = 1$ vereinfacht zu

$$\zeta_D = \frac{\Delta p_D}{\frac{\varrho}{2}\, w^2} = 1 - \left(1 - \frac{\dot{V}_A}{\dot{V}}\right)^2 - 2\, \frac{A}{A_A} \left(\frac{\dot{V}_A}{\dot{V}}\right)^2 \cos\alpha. \qquad (9\text{-}37)$$

In Bild 9-12 werden für den Fall $A = A_D = A_A$ die experimentell ermittelten Widerstandszahlen für einen 90°-Abzweig [31] mit den nach Gl. (9-35) bzw. einer weiteren in [15], Bd. 2, S. 124 angegebenen Gleichung berechneten ζ-Werten verglichen. Bei relativ kleinen Geschwindigkeitsverhältnissen $w_A/w \leq 0{,}3$ ist die Abweichung zwischen gemessenem und errechnetem ζ-Wert verhältnismäßig groß, während bei größer werdendem Geschwindigkeitsverhältnis die Differenzen, unabhängig von der verwendeten Beziehung, zunehmend geringer werden.

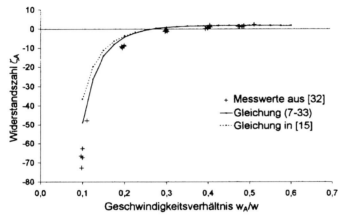

Bild 9-12: Widerstandszahl ζ_A für einen 90°-Abzweig bei der Stromvereinigung mit $A = A_D = A_A$ in Abhängigkeit vom Geschwindigkeitsverhältnis w_A/w

Bei den kleinen Geschwindigkeitsverhältnissen wird der langsamere Teilstrom im Abzweig durch den schnelleren durchgehenden Teilstrom beschleunigt, was sich durch negative ζ-Werte, also einem Druckrückgewinn, bemerkbar macht.

Generell lässt sich jedoch sagen, dass die Druckverluste am niedrigsten sind, wenn das Flächenverhältnis A_A/A möglichst groß angesetzt wird. Bei 90°-Abzweigen sollte für $\dot{V}_A/\dot{V} \geq 0{,}4$ die Fläche $A_A = A$ sein [15], Bd. 2, S. 124. Andererseits kann bei $\dot{V}_A/\dot{V} < 0{,}4$ auch der Einsatz eines Injektions-Abzweiges sinnvoll sein [31].

Wirksam vermindert werden können die Druckverluste eines 90°-Abzweiges außerdem durch den Einbau eines konischen Zwischenstückes zwischen Abzweig und Hauptstrang [23], [24] oder auch durch eine sorgfältige Abrundung der Stoßstelle. Weitere Vorschläge für eine energetisch optimale Gestaltung von Abzweigen bei der Stromvereinigung sind beispielsweise in [32] bis [34] zu finden.

Beispiel 9-10: In einer durchgehenden geraden Abluftleitung mit kreisförmigem Querschnitt mündet über einen rechtwinkligen stumpfen Abzweig ein Teilstrom ein. Der Leitungsquerschnitt des Hauptkanals bleibt mit $A_D = A = 0{,}12$ m^2 konstant, während für den Abzweig (Nebenstrecke) gilt: $A_A/A = 0{,}5$. Die Geschwindigkeit im durchgehenden Teilstrom beträgt $w_D = 10$ m/s, während im Abzweig die Luft mit $w_A = 5$ m/s strömt. Berechnen Sie den Gesamtdruckverlust Δp_t und statischen Druckverlust Δp_{st} im Abzweig sowie die Geschwindigkeit w im Hauptstrom.

Für die Geschwindigkeit im Hauptstrom hinter der Zuströmung erhält man mit der Kontinuitätsgleichung

$$w = w_D \, \frac{A_D}{A} + w_A \, \frac{A_A}{A} = 10 \text{ m/s} \cdot 1 + 5 \text{ m/s} \cdot 0{,}5 = 12{,}5 \text{ m/s}.$$

Damit ergibt sich aus Gl. (9-35) oder Arbeitsblatt 9-7 bei $w_A/w = 0{,}5$ eine Widerstandszahl von

$$\zeta_A = -0{,}5 \quad \text{(bezogen auf } w_A \text{)}.$$

Das negative Vorzeichen der Widerstandszahl bedeutet einen „Druckrückgewinn" durch Umwandlung des dynamischen Drucks in statischen Druck

$$\Delta p_t = \zeta_A \, \frac{\varrho}{2} \, w_A^2 = -0{,}5 \cdot \frac{1{,}2 \text{ kg/m}^3}{2} \cdot 25 \text{ m}^2/\text{s}^2 = -7{,}5 \text{ Pa}.$$

Der statische Druckverlust Δp_{st} des Abzweigs (siehe Bild 9-10a) errechnet sich damit zu

$$p_{st} + \frac{\varrho}{2} \, w^2 + \Delta p_t = p_{stA} + \frac{\varrho}{2} \, w_A^2$$

$$p_{st} - p_{stA} = \Delta p_{st} = \frac{\varrho}{2} \, (w_A^2 - w^2) - \Delta p_t = \frac{\varrho}{2} \, w_A^2 \left[1 - \left(\frac{w}{w_A} \right)^2 \right] - \Delta p_t$$

$$\Delta p_{st} = \frac{1{,}2 \text{ kg/m}^3}{2} \cdot 25 \text{ m}^2/\text{s}^2 \cdot (1 - 6{,}25) + 7{,}5 \text{ Pa} = -71{,}25 \text{ Pa}.$$

Den Druckverlust bei der Stromtrennung zu verringern, ist Bestandteil mehrerer Veröffentlichungen. Geringer ist die Anzahl von Arbeiten, die sich mit der Stromvereinigung beschäftigen. Stromvereinigende Formstücke sind meist Bestandteile von Abluftleitungen, die sich strömungstechnisch von Zuluftleitungen stark unterscheiden. Der entscheidende Unterschied besteht darin, dass bei der Zuluftleitung der Volumenstrom in Strömungsrichtung abnimmt, während er in der Abluftleitung zunimmt. Entsprechend wächst normalerweise in der Abluftleitung der dynamische Druck in Strömungsrichtung an, während er in der Zuluftleitung abfällt.

Die Bemessung von Abluftleitungen erfolgt dabei entweder unter Berücksichtigung einer konstanten Geschwindigkeit in der Haupt- bzw. Sammelleitung oder unter Berücksichtigung eines konstanten Leitungsquerschnitts [1], S. 70. Eine konstante Luftgeschwindigkeit hat zur Folge, dass der Leitungsquerschnitt hinter jeder Einmündung zunimmt. Eine detaillierte Übersicht über Dimensionierungsmethoden von Abluftkanälen und die numerische Berechnung bei Verwendung von Düsen enthält [36]. In den allermeisten Fällen wird jedoch auch heute noch versucht, die Abluftkanäle durch Drosselung an der Baustelle abzugleichen, um eine gleichmäßige Verteilung zu erreichen. Dadurch soll eine weitgehende Übereinstimmung des statischen Drucks an der Einmündungsstelle der Anschlussleitung mit dem in der Hauptleitung an dieser Stelle vorhandenen Druck erreicht werden.

Unter Berücksichtigung des Druckrückgewinns kann nach [30], [31] die Hauptleitung wieder so bestimmt werden, dass der Druckverlauf in der Hauptleitung die gleichen Strömungsverhältnisse an den Einmündungen gewährleisten kann. Für das entsprechende Flächenverhältnis wird eine zu Gl. (9-33) ähnliche Beziehung angegeben

$$A_D = A \, \frac{1}{\sqrt{1 - \dfrac{1}{0{,}5} \, \zeta_{12}}} \quad \text{mit} \quad \zeta_{12} = \lambda \, \frac{l_{12}}{d_D}. \tag{9-38}$$

In [1], S. 76 wird aber darauf hingewiesen, dass sich das Prinzip der Druckrückgewinnung bei Abluftleitungen nicht verwirklichen lässt, da sich viel zu niedrige und nicht verwirklichbare Luftgeschwindigkeiten ergeben.

Beispiel 9-11: Der Abluftventilator in einer Rohrleitung mit kreisförmigem Querschnitt und einer Rohrrauhigkeit von $k = 0{,}15$ mm fördert insgesamt einen Abluftvolumenstrom von $\dot{V}_{Zu} = 800$ m³/h. Über drei in die Sammelleitung senkrecht einmündende Zweigkanäle werden jeweils $\dot{V}_{Zu} = 200$ m³/h zugeführt, siehe Anlagenschema. Die Einmündungen liegen $l = 5$ m auseinander. Die Luftgeschwindigkeit in den Zweigkanälen w_A soll ebenso wie die Luftgeschwindigkeit im ersten Teilstück a der Hauptleitung mit einer Länge von $l_a = 8$ m $w = 8{,}7$ m/s betragen. Das letzte Teilstück d der Hauptleitung ist $l_d = 10$ m lang. Berechnen Sie den Verlauf des statischen Drucks p_{st} unter Annahme einer annähernd konstanten Luftgeschwindigkeit im Sammelkanal, wenn an der Stelle A ein statischer Druck von $p_{st} = -200$ Pa vorliegt.

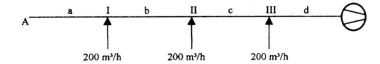

Aus der Kontinuitätsgleichung ergibt sich für die Zweigkanäle sowie das erste Teilstück a der Hauptleitung ein Leitungsdurchmesser von $d = 0{,}09$ m.

An der Stelle A herrscht bei einem statischen Druck von $p_{st} = -200$ Pa und einem dynamischen Druck von $p_d = 45{,}4$ Pa ein Gesamtdruck von $p_t = -154{,}6$ Pa. Im ersten Teilstück a ist der Reibungsdruckverlust $\Delta p_R = 186{,}2$ Pa, so dass unmittelbar vor dem Knotenpunkt I ein statischer Druck von $p_t = -340{,}8$ Pa gegeben ist.

Aufgrund der Bedingung einer nahezu konstanten Luftgeschwindigkeit im Hauptkanal erhält man für die Teilstrecke b mit $\dot{V} = 400$ m³/h eine Luftgeschwindigkeit von $w = 9{,}05$ m/s bei einem Leitungsdurchmesser von $d = 0{,}125$ m.

Für die Zuführung am Knotenpunkt I wird aus Gl. (9-35) oder Arbeitsblatt 9-7 bei $w_A/w = 1{,}0$ eine Widerstandszahl von

$$\zeta = 1{,}21 \text{ (bezogen auf } w\text{)}$$

erhalten.

Die restlichen berechneten Werte sind in der folgenden Tabelle zusammengestellt.

Teil-strecke	$\dot{V}$ m³/h	w m/s	d mm	A m²	ζ	R Pa/m	Rl Pa	Δp_{st} nach Gl. (9-32)
a	200	8,47	90	0,0064	-	23,27	186,20	−340,8
b	400	9,05	125	0,0123	1,21	16,11	80,55	−480,8
c	600	9,43	150	0,0177	0,73	13,68	68,40	−588,1
d	800	8,73	180	0,0254	0,45	9,21	92,1	−700,8

9.3 Einregulierung

In Leitungssystemen werden Messorgane sowie Absperr- und Regelorgane unterschiedlichster Bauart eingesetzt, um den Volumenstrom zu messen oder wie z. B. in VVS-Anlagen entsprechend den Anforderungen zu verändern. In solchen Geräten unterliegt die Strömung mehr oder weniger großen Querschnitts- und Richtungsänderungen. Entsprechende Reibungs- und Wirbelverluste sind die Folge.

Die Verlustenergie und damit der Druckverlust werden wiederum nach der Gl. (9-14) berechnet. Die zugehörigen Widerstandszahlen sind ebenfalls größtenteils experimentell ermittelt und nur in geringem Maße aus theoretischen Betrachtungen abgeleitet.

Die im Schrifttum angegebenen Werte weichen dabei teilweise erheblich voneinander ab und hängen neben ihrer Form und Bauart sehr stark auch von der Gleichförmigkeit der Strömung vor, in und nach dem Bauteil ab.

Bei Drosselgeräten (Blende, Düse, Venturidüse) in einem Rohr gleichbleibenden Querschnittes hängt nach [37], [38] die Widerstandszahl vom Querschnittsverhältnis A/A_0 des Gesamtquerschnitts A zum freien Querschnitt A_0 sowie von dem Durchflusskoeffizienten C, der wiederum durch die Form der Öffnung beeinflusst wird, ab.

Bei Regel- bzw. Drosselklappen wird die Widerstandszahl in erster Linie durch den Stellwinkel δ und damit auch dem Verhältnis A/A_0 aus Gesamtquerschnitt A und freiem Querschnitt A_0 bestimmt.

9.4 Addition der Widerstände

Aufgrund der vorausgegangenen Ausführungen gilt demnach gemäß Gl. (9-1) grundsätzlich, dass sich der Druckverlust aus den einzelnen Druckverlusten aller Kanalelemente zusammensetzt. Um aber den Druckverlust z. B. entsprechend Bild 9-2 darzustellen, ist die Summation der Druckverluste jedes einzelnen Leitungsstückes erforderlich, so dass unter Vernachlässigung eventueller Druckverluste durch Einbauten oder Apparate usw. gilt

$$\Delta p_t = \sum_{i=1}^{n} \Delta p_i; \qquad \Delta p_i = \Delta p_{R,i} + \Delta p_{Z,i}. \tag{9-39}$$

Für den Zuluftdurchlass muss noch der dynamische Anteil p_d hinzugerechnet werden.

Wegen der allgemeinen Abhängigkeit der o. g. Druckverluste vom Quadrat der Luftgeschwindigkeit w bzw. damit auch vom Quadrat des Luftvolumenstromes $\dot{V}$ lässt sich nach der Ermittlung der Gesamtdruckdifferenz die sog. Netzcharakteristik als Gleichung darstellen

$$\Delta p_t = K_L \, \dot{V}^2. \tag{9-40}$$

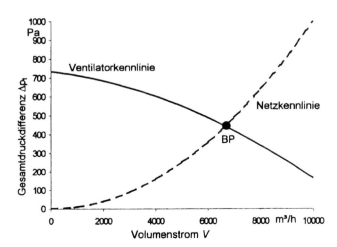

Bild 9-13: Kennlinien für Ventilator und Kanalnetz

Darin ist K_L die sog. Anlagenkonstante, die sich somit nach Abschluss der Druckverlustberechnung ermitteln lässt zu

$$K_L = \frac{\Delta p_t}{\dot{V}^2}. \tag{9-41}$$

Solange keine Veränderungen, z. B. durch Filterverschmutzung, im Netz auftreten,
bleibt die Anlagenkonstante K_L konstant, so dass die Netzkennlinie graphisch als
Parabel in ein Druck-Volumen-Diagramm dargestellt werden kann, Bild 9-13. Auch die
Zusammenhänge zwischen Ventilator und Luftkanal lassen sich in diesem Diagramm
dann am anschaulichsten erkennen. Wenn die zugehörige Ventilatorkennlinie ebenfalls
in das Diagramm eingetragen wird, ergibt sich der effektive Betriebspunkt (BP) als
Schnittpunkt dieser beiden Kennlinien.

Widerstandsänderungen im Kanalnetz bewirken eine entsprechende Änderung der
Anlagenkonstante. Bei zunehmendem Filterdruckverlust z. B. erhöht sich die Anlagenkonstante und damit die Steigung der Netzkennlinie, so dass sich der Betriebspunkt
auf der Ventilatorkennlinie in Richtung eines kleineren Volumenstromes verschiebt.

9.5 Berechnung des Kanalnetzes

Die Hauptaufgabe eines sorgfältig ausgelegten Kanalnetzes besteht darin, die benötigten Volumenströme dem zu versorgenden Raum oder Gebäudebereich zuverlässig
und kostengünstig zuzuführen bzw. aus diesem abzuführen. Bei der Auslegung eines
Kanalnetzes sollte deshalb auch grundsätzlich darauf geachtet werden, die Druck-
und Geschwindigkeitsbedingungen so zu gestalten, dass die Anlage möglichst ohne
umfangreiche Nachregelarbeiten in Betrieb genommen werden kann.

Für die Berechnung des Kanalnetzes von RLT-Anlagen kann man grundsätzlich von
drei verschiedenen Rechenmethoden ausgehen: Bei der ersten Methode dimensioniert
man die Leitungen nach einer konstanten, angenommenen Geschwindigkeit. Wird der
Druckverlust längs der Luftleitung, also das Druckgefälle R annähernd konstant gehalten, so ist das im Prinzip eine Abwandlung dieser ersten Methode. Im zweiten Fall geht
man von einem konstanten Druck in der Hauptleitung aus, d. h. bei der Dimensionierung wird der sogenannte statische Druckrückgewinn berücksichtigt. Bei der dritten
Methode schließlich wird eine vorgegebene Gesamtdruckdifferenz Δp_t vorausgesetzt.
Während die zweite Methode prinzipiell bei Hochgeschwindigkeitsanlagen angewandt
werden soll, ist diese dritte Dimensionierungsmethode dann anzuwenden, wenn der
Ventilator bereits vorhanden ist.

Insbesondere für die erste Dimensionierungsmethode ist folgende Vorgehensweise zu
empfehlen, wobei die Schritte A–D jedoch unabhängig von der gewählten Methode
durchzuführen sind:

A) Vor dem Beginn der Projektierung eines Kanalnetzes für eine RLT-Anlage ist
   es erforderlich, alle Planungsunterlagen, d. h. die Grundrisse, die Schnitte des
   Gebäudes, Leistungsanforderungen etc., zusammenzustellen und durchzudenken.
   Dazu gehört für Industriebauten auch, die Prozesstechnologie, die Anordnung der
   Maschinen sowie der Wärme- und Schadstoffquellen zu berücksichtigen.

B) Anhand der Bauzeichnungen, wie Grundrisse, Schnitte, Ansichten usw., sowie der
    erforderlichen Luftmengen für die einzelnen Räume wird zunächst die Führung
    des Kanalnetzes sowie die Anzahl und der Anbringungsort der Zuluft- und Abluft-
    durchlässe überlegt.

C) Sind der Aufstellungsort und die Größe des Zentralgerätes wie auch der Ort der
    Außenluftansaugung und der Fortlufteinrichtung festgelegt, erfolgt eine skizzen-
    hafte, in etwa isometrische Darstellung der Leitungsführung unter Berücksichti-
    gung der örtlichen Gegebenheiten mit den Einzelwiderständen (Abzweige, Bogen
    usw.).

D) Nachdem man sich für eine der o. g. Berechnungsmethoden entschieden hat, wird
    das Kanalnetz in einzelne Teilstrecken (Strecken mit gleichem Volumenstrom, glei-
    cher Geschwindigkeit oder gleichem Durchmesser) unterteilt. Die durchlaufende
    Nummerierung dieser Teilstrecken geschieht in der Regel vom Ventilator an bis
    zum entferntesten Luftdurchlass. Die Teilstrecken und die vorgesehenen Volumen-
    ströme werden anschließend in die Skizze eingetragen.

E) Wahl der Geschwindigkeiten in dem Luftverteilsystem und den Luftdurchlässen
    und Anpassung an die z. B. verfügbaren Kanalquerschnitte sowie die Bestim-
    mung der Widerstandsbeiwerte ζ der Einzelwiderstände anhand von Hersteller-
    angaben oder entsprechender Arbeitsblätter. Unterschiedliche Volumenströme bei
    den Luftdurchlässen bedeuten auch unterschiedliche Druckverluste.

F) Festlegung des ungünstigsten Leitungsstranges, d. h. des Strangs mit den größten
    Druckverlusten. Dies muss nicht zwangsläufig der längste Strang sein, da ein kür-
    zerer z. B. viele Einzelwiderstände aufweisen kann. Die Ermittlung des statischen
    Gesamtdruckes in diesem Strang und des dynamischen Druckes dient zur Bestim-
    mung der notwendigen Gesamtdruckdifferenz für den Ventilator Δp_t.

G) Durch Vergleich der Druckverluste in den einzelnen Leitungssträngen kann der
    Druckverlustabgleich durch die einzubauende Drossel oder gegebenenfalls neue
    Dimensionierung des Stranges ermittelt werden. Die Dimensionierung der ers-
    ten Teilstrecke nach dem Ventilator erfolgt nach dem gewünschten R-Wert, der
    geeigneten Geschwindigkeit oder nach der möglichen Kanalquerschnittsgröße.

Die Berechnung des Kanalnetzes nach der Geschwindigkeitsannahme erfolgt zweckmäßigerweise mithilfe eines Berechnungsformblatts, Bild 9-14. Durch die Wahl der Luftgeschwindigkeiten am Anfang und Ende der einzelnen Stränge sind die Leitungsquerschnitte leicht festzulegen und auch eine übermäßige Geräuschbildung kann vermieden
werden. Mit Rücksicht auf die beträchtlichen Betriebskosten durch die Luftförderung
zeigen Wirtschaftlichkeitsbetrachtungen, dass Luftgeschwindigkeiten zwischen etwa 5
bis 10 m/s gewählt werden sollten (s. auch Abschnitt 9.6). Die Kanalnetzberechnung
kann in Strömungsrichtung der Luft oder in entgegengesetzter Richtung durchgeführt
werden. Bei stark verzweigten Leitungen ist jedoch eine Berechnung vom Ventilator
ausgehend in Strömungsrichtung ratsam.

Druckverlust in Luftleitungen								Projekt:						Blatt:	
								Bearbeiter:						Datum:	
	Kanalabmessungen					Strömung		Einzel-widerstand		Reibungswiderstand				Druck-verlust	
TS	l	a	b	d	A	$\dot{V}$	w	p_d	$\Sigma\zeta$	Δp_Z	d^*	R_0	k	R_k	Rl	Δp	
	m	mm	mm	mm	m^2	m^3/h	m/s	Pa		Pa	mm	Pa/m	mm	Pa/m	Pa	Pa	

Bild 9-14: Formular zur Berechnung von Luftleitungen

Da bei Hochgeschwindigkeitsanlagen mit Luftgeschwindigkeiten gearbeitet wird, die weit über denen bei Niedergeschwindigkeitsanlagen wirtschaftlichen Luftgeschwindigkeiten liegen können, ist bei diesen Anlagen für die Zuluftleitung der „statische Druckrückgewinn", also die Umsetzung von dynamischen in statischen Druck durch Geschwindigkeitsverminderung einzubeziehen und somit die erwähnte zweite Dimensionierungsmethode zu wählen. In diesem Fall berechnet man die Zuluftleitung entgegengesetzt der Strömungsrichtung, beginnend beim vorletzten Zuluftdurchlass, bis zum Ventilator.

Wenn auch die bisherigen Ausführungen dieses Abschnitts in erster Linie für die Zuluftleitung gelten, so sind gleichartige Schritte und Überlegungen für die Abluftleitung notwendig. Auch in der Abluftleitung ist auf eine wirtschaftliche Auslegung Wert zu legen. Da aber z. B. eine abnehmende Geschwindigkeit in den Sammelleitungen bei zunehmendem Abluftvolumenstrom nicht sinnvoll ist, kann auch bei Hochgeschwindigkeitsanlagen das Prinzip der Druckumsetzung nicht angewandt werden. Grundsätzlich kommt für Abluftleitungen daher nur die Bemessung unter Berücksichtigung einer konstanten Geschwindigkeit oder unter Berücksichtigung eines konstanten Leitungsquerschnittes in Betracht. Infolgedessen muss bei Abluftleitungen das Hauptaugenmerk auf die Verwendung von Formstücken mit einer niedrigen Widerstandzahl und einer möglichst verlustarmen Zusammenführung von Teilströmen gelegt werden.

Beispiel 9-12: Für die nachfolgend skizzierte Abluftleitung mit den angegebenen Leitungslängen und -querschnitten ist eine Druckverlustberechnung durchzuführen. Für alle Leitungsabschnitte ist dabei von einer Rauhigkeitshöhe von $k = 0,15$ mm auszugehen. Die Abluft soll über entsprechend geformte Einströmdüsen (25) abgesaugt werden, so dass $\zeta = 0$ gilt.

In den Abluftdurchlässen stellt sich mit den angegebenen Volumenströmen eine Luftgeschwindigkeit von

$$w_{Ab} = \frac{\dot{V}}{A} = \frac{4\,\dot{V}}{\pi\,d^2} = \frac{4 \cdot 240 \text{ m}^3/\text{h}}{3{,}141 \cdot (0{,}16 \text{ m})^2} \approx 3{,}3 \text{ m/s}$$

ein, so dass für den dynamischen Druck in den Eintrittsquerschnitten gilt

$$p_{dAb} = \frac{\varrho}{2}\,w_{Ab}^2 = \frac{1{,}2 \text{ kg/m}^3}{2} \cdot (3{,}3 \text{ m/s})^2 \approx 6{,}6 \text{ Pa}.$$

Der Gesamtdruckverlust $\Delta p_{t\,Ab}$ eines Abluftdurchlasses ist aufgrund von $\zeta = 0$ gleich Null

$$\Delta p_{t\,Ab} = \zeta\,\frac{\varrho}{2}\,w_{Ab}^2 = \zeta\,p_{dA} = 0 \text{ Pa}.$$

Die einzelnen Teilstrecken setzen sich aus folgenden Leitungsteilen zusammen, wenn wir in Strömungsrichtung am Abluftdurchlass links unten beginnen:

Teilstrecke 1: 21(D)+22+23+24+25
Teilstrecke 2: 21(A)+26+25
Teilstrecke 3: 19(D)+27+28+29+30
Teilstrecke 4: 19(A)+20
Teilstrecke 5: 8+9+10+11+12+13+14+15+16+17+18
Teilstrecke 6: 1+2+3+4+5+6

Als ungünstigster Strang erweist sich dann die Verbindung TS 1, TS 4, TS 5 und TS 6 mit einem Gesamtdruckverlust von $\Delta p_v = 209{,}5$ Pa. Die vom Ventilator zu erzeugende Gesamtdruckdifferenz ist demnach dieser Gesamtdruckverlust zuzüglich des am Luftaustritt (1) herrschenden dynamischen Drucks von $p_d = 26{,}7$ Pa.

Ferner ergibt sich aus dieser Analyse, dass zum einen in beiden Teilstrecken 2 ein Druckabgleich (zusätzlicher Druckverlust) von $\Delta p_{v2} = 3{,}6$ Pa und zum anderen in der Teilstrecke 3 von $\Delta p_{v3} = 7{,}8$ Pa erzeugt werden muss, um einen gleichen Abluftvolumenstrom von $\dot{V}_{AB} = 240$ m³/h an allen 4 Abluftdurchlässen gewährleisten zu können.

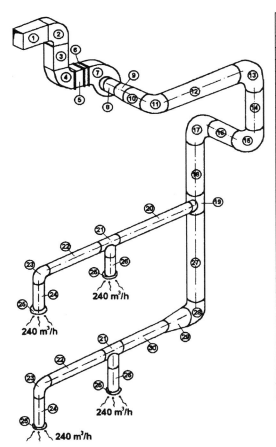

Teil Nr.	Bezeichnung	Abmessungen (m)
1	Kanal, eckig	$a=0{,}2;\ b=0{,}2;\ l=10$
2	Bogen eckig	$90°;\ r=0{,}75\,b$
3	Kanal, eckig	$a=0{,}2;\ b=0{,}2;\ l=4$
4	Bogen eckig	$90°;\ r=0{,}75\,b$
5	Kanal, eckig	$a=0{,}2;\ b=0{,}2;\ l=3$
6	Kompensator	$a=0{,}2;\ b=0{,}2;\ l=0{,}3$
7	Ventilator	
8	Rohr	$d=0{,}2;\ l=1$
9	Konfusor	$d_2=0{,}2;\ d_1=0{,}25;\ l=0{,}3$
10	Rohr	$d=0{,}25;\ l=2$
11	Bogen	$90°;\ r=d$
12	Rohr	$d=0{,}25;\ l=15$
13	Bogen	$90°;\ r=d$
14	Rohr	$d=0{,}25;\ l=4$
15	Bogen	$90°;\ r=d$
16	Rohr	$d=0{,}25;\ l=3$
17	Bogen	$90°;\ r=d$
18	Rohr	$d=0{,}25;\ l=4$
19	Verzweigung	$d_D=d=0{,}25;\ d_A=0{,}16$
20	Rohr	$d=0{,}16;\ l=5{,}3$
21	Verzweigung	$d_D=d=0{,}16;\ d_A=0{,}16$
22	Rohr	$d=0{,}16;\ l=5$
23	Bogen	$90°;\ r=d$
24	Wickelfalzrohr	$d=0{,}16;\ l=0{,}5$
25	Abluftdurchlass	
26	Wickelfalzrohr	$d=0{,}16;\ l=0{,}5$
27	Rohr	$d=0{,}25;\ l=4$
28	Bogen	$90°;\ r=d$
29	Diffusor	$d_2=0{,}25;\ d_1=0{,}16;\ l=0{,}3$
30	Rohr	$d=0{,}16;\ l=5$

| Druckverlust in Luftleitungen | | | | | | | | | Projekt: | | | | | Blatt: | | |
| Bearbeiter: | | | | | | | | | | | | | | Datum: | | |

	TS	l	a	b	d	A	$\dot V$	w	p_d	$\Sigma\zeta$	Δp_Z	d^*	R_0	k	R_k	$R\,l$	Δp	Δp
		m	mm	mm	mm	m²	m³/h	m/s	Pa		Pa	mm	Pa/m	mm	Pa/m	Pa	Pa	Pa
	25				160	0,02	240	3,32	6,61	0	0	160					0	
	24	0,5			160	0,02	240	3,32	6,61			160	1,1			1,16	0,6	0,6	
1	23				160	0,02	240	3,32	6,61	0,21	1,4	160					1,4	
	22	5			160	0,02	240	3,32	6,61			160	1,1	0,15	1,3	6,5	6,5	
	21				160	0,02	240	3,32	6,61	1	6,6	160					6,6	15,1
	25				160	0,02	240	3,32	6,61	0	0	160					0	
2	26	0,5			160	0,02	240	3,32	6,61			160	1,1			1,16	0,6	0,6	
	21				160	0,02	240	3,32	6,61	1,65	10,9	160			*)		10,9	11,5
	30	5			160	0,02	480	6,63	26,37			160	3,4	0,15	4,3	21,5	21,5	
	29	0,3					480	6,63	26,37	0,11	2,9	160					2,9	
3	28				250	0,049	480	2,72	4,44	0,21	0,9	250					0,9	
	27	4			250	0,049	480	2,72	4,44			250	0,4	0,15	0,45	1,8	1,8	
	19				250	0,049	480	2,72	4,44	-1,06	-4,7	250					-4,7	22,4
4	20	5,3			160	0,02	480	6,63	26,37			160	3,4	0,15	4,3	22,8	22,8	
	19				160	0,02	480	6,63	26,37	0,28	7,4	160			*)		7,4	30,2
	18	4			250	0,049	960	5,43	17,69			250	1,4	0,15	1,7	6,8	6,8	
	17				250	0,049	960	5,43	17,69	0,21	3,7	250					3,7	
	16	3			250	0,049	960	5,43	17,69			250	1,4	0,15	1,7	5,1	5,1	
	15				250	0,049	960	5,43	17,69	0,21	3,7	250					3,7	
	14	4			250	0,049	960	5,43	17,69			250	1,4	0,15	1,7	6,8	6,8	
5	13				250	0,049	960	5,43	17,69	0,21	3,7	250					3,7	
	12	15			250	0,049	960	5,43	17,69			250	1,4	0,15	1,7	25,5	25,5	
	11				250	0,049	960	5,43	17,69	0,21	3,7	250					3,7	
	10	2			250	0,049	960	5,43	17,69			250	1,4	0,15	1,7	3,4	3,4	
	9	0,3					960	5,43	17,69	0	0	250					0	
	8	1			200	0,031	960	8,49	43,25			200	4	0,15	5,1	5,1	5,1	67,5
	6	0,3	200	200		0,04	960	6,67	26,69	0,2	5,3	221					5,3	
	5	3	200	200		0,04	960	6,67	26,69			221,1	3,2	0,15	4	12	12	
6	4					0,04	960	6,67	26,69	0,44	11,7						11,7	
	3	4	200	200		0,04	960	6,67	26,69			221,1	3,2	0,15	4	16	16	
	2					0,04	960	6,67	26,69	0,44	11,7						11,7	
	1	10	200	200		0,04	960	6,67	26,69			221,1	3,2	0,15	4	40	40	96,7

*) $K_A = 0,55$ in Gl. (9-34)

9.6 Wirtschaftlichkeitsbetrachtung

Wenn von Energieeinsparung bei RLT-Anlagen die Rede ist, wird gemeinhin meist immer noch die Verbesserung der Gebäudeisolierung, Wärme- und Kältelieferung damit verbunden. Der Energietransport durch den oder die Ventilatoren wurde und wird bisher wenig beachtet.

Die Bemessung eines Kanalnetzes dient zunächst zur Bestimmung der Gesamtdruckdifferenz, um den Ventilator entsprechend auswählen zu können. Anschließend erfolgt die Auslegung der zur Luftverteilung notwendigen Teilstrecken. Spätestens bei der Wahl der Luftgeschwindigkeiten in den einzelnen Teilstrecken ist aber der wirtschaftliche Betrieb einer Anlage von Belang. In der Literatur (z. B. [10], S. 1275; [39], S. 238) werden nur Richtwerte für die Wahl der Luftgeschwindigkeiten angegeben, wobei der obere Grenzbereich oft nicht von den Druckverlusten, sondern vom Geräuschpegel bestimmt wird.

Ein beachtliches Energiesparpotential ist aber beim Lufttransport in RLT-Anlagen vorhanden. Die Kosten für die Luftförderung (Betriebskosten) liegen anteilig an den gesamten Energiekosten zwischen 40–50 % bei Klimaanlagen und 100 % bei einfachen Lüftungsanlagen. Die Bemessung der Leitungsquerschnitte sollte also nach Möglichkeit mithilfe eines sog. ökonomischen Druckabfalls durchgeführt werden, also einem Druckverlust, bei dem für den Transport einer bestimmten Luftmenge die Summe aus Betriebs- und Investitionskosten minimal ist.

Die Kapitalkosten je m Leitungslänge fertig montiert inklusive Formstückanteil, Montage und Nebenkosten lassen sich nach [1], S. 99 f.; [40] vielfach in Abhängigkeit des Leitungsquerschnitts A angeben:

$$\frac{K_K}{l} = C_1 \, a_K \, A^m \,. \tag{9-41}$$

In der Konstanten C_1 sind alle formabhängigen (z. B. rund oder rechteckig) Einflüsse sowie der Annuitätsfaktor und evtl. „bauseitige" Nebenkosten enthalten, während mit a_K die spezifischen Leitungskosten bezogen auf 1 m^2 erfasst werden. Der Exponent m bleibt über einen weiten Bereich konstant und beträgt nach [1], S. 101 für Leitungen mit kreisförmigem Querschnitt $m = 0,5$

$$K_K = C_1 \, l \, a_K \, A^{0,5} = C_1 \, l \, a_K \left(\frac{\dot{V}}{w} \right)^{0,5} \,. \tag{9-42}$$

Die jährlichen Betriebskosten einer Teilstrecke, die eine Luftmenge $\dot{V}$ durchströmt, bestehen vor allem aus den Kosten der elektrischen Energie, die in diesem Zeitraum vom Ventilator verbraucht wird. Dabei ist es sehr wichtig, ob die RLT-Anlage nur kurze oder lange Betriebszeiten hat. Die jährlichen Betriebskosten (Energiekosten) für die Luftförderung ergeben sich damit zu

$$K_B = \frac{\dot{V} \, z_V \, f_{EL}}{\eta_V} \Delta p \tag{9-43}$$

mit z_V für die jährlichen Betriebsstunden in h/a, f_{EL} als elektrische Energiekosten in €/kWh und dem Gesamtwirkungsgrad η_V des Ventilators.

Für den Druckverlust in Luftleitungen mit einem evtl. großen Anteil an Einzelwiderständen ist folgender Ansatz zweckmäßig

$$\Delta p_V = \left(\lambda \frac{l}{d} + \sum \zeta_E \right) \frac{\varrho}{2} w^2 = \zeta^* \frac{\varrho}{2} w^2 . \tag{9-44}$$

Durch Addition der beiden Beziehungen (9-42) und (9-43) erhält man die Gleichung
für die jährlichen Gesamtkosten

$$K_G = K_K + K_B = C_1 \, l \, a_K \left(\frac{\dot{V}}{w} \right)^{\frac{1}{2}} + \frac{\dot{V} \, z_V \, f_{EL} \, \zeta^* \, \varrho}{\eta_V \, 2} . \tag{9-45}$$

Die optimale Geschwindigkeit w_{opt} d. h. die Geschwindigkeit, die ein Minimum an
Gesamtkosten ergibt, lässt sich mathematisch exakt ermitteln, indem die Gl. (9-45)
nach w differenziert wird. Das führt schließlich zu folgendem Ansatz für die optimale
Geschwindigkeit

$$w_{\mathrm{opt}} = \left(\frac{0{,}5 \, C_1 \, l \, a_K \, \eta_V}{z_V \, f_{EL} \, \zeta^* \, \varrho \, \dot{V}^{0{,}5}} \right)^{\frac{2}{5}} \tag{9-46}$$

bzw. für den optimalen Querschnitt

$$A_{\mathrm{opt}} = \left(\frac{z_V \, f_{EL} \, \zeta^* \, \varrho \, \dot{V}^3}{0{,}5 \, C_1 \, l \, a_K \, \eta_V} \right)^{\frac{2}{5}} .$$

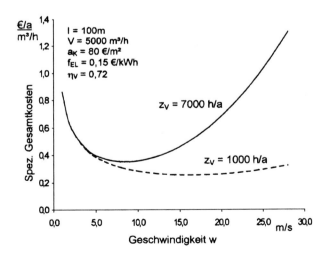

Bild 9-15: Spezifische Gesamtkosten für eine Leitung mit
kreisförmigem Querschnitt
ohne Formstücke in Abhängigkeit der Geschwindigkeit

Gemäß dieser geschilderten Vorgehensweise wurde beispielsweise in [40] mit den Zah-
lenwertgleichungen aus [1], S. 99 f. der Einfluss der verschiedenen Parameter auf die
optimale Geschwindigkeit w_{opt} miteinander verglichen. Wie Bild 9-15 für das Beispiel
einer Luftleitung mit kreisförmigem Querschnitt ohne Formstücke zeigt, hat die Anzahl der jährlichen Vollbetriebsstunden einen erheblichen Einfluss auf die optimale

Geschwindigkeit. Bei geringen jährlichen Betriebsstunden ist die optimale Geschwindigkeit beträchtlich höher als bei der Anlage mit hohen jährlichen Betriebsstunden. Während bei Luftgeschwindigkeiten bis etwa $w = 5$ m/s aufgrund der dominierenden Kapitalkosten die spez. Gesamtkosten nur geringfügig durch die jährlichen Betriebsstunden beeinflusst werden, ist bei höheren Luftgeschwindigkeiten deutlich zu erkennen, dass bei Anlagen mit niedrigen jährlichen Betriebsstunden der Anteil der spezifischen Kapitalkosten an den jährlichen spezifischen Gesamtkosten stark überwiegt, während bei hohen jährlichen Betriebsstunden der spezifische Betriebskostenanteil sehr viel stärker ausgeprägt ist.

9.7 Software zur Berechnung von Luftleitungen

Insbesondere bei komplexen Konfigurationen des Kanalnetzes ist eine Berechnung des Gesamtdruckverlustes von Hand kaum noch möglich und infolgedessen auch sehr anfällig. Andererseits ist die Vielzahl der verwendbaren Formstücke so groß, dass eine umfassende strömungstechnische Berechnung mit Hilfe einer geeigneten Computersoftware auch nicht erwartet werden kann.

Vorrangig ist deshalb eine Beurteilung, in wieweit überhaupt ein entsprechendes käufliches Programm für die eigenen Zwecke geeignet ist. Angefangen mit den ersten Versuchen vor ca. 30 Jahren (z. B. [29], [42]) wird derzeit eine Vielzahl von professioneller Software angeboten, die allerdings in der Mehrzahl die Rohrleitungsberechnung von Heizsystemen behandeln. Ohne Anspruch auf Vollständigkeit werden im folgenden drei käufliche PC-Programme anhand des im Beispiel 9-15 erläuterten und von Hand berechneten Leitungssystem miteinander verglichen. Es handelt sich dabei um

a) Luftkanalnetzberechnung mit Dimensionierung und Angaben für die Wahl des benötigten Ventilators im Rahmen des EDV-Programmes zur Kühllastberechnung von *mh-Software* GmbH. Leider ist das Programm z. Zt. nur in der DOS-Version erhältlich. Zur Generierung muss das Leitungssystem in einen Abluft- und Zuluftteil unterteilt werden. Die Auswahl von Einzelwiderständen usw. ist sehr eingeschränkt und führt deshalb auch z. B. bei den Teilstrecken 1 und 2 mit den Abluftdurchlässen zu erheblichen Abweichungen.

b) Das *KANET*-Programm (Version 3.0, ebenfalls im DOS-Modus) zur strömungstechnischen Berechnung von verzweigten Kanalnetzen. Das Programm arbeitet bauteilorientiert und verfügt über eine umfangreiche interne Bauteilbibliothek. Die Netzgenerierung durch Auflistung der einzelnen Bauteile und ihrer Verbindung zu einem beliebig verzweigten Leitungssystem ist allerdings gewöhnungsbedürftig. Vorteilhaft ist jedoch die Einbindungsmöglichkeit eigener Bauteile oder von Herstellerangaben.

c) Luftkanalnetzberechnung sowie Dimensionierung und Berechnung der Druckverluste von Einzelwiderständen und Leitungen der *Solar Computer* GmbH[2]. Es handelt sich um ein sehr umfangreiches Programm mit einer Einzelwiderstand-Stammdatei.

---

[2] Die Berechnung wurde dankenswerterweise von Herrn *Dr. Kahnt* (FB Bauwesen der Hochschule Zittau/Görlitz) durchgeführt.

	a)	b)	c)	Rechnung
TS 1	47,2	15,2	19,5	15,1
TS 2	40,1	7,7	−3,4	11,5
TS 3	23,6	29,9	29,4	22,4
TS 4	37,1	24,4	40,4	30,2
TS 5	71,6	69,7	96,7	67,5
TS 6	49,4	89,0	82,3	96,7

Bild 9-16: Vergleich der Druckverlustberechnung

Die Ergebnisse für die einzelnen Teilstrecken schwanken schon beträchtlich. Die R-Werte weichen trotz gleicher Rohrrauhigkeit von der Handrechnung sowohl in negativer als auch positiver Richtung ab. Die ζ-Werte unterscheiden sich teilweise sehr stark. Der Gesamtdruckverlust vom untersten Abluftdurchlass bis zum Abluftaustritt hinter dem Ventilator liegt zwischen 198,3 Pa und 238,9 Pa.

Dem Buch liegen folgende zu diesem Abschnitt gehörende Arbeitsblätter als Faltblätter bei:

Arbeitsblatt 9-1: Rohrreibungsdiagramm für Luftleitungen

Arbeitsblatt 9-2: Rohrreibungsdiagramm für Luft in vollflexiblen Schläuchen und Rohren

Arbeitsblatt 9-3: Diagramm zur Umrechnung von rechteckigen in gleichwertige runde Kanäle

Arbeitsblatt 9-4: Einzelwiderstände im Luftkanal: ζ-Werte bei Richtungsänderung

Arbeitsblatt 9-5: Einzelwiderstände im Luftkanal: ζ-Werte bei Querschnittsveränderung

Arbeitsblatt 9-6: Einzelwiderstände im Luftkanal: ζ-Werte bei Stromtrennung

Arbeitsblatt 9-7: Einzelwiderstände im Luftkanal: ζ-Werte bei Stromvereinigung

Literatur

[1] *Rakoczy, T.*: Kanalnetzberechnungen raumlufttechnischer Anlagen. VDI-Verlag, Düsseldorf 1979.

[2] *Kopp, H.*: Berechnung des Luftleitungssystems. VDI Bildungswerk, Düsseldorf 1998.

[3] *Baumgarth/Hörner/Reeker* (Hrsg.): Handbuch der Klimatechnik, Band 1: Grundlagen. Verlag C. F. Müller, Heidelberg 2000.

[4] DIN 24151, Tl. 1–2: Blechrohre, geschweißt. Beuth-Verlag, Berlin 1998.

[5] DIN 24152: Blechrohre, längsgefalzt. Beuth-Verlag, Berlin 1998.

[6] DIN 24190: Blechkanäle, gefalzt, geschweißt. Beuth-Verlag Berlin 1998.

[7] *Rötscher, H.*: Einfaches Diagramm zur Rohrnetzberechnung unter Berücksichtigung von Rohrrauhigkeiten. Ges.-Ing. 85 (1964), S. 107–112. Druckverluste in Luftleitungen. Arbeitsblatt 78.

[8] DIN 24145: Luftleitungen/Wickelfalzrohre. Beuth-Verlag, Berlin 1998.

[9] DIN 24146, Tl. 1: Flexible Rohre. Beuth-Verlag, Berlin 1979.

[10] *Recknagel/Sprenger/Hönmann* (Hrsg. *E.-R. Schramek*): Taschenbuch für Heizung und Klimatechnik. 66. Auflage, Verlag R. Oldenbourg, München 1992.

[11] VDI-Wärmeatlas, 8. Auflage, VDI-Verlag, Düsseldorf 1997.

[12] ASHRAE Handbook of Fundamentals: Air Duct Design. American Society of Heating, Refrigerating and Air-Conditioning, Atlanta (USA) 1977.

[13] *Idelchik, I. E.*: Handbook of Hydraulic Resistance. Springer-Verlag, Berlin/Heidelberg/New York 1986.

[14] KANET-Kompendium: Strömungstechnische Widerstandsbeiwerte für Kanalbauteile. FLT Forschungsbericht 3/1/70/98 1998.

[15] *Rietschel/Raiß*: Heiz- und Klimatechnik. Springer-Verlag, Berlin/Heidelberg/New York 1970.

[16] *Klosa, F.*: Lufttransport in RLT-Anlagen. Technik am Bau (TAB) (1990), H. 5, S. 407–415 u. H. 8, S. 635–639.

[17] DIN 24147: Formstücke für runde Luftleitungen. Beuth-Verlag, Berlin 1998.

[18] Anonym: Handbook of Heating, Air-Conditioning and Sanitary Engineering. Society of Heating, Air-Conditioning and Sanitary Engineering, Tokio 1981; zitiert bei [19].

[19] *Feustel, H. E.* und *A. Raynor-Hoosen*: COMIS Fundamentals. International Energy Agency, Air Infiltration and Ventilation Centre, Coventry 1992.

[20] *Asmus, K.* und *H. Epperlein*: Prüfung von Falten- und Segmentbogen. Labor für Klimatechnik, TFH Berlin 1989.

[21] *Moog, W.*: Betriebliches Energie-Handbuch. Kiehl Verlag, Ludwigshafen 1983.

[22] *Zimmermann, E.*: Arch. Wärmewirtschaft 19 (1938) H. 10, S. 265–269.

[23] *Sprenger, H.*: Druckverluste in 90°-Krümmern für Rechteckrohre. Schweiz. Bauzeitung 87 (1969) 13.

[24] *Vogel, G.*: Untersuchungen über den Verlust in rechtwinkligen Rohrverzweigern. Mitt. d. Hydraul. Inst. der TU München, H. 1, 1926, S. 75–90 u. H. 2, 1928, S. 61–64.

[25] *Petermann, F.*: Der Verlust in schiefwinkligen Rohrverzweigungen. Mitt. d. Hydraul. Inst. der TU München, H. 3, 1929, S. 98–117.

[26] *Ibrahim, M. A.* und *M. A. Hassan*: Druckverluste in Abzweigungen von quadratischen Kanälen. Schweiz. Bauzeitung 124 (1944) 4.

[27] *Gilman, S. F.*: Pressure Losses of Divided-Flow Fittings. Heating, Piping & Air Conditioning, April 1955, S. 141–147.

[28] *Laux, H.*: Kanalnetzberechnung für Hochdruck-Klimaanlagen. Ges.-Ing. 88 (1967) 1, S. 1–13.

[29] *Schedwill, H.*: Klein-Computer für die Kanalnetzberechnung von Lüftungs- und Klimaanlagen. HLH 23 (1972) 4, S. 107–111.

[30] *Fischer, H.*: Druckrückgewinn in Hochdruck-Klimaanlagen. Ges.-Ing. 96 (1975) 12, S. 332–339.

[31] *Rakoczy, T.*: Druckverlust-Berechnung und Auslegung von Lüftungs- und Klimakanälen. HLH 16 (1965) 12, S. 467–472.

[32] *Loge, R.*: Theoretische und experimentelle Untersuchungen der Druckverluste von Formteilen in Luftkanalsystemen. Diplomarbeit FB 6, TFH Berlin 1994.

[33] *Fitzner, K.*: Abluftkanäle mit Düsen. KI 7–8, 75.

[34] *Rakoczy, T.*: Dimensionierung von Abluftkanalnetzen. HLH 27 (1976) 3.

[35] *Fitzner, K.*: Energetisch günstige Abluft-Kanäle und -Öffnungen. HLH 47 (1996) 10, S. 52–56.

[36] *Presser, K. H.*: Die Dimensionierung von gleichförmigen Abluftkanalnetzen unter Verwendung von Kanaldüsen. Ges.-Ing. 100 (1979) 4, S. 101–106; 10, S. 302–304, 317–320; 12, S. 361–370.

[37] DIN EN ISO 5167, 1-4: Durchflussmessung von Fluiden mit genormten Drosselgeräten in voll durchströmten Leitungen mit Kreisquerschnitt. Beuth Verlag GmbH, Berlin 2000.

[38] VDI/VDE 2040: Berechnungsgrundlagen für die Durchflussmessung mit Blenden, Düsen und Venturirohren. Berlin 1991.

[39] *Ihle, C.*: Klimatechnik mit Kältetechnik. Werner Verlag, Düsseldorf 1996.

[40] *Steinemann, J.*: Optimierungs-Aufgaben in der Haustechnik. Technik am Bau (TAB) (1996) 2, S. 49–52, 69, 70.

[41] *Oelkers, K.*: Optimierung von Luftkanalsystemen. Diplomarbeit FB 6, TFH Berlin 1994.

[42] *Leuzinger, R.*: Druckverlust in Luftkanälen. Heiz. u. Lüft. (1985) 3, S. 11, 12, 16, 17.

[43] *Brandi, O. H.*: Eternit-Handbuch. Band 1 1964.

[44] *Carrier*: European Corporation, Zürich (1965).

[45] *Sorokin, N. S.*: Lüftung, Befeuchtung und Heizung in Textilbetrieben. (1953).

[46] *Nippert, H.*: Über den Strömungsverlust in gekrümmten Kanälen. VDI-Forschungsh. 320 (1929).

[47] *Ackermann, U.*: Messungen an Schalldämpfern in Kanälen. Bauphysik 13 (1991) 3, S. 77–84 u. 4, S. 120–125.

[48] *Heyly, J. A., M. N. Patterson* und *E. J. Brown*: Pressure Losses through Fittings used in Return Air Duct Systems. ASHRAE-Transactions 68 (1962), S. 281–296.

[49] *Franke, W.*: Auswertung und Zusammenstellung der vor allem für die Klimatechnik relevanten Einzelwiderstände. Studienarbeit FB 6, TFH Berlin 1973.

10 Ventilatoren

A. KULLEN

Formelzeichen

A	Fläche, Anlagenkennlinie		ζ	Widerstandsbeiwert = Einbaufaktor
B	Betriebspunkt		ω	Winkelgeschwindigkeit
c	Strömungsgeschwindigkeit		β	Schaufelwinkel
D	Laufraddurchmesser		φ	Volumenzahl
F	Korrekturfaktor		Ψ	Druckzahl
L_W	Schallleistung			
L_{WA}	Schallleistungspegel A-bewertet		*Indizes*	
M	Drehmoment		1	Eintritt
n	Drehzahl		2	Austritt
n_q	spezifische Drehzahl		d	dynamisch
P	Leistung		el	elektrisch
p	Druck		fa	frei ausblasend
Δp	Druckdifferenz		L	Laufrad
T	absolute Temperatur		M	Motor
u	Umfangsgeschwindigkeit		opt	optimal (bester Wirkungsgrad)
$\dot{V}$	Volumenstrom		st	statisch
Z	Schaufelzahl		$syst$	System
a	Schaufelanstellwinkel		t	total, gesamt
Δ	Differenz		v	Verlust
η	Wirkungsgrad		W	Welle
ϱ	Dichte			

10.1 Einleitung

Die Industrie bietet für die Klima- und Lüftungstechnik eine Vielzahl von Ventilatoren unterschiedlicher Bauart an. Zur Aufgabe des Anlagenplaners gehört es, für den jeweiligen Anwendungsfall den geeigneten Ventilator auszuwählen. Für diese manchmal nicht ganz leichte Aufgabe soll dieser Beitrag eine Hilfe sein.

10.2 Grundlagen

10.2.1 Kennlinie und Betriebspunkt

Der Betriebspunkt B (Bild 10-1) eines Ventilators ist immer der Schnittpunkt zwischen der Ventilatorkennlinie V und der Anlagenkennlinie A. Die Ventilatorkennlinie wird mittels eines Prüfstandes experimentell ermittelt. Damit exakte Versuchsbedingungen vorliegen, sollte nach DIN 24 163 [12] gemessen werden. Die Katalogkennlinien der Herstellerfirmen beziehen sich auf diese Laborversuche unter optimalen Bedingungen. Diese Werte werden in der Praxis fast nie erreicht, da die Einbaubedingungen ungünstiger sind als auf dem Prüfstand. Außerdem sind nach DIN 24 166 [13] erhebliche Toleranzen zulässig .

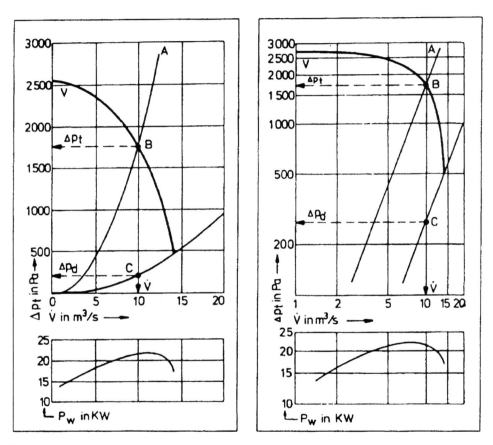

Bild 10-1: Ventilatorkennlinie V und Anlagenkennlinie A mit Betriebspunkt B sowie die Wellenleistung P_{Welle} in linearer und doppelt-logarithmischer Darstellung. Der Punkt C zeigt die zum Betriebspunkt B gehörende dynamische Druckerhöhung Δp_d, nach [2].

Zur Bestimmung der Anlagenkennlinie A (Drosselkurve oder Widerstandsparabel) wird die zu einem vorgegebenen Volumenstrom $\dot V$ gehörende Totaldruckerhöhung Δp_t berechnet oder experimentell ermittelt. Durch die Zuordnung von $\dot V$ zu Δp_t erhält man die Anlagenkennlinie A. Da bei turbulenter Strömung die Verluste proportional dem Quadrat der Geschwindigkeit sind, hat die Anlagenkennlinie die Form einer quadratischen Parabel. Diese Parabel beginnt meist im Punkt $\dot V = 0$ und $\Delta p_t = 0$. Nur wenn der Ventilator in einen Überdruckraum bläst oder aus einem Unterdruckraum saugt, beginnt die Widerstandsparabel in einem Punkt $\Delta p_t \neq 0$. Stellt man die Widerstandsparabel $\Delta p_t = R\,\dot V^2$ im doppelt-logarithmischen Maßstab dar, so ergibt

Leistungsdaten in Genauigkeitsklasse 1 nach DIN 24 166.

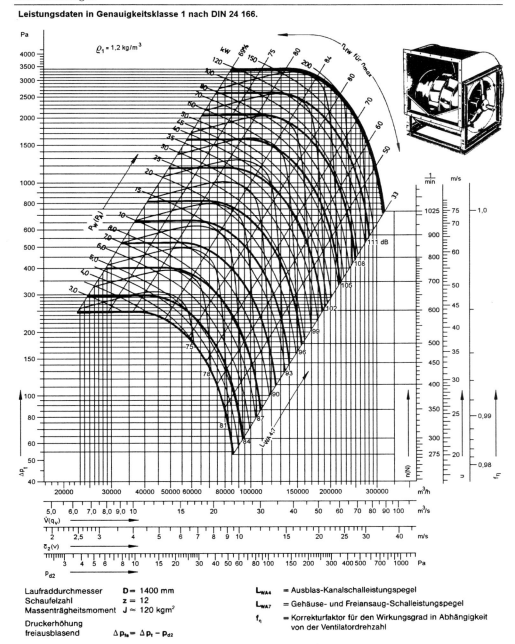

Laufraddurchmesser	$D = 1400$ mm
Schaufelzahl	$z = 12$
Massenträgheitsmoment	$J \approx 120$ kgm²
Druckerhöhung	
freiausblasend	$\Delta p_{fa} = \Delta p_t - p_{d2}$

L_{WA4} = Ausblas-Kanalschalleistungspegel
L_{WA7} = Gehäuse- und Freiansaug-Schalleistungspegel
f_η = Korrekturfaktor für den Wirkungsgrad in Abhängigkeit von der Ventilatordrehzahl

Bild 10-2: Kennfeld eines Radialventilators mit rückwärts gekrümmten Schaufeln im doppelt-logarithmischen Maßstab, Fa. Gebhardt, Waldenburg [14]

sich eine Gerade mit der Steigung 2, da $\log \Delta p_t = \log R + 2 \log \dot{V}$ ist. Diese Darstellung hat den Vorteil, dass alle Anlagenkennlinien parallele Geraden mit der Steigung 2 sind. Ändert sich der Anlagenwiderstand, so bedeutet dies nur eine Parallelverschiebung dieser Geraden. Die meisten Hersteller von Ventilatoren für Klimaanlagen wählen für die Kennlinien die doppelt-logarithmische Darstellung, insbesondere dann, wenn der Ventilator in einem großen Drehzahlbereich eingesetzt wird.

Im Bild 10-2 werden für eine Ventilatorgröße die Kennlinien für verschiedene Drehzahlen im praktisch vertretbaren Arbeitsbereich dargestellt. Außerdem werden zusätzliche Kurven gleicher Wellenleistung P_{Welle} und gleicher Schallleistungspegel L_{WA} eingezeichnet. Der Wirkungsgrad η_{tW} bezogen auf die Totaldruckerhöhung und die Wellenleistung wird oben an den Anlagenkennlinien angegeben, da er sich bei Drehzahländerung nur wenig ändert. Nur wenn hohe Genauigkeitsklassen nach DIN 24 166 [13] berücksichtigt werden, ist ein Korrekturfaktor f_η für den Wirkungsgrad in Abhängigkeit von der Ventilatorendrehzahl n angegeben.

10.2.2 Proportionalitätsgesetze

Ist ein Ventilator in eine Anlage eingebaut, deren Widerstandsparabel durch den Nullpunkt geht, und ist die Dichte ϱ des Fördermediums konstant, so gilt bei Änderung der Drehzahl n:

a) Der Volumenstrom $\dot{V}$ ändert sich proportional mit der Drehzahl n

$$\frac{\dot{V}_1}{\dot{V}_2} = \frac{n_1}{n_2} \qquad \text{bzw.} \qquad \dot{V}_2 = \dot{V}_1 \frac{n_2}{n_1}. \tag{10-1}$$

b) Sämtliche Drücke Δp ändern sich proportional dem Quadrat der Drehzahl n

$$\frac{\Delta p_1}{\Delta p_2} = \left(\frac{n_1}{n_2}\right)^2 \qquad \text{bzw.} \qquad \Delta p_2 = \Delta p_1 \left(\frac{n_2}{n_1}\right)^2. \tag{10-2}$$

c) Der Leistungsbedarf P des Laufrades ändert sich proportional der dritten Potenz der Drehzahl n

$$\frac{P_1}{P_2} = \left(\frac{n_1}{n_2}\right)^3 \qquad \text{bzw.} \qquad P_2 = P_1 \left(\frac{n_2}{n_1}\right)^3. \tag{10-3}$$

Dies bedeutet, dass bei einer Reduzierung der Drehzahl n auf die Hälfte sich der Volumenstrom $\dot{V}$ halbiert, der Druck Δp auf ein viertel zurückgeht und die Leistungsaufnahme P um den Faktor 8 kleiner wird (Bild 10-3).

In der Klimatechnik werden die Kennlinien für eine Luftdichte $\varrho = 1{,}2$ kg/m^3 angegeben. Die Dichte ist jedoch ihrerseits von dem Druck und der Temperatur abhängig, wobei nach der Zustandsgleichung idealer Gase für trockene Luft folgender Zusammenhang gilt:

$$\text{Dichte} \qquad \varrho = \frac{p}{R_i\, T} \tag{10-4}$$

p = statischer Druck in Pa, z. B. Luftdruck,

R_i = individuelle Gaskonstante, $R_{i,\text{Luft}} = 287$ J/(kg K),

T = absolute Temperatur in K.

Die Luftdichte $\varrho = 1{,}2$ kg/m^3 stellt sich bei trockener Luft mit einer Temperatur von $t = 20\,^\circ$C und einem absoluten Luftdruck von $p = 1009$ mbar ein.

Bei gleichem Druck und gleicher Temperatur ist die Dichte ϱ von feuchter Luft kleiner als die von trockener Luft (siehe Gleichung (5-15), Band 1). In der Praxis wird bei der Ventilatorenauswahl die Luftfeuchte nur dann berücksichtigt, wenn die Temperatur und die relative Luftfeuchte sehr hoch sind.

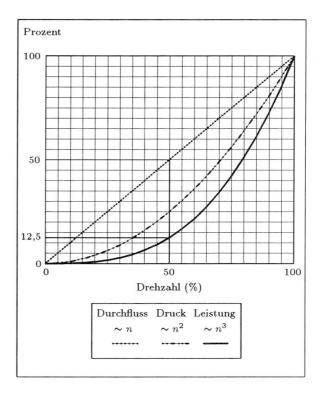

Bild 10-3: Volumenstrom (= Durchfluss), Druck und Leistungsbedarf in Abhängigkeit von der Drehzahl; gültig, wenn die Anlagenkennlinie eine Parabel durch den Nullpunkt ist, nach [4]

Liegt eine andere Luftdichte als $\varrho = 1{,}2$ kg/m^3 vor, so kann die Kennlinie für $n =$ const nach folgender Beziehung umgerechnet werden:

a) Der Volumenstrom bleibt konstant, gleichgültig ob die Luft „schwer", z. B. $-20\,°\mathrm{C}$ oder „leicht", z. B. $+55\,°\mathrm{C}$ ist. Dagegen ändert sich der Massenstrom $\dot{m} = \dot{V}\varrho$, was bei der Auslegung von Wärmeübertragern berücksichtigt werden muss.

b) Sämtliche Drücke ändern sich proportional der Dichteänderung $\Delta p \sim \varrho$.

c) Der Leistungsbedarf P ändert sich proportional der Dichte $P \sim \varrho$.

10.3 Bauformen von Ventilatoren

Die Einteilung der Ventilatoren erfolgt entsprechend der Durchströmungsrichtung des Laufrades. Man unterscheidet drei Hauptformen:

- Radialventilatoren
- Axialventilatoren
- Querstromventilatoren.

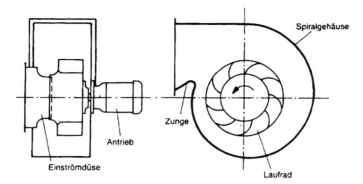

Bild 10-4: Schema eines einflutigen Radialventilators für saug- und druckseitigen Kanalanschluss, nach [2]

10.3.1 Radialventilatoren

Bei Radialventilatoren wird das Fördermedium axial angesaugt und im Laufrad radial umgelenkt. In der Klimatechnik werden zwei verschiedene Laufradformen in Radialventilatoren verwendet. Laufräder mit vorwärts gekrümmten Schaufeln werden wegen ihres trommelartigen Aussehens auch Trommelläufer genannt. Vorteile dieser Bauart sind die kompakte Bauweise, die geringe Schallabstrahlung und die niedrigen Herstellungskosten. Ihre geringen Wirkungsgrade $\eta = 60\,\%$ bis $73\,\%$ und dass sie nur im Spiralgehäuse funktionieren, sind dagegen als Nachteil anzusehen.

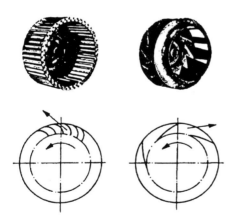

Bild 10-5: links: Laufrad mit ca. 40 vorwärts gekrümmten Schaufeln (Trommelläufer) rechts: Laufrad mit ca. 6 bis 12 rückwärts gekrümmten Schaufeln

Laufräder mit rückwärts gekrümmten Schaufeln werden sowohl in Ventilatoren mit Spiralgehäuse als auch gehäuselos als freilaufendes Ventilatorrad eingesetzt. Im Spiralgehäuse eingebaut, wird in der Praxis dieses Radialgebläse als „Hochleistungsventilator" bezeichnet. Der Begriff „Hochleistung" bezieht sich dabei nicht auf die Luftleistung, sondern nur auf den guten Wirkungsgrad η_t, der je nach Baugröße, Laufradauslegung und Fertigungsgüte bis zu $\eta_t = 88\,\%$ beträgt. Das sogenannte freilaufende Radialventilatorlaufrad (Bild 10-6) unterscheidet sich von demjenigen mit Spiralgehäuse dadurch, dass der Schaufelaustrittswinkel $\beta_2 < 30°$ sein muss, da hier der statische Druckaufbau ausschließlich im Laufrad erfolgt.

10.3.2 Systemvergleich zwischen freilaufendem Rad und Ventilator mit Spiralgehäuse

Steht bei einem Klimakastengerät die Energieoptimierung im Vordergrund, so ist die Entscheidung zwischen zwei verschiedenen Ventilatorprinzipien zu treffen, nämlich zwischen dem ein- oder zweiflutigen Radialventilator mit Spiralgehäuse und dem Ventilator ohne Gehäuse, dem sogenannten freilaufenden Rad.

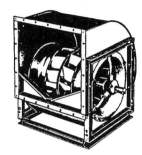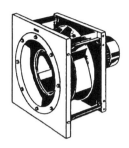

Bild 10-6: links: Zweiflutiger Radialventilator mit Spiralgehäuse rechts: Radialventilator ohne Gehäuse = freilaufendes Rad, Fa. Gebhardt, Waldenburg [14], [15]

Freilaufende Räder sind für den Direktantrieb mit dem Laufrad auf der Motorwelle und motorseitiger Drehzahlregelung konzipiert, während Gehäuseventilatoren häufig über Keil- oder Flachriemen angetrieben werden. Zunächst erfolgt der Energievergleich ohne Berücksichtigung der verschiedenen Antriebskonzepte. Auf deren Einflüsse wird anschließend eingegangen.

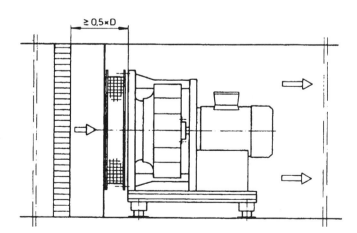

Bild 10-7: Anordnung eines freilaufenden Rades in einem Klimakastengerät oder Kanal, nach [15]

Die dimensionslose Darstellung der Kennlinien in Bild 10-8 zeigt, wie sich die Kennlinien relativ zueinander verhalten würden, wenn die Laufraddurchmesser D und die Drehzahlen n gleich groß wären. Man sieht, dass die Optimalpunkte mit den höchsten Wirkungsgraden η weit auseinander liegen. Daher muss, um den gleichen Betriebspunkt zu erreichen, das freilaufende Rad zwei Baugrößen der Normreihe R 20 größer gewählt werden als beim zweiflutigen Gehäuseventilator.

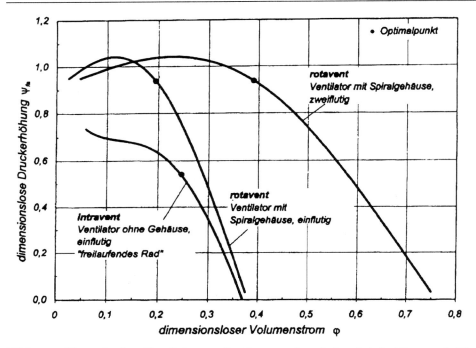

Bild 10-8: Dimensionslose Kennlinien von Ventilatoren mit und ohne Spiralgehäuse, nach [6]

Tabelle 10-1: Vergleich der Kenndaten in zwei verschiedenen Betriebspunkten im gleichen Klimakastengerät mit dem Querschnitt 1120 mm × 1120 mm, nach [6]
intravent = freilaufendes Rad
rotavent = zweiflutiger Spiralgehäuseventilator

Ventilatortyp			intravent	rotavent
Laufradaußen-⊘	D	mm	640	510
Betriebspunkt 1				
Volumenstrom	$\dot{V}$	m³/h	11 380	11 380
Druckerhöhung	Δp_{fa}	Pa	900	900
Ventilatordrehzahl	n	min⁻¹	1485	1540
Wirkungsgrad	$\eta_{fa,L}$	%	61	76
Antriebsleistung	P_L	kW	4,7	3,7
Schallleistungspegel	L_{WA}	dB		
• druckseitig			91	82
• saugseitig			86	82
Betriebspunkt 2				
Volumenstrom	$\dot{V}$	m³/h	18 000	18 000
Druckerhöhung	Δp_{fa}	Pa	460	460
Ventilatordrehzahl	n	min⁻¹	1550	1630
Wirkungsgrad	$\eta_{fa,L}$	%	52	49
Antriebsleistung	P_L	kW	4,4	4,7
Schallleistungspegel	L_{WA}	dB		
• druckseitig			97	88
• saugseitig			90	88

Volumenzahl = dimensionsloser Volumenstrom

$$\varphi = \frac{4\,\dot{V}}{\pi^2\,D^3\,n}. \tag{10-5}$$

Druckzahl = dimensionslose Druckerhöhung frei ausblasend

$$\Psi_{fa} = \frac{2\,\Delta p_{fa}}{\varrho\,(\pi\,D\,n)^2}.$$ (10-6)

Den folgenden Betrachtungen liegen die Einbauverhältnisse nach Bild 10-9 zugrunde. Aus Tabelle 10-1 ist ersichtlich, dass bei relativ kleinen Volumenströmen und hohem Druck, was dem Betriebspunkt 1 entspricht, der Gehäuseventilator und bei relativ großen Volumenströmen in Kombination mit kleinen Druckerhöhungen, siehe Betriebspunkt 2, das freilaufende Rad besser ist. Dies gilt bei gleicher Klimakastengerätegröße.

rotavent   **intravent**

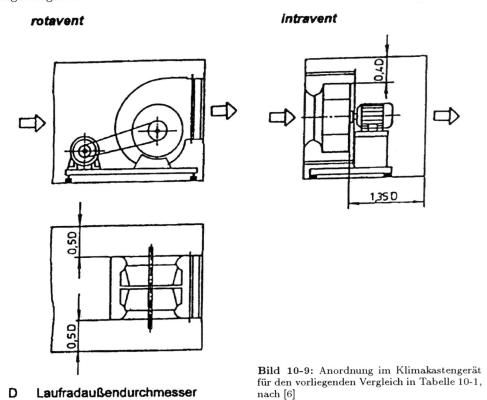

D   Laufradaußendurchmesser

Bild 10-9: Anordnung im Klimakastengerät für den vorliegenden Vergleich in Tabelle 10-1, nach [6]

Bild 10-10 zeigt, wie sich das freilaufende Rad und der zweiflutige Spiralgehäuseventilator in einem Kastengerät verhalten, das nach den Empfehlungen der Gütegemeinschaft Raumlufttechnischer Geräte RAL-GZ 652 [17] gebaut ist. Hierbei sind Mindestabstände zwischen Laufrad und Gehäuse vorgeschrieben.

Zu beachten ist, dass in Bild 10-10 für den frei ausblasenden Fall der Laufradwirkungsgrad $\eta_{fa,L} = (\dot{V}\,\Delta p_{fa})/P_{\text{Welle}}$ und nicht der für den Betreiber interessante Ventilatorkammerwirkungsgrad $\eta_{V,K} = $ Lufttransportleistung/elektrische Antriebsleistung $= (\dot{V}\,\Delta p_{fa})/P_{\text{elektrisch}}$ dargestellt ist. Betrachtet man nur den Laufradwirkungsgrad $\eta_{fa,L}$, so lassen sich für das Laufraddurchmesserverhältnis 1,25 und die Kammerquerschnitte gemäß RAL-GZ 652 [17] Grenzlinien für die zu bevorzugende Lösung in Bild 10-11 angeben.

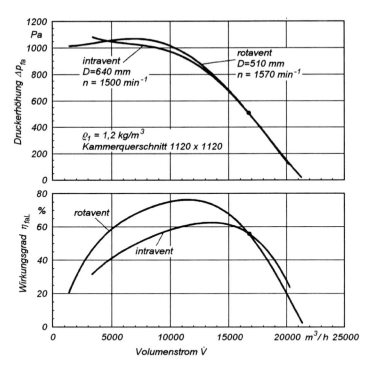

Bild 10-10: Vergleich der Kennlinien und der Laufradwirkungsgrade $\eta_{fa,L}$ bei gleichem Klimagerätequerschnitt und einem Laufraddurchmesserverhältnis von 1,25, nach [6] Intravent = freilaufendes Rad rotavent = zweiflutiger Gehäuseventilator

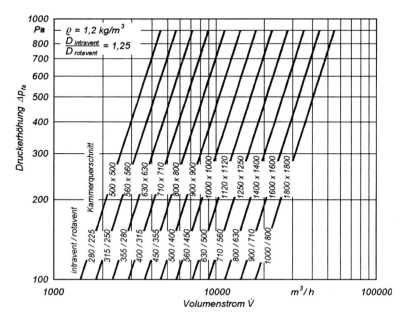

Bild 10-11: Grenzlinien gleichen Laufradwirkungsgrades $\eta_{fa,L}$ für die angegebenen Einbauquerschnitte und Baugrößenpaarungen. Rechts von der passenden Linie ist der Laufradwirkungsgrad des freilaufenden Rades (intravent) höher als beim Gehäuseventilator (rotavent). Links von der Linie ist der Gehäuseventilator günstiger, [6]

Sind die Kammerquerschnitte kleiner als in Bild 10-11 angegeben, so verschieben sich die Grenzlinien nach links. Dann ist das freilaufende Rad die bessere Lösung.

Die Katalogkennlinien für freilaufende Räder werden meistens nach DIN 24 163 [12] auf saugseitigen Kammerprüfständen ermittelt, wobei das Laufrad so eingebaut wird, dass die Luft austrittsseitig in alle Richtungen ungehindert abströmen kann. Daher führt der Einbau des freilaufenden Rades in ein Kastengerät zu einer Verminderung des Druckes Δp_{fa} und des Volumenstromes $\dot{V}$ gegenüber den Katalogangaben. Um den gewünschten Betriebspunkt zu erzielen, muss die Drehzahl um den Drehzahlkorrekturfaktor f_n erhöht werden, der in Abhängigkeit von dem Verhältnis Kastengröße/Laufraddurchmesser im folgenden Bild dargestellt ist. Die obere Kurve gilt für Betriebspunkte, deren Volumenströme 20 % größer sind als in den Optimalpunkten.

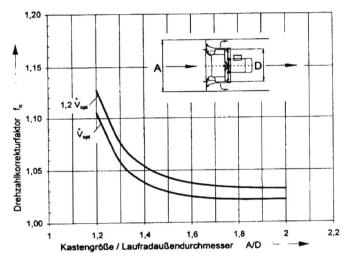

Bild 10-12: Drehzahlkorrekturfaktor f_n in Abhängigkeit von dem Verhältnis Kastengröße zu Laufradaußendurchmesser, gültig bei quadratischen Kastenquerschnitten und saugseitigem Mindestabstand von 0,5 D zu angrenzenden Bauteilen, Fa. Gebhardt, Waldenburg [15]

Bei der Drehzahlkorrektur $n_{\text{Kasten}} = n \, f_n$ ist zu beachten, dass nach den Proportionalitätsgesetzen auch die Antriebsleistung P nach folgendem Zusammenhang korrigiert werden muss:

$$P_{\text{Kasten}} = P \, f_n^3.$$

Dadurch wird auch der Wirkungsgrad entsprechend niedriger.

Zur Bestimmung der aus dem Netz aufgenommenen elektrischen Leistung und für Wirtschaftlichkeitsbetrachtungen genügt es nicht, den im Katalog angegebenen Ventilatorwirkungsgrad zu betrachten, denn zur Energieoptimierung muss das Gesamtsystem, das aus Ventilator, Antrieb, Kraftübertragungseinheit, Regeleinheit und den Einbauverhältnissen besteht, beachtet werden. Es ist daher sinnvoll, einen Wirkungsgrad für das gesamte System zu definieren.

Systemwirkungsgrad $\eta_{fa,S}$ = nutzbare Strömungsleistung/elektrische Wirkleistung aus dem Netz

Der Systemwirkungsgrad $\eta_{fa,S}$ ist das Produkt aus den Wirkungsgraden von Regeleinheit η_R, Motor η_M, Ventilator $\eta_{fa,\text{Ventilator}}$, Riementrieb η_{Riemen} und Einbau η_{Einbau}.

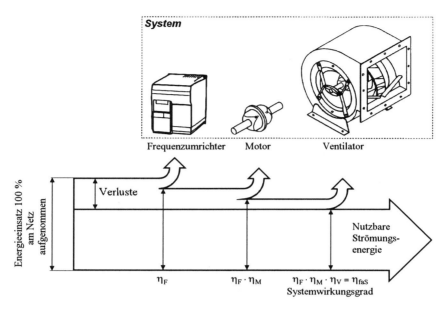

Bild 10-13: Komponenten eines Ventilatorsystems ohne Riementrieb und ohne Berücksichtigung der Einbauverhältnisse, Fa Gebhardt, Waldenburg [16]

Verluste in der Drehzahlregeleinheit und dem Motor

Die meisten Klimaanlagen werden zwecks Energieeinsparung im Teillastbereich mit Drehzahlregelung ausgestattet. Der Einsparungseffekt ist jedoch sehr stark von der Wahl der Regeleinheit und des Motors abhängig. Die nach den Proportionalitätsgesetzen zu erwartende Verminderung wird nur bei der Wellenleistung und niemals bei der elektrischen Antriebsleistung erreicht.

Als Drehzahlregeleinheit hat sich für Drehstrom-Asynchron-Motoren der Frequenzumrichter FU durchgesetzt, dessen Volllastwirkungsgrad bei 95 % – 98 % liegt, während die Teillastwirkungsgrade viel geringer sind und im Katalog meistens nicht angegeben werden. Die Drehzahlregelung durch Reduzierung der Spannung mittels Transformator oder Phasenanschnittssteuerung benötigt einen Sondermotor mit Kennlinien ohne Kipppunkte, damit sich eindeutige Drehzahlen einstellen. Diese Spannungsreduzierung vermindert das Motordrehmoment, wobei jedoch die Synchrondrehzahl erhalten bleibt. Dies bedeutet, dass bei Drehzahlerniedrigung der Schlupf größer wird. Da die Verlustleistung ungefähr proportional zum Schlupf ist, nimmt der Motorwirkungsgrad η_M bei Schlupfregelung näherungsweise linear mit der Drehzahl ab. Daher sollte, insbesondere bei hohen Betriebsstundenzahlen, die Schlupfregelung nur bis 2 kW Antriebsleistung eingesetzt werden.

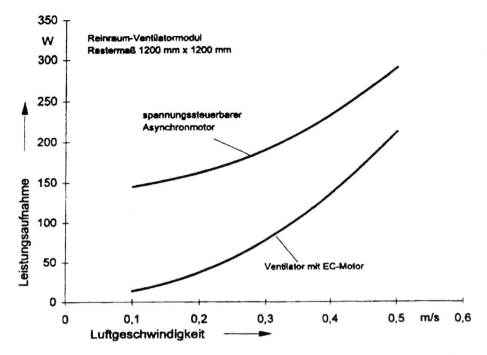

Bild 10-14: Vergleich der Leistungsaufnahmen zwischen einem schlupfgeregelten Asynchronmotor und einem EC-Motor am Beispiel eines Reinraum-Ventilatormoduls, bei dem die Luftgeschwindigkeit durch Drehzahlregelung verändert wird, nach [5]

Der EC-Motor

Elektronisch kommutierte Motoren (EC-Motoren) sind mit Gleichstromnebenschluss-motoren vergleichbar mit dem Unterschied, dass die Verschleiß behafteten Kohle-bürsten und Kollektoren fehlen. Diese sind durch eine wartungsfreie Elektronik er-setzt. Das Magnetfeld im Rotor wird durch Permanentmagnete erzeugt, wofür anders als beim Asynchronmotor keine weitere Energie notwendig ist. Dies bewirkt den ho-hen Wirkungsgrad η_M = ca. 90 % über den ganzen Drehzahlbereich. EC-Motoren mit integrierter Elektronik werden an Gleichspannung und die mit externer Elektronik di-rekt ans Netz angeschlossen, dabei ist die Drehzahl n über ein Standardeingangssignal stufenlos veränderbar.

Verluste von Flachriemen und Keilriemen

Die Leistungsübertragung vom Motor zum Ventilator ist mit Verlusten behaftet, die insbesondere bei kleinen Antriebsleistungen den Systemwirkungsgrad spürbar ver-schlechtern. Die Riemenwirkungsgrade η_{Riemen} betragen:

Keilriemenantrieb 85 % bis 95 %,

Flachriemen- und Zahnriemenantrieb 97 % bis 99 %.

Die unteren Werte gelten für kleine und die oberen für große Antriebsleistungen. Die Montage eines Flachriemens erfordert viel mehr Genauigkeit als die des Keilriemens. Außerdem muss der Flachriemen stärker vorgespannt werden, was die Lager stärker

belastet. Der Abrieb ist beim Flachriemen jedoch deutlich weniger als beim Keilriemen, so dass häufig auf den Filter nach dem Ventilator verzichtet werden kann.

Einbauverluste

Ein Einbauwirkungsgrad η_{Einbau} lässt sich durch die Vielzahl der Einflussparameter,
wie z. B. Kastengröße, Querschnittsform, Zuströmverhältnisse, Riemenscheibengröße,
Riemenschutz- und Berührungsschutzgitter usw. nur im Einzelfall angeben. Ansonsten wird die Veränderung der Kennlinien bei ungünstigen Einbauverhältnissen nach
Kapitel 10.5.1 abgeschätzt.

Freilaufendes Rad oder Ventilator mit Spiralgehäuse?

Die Ausführungen zeigen, dass bei Wirtschaftlichkeitsbetrachtungen sämtliche Kom-
ponenten und deren Einfluss auf den Systemwirkungsgrad beachtet werden muss.
Grundsätzlich ist kein Prinzip besser als das andere. Beide haben sowohl spezifische
Vor- als auch Nachteile.

Auswahlkriterien für das freilaufende Rad:

- vorteilhaft bei niedrigen Drücken $\Delta p \leq 1000$ Pa in Verbindung mit hohen Volumenströmen,
- nur Direktantrieb mit Drehzahlregelung zur Leistungsanpassung,
- kompaktere Bauweise möglich, was in Bild 10-12 dargestellt ist,
- kein Keilriemenabrieb, wodurch die druckseitige Filterstufe entfallen kann,
- gleichmäßige Beaufschlagung von nachgeschalteten Bauteilen, z. B. Wärmeübertrager,
- Ansaugdüse wird häufig als kalibrierte Volumenstrommessdüse verwendet Kapitel
  10.3.5.

Auswahlkriterien für einen Ventilator mit Spiralgehäuse:

- vorteilhaft bei hohen Drücken, da dann der Wirkungsgrad besser ist,
- vorteilhaft bei sehr großen Volumenströmen $\geq 100\ 000$ m³/h,
- Direkt- oder Riemenantrieb (Keilriemen, Flachriemen, Zahnriemen) möglich,
- Betrieb mit oder ohne Drehzahlregelung möglich,
- Drallregelung möglich,
- Einströmdüsen werden auch als Volumenstrom-Messvorrichtung benutzt; Kapitel
  10.3.5.

10.3.3 Hochleistungslaufrad oder Trommelläufer?

Obwohl der Trommelläufer bei gleicher Umfangsgeschwindigkeit den ca. 3 fachen
Druck des Hochleistungslaufrades aufbaut, wird er trotzdem in der Lüftungstechnik nur bis zu einem Systemdruck von ca. 2000 Pa eingesetzt. Für höhere Drücke
werden Hochleistungslaufräder mit rückwärts gekrümmten Schaufeln verwendet, die
eine größere mechanische Festigkeit haben, wodurch wesentlich höhere Umfangsge-
schwindigkeiten möglich sind. Einige Firmen bieten das gleiche Gehäuse für Hochleistungslaufräder und Trommelläufer an.

Bild 10-15: links Ventilator mit Hochleistungslaufrad HL und rechts mit Trommelläufer TR im gleichen Gehäuse, Fa. Gebhardt, Waldenburg [14], [18]

Der Systemvergleich wird anhand eines Beispiels nach [1] durchgeführt. Durch eine lufttechnische Anlage soll ein Volumenstrom von $\dot{V} = 60\,000$ m³/h bei einer Gesamtdruckdifferenz von $\Delta p_t = 1000$ Pa gefördert werden. Zur Lösung des Problems wird ein Trommelläuferlaufrad $\oslash = 900$ mm (TR) oder ein Hochleistungslaufrad $\oslash = 900$ mm (HL) im gleichen Spiralgehäuse eingebaut.

Tabelle 10-2: Vergleich von Trommelläuferventilator TR mit Hochleistungsventilator HL im gleichen Betriebspunkt; zweiseitig saugend; Laufraddurchmesser 900 mm, nach [1]

Ventilatorart		TR*	HL**
Volumenstrom	m³/h	60 000	60 000
Totaldruckerhöhung	Pa	1000	1000
Drehzahl	min⁻¹	520	1020
Wirkungsgrad	%	73	80
Antriebsleistung	kW	22,8	20,8
A-Schallleistungspegel	dB (A)	93,5	96,5

Die folgende Abbildung 10-16 lässt bei einem Vergleich der Kennlinien die wesentlichen Unterschiede zwischen einem Trommelläufer TR und einem Hochleistungslaufrad HL erkennen:

- Beim Trommelläufer hat eine Verschiebung der Anlagenkennlinie eine wesentlich größere Volumenstromänderung zur Folge.

- Mit steigendem Volumenstrom erhöht sich beim Trommelläufer die erforderliche Antriebsleistung im Vergleich zum Hochleistungslaufrad sehr stark. Daher sollte der Motor überdimensioniert werden, damit er bei falscher Druckverlustberechnung nicht überlastet wird.

- Bei gleicher Baugröße benötigt der Trommelläufer für den gleichen Betriebspunkt immer eine geringere Drehzahl als das Hochleistungslaufrad, wodurch er auch leiser ist.

- Der Wirkungsgrad des Trommelläufers ist schlechter als der des Hochleistungslaufrades, so dass auch seine Antriebsleistung im Bestpunkt größer ist. Durch seine flache Kennlinie ist jedoch bei starker Drosselung die erforderliche Antriebsleistung geringer als beim Hochleistungslaufrad.

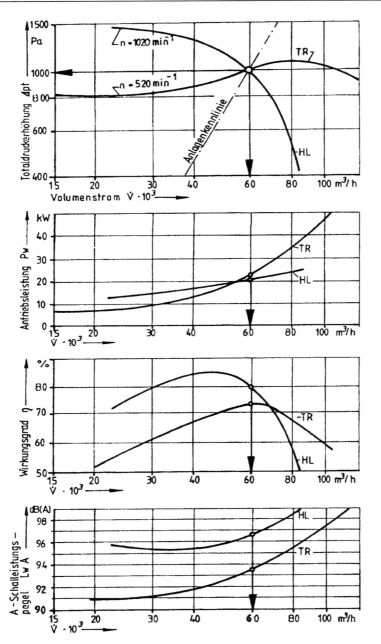

Bild 10-16: Kennlinienvergleich von Trommelläufer TR und Hochleistungslaufrad HL bei einem gemeinsamen Betriebspunkt, nach [1]

Wie dieses Beispiel zeigt, kann ein Hochleistungslaufrad in das Gehäuse eines Trommelläufers eingebaut werden, um das gleiche technische Problem zu lösen. Dabei hat bei richtiger Auswahl das Hochleistungslaufrad die Vorteile, dass es weniger Leistung benötigt und bei Änderung des Anlagenwiderstandes die Volumenstromschwankungen kleiner sind als beim Trommelläufer. Jedoch ist das Hochleistungslaufrad lauter als der Trommelläufer. Daher kann nur der Anlagenplaner selbst von Fall zu Fall entscheiden, welchem Laufradtyp mit seinen jeweiligen verschiedenen Eigenschaften er den Vorzug geben will.

Typische Anwendungsfälle von Trommelläufer bzw. Hochleistungslaufrad

A. Trommelläufer mit vorwärts gekrümmten Schaufeln

- Preisgünstige Seriengeräte mit konstantem Druckverlust,
- Anlagen mit Drosselregelung,
- Anlagen mit größeren Volumenstromschwankungen, z. B. durch zeitweises Verschließen von Ab- oder Zuluftöffnungen.

Hinweis: Trommelläufer sind für Drallregelung, Bypassregelung und Parallelschaltung ungeeignet.

B. Hochleistungslaufrad mit rückwärts gekrümmten Schaufeln

- Anlagen mit parallel geschalteten Ventilatoren,
- Anlagen mit großen Druckschwankungen, z. B. durch Filterverschmutzung,
- Anlagen mit ungenau bestimmbarem Druckverlust,
- Anlagen mit Druckkonstanthaltung,
- Anlagen mit Drallregelung,
- Anlagen mit Bypassregelung bzw. Nebenauslassregelung.

10.3.4 Drehrichtung und Gehäusestellung

Der Drehsinn des Laufrades und die Stellung der Austrittsöffnung wird von den meisten Firmen gemäß der Eurovent-Empfehlung angegeben:

- Rechtsdrehend (im Uhrzeigersinn) Symbol RD,
- Linksdrehend (entgegen dem Uhrzeigersinn) Symbol LG.

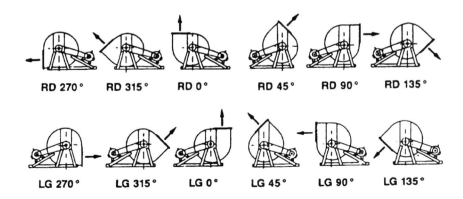

RD 270°   RD 315°   RD 0°   RD 45°   RD 90°   RD 135°

LG 270°   LG 315°   LG 0°   LG 45°   LG 90°   LG 135°

Bild 10-17: Drehrichtung und Gehäusestellung bei Radialventilatoren gemäß der Eurovent-Empfehlung, nach [2]

Bei der Festlegung des Drehsinns erfolgt die Blickrichtung von der Antriebsseite her. Dies gilt auch für einen doppelseitig saugenden Ventilator.

Die Winkelstellung des Gehäuseaustrittsstutzens wird hinter dem Symbol für den Drehsinn angegeben, z. B. RD 90°. Winkelstellung 0° bedeutet, dass der Austrittsstutzen so liegt, dass der Ventilator senkrecht nach oben bläst. Ausgehend von dieser Lage wird die Winkelstellung jeweils in Richtung des Drehsinnes angegeben.

10.3.5 Volumenstrom-Messvorrichtung im Radialventilator

Zur Bestimmung des Volumenstromes wird das physikalische Prinzip des Wirkdruckes an Düsen verwendet. Dieser Druckabfall ist proportional zum Quadrat des Volumenstromes.

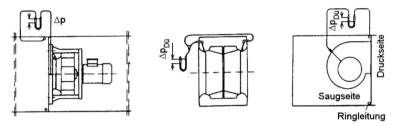

Bild 10-18: Volumenstrom-Messvorrichtung links beim freilaufenden Rad und rechts beim zweiflutigen Gehäuseventilator, Fa. Gebhardt, Waldenburg [15], [16]

Gemessen wird die statische Druckdifferenz $\Delta p_\text{Düse}$ zwischen einer Druckmessstelle in der Düse und einer vor der Düse. Der Volumenstrom $\dot{V}$ wird aus dieser gemessenen Druckdifferenz $\Delta p_\text{Düse}$ und einem im Katalog [15], [16] angegebenen Kalibrierfaktor K nach folgender Formel berechnet:

$$\dot{V} = K\sqrt{\Delta p_\text{Düse}}. \tag{10-7}$$

Einbauten, die die Zuströmung zur Düse stören, führen zu Fehlern. Daher ist ein Mindestabstand von $0{,}5 \times$ Laufraddurchmesser D vor der Düse einzuhalten. Der Vorteil dieser einfachen Messmethode liegt darin, dass der Aufwand zur Bestimmung von Volumenströmen in Kanälen entfällt und bei Verwendung eines Differenzdrucksensors dessen Ausgangssignal zur Regelung und Überwachung verwendet werden kann.

10.3.6 Axialventilatoren

Die Durchströmung von Axialventilatoren erfolgt in achsparalleler Richtung.

Typische Ausführungsformen sind:
a) Axialventilatoren ohne Leitrad,
b) Axialventilatoren mit Vorleitrad (selten),
c) Axialventilatoren mit Nachleitrad,
d) Axialventilatoren mit Nachleitrad und Diffusor.

Die am höchsten zu erreichenden Wirkungsgrade steigen von den Ausführungsformen a) zu d).

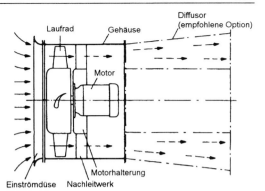

Bild 10-19: Schema eines Axialventilators mit Nachleitrad und Diffusor, nach [2]

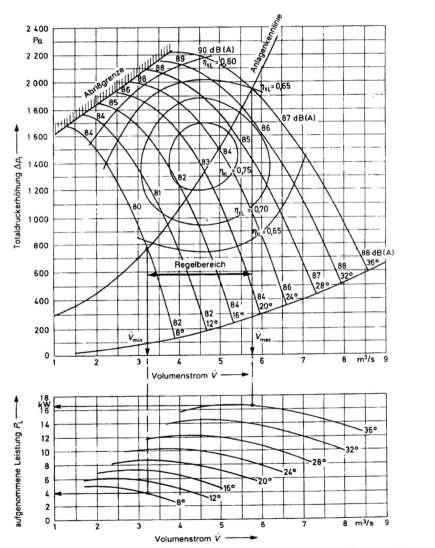

Bild 10-20: Kennfelder eines Axialventilators mit verstellbaren Laufradschaufeln, nach [3]

Ein Nachleitrad bewirkt, dass die drallbehaftete Strömung nach dem Laufrad in axialer Richtung umgelenkt und dadurch eine größere Gesamtdruckerhöhung erzielt wird. In dem anschließenden Diffusor wird die Strömung verzögert, wodurch sich ein Teil des dynamischen Druckes in statischen Druck umwandelt. Insbesondere bei frei ausblasenden Ventilatoren kann mittels eines Diffusors der Austrittsverlust klein gehalten und damit Antriebsleistung gespart werden.

Axialventilatoren mit feststehenden Schaufeln haben für jede Drehzahl eine unveränderliche Kennlinie, während Axialventilatoren mit verstellbaren Laufradschaufeln in Abhängigkeit vom Schaufelanstellwinkel α verschiedene Kennlinien haben.

Bezüglich der Laufradschaufelverstellung unterscheidet man:

- im Stillstand verstellbare Schaufeln,
- im Lauf verstellbare Schaufeln.

Aus Bild 10-20 ist ersichtlich, wie sich die Kennlinien bei Variation der Schaufelanstellwinkel im Bereich von $\alpha = 8°$ bis $\alpha = 36°$ ändern. Aus den Schnittpunkten mit der Anlagenkennlinie ergibt sich der jeweilige Volumenstrom $\dot{V}$, so dass der Regelbereich erkennbar ist. Wie sich die Wirkungsgrade ändern, lässt sich an Hand der Muschelkurven ablesen. Unten im Bild wird die aufgenommene Laufradleistung P_L in Abhängigkeit vom Volumenstrom $\dot{V}$ und Schaufelanstellwinkel α dargestellt. Man sieht, dass die Regelung mit im Lauf verstellbaren Schaufeln den Energiebedarf ungefähr so stark wie die Drehzahlregelung verringert. Ein Nachteil von Axialventilatoren ist, dass bei zu starker Drosselung die Strömung an den Laufradschaufeln abreißt. Liegt der Betriebspunkt infolge falscher Auslegung im Abrissgebiet, so kann es zu mechanischen Beschädigungen kommen. Daher ist ein solcher Betriebspunkt, der mit erhöhter Schallleistung, pulsierenden Luftströmen in Laufradnähe sowie Vibrationen verbunden ist, absolut zu vermeiden. Hierzu wurden vielfältige Sicherheitseinrichtungen, z. B. Pumpgrenzwarner, Abrisssonden usw. entwickelt. Eine sehr gute

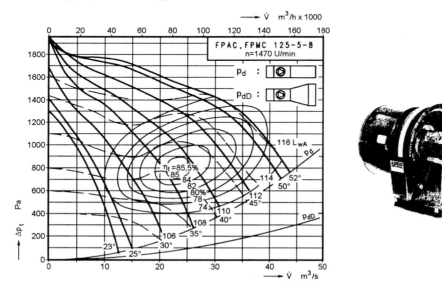

Bild 10-21: Axialventilator mit im Lauf verstellbaren Schaufeln und Stabilisierungsring, Fläkt Woods Group, Menden [7]

Lösung ist der von dem Russen *S. K. Iwanow* [19] im Jahre 1961 entwickelte Stabilisierungsring, welcher im dargestellten Ventilator Bild 10-21 eingebaut ist und den Strömungsabriss am Laufrad verhindert. Diese Anti-Stall-Einrichtung bewirkt, dass die Kennlinien keine Abrissgrenze haben und bei jedem Anstellwinkel α konstant abfallen, wodurch sich immer ein stabiler Betriebspunkt einstellt.

10.3.7 Querstromventilatoren

Das Laufrad hat ein walzenförmiges Aussehen mit zwei geschlossenen Deckscheiben an beiden Enden. Die Schaufeln sind vorwärts gekrümmt und werden zweimal durchströmt. Durch diese zweimalige Energiezufuhr ist die erzielbare Druckerhöhung bezogen auf die jeweilige Umfangsgeschwindigkeit groß. Da ein Betriebspunkt mit relativ geringer Umfangsgeschwindigkeit erreicht werden kann, ist auch das Geräuschniveau günstig. Es werden Querstromventilatoren mit 90°- und 180°-Durchströmung angeboten, wodurch ein besonders platzsparender Einbau möglich ist. Die Variation des Volumenstroms erfolgt außer über die Drehzahl auch über die Variation der Laufradbreite. Der maximale Wirkungsgrad liegt bei ca. 60 %. Querstromventilatoren werden dort eingesetzt, wo ein breiter, gleichmäßiger Luftstrom von Vorteil ist z. B. Trocknungstechnik, Industrieofenbau, Verpackungstechnik, Oberflächentechnik, Schaltschrankbau usw. In der Gebäudetechnik sind es folgende typische Einsatzgebiete:

- Türluftschleieranlagen,
- Induktionsgeräte,
- Gebläsekonvektoren,
- Be- und Entlüftung über enge Zwischendecken,
- Klimatruhen.

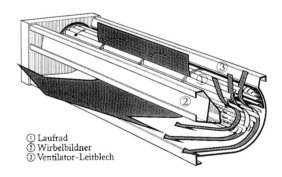

① Laufrad
② Wirbelbildner
③ Ventilator-Leitblech

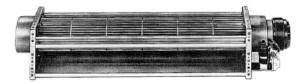

Bild 10-22: Querstromventilatoren, Fa. LTG, Stuttgart

10.4 Genauigkeit der Katalog-Kennlinien

Die meisten Katalog-Kennlinien werden auf saugseitigen Kammerprüfständen nach DIN 24 163 [12] ermittelt, wo ideale Zu- und Abströmbedingungen vorherrschen. Im Klimakastengerät werden diese Werte wegen der ungünstigeren Einbaubedingungen fast nie erreicht. Außerdem lassen die technischen Lieferbedingungen für Ventilatoren nach DIN 24 166 [13] erhebliche Toleranzen zu. Die bei der Auslegung und Herstellung von Ventilatoren auftretenden Toleranzen für Volumenstrom, Druckerhöhung, Antriebsleistung, Wirkungsgrad und A-bewertetem Schallleistungspegel werden in dieser Norm in vier Genauigkeitsklassen eingeteilt.

Tabelle 10-3: Nach DIN 24 166 [13] zulässige Toleranzen des Betriebswertes von Ventilatoren in Abhängigkeit von der im Katalog angegebenen Genauigkeitsklasse

Toleranz für	Genauigkeitsklasse			
	0	1	2	3
Volumenstrom $\Delta\dot{V}/\dot{V}$	$\pm$ 1 %	$\pm$ 2,5 %	$\pm$ 5 %	$\pm$ 10 %
Druck $\Delta p/p$	$\pm$ 1 %	$\pm$ 2,5 %	$\pm$ 5 %	$\pm$ 10 %
Antriebsleistung $\Delta P/P$	+ 2 %	+ 3 %	+ 8 %	+ 16 %
Wirkungsgrad $\Delta\eta$	$-$ 1 %	$-$ 2 %	$-$ 5 %	$-$
Schallpegel ΔL_{WA}	+ 3 dB	+ 3 dB	+ 4 dB	+ 6 dB

Falls im Katalog keine Genauigkeitsklasse angegeben wird, ist von der Klasse 3 auszugehen, die erhebliche Toleranzen zulässt, insbesondere beim Wirkungsgrad, der beliebig angegeben werden darf.

10.5 Betriebsverhalten der Ventilatoren

10.5.1 Veränderung der Kennlinie bei ungünstigen Einbauverhältnissen

Die Ventilatorkennlinien werden auf einem Prüfstand ermittelt, bei dem optimale Strömungsverhältnisse vorliegen. In der Praxis jedoch sind die Einbauverhältnisse meist ungünstiger, so dass die Werte der Katalog-Kennlinie nicht erreicht werden. Wie groß die Abweichungen jeweils sind, lässt sich auf Grund der vielfältigen Einflüsse nur grob abschätzen oder experimentell ermitteln.

Eine ungünstige Einbausituation bewirkt, dass sich die Kennlinie nach unten verschiebt und daher der geplante Betriebspunkt nicht erreicht wird (Bild 10-23). In Anlehnung an die AMCA-Publication 201 [10] wird für die üblichen Abschätzungen ein zusätzlicher Druckverlust $\Delta p_V = \zeta\, p_d$ eingeführt. Dieser Druckverlust wird zu der berechneten bzw. gemessenen Anlagenkennlinie dazuaddiert. Diese erweiterte Anlagenkennlinie wird mit der Prüfstand-Kennlinie (= Katalog-Kennlinie) geschnitten und der sich einstellende Volumenstrom $\dot{V}$ abgelesen.

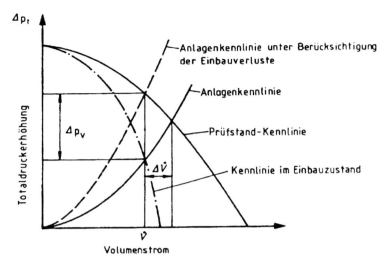

Bild 10-23: Einfluss der Einbauverluste auf die Prüfstand-Kennlinie bzw. Anlagenkennlinie

In der Tabelle 10-4 wird der Widerstandsbeiwert = Einbaufaktor ζ angegeben, mit dem der dynamische Druck $p_{d,1}$ zu multiplizieren ist, um den saugseitigen Druckverlust zu erhalten.

Tabelle 10-4: Saugseitiger Widerstandsbeiwert ζ in Abhängigkeit vom Verhältnis Riemenscheibendurchmesser/Laufraddurchmesser nach [20]
Spalte 1: Scheiben-$\oslash$/Rad-$\oslash$
Spalte 2: Scheibe
Spalte 3: Scheibe + Berührungsschutz
Spalte 4: Scheibe + offener Riemenschutz
Spalte 5: Scheibe + geschlossener Riemenschutz
Spalte 6: Scheibe + offener Riemenschutz + Berührungsschutz
Spalte 7: Scheibe + geschlossener Riemenschutz + Berührungsschutz

1	2	3	4	5	6	7
0,28	0,16	0,41	0,34	0,51	0,72	1,04
0,36	0,28	0,47	0,50	0,67	0,89	1,33
0,45	0,40	0,53	0,66	0,83	1,05	1,61
0,56	0,54	0,87	0,79	0,93	1,33	1,91
0,63	0,68	1,21	0,92	1,03	1,61	2,20

In der Literatur [9], [10], [11] sind weitere Widerstandsbeiwerte (Einbaufaktoren) ζ aufgelistet. In der Praxis wird bei überschlägiger Berechnung häufig sowohl für Riemenscheibe als auch Riemenschutz zusammen der Wert $\zeta = 1$ verwendet. Aus Tabelle 10-4 ist ersichtlich, wann dieser Wert richtig ist.

Als Bezugsgröße für diese saugseitigen Verluste wird der dynamische Druck $p_{d,1} = (\varrho/2)c^2$ im Eintrittsflansch verwendet. Treten die Verluste druckseitig auf, so ist die Bezugsgröße der dynamische Druck $p_{d,2} = (\varrho/2)c^2$ am Austrittsflansch.

Einige Ventilatorhersteller geben Empfehlungen für günstige und ungünstige Einbausituationen heraus. Sie wird in der Ventilatoren-Fibel [2] erwähnt, dass insbesondere bei Axialventilatoren die Anströmung nicht schräg oder drallbehaftet erfolgen soll, da sonst Abrisserscheinungen am Laufrad auftreten können.

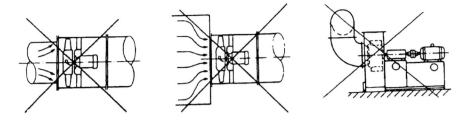

Bild 10-24: Ungünstige Einbausituationen, nach [2]

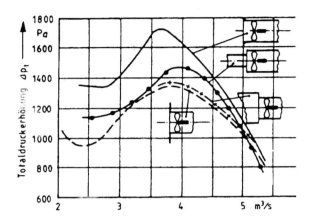

Bild 10-25: Einfluss von ungünstigen Einströmverhältnissen auf die Kennlinie eines Axialventilators mit 500 mm Laufraddurchmesser bei $n = 2930$ min^{-1}, nach [11]

In Klimakastengeräten werden häufig zweiseitig saugende Radialventilatoren eingesetzt. Hierzu zeigt Bild 10-26, wie sich die Kennlinie beim Einbau in ein Klimakastengerät ändert.

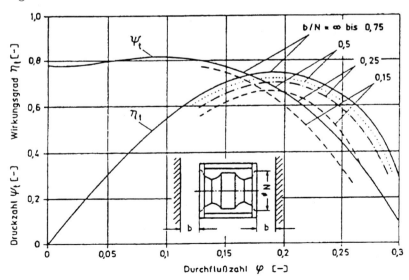

Bild 10-26: Änderung der Kennlinie und des Wirkungsgrades beim Einbau eines Radialventilators vom Typ Quadrovent der Fa. LTG, Stuttgart in eine Kammer

Anhand der gezeigten Sachverhalte ist Folgendes zu beachten:

Beim Bestellen eines Ventilators muss man berücksichtigen, dass die Ventilatorhersteller meist nur für die strömungsgünstigsten Einbaufälle Kennlinien angeben. Daher empfiehlt es sich, bei Anfragen und Bestellungen, die Einbauverhältnisse mit anzugeben. Falls der Ventilatorhersteller keine ausreichende Erfahrung für die spezielle Einbausituation hat, empfiehlt es sich, Modellversuche oder Versuche am Original durchzuführen. Erscheint dieser Aufwand zu groß, so ist eine nachträgliche Korrekturmöglichkeit einzuplanen. Die Korrektur kann, z. B. bei Axialventilatoren durch Verstellen der Laufradschaufelwinkel α und bei Radialventilatoren durch Drehzahländerung erfolgen. Bei nachträglicher Vergrößerung des Volumenstromes ist zu kontrollieren, ob der Antriebsmotor noch ausreichend dimensioniert ist.

10.5.2 Ventilatoren in Klimazentralen

In Lüftungs- und Klimazentralen bläst häufig der Ventilator direkt in eine druckseitige Kammer. Bei dieser Einbausituation geht der dynamische Druck $p_{d,2}$ am Ventilatoraustritt verloren. Dieser dynamische Druck beträgt bei Axialventilatoren ohne Diffusor 20 % bis 40 %, bei Trommelläufern ca. 20 % und bei Hochleistungsventilatoren ca. 10 % der vom Ventilator erzeugten Gesamtdruckerhöhung. Bei der Auslegung wird, ausgehend von der Kennlinie für den Gesamtdruck Δp_t, der dynamische Druck $p_{d,2}$ abgezogen und die so ermittelte Ventilatorkennlinie mit der Anlagenkennlinie geschnitten.

Der in den Ventilatorkatalogen angegebene dynamische Druck p_d ist meist auf den vollen Ausblasquerschnitt am Flansch bezogen. Beim Trommelläufer-Ventilator jedoch verdeckt fast immer eine in den Ausblasquerschnitt hineinragende Zunge der Spirale einen Teil des Flanschquerschnittes. Dies bedeutet, dass in Wirklichkeit der dynamische Druck $p_{d,2}$ wesentlich größer ist, als er im Katalog angegeben wird. Daher werden Trommelläufer für freies Ausblasen häufig für zu geringen Druck ausgelegt, wodurch der gewünschte Volumenstrom nicht erreicht wird. Infolge der flachen Kennlinie beim Trommelläufer wirkt sich hier ein derartiger Auslegungsfehler stark aus. Setzt man Hochleistungsventilatoren ein, so ist der dynamische Druckanteil kleiner und die Kennlinie wesentlich steiler, so dass sich bei einem Auslegefehler kleinere Abweichungen von der Sollluftmenge ergeben als beim Trommelläufer. Der Trommelläufer hat zwar mit Abstand den schlechtesten Wirkungsgrad η_{fa}, trotzdem wird er bei kleinen Leistungen in Klimazentralen eingesetzt, da er leise ist, kompakt baut und wenig kostet. Der Hochleistungsventilator mit Spiralgehäuse hat im Vergleich zum freilaufenden Rad ohne Spiralgehäuse beim Einbau in ein Klimakastengerät ungefähr die gleichen Systemwirkungsgrade, siehe Kapitel 10.3.2.

10.5.3 Parallelbetrieb

Bei Parallelschaltung fördern zwei oder mehrere Ventilatoren in eine gemeinsame Anlage. Die resultierende Kennlinie ergibt sich durch Addition der Volumenströme bei gleichem Förderdruck.

Parallelschaltung wird angewandt, wenn im Vergleich zur Druckerhöhung sehr große Volumenströme gefordert sind oder wenn durch Zu- und Abschalten eines Ventilators der Volumenstrom geregelt werden soll. Bei dieser Art der Volumenstromregelung muss jedoch berücksichtigt werden, dass sich bei Parallelbetrieb ein anderer Betriebspunkt einstellt wie im Einzelbetrieb. Dies hat zur Folge, dass auch die Wirkungsgrade verschieden sind, siehe Bild 10-28. Daher ist es in vielen Fällen wirtschaftlicher, nur einen Ventilator einzusetzen und die Volumenstromvariation durch Drehzahländerung vorzunehmen.

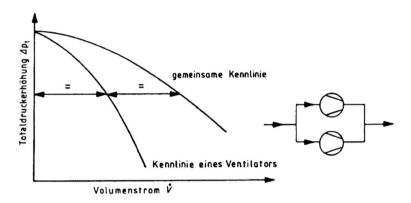

Bild 10-27: Resultierende Kennlinie für zwei gleiche, parallel geschaltete Ventilatoren

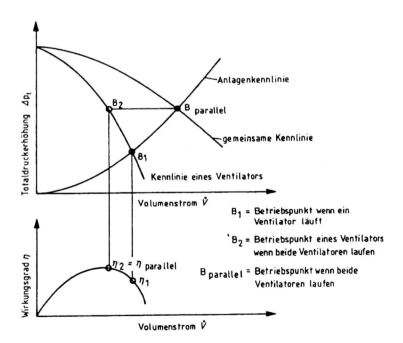

Bild 10-28: Betriebspunkte für zwei gleiche, parallel geschaltete Ventilatoren

In Parallelschaltung arbeiten Ventilatoren nur dann im gesamten Betriebsbereich problemlos, wenn die Kennlinien mit fallendem Volumenstrom stetig ansteigen und bei $\dot{V} = 0$ den gleichen Förderdruck haben. Immer wenn eine der Kennlinien einen Scheitel, Wendepunkt oder einen nicht befahrbaren instabilen Bereich hat, ergibt sich ein eingeschränkter Betriebsbereich. Wird dies nicht beachtet, so können unangenehme Überraschungen in Form von Rückströmung durch einen Ventilator oder starke Pulsationen (Volumenstromschwankungen) auftreten. Einen eingeschränkten Betriebsbereich bei Parallelbetrieb haben die Trommelläufer- und die Axialventilatoren. Ausnahme: Axialventilatoren mit Kennlinienstabilisierungseinrichtungen. Die Hochleistungsventilatoren sind meistens für den Parallelbetrieb geeignet. Wenn alle Kennlinien exakt bekannt sind, lässt sich im Voraus der zulässige Betriebsbereich ermitteln. So wird bei Drosselung auf einen Volumenstrom $\dot{V} < \dot{V}_{min}$ in Bild 10-29 der Ventilator 1 rückwärts durchströmt.

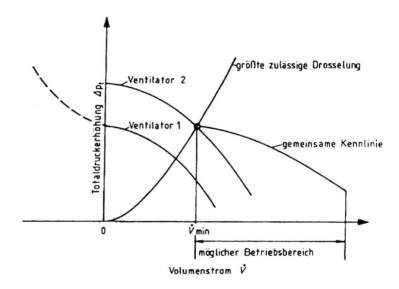

Bild 10-29: Parallelschaltung von zwei Ventilatoren mit unterschiedlichen Nullförderdrücken

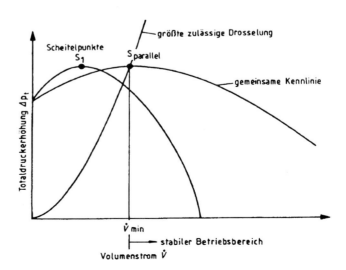

Bild 10-30: Parallelschaltung von zwei gleichen Ventilatoren mit Scheitel in der Kennlinie

Im Bild 10-30 haben die Kennlinien einen Scheitelpunkt. Liegt der Betriebspunkt links vom Scheitel, so treten häufig Pumpschwingungen auf, deren Stärke und Frequenz von der eingeschlossenen, verdichteten Luftmenge und dem Druckniveau abhängig ist.

Wie das Bild 10-31 zeigt, können bei Trommelläufern Betriebszustände auftreten, in denen ein Ventilator allein mehr fördert, als zwei Ventilatoren zusammen (Anlagenkennlinie I). Im Falle der Anlagenkennlinie II fördert ein Ventilator allein genau so viel wie beide zusammen. Da derartige Betriebszustände leicht auftreten können und der Trommelläufer außerdem noch empfindlich gegen Druckschwankungen ist, sind Trommelläufer-Ventilatoren für Parallelbetrieb schlecht geeignet.

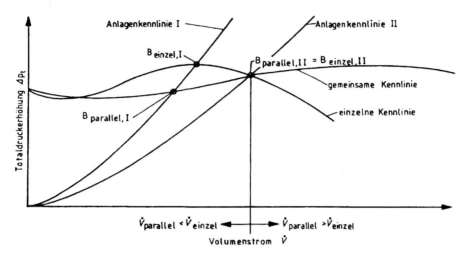

Bild 10-31: Parallelschaltung von zwei gleichen Trommelläuferventilatoren

10.5.4 Reihenschaltung

Um eine große Druckerhöhung zu erzielen, kann man zwei oder mehrere Ventilatoren hintereinander schalten. Die resultierende gemeinsame Kennlinie ergibt sich theoretisch durch Addition der Gesamtdrücke bei gleichem Volumenstrom.

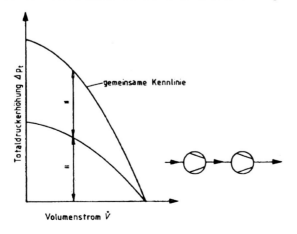

Bild 10-32: Resultierende Kennlinie für zwei gleiche, hintereinander geschaltete Ventilatoren

In der Praxis sind jedoch die erzielten Druckerhöhungen geringer, da zwischen den Ventilatoren Reibungsverluste auftreten und der zweite Ventilator meist nicht optimal angeströmt wird. Die Erfahrung zeigt, dass beim Hintereinanderschalten von zwei gleichen Axialventilatoren mit Nachleitrad die ca. 1,7-fache Druckerhöhung im Vergleich zu einem Ventilator erzielt wird. Grundsätzlich sollte in jedem Fall geprüft werden, ob es nicht wirtschaftlicher ist, nur einen Hochdruckventilator einzusetzen. Liegt der erzielte Druck über 3000 Pa, so ist die Dichteänderung der Luft infolge der Kompressibilität zu berücksichtigen. Dies gilt insbesondere bei der Motorenauswahl für die zweite Stufe.

10.6 Regelung von Ventilatoren

Durch Regelung wird der Volumenstrom oder die erforderliche Druckerhöhung den jeweiligen Anforderungen angepasst. Hierzu gibt es verschiedene Möglichkeiten:

- Drallregler,
- Drosselung,
- Drehzahländerung,
- Laufschaufelverstellung bei Axialventilatoren,
- Bypassregelung,
- Parallelbetrieb,
- Hintereinanderschaltung,
- Ein- und Ausschaltregelung.

Die Auswahl des Regelungsverfahrens hängt von vielen Faktoren, wie z. B. Preis, Platzbedarf, Kennlinienverlauf, Regelweg usw. ab.

10.6.1 Drallregler

Die Drallregelung ist wesentlich wirtschaftlicher als die Drosselung, jedoch nicht so Energie sparend wie die Drehzahlregelung. Daher ist der Drallregler als Alternative zur Drosselklappe anzusehen.

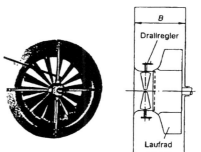

Bild 10-33: Drallregler in Einströmdüse integriert nach Fa. Gebhardt, Waldenburg und [3]

Der Drallregler ist vom Prinzip ein Vorleitrad mit verstellbaren Schaufeln. Er erzeugt eine Drallströmung am Laufradeintritt. Anhand der theoretischen Kennlinie lässt sich nachweisen, dass bei Mitdrall (Drall in Drehrichtung) die Druckerhöhung sinkt und bei Gegendrall steigt. Bei Radialventilatoren sind die Drallregler so gebaut, dass sich nur Mitdrall einstellen lässt.

Bei Radialventilatoren werden die Drallregler meist in die Einströmdüsen eingebaut, so dass kein zusätzlicher Platzbedarf erforderlich ist. Drallregler werden nur bei Hochleistungsradialventilatoren sowie Axialventilatoren und nicht bei Trommelläufern eingesetzt, da hier der Drallregler nur als Drosselregler wirken würde.

Als Nachteil des Drallreglers ist die Geräuscherhöhung und der mit zunehmendem Schaufelwinkel sich stark verschlechternde Wirkungsgrad anzusehen. Der wirtschaftliche Arbeitsbereich liegt daher zwischen 60 % und 100 % des Nennvolumenstromes. Bei weiterer Volumenstromabsenkung sollte die Ventilatorendrehzahl über einen polumschaltbaren Motor reduziert werden. Als Nachteil ist die aufwendige Steuerung zu nennen, da bei Drehzahlumschaltung auch gleichzeitig der Drallregler in Ausgangsstellung gebracht werden muss.

Drallregler werden dann eingesetzt, wenn die Drosselregelung bzw. Bypassregelung zu verlustreich und die Drehzahlregelung zu teuer ist.

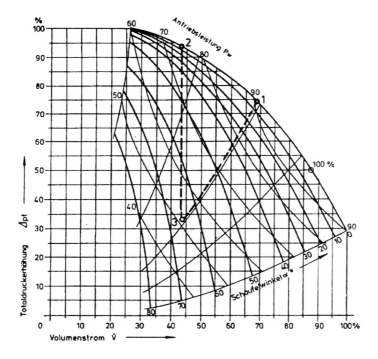

Bild 10-34: Typisches Drallregler-Kennfeld eines Radialventilators mit Beispiel nach Fa. Gebhardt, Waldenburg

In dem Bild 10-34 sind für eine konstante Drehzahl die Ventilatorkennlinien und die Kurven gleicher Antriebsleistung bei Drallregelung in Abhängigkeit vom Schaufelanstellwinkel α des Drallreglers eingetragen. Volumenstrom, Totaldruckerhöhung und Antriebsleistung sind dimensionslos in Prozent angegeben, damit die Kennlinien für alle Baugrößen und Drehzahlen angewendet werden können. Die gestrichelt einge-zeichneten Beispiele zeigen die Antriebsleistungseinsparung bei Drallregelung im Ver-gleich zur Drosselregelung für den Fall, dass der Volumenstrom von 68 % auf 43 % reduziert werden soll. Der Ventilator arbeitet zunächst im Punkt 1. Bei Drallregelung stellt sich bei dem Schaufelanstellwinkel $\alpha = 66°$ der Betriebspunkt 3 ein, bei dem eine Antriebsleistung von 51 % notwendig ist. Zur Drosselregelung muss der Anla-genwiderstand soweit erhöht werden bis sich der Punkt 2 einstellt. Hier beträgt die Antriebsleistung 74 %. Man sieht, dass die Leistungseinsparung durch Drallregelung im Vergleich zur Drosselung bei diesem Beispiel $(1 - 51/74)\cdot100 = 31$ % beträgt.

10.6.2 Drosselung

Die Verwendung einer Drosselklappe oder eines Schiebers ist eine einfache Art, den Volumenstrom zu variieren. Daher ist sie die am meisten angewandte Regelungsart, obwohl sie vom Energieaufwand her die ungünstigste ist. In Bild 10-34 entspricht der Regelweg bei Drosselung der Verschiebung des Punktes 1 in Richtung 2 auf der obersten Kennlinie. Für die Drosselregelung eignen sich insbesondere Ventilatoren mit flach verlaufenden Kennlinien, wie z. B. der Trommelläufer. Bei ihm nimmt bei Drosselung die Leistungsaufnahme stärker ab, als beim Hochleistungsventila-tor. Außerdem reduziert sich beim Trommelläufer durch Drosselung das Geräusch, während es beim Hochleistungslaufrad und beim Axialventilator zunimmt.

10.6.3 Bypass- und Nebenauslassregelung

Ein Teil des Volumenstromes wird über eine Bypassleitung zur Saugseite des Ventila-tors zurückgeführt oder über einen Nebenauslass als Fortluft ins Freie geblasen. Zur Regelung werden im Bypasskanal bzw. in der Fortluftöffnung Drosselklappen einge-baut.

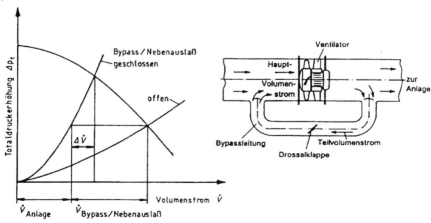

Bild 10-35: Prinzip einer Bypassregelung, nach [3]

Die Bypass- und Nebenauslassregelung ist wie die Drosselregelung eine sehr verlustbe-haftete Methode. Welche von beiden die verlustärmere ist, hängt von der Steilheit der

Kennlinie ab. Bei sehr steilen Kennlinien, wie sie z. B. bei Axialventilatoren auftreten, ist die Bypassregelung günstiger. Außerdem kann durch die Bypass- oder Nebenauslassregelung das Unterschreiten der Abrissgrenze vermieden werden. Daher ist diese Regelung bei Axialventilatoren günstig. Für die in der Klimatechnik eingesetzten Radialventilatoren ist die Drosselregelung zu bevorzugen. Dies gilt insbesondere für Trommelläuferventilatoren, da hier eine Bypass- bzw. Nebenauslassregelung eine zu große Steigerung der Antriebsleistung zur Folge hätte.

10.6.4 Drehzahlregelung

Die Drehzahlregelung ist neben der Laufschaufelverstellung bei Axialventilatoren die verlustärmste Methode. Wie sich dabei die Kennlinie und die Leistungsaufnahme ändern, ist aus Bild 10-2 ersichtlich. Nach den Proportionalitätsgesetzen gilt für die Laufradleistung $P \sim n^3$. Diese Beziehung ist bezogen auf die Motoraufnahmeleistung ungenau, da sie die Änderungen des mechanischen und elektrischen Wirkungsgrades nicht berücksichtigt.

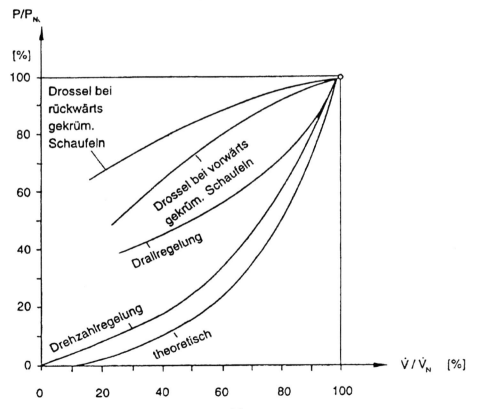

Bild 10-36: Relative Leistungsaufnahme, nach [8]

Die Drehzahländerung erfolgt meist durch Variation der Motordrehzahl. Hierfür sollte man die kollektorlosen Kurzschlussläufermotoren bevorzugen. Diese lassen sich nur in

Stufen über die Polpaarzahl oder stufenlos durch Frequenzänderung sowie den Schlupf steuern. Mit einem Frequenzumrichter können fast alle Drehstrom-Asynchronmotoren geregelt werden, während Schlupfregelung (Änderung der Versorgungsspannung bei gleichbleibender Frequenz) nur bei dafür ausgelegten Motoren verwendet werden darf. Denn die Schlupfsteuerung ist mit Verlusten im Läuferkreis behaftet, wodurch sich der Motor erwärmt. Daher ist Zwangskühlung erforderlich. In der Lüftungstechnik wird Schlupfregelung überwiegend bei Außenläufer- und Scheibenankermotoren verwendet. Diese Motoren werden häufig für den Direktantrieb im Ventilatorlaufrad eingebaut. Dadurch werden sie vom Förderstrom gut gekühlt, so dass keine Überhitzungsprobleme auftreten. Beim Einsatz von schlupfgeregelten Motoren ist zu bedenken, dass der Motorwirkungsgrad sich näherungsweise umgekehrt proportional zum Schlupf verschlechtert und die dabei entstehende Wärme häufig rausgekühlt werden muss, wodurch sich die Betriebskosten der Klimaanlage erhöhen.

Die höchsten Wirkungsgrade werden in Kombination mit EC-Motoren erzielt, die auch bei reduzierten Drehzahlen erhalten bleiben (siehe Kapitel 10.3.2).

Da sowohl die Frequenzumrichter als auch die elektronischen Spannungsregler der Schlupfregelung Oberwellen erzeugen, die je nach Filter zu mehr oder weniger starken Netzrückwirkungen führen, sollte man folgende Vorsorgemaßnahmen treffen:

- Getrennter Stromkreis für Regler und Messinstrumente sowie Computer.
- Starkstromleitungen und Messleitungen nicht im selben Kanal führen.

10.6.5 Laufschaufelverstellung bei Axialventilatoren

Die Regelung von Axialventilatoren kann durch Verstellen der Laufradschaufeln erfolgen. Derartige Ventilatoren haben bei konstanter Drehzahl mehrere Kennlinien, die in Abhängigkeit vom Schaufelanstellwinkel α dargestellt werden (siehe Bild 10-20). Diese Laufschaufelverstellung ermöglicht über einen großen Volumenstrombereich einen guten Wirkungsgrad. Außerdem können die preisgünstigen und wartungsarmen Drehstrom-Asynchronmotoren verwendet werden.

Literatur

[1] *Lexis, Josef*: Ventilatoren in der Praxis. Gentner Verlag, Stuttgart 1994.

[2] Turbo-Lufttechnik GmbH: Ventilatoren-Fibel. Promotor-Verlag, Karlsruhe 1999.

[3] *Bohl, W.*: Ventilatoren. Vogel-Verlag, Würzburg 1983.

[4] IKZ-Haustechnik: Heft 1, 1994, S. 27.

[5] *Anschütz, J.* und *J. Albig*: Antriebskonzepte für geregelte Ventilatorsysteme in der Raumluft-technik. HLH 8, 1997.

[6] *Anschütz, J.* und *S. Härtel*: Ventilatoreneinsatz in Geräten mit oder ohne Spiralgehäuse. HLH 8, 1996.

[7] Fläkt Woods Group, Menden: Katalog Axialventilatoren. Technische Daten 3.4.

[8] *Weber, G.*: Betriebsverhalten beim Zusammenwirken von Strömungsmaschinen und Anlagen-netzen. TAB 10/91.

[9] *Wieland, H.*: Durchführung und Beurteilung von Druck-Volumenstrommessungen an Raumluft-technischen Anlagen. Unterlagen zum Vortrag an der Technischen Akademie Heilbronn, 19. 2. 1985.

[10] AMCA-Publication 201: Part 1. Fans and Systems.

[11] *Bohl, W.*: Einfluß der saug- und druckseitigen Strömungsverhältnisse auf das Betriebsverhalten von Ventilatoren. VDI Berichte 594, 1986.

[12] DIN 24 163, Teil 1–3: Ventilatoren, Leistungsmessung, Normkennlinien. 1985.

[13] DIN 24 166: Ventilatoren, Technische Lieferbedingungen. 1989.

[14] Fa. Gebhardt, Waldenburg: Ventilatorkatalog, Hochleistungsventilatoren rotavent. 1997.

[15] Fa. Gebhardt, Waldenburg: Ventilatorkatalog, Radialventilatoren ohne Gehäuse intravent. 1997.

[16] Fa. Gebhardt, Waldenburg: Ventilatorkatalog, RZA rotavent. 1999.

[17] RAL-GZ 652: Raumlufttechnische Geräte, Gütesicherung, Deutsches Institut für Gütesicherung und Kennzeichnung e. V., Beuth Verlag, Berlin 1995.

[18] Fa. Gebhardt, Waldenburg: Ventilatorkatalog, Hochleistungs-Radialventilatoren für Riemenan-trieb. 1997.

[19] *Iwanow, S. K.*: Vorrichtung für einen Axialventilator zur Erweiterung des stabilen Arbeitsbe-reiches. UdSSR-Urheberschein Nr. 141247, Bulletin Nr. 18, 1961 (in russischer Sprache).

[20] CCI-Zeitschrift: Kennlinie à la robatherm. CCI Nr. 13, 1989, S. 29, PROMOTOR-Verlag, Karls-ruhe.

11 Wärmeübertrager

F. R. STUPPERICH, H. SCHEDWILL (11.9)

Formelzeichen

A	Fläche, Oberfläche	X	dimensionslose Längenkoordinate (in Strömungsrichtung)
A_q	Querschnittfläche (Querschnitt)		
a	$= \lambda/(\varrho\,c_p)$ Temperaturleitfähigkeit	x	Längenkoordinate (in Strömungsrichtung)
b	Breite		
$\dot{C}$	Kapazitätsstrom	y	Längenkoordinate (quer zur Strömungsrichtung)
c_p	isobare spez. (Wärme-) Kapazität		
$\bar{c}_p$	mittlere isobare spezifische (Wärme-) Kapazität	z	Höhe (Längenkoordinate in vertikaler Richtung)
d	Durchmesser	η	dynamische Viskosität
d_h	$= 4A_q/U$ hydraulischer Durchmesser	Θ	Temperaturverhältnis
f	Frequenz (Drehfrequenz; früher „Drehzahl")	ϑ	*Celsius*temperatur
		ϑ_{FE}	*Celsius*temperatur am Eintritt des Fluids ($F := H$ für Heizmittel; $F := K$ für Kühlmittel)
H	Enthalpie, Höhe		
$\dot{H}$	Enthalpiestrom		
α	Wärmeübergangskoeffizient	ϑ_{FA}	*Celsius*temperatur am Austritt des Fluids ($F := H$ für Heizmittel; $F := K$ für Kühlmittel)
k	Wärmedurchgangskoeffizient		
$k\,A$	Wärmedurchgangsleitwert		
l	Länge (eines Körpers)	$\Delta\vartheta_F$	Temperaturänderung eines Stoffes in einem Wärmeübertrager
ℓ	charakteristische Länge (eines Körpers)		
m	Masse	$\Delta\vartheta_m$	mittlerer Temperaturunterschied in einem Wärmeübertrager
$\dot{m}$	Massenstrom		
N	Anzahl	$\Delta\vartheta_{\max}$	maximaler Temperaturunterschied in einem Wärmeübertrager
p	Druck (Absolutdruck, Gesamtdruck)		
$\dot{Q}$	Wärmestrom (Wärmeleistung)	λ	Wärmeleitfähigkeit
$\underline{\dot{Q}}$	Wärmestromdichte (flächenbezogener Wärmestrom)	ν	kinematische Viskosität
		π	Pi (Verhältnis von Umfang zu Durchmesser eines Kreises)
R	individuelle (spezifische) Gaskonstante		
R	Wärmewiderstand	ϱ	Dichte
s	Weg, Körperausdehnung, Strecke, Abstand (Länge)	Φ	Effektivität eines Wärmeübertragers
		Ψ	Hohlraumanteil (Porosität)
T	(thermodynamische) Temperatur	Bi	$= \alpha\,s/\lambda_S$ *Biot*zahl
T_n	Eistemperatur des Wassers, Normtemperatur	Nu	$= \alpha\,\ell/\lambda_F$ *Nußelt*zahl
		Nt	Zahl der Übertragungseinheiten ($= NTU$ <u>N</u>umber of <u>T</u>ransfer <u>U</u>nits)
U	(benetzter) Umfang eines Querschnitts		
V	Volumen	Pr	$= \nu/a$ *Prandtl*zahl
w	Geschwindigkeit	Re	$= w\,\ell/\nu_F$ *Reynolds*zahl
w_m	mittlere Geschwindigkeit (über den Querschnitt gemittelt)	St	$= Nu/(Re\,Pr)$ *Stanton*zahl
		Ze_F	$= (1 - \Phi_F)/(1 - C_F^\star\,\Phi_F)$ Zellenkennzahl

Zur Berechnung von Wärmeübertragern bedient man sich zweckmäßigerweise dimensionsloser Kenngrößen, in denen verschiedene Temperaturdifferenzen auftauchen. In

Bild 11-1 sind die entsprechenden Temperaturen und ihre Differenzen am Beispiel eines Gegenstrom-Wärmeübertragers über der dimensionslosen Länge dargestellt.

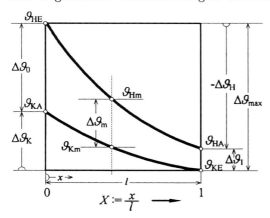

Bild 11-1: Allgemeingültige Bezeichnungen von Temperaturen und Temperaturdifferenzen am Beispiel eines Gegenstrom-Wärmeübertragers

Es bedeuten

ϑ_{HE} (*Celsius*-)Temperatur des Heizmittels am Eintritt

ϑ_{HA} (*Celsius*-)Temperatur des Heizmittels am Austritt

ϑ_{Hm} Mittelwert der Bulktemperatur des Heizmittels

ϑ_{KE} (*Celsius*-)Temperatur des Kühlmittels am Eintritt

ϑ_{KA} (*Celsius*-)Temperatur des Kühlmittels am Austritt

ϑ_{Km} Mittelwert der Bulktemperatur des Kühlmittels

$\Delta\vartheta_H$ $:= \vartheta_{HA} - \vartheta_{HE}$ Temperatur**änderung** des Heizmittels zwischen Ein- und Austritt

$\Delta\vartheta_K$ $:= \vartheta_{KA} - \vartheta_{KE}$ Temperatur**änderung** des Kühlmittels zwischen Ein- und Austritt

$\Delta\vartheta_0$ Temperatur**unterschied** zwischen beiden Stoffströmen bei $X = 0$

$\Delta\vartheta_1$ Temperatur**unterschied** zwischen beiden Stoffströmen bei $X = 1$

$\Delta\vartheta_m$ $:= (\vartheta_H - \vartheta_K)_m$ mittlerer Temperatur**unterschied** zwischen beiden Stoffströmen

$\Delta\vartheta_{\max}$ $:= \vartheta_{HE} - \vartheta_{KE}$ maximale Temperaturdifferenz im Wärmeübertrager

Für die Berechnungen soll die Außenoberfläche des Wärmeübertragers adiabat sein. Für den gesamten Wärmestrom $\dot{Q}$, der im stationären Fall durch die Trennwand vom Heiz- zum Kühlfluid fließt, gilt

$$\dot{Q} = k\, A\, \Delta\vartheta_m. \tag{11-1}$$

Dieser Wärmestrom ist nach dem 1. Hauptsatz gleich der Enthalpiestromabnahme des Heizfluids $\Delta\dot{H}_H$

$$-\Delta\dot{H}_H = \underbrace{\dot{m}_H\,\bar{c}_{pH}}_{\dot{C}_H}(\vartheta_{HE} - \vartheta_{HA}) \tag{11-2}$$

und gleich der Enthalpiestrom<u>zu</u>nahme des Kühlfluids $\Delta \dot{H}_K$

$$\Delta \dot{H}_K = \underbrace{\dot{m}_K \, \bar{c}_{pK}}_{\dot{C}_K}(\vartheta_{KA} - \vartheta_{KE}). \tag{11-3}$$

Für die weiteren Ausführungen werden folgende Größen verwendet:

$k\,A$ Wärmedurchgangsleitwert

$\dot{Q} \quad = k\,A\,\Delta\vartheta_m$ Wärmestrom zwischen Heiz- und Kühlmittel

$\dot{m}_H$ Massenstrom des Heizmittels

$$\bar{c}_{pH} \quad := \bar{c}_p\big|_{\vartheta_{HE}}^{\vartheta_{HA}} \qquad \text{mittl. isobare spez. Kapazität des \underline{H}eizmittels} \tag{11-4}$$

$$\dot{C}_H \quad = \dot{m}_H\,\bar{c}_{pH} \qquad \text{Kapazitätsstrom des \underline{H}eizmittels} \tag{11-5}$$

$$-\Delta \dot{H}_H = -\dot{C}_H\,\Delta\vartheta_H \qquad \text{Enthalpiestrom\textbf{ab}nahme des \textbf{\underline{Heiz}}mittels} \tag{11-6}$$

$\dot{m}_K$ Massenstrom des <u>K</u>ühlmittels

$$\bar{c}_{pK} \quad := \bar{c}_p\big|_{\vartheta_{KE}}^{\vartheta_{KA}} \qquad \text{mittl. isobare spez. Kapazität des \underline{K}ühlmittels} \tag{11-7}$$

$$\dot{C}_K \quad = \dot{m}_K\,\bar{c}_{pK} \qquad \text{Kapazitätsstrom des \underline{K}ühlmittels} \tag{11-8}$$

$$\Delta \dot{H}_K \quad = \dot{C}_K\,\Delta\vartheta_K \qquad \text{Enthalpiestrom\textbf{zu}nahme des \textbf{\underline{Kühl}}mittels} \tag{11-9}$$

$$\Phi_H \quad := \frac{-\Delta\vartheta_H}{\Delta\vartheta_{\max}} \qquad \text{Effektivität }^{*)}\text{ des \underline{H}eizmittels} \tag{11-10}$$

$$\Phi_K \quad := \frac{-\Delta\vartheta_K}{\Delta\vartheta_{\max}} \qquad \text{Effektivität des \underline{K}ühlmittels} \tag{11-11}$$

$$C_H^* \quad := \frac{\dot{C}_H}{\dot{C}_K} = \frac{\Delta\vartheta_K}{-\Delta\vartheta_H} \qquad \text{Kapazitätsstromverhältnis (\underline{H}eizseite)} \tag{11-12}$$

$$C_K^* \quad := \frac{\dot{C}_K}{\dot{C}_H} = \frac{-\Delta\vartheta_H}{\Delta\vartheta_K} = \frac{1}{C_H^*} \qquad \text{Kapazitätsstromverhältnis (\underline{K}ühlseite)} \tag{11-13}$$

$$Nt_H \quad := \frac{k\,A}{\dot{C}_H} = \frac{-\Delta\vartheta_H}{\Delta\vartheta_m} \qquad \text{Zahl der Übertragungseinheiten des}$$
$$\text{\underline{H}eizmittels} \tag{11-14}$$

$$Nt_K \quad := \frac{k\,A}{\dot{C}_K} = \frac{\Delta\vartheta_K}{-\Delta\vartheta_m} = C_H^*\,Nt_H \qquad \text{Zahl der Übertragungseinheiten des}$$
$$\text{\underline{K}ühlmittels} \tag{11-15}$$

$$\Delta\Theta_m \quad := \frac{\Delta\vartheta_m}{\Delta\vartheta_{\max}} = \frac{\Phi_H}{Nt_H} = \frac{\Phi_K}{Nt_K} \qquad \text{dimensionsloser mittlerer}$$
$$\text{Temperaturunterschied} \tag{11-16}$$

$$Ze_H \quad := \frac{1-\Phi_H}{1-C_K^*\,\Phi_H} \qquad \text{Zellenkennzahl (\underline{H}eizmittel)} \tag{11-17}$$

---

*) Die Effektivität wird u. a. auch als „Betriebscharakteristik", „Austauschgrad", „Temperaturän-derungsgrad", „Wirkungsgrad" bezeichnet.

$$Ze_K \quad := \frac{1 - \Phi_K}{1 - C_K^* \, \Phi_K} = \frac{1}{Ze_H} \qquad \text{Zellenkennzahl (\underline{K}ühlmittel)} \qquad (11\text{-}18)$$

$$\Theta_H \quad := \frac{\vartheta_{HX} - \vartheta_{KE}}{\Delta\vartheta_{\max}} \qquad \text{dimensionslose Temperatur des \underline{H}eizmittels}$$
$$\text{an der Stelle } X \qquad\qquad\qquad (11\text{-}19)$$

$$\Theta_K \quad := \frac{\vartheta_{KX} - \vartheta_{KE}}{\Delta\vartheta_{\max}} \qquad \text{dimensionslose Temperatur des \underline{K}ühlmittels}$$
$$\text{an der Stelle } X \qquad\qquad\qquad (11\text{-}20)$$

11.1 Gegenstromführung

Es gibt zahllose Möglichkeiten, die (beiden) Stoffströme durch den Wärmeübertrager zu führen. Grundsätzlich ist die beste aller Stromführungen die Gegenstromführung.

Für den mittleren Temperaturunterschied (vergl. Bild 11-1) zwischen beiden Stoffströmen gilt

$$\Delta\vartheta_m = \frac{\Delta\vartheta_1 - \Delta\vartheta_0}{\ln \dfrac{\Delta\vartheta_1}{\Delta\vartheta_0}}. \qquad (11\text{-}21)$$

Hinweis

Diese Beziehung für den mittleren Temperaturunterschied gilt nur für Gegenstrom- und Gleichstromführung und bei allen anderen Stromführungen nur dann, wenn einer der beiden Kapazitätsströme sehr viel kleiner ist als der andere ($C^* \to 0$). Gleichung (11-16) dagegen ist allgemein gültig.

Für die Effektivität $\Phi_{\Leftrightarrow}$ des Gegenstrom-Wärmeübertragers bei ungleichen Kapazitätsströmen gilt auf der Heizseite (Herleitung z. B. in [1] S. 52, [3]):

$$\Phi_{\Leftrightarrow H} = \frac{1 - Ze_{\Leftrightarrow H}}{1 - C_H^* \, Ze_{\Leftrightarrow H}} \qquad (C_H^* \neq 1) \qquad (11\text{-}22)$$

mit Zellenkennzahl $Ze_{\Leftrightarrow H}$ des Gegenstrom-Wärmeübertragers auf der \underline{H}eizseite

$$Ze_{\Leftrightarrow H} = \exp\left(-Nt_H(1 - C_H^*)\right). \qquad (11\text{-}23)$$

Für die \underline{K}altseite ist lediglich in (11-22) und (11-23) der Index „H" gegen „K" auszutauschen.

Für gleiche Kapazitätsströme bzw. $C^* = 1$ gilt

$$\Phi_{\Leftrightarrow} = \frac{1}{1 + 1/Nt}. \qquad (C^* = 1) \qquad (11\text{-}24)$$

Die Unterscheidung durch die Indices „H" und „K" entfällt hier, weil auf beiden Seiten des Wärmeübertragers die Zahl der Übertragungseinheiten und damit auch die Effektivitäten gleich sind.

Für den Grenzfall, dass der eine Kapazitätsstrom wesentlich kleiner ist als der andere, geht $C^* \to 0$ und der Nenner in (11-22) erhält den Wert eins. Damit folgt für die

Effektivität des (wesentlich) kleineren Stoffstromes mit den Übertragungseinheiten Nt

$$\Phi = 1 - e^{-Nt}. \quad (C^* = 0) \quad (11\text{-}25)$$

Diese Beziehung gilt **für alle Stromführungen**. Bei Verdampfung oder Kondensation einer der beiden Stoffströme bleibt die Temperatur (für $p = $ const) konstant. Dies ist gleichbedeutend mit einem unendlich großen Kapazitätsstrom des phasenwechselnden Stromes (bzw. $C^* = 0$).

In Bild 11-2 ist die Effektivität $\Phi_{\Leftrightarrow}$ in Abhängigkeit der Zahl der Übertragungseinheiten Nt und des Kapazitätsstromverhältnisses C^* als Parameter für $C^* \leq 1$ dargestellt.

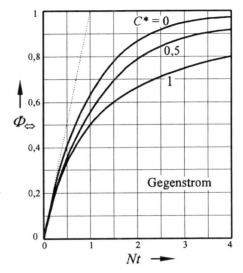

Bild 11-2: Effektivität $\Phi_{\Leftrightarrow}$ in Abhängigkeit der Zahl der Übertragungseinheiten Nt und des Kapazitätsstromverhältnisses C^* als Parameter für $C^* \leq 1$ bei **Gegenstromführung**

hier: $\Phi := \dfrac{|\Delta\vartheta_{\dot{C}_{\text{klein}}}|}{\Delta\vartheta_{\max}} \quad Nt := \dfrac{k\,A}{\dot{C}_{\text{klein}}} \quad C^* = \dfrac{\dot{C}_{\text{klein}}}{\dot{C}_{\text{groß}}}$

Für eine sehr kleine Zahl der Übertragungseinheit Nt steigt die Effektivität $\Phi_{\Leftrightarrow}$ direkt proportional mit Nt (siehe gestrichelte Linie) und das Kapazitätsstromverhältnis C^* wie auch die Stromführung spielen keine Rolle. Bei größeren Zahlen der Übertragungseinheiten Nt nimmt der Unterschied zu. Mit zunehmenden Übertragungseinheiten werden die Kurven immer flacher. Bei linear steigendem Flächenaufwand wird also die Zunahme der Effektivität immer geringer und irgendwann — je nach Anwendungsfall — lohnt sich der Mehraufwand nicht mehr.

Beispiel 11-1: Ein Platten-Wärmeübertrager mit Gegenstromführung dient zur Wärmerückgewinnung von Raumluft. Sein Plattenpaket besteht aus 0,2 mm dicken geprägten PE-Kunststoffplatten, die so geprägt sind, dass bei der Stapelung der Platten rechteckige Kanäle von 3 mm Kantenlänge und 370 mm Länge entstehen. Die Kanäle werden von (trockener) Luft mit einer mittleren Geschwindigkeit von 1,0 m/s durchströmt. Die *Celsius*temperaturen am Eintritt betragen 22,0 °C bzw. 2,0 °C. Die Wärmeleitfähigkeit der PE-Folie beträgt 0,2 W/(m K). Man berechne die Effektivität des Wärmeübertragers.

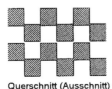

Querschnitt (Ausschnitt)

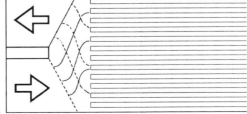

Teil eines Plattenelementes

Die Fluide, die Geometrien und die mittleren Geschwindigkeiten sind auf beiden Seiten gleich. Deshalb ist die Summe der red. Wärmeübergangswiderstände $1/\alpha_H + 1/\alpha_H \approx 2/\alpha_m$. Wegen der kleinen Kanalquerschnitte ist die Strömung innerhalb der Kanäle laminar [12].

Luft-Luft-Wärmeübertrager, Gegenstrom

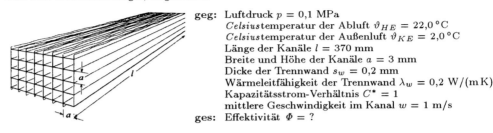

geg: Luftdruck $p = 0{,}1$ MPa
$Celsius$temperatur der Abluft $\vartheta_{HE} = 22{,}0\,°\mathrm{C}$
$Celsius$temperatur der Außenluft $\vartheta_{KE} = 2{,}0\,°\mathrm{C}$
Länge der Kanäle $l = 370$ mm
Breite und Höhe der Kanäle $a = 3$ mm
Dicke der Trennwand $s_w = 0{,}2$ mm
Wärmeleitfähigkeit der Trennwand $\lambda_w = 0{,}2$ W/(m K)
Kapazitätsstrom-Verhältnis $C^* = 1$
mittlere Geschwindigkeit im Kanal $w = 1$ m/s
ges: Effektivität $\Phi = ?$

$$\Phi = \frac{1}{1 + 1/Nt}$$ 0,86

$$Nt = \frac{k\,A}{\dot{m}\,c_p} = \frac{k\,4\,a\,l}{w\,a^2\,\varrho\,c_p} = 4\,\frac{k}{w_m\,\varrho_m\,c_p}\,\frac{l}{a}$$ 6,146

$$k = \left(\frac{2}{\alpha} + \frac{s_w}{\lambda_w}\right)^{-1}$$ $15{,}32\ \dfrac{\mathrm{W}}{\mathrm{m^2\,K}}$

$$\alpha = Nu_{d\,\mathrm{lam}}\,\frac{\lambda_m}{d_h}$$ $31{,}1\ \dfrac{\mathrm{W}}{\mathrm{m^2\,K}}$

$$Nu_{d\,\mathrm{lam}} = \sqrt[3]{Nu_\infty^3 + \left(\frac{a}{1-n}Gz^n\right)^3}$$ 3,721

$$Gz := Re_d\,Pr\,d_h/l$$ 1,2

$$Re_d = w\,d_h/\nu_m$$ 205,4

$$d_h = a$$ $3 \cdot 10^{-3}$ m

($\dot{Q}$ = const) $\qquad n = 0{,}35 + \dfrac{1}{7{,}825 + 2{,}6\sqrt{Pr}}$ 0,45

($\dot{Q}$ = const) $\qquad a = 1{,}1 - \dfrac{1}{3{,}4 + 0{,}0667\,Pr}$ 0,81

($\dot{Q}$ = const; □-Kanal) Nu_∞ 3,62

Stoffdaten $\qquad\qquad\qquad Pr \approx \mathrm{const}$ 📁 0,72

$$\nu_m = \eta_m/\varrho_m$$ $14{,}61 \cdot 10^{-6}$ m^2/s

$$\varrho_m = \frac{p}{(\vartheta_m + T_n)R}$$ $1{,}222\ \dfrac{\mathrm{kg}}{\mathrm{m^3}}$

$$\eta_m = \eta(\vartheta_m)$$ 📁 $17{,}84 \cdot 10^{-6}$ kg/(s m)

$$\lambda_m = \lambda(\vartheta_m)$$ 📁 0,02508 W/(m K)

$$c_p \not\approx c_p(\vartheta)$$ 📁 1006 J/(kg K)

$$\vartheta_m := {}^1\!/_2(\vartheta_{HE} + \vartheta_{KE})$$ 12 °C

📁 Stoffdaten nach [12] Kap. 4.7

11.2 Gleichstromführung

Gleichstromführung ergibt von allen Stromführungen die geringste Effektivität und wird nur in Sonderfällen angewendet.

Um innerhalb des Wärmeübertragers einen Wärmestrom vom Heizmittel zum Kühlmittel aufrecht zu erhalten, muss an jeder Stelle die Temperatur des Heizmittels
höher sein als die des Kühlmittels. In Bild 11-3 erkennt man, dass aus diesem Grunde
die Temperaturen beider Stoffströme sich nur annähern, aber niemals überschneiden
können. Die Austrittstemperatur des Kühlmittels kann deshalb — im Gegensatz zur
Gegenstromführung — niemals höher liegen als die Austrittstemperatur des Heizmittels.

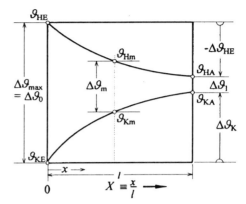

Bild 11-3: Prinzipieller Temperaturverlauf bei
Gleichstromführung

Für die **Effektivität des Gleichstrom-Wärmeübertragers** $\Phi_=$ auf der $\underline{H}$eizseite gilt [6]

$$\bar{\Phi}_{=H} = \frac{1 - \exp\left[-Nt_H(1 + C_H^*)\right]}{1 + C_H^*}. \tag{11-26}$$

Für die $\underline{K}$altseite ist lediglich der Index „H“ gegen „K“ auszutauschen. Für gleiche
Kapazitätsströme ($C^* = 1$) folgt daraus

$$\Phi_= = \frac{1}{2}\left(1 - e^{-2Nt}\right). \qquad (C^* = 1) \tag{11-27}$$

Der Grenzwert für eine unendlich große Zahl der Übertragungseinheiten ist in diesem
Fall also 0,5. 99 % dieses Wertes werden aber schon nach (ln 10 =) 2,3 Übertragungseinheiten erreicht. Eine Verlängerung des Wärmeübertragers, verbunden mit einer
Vergrößerung der Zahl der Übertragungseinheiten, führt nur zu größerem Bauaufwand
und höherem Druckverlust.

Für den Grenzfall, dass der eine Kapazitätsstrom wesentlich kleiner ist als der andere,
geht $C^* = \dot{C}_{\text{klein}}/\dot{C}_{\text{groß}} \to 0$ und Gl. (11-26) in Gl. (11-25) über.

11.3 Kreuzstromführung mit einer Rohrreihe

Die Kreuzstromführung wird dann angewendet, wenn eine Gegenstromführung nur
unter Schwierigkeiten oder gar nicht möglich ist. Die Kreuzstromführung mit einer
Rohrreihe ist in Bild 11-4 schematisch dargestellt. Das Fluid ⓘ fließt innen durch die
Rohre und wird gemischt. Das Fluid ⓐ fließt außen um die Rohre und wird nicht
gemischt.

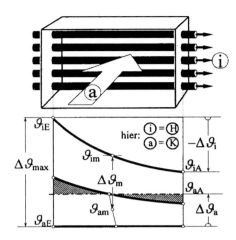

Bild 11-4: Prinzipieller Temperaturverlauf bei Kreuzstromführung mit einer Rohrreihe
ⓘ Fluidstrom innen durch die Rohre (gemischt)
ⓐ Fluidstrom außen um die Rohre (ungemischt)

Beispiel Lufterhitzer:
Luft strömt von vorn nach hinten um die Rohre
Wasser strömt von links nach rechts durch die Rohre

$$\Phi_{+i} := \frac{|\Delta\vartheta_1|}{\Delta\vartheta_{max}}; \quad Nt_i := \frac{k\,A}{\dot{C}_i}; \quad C_i^* := \frac{\dot{C}_i}{\dot{C}_a}$$

Als Beispiel strömt warmes Wasser von links nach rechts durch die Rohre und kalte Luft von vorn nach hinten außen um die Rohre. Der Temperaturabfall des Wassers ist in allen Rohren der einen Rohrreihe gleich. Auf der Luftseite (außen) ist das anders. Die Stromfäden auf der linken Seite werden stärker erwärmt als die auf der rechten Seite. Auf der Luft-Austrittsseite haben wir also ein Temperaturgefälle von links nach rechts. Um die Bulktemperatur messen zu können, müssten wir die Luft hinter dem Wärmeübertrager mischen.

Für die Effektivität Φ_{+i} der Kreuzstromführung mit einer Rohrreihe gilt nach [6], [9]:

$$\Phi_{+i} = 1 - \exp\left(\frac{e^{-C_i^* \, Nt_i} - 1}{C_i^*}\right) \tag{11-28}$$

mit

$$C_i^* := \frac{\dot{C}_i}{\dot{C}_a}.$$

Wenn die Kapazitätsströme gleich sind ($C_i^* = 1$), folgt für die maximal mögliche Effektivität $\Phi_{+\infty}$ mit $Nt \to \infty$:

$$\Phi_{+\infty} = 1 - e^{-1} = 0{,}63212 \approx 0{,}63$$

Wenn der Kapazitätsstrom ⓘ wesentlich kleiner als ⓐ ($C_i^* \to 0$) ist, geht Gl. (11-28) in Gl. (11-25) über.

11.4 Kreuzstromführung

Wärmeübertrager mit Kreuzstromführung werden in Klimaanlagen häufig eingesetzt. Die Kreuzstromführung ist in Bild 11-5 am Beispiel eines Platten-Wärmeübertragers dargestellt. Hier strömt z. B. Kaltluft von links nach rechts durch die einen Kanäle und senkrecht dazu Heißluft von hinten nach vorn durch die anderen Kanäle.

Im Gegensatz zur Gegen- und Gleichstromführung ist der Temperaturverlauf bei der Kreuzstromführung wesentlich komplizierter und muss wie in Bild
11-6 perspektivisch dargestellt werden.

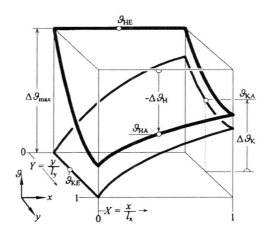

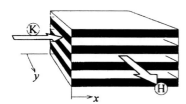

Bild 11-5: Prinzipdarstellung der (reinen,
unvermischten) Kreuzstromführung

Bild 11-6: Prinzipieller Temperaturverlauf
bei Kreuzstromführung

Am Eintritt ist die Temperatur beider Fluide jeweils über den gesamten Querschnitt
konstant. Die Stromfäden ganz links auf der Kühlseite und (in Stromrichtung) ganz
rechts auf der Heizseite erfahren die größten Temperaturänderungen, die jeweils gegenüberliegenden Stromfäden hingegen die kleinsten. Die Temperaturverteilung am Austritt ist demnach auf beiden Seiten völlig ungleichmäßig, so daß sich die Bulktempe-
raturen praktisch nur hinter einer nachgelegenen Mischeinrichtung messen lassen.

Die Effektivität liegt zwischen der von Gegen- und Gleichstromführung. Gegenüber
der Gegen- und Gleichstromführung ist die Beschreibung der Effektivität für den
(reinen) Kreuzstrom wesentlich aufwendiger. Die exakte Lösung von $\Phi_{\#\mathrm{kl}}$ auf der
Seite des kleineren Kapazitätsstromes (Index „kl") lautet nach [7]

$$\Phi_{\#\mathrm{kl}} = \frac{1}{Nt_{\mathrm{gr}}} \sum_{j=0}^{\infty} \left[\left(1 - \mathrm{e}^{-Nt_{\mathrm{kl}}} \sum_{k=0}^{\infty} \frac{Nt_{\mathrm{kl}}}{k!} \right) \left(1 - \mathrm{e}^{-Nt_{\mathrm{gr}}} \sum_{k=0}^{\infty} \frac{Nt_{\mathrm{gr}}}{k!} \right) \right] \qquad (11\text{-}29)$$

mit

$$Nt_{\mathrm{gr}} = C^* \, Nt_{\mathrm{kl}} \qquad \text{und} \qquad C^* = \dot{C}_{\mathrm{kl}}/\dot{C}_{\mathrm{gr}}$$

Diese Funktion ist sinnvollerweise nur mit einem programmierbaren Rechner zu lösen.
Für die praktische Anwendung kann man Gl. (11-29) gut durch eine empirische
Näherung ersetzen. Dazu führen wir zunächst den Gütegrad (des Kreuzstrom-Appa-
rates) ein

$$\eta_{\#} := \frac{Nt_{\Leftrightarrow\mathrm{eq}}}{Nt_{\#}} = \frac{\Delta\vartheta_{m\#}}{\Delta\vartheta_{m\Leftrightarrow\mathrm{eq}}}. \qquad (11\text{-}30)$$

Es bedeuten

$Nt_{\Leftrightarrow\mathrm{eq}}$ Zahl der Übertragungseinheiten des äquivalenten Gegenstrom-Apparates

$Nt_{\#}$ Zahl der Übertragungseinheiten des Kreuzstrom-Apparates

$\Delta\vartheta_{m\#}$ mittlerer Temperaturunterschied des Kreuzstrom-Apparates

$\Delta\vartheta_{m\Leftrightarrow\mathrm{eq}}$ mittlerer Temperaturunterschied des äquivalenten Gegenstrom-Apparates

Darin wird der Kreuzstrom-Wärmeübertrager verglichen mit einem Gegenstrom-Wärmeübertrager, der mit seiner äquivalenten Zahl der Übertragungseinheiten $Nt_{\leftrightarrow\mathrm{eq}}$ die gleiche Effektivität Φ erzielt wie der betrachtete Kreuzstrom-Wärmeübertrager mit seiner Zahl der Übertragungseinheiten $Nt_{\#}$. Dieser Gütegrad lässt sich für $C^* \leq 1$ nach [10] einfach formulieren

$$\eta_{\#} = (1 + 0{,}46\, Nt_{\#}^{1,65}\, C^{*\,0,9})^{-1/4}. \tag{11-31}$$

Sind $Nt_{\#}$ und C^* des Kreuzströmers bekannt, so rechnet man zunächst den Gütegrad $\eta_{\#}$ aus, berechnet nach Gl. (11-30) die Zahl der Übertragungseinheiten $Nt_{\leftrightarrow\mathrm{eq}}$ des äquivalenten Gegenströmers und damit aus Gl. (11-22) mit Gl. (11-23) oder Gl. (11-24) die Effektivität $\Phi_{\leftrightarrow}$ des Gegenströmers, die gleich der des tatsächlichen Kreuzströmers ist. Für $Nt < 30$ ist die rel. Abweichung gegenüber Gl. (11-29) kleiner als $\pm0{,}3\,\%$.

Ist einer der beiden Kapazitätsströme wesentlich kleiner als der andere, so ergibt sich für die Effektivität für den wesentlich kleineren wiederum Gl. (11-25).

Beispiel 11-2: In einem Wohngebäude mit einer Nutzfläche von 200 m² und einer Raumhöhe von 2,5 m soll die Luft mit einer *Celsius*temperatur von 20 °C pro Stunde 0,8-mal ausgetauscht werden. Innerhalb eines Kreuzstrom-Wärmerückgewinners wird die Abluft abgekühlt, und auf der anderen Seite wird die Außenluft mit einer *Celsius*temperatur von −10 °C aufgewärmt. Der Luftdruck beträgt 0,1 MPa (1 bar).

Für die Geometrie des Platten-Wärmeübertragers sind die nachfolgend aufgeführten Daten gegeben. Für eine alternative Lösung b) soll die Fläche der einzelnen Platten verdoppelt werden. (Damit wird die Länge der Platten um den Faktor $\sqrt{2}$ vergrößert). Man berechne für beide Fälle die Temperatur der Fortluft (Heizseite Austritt) und der Zuluft (Kaltseite Austritt).

Platten-Paket (schematisch)		
Länge der Platten a):	l	= 20 cm
b):	l	= $\sqrt{2} \cdot 20$ cm = 28,3 cm
Dicke der Platten:	s	= 0,3 mm
Lichter Abstand der Platten:	δ	= 2 mm
Anzahl der Kanäle je Seite:	N_K	= 200

Lösungsweg: Auf beiden Seiten sind die Geometrien gleich. Auf beiden Seiten strömt das gleiche Fluid Luft mit (fast) gleichen Geschwindigkeiten. Die mittleren Grenzschichttemperaturen liegen relativ eng beieinander und die Stoffdaten (vor allem die Wärmeleitfähigkeit) sind nicht stark temperaturabhängig, so dass sich die Wärmeübergangskoeffizienten von beiden Seiten kaum unterscheiden. Deshalb bilden wir einen Wärmeübergangskoeffizienten α mit den Stoffwerten aus der mittleren Temperatur ϑ_m im Wärmeübertrager [12] und berechnen den k-Wert zu

$$k = \frac{1}{2}\,\alpha.$$

Luft-Luft-Wärmeübertrager, Kreuzstrom

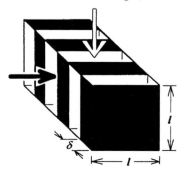

geg: Luftdruck $p = 1{,}0$ bar
Nutzfläche des Raumes $A_N = 200$ m²
Raumhöhe $z_R = 2{,}5$ m
Luftwechselrate $L = 0{,}8$ h⁻¹
*Celsius*temperatur der Abluft $\vartheta_{HE} = 20{,}0\,°C$
*Celsius*temperatur der Außenluft $\vartheta_{KE} = -10{,}0\,°C$
Anzahl der Kanäle (je Seite) $N_K = 200$
Länge der Platten a) $l_a = 0{,}2$ m
              b) $l_b = \sqrt{2}\, l_a = 0{,}283$ m
Dicke der Platten (Aluminium) $\delta = 0{,}3$ mm
Lichter Abstand der Platten $s = 2$ mm
Kapazitätsstromverhältnis $C^* = 1$

ges: *Celsius*temperatur am Austritt $\vartheta_{HA}, \vartheta_{KA} = ?\ °C$

	a)	b)	
$\vartheta_{HA} = -\Delta\vartheta_F + \vartheta_{HE}$	$-0,6$	$\approx -3,3$	°C
$\vartheta_{KA} = \Delta\vartheta_F + \vartheta_{KE}$	$10,6$	$\approx 13,3$	°C
$\Delta\vartheta_F = \Phi_\#\,\Delta\vartheta_{max}$	$20,6$	$23,3$	K
$\Delta\vartheta_{max} = \vartheta_{HE} - \vartheta_{KE}$	30		K
$\Phi_\# = \dfrac{1}{1 + 1/Nt_{\Leftrightarrow eq}}$	$0,6875$	$0,7752$	
$Nt_{\Leftrightarrow eq} = Nt_\#\,\eta_\#$	$2,20$	$3,449$	
$\eta_\# = \left(1 + 0{,}46\,Nt_\#^{1,65}\,C^{*0,9}\right)^{-1/4}$	$0,7075$	$0,5585$	
$Nt_\# = \dfrac{k\,A}{\dot m\,c_p}$	$3,109$	$6,176$	
$(2\,N_K - 1)l^2 = A$	16	32	m^2
$k \approx \dfrac{1}{2}\alpha$	$25,76$	$25,59$	$\dfrac{\text{W}}{\text{m}^2\,\text{K}}$
$\alpha = Nu\,\dfrac{\lambda_m}{d_h}$	$51,52$	$51,18$	$\dfrac{\text{W}}{\text{m}^2\,\text{K}}$
$Nu = \sqrt[3]{Nu_\infty^3 + 2\left(Re\,\dfrac{d_h}{l}\right)^{1,35}}$ (für $Pr = 0{,}72$; Luft)	$8,391$	$8,335$	
$d_h = 2\,s$	$0,004$		m
$Re = \dfrac{w_e\,d_h}{\nu_m} = \dfrac{2}{N_K}\dfrac{\dot m}{l\,\eta_m}$	$377,5$		
$\dot m = \varrho_{HE}\,V\,L$	$0,132$		kg/s
$V = A_N\,z_R$	500		m^3
$\varrho_{HE} = \dfrac{p}{R\,T_{HE}}$	$1,189$		$\dfrac{\text{kg}}{\text{m}^3}$
$Nu_\infty = Nu_\infty(\underline{\dot Q} = \text{const})$	$8,24$		
Stoffdaten $\eta_m = \eta(\vartheta_m)$	$17{,}5\cdot10^{-6}$		kg/(s m)
$\lambda_m = \lambda(\vartheta_m)$	$0,02456$		W/(m K)
$^1/_2(\vartheta_{HE} + \vartheta_{KE}) = \vartheta_m$	5		°C

(bekannte Stoffdaten: $c_p = 1006$ J/(kg K); $Pr = 0{,}72$)

Ergebnis: Im Fall a) würde ein Gegenstrom-Apparat nur 73 % der Fläche und im Fall b) nur 58 % des entsprechenden Kreuzströmers benötigen. Die Effektivität wird durch Verdoppelung der Plattenfläche von 67 % auf 76 % erhöht. Der Wärmeübergangskoeffizient hängt bei rein laminarer Strömung in dem engen Luftspalt nur von der Wärmeleitfähigkeit der Luft und von der Spaltweite ab und ändert sich deshalb von a) nach b) nicht.

Es handelt sich allerdings um rein rechnerische Ergebnisse. Sie sind unter der Voraussetzung entstanden, daß die Geschwindigkeitsverteilung vor und innerhalb des Plattenpaketes gleich sind. Diese Voraussetzung ist im praktischen Betrieb häufig nicht erfüllt. Deshalb müssen verbindliche Auslegungsdaten immer im Prüfstand ermittelt werden.

11.5 Wärmeübertrager mit Zwischenfluid (Kreislauf-Verbundsystem)

Ist es nicht möglich oder nicht wünschenswert, Heiz- und Kühlmittel innerhalb eines Wärmeübertragers an eine gemeinsame Trennwand heranzuführen, so muss der Wärmeübertrager in zwei Teil-Wärmeübertrager aufgeteilt werden, die durch ein Zwischenfluid miteinander zu koppeln sind.

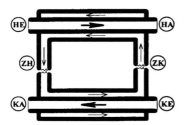

Bild 11-7: Gegenstrom-Wärmeübertrager mit Zwischenfluid („Kreislauf-Verbund-System")

Da jede Zwischenschaltung eines Fluids notwendigerweise eine Erhöhung des Temperaturunterschieds zwischen Heiz- und Kühlmittel verursacht, muss die Effektivität dieses Wärmeübertragers kleiner sein als die Effektivitäten der Teil-Wärmeübertrager. Die prinzipiellen Zusammenhänge lassen sich am einfachsten aus Bild 11-8 entnehmen.

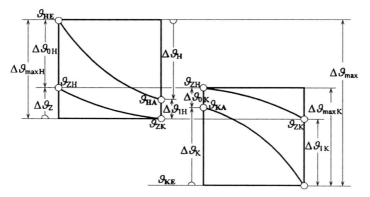

Bild 11-8: Temperaturverlauf im Gegenstrom-Wärmeübertrager mit Zwischenfluid

$$\Phi_H = -\Delta\vartheta_H/\Delta\vartheta_{\max}, \quad \Phi_{HZ} = -\Delta\vartheta_H/\Delta\vartheta_{\max H}, \quad \Phi_{KZ} = \Delta\vartheta_K/\Delta\vartheta_{\max K}$$

Für die Effektivität $\Phi_{:=H}$ des Heizmittels der gesamten Wärmeübertrager-Anlage mit Zwischenfluid gilt nach [8]

$$\Phi_{:=H} = \left(\frac{1}{\Phi_{HZ}} + \frac{C_H^*}{\Phi_{KZ}} - C_{HZ}^*\right)^{-1} \tag{11-32}$$

mit

$$\Phi_{HZ} = \Phi(Nt_H, C_{HZ}^*) \qquad C_{HZ}^* = \dot{C}_H/\dot{C}_Z \tag{11-33}$$

und

$$\Phi_{KZ} = \Phi(Nt_K, C_{KZ}^*) \qquad C_{KZ}^* = \dot{C}_K/\dot{C}_Z. $$

Wenn die beiden Teil-Wärmeübertrager gleich sind ($\Phi_{HZ} = \Phi_{KZ}$) und die Kapazitätsströme von Heiz- und Kühlmittel ebenfalls gleich sind ($C_H^* = 1$), folgt daraus

$$\Phi_\equiv = \left(\frac{2}{\Phi_{HZ}} - C_{HZ}^*\right)^{-1} \quad \text{für} \quad \Phi_{HZ} = \Phi_{KZ} \quad \text{und} \quad \dot{C}_H = \dot{C}_K. \tag{11-34}$$

Die Effektivitäten Φ_{HZ} und Φ_{KZ} der Teil-Wärmeübertrager sind gleich, wenn die Zahl der Übertragungseinheiten Nt_{HZ} und Nt_{KZ} gleich sind. Dazu müssen folgende Bedingungen erfüllt sein:

1. Beide Wärmeübertrager sind baugleich.

2. Heiz- und Kühlfluid sind gleich und haben gleichen Massenstrom. Die Temperaturunterschiede sind so gering, dass die Stoffdaten praktisch gleich sind.

In Bild 11-9 ist die Effektivität $\Phi_{\equiv}$ als Funktion des Kapazitätsstromverhältnisses C_{HZ}^* und der Zahl der Übertragungseinheiten $Nt_{HZ} = Nt_{KZ}$ der Teil-Wärmeübertrager als Parameter dargestellt.

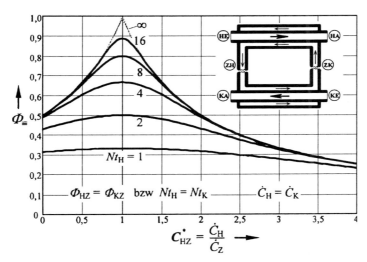

Bild 11-9: Effektivität $\Phi_{\equiv}$ des Gegenstrom-Wärmeübertragers mit Zwischenfluid in Abhängigkeit vom Kapazitätsstromverhältnis $C_{HZ}^* = \dot{C}_H/\dot{C}_Z$ und von der Zahl der Übertragungseinheiten $Nt_H = Nt_K$ als Parameter für Gegenstrom mit $C_H^* = \dot{C}_H/\dot{C}_K = 1$ und $\Phi_{HZ} = \Phi_{KZ}$

Die Betriebsweise ist am günstigsten, wenn $\dot{C}_H = \dot{C}_K = \dot{C}_Z$. Dann ergibt sich für Gegenstrom die Effektivität

$$\Phi_{\equiv} = \frac{1}{1 + 2/Nt} \text{ für Gegenstrom und } \begin{array}{l} \Phi_{HZ} = \Phi_{KZ} \\ \dot{C}_H = \dot{C}_K = \dot{C}_Z \\ Nt := Nt_H = Nt_K = Nt_Z. \end{array} \tag{11-35}$$

Gl. (11-35) verbindet die Maximalwerte in Bild 11-9 miteinander bei

$$C_{HZ}^* = \dot{C}_H/\dot{C}_Z = 1.$$

Der Betrieb für eine Wärmeübertrageranlage bestehend aus zwei gleichen Wärmeübertragern mit Gegenstromführung und einem Zwischenfluid ist am günstigsten, wenn die drei Kapazitätsströme gleich sind. Um die gleiche Effektivität wie bei einfacher Gegenstromführung zu erreichen, muss die Zahl der Übertragungseinheiten der beiden Einzel-Wärmeübertrager doppelt so hoch sein; denn durch die Zwichenschaltung des Zwischenfluids wird der Wärmedurchgangswiderstand zwischen Heiz- und Kühlmittel verdoppelt.

Wenn der Kapazitätsstrom $\dot{C}_Z$ des Zwischenfluids kleiner wird als der Kapazitätsstrom $\dot{C}_F$ von Heiz- und Kühlfluid ($\dot{C}_F := \dot{C}_H = \dot{C}_K$), so nimmt die Effektivität $\Phi_{\equiv}$

der Anlage ab. $\Phi_{\equiv}$ geht gegen null, wenn $\dot{C}_Z$ gegen null geht. Mit anderen Worten: Wenn der Zwischenstrom abgeperrt wird, sind die beiden Teil-Wärmeübertrager voneinander getrennt und die Wärmeübertragung vom Heiz- zum Kühlfluid ist unterbrochen.

11.6 Kreuz-Gegenstromführung

Die Kreuz-Gegenstromführung wird häufig in der Klimatechnik angewandt, um die Zahl der Übertragungseinheiten (z. B. innerhalb eines Kreislauf-Verbundsystems) zu erhöhen. Diese Stromführung ist in Bild 11-10 am Beispiel eines Wärmeübertragers mit 4 Rohrreihen und 4 Durchgängen (gegensinnig) dargestellt.

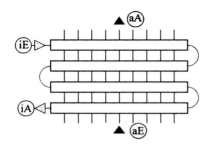

Bild 11-10: Kreuz-Gegenstromführung (schematisch); hier mit 4 Rohrreihen und 4 Durchgängen, gegensinnig

Die Effektivität Φ_i der Innenseite (i) kann man — ähnlich wie bei reinem Kreuzstrom — wieder mit einer Zahl der Übertragungseinheiten $Nt_{\Leftrightarrow i}$ für den äquivalenten Gegenstromapparat beschreiben

$$Nt_{\Leftrightarrow i} := Nt_i\,\eta_{+\Leftrightarrow}. \tag{11-36}$$

Der Gütegrad $\eta_{+\Leftrightarrow}$ der Kreuz-Gegenstromführung lässt sich nach [11] formulieren

$$\eta_{+\Leftrightarrow} = \frac{1 + 0{,}03\,x}{1 + 0{,}2\,x} \tag{11-37}$$

mit

$$X = C^*(Nt_i/N_R)^2.$$

Es bedeuten

$Nt_i \quad := \quad k\,A/\dot{C}_i$ \qquad Zahl der Übertragungseinheiten auf der Innenseite des Kreuz-Gegenstrom-Wärmeübertragers

$C_i^* \quad := \quad \dot{C}_i/\dot{C}_a$ \qquad Kapazitätsstrom-Verhältnis

$\eta_{+\Leftrightarrow} \quad := \quad Nt_{\Leftrightarrow}/Nt_i$ \qquad Gütegrad des Kreuz-Gegenstrom-Wärmeübertragers

N_R \qquad Anzahl der Rohrreihen und Durchgänge (vergl. Bild 11-10)

Anschließend wird dann die Effektivität nach den Formulierungen für Gegenstromführung nach Gl. (11-22) mit Gl. (11-23) bzw. Gl. (11-24) errechnet.

11.7 Rotations-Regenerator

Regeneratoren sind Wärmeübertrager, in denen eine Speichermasse vom Heizfluid aufgeheizt und anschließend vom Kühlfluid wieder abgekühlt wird. Eine häufig in der Klimatechnik verwendete, aus der Kraftwerkstechnik stammende Bauart ist der in Bild 11-11 skizzierte Rotations-Wärmeübertrager (nach Ljungström).

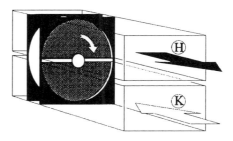

Bild 11-11: Regenerator mit umlaufender Speichermasse

Ein mit einer Vielzahl von kleinen Kanälen „durchlöcherter" Rotor dreht sich mit der Drehfrequenz f quer zu den Kanälen des Heiz- und des Kühlgases und sorgt damit für die Wärmeübertragung vom Heiz- auf das Kühlgas. Für die Berechnung des Regenerators werden folgende Größen benötigt:

$d_h \quad := 4\dfrac{A_{qE}}{U_E}$ hydraulischer Durchmesser des Speicherkanals

$A_{qe} \quad =$ engste Querschnittsfläche des Speicherkanals <u>eines</u> Gases

$A_{qE} \quad =$ engste Querschnittsfläche des Speicherkanal-Elementes

$U_E \quad =$ Umfang des Speicherkanal-Elementes

$Nt_F \quad = \dfrac{k\,A}{\dot{m}_F\,c_{pF}}$ Zahl der Übertragungseinheiten der Fluide [12] Gl. (4-54)

$k \quad = \alpha\dfrac{1}{1 + Bi/Tr}$ Wärmedurchgangskoeffizient zwischen Fluid und Wand [12] Gl. (4-58)

$\alpha \quad =$ mittlerer Wärmeübergangkoeffizient im Speicherkanal

$Bi \quad :=$ *Biot*zahl [12] Gl. (4-52)

$s \quad =$ Wanddicke des beidseitig umströmten Speichermaterials

$\lambda_S \quad =$ Wärmeleitfähigkeit des Speichermaterials

$Tr \quad =$ Transientenzahl [12] Gl. (4-64)

$A \quad =$ wärmeübertragende Oberfläche des Speichers, die vom Fluid eines Kanals benetzt wird (halbe Gesamtfläche)

$\dot{m}_F \quad =$ Massenstrom des Fluids (Gas)

$c_{pF} \quad =$ spez. Kapazität des Fluids (Gas)

$Nt_S \quad := \dfrac{k\,A}{\dot{m}_S\,c_S}$ Zahl der Übertragungseinheiten der Speichermasse Gl. (11-38)

$\dot{m}_S \quad = m_S\,f$ Massenstrom des Rotor-Speichers

$f \quad =$ Drehfrequenz des Rotors

$m_S \quad =$ Masse des (gesamten) Rotor-Speichers [1]

$c_S \quad =$ spez. Kapazität des Speichermaterials

---

[1] abzüglich der vom Zwischensteg verdeckten Masse

Die Effektivität $\Phi_\oslash$ des Regenerators mit gleichen Kapazitätsströmen der Gase ($\dot{C}_H = \dot{C}_K$) lässt sich für Nt_F und $Nt_F < 50$ *) mit folgender Formel sehr gut beschreiben [8]

$$\Phi_\oslash = \frac{Nt_F}{Nt_S}\tanh\left\{\frac{Nt_S}{2+Nt_F}\left[1+\left(\frac{0{,}63\,Nt_S+(Nt_S/27)^3}{5+Nt_F}\right)^{2{,}2}\right]\right\}. \qquad (11\text{-}39)$$

Sie gilt für den sog. „langen" Regenerator, in dem die Wärmeleitung innerhalb der Speichermasse in Strömungsrichtung zu vernachlässigen ist.

Für ($\dot{C}_H \neq \dot{C}_K$) kann Nt_F nach [2] näherungsweise folgendermaßen ermittelt werden

$$Nt_F \approx \left(\frac{1}{2}(Nt_H^{-1}+Nt_K^{-1})\right)^{-1}.$$

In Bild 11-12 ist $\Phi_\oslash$ in Abhängigkeit von der Zahl der Übertragungseinheiten Nt_F der Fluide und dem Kapazitätsstromverhältnis

$$C_S^* := \frac{\dot{C}_S}{\dot{C}_F} = \frac{Nt_F}{Nt_S} = \frac{m_S\,c_S\,f}{\dot{m}_F\,c_{pF}} \qquad (11\text{-}40)$$

als Parameter dargestellt.

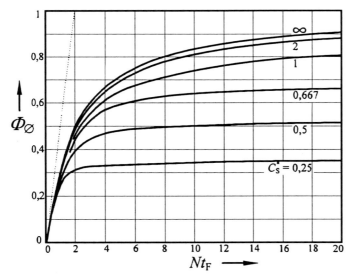

Bild 11-12: Effektivität $\Phi_\oslash$ für den langen Regenerator in Abhängigkeit von der Zahl der Übertragungseinheiten Nt_F der Fluide und dem Kapazitätsstromverhältnis C_S^* als Parameter nach [8] für $Nt_F = Nt_H = Nt_K$

$$Nt_F := \frac{k\,A}{\dot{C}_F} \qquad Nt_S := \frac{k\,A}{m_S\,f\,c_S} \qquad C_S^* := \frac{\dot{C}_S}{\dot{C}_F} = \frac{m_S\,c_S\,f}{\dot{m}_F\,c_{pF}} = \frac{Nt_F}{Nt_S}$$

---

*) nach Werten von [4], [5]

Aus dieser Darstellung geht hervor, dass zur Erzielung möglichst hoher Effektivitäten das Kapazitätsstromverhältnis $C_S^*\approx 2$ sein sollte.

Mit zunehmender Drehfrequenz f (und zunehmendem C_S^*) steigt die Effektivität. Wenn das Kapazitätsstromverhältnis $C_S^* > 2$ wird, ist eine weitere Steigerung der Effektivität auf diesem Wege kaum noch möglich; denn der Unterschied zwischen den beiden obersten Kurven für $C_S^* = 2$ und $C_S^* = \infty$ ist relativ klein und eine Steigerung der Drehfrequenz bringt praktisch keine Verbesserung der Wärmeleistung mehr. Wenn die Drehfrequenz des Rotors trotzdem weiter gesteigert wird, wird nicht nur die Reibung des Rotors an den Dichtungsleisten größer, sondern die sogenannten Spülverluste steigen ebenfalls an.

Allgemein bleibt als Fazit festzuhalten: Die Drehfrequenz des Rotors sollte so niedrig wie möglich und so hoch wie nötig sein und bei Änderung der Luft-Massenströme entsprechend nachgeregelt werden, damit das Kapazitätsstromverhältnis C_S^* im günstigen Bereich (konstant) bleibt.

Als Geometrie für die Speichermasse verwendet man häufig Kanäle aus gleichseitigen Dreiecken, die sich durch Falten von Blechstreifen und dazwischenliegenden Blechplatten relativ einfach herstellen lassen (Bild 11-13).

Bild 11-13: Ausschnitt aus einer Feststoff-Matrix eines rotierenden Regenerators (vereinfacht)

```
┌ ┐
│ │  = Element
└ ┘
```

H = Höhe des Elementes
s = Dicke des Bleches
(meist Aluminium)

Auf diese Weise entsteht praktisch ein Haufwerk aus beidseitig umströmten Speicherplatten. Das Haufwerk besteht demnach aus einer Vielzahl gleicher Elemente, deren Daten in Tab. 11-1 zuammengefasst sind.

Tabelle 11-1: Geometrische Daten der Speichermasse mit Kanälen aus gleichseitigen Dreiecken entsprechend Bild 11-13

Hydraulischer Durchmesser eines Kanalelementes	$d_h = 4\dfrac{A_{qeE}}{U_E} = \dfrac{1}{\sqrt{3}}b = \dfrac{2}{3}(H-s)$
Porosität = Strömungsquerschnitt / Elementquerschnitt	$\Psi = \dfrac{A_{qeE}}{A_{qE}} = \dfrac{(1-2s/H)^2}{1-(2-\frac{1}{2}\sqrt{3})s/H}$
Querschnittsfläche des gesamten Rotors − Stegfläche	$A_{q0} = \dfrac{\pi}{4}(d_a^2 - d_i^2) - d_a\,s_{St}$

Die Speichermasse des Rotors besteht in der Regel aus dünnen Aluminium-Folien, so dass der k-Wert praktisch immer gleich dem α-Wert ist. Für die Zahl der Übertragungseinheiten der Fluide ergibt sich mit $k \cong \alpha$

$$Nt_F = \frac{k\,A}{\dot{m}_F\,c_{pF}} \cong \frac{\alpha}{\varrho_F\,c_{pF}\,w_e}4\frac{l}{d_h}. \tag{11-41}$$

Darin ist

$$\frac{\alpha}{\varrho_F \, c_{pF} \, w_e} = St = \frac{Nu}{Re \, Pr} \tag{11-42}$$

die *Stanton*zahl für den Wärmeübergang im Speicherkanal.

Die *Nußelt*zahl wird für laminare Strömung im dreieckigen Kanal für die thermische Randbedingung konstanter Wärmestromdichte $\dot{Q}$ nach [12] Gl. (4-117) berechnet. Für Luft mit $Pr = 0{,}72 \approx$ const ergibt sich daraus

$$Nu = \sqrt[3]{30 + 2(Re \, d_h/l)^{1{,}35}} \qquad (Pr = 0{,}72; \dot{Q} = \text{const}). \tag{11-43}$$

Für die *Stanton*zahl folgt dann

$$St := \frac{Nu}{Re \, Pr} = \sqrt[3]{\frac{80}{Re^3} + 5{,}5\frac{(d_h/l)^{1{,}35}}{Re^{1{,}65}}} \qquad (Pr = 0{,}72; \dot{Q} = \text{const}). \tag{11-44}$$

Die *Reynolds*zahl kann man häufig zweckmäßiger mit dem Massenstrom und dem engsten (freien) Strömungsquerschnitt

$$A_{qe} = \frac{1}{2} A_{q0} \, \Psi \tag{11-45}$$

für jeweils einen Gas-Strom wie folgt ausdrücken

$$Re = \frac{w_e \, d_h}{\nu} = \frac{\dot{m}_F \, d_h}{\eta \, A_{qe}} = 2 \frac{\dot{m}_F \, d_h}{\eta \, A_{q0} \, \Psi}. \tag{11-46}$$

Beispiel 11-3: Ein Rotations-Regenerator soll zur Wärmerückgewinnung von Raumluft mit einem Massenstrom von 3 kg/s eingesetzt werden. Die Abluft hat eine *Celsius*temperatur von 20 °C und die Außenluft eine *Celsius*temperatur von 0 °C. Der Rotor mit 2 m Außendurchmesser und 0,5 m Innendurchmesser wird von einem Steg mit 30 mm Dicke verdeckt. Der Rotor besteht aus einer Dreiecksmatrix aus Aluminium von 3 mm Elementhöhe, 0,1 mm Foliendicke und 200 mm Tiefe. Die Drehfrequenz beträgt 2/min.

Man berechne die Effektivität des Rotations-Wärmeübertragers und die Austrittstemperaturen der Luftströme (Fortluft und Zuluft).

Regenerator mit rotierender Speichermasse

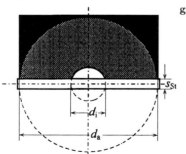

geg: Dichte des Speichermaterials $\varrho_S = 2700$ kg/m³
Spez. Kapazität des Speichermaterials $c_S = 920$ J/(kg K)
Höhe des Speicherelementes $H = 3$ mm
Dicke der Speichermaterial-Folie $s = 0{,}1$ mm
Kanallänge $l = 200$ mm
Außendurchmesser des Rotors $d_a = 2$ m
Innendurchmesser des Rotors $d_i = 0{,}5$ m
Dicke des Steges $s_{St} = 30$ mm
Drehfrequenz des Rotors a) $f = 2$ min^{-1}
                                    b) $f = 4$ min^{-1}
*Celsius*temperatur der Abluft $\vartheta_{HE} = 20$ °C
*Celsius*temperatur der Außenluft $\vartheta_{KE} = 0{,}0$ °C
Luftdruck $p = 0{,}1$ MPa
Massenstrom der Luft $\dot{m}_F = 3$ kg/s

ges: Effektivität des Regenerators $\Phi_{\oslash} = ?$
*Celsius*temperaturen am Austritt $\vartheta_{HA}, \vartheta_{KA} = ?$ °C

Lösung:

	a)	b)	
$\vartheta_{HA} = -\Delta\vartheta_F + \vartheta_{HE}$	4,9	4,3	°C
$\vartheta_{KA} = \Delta\vartheta_F + \vartheta_{KE}$	15,1	15,7	°C
$\Delta\vartheta_F = \Phi_\oslash \, \Delta\vartheta_{\max}$	15,11	15,66	K
$\Delta\vartheta_{\max} = \vartheta_{HE} - \vartheta_{KE}$	20		K

$$\Phi_\oslash = \frac{Nt_F}{Nt_S} \tanh\left\{\frac{Nt_S}{2+Nt_F}\left[1 + \left(\frac{0{,}63\,Nt_S + (Nt_S/27)^3}{5+Nt_F}\right)^{2,2}\right]\right\}$$

	a)	b)	
	0,7553	0,7828	
$Nt_S = Nt_F/C_S^*$	5,087	2,5435	
$C_S^* = \dfrac{m_S\, f\, c_S}{\dot{m}_F\, c_{pF}}$	1,5	3,0	
$m_S = \varrho_S\, l\, A_{q0}(1-\Psi)$	147,5		kg
$Nt_F = St\,4\,\dfrac{l}{d_h}$	7,6244		
$St = \sqrt[3]{\dfrac{80}{Re^3} + 5{,}5\,\dfrac{(d_h/l)^{1,35}}{Re^{1,65}}}$	0,01843		
$Re = 2\,\dfrac{\dot{m}_F\, d_h}{\eta\, A_{q0}\,\Psi}$	250,3		
$\Psi = \dfrac{(1 - 2s/H)^2}{1 - (2 - \frac{1}{2}\sqrt{3})s/H}$	0,90533		
$d_h = \dfrac{2}{3}(H - s)$	1,933		mm
$A_{q0} = \dfrac{\pi}{4}(d_a^2 - d_i^2) - d_a\, s_{St}$	2,885		m²
$\eta = \eta(\vartheta_m)$	17,74·10⁻⁶		kg/(sm)
$\vartheta_m = 1/2(\vartheta_{HE} + \vartheta_{KE})$	10		°C

(bekannte Stoffdaten: $c_p = 1006$ J/(kg K); $Pr = 0{,}72 \approx$ const)

Ergebnis: Im Fall a) ist die Effektivität mit $\Phi = 0{,}755$. Mit Verdoppelung der Drehfrequenz läge das Kapazitätsstromverhältnis bei 3,0 und die Effektivität würde auf 78 % ansteigen. Im Fall b) hat die Effektivität einen um knapp 4 % günstigen Wert und ließe sich durch eine weitere Erhöhung der Drehfrequenz praktisch nicht mehr anheben. Sollte die Effektivität weiter gesteigert werden, müßte vor allem die relative Länge der Speicherkanäle l/d_h vergrößert werden.

Wegen der unvermeidlichen Umluft- und Spaltluftströme sind die Effektivität und damit auch die tatsächliche Leistung immer etwas geringer als hier gerechnet.

Zur Vermeidung eines Umluftstroms wird teilweise ein Spülkanal eingebaut, auf dessen Wirkungsweise hier aber aus Platzgründen verzichtet werden soll.

11.8 Effektivität für verschiedene Stromführungen

(Für den Kühlmittelstrom ist der Index H durch den Index K zu ersetzen.)

Gegenstrom

$$\Phi_{\Leftrightarrow H} = \frac{1 - Ze_{\Leftrightarrow H}}{1 - C_H^*\, Ze_{\Leftrightarrow H}} \quad \text{mit } Ze_{\Leftrightarrow H} = \exp\left(-Nt_H(1 - C_H^*)\right) \qquad (C_H^* \neq 1)$$

$$\Phi_{\Leftrightarrow} = \frac{1}{1 + 1/Nt} \qquad (C_H^* = 1)$$

Gleichstrom

$$\Phi_{=H} = \frac{1 - \exp\left[-Nt_H(1 + C_H^*)\right]}{1 + C_H^*}$$

reiner Kreuzstrom

Effektivität des <u>kleineren</u> Kapazitätsstroms

$$\Phi_\# = \frac{1 - Ze}{1 - C^* Ze} \qquad \text{mit} \qquad Ze = \exp[-Nt_{\Leftrightarrow\text{eq}}(1 - C^*)] \qquad (C^* < 1)$$

$$\Phi_\# = (1 + 1/Nt_{\Leftrightarrow\text{eq}})^{-1} \leftarrow \text{entweder} \downarrow \text{oder} \uparrow \qquad\qquad (C^* = 1)$$

$$Nt_{\Leftrightarrow\text{eq}} = Nt_\# \left(1 + 0{,}46\, Nt_\#^{1,65}\, C^{*0,9}\right)^{-1/4}$$

Kreuzstrom mit <u>einer</u> Rohrreihe

Effektivität des Stromes, der <u>innen</u> durch die Rohre fließt (gemischter Strom)

$$\Phi_{+i} = 1 - \exp\left[(\exp[-C_i^* Nt_i] - 1)/C_i^*\right]$$

$$\Phi_{+i} := \frac{|\Delta\vartheta_i|}{\Delta\vartheta_{\max}} \qquad Nt_i := \frac{k\,A}{\dot{C}_i} \qquad C_i^* := \frac{\dot{C}_i}{\dot{C}_a}$$

Kreuzstrom mit <u>zwei</u> Rohrreihen

Effektivität des Stromes, der <u>innen</u> durch die Rohre fließt (gemischter Strom)

$$\Phi_{++i} = 1 - (1 + A^2 C_i^*/4)e^{-A} \qquad \text{mit} \qquad A := \frac{2}{C_i^*}\left[1 - \exp\left(-\frac{C_i^*}{2}Nt_i\right)\right]$$

Kaskade

$$\Phi_H = \frac{1 - Ze_H}{1 - C_H^* Ze_H} \qquad \text{mit} \qquad Ze_H = \frac{1 - \Phi_H}{1 - C_H^* \Phi_H} = \prod_{j=1}^{N_j} \frac{1 - \Phi_{Hj}}{1 - C_{Hj}^* \Phi_{Hj}}$$

$$Ze_H = \left(\frac{1 - \Phi_{Hj}}{1 - C_{Hj}^* \Phi_{Hj}}\right)^{N_j} \qquad \text{für gleiche Zellen und } C_H^* \neq 1$$

$$\Phi = \left[\frac{1}{N_j}\left(\frac{1}{\Phi_j} - 1\right) + 1\right]^{-1} \qquad \text{für gleiche Zellen und } C^* = 1$$

Kreislaufverbundsystem

$$\Phi_{:=H} = \left(\frac{1}{\Phi_{HH}} + \frac{C_H^*}{\Phi_{KK}} - C_{HZ}^*\right)^{-1}$$

$$\Phi_{HH} = \Phi(Nt_H; C_{HZ}^*) \qquad C_{HZ}^* = \dot{C}_H/\dot{C}_Z$$

$$\Phi_{KK} = \Phi(Nt_K; C_{KZ}^*) \qquad C_{KZ}^* = \dot{C}_K/\dot{C}_Z$$

Regenerator

Für gleiche Kapazitätsströme von Heiz- und Kühlmittel

$$\Phi = \frac{Nt_F}{Nt_S} \tanh\left\{\frac{Nt_S}{2 + Nt_F}\left[1 + \left(\frac{0{,}63\,Nt_S + (Nt_S/27)^3}{5 + Nt_F}\right)^{2,2}\right]\right\}$$

$$Nt_F := \frac{k\,A}{\dot{m}_F\, c_{pF}} \qquad Nt_S := \frac{k\,A}{m_S\, c_S\, f}$$

11.9 Auslegungs-Kurzverfahren für Kreuzstromwärmeübertrager

Die Auslegung eines Kreuzstromwärmeübertragers mit Hilfe der technisch-wissenschaftlichen Fachliteratur erfordert einen relativ hohen Zeitaufwand. Der Ingenieur in der Praxis hat im Allgemeinen nicht die Zeit, um aus einem konkreten Auslegungsfall eine Studienarbeit zu machen. Das hier vorgestellte Kurzverfahren beschreibt die Ermittlung der Maße B, H und T eines Kreuzstromwärmeübertragers nach Bild 11-14.

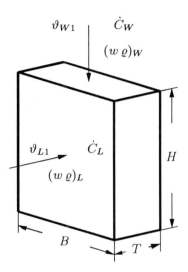

Bild 11-14: Blockabmessungen eines Kreuzstromwärmeübertragers

Ein Luftstrom $\dot{m}_L$ mit der Eintrittstemperatur ϑ_{L1} kühlt einen Wasserstrom $\dot{m}_W$ mit der Eintrittstemperatur ϑ_{W1} bei vorgegebenem Wärmestrom $\dot{Q}$. Es ist vorteilhaft, wenn die Ergebnisse vorbereitender Messungen oder Berechnungen für ein bestimmtes System in der Form

$$\frac{k\,A}{V} = \mathrm{f}\left[(w\,\varrho)_L, (w\,\varrho)_W\right] \tag{11-47}$$

nach Bild 11-15 vorliegen. $V = B\,H\,T$ ist das Blockvolumen, w und ϱ sind Geschwindigkeit und Dichte der Luft (Index L) und des Wassers (Index W). In einem solchen Diagramm gilt für eine Ursprungsgerade

$$\frac{\dfrac{k\,A}{V}}{(w\,\varrho)_L} = \frac{k\,A}{\dot{C}_L}\frac{c_{pL}}{T} \tag{11-48}$$

mit $\dot{C}_L$ und c_{pL} als Wärmekapazitätsstrom und spezifische Wärmekapazität bei konstantem Druck der Luft.

Folgende Schritte führen zur Lösung der Aufgabe.

1. Die Gleichung

$$\frac{\dot{Q}}{(\vartheta_{W1} - \vartheta_{L1})\,\dot{C}_1} = \Phi \tag{11-49}$$

ergibt die erforderliche Betriebscharakteristik, wobei $\dot{C}_1$ der kleinere Wärmekapazitätsstrom der beiden Stoffströme ist, in der Regel ist das der Luftstrom. ($\dot{C}_2$
ist der größere Wärmekapazitätsstrom, in der Regel ist das der Wasserstrom.)

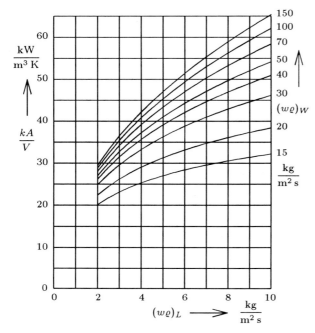

Bild 11-15: Spezifische Leistungsdaten eines Kreuzstrom-Wärme-
übertragungssystems

2. Mit Hilfe der Funktion $\Phi = \mathrm{f}(k\,A/\dot{C}_1, \dot{C}_1/\dot{C}_2)$ ermittelt man entweder grafisch mit
Bild 11-16 oder rechnerisch nach Tabelle 11-2 den erforderlichen Wert für $k\,A/\dot{C}_L$.

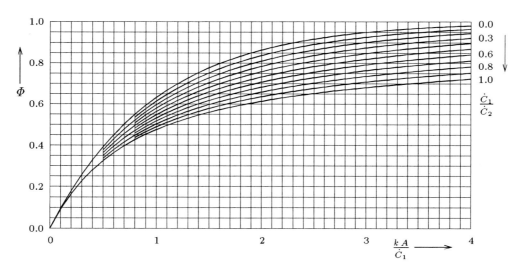

Bild 11-16: Betriebscharakteristik des Kreuzstromwärmeübertragers

3. Nach Wahl der Blocktiefe T und der spezifischen Wärmekapazität der Luft bei konstantem Druck c_{pL} ist eine Ursprungsgerade im Bild 11-15 definiert. Jeder Punkt auf dieser Ursprungsgeraden stellt eine Lösung der Auslegungsaufgabe dar und liefert einen Zusammenhang zwischen $(w\varrho)_L$ und $(w\varrho)_W$.

Tabelle 11-2: Betriebscharakteristik für reinen Kreuzstrom in kompakter und ausführlicher Schreibweise und QBASIC-Programme für die Fälle $\Phi = \mathrm{f}\,(k\,A/\dot{C}_1,\,\dot{C}_1/\dot{C}_2)$ (Programm 1) und $k\,A/\dot{C}_1 = \mathrm{f}\,(\Phi,\,\dot{C}_1/\dot{C}_2)$ (Programm 2)

$$a_1 = \frac{k\,A}{\dot{C}_1} \qquad a_2 = \frac{k\,A}{\dot{C}_2} \qquad \dot{C}_1 \le \dot{C}_2 \qquad \frac{k\,A}{\dot{C}_1} \ge \frac{k\,A}{\dot{C}_2} \qquad c = \frac{a_2}{a_1} = \frac{\dot{C}_1}{\dot{C}_2}$$

$$\Phi = \frac{1}{a_2} \sum_{n=0}^{\infty} \left(1 - e^{-a_1} \sum_{p=0}^{n} \frac{a_1^p}{p!}\right)\left(1 - e^{-a_2} \sum_{p=0}^{n} \frac{a_2^p}{p!}\right)$$

$$\Phi = \frac{1}{a_2}\Bigg\{\left(1 - e^{-a_1}\right)\left(1 - e^{-a_2}\right)$$
$$+ \left[1 - e^{-a_1}\left(1 + a_1\right)\right]\left[1 - e^{-a_2}\left(1 + a_2\right)\right]$$
$$+ \left[1 - e^{-a_1}\left(1 + a_1 + \frac{a_1^2}{2!}\right)\right]\left[1 - e^{-a_2}\left(1 + a_2 + \frac{a_2^2}{2!}\right)\right]$$
$$+ \left[1 - e^{-a_1}\left(1 + a_1 + \frac{a_1^2}{2!} + \frac{a_1^3}{3!}\right)\right]\left[1 - e^{-a_2}\left(1 + a_2 + \frac{a_2^2}{2!} + \frac{a_2^3}{3!}\right)\right]$$
$$+ \left[1 - e^{-a_1}\left(1 + a_1 + \frac{a_1^2}{2!} + \frac{a_1^3}{3!} + \frac{a_1^4}{4!}\right)\right]\left[1 - e^{-a_2}\left(1 + a_2 + \frac{a_2^2}{2!} + \frac{a_2^3}{3!} + \frac{a_2^4}{4!}\right)\right] + \ldots\Bigg\}$$

```
DEF FNKREUZ (A1,C)                      INPUT A1,C ' Programm 1
A2=C*A1:B=0:N=0:G1=1:G2=1:S1=1:S2=1      K=FNKREUZ(A1,C):PRINT "K=";K
E1=EXP(-A1):E2=EXP(-A2)                  END
   IF A2=0 THEN B=1-E1:GOTO 11
10 BG=(1-E1*S1)*(1-E2*S2)/A2:BO=B+BG     INPUT K,C:A1=1 ' Programm 2
   IF B=BO THEN 11 ELSE B=BO          20 B=FNKREUZ(A1,C)
   N=N+1:G1=G1*A1/N:G2=G2*A2/N            IF ABS(K-B)<.0000001 THEN 21
   S1=S1+G1:S2=S2+G2:GOTO 10             A1=K/B*A1:GOTO 20
11 FNKREUZ=B                          21 PRINT "A1=";A1
   END DEF                              END
```

4. Aus den Gleichungen für die Wärmekapazitätsströme des Wassers und der Luft

$$\dot{C}_W = B\,T\,(w\varrho)_W\,c_W = \dot{m}_W\,c_W \tag{11-50}$$

mit c_W als der spezifischen Wärmekapazität des Wassers und

$$\dot{C}_L = B\,H\,(w\varrho)_L\,c_{pL} = \dot{m}_L\,c_{pL} \tag{11-51}$$

erhält man mit der zunächst geschätzten Tiefe T die Bestimmungsgleichungen für die Blockbreite B

$$B = \frac{\dot{C}_W}{T\,(w\varrho)_W\,c_W} = \frac{\dot{m}_W}{T\,(w\varrho)_W} \tag{11-52}$$

und die Blockhöhe H

$$H = \frac{\dot{C}_L}{B\,(w\varrho)_L\,c_{pL}} = \frac{\dot{m}_L}{B\,(w\varrho)_L}. \tag{11-53}$$

5. Durch die Wahl einer anderen Tiefe (= Wahl einer anderen Rohrreihenzahl) gewinnt man andere Abmessungen für die Lösung derselben Aufgabe. Wird B klein und H groß, so lässt sich durch Faltungen eine Annäherung an gewünschte Abmessungsverhältnisse erreichen.

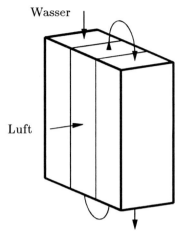

Bild 11-17: Gefalteter Kreuzstromwärmeübertrager

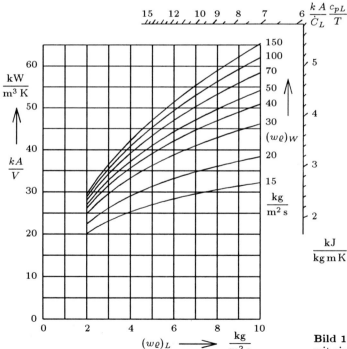

Bild 11-18: Auslegungsdiagramm mit einfachem Randmaßstab

Um das Einzeichnen einer Ursprungsgeraden in Bild 11-15 in Abhängigkeit von dem Zahlenwert nach Gl. (11-48) zu erleichtern, kann man einen Randmaßstab nach Bild 11-18 vorsehen. Durch die Aufgabenstellung und die Wahl einer Blocktiefe T ist ein

Punkt auf dem Randmaßstab festgelegt. Die Ursprungsgerade erhält man durch die Verbindung dieses Punktes mit dem Koordinatenursprung in Bild 11-18.

Mit einem Festwert von c_{pL} und mehreren Randmaßstäben für jeweils eine Tiefe T nach Bild 11-19 kann man den Verlauf verschiedener Ursprungsgeraden sofort überblicken. Auf diese Weise ist eine Vielzahl von Lösungen für ein bestimmtes System leicht überschaubar.

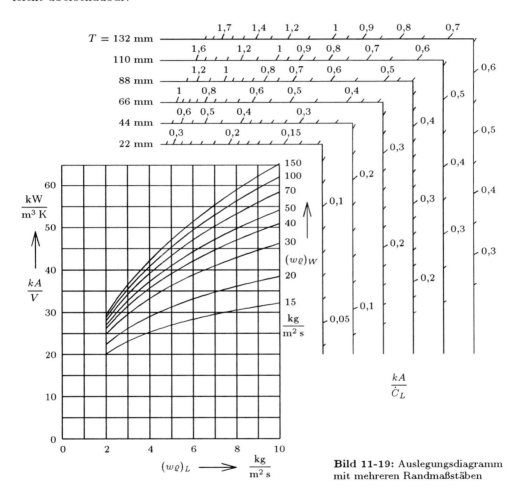

Bild 11-19: Auslegungsdiagramm mit mehreren Randmaßstäben

Das Auslegungsdiagramm Bild 11-15, das auch in den Bildern 11-18 und 11-19 enthalten ist, gilt für ein bestimmtes Wärmeübertragungssystem für bestimmte Stofftemperaturen. Innerhalb dieser Grenzen kann das Bild 11-19 auch bei der Beschreibung des Regelungsverhaltens eines Wärmeübertragers benützt werden. Wenn die Stoffströme geändert werden, verändert sich mit $(w\varrho)_L$ und $(w\varrho)_W$ auch der Betriebspunkt im Bild 11-15. Wenn man die Verbindungsgerade zwischen dem Betriebspunkt und dem Koordinatenursprung in den Bereich der Randmaßstäbe des Bildes 11-19 verlängert, kann man dort auf dem entsprechenden Randmaßstab den neuen Wert für $kA/\dot{C}_L$ bzw. $kA/\dot{C}_1$ ablesen. Mit dem neuen Wert für $\dot{C}_1/\dot{C}_2$ kann man dem Bild 11-16 den neuen Wert der Betriebscharakteristik Φ entnehmen. Mit den neuen Eintrittstemperaturen ϑ_{L1} und ϑ_{W1} erhält man den neuen Wärmestrom $\dot{Q}$ unter der Voraussetzung, dass die neuen Temperaturen die Stoffwerte nicht wesentlich verändert haben

$$\dot{Q} = (\vartheta_{L1} - \vartheta_{W1})\,\dot{C}_1\,\Phi. \tag{11-54}$$

Eine Beschreibung des hier verwendeten Wärmeübertragungssystems und seine Leistungsdaten findet man in [8].

Literatur

[1] *Baehr, H. D.* und *K. Stephan*: Wärme- und Stoffübertragung. 2. Aufl. Springer, Berlin 1996.

[2] *Dittmann, A.* und *S. Fischer, J. Huhn, J. Klinger*: Repetitorium der Technischen Thermodynamik. Teubner, Stuttgart 1995.

[3] *Elsner, N., S. Fischer* und *J. Huhn*: Grundlagen der Technischen Thermodynamik, Band 2 Wärmeübertragung. Akademie-Verlag, Berlin 1993.

[4] *Hausen, H.*: Wärmeübertragung im Gegenstrom, Gleichstrom und Kreuzstrom. 2. Aufl. Springer Berlin 1976.

[5] *Kakaç, S., A. E. Bergles* und *F. Mayinger*: Heat Exchangers, Thermal-Hydraulic Fundamentals and Design. Hemisphere Publishing Corporation, Washington 1981.

[6] *Martin, H.*: Wärmeübertrager. Thieme, Stuttgart, New York 1988.

[7] *Schedwill, H.*: Thermische Auslegung von Kreuzstromwärmeaustauschern. Fortsch.-Ber. VDI-Z. Reihe 6 Nr. 19, VDI-Verlag, Düsseldorf 1968.

[8] *Schedwill, H.*: Wärmeübertrager, in Arbeitskreis der Dozenten für Klimatechnik: Handbuch der Klimatechnik Band 3, Kapitel 1. C. F. Müller, Karlsruhe 1988.

[9] *Roetzel, W.*: Berechnung von Wärmeübertragern, in VDI-Wärmeatlas, 8. Aufl., Springer, Berlin 1997.

[10] *Stupperich, F. R.*: Kreuz- und Gegenstromwärmeübertrager im Vergleich. Ki-Klima-Kälte-Heizung 29 (1993) S. 142–146

[11] *Stupperich, F. R.*: Grundlagen der Technischen Thermodynamik. Fachbuch-Verlag, Leipzig 2002 (voraussichtlich).

[12] *Stupperich, F. R.*: Wärmeübertragung, in *Baumgarth/Hörner/Reeker* (Hrsg.): Handbuch der Klimatechnik, Bd. 1. 4. Aufl. C. F. Müller, Heidelberg 2000.

12 Hydraulische Schaltungen

S. BAUMGARTH

Formelzeichen

a_v	Ventilautorität	V_0	Kreisverstärkung
c_p	spez. Wärmekapazität des Wassers	$V_{0\mathrm{krit}}$	kritische Kreisverstärkung
d	Rohrdurchmeser	v	Strömungsgeschwindigkeit des Wassers
h	Enthalpie	x	abs. Feuchte
K_{PR}	Proportionalbeiwert der	X_{hS}	Regelbereich der Regelstrecke
	Regeleinrichtung	Y_h	Stellbereich der Regelstrecke
K_{PS}	Proportionalbeiwert der Regelstrecke	Δp	Druckdifferenz
k_{vS}	Volumenstrom eines 100 % geöffneten	Δp_{100}	Druckdifferenz über einem geöffneten
	Ventils bei 10^5 Pa Druckabfall		Ventil
$\dot m$	Massenstrom	$\Delta p_{\mathrm{vol.var.Kreis}}$	Druckdifferenz über den
$\dot Q$	Erhitzer- / Kühlerleistung		volumenvariablen Kreis
T_t	Totzeit der Regelstrecke	ϑ	Temperatur
T_1	Verzögerungszeit der Regelstrecke	φ	rel. Feuchte
$\dot V$	Volumenstrom	ϱ	Dichte des Wassers

12.1 Hydraulische Schaltungen beim Lufterhitzer

Das Bild 12-1 zeigt zwei Lufterhitzer (auch Erhitzer genannt), einmal im Gleichstrom (Luft- und Wasserstrom verlaufen im Erhitzer in gleicher Richtung) und einmal im Gegenstrom betrieben. Die erste hydraulische Schaltung sollte grundsätzlich im Vorerhitzer benutzt werden, um ein Einfrieren zu verhindern. Die zweite Schaltung in jedem anderen Fall eines Wärmeübertragers, um einen möglichst hohen Wärmeübergang zu erzielen. Statt des 3-Wege-Beimischventils kann auch im Rücklauf ein 3-Wege-Verteilventil verwendet werden. Außerdem lässt sich ein Durchgangsventil mit Bypass oder auch eine Strahlpumpe einsetzen. Die möglichen Varianten sind in

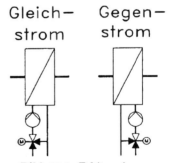

Bild 12-1: Erhitzer im Gleich- und Gegenstrom

Tabelle 12-1 zusammengestellt. Die Schaltungen 1, 2 und 3 sind grundsätzlich anzuwenden, wenn es sich um den ersten Erhitzer in einer Lüftungs- oder Klimaanlage handelt. Sie gilt als Frostschutzsicherung. Hydraulisch und regelungstechnisch unterscheiden sich die Schaltungen 1 und 2 überhaupt nicht. Der Unterschied liegt im 3-Wege-Ventil, das in Schaltung 1 als Beimischventil und in Schaltung 2 als Verteilventil eingesetzt ist. In Schaltung 3 ist eine Strahlpumpe eingesetzt. Diese hat den Vorteil, dass keine zusätzliche Pumpe im Erhitzerkreis benötigt wird. Hier genügt eine Pumpe in der Heizzentrale.

Tabelle 12-1: Hydraulische Schaltungen für den Erhitzer

	Hydraulische Schaltungen für Vorerwärmer (Gleichstrom)					Hydraulische Schaltungen für Nacherwärmer (Gegenstrom)		
	Schaltung 1 empfohlen	Schaltung 2 empfohlen	Schaltung 3 empfohlen	Schaltung 4 empfohlen	Schaltung 5 empfohlen	Schaltung 6 empfohlen	Schaltung 7 nicht empfohlen	Schaltung 8 nicht empfohlen
	3-Wege-Beimischventil	3-Wege-Verteilventil	Strahlpumpe	3-Wege-Beimischventil	3-Wege-Verteilventil	Strahlpumpe	Bypass, Regelventil i. Vorlauf	Bypass, Regelventil i. Rücklf.
	konstanter Massenstrom	konstanter Massenstrom	1 zentrale Versorgungspumpe	konstanter Massenstrom	konstanter Massenstrom	1 zentrale Versorgungspumpe	Wassertemp. immer < Vorl.	Wassertemp. immer < Vorl.
	mengengeregelte Schaltung nicht zulässig	mengengeregelte Schaltung nicht zulässig	geringe Wartungskosten	bei mengengeregelter Schaltg Luftschichtg	bei mengengeregelter Schaltg Luftschichtg	geringe Wartungskosten	bei mengengeregelter Schaltg Luftschichtg	bei mengengeregelter Schaltg Luftschichtg

Bei den Schaltungen 4 bis 8 handelt es sich um Schaltungen nach dem Gegenstromprinzip. Diese sollten bei allen Erhitzern eingesetzt werden, die nicht gleichzeitig als Frostschutz dienen. Bei den Schaltungen 6 und 7 ist ein Durchgangsventil, einmal im Vorlauf und einmal im Rücklauf, mit Bypass eingesetzt. Hier sollte man aber darauf achten, dass bei 100 % geöffnetem Ventil am Erhitzereintritt immer eine um einige Grad niedrigere Temperatur ansteht als im Wasservorlauf. Dies ist bedingt durch die Beimischung von Rücklaufwasser über den Bypass auch bei geöffnetem Ventil. Schaltung 4 und 5 unterscheiden sich nur durch die Art des 3-Wege-Ventils (Beimisch- oder Verteilventil). Diese Schaltung ist hauptsächlich anzuwenden, wenn es sich um einen Wärmeübertrager handelt, der nicht zum Frostschutz eingesetzt ist. Bei der Schaltung 8 ist eine Strahlpumpe verwendet, die keine zusätzliche Pumpe im Verbraucherkreis erfordert.

Ein Erhitzer sollte grundsätzlich temperaturgeregelt gefahren werden, d. h. im Wasserkreis des Erhitzers muss konstanter Massenstrom fließen. Die noch häufig verwendete mengenvariable hydraulische Schaltung, die beim Entfeuchter einer Klimaanlage eingesetzt wird (Bild 12-3), hat beim Einsatz des Wärmeübertragers als Erhitzer zwei entscheidende Nachteile:

1. Durch die dann mögliche hohe Temperaturspreizung zwischen Vor- und Rücklauf des Wassers bei geringer Ventilöffnung kommt es zur Luftschichtung im Kanal, d. h. im Kanalquerschnitt kann ein hoher Temperaturgradient auftreten.

2. Bei geringen Ventilöffnungen ist auch nur eine geringe Strömungsgeschwindigkeit im Wasserkreis des Erhitzers. Das wirkt sich auf die Stabilität des Regelkreises sehr negativ aus, da die Totzeit, die sich aus der Strömungsgeschwindigkeit ergibt, größer wird und damit der instabile Regelbereich evtl. erreicht werden kann, bzw. der Regler muss mit sehr ungünstigen Parametern betrieben werden.

Eine Energiezufuhr über den Erhitzer bewirkt im h, x-Diagramm eine senkrechte Zustandsänderung auf einer Linie x = const, da die absolute Feuchte nicht verändert wird. Bild 12-2 zeigt den entsprechenden

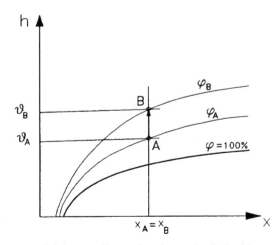

Bild 12-2: Zustandsänderung im Lufterhitzer
A = Ein- und B = Austrittszustand

Verlauf vom Lufteintrittszustand A zum Luftaustrittszustand B. Handelt es sich um einen Kreuzstrom-Wärmeübertrager, so ist es theoretisch gleich, wo der Wasserzufluss angeschlossen wird.

12.2 Hydraulische Schaltungen beim Luftkühler

Im Bild 12-3 ist ein mengengeregelter Luftkühler und ein temperaturgeregelter Kühler vorgestellt. Beide Kühler zeigen im h, x-Diagramm ein unterschiedliches Verhalten.

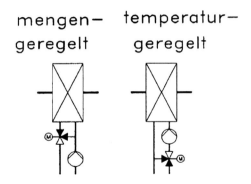

mengen— temperatur—
geregelt geregelt

Bild 12-3: Kühler, hydraulisch
mengen- und temperaturgeregelt

Während der temperaturgeregelte Kühler die Luft im unteren Bereich der Ventilöffnung nur abkühlt, d. h. im h, x-Diagramm eine senkrechte Zustandsänderung ergibt (Bild 12-4), wird im mengengeregelten Luftkühler auch Wasser ausgeschieden. Der Verlauf der Luftzustände entspricht dem in Bild 12-5. Da bei der Mengenregelung am Kühlereintritt immer Kaltwasser mit der niedrigsten Temperatur ansteht (z. B. 6 °C), kondensiert in diesem Bereich auch schon bei geringer Ventilöffnung Wasser, wenn der Taupunkt der Luft unterschritten ist. Beim temperaturgeregelten Kühler dagegen ist die Wassertemperatur am Kühlereintritt bei geringer Ventilöffnung noch in der Nähe der Wasseraustrittstemperatur, d. h. der Taupunkt würde hier nicht unterschritten. Erst wenn der Temperaturregler das Regelventil so weit geöffnet hat, dass sich zusammen mit dem beigemischten Rücklaufwasser eine Wassereintrittstemperatur ergibt, die unterhalb der Taupunkttemperatur liegt, beginnt die Wasserausscheidung auch mit dieser hydraulischen Schaltung.

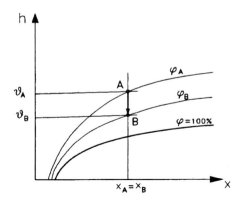

Bild 12-4: Zustandsänderung im temperaturgeregelten Luftkühler, A = Ein- und B = Austrittszustand

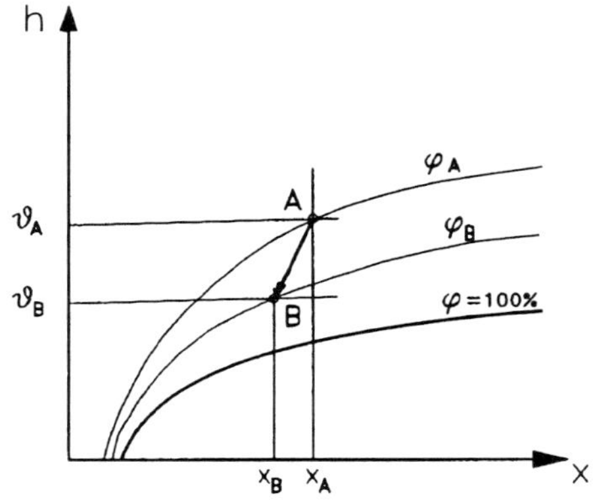

Bild 12-5: Zustandsänderung im mengengeregelten Luftkühler, A = Ein- und B = Austrittszustand

Soll in einer RLT-Anlage nur die Temperatur geregelt werden, so muss die temperaturgeregelte hydraulische Schaltung gewählt werden, da bei Einsatz der mengengeregelten Schaltung wesentlich mehr Kühlenergie (Δh) verbraucht würde (Bild 12-7). Umgekehrt muss bei einer RLT-Anlage, mit der auch entfeuchtet werden soll, unbedingt die mengengeregelte Schaltung zum Einsatz kommen (Bild 12-6), da mit der temperaturgeregelten Schaltung hier zu viel Kühlenergie (Δh) benötigt wird. Bild 12-6 zeigt den zusätzlichen Energieaufwand Δh, wenn von x_A nach x_B entfeuchtet werden soll. Die temperaturgeregelte Schaltung liefert den Zustandsverlauf von A nach B2, wobei man mit mengengeregelter Schaltung mit dem Zustandsverlauf von A nach B1 eine um Δh geringere Kühlenergie benötigt.

Wie aus Bild 12-7 ersichtlich, muss die zusätzliche Kühlenergie Δh aufgebracht werden, wenn von ϑ_A nach ϑ_B ge-
kühlt werden soll und der Küh-
ler mengengeregelt angeschlossen ist.

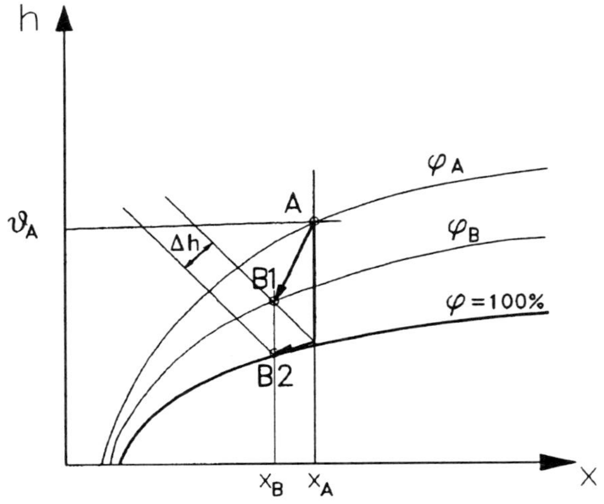

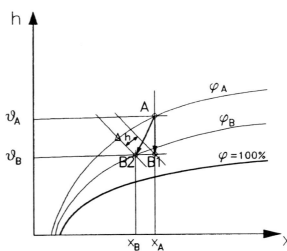

Bild 12-6: Zustandsänderung im
mengengeregelten Luftkühler von A
nach B1, bzw. im temperaturgeregelten Kühler von A nach B2

Bild 12-7: Zustandsänderung im
temperaturgeregelten Luftkühler
von A nach B1, bzw. im mengengeregelten Kühler von A nach B2

Deshalb sollte bei RLT-Anlagen ohne Entfeuchtung immer die temperaturgeregelte
hydraulische Schaltung und bei RLT-Anlagen mit Entfeuchtung die mengengeregelte
Schaltung gewählt werden, obgleich letztere Schaltung regelungstechnisch nicht so
günstig ist (veränderliche Dynamik der Regelstrecke).

Die unterschiedlichen hydraulischen Schaltungen (mengen- oder temperaturgeregelt)
schlagen sich natürlich in den Jahresbetriebskosten nieder. Bei einer RLT-Anlage
ohne Entfeuchtung können diese je nach Betriebszuständen zwischen 5 % und 10 %
der Kühlkosten betragen.

In Tabelle 12-2 sind die verschiedenen möglichen hydraulischen Schaltungen eines
temperaturgeregelten Kühlers (bei Einsatz einer RLT-Anlage ohne Entfeuchtung)
zusammengestellt. Es sind die gleichen Schaltungen wie beim temperaturgeregelten
Erhitzer. Die hydraulischen Schaltungen 4 und 5 mit Bypass und Durchgangsven-

Tabelle 12-2: Hydraulische Schaltungen für den Kühler ohne Entfeuchtung

Hydraulische Schaltungen

für beimischgeregelten Kühler (für Lufttemperatur-Regelung, nicht zum Entfeuchten)

Schaltung 1 empfohlen	Schaltung 2 empfohlen	Schaltung 3 empfohlen	Schaltung 4 nicht empfohlen	Schaltung 5 nicht empfohlen
3-Wege-Beimischventil	3-Wege-Verteilventil	Strahlpumpe	Bypass, Regelventil im Vorlauf	Bypass, Regelventil im Rücklauf
konstanter Massenstrom	konstanter Massenstrom	angenähert konstanter Massenstrom	Wassereintrittstemp. immer > Wasservorlauftemperatur	Wassereintrittstemp. immer > Wasservorlauftemperatur
mengengeregelte Schaltung würde Energie vergeuden	mengengeregelte Schaltung würde Energie vergeuden	geringe Wartungskosten	da 6/12 °C nicht erreicht, wird Kühlerauslegungsleistung nicht erreicht	da 6/12 °C nicht erreicht, wird Kühlerauslegungsleistung nicht erreicht

til sollten jedoch vermieden werden, da durch die Beimischung des Rücklaufwassers
nie die Auslegungstemperatur von z. B. 6 °C erreicht wird, wenn der Kaltwassersatz mit einer Temperatur von 6/12 °C arbeitet. Eine Temperatur des in den Kühler
eintretenden Wassers von 7 °C statt 6 °C bedeutet, dass der Kühler nur noch ca.
85 % der Auslegungsleistung bringen kann. Wie auch beim Erhitzer führt der Einsatz einer Strahlpumpe (Schaltung 3) zur Einsparung der Sekundärpumpen in den
Kühlerkreisläufen.

Sowohl für den Erhitzer als auch für den temperaturgeregelten Kühler sollte, wenn
das 3-Wege-Ventil dicht am Wärmeübertrager sitzt und der Verteiler weit entfernt
vom Wärmeübertrager ist, vor dem 3-Wege-Ventil noch ein Bypass eingesetzt werden, damit das Warm- bzw. Kaltwassser für die Regelung immer vor Ort ansteht
(Bild 12-8). Wenn die zentrale Pumpe nicht stark genug ist, kann es über den in
Bild 12-8 eingezeichneten Bypass zu einer Rückströmung kommen, so dass hier besser
in die Bypassleitung eine Rückschlagklappe eingebaut werden sollte. Wenn es sich
in der Zentrale um einen druckentlasteten Verteiler handelt, müsste in diesem Kreis
auch noch eine zusätzliche Pumpe vorgesehen werden. Da jedoch häufig mehrere Ab-
nehmer im entfernten Bereich liegen, ist es dann sinnvoll, einen druckarmen Unterverteiler (weitere hydraulische Weiche) entsprechend Bild 12-9 vorzusehen. Für die
Jahresbetriebskosten ergeben sich dann trotz einer weiteren
Pumpe Kosteneinsparungen, wie das Auslegungsbeispiel am
Ende dieses Kapitels zeigt.

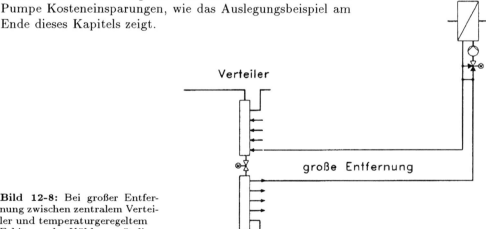

Bild 12-8: Bei großer Entfernung zwischen zentralem Verteiler und temperaturgeregeltem
Erhitzer oder Kühler zusätzlicher Bypass

Für den mengengeregelten Kühler sind 5 hydraulische Schaltungen entsprechend Tabelle 12-3 zusammengestellt. In den Schaltungen 1 bis 5 können noch Pumpen mit
eingetragen werden. Im Allgemeinen kann hier jedoch auf die Zentralpumpe zurückgegriffen werden, so dass die Pumpen der Einzelübertrager nicht mit eingetragen sind.
Die Schaltungen 1 bis 4 sind regelungstechnisch identisch und können verwendet werden. Durch das eingesetzte 3-Wege-Ventil bzw. den Bypass vor dem Durchgangsventil
von Schaltung 3 und 4 steht immer Kaltwasser am Regelventil an. Dies ist nicht der
Fall in Schaltung 5, weshalb diese nicht zu empfehlen ist. Eine Strahlpumpe ist beim
Kühler, der zum Entfeuchten benötigt wird, nicht sinnvoll einzusetzen, da er in den
wesentlichen Bereichen wie eine Beimischregelung (temperaturgeregelt) arbeitet und
damit erst bei großen Stellbereichen zu entfeuchten beginnt.

Tabelle 12-3: Hydraulische Schaltungen für den Kühler mit Entfeuchtung

Hydraulische Schaltungen
für mengengeregelten Kühler (für RLT-Anlagen mit Entfeuchtung)

Schaltung 1 empfohlen	Schaltung 2 empfohlen	Schaltung 3 empfohlen	Schaltung 4 empfohlen	Schaltung 5 nicht empfohlen
3-Wege-Beimischventil	3-Wege-Verteilventil	Durchgangsventil im Rücklauf mit Bypass	Durchgangsventil im Vorlauf mit Bypass	Durchgangsventil ohne Bypass im Vorlauf
Massenstrom veränderlich, immer Kaltwassereintritt 6 °C	Massenstrom veränderlich, immer Kaltwassereintritt 6 °C	Massenstrom veränderlich, immer Kaltwassereintritt 6 °C	Massenstrom veränderlich, immer Kaltwassereintritt 6 °C	Massenstrom veränderlich, immer Kaltwassereintritt 6 °C
keine Temperatur-Regelung zulässig, Kaltwasser steht immer an	keine Temperatur-Regelung zulässig, Kaltwasser steht immer an	keine Temperatur-Regelung zulässig, Kaltwasser steht immer an	keine Temperatur-Regelung zulässig, Kaltwasser steht immer an	keine Temperatur-Regelung zulässig, Kaltwasser steht nicht an

12.3 Beispiele von Ventilauslegungen

Als Grundlage wird auf die Betrachtungen von Band 1, Kap. 10 zurückgegriffen. Am Beispiel eines Lufterhitzers (Nacherhitzer einer Klimaanlage) soll die Auslegung einschließlich Ventil und Pumpe aufgezeigt werden. Der Lufterhitzer habe eine Leistung von 84 kW zu übertragen. Der hydraulische Anschluss erfolge mit 3 Varianten, erstens aus einem druckentlasteten Verteiler (hydraulische Weiche) in ca. 25 m Entfernung vom Regelventil über ein 3-Wege-Ventil mit linearer und zweitens mit gleichprozentiger Kennlinie (Bild 12-9). In einem dritten Fall soll der Anschluss über einen druckentlasteten Unterverteiler erfolgen (Bild 12-10). Aus Katalogunterlagen wird ein Druckabfall über den Erhitzer einschließlich Anschlussleitung von 5000 Pa entnommen. Der Druckabfall des Anschlusses an den druckentlasteten Verteiler betrage im ersten und zweiten Fall 1500 Pa je Anschlussleitung und im dritten Fall 200 Pa je Anschlussleitung. Die Auslegungstemperaturen betragen 60/50 °C. (max. Strömungsgeschwindigkeit im Wasserkreislauf $v = 0{,}8$ m/s, $c_p = 4{,}2$ kJ/(kg K) und $\varrho = 1000$ kg/m³).

1. Fall: Erhitzer weit entfernt vom Verteiler angeschlossen,
Ventil mit linearer Kennlinie:

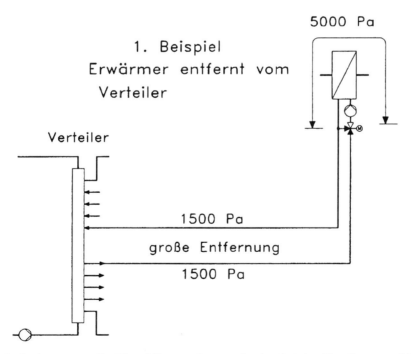

Bild 12-9: Auslegung von Ventil und Pumpe eines am druckentlasteten Verteiler angeschlossenen Erhitzers mit 3-Wege-Ventil in großer Entfernung vom Verteiler angeschlossen

In diesem Fall muss das Ventil über den Weg der Ventilautorität ausgewählt werden. Stehen nur Ventile mit linearer Kennlinie zur Verfügung, so muss $a_v > 0{,}5$ angesetzt werden. Daraus folgt:

$$a_v = \frac{\Delta p_{100}}{\Delta p_{100} + \Delta p_{\text{vol.var.Kreis}}} >= 0{,}5$$

mit

$$\Delta p_{\text{vol.var.Kreis}} = 3000 \text{ Pa}$$

ergibt sich

$$\Delta p_{100} = 3000 \text{ Pa}.$$

Der erforderliche Volumenstrom errechnet sich zu:

$$\dot{Q} = c_p \, \dot{m} \, \Delta\vartheta$$

$$\dot{m} = \frac{84 \text{ kW}}{4{,}2 \text{ kJ}/(\text{kg K}) \cdot 10 \text{ K}} = 2 \text{ kg/s}$$

$$\dot{V} = 2 \cdot 10^{-3} \text{ m}^3/\text{s} = 7{,}2 \text{ m}^3/\text{h}.$$

Damit erhält man den k_{vS}-Wert des Ventils zu

$$k_{vS} = \dot{V}\sqrt{\frac{10^5}{\Delta p_{100}}} = 7{,}2 \text{ m}^3/\text{h} \cdot \sqrt{\frac{10^5 \text{ Pa}}{3000 \text{ Pa}}} = 41{,}6 \text{ m}^3/\text{h}.$$

Aus der beispielhaften Tabelle der zur Verfügung stehenden Ventile (siehe Band 1, Kap. 10)

k_{vS} m^3/h	1,6	2,5	4	6,3	10	16	25	40	63	100	150
DN mm	15 red.	15 red.	15	20	25	32	40	50	65	80	100

wird das nächst kleinere Ventil DN 50 mit $k_{vS} = 40$ m^3/h ausgewählt. Mit diesen Werten errechnet sich der tatsächlich benötigte Druck über dem Ventil $\Delta p_{100\text{tats}}$

$$\Delta p_{100\text{tats}} = \left(\frac{\dot{V}}{k_{vS}}\right)^2 10^5 = \left(\frac{7{,}2 \text{ m}^3/\text{h}}{40 \text{ m}^3/\text{h}}\right)^2 \cdot 10^5 = 3240 \text{ Pa}$$

und damit

$$a_v = \frac{\Delta p_{100}}{\Delta p_{100} + \Delta p_{\text{vol.var.Kreis}}} = \frac{3240 \text{ Pa}}{3240 \text{ Pa} + 3000 \text{ Pa}} = 0{,}519 > 0{,}5 \, ,$$

so dass ein Ventil mit linearer Kennlinie zum Einsatz kommen muss.
Die Pumpe im Erhitzerkreis muss jetzt einen Druck von

$$\Delta p_{\text{Pu}} = \Delta p_{\text{Erhitzer}} + \Delta p_{100\text{Ventil}} + \Delta p_{\text{Anschluss}}$$

$$\Delta p_{\text{Pu}} = 5000 \text{ Pa} + 3240 \text{ Pa} + 3000 \text{ Pa} = 11\,240 \text{ Pa}$$

aufbringen bei einem Volumenstrom von $\dot{V} = 7{,}2$ m^3/h.

**2. Fall: Erhitzer weit entfernt vom Verteiler angeschlossen,
Ventil mit gleichprozentiger Kennlinie:**

In diesem Fall wird mit einer Ventilautorität von $a_v = 0{,}1$ bis $0{,}3$ gerechnet, d. h. mit

$$a_v = \frac{\Delta p_{100}}{\Delta p_{100} + \Delta p_{\text{vol.var.Kreis}}} = 0{,}2.$$

Mit

$$\Delta p_{\text{vol.var.Kreis}} = 3000 \text{ Pa}$$

ergibt sich

$$\Delta p_{100} = 3000/4 \text{ Pa} = 750 \text{ Pa}.$$

Damit erhält man den k_{vS}-Wert des Ventils zu

$$k_{vS} = \dot{V} \sqrt{\frac{10^5}{\Delta p_{100}}} = 7{,}2 \text{ m}^3/\text{h} \cdot \sqrt{\frac{10^5 \text{ Pa}}{750 \text{ Pa}}} = 83{,}1 \text{ m}^3/\text{h}.$$

Wählt man das nächst kleinere Ventil DN 65 mit $k_{vS} = 63$ m³/h aus, so errechnet sich der tatsächliche Druckabfall am Ventil zu

$$\Delta p_{100\text{tats}} = \left(\frac{\dot{V}}{k_{vS}}\right)^2 10^5 = \left(\frac{7{,}2 \text{ m}^3/\text{h}}{63 \text{ m}^3/\text{h}}\right)^2 \cdot 10^5 = 1300 \text{ Pa}$$

und damit

$$a_v = \frac{\Delta p_{100}}{\Delta p_{100} + \Delta p_{\text{vol.var.Kreis}}} = \frac{1300 \text{ Pa}}{1300 \text{ Pa} + 3000 \text{ Pa}} = 0{,}302 \;.$$

Dieser Wert liegt genau an der Grenze und kann akzeptiert werden.

In diesem Fall muss die Pumpe folgende Daten erfüllen:

$$\Delta p_{\text{Pu}} = \Delta p_{\text{Erhitzer}} + \Delta p_{100\text{Ventil}} + \Delta p_{\text{Anschluss}}$$

$$\Delta p_{\text{Pu}} = 5000 \text{ Pa} + 1300 \text{ Pa} + 3000 \text{ Pa} = 9300 \text{ Pa}.$$

Wegen des wesentlich geringeren Druckabfalls über dem gleichprozentigen Ventil kann hier eine entsprechend kleinere Pumpe ausgewählt werden.

**3. Fall: Erhitzer weit entfernt vom Hauptverteiler über einen druckentlasteten
Unterverteiler angeschlossen:**

Entsprechend Bild 12-10 wird ein weiterer druckentlasteter Unterverteiler eingesetzt, der über eine größere Rohrnennweite verbunden sei, so dass hier nur ein Gesamtdruckabfall von 750 Pa je Leitung aufzubringen sei. Da das Regelventil nahe am Verteiler sitzt, wird es nach dem Nenndurchmesser, wie im Band 1 beschrieben, ausgewählt. Dieser errechnet sich wegen der vorgegebenen Strömungsgeschwindigkeit von $v < 0{,}8$ m/s zu:

$$\dot{V} = 2 \cdot 10^{-3} \text{ m}^3/\text{s} = 7{,}2 \text{ m}^3/\text{h}$$

$$d = 2\sqrt{\frac{\dot{V}}{\pi\,v}} = 56{,}4 \text{ mm.}$$

Wegen $v < 0{,}8$ m/s muss das nächst größere Ventil ausgewählt werden:
DN 65 und $k_{vS} = 63$ m^3/h wird eingesetzt.

Der tatsächliche Druckabfall beträgt wie im 2. Fall $\Delta p_{100\text{tats}} = 1300$ Pa. Damit ergibt sich

$$a_v = \frac{\Delta p_{100}}{\Delta p_{100} + \Delta p_{\text{vol.var.Kreis}}} = \frac{1300 \text{ Pa}}{1300 \text{ Pa} + 400 \text{ Pa}} = 0{,}76\,,$$

so dass ein Linearventil DN 65 mit $k_{vS} = 63$ m^3/h genommen werden muss.

Die Pumpe im Erhitzerkreis muss jetzt einen Druck von

$$\Delta p_{\text{Pu}} = \Delta p_{\text{Erhitzer}} + \Delta p_{100\text{Ventil}} + \Delta p_{\text{Anschluss}}$$

$$\Delta p_{\text{Pu}} = 5000 \text{ Pa} + 1300 \text{ Pa} + 400 \text{ Pa} = 6700 \text{ Pa}$$

aufbringen bei einem Volumenstrom von 7,2 m^3/h.

Hinzu kommt aber eine zweite Pumpe, die den Unterverteiler zu versorgen hat. Vergrößert man hier die Zuleitung, so dass für Vorlauf und Rücklauf insgesamt nur 1500 Pa Druckabfall aufzubringen sind, so würde insgesamt ein Druckabfall von 8200 Pa von den beiden Pumpen erbracht werden müssen.

3. Beispiel mit Unterverteiler
Erwärmer dicht am Verteiler

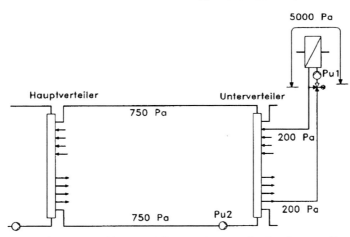

Bild 12-10: Auslegung von Ventil und Pumpe eines am druckentlasteten Verteiler angeschlossenen Erhitzers mit 3-Wege-Ventil nah am Unterverteiler angeschlossen

Ein Vergleich der Fälle 1, 2 und 3 zeigt:

Fall 1: entfernter Verteiler, Linearventil: $\qquad\qquad \Delta p_{\text{Pu}} = 11\,240$ Pa

Fall 2: entfernter Verteiler, gleichprozentiges Ventil: $\qquad \Delta p_{\text{Pu}} = 9300$ Pa

Fall 3: zusätzlicher Unterverteiler, Linearventil: $\qquad\quad \Delta p_{\text{Pu}} = 8200$ Pa,

dass man durch den Einsatz eines Unterverteilers die Verbrauchskosten senken kann.

12.4 Inbetriebnahme von Regelkreisen mit Wärmeübertragern

Regelkreise sind schwingungsfähige Systeme, so dass eine wesentliche Aufgabe der Inbetriebnahme darin besteht, die Regelkreisparameter so zu wählen, dass der Regelkreis auf Störungen mit möglichst geringen Änderungen der Regelgröße reagiert. Wird der Regler aber zu empfindlich eingestellt, so kann es zu Schwingungen oder gar zur Instabilität kommen. Optimierungsverfahren sind im Band 1, Kap. 10 ausführlich behandelt. Hier soll aber auf praktische Details eingegangen werden.

In der Theorie wird ein Regelkreis immer betrachtet als Zusammensetzung aus Blöcken mit linearer Abhängigkeit zwischen Ausgangs- und Eingangsgröße. In der Realität ist aber z. B. die Temperaturabhängigkeit eines Wärmeübertragers von der Ventilstellung oftmals hochgradig nichtlinear. Das hängt im Wesentlichen von der Größe der Ventilautorität ab. Ist bei Ventilen mit linearer Grundkennlinie die Ventilautorität $a_v \ll 0{,}1$, so sollte die Anlage gar nicht in Betrieb genommen werden, sondern zunächst das Ventil durch ein richtig ausgewähltes Ventil ersetzt werden. Bei Linearventilen fordert man eine Ventilautorität $> 0{,}5$, bei gleichprozentigen Ventilen von $0{,}1 < a_v < 0{,}3$.

Entscheidend für die Stabilität im Regelkreis ist die Lage der Kreisverstärkung V_0 in der Stabilitätskurve $V_0 = \mathrm{f}(T_t/T_1)$:

$$V_0 = K_{PS}\, K_{PR}$$

mit K_{PS} = Proportionalbeiwert der Regelstrecke,
K_{PR} = Proportionalbeiwert der Regeleinrichtung,
T_t = Totzeit der Regelstrecke und
T_1 = Verzögerungszeit der Regelstrecke.

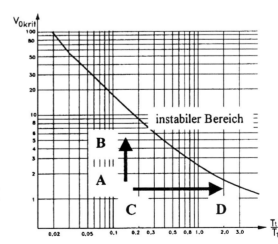

Bild 12-11: Abhängigkeit der kritischen Kreisverstärkung $V_{0\mathrm{krit}}$ vom Zeitverhalten T_t/T_1 eines Regelkreises bestehend aus einer P-T1-RS mit Totzeit und einer unverzögerten P-RE

Bild 12-11 zeigt noch einmal die Stabilitätskurve. Wenn bei gleichem dynamischen Verhalten der Regelstrecke der Proportionalbeiwert K_{PS} größer wird, dann wandert der Punkt A in Bild 12-11 zum Punkt B, d. h. dichter an die Stabilitätsgrenze, dargestellt durch die Kurve V_{0krit}.

Ändert sich das K_{PS} sehr stark bei kleiner werdender Stellgröße, d. h. bei abnehmender Last, so kann der Punkt B sogar in den instabilen Bereich wandern. Im Bild 12-12 ist der nichtlineare Zusammenhang zwischen der Regelgröße (Temperatur ϑ) und der Stellgröße Y mit den unterschiedlichen Proportionalbeiwerten K_{PS} dargestellt. Damit der Regelkreis bei jeder Stellgröße Y, also bei jeder Last, stabil arbeitet, muss er im Punkt größter Steigung K_{PS}, d. h. bei geringer Last eingefahren werden. Wenn er dann in dem Bereich kleiner Y-Werte stabil arbeitet, dann ist er erst recht im Bereich großer Y-Werte, d. h. bei hoher Last stabil. Bezogen auf die Stabilitätskurve (Bild 12-11) würde der Regelkreis im Punkt B eingefahren und mit zunehmender Last in Richtung auf den Punkt A wandern (siehe auch Bd. 1, Kap. 10).

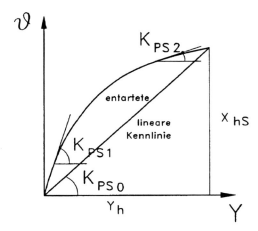

Bild 12-12: Regelstreckenkennlinie, linear und entartet mit Steigungen K_{PS}

Da Ventile mit gleichprozentiger Kennlinie umgekehrtes Verhalten zeigen, d. h. bei großen Y-Werten die größte Steigung K_{PS} aufweisen, müssen Regelkreise mit Wärmeübertragern, die mit gleichprozentigen Ventilen ausgestattet sind, bei großen Y-Werten (= große Last) eingefahren werden.

Da nicht immer bekannt ist, wie stark die Ventilentartung ist bzw. ob es sich um ein Linearventil oder ein Ventil mit gleichprozentiger Kennlinie handelt, soll hier eine einfache Möglichkeit der Identifizierung aufgezeigt werden:

Der Sollwert des Regelkreises wird so eingestellt, dass das Ventil ungefähr 50 % geöffnet hat. Dann wird der Proportionalbereich des Reglers so verändert, dass der Regelkreis leichte Schwingungen ausführt. Dabei ist es unerheblich, ob die Schwingungen auf- oder abgebaut werden. Es wird nun der Sollwert erniedrigt, so dass das Ventil in Richtung kleinerer Y-Werte wandert. Schaukelt sich der Regelkreis nun mehr auf, so liegt eine nach oben durchgebogene Kennlinie entsprechend Bild 12-12 vor, bauen die Schwingungen jedoch jetzt stark ab gegenüber $y = 50$ %, so ist ein Ventil mit gleichprozentiger Kennlinie eingebaut. Damit liegt dann fest, ob der Regelkreis im Bereich kleiner Stellgrößen oder im Bereich großer Stellgrößen einzufahren ist.

Das Optimieren des Regelkreises erfolgt entweder über die Aufnahme von Sprungantworten (siehe Bd. 1, Kap. 10) oder nach dem Verfahren von Ziegler/Nichols.

Letzteres beruht darauf, dass ein PID-Regler zunächst als P-Regler eingestellt wird (T_N gegen unendlich und $T_V = 0$). Dann wird der Proportionalbereich X_P so lange verändert, bis eine angenäherte Dauerschwingung vorliegt. Dabei beobachtet man am besten die Stellgröße Y, die jedoch immer zwischen $Y > 0$ und $Y < 100\,\%$ liegen muss. Die zu messende Schwingungsdauer wird als T_{krit} bezeichnet und kann in erster Näherung als Nachstellzeit T_N am PI-Regler eingestellt werden. Der zur Dauerschwingung gehörende Proportionalbereich $X_{P\text{krit}}$ dient zur optimalen Einstellung des P-Anteils im PI-Regler nach $X_{P\text{opt}} = (3 \text{ bis } 4)X_{P\text{krit}}$.

Beim Erhitzer mit temperaturgeregelter hydraulischer Schaltung ist das dynamische (= Zeit-)Verhalten der Regelstrecke immer konstant, so dass man sich in der Stabilitätskurve bei Veränderung der Ventilkennlinie nur in der Senkrechten bewegt. Wird jedoch das Zeitverhalten der Regelstrecke verändert, indem z. B. die Ventilatordrehzahl reduziert wird, so vergrößert sich die Totzeit T_t und man wandert in der Stabilitätskurve nach rechts hin zum instabilen Bereich (von C nach D in Bild 12-11). Damit der Regelkreis in allen Betriebszuständen stabil arbeitet, muss er im Zustand geringsten Volumenstromes eingefahren werden. Dann liegt man im Punkt D und bei zunehmender Ventilatordrehzahl wandert man in Richtung Punkt C, d. h. in Richtung größerer Stabilität.

Gleiches gilt auch für den mengengeregelten Kühlkreis. Je weiter das Ventil schließt, desto langsamer strömt das Wasser und desto größer wird die Tot- oder auch Transportzeit T_t. Da bei der Ventilstellung fast 0 % die Totzeit unendlich wird, muss hier ein Kompromiss eingegangen werden, d. h. der Regelkreis muss bei relativ kleinen Ventilstellungen (ca. 20 %) eingefahren werden.

Eine weitere Abhängigkeit des Stabilitätsverhaltens liegt in dem Regelbereich X_{hS} der Regelstrecke (= maximale Änderung der Regelgröße zwischen $Y = 0\,\%$ und $Y = 100\,\%$). Da der Proportionalbeiwert der Regelstrecke definiert ist als

$$K_{PS} = \frac{X_{hS}}{Y_h}$$

mit Y_h = Stellbereich = 100 %, ist die Stabilität um so besser, je kleiner der Regelbereich ist. Wenn in einer Klimaanlage mit Dampfbefeuchtung ein Vorerhitzer die Außenluft von $-12\,°C$ auf $+10\,°C$ und der Nacherhitzer die Zuluft nur noch von $+10\,°C$ auf $+28\,°C$ erwärmen muss, so ergibt sich bei gleicher Kreisverstärkung V_0 ein nahezu doppelt so großes K_{PR} des Reglerbeiwertes wie bei einer Anlage mit nur einem Erhitzer, der die Außenluft von $-12\,°C$ bis auf $+28\,°C$ erwärmen muss. Damit wäre die Empfindlichkeit des Reglers und damit die Reaktion auf Störungen um den Faktor 2 verbessert. Grundsätzlich ist eine Überdimensionierung für die Regelung immer von Nachteil. Das gilt sowohl für die Ventilauslegung als auch für die Ermittlung des Regelbereiches.

Literatur

[1] Arbeitskreis der Dozenten für Regelungstechnik: Regelungstechnik in der Versorgungstechnik, C. F. Müller/Hüthig Verlag, Karlsruhe, 3. Aufl. 1992.

[2] Arbeitskreis der Dozenten für Regelungstechnik: Digitale Regelung und Steuerung in der Versorgungstechnik (DDC-GA), Springer Verlag, Berlin/Heidelberg, 1995.

13 Luftbefeuchter

H. Brüggemann

Formelzeichen

c_{pl}	spezifische Wärmekapazität der trockenen Luft bei konstantem Druck	x	Feuchtegehalt
c_{pd}	spezifische Wärmekapazität des Wasserdampfes bei konstantem Druck	η_B	Befeuchtungsgrad
		ϱ	Dichte
		φ	relative Feuchte
E	Wasser-Luft-Zahl		
h	spezifische Enthalpie (h_{1+x})	*Indizes*	
k	Wäscherkonstante	d	Dampf
$\dot{m}$	Massenstrom	K	Kühlgrenze
P	Leistung	l	trockene Luft
p	Gesamtdruck	MI	Mischluft
p_S	Sättigungsdruck	NE	Nacherhitzer
$\dot{Q}$	Wärmestrom	P	Pumpe
r_0	spezifische Verdampfungsenthalpie des Wassers bei 0 °C	S	Sättigung
		UW	Umlaufwasser
t	Temperatur in °C	VE	Vorerhitzer
$\dot{V}$	Volumenstrom	VW	Verdunstungswasser

13.1 Einführung

Eine Befeuchtung der Luft ist bei Komfort-Klimaanlagen aus gesundheitlichen Aspekten erforderlich. Der Mensch verfügt zwar über kein Sinnesorgan, das die Luftfeuchtigkeit unmittelbar wahrnimmt, zu trockene Luft führt jedoch zu Schleimhautreizungen, allgemeinen Beschwerden und zu erhöhter Staubbildung. Stäube binden wiederum Keime und Bakterien, die entsprechende Krankheiten und Allergien auslösen können, auch als „Sick-Building-Syndrom" bekannt. Die untere Grenze für eine beschwerdefreie Raumluftfeuchte wird zur Zeit mit $\varphi = 30$ % angesehen [4] Kapitel 3, [12].

In vielen Industriebetrieben ist eine Befeuchtung der Luft prozessbedingt erforderlich, insbesondere bei hygroskopischen Materialien wie z. B. Papier, Garne, Leder, Kunststoffe etc. Definierte Luftfeuchtigkeiten sind auch erforderlich in Brauereien, Mälzereien, Pharma- und Lebensmittelindustrie. Entsprechende Anforderungen an die Luftfeuchtigkeit sind mit den Betreibern sorgfältig abzustimmen, Richtwerte sind in der Literatur zu finden [1], [3].

Grundsätzlich kann die Befeuchtung der Luft thermodynamisch auf zwei Arten erfolgen:

- Einbringen von Wasserdampf in Luft,
  je nach Dampfzustand findet eine geringe, meist vernachlässigbare Temperaturerhöhung des Gemisches statt, die Zustandsänderung ist quasi isotherm.

- Einbringen von Wasser in Luft,
  je nach Bauart des Befeuchters verdunsten unterschiedlich große Wassermengen an den Wasseroberflächen. Die in der Regel adiabate Zustandsänderung ist immer mit einer Abkühlung des Gemisches verbunden.

In den letzten Jahren hat die Luftbefeuchtung in der adiabaten Kühlung zum rationellen Energieeinsatz wieder an Bedeutung gewonnen. Bei der adiabaten Kühlung erfolgt eine Abkühlung der Luft durch Verdunstung. Einsatzgebiete findet man z. B. in der sorptionsgestützten **K**ühlung (SGK), im Kapitel 16 ist dieses SGK-Verfahren dargestellt. Eine andere Bezeichnung für dieses Verfahren ist die DEC-Technik (**D**esiccative and **E**vaporative **C**ooling) [2], [8].

13.2 Anforderungen

Für die Wahl des Befeuchtungsverfahrens sind folgende Gesichtspunkte zu beachten

- Hygienische Anforderungen

Beim Betrieb von Befeuchtereinrichtungen besteht grundsätzlich die Gefahr, dass mit dem Wasser Keime an die Luft übertragen werden. Bei allen raumlufttechnischen Anlagen für Büro-, Versammlungs- und vergleichbare Aufenthaltsräume ist dem hygienisch einwandfreien Betrieb besondere Aufmerksamkeit zu schenken [4] Kapitel 3, [11]. Besondere Anforderungen gelten für Krankenhäuser [13] und Reinräume. Grundsätzlich muss das zugespeiste Wasser Trinkwasserqualität besitzen, Umlaufsprüh- und Verdunstungsbefeuchter müssen mit einer Vorrichtung versehen sein, die Keime und Verunreinigungen aus dem Umlaufwasser abführt. Die Wasserspeicher der Befeuchter müssen vollständig entleert und getrocknet werden können. Vorzugsweise sollten Verdunstungsbefeuchter zum hygienisch einwandfreien Betrieb nur mit Frischwasser gespeist werden. Das zum Reinigen erforderliche Wasser sollte nicht als Umlaufwasser dienen.

Alle Materialien müssen korrosionsbeständig sein und dürfen mikrobiologisches Wachstum nicht fördern. Vorzugsweise sind geeignete Kunststoffe oder Edelstähle einzusetzen. Feuchte Kanäle infolge durchschlagender Tropfenabscheider oder kondensierenden Dampfes sind unbedingt zu vermeiden, um Brutstätten von Keimen zu verhindern. Grundsätzlich ist bei allen Luftbefeuchtern der Reinigung, Desinfektion und Wartung besondere Aufmerksamkeit zu schenken. Das Umlaufwasser darf eine maximale Keimzahl von 1000 Kolonie-bildenden Einheiten (KBE) pro ml nicht überschreiten [11]. Das Wartungspersonal muss hygienisch geschult sein. Der VDI-Richtlinie 6022 [11] entsprechend sind bei Umlaufbefeuchtern alle 14 Tage Keimmessungen durchzuführen. Wartungsarbeiten sollten monatlich, bei Dampfbefeuchtern alle drei Monate erfolgen. Alle zwei Jahre sind Hygieneinspektionen durchzuführen [11].

- Wirtschaftlichkeit

Die Wirtschaftlichkeit der Befeuchtung wird im wesentlichen beeinflusst von den Investitionskosten, den Kosten für Wasser und Wasseraufbereitung sowie für Wartung,

Inspektion und Instandhaltung. Weitere Kosten verursachen luftseitige Druckverluste und elektrische Energie der Hilfsaggregate.

● Regelbarkeit

Die Regelbarkeit entscheidet über die Regelgenauigkeit der Feuchteregelung und über die Wirtschaftlichkeit bei der Einbindung des Befeuchters in die Gesamtanlage.

13.3 Verdunstungsbefeuchter

Für die Lösung einer entsprechenden Aufgabenstellung zur Luftbefeuchtung stehen folgende Verdunstungsbefeuchter zur Verfügung

● Düsenbefeuchter („Luftwäscher")

● Zerstäubungsbefeuchter (z. B. Scheibenbefeuchter, Zweistoffdüsenbefeuchter, Hochdruckzerstäuber, Ultraschallbefeuchter)

● Rieselbefeuchter, Hybridbefeuchter

● Winglet-Wirbel-Befeuchter

13.3.1 Düsenbefeuchter

Im Düsenbefeuchter kommt durchströmende Luft (1) in Kontakt mit einer großen Menge zerstäubten Wassers. Eine Umwälzpumpe (3) saugt Wasser aus der Wäscherwanne (4) und fördert das Wasser zu den Düsenstöcken (5). Die Luft tritt über einen Gleichrichter (6) in die Düsenkammer, wird befeuchtet, abgekühlt und über einen Tropfenabscheider (7) in Richtung Zuluftkanal (2) gefördert. Die Wanne ist mit einem Schwimmerventil (8), einem Überlauf (9) und einer Entleerung (10) ausgerüstet.

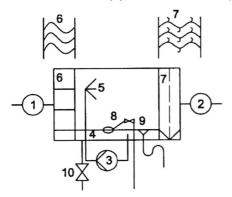 

Bild 13-1: Aufbau eines adiabaten Düsenbefeuchters, Werkbild [15]

Im stationären Betrieb erfolgt unter Vernachlässigung der Energiezufuhr durch die Umwälzpumpe eine adiabate Zustandsänderung der Luft. Die Zustandsänderung der feuchten Luft verläuft auf der verlängerten Nebelisothermen durch den Wäschereintrittszustand (1) näherungsweise auf einer Isenthalpen. Theoretisch kann der Kühlgrenzzustand (K) auf der Sättigungslinie $\varphi = 1$ erreicht werden. In der Praxis endet die Zustandsänderung vor der Sättigungslinie im Zustandspunkt (2) [4] Kap 5.

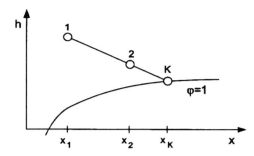

Bild 13-2: Zustandsänderung feuchter Luft
im adiabaten Düsenbefeuchter

Für die Praxis hat sich die Definition eines Befeuchtungsgrades η_B (auch „Wäscher-
wirkungsgrad" genannt) bewährt

$$\eta_B = \frac{x_2 - x_1}{x_K - x_1}. \tag{13-1}$$

Der Befeuchtungsgrad ist abhängig von der Bauart und Größe des Wäschers, der
Düsenart und der Düsenanzahl, dem Wasserdruck in den Düsen, der Sprührichtung
und in geringem Maße von der Luftgeschwindigkeit, die in der Regel 2 bis 3 m/s
beträgt.

Bei gegebener Wäscherkonstruktion hat die Wasser-Luft-Zahl E einen wesentlichen
Einfluss auf den Befeuchtungsgrad

$$E = \frac{\dot{m}_{UW}}{\dot{m}_l}, \tag{13-2}$$

mit $\dot{m}_{UW}$ als Massenstrom des Umlaufwassers und $\dot{m}_l$ als Massenstrom der trockenen
Luft.

In erster Näherung gilt

$$\eta_B = 1 - \mathrm{e}^{-k\,E}, \tag{13-3}$$

in engen Bereichen von η_B und E ist k eine Konstante.

Der Befeuchtungsgrad wird in Abhängikeit von der Wasser-Luft-Zahl von den Herstellern experimentell ermittelt. Über die Drehzahl der Umwälzpumpe, z. B. mit Hilfe
eines Frequenzumrichters, lässt sich der Befeuchtungsgrad regeln, der Regelbereich
liegt zwischen $0{,}1 < \eta_B < 0{,}9$. Einen typischen Befeuchtungsgrad in Abhängigkeit
von der Wasser-Luft-Zahl zeigt Bild 13-3.

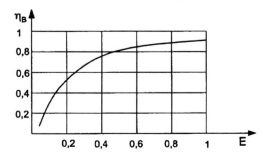

Bild 13-3: Befeuchtungsgrad $\eta_B = \mathrm{f}\,(E)$

Bei den Luftwäschern ist die Hygiene besonders zu beachten, da sich im Umlaufwasser Keime, Hefe- und Schimmelpilze verstärkt entwickeln können. Bei der Verdunstung des Wassers in der Luft bleiben Salze und Schmutzbestandteile im Umlaufwasser zurück. Um die zulässige Eindickung des Umlaufwassers nicht zu überschreiten, muss eine Wassermenge von etwa 2 % des Umlaufwassermassenstroms mit Hilfe eines Überlaufs abgeführt werden. Es kann auch ein kontinuierliches Überwachen des Salzgehaltes über eine Leitfähigkeitmessung erfolgen und die erforderliche Überlaufwassermenge geregelt werden [15]. Da das Wasser-Luftgemisch sehr aggressiv wirkt, müssen korrosionsbeständige Werkstoffe für Gehäuse, Gleichrichter und Tropfenabscheider verwendet werden, z. B. GFK Werkstoffe (Glasfaserverstärkte Kunststoffe) oder Edelstähle. Alle Wände müssen glatt sein, Schmutzecken sind zu vermeiden, eine restlose Entleerung von Wanne und Düsenstöcken muss möglich sein. Bei Anlagenstillstand muss der Wäscher automatisch entleert und durch Ventilatornachlauf trockengeblasen werden. Eine tägliche Entleerung, Reinigung und Trockenblasen wird empfohlen. Statt permanenter Abschlämmung kann auch ein kompletter Reinigungslauf mit Entleeren und Ausspülen der Wanne erfolgen [15]. In der VDI Richtlinie 6022 [11] ist eine Checkliste für Wartung und Inspektion enthalten.

Beispiel 13-1: Für eine RLT-Anlage mit Wäscherbefeuchtung vom Typ H, B-AU sind bei einem konstanten Luftdruck von 1 bar folgende Größen angenommen:

Zuluftvolumenstrom 10 000 m^3/h

Außenluftzustand (1) $-10\,°C$ / 80 %, Zuluftzustand (4) $30\,°C$ / 5 g/kg

Befeuchtungsgrad $\eta_B = 0,75$, Wasser/Luftzahl $E = 0,4$ (Daten sind Herstellerangaben zu entnehmen)

Druckerhöhung der Pumpe $\Delta p_{ges} = 4$ bar, Wirkungsgrad der Pumpe $\eta_P = 0,5$ (Daten sind hier angenommen, sie sind bei konkreten Anlagen zu berechnen bzw. Herstellerangaben zu entnehmen).

Es sind zu ermitteln: a) Zustandsänderungen der Luft, Wasserverbrauch, Leistungen der Erhitzer und der Wäscherpumpe,

b) Wie ändern sich die Größen, wenn durch polumschaltbaren Motor des Ventilators der Zuluftvolumenstrom auf 5000 m^3/h reduziert wird?

Lösung: a) Der Feuchtegehalt der Zuluft wird durch die Wäschereintrittstemperatur und durch den Befeuchtungsgrad bestimmt.

Die fehlenden Zustandsgrößen lassen sich mit den Grundgleichungen, die in [4] Band 1 Kap. 5.2 dargestellt sind, berechnen. Schneller, aber ungenauer folgen die fehlenden Zustandsgrößen graphisch aus dem h, x-Diagramm.

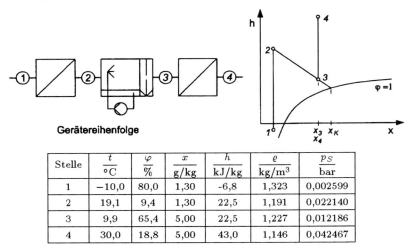

Gerätereihenfolge

Stelle	$\dfrac{t}{°C}$	$\dfrac{\varphi}{\%}$	$\dfrac{x}{g/kg}$	$\dfrac{h}{kJ/kg}$	$\dfrac{\varrho}{kg/m^3}$	$\dfrac{p_S}{bar}$
1	−10,0	80,0	1,30	-6,8	1,323	0,002599
2	19,1	9,4	1,30	22,5	1,191	0,022140
3	9,9	65,4	5,00	22,5	1,227	0,012186
4	30,0	18,8	5,00	43,0	1,146	0,042467

Bei einer adiabaten Zustandsänderung im Wäscher lässt sich der Sättigungszustand ermitteln. Mit Gl. (13-1) gilt:

$$x_K = \frac{x_4 - x_1}{\eta_B} + x_1 = \frac{0,005 - 0,0013}{0,75} + 0,0013 = 0,00623$$

mit

$$x_K = x_S = 0,622 \frac{p_S}{p - p_S}$$

gilt

$$p_S = \frac{p\, x_S}{0,622 + x_S} = \frac{1 \text{ bar} \cdot 0,00623}{0,622 + 0,00623} = 0,009917 \text{ bar},$$

mit [4] Band 1 Tabelle 5.1 folgt aus der Dampfdruckkurve die Kühlgrenztemperatur auf der Sättigungslinie $\varphi = 1$

$$t_S = \left[\left(\frac{p_S}{288,68 \text{ Pa}} \right)^{\frac{1}{8,02}} - 1,098 \right] 100\,°C = \left[\left(\frac{991,70 \text{ Pa}}{288,68 \text{ Pa}} \right)^{\frac{1}{8,02}} - 1,098 \right] 100\,°C = 6,83\,°C$$

bei adiabater Zustandsänderung folgt der Wäschereintrittszustand mit

$$h_S \approx h_3 \approx h_2 = c_{pl}\, t_S + x_S (r_0 + c_{pd}\, t_S)$$
$$= 1,006 \frac{\text{kJ}}{\text{kg K}} \cdot 6,83\,°C + 0,00623 \cdot \left(2500,9 \frac{\text{kJ}}{\text{kg}} + 1,86 \frac{\text{kJ}}{\text{kg K}} \cdot 6,83\,°C \right) = 22,53 \frac{\text{kJ}}{\text{kg}}$$

$$t_2 = \frac{h_2 - x_2\, r_0}{c_{pl} + x_2\, c_{pd}} = \frac{22,53 \frac{\text{kJ}}{\text{kg}} - 0,0013 \cdot 2500,9 \frac{\text{kJ}}{\text{kg}}}{1,006 \frac{\text{kJ}}{\text{kg K}} + 0,0013 \cdot 1,86 \frac{\text{kJ}}{\text{kg K}}} = 19,12\,°C$$

$$\varphi_2 = \frac{x_2\, p}{p_S (0,622 + x_2)} = \frac{0,0013 \cdot 1 \text{ bar}}{0,022140 \text{ bar} \cdot (0,622 + 0,0013)} = 0,094.$$

Die Werte für den Wäscheraustrittszustand in obiger Tabelle sind entsprechend berechnet.

Der Umlaufwassermassenstrom folgt aus der Wasser-Luft-Zahl mit dem Massenstrom der trockenen Luft

$$\dot{m}_l = \frac{\dot{V}_4\, \varrho_4}{1 + x_4} = \frac{10\,000 \text{ m}^3 \cdot 1,146 \text{ kg}}{3600 \text{ s} \cdot (1 + 0,005) \text{m}^3} = 3,167 \frac{\text{kg}}{\text{s}}$$

$$\dot{m}_{UW} = E\, \dot{m}_l = 0,4 \cdot 3,167 \frac{\text{kg}}{\text{s}} = 1,267 \frac{\text{kg}}{\text{s}} = 4561 \frac{\text{kg}}{\text{h}}$$

der verdunstete Wassermassenstrom wird an die Zuluft übertragen

$$\dot{m}_{VW} = \dot{m}_l (x_3 - x_4) = 3,167 \frac{\text{kg}}{\text{s}} \cdot (0,005 - 0,0013) = 0,0117 \frac{\text{kg}}{\text{s}} = 42,18 \frac{\text{kg}}{\text{h}}.$$

Die Pumpenleistung für den Wasserumlauf beträgt

$$P_P = \frac{\dot{m}_{UW}\, \Delta p_{ges}}{\varrho_W\, \eta_P} = \frac{1,267 \text{ kg} \cdot 400 \text{ kN m}^3}{\text{s m}^2 \cdot 1000 \text{ kg} \cdot 0,5} = 1,01 \text{ kW}.$$

Für den Vorerhitzer ist dann eine thermische Leistung erforderlich von

$$\dot{Q}_{VE} = \dot{m}_l (h_2 - h_1) = 3,167 \frac{\text{kg}}{\text{s}} \cdot \left(22,5 \frac{\text{kJ}}{\text{kg}} - \left(-6,8 \frac{\text{kJ}}{\text{kg}} \right) \right) = 92,79 \text{ kW}$$

und für den Nacherhitzer

$$\dot{Q}_{NE} = \dot{m}_l(h_4 - h_3) = 3{,}167\frac{\text{kg}}{\text{s}} \cdot \left(43{,}0\frac{\text{kJ}}{\text{kg}} - 22{,}5\frac{\text{kJ}}{\text{kg}}\right) = 64{,}92 \text{ kW.}$$

b) Bei konstant durchlaufendem Wäscher ergibt sich bei halbem Volumenstrom die doppelte Wasser-Luft-Zahl von $E = 2 \cdot 0{,}4 = 0{,}8$.

In grober Näherung gilt mit Gl. (13-3)

$$k = \frac{-\ln(1 - \eta_B)}{E} = \frac{-\ln(1 - 0{,}75)}{0{,}4} = 3{,}47 \quad \text{und} \quad \eta_B = 1 - e^{-3{,}47 \cdot 0{,}8} = 0{,}94,$$

genauer ist natürlich die messtechnisch ermittelte Wäscherkennlinie $\eta_B = f(E)$, die von den Wäscherkonstruktionen abhängig ist und von den meisten Herstellern angegeben wird.

Die Ermittlung der Zustandsgrößen erfolgt wie bei a) mit

$$x_K = x_S = 0{,}00524; \quad p_S = 0{,}008354 \text{ bar}; \quad t_S = 4{,}25\,^\circ\text{C}; \quad h_S = 17{,}4\frac{\text{kJ}}{\text{kg}}.$$

Stelle	$\dfrac{t}{^\circ\text{C}}$	$\dfrac{\varphi}{\%}$	$\dfrac{x}{\text{g/kg}}$	$\dfrac{h}{\text{kJ/kg}}$	$\dfrac{\varrho}{\text{kg/m}^3}$	$\dfrac{p_S}{\text{bar}}$
1	−10,0	80,0	1,30	-6,8	1,323	0,002599
2	14,0	13,0	1,30	17,4	1,212	0,015989
3	4,8	92,6	5,00	17,4	1,250	0,008611
4	30,0	18,8	5,00	43,0	1,146	0,042467

mit

$$\dot{m}_l = \frac{5000 \text{ m}^3 \cdot 1{,}146 \text{ kg}}{3600 \text{ s} \cdot (1 + 0{,}005)\text{m}^3} = 1{,}584\frac{\text{kg}}{\text{s}} \qquad \dot{m}_{VW} = 0{,}00586\frac{\text{kg}}{\text{s}} \qquad \dot{m}_{UW} = 1{,}267\frac{\text{kg}}{\text{s}}$$

folgen die Leistungen

$$\dot{Q}_{VE} = 1{,}584\frac{\text{kg}}{\text{s}} \cdot \left(17{,}4\frac{\text{kJ}}{\text{kg}} - (-6{,}8)\frac{\text{kJ}}{\text{kg}}\right) = 38{,}33 \text{ kW,}$$

$$\dot{Q}_{NE} = 1{,}584\frac{\text{kg}}{\text{s}} \cdot \left(43{,}0\frac{\text{kJ}}{\text{kg}} - 17{,}4\frac{\text{kJ}}{\text{kg}}\right) = 40{,}55 \text{ kW.}$$

Die Pumpenleistung ist wegen des konstanten Umlaufwassermassenstroms natürlich konstant geblieben, die gesamte Erhitzerleistung hat sich wegen des halben Luftmassenstroms gegenüber a) halbiert, die prozentuale Aufteilung hat sich aber bei den Erhitzern mit dem unterschiedlichen Befeuchtungsgrad geändert. Der Vorerhitzer regelt über die Wäschereintrittstemperatur den Feuchtegehalt.

Beispiel 13-2: Für eine RLT-Anlage mit Wäscherbefeuchtung vom Typ H, K, B-MI sind bei einem konstanten Luftdruck von 1 bar folgende Größen angenommen:

Zuluftvolumenstrom 10 000 m³/h, Mindestaußenluftvolumenstrom 4000 m³/h

Raumluftzustand (1) 22 °C / 40 %, Zuluftzustand (6) 18 °C / 6,5 g/kg.

Die Anlage wird betrieben a) mit einem durchlaufenden Wäscher $\eta_B = 0{,}8$ und konstanter Außenluftrate

b) mit regelbarem Wäscher $0{,}1 < \eta_B < 0{,}8$ und geregelter Mischkammer.

Es sind der Anlagenaufbau zu skizzieren und die Zustandsänderungen zu ermitteln für folgende Außenluftzustände: −10 °C / 80 %; 15 °C / 50 %; 22 °C / 30 %.

a) Die Ermittlung der Zustandsgrößen erfolgt wie im Bsp. 13-1

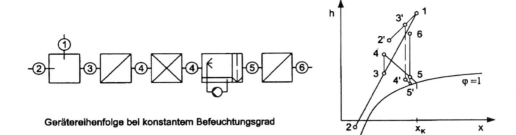

Gerätereihenfolge bei konstantem Befeuchtungsgrad

Stelle	$\dfrac{t}{^\circ\mathrm{C}}$	$\dfrac{\varphi}{\%}$	$\dfrac{x}{\mathrm{g/kg}}$	$\dfrac{h}{\mathrm{kJ/kg}}$	$\dfrac{p_S}{\mathrm{bar}}$
1	22,0	40,0	6,65	39,0	0,026452
2	−10,0	80,0	1,30	−6,8	0,002599
3	9,3	61,4	4,51	20,7	0,011728
4	14,7	43,0	4,51	26,2	0,016737
5	9,8	85,3	6,50	26,2	0,012129
6	18,0	50,1	6,50	34,6	0,020647

Der Mischungszustand folgt mit den Gleichungen aus [4] Band 1 Kap. 5.7.1. Vereinfachend werden hier statt des Massenstroms der trockenen Luft die Volumenströme der feuchten Luft eingesetzt. Diese Annahme ist zulässig bei kleinen Dichte- und Feuchtegehalts-Unterschieden der Außen- und Umluft.

$$x_{MI} = x_3 = \frac{x_1\,\dot{V}_1 + x_2\,\dot{V}_2}{\dot{V}_1 + \dot{V}_2} = \frac{0{,}00665 \cdot 6000\,\dfrac{\mathrm{m}^3}{\mathrm{h}} + 0{,}0013 \cdot 4000\,\dfrac{\mathrm{m}^3}{\mathrm{h}}}{10\,000\,\dfrac{\mathrm{m}^3}{\mathrm{h}}} = 0{,}00451$$

$$h_{MI} = h_3 = \frac{h_1\,\dot{V}_1 + h_2\,\dot{V}_2}{\dot{V}_1 + \dot{V}_2} = \frac{39{,}0\,\dfrac{\mathrm{kJ}}{\mathrm{kg}} \cdot 6000\,\dfrac{\mathrm{m}^3}{\mathrm{h}} + (-6{,}8)\,\dfrac{\mathrm{kJ}}{\mathrm{kg}} \cdot 4000\,\dfrac{\mathrm{m}^3}{\mathrm{h}}}{10\,000\,\dfrac{\mathrm{m}^3}{\mathrm{h}}} = 20{,}68\,\dfrac{\mathrm{kJ}}{\mathrm{kg}}.$$

Bei adiabater Zustandsänderung des Wäschers folgt der Sättigungszustand mit

$$x_K = x_S = \frac{x_5 - x_4}{\eta_B} + x_4 = \frac{0{,}00650 - 0{,}00451}{0{,}8} + 0{,}00451 = 0{,}00700$$

und

$$p_S = 0{,}011129\ \mathrm{bar}; \qquad t_S = 8{,}52\,^\circ\mathrm{C}; \qquad h_S = 26{,}18\ \mathrm{kJ/kg}$$

$$x_{3'} = \frac{0{,}00665 \cdot 6000\,\dfrac{\mathrm{m}^3}{\mathrm{h}} + 0{,}00535 \cdot 4000\,\dfrac{\mathrm{m}^3}{\mathrm{h}}}{10\,000\,\dfrac{\mathrm{m}^3}{\mathrm{h}}} = 0{,}00613$$

$$h_{3'} = \frac{39{,}0\,\dfrac{\mathrm{kJ}}{\mathrm{kg}} \cdot 6000\,\dfrac{\mathrm{m}^3}{\mathrm{h}} + 28{,}6\,\dfrac{\mathrm{kJ}}{\mathrm{kg}} \cdot 4000\,\dfrac{\mathrm{m}^3}{\mathrm{h}}}{10\,000\,\dfrac{\mathrm{m}^3}{\mathrm{h}}} = 34{,}84\,\dfrac{\mathrm{kJ}}{\mathrm{kg}}$$

$$x_{S'} = 0{,}00659; \qquad p_{S'} = 0{,}010484\ \mathrm{bar}; \qquad t_{S'} = 7{,}64\,^\circ\mathrm{C}; \qquad h_{S'} = 24{,}25\ \mathrm{kJ/kg}$$

$$x_{3''} = \frac{0{,}00665 \cdot 6000\,\dfrac{\text{m}^3}{\text{h}} + 0{,}00497 \cdot 4000\,\dfrac{\text{m}^3}{\text{h}}}{10\,000\,\dfrac{\text{m}^3}{\text{h}}} = 0{,}00598$$

$$h_{3''} = \frac{39{,}0\,\dfrac{\text{kJ}}{\text{kg}} \cdot 6000\,\dfrac{\text{m}^3}{\text{h}} + 34{,}7\,\dfrac{\text{kJ}}{\text{kg}} \cdot 4000\,\dfrac{\text{m}^3}{\text{h}}}{10\,000\,\dfrac{\text{m}^3}{\text{h}}} = 37{,}28\,\frac{\text{kJ}}{\text{kg}}$$

$$x_{S''} = 0{,}00663; \qquad p_{S''} = 0{,}010547\ \text{bar}; \qquad t_{S''} = 7{,}73\,^\circ\text{C}; \qquad h_{S''} = 24{,}45\ \text{kJ/kg}$$

Stelle	$\dfrac{t}{^\circ\text{C}}$	$\dfrac{\varphi}{\%}$	$\dfrac{x}{\text{g/kg}}$	$\dfrac{h}{\text{kJ/kg}}$	$\dfrac{p_S}{\text{bar}}$
1	22,0	40,0	6,65	39,0	0,026452
2′	15,0	50,0	5,35	28,6	0,017057
3′	19,1	44,1	6,13	34,8	0,022113
4′	8,8	84,6	6,13	24,3	0,011316
5′	7,9	97,0	6,50	24,3	0,010667
6	18,0	50,1	6,50	34,6	0,020647
2″	22,0	30,0	4,97	34,7	0,026433
3″	22,0	36,1	5,98	37,3	0,026433
4″	9,4	80,7	5,98	24,5	0,011807
5″	8,1	95,6	6,5	24,5	0,010813

b) Geregelter Wäscher

Das folgende Bild zeigt den Anlagenaufbau für einen geregelten Wäscher mit einer geregelten Mischkammer.

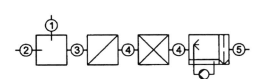

Gerätereihenfolge beim geregelten Wäscher

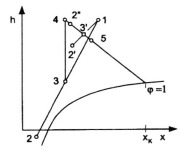

Beim geregelten Wäscher ist es sinnvoll, den Zuluftzustand mit dem Wäscheraustrittszustand zu erreichen. Ein Nacherhitzer nach dem Wäscher ist nicht erforderlich. Die Zulufttemperatur wird ausschließlich durch die Veränderung der Wäschereintrittstemperatur geregelt, die Zuluftfeuchte wird durch Veränderung des Befeuchtungsgrades erreicht. Der Befeuchtungsgrad lässt sich z. B. über die Regelung der Pumpendrehzahl verändern.

Bei dem Außenluftzustand $-10\,^\circ\text{C}$ / $80\,\%$ ist es sinnvoll, die minimale Außenluftrate zu fahren (der Mischpunkt (3) errechnet sich wie bei dem ungeregelten Wäscher).

Bei adiabater Zustandsänderung des Wäschers gilt $h_4 = h_5 = h_S = 34{,}6\ \text{kJ/kg}$. Mit $x_3 = x_4$ beträgt die Wäschereintrittstemperatur

$$t_4 = \frac{h_5 - x_3\, r_0}{c_{pl} + x_3\, c_{pd}} = \frac{34{,}6\,\dfrac{\text{kJ}}{\text{kg}} - 0{,}00451 \cdot 2500{,}9\,\dfrac{\text{kJ}}{\text{kg}}}{1{,}006\,\dfrac{\text{kJ}}{\text{kg K}} + 0{,}00451 \cdot 1{,}86\,\dfrac{\text{kJ}}{\text{kg K}}} = 23{,}0\,^\circ\text{C}.$$

Bei dem Außenluftzustand 15 °C / 50 % ist die Mischkammer zu regeln. Mit $h_{3'} = h_S$ ergibt sich der erforderliche Außenluftvolumenstrom dann zu

$$\dot{V}_{2'} = \frac{h_{3'} - h_1}{h_{2'} - h_1} \dot{V}_{\text{ges}} = \frac{34{,}6\dfrac{\text{kJ}}{\text{kg}} - 39{,}0\dfrac{\text{kJ}}{\text{kg}}}{28{,}6\dfrac{\text{kJ}}{\text{kg}} - 39\dfrac{\text{kJ}}{\text{kg}}} \cdot 10\,000\,\frac{\text{m}^3}{\text{h}} = 4231\,\frac{\text{m}^3}{\text{h}},$$

$$\dot{V}_{1'} = \dot{V}_{\text{ges}} - \dot{V}_{2'} = 5769\,\frac{\text{m}^3}{\text{h}},$$

es ist also sinnvoll, das Kühlpotential der Außenluft zu nutzen und den Außenluftvolumenstrom zu erhöhen. Die Mischkammer muss dann in Sequenz zum Erhitzer und Kühler geregelt werden. Mit den erforderlichen Volumenströmen beträgt dann die Mischluftfeuchte

$$x_{3'} = \frac{x_1 \dot{V}_{1'} + x_2 \dot{V}_{2'}}{\dot{V}_{1'} + \dot{V}_{2'}} = \frac{0{,}00665 \cdot 5769\,\dfrac{\text{m}^3}{\text{h}} + 0{,}00535 \cdot 4231\,\dfrac{\text{m}^3}{\text{h}}}{10\,000\,\dfrac{\text{m}^3}{\text{h}}} = 0{,}00610$$

und die Mischlufttemperatur

$$t_{3'} = \frac{34{,}6\dfrac{\text{kJ}}{\text{kg}} - 0{,}00610 \cdot 2500{,}9\dfrac{\text{kJ}}{\text{kg}}}{1{,}006\dfrac{\text{kJ}}{\text{kg\,K}} + 0{,}00610 \cdot 1{,}86\dfrac{\text{kJ}}{\text{kg\,K}}} = 19{,}0\,°\text{C}.$$

Stelle	t °C	φ %	x g/kg	h kJ/kg	p_S bar
1	22,0	40,0	6,65	39,0	0,026452
2	−10,0	80,0	1,30	−6,8	0,002599
3	9,3	61,4	4,51	20,7	0,011728
4	23,0	25,6	4,51	34,6	0,028109
5	18,0	50,1	6,50	34,6	0,020647
2'	15,0	50,0	5,35	28,6	0,017057
3'	19,0	42,2	6,10	34,6	0,021982
2''	22,0	30,0	4,97	34,7	0,026452

Bei dem Außenluftzustand 2'' kann man den Zuluftzustand in etwa nur durch die adiabate Wäscherbefeuchtung erreichen. Bei noch höherer Außenluftenthalpie muss die Außenluft zunächst gekühlt und dann befeuchtet werden. Bei gleitender Raumluftfeuchte wäre es kostengünstiger, die Zuluftfeuchte zu erhöhen und die Temperatur am Wäscheraustritt zu regeln. Mit der DDC-Technik ist diese h, x geführte Regelung möglich.

Um Energiekosten zu sparen, ist die Mischkammer in die Zulufttemperaturregelung einzubinden und der Befeuchtungsgrad des Wäschers zu regeln. Der Anlagenaufbau hat also erhebliche Auswirkungen auf die Energiekosten und die Regelungsstrategie der Anlage. Zur Beurteilung des Anlagenaufbaus ist eine Betrachtung der Zustandsänderungen im h, x-Diagramm unerlässlich. Um den Zuluftzustand im Beispiel a) zu erreichen, müssen für die exemplarisch gewählten Außenluftzustände 2' und 2'' die Mischluft gekühlt, befeuchtet und anschließend wieder erwärmt werden. Im Beispiel b) ist der entsprechende Zuluftzustand nur durch Mischung der Außen- und Abluft sowie anschließender adiabater Kühlung im Wäscher zu erreichen, es fallen also keine Kosten für die Erwärmung und Kühlung der Luft an.

Die Berechnung der jeweiligen Jahresenergiekosten kann mit einer Anlagensimulation erfolgen. Die Wetterdaten einschließlich der statistischen Jahresverteilung und die zugehörigen Raumlasten müssen bekannt sein. Einige Beispiele sind im Kapitel 20 dargestellt und berechnet.

13.3.2 Zerstäubungsbefeuchter

Beim Zerstäubungsbefeuchter wird der Luft fein zerstäubtes Wasser zugeführt. Durch die Zerstäubung entstehen sehr große Oberflächen, die den Stoff- und Wärmeübergang begünstigen und das Wasser in sehr kurzer Zeit verdunsten lassen.

Mechanischer Zerstäuber

Eine übliche Bauart ist der Zentrifugalzerstäuber, auch Scheibenbefeuchter oder Rotationsbefeuchter genannt (Bild 13-4).

Bild 13-4: Zentrifugalzerstäuber als Wandgerät für Hallen [1], [20]

Beim Zentrifugalzerstäuber wird Wasser auf eine rotierende Scheibe gepumpt, auf der Schleuderscheibe wird das Wasser infolge der Zentrifugalkräfte nach außen geschleudert. Am Rand der Scheibe befindet sich ein Zerstäubungskranz, der das Wasser in feinsten Wassernebel von ca. 5 µm bis 10 µm im Durchmesser zerstäubt, dieser Aerosolnebel wird der Raumluft direkt zugeführt. Nicht zerstäubte Wassertropfen werden über eine Ablaufvorrichtung abgeführt. Bei diesem Verfahren bleiben alle im Wasser enthaltenen Stoffe in der Luft. So bleiben z. B. Salze als feine Teilchen in der Luft. Es ist zu empfehlen, entsalztes Wasser zu verwenden und die Luft zu filtern.

Mechanische Zerstäuber sind geeignet zur direkten Raumbefeuchtung in großen Räumen und Hallen, z. B. in der Druck-, Papier-, Textil- und Holzindustrie.

Düsenzerstäuber

Im Zweistoffdüsenbefeuchter wird Druckluft zur tropfenfreien Zerstäubung des Wassers genutzt. Zweistoffdüsen werden ebenfalls in der Direktraumbefeuchtung eingesetzt, z. B. in der Druck-, Papier-, Textil-, Holz- und Kunststoffindustrie.

Das Befeuchtungssystem nach Bild 13-5 arbeitet nach dem Injektionsprinzip. Die Druckluft von 7 bis 10 bar durchströmt das Magnetventil (1) und das Reduzierventil (2) bis zur Düse (9) und erzeugt in der Wasserleitung zwischen Vakuumventil (7) und der Düse (9) einen Unterdruck. Die Druckluft muss trocken, öl- und partikelfrei sein. Das Wasser strömt über das geöffnete druckluftgesteuerte Wasserabsperrventil (4) in das Vakuumventil (7). Die Düse (9) saugt das Wasser an und zerstäubt es in sehr feine Aerosole. Im Stillstand sind das Magnetventil (1) und das Wasserabsperrventil (4) geschlossen. Das Vakuum in der Wasserleitung von (7) nach (9) wird abgebaut und die Düse über eine federbelastete Kolbenstange mit einer Nadel verschlossen. Die Nadel dient auch zur Reinigung der Düse. Das Wasser muss Trinkwasserqualität besitzen und partikelfrei sein. Beim Einsatz von vollentsalztem Wasser sind alle Leitungen wegen der Korrosionsgefahr aus Kunststoff oder rostfreiem Material auszuführen. Die Feuchteregelung erfolgt in der Regel taktend durch Ein- Ausschaltung, eine stetige Raumluft-Feuchteregelung ist möglich [18].

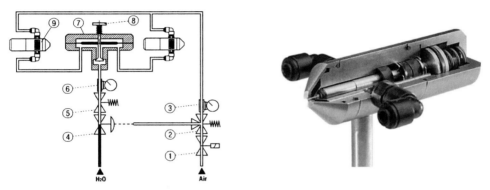

Bild 13-5: Funktionsschema der Zweistoffdüsenbefeuchtung mit Düse, Werkbild [18]

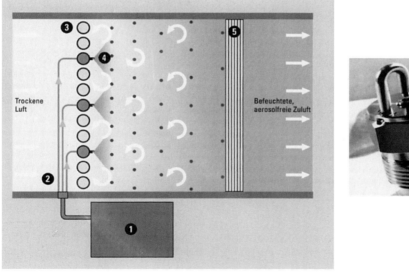

Bild 13-6: Hochdruckzerstäuber [16]

Bild 13-6 zeigt eine Hochdruckzerstäubung mit anschließender Verdunstungseinheit, auch als „Cold Fog" Hochdruckzerstäubung bezeichnet. Entsalztes und partikelfreies Wasser wird über eine Pumpenstation (1) auf einen Druck von maximal 70 bar erhöht und über Zerstäubungsdüsen (3) mit Aufpralleinheit (4) in Aerosole mit Durchmessern von 3 μm bis 30 μm zerstäubt. Eine nachgeschaltete Verdunstungseinheit (5) erhöht den Befeuchtungsgrad und führt zu einem aerosolfreien Austritt der Luft aus dem Befeuchter. Die Feuchteregelung erfolgt durch Änderung des Pumpendrucks. Im Druckbereich von 7 bis 70 bar kann die Zerstäubungsmenge von 30 % bis 100 % geregelt werden. [16]

Ultraschallzerstäuber

Ultraschallbefeuchter eignen sich für den Kanaleinbau und für Direktraumbefeuchtung. Sie bestehen aus einem Wasserbehälter mit Überlauf, Magnetventil, Schwimmerschalter und Schwinger. Der Keramikschwinger wird elektronisch mit einer Frequenz von ca. 1,7 MHz angeregt. Durch die hochfrequenten Schwingungen entstehen an der Wasseroberfläche über dem Schwinger Wassersäulen und durch Kavitation kleine Blasen. Am Rand der Wassersäulen zerstäuben diese Blasen feinste Wasserpartikel, die Aerosole haben einen Durchmesser bis zu 1 μm. Ultraschallbefeuchter werden mit voll entsalztem Wasser betrieben. Auslegung und Einbaurichtlinien erfolgen nach Herstellerunterlagen [17]. Die Regelung der Befeuchter kann stufenlos erfolgen.

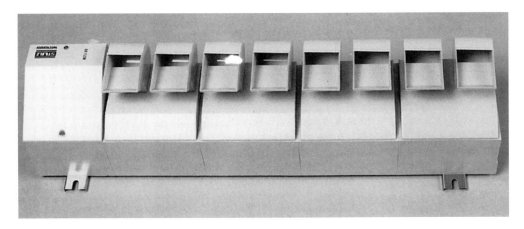

Bild 13-7: Ultraschallbefeuchter [17]

13.3.3 Rieselbefeuchter

Im Rieselbefeuchter durchströmt Luft eine wasserbenetzte Oberfläche. Die Luft wird wie beim Düsenbefeuchter und bei den Zerstäubungsbefeuchtern adiabat abgekühlt und befeuchtet. Neben der Befeuchtung tritt auch ein Reinigungseffekt auf, die benetzte Oberfläche wirkt als Nassfilter. Die in früheren Jahren bevorzugte Betriebsweise mit Umlaufwasser hat sich aus hygienischen Gründen nicht bewährt, da sich das Umlaufwasser ähnlich wie beim Düsenbefeuchter mit Staub und Keimen anreichert. Bewährt haben sich neuere Entwicklungen mit inerten, porösen Keramikkörpern als Füllmaterial.

Eine Weiterentwicklung des Rieselbefeuchters ist eine Kombination aus Zerstäuber- und Verdunsterteil, am Markt auch als Hybridbefeuchter bekannt [18]. Der Hybridbefeuchter wird mit vollentsalztem Wasser aus der Umkehr-Osmoseanlage betrieben. Das Wasser wird mit einem Sprühdruck von 4 bis 8 bar zerstäubt und anschließend in V-förmig angeordneten, aus poröser Keramik bestehenden Abscheiderelementen verdunstet (Bild 13-8). Eine Restwassermenge von ca. 15 % wird als Abwasser abgeführt. Der Druckverlust des Befeuchters beträgt ca. 70 Pa bei 2,5 m/s Luftgeschwindigkeit. Die Feuchteregelung erfolgt durch stufenweises Zu- bzw. Abschalten der Befeuchterdüsen.

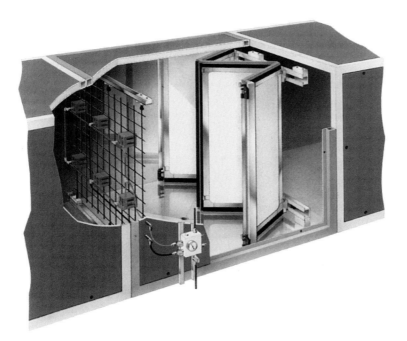

Bild 13-8: Adiabates Hybrid-Befeuchtungssystem [18]

Durch eine zusätzliche Silberionisierung des Wassers und eine F6 Filterung der Luft vor dem Befeuchter kann man eine Keimzahl von 0 bis 100 KBE/m^3 Luft erreichen [18].

13.3.4 Winglet-Wirbel-Befeuchter

Bei dieser Befeuchtungstechnik wird die einströmende Luft durch ein Wirbelgitter geleitet, das einzelne Längswirbel erzeugt. Mit Hilfe einer Pumpe wird Wasser mit einem Druck von 10 bis 140 bar über Düsen fein zerstäubt. Die Wirbel sorgen für eine gute Durchmischung, es ist eine Befeuchtung der Luft bis zur Sättigung von 100 % möglich. Die Restwassermenge mit den Verunreinigungen der Luft wird abgeführt, sie beträgt weniger als 20 % der Zulaufwassermenge.
Die Regelung des Befeuchtungsgrads erfolgt über die Wassermenge durch eine frequenzgeregelte Pumpe. Der Befeuchter wird mit vollentsalztem Wasser aus der Um-

kehr-Osmoseanlage betrieben. Die Ablaufwanne kann man vollständig entleeren und trocknen, die hygienischen Anforderungen nach der VDI-Richtlinie 6022 [11] werden eingehalten.

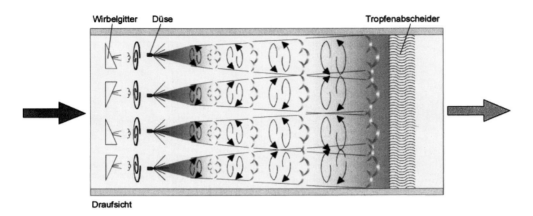

Bild 13-9: Winglet-Wirbel-Befeuchter [19]

Das Gehäuse ist aus seewasserbeständigem Aluminium ausgeführt, innen sind die Geräte aus Edelstahl gefertigt. Die Gerätelänge beträgt ca. 1,5 m [19].

13.4 Dampfbefeuchter

Beim Dampfbefeuchter wird Dampf der Luft direkt zugeführt. Der Dampf ist bei Temperaturen über 100 °C weitgehend keimfrei.

Dampfbefeuchter zum Anschluss an ein vorhandenes Dampfnetz

Bei Gebäuden mit vorhandenem Dampfnetz kann der Dampfbefeuchter direkt an das Dampfnetz angeschlossen werden. Der Dampf muss der Luft kondensatfrei zugeführt werden. Eine Bauart zeigt Bild 13-10.

Ein Dampferzeuger liefert über eine Dampfzuleitung (1) den Dampf. Der Netzüberdruck soll zwischen 0,2 bar und 4,0 bar liegen. Die Dimensionierung der Zuluftleitungen erfolgt für etwa 25 m/s Dampfgeschwindigkeit. Der Dampf strömt durch einen Schmutzfänger (2), den Dampftrockner (3) und einen Anschlussflansch (8) zu den Dampfverteilrohren (10). Ein Primär-Kondensatableiter (4) (Glockenschwimmerprinzip) leitet das Wasser aus der Dampfanschlusseinheit kontinuierlich ab. Die Dampfverteilung erfolgt aus der Kernströmung über die in den Dampfverteilrohren integrierten Düsen (9), ein thermisch arbeitender Kondensatableiter (7) entwässert das Kondensat aus den Dampfverteilrohren (10) und (11), eine Mantelheizung ist somit nicht erforderlich. Da es sich um einen Verbraucher handelt, muss die verbrauchte Dampfmenge durch aufbereitetes Wasser ersetzt werden. Die Feuchteregelung erfolgt über die Regelung der Dampfmenge durch einen Drehantrieb (6) und einen Keramik-Drehschieber (5) mit linearem Regelverhalten. Mit dem Keramik-Drehschieberventil lässt sich die Dampfleitung im Stillstand absolut dicht schließen, bei Anlagenstillstand ist eine Kondensatbildung im Kanal verhindert [18].

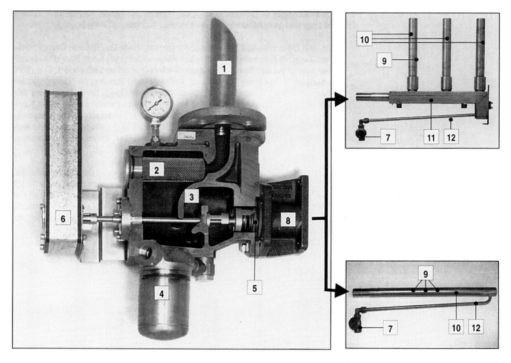

Bild 13-10: Dampfbefeuchter zum Anschluss an ein Dampfnetz [18]

Die Dampfverteilrohre sind in der Regel auf der Druckseite des Kanals anzuordnen. Im Kanalnetz ist auf eine ausreichende Nachverdampfungsstrecke zu achten. Diese ist besonders wichtig bei nachgeschalteten Filtern. Bei zu kurzen Dampf-Absorptionsstrecken entstehen Feuchteschäden und Hygieneprobleme. Die Hersteller geben Richtwerte für Befeuchtungsstrecken in Abhängigkeit von der Eintritts- und Austrittsfeuchte an, empirische Werte sind in der Literatur zu finden [1], [9], [18]. Dampflanzen sind mindestens 0,5 m vor Querschnittsverengungen, 1 m vor anderen Komponenten und 2 m vor Feuchtefühlern anzuordnen. Neuere Entwicklungen von Dampfverteilsystemen mit kugelförmigen Düsen und engen Abständen der Dampfverteilrohre lassen auch kürzere Dampf-Absorptionstrecken zu [18].

Elektrischer Dampfbefeuchter

Beim elektrischen Dampfbefeuchter tauchen Flächen- oder Gitterelektroden in das Wasserbad eines geschlossenen Behälters ein. Eine angelegte Wechselspannung bewirkt einen Stromfluss, der von der Leitfähigkeit des Wassers und der Eintauchtiefe abhängt. Die zugeführte Wärmeenegie führt zur schnellen Aufheizung und Verdampfung. Der Dampf wird einer Dampflanze zugeführt.

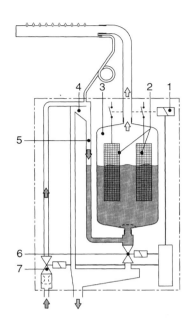 

Bild 13-11: Elektrischer Dampfbefeuchter [18]

Bild 13-11 zeigt die Funktion eines elektrischen Dampfbefeuchters. Bei Dampfanforderung werden die Elektroden (2) über den Hauptschütz (1) mit Spannung versorgt. Gleichzeitig öffnet sich das Einlassventil (7), Trinkwasser fließt über einen Wasserbecher (4) in den Dampfbehälter (3). Sobald die Elektroden in das Wasser eintauchen, fließt ein Strom zwischen den Elektroden und das Wasser wird aufgeheizt und verdampft. Die Feuchteregelung erfolgt durch Ein/Ausschalten oder stetig über die Dampfmenge, diese ist abhängig von der Stromaufnahme und damit von der Eintauchtiefe der Elektroden (2). Die im Wasser gelösten Mineralsalze bleiben im Dampfbehälter. Zur Begrenzung der Salzkonzentration kann eine minimale Wassermenge über das Ablassventil (6) abgeschlämmt werden. Mineralsalze und Kalk setzen sich auch in fester Form an die Elektroden, die nach gewissen Zeiten auszutauschen sind. Je nach Wasserzusammensetzung beträgt die Standzeit der Elektroden ca. 1000 bis 1500 Betriebsstunden. Der Dampferzeuger muss nahe am Dampfverteilrohr montiert werden, die Länge des Dampfschlauchs sollte 2 m nicht überschreiten, die Steigung des Dampfschlauchs zum Dampfverteilrohr soll mindestens 20° betragen. Die Geräte zeichnen sich bedingt durch das geringe Wasservolumen durch eine schnelle Betriebsbereitschaft und geringe Stillstandsverluste aus. Die elektrische Energie ist in der Regel teurer als die bei zentralen Dampfkesseln eingesetzte Primärenergie.

Bei einer anderen Bauart wird der Dampf im Dampfzylinder mit Widerstandsheizelementen erzeugt, die Dampfmenge kann elektroseitig stetig geregelt werden. Diese Bauart lässt sich auch mit voll entsalztem Wasser betreiben. Bei Verwendung von

Trinkwasser muss ab einer gewissen Salzkonzentration abgeschlämmt werden, dieses kann automatisch in Abhängigkeit von der Konzentration oder zeitgesteuert erfolgen. Durch einen direkt unter dem Dampfzylinder angebrachten Kalkauffangbehälter, in dem sich die Mineralsalze ablegen, lassen sich die Wartungsintervalle verlängern und der Wartungsaufwand verringern [18].

Eine wirtschaftliche Lösung je nach spezifischen Energiekosten für Gas und Elektroenergie bietet ein Dampferzeuger mit Gasbrenner und integriertem Wärmeübertrager [18]. Diese Bauart ist auf dem amerikanischen und kanadischen Markt verbreitet. Bei den Investitionskosten ist der Schornstein zu berücksichtigen.

Beispiel 13-3: Für die RLT-Anlage in Beispiel 13-1 soll ein Dampfbefeuchter mit Dampf von 105 °C verwendet werden.

Es sind zu ermitteln: Zustandsänderungen der Luft, Massenstrom des Dampfes, Leistungen des Erhitzers und des Dampfbefeuchters.

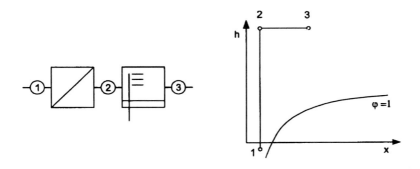

Die Zustandsänderung im Dampfbefeuchter ist annähernd isotherm.

Stelle	$\dfrac{t}{°\mathrm{C}}$	$\dfrac{\varphi}{\%}$	$\dfrac{x}{\mathrm{g/kg}}$	$\dfrac{h}{\mathrm{kJ/kg}}$	$\dfrac{\varrho}{\mathrm{kg/m^3}}$
1	−10,0	80,0	1,30	-6,8	1,323
2	29,6	5,0	1,30	33,1	1,150
3	30,0	18,8	5,00	43,0	1,146

Die Grundgleichungen sind in [4] Band 1 Kapitel 5 dargestellt. Für die Zustandsänderung im Dampfbefeuchter gilt

$$\frac{\Delta h}{\Delta x} = h_d = h'' = 2683{,}7\,\frac{\mathrm{kJ}}{\mathrm{kg}},$$

mit

$$\Delta x = x_3 - x_2 = 0{,}005 - 0{,}0013 = 0{,}0037$$

folgt

$$\Delta h = 9{,}93\,\frac{\mathrm{kJ}}{\mathrm{kg}}$$

mit

$$h_2 = h_3 - \Delta h = 43{,}0\,\frac{\mathrm{kJ}}{\mathrm{kg}} - 9{,}93\,\frac{\mathrm{kJ}}{\mathrm{kg}} = 33{,}07\,\frac{\mathrm{kJ}}{\mathrm{kg}}$$

folgen

$$t_2 = 29{,}57\,°\mathrm{C}, \qquad p_S = 0{,}04137\ \mathrm{bar}, \qquad \varphi_2 = 5{,}04\ \%.$$

Der Massenstrom des Dampfes beträgt

$$\dot{m}_d = \dot{m}_l(x_3 - x_2) = 3{,}167\frac{\text{kg}}{\text{s}} \cdot (0{,}005 - 0{,}0013) = 0{,}011717\frac{\text{kg}}{\text{s}}.$$

Die Leistungen betragen für den Dampfbefeuchter und Erhitzer

$$\dot{Q}_D = \dot{m}_l(h_3 - h_2) = \dot{m}_d\,h_d = 0{,}011717\frac{\text{kg}}{\text{s}} \cdot 2683{,}7\frac{\text{kJ}}{\text{kg}} = 31{,}44 \text{ kW}$$

$$\dot{Q}_E = \dot{m}_l(h_2 - h_1) = 3{,}167\frac{\text{kg}}{\text{s}} \cdot \left(33{,}1\frac{\text{kJ}}{\text{kg}} - (-6{,}8\frac{\text{kJ}}{\text{kg}})\right) = 126{,}36 \text{ kW}.$$

13.5 Vergleich der Befeuchtungssysteme

Tabelle 13-1 zeigt grobe Richtwerte von Kenndaten der Befeuchtungssysteme. (Stand 2001, Preise ohne MwSt.).

Beispiel 13-4: Das folgende Beispiel soll für einen Anlagen-Vergleich die Kosten der Be- und Entfeuchtung aufzeigen. Die Daten wurden mit dem Programm „enop", Firma Professor K. Müller + Partner, Ingenieurgesellschaft für technische Gebäudeausrüstung m. b. H., Braunschweig, berechnet.

Folgende Daten liegen der Rechnung zugrunde: Standort: Berlin

Volumenstrom (Zuluft = Abluft):	100 000 m³/h
Druckerhöhung / Motorleistung Zuluft:	1500 Pa / 65 kW
Druckerhöhung / Motorleistung Abluft:	800 Pa / 35 kW
spez. Energiekosten HEIZEN:	35 EUR/MWh
spez. Energiekosten KÜHLEN:	47 EUR/MWh
spez. Energiekosten ELEKTRO:	60 EUR/MWh
spez. Medienkosten WASSER:	3,7 EUR/m³
Wirkungsgrad Ventilator:	75 %
Wirkungsgrad Riemenantrieb:	95 %
Wirkungsgrad Motor:	92 %
Nebenantriebe LÜFTUNGSANLAGE:	6 kW
Nebenantriebe KLIMAANLAGE:	16 kW

LÜFTUNGSANLAGE:	Typ H, K, reine Außenluft (VE-K-Zuluftventilator-Raum-Abluftventilator) Festwertregelung der Zulufttemperatur
KLIMAANLAGE:	Typ H, K, B, E, reine Außenluft (VE-K-NE-Wäscher-Zuluftventilator-Raum-Abluftventilator) Festwertregelung der Zulufttemperatur und -feuchte
Betriebszeit:	8760 h/a (durchlaufend)
Zuluftsollwerte:	21 °C (und 50 % bei Be-/Entfeuchtung)-Festwerte

Auf dieser Basis ergeben sich für die Lüftungs- und für die Klimaanlage folgende Jahresenergie- und -medienkosten:

LÜFTUNGSANLAGE-	gesamt 166 000 EUR/a	KLIMAANLAGE-	gesamt 270 000 EUR/a
Heizen:	105 000 EUR/a	Heizen:	175 000 EUR/a
Kühlen.	7500 EUR/a	Kühlen:	27 000 EUR/a
Fördern:	52 500 EUR/a	Fördern:	52 500 EUR/a
Nebenaggregate:	1000 EUR/a	Wasser:	11 000 EUR/a
		Nebenaggregate:	3500 EUR/a

Für die Be- und Entfeuchtung mit ganzjährigem Festwert der Raumlufttemperatur und Raumluftfeuchte fallen erhebliche verbrauchsgebundene Kosten an. Mit wirtschaftlichen Konzepten lassen sich diese Kosten erheblich reduzieren. Vorschläge und Beispiele sind im Kapitel 20 aufgeführt.

Tabelle 13-1: Vergleichende Kenndaten von verschiedenen Befeuchtungssystemen [18], Herstellerangaben

	Düsenbefeuchter (Luftwäscher)	Hochdruck-zerstäuber	Ultraschall-befeuchter	Riesel-befeuchter	Hybrid-befeuchter	Winglet-Wirbel-Befeuchter	Elektr. Dampf-befeuchter
Baulänge in m	1...1,5	1,5...4	2...4	1	1...1,2	1,5	1
Befeuchtungsgrad in %	bis 90	bis 95	bis 95	bis 95	bis 90	bis 100	bis 100
Druckverlust in Pa [1]	100...200	ca. 100	ca. 50	150...250	ca. 50	ca. 40	ca. 10
bezogene Investitionskosten [2]	50...150	80...250	250...350	50...150	50...150	50...150	25...75
relative Betriebskosten in % [3]	100	50	65	65	20	50	130
Wasseraufbereitung [4]	bedingt	ja	ja	bedingt	ja	ja	nein

[1] bei ca. 2 m/s Anströmgeschwindigkeit

[2] in EUR pro kg/h Wasserdampf

[3] relative Betriebskosten, das sind verbrauchsgebundene Kosten, Bedienungs-, Wartungs- und Inspektionskosten, Instandhaltungskosten
Für 100 000 m^3/h Außenluft und ca. 8 760 Betriebsstunden pro Jahr, Luftaustrittszustand 21 °C, 50 % (Festwert) und unter Berücksichtigung der Erwärmung der Luft bei adiabater Betriebsweise betragen die verbrauchsgebundenen Kosten für einen Düsenbefeuchter in Berlin rechnerisch ca. 80 000 EUR/a (siehe folgende Beispiel-Rechnung)

[4] Grundlagen und Verfahren zur Wasseraufbereitung sind ausführlich in der Literatur beschrieben, z. B. in [1], [2], [5], [6].

13.6 Regelung der Luftbefeuchter

Die Grundlagen der Temperatur- und Feuchteregelung von RLT-Anlagen sind in [4] Band 1 Kapitel 10 beschrieben. In der Regel werden die Raumlufttemperatur t_R und die relative Raumluftfeuchte φ_R geregelt. Eine Änderung der Temperatur führt immer zu einer Änderung der relativen Feuchte. Verwendet man den Feuchtegehalt x_R als Regelgröße, sind Temperatur- und Feuchteregelung entkoppelt und somit ist die Regelung stabiler (Bild 13-12). Der Feuchtegehalt kann aus den Messwerten der Raumtemperatur und der relativen Raumluftfeuchte beim Einsatz der DDC-Technik ermittelt werden.

In vielen Anwendungsfällen, z. B. bei der Klimatisierung von Rechenzentren oder von Büros, ist sowohl die Temperatur als auch die relative Feuchte innerhalb gewisser Bandbreiten zulässig (Bild 13-13). In DIN 1946 Teil 2 [12] wird empfohlen, im Aufenthaltsbereich von Menschen ein Feuchteband von $0,3 < \varphi_R < 0,6$ und $x_{max} < 11,5$ g/kg einzuhalten [4] Kap. 3.3.3. Es können dann bis zu 40 % der Jahresenergiekosten gegenüber einer Festwertregelung eingespart werden. Im Bild 13-13 ist auch die Jahreshäufigkeitsgrenze eingetragen, zwischen dieser Grenzlinie und der Sättigungsgrenze befinden sich alle Außenluftzustände. Sinnvolle Anforderungen an den Raumluftzustand, den Anlagenaufbau und die Regelungsstrategie sind gemeinsam entscheidend für die Energieverbrauchskosten. Weitere Ausführungen und Beispiele sind im Kapitel 20 aufgeführt.

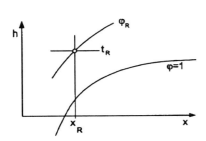

Bild 13-12: Regelgrößen des Raumluftzustands

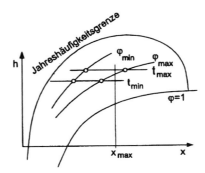

Bild 13-13: Zulässiger Bereich des Raumluftzustands

13.6.1 Feuchteregelung

Die im Bild 13-14 dargestellte Anlage vom Typ H, B-AU kann heizen und befeuchten. Die relative Raumluftfeuchte wird mit einem Feuchtefühler im Raum gemessen und der Befeuchtungsgrad des Luftbefeuchters wird geregelt.

Der Befeuchtungsgrad kann bei einem Düsenbefeuchter über die Drehzahl der Wäscherpumpe geregelt werden. Die relative Feuchte wird im Zuluftkanal auf $\varphi_{zu} = 0,9$ begrenzt, um Kondensation im Kanal zu verhindern. Wasserausscheidungen im Kanalnetz sind aus hygienischen Gründen und zum Korrosionsschutz unbedingt zu vermeiden.

Bei sehr trägen Regelstrecken ist eine Zuluft- Raumluft-Kaskade zu empfehlen, wobei im Zuluftkanal wegen der Temperaturänderungen immer der Feuchtegehalt x ermittelt werden muss. Bei geringen Feuchtelasten im Raum bzw. geringen Anforderungen an die Raumluftfeuchte genügt die Regelung des Feuchtegehalts der Zuluft. Bei einer adiabaten Befeuchtung ist die bei einigen älteren Anlagen vorzufindende taktende Betriebsweise der Befeuchter (2-Punktregelung) unbedingt zu vermeiden, da das Ein- und Ausschalten des Befeuchters immer mit einer Temperaturänderung verbunden ist und damit die Temperatur- und Feuchteregelung instabil wird.

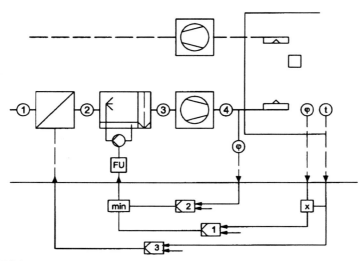

Bild 13-14: Aufbau einer raumlufttechnischen Anlage mit Düsenbefeuchter

Insbesondere bei Düsenbefeuchtern ist die Tropfgrenze zu beachten, es ist ein düsenabhängiger Mindestbefeuchtungsgrad einzuhalten, der in der Regel $\eta_B > 0{,}1$ beträgt. Bei zu kleinem Befeuchtungsgrad erfolgt keine Versprühung und damit keine Verdunstung des Wassers.

Bei Anlagen mit Dampfbefeuchtern nach Bild 13-17 gelten grundsätzlich die gleichen Überlegungen für die Feuchteregelung. Da die Zustandsänderung annähernd isotherm erfolgt ([4] Kapitel 5.7.5), beeinflusst die Feuchteregelung die Temperaturänderung kaum. Der Dampfbefeuchter sollte grundsätzlich nach dem Ventilator angeordnet werden, um Kondensation von Dampfstrahlen im Ventilator zu verhindern. Bei Anordnung von Feuchtefühlern im Kanal ist die von den Herstellern anzugebende Befeuchtungsstrecke einzuhalten, in der Regel mindestens 2 m. Die Befeuchtungsstrecke ist zur gleichmäßigen Verteilung der Feuchte im Kanalquerschnitt erforderlich.

Die Regelung erfolgt beim Dampfnetz durch Drosselventile, bei elektrischen Dampfbefeuchtern durch die Eintauchtiefe der Elektroden bzw. den Wasserstand im Behälter.

13.6.2 Wirtschaftliche Regelungskonzepte

Die folgenden Überlegungen führen zur optimierten Energienutzung bei der Einbindung der Befeuchter in die Regelung von RLT-Anlagen. Trägt man alle Außenluftzustände in das h, x-Diagramm ein, so entsteht ein Feld zwischen der Sättigungslinie und der Jahreshäufigkeitsgrenze entsprechend Bild 13-13. Die statistisch zu erwartenden stündlichen Außenluftzustände für Deutschland sind z. B. in DIN 4710 [14] festgelegt.

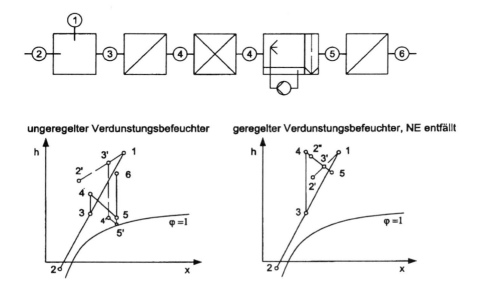

Bild 13-15: RLT-Anlage mit Verdunstungsbefeuchtung

Im Bild 13-15 sind exemplarisch zwei bzw. drei Außenluftzustände eingetragen (2, 2′, 2″). Um den Zuluftzustand (6) bzw. (5) zu errreichen sind die Zustandsänderungen jeweils im h, x-Diagramm eingetragen. Wird die in Bild 13-15 dargestellte Anlage mit einem ungeregelten Verdunstungsbefeuchter und somit einem konstanten Befeuchtungsgrad betrieben, erfolgt die Feuchteregelung über den Vorerhitzer und Kühler in Sequenz. Bei Mischluftzuständen unterhalb von (4) verschiebt der Vorerhitzer den Wäschereintrittszustand solange, bis der Wäscheraustrittszustand den benötigten Feuchtegehalt x_6 der Zuluft erreicht. Liegt der Mischungszustand oberhalb der Wäscherlinie, übernimmt der Kühler die Feuchteregelung. Die Erhitzung auf die Zulufttemperatur erfolgt im Nacherhitzer.

Erhebliche Energieeinsparungen lassen sich erzielen, wenn man den Befeuchtungsgrad des Verdunstungsbefeuchters regelt und bei Mischluftanlagen die Mischklappe zusätzlich in die Regelung einbindet. Der Erhitzer nach dem Wäscher kann entfallen.

In Bild 13-15 ist der Zuluftzustand bei einem geregelten Verdunstungsbefeuchter ohne Nacherhitzer oder Kühler zu erreichen. Die Zulufttemperatur regelt der Erhitzer und die Mischkammer, die Zuluftfeuchte der Wäscher. Beim Außenluftzustand (2') wird die Mischkammer geregelt, beim Außenluftzustand (2'') wird der Zuluftzustand nur durch adiabate Befeuchtung erreicht. Insbesondere bei hohen inneren Kühllasten von Industriebetrieben oder Büros ist diese adiabate Kühlung wirtschaftlich (siehe auch Bsp. 13-2).

Eine weitere wirtschaftliche Einbindung eines geregelten Verdunstungsbefeuchters zur Kühlung von Räumen liegt in der Kühlung der Abluft vor einem rekuperativen Wärmerückgewinner nach Bild 13-16.

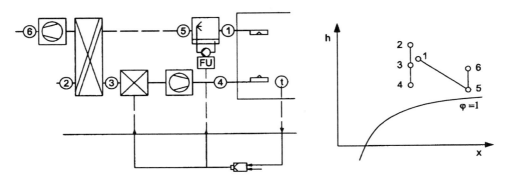

Bild 13-16: Kühlung durch adiabate Abluftbefeuchtung

Die Zustandsänderungen der Luft sind im Bild 13-16 dargestellt. Die Regelung des Wäschers verändert bei konstanter Abluft- (1) und Außenlufttemperatur (2) die Temperatur nach dem Wärmerückgewinner (3). Der Wäscher und der Kühler regeln dann in Sequenz die Zuluft- (4) oder Raumlufttemperatur (t).

Bei Mischluftanlagen mit Dampfbefeuchtung nach Bild 13-17 ist die Einbindung der Mischkammer in die Temperaturregelung ebenfalls sinnvoll.

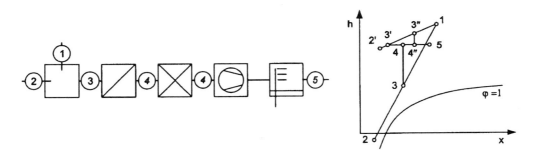

Bild 13-17: RLT-Anlage mit Dampfbefeuchtung

Um vom Außenluftzustand (2) den Zuluftzustand (5) zu erreichen, ist es sinnvoll, die minimale Außenluftrate zu fahren, der Erhitzer erwärmt die Luft bis auf den Eintrittszustand (4) des Dampfbefeuchters.

Um vom Außenluftzustand (2′) den Zuluftzustand (5) zu erreichen sind zwei Wege möglich:

- Regelung der Mischkammer bis (3′)und anschließende Befeuchtung
- Mindestaußenluftrate mit (3″), anschließende Kühlung bis (4″) und Befeuchtung.

Über die Wahl des Verfahrens entscheiden die Kosten für die Kühlung gegenüber der Dampfbefeuchtung. Bei annähernd gleichen spezifischen Kosten für die Kühlung und für die Befeuchtung und üblichen Außenluftzuständen in Deutschland ist die Regelung der Mischkammer bis (3′) sinnvoll. Bei hohen inneren Kühllasten ist aus wirtschaftlichen Gründen immer eine adiabate Kühlung mit einem geregelten Verdunstungsbefeuchter entsprechend Bild 13-15 vorzusehen.

Literatur

[1] *Iselt/Arndt*: Grundlagen der Luftbefeuchtung. C. F. Müller Verlag, Heidelberg 1996.

[2] *Heinrich/Franzke* (Hrsg.): Sorptionsgestützte Klimatisierung. C. F. Müller Verlag, Heidelberg 1997.

[3] *Recknagel / Sprenger / Schramek*: Taschenbuch für Heizung, Lüftung und Klimatechnik. R. Oldenbourg, München 1997/98.

[4] *Baumgarth, Hörner, Reeker* (Hrsg): Handbuch der Klimatechik, Band 1: Grundlagen. 4. Auflage, C. F. Müller Verlag, Heidelberg 2000.

[5] *Rietschel*: Raumklimatechnik, Band 1: Grundlagen. 16. Auflage, Springer Verlag, Berlin, Heidelberg, New York 1994.

[6] *Henne, E.*: Luftbefeuchtung. 4. Auflage, Oldenbourg Verlag, München, Wien 1995.

[7] *Socher, H. J.*: Adiabate Luftbefeuchtung, eine wiederentdeckte Befeuchtungstechnik? Technik am Bau, 11/96, S. 59–63.

[8] *Haibel, M.*: Adiabate Kühlung in der Klimatechnik, Technik am Bau, 3/97, S. 101–106.

[9] *Steiner, R.*: Vermischungsstrecken bei verschiedenen Befeuchtungstechniken, Technik am Bau, 8/95, S. 45–54.

[10] AIG-Information Nr.4: Luftbefeuchter in raumlufttechnischen Anlagen, Nov. 1998, Arbeitsgemeinschaft Instandhaltung Gebäudetechnik (AIG) der Fachgemeinschaft Allgemeine Lufttechnik im VDMA, Frankfurt am Main.

[11] VDI Richtlinie 6022: Hygienische Anforderungen an Raumlufttechnische Anlagen, Büro- und Versammlungsräume. Juli 1998.

[12] DIN 1946, Teil 2: Raumlufttechnik, Gesundheitstechnische Anforderungen, Beuth, Berlin 1994.

[13] DIN 1946, Teil 4: Raumlufttechnische Anlagen in Krankenhäusern, Beuth, Berlin 1999.

[14] DIN 4710: Meteorologische Daten zur Berechnung des Energieverbrauchs von heiz- und raumlufttechnischen Anlagen, Beuth, Berlin 1982.

[15] Werksunterlagen Fa. Robatherm GmbH, Burgau.

[16] Werksunterlagen Fa. Enerko, Grafenau.

[17] Werksunterlagen Fa. Stulz GmbH, Hamburg.

[18] Werksunterlagen Fa. Ax Air, Barth und Stöcklein, München.

[19] Werksunterlagen Fa. Klingenburg, Gladbeck.

[20] Werksunterlagen Fa. Hygromatik Lufttechnischer Apparatebau GmbH, Hensted-Ulzburg.

14 Luftfilter

G. Ritscher, M. Sauer-Kunze

Formelzeichen

A	Abscheidegrad	Δp_0	Anfangsdruckdifferenz
A_m	mittlerer Abscheidegrad	Δp_E	Enddruckdifferenz
A_F	Anströmfläche	E	Wirkungsgrad
A_{eff}	effektive Anströmfläche	E_m	mittlerer Wirkungsgrad
C_{Roh}	Rohgaskonzentration	w_A	Anströmgeschwindigkeit
C_{Rein}	Reingaskonzentration	w_M	Mediumsgeschwindigkeit

14.1 Einführung

Luftfilter sind Bauelemente lufttechnischer Anlagen, die feste, flüssige oder gasförmige Verunreinigungen aus den zu fördernden Luftströmen in unterschiedlichen Leistungsbereichen abscheiden. Sie werden sowohl zur Aufbereitung der Zuluft in die Aufenthalts- und Arbeitsbereiche, als auch zur Reinigung umweltbelastender Abluft aus den entsprechenden Bereichen eingesetzt. Bestimmte Produktionsprozesse — wie z. B. in der Mikroelektronik, der Medizin, der Mikrobiologie oder der Pharmaindustrie — erfordern Hochleistungsfilter, um eine qualitätsgerechte Fertigung zu garantieren.

Grenz- und Richtwerte zur Einhaltung von Schadstoffkonzentrationen oder -mengen werden in Richtlinien und Normen festgelegt. Das sind u. a. TRGS 900 [1], TRGS 102 [2], DIN 1946 [3], VDI 2310 [4], VDI 6022 [5], VDI 2083/1 [17], VDI 2262 [6].

Die Unterteilung der Luftfilter in Gruppen und Untergruppen wird in [7] Abschnitt 9.1 sowie in der VDI 3677/2 (in Vorbereitung) [8] ausführlich dargestellt.

Die Gliederung der Luftfilter kann nach folgenden Merkmalen erfolgen:

- Abscheidemechanismen   mechanisch-, filternd-, elektrostatisch- oder sorptiv-wirkende Abscheidung,
- Filterarten   als Partikel-Luftfilter, Schwebstofffilter, Adsorptionsfilter,
- Abscheideleistungen   Einteilung in Filterklassen und Leistungsbereiche (Grobstaub-, Feinstaub- oder Schwebstofffilter),
- Installationsorten   für Wand-, Kanal- oder Geräteeinbau,
- Bauformen   als Flächen-, Keil- bzw. Rollbandfilter oder Filterelement,
- Arten der Filterelemente   als Plan- oder Plisseefilter, Taschenfilter oder Kompaktfilterelement,
- Arten der Filtermedien   z. B. mit perforierten metallischen Platten, mit unterschiedlich strukturierten und verschieden voluminösen Faservliesen oder mit papierartigen Faservliesen.

Die Gliederungen und die Terminologien sind in den Auswahl-Katalogen der einzelnen Hersteller nicht einheitlich. Bei der Nutzung derartiger Informationsquellen zur Auswahl der geeigneten Filter sind deshalb die unterschiedlichen Definitionen für gleiche Erzeugnisse unbedingt zu beachten.

Der effektive Einsatz von Luftfiltern ist von mehreren Einflussfaktoren abhängig. Wesentliche Kriterien für die Auswahl sind:

- chemische und physikalische Eigenschaften der abzuscheidenden Schadstoffarten und deren Mengen bzw. Konzentrationen; z. B. Dichte, Korngrößenverteilung, Haftverhalten, Aggressivität, gesundheitsgefährdend, giftig, brandgefährdend oder explosibel,

- erforderliche Abscheideleistung, der Abscheidegrad, der Wirkungsgrad oder die Reinluftkonzentration,

- zu reinigender Volumenstrom und dessen Eigenschaften: z. B. Zusammensetzung, Temperatur oder Feuchte,

- zulässige Druckdifferenz bzw. Sättigungsgrad für die beladenen Staub-, Schwebstoff- oder Adsorptionsfilter,

- Staubspeichervermögen: Rückschlüsse für die Standzeiten der Filterelemente,

- Einsatzbedingmgen: z. B. Wand-, Kanal-, Decken- oder Geräteeinbau, Wegwerf- oder Regenerationsfilter, ein- oder mehrstufiger Aufbau,

- Betriebskriterien und Betriebsweise: z. B. Außen-, Um- oder Mischluftbetrieb, luftzustandsabhängige Produktion, ein- oder mehrschichtiger Betrieb, Zustandskontrolle der Luftströme oder der Raumluft und

- Wartungsbedingungen: z. B. Platzverhältnisse für Filtermedien- und Zellenwechsel, Kontrolle des Filterzustandes, Einhaltung und Sicherung des Arbeitsschutzes vor allem bei belästigenden und gesundheitsgefährdenden Schadstoffarten.

Die Wichtung der unterschiedlichen Einflusskriterien ist in jedem Fall von der Einsatzspezifik abhängig. Eine allgemeingültige Wertungsfolge kann nicht festgelegt werden.

14.2 Partikel-Luftfilter für die allgemeine Raumlufttechnik

Partikel-Luftfilter für die allgemeine Raumlufttechnik werden nach ihrer Abscheideleistung in zwei Filtergruppen — als Grobfilter mit 4 Filterklassen und als Feinfilter mit 5 Filterklassen — eingeteilt. Die Anforderungen für die einzelnen Filterklassen sind in der DIN EN 779 [9] (bisher DIN 24 185 [10]) festgelegt. Es gelten folgende Begriffe und Definitionen:

- Nennvolumenstrom $\qquad$ vom Hersteller empfohlener Volumenstrom pro Filter in m^3/h,

- Anströmfläche $\qquad$ ebene Querschnittsfläche eines Filterelementes einschließlich des Filterelemente-Rahmens in m^2,

- effektive Filterfläche $\qquad$ angeströmte Gesamtfilterfläche eines Filterelementes in m^2,

- Anströmgeschwindigkeit   Quotient aus Volumenstrom und Anströmfläche in m/s,
- Mediumgeschwindigkeit   Quotient aus Volumenstrom und eff. Filterfläche in m/s,
- Anfangsdruckdifferenz   Druckdifferenz bzw. -verlust des unbeladenen Filters in Pa,
- Enddruckdifferenz   Druckdifferenz bzw. -verlust des beladenen Filters in Pa,
- Abscheidegrad   Abscheideleistung gegenüber synthetischem Staub in %,
- mittlerer Abscheidegrad   Mittelwert des Abscheidegrades in %,
- Wirkungsgrad   Abscheideleistung gegenüber atmosphärischem Staub in %,
- mittlerer Wirkungsgrad   Mittelwert des Wirkungsgrades in %,
- Fraktionsabscheidegrad   Abscheidegrad für bestimmten Partikeldurchmesser in %, ermittelt mit einem Prüfaerosol und Partikelzählern (in der überarbeiteten Fassung der EN 779 wird für Feinstaubfilter der Wirkungsgrad als Fraktionsabscheidegrad bestimmt und die Bewertung unter Bezug auf die Partikelgröße 0,4 μm vorgenormnen),
- Staubspeicherfähigkeit   Produkt aus Masse des auf das Filter aufgegebenen synthetischen Staubes und des mittleren Abscheidegrades in g,
- synthetischer Staub   bestehend aus 72 Gew.-% Air Cleaner Test Dust Fine, 23 Gew.-% Molocco Ruß und 5 Gew.-% Baumwoll-Linters (Anwendung für die Grobstaubfilterklassen G1–G4),
- atmosphärischer Staub   natürliche Partikelverunreinigung in der Umgebungsluft (Anwendung für die Feinstaubfilterklassen F5–F9) und
- Prüfaerosol   durch Zerstäuben erzeugtes Prüfmedium (hier Di-ethyl-hexyl-sebacat), mit dem im Bereich von 0,2 bis 3 μm der Fraktionsabscheidegrad bestimmt werden kann.

Die Prüfungen, die Ergebnisbewertung und die Einordnung der untersuchten Filter erfolgt nach den in der DIN EN 779 [9] festgelegten Richtlinien (eine detaillierte Beschreibung erfolgt in [7] Abschnitt 9.4). Durch die festgelegten Testverfahren können Luftfilterelemente unterschiedlicher Bauart verglichen und beurteilt werden. In der Tabelle 14-1 werden die Leistungsparameter der Partikel-Luftfilter für die allgemeine Raumlufttechnik dargestellt.

Die Abscheideleistung wird bestimmt durch das Verhältnis der abgeschiedenen zur aufgegebenen Staubmasse. Allgemein gilt:

$$A \text{ bzw. } E = \frac{C_{\text{Roh}} - C_{\text{Rein}}}{C_{\text{Roh}}} \times 100 \text{ in } \%. \qquad (14\text{-}1)$$

Für hohe Rohluft-Staubkonzentrationen wird eine mehrstufige Filteranordnung empfohlen (z. B. Grob- und Feinstaubfilter). Die geeigneten Stufungen und Filterbauarten sind von den jeweiligen Rohluftkonzentrationen vor den einzelnen Filterstufen und der erforderlichen Reinluftkonzentration nach den Filterstufen abhängig.

Kriterium für die notwendigen Filterwechsel sind neben der visuellen Kontrolle auf Beschädigungen, die jeweilige Druckdifferenz und evtl. aus hygienischen Anforderungen resultierende anlagenspezifische Standzeitbegrenzungen, z. B. nach VDI 6022 [5].

Prüfungen an Luftfiltern ergaben einen mit zunehmender Bestaubung ansteigenden Druckverlust und Abscheidegrad. Dabei kann allerdings die Abscheideleistung bei „Überfahren" der Filter (Staubüberlastung) durch Staubabgabe bzw. -abwehungen aus dem Filter wieder absinken. Aus diesem Grunde sollte die empfohlene Enddruckdifferenz nicht überschritten werden.

Tabelle 14-1: Anforderungen und Klassifikation von Partikel-Luftfiltern für die allgemeine Raumlufttechnik nach DIN EN 779 sowie Richtwerte für die Druckdifferenz

Charakteristikum				typische Richtwerte	
				Druckdifferenzen bzw. Druckverluste	
gemäß EN 779		mittlerer Abscheidegrad A_m	mittlerer Wirkungsgrad E_m	Anfangsdruckdifferenz Δp_0	empfohlene Enddruckdifferenz Δp_E
		%	%	Pa	Pa
Filtergruppe	Filterklasse	Klassengrenzen			
Grob	G 1	$A_m < 65$	–		
(G)	G 2	$65 \leq A_m < 80$	–	30 bis 50	150 bis 300
	G 3	$80 \leq A_m < 90$	–		
	G 4	$90 \leq A_m$	–		
Fein	F 5	–	$40 \leq E_m < 60$		
(F)	F 6	–	$60 \leq E_m < 80$		
	F 7	–	$80 \leq E_m < 90$	50 bis 150	200 bis 500
	F 8	–	$90 \leq E_m < 95$		
	F 9	–	$95 \leq E_m$		

Beim Einsatz elektrostatisch geladener Faserfilter kann es zu einem nennenswerten Absinken des Abscheidegrades mit zunehmender Standzeit kommen, wenn der Ladungsanteil groß und die Oberflächenladung nicht stabil sind.

Die filtertechnischen Eigenschaften der Luftfilter sind entscheidend vom eingesetzten Filtermedium bzw. Filtermaterial abhängig. Die Entwicklung derartiger Materialien wurde in den letzten Jahrzehnten vor allem durch die ständig gestiegenen Anforderungen forciert. Die Filtermedien werden in Abhängigkeit ihrer Beschaffenheit in ebener (plan), gefalteter oder taschenförmiger Konfiguration als einzelne, aneinanderreihbare Filterelemente oder als Rollenware für Rollbandfilter angeboten. Die Filtermedien sind in Filterrahmen eingeklemmt oder mit plastischen Massen vergossen. GrobstaubFiltermedien können teilweise durch Absaugen, Abklopfen oder Waschen gereinigt und wiederverwendet werden. Das betrifft vor allem die metallischen, meist benetzbaren Materialien sowie synthetische Wirrfaservliese.

Glasfasermedien oder konfektionierte Produkte wie Taschenfilter oder Filterelemente, die mit einer Vergussmasse gegen den Rahmen abgedichtet sind, können entweder nicht (Wegwerffilter) oder nur bedingt regeneriert (Sonderbauformen) werden. Neuere Untersuchungen zeigten, dass für bestimmte Filterelemente und -medien (Plisseefilter) eine teilweise Regeneration bestaubter Luftfilter durch Druckluftstöße — ähnlich den abreinigbaren Oberflächenfiltern der Entstaubungstechnik — möglich ist [11], [12], [13].

In Tabelle 14-2 sind marktgängige Filtermedien mit ihren Eigenschaften, den möglichen Filterklassen und ihren Anwendungseinsätzen zusammengestellt. Dabei ist zu beachten, dass die Filtermedien sehr oft erst mit zusätzlichen Hilfskonstruktionen — z. B. Abstandshalter, gelochte oder perforierte Versteifungen — für Filterelemente einsetzbar sind.

Tabelle 14-2: Einsatzkriterien unterschiedlicher Filtermedien

Filtermedium	Eigenschaften	Filterklasse	Einsatz	Abdichtung
Streckmetall-Verbund	Alu oder Edelmetall, mehrlagig, meist benetzt, regenerierbar	G1–G4	Planfilter	verklemmt
Metallfaser-Schicht	mehrlagige Alu- oder Edelstahlgespinst-Schichten	G3–G4	Planfilter	verklemmt
Glasfaser-Schicht	chem. gebundener Wirrfaservlies, teilweise verdichtet und benetzt	G3–G4	Planfilter Rollbandfilter	verklemmt
Synthesefaser-Schicht	chemisch oder thermisch gebundener Wirrfaservlies teilweise schichtartig verdichtet meist regenerierbar	G3–G4	Planfilter Rollbandfilter Taschenfilter	verklemmt vergossen
Synthesefaser-Schicht	verfestigte Feinfaservliese teilweise mehrschichtig	F5–F9	Planfilter Plisseefilter Taschenfilter	vergossen
papierartige Faserschicht	feinstes Glasfaservlies (teilweise auch Zellulose- oder Synthesefaser), teilweise mehrschichtig, meist zusätzlich stabilisiert, nicht regenerierbar	F6–F9	Plisseefilter Kompaktfilter	vergossen

Anmerkung: Durch Neu- und Weiterentwicklung können sich die Einsatzkriterien verändern.

Durch den Einsatz unterschiedlicher Materialarten und den teilweise mehrschichtigen Aufbau aus verschiedenen Materialkonfigurationen sowie durch spezielle Oberflächenbehandlungen können Luftfilter für ein breites Anwendungsspektrum hergestellt werden. Das betrifft vor allem die unterschiedlichen Abscheideleistungen, die Druckdifferenzen, die Staubspeicherfähigkeit, die Temperatur und die chemische Beständigkeit.

In Tabelle 14-3 wird eine Auswahl von Luftfiltermatten, -platten und -elementen unterschiedlicher Anforderungen mit den wichtigsten technischen Parametern für praxisnahe Anwendungsgebiete zusammengefasst dargestellt. Die Zusammenfassung soll einen Überblick über das vielfältige und leistungsangepasste Angebot eines Herstellers [19] geben, das allerdings nur auszugsweise wiedergegeben werden kann.

Die unterschiedlichen Arten und Konstruktionen der Filterelemente weisen ein Grundbaumaß von 610×610 mm respektive 592×592 mm für die Anströmfläche auf. Auf dieser Basis $^1/_1$ erfolgt die Teilung in $^5/_6 = 508 \times 610$ mm, $^1/_2 = 305 \times 610$ mm und $^1/_4 = 305 \times 305$ mm. Das Bild 14-1 zeigt unterschiedliche Bauarten von Luftfilterelementen, die sowohl einzeln als auch als Anlagensystem für große Volumenströme in spezielle Rahmen zusammengestellt werden können.

Tabelle 14-3: Anwendungsgebiete, Anforderungen und technische Parameter von Partikel-Luftfiltern [19]

Anwendungsgebiet	Filterart und -klasse	Filtermedium	Nenn-Volumen-strom	max. Temp.	Staub-speicher-fähigkeit	Druck-differenz $\Delta p_0 - \Delta p_E$
			m^3/h	°C	g/m^2	Pa
Grobstaubfilter für lufttechnische Anlagen und Geräte	Filter-matte G2–G4	Polyesterfasern mit unterschiedlichem Tiefenaufbau, meist regenerierbar	2500–10000 pro m^2 Matte	100	400–900	10–250
Vorfilter für allgemeine Lüftungs- und Klimabereiche, für Lakierstraßen und Farbspritzkabinen	Filter-matte G2–G4	Glasfasergespinst teilweise benetzt	5400–10800 pro m^2 Matte	100	550–700	15–250
Grobstaubfilter für die Hüttenindustrie, Kraftwerke, Kühl- u. Schmiermittel, Off-Shore-Anlagen,	Plan-filter, wechsel-bar G3–G4	mehrlagiger Streckmetall-Verbund, benetzt, regenerierbar	7200 pro m^2 Platte	60	550–700	35–500
Luftaufbereitungsanlagen in ariden und tropischen Regionen, Maschinen-, Werkzeug- und Fahrzeugbau	Plan-filter, wechsel-bar G3	mehrschichtiges Alu- oder Edelstahl-gestrickt regenerierbar	6850–10400 pro m^2 Platte	400	2000–2400	85–500
Feinstaubfilter für mittlere Ansprüche in in lufttechnischen Anlagen und Geräten, z. B. RLT-Anlagen, Klimageräte, Zuluft für Farbspritzanlagen, Küchenabluft	Filter-matte F5	thermisch gebundene Polyester-fasern, progressiver Aufbau	900–5000 pro m^2 Matte	80	350–450	20–450
Feinstaubfilter als Haupt- oder Vorfilter für Schwebstofffilter	Plissee-filter F5–F9	papierartiger Mikrofaservlies, stabil gefaltet mit Distanzfäden (Hot-Melt)	1500–3000 pro Grund-bauelement	80	–	55–450
Feinstaubfilter für hohe Betriebssicher-heiten, hohe Staub-speicherfähigkeit und wechselnde Volumen-ströme in der Industrie, z. B. für Gasturbinen, Verdichter, Dieselaggregate	Kom-pakt-filter F6–F9	zweischichtiger Glasfaservlies mit Alu-Abstands-haltern, wasserabweisend, imprägniert	3400–4250 pro Grund-bauelement	80	850–1100	90–650
Vor- und Feinstaubfilter für hohe Volumenströme und Staubspeicherfähig-keit, angepasster Einsatz für alle Bereiche der allgemeinen Lufttechnik	Taschen-filter G3–F8	Synthese- oder Mikroglasfaser-vlies, keilförmig konfektioniert mit Abstandshaltern	3400–4250 pro Grund-bauelement	100	–	25–450
V-förmige Feinstaubfilter für große Volumenströme u. lange Standzeiten in der allgemeinen Luft-technik, z. B. Vorfilter für Reine Räume, Pharmazie, Medizin, Nahrungsmittel	V-för-mige Kom-pakt-filter F6–F9	papierartige Zellulose- oder Mikrofaser, stabil gefaltet als Filterplatte für Aufnahmerahmen	3400–5100 pro Grund-bauelement	70	230–630	100–650

Streckmetallverbund
oder Metallfaser-
schichten (G3–G4)

Synthese- oder
Glasfaserschicht
(G3–F5)

Synthese- oder
Mikroglasfaservlies
(G3–F9)

papierartige Zellulose-
oder Glasfasermi-
schungen (F9–U16)

Bild 14-1: Plan-, Taschen- und Plisseefilterelemente [19], [20]

Die Aufnahme der unterschiedlich konfigurierten Luftfilterelemente erfolgt in speziellen Luftfiltergehäusen, die für den Wand- oder Kanaleinbau konzipiert sind. Die
Aufnahmesysteme sind den Bauformen der unterschiedlichen Filterelemente angepasst, mit speziellen Spannvorrichtungen versehen und meist mit zusätzlichen Ab-
dichtkonstruktionen ausgerüstet. Das Bild 14-2 zeigt einige Bauformen unterschiedlicher Wand- und Kanalfilter.

Wand- und Kanalfilter
(G3–F9)

Kanalfilter
(G3–F9)

Kanalfilter für Taschen-,
Plissee- und Aktivkohlefilter

Bild 14-2: Bauformen von Wand- und Kanalfiltern [19]

Eine spezielle Bauform für den Bereich der Grobstaubfilter sind Rollbandfilter. In
Abhängigkeit der eingestellten Druckdifferenz-Grenzwerte transportiert der Rollen-
Aufzug das Filterband weiter und erneuert damit die wirksame Filterfläche. Roll-
bandfilter können sektionsweise bis zu 4650 mm Breite und bis zu 5000 mm Höhe,
für Volumenströme von ca. 8000 – 225 000 m³/h zusammengestellt werden [20]. Die
Ansicht eines Rollbandfilters für eine Sektion sowie eine Installationsanordnung für 2
Sektionen zeigt das Bild 14-3.

Für besondere Bedarfsfälle der Luftfilterung für die allgemeine Raumlufttechnik werden spezielle Gerätekonstruktionen angeboten, die den besonderen Anwendungsfällen
angepasst sind. Das sind z. B. Deckenauslassgeräte, sogenannte Kompaktfiltergeräte
oder Geräte mit besonderen Schutzmaßnahmen gegen toxische, biologische oder ra-
dioaktive Verunreinigungen.

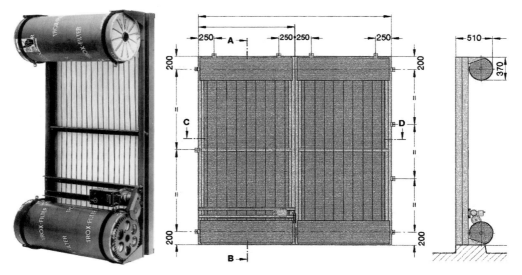

Einsatz für Wand-, Kammer-   Installationsanordnung für 2 Rollbandfiltersektionen
und Kanaleinbau
Filterklasse: G3

Bild 14-3: Rollbandfilter [20]

14.3 Schwebstofffilter

Entscheidende Bereiche der Wirtschaft (Elektronik bzw. Mikroelektronik, Halbleiter-, Pharma-, Nahrungsmittelindustrie, Medizin, Mikrobiologie) fordern für die Fertigung ihrer Erzeugnisse extrem saubere Luft für deren sensible Produktionsbereiche. Die Reinigung der Luftströme erfolgt meist durch mehrstufige Filterkombinationen mit einem Schwebstofffilter als Endfilter. Als Filtermedium für derartige Schwebstofffilter werden papierartige Vliese aus Mikroglasfasern verwendet, die unterschiedliche Abscheideleistungen aufweisen und durch das Plissieren zu einem relativ stabilen Faltenpaket mit großen Filterflächen auf kleinen Räumen verdichtet werden. Durchlaufende Kunststofffäden distanzieren die einzelnen Falten (Hot-Melt-Verfahren) und gewähren damit eine nahezu gleichmäßige Anströmung der installierten Filterfläche. Die Faltenpakete sind in Rahmenkonstruktionen abdichtend eingegossen.

Die Gliederung der Schwebstofffilter erfolgt gemäß DIN EN 1822-1 [14] wiederum nach ihren Abscheideleistungen (Tabelle 14-4).

Geprüft werden die Schwebstofffilter mit vorgereinigter Luft und einem flüssigen Prüfaerosol, z. B. DEHS (Di-ethyl-hexyl-sebacat), DOP (Di-octyl-phtalat), Paraffinöl oder vergleichbare Substanzen.Die Messverfahren und -geräte beschreibt die DIN EN 1822-2 [15].

Tabelle 14-4: Klassifikation von HEPA- und ULPA-Schwebstofffiltern nach DIN EN 1822-1 [14] (Nachfolge der DIN 24 184 [16])

Filterklasse	Integralwert		Lokalwert[1]		Richtwerte für Druckdifferenzen[2]	
	Abscheidegrad	Durchlassgrad	Abscheidegrad	Durchlassgrad	Anfang	Ende
	%	%	%	%	Pa	Pa
H10	85	15	–	–	70–90	750
H11	95	5	–	–	90–125	750
H12	99,5	0,5	–	–	200–250	450
H13	99,95	0,05	99,75	0,25	200–250	750
H14	99,995	0,005	99,975	0,025	80–125	600
U15	99,9995	0,0005	99,9975	0,0025	100–160	600
U16	99,99995	0,00005	99,99975	0,00025	130–200	600
U17	99,999995	0,000005	99,9999	0,0001	160–210	600

[1] Leckagebewertung für Filterklasse H13 und H14 gegebenenfalls durch Ölfadentests
[2] abhängig von Faltetiefe, Faltenzahl und Anströmgeschwindigkeit

Für die Beurteilung der Schwebstofffilter sind folgende Begriffe und Definitionen zu beachten:

- Durchlassgrad — Verhältnis der Partikel-Konzentration vor und nach Filter in %,
- Fraktionsabscheidegrad — Abscheidegrad für bestimmten Partikeldurchmesser in %,
- integraler Abscheidegrad — gemittelter Abscheidegrad über Gesamt-Durchströmfläche in %,
- lokaler Abscheidegrad — Abscheidegrad an bestimmter Stelle des Filterelementes in %,
- Anzahlkonzentration — Partikelzahl pro Volumeneinheit Trägergas z. B. in T/m^3 (siehe auch VDI 2083/1 [17]),
- Leck — Ort eines Filterelementes, an dem der lokale Abscheidegrad einen festgelegten Grenzwert unterschreitet (siehe auch DIN EN 1822-4 [18]
- Partikeldurchmesser — geometrischer Durchmesser der Partikel.

Ebenso wie bei raumlufttechnischen Filtern werden auch die Schwebstofffilter in unterschiedlichen Konfigurationen und Einbauvarianten für die einzelnen Filterklassen angeboten. Bild 14-4 zeigt einige Ausführungen von Schwebstofffiltern.

Die technischen Parameter verschiedener Schwebstofffilterelemente mit unterschiedlichen Abscheideleistungen werden zusammengefasst in Tabelle 14-5 dargestellt.

Der Einsatz von Schwebstofffiltern erfordert eine absolute und sichere Abdichtung der Filterelemente gegenüber den speziellen Aufnahmevorrichtungen der Wand-, Kanal- und Decken-Einbauvarianten. Leckagen müssen an den Dichtleisten unbedingt vermieden werden.

geeignet für die Filterklassen   geeignet für die Filterklassen   geeignet für die Filterklassen
F6, F7, F9 sowie H11 und H13   F9 sowie H11 und H13   H14, U15 und U16

Bild 14-4: Schwebstofffilterelemente [20]

Tabelle 14-5: Technische Parameter von Schwebstofffilter-Elementen für Grundbauelemente von 610×610 mm Anströmfläche [19]

Filter- Klasse	Bautiefe	Filter- fläche	Anström-/ Mediums- geschwindigkeit	Nenn- Volumenstrom	Tempe- ratur	Differenzdruck		empfohlene Vorfilter
						Anfang	Ende	
	mm	m^2	m/s	m^3/h	°C	Pa	Pa	
H10	54	7,6	0,71/0,035	950	80	90	750	G4/F7
	78	12,1	1,05/0,032	1400				
H11	54	7,6	0,71/0,035	950	80	125	750	G4/F7
	78	12,1	1,05/0,032	1400				
H12	298	18	0,032	2100	70	250	450	G4/F7
H13	54	7,6	0,71/0,035	950	80	250	750	G4/F7
	78	12.1	1,05/0,032	1400				
H14	69	10,6	0,45/0,016	600	80	125	600	G4/F7/H10
	117	16,0	0,45/0,010	600		85		
U15	69	10,6	0,45/0,016	600	80	155	600	G4/F7/H11
	117	16,0	0,45/0,010	600		105		
U16	69	10,6	0,45/0,016	600	80	200	600	G4/F7/H12
	117	16,0	0,45/0,010	600		130		

14.4 Elektro-Luftfilter

Elektro-Luftfilter für lufttechnische Anlagen werden in allen Bereichen des Gesellschafts- und Industriebaus eingesetzt. Das betrifft sowohl die Komfort-Klimaanlagen als auch die Industrieraumbelüftung und die Abscheidung von Öl- und Emulsionsnebeln, Schweißrauchen und Feinststäuben oder von Oxiden. Sie werden als Grundbaugrößen mit unterschiedlichen Durchsatzleistungen geliefert und können baukastenförmig an- und übereinander für die zu reinigenden Volumenströme angeordnet werden.

Elektro-Luftfilter bestehen aus einer Ionisations- und Abscheidezone. Beim Durchströmen der zu reinigenden Gase werden die Partikel mittels Sprühelektroden unipolar

aufgeladen. Die den Sprühelektroden nachgeordneten plattenförmigen Niederschlagselektroden der Abscheidezone werden abwechselnd positiv oder mit dem Erdpoten-
tial gepolt. Alle ionisierten Partikel werden beim Durchströmen der Abscheidezone
von ihrer Bahn in Richtung der Niederschlagselektroden abgelenkt und gegebenenfalls aus dem Gasstrom abgeschieden. Die Reinigung der Niederschlagselektroden erfolgt diskontinuierlich nach Abschalten, durch Abklopfen oder durch Abspritzen mit
Flüssigkeiten.

Der prinzipielle Aufbau und die Wirkungsweise von Elektro-Luftfiltern verdeutlicht
das Bild 14-5.

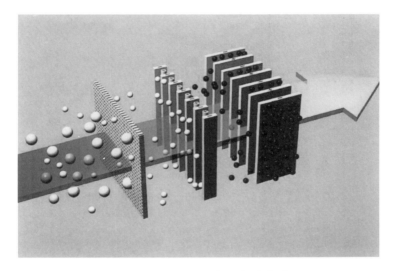

Bild 14-5: Elektrofilterprinzip [19]

Die Anströmgeschwindigkeiten sind von den Eigenschaften der abzuscheidenden Verunreinigungen, deren Konzentrationen und den erforderlichen Abscheideleistungen
abhängig. Sie liegen zwischen 1,0 und 3,5 m/s. Dabei sind Druckdifferenzen zwischen
30 bis 150 Pa zu erwarten. Mit steigender Geschwindigkeit sinkt die Abscheideleistung.

Elektro-Luftfilter sind für unterschiedliche Einbauvarianten konzipiert und können
den zu reinigenden Volumenströmen angepasst werden. In Tabelle 14-6 werden verschiedene Grundbaugrößen und Bauformen mit ihren technischen Parametern zusammengefasst dargestellt. Die Kombinationsmöglichkeiten sollten vom jeweiligen Hersteller erfragt und mit ihm abgestimmt werden.

Während Standardausführungen meist zusammen mit einer Ventilatoreinheit angeboten werden, sind zusätzliche Kombinationen mit anderen Filtersystemen problemlos möglich. Das können Vor- und Nachfilter für Stäube oder Adsorptionsfilter für die
Abscheidung gasförmiger Verunreinigung sein.

Den Aufbau eines Kompakt-Elektrofilters in Modulbauweise zeigt das Bild 14-6. Derartige Gerätesysteme können den jeweiligen Anforderungen durch den Einsatz unterschiedlicher Baueinheiten und unterschiedlichen Leistungskriterien weitestgehend
angepasst werden.

Tabelle 14-6: Elektro-Luftfilter [19]

Baugröße		05/1	1/1	2/1	2/2
Nennspannung	VCA 50 Hz	230	230	230	230
Leistungsaufnahme	VA	60	60	60	125
Stromaufnahme	mA	5	5	5	10
max. Temperatur	°C	60	60	60	60
Volumenstrom	m³/h	500–1600	1200–2400	1800–4250	3600–8500
Breite×Höhe×Länge	mm	618×578×500	618×578×500	618×740×500	1200×740×500
Gewicht	kg	64	64	73	110
Bauform		Elektro-Zellenfilter	Elektro-Kanalfilter	Elektro Gehäusefilter	Kompakt-Elektrofilter
Merkmale		als Wand-einbau in begehbare Kammern; staubseitig angeordnete fahrbare Waschanlage	Blechkanalan-schluss; öldicht verschweißt mit Ablaufwanne; gegebenenfalls mit rohluft-seitigen Bege-hungsschacht	platzsparend mit seitlicher Bedienungs-tür; gegebenenfalls mit Vorfilter und Ventila-toreinheit	Modularbau-weise mit öldichtem Gehäuse, Vorfilter und Hoch-spannungs-Versorgung
Volumenstrom	m³/h	bis 300 000	bis 150 000	bis 25 000	bis 4240

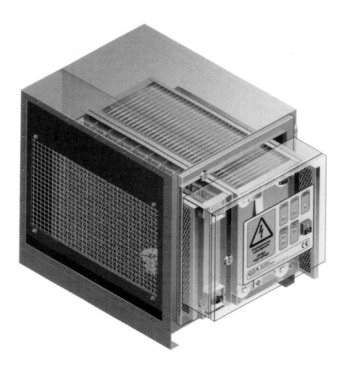

Bild 14-6: Kompakt-Elektrofilter [19]

14.5 Adsorptionsfilter

Zu- oder Abluftanlagen können durch toxische oder geruchsintensive Substanzen belästigende oder gesundheitsgefährdende Eigenschaften aufweisen. Sie können damit eine zusätzliche Reinigungsstufe im lufttechnischen Anlagensystem erfordern. Während für hohe Gas-Konzentrationen Gaswaschsysteme, thermische oder katalytische Verbrennungs-Verfahren angewandt werden, benutzt man für geringere Konzentrationen sehr oft Adsorptions-Verfahren auf Aktivkohlebasis. Dabei sind für Kohlenwasserstoffverbindungen meist nichtimprägnierte Aktivkohle für den Einsatz ausreichend. Für leicht flüchtige Schadstoffe — z. B. Säuredampf, Schwefelwasserstoff, Ammoniak, radioaktives Methyljodid — werden, auf die Substanz zugeschnitten, imprägnierte Spezialkohlen verwendet.

Die Aktivkohlen werden pulverförmig (in bzw. auf Trägermaterialien), granulatförmig (Schüttschichten), zylinderförmig (Dünnschichten) oder kugelförmig (auf Trägermaterialien) angeboten und eingesetzt. Aufnahmekapazität und Abscheideleistung sind abhängig von der Schadgasart, deren Konzentration und der Kontakt- bzw. Verweilzeit. Weitere Einflussfaktoren sind der Staub, die Temperatur (max. 40 °C) und die Luftfeuchte (max. 70 %). Eine ausreichende Vorfiltration für den Staub (min. F7) ist zu sichern. Die schadgasabhängige Kontaktzeit (0,05–1,0 s) wird durch die Anströmgeschwindigkeit und die Schichtdicke der Adsorptionsschicht beeinflusst. Die Durchmesser der eingesetzten Aktivkohle-Stäbchen variieren zwischen 1 und 3 mm. Verbrauchte Aktivkohle muss ausgetauscht werden und kann lediglich im großtechnischen Maßstab reaktiviert werden.

Das gegenwärtige Programm an Adsorptionsfiltern umfasst als Basis:

- Aktivkohle-Schüttgutelemente Schichtdicken ca. 50 mm, regenerierbar durch Schüttgut-Austausch,
- Aktivkohle-Platten   stabilisierend verfestigt, Plattenstärken ca. 20 mm, nicht regenerierbar (Plattenaustausch),
- Aktivkohle-Patronen   Einzelpatronen, geschüttet, Schichtdicke 20–30 mm, regenerierbar durch Schüttgut-Austausch,
- Aktivkohle-Patronen   Mehrpatronen-Elemente (25 Patronen/Element), Schichtdicke 20–30 mm, regenerierbar durch Schüttgutaustausch,
- Aktivkohle-Pulver   in offenporigem Kunststoffschaum eingebettet, nicht regenerierbar (Plattenaustausch).

Die wichtigsten technischen Parameter ausgewählter Adsorptionsfilter mit Aktivkohle werden in Tabelle 14-7 zusammengefasst.

Tabelle **14-7**: Baugrößen, Bauformen und technische Parameter von Adsorptionsfiltern [19]

Bauform		Filterplatten	Filterpatrone	Schaumplatte	Filtergehäuse mit Filterplatten	Filtergehäuse mit Schüttgut-elementen	Patronen-Filterzelle
Adsorptions-mittel		Aktivkohle	Aktivkohle	Aktivkohle	Aktivkohle	Aktivkohle	Aktivkohle
Konfiguration der Adsorptions-schicht		verfestigte Platte mit Spezial-dichtung, gegebenenfalls in Rahmen	ringförmige Schüttung in perforierter Hüll-konstruktion	pulverförmig in Schaum eingelagert	siehe Filterplatte	geschüttete Filterelemente	siehe Filterpatrone
Einsatz		Plattenelement in Filtergehäuse	in Filterzellen mit besonderen Aufnahme-rahmen	in Rahmen, für Kanal- und Wandeinbau	in Rahmen, für Kanaleinbau	in Rahmen, für Kanaleinbau	Gruppeneinbau in Filtergehäuse
Abmessung (B×H×T)	mm	305×570×20 573×615×20	l=300–600 d=120 und 140	287×592×304 592×592×304	305×610×292 610×610×306	610×610×292	610×610×295
Schichtdicke	mm	20	22 und 31	30		50	22 und 31
Volumenstrom	m³/h			1070–2125	625–1500	1850	
Anfangs-druckdifferenz	Pa			35	50–60	750	
Kontaktzeit	s			0,05	0,15–0,11	0,15	
Aktivkohle-Volumen	dm³	2,5	1,7–5,3	15–30	25–45	76	43 und 50

Ausführungsarten unterschiedlicher Adsorptionsfilter werden in Bild 14-7 dargestellt.

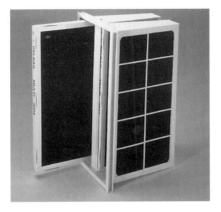

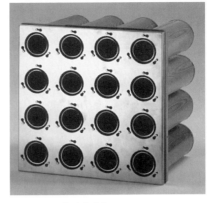

Aktivkohleplatten   Aktivkohlepatronen

Bild 14-7: Bauformen von Adsorptionsfiltern [19]

Literatur

[1] TRGS 900: Maximale Arbeitsplatzkonzentrationen und biologische Arbeitsstofftoleranzwerte der Senatskommission zur Prüfung gesundheitsschädlicher Arbeitsstoffe der Deutschen Forschungs-gemeinschaft — MAK-Wert-Liste. Veröffentlicht im Bundesarbeitsblatt.

[2] TRGS 102: Technische Richtkonzentrationen für gesundheitsgefährliche Arbeitsstoffe, Köln, Carl Heymanns Verlag.

[3] DIN 1946 Blatt 2: Raumlufttechnik, Gesundheitstechnische Anforderungen, 1994.

[4] VDI 2310: Maximale Immissionswerte zum Schutz der Vegetation, von Menschen, von landwirtschaftlichen Nutztieren.

[5] VDI 6022: Hygienische Anforderungen an raumlufttechnische Anlagen, Büro- und Versammlungsräume, 1998.

[6] VDI 2262 Blatt 1 bis 3: Luftbeschaffenheit am Arbeitsplatz.

[7] Baumgarth, Hörner, Reeker: Handbuch der Klimatechnik, Band 1: Grundlagen, 4. Auflage, 2000; C. F. Müller Verlag Heidelberg.

[8] VDI 3677 Blatt 2: Filternde Abscheider; Tiefenfilter (in Vorbereitung).

[9] DIN EN 779: Partikel-Luftfilter für die allgemeine Raumlufttechnik; Anforderungen, Prüfung, Kennzeichnung, 1994.

[10] DIN 24 185: Prüfung von Luftfiltern für die allgemeine Raumlufttechnik, ersetzt durch DIN EN 779.

[11] *Frenzel, W.-P.* und *M. List*: Regenerierbare Luftfilter — Untersuchungen und Entwicklungen, VDI KUT-Jahrbuch 1999/2000, S. 198–208, VDI Verlag Düsseldorf.

[12] *Frenzel, W.-P.*: Untersuchungen der Grundlagen für den Einsatz von abreinigbaren Taschenluftfiltern als Filtersystem mit langer Standzeit, Schriftenreihe der Bundesanstalt für Arbeitsschutz und Arbeitsmedizin — Forschungs-Fb 873, Dortmund/Berlin 2000, Broschüre, 61 Seiten.

[13] *Frenzel, W.-P.* und *M. List*: Prüfmethode zur Bestimmung der Regenerierbarkeit von Luftfiltermaterialien, KI Luft- und Kältetechnik 6/1998, S. 284–287.

[14] DIN EN 1822-1: Schwebstofffilter (HEPA und ULPA), Anforderungen, Prüfung, Kennzeichnung (Entwurf Mai 1995), Ersatz für DIN 24 184.

[15] DIN EN 1822-2: Schwebstofffilter (HEPA und ULPA), Aerosolerzeugung, Messgeräte, Partikelzählstatistik (Entwurf Juli 1998).

[16] DIN 24 184: Typprüfung von Schwebstofffiltern, 1990, ersetzt durch DIN EN 1822-1.

[17] VDI 2083/1: Reinraumtechnik, Grundlagen, Festlegung der Reinraumklassen, 1976.

[18] DIN EN 1822-4: Schwebstofffilter (HEPA und ULPA), Leckprüfung der Filterelemente (Scan-Methode), (Entwurf März 1997).

[19] Erzeugniskatalog der Fa. GEA-Delbag, Herne/Berlin.

[20] Erzeugniskatalog der Fa. Gebrüder Trox GmbH, Neukirchen-Vluyn.

15 Wärmerückgewinnung

A. TROGISCH

Formelzeichen

$A_{W\ddot{U}}$	wärmeübertragende Fläche	$t_{W,w}$	Temperatur des Wassers,
a	Spaltbreite		Austritt (warme Seite)
b	Plattenabstand (Spaltweite)	$t_{11} = t_{FO}$	Fortlufteintrittstemperatur
$\dot{C}$	Wärmekapazitätsstrom	$t_{\tau,11}$	Taupunkttemperatur des
$\dot{C}_{AU}$	Wärmekapazitätsstrom der		Fortlufteintrittes
	Außenluft	t_{12}	Fortluftaustrittstemperatur
$\dot{C}_{FO}$	Wärmekapazitätsstrom der	$t_{21} = t_{AU}$	Außenlufteintrittstemperatur
	Fortluft	t_{22}	Außenluftaustrittstemperatur
$\dot{C}_W$	Wärmekapazitätsstrom des Was-	$\dot{V}_1$	Fortluftvolumenstrom
	sers bzw. Übertragungsmediums	$\dot{V}_2$	Außenluftvolumenstrom
$c_{p,L}$	spezifische Wärmekapazität	$\dot{V}_{AB}$	Abluftvolumenstrom
	der Luft	$\dot{V}_{AU}$	Außenluftvolumenstrom
$c_{p,W}$	spezifische Wärmekapazität	$\dot{V}_{FO}$	Fortluftvolumenstrom
	des Wassers	$\dot{V}_{Leck}$	Leckluftvolumenstrom
d_i	Rohrinnendurchmesser	$\dot{V}_{Rot}$	Mitrotationsluftvolumenstrom
d_R	Rohrdurchmesser	$\dot{V}_S$	Schleusluftvolumenstrom
k	Wärmedurchgangskoeffizient	$\dot{V}_{SP}$	Spaltluftvolumenstrom
L	Länge des Spaltes	$\dot{V}_{\ddot{U}}$	Übertragungsluftvolumenstrom
L_R	Rohrlänge	w_O	Anströmgeschwindigkeit
$\dot{m}_1$	Fortluftmassenstrom	w_R	Rohrgeschwindigkeit
$\dot{m}_2$	Außenluftmassenstrom	x_{11}	Fortlufteintrittsfeuchte
n_R	Rohranzahl	x_{12}	Fortluftaustrittsfeuchte
n_{RR}	Rohrreihenanzahl	x_{21}	Außenlufteintrittsfeuchte
p_{11}	Druck an der Eintrittsseite	x_{22}	Außenluftaustrittsfeuchte
	des Fortluftvolumenstromes	Δp_m	mittlere Druckdifferenz
p_{12}	Druck an der Austrittsseite	Δp_L	luftseitiger Druckverlust
	des Fortluftvolumenstromes	Δp_S	Schleusdruckdifferenz
p_{21}	Druck an der Eintrittsseite	Δp_{SP}	spaltseitiger Druckverlust
	des Außenluftvolumenstromes	Δp_1	An- und Abströmdruckverlust
p_{22}	Druck an der Austrittsseite	Δp_2	Druckverlust der Spaltströmung
	des Außenluftvolumenstromes	Δt_{ges}	Gesamttemperaturdifferenz
$\dot{Q}_R$	übertragener Wärmestrom	Δt_{max}	maximale Temperaturdifferenz
R	Widerstand	Δt_W	Temperaturdifferenz des Wassers
s_{PL}	Plattendicke	Δt_I	Temperaturdifferenz Fortluft−Wasser
s_R	Rohrwanddicke	Δt_{II}	Temperaturdifferenz Wasser−Außenluft
s_{SP}	Spaltweite	α_{AU}	Wärmeübergangskoeffizient
t_{Fr}	Einfriertemperatur		auf der Außenluftseite
$t_{W,k}$	Temperatur des Wassers,	α_{FO}	Wärmeübergangskoeffizient
	Eintritt (kalte Seite)		auf der Fortluftseite

α_R	Wärmeübergangskoeffizient im Rohr	$\Phi_{t,K}$	Temperaturübertragungsgrad
α_{SP}	Wärmeübergangskoeffizient im Spalt		bei Kondensation
ε	Faktor	Φ_x	Feuchteübertragungsgrad
Φ_{AU}	Übertragungsgrad bezogen auf		= Rückfeuchtzahl
	den Außenluftvolumenstrom	φ_{11}	relative Feuchte an der
Φ_{FO}	Übertragungsgrad bezogen auf		Eintrittsseite des
	den Fortluftvolumenstrom		Fortluftvolumenstromes
Φ_h	Enthalpieübertragungsgrad	λ	Wärmeleitfähigkeit
Φ_{nenn}	Nennübertragungsgrad	ϱ_{AU}	Rohdichte der Außenluft
Φ_t	Temperaturübertragungsgrad	ϱ_{FO}	Rohdichte der Fortluft
	= Rückwärmzahl	ϱ_W	Rohdichte des Wassers
$\Phi_{t,f}$	Temperaturübertragungsgrad	ζ_{SP}	spaltseitiger
	bei nasser Oberfläche		Widerstandsbeiwert

15.1 Übersicht

Eine Übersicht über die wichtigsten bekannten Verfahren und Systeme wird in Bild 15-1 gezeigt. Detaillierte und ausführliche Darstellungen sind in [1] gegeben.

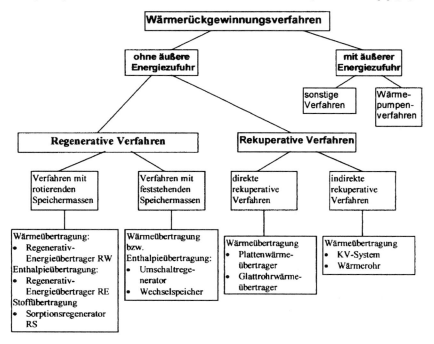

Bild 15-1: Einteilung der WRG-Verfahren nach [1]

Besonders interessant sind die Wärmerückgewinnungssysteme, bei denen die Wärmeübertragung in Richtung des natürlichen Temperaturgefälles, ohne äußere Energiezufuhr, verläuft. Die erforderlichen Antriebsenergien für die Antriebsmotoren der Regenerativ-Energieübertrager bzw. die Pumpen des Kreislaufverbundsystems (KV-System) sind gering und bleiben hier unberücksichtigt. Diese Verfahren lassen sich, abgesehen von einigen Sondersystemen, in regenerative und rekuperative Verfahren einteilen.

Bei den *regenerativen Verfahren* wird Wärme und/oder Feuchtigkeit vom strömenden Stoff an eine Speichermasse übertragen und umgekehrt. Dabei wird wechselseitig die Speichermasse beladen oder entladen (regeneriert). Bei der Wärmeübertragung bedeutet dies eine abwechselnde Erwärmung und Abkühlung der Speichermasse.

Dieser diskontinuierliche Vorgang kann sowohl durch eine rotierende Speichermasse als auch durch ein Kammernsystem erreicht werden. Die Speichermassenelemente werden zu verschiedenen Zeiten wechselweise vom kalten oder warmen Luftstrom beaufschlagt. In beiden Fällen erfolgt mit einer zeitlichen Phasenverschiebung eine Wärmespeicherung oder -entspeicherung.

Durch einen geeigneten Aufbau der Speichermasse kann sowohl eine Enthalpieübertragung als auch eine Wärmeübertragung (mit unterdrückter Feuchteübertragung) oder auch Sorption (Feuchteübertragung bzw. Trocknung) erreicht werden.

Wärmeübertrager, in denen die Wärme kontinuierlich entsprechend dem physikalischen Vorgang des Wärmedurchganges ohne Speichervorgänge strömt, werden als „Rekuperatoren" bezeichnet. Die Stoffströme werden dabei durch Wände aus festen Stoffen (Metalle, keramische Stoffe, Glas) getrennt.

Diese *rekuperativen Wärmerückgewinnungsverfahren* lassen sich untergliedern in

- direkte rekuperative Systeme, bei denen die Wärme direkt von dem einen Stoffstrom zum anderen über eine Trennwand übertragen wird, und

- indirekte rekuperative Systeme, bei denen die Wärme unter Zwischenschaltung eines Wärmeträgermediums von dem einen auf den anderen Stoffstrom übergeht.

Dieses Medium nimmt in einem Rekuperator Wärme aus dem warmen Luftstrom auf, speichert sie und transportiert sie zu einem zweiten Rekuperator, in dem die Wärme an den kälteren Luftstrom wieder abgegeben wird. Dieser Vorgang kann sowohl ohne (KV-System) als auch mit Phasenänderung des Wärmeträgermediums (Wärmerohr) geschehen.

Die indirekten rekuperativen Systeme werden häufig den regenerativen Systemen zugeordnet [3], [4]. Dieses Herangehen erscheint logisch. Zur Berechnung dieser Systeme werden aber die Berechnungsmodelle des rekuperativen Wärmedurchgangs herangezogen.

Weitere Wärmerückgewinnungssysteme sind z. B. offene kreislaufverbundene Wärmeübertrager, wie die in der Lufttrocknungstechnik bekannt gewordenen Kathabaranlagen oder auch Wärmepumpen.

Tabelle 15-1 vermittelt einen Überblick über die vorhandenen Realisierungsmöglichkeiten und zeigt die Randbedingungen, unter denen ein Einsatz von Wärmerückgewinnungseinrichtungen möglich ist. Die Übersicht erhebt keinen Anspruch auf Vollständigkeit, sondern soll orientierend die Auswahl erleichtern.

Tabelle 15-1: Einteilung der Wärmerückgewinnungsverfahren nach [1]

Einsatzkriterien	Regnerativ-Enthalpie-übertrager	Regnerativ-Wärmeübertrager	Wechselspeicher/Umschaltregenerator	KV-System	Plattenwärmeübertrager	Wärmerohr	Glattrohrwärmeübertrager
Φ_h %	70.....80						
Φ_l %	70.....80	70.....80	70.....80	35.....45	40.....65	40.....65	40.....65
Φ_x %	70.....80	10.....20	Kondensation	Kondensation	Kondensation	Kondensation	Kondensation
Δp_L Pa	200	200	120...160	200...300	100...150	200...300	150....250
Bauvolumen [1] m³/(m³/s) [2]	0,90...2,00 inkl. Regler u. Montage Fa. Klingenburg	0,80...1,90 inkl. Regler u. Montage Fa. Klingenburg	6,00 ...11,00 komplettes Klimagerät inkl. Regler Fa. Menerga	0.70...1,80 inkl. Regler Fa. Wolf Klimatechnik	1,30 ...1,65 incl. Bypassfunktion Fa. ALKO Therm	0,95 ...1,65 incl. Bypassfunktion Fa. GEA Happel	auf Anfrage Fa. Air Fröhlich
Volumenstrom m³/h	100.000 bis 5.000		32.000 bis 3.600	63.000 bis 2.500	20.000 bis 5.000	21.000 bis 3.300	
Ventilatoranordnung	Druckgefälle vom Außenluft zum Fortluftvolumenstrom einhalten		nicht beliebig, durch Funktionsprinzip d. Anlage festgelegt	beliebig	beliebig	beliebig	beliebig
Einordnung in die RLT	Zusammenführung von Fort- u. Außenluftvolumenstrom erforderlich; größere Volumenströme durch Parallelschaltung realisierbar		Zusammenführung von Fort- und Außenluftvolumenstrom erforderlich	Einordnung beliebig, Wärmeübertragung von/an mehrere Luftvolumenströme möglich	Zusammenführung von Fort- u. Außenluftvolumenstrom erforderlich; größere Volumenströme durch Parallelschaltung realisierbar		
Schadstoffübertragung	bei Beachtung der Planungsvorschriften minimal		vorhanden	ausgeschlossen	bei guter Abdichtung ausgeschlossen	ausgeschlossen	bei guter Abdichtung ausgeschlossen
Temperaturbereich bezog. auf die Fortlufttemperatur	≤ 80 °C	≤ 120 °C	-25 bis 60 °C	≤ 90 °C Sondermaßnahmen: > 90 °C	≤ 180 °C	≤ 100 °C (NH₃, Rohrmaterial: Alu)	abhängig von verwendeten Werkstoffen, bei Glas u. Gummiabdichtung: -20 bis 90 °C
Antriebsenergiebedarf	Antriebsmotor für Regeneratorrad		Stellantrieb der Umschalteinrichtung	Antrieb für Umwälzpumpe	ohne	ohne	ohne
Wartungsaufwand	mittel	mittel	gering	mittel	gering	gering	gering
Leistungsregelung	einfach, durch Drehzahlregelung		durch Änderung der Umschaltfrequenz	einfach, durch Flüssigkeitsmengenregelung	kompliziert, nur luftseitig möglich		
Einfrierschutz	einfach möglich		durch Änderung der Umschaltfrequenz möglich	einfach möglich	nur luftseitig möglich		
Forderungen an die Luftreinheit	klebrige, ölige, toxische u. aggressive Schadstoffe vermeiden, Rücksprache mit dem Hersteller		weitgehend ohne Forderungen, Speicherwerkstoff beachten	Einsatzgrenzen der verwendeten Wärmeübertrager beachten	weitgehend ohne Forderungen, Verträglichkeit der Werkstoffe beachten	Werkstoffe und Geometrie beachten	weitgehend ohne Forderungen, Verträglichkeit der Werkstoffe beachten

[1] einschließlich Bauvolumen für die Abschlußteile sowie erforderliche Wartungs- und Bedienungsräume
[2] Der Nenner der Einheitenangabe bezieht sich auf den Luftvolumenstrom

15.2 Regenerative Verfahren

15.2.1 Regeneratoren

Aufbau

Den prinzipiellen Aufbau und die Wirkungsweise von Regeneratoren veranschaulicht Bild 15-2.

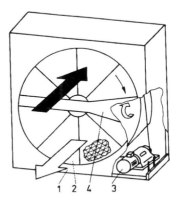

Bild 15-2: Regenerator mit rotierender Speichermasse, schematisch; nach [2]
1 - Gehäuse; 2 - Rotor; 3 - Rotorantrieb; 4 - Schleuszone

Die Speichermasse ist als zylindrischer Rotor ausgebildet, der sich mit maximalen Drehzahlen von 10 bis 20 min^{-1} in einem Gehäuse drehen kann. Zwei Luftströme durchströmen im Gegenstrom die Speichermasse. Abwechselnd gelangen die Speichermassenteilchen durch die rotierende Bewegung von einem Luftstrom in den anderen und bewirken entsprechend dem vorliegenden Temperatur- und Konzentrationsgefälle durch die Speicherwirkung eine Übertragung sensibler und latenter Wärme. Bild 15-3 zeigt einen handelsüblichen Regenerator.

Bild 15-3 Serienmäßig gefertigter Regenerator einer Baureihe; Werkbild Fa. Klingenburg GmbH, Gladbeck

Entsprechend der Nutzung kann in folgende Kategorien eingeteilt werden:

- Wärmerückgewinnung bzw. Kälterückgewinnung,
- Enthalpierückgewinnung und
- Trocknung.

Rotor

Der Rotor besteht aus einer tragenden Konstruktion und der eingefügten Speichermasse. Die Lagerung des Rotors erfolgt im Allgemeinen wartungsfrei auf Kugellagern. Entscheidend für das Betriebsverhalten und die Kennwerte des Regenerators ist die Speichermasse.

Gehäuse

Grundsätzlich werden Regeneratoren mit einem separaten Gehäuse zum Einbau in lüftungstechnische Anlagen für den direkten Anschluss von Luftkanälen hergestellt.

Kleine Regeneratoren bis etwa 2,5 m Rotordurchmesser besitzen ungeteilte Gehäuse, größere Regeneratoren geteilte Gehäuse. Durch abnehmbare Frontteile ist die Zugänglichkeit der Speichermassenstrukturen von vorn sichergestellt, so dass sie unmittelbar zu Wärmeübertragerwänden nebeneinandergestellt werden können. Durch das Parallelschalten mehrerer Geräte können auch größere Luftvolumenströme genutzt werden. Weiterhin werden Gehäuse mit integrierten Bypassklappen angeboten (Bild 15-4).

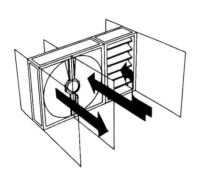

Bild 15-4: Regenerator mit Bypassklappe; Werkbild Fa. Klingenburg GmbH, Gladbeck

Rotorantrieb

Der Rotor bei großen Regeneratoren wird ausschließlich durch Wechsel- oder Drehstrom-Getriebemotoren angetrieben mit Antriebsleistungen von etwa 0,1 kW bei kleinen und 1 kW bei großen. Es dominiert die geschützte Anordnung im Regeneratorgehäuse (Bild 15-5). Die Kraftübertragung vom Getriebemotor erfolgt in der Regel durch direkt auf dem Rotorumfang nicht geführt laufende Keilriemen. Der Antrieb wird selbstspannend ausgeführt.

Bild 15-5: Rotorantrieb; Werkbild Fa. Klingenburg GmbH, Gladbeck

Rotorabdichtung

Eine absolute Trennung der an der Energieübertragung beteiligten Luftströme ist beim Regenerator nicht möglich. Um die Leckluftströme klein zu halten, werden am Rotorumfang und an der Übergangsstelle von einem Luftstrom in den anderen Dichtungen (z. B. von Klemmfedern gehaltene Dichtleisten) vorgesehen (Bild 15-6). Sie werden nach der Montage der Regeneratoren in die Anlage so an den Rotor herangeschoben, dass der Rotor berührungsfrei mit minimalem Spalt (je nach Baugröße 0,5–3 mm) abgedichtet wird.

Bild 15-6: Rotorabdichtung durch Dichtleisten; Werkbild Fa. Klingenburg GmbH, Gladbeck

Schleuszone

Beim Übertritt der Speichermasse vom Fortluft- in den Außenluftstrom gelangen mit Fortluft gefüllte Speichermassenteile in den Außenluftstrom und bewirken eine Beimischung von Fortluft in der Größenordnung von 3–5 %. Im Allgemeinen ist bei Umluftbetrieb einer lüftungstechnischen Anlage dieser Effekt bedeutungslos.

Die Beimischung kann jedoch in Verbindung mit einem entsprechenden Druckgefälle auf Werte unter 0,5 % gedrückt werden, wenn in einer Schleuszone die restliche Fortluft aus der Speichermasse vor Eintritt in den Außenluftstrom durch Außenluft ausgespült wird. Es sind sowohl einfache (Bild 15-7) als auch doppelte Schleuszonen (Bild 15-2) üblich.

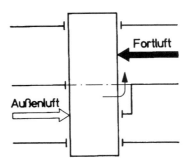

Bild 15-7: Einfache Schleuszone, schematisch, nach [1]

Speichermaterialien

Kernstück eines jeden Regenerators ist die Speichermasse. Diese Speichermasse muss zwei wesentliche Funktionen erfüllen:

- Wärmeaufnahme aus einem strömenden gasförmigen Medium bzw. -abgabe an ein strömendes gasförmiges Medium,

- Feuchtigkeitsaufnahme aus einem strömenden gasförmigen Medium bzw. -abgabe an ein strömendes gasförmiges Medium.

Für die Speichermasse ist eine Mikrogeometrie anzustreben, die die Druckverluste minimiert und Querströmungen in der Speichermasse verhindert. Die Struktur mit geraden, axialen Kanälchen, die von den gasförmigen Medien laminar durchströmt werden, hat sich durchgesetzt. Weiterführende und detailierte Darlegungen zu den unterschiedlichen Speichermassen sind [1] zu entnehmen.

Tabelle 15-2 fasst die wichtigsten Speichermassenwerkstoffe für die Anwendungen in der Lüftungs- und Klimatechnik zusammen. Die Auswahl der Speichermassenmaterialien wird zunehmend auch von human- bzw. ökotoxikologischen Gesichtspunkten bestimmt.

Tabelle 15-2: Übersicht über Speichermassenwerkstoffe nach [1]

Werkstoff	Halbzeug	Struktur	Konditionierung	Beständigkeit Temperatur/Medien	Bemerkungen
Aluminium Alu-Legierungen	Folie, Draht	gerade, axiale Kanälchen; Drahtpackung	RW: ohne	stabil bei pH: 5..9 Temperatur bis 400 °C	Hauptanwendung; auch mit Korrosionsschutzbeschichtung
			RE: durch spezielle Oberflächenbehandlung oder Beschichtung mit Absorbienten	meist bis 80 °C eingesetzt	
Cr-Ni-Stahl	Folie, Draht	gerade, axiale Kanälchen; Drahtpackung	RW: ohne RE: (nicht üblich)	höchste Stabilität	vorzugsweise in technologischen Anlagen
Asbest	Asbestpapier	gerade, axiale Kanälchen	RE: durch Tränkung mit hygroskopischen Salzen	hohe Stabilität, keine mikrobiologische Korrosion	nur historische Bedeutung wegen cancerogener Wirkung der Asbestfasern verboten
Zellulose	Papier	gerade, axiale Kanälchen	RE: durch Tränkung mit hygroskopischen Salzen	MAK-Wert-Bereich bis 80 °C	schwerentfalmmbar, gegen mikrobiogene Korrosion ausgerüstet
			RW: durch Ausrüstung mit Kunstharzen	MAK-Wert-Bereich bis 120 °C	
Glasfaser	Glasfaserpapier	gerade, axiale Kanälchen	RE: durch Tränkung mit hygroskopischen Salzen oder Einlagerung von Kieselgel	hohe Eigenbeständigkeit des Materials bis 140 °C	aufwendige Herstellungstechnologie, nicht brennbar
			RW: ohne	bis 200 °C	
Keramik	Keramikpapier oder Keramikmasse	gerade, axiale Kanälchen	RE: durch Tränkung mit hygroskopischen Salzen	hohe Eigenbeständigkeit des Materials bis 140 °C	aufwendige Herstellungstechnologie, nicht brennbar
			RW: ohne	bis 200 °C	
Kunststoff	Folie	gerade, axiale Kanälchen	RE/RW: durch Wahl eines hydrophilen, hyfrophoben Kunststoffes	gute Beständigkeit bis 75 °C	oft schwerentflammbar ausgerüstet

Anwendungsgebiete und Einsatzgrenzen

Die Fortluft der raumlufttechnischen Anlagen kann teilweise erhebliche Verunreinigungen enthalten. Besonders in der Fortluft von Industriebetrieben treten eine Vielfalt fester oder gasförmiger, anorganischer oder organischer Beimengungen auf.

Das Verhalten des Regenerators gegenüber Verunreinigungen beinhaltet im Wesentlichen die Teilprobleme: Verschmutzung und Reinigung der Speichermasse; chemische

Beständigkeit der Bauteile des Regenerators und Übertragung von Schadstoffen zwischen Fortluft- und Außenluftstrom.

Gasförmige Bestandteile können durch Abkühlung im Wärmeübertrager kondensieren. Diese zunächst flüssigen Kondensate bilden oft mit Stäuben eine feste klebrige Kruste. Trockene Stäube können backend oder nicht backend sein. Bei normaler Staubbelastung mit trockenen Stäuben ist die Selbstreinigung des Regenerators ausreichend. Bei backenden oder fettigen Luftverunreinigungen ist eine Verschmutzung der Regenerator-Speichermasse zu erwarten. Ob eine Filterung vorzusehen ist, hängt von der Art der Verunreinigung, den Möglichkeiten der Reinigung und dem Reinigungszyklus ab.

Eine feuchte oder fettige Speichermassenoberfläche begünstigt die Staubablagerung im Regenerator. Eine Filterung der Fortluft ist erforderlich bei fettigen, klebrigen oder backenden Bestandteilen in der Fortluft und/oder wenn die Taupunkttemperatur der Fortluft im Regenerator unterschritten wird.

Verschmutzung und Reinigung der Speichermasse

Das Funktionsprinzip des Regenerators verwirklicht eine Selbstreinigung des Gerätes, einerseits durch die laminare Strömung in den Kanälchen und andererseits durch die Gegenstromführung von Fort- und Außenluft. Trockene nicht backende Stäube werden durch die Kanälchen hindurch transportiert, oder, wenn sie sich an den Stirnkanten abgesetzt haben, vom Gegenstrom entfernt.

Die Lamellenteilung setzt der für die Durchströmung der Stäube möglichen Korngröße eine Grenze. Ein kleiner Lamellenabstand ermöglicht hohe Übertragungsgrade, hat aber neben hohen Druckverlusten eine starke Verschmutzungsneigung zur Folge. Für stark verunreinigte Fortluft sind Geräte mit großem Lamellabstand zu bevorzugen. Die Reinigungseinrichtungen der Serienausrüstung (Reinigung mit Druckluft, Wasser, Dampf oder Lösungsmittel) werden automatisch mit Zeitschaltuhr oder besser druckverlustgesteuert betrieben. Je nach Einsatzfall liegen die Reinigungsintervalle zwischen Stunden bis einmal jährlich.

Schadstoffübertragung

Zwischen Außenluft- und Fortluftstrom findet, bedingt durch Dichtspalte, Schleuszone, Mitnahme von Luft in den Kanälchen der rotierenden Speichermasse und Materialeigenschaften der Speichermasse, ein Luft- und Stoffaustausch statt.

Es ist zwischen der Stoffübertragung durch Übertragungsluft und durch adsorptive Stoffübertragung zu unterscheiden. Als Übertragungsluft wird der von einem Luftstrom in den anderen übertragene Luftstrom verstanden und beinhaltet die Anteile Leckluft- und Mitrotationsluftstrom

$$\dot{V}_{\ddot{U}} = \dot{V}_{\text{Leck}} + \dot{V}_{\text{Rot}}. \tag{15-1}$$

Der Leckluftstrom ist der Anteil des Übertragungsluftstromes, der über die Dichtleisten (Spaltluftstrom) und die Schleuszone (Schleusluftstrom) in den anderen Luftstrom gelangt.

$$\dot{V}_{\text{Leck}} = \dot{V}_{SP} + \dot{V}_S \tag{15-2}$$

Die Strömungsrichtung und die Größe des Leckluftstromes sind vom Druckgradienten abhängig. Der Leckluftstrom beeinflusst Außenluft- und Fortluftstrom vor und nach dem Regenerator. Er muss bei der Ventilatorauslegung entsprechend der Anlagenschaltung berücksichtigt werden. Ergebnisse von umfangreichen Versuchen dazu sind aus [1] und [5] zu entnehmen. Die Möglichkeit der Übertragung von Schadstoffen durch den Regenerator ist nur dann gegeben, wenn die chemischen Eigenschaften des Schadstoffes und des Speichermassenmaterials dies zulassen. Im Allgemeinen sind diese Vorgänge, abgesehen von der Übertragung hydrophiler Stoffe durch hygroskopische Speichermassen, vernachlässigbar.

Tabelle 15-3: Hinweise auf mögliche Einsatzfälle des Regenerators nach [1]

Einsatzgebiet	Einsatzort	Forluftbedingungen	Bemerkungen
Komfortbereich; allgemein	Versammlungsräume, Konzert- und Theatersäle, Schulen, Bürogebäude	„saubere" Fortluft Einsatzbereich: 20 ... 30 °C	Filterung für Regenerator nicht erforderlich
	Krankenhäuser, Reinräume	je nach Nutzung Einsatzbereich: 20 ... 30 °C	Filter in der Forluft nicht erforderlich, Druckgefälle vom Außenluft- zum Fortluftvolumenstrom erforderlich
	Schwimmhallen	feuchte Fortluft Einsatzbereich: 25 ... 30 °C	Regelung nach absoluter Feuchte sinnvoll, Einfrierverhalten beachten
Stahlindustrie, Gießereien	Öfen, Kühltunnel; Kühlförderer, Kernformerei, Schmieden, Walz-straßen usw.	trockener, teilweise leicht backender Staub Einsatzbereich: 25 ...500 °C	Filter in der Fortluft selten notwendig, Druckluftreinigung erforderlich
Baustoffindustrie, keramische Industrie	Öfen, Kühltunnel, Klinkerkühlung	trockener, leicht backender Staub Einsatzbereich: 90 ...500 °C	Filter in der Fortluft selten notwendig, Reinigung erforderlich
Farbspritzanlagen	Trockenöfen, Spritzkabinen	Lösungsmitteldämpfe und Farbstaub Einsatzbereich: 20 ...120 °C	Filter in der Fortluft teilweise notwendig, Reinigung selten erforderlich; Verträglichkeit gegenüber Lösungs-mitteln und richtige Druckgefälle beachten
Textilindustrie	Spanntrockenfixierrahmen	starke Verunreinigungen durch klebrige Kondensate Einsatzbereich: 90 ...200 °C	Filter in der Fort- und Außenluft notwendig, Reinigung mit Dampf, korrosionsfeste Ausführung
	Wäschetrockner, Mangeln	feuchte Fortluft mit Flusen- und Stärkeanteil	Feuchteübertragung beachten; Filter in der Fortluft erforderlich, auf richtiges Druckgefälle achten
Polygraphische Industrie	Druckmaschinen, Kaschier-maschinen, Raumabsaugung	Lösungsmitteldämpfe Einsatzbereich: 20 ...100 °C	Filterung nur nach Raumbedin-gungen, Reinigung nicht erforderlich, auf richtiges Druckgefälle achten
Feuerungstechnische Anlagen	Verbrennungsluftvorwärmung	agressive Bestandteile Einsatzbereich: bis 500 °C	korrosionsfeste Geräte verwenden, Taupunktunterschreitung vermeiden
Holzindustrie	Sägen, Schleifmaschinen, Pressen, Trockner	trockene Stäube (Späne) Einsatzbereich: 20 ...100 °C	Fortluft nach dem Zyklon entnehmen, zusätzliche Filterung und Reinigung der Speichermasse nicht erforderlich, lediglich Späneablagerung beseitigen.
		Stäube mit Schleifmittel-zusatz oder Klebstoffen	Filterung und Reinigung erforderlich
Tierzucht und-mast	Stallanlagen	starke Verunreinigungen (Futtermittelstaub, Tier-schuppen u.ä.) mit Wasser feste Krusten bildend Einsatzbereich: 5 ...25 °C	Reinigung (Wasser, Dampf) notwendig, eventuell Filter vorsehen
Küchen	Abluſthauben	klebrige, fettige Verunreini-gungen Einsatzbereich: 20 ...30 °C	Filterung erforderlich; automatische Reinigung mit Dampf oder Lösungsmittel notwendig

Einsatzmöglichkeiten

Regeneratoren finden in allen Bereichen der Lüftungstechnik Anwendung. Die Einsatzbedingungen sind unterschiedlich. Es ist zu unterscheiden in:

- raumlufttechnische Anlagen im Bereich niedriger Temperatur und geringer Verunreinigung der Fortluft (Bürogebäude, Schulen, Kaufhallen, Theater- und Konzertsäle, Versammlungsräume usw.) und

- raumlufttechnische Anlagen im Bereich höherer Temperatur und/oder teilweise starker Verunreinigung der Fortluft (Anlagen in den verschiedensten Industriezweigen, Landwirtschaft usw., besonders Anlagen für technologische Prozesse wie Trocknungsanlagen u. ä.).

Hinweise auf mögliche Einsatzfälle des Regenerators gibt Tabelle 15-3 und enthält Beispiele, die einen groben Überblick über das weitgespannte Einsatzgebiet geben sollen. Die getroffenen Aussagen, besonders die zum Problem der Filterung und Reinigung sind allgemeiner Art und können im konkreten Fall abweichen.

Berechnung und Auslegung

Die grundlegenden Berechnungen für die Regeneratoren sind [1], [3], [4] zu entnehmen. Regeneratoren werden von den Herstellern in einer Baugrößenreihe angeboten. Die Auslegung beschränkt sich auf eine Auswahl der passenden Baugröße, Berechnung der Luftzustandsänderung und der Druckverluste im Regenerator und der Luftvolumenstrombilanz. Die Hersteller liefern dafür in den Planungsunterlagen die notwendigen Angaben, meistens in Form von Kennlinien (Bild 15-8).

Eine charakteristische Bezugsgröße für die Hauptkennwerte „Übertragungsgrad" (in [3] auch als „Rückwärmzahl" oder „Rückfeuchtzahl" bezeichnet) und „Druckverlust" ist die Anströmgeschwindigkeit der Speichermasse. Sie wird deshalb in Planungsunterlagen häufig als Parameter genannt.

Im Normalfall bewegt sie sich zwischen 3 bis 4 m/s, kann aber im Bereich von 1 bis 6 m/s gewählt werden. Damit ist eine Anpassung an die konkreten Einsatzbedingungen möglich. Wie aus Bild 15-8 ersichtlich, können die Übertragungsgrade weit über 80 % erreichen. Es besteht die folgende Verknüpfung:

- Kleine Anströmgeschwindigkeit → kleiner Luftvolumenstrom → großes Gerät → kleiner Druckverlust → hoher Übertragungsgrad.

Die Übertragungsgrade werden grundsätzlich für symmetrische Beaufschlagung des Regenerators angegeben, d. h. für $\dot{m}_1 = \dot{m}_2$ oder mit der in der Klimatechnik üblichen Annäherung $\dot{V}_1 = \dot{V}_2 (\dot{V}_{FO} = \dot{V}_{AU})$. Es ist dann

$$\Phi_{FO} = \Phi_{AU} = \Phi_{\text{nenn}}. \qquad (15\text{-}3)$$

Ungleiche Fort- und Außenluftströme ($\dot{V}_{AU} \neq \dot{V}_{FO}$) erfordern eine Korrektur des z. B. aus Bild 15-8 entnehmbaren Nennübertragungsgrades Φ_{nenn}. In den Planungsunterlagen sind dafür Korrekturdiagramme zu finden. Die in den Kennlinienfeldern angegebenen Daten gelten exakt nur für eine bestimmte Bezugstemperatur, meistens für eine Mitteltemperatur $t_m = (t_{11} + t_{21})/2 = 20\,°\mathrm{C}$. Bei abweichenden Mitteltemperaturen treten infolge temperaturabhängiger Stoffwerte Abweichungen auf. Bei höheren Mitteltemperaturen kann für genaue Rechnungen eine Korrektur sinnvoll sein. Im Temperaturbereich der Klimatechnik ist dieser Einfluss vernachlässigbar. In den Planungsunterlagen der meisten Regeneratorhersteller erfolgen deshalb zu diesem Punkt keine Angaben. Für die Auslegung des Regenerators sind vom Klimatisierungsprozess her bekannt:

die Außenlufteintrittstemperatur t_{21}, die Fortlufteintrittstemperatur t_{11}, der Außenluftstrom $\dot{V}_{21}$ bzw. $\dot{m}_{21}$, der Fortluftstrom $\dot{V}_{11}$ bzw. $\dot{m}_{11}$.

Üblich sind Rechnungen für den Winter- und Sommerauslegungsfall und kritisch erscheinende Betriebszustände.

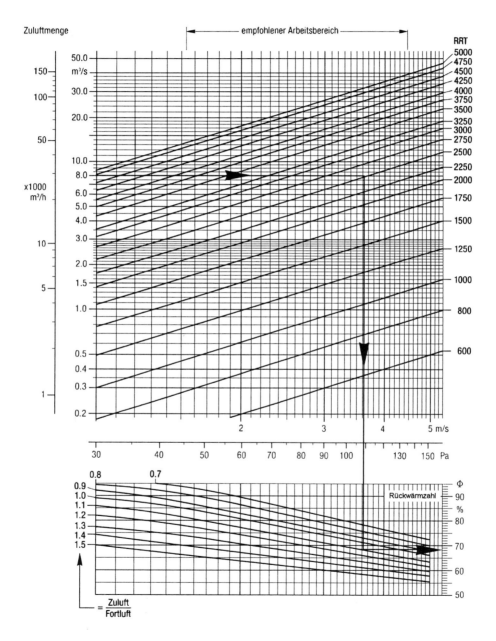

Bild 15-8: Kennlinienfeld einer Regeneratorbaureihe nach [2]

Luftzustandsänderungen

Die Luftaustrittszustände können aus den folgenden Gleichungen berechnet werden

Fortluftaustrittstemperatur: $\qquad t_{12} = t_{11} - \Phi_{t,FO}(t_{11} - t_{21})$ $\qquad$ (15-4)

Außenluftaustrittstemperatur: $\qquad t_{22} = t_{21} + \Phi_{t,AU}(t_{11} - t_{21})$ $\qquad$ (15-5)

Fortluftaustrittsfeuchte: $\qquad x_{12} = x_{11} - \Phi_{x,FO}(x_{11} - x_{21})$ $\qquad$ (15-6)

Außenluftaustrittsfeuchte: $\qquad x_{22} = x_{21} + \Phi_{x,AU}(x_{11} - x_{21})$. $\qquad$ (15-7)

Die Übertragungsgrade Φ sind gegebenenfalls auf ungleiche Luftvolumenströme oder stark abweichende Temperaturen zu korrigieren. Die Frage nach der Feuchteübertragung muss nur dann gestellt werden, wenn durch eine von der Klimaanlage geführte Raumluftfeuchte oder durch Feuchtelasten im Raum die Fortluftfeuchte x_{11} größer als die Außenluftfeuchte x_{21} ist. Anderenfalls ist: $x_{21} = x_{22} = x_{12} = x_{11}$.

Die zwei Regeneratortypen RE und RW werden durch unterschiedliche Feuchteübertragungsgrade Φ_x charakterisiert:

Regenerativ-Enthalpieübertrager RE

Für sie gilt $\Phi_t = \Phi_x = \Phi_h$. Der Enthalpieübertragungsgrad Φ_h als Kriterium für die Energierückgewinnung wird bei ihnen am größten, es ist maximale Energierückgewinnung möglich. Der aus dem Kennlinienfeld (Bild 15-8) entnommene $\Phi_{nenn} - Wert$ gilt gleichermaßen für alle Übertragungsgrade. Die Zustandsänderung erfolgt im h, x-Diagramm längs der Mischgeraden der Eintrittsluftzustände.

Regenerativ-Wärmeübertrager RW

Bei ihnen ist $\Phi_t \gg \Phi_x$ solange keine Taupunktunterschreitung erfolgt. Der Temperaturübertragungsgrad entspricht dem des Regenerativ-Enthalpieübertragers. Für die Feuchteübertragung werden drei Formen unterschieden:

- ohne Taupunktunterschreitung,
- mit Taupunktunterschreitung. Das im feuchten Luftstrom ausgeschiedene Wasser wird im trockenen Luftstrom vollständig wieder aufgenommen und
- mit Taupunktunterschreitung. Das ausgeschiedene Wasser wird nicht vollständig wieder aufgenommen. Es tritt Flüssigkeit aus dem Rotor aus bzw. er vereist.

Feuchteübertragung ohne Taupunktunterschreitung.

Die Eigenschaften des Speichermaterials beeinflussen die Feuchteübertragungsgrade. Für kunstharzgetränktes Zellulosepapier werden z. B. die Werte von Bild 15-9 angegeben. Für metallische Speichermassen wird teils $\Phi_x = 0$ genannt, teils ohne genaue Angaben von einer „geringen" Feuchteübertragung gesprochen. Man kann jedoch damit rechnen, dass etwa die Werte von Bild 15-9 erreicht werden [6].

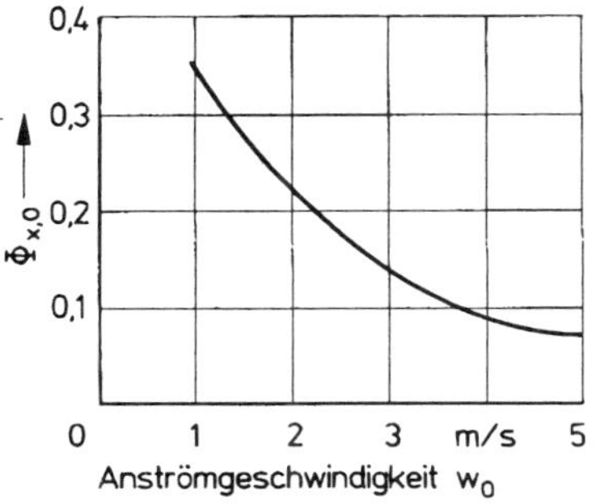

Bild 15-9: Feuchteübertragungsgrad $\Phi_{x,O}$ eines Regenerativ-Wärmeübertragers nach [1]

Feuchteübertragung mit Taupunktunterschreitung

Taupunktunterschreitung tritt ein, wenn die Außenlufteintrittstemperatur t_{21} soweit sinkt, dass die Speichermassentemperatur auf der kalten Rotorseite unter den Taupunkt der Fortluft gelangt. Die genaue Berechnung der Grenztemperatur ist aufwendig, aber auch nicht nötig, da Auslegungsrechnungen kaum in diesem Grenzgebiet erfolgen. In erster Näherung kann angenommen werden, dass die Feuchteübertragung dann merklich zu steigen beginnt, wenn $t_{\tau,11} - t_{21} > 4$ bis 8 K ist [7]. Mit Regeneratoren nach [8] wurden ausführliche experimentelle und theoretische Untersuchungen zur Feuchteübertragung bei Taupunktunterschreitung durchgeführt und ein Berechnungsverfahren wurde abgeleitet (Bild 15-10). Danach ergibt sich der Feuchteübertragungsgrad aus der Beziehung

$$\Phi_x = A - \varepsilon\,(A - \Phi_{x,O}) \qquad \text{mit} \qquad \varepsilon = \frac{\left(\dfrac{1}{\varphi_{21}} - 1\right)}{\left(\dfrac{x_{11}}{x_{21}} - 1\right)}. \tag{15-8}$$

Der Faktor ε berücksichtigt den Einfluss der Kaltluftfeuchte. Er ist sehr klein; bei $\varphi_{21} = 1$ ist $\varepsilon = 0$ und damit $\Phi_x = A$. Dieses Verfahren kann als das exakteste der bekannten Verfahren angesehen werden. Für die Erzeugnisse anderer Hersteller mit etwa gleich großen $\Phi_{x,O}$-Werten liefert Bild 15-10 Näherungswerte. In diesem Bild sind drei markante Bereiche zu erkennen:

- ein Bereich 1, in dem Taupunktunterschreitung noch nicht zu erkennen ist, es gilt $\Phi_x = \Phi_{x,O}$,

- ein Übergangsbereich 2 mit veränderlichem Feuchteübertragungsgrad und

- ein Bereich 3 großer Taupunktunterschreitung mit maximalem, konstantem Feuchteübertragungsgrad.

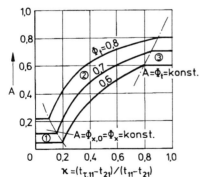

Bild 15-10: Ermittlung des Feuchteübertragungsgrades Φ_x eines Regenerativ-Wärmeübertragers bei Taupunktunterschreitung nach [1]

Der Temperaturübertragungsgrad Φ_t bleibt von der Feuchteübertragung praktisch unbeeinflusst. Für die in der Klimatechnik üblichen Luftzustände kann angenommen werden, dass die von der Fortluft ausgeschiedene Wassermenge von der Außenluft wieder aufgenommen wird. Erst bei sehr großen Taupunktunterschreitungen kann freies Wasser aus dem Regenerator austreten, was dann meistens zum Problem der Rotorvereisung führt.

Druckverlust

Der Druckverlust wird für den auf die Mitteltemperatur

$$t_{FO,m} = \frac{t_{11} + t_{12}}{2} \quad \text{bzw.} \quad t_{AU,m} = \frac{t_{21} + t_{22}}{2} \quad (15\text{-}9)$$

bezogenen Luftvolumenstrom aus dem Leistungsdiagramm (z. B. Bild 15-8) entnommen. Eine Temperaturkorrektur ist für den Temperaturbereich der Klimatechnik nicht üblich. Für höhere Mitteltemperaturen (über 100 °C) werden Korrekturfaktoren genannt.

Luftvolumenstrombilanz

Druckunterschiede in den Anschlußkanälen am Regenerator bewirken Leckluftströme, die die Luftvolumenströme verändern und für genaue Ventilatorenauslegungen ermittelt werden können. Der Leckluftstrom wird vom Spaltluftstrom und dem Schleusluftstrom gebildet. Der Spaltluftstrom $\dot{V}_{SP}$ (Bild 15-11) gelangt durch die verbleibenden Spalte zwischen dem Rotor und den Dichtleisten sowohl an den Radialdichtungen direkt als auch über den Umweg durch das Gehäuse von einem Luftstrom in den anderen. Neben den Spaltweiten ist die Größe des Druckgefälles für den Spaltluftstrom maßgebend. Für vorschriftsmäßig eingestellte Dichtungen wird der Spaltluftstrom als Funktion von Baugröße und Druckdifferenz in Diagrammen angegeben (Bild 15-12).

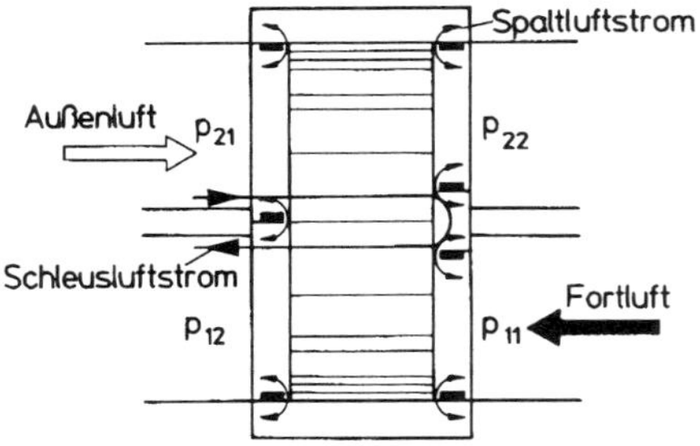

Bild 15-11: Spalt- und Schleusvolumenströme am Regenerator nach [1]

Der Schleusluftstrom $\dot{V}_S$ ergibt sich aus der Größe des Schleuszonenwinkels und der Schleusdruckdifferenz Δp_S. Bei der doppelten Schleuszone nach Bild 15-11 ist $\Delta p_S = p_{21} - p_{12}$. Auch der Schleusluftstrom kann aus einem Diagramm analog dem Spaltluftstrom entnommen werden (Bild 15-13).

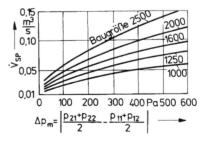

Bild 15-12: Spaltvolumenstrom $\dot{V}_{SP}$ als Funktion der Druckdifferenz Δp_m und der Baugröße, beispielhaft, nach [1]

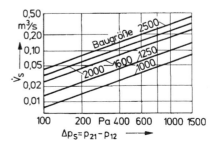

Bild 15-13: Schleusluftvolumenstrom als Funktion der Schleusdruckdifferenz und der Baugröße, beispielhaft, nach [1]

Einbau und Schaltungen (u. a. Bypass, Frostschutz)

Einbau in die Anlage

Der Regenerator kann als Einzelgerät in der Kombination mit anderen Bauteilen einer lüftungstechnischen Anlage oder als integrierter Bestandteil von Lüftungsgeräten, Dachzentralen oder Kastengeräten eingesetzt werden. Für letztere Fälle wird der Regenerator als Beistellgerät verwendet oder die Speichermasse wird in einem, dem jeweiligen Bauteil entsprechend angepassten Gehäuse (z. B. Kastengerätsektion) eingesetzt [9], [10].

Regeneratoren können vertikal oder horizontal angeordnet werden. Anschlussrahmen ermöglichen den Kanal- oder Wandanschluss. Die Wärmeübertrager, einzeln oder mehrere Geräte nebeneinander, können Trennwände zwischen Luftkammern bilden.

Bei Kanalanschluss sind geeignete Öffnungen für Inspektion und Reinigung in den Kanälen vorzusehen. Die Gestaltung der Kanalanschlüsse muss der eventuell notwendigen Reinigungsart entsprechen (z. B. Auffangwannen mit Wasserabfluss bei Nassreinigung).

Befinden sich in einem Gebäude mehrere lüftungstechnische Anlagen, kann eine zentrale Außenluftaufbereitung vorgesehen werden. Das ermöglicht den ökonomischen Einsatz großer Regeneratoren und einen geringen Aufwand einer eventuell notwendigen Vorheizung.

Küchenfortluft muss allerdings wegen der hydrophilen Geruchsbestandteile über einen separaten Regenerator geführt werden.

Überschreitet die Fortlufttemperatur 50 °C, dann ist der Regenerator so einzubauen, dass der Motor im Außenluftstrom liegt. Ist die Motoranordnung im Gehäuse nicht möglich (z. B. bei zu geringem Platz für die Wartung), so ist eine Variante mit außerhalb des Gehäuses befindlichem Motor zu wählen.

Anlagenschaltung

Die Anordnung der Ventilatoren zum Regenerator und die anlagenseitigen Druckverluste bewirken ein bestimmtes Verhältnis der statischen Drücke am Regeneratoreintritt und -austritt. Die entstehenden Druckverhältnisse haben Einfluss auf Richtung und Größe der Spalt- und Schleuszonenluftströme.

Soll der vom Fortluftstrom auf den Außenluftstrom übertragene Luftstrom minimal sein, so muss der Außenluftstrom im Gerät einen höheren statischen Druck aufweisen als der Fortluftstrom. Der Übertragungsluftanteil von Fortluft- in den Außenluftstrom ist kleiner 0,5 %, wenn die Bedingung $p_{11} \leq p_{22}$ durch geeignete Anordnung der Ventilatoren in Zusammenhang mit dem anlagenseitigen Druckverlust erfüllt ist [8]. Unter dieser Bedingung ist es möglich, den Regenerator z. B. in Klimaanlagen von Krankenhäusern oder anderen Rein-Raum-Anlagen einzusetzen. Sind in der Fortluft keine Schadstoffe vorhanden und keine vollständige Trennung zwischen Fortluft- und Außenluftstrom erforderlich, oder die Anlage wird mit Umluft betrieben, kann von der angeführten Druckbedingung abgewichen werden. Bei Umluftanlagen ist die Schleuszone nicht erforderlich. Der durch die jeweiligen Druckdifferenzen entstehende Übertragungsluftvolumenstrom ist bei der Auslegung der Ventilatoren zu berücksichtigen. Bild 15-14 veranschaulicht die Wirkung verschiedener Ventilatoranordnungen mit den daraus resultierenden Druckverhältnissen. Es muss beachtet werden, dass nicht nur die Ventilatoranordnung allein, sondern auch die Druckverluste der Zuluft-

und Abluftleitung mit ihren Einbauten die Druckverhältnisse am Regenerator beeinflussen.

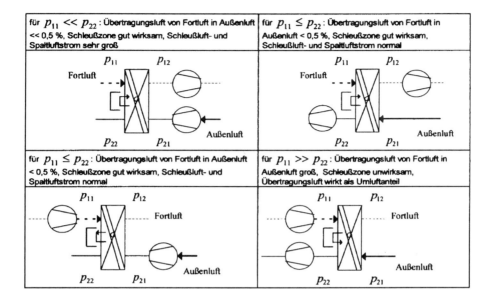

Bild 15-14: Auswirkungen der Ventilatoranordnung beim Regeneratoreinsatz nach [1]

Einfrierschutz

Besitzt die Fortluft einen höheren Wassergehalt als die Außenluft, kann bei tiefen Außentemperaturen ($< -5\,°C$) in Verbindung mit großen Taupunktunterschreitungen ($> 15\,K$) der Fall eintreten, dass das in der Speichermasse fortluftseitig abgeschiedene Wasser außenluftseitig nicht mehr vollkommen aufgenommen wird und ein Vereisen des Rotors einsetzt, wenn gleichzeitig die Speichermassentemperatur unter den Gefrierpunkt gelangt. Das äußert sich vor allem durch einen Druckverlustanstieg im Regenerator.

Beim Regenerativ-Enthalpieübertrager sind die Verhältnisse im h, x-Diagramm leicht zu überschauen. Schneidet die Mischgerade der Eintrittszustände 11 und 21 in den Regenerator die Sättigungslinie $\varphi = 1$, ist mit Wasserüberschuss in der Speichermasse zu rechnen. Dieser Betriebszustand ist durch Frostschutzmaßnahmen zu verhindern. Bei Speichermassen mit eingelagerten hygroskopischen Substanzen (z. B. Lithiumchlorid) kann zwar der Gefrierpunkt stark erniedrigt werden, das Auftreten freien Wassers im Rotor kann aber zu Schäden an der Speichermasse führen.

Beim Regenerativ-Wärmeübertrager ist die Kontrolle des Verhaltens bei tiefen Temperaturen nicht so einfach möglich. Die Eigenschaften des Speichermaterials spielen eine besondere Rolle, vor allem die verbliebene Feuchteübertragung durch Sorptionseffekte kann die Einfriergrenze erheblich beeinflussen. Die Angaben der Hersteller zu den Einfriergrenzen sind oft sehr dürftig oder beziehen sich nur auf ausgewählte Luftzustände.

Im Bild 15-15 sind die Ergebnisse ausführlicher Messungen mit Regeneratoren RW nach [8] zusammengefasst. Die Linien $\Phi_t =$ const teilen die Linien $t_{11} =$ const in Einfrier- und Wasserüberschussgrenzen. Oberhalb der Linien $\Phi_t =$ const liegt die Speichermassentemperatur über $0\,°C$, und ein Einfrieren ist nicht möglich. In diesen Fällen kann freies Kondenswasser aus dem Rotor treten. Die Einfriertemperatur t_{Fr} wird durch die Fortlufttemperatur t_{11}, die Fortluftfeuchte φ_{11} und den Temperaturübertragungsgrad Φ_t bestimmt. Damit sind Ansatzpunkte gegeben, mit denen ein Betriebszustand im Einfrierbereich vermieden werden kann. Eingefrorene Regeneratoren sind nach dem Auftauen wieder voll funktionsfähig.

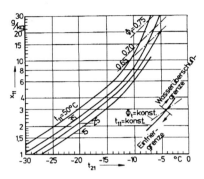

Bild 15-15: Einfrier- und Wasserüberschussgrenzen eines Regenerativ-Wärmeübertragers nach [1]

Frostschutzmaßnahmen

Bei den in der Klimatechnik üblichen Luftparametern ist das Einfrieren von Regeneratoren ein langsam ablaufender Vorgang. Ein Anstieg des Druckverlustes um 50 % wird erst nach mehreren Stunden festzustellen sein. Eine Frostschutzmaßnahme kann in einem Auftauprozess bestehen, der nach einem angegebenen Druckverlustanstieg eingeleitet wird. Der Vorgang kann über Druckverlustgeber automatisiert werden. Die Speichermasse wird aufgetaut durch

- Abschalten oder starkes Absenken des Außenluftstromes (Drosselung, Bypass-Klappen, polumschaltbare Ventilatoren) und

- bei drehzahlgeregelten Regeneratoren durch sehr starkes Absenken der Rotordrehzahl auf etwa $0{,}5$ min^{-1}.

Die Dauer des Auftauvorganges beträgt 5–10 Minuten. Die Auswirkungen auf die Auslegung des nachgeschalteten Luftheizers und das Raumklima sind zu prüfen.

Andere Maßnahmen verhindern von vornherein das Auftreten von Einfrierbetriebszuständen. Übliche Verfahren sind:

- Verringerung der Raum- und damit Fortluftfeuchte: Wegen der geringen Häufigkeit tiefer Außentemperaturen ist die Komforteinbuße gering und die Maßnahme bei Klimaanlagen mit Befeuchtungseinrichtungen leicht zu verwirklichen.

- Vorwärmen der Außenluft: Um die Wärmerückgewinnung nicht unnötig einzuschränken, darf die Vorwärmung nur auf 1–2 K über die Einfriertemperatur erfolgen. Die Vorwärmung kann durch Elektroheizer, frostgeschützte Wärmeträgerheizkreise, Zumischung von Um- oder Zuluft oder eines im Bypass mit üblichen Heizern erwärmten Teil-Außenluftstromes vorgenommen werden.

- Nachwärmen der Fortluft: Entsprechend dem Übertragungsgrad des Regenerators wird ein Teil der aufgewendeten Wärme zurückgewonnen.

Auch die zum Auftauen genannten Verfahren der Drehzahl- und Außenluftstromverminderung können als vorbeugende Maßnahmen eingesetzt werden. Wesentlich ist, dass alle Frostschutzmaßnahmen nur kurzfristig bei Unterschreiten der Einfriertemperatur wirksam zu werden brauchen. Zweckmäßig ist die Steuerung durch einen Außenluftthermostaten oder Druckverlustwächter am Regenerator.

Betriebsweise

Ungeregelter Betrieb

Soll das Energiegefälle zwischen Fortluft und Außenluft ständig maximal genutzt werden, wird der Regenerator ständig mit maximaler Rotordrehzahl d. h. mit maximalem Übertragungsgrad, betrieben. Dieses trifft besonders unter den Bedingungen technologischer Anlagen (z. B. Trockenprozesse mit hoher Zulufttemperatur) zu. In diesem Fall beinhaltet die Steuerung des Regenerators nur die Zustände „Ein" und „Aus".

Im Stillstand ist die Selbstreinigung des Rotors nicht gegeben; die Speichermasse wirkt als Filter und verschmutzt. Wenn keine Energierückgewinnung gefordert wird, ist es daher sinnvoll, den Rotor mit einer sehr kleinen Drehzahl (etwa 0,1 Umdrehungen pro Minute) zu betreiben. Diese „Schutzdrehzahl" bewirkt die Aufrechterhaltung des Selbstreinigungseffektes bei nicht spürbarer Wärmeübertragung. Eine zweite Möglichkeit besteht im intervallmäßigen Weiterdrehen des Rotors. Die als Zubehör lieferbaren Steuergeräte ermöglichen die Betriebszustände z. B. „Aus"; „Ein" mit maximaler Drehzahl und „Schutzbetrieb".

Geregelter Betrieb

Besteht die Notwendigkeit, den Übertragungsgrad an die Betriebsweise der lüftungstechnischen Anlage anzupassen, sollte das System „Wärmerückgewinnung mit Regenerator" über eine spezielle Steuerung mit der Regelung der Anlage verbunden werden. Neben der Temperatur kann die Luftfeuchtigkeit Regelgröße sein. Eine Möglichkeit, den Übertragungsgrad zu regeln, beruht auf seiner Abhängigkeit von der Drehzahl des Rotors und vom Volumenstrom. Letzteres kann erreicht werden, indem Teilluftströme im Bypass um den Regenerator geführt werden.

Die Drehzahlstellung kann aktiv oder intermittierend erfolgen. Bei der Einordnung des Regenerators in die Regelung einer lüftungstechnischen Anlage ist die richtige Folgeschaltung der einzelnen Verfahrensschritte zu beachten.

15.2.2 Wechselspeicher / Umschaltregeneratoren

Aufbau

Für den Umschaltregenerator wird auch die Bezeichnung Wechselspeicheranlage bzw. -gerät genutzt. Beide Bezeichnungen deuten auf die wesentlichen Merkmale hin [11], [12]. Zwei getrennt angeordnete, feststehende Speichermassen werden wechselweise im Gegenstrom mit warmer und kalter Luft beaufschlagt. Das Umschalten der Luftströmung geschieht mittels einer Umschalteinheit, in der sich eine elektrisch oder hydraulisch betätigte Umschaltklappe befindet. Durch geschickte Luftzuführung werden in nur je einem Anschlussquerschnitt kontinuierliche Zu- und Abluftströme erreicht (Bild 15-16).

Die Regeneratoren werden deshalb auch mit zwei Ventilatoren komplettiert als Lüftungsgerät geliefert (Bild 15-17). Die Speichermasse besteht aus Aluminium- oder

Kunststofffolie. Dominierend wird fühlbare Wärme übertragen, Wasserdampf in größerem Umfang nur bei Temperaturunterschreitung.

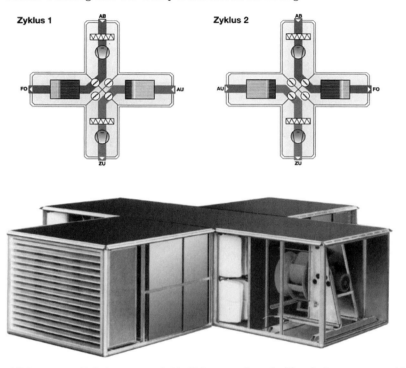

Bild 15-16: Belüftungs- und Entlüftungsgerät mit Umschaltregenerator (Schema und Gerät (Resolair), Werkbild Firma Menerga)

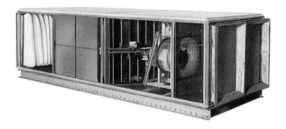

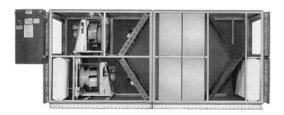

Bild 15-17: Umschaltregenerator; Werkbild Firma Menerga

Das Speichermassenpaket ist über Schnellverschlüsse leicht zugänglich, kann bequem gewechselt und gereinigt werden. Es werden verschiedene Baugrößen angeboten. Ein maximaler Luftvolumenstrom von etwa 5,6 m³/s ist realisierbar [12]. Bei einem Nennluftvolumenstrom von 2,1 m³/s betragen die Abmessungen einer Speichermasse etwa 0,5 m × 1,5 m × 2,5 m [12]. Maßnahmen zur Vermeidung von Luftvermischungen werden nicht getroffen. Es wird angegeben, dass etwa 10 % Fortluft in die Außenluft gelangen können.

Die Dauer einer Betriebsperiode (Zeit, in der zwei Klappenschaltungen erfolgen,) beträgt 60 bis 240 s und kann bei einigen Ausführungen eingestellt werden. Als zulässige Betriebstemperaturen werden −25 bis 60 °C genannt. Eine Einfriergefahr der Speichermassen besteht nach Angaben der Hersteller nicht. Die Regelung der Umschaltregeneratoren beschränkt sich auf das automatisierte Zu- und Abschalten des Umschaltklappenantriebes in Abhängigkeit von charakteristischen Luftparametern (Außenluft-, Fortluft- und Zulufttemperatur).

Anwendungsgebiete und Einsatzgrenzen

Im Vergleich zum Regenerator mit rotierender Speichermasse weisen Umschaltregeneratoren ein größeres Bauvolumen und eine größere Masse auf, weil mit sinnvollen Umschaltfrequenzen hohe Übertragungsgrade nur mit hinreichend großen Speichermassen verwirklicht werden können. Dieser Umstand kommt auch in der Baugrößenbegrenzung auf Luftvolumenströme von max. 5,6 m³/s je Gerät zum Ausdruck. Als Einsatzgebiete zeichnen sich einfache lüftungstechnische Anlagen ohne strenge Forderungen an die Außenluftreinheit ab, bei denen die Nachteile zu Gunsten einer einfachen und bequemen Wartungs- und Reinigungsmöglichkeit in Kauf genommen werden können.

Auslegung

Thermodynamisch verhalten sich Umschaltregeneratoren genauso wie Regeneratoren mit rotierender Speichermasse; es werden vergleichbare Leistungsdaten erzielt. Die Auslegung eines Umschaltregenerators beschränkt sich auch hier auf die Auswahl der geeigneten Baugröße. Dabei wird vom Luftvolumen- bzw. Luftmassenstrom ausgegangen und im Allgemeinen symmetrische Beaufschlagung (Fort- und Außenluftvolumenstrom sind gleich) vorausgesetzt.

Den Baugrößen sind Luftvolumenstrombereiche zugeordnet, die durch die erfahrungsgemäß optimalen Anströmgeschwindigkeiten der Speichermasse von 1 bis 2 m/s bestimmt sind. Für die ausgewählte Baugröße können nunmehr für den konkreten Luftvolumenstrom die Auslegungswerte für den Temperaturübertragungsgrad und den Druckverlust bestimmt werden. Vom Hersteller der Umschaltregeneratoren sind dafür in den Planungsunterlagen Diagramme angegeben. Bild 15-18 zeigt ein Beispiel. Hier ist als Bezugsgröße die Speichermassenanströmgeschwindigkeit gewählt worden, die ein charakteristischer Wert für einen Umschaltregenerator ist. Bei einigen Ausführungen von Umschaltregeneratoren können zusätzlich die Speichermassengröße (Ausdehnung in Strömungsrichtung der Luft) und die Schaltfrequenz der Umschaltklappe gewählt werden, wie es im Bild 15-18 der Fall ist. Dadurch können gegebene Platzverhältnisse und Forderungen an die Größe des Temperaturübertragungsgrades berücksichtigt werden. Die Luftzustandsänderungen im Umschaltregenerator werden anhand des ermittelten Φ_t-*Wertes* analog zum Regenerator mit rotierender Speicher-

masse berechnet. Für die Druckverlustberechnung ist zu beachten, dass bei Umschaltregeneratoren in Montagebauweise der Gesamtdruckverlust aus den Einzeldruckver-
lusten für Speichermassen, Klappenkasten und Luftleitungsteil ermittelt werden muss.

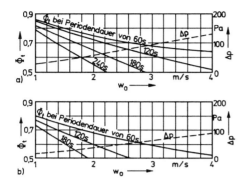

Bild 15-18: Auslegungsdiagramme für Umschaltregeneratoren, beispielhaft, nach [1]
a: Speicherhöhe 1,00 m; b: Speicherhöhe 1,50 m
w_O: Anströmgeschwindigkeit der Speichermasse;
Δp: Druckverlust der Speichermasse

15.3 Rekuperative Verfahren

Das charakteristische Merkmal eines Rekuperators, der Grundbaueinheit für rekuperative Verfahren, ist eine Trennwand (Übertragungsfläche) zwischen zwei Stoffströmen
[13]. Die Form der Trennwand ist gleichzeitig Unterscheidungsmerkmal der verschiedenen Rekuperatorbauformen, zum Beispiel Rohrbündelwärmeübertrager, Rippenrohr-
wärmeübertrager, Glattrohrwärmeübertreger, Plattenwärmeübertrager.

Tabelle 15-4 weist die Forderungen an einen Rekuperator aus, um günstige Übertragungsgrade und eine effektive Material- und Energieökonomie zu gewährleisten.

Tabelle 15-4: Forderungen an einen Rekuperator nach [1]

- absolute Trennung der beiden Stoffströme
- möglichst große Übertragungsfläche
- gute Wärmeleitfähigkeit und Korrosionsfestigkeit des Werkstoffes der Übertragungsfläche
- hohe Temperaturbeständigkeit
- stabil gegen Druckdifferenzen zwischen beiden Stoffströmen
- gute strömungstechnische Bedingungen (An-, Durch- und Abströmen)
- leichte Reinigungsmöglichkeit der Übertragungsflächen
- gute Austausch- und Anpassungsbedingungen durch den Einsatz von reihungsfähi-
  gen Einheiten
- kompakte Bauweise

Setzt man die Übertragungsfläche $A_{\mathrm{WÜ}} = a\,L$, den Abstand b zwischen zwei Übertragungsflächen (Spaltweite), siehe Bild 15-19, und $\dot{C} = b\,a\,w\,\varrho\,c_p$ in die dimensionslose
Kennzahl $k\,A_{\mathrm{WÜ}}/\dot{C}$ ein, so ist

$$\frac{k\,A_{\mathrm{WÜ}}}{\dot{C}} = k\,\left(\frac{Q}{c_p}\right)\,\left(\frac{1}{w}\right)\,\left(\frac{L}{b}\right). \tag{15-10}$$

Der Übertragungsgrad Φ des Rekuperators [14] ist demnach von drei Größen beeinflussbar:

- dem Wärmedurchgangskoeffizienten k,
- den Geschwindigkeiten der Stoffströme zwischen den Übertragungsflächen und
- dem geometrischen Verhältnis L/b, d. h. dem Verhältnis von Länge der Übertragungsfläche zum Abstand zwischen zwei Übertragungsflächen.

Das Verhältnis L/b ist eine konstruktive Größe des Rekuperators. Dieses Verhältnis wurde in die Auslegungsdiagramme eingeführt, um allgemeingültige Darstellungen zu ermöglichen, die unabhängig von speziellen Ausführungen der Rekuperatoren sind.

15.3.1 Plattenwärmeübertrager

Aufbau

Bild 15-19 zeigt den Aufbau eines Plattenwärmeübertragers und Bild 15-20 einen Modul in Standardausführung. Die beiden Stoffströme werden im Kreuzstrom geführt, wobei die Distanzleisten zwischen den Platten den Abstand b und die Dichtheit gewährleisten. Konstruktive Daten für den Plattenwärmeübertrager sind Tabelle 15-5 zu entnehmen.

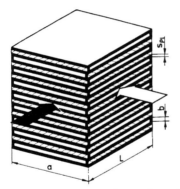

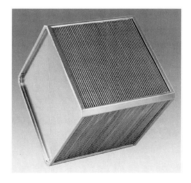

Bild 15-19: Prinzipieller Aufbau eines Plattenwärmeübertragers nach [1]

Bild 15-20: Plattenwärmeübertrager in Standardausführung, Werkbild Fa. Klingenburg GmbH, Gladbeck

Tabelle 15-5: Konstruktive Daten für Plattenwärmeübertrager nach [1]

Plattenwerkstoff	Aluminium, Glas, korrosionsfester Stahl, Plaste, Keramik
Plattendicke s_{PL}	0,1 ... 5 mm
Plattenabstand (Spaltweite) b	2 ... 6 mm
Spezifische Übertragungsfläche	200 ... 1200 m^2/m^3
Anströmgeschwindigkeit w_0	1,5 ... 3 m/s
Geschwindigkeit w_{SP} im Spalt	4 ... 8 m/s

Die einfachste Form für die Übertragungsfläche sind glatte Platten. Zum Vergrößern der Übertragungsfläche und zum Verbessern der Wärmeübergangsbedingungen (turbulente Strömung) kommen unterschiedliche konstruktive Lösungen zur Anwendung; Bild 15-21 zeigt einige Varianten. Stark strukturierte Oberflächen sind bei verunreinigten Stoffströmen ungeeignet (Reinigung, Kondensatabführung). Die Plattenwärmeübertrager werden ausschließlich in Modulbauweise angeboten. Die Bilder 15-22 und 15-23 zeigen schematisch die Ausführungsformen (gekennzeichnet durch die Führung der Stoffströme) und Schaltungen von Modulen.

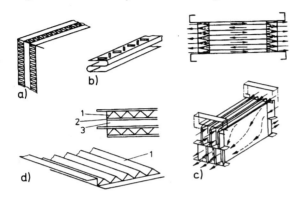

Bild 15-21: Lösungsvarianten für die konstruktive Gestaltung eines Plattenwärmeübertragers nach [1]
1 - Grundplatte;
2 - Wärmeübertragungsplatte;
3 - um 90° gedrehte Grundplatte

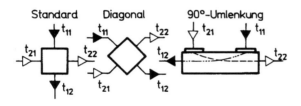

Bild 15-22: Führung der Stoffströme durch den Plattenwärmeübertrager nach [1]

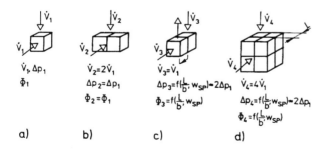

Bild 15-23: Schaltung von Plattenwärmeübertragermodulen nach [1]
a: Grundmodul;
b: Parallelschaltung;
c: Reihenschaltung;
d: Kombination von Reihen- u. Parallelschaltung, Indizes 1 bis 4 kennzeichnen die dargestellten Varianten

Anwendungsgebiete und Einsatzgrenzen

Der Plattenwärmeübertrager und andere Rekuperatoren (s. Abschnitt 15.3.2 ff.) sind in den Bereichen anzuwenden, in denen

- eine absolute Trennung der beiden Stoffströme notwendig ist und
- aus thermischen, konstruktiven oder materialtechnischen Bedingungen der Einsatz eines Regenerativ-Wärmeübertragers nicht möglich ist.

Tabelle 15-6 gibt einen Überblick über die möglichen Einsatzgebiete und -bedingungen für einen Plattenwärmeübertrager.

Tabelle 15-6: Einsatzgebiete und Einsatzgrenzen für Plattenwärmeübertrager nach [1]

Einsatzgebiet	Plattenwerkstoff	Fortlufttemperatur t_{11}	Bemerkung
Abluftanlagen mit geringer oder ohne Schadstoffbelastung	Aluminium, korrosionsfester Stahl, PVC, Glas, Kunststoffe	bis 40 °C	
Abluft aus Küchen	korrosionsfester Stahl, PVC, Glas, Aluminium	bis 80 °C	glatte Oberflächen für Reinigung erforderlich
Abluftanlagen in Druckereien, Labors, Härtereien, galvan. Betrieben	Aluminium, Glas, korrosionsfester Stahl, PVC	bis 100 °C / bis 80 °C	Rahmenkonstruktion der Module aus korrosions- und säurefestem Material
Abluftanlagen mit Säure- und Laugenbestandteilen	Glas, säure- und korrosionsfester Stahl, Kunststoffe	bis 250 °C / bis 100 °C	siehe Druckereien
Abluftanlagen technologischer Einrichtungen	Aluminium, Glas, korrosions- und säurefester Stahl	bis 250 °C	siehe Druckereien; Möglichkeit einer chem. Reinigung erforderlich, da Kondensat oft klebrig und backend
Verbrennungsanlagen	Keramik, Aluminium, Edelstahl	bis 500 °C	hohe thermische Beanspruchung der Platten, Abdichtung und Rahmenkonstruktion

Berechnung und Auslegung

Wärmedurchgangskoeffizient

Der Wärmedurchgangskoeffizient k ist eine wesentliche thermodynamische Kenngröße für den Rekuperator. Die Wärmeübergangsbedingungen, charakterisiert durch die Wärmeübergangskoeffizienten α_{AU} und α_{FO} beeinflussen maßgeblich den Wärmedurchgangskoeffizienten. Die unterschiedlichen Wärmeleiteigenschaften der zum Einsatz gelangenden Werkstoffe — z. B. Aluminium $\lambda = 229$ W/(m K), PVC $\lambda = 0{,}2$ W/(m K) — haben einen nur geringen Einfluss auf den Wärmdurchgangskoeffizienten. Die Wärmeübergangskoeffizienten α sind vor allem eine Funktion der Geschwindigkeit w_{SP} im Spalt und der Spaltlänge L (Bild 15-24). Hinreichend genaue Beziehungen für α sind in [15] angegeben.

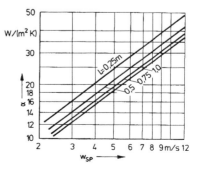

Bild 15-24: Einfluss der Spaltlänge auf den Wärmeübergangskoeffizienten nach [1]

Temperaturübertragungsgrad

Der Temperaturübertragungsgrad Φ_t des Plattenwärmeübertragers wird wesentlich durch das geometrische Verhältnis L/b bestimmt. Für einen symmetrischen Plattenwärmeübertrager (Spaltlänge L = Spaltbreite a) mit glatten Platten ist im Bild 15-25 der funktionelle Zusammenhang zwischen Φ_t, dem geometrischen Verhältnis L/b und der Geschwindigkeit w_{SP} dargestellt. Setzt man voraus, dass w_{SP} zwischen 4 und 8 m/s betragen soll [4], so ist zur Erreichung eines Temperaturübertragungsgrades $\Phi_t > 50$ % ein geometrisches Verhältnis $L/b > 300$ notwendig. Temperaturübertragungsgrade > 70 % können nur mit geringem w_{SP} und einem $L/b > 800$ erreicht werden, was zwangsläufig zu großvolumigen Plattenwärmeübertragern führen muss. Ist $\dot{C}_{AU} \neq \dot{C}_{FO}$, so ist der Übertragungsgrad nach den in [14] aufgezeigten Beziehungen zu ermitteln.

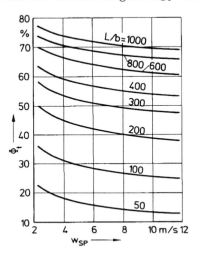

Bild 15-25: Temperaturübertragungsgrad Φ_t als Funktion des Verhältnisses (L/b) bzw. (a/b) und der Spaltgeschwindigkeit im Spalt eines symmetrischen und glatten Plattenwärmeübertragers nach [1]

Druckverlust

Der beim Durchströmen des Spaltes auftretende Druckverlust Δp_{SP} ergibt sich aus den Anström- und Abströmverlusten Δp_1 und dem Druckverlust der vollausgebildeten Spaltströmung Δp_2:

$$\Delta p_{SP} = \Delta p_1 + \Delta p_2. \qquad (15\text{-}11)$$

Der Druckverlust Δp_{SP} kann in Abhängigkeit von der *Reynolds*-Zahl, von der Strömungsform (laminar bzw. turbulent) und vom geometrischen Verhältnis L/b bestimmt werden [16], [17]. Bild 15-26 zeigt den funktionellen Zusammenhang, wobei der Einfluss der Spaltbreite deutlich wird.

Für den Einbau eines Plattenwärmeübertragers in eine raumlufttechnische Anlage sind die vom Hersteller angegebenen Druckverluste zu berücksichtigen, da in diesen die Anström- und Abströmverluste enthalten sind.

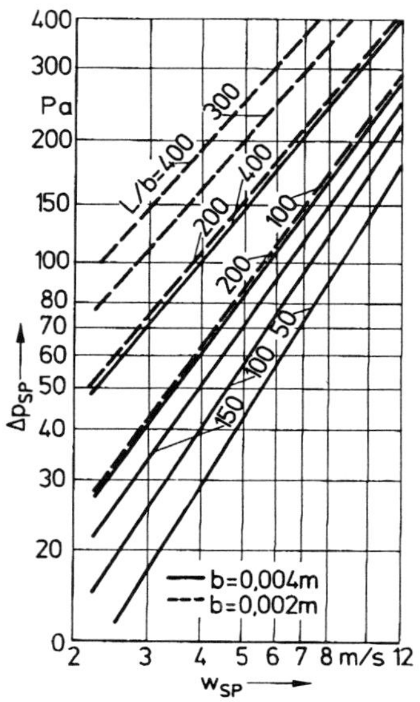

Bild 15-26: Spaltseitiger Druckverlust Δp_{SP} als Funktion des Verhältnisses (L/b) bzw. (a/b) und der Spaltgeschwindigkeit im Spalt eines symmetrischen und glatten Plattenwärmeübertragers nach [1]

Einbau und Schaltungen

Kondensatbildung, Einfriergrenze

Kondensatbildung tritt dann auf, wenn die Trennwandoberflächentemperatur unterhalb der Taupunkttemperatur der vorbeiströmenden Luft liegt. Da bei der Kondensation sowohl sensible als auch latente Wärme übertragen wird, ist mit einem höheren Temperaturübertragungsgrad zu rechnen. In [4] ist folgende Beziehung für den Übertragungsgrad bei Kondensation angegeben:

$$\Phi_{t,K} \approx 1,2 \, \Phi_t. \tag{15-12}$$

Liegt die Trennwandoberflächentemperatur unter dem Gefrierpunkt (0 °C) und ist Kondensation vorhanden (auch partielle), so ist mit Eisbildung zu rechnen, die zur Verschlechterung des Übertragungsgrades führt. Die Geräteproduzenten geben entsprechende Diagramme an, aus denen in Abhängigkeit von der Fortluftfeuchte und -temperatur, dem Wärmekapazitätsstromverhältnis $\dot{C}_{AU}/\dot{C}_{FO}$, der Geschwindigkeit w_{SP} und dem Strömungsverhalten zwischen den Platten die Einfrier-Grenztemperatur für die Außenluft ermittelt werden kann.

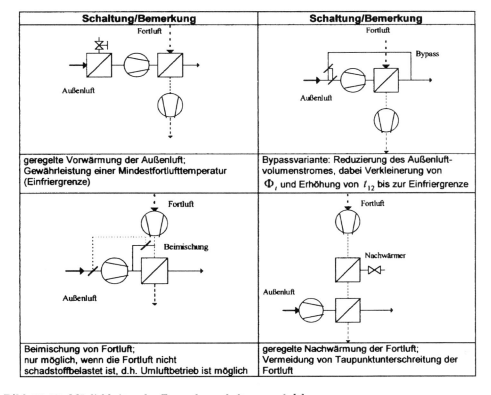

Bild 15-27: Möglichkeiten der Frostschutzschaltung nach [1]

Einbau, Schaltung und Frostschutz

Die im Bild 15-22 gezeigten Führungen der Stoffströme sind typisch für den Plattenwärmeübertrager.

Der Fortluftstrom ist von oben nach unten zu führen, damit

- bei Kondensation ein ungehindertes Abfließen des Kondensates möglich ist und durch entsprechende Einrichtungen aufgefangen werden kann und
- bei der Reinigung der Fortluftseite des Plattenwärmeübertragers durch Sprühdüseneinrichtungen ein Abfluss der Reinigungslösung möglich ist.

Beim Einbau der „Standardausführung" ist das Gerät in Richtung des Fortluftstromes mit einer Neigung von 2 bis 5 % zu versehen. Reihen- und Parallelschaltung von Modulen und deren Kombination gewährleisten eine hohe Anpassungsfähigkeit der Wärmerückgewinnung an die gegebenen lüftungstechnischen Bedingungen (Bild 15-23).

Werden große Temperaturübertragungsgrade gefordert, so ist das nur durch eine Vergrößerung des Verhältnisses L/b oder durch Reihenschaltung von Modulen (s. a. Bild 15-23) möglich. Es ist zu beachten, dass mit großem L/b hohe Druckverluste verbunden sind, die wiederum zu einem größeren Elektroenergiebedarf für die Ventilatoren führen. Möglichkeiten der Frostschutzschaltung sind Bild 15-27 zu entnehmen. Die Bypassvariante ist dabei als sehr günstig und anwenderfreundlich einzustufen; es werden Gerätekonzeptionen von Plattenwärmeübertragern mit integrierten Bypassklappen angeboten.

15.3.2 Glattrohrwärmeübertrager

Aufbau

Bild 15-28 zeigt das Schema eines Glattrohrwärmeübertragers. Die beiden Luftströme werden im Kreuzstrom geführt. Der Luftstrom, bei dem Kondensation auftreten kann oder der mit Schadstoffen (z. B. Staub) belastet ist, ist um die Rohre zu führen. Konstruktive Richtwerte für den Glattrohrwärmeübertrager sind in Tabelle 15-7 zusammengefasst.

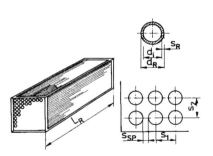

Bild 15-28: Schematischer Aufbau eines Glattrohrwärmeübertragers nach [1]

Vorherrschend sind Geräte in Modulbauweise, die eine Anpassung an die Volumenströme verschiedener Anlagen ermöglichen. Aus statischen Gründen wird einer liegenden Rohranordnung der Vorzug gegeben. Die Rohre können fluchtend oder versetzt angeordnet sein. Bei versetzter Rohranordnung ist der Wärmedurchgangskoeffizient nur geringfügig höher, so dass die Vorteile einer fluchtenden Anordnung mit geringerer Neigung zur Verschmutzung und einfacherer Reinigungsmöglichkeiten überwiegen. Der Rohrinnendurchmesser d_i und die Rohrwanddicke s_R sollen klein sein. Bei vorgegebener Länge L_R kann durch d_i der Übertragungsgrad wesentlich beeinflusst werden.

Erst ab Rohrwanddicken $s_R > 1$ mm ist die Wärmeleitfähigkeit des Rohrmaterials für den Wärmedurchgangskoeffizienten k von Bedeutung.

Tabelle 15-7: Konstruktive Richtwerte für den Glattrohrwärmeübertrager nach [1]

Rohrdurchmesser d_R	10 ... 40 mm
Spaltweite s_{SP}	5 ... 20 mm
Rohrwanddicke s_R	0,3 ... 1 (2,5) mm
s_{SP} / d_R	0,4 ... 0,6
L_R / d_i	60 ... 120
Anströmgeschwindigkeit w_0	1,5 ... 2,5 m/s
w_{SP} / w_0	2 ... 2,5
w_R / w_0	3 ... 4

Ein wichtiges Konstruktionselement ist der Endboden des Glattrohrwärmeübertragers, der die Luftströme voneinander trennt, die Rohre fixiert und gleichzeitig die statischen und dynamischen Kräfte (Längenänderung bei thermischer Belastung, Stoßbelastung bei Transport) aufnehmen muss. Die Rohre können entweder lösbar oder starr mit dem Endboden verbunden sein. Bezüglich der Rohrmaterialien haben sich Glas und Kunststoff (PVC) in der Anwendung durchgesetzt.

Glasrohr

Glasrohre werden in der Lüftungstechnik häufig angewendet. Die Rohre werden vorrangig in Modulbauweise eingesetzt, werden aber auch als Montagevariante angeboten. Die Ausbildung der Endböden ist unterschiedlich. Die erreichbaren Übertragungsgrade sind eine Funktion der Reihen- und/oder Parallelschaltung der Module und der Varianz der Modullänge. Die Modullängen liegen in einer Größenordnung von 0,7 bis 2,5 m. Bei den Rohrdurchmessern ist die Variationsbreite geringer (12 bis 16 mm). Der Einfluss der Rohrwanddicke s_R auf die Gesamtmasse und die Druckverluste ist sehr groß, wobei aus Stabilitätsgründen (z. B. Schwingungen) und aus Gründen eines möglichen Transportes $s_R > 0,8$ mm sein sollte. Herstellerseitig werden entsprechende Nomogramme zur Geräteauswahl und Bestimmung der Druckverluste vorgegeben.

Entsprechend der spezifischen Einsatzbedingungen des Glasrohrwärmeübertragers ist dem Problem der Tauwasserbildung und der möglichen Einfriergefahr Beachtung zu schenken. Die Fortluft sollte spaltseitig geführt werden. Herstellerseitig werden ebenfalls Nomogramme zur Ermittlung der Einfriergrenze angeboten. Umfangreiche praktische Untersuchungen am Glasrohrwärmeübertrager unter extremen Bedingungen zeigten, dass das Einfrieren keine Schäden an den Geräten zur Folge hat, jedoch zu einem erhöhten Druckverlust und somit zu einer Verringerung des Fortluftstromes führt.

Ist eine kurzzeitige Luftvolumenstromverringerung für die Funktionssicherheit und den Betrieb der lüftungstechnischen Anlage ohne Belang, kann auf eine Frostschutzschaltung verzichtet werden. Andernfalls ist eine Frostschutzschaltung vorzusehen, wobei auf die im Bild 15-27 dargestellten Varianten orientiert wird.

Kunsttoffrohr (PVC)

Für den Einsatz unter aggressiver, mit säure- oder laugenhaltigen Verunreinigungen versehener Fortluft können aus PVC gefertigte Glattrohrwärmeübertrager eingesetzt werden. Die Wärmeübertrager sind Module, die im Baukastenprinzip mittels Rahmenkonstruktion und seitlichen Beplankungen aus PVC zu Baugrößen mit entsprechenden Kanalanschlussmaßen zusammengesetzt werden. Die geraden und glatten Rohre aus PVC werden beiderseitig mit speziellen Gummimuffen in den PVC-Endböden gehalten. Der spalt- und rohrseitige Luftvolumenstrombereich liegt je nach Baureihe zwischen 0,7 und 5 m^3/s. Der temperaturabhängige Einsatz wird durch das verwendete PVC bestimmt und liegt zwischen −20 und 50 °C. Entsprechend speziellen Einsatzgebieten kann eine Reinigungseinrichtung mit Düsensystem zum Einsatz kommen.

Berechnung und Auslegung

Wärmedurchgangskoeffizient

Die Grundlagen für die Ermittlung des Wärmedurchgangskoeffizienten k sind ausführlich in [14] (Abschnitt 4.5 ff.) dargelegt. Aus den praktischen Erfahrungen können die folgenden Beziehungen mit hinreichender Genauigkeit in Ansatz gebracht werden:

$$\alpha_R = 4{,}4\, w_R^{0,75}/d_i^{0,25}, \tag{15-13}$$

$$\alpha_{SP} = 6{,}7\, f\, w_{SP}^{0,61}/d_R^{0,39}. \tag{15-14}$$

Für die Gleichungen gilt die Bedingung $L_R > 100 \cdot d_R$; für $L_R < 100 \cdot d_R$ ist mit einer Vergrößerung von α_R um 10 bis 20 % zu rechnen. Dabei wird vorausgesetzt, dass sowohl im Rohr als auch im Spalt eine turbulente Strömung vorhanden ist. Die Geschwindigkeit im Rohr sollte stets > 6 m/s sein; der günstigste Bereich liegt bei $8 < w_R < 12$ m/s.

Der Multiplikationsfaktor f ist eine Funktion der Rohranordnung (fluchtend oder versetzt) und des Verhältnisses $1 + s_{SP}/d_R$. Bei versetzter Anordnung beträgt er 1,10 bis 1,15, bei fluchtender Anordnung 0,9 bis 0,95. Für die in Tabelle 15-7 genannten Richtwerte liegt der Wärmeübergangskoeffizient α_R bei 50 bis 70 W/(m^2 K). Setzt man voraus, dass die Rohrwanddicke $s_R < 1$ mm und die Wärmeleitfähigkeit des Rohrmaterials $\lambda_R > 10$ W/(m K) sind, so kann k mit

$$k = \alpha_R\, \alpha_{SP}/(\alpha_R + \alpha_{SP}) \tag{15-15}$$

abgeschätzt werden und liegt somit bei ≈ 25 bis 45 W/(m^2 K). Treten infolge Kondensation oder Verunreinigung in bzw. an den Rohren Ablagerungen auf, so ist erst bei Schichtdicken von > 0,5 mm mit einer nennenswerten Verminderung des Wärmedurchgangskoeffizienten zu rechnen.

Temperaturübertragungsgrad Φ_t

Die Wärmeübertragerfläche $A_{\text{WÜ}}$, bezogen auf den Rohrinnendurchmesser, ist

$$A_{\text{WÜ}} = \pi\, d_i\, L_R\, n_R. \tag{15-16}$$

Der Wärmekapazitätsstrom $\dot{C}$ des Stoffstromes, der durch die Rohre geführt wird, ist

$$\dot{C} = \frac{\pi\, d_i^2}{4}\, w_R\, \varrho\, c_p\, n_R. \tag{15-17}$$

Über die dimensionslose Kennzahl $k\, A_{\mathrm{W\ddot{U}}}/\dot{C}$ ist ersichtlich, dass das geometrische Verhältnis L_R/d_i entscheidend für die Größe der Temperaturübertragungsgrade ist:

$$\frac{k\, A_{\mathrm{W\ddot{U}}}}{\dot{C}} = \frac{4\, k}{\varrho\, c_p}\, \frac{1}{w_R}\, \frac{L_R}{d_i}. \tag{15-18}$$

Für $\dot{C}_{AU} = \dot{C}_{FO}$ ist im Bild 15-29 der theoretische funktionelle Zusammenhang zwischen Φ_t, L_R/d_i und der Geschwindigkeit w_R im Rohr dargestellt. Sollen Temperaturübertragungsgrade $\Phi_t > 35$ % erreicht werden, so sollte $w_R \geq 6$ m/s und $L_R/d_i > 60$ sein. Für $\dot{C}_{AU} \neq \dot{C}_{FO}$ ist der Temperaturübertragungsgrad Φ_t nach den in [14] aufgezeigten Beziehungen zu ermitteln.

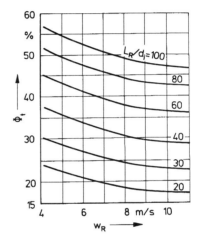

Bild 15-29: Temperaturübertragungsgrad Φ_t als Funktion des Verhältnisses L_R/d_i und der Rohrgeschwindigkeit nach [1]

Druckverlust

Der Druckverlust beim Ein- und Ausströmen sowie Durchströmen von Rohrbündeln wird im Wesentlichen durch die von der *Reynolds*-Zahl abhängigen Widerstandsbeiwerte und das geometrische Verhältnis L_R/d_i bestimmt. Für die Spaltströmung kann von einer turbulenten Strömung ($Re > 3 \cdot 10^3$) ausgegangen werden. Der Widerstandsbeiwert ζ_{SP} ist eine Funktion der Rohranordnung (fluchtend, versetzt) und der konstruktiven Verhältnisse s_1/d_R und s_2/d_R [17]. Für fluchtende Rohrbündel und $s_{SP}/d_R = 0{,}5$ kann der Widerstandsbeiwert $\zeta_{SP} = 0{,}35$ in Ansatz gebracht werden.

Zu beachten dabei ist, dass die Anzahl der in Strömungsrichtung hintereinander liegenden Rohre n_{RR} stets > 10 ist.

Einbau und Schaltungen

Kondensatbildung, Einfriergrenze

Das Problem ist gleich dem des Plattenwärmeübertragers, so dass die dort getroffenen Aussagen ebenso zutreffend sind. Die Fortluft ist spaltseitig zu führen, um eine Zerstörung der Rohre beim Unterschreiten der Frostgrenze zu verhindern. Bei staub- und schadstoffbelasteter Fortluft (z. B. in Stallanlagen) ist die Strömungsrichtung der Fortluft von „unten" nach „oben" vorteilhaft. Dadurch entsteht ein Wascheffekt in den Rohren.

Einbau und Schaltung

Die vorzugsweise in Modulbauweise angebotenen Glattrohrwärmeübertrager gestatten Kombinationen (Reihen- oder Parallelschaltung), die eine gute Anpassung an die Volumenströme ermöglichen. Damit ist eine optimale Anströmgeschwindigkeit und Wärmeübertragung erreichbar. Komplette Gerätesysteme werden mit Gehäuse und Kanalanschlusselementen angeboten. Teilweise sind Reinigungsvorrichtungen (Sprühdüsen) im Gehäuse eingebaut.

Wird mit dem Glattrohrwärmeübertrager eine Kälterückgewinnung angestrebt, d. h. $t_{FO} < t_{AU}$, so kann durch die Anordnung von Sprühdüsen im Anströmkanal die Fortluft adiabat gekühlt werden, so dass sich $\Delta t_{max} = t_{21} - t_{11}$ um 3 bis 4 K vergrößert. Bei der Beaufschlagung der äußeren Rohroberfläche mit Wasser ist mit einer Vergrößerung des Temperaturübertragungsgrades von 15 bis 20 % zu rechnen:

$$\Phi_{t,f} = (1,15\ldots 1,2)\,\Phi_t. \tag{15-19}$$

Die Möglichkeiten der Frostschutzschaltung sind Bild 15-27 zu entnehmen.

15.3.3 Wärmerohr

Aufbau

Ein abgeschlossenes und evakuiertes Rohr ist teilweise mit einem geeigneten Medium gefüllt. Als Füllmedium kommen im Temperaturbereich von −15 °C bis 300 °C Ammoniak (R 717), Kältemittel und Wasser zum Einsatz. Die Kältemittel R 12 und R 22 dürfen wegen des FCKW-Halon-Verbotes nicht mehr eingesetzt werden. Bei gleicher Temperatur des gesamten Rohres stellt sich im Rohr ein Gleichgewichtszustand zwischen der dampfförmigen und flüssigen Phase des Füllmediums ein. Die Erwärmung eines Teils des Rohres (Verdampfungszone) führt zu verstärkter Dampfbildung. Der Dampf kondensiert im kälteren Teil des Rohres (Kondensationszone), das Kondensat wird wieder zur Verdampfungszone zurückgeführt. Auf diese Weise wird ein kontinuierlicher Wärmefluss aufrechterhalten, wobei in der Verdampfungszone die Wärmeaufnahme und in der Kondensationszone die Wärmeabgabe erfolgt. In der zwischen Verdampfungs- und Kondensationszone liegenden Transportzone werden die thermodynamischen Vorgänge nicht beeinflusst.

Das Wärmerohr, ursprünglich für andere Einsatzgebiete vorgesehen (z. B. Kühlung in der Raumfahrt), wird auch in der Lüftungstechnik als Wärmerückgewinnungseinrichtung verwendet. Es gibt mehrere Typen von Wärmerohren, die sich durch die Art des Kondensattransportes unterscheiden. In der Lüftungstechnik kommen gegenwärtig ausschließlich zwei Wärmerohrtypen zur Anwendung — das Gravitationswärmerohr und das Kapillarwärmerohr.

In dem *Gravitationswärmerohr*, dessen Aufbau und Wirkprinzip Bild 15-30 zeigt, fließt das Kondensat unter der Wirkung von Gravitationskräften wieder zur Verdampfungszone zurück. Das Arbeitsregime ist gesichert, wenn sich das Rohr in senkrechter

Lage (Neigungen sind zulässig) befindet. Zur Verbesserung der wärmeübertragenden Eigenschaften wird das Rohr außen mit Rippen versehen.

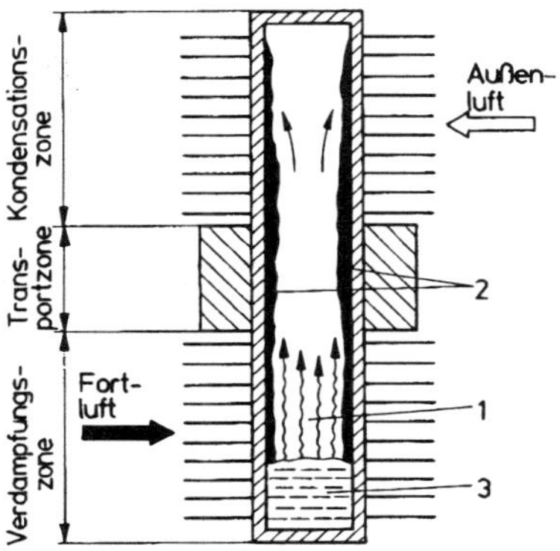

Bild 15-30: Gravitationswärmerohr, schematisch, nach [1]
1 - dampfförmige Phase;
2 - ablaufendes Kondensat;
3 - flüssige Phase

Das *Kapillarwärmerohr* (Bild 15-31) ist innen mit einer porösen Masse ausgekleidet, die eine Kapillarstruktur aufweist. Das können Metallnetze, Filze, in das Rohr eingeschnittene Rillen und Ähnliches sein [18]. Kapillardruckunterschiede zwischen Kondensations- und Verdampfungszone innerhalb der porösen Auskleidung führen zum Transport des Kondensates. Im Allgemeinen betreibt man das Kapillarwärmerohr in waagrechter Lage. Abweichungen hiervon ziehen Gravitationskräfte nach sich, die den Kondensatrückfluss sowohl unterstützen als auch behindern.

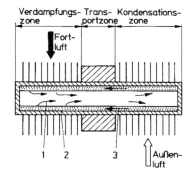

Bild 15-31: Kapillarwärmerohr, schematisch, nach [1]
1 - dampfförmige Phase; 2 - poröse Auskleidung

Der Vorteil des Kapillarwärmerohres gegenüber dem Gravitationswärmerohr ist die Möglichkeit des Austauschens von kaltem und warmem Luftstrom. Das ist bei Klimaanlagen mit Winter- und Sommerbetrieb der Wärmerückgewinnung von Vorteil.

Die Funktion eines Wärmerohres wird gestört, wenn

- die Kapillardruckdifferenz kleiner als die Summe der Druckabfälle ist (Kapillarwärmerohr),
- die Dampfströmung die Schallgeschwindigkeit erreicht (Kapillar- und Gravitationswärmerohr) und
- die Neigung des Rohres den Kondensatfluss unterbricht (Kapillar- und Gravitationswärmerohr).

Als Füllmedium kommen im Temperaturbereich von $-15\,°C$ bis $300\,°C$ hauptsächlich Ammoniak und Kältemittel zum Einsatz. Stoffwerte und Leistungsgrenzen können u. a. [1] entnommen werden.

Die Wärmerohre werden ähnlich wie Luft/Flüssigkeitswärmeübertrager zu größeren Einheiten zusammengestellt. Die Anzahl der Rohre in einer solchen Einheit ergibt sich aus Luftvolumenstrom und angestrebtem Übertragungsgrad. Die verschiedenen Hersteller bieten dabei eine Vielzahl verschiedener Abmessungen für einen großen Luftvolumenstrombereich an. Rohr- und Rippenwerkstoffe sind dem jeweiligen Verwendungszweck angepasst. Bei bestimmten Schadstoffen in der Fortluft können die Wärmerohre außen mit einem Kunststoffüberzug als Korrosionsschutz versehen werden, wenn der metallische Werkstoff gegen diese Schadstoffe nicht resistent ist.

Anwendungsgebiete und Einsatzgrenzen

Anwendungsgrenzen und Einsatzgebiete sind Tabelle 15-1 zu entnehmen. Charakteristischer Vor- und Nachteil sind:

- **Vorteil:** platzsparend infolge kompakter Anordnung.
- **Nachteil:** komplizierte Übertragungsgradregelung (nur durch luftseitige Bypassregelung möglich; eine Änderung des Temperaturübertragungsgrades durch Beeinflussung des inneren Arbeitsregimes — z. B. Kippen der Rohre, Inertgasbeaufschlagung — ist mit erhöhten Aufwendungen verbunden).

Berechnung und Auslegung

In vereinfachter Form kann der grundsätzliche thermodynamische Mechanismus des Wärmetransportes in einem Wärmerohr dargestellt werden, um die wesentlichen Einflussgrößen auf den Temperaturübertragungsgrad und damit auf den zurückgewonnenen Wärmestrom zu zeigen. Die Planungsangaben zum Einsatz bestimmter Wärmerohre sind den jeweiligen Herstellerunterlagen zu entnehmen.

Übertragungsgrad

Während die Temperatur des Fortluftstromes von Rohrreihe zu Rohrreihe abnimmt, erfährt der Außenluftstrom eine Temperaturzunahme. Im Inneren der Rohre stellt sich eine über die Rohrlänge fast gleiche Verdampfungstemperatur ein. Die Temperaturdifferenzen zwischen den Luftströmen und dem Rohrinnern sind Ursache der Wärmetransportvorgänge.

Entscheidend für die Größe des zurückgewonnenen Wärmestromes ist der thermodynamische Widerstand, der dem Wärmefluss vom Fortluft- zum Außenluftstrom entgegenwirkt. Dieser Wärmewiderstand wird durch Wärmedurchgangs- und Wärmetransportvorgänge hervorgerufen. Die einzelnen Wärmewiderstände sind in Richtung des Wärmeflusses hintereinander angeordnet. Sie können deshalb in Analogie zum elektrischen Gleichstromkreis durch Addition zu einem Gesamtwiderstand zusammengefasst werden. Diese Zusammenhänge sind im Bild 15-32 gezeigt.

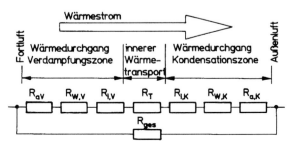

Bild 15-32: Elektrische Analogie der Wärmewiderstände in einem Wärmerohr nach [1]

Es gilt:

$$R_{\text{ges}} = R_{a,V} + R_{W,V} + R_{i,V} + R_T + R_{i,K} + R_{W,K} + R_{a,K}. \qquad (15\text{-}20)$$

Die Bedeutung und die Berechnungsvorschriften für die einzelnen Summanden der Gl.(15-20) sind [1] zu entnehmen.

Bild 15-33 zeigt die Abhängigkeit des Temperaturübertragungsgrades von der luftseitigen Anströmgeschwindigkeit und der Rohrreihenzahl eines Wärmerohrrekuperators [19], [20].

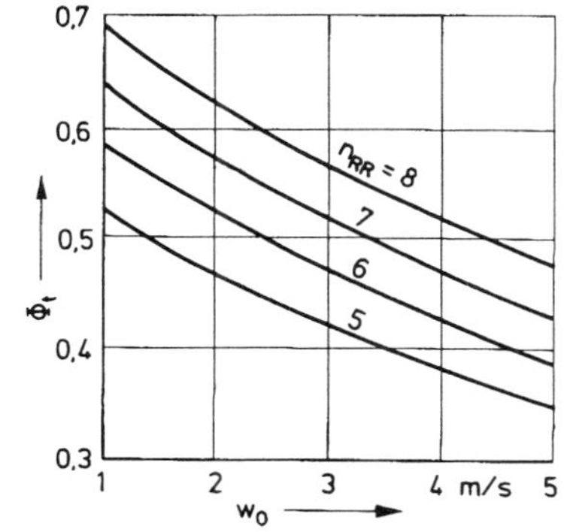

Bild 15-33: Temperaturübertragungsgrad Φ_t in Abhängigkeit von der Anströmgeschwindigkeit w_O und der Rohrreihenanzahl n_{RR} in Strömungsrichtung der Luft (Füllmedium NH_3) nach [1]

Die äußeren Wärmeübergangskoeffizienten hängen in entscheidendem Maße von der verwendeten Wärmerohrgeometrie ab, die entsprechend der technischen und ökonomischen Bedingungen bei den verschiedenen Herstellern außerordentlich vielfältig sind, weswegen die mit den konkreten Erzeugnissen erreichbaren Übertragungsgrade den Herstellerunterlagen zu entnehmen sind.

Neben dem großen Einfluss der äußeren Wärmeübergangsbedingungen und der daraus abgeleiteten Forderung nach einer möglichst großen äußeren Fläche ist die Wahl eines geeigneten Füllmediums von großer Bedeutung [1], und zwar nicht nur hinsichtlich der Arbeitstemperaturen, sondern auch im Hinblick auf die Größe des zu übertragenden Wärmestromes.

Druckverlust

Die luftseitigen Druckverluste der Wärmerohrbatterien ist beispielhaft aus Bild 15-34 oder Herstellerunterlagen zu entnehmen.

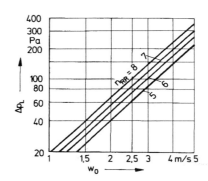

Bild 15-34: Luftseitiger Druckverlust Δp_L in Abhängigkeit von der Anströmgeschwindigkeit w_O und der Rohrreihenanzahl n_{RR} in Strömungsrichtung der Luft (Füllmedium NH_3) nach [1]

15.3.4 KV-Systeme

Aufbau

Das Kreislaufverbundsystem kann zur Rückgewinnung von Wärmeenergie aus Abluft oder Abgas eingesetzt werden. Der Transport der rückzugewinnenden Wärmeenergie

von der Fortluft zur Außenluft erfolgt durch einen Flüssigkeitsstrom als Wärmeträger.
In die Luftströme, zwischen denen eine Wärmeübertragung erfolgen soll, werden
Wärmeübertrager installiert
und mit einer Rohrleitung
verbunden (Bild 15-35).

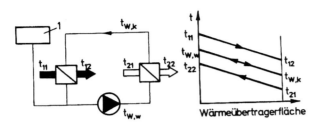

Bild 15-35: Schaltschema und
Temperaturschaubild eines symmetrischen KV-Systems nach [1]

Die Zirkulation des Wärmeträgers wird durch eine Umwälzpumpe erreicht. Die Volu-
menveränderungen des Wärmeträgers infolge von Temperaturschwankungen werden
durch ein Ausdehnungsgefäß ausgeglichen. Voraussetzung einer Wärmeübertragung
ist eine Temperaturdifferenz zwischen Außenluft- und Fortluftstrom. Der Wärmeträger nimmt in dem Luftstrom mit der höheren Temperatur Wärme auf, speichert sie
und transportiert sie zum Luftstrom mit der niedrigen Temperatur, um sie dort wieder
abzugeben.

Eine Feuchteübertragung ist bei diesem System selbstverständlich nicht möglich, jedoch kann es bei Taupunktunterschreitung des Wärmeträgers im warmen Luftstrom
zu Kondensatanfall kommen. Diesem Problem ist, besonders im Winterbetrieb bei
Wärmeträgertemperaturen $< 0\,°C$, besonderes Augenmerk zu schenken. Um den
geringen Wärmeübergangskoeffizienten auf der Luftseite zu kompensieren und damit
den Wärmestrom zu erhöhen, werden Wärmeübertrager mit berippten Rohren eingesetzt.

Das KV-System wird im Allgemeinen als komplettes System z. B. Ecoflow und Eco-
therm angeboten (Bild 15-36) und hat bereits seit Jahren Eingang in die Lüftungstechnik gefunden. Grundsätzlich kann dieses System aber auch aus üblichen, bisher in
der Lüftungs- und Heizungstechnik gebräuchlichen Bauteilen zusammengestellt werden. Die vorrangig eingesetzten Wärmeüber-
tragerbauformen sind Spiralrippenrohr- und
Lamellenrohrwärmeübertrager. Dabei können
außenluft- und fortluftseitig gleiche oder unterschiedliche Wärmeübertragerbauformen zu-
sammengeschaltet werden. Systeme mit unterschiedlichen Wärmeübertragerbauformen entstehen z. B. beim Einsatz von Klimageräten

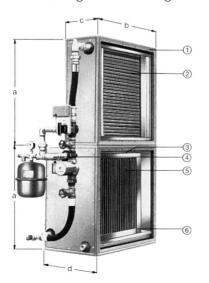

Bild 15-36: Wärmeübertrager mit Verrohrung und
Pumpe zum KV-System verbunden, Werkbild Fa. Wolf
Klimatechnik GmbH; Mainburg
1 - Gehäuse;
2 - Außenluft-Wärmeübertrager;
3 - Abluft-Wärmeübertrager;
4 - Verrohrungsgruppe;
5 - Tropfenabscheider;
6 - Kondensatwanne

oder Kastengeräten auf der Außenluftseite, die mit typspezifischen Wärmeübertragern ausgerüstet sind, in Verbindung mit einer zentralen Fortluftanlage, in der Spiralrippenrohrwärmeübertrager eingesetzt werden.

Die Luftvolumenströme auf der Fortluft- und Außenluftseite können dabei gleich (symmetrische Systeme) oder unterschiedlich (unsymmetrische Systeme) sein, was sich in den Temperaturverhältnissen widerspiegelt (Bild 15-35 und Bild 15-37).

Bild 15-37: Schaltschema und Temperaturschaubild eines asymmetrischen KV-Systems ($\dot{V}_{AU} < \dot{V}_{FO}$), nach [1]
1 - Ausdehnungsgefäß

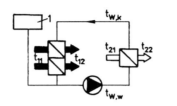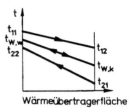

Wärmeübertragerfläche

Die Verrohrung der Wärmeübertrager, die Anordnung des Ausdehnungsgefäßes und der Armaturen entsprechen einem Warmwasserheizungssystem.

Wärmeträger

Der Wärmeträger muss eine Reihe thermodynamischer und sicherheitstechnischer Forderungen erfüllen, wie z. B. hohe spezifische Wärmekapazität, niedrige Viskosität, hohe Wärmeleitfähigkeit, unbrennbar, nicht explosibel, geringe Aggressivität gegenüber metallischen Werkstoffen, nicht gesundheitsschädigend.

Die günstigsten Eigenschaften weist damit Wasser auf, jedoch sind durch den Gefrier- und Siedepunkt seiner Anwendung Grenzen gesetzt. Auch bei Betriebstemperaturen > 0 °C im Wärmeträgerkreislauf (z. B. bei hohen Ablufttemperaturen) kann es — wenn nicht besondere Sicherheitsmaßnahmen getroffen werden — beim Anfahren oder bei Unterbrechung des Wärmeträgerkreislaufes, z. B. infolge Pumpenausfalls, zum Einfrieren und damit zur Zerstörung des Außenluftwärmeübertragers kommen.

Zum Herabsetzen des Gefrierpunktes wird meist ein Gemisch von Wasser und mehrwertigen Alkoholen (Ethylenglykol) eingesetzt. Dabei sind die oberen Temperaturgrenzen zu beachten (meist etwa 90 °C). Bei Überschreitung kann es zu einem chemischen Zerfall der Verbindungen kommen. Als geeignet haben sich für derartige Gemische Kühlsolen erwiesen. In Anlagen mit Wärmeträgertemperaturen < 100 °C und Wasser oder wässrigen Lösungen als Wärmeträger ist eine Druckhaltung im System nicht erforderlich. Im Allgemeinen wird auf geschlossene Systeme zurückgegriffen, aber auch offene Systeme können eingesetzt werden. Bei höheren Temperaturen ist entweder mit Wärmeträgerölen oder mit einer Druckauflastung im System zu arbeiten, um einer Dampfbildung vorzubeugen.

Anwendungsgebiete und Einsatzgrenzen

Das KV-System wird zur Wärmerückgewinnung vor allem dann ausgewählt werden, wenn die Zuluft- und Abluftführung infolge bautechnischer oder technologischer Bedingungen räumlich getrennt erfolgt. Im besonderen Maß gilt das für bereits vorhandene lüftungstechnische Anlagen, die mit einer Wärmerückgewinnungseinrichtung nachgerüstet werden sollen. Das zwischengeschaltete Wärmeträger-Rohrleitungssystem ermöglicht den Wärmetransport selbst über größere Entfernungen sowie die

Überbrückung geodätischer Höhenunterschiede (z. B. in großen Hallenkomplexen). Der mit größeren Entfernungen zunehmende Rohrleitungsdruckverlust erfordert nur eine verhältnismäßig geringe Erhöhung der Antriebsleistung für die Umwälzpumpe und hat für die Leistungsbilanz eine untergeordnete Bedeutung.

Es können selbst mehrere raumlufttechnische Anlagen, mit unterschiedlichen Betriebszeiten, Betriebstemperaturen und Luftvolumenströmen durch ein KV-System sowohl fortluft- wie auch außenluftseitig untereinander gekoppelt werden. In den meisten Fällen gestatten auch die räumlichen Gegebenheiten eine Nachrüstung der Anlagen mit KV-Systemen. Die Anforderungen an Einbauverhältnisse und Platzbedarf sind gegenüber anderen Wärmerückgewinnungseinrichtungen wesentlich geringer. In die Luftleitungen sind lediglich Wärmeübertrager einzubauen, wobei darauf zu achten ist, dass die Anströmgeschwindigkeit zwischen $w = 2\ldots4{,}5$ m/s liegen sollte.

Die Strömungsrichtung von Fort- und Außenluft zueinander — die beim Einbau von Regeneratoren und Rekuperatoren an entsprechende Forderungen gebunden ist — ist beim Einbau von KV-Systemen ohne Einfluss.

Die Nutzung von Fortluft mit stark aggressiven Schadstoffen (z. B. aus Galvanikbädern, Beizereien) erfordert entsprechend beständige Werkstoffe der Wärmeübertrager. Fettige oder klebrige Verunreinigungen in der Fortluft sowie hohe Staub- oder Faserbelastung können zum schnellen Zusetzen der Wärmeübertrager führen. Bei einem entsprechend großen Teil nutzbarer Fortluftenergie kann aber trotz notwendiger Abluftfilterung bzw. erhöhten Wartungsaufwandes noch eine energieökonomische Betriebsweise möglich sein. Die Grenzwerte für Betriebstemperaturen und Betriebsdrücke werden bestimmt von den eingesetzten Bauelementen (Wärmeübertrager, Pumpen, Armaturen) und dem Wärmeträger. Bei Temperaturen $< 100\,°\mathrm{C}$ gibt es dabei keinerlei Einschränkungen.

Die Oberflächentemperatur auf der kalten Seite des Wärmeübertragers kann die Taupunkttemperatur der Luft unterschreiten, wodurch es bei hohen Raumfeuchtelasten zum Kondensatanfall kommt. Es ist für eine entsprechende Kondensatableitung Sorge zu tragen. Bei Verwendung von Glykolmischungen als Wärmeträger kann die Oberflächentemperatur bei ungeregelten Systemen soweit absinken, dass der Wärmeübertrager luftseitig vereist, was zum Betriebsausfall führen kann. Bei hohen Raumfeuchtelasten ist deshalb eine Frostschutzregelung vorzusehen. Die dadurch bedingte geringere Leistung ist bei der Bemessung der Nachheizung zu beachten.

Berechnung und Auslegung

Die Wärmeübertrager werden in der Planungspraxis nach dem Betriebscharakteristiken-Verfahren ausgelegt.

Die „Leistung" eines Wärmeübertragers wird durch den Übertragungsgrad charakterisiert und ist bestimmt mit

$$\Phi = f(k\,A/\dot{C}_1; \dot{C}_1/\dot{C}_2; \text{Stromführung}).$$

Mit dem Festlegen der Stromführung, der Wärmeübertragerflächen und der Wärmekapazitätsströme können nach Ermittlung der Wärmedurchgangskoeffizienten die Temperaturübertragungsgrade der einzelnen, im Kreislauf eingebundenen Wärmeübertrager bestimmt werden. Damit sind dann die Temperaturübertragungsgrade des Gesamtsystems, bezogen auf den Fortluft- und Außenluftstrom, zu berechnen.

Wärmeträgerseitige Stromführung

Für eine ökonomische Energierückgewinnung im Temperaturbereich der Klimatechnik ist es erforderlich, mehrere Rohrreihen luftseitig in Reihe zu schalten. Die Ermittlung der günstigsten Rohrreihenanzahl stellt sich als Problem einer Betriebskostenoptimierung dar. Mit zunehmender Rohrreihenanzahl erhöht sich der Temperaturübertragungsgrad der Wärmeübertragerbatterie, aber auch ihr luft- und wasserseitiger Druckverlust (Bild 15-38).

Auf der Grundlage üblicher Kostenrelationen durchgeführte Rechnungen ergaben eine optimale Rohrreihenanzahl von $n_{RR} = 8$ bis 12, so dass günstigerweise 10 Rohrreihen je Wärmeübertrager vorzusehen sind.

Eine reine Gegenstromschaltung, mit der entsprechend der höchste Temperaturübertragungsgrad zu erreichen ist, lassen die vorliegenden Wärmeübertragerbauformen aufgrund der luft- und wärmeträgerseitigen Stromführung nicht zu. Die einzelnen Rohrreihen bzw. Wärmeübertragerblöcke sollten jedoch nach dem Prinzip der Kreuzstrom-Gegenstrom-Schaltung verrohrt werden. Die tatsächliche Betriebscharakteristik wird damit zwischen den Werten für Kreuz- und Gegenstrom liegen. Die Vielfalt der Verrohrungsmöglichkeiten und die sich in deren Abhängigkeit ergebenden relativ geringen Veränderungen des Temperaturübertragungsgrades rechtfertigen in der Planungspraxis die Verwendung der Betriebscharakteristik für die Kreuzstromschaltung, zumal die exakte theoretische Bestimmung der Betriebscharakteristik spezieller Schaltungen erhebliche Probleme in sich birgt.

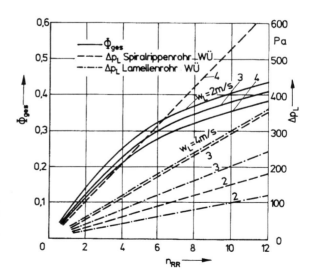

Bild 15-38: Abhängigkeit des luftseitigen Druckverlustes Δp_L und des Temperaturübertragungsgrades Φ_t von der Rohrreihenzahl n_{RR} und der Anströmgeschwindigkeit der Luft nach [1]

Wärmedurchgangskoeffizient

Der Wärmedurchgangskoeffizient ist eine typspezifische Kenngröße eines Wärmeübertragers und im Allgemeinen den Geräteunterlagen zu entnehmen. Beeinflusst wird er durch die Veränderung der Wärmeübergangskoeffizienten. Die Wärmeübergangskoeffizienten sind von der Geschwindigkeit und der Art des strömenden Mediums abhängig. Liegen Diagramme für Wärmedurchgangskoeffizienten mit Wasser als Wärmeträger vor, sind diese bei Einsatz anderer Wärmeträger entsprechend zu korrigieren.

Wärmeübertragerfläche

Die Wärmeübertragerfläche ist mit der Konstruktion des Wärmeübertragers bestimmt und den Geräteunterlagen des jeweiligen Wärmeübertragertyps zu entnehmen. Baugrößen werden in Abhängigkeit vom Luftvolumenstrom ermittelt.

Wärmekapazitätsströme

Die Wärmekapazitätsströme für Außen- und Fortluft

$$\dot{C}_{AU} = \dot{V}_{AU}\, \varrho_{AU}\, c_{p,L} \qquad (15\text{-}21)$$

$$\dot{C}_{FO} = \dot{V}_{FO}\, \varrho_{FO}\, c_{p,L} \qquad (15\text{-}22)$$

werden durch die lüftungstechnische Planung bestimmt. Aufgrund thermodynamischer Zusammenhänge liegt das Optimum für Φ_{ges} bei einem Verhältnis

$$\dot{C}_W/\dot{C}_L = (1\ldots 2). \qquad (15\text{-}23)$$

Bei unsymmetrischen Systemen (unterschiedlicher Außenluft- und Fortluftstrom) ist zur Bestimmung von $\dot{C}_W$ der größere Luftstrom einzusetzen. Mit dem Wärmekapazitätsstrom $\dot{C}_W$ lässt sich der erforderliche Wärmeträgerstrom berechnen:

$$\dot{V}_W = \dot{C}_W/(\varrho_W\, c_{p,W}). \qquad (15\text{-}24)$$

Bei der Berechnung von $\dot{V}_W$ ist zu beachten, dass die maximale Wärmeübertragung (maximaler Wärmedurchgangskoeffizient) nur bei turbulenter Strömung erreicht wird. In den Berechnungsdiagrammen für Wasser als Wärmeträger sind daher die Geschwindigkeiten in solchen Bereichen festgelegt, die turbulente Strömung in den Rohren gewährleisten.

Temperaturübertragungsgrade

Für die Bestimmung der Temperaturübertragungsgrade ist zu beachten, dass den Diagrammen das Wärmekapazitätsstromverhältnis $\dot{C}_1/\dot{C}_2$ zugrunde liegt, unabhängig von der absoluten Größe der Wärmekapazitätsströme (*Index 1* kennzeichnet dabei den *wärmeren* und *Index 2* den *kälteren* Stoffstrom).

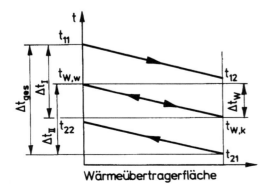

Bild 15-39: Temperaturschaubild eines KV-Systems nach [1]

Entsprechend den Temperaturen (Bild 15-39) gilt für die einzelnen Wärmeübertrager:

$$\Phi_{FO} = \frac{t_{11} - t_{12}}{t_{11} - t_{W,k}} = \frac{\dot{Q}_R}{\dot{C}_{FO}(t_{11} - t_{W,k})} \qquad (15\text{-}25)$$

$$\Phi_{AU} = \frac{t_{W,w} - t_{W,k}}{t_{W,w} - t_{21}} = \frac{\dot{Q}_R}{\dot{C}_W(t_{W,w} - t_{21})} \qquad (15\text{-}26)$$

und für das Gesamtsystem, bezogen auf den warmen Fortluftstrom,

$$\Phi_{FO,\text{ges}} = \frac{t_{11} - t_{12}}{t_{11} - t_{21}} = \frac{\dot{Q}_R}{\dot{C}_{FO}(t_{11} - t_{21})}. \qquad (15\text{-}27)$$

Mit dem Umformen der Gleichungen zu

$$\Delta t_I = t_{11} - t_{W,k} = \frac{\dot{Q}_R}{\dot{C}_{FO}\,\Phi_{FO}} \qquad (15\text{-}28)$$

$$\Delta t_{II} = t_{W,w} - t_{21} = \frac{\dot{Q}_R}{\dot{C}_W\,\Phi_{AU}} \qquad (15\text{-}29)$$

$$\Delta t_{\text{ges}} = t_{11} - t_{21} = \frac{\dot{Q}_R}{\dot{C}_{FO}\,\Phi_{FO,\text{ges}}} \qquad \text{und} \qquad (15\text{-}30)$$

entspr. Bild 15-39 $\qquad \Delta t_W = \Delta t_I + \Delta t_{II} - \Delta t_{\text{ges}} \qquad (15\text{-}31)$

erhält man durch Einsetzen den Übertragungsgrad des Gesamtsystems, bezogen auf den warmen Fortluftstrom,

$$\Phi_{FO,\text{ges}} = \cfrac{1}{\cfrac{1}{\Phi_{FO}} + \cfrac{\dot{C}_{FO}}{\dot{C}_W}\left(\cfrac{1}{\Phi_{AU}} - 1\right)} \qquad (15\text{-}32)$$

und den Übertragungsgrad des Gesamtsystems, bezogen auf den kalten Außenluftstrom,

$$\Phi_{AU,\text{ges}} = \Phi_{FO,\text{ges}}\,(\dot{C}_{FO}/\dot{C}_{AU}). \qquad (15\text{-}33)$$

Bei mehreren, getrennt geführten Fortluftströmen, die auch unterschiedliche Temperaturen haben können, kann ein verzweigtes KV-System (Bild 15-40) eingesetzt werden.

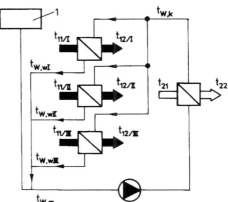

Bild 15-40: Schaltschema eines verzweigten KV-Systems nach [1]
1 - Ausdehnungsgefäß

Für die Berechnung derartiger Systeme stehen Rechenprogramme zur Verfügung. Bei hoher Feuchte im Wirkungsbereich der lüftungstechnischen Anlagen kann es zur Taupunktunterschreitung im Fortluftwärmeübertrager kommen. Wird das KV-System mit einem Wärmeträger betrieben, der eine Temperatursenkung unter $0\,^\circ$C zulässt, besteht für den Fortluftwärmeübertrager die Gefahr der luftseitigen Vereisung. Unter diesen Bedingungen ist die Senkung der Wärmeträgertemperatur zu begrenzen, was jedoch eine Reduzierung des Übertragungsgrades bedeutet, die bei der Auslegung des Nachheizers zu berücksichtigen ist. Für die Berechnung der Temperaturübertragungsgradreduzierung wird die Wärmeträgergrenztemperatur mit $t_{W,k} = 0\,^\circ$C festgelegt.

Wärmeströme

Der an den kalten Luftstrom (in der Mehrzahl der Fälle den Außenluftstrom) übertragene Wärmestrom ist

$$\dot{Q}_R = \Phi_{AU,\text{ges}}\,\dot{V}_{AU}\,\varrho_{AU}\,c_{p,AU}\,(t_{11} - t_{21}). \tag{15-34}$$

Für den warmen Luftstrom gilt

$$\dot{Q}_R = \Phi_{FO,\text{ges}}\,\dot{V}_{FO}\,\varrho_{FO}\,c_{p,FO}\,(t_{11} - t_{21}). \tag{15-35}$$

Wird das KV-System mit einer Frostschutzregelung betrieben, sind die reduzierten Übertragungsgrade $\Phi_{FO,\text{ges,red}}$ bzw. $\Phi_{AU,\text{ges,red}}$ einzusetzen [1].

Temperaturen an den Wärmeübertragern

Mit den ermittelten Temperaturübertragungsgraden lassen sich die Temperaturen an Wärmeübertragern berechnen. Die Luftaustrittstemperatur am Außenluftwärmeübertrager ist

$$t_{22} = t_{21} + \Phi_{AU,\text{ges}}\,(t_{11} - t_{21}) \tag{15-36}$$

und die Wärmeträgertemperatur am Eintritt in den Fortluftwärmeübertrager

$$t_{W,k} = t_{21} - \frac{\Phi_{FO,\text{ges}}}{\Phi_{FO}}\,(t_{11} - t_{21}). \tag{15-37}$$

Druckverluste

Die luft- und wärmeträgerseitigen Druckverluste der Wärmeübertrager sind nach den jeweiligen Planungsunterlagen der Hersteller zu berechnen. Dabei ist die Veränderung des wärmeträgerseitigen Druckverlustes bei Einsatz eines Wärmeträgers mit von Wasser abweichenden Stoffdaten zu beachten.

Einbau und Schaltung

Umwälzpumpe

Zum Umwälzen des Wärmeträgers können die in der Heizungstechnik üblichen Pumpentypen unter Beachtung der Eigenschaften des Wärmeträgers (reines Ethylenglykol ist aggressiv) eingesetzt werden. Die höhere Viskosität von Kühlsolen erfordert zwar eine erhöhte Antriebsleistung, die jedoch in der Regel durch die Leistungsreserve des Pumpenmotors erbracht wird.

Ausdehnungsgefäß

Zum Ausgleich der Volumenschwankungen des Wärmeträgers infolge Temperaturveränderung ist ein Ausdehnungsgefäß vorzusehen. Beim Festlegen der Einbindungsstelle sind die Druckverhältnisse im System zu beachten.

Regeleinrichtungen

Die Regeleinrichtung des KV-Systems hat zwei Aufgaben zu erfüllen:

- Herabsetzen der Wärmeübertragerleistung, wenn nicht die maximal mögliche Energiemenge an die Außenluft übertragen werden soll (Übertragungsgradregelung).
- Verhindern des Absinkens der Temperatur des Fortluftwärmeübertragers unter 0 °C bei Anlagen mit Kühlsolen und hohen Feuchtelasten im Raum, um ein Bereifen bzw. Vereisen des Wärmeübertragers auszuschließen (Frostschutzregelung).

Einfache Lüftungsanlagen mit geringen Toleranzforderungen können durch Handabsperrventile bzw. durch Ausschalten der Umwälzpumpe geregelt werden. Bei Anlagen, für die bereits ein Temperaturregelkreis vorhanden bzw. vorgesehen ist, wird empfohlen, die Regelung des KV-Systems in die Folgeschaltung des Temperaturregelkreises der Lüftungs- oder Klimaanlage einzubeziehen. Der Aufbau eines separaten Temperaturregelkreises für das KV-System ist aus regeltechnischen und ökonomischen Gründen nicht sinnvoll.

Möglichkeiten der Regelung können sein z. B. Stellen oder Zweipunktstellen des Pumpenantriebes, Drehzahlregelung der Pumpe, Trennsystem und Bypass-System.

Das Bypass-System kann dort sinnvoll eingesetzt werden, wo ein minimaler Wärmeträgerstrom durch den Außenluftwärmeübertrager zulässig ist. Der Wärmeträgerstrom über den Außenluftwärmeübertrager ist nicht absperrbar, sondern wird nur durch Öffnen des Bypassventils in Abhängigkeit von den Druckverhältnissen im System reduziert.

Betriebserfahrungen

Bei automatisch geregelten Anlagen übernimmt bei Ausfall des KV-Systems der in Folge geschaltete Nachheizer die Deckung des Wärmebedarfs. Durch entsprechende Kontrollen muss die Funktion des Systems geprüft werden, um die Nutzung der Fortluftenergie auch zu gewährleisten. Zur Funktionskontrolle sind im Wärmeträgerkreislauf vor und nach den Wärmeübertragern Temperaturfühler vorzusehen. Eine Kontrolle des Pumpenlaufes oder des Pumpenschützes ist nicht ausreichend. Gedrosselte Ventile oder ein ungenügend entlüftetes System sind damit nicht erkennbar, führen aber zur Übertragungsgradabsenkung.

Besonderes Augenmerk ist schon im Stadium der Planung auf gute Entlüftungsmöglichkeiten des Systems zu legen. Beim Füllen und Inbetriebnehmen muss das System, besonders bei großer horizontaler Ausdehnung, sorgfältig entlüftet werden. Kritische Stellen bezüglich der Entlüftung sind oft die Wärmeübertrageranbindungen. Bei geringer Wärmeübertrageranzahl kann eine dezentrale Entlüftung auf den Bogen der Wärmeübertragerverbindungen vorgesehen werden. Bei einer großen Wärmeübertrageranzahl ist eine zentrale Entlüftung vorteilhafter. Um die Zirkulation des Wärmeträgers über die Entlüftungsleitung zu verhindern, sind nicht die in Luftrichtung hintereinandergeschalteten Wärmeübertrager zu verbinden, sondern die Leitung ist quer dazu anzuordnen, um die Wärmeübertrager auf gleichem wärmeträgerseitigem Druckniveau zu erfassen.

Bei großen Anlagen hat sich die Aufstellung eines Behälters (evtl. auch transporta-
bel) zur Aufnahme des Wärmeträgers bei Havarien oder Reparaturarbeiten bewährt.
Das System kann dann auch vom Behälter aus mittels Pumpe gefüllt werden. Eine
Isolierung der „warmen" Leitung ist im Allgemeinen nicht erforderlich, da der Wärme-
verlust der Rohrleitung, wenn sie innerhalb des Gebäudes geführt wird, aufgrund der
geringen Temperaturdifferenz sehr klein ist. Zur Vermeidung von Tauwasserbildung
ist dagegen die „kalte" Leitung zu isolieren.

Die Betriebserfahrungen mit ausgeführten Anlagen haben gezeigt, dass das berechnete Volumen des Ausdehnungsgefäßes (analog wie bei Heizungsanlagen üblich) nicht
unterschritten werden soll.

Literatur

[1] *Heinrich, G.* und *U. Franzke*: Wärmerückgewinnung in lüftungstechnischen Anlagen, Verlag
C. F. Müller, Heidelberg; 1. Auflage, 1993.

[2] Regeneratoren – Klingenburg GmbH 45968 Gladbeck.

[3] VDI-Richtlinie 2071/1, Wärmerückgewinnung in Raumlufttechnischen Anlagen, Wirtschaftlich-
keitsberechnung, 12/1981.

[4] *Jüttemann, H.*: Wärmerückgewinnung in raumlufttechnischen Anlagen, Verlag C. F. Müller,
Karlsruhe, 3. Auflage, 1984.

[5] ECONOVENT-Rotor-System Kraftanlagen AG Heidelberg.

[6] *Cleasson, K.* und *L. Sohlberg*: Enthalpiäxlare för ventilationsluft, VVST Varme Ventil. San
(Kopenhagen) 49, (1978), 6, S. 55–59.

[7] *Kruse, H.* und *R. Vauth*: Betriebsgrenzen und Übertragungsverhalten im Winter von Regene-
rativ-Wärmetauschern mit metallischer Speichermasse, HLH 27 (1976), 4, S. 114–121.

[8] Regenerativ-Energieübertrager – Projektierungsunterlagen (ehemaliger Hersteller LTA – Berlin.

[9] KDA Lüftungs- und Klimagerät mit Wärmerückgewinnung, Fläkt GmbH, Butzbach.

[10] BABCOCK-BSH Dachwärmerückgewinner System Econovent, BABCOCK-BSH AG, Bad Hers-
feld.

[11] Kantherm TS, Kantherm Hallstahammar, Schweden.

[12] Informationsunterlage zum ILKA-Wechselspeicher, Dresden, ILKA Luft- und Kältetechnik 1985.

[13] Taschenbuch Maschinenbau, Band 2, Energieumformung und Verfahrenstechnik, Berlin, Verlag
Technik, 1966.

[14] *Stupperich, F. R.*: Grundlagen der Technischen Thermodynamik, Fachbuch-Verlag, Leipzig,
1999.

[15] *Recknagel, Sprenger, Schramek*: Taschenbuch für Heizung und Klimatechnik, 68. Auflage,
München, Wien, Oldenburg-Verlag 1997/98.

[16] *Krüger, H.*: Berechnung strömungstechnischer Kennwerte von Durchströmteilen für Flüssigkeiten und Gase. Hrsg: Institut für Leichtbau und ökonomischer Verwendung von Werkstoffen,
Dresden 1970.

[17] *Idelčik, I. E.*: Spravocnik po gidravliceskim soprotivlenijam, Moskau, Gosenergoizdat, 1960.

[18] *Groll, M.*: Wärmerohrforschung und -entwicklung am Institut für Kernenergetik der Universität
Stuttgart, Klima- und Kälteingenieur 2 (1974) 7, S. 281–284.

[19] Gasvorwärmer mit thermischen Gravitationsrohren, Vzduchotechnika N.V.; Nove Mesto nad
Vahom (Tschechien).

[20] Projektierungsrichtlinie für den Einsatz des Wärmerohrrekuperators WR 25 in lüftungstechnischen Anlagen, (ehemals Hersteller: Luft- und Wärmetechnik Gotha, 1985).

16 Sorptionsgestützte Klimatisierung

U. FRANZKE

Formelzeichen

h	spezifische Enthalpie	$\dot{Q}_{\text{Zust-Änd}}$	Wärmestrom der Zustandsänderung
h_{RL}	Enthalpie der Raumluft	t_{AU}	Außenlufttemperatur
h_{ZU}	Enthalpie der Zuluft	t_{Reg}	Regenerationstemperatur
$\dot{m}_L$	Luftmassenstrom	x	Feuchtegehalt
$\dot{m}_W$	Wassermassenstrom	x_{AU}	Außenluftfeuchtegehalt
n	Drehzahl	x_{RL}	Feuchtegehalt der Raumluft
$\dot{Q}$	Wärmestrom	x_{ZU}	Feuchtegehalt der Zuluft
$\dot{Q}_{\text{Kühldecke}}$	Wärmestrom der Kühldecke	Δx	Feuchtegehaltsdifferenz
$\dot{Q}_{\text{latent}}$	latenter Wärmestrom	Δh	Enthalpiedifferenz
$\dot{Q}_{\text{sensibel}}$	sensibler Wärmestrom	Φ_t	Rückwärmzahl

16.1 Allgemeines

Der Einsatz der sorptiven Luftentfeuchtung — ob mit Hilfe von Sorptionsregeneratoren oder Flüssigkeitssystemen — stellt neue Anforderungen an die Klimatechnik. Dies kann der generelle Verzicht auf die klassische Kompressionskälteanlage durch Einbeziehung der Verdunstungskühlung oder die Erhöhung der Verdampfungstemperaturen in Kälteanlagen durch den Wegfall der Luftentfeuchtung durch Taupunktunterschreitung sein. Somit stellt die SGK-Technik eine neue Qualität in der Klimatechnik dar. Die Begriffe DEC und SGK sind ein Synonym für die Verfahrenskombination „Lufttrocknung, Verdunstungskühlung und Wärmerückgewinnung" [1]. Aus dem amerikanischen Sprachgebrauch stammt die Bezeichnung „Desiccant Cooling", innerhalb des FGK[1]) wurde der Begriff „Sorptionsgestützte Klimatisierung" eingeführt. Betrachtet werden dabei in den folgenden Abschnitten sowohl die klassische SGK-Anlage mit je einem Zu- und Abluftbefeuchter als auch verfahrenstechnische Kombinationen mit klassischer Kältetechnik. Aufgrund des gegenwärtigen Standes der Produkteinführung werden nachfolgende Verschaltungsvarianten nur anhand der „trockenen" Sorptionsluftentfeuchtung; d. h. unter Nutzung der Sorptionsregeneratoren, erläutert. Prinzipiell ist es jedoch auch möglich, die „flüssige" Sorptionsluftentfeuchtung dafür anzuwenden. Auf dem Markt werden die flüssigen Systeme bislang jedoch noch nicht in aller Breite angeboten.

---

[1]) FGK Fachinstitut Gebäude-Klima e. V.

16.2. Anforderungen an die Komponenten

Die Auslegung von SGK-Anlagen basiert zwar auf altbekannten thermodynamischen Gesetzmäßigkeiten, die Integration all dieser Komponenten bedingt jedoch ein neues Herangehen an die Auslegung. Durch die vorhandene Rückkopplung der Raumluftzustände auf die Leistungsgrenzen der Zuluft, gilt es schon bei der Auslegung wesentliche Randbedingungen zu beachten. Wichtigster Baustein der SGK-Technik ist der Sorptionsprozess. Folgende Anforderungen sollten durch den Sorptionsregenerator erfüllt werden:

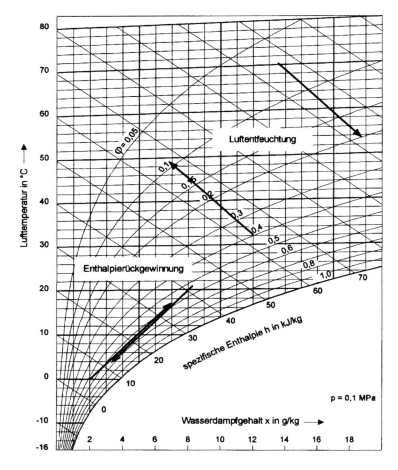

Bild 16-1: Darstellung der Betriebsweise eines Sorptionsregenerators

- Umschaltbarkeit Sommer / Winter zwischen den Funktionen Enthalpierückgewinner und Luftentfeuchter, siehe Bild 16-1,

- stufenlose Regelbarkeit im Bereich von $n = 10$ 1/h bis $n = 10$ 1/min,

- erreichbarer Enthalpieübertragungsgrad: 80 %,

- minimaler Druckunterschied zwischen Zu- und Abluftvolumenstrom bzw. Berücksichtigung konstruktiver Maßnahmen in Form von Spülkammern o. ä. zur Minimierung der Leckluftrate und der Mitrotationsverluste,
- Beständigkeit der hygroskopischen Eigenschaften,
- gleiche Anströmflächen in der Zu- und Abluft, siehe Bild 16-2.

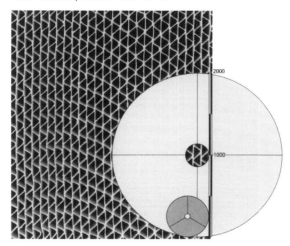

Bild 16-2: Ansicht der Struktur eines Sorptionsregenerators (Werkbild Fa. Klingenburg [2]

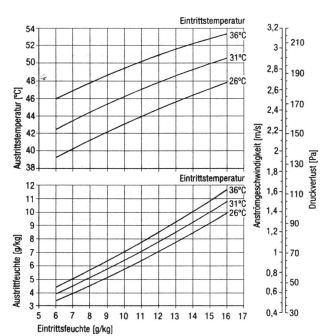

Bild 16-3: Beispielhafte Geräteauslegung (Werkbild Fa. Klingenburg [2]

Die Auslegung der Sorptionsregeneratoren sollte anhand von Leistungsdaten der Hersteller erfolgen. Beispielhaft sind im Bild 16-3 Auslegungsdaten der Fa. *Klingenburg* dargestellt. Es ist es auch möglich, für die Auslegung dieser Komponenten auf eine numerische Simulation zurückzugreifen.

Für die Befeuchtungssysteme sowie die Wärmerückgewinnungseinrichtungen stehen im Rahmen der Auslegung genügend Hilfsmittel zur Verfügung. Prinzipiell sind jedoch auch für diese Komponenten bestimmte Rahmenbedingungen einzuhalten:

- Einsatz eines hoch effektiven Wärmerückgewinnungssystems mit einer Rückwärmzahl Φ_t von mindestens 80 %,
- Sicherstellung minimaler Druckunterschiede zwischen Zu- und Abluftvolumenstrom sowie minimaler Druckverluste,
- Befeuchtungswirkungsgrad von nahezu 100 % im Abluftvolumenstrom,
- Zu- und Abluftbefeuchter stufenlos regelbar bis 100 % Befeuchtungswirkungsgrad,
- geringer Strom- und Wasserverbrauch,
- Unempfindlichkeit gegen schwankende Wasserqualitäten.

Speziell die Wasseraufbereitung sollte bei diesen Verfahren der Klimatisierung besonders beachtet werden. Zum einen betrifft das technologische Probleme mit den Wasserinhaltsstoffen und zum anderen aber auch die Fragen der Hygiene.

16.3 Klassische SGK-Anlage

Aufgrund der physikalischen Vorgänge muss bei der Anwendung der sorptiven Luftentfeuchtung für Klimatisierungszwecke immer eine Kombination mit einer Form der Temperaturabsenkung gefunden werden. Die bislang am häufigsten angewendete Verschaltungsart besteht aus den Komponenten:

- Sorptionsregenerator,
- Wärmerückgewinnungssystem,
- Zu- und Abluftbefeuchter.

Die klassische SGK-Anlage, die mit Hilfe des Zu- und Abluftbefeuchters vor und nach dem Raum eine Verdunstungskühlung realisiert, ist dem Bild 16-4 zu entnehmen.

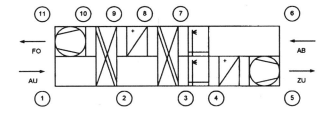

Bild 16-4: Klassische SGK-Klimaanlage als Geräteskizze

Im Gegensatz zur konventionellen Klima-Kälteerzeugung wird bei der SGK-Klimatechnik eine grundsätzlich andere Verfahrensweise und Prozessführung realisiert.

Ausgangspunkt ist die Außenluft (1), die in einem Sorptionsregenerator entfeuchtet wird und sich dabei auf den Zustand (2) erwärmt. Die regenerative Wärmerückgewinnung führt zu einer Abkühlung des Zuluftstromes auf die Temperatur (3). In Abhängigkeit der geforderten Zulufttemperatur und Zuluftfeuchtigkeit erfolgt im Befeuchter eine Temperaturabsenkung bei gleichzeitiger Feuchtigkeitszunahme bis zum

Zustand (4). Der Heizer im Zuluftstrom braucht nur im Winterfall in Betrieb genommen zu werden. Die Ventilatorwärme, die zu einer im Sommer unerwünschten Temperaturerhöhung der Zuluft führt, realisiert den Zuluftzustand (5). In der Regel ist eine Temperatursteigerung von etwa 1 K zu erwarten. Daher ist auch besondere Sorgfalt bei der Auslegung des Ventilators anzuraten, damit nicht mehr Wärme als unbedingt notwendig in den Luftprozess eingebracht wird.

Nach erfolgter Raumzustandsänderung von (5) nach (6) wird die Abluft annähernd bis zum Sättigungszustand (7) befeuchtet, um ein ausreichend großes Temperaturpotential zur Wärme- bzw. Kälterückgewinnung zu erhalten. Die Wärmerückgewinnung von (7) nach (8) führt zu einer Anhebung der Temperatur des zugleich als Regenerationsluft genutzten Abluftstromes. Die Abluft wird anschließend im Erwärmer nachgeheizt (9), um die Regeneration des Sorptionsregenerators (9 nach 10) gewährleisten zu können. Die Auslegung der SGK-Anlagen erfolgt für den gleichen Auslegungsfall wie bei der traditionellen Klimatechnik, d. h. bei einer Außentemperatur von $t_{AU} = 32\,°\mathrm{C}$ und einer Außenluftfeuchtigkeit $x_{AU} = 12$ g/kg. Wirtschaftliche Vorteile ergeben sich für eine SGK-Anlage in der Kopplung mit Fernwärme bzw. Abwärme aus BHKW. Je nach den Auslegungsbedingungen können bei SGK-Anlagen luftseitige Regenerationstemperaturen mit bis zu $t_{Reg} = 80\,°\mathrm{C}$ notwendig sein. Es sollten Auslegungsbedingungen gewählt werden, bei denen niedrigere Heizwassertemperaturen als beim Einsatz von Absorptionskälteanlagen möglich sind. In den Lieferverträgen mit den Fernwärmelieferanten ist die geforderte Mindesttemperatur festzuschreiben, da ansonsten keine Gewährleistung für die Erfüllung der Raumklimaparameter gegeben werden kann.

Im Bild 16-5 ist der Auslegungszustand für den Sommer eingetragen. Die Rückwärmzahl des Wärmerückgewinnungssystems wurde mit $\Phi_t = 80\,\%$ angenommen. Aufgrund der gewählten Zu- und Raumluftparameter kann die Regenerationstemperatur auf 70 °C abgesenkt werden. Die mit einer derartigen SGK-Anlage realisierbare Kälteleistung hängt neben den im h, x-Diagramm ablesbaren Enthalpiedifferenzen nur noch von den Luftvolumenströmen ab. In der Tabelle 16-1 sind die Leistungsdaten für verschiedene Anlagengrößen aufgelistet.

Aus der Tabelle 16-1 ist erkennbar, dass fast 50 % der Gesamtkälteleistung für die Außenluftaufbereitung eingesetzt wird. Ein wirtschaftlicher Vergleich dieser Technik wird daher nur dann möglich, wenn als Vergleichsanlage ein Klimagerät mit ebenfalls großem Außenluftanteil gewählt wird. Eine Gegenüberstellung mit reinen Umluftanlagen zur Kühlung und Entfeuchtung von Raumluft wird daher immer zu Ungunsten der SGK-Technik ausgehen, da mit diesen Anlagen kein Umluftbetrieb möglich ist. Potentielle Anwendungen dieser Technik sind daher besonders die Hörsaalklimatisierung bzw. generell die Klimatisierung von Räumen mit großen Personendichten.

Tabelle 16-1: Kälteleistung von SGK-Anlagen entsprechend den Auslegungsbedingungen gemäß Bild 16-5

Volumenstrom	Zulufttemperatur	Heizleistung bei 70 °C Regeneration	Gesamtkälteleistung	abführbare Raumkühllast
m³/h	°C	kW	kW	kW
5000	18	40,9	32,5	17,4
20 000	18	163,8	130,2	69,7

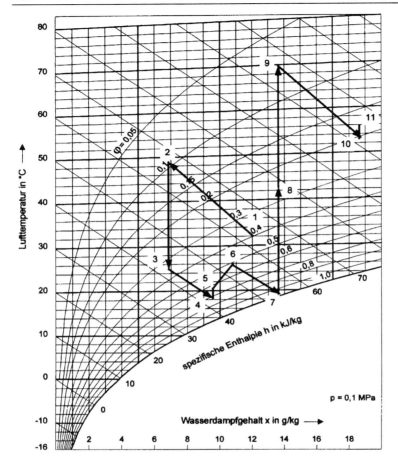

Bild 16-5: Verlauf im h, x-Diagramm

SGK-Anlagen sind Klimaanlagen mit den Funktionen Kühlung, Entfeuchtung, Heizung und Befeuchtung. Der besondere Vorteil der SGK-Anlagen im Sommer besteht im völligen Verzicht auf alle chemischen Kältemittel sowie in der Möglichkeit, Abwärme, Fernwärme sowie Solarwärme aufgrund der im Vergleich zur klassischen Absorptionskälteanlage niedrigeren Heizmediumtemperatur nutzen zu können. Weiterhin von Bedeutung ist sicher auch der Aspekt, dass mit der 100 %igen Außenluftzufuhr eine hohe Luftqualität im Raum sichergestellt werden kann. Für die Anwendung im Winter gilt der zuletzt genannte Vorteil analog. Wird in der Regel bei konventioneller Klimatechnik der Außenluftanteil im Winter gegenüber dem Sommer noch einmal drastisch reduziert, so kann bei der SGK-Anlage der hohe Außenluftanteil beibehalten werden, ohne große energetische Mehraufwendungen tragen zu müssen. Dies liegt an der Hintereinanderschaltung von Sorptionsregenerator und Wärmerückgewinnungssystem. Entsprechend den Anforderungen an den Sorptionsregenerator soll eine Umschaltung der Betriebsweise vom Sommer- in den Winterbetrieb durch Erhöhung der Drehzahl des Sorptionsrades von $n = 10$ 1/h bis auf $n = 10$ 1/min möglich sein. Dadurch ändert sich die Zustandsänderung der Luft beim Durchströmen der Speichermasse von einer Luftentfeuchtung zu einer Enthalpierückgewinnung.

16.4 Integration eines Oberflächenkühlers in den SGK-Prozess

Der Vorteil der klassischen SGK-Anlage besteht in einem vollständigen Verzicht auf Kältetechnik. Zum Betrieb dieser Anlagen werden Regenerationstemperaturen von 70 bis 80 °C benötigt, wodurch die Nutzung von Abwärme auf bestimmte Anwendungsfälle beschränkt bleibt. Eine energetisch sinnvolle Ergänzung bzw. Veränderung des klassischen SGK-Prozesses besteht im Verzicht auf die Verdunstungskühlung im Zuluftstrom zugunsten des Einsatzes eines Oberflächenkühlers. Das Kaltwasser kann dabei durch Kältemaschinen erzeugt werden. Aus Sicht der Investitionskosten ist diese Variante eher schlecht. Besser ist der Einsatz von regenerativen Kälteträgern auf einem relativ hohen Temperaturniveau. Mögliche Quellen sind z. B. Uferfiltrat, Brunnenwasser oder technologisches Kühlwasser. All diesen Kälteträgern ist ein Temperaturniveau zugeordnet, mit dem die Luft nicht ausreichend entfeuchtet werden kann. Im Bild 16-6 ist das Schaltschema dargestellt.

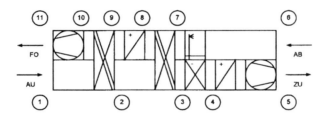

Bild 16-6: Integration eines Oberflächenkühlers in den SGK-Prozess als Geräteskizze

Durch die Kombination von sorptiver Luftentfeuchtung und Oberflächenkühler kann somit eine Klimatisierung auch hinsichtlich der einzuhaltenden Feuchte erfolgen. Der Vorteil dieser Kombination besteht in einer Verringerung der Regenerationstemperatur. Im Bild 16-7 ist der Prozessverlauf dargestellt. Im Vergleich mit Bild 16-5 ergibt sich eine Reduzierung der Regenerationstemperatur um ca. 20 K. Eine weitere Reduzierung wäre möglich, wenn die Abluftbefeuchtung nicht in der dargestellten Intensität erfolgen würde. Die Nutzung der Abluftbefeuchtung verringert jedoch die notwendige Kühlung über den Oberflächenkühler. Eine Auslegung des Prozessverlaufes macht sich daher in Abhängigkeit der jeweiligen Randbedingungen erforderlich.

Die Entfeuchtung der Außenluft erfolgt nur bis zur notwendigen Zuluftfeuchtigkeit. Die Abkühlung der Zuluft erfolgt in Stufen über die Wärmerückgewinnung und den Oberflächenkühler.

Neben dem bereits genannten Vorteil der Verringerung der Regenerationstemperatur ist bei dieser Schaltung ein weiterer Aspekt zu beachten. Durch den Einsatz des Oberflächenkühlers findet eine erste regelungstechnische Entkopplung der Außenluftaufbereitung von der Raumbelastung statt. Durch den Oberflächenkühler kann unabhängig von der Raumbelastung und von Extremwetterlagen eine Kühlung bis auf die Zulufttemperatur garantiert werden.

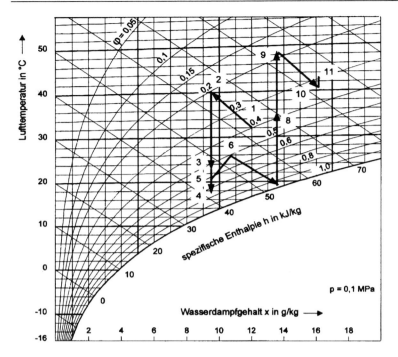

Bild 16-7: Verlauf der Zustandsänderung bei Einsatz eines Oberflächenkühlers

16.5 Kopplung mit Kältemaschine

Die Kopplung einer SGK-Anlage mit einer Kältemaschine in einem Luftsystem wurde im Abschnitt 16.4 aus wirtschaftlicher Sicht als kritisch betrachtet. Die Kombination ist aus energetischen Gründen jedoch interessant. Dabei wirken die bereits genannten Vorteile der Verringerung der Regenerationstemperatur aber auch die Möglichkeit der Nutzung der Kondensatorabwärme zur thermischen Regeneration. Andererseits ergeben sich für den Kälteprozess ebenfalls Vorteile. Im Bild 16-8 ist der Anteil der Entfeuchtung an der gesamten Kälteleistung dargestellt.

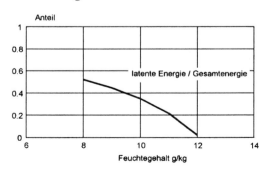

Bild 16-8: Anteil der latenten Energie an der Gesamtenergie

Im Bild 16-8 zeigt sich, dass in Abhängigkeit der notwendigen Zuluftfeuchtigkeit der Anteil der latenten Energie an der Gesamtkälteleistung bis zu 50 % ausmachen kann.

Die Zuluftfeuchtigkeit muss insbesondere bei der Anwendung von Luft-Wasser-Systemen gering gehalten werden. Die Forderung danach entspricht zum einen der Ver-

meidung von Kondensation an den wassergekühlten Komponenten und zum anderen
der Forderung von *Fanger* nach einer möglichst kühlen und trockenen Raumluft im
Sinne einer guten Raumluftqualität. Entsprechend Bild 16.9 ergeben sich unterschiedliche Zustandsänderungen bei konventionellen Lüftungssystemen und beim Einsatz
der Quelllüftung in Kombination mit der Kühldecke.

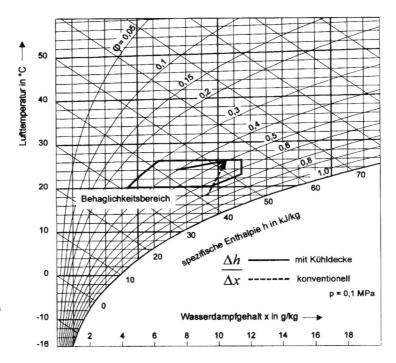

Bild 16-9: Vergleich
der Zustands-
änderungen für
Beispiel 16-1

Es gilt allgemein:

$$\frac{\Delta h}{\Delta x} = \frac{\dot{Q}}{\dot{m}_W} = \frac{\dot{m}_L \left(h_{RL} - h_{ZU} \right)}{\dot{m}_L \left(x_{RL} - x_{ZU} \right)} \qquad \text{wobei} \qquad \dot{Q} = \dot{Q}_{\text{latent}} + \dot{Q}_{\text{sensibel}}. \qquad (16\text{-}1)$$

Bei Einsatz einer Kühldecke gilt jedoch

$$\dot{Q}_{\text{Zust-Änd}} = \dot{Q} - \dot{Q}_{\text{Kühldecke}}. \qquad (16\text{-}2)$$

An dem folgenden Beispiel soll der Unterschied verdeutlicht werden.

Beispiel 16-1:

		Konventionelle Anlage	Kühldecke und Quelllüftung
$\dot{Q}$	kW	5	5
$\dot{Q}_{\text{Kühldecke}}$	kW		2
$\dot{Q}_{\text{Zust-Änd}}$	kW		3
$\dot{m}_L$	kg/h	2,0	2,0
$\Delta h/\Delta x$	kJ/kg	9000	5400

Somit ergeben sich beim Einsatz der Kühldecke oder Kühlflächen generell flachere Zustandsverläufe als bei „Nur-Luft-Systemen". Auf Grund der Spezifik der Quelllüftung sollte die Zulufttemperatur nur etwa 2 bis 3 K unter der Raumlufttemperatur liegen, so dass sich eine wesentlich größere Entfeuchtungsbreite als Notwendigkeit für die Kombination Kühldecke mit Quelllüftung ergibt.

Das Erreichen dieses Zuluftpunktes mit klassischen Kältemaschinenprozessen gestaltet sich schwierig, da die Oberflächentemperatur des Oberflächenkühlers mindestens 4 K unterhalb des klassischen 6/12 °C-Kaltwassersystems liegen müßte. Damit wäre permanent die Gefahr des Einfrierens und als Folge das Abschalten der Kältemaschine verbunden.

Hinzu kommt die Steigerung der Leistungszahl in Abhängigkeit der Verkleinerung der Temperaturdifferenz zwischen Verdampfer und Kondensator.

Unter Beachtung der genannten Randbedingungen ist eine Systemgestaltung entsprechend Bild 16-10 wirtschaftlich sinnvoll.

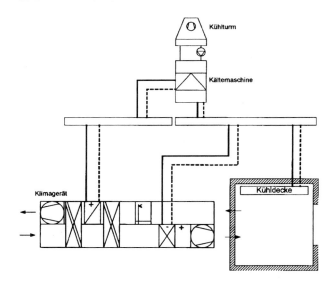

Bild 16-10: Kombination von Kaltwassererzeugung und SGK-Anlage als Anlagenskizze

Der Zustandsverlauf der Luft im Klimagerät erfolgt analog zum Bild 16-7. Je nach Auslegung des Kälteprozesses kann aber ein Teil der Kondensatorwärme zur thermischen Regeneration des Sorptionsregenerators verwendet werden.

16.6 Allgemeines zur Regelung

Die Strategie der Regelung ist auf die Funktionen der Luftbehandlung abgestimmt. Außenluftzustände, die für das Erreichen des notwendigen Zuluftzustandes (Lufttemperatur und Luftfeuchte in Abhängigkeit der Raumlast) einer gleichen thermodynamischen Behandlung bedürfen, können — hinsichtlich ihrer Lage im h, x-Diagramm — Bereichen zugeordnet werden. Diese Bereiche werden als Arbeitsbereiche der raumlufttechnischen Anlage bezeichnet.

Tabelle 16-2: Arbeitsbereiche der raumlufttechnischen Anlage [3]

Notwendige Konditionierung der Außenluft	Arbeitsbereich
Kühlen und Entfeuchten	I
Kühlen und Befeuchten	II
Heizen und Befeuchten	III
Heizen und Entfeuchten	IV

Die Luftzustandsänderung Kühlen kann einerseits durch Temperaturabsenkung im Oberflächenkühler, anderseits durch eine Verdunstungskühlung (Luftbefeuchter, Luftwäscher) erzielt werden. Deshalb ist die Lage der Arbeitsbereiche — genauer ihre Bereichsgrenzen — von der Konfiguration der raumlufttechnischen Anlage abhängig. Das Bild 16-11 zeigt die Zuordnung der Regelbereiche bei Einsatz der Verdunstungskühlung, das Bild 16-12 die Zuordnung bei Verwendung eines Oberflächenkühlers zur Temperaturabsenkung im Zuluftstrom.

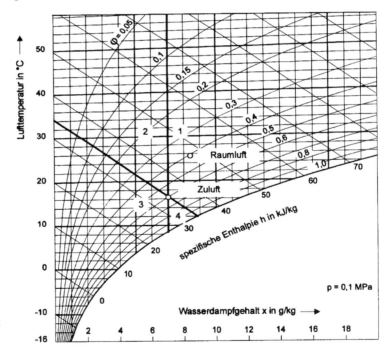

Bild 16-11: Arbeitsbereiche der raumlufttechnischen Anlage; Bereichsgrenzen bei Zuluftkühlung mit Verdunstungskühler

Im folgenden soll ein Beispiel für die Arbeitsweise der Klimaanlage im Arbeitsbereich I — Kühlen und Entfeuchten gegeben werden:

- Der Sorptionsregenerator arbeitet in der Betriebsart Entfeuchten zur Trocknung der Außenluft.
- Der Wärmerückgewinner arbeitet in der Betriebsart Kühlen.

Aufbereitung der Zuluft wenn Oberflächenkühler vorhanden:

1. Im Sorptionsregenerator Trocknung auf erforderlichen Feuchtegehalt der Zuluft,
2. sensible Kühlung auf Zulufttemperatur.

Aufbereitung der Zuluft, wenn Zuluftbefeuchter vorhanden:

1. Trocknung im Sorptionsregenerator soweit, dass der erforderliche Feuchtegehalt der Zuluft nach dem Befeuchter erreicht wird (Schnittpunkt des Feuchtegehaltes nach dem Sorptionsregenerator und der möglichen Abkühlung über den RW muss auf der Isenthalpen des Zuluftpunktes liegen),

2. Verdunstungskühlung auf Zulufttemperatur.

Aufbereitung der Abluft:

1. Adiabate Befeuchtung im Abluftbefeuchter,

2. Energieübertragung im Wärmeregenerator (Kühlung der Außenluft),

3. Temperaturerhöhung auf Regenerationstemperatur im Erhitzer.

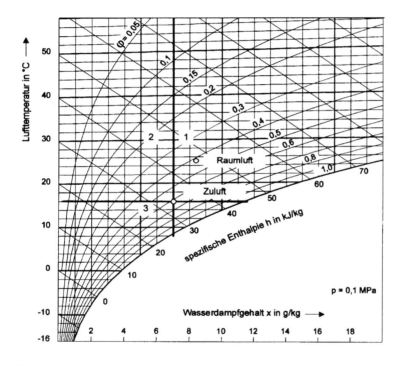

Bild 16-12: Arbeitsbereiche der raumlufttechnischen Anlage; Bereichsgrenzen bei Zuluftkühlung mit Oberflächenkühler

Literatur

[1] *Heinrich G.* und *U. Franzke*: Sorptionsgestützte Klimatisierung, Entfeuchtung und DEC in der Klima-Kälte-Technik. Verlag C. F. Müller, Heidelberg; 1. Auflage 1997.

[2] SECO-Werksunterlagen, Klingenburg GmbH, Gladbeck.

[3] *Seifert, C.* und *U. Franzke*: Entwicklung einer optimierten Mess-, Steuer- und Regelungstechnik für sorptionsgestützte Klimatisierung; unveröffentlicher Bericht ILK-B-4/00-2814, ILK Dresden 2000.

17 Akustische Auslegung von RLT-Anlagen

B. Hörner, W. Leiner, H. Löber

Formelzeichen

b	Breite	u	Umfangsgeschwindigkeit
C	Dämpfungskorrektur	$\dot{V}$	Volumenstrom
c	Schallgeschwindigkeit,	v	Geschwindigkeit
	Federkonstante	W	Strömungswiderstand
D	Dämpfung	w	Schwinggeschwindigkeit
d	Durchmesser, Dicke	z	Anzahl
E	Elastizitätsmodul	α	Winkel, Absorptiongrad
e	Einfederung	ε	Flächenverhältnis
F	Kraft	ζ	Widerstandsbeiwert
f	Frequenz	Θ	Winkel
G	Gewicht, Masse/Flächeneinheit	ϱ	Dichte
g	Fallbeschleunigung	σ	Perforationsgrad
H, h	Höhe		
i	Isoliergrad		

Indizes

k	Konstante, Korrekturgröße		
L_W	Schallleistungspegel	a	Abzweigkanal
L_p	Schalldruckpegel	d	direkt
L_{rel}	Relativpegel	E	Erreger
ΔL	Dämpfung	e	Eintritt
l	Länge	erf	erforderlich
M	Belastung	F	Fundament
m	Masse	G	gesamt
n	Umdrehungen/Zeiteinheit	h	Hauptkanal
Δp_t	Gesamtdruckdifferenz	i	indirekt
r	Radius, Abstand,	m	Mitte, mittlerer
	Dämpfungskonstante	0	Grund- und Ausgangswert
S	Fläche	opt	Optimum
s	Spaltbreite	rel	relativ
St	*Strouhal*zahl	S	Schalldämpfer, Fläche
Tu	Turbulenzgrad	saug	Saugseite
t	Zeit	t	Turbulenz
U	Umfang, Kraftverhältnis	V	Ventilator

Dieser Abschnitt des Buches soll in Ergänzung zu den akustischen Grundlagen des Bandes 1 die Möglichkeit bieten, raumlufttechnische Anlagen aus akustischer Sicht richtig zu projektieren oder bei bestehenden, zu lauten Anlagen nachträgliche Abhilfe zu schaffen. Da Abhilfen immer kostspieliger als ursprünglich richtige Ausführungen sind, sollte nach *Baade* [1] der Projektierung besondere Aufmerksamkeit geschenkt werden. Dabei empfiehlt es sich, die Methode nach VDI 2081 [8] anzuwenden.

Da fast alle Bauteile einer Anlage Geräuschquelle und Dämpfungsglied gleichzeitig sind, soll aus Gründen der Übersichtlichkeit diese doppelte akustische Funktion in getrennten Abschnitten (17.1 und 17.2) behandelt werden.

Es muss vorausgeschickt werden, dass die Vorgänge der Geräuschentstehung und -verminderung sehr vielschichtig und mathematisch nicht exakt erfassbar sind. Die angegebenen Gleichungen und Diagramme sind daher größtenteils auf experimentelle Untersuchungen oder Vereinfachungen physikalischer Modelle zurückzuführen. Ihre Anwendung liefert jedoch, wie die Praxis zeigt, ausreichend genaue Ergebnisse.

17.1 Geräuschquellen

Die Geräuscherzeugung in RLT-Anlagen ist einmal durch die Förderleistung der Ventilatoren bestimmt. Daneben ist sie von der Schallleistung eingebauter Komponenten abhängig. Zu diesen gehören z. B. Volumenstromregler, Absperrklappen, Brandschutzklappen, Schalldämpfer, Mischgeräte und Luftdurchlässe. Auch Luftleitungen, Abzweige, Umlenkungen — insbesondere bei hohen Luftgeschwindigkeiten — sind manchmal beachtliche Geräuschquellen.

Normalerweise existieren Herstellerangaben für Schallleistungspegel in Abhängigkeit vom Betriebspunkt. Diese gelten jedoch ausschließlich für die Komponenten allein. Auch können nicht für alle Komponenten Angaben über Schallleistungsspektren gemacht werden, da es zum Teil an Messungen fehlt. Die hier angeführten Berechnungsmethoden beruhen zum Teil auf Versuchsergebnissen verschiedener Autoren, insbesondere auch auf den in VDI 2081 [8] angegebenen Daten.

Zur rechnerischen Abschätzung der durch eine turbulente Strömung hervorgerufenen Geräusche werden von *Heckl* [2] die physikalischen Modelle, *Monopol-*, *Dipol-* und *Quadrupolquelle* herangezogen, deren Einfluss sich jedoch bei vielen praktischen Strömungsvorgängen gegenseitig mehr oder weniger stark überlagert, was eine rein mathematische Bestimmung der Schallleistung erschwert und das Experiment als Ergänzung erfordert.

Ausgangspunkt der akustischen Berechnung ist der von einer Geräuschquelle abgegebene Schallleistungspegel L_W und seine spektrale Verteilung über dem hörbaren Frequenzbereich.

17.1.1 Geräuschentwicklung von Ventilatoren

Der Ventilator ist eine durch Elektromotor angetriebene Strömungsmaschine, deren bewegte Teile und die strömende Luft Geräusche verursachen. Systematische Untersuchungen haben gezeigt, dass diese Geräusche unterschiedliche Ursachen haben, die es gestatten, sie in einzelne Anteile zu zerlegen und getrennt zu behandeln.

Bei dieser Betrachtung können die Geräuschanteile des Motors, des Keilriemenantriebes, der Lager und der Resonanzerscheinungen (nicht ausreichend ausgesteifter Ventilatorgehäuse) außer acht gelassen werden, da sie bei sorgfältiger Konstruktion und Ausführung keinen Einfluss auf den Schallleistungspegel des Ventilators haben. Man bezeichnet diese Geräuschanteile zusammenfassend als *Sekundärgeräusche*.

Wichtig sind dagegen jene Geräuschanteile, deren Ursache unmittelbar im Strömungsvorgang zu suchen ist. Man bezeichnet sie als *Primärgeräusche*, da sie dominieren und den Schallleistungspegel des Ventilators bestimmen. Sie beruhen auf verschiedenen physikalischen Vorgängen, die den daraus resultierenden Geräuschanteilen ihren Namen geben.

Die besonders im Grenzschichtbereich der Schaufeln auftretenden Turbulenzen und die im Nachlauf der Schaufeln und Streben vorhandenen Wirbelbildungen verursachen breitbandige Geräuschanteile, die man als *Turbulenz-* und *Wirbelgeräusche* bezeichnet. Ihre Schallleistung steigt mit der 4. bis 6. Potenz der Umfangsgeschwindigkeit.

Den Turbulenz- und Wirbelgeräuschen ist der sog. *Drehklang* überlagert. Er entsteht beim Radialventilator durch das zwischen den Schaufeln vorhandene und mit ihnen rotierende Geschwindigkeitsfeld. Dieses Geschwindigkeitsfeld ist am Austritt aus dem Schaufelkanal des Radialventilators sehr ungleichmäßig und steht in Wechselwirkung mit der Gehäusezunge.

Eine weitere Ursache ist ungleichförmige Zuströmung zum Laufrad, insbesondere beim Axialventilator, wenn sich Streben und evtl. vorhandene Leitschaufeln vor dem Laufrad befinden.

Die Wechselwirkung ist umso intensiver, je kleiner der Abstand der feststehenden Teile von den Laufradschaufeln ist und je größer die Geschwindigkeitsunterschiede der pulsierenden Strömung sind. Diesen Vorgang veranschaulicht Bild 17-1.

Treffen die Geschwindigkeitsschwankungen auf ein feststehendes Teil, so erzeugen sie eine periodische Druckschwankung, die sich als Schallwelle ausbreitet. Durch diesen Vorgang entsteht ein Einzelton mit der *Grundfrequenz* f_0:

$$f_0 = n\,z. \tag{17-1}$$

n Umdrehungen/Zeiteinheit

z Anzahl der Schaufeln

Er wird durch seine Obertöne zum Drehklang ergänzt:

$$1.\ \text{Oberton} \quad f_1 = 2\,f_0, \tag{17-2}$$

$$2.\ \text{Oberton} \quad f_2 = 3\,f_0. \tag{17-3}$$

Der Drehklang besteht damit aus Tönen, deren Frequenzen ganzzahlige Vielfache der Drehzahl sind. Besonders ausgeprägt ist der Grundton oder die sog. *Schaufelfrequenz* f_0 bei Axialventilator und Radialventilator mit rückwärts gekrümmten Schaufeln (Hochleistungsventilator). Weniger stark ausgeprägt ist die Schaufelfrequenz beim Radialventilator mit vorwärts gekrümmten Schaufeln (Trommelläufer); hier bleibt der Drehklang unter den breitbandigen Turbulenz- und Wirbelgeräuschen, da das Geschwindigkeitsprofil beim Auftreffen auf die Gehäusezunge deutlich gleichmäßiger ist als beim Hochleistungsventilator (Bild 17-1).

Wie Messungen von *Leidel* [5] zeigen (Bild 17-2), kann die Schallleistung des Drehklanges durch Vergrößerung des relativen Zungenabstandes zum Laufrad $\Delta r/R$ wesentlich reduziert werden. Eine Wirkungsgradeinbuße ist damit nicht verbunden. Die Veröffentlichung von *Smith*, *O'Malky* und *Phelps* [39] bestätigt das Ergebnis.

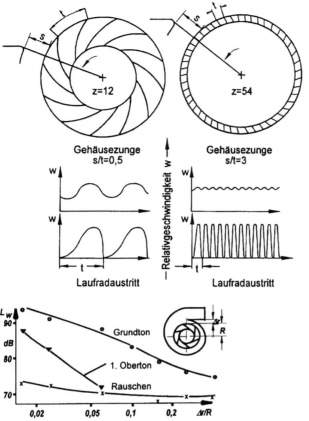

Bild 17-1: Drehklang bei Hochleistungsventilator und Trommelläufer [3]

Bild 17-2: Einfluss des relativen Zungenabstandes auf das Ventilatorgeräusch [5]

Wenn die Kennlinien des Ventilatorherstellers noch nicht vorliegen, kann der Schallleistungspegel wie folgt abgeschätzt werden.

Auf zahlreichen Messungen aufbauend gibt VDI 2081 [8] an, dass der druckseitig oder saugseitig in das Kanalnetz abgestrahlte Gesamtschallleistungspegel L_W aus dem Förderstrom $\dot{V}$ und der Gesamtdruckdifferenz Δp_t des Ventilators abgeschätzt werden kann:

$$L_W = L_{W4} = L_{WSM} + 20 \lg \frac{\Delta p_t}{\text{Pa}} + 10 \lg \frac{\dot{V}}{\text{m}^3/\text{s}} \text{ in dB.} \qquad (17\text{-}4)$$

Der Index 4 bei L_{W4} zeigt an, dass die Abstrahlung in den Ausblaskanal erfolgt. Er ist etwa gleich der Abstrahlung in dem Ansaugkanal $L_{W4} \approx L_{W3}$. Dabei können folgende repräsentative spezifische Schallleistungspegel als Baugruppenmittelwerte L_{WSM} verwendet werden:

Baugruppe RR (Radialventilator mit rückwärts gekrümmten Schaufeln):

$$L_{WSM} = 34 \text{ dB,}$$

Baugruppe T (Trommelläufer mit vorwärts gekrümmten Schaufeln):

$$L_{WSM} = 36 \text{ dB,}$$

Baugruppe AM (Axialventilator mit nachgeschaltetem Leitrad):

$$L_{WSM} = 42 \text{ dB}.$$

Diese Mittelwerte können sich im optimalen Betriebspunkt um bis zu 7 dB vergrößern.

Da die vorausgesetzte Arbeitsweise im Bestpunkt des Wirkungsgrades nicht immer gegeben ist und der Schallleistungspegel L_W hiervon beeinflusst wird, müssen Korrekturwerte ΔL_W nach Bild 17-3 oder Bild 17-4 berücksichtigt werden [8].

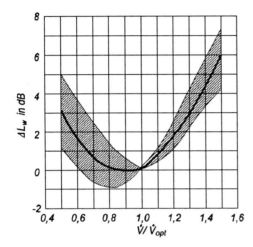

Bild 17-3: Korrekturwert ΔL_W des Ventilator-Schallleistungspegels bei vom Bestpunkt $\dot{V}/\dot{V}_{opt} = 1$ abweichenden Betriebspunkten für die Baugruppen RR und AM nach [8]

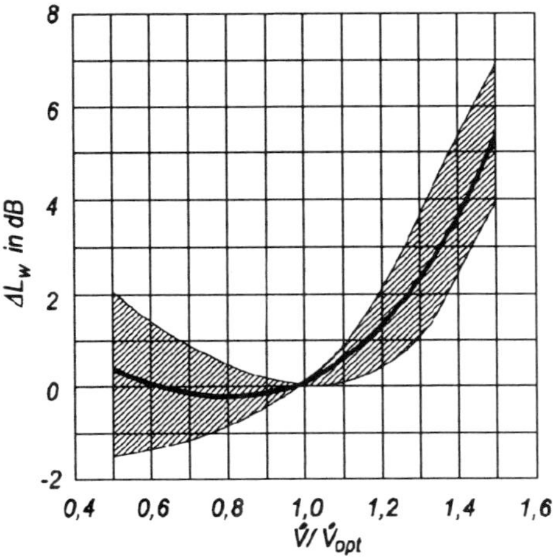

Bild 17-4: Korrekturwert ΔL_W des Ventilator-Schallleistungspegels bei vom Bestpunkt $\dot{V}/\dot{V}_{opt} = 1$ abweichenden Betriebspunkten für die Baugruppe T nach [8]

Für eine akustische Durchrechnung der Klimaanlage muss die spektrale Verteilung der Schallleistung mindestens auf die 8 Oktavbänder von 63 Hz bis 8000 Hz bekannt sein. Falls entsprechende Angaben des Herstellers fehlen, können die durch Experimente ermittelten, sog. relativen Oktavschallleistungs-Spektren $L_{W\text{okt}}$ angewendet werden:

$$L_{W\text{okt}} = L_W + \Delta L_{W\text{okt}} + \Delta L_{Wd} \qquad (17\text{-}5)$$

mit

$$\Delta L_{W\text{okt}} = -C_1 - C_2(\lg St + C_3)^2 \qquad (17\text{-}5\text{a})$$

$C_1 = C_2 = 5$ dB
Baureihe RR: $C_3 = 0,4$
Baureihe T: $C_3 = 0,15$
Baureihe AM: $C_3 = -0,6$
$St = f_m\, 60/(\pi\, n)$
$\Delta L_{W\text{okt}}$ kann den Bildern 17-5a, 17-5b und 17-5c entnommen werden.
Der Schaufelfrequenz-Regelzuschlag ΔL_{Wd} beträgt:

Baugruppe RR: $\Delta L_{Wd} = 0$

Baugruppe T: $\Delta L_{Wd} = 0$

Baugruppe AM: $\Delta L_{Wd} = 4$

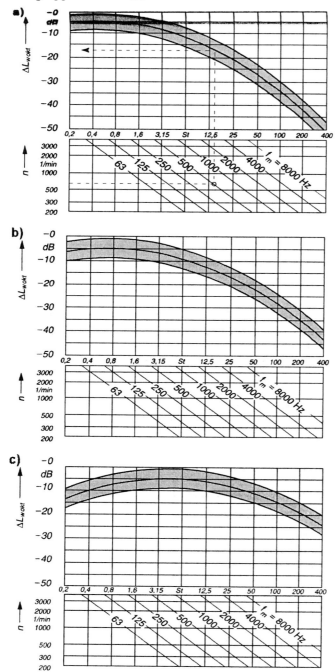

Bild 17-5: Relatives Oktavschallleistungsspektrum für die Baugruppen a) RR, b) T und c) AM

Er erfasst Drehklanganteile, die von der Schaufelzahl z und der Drehzahl n abhängig sind $f = (n\,z)/60$ Hz. Der Zuschlag ΔL_{Wd} erfolgt für alle Oktavbänder.

Beispiel 17-1: Welches Schallleistungsspektrum besitzt ein im Punkt $\dot{V}/\dot{V}_{\mathrm{opt}} = 1{,}35$ arbeitender Radialventilator mit 52 vorwärts gekrümmten Schaufeln (Trommelläufer), der 1 m³/s Luft bei 400 Pa Gesamtdruckdifferenz mit einer Drehzahl von 807 min^{-1} fördert? Lösung siehe Tabelle 17-1.

Das so bestimmte oder vom Hersteller angegebene Schallleistungsspektrum ist dann Ausgangspunkt einer akustischen Bilanz.

Tabelle 17-1: Berechnung des Schallleistungsspektrums eines Ventilators

Zeile Bezeichnung	Dim.								
					Oktavbandmittenfrequenz f_m in Hz				
		63	125	250	500	1000	2000	4000	8000
1 Gl. 17-4: $L_W = L_{WSM} + 20\lg\Delta p_t + 10\lg\dot{V}$ $= 36 + 20\lg 400 + 10\lg 1 = 88$ dB	dB	88	88	88	88	88	88	88	88
2 Bild 17-4: $\Delta L_W = 3$ dB	dB	3	3	3	3	3	3	3	3
3 $St = f_m\,60/(\pi\,n)$	–	1,5	3	6	12	24	47	95	189
4 Bild 17-5b: $\Delta L_{W\mathrm{okt}}$	dB	−5	−7	−9	−12	−17	−22	−28	−35
5 ΔL_{Wd}	dB	0	0	0	0	0	0	0	0
6 $L_{W\mathrm{okt}} = L_W + \Delta L_W + \Delta L_{W\mathrm{okt}} + \Delta L_{Wd}$	dB	86	84	82	79	74	69	63	56

Neben der Schallabstrahlung in den Ansaug- und in den Ausblaskanal liegt noch eine Schallabstrahlung des Ventilatorgehäuses in den Aufstellraum bzw. beim Einbau des Ventilators in Geräte eine Schallabstrahlung des Gerätegehäuses vor. Hier muss darauf geachtet werden, dass der abgestrahlte Schall oder allgemein der Schallpegel anderer Maschinen im Aufstellungsraum nicht wieder hinter den Schalldämpfern in die Luftleitungen übergeht. Gegebenenfalls muss eine ausreichende Schalldämmung vorgesehen werden, (siehe Kapitel 17.4.)

17.1.2 Strömungsgeräusch in geraden Kanälen

Der turbulente Strömungsvorgang in geraden Kanälen verursacht Strömungsgeräusche, deren Schallleistungspegel L_W von der Strömungsgeschwindigkeit v und der Kanalquerschnittsfläche S abhängt:

$$L_{W\mathrm{okt}} = L_W + \Delta L_W = 7 + 50\lg\frac{v}{\mathrm{m/s}} + 10\lg\frac{S}{\mathrm{m}^2} + \Delta L_W \text{ in dB.} \qquad (17\text{-}6)$$

Die spektrale Verteilung der Schallleistung kann dabei mit ΔL_W erfasst werden (vgl. Bild 17-6):

$$\Delta L_W = -2 - 26\lg\left(1{,}14 + 0{,}02\,\frac{f_m}{v}\right) \text{ in dB.}$$

Gestörte Strömungsprofile und Resonanzerscheinungen an den Kanalwänden können stärkere Verschiebungen im Spektrum bewirken.

Der A-bewertete Schallleistungspegel L_{WA} kann nach Gl. (17-7) abgeschätzt werden:

$$L_{WA} \approx -25 + 70\lg\frac{v}{\mathrm{m/s}} + 10\lg\frac{S}{\mathrm{m}^2} \text{ in dB.} \qquad (17\text{-}7)$$

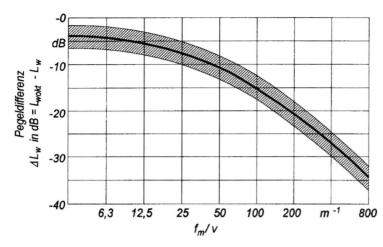

Bild 17-6: Relatives Frequenzspektrum des Strömungsrauschens im geraden Kanal, Mittelwert nach [8]

Beispiel 17-2: Berechnung des Schallleistungsspektrums einer Luftleitung mit $v = 10$ m/s bei einem Durchmesser $d = 355$ mm entsprechend einer Querschnittsfläche $S = 0,099$ m^2.
Lösung nach Gl. (17-6) in Tabelle 17-2.

Tabelle 17-2: Berechnung des Schallleistungsspektrums einer Luftleitung

Zeile	Bezeichnung		Dim.	Oktavbandmittenfrequenz f_m in Hz							
				63	125	250	500	1000	2000	4000	8000
1	Gl. 17-6: $7 + 50$ lg $10+$ $+10$ lg $0,099$	L_W	dB	47	47	47	47	47	47	47	47
2	$f_m/v = f_m/10$		m^{-1}	6,3	12,5	25	50	100	200	400	800
3	Bild 17-6: rel. Spektrum	ΔL_W	dB	-4	-6	-8	-11	-15	-21	-27	-34
4	gesuchtes Schallleistungsspektrum	$L_{W\mathrm{okt}}$	dB	43	41	39	36	32	26	20	13

17.1.3 Strömungsgeräusch in Umlenkungen, Abzweigen und Kreuzstücken mit Kreisquerschnitt

Die Ermittlung des Schallleistungsspektrums des Strömungsgeräusches in Umlenkungen, Abzweigen und Kreuzstücken mit Kreisquerschnitt beruht auf Messungen von *Brockmeyer* [9].

Er führt die Geräuschentwicklung auf eine Dipol-Quelle zurück, die bei der Strahlumlenkung im Wirbelgebiet nach dem Abreißpunkt der Strömung entsteht (Bild 17-7).

Das Ergebnis seiner Messungen lieferte die Gl. (17-8), nach der der Schallleistungspegel L_W berechnet werden kann

$$L_W = L_W^* + 10 \lg \frac{\Delta f}{\mathrm{Hz}} + 30 \lg \frac{d_a}{\mathrm{m}} + 50 \lg \frac{v_a}{\mathrm{m/s}} + K \text{ in dB} \qquad (17\text{-}8)$$

mit
L_W^* dem normierten Schallleistungspegel,
Δf der Frequenzbandbreite (bei Oktavbandbreiten mit den Mittenfrequenzen f_m nach Tabelle 17-3),

d_a dem Abzweigdurchmesser,

v_a der mittleren Geschwindigkeit in Abzweig bzw. Umlenkung,

K dem Korrekturwert nach Bild 17-9.

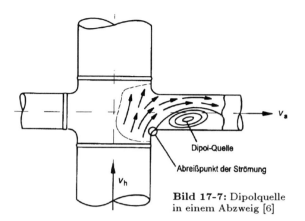

Bild 17-7: Dipolquelle in einem Abzweig [6]

Tabelle 17-3: Oktavbandbreite Δf und Oktavbandpegel $10 \lg \Delta f$

f_m Hz	Δf Hz	$10 \lg \Delta f$
63	45	17
125	88	20
250	177	23
500	354	26
1000	707	29
2000	1415	32
4000	2830	35
8000	5660	38

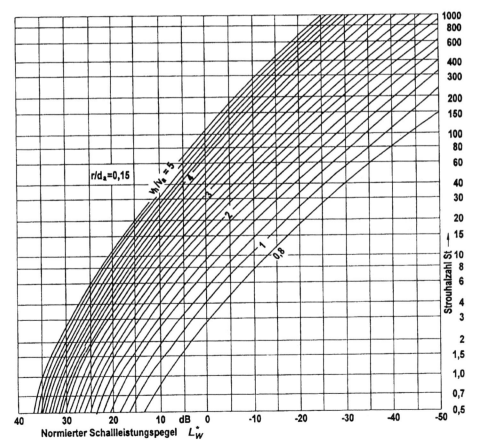

Bild 17-8: Strömungsgeräusch in Umlenkungen, Abzweigen und Kreuzstücken

Der normierte Schallleistungspegel L_W^*:

$$L_W^* = 12 - 21{,}5 \, (\lg St)^{1{,}268} + (32 + 13 \lg St) \, \lg(v_h/v_a) \text{ in dB} \qquad (17\text{-}9)$$

ist von der *Strouhalzahl* St

$$St = \frac{f_m \, d_a}{v_a} \qquad (17\text{-}10)$$

abhängig, die für die einzelnen Mittenfrequenzen f_m der Bandbreiten berechnet werden kann und nach Bild 17-8 den frequenzabhängigen normierten Schallleistungspegel L_W^* festlegt.

Die Korrektur K bei geändertem Abrundungsradius r ist nach Bild 17-9 durchzuführen, wenn das Abrundungsverhältnis $r/d_a = 0{,}15$ nicht vorliegt. Positive und negative Werte sind für K möglich [8].

$$K = 13{,}9 \, (3{,}43 - \lg St) \, (0{,}15 - r/d_a) \quad \text{für } St > 1$$

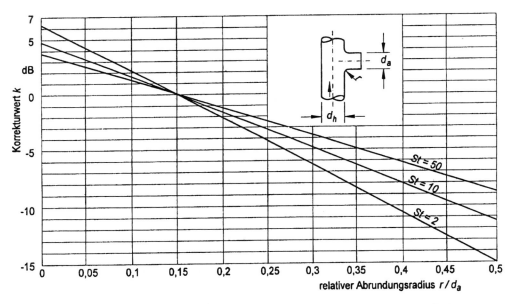

Bild 17-9: Einfluss des Abrundungsradius auf das Strömungsverhalten in Abzweigen [10]

Ein Geräusch, das im Abzweig (Bild 17-7) entsteht, wird nicht nur in Richtung der abzweigenden Strömung abgestrahlt, sondern auch mit der Strömung in den weiterführenden und gegen die Strömung in den ankommenden Hauptkanal. Interessiert in Sonderfällen diese Schallausbreitung, so können die Werte der Gl. (17-8) um die flächenabhängige Verzweigungsdämpfung nach Bild 17-20 und die Dämpfung durch Querschnittssprung (Bild 17-23) reduziert werden. Jedoch darf hier zusätzlich keine Umlenkungsdämpfung in Rechnung gestellt werden, da die Schallquelle zu nahe an der Verzweigungsstelle liegt.

Die Ermittlung des Strömungsgeräusches von Umlenkungen kann ebenfalls nach Bild 17-8 erfolgen. Hier gilt: $v_h/v_a = 1$ und der Korrekturwert K nach Bild 17-9 bleibt unberücksichtigt.

Die Berechnung der Strömungsgeräusche kann bei rechteckigem Querschnitt analog erfolgen. Dann wird für d_h und d_a der Durchmesser des flächengleichen Kreisquerschnitts verwendet [8]:

$$d_g = \sqrt{\frac{4}{\pi}\, S}.$$

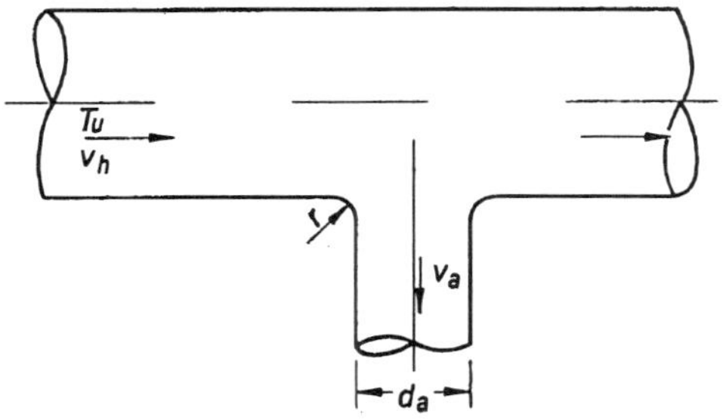

Bild 17-10: Abzweig

Beispiel 17-3: Wie groß ist der Schallleistungspegel L_W, den der in Bild 17-10 gezeigte Abzweig verursacht, wenn $v_h = 10$ m/s, $v_a = 5$ m/s, $d_a = 0,2$ m, $r = 0,03$ m sind?

Lösung: Tabellarische Berechnung der Gl. (17-8) in der nachstehenden Tabelle 17-4.

Tabelle 17-4: Schallleistung des Abzweig

Zeile Bezeichnung		Einheit	Oktavbandmittenfrequenz f_m in Hz					
			63	125	250	500	1000	2000
1 Gl. 17-10: $St = \dfrac{0,2}{5}\, f_m = 0,04 f_m$	St		2,5	5	10	20	40	80
2 Bild 17-8: $v_h/v_a = 10/5 = 2$	L_W^*	dB	16	10	4	−4	−12	−20
3 Tab. 17-3: $10 \lg \Delta f$		dB	17	20	23	26	29	32
4 $50 \lg v_a + 30 \lg d_a =$ $= 50 \lg 5 + 30 \lg 0,2$		dB	14	14	14	14	14	14
5 Bild 17-9: Abrundung $r/d_a = 0,15$	K	dB	0	0	0	0	0	0
6 gesuchtes Schallleistungsspektrum	L_W	dB	47	44	41	36	31	26

17.1.4 Strömungsgeräusch von Drosselklappen

Der Gesamt-Schallleistungspegel lässt sich für Jalousie-Drosselklappen überschlägig folgendermaßen berechnen [8].

Gegenläufige Lamellen:

$$L_W = 10 + 60 \lg \frac{v}{\text{m/s}} + 22 \lg (\zeta + 1) + 10 \lg \frac{S}{\text{m}^2} \quad \text{in dB.} \qquad (17\text{-}11)$$

Für ζ kann auch

$$\zeta = \frac{2\,\Delta p_t}{\varrho\, v^2}$$

gesetzt werden.

Gleichläufige Lamellen:

$$L_W = 10 + 60 \lg \frac{v}{\text{m/s}} + 28 \lg (\zeta + 1) + 10 \lg \frac{S}{\text{m}^2} \text{ in dB.} \qquad (17\text{-}12)$$

v Strömungsgeschwindigkeit im Anströmkanal in m/s,

S Anströmquerschnitt der Jalousieklappe in m²,

ζ Widerstandsbeiwert nach Bild 17-11.

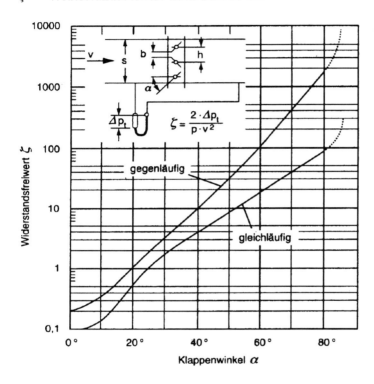

Bild 17-11: Widerstandsbeiwerte für Jalousieklappen nach[8]

Die Oktavschallleistungspegel berechnen sich nach

$$L_{W\text{okt}} = L_W + \Delta L_W \text{ in dB}$$

und ΔL_W nach Bild 17-12.

Der A-bewertete Schallleistungspegel beträgt überschlägig

$$L_{WA} = 7 + 57 \lg \frac{v}{\text{m/s}} + 24 \lg (\zeta + 1) + 10 \lg \frac{S}{\text{m}^2} \text{ in dB.} \qquad (17\text{-}13)$$

Für einflügelige Drosselklappen lässt sich der A-bewertete Schallleistungspegel folgendermaßen berechnen:

$$L_{WA} = 11 + 51 \lg \frac{v}{\text{m/s}} + 17 \lg \zeta + 10 \lg \frac{NW}{\text{m}} \text{ in dB} \qquad (17\text{-}14)$$

mit NW = Nennweite.

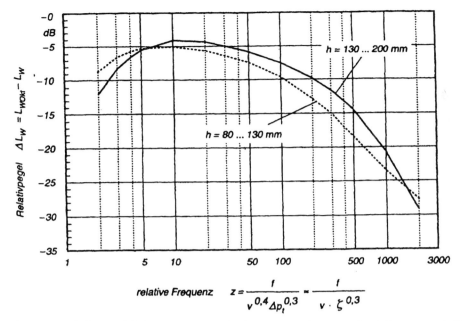

Bild 17-12: Relativer Schallleistungspegel gleich- und gegenläufiger Jalousieklappen nach [8]

17.1.5 Strömungsgeräusch von Luftdurchlässen

Die Luftdurchlässe nehmen unter den zahlreichen Geräuschquellen einer raumlufttechnischen Anlage eine Sonderstellung ein, da sie in der Raumbegrenzungsfläche installiert werden und von ihnen abgestrahlte Geräusche *nur noch durch die Raumabsorption gedämpft werden*. Es ist hier nicht wie bei den zuvor besprochenen Geräuschquellen möglich, durch Zwischenschaltung von Sekundärschalldämpfern im Kanalnetz nachträglich akustische Verbesserungen herbeizuführen. Aus diesem Grunde ist bei der akustischen Auslegung der Luftdurchlässe besondere Sorgfalt anzuwenden und nach Möglichkeit bezüglich der Schallleistungsspektren stets auf Herstellerangaben zurückzugreifen.

17.1.5.1 Lüftungsgitter

Bei fehlenden Herstellerangaben kann man nach [8] die auf *Hubert* zurückgehende Gl. (17-15) für den Gesamtschallleistungspegel L_W verwenden, die für senkrecht zur Austrittsfläche angeströmte Gitter gilt. Die Mündungsreflexion ist dabei nicht erfasst.

$$L_W = 10 + 60 \lg \frac{v}{\mathrm{m/s}} + 25 \lg \zeta + 10 \lg \frac{S}{\mathrm{m^2}} \text{ in dB} \tag{17-15}$$

v Anströmgeschwindigkeit des Gitters,

ζ Widerstandsbeiwert des Gitters bezogen auf S,

S Gitterfläche ohne Einbauten (Anströmfläche).

ζ-Werte für unterschiedliche Luftdurchlässe bewegen sich zwischen 2,3 und 11 (vgl. Tab. 17-5).

Tabelle 17-5: Widerstandsbeiwerte einiger Luftdurchlässe nach [8]

	Bemerkung	Widerstandsbeiwert ζ ca.		
		Drosselstellung		
		100% offen	ca. 50% offen	ca. 25% offen
	Wandgitter mit verstellbaren Strahllenklamellen und Drosselklappe mit gegenläufigen Lamellen freier Querschnitt ca. 75 %	2,3	4	6
	Gitter mit feststehenden Lamellen und Drosselklappe mit gegenläufigen Lamellen freier Querschnitt ca. 58 %	3,8	7	9
	Deckenluftdurchlass und Drosselklappe mit gegenläufigen Lamellen freier Querschnitt ca. 50 %	4,5	8	11
	Deckenluft-Dralldurchlass freier Querschnitt ca. 30 %	8		
	Wetterschutzgitter mit Welldrahtgitter freier Querschnitt ca. 65 %	5		

Ersetzt man v und ζ durch den Gesamtdruckverlust

$$\Delta p_t = \zeta \frac{\varrho}{2} v^2$$

des Gitters, so lässt sich für L_W auch schreiben:

$$L_W = 17 + 30 \lg \frac{\Delta p_t}{\mathrm{Pa}} + 10 \lg \frac{S}{\mathrm{m}^2} \text{ in dB.} \qquad (17\text{-}16)$$

Die Oktavschallleistungspegel errechnen sich aus

$$L_{W\mathrm{okt}} = L_W + \Delta L_W$$

mit ΔL_W nach Bild 17-13.

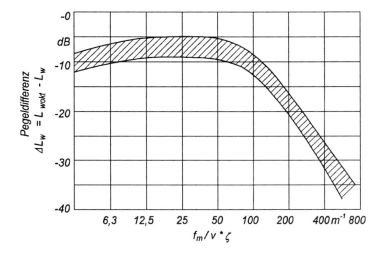

Bild 17-13: Relatives Frequenzspektrum von Luftdurchlässen, Mittelwerte nach [8], ohne Mündungsreflexion
f_m Oktavmittenfrequenz
v Anströmgeschwindigkeit in m/s
ζ nach Tabelle 17-5

Zur groben Abschätzung des A-bewerteten Schallleistungspegels L_{WA} kann das auf Messungen von *Wikström* [38] zurückgehende Diagramm (Bild 17-14) angewandt werden.

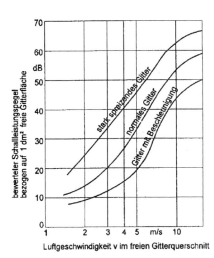

Bild 17-14: Strömungsgeräusch der Lüftungsgitter nach [38]

Der auf der Ordinate angegebene Schallleistungspegel L_{WA} in dB gilt für eine freie Gitterfläche $S_0 = 0{,}01$ m² und ist bereits A-bewertet. Für abweichende Gitterflächen S erfolgt eine Korrektur durch Addition des Flächenpegels k,

$$k = 10 \lg \frac{S}{S_0} \text{ dB.} \qquad (17\text{-}17)$$

Der korrigierte Wert führt nach Abzug der Raumabsorption für mittlere Frequenzen (ca. 1000 Hz) unmittelbar zu dem im Raum zu erwartenden, bewerteten Gitter-Schalldruckpegel L_{pA}.

Zur überschlägigen Berechnung von L_{WA} werden in [8] die folgenden Gln. (17-18) und (17-19) angegeben:

$$L_{WA} = -4 + 70 \lg \frac{v}{\text{m/s}} + 25 \lg \zeta + 10 \lg \frac{S}{\text{m}^2} \text{ in dB,} \qquad (17\text{-}18)$$

$$L_{WA} = -33 + 10 \lg \frac{\dot{V}}{\text{m}^3/\text{h}} + 30 \lg \frac{\Delta p_t}{\text{Pa}} \text{ in dB.} \qquad (17\text{-}19)$$

Bei der Bestimmung der Schallleistungsspektren von Gittern wird stets eine *gleichmäßige* Beaufschlagung durch die Luft vorausgesetzt. Diese Forderung ist auch aus strömungstechnischen Gründen einzuhalten. Ungleichmäßige Beaufschlagung erhöht die Schallleistung. Aber auch kombinierte Einbauten, wie Richtlamellen, Schöpfzungen oder Drossellamellen beeinflussen die Schallleistung erheblich.

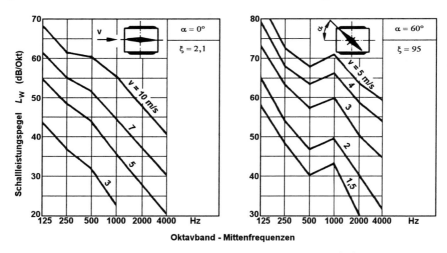

Bild 17-15: Schallleistungspegel einer Drosselklappe NW 100 mm [12]

Aus Bild 17-15 ist zu entnehmen, dass hohe akustische Anforderungen nur dann zu erfüllen sind, wenn die Gesamtdruckdifferenz klein gehalten werden kann. Das zeigt, wie wichtig es sein kann, den Luftmengenabgleich durch eine gewissenhafte Dimensionierung des Kanalnetzes und nicht durch nachträgliche Drosselung der Lüftungsgitter herbeizuführen.

17.1.5.2 Induktionsgeräte

Zur Ermittlung des Schallleistungspegels von Induktionsgeräten [27] kann in der Regel auf technische Unterlagen der Hersteller zurückgegriffen werden.

Bei fehlenden Angaben muss jedoch wenigstens der Messpegel L_0 einer Gerätetype bekannt sein, um den Pegel L bei geänderten Primärluftmengen, Düsenaustrittsflächen oder Gerätelängen nach [13] mit Gl. (17-20) berechnen zu können.

$$L = L_0 + 58{,}5 \lg \frac{v}{v_0} + 13{,}5 \lg \frac{S}{S_0} - 3{,}5 \lg \frac{L}{L_0} \text{ in dB} \qquad (17\text{-}20)$$

L zu erwartender neuer Pegel,

L_0 gemessener Pegel (Schallleistungspegel oder Schalldruckpegel) bei Betriebsdaten v_0, S_0, L_0,

v/v_0 geänderte/ursprüngliche Luftgeschwindigkeit am Düsenaustritt,

S/S_0 geänderte/ursprüngliche gesamte Düsenaustrittsfläche,

L/L_0 geänderte/ursprüngliche Gerätelänge.

17.1.6 Strömungsrauschen der Schalldämpfer

Die Schallleistung, welche die strömende Luft im Schalldämpfer erzeugt, muss den Herstellerangaben entnommen werden. Als Beispiel zeigt Bild 17-16 das Strömungsrauschen eines Schalldämpfers, dessen Kulissen $^2/_3$ des totalen Kanalquerschnittes versperren.

v_{total} ist die auf die Gesamtquerschnittsfläche bezogene Luftgeschwindigkeit. Der angegebene Schallleistungspegel gilt für einen Schalldämpfer mit Gesamtquerschnitt $S_0 = 1\,\text{m}^2$. Bei Abweichungen davon sind die Pegel durch Addition des Flächenpegels k zu korrigieren (Gl.(17-17)):

$$k = 10 \lg \frac{S}{S_0} \text{ dB}.$$

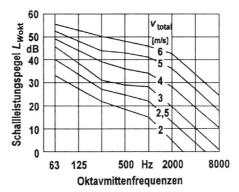

Bild 17-16: Strömungsrauschen eines Schalldämpfers mit Spaltbreite $s = d/2$ und Querschnittsfläche $S_0 = 1\,\text{m}^2$, d Kulissendicke nach [4]

Falls der Schalldämpfer nicht in unmittelbarer Nähe des Luftdurchlasses angeordnet und die vom Hersteller empfohlene maximale Luftgeschwindigkeit (für obigen Dämpfer mit $^2/_3$ Versperrung $v_{\text{total}} = 3$ bis 4 m/s) nicht überschritten wird, kann sein Strömungsgeräusch meist vernachlässigt werden.

Bei fehlenden Herstellerangaben kann das Schallleistungsspektrum nach Abschnitt 17.1.2 abgeschätzt werden. In den Gln. (17-6) und (17-7) ist für v die Geschwindigkeit im Kulissenspalt einzusetzen.

17.1.7 Andere Geräuschquellen

Häufig werden für akustische Berechnungen bei raumlufttechnischen Anlagen Schallleistungs- oder -druckspektren weiterer Geräuschquellen, wie z. B. Klimageräte [14], [15], Kältemaschinen [16], [41], Kühltürme [16], [17], Ölbrenner [18], Gasbrenner

[42], industrielle Maschinen [19], [20], Küchengeräte [21], Büro und Wohnlärm [22], Wärmepumpen [43], [44] u. a. benötigt.

Wenn in diesem Falle vom Hersteller keine Angaben zu erhalten sind und Möglichkeiten der Messung nicht bestehen, so sei, um wenigstens die zu erwartende Größenordnung der Pegel abschätzen zu können, auf die o. g. Literaturangaben verwiesen. Sie können durch eine Sammlung weiterer Veröffentlichungen zu einem persönlichen Schallquellenkatalog ergänzt werden.

17.2 Geräuschminderung

17.2.1 Reduzierung des Ventilatorschallleistungspegels

Konstruktive Maßnahmen zur Pegelsenkung sind bereits in Abschnitt 17.1 aufgeführt. Im Notfall wird häufig als nachträgliche Abhilfe eine *Drehzahlreduzierung* erwogen, um den Schallpegel im Raum um einige dB zu senken. Dies geht natürlich nur auf Kosten der geförderten Luftmenge.

Welche Pegelsenkung kann mit dieser Maßnahme erreicht werden?

Um diese Frage zu beantworten, greifen wir auf Gl. (17-4) zurück. Mit L_{W1} bei Drehzahl n_1 und L_{W2} bei Drehzahl n_2 erhält man für den Pegelunterschied:

$$L_{W1} - L_{W2} = 20 \lg \Delta p_1 + 10 \lg \dot{V}_1 - 20 \lg \Delta p_2 - 10 \lg \dot{V}_2 \text{ in dB}$$

$$= 20 \lg \frac{\Delta p_1}{\Delta p_2} + 10 \lg \frac{\dot{V}_1}{\dot{V}_2} \text{ in dB.}$$

Mit $n \sim \dot{V}$ und $\Delta p \sim \dot{V}^2$ folgt $\Delta p \sim n^2$, damit erhält man für

$$L_{W1} - L_{W2} = \left(20 \lg \left(\frac{n_1}{n_2} \right)^2 + 10 \lg \frac{n_1}{n_2} \right) \text{dB} = 50 \lg \frac{n_1}{n_2} \text{ in dB.} \qquad (17\text{-}21)$$

Beispiel 17-4: Welche Pegelminderung ΔL ergibt sich in einem Raum, wenn die Drehzahl des geräuschbestimmenden Zuluftventilators von $n_1 = 1250 \text{ min}^{-1} = 20,8$ Hz auf $n_2 = 1000 \text{ min}^{-1} = 16,7$ Hz gesenkt wird?
Lösung nach Gl. (17-21):

$$\Delta L = L_{W1} - L_{W2} = 50 \lg \frac{1250}{1000} \text{ dB} = 50 \cdot 0,097 \text{ dB} = 5 \text{ dB.}$$

Bei gleichbleibendem Kanalnetz wäre mit dieser Drehzahlminderung eine 20prozentige Minderung des Luftstromes verbunden.

17.2.2 Schalldämpfung im geraden Kanal

Die im Kanalnetz sich ausbreitenden Schallwellen treffen mehrfach auf die Kanalwände, werden je nach deren Oberflächenbeschaffenheit mehr oder weniger absorbiert und mit verminderter Intensität reflektiert. Bei biegeweichen Kanalwänden treten außerdem Kopplungen zwischen Schallwelle und Eigenschwingungszahl der Kanalwand auf, so dass ein Schwingsystem entsteht, das seine Antriebsenergie der Schallwelle entzieht. Für die biegeweichen Stahlblechkanäle kann daher mit einer Längsdämpfung gerechnet werden, die die frequenz- und dimensionsabhängigen Werte der Tabelle 17-6 in dB/m Kanallänge erreicht.

Tabelle 17-6: Dämpfung gerader Stahlblechkanäle nach [8]

Kanalabmessung	Dämpfung in dB/m bei Mittenfrequenz in Hz				
	63	125	250	500	≥1000
rechteckige Stahlblechkanäle					
100 bis 200 mm	0,6	0,6	0,45	0,3	0,3
über 200 bis 400 mm	0,6	0,6	0,45	0,3	0,2
über 400 bis 800 mm	0,6	0,6	0,3	0,15	0,15
über 800 bis 1000 mm	0,45	0,3	0,15	0,1	0,05
runde Kanäle					
100 bis 200 mm Dmr.	0,1	0,1	0,15	0,15	0,3
über 200 bis 400 mm Dmr.	0,05	0,1	0,1	0,15	0,2
über 400 bis 800 mm Dmr.	–	0,05	0,05	0,1	0,15
über 800 bis 1000 mm Dmr.	–	–	–	0,05	0,05

Zur Einordnung rechteckiger Kanäle ist die größere Kantenlänge maßgebend.

Die Dämpfung runder Kanäle ist wegen ihrer geringen Biegeweichheit kleiner.

Die Längsdämpfung gemauerter oder betonierter Kanäle ist wegen ihrer großen Biegesteifigkeit und geringen Absorption vernachlässigbar klein.

Die Längsdämpfung ΔL der geraden Kanäle kann verbessert werden, wenn der Absorptionsgrad α der inneren Oberfläche durch Auskleidung mit Absorptionsmaterial erhöht wird.

Nach der *Piening*'schen Gl. (17-22) können die in mittleren Frequenzen ungefähr erreichbaren Werte berechnet werden:

$$\Delta L \approx 1,5\,\alpha\,\frac{U}{S}\,l \text{ in dB,} \qquad (17\text{-}22)$$

wobei nach Bild 17-17

α Absorptionsgrad der schallschluckenden Wandauflage mit der Dicke d,

U schallabsorbierender Umfang,

S freier Kanalquerschnitt nach erfolgter Auskleidung,

l Länge der Auskleidung.

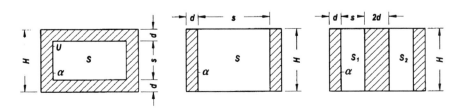

Bild 17-17: Ausgekleidete Kanäle, Bezeichnungen

Nach [23] können auch genauere Gleichungen herangezogen werden, allen gemeinsam ist jedoch der begrenzte Gültigkeitsbereich für

Wellenlängen $\lambda > 2\,s$ oder

Frequenzen $\quad f < \dfrac{c}{2\,s}$,

da außerhalb dieses Bereiches eine zunehmende Durchstrahlung der stark gerichteten höheren Frequenzen einsetzt (c = Schallgeschwindigkeit, s = kleinster Abstand gegenüberliegender Schallschluckflächen).

Da der in die Absorptionsschicht eindringende Schallwellenanteil an der harten Rückwand reflektiert wird und nach erneutem Durchgang durch die Absorptionsschicht wieder in den Kanal gelangt, treten mit dem an der Oberfläche reflektierten Anteil Interferenzen auf, die bei Phasenunterschieden von $\lambda/2$ mindestens zur teilweisen Auslöschung führen. Dieser Effekt wird durch Schichtdicken $d = \lambda/4$ besonders für Frequenzen der Weflenlänge λ begünstigt. Daraus folgt, dass das Dämpfungsmaximum bei Absorptionsauskleidung bei der Frequenz $f = c/\lambda = c/4\,d$ liegt und dass zur Dämpfung tiefer Frequenzen größere Schichtdicken erforderlich sind als bei höheren Frequenzen.

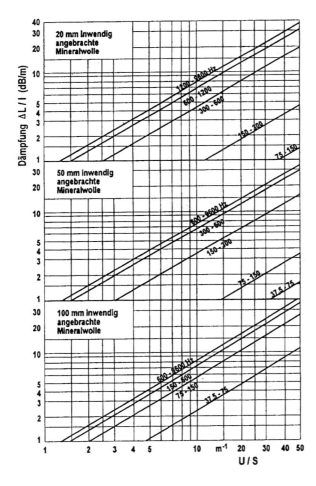

Bild 17-18: Dämpfung in geraden mit Mineralwolle ausgekleideten Kanälen nach [38]

Für drei verschieden dicke, innere Mineralwolleauflagen können die frequenzabhängigen Dämpfungswerte in dB/m Auskleidungslänge Bild 17-18 entnommen werden.

Falls zur Erhöhung des Wertes U/S Zwischenstege (Bild 17-17) eingesetzt werden, muss die Dicke dieser sog. Kulissen doppelte Mineralwollstärke besitzen, da sie im Gegensatz zu den Randlagen nur einmal vom Schall durchlaufen oder die Schallwellen an einem Mittelblech reflektiert werden.

17.2.3 Pegelminderung durch Formstücke

An den meisten Formstücken treten Reflexionen auf, die einen Teil der Schallenergie zur Schallquelle zurückwerfen. Es wird also Schallenergie nicht im eigentlichen Sinne *gedämpft*, sondern *gedämmt*. Man könnte daher auch von *Schalldämmung* durch Formstücke sprechen.

17.2.3.1 Pegelminderung durch Umlenkungen

Als Umlenkungen werden bei rechteckigen Kanälen *Kniestücke* und *Bögen*, bei runden Kanälen *Rohrkrümmer* eingesetzt. Hinsichtlich der Dämpfung günstiger sind Kniestücke, da die scharfen rechtwinkligen Kanten Reflexionen begünstigen. Dies ist besonders für Frequenzen der Fall, deren Wellenlänge mit der Kanalbreite übereinstimmt.

Die bei Kniestücken ohne Leitbleche erreichbaren Werte können der Tabelle 17-7 entnommen werden.

Tabelle 17-7: Schallleistungspegelminderung ΔL_W verschiedener 90°-Umlenkungen mit Rechteck- und Kreisquerschnitt, bezogen auf die Seitenlänge 1250 mm und eine Grenzfrequenz im Oktavband von 125 Hz nach [8]

Oktavmittenfrequenz in Hz	Schallleistungsminderung ΔL_W in dB								
	31	63	125	250	500	1000	2000	4000	8000
90°-scharfkantig, ohne Auskleidung	0	3	7	6	3	3	3	3	3
90°-scharfkantig, ohne Auskleidung, mit einem Umlenkblech	0	1	6	6	1	1	1	1	2
90°-scharfkantig, mit Auskleidung*) vor und hinter der Umlenkung	0	3	10	10	14	18	18	18	18
90°-scharfkantig, mit Auskleidung*) vor und hinter der Umlenkung und einem Umlenkblech	0	1	9	10	14	14	14	14	14
90°-scharfkantig, mit Auskleidung*) vor bzw. nach der Umlenkung	0	2	8	6	8	10	10	10	10
90°-gebogen mit Krümmungsradius ohne Auskleidung	0	1	2	3	3	3	3	3	3
90°-Umlenkung mit Kreisquerschnitt und Krümmungsradius $r \leq 2D$, ohne Auskleidung	0	1	2	3	3	3	3	3	3

*) Länge der Auskleidung mindestens zweimal Kanalbreite B; Dicke der Auskleidung 10 % der Kanalbreite

Tabelle 17-7 gilt für Seitenlänge 1250 mm und für die Grenzfrequenz f_G innerhalb des 125 Hz-Oktavbandes. Es ist deshalb zu prüfen:

1. Schritt: Liegt f_G innerhalb des Oktavbandes, d. h. zwischen 90 Hz und 180 Hz? Falls ja, erübrigen sich die Folgeschritte und es gelten die Werte nach Tabelle 17-7. Die Grenzfrequenz, unterhalb der sich nur ebene Wellen ausbreiten können, errechnet sich

eckige Luftleitung $\qquad f_G = \dfrac{c}{2\,a}$ in Hz $\qquad\qquad\qquad\qquad\qquad$ (17-23)

runde Luftleitung $\qquad f_G = 0{,}586\,\dfrac{c}{d}$ in Hz $\qquad\qquad\qquad\qquad$ (17-24)

mit

$c\qquad$ Luftschallgeschwindigkeit in der Luftleitung in m/s,

$a\qquad$ größte Seitenlänge der Luftleitung in m,

$d\qquad$ Innendurchmesser der runden Luftleitung in m.

2. Schritt: Ermittlung der Oktavmittenfrequenz f_m, in deren zugehörigem Oktavband die im ersten Schritt errechnete Grenzfrequenz f_G liegt.

3. Schritt: Verschiebung des Dämpfungsspektrums von $f_m = 125$ Hz als maßgebliche Oktavmittenfrequenz hin zu der im 2. Schritt errechneten Oktavmittenfrequenz.

Beispiel 17-5: Gegeben $c = 355$ m/s, $a = 0{,}6$ m, 90°-scharfkantig, ohne Auskleidung.

1. Schritt: $f_G = \dfrac{c}{2\,a} = \dfrac{355}{1{,}2} = 296$ Hz.

2. Schritt: Zur Oktavmittenfrequenz $f_m = 250$ Hz berechnen sich $f_u = f_m/\sqrt{2} = 177$ Hz; $f_o = f_m\sqrt{2} = 354$ Hz.

3. Schritt: Verschiebung des Dämpfungsspektrums in Tab. 17-7 um eine Spalte nach rechts, da die maßgebliche Oktavmittenfrequenz nicht $f_m = 125$ Hz, sondern $f_m = 250$ Hz ermittelt wurde.

f_m	in Hz	31	63	125	250	500	1000	2000	4000	8000
ΔL_W	in dB	0	0	3	7	6	3	3	3	3

Durch Leitbleche tritt eine Verschlechterung der Dämpfung ein.

Wie aus Tabelle 17-7 hervorgeht, kann im Bereich des Kniestückes eine wesentliche Verbesserung durch schallschluckende Auskleidung erreicht werden; dabei sollen die in Bild 17-19 angegebenen Richtwerte für Länge l und Dicke d der Auskleidung eingehalten werden.

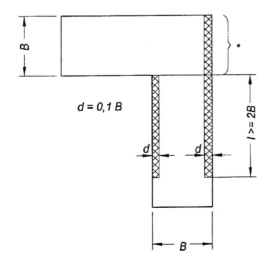

Bild 17-19: Auskleidung bei Umlenkungen
* aus strömungstechnischen Gründen sollte diese Fläche ebenfalls belegt werden

Auskleidungen im Bereich der Bögen und Krümmer bringen auch hier wesentliche Verbesserungen.

17.2.3.2 Pegelminderung durch Verzweigungen

Bei Verzweigungen teilt sich die im Hauptkanal mit Querschnittsfläche S_h ankommende Schallleistung frequenzunabhängig auf die abzweigenden Kanäle mit Querschnittsfläche $\sum S_a$ auf. Die Dämpfung in einem betrachteten Abzweig mit Querschnittsfläche S_a kann nach Gl. (17-25) berechnet werden. Der Zusammenhang ist in Bild 17-20 dargestellt.

$$\Delta L_W = 10 \lg \frac{S_a}{\sum\limits_{i=1}^{n} S_{ai}} \text{ in dB} \quad (17\text{-}25)$$

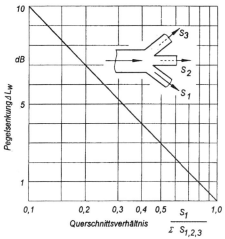

Bild 17-20: Pegelminderung durch Kanalverzweigung nach [8]

Die Werte gelten für gerade (durchgehender Zweig) bis schiefwinklige Abzweige; für rechtwinklige Abzweige können bezogen auf die Größe des Hauptkanals zusätzlich frequenzabhängige Dämpfungswerte von Umlenkungen mit Werten von Tabelle 17-7 berücksichtig werden.

Beispiel 17-6: Für die Formstücke nach Bild 17-21 und Bild 17-22 sind die Verzweigungsdämpfungen ΔL_1, ΔL_2, ΔL_3 in den Oktavbändern 250 Hz, 500 Hz, 1000 Hz zu ermitteln, ($c = 344$ m/s).

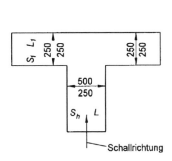

Bild 17-21: Kopfstück

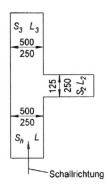

Bild 17-22: Rechtwinkliger Abzweig

Die Lösung erfolgt tabellarisch.

	1. Kopfstück (Bild 17-21)	Pegelminderung in dB in den Oktavbändern		
		250	500	1000
1	Abzweig: $S_1/\Sigma S_a = 250^2/(2 \cdot 250^2) = 0{,}5$; (Bild 7-20):	3	3	3
2	Umlenkung $f_G = 344/(2 \cdot 0{,}25) = 688$ Hz; im 500 Hz-Band; Tab. 17-7 Zeile 1 um 2 Spalten nach rechts verschoben:	3	7	6
3	gesamte Pegelminderung im Abzweig (Zeilen 1+2)	6	10	9
	2. rechtwinkliger Abzweig (Bild 17-22)			
4	Abzweig: $S_2/\Sigma S_a = 125 \cdot 250/(125 \cdot 250 + 500 \cdot 250) = 0{,}2$; Bild 17-20:	7	7	7
5	Umlenkung $f_G = 344/(2 \cdot 0{,}25) = 688$ Hz; im 500 Hz-Band; Tab. 17-7 Zeile 1 um 2 Spalten nach rechts verschoben:	3	7	6
6	gesamte Pegelminderung im Abzweig (Zeilen 4+5)	10	14	13
	3. rechtwinkliger Abzweig: Durchgangsdämpfung (Bild 17-22)			
7	Durchgang: $S_3/\Sigma S_a = 500 \cdot 250/(125 \cdot 250 + 500 \cdot 250) = 0{,}8$; Bild 17-20:	1	1	1
8	gesamte Pegelminderung im Durchgang (Zeile 7)	1	1	1

17.2.3.3 Pegelminderung durch Querschnittsänderungen

Am einfachen Querschnittssprung treten Reflexionen auf, die nach Gl. (17-26) berechenbare und in Bild 17-23 dargestellte Dämpfungswerte ΔL bewirken.

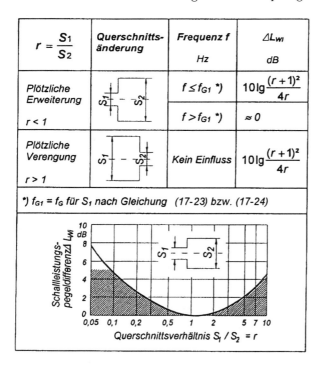

Bild 17-23: Dämpfung durch einfachen Querschnittssprung nach [8]

$$\Delta L = 10 \lg \frac{(S_1/S_2 + 1)^2}{4\,S_1/S_2} \text{ in dB} \qquad (17\text{-}26)$$

S_1/S_2 ist das Verhältnis der Querschnittsflächen. Diese Gleichung gilt für plötzliche Querschnitts*verengung* (Schallausbreitung vom großen Querschnitt in einen kleinen, $S_1 > S_2$ oder $S_1/S_2 > 1$) frequenzunabhängig für alle Frequenzen (rechter Bereich des Bildes) und für plötzliche Querschnitts*erweiterung* (Schallausbreitung vom kleinen Querschnitt in einen größeren, $S_1 < S_2$ oder $S_1/S_2 < 1$) nur für Frequenzen f, für die gilt $f \leq f_G$ mit f_G nach Gln. (17-23) und (17-24). Innerhalb dieses Gültigkeitsbereiches wird die Frequenzabhängigkeit vernachlässigt. Bei $f > f_G$ tritt keine relevante Dämpfung auf.

Beim *doppelten Querschnittssprung* treten frequenzabhängige Dämpfungswerte auf, die von der Länge l der Erweiterung und dem Flächenverhältnis S_2/S_1 (Bild 17-24) abhängig sind.

Die Dämpfung ΔL beträgt:

$$\Delta L = 10 \lg \left[1 + \left(\frac{(S_2/S_1)^2 - 1}{2\,S_2/S_1} \sin 2\,\pi\,\frac{l}{\lambda}\right)^2\right] \text{ in dB.} \qquad (17\text{-}27)$$

Maximale Dämpfung wird erreicht für
$\left|\sin 2\,\pi\,\dfrac{l}{\lambda}\right| = 1$, also für $l = \dfrac{\lambda}{4}; \ \dfrac{3\,\lambda}{4}; \ \dfrac{5\,\lambda}{4}$ usw.
oder mit $\lambda = c/f$ für Frequenzen
$f = \dfrac{c}{4\,l}; \ \dfrac{3\,c}{4\,l}; \ \dfrac{5\,c}{4\,l}$ usw.
Minimale Dämpfung $\Delta L = 0$ resultiert aus
$\sin 2\,\pi\,\dfrac{l}{\lambda} = 0$, also für $l = \dfrac{\lambda}{2}; \ \dfrac{2\,\lambda}{2}; \ \dfrac{3\,\lambda}{2}$ usw.
oder mit $\lambda = c/f$ für Frequenzen:
$f = \dfrac{c}{2\,l}; \ \dfrac{2\,c}{2\,l}; \ \dfrac{3\,c}{2\,l}$ usw.

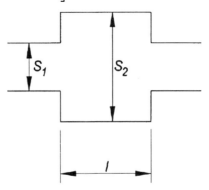

Bild 17-24: Doppelter Querschnittssprung

Stetige Querschnittsänderungen (Konus, Diffusor) können wie plötzliche Querschnittssprünge berechnet werden, wenn die Länge l des Überganges klein im Verhältnis zur Wellenlänge λ ist ($l \ll \lambda$), andernfalls ist die Dämpfung $\Delta L = 0$.

17.2.4 Pegelminderung durch Einbauteile

Die Dämpfung durch Einbauteile kann erheblich sein und sollte nach Möglichkeit berücksichtigt werden. Leider sind systematisch ermittelte und vergleichbare Werte kaum bekannt geworden.

17.2.4.1 Entspannungs- und Luftverteilkasten

Entspannungs- und Luftverteilkästen bringen besonders dann erhebliche Dämpfungswerte, wenn sie mit schallschluckenden Materialien ausgekleidet sind.

Bei Verwendung handelsüblicher Misch- und Mengenregelungskästen kann man erwarten, dass der Hersteller die gemessenen Dämpfungswerte zwischen Schalleintritts- und -austrittsöffnungen angibt (ebenso die Dämmwerte des Gehäuses nach außen).

17.2.4.2 Pegelminderung durch Bauteile einer Klimazentrale

Über Dämpfungsmessungen an *Erhitzern*, *Kühlern*, *Wäschern* und *Filtern* wird in [25] berichtet. Da diese Ergebnisse Durchgangsdämpfungswerte [28] ohne Korrektur des Raumeinflusses darstellen, können sie nicht allgemein angewendet werden. *Hoffmann* [26] hat die Einfügungsdämpfung, bei der Rückwirkungen des Empfangsraumes auf die Messwerte weitgehend eliminiert werden, für Erhitzer, Kühler und *Tropfenabscheider* gemessen. Die Ergebnisse sind in Tabelle 17-8 zusammengestellt.

Tabelle 17-8: Dämpfung durch Einbauteile [26]

Bauteil	Dim.	Oktavmittenfrequenz f_m in Hz							
		63	125	250	500	1000	2000	4000	8000
Erhitzer	dB	1	1	0	0	1	2	3	1
Kühler	dB	4	2	0	2	6	8	5	7
Tropfenabscheider	dB	3	1	3	5	5	7	5	3
gleichzeitige Anordnung der Bauteile Erhitzer – Kühler – Tropfenabscheider*	dB	4	1	2	6	6	13	10	10

* der gleichzeitige Einbau der 3 Geräte hintereinander führt nicht zur arithmetischen Addition der Einzelwerte, sondern zu niedrigeren Gesamtwerten, da der in dem Dämpfungswert enthaltene Reflexionsanteil an der Querschnittsverengung durch die Lamellen nur einmal auftritt, wenn die einzelnen Geräte kompakt und ohne Zwischenräume angeordnet werden.

Der Einfluss der Bautiefen, Lamellenabstände und -Formen und anderer geometrischer und konstruktiver Faktoren wurde in [26] nicht untersucht, deswegen können die Ergebnisse nur zur Abschätzung der Dämpfung herangezogen werden. Weitere Versuche an diesen Bauteilen und insbesondere an den verschiedenen Luftfiltern sind erforderlich.

17.2.5 Pegelminderung durch Luftdurchlässe

An Luftdurchlässen finden Reflexionen zur Schallquelle hin statt, die sich jenseits des Durchlasses als Dämpfung (auch als Dämmung bezeichnet) auswirken.

17.2.5.1 Gitterdurchlässe und freie Kanalmündungen

An Gitterdurchlässen und freien Kanalmündungen treten Reflexionsdämpfungen auf, die von der Frequenz f, dem freien Öffnungsquerschnitt S und der Lage des Luftdurchlasses im Raum abhängen[1]. Der Zusammenhang ist in Bild 17-25 in Abhängigkeit des Produktes $f\sqrt{S}$ dargestellt und zeigt stark abnehmende Tendenz zu hohen Frequenzen und großen Gitterdurchlassflächen.

Diese Minderung des Schallleistungspegels ΔL_W wird auch als Mündungsreflexion bezeichnet. Zu beachten ist, dass bei Messungen nach DIN EN ISO 5135 (August 1998) in den Angaben der Mündungsreflexion die Strömungsgeräusche enthalten sind.

---

[1] In der Bestimmung der Fläche S widersprechen sich zahlreiche Autoren ([3], [4], [6], [8], [24]). Es wird abweichend voneinander das Kanalmaß, die Bruttoquerschnittsfläche oder die freie Gitterfläche eingesetzt. In Bild 17-25 bedeutet S die freie Mündungsfläche.

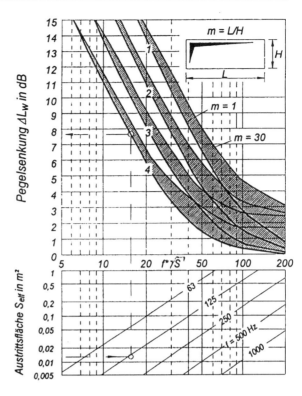

Bild 17-25: Pegelsenkung infolge
Reflexion am offenen Kanalende
nach [8]

Kanalmündung:
1 im Raum $\Omega = 4\pi$
2 in Wand $\Omega = 2\pi$
3 an Kante $\Omega = 1\pi$
4 in Ecke $\Omega = 0,5\pi$

$$\Delta L_W = 10 \lg \left[1 + \left(\frac{c}{4\pi f} \right)^2 \frac{\Omega}{S} \right] + m \left[0,04283 \lg \left(f\, S^{0,5} \right) - 0,0303 \right]$$

17.2.5.2 Pegelminderung durch Druckkammerauslässe

Nach [6] kann die Pegelminderung einer Druckkammer, die einseitig durch eine *perfo-rierte Lochplatte*, z. B. Lochdecke, begrenzt ist, nach Gl. (17-28) abgeschätzt werden.

$$\Delta L_W = 20 \lg \frac{\pi f (d + 1,6\, r)}{c\, \sigma} \quad \text{in dB} \tag{17-28}$$

Es bedeuten: f Frequenz c Schallgeschwindigkeit
                    d Plattendicke σ Perforationsgrad der Platten
                    r Lochradius

Fasst man die Konstruktionsdaten zu einem Parameter

$$k = \frac{d + 1,6\, r}{\sigma}$$

zusammen, so kann die frequenzabhängige Dämpfung ΔL nach Bild 17-26 dargestellt
werden.

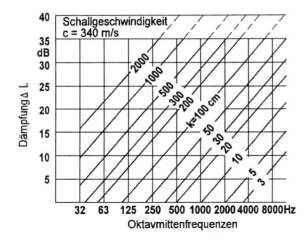

Bild 17-26: Dämpfung durch Druckkammerauslässe

Da die Pegelminderung einer Lochdecke nicht größer sein kann als die Dämmung einer vergleichbaren geschlossenen Decke, sollten die Dämpfungswerte auf ca. 35 dB begrenzt werden.

Die Bauarten der Druckkammerauslässe können sich stark unterscheiden. Deshalb sind Herstellerangaben zu erfragen.

17.2.6 Schalldämpfer

Schalldämpfer sind spezielle Bauteile, die die physikalischen Effekte *Absorption, Resonanz, Interferenz* und *Reflexion* zur Geräuschminderung ausnutzen. Eine allgemeine Übersicht über Begriffe, schalltechnische und betriebstechnische Anforderungen gibt VDI 2567 [28].

17.2.6.1 Absorptionsdämpfer

Die Wirksamkeit der *Absorptionsdämpfer* beruht auf dem hohen Absorptionsgrad der meist in Kulissenform nach Bild 17-27 auf einer bestimmten Länge eingebrachten abriebfesten Schallschluckstoffe.

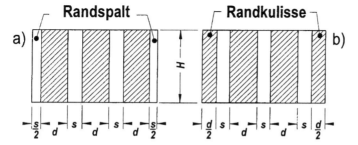

Bild 17-27: Akustisch gleichwertige Kulissendämpfer
a) Randspaltbreite $= s/2$
b) Randkulissendicke $= d/2$

Unter Berücksichtigung der im Abschnitt 17.2.2 gemachten Einschränkung wegen Durchstrahlung kann die Dämpfung eines solchen Schalldämpfers für mittlere Frequenzen ungefähr berechnet werden, wenn man in Gl. (17-22) die Größe U/S durch die Bezeichnungen des Bildes 17-27 ausdrückt:

$$\frac{U}{S} = \frac{2\,H}{s\,H} = \frac{2}{s}.$$

Somit ist die Dämpfung ΔL eines Schalldämpfers mit Spaltbreite s und Länge l:

$$\Delta L_W = 3\,\alpha\,\frac{1}{s} \text{ in dB.} \qquad (17\text{-}29)$$

α ist der Absorptionsgrad der halben Kulisse $d/2$.

17.2.6.2 Resonanzdämpfer

Die Wirkung der *Resonanzdämpfer* beruht auf Resonanzerscheinungen, die Schallwellen hervorrufen, deren Frequenz mit der Eigenschwingungszahl schwingfähiger Körper oder gekoppelter Lufthohlräume übereinstimmt.

Bevorzugte Dämpfung der Schallwellen tritt in der Nähe der Resonanzfrequenz auf. Davon stärker abweichende Frequenzen werden kaum gedämpft. Man unterscheidet zwei verschiedene Typen, *Platten-* und *Helmholtzresonatoren* (Bild 17-28).

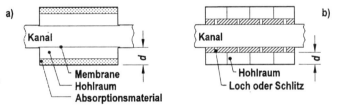

Bild 17-28: Resonanzdämpfer,
a) Plattenresonator,
b) *Helmholtz*resonator

Der *Plattenresonator* besteht aus einer schwingfähigen Membrane (Platte oder Folie), die bei Resonanzfrequenz zu Schwingungen angeregt wird. Der dahinterliegende, abgeschlossene Hohlraum wirkt als Feder, das eingelegte Absorptionsmaterial vergrößert den wirksamen Frequenzbereich.

Beste Dämpfung erfolgt bei Resonanzfrequenz f_0:

$$f_0 = \frac{600}{\sqrt{\dfrac{G}{\text{kg/m}^2}\,\dfrac{d}{\text{cm}}}} \text{ in Hz} \qquad (17\text{-}30)$$

mit G Flächenmasse der Platte,
     d Abstand der starren Rückwand.

Beim *Helmholtzresonator* wird die in dem Loch (oder Schlitz) stehende Luft durch die Schallwellen zu Schwingungen angeregt. Auf diesen in der Lochlaibung schwingenden „Luftkolben" wirkt der dahinter liegende abgeschlossene Lufthohlraum als Feder. Durch Hohlraumauskleidung mit Schallschluckstoffen wird die Dämpfung und Frequenzbreite verbessert. Beste Wirkung wird bei Resonanzfrequenz f_0 erreicht:

$$f_0 = \frac{c}{200\,\pi}\sqrt{\frac{\varepsilon}{d\,l}} \text{ in Hz} \qquad (17\text{-}31)$$

c Schallgeschwindigkeit, l Wanddicke der Lochplatte (Lochlänge),
d Hohlraumdicke, ε Verhältnis $\sum$ Lochfläche/Gesamtfläche.

17.2.6.3 Beispiele von Schalldämpfern für raumlufttechnische Anlagen

Die in den Abschnitten 17.2.6.1 und 17.2.6.2 vorgestellten Grundprinzipien von Schalldämpfern für RLT-Anlagen werden beim konstruktiven Aufbau der Schalldämpferkulissen von den einzelnen Herstellern in unterschiedlicher Weise, meist auch kombiniert, verwirklicht. Bild 17-29 zeigt verschiedene Kulissenkonstruktionen.

Bei der *Resonanz-Absorptionskulisse* C ist die äußere Mineralwollplatte vor einer schwingfähigen Membrane angeordnet, die eine innere mit lockerer Mineralwolle gefüllte Kammer abschließt.

Die *Drossel-Absorptionskulisse* D wird zum Bau der sog. *Relaxationsdämpfer* verwendet. Die Absorptionsschicht dieser Kulisse besteht aus einer ca. 2 cm dicken, porösen Platte bestimmten Strömungswiderstandes *W*. Sie ist vor dem Kammerhohlraum *d* angeordnet und wird von den pulsierend durch die Schallwelle bewegten Luftmolekülen durchströmt, so dass der Hohlraum im Rhythmus der Wechseldrücke mit Luft aufgefüllt und entleert wird.

Der Strömungswiderstand der porösen Platte bewirkt dabei eine Amplitudendämpfung ähnlich der des Drosseldämpfers, jedoch strömt hier das Fluid parallel zur Absorptionsschicht.

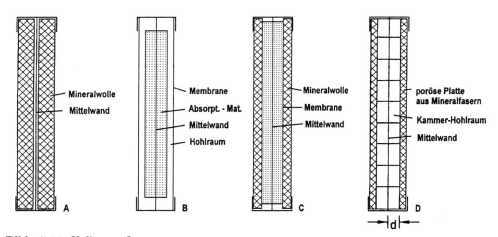

Bild 17-29: Kulissenaufbau
A   Absorptionsdämpfer   C   Resonanz-Absorptionsdämpfer
B   Resonanzdämpfer   D   Relaxationsdämpfer

Die untere Grenzfrequenz f_g, bei der noch $^1/_3$ der Maximaldämpfung $\Delta L_{W\,\mathrm{max}}$ erreicht wird, ist [23]:

$$f_g = \frac{\varrho\, c^2}{20\,\pi\,W\,d} \tag{17-32}$$

ϱ Dichte
c Schallgeschwindigkeit
d Dicke des Kammerhohlraumes
W Strömungswiderstand

Die Dämpfung beträgt dort:

$$\Delta L_{Wg} = \frac{0,08 \text{ s/m}}{\sqrt{s/d + (s/d)^2}} f_g\, l \text{ dB} = \frac{\varrho\, c^2\, l}{785 \text{ m/s} \cdot W \sqrt{s\, d + s^2}} \text{ dB} \qquad (17\text{-}33)$$

s Kulissenabstand
l Dämpferlänge

Die Maximaldämpfung $\Delta L_{W\text{max}}$ ist:

$$\Delta L_{W\text{max}} = 0,16 \text{ s/m} \cdot \frac{d}{s} f_g\, l \text{ dB} = \frac{\varrho\, c^2\, l}{393 \text{ m/s} \cdot W\, s} \text{ dB}. \qquad (17\text{-}34)$$

Bei allen Kulissenschalldämpfern wird die Dämpfung durch den Beginn der *Durchstrahlung* für Frequenzen $f > c/2\, s$ stark reduziert. Ferner wird die höchste erreichbare Dämpfung wegen Körperschallleitung in der Gehäusewand auf ca. 40 dB begrenzt. Wenn höhere Werte gefordert werden, muss zur Vermeidung der Schalllängsleitung eine Aufteilung der Gesamtdämpfung auf zwei Schalldämpfer, die durch einen elastischen Stutzen miteinander verbunden sind, erfolgen.

Die Abriebfestigkeit der schallschluckenden Kulissenoberfläche wird bis zu Luftgeschwindigkeiten von ca. 25 m/s durch kunstharzbesprühte Glasvliesschichten gewährleistet. Größere Geschwindigkeiten oder grobkörnig verschmutzte Luft erfordern eine die Dämpfung kaum beeinflussende Lochblechabdeckung der Schallschluckstoffe. Vor einer zusätzlichen Abdeckung der Absorptionsschicht mit *PVC-Folie unter dem Lochblech* (aus hygienischen Gründen oder der Gefahr einer Durchfeuchtung) muss eindringlich gewarnt werden, da diese Kombination zu erheblichen Dämpfungseinbußen führt.

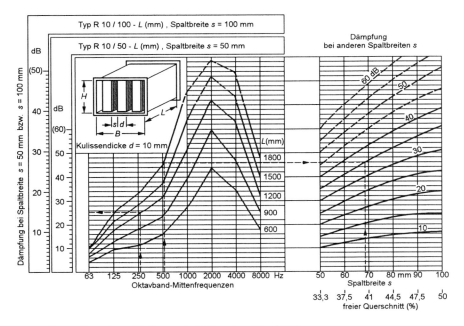

Bild 17-30: Dämpfung eines Kulissenschalldämpfers (*Trox*) [12]

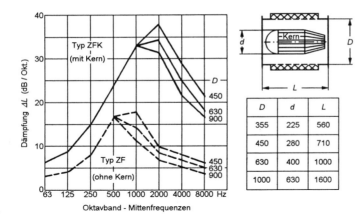

Bild 17-31: Rohrschalldämpfer mit und ohne
Absorptionskern [4]

Die Bilder 17-30 bis 17-33 zeigen einige gebräuchliche Bauarten, teilweise mit zugehörigen Dämpfungsspektren.

Bild 17-32: Flexibler Rohrschalldämpfer
(Werkbild: *Ohler* Eisenwerk) [29]

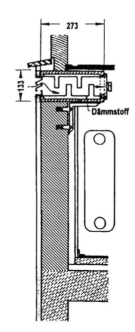

Bild 17-33: Außenwand-Schlitzschalldämpfer
(*Conit*) [30]

17.2.6.4 Druckverlust in Schalldämpfern

Kulissenschalldämpfer

Der Druckverlust von Kulissenschalldämpfern ergibt sich nach [8] zu:

$$\Delta p_t = \zeta \, \frac{\varrho}{2} \, v^2 \text{ in Pa} \tag{17-35}$$

mit

$$\zeta = a_1 \left(\frac{s}{s + d_K} \right)^{b_1} + a_2 \left(\frac{s}{s + d_K} \right)^{b_2} \frac{L}{d_h} \tag{17-36}$$

v = Anströmgeschwindigkeit im Gesamtquerschnitt in m/s,
s = Spaltbreite zwischen den Kulissen in m,
d_K = Kulissendicke in m,
d_h = hydraulischer Durchmesser des Kulissenspaltes in m,
L = Kulissenlänge in m,

und den Konstanten a_1, a_2, b_1 und b_2 nach folgender Tabelle:

Kulissendicke	a_1	a_2	b_1	b_2
100 mm	0,235	0,017	−2,78	−2,70
200 mm	0,255	0,015	−2,82	−2,91
300 mm	0,294	0,0167	−2,83	−2,95

Diese Angaben gelten nur für Schalldämpfer mit eckigen Kulissen.

Rohrschalldämpfer

Für Rohrschalldämpfer ohne Kern kann analog zur Strömung im rauen Rohr mit der Reibungszahl λ nach der *Colebrook*-Gleichung gerechnet werden. Die folgenden Angaben gelten für Rohrschalldämpfer mit rundem Kern. Der Druckabfall ergibt sich nach Gl. (17-35) mit

$$\zeta = 0{,}981 + 0{,}0346 \frac{L_{\text{eff}}}{D-d} \left(\frac{D^2}{D^2 - d^2} \right)^2 \tag{17-37}$$

d = Kerndurchmesser in m,
D = Anschlussdurchmesser in m,
v = Anströmgeschwindigkeit im Rohr in m/s,
L_{eff} = wirksame Länge des Rohrschalldämpfers in m.

17.2.6.5 Strömungsgeräusche in Schalldämpfern

Kulissenschalldämpfer

Der A-bewertete Schallleistungspegel des Strömungsgeräusches lässt sich nach [8] folgendermaßen abschätzen:

$$L_{WA} = 56{,}6 \lg v_i - 0{,}5 \lg \Delta p_t + 10 \lg S - 12{,}7 \text{ in dB.} \tag{17-38}$$

Das Frequenzspektrum des Strömungsrauschens wird an einer Polynom-Gleichung abgeschätzt:

$$L_{W\text{okt}} = L_{WA} + \Delta L_{W\text{rel}} + K \text{ in dB} \tag{17-39}$$

$$\Delta L_{W\text{rel}} = 11{,}4 - 14{,}9 \lg St - 1{,}4 \left(\lg St \right)^2 + 2{,}2 \left(\lg St \right)^3 - 0{,}5 \left(\lg St \right)^4 \text{ in dB} \tag{17-40}$$

$$K = -13 \lg v_i + 13{,}5 \text{ in dB} \tag{17-41}$$

St = *Strouhal*-Zahl $St = f_m \, d_K / v_i$,
d_K = Kulissendicke in m,
fm = Oktavmittenfrequenz in Hz,
v_i = Strömungsgeschwindigkeit im freien Querschnitt des Schalldämpfers in m/s,
S = Anströmfläche des Schalldämpfers in m².

Rohrschalldämpfer

Im Rohrschalldämpfer mit Kern lässt sich der A-bewertete Schallleistungspegel nach [8] folgendermaßen abschätzen:

$$L_{WA} = 96{,}5 \lg v_i - 20{,}4 \lg \Delta p_t + 26{,}8 \text{ in dB}. \tag{17-42}$$

Für das Frequenzspektrum gilt Gl. (17-39)

$$\Delta L_{W\,\text{rel}} = 30{,}6 - 71{,}4 \lg St + 64{,}7 (\lg St)^2 - 26{,}7 (\lg St)^3 + 3{,}4 (\lg St)^4 \text{ in dB} \tag{17-43}$$

$$K = 15{,}5 \lg D - 16{,}2 \lg v_i + 18{,}2 \text{ in dB} \tag{17-44}$$

St = *Strouhal*-Zahl $St = f_m\, D/v_i$,
D = Anschlussdurchmesser in m.

17.2.6.6 Beeinflussung der Dämpfung durch die Luftströmung

Durch die Überlagerung der Luftströmung mit den Schallwellen entstehen Wellenlängenänderungen, die zu geringen Verschiebungen der Dämpfungsspektren führen.

Näherungsweise kann nach Gl. (17-45) die bei Geschwindigkeit $v = 0$ gemessene Dämpfung D_0 umgerechnet werden in die bei der Luftgeschwindigkeit v vorhandene Dämpfung D_v:

$$D_v = \frac{D_0}{1 \pm v/c} \tag{17-45}$$

c Schallgeschwindigkeit,
$+$ für Schallausbreitung in Strömungsrichtung,
$-$ für Schallausbreitung gegen Strömungsrichtung.

In der Praxis bleibt für Geschwindigkeiten $v \leq 20$ m/s die hieraus resultierende Verschiebung unter 6% (d. h. unter 0,3 dB) und ist daher vernachlässigbar.

17.2.6.7 Montage der Schalldämpfer

Grundsätzlich sollten Schalldämpfer möglichst nahe bei der Schallquelle angeordnet werden. Bei hohen Dämpfungswerten und relativ hohen Pegeln in der Gerätezentrale besteht jedoch die Gefahr einer *erneuten Lärmeinstrahlung* durch die Kanalwände nach dem Schalldämpfer. Der Bereich, in dem die Einstrahlung befürchtet werden muss, ist in Bild 17-34 mit A gekennzeichnet.

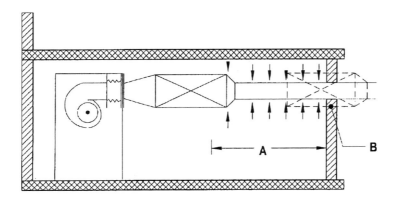

Bild 17-34: Schalldämpfermontage und erneute Schalleinstrahlung

Die Größe der eingestrahlten Schallleistung kann nach Kapitel 17.4 bestimmt werden.

Zur Umgehung dieses Problems kann der Schalldämpfer in die Trennwand B eingesetzt werden oder, falls statische oder räumliche Gründe dies nicht zulassen, muss der Kanalabschnitt A zusätzlich schalldämmend ummantelt werden. Bewährt haben sich zu diesem Zweck Verkleidungen mit Gipskartonplatten, Rabitzwände und Gipshartmantel (siehe Abschnitt 17.6.4).

Bei Montage von Schalldämpferkulissen in Kanäle muss streng darauf geachtet werden, dass die bei der Auslegung zugrunde gelegten Spaltbreiten s (Randspalt ohne Randkulisse $s/2$) genau eingehalten werden. Gegen diese Regel wird in der Praxis leider oft verstoßen.

17.2.7 Schallabschirmung

Durch teilweise Umschließung der Schallquelle oder des Empfangsortes mittels einer schalldämmenden Wand kann der Schallpegel am Empfangsort reduziert werden.

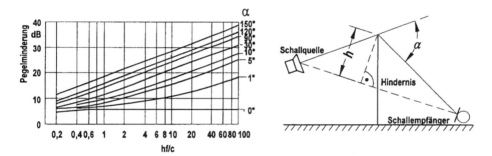

Bild 17-35: Schallpegelminderung durch Abschirmung [31]
f Frequenz, $c = 340$ m/s Schallgeschwindigkeit bei Normaldruck und 20 °C

Die Wirksamkeit eines derartigen *Schallschirmes* ist wegen stattfindender Beugung der Schallwellen an der Begrenzungslinie des Schirmes von dem Schattenwinkel α und der wirksamen Schirmhöhe h (Bild 17-35) abhängig.

Die erreichbaren frequenzabhängigen Pegelminderungen ΔL_W am Empfangsort nehmen zu höheren Frequenzen um ca. 3 dB/Oktave zu. Zu beachten ist, dass die Schalldämmung der Schirmwandkonstruktion um ca. 10 dB besser sein soll als die nach Bild 17-35 erreichbare Pegelminderung.

Ferner muss unter Umständen berücksichtigt werden, dass sich der Schallpegel auf der Seite der Schallquelle erhöht, wenn die Wand hier keine schallschluckende Auflage erhält.

Außerdem können andere reflektierende Flächen (Wände, Decken, Fußböden, Häuserfronten usw.) die Wirkung eines Schallschutzschirmes stark einschränken.

Die *völlige* Umschließung der Lärmquelle erfordert die Konstruktion *schalldämmender Hauben*, die die Funktion des Gerätes nicht stören dürfen. Beispiele sind Hauben für Öl-, Gasbrenner, Druckluftkompressoren usw., bei denen die Luftzufuhr ausschließlich über schalldämpfend ausgekleidete Schlitze in der Haube erfolgen darf.

In der Klimatechnik finden diese Konstruktionen nur in wenigen Sonderfällen eine Anwendung. Hinweise zur Konstruktion schalldämmender Hauben gibt VDI 2711, *Schallschutz durch Kapselung.*

17.2.8 Schallpegelsenkung im Raum

Der am Empfangsort sich einstellende Schalldruckpegel L_p ist von dem abgestrahlten Schallleistungspegel L_W abhängig. Die numerische Differenz dieser Pegel $L_p - L_W$ bezeichnet man als die *Raumdämpfung.* Sie wird von der *Entfernung r,* dem *Richtungsfaktor Q* der Schallquelle und der *totalen Absorption A* des Raumes bestimmt. Den rechnerischen Zusammenhang behandelt Band 1 Abschnitt 8.6.1. Die nachfolgenden Bilder 17-36, 17-37, 17-38 sind jenem Abschnitt entnommen und hier für die später folgenden Beispielrechnungen wiedergegeben.

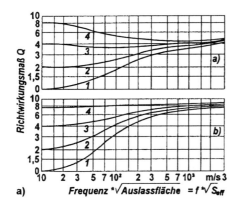
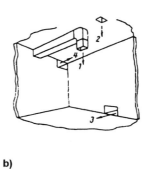

Bild 17-36: Richtungsfaktor als Funktion des Produktes aus Frequenz in Hz und Quadratwurzel der Schallaustrittsfläche S_{eff} in m^2 nach [8]
a) Abstrahlwinkel 45°   b) Abstrahlwinkel 0°
Die Schallquellenöffnung befindet sich
1 in der Raummitte
2 in Wandmitte
3 in Mitte einer Raumecke
4 in einer Raumecke

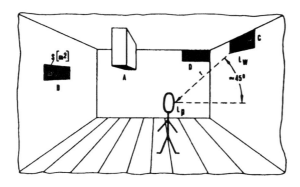

Bild 17-37: Lage des Auslasses im Raum nach [12]

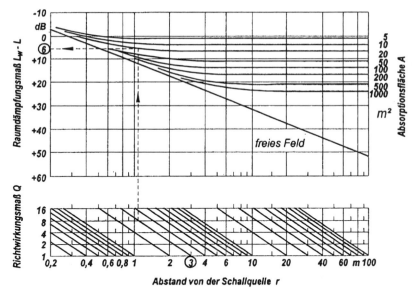

Bild 17-38: Differenz zwischen Schallleistungspegel am Auslass und Schalldruckpegel im Raum nach [8]

17.3 Schalldämpferauslegung

Die Auslegung der Schalldämpfer ist ein wichtiger Bearbeitungsabschnitt bei der Projektierung raumlufttechnischer Anlagen. Der Aufwand der Auslegungsverfahren ist der geforderten unterschiedlichen Genauigkeit von Projekt- und Ausführungsbearbeitung angepasst.

Von den beiden nachfolgend beschriebenen Verfahren, *Kurzmethode* und *Überlagerungsmethode* sollte mindestens die sehr einfache Kurzmethode angewandt werden, damit stets die ungefähren Kosten und der oft erhebliche Platzbedarf der Schalldämpfer abgeschätzt werden können.

Nachträgliche akustische Maßnahmen werden meist durch zu enge Platzverhältnisse erschwert, sind erheblich teurer und bringen oft nur einen Teilerfolg. Außerdem sind die Kosten von der ausführenden Firma zu tragen, da man ihr das Versäumnis als Kunstfehler auslegt. Beide Methoden werden anhand der in Bild 17-39 dargestellten Anlage erläutert und beispielhaft durchgerechnet.

Beispiel 17-7:

1 Raum	$V = 60$ m^3; $T = 1{,}0$ s; $r = 3$ m; im Raum sind $L_{pA} = 30$ dB einzuhalten
2 Luftauslass	$S = 0{,}022$ m^2; $S_{\text{eff}} = 0{,}018$ m^2 in Raumkante verlegt, $\alpha = 45°$, $v = 3$ m/s, $\zeta = 3{,}8$
3 Umlenkung 90°	160$^\notin$; $r/d_a = 0{,}15$
4 gerader Kanal	160$^\notin$; $L = 2$ m
5 Abzweig	Maße wie in der Zeichnung; $r/d_a = 0{,}1$; $v_h/v_a = 2{,}4$
6 gerader Kanal	250$^\notin$; $L = 8$ m
7 Ventilator	Trommelläufer; $\dot{V} = 1390$ m^3/h; $\Delta p_t = 400$ Pa; $n = 807$ min^{-1}; z = 52

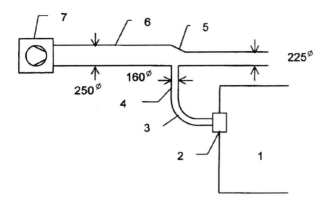

Bild 17-39: Kanalnetz einer Klimaanlage

17.3.1 Kurzmethode

In der Praxis hat sich gezeigt, dass die von größeren Ventilatoren verursachten Geräuschpegel meist im Frequenzbereich der 250 Hz-Oktave ihr Maximum, d. h. den dominierenden Anteil am bewerteten Summenpegel haben.

Daher beschränkt sich die Kurzmethode auf dieses Oktavband. Außer dem Ventilatorgeräusch vernachlässigt sie Strömungsgeräusche weiterer Anlagenkomponenten und kann somit nur zur groben Abschätzung der erforderlichen Einfügungsdämpfung dienen.

Zum zulässigen Raumpegel im 250 Hz-Oktavband werden die Dämpfungswerte der einzelnen Komponenten addiert und das Ergebnis vom Schallleistungspegel des Ventilators subtrahiert. Somit erhält man einen Anhaltswert für die erforderliche Einfügungsdämpfung. In Tabelle 17-10 wird diese Rechnung für das in Bild 17-39 dargestellte Beispiel durchgeführt.

Für die Berechnung im 250 Hz-Band muss die Anforderung im Raum von der A-bewerteten Einwertangabe in den linearen Oktavpegel umgerechnet werden. Hierzu dient der Korrekturfaktor K aus Tabelle 17-9, der eine um 5 dB verschobene inverse A-Bewertung darstellt:

$$L_{\mathrm{okt}} = L_A + K.$$

Tabelle 17-9: Korrekturfaktor zur Ermittlung der linearen Oktavpegel aus der A-bewerteten Einwertangabe

f in Hz	63	125	250	500	1000	2000	4000
K in dB	21	11	4	−2	−5	−6	−6

Im Raum müssen demnach im 250 Hz-Oktavband $L_{\mathrm{okt}} = 34$ dB eingehalten werden.

Aus Tabelle 17-10 liest man eine zusätzlich erforderliche Dämpfung von 26 dB im 250 Hz-Oktavband ab. Hierfür würde z. B. ein TROX-Schalldämpfer der Type MS 20/100-1500 mit einer Kulissendicke $d = 20$ cm, Spaltbreite $s = 100$ mm und der Baulänge $l = 1500$ mm ausreichen, der eine Einfügungsdämpfung von 29 dB bringt. Die Querschnittsfläche des Schalldämpfers ist so festzulegen, dass die Strömungsgeschwindigkeit im Spalt einen Maximalwert von ca. 10 m/s nicht überschreitet, um Druckverlust und Strömungsrauschen in zulässigen Grenzen zu halten.

Tabelle 17-10: Kurzmethode im 250 Hz-Oktavband:

	Komponente	Berechnung für 250 Hz-Oktavband	$L_{W\text{okt}}$
1	**Ventilator (7):** $\dot{V} = 1390 \text{ m}^3/\text{h} = 0{,}386 \text{ m}^3/\text{s}$ $n = 807 \text{ 1/min}, \Delta p_t = 400 \text{ Pa}$	Baugruppe T $\rightarrow$ $L_{WSM} = 36$ dB $L_{W4} = L_{WSM} + 10 \lg \dot{V} + 20 \lg \Delta p_t =$ $L_W = -5 - 5[\lg(St) + 0{,}15]^2$ (Gl. (17-5a) oder Bild 17-5b) mit $St = \dfrac{250 \cdot 60}{\pi \cdot 807} = 5{,}9 \rightarrow \qquad \Delta L_W =$ $L_{W\text{okt}} =$	84 dB −9 dB **75 dB**
2	**zulässiger Raumpegel** im 250 Hz-Band	Ermittlung nach Tab. 17-9: $\qquad\qquad L_{\text{okt}} =$	**34 dB**
	Dämpfungsglied	Berechnung für 250 Hz	ΔL
	Raum (1): $V_R = 60 \text{ m}^2,$ $T = 1{,}0 \text{ s}, S_{\text{eff}} = 0{,}018 \text{ m}^2,$ $r = 3 \text{ m}$	$A = 0{,}163 \cdot 60/1{,}0 = 9{,}8 \text{ m}^2$ $f_m\sqrt{S_{\text{eff}}} = 250 \cdot \sqrt{0{,}018} = 34 \text{ m/s}$ Mitte Raumkante, Abstrahlwinkel = 45° $\rightarrow$ (Bild 17-36) $Q = 3{,}8$ $\Delta L_W = 10 \lg\left(\dfrac{3{,}8}{4\,\pi\,3^2} + \dfrac{4}{9{,}8}\right) \rightarrow$	**4 dB**
	Luftauslass (2) $S_{\text{eff}} = 0{,}018 \text{ m}^2, m = L/H = 3$	(Bild 17-25) $m = 3$, Fall 3 $\rightarrow$	**5 dB**
	Umlenkung (3): $d = 0{,}16 \text{ m},$ $c = 344 \text{ m/s}$	(Tab. 17-7), $f_G = 0{,}586(344/0{,}16) = 1259$ Hz $\rightarrow$ im 1000 Hz-Band $\rightarrow$ 250 Hz:	**0 dB**
	gerader Kanal (4): $d = 0{,}16 \text{ m}$	(Tab. 17-6), $\rightarrow \Delta L = 0{,}15$ dB/m $L = 2 \text{ m} \rightarrow$	**0 dB**
	Abzweig (5):	$\Delta L_W = 10 \lg \dfrac{S_i}{\sum S_i} = 10 \lg \dfrac{0{,}0201}{0{,}0398 + 0{,}0201}$ gleichzeitig 90°-Umlenkung (Tab. 17-7) $\rightarrow$ 250 Hz:	**5 dB** **0 dB**
	gerader Kanal (6): $d = 0{,}25 \text{ m}$	(Tab. 17-6), $\rightarrow \Delta L = 0{,}10$ dB/m $L = 8 \text{ m} \rightarrow$	**1 dB**
3		Summe Dämpfung $\qquad\qquad \sum \Delta L =$	**15 dB**
4		zul. Raumpegel+Summe Dämpfung (2+3):	**49 dB**
5		zusätzliche erforderliche Dämpfung (1-4):	**26 dB**

17.3.2 Überlagerungsmethode

Die Überlagerungsmethode berücksichtigt die Pegelminderung durch die Anlagenkomponenten *und* deren Strömungsgeräusch, das dasjenige des Ventilators überlagert und in manchen Fällen zu höheren Raumpegeln führen kann. Außerdem wird diese Methode in sämtlichen Oktavbändern durchgeführt, was mittels Anwendersoftware problemlos ist. Bei der folgenden Handrechnung (vgl. Tabellen 17-11 bis 17-13) wird aus Gründen der Übersichtlichkeit nur im 250 Hz-Band gerechnet.

Zunächst werden mit den in Kapitel 17.1 angeführten Methoden die Schallleistungspegel sämtlicher Anlagenkomponenten ermittelt (vgl. Tabelle 17-11). Danach wird die Geräuschminderung durch diese Komponenten nach Kapitel 17.2 erfasst (vgl. Tabelle 17-12). Diese Werte werden dann zur Ermittlung der erforderlichen Einfügungsdämpfung D_E und des maximal zulässigen Schallleistungspegels L_W des Strömungsrauschens im Schalldämpfer herangezogen (vgl. Tabelle 17-13).

Tabelle 17-11: Schallleistungspegel $L_{W\text{okt}}$ der einzelnen Komponenten

Komponente	Berechnung für 250 Hz-Oktavband		$L_{W\text{okt}}$ in dB
Luftauslass (2):	$L_W = 10 + 60 \lg 3 + 30 \lg 3,8 + 10 \lg 0,022$		39
$v = 3$ m/s	$f_m/(v\,\zeta) = 22$ m^{-1} (Bild 17-13)	$\Delta L_W =$	-7
$S = 0,022$ m^2, $\zeta = 3,8$		$L_{W\text{okt}} =$	**32**
Umlenkung (3):	$L_W = L_W^* + 10 \lg \Delta f + 30 \lg d_a + 50 \lg v_a + K$ (Gl.(17-8))		
$d_a = 160$	$St = \dfrac{250 \cdot 0,16}{3,28} = 12,2$ (Bild 17-8) $\rightarrow$	$L_W^* =$	-12
$S = 0,0201$ m^2	$r/d_a = 0,15 \rightarrow K = 0$, $\Delta f = 177$ Hz $\rightarrow$	$10 \lg \Delta f =$	23
$v_a = 3,28$ m/s	$d_a = 0,16 \rightarrow$	$30 \lg d_a =$	-24
$r/d_a = 0,15$	$v_a = 3,18$ m/s $\rightarrow$	$50 \lg v_a =$	26
$v_h/v_a = 1$		$L_{W\text{okt}} =$	**13**
gerader Kanal (4):	$L_W = 7 + 50 \lg 3,28 + 10 \lg 0,0201$ (Gl. (17-6))		16
$d_a = 160$, $v = 3{,}28$ m/s	$f_m/v = 76,2$ m^{-1} (Bild 17-6)	$\Delta L_W =$	-13
$S = 0,0201$ m^2		$L_{W\text{okt}} =$	**3**
Abzweig (5):	$L_W = L_W^* + 10 \lg \Delta f + 30 \lg d_a + 50 \lg v_a + K$ (Gl. (17-8))		
$\dot{V}_h = 1390$ m^3/h	$St = 12{,}2$ (s. o.) $v_h/v_a = 2{,}4 \rightarrow$ (Bild 17-8)	$L_W^* =$	5
$d_h = 250$	250 Hz-Oktavband:	$10 \lg \Delta f =$	23
$v_h = 7,87$ m/s		$30 \lg d_a =$	-24
$v_h/v_a = 2,4$		$50 \lg v_a =$	26
$r/d_a = 0,1$	$r/d_a = 0{,}1$; $Str = 12{,}2 \rightarrow$	$K =$	1,5
		$L_{W\text{okt}} =$	**32**
gerader Kanal (6):	$L_W = 7 + 50 \lg 7,87 + 10 \lg 0,0491$		39
$d_h = 250$, $v_h = 7,87$ m/s	$f_m/v = 31,8$ m^{-1} (Bild 17-6)	$\Delta L_W =$	-8
$S = 0,0491$ m^2		$L_{W\text{okt}} =$	**31**
Ventilator (7):	Baugruppe T $\rightarrow L_{WSM} = 36$ dB		
$\dot{V} = 1390$ m^3/h $=$	$L_{W4} = L_{WSM} + 10 \lg \dot{V} + 20 \lg \Delta p_t$		84
$= 0,386$ m^3/s	$\Delta L_{W\text{okt}} = -5 - 5\,[\lg (St) + 0,15]^2$ (Gl. (17-5a oder		
$n = 807$ 1/min	Bild 17-5b) mit $St = \dfrac{250 \cdot 60}{\pi\,807} = 5,9 \rightarrow$	$\Delta L_{W\text{okt}} =$	-9
$\Delta p_t = 400$ Pa		$L_{W\text{okt}} =$	**75**

Die Rechnung erfasst die im Raum wirksamen Pegel, die durch die Überlagerung der Schallleistungspegel der einzelnen Komponenten einschließlich der zwischen ihnen und dem Raum befindlichen Dämpfungsglieder auftreten. Sie geht vom Raum zum Ventilator und beginnt mit dem Schallleistungspegel der Luftauslässe und dessen Reduktion durch die Raumdämpfung und folgt dann dem Kanalnetz. Dabei werden die Schallleistungspegel sämtlicher Komponenten nacheinander erfasst und unter Berücksichtigung der Dämpfungsglieder zum Raumpegel überlagert, d. h. addiert.

Wenn durch die Komponente n der zulässige Raumpegel überschritten wird, ist dort die Einfügung eines Schalldämpfers erforderlich. Dies ist in den meisten Fällen erst durch den Ventilator gegeben. In diesem Falle muss unmittelbar nach dem Ventilator ein sog. Primärdämpfer eingebaut werden. Falls der zulässige Raumpegel allerdings bereits vorher überschritten wurde — z. B. durch einen Volumenstromregler — dann muss an dieser Stelle ein sog. Sekundärdämpfer vorgesehen werden.

Maximales Strömungsrauschen und erforderliche Einfügungsdämpfung werden dann unter der Bedingung ermittelt, dass der zulässige Raumpegel nach Addition sämtlicher

Komponenten eingehalten wird. Tabelle 17-13 zeigt die Vorgehensweise bei der Überlagerungsmethode.

Tabelle 17-12: Pegelminderung ΔL durch die einzelnen Komponenten

Komponente	Berechnung für 250 Hz-Oktavband	ΔL
Raum (1): $V_R = 60$ m^3 $T = 1{,}0$ s, $S_{\text{eff}} = 0{,}018$ m^2, $r = 3$ m	$A = 0{,}163 \cdot 60/1{,}0 = 9{,}8$ m^2 $f_m\sqrt{S_{\text{eff}}} = 250 \cdot \sqrt{0{,}018} = 34$ m/s Mitte Raumkante, Abstrahlwinkel $= 45°$ $\to$ (Bild 17-36) $Q = 3{,}8$ $\Delta L_W = 10 \lg \left(\dfrac{3{,}8}{4\pi 3^2} + \dfrac{4}{9{,}8} \right) \to$	4 dB
Luftauslass (2): $S_{\text{eff}} = 0{,}018$ m^2, $m = L/H = 3$	(Bild 17-25) $m = 3$; Fall 3$\to$	5 dB
Umlenkung (3): $d = 0{,}16$ m, $c = 344$ m/s	(Tab. 17-7), $f_G = 0{,}586(344/0{,}16) =$ 1259 Hz $\to$ im 1000 Hz-Band $\to$ 250 Hz:	0 dB
gerader Kanal (4): $d = 0{,}16$ m	(Tab. 17-6), $\to \Delta L = 0{,}15$ dB/m $L = 2$ m $\to$	0 dB
Abzweig (5):	$\Delta L_W = 10 \lg \dfrac{S_i}{\sum S_i} = 10 \lg \dfrac{0{,}0201}{0{,}0398 + 0{,}0201} \to$ gleichzeitig 90°-Umlenkung (Tab. 17-7) $\to$ 250 Hz:	5 dB 0 dB
gerader Kanal (6): $d = 0{,}25$ m	(Tab. 17-6), $\to \Delta L = 0{,}10$ dB/m $L = 8$ m $\to$	1 dB

Tabelle 17-13: Ermittlung des Summenpegels mittels Überlagerungsmethode ohne Schalldämpfer (oben) und mit Schalldämpfer (unten)

Komponente	$L_{W\text{okt}}$ in dB	ΔL_W in dB	$\sum \Delta L_W$ in dB	$L_{W\text{okt}} - \sum \Delta L_W$ in dB	$\sum L_{W\text{okt}}$ in dB
1. Raum	–	4	0	–	0
2. Luftauslass	32	5	4	28	28
3. Umlenkung	13	0	9	4	28
4. gerade Luftleitung	3	0	9	0	28
5. Abzweig	32	5	9	23	29
6. gerade Luftleitung	31	1	14	17	29
7. Ventilator	75	–	15	60	60
.	.	.	.	.	.
.	.	.	.	.	.
.	.	.	.	.	.
6. gerade Luftleitung	31	1	14	17	29
7. Schalldämpfer	**34**	**28**	15	19	29
8. Ventilator	75	–	43	32	**34**

Tab. 17-13 oben ist zu entnehmen, dass der Schalldämpfer zwischen Ventilator (7) und gerader Luftleitung (6) eingebaut werden muss, da dort der geforderte Summenpegel im Raum von 34 dB erstmals überschritten wird.

Der Schalldämpfer sollte den Summenpegel $\sum L_{W\text{okt}} = 29$ dB der Anlage nicht erhöhen, deswegen muss sein Beitrag auf 19 dB begrenzt sein. Damit ergibt sich ein zulässiger Schallleistungspegel für sein Strömungsrauschen von $L_{W\text{okt}} = 34$ dB (vorletzte Zeile Tab. 17-13).

Gefordert sind 34 dB im Raum, deswegen darf der Beitrag des Ventilators nicht über 32 dB steigen, denn zusammen mit den 29 dB der übrigen Komponenten werden nach Pegeladdition 34 dB im Raum eingehalten (letzte Zeile Tab 17-13). Bei einem Schallleistungspegel des Ventilators von $L_{W\text{okt}} = 75$ dB ist eine Summendämpfung $\sum \Delta L_W = 43$ dB erforderlich, was zusammen mit der Dämpfung der übrigen Komponenten von $\sum \Delta L_W = 15$ dB eine Einfügungsdämpfung des Schalldämpfers von $D_E = \Delta L_W = 43 - 15 = 28$ dB ergibt.

Der Unterschied in der Einfügungsdämpfung zur Kurzmethode (Tab. 17-10) beträgt hier 2 dB. Die Kurzmethode würde hier zum Einbau eines zu kleinen Schalldämpfers führen. Sie ist nur dann anwendbar, wenn der Ventilator tatsächlich die einzige Schallquelle darstellt, die den Raumpegel bestimmt. Dazu müsste die Summe der Raumpegel, die durch die übrigen Anlagenkomponenten bedingt sind, mindestens 10 dB unter dem zulässigen Raumpegel, d. h. bei höchstens 24 dB liegen.

17.4 Schalldämmung von Luftleitungen

Das für die Schalldämmung maßgebende Schalldämmmaß R ist für die Luftschalldämmung bereits in Band 1, Kap. 8.7.1 definiert und die Messmethode dargestellt worden. Für verschiedene Werkstoffe sind dort in Kap. 8.7.2 die bewerteten Schalldämmmaße R'_W nach VDI 2571 [20], Anhang B tabellarisch aufgelistet.

Bei frei verlegten Luftleitungen kann Schall in den Raum abgestrahlt oder aus dem lauten Raum über die Wand der Leitung in das Luftleitungssystem übertragen werden. Bei Luftleitungen sind die Schalldämmmaße jedoch unterschiedlich, je nachdem ob der Schall von der Luftleitung in den Raum oder umgekehrt übertragen wird. Hinweise zur Berechnung der Schalldämmmaße und des im Empfängerraum zu erwartenden Schallpegels finden sich in der VDI 2081 [8].

Nach VDI 3733 [11] und ASHRAE [7] wird das Schalldämmmaß R_{ia} für die Schallrichtung *von innen nach außen* folgendermaßen formuliert:

$$R_{ia} = L_{W1} - L_{W2} + 10 \lg \frac{S_K}{S} \text{ in dB} \qquad (17\text{-}46)$$

mit den Schallleistungspegeln L_{W1} in der Luftleitung bzw. L_{W2} im Raum:

$$L_{W1} = L_1 + 10 \lg S \text{ in dB},$$

$$L_{W2} = L_2 + 10 \lg \frac{A_2}{4} \text{ in dB (diffuses Schallfeld im Raum)}.$$

Dabei bedeuten:

$S_K = $ Übertragungsfläche der Leitungswand in m^2,

$S \quad = $ Leitungsquerschnitt in m^2,

$A_2 = $ Absorptionsfläche des Raumes in m^2.

Über das Schalldämmmaß R_{ia} von Luftleitungen mit Schallrichtung von innen nach außen stehen Reihenuntersuchungen für Wickelfalzrohre, Rechteckluftleitungen und Ovalrohre zur Verfügung [7].

Für den Fall der Schallübertragung *von außen nach innen* gilt für das Schalldämmmaß R_{ai}:

$$R_{ai} = L_{W1} - L_{W2} \text{ in dB} \qquad (17\text{-}47)$$

mit

$$L_{W1} + L_1 + 10 \lg \frac{S_K}{4} \text{ in dB}$$

und

$$L_{W2} = L_2 + 10 \lg S \text{ in dB,}$$

wobei hier der Index 1 für den schallabgebenden Raum und der Index 2 für die schallaufnehmende Luftleitung gilt (vgl. Bild 17-45).

Die Minderung des Schallleistungspegels durch Längsdämpfung in der Luftleitung kann bis zu einer Länge von 6 m praktisch vernachlässigt werden.

Beim Wickelfalzrohr nimmt der R_{ia}-Wert mit zunehmender Frequenz ab, während er bei rechteckigen Luftleitungen zunimmt und dabei weitgehend unabhängig vom Seitenverhältnis a/b bleibt. Die Werte für das Oval-Wickelfalzrohr liegen dazwischen (vgl. Bild 17-40).

Da Ventilator- und Strömungsgeräusche ebenfalls mit zunehmender Frequenz abnehmen, können zusätzliche Schalldämm-Maßnahmen dadurch eingespart werden, indem anstelle einer Rechteckluftleitung ein Wickelfalzrohr oder ein Rohr mit Längsfalz bzw. ein Alu-Flexrohr (Flächengewicht 1,3 kg/m^2) eingebaut wird. Die beiden Letzteren haben bei gleichem Durchmesser gegenüber dem Wickelfalzrohr um jeweils ca. 5 dB nach unten verschobene Schalldämmmaße.

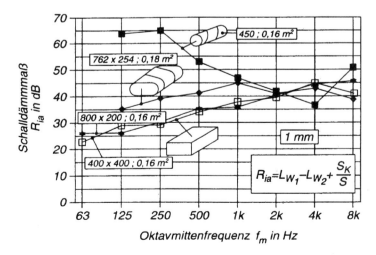

Bild 17-40: Beispiele für Schalldämmmaße für gängige Formen von Luftleitungen nach [8]

17.4.1 Schalldämmmaß Wickelfalzrohr

Schallrichtung von innen nach außen

Das Schalldämmmaß R_{ia} lässt sich nach Reihenuntersuchungen durch folgende Näherungsgleichung beschreiben:

$$R_{ia} = 89 + 20\,\lg{(h/d)} + B + K \quad \text{in dB} \tag{17-48}$$

dabei gilt:

$$B = -17\,\lg{\frac{f_{\text{okt}}}{f_{R\text{-okt}}}} \quad \text{für} \quad 0{,}004 \leq \frac{f_{\text{okt}}}{f_{R\text{-okt}}} \leq 1,$$

$$B = 40\,\lg{\frac{f_{\text{okt}}}{f_{R\text{-okt}}}} \quad \text{für} \quad 1 \leq \frac{f_{\text{okt}}}{f_{R\text{-okt}}} \leq 2{,}5,$$

$$B = 55 \quad \text{für} \quad 2{,}5 \leq \frac{f_{\text{okt}}}{f_{R\text{-okt}}} \leq 4.$$

Hierin bedeuten:

h = Wandstärke in m,

d = Rohrdurchmesser in m,

f_R = $5100/(\pi\,d)$ = Ringdehnfrequenz des Rohres in Hz,

$f_{R\text{-okt}}$ = Oktav-Ringdehnfrequenz in Hz (Tabelle 17-14),

K = Korrektur für Strömungsgeschwindigkeit (Tabelle 17-15).

Tabelle 17-14: Grenzfrequenz f_g und Ringdehnfrequenz f_R in Oktaven

Durchmesser	mm	80	100	125	160	200	250	315	400	500	630	800	1000
$f_{g\text{-okt}}$	Hz	2000			1000			500			250		
$f_{R\text{-okt}}$	Hz	16000			8000			4000			2000		

Tabelle 17-15: Korrekturfaktor K zur Berücksichtigung des Einflusses der Strömungsgeschwindigkeit im Wickelfalzrohr

$f_{\text{okt}}/f_{R\text{-okt}}$		0,008	0,016	0,031	0,063	0,125	0,250	0,5	1	2
5 m/s	dB	−3	−2,7	−2,4	−2,1	−1,8	−1,5			
10 m/s	dB	−6	−5,3	−4,6	−3,9	−3,2	−2,5			
20 m/s	dB	−7,5	−6,7	−5,9	−5,1	−4,3	−3,5			
5–20 m/s	dB							2	2	2

Schallrichtung von außen nach innen

Zur Schalldämmung von außen nach innen liegen nur Einzelergebnisse und theoretische Aussagen vor, die sich auf den Erkenntnissen der Reihenuntersuchung von innen nach außen abstützen. Das Oktav-Schalldämmmaß $R_{ai\text{-okt}}$ kann nur näherungsweise in Abhängigkeit von der Grenzfrequenz der ebenen Welle $f_g = 200/d$ (m) berechnet werden:

$$R_{ai\text{-okt}} = R_{ia\text{-okt}} - \Delta R_{\text{okt}} \quad \text{in dB.} \tag{17-49}$$

Die Korrektur ΔR_{okt} kann Bild 17-41 in Abhängigkeit von der Oktavfrequenz entnommen werden.

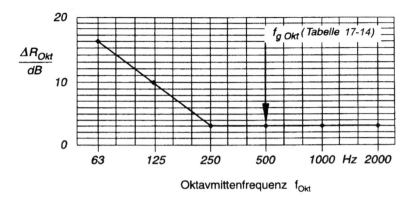

Bild 17-41: Unterschied im Schalldämmmaß zwischen R_{ia} und R_{ai} beim Wickelfalzrohr

17.4.2 Schalldämmmaß Rechteckluftleitung

Schallrichtung von innen nach außen

Die aus Untersuchungen an Rechteckluftleitungen abgeleitete Näherungsgleichung für das Oktav-Schalldämmmaß ist weitgehend unabhängig vom Seitenverhältnis und lautet:

$$R_{ia\text{-okt}} = 20 \lg h + B \text{ in dB} \qquad (17\text{-}50)$$

mit $h =$ Wandstärke in mm

$$B = 12,18 \lg f_{\text{okt}} \quad \text{für} \quad 63 \leq f_{\text{okt}} \leq 4000 \text{ Hz},$$

$$B = 43 \text{ dB} \quad \text{für} \quad 4000 \leq f_{\text{okt}} \leq 10\,000 \text{ Hz}.$$

Im Gegensatz zum Wickelfalzrohr beeinflusst die Strömungsgeschwindigkeit nachweislich nicht das Schalldämmmaß in der Rechteckleitung. Leitungswände ohne oder mit Versteifung zeigen praktisch das gleiche Ergebnis.

Schallrichtung von außen nach innen

Analog zum Wickelfalzrohr wird das Schalldämmmaß R_{ai} mittels ΔR_{okt} (Bild 17-42) ermittelt. Auch hier gilt Gl. (17-49). Dabei hängt das Korrekturmaß ΔR_{okt} im Gegensatz zum Wickelfalzrohr von der Grenzfrequenz der ebenen Welle für Rechteckluftleitungen ($f_{g\text{-okt}} = 170/$größte Kantenlänge in m) und zusätzlich vom Seitenverhältnis a/b ab. Die Grenzfrequenz ist dabei Tabelle 17-16 zu entnehmen.

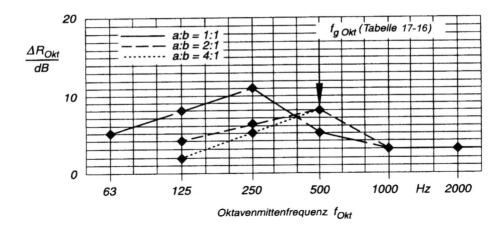

Bild 17-42: Unterschied im Schalldämmmaß zwischen R_{ia} und R_{ai} bei Rechteckluftleitungen nach [8]

Tabelle 17-16: Grenzfrequenz $f_{g\text{-okt}}$ für Rechteckluftleitungen in Oktaven, a = größte Kantenlänge nach [8]

$f_{g\text{-okt}}$	Hz	63	125	250	500	1000	2000
a	mm	3778 bis 1889	1888 bis 945	944 bis 479	478 bis 239	238 bis 121	120 bis 61

17.4.3 Schallabstrahlung und Schalleinstrahlung über die Wand von Luftleitungen

Hier handelt es sich um die Berechnung des Schallpegels im Empfängerraum, wobei drei Fälle betrachtet werden sollen: Schallabstrahlung aus einer Luftleitung, Schalleinstrahlung in eine Luftleitung und Schallübertragung zwischen zwei Räumen durch eine geschlossene Luftleitung.

Schallabstrahlung aus einer Luftleitung (Bild 17-43)

Hier ergibt sich der Schallpegel L_2 im Raum zu:

$$L_2 = L_{W1} - R_{ia} + 10 \lg \frac{S_K}{S\,A_2} + K_0 - 3 \text{ dB} \qquad (17\text{-}51)$$

mit K_0 = Raumwinkelmaß nach Bild 17-44.

In Gl. (17-51) wird angenommen, dass nur die Hälfte ($= L_{W1} - 3$ dB) des in der Luftleitung anstehenden Schallleistungspegels L_{W1} in den Raum übertragen wird.

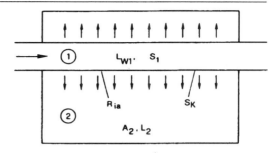

Bild 17-43: Schallabstrahlung von einer Luftleitung in den Raum

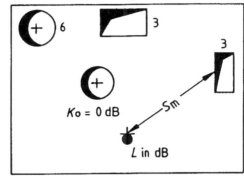

Bild 17-44: Raumwinkelmaß K_0 für unterschiedlichen Verlauf der Luftleitung im Raum (gilt auch für runde Luftleitungen)

Schalleinstrahlung in eine Luftleitung (Bild 17-45)

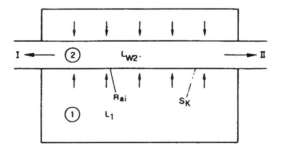

Bild 17-45: Schalleinstrahlung in eine Luftleitung

Für den Schallleistungspegel L_{W2} in der Luftleitung folgt:

$$L_{W2} = L_1 - R_{ai} + 10 \lg S_K - 3 \text{ dB}. \tag{17-52}$$

In Gl. (17-52) ist L_{W2} zur Bestimmung der in Richtung I und II abgestrahlten Schallleistung entsprechend den Leitungsquerschnitten I und II aufzuteilen.

Schallübertragung zwischen zwei Räumen durch eine geschlossene Luftleitung (Bild 17-46)

Dabei ermittelt man den Schallpegel L_3 im Raum 3 zu:

$$L_3 = L_1 - R_{ai} - R_{ia} + 10 \lg \frac{S_{K1} S_{K3}}{S_2 A_3} + K_0 - 6 \text{ in dB} \tag{17-53}$$

mit

L_1, L_3 = Schallpegel im Raum in dB,

S_{K1}, S_{K3} = Übertragungsfläche der Luftleitung in Raum 1 bzw. Raum 3 in m^2,

S_2 = Kanalquerschnitt in m^2,

A_3 = Absorptionsfläche von Raum 3 in m^2.

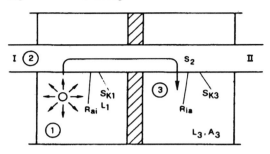

Bild 17-46: Schallübertragung zwischen zwei Räumen durch eine geschlossene Luftleitung

In Gl. (17-53) ist angenommen, dass der von außen in die Leitung eingestrahlte Schallleistungspegel L_{W2} in der Luftleitung nur zur Hälfte in Richtung Raum 3 übertragen wird und ferner davon wiederum nur die Hälfte über die Wand der Leitung in den Raum 3 gelangt.

Gl. (17-53) gilt nur dann, wenn die Nebenwegübertragung über die Kanalwand selbst vernachlässigbar ist. In kritischen Fällen wird empfohlen, die Körperschallübertragung zu unterbrechen (geeignete Flanschverbindung o. ä. in der Ebene der Raumtrennwand).

Beispiel 17-8: Vergleich der Schallabstrahlung Wickelfalzrohr — Rechteckluftleitung mit gleicher Querschnittsfläche in einen Raum

gegeben:
Querschnittsfläche $S = 0{,}096$ m^2
Blechstärke $h = 0{,}6$ mm
Leitungslänge im Raum $L = 5$ m, in der Raumecke verlegt
Luftgeschwindigkeit in der Leitung $v = 5{,}2$ m/s
Absorptionsfläche des Raumes $A_2 = 8$ m^2
Schallleistungspegel in der Leitung $L_{W1\text{-okt}} = 86$ dB

ermittelt werden:
die Schalldämmmaße R_{ia} in dB von innen nach außen

die Schallpegel im Raum L_2 in dB

S in m^2	d in m	a in m	b in m	$\dot{V}$ in m^2/h	v in m/s	h in mm
0,096	0,350	0,2	0,48	1800	5,2	0,6

f_R in Hz	$f_{R\text{-okt}}$ in Hz	S_{KR} in m^2	S_{KK} in m^2	L in m	A_2 in m^2	K_0 in dB
4643	4000	5,49	6,8	5,0	8,0	6

Wickelfalzrohr:

f_{okt}	63	125	250	500	1000	2000	4000	8000
L_{W1} in dB	86	86	86	86	86	86	86	86
B in dB	30,7	25,6	20,5	15,4	10,2	5,1	0,0	12,0
K in dB	−2,7	−2,4	−2,1	−1,8	−1,5	2	2	2
R_{ia} in dB	62	57	52	47	42	41	36	48
L_2 in dB	36	41	45	50	55	57	62	50

Rechteckluftleitung:

f_{okt}	63	125	250	500	1000	2000	4000	8000
L_{W1} in dB	86	86	86	86	86	86	86	86
B in dB	21,9	25,5	29,2	32,9	36,5	40,2	43,0	43,0
R_{ia} in dB	18	21	25	28	32	36	39	39
L_2 in dB	81	77	74	70	66	63	60	60

Das Ergebnis zeigt in Übereinstimmung mit Bild 17-40 einerseits im niedrigen Frequenzbereich die wesentlich höheren Schalldämmwerte des Wickelfalzrohres mit bis 4 kHz abnehmender Tendenz, während andererseits die geringere Schalldämmung der Rechteckluftleitung mit steigender Frequenz stetig zunimmt.

17.5 Körperschallisolierung

Die Schallausbreitung in einem festen Medium oder an dessen Oberfläche bezeichnet man als *Körperschall*. Da die Körperschallausbreitung in einem homogenen, starren Baukörper nur mit geringen Verlusten behaftet ist, ist die Körperschall*dämpfung* klein, so dass in größeren Entfernungen noch hohe Luftschallpegel abgestrahlt werden können.

Ist die Homogenität des fortleitenden Körpers durch eine elastische Zwischenschicht gestört, so können erhebliche Reflexionen zurück zur Schallquelle auftreten, die sich jenseits der Zwischenschicht als hohe Körperschall*dämmung* bemerkbar machen. Besonders diesen Effekt macht man sich bei der Körperschallisolierung zunutze.

17.5.1 Das einfache Schwingungssystem

Körperschall kann durch Luftschall entstehen, der auf schwingfähige Körper auftrifft und diese zu Schwingungen anregt. In der Praxis häufiger und bedeutungsvoller ist jedoch die Körperschallentstehung durch rhythmische, stoßartige Krafteinwirkung auf feste Körper. Verursachende Kräfte sind u. a. Restunwuchten von Motoren, Ventilatoren, Pumpen oder Stöße auf dem Fußboden, wie sie beim Gehen durch die Schuhe verursacht werden (*Trittschall*[1]).

Ist der zu Schwingungen angeregte Körper gegen seine Unterlage elastisch gelagert, so handelt es sich physikalisch um ein mehr oder weniger stark gedämpftes Masse-Federsystem mit maximal 6 Freiheitsgraden. Diese erlauben *Translationsschwingungen* längs der 3 Normalachsen x, y, z eines räumlichen Koordinatennetzes, dessen Nullpunkt im Schwerpunkt des Körpers liegt, und *Rotationsschwingungen* um diese Achsen.

Durch mathematische Beziehungen lassen sich die Kräfte, Bewegungen und Eigenfrequenzen des Schwingsystems berechnen [32], [34]. Im Rahmen dieses Handbuches können jedoch nur die wichtigsten Ergebnisse der auf die Vertikalachse bezogenen Translationsschwingung angeführt werden.

---

[1] Die spezielle Problematik des Trittschalles wird in dem Abschnitt 17 nicht behandelt. Es wird verwiesen auf DIN 4109 [33] und DIN EN ISO 140 [38].

Bild 17-47 veranschaulicht dieses vereinfachte Schwingungssystem.

Bei einmaliger stoßartiger Anregung schwingt die Masse m mit der *Eigenfrequenz* f_0. Je nach der Größe der vorhandenen Dämpfung klingt diese Schwingung mehr

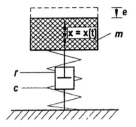

m	schwingfähige Masse	r	Dämpfungskonstante
x	Schwingweg	c	Federkonstante oder Federsteifigkeit
t	Zeit	e	Einfederung bei ruhender Masse

Bild 17-47: Gedämpfte Schwingung eines Masse-Federsystems.

oder weniger schnell ab. Die Eigenfrequenz ist vom Zusammendrücken der Feder bei ruhender Belastung, der sog. statischen Einfederung e, abhängig.

$$f_0 = \frac{1}{2\,\pi} \sqrt{\frac{g}{e}}, \tag{17-54}$$

worin g die Erdbeschleunigung ist.

Ersetzt man e nach Gl. (17-55)

$$e = \frac{m\,g}{z\,c} \tag{17-55}$$

durch die Masse m, die Federkonstante c und die Anzahl gleichmäßig belasteter Federn z, so kann die Eigenfrequenz auch berechnet werden aus:

$$f_0 = \frac{1}{2\,\pi} \sqrt{\frac{z\,c}{m}}. \tag{17-56}$$

Gl. (17-54) lässt erkennen, dass eine kleine Einfederung e eine große Eigenfrequenz, eine große Einfederung eine kleine Eigenfrequenz bewirkt.

Aber auch die schwingfähige Masse m beeinflusst die Eigenschwingungszahl, wie Gl. (17-56) zeigt. Vergrößerung von m reduziert f_0 und umgekehrt.

Bei Verwendung einer elastisch federnden flächigen Unterlage zur Schwingungsisolierung ist $z = 1$ zu setzen und die Federsteifigkeit c aus dem dynamischen Elastizitätsmodul E zu berechnen:

$$c = \frac{E\,S}{d}, \tag{17-57}$$

wobei: S belastete Plattenfläche (gleichmäßige Belastung vorausgesetzt),
d Plattendicke.

Der gedämpfte[1] Schwingungsvorgang wird durch die Differentialgleichung (17-58) beschrieben:

$$m\frac{\mathrm{d}^2x}{\mathrm{d}t} + r\frac{\mathrm{d}x}{\mathrm{d}t} + c\,x = F_E \sin 2\,\pi\,f\,t. \tag{17-58}$$

---

[1] Geschwindigkeitsproportionale Dämpfung wird vorausgesetzt.

F_E ist die Amplitude der mit Frequenz f wirkenden Erregerkraft, t die Zeit, x der Weg und r die Dämpfungskonstante. Aus der Lösung dieser Differentialgleichung kann die *relative Kraftübertragung U* in das Fundament als Quotient aus Erregerkraft-Amplitude F_E und Fundamentkraft-Amplitude F_F berechnet werden:

$$U = \frac{F_F}{F_E} = \sqrt{\frac{1 + 4D^2\,(f/f_0)^2}{[(f/f_0)^2 - 1]^2 + 4D^2\,(f/f_0)^2}} \tag{17-59}$$

f Erregerfrequenz,
f_0 Eigenfrequenz.

In dem dimensionslosen Parameter D sind die Materialkonstanten m, r, c mit der Bezeichnung *Dämpfungsmaß D* zusammengefasst:

$$D = \frac{r}{2}\sqrt{\frac{1}{m\,c}} = \frac{r}{4\,\pi\,m\,f_0}. \tag{17-60}$$

Die Gl. (17-59) ist in Bild 17-48 dargestellt. Das auf der Abszisse aufgetragene Verhältnis Erregerfrequenz/Eigenfrequenz f/f_0 bezeichnet man als *Abstimmungsverhältnis*.

Das Diagramm zeigt, dass bei ungedämpfter Schwingung, $D = 0$, die Kräfte auf das Fundament unendlich groß werden, $U = F_F/F_E \rightarrow \infty$, wenn das Abstimmungsverhältnis $f/f_0 = 1$ ist; wählt man dagegen bei der Dimensionierung des Schwingungsdämpfers f_0 so, dass der Quotient $f/f_0 > 1$ ist, so nehmen die Fundamentkräfte sehr schnell ab und betragen für $f/f_0 > 3$ weniger als 10% der Erregerkraft.

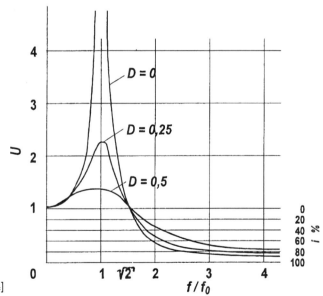

Bild 17-48: Relative Kraftübertragung U einer Schwingung mit dem Abstimmungsverhältnis f/f_0 auf das Fundament nach [34]

Bei vorhandener Dämpfung, z. B. $D = 0,25$ ergibt sich ein ähnlicher Verlauf, jedoch beträgt die Fundamentkraft im ungünstigsten Falle nur das 2,2fache der Erregerkraft, allerdings ist sie bei Abstimmungsverhältnissen $f/f_0 > \sqrt{2}$ geringfügig größer gegenüber vergleichbaren Werten der Kurve $D = 0$.

Die Darstellung zeigt, dass man für Abstimmungsverhältnisse $f/f_0 > \sqrt{2}$ eine Isolierwirkung erhält, d. h. die Fundamentkräfte sind kleiner als die Erregerkräfte. Für diesen Bereich lässt sich der *Isoliergrad i* definieren:

$$i = 1 - U \text{ oder in Prozent, } i = (1 - U)\,100\ \%, \tag{17-61}$$

der auf der rechten Ordinate des Bildes 17-48 aufgetragen ist.

Ist der Dämpfungsgrad $D = 0$, so kann i auch unmittelbar aus dem Abstimmungsverhältnis f/f_0 berechnet werden:

zunächst liefert Gl. (17-59) für diesen Fall:

$$U = \frac{1}{(f/f_0)^2 - 1}$$

und mit Gl. (17-61) erhält man für den Isoliergrad ohne Dämpfung:

$$i = \frac{(f/f_0)^2 - 2}{(f/f_0)^2 - 1} \tag{17-62}$$

oder, wenn man den Isoliergrad vorschreibt, ergibt sich hieraus eine notwendige Forderung für die erforderliche Eigenfrequenz (bei $D = 0$):

$$f_0 = f \sqrt{\frac{i - 1}{i - 2}}. \tag{17-63}$$

17.5.2 Anwendung und Ausführung

17.5.2.1 Auslegung der Schwingungsisolatoren

Um in der Praxis eine ausreichende Körperschallisolierung zu erhalten, sollte ungefähr ein Isoliergrad $i \geq 0,8$ erreicht werden. Hierzu sind bei geringer Dämpfung $D = 0,25$ Abstimmungsverhältnisse $f/f_0 \geq 3$ und bei größerer Dämpfung $D > 0,25$ Abstimmungsverhältnisse $f/f_0 > 4$ erforderlich (Bild 17-48).

Da die Erregerfrequenz durch Motor- und Maschinendrehzahlen in der Regel fest vorgegeben ist, kann man diese Bedingungen durch eine entsprechende Festlegung der Eigenschwingungszahl f_0 erfüllen. Wie aus den Gln. (17-54), (17-56) hervorgeht, ist dies durch sinnvolle Wahl der Größen e, c, m möglich. Falls mehrere Erregerfrequenzen f einwirken, so ist die *kleinste* maßgebend. Die Festlegung der Eigenfrequenz im Vergleich zur Erregerfrequenz bezeichnet man als *Abstimmung* des Systems.

Beispiel 17-9: Es ist eine Ventilatoreinheit mit Antriebsmotor und Fundamentplatte gegen Körperschallübertragung auf den Baukörper zu isolieren.

Ventilatorgewicht	$G_1 = 2257$ N
Gewicht Antrieb und Motor	$G_2 = 2040$ N
Gewicht Fundamentplatte	$G_3 = 3060$ N
Motordrehzahl	$n_1 = 1450$ min^{-1} = 24,17 Hz
Ventilatordrehzahl	$n_2 = 720$ min^{-1} = 12 Hz

Lösung:

Es sind Stahlfeder-Isolatoren vorgesehen, deren Dämpfung $D \approx 0$ angenommen werden kann. Der Isoliergrad soll $i = 0,8$ betragen.

a) Bestimmung der erforderlichen Eigenfrequenz

Gl. (17-63) liefert für die maßgebende kleinste Erregerfrequenz $f_2 = n_2 = 12$ Hz die erforderliche Eigenfrequenz:

$$f_0 = f_2 \sqrt{\frac{i - 1}{i - 2}} = 12 \cdot \sqrt{\frac{0,8 - 1}{0,8 - 2}} \text{ Hz} = 4,9 \text{ Hz}.$$

Hätte man bei anderen Isolatoren $D \neq 0$ annehmen müssen, so wäre f_0 über das oben empfohlene Abstimmungsverhältnis $f/f_0 \geq 3$ bzw. $f/f_0 \geq 4$ nur ungefähr zu bestimmen gewesen:

$f_0 \approx f_2/3 = 12/3\,\text{Hz} = 4\,\text{Hz}$ bei geringer Dämpfung bzw.

$f_0 \approx f_2/4 = 12/4\,\text{Hz} = 3\,\text{Hz}$ bei großer Dämpfung.

b) Bestimmung der erforderlichen Einfederung

Die Auflösung der Gl. (17-54) nach e schreibt die notwendige Einfederung bei der berechneten Eigenfrequenz vor:

$$e = \frac{g}{(2\,\pi\,f_0)^2} = \frac{9{,}81}{(2\,\pi\,4{,}9)^2}\ \text{m} = 0{,}01035\ \text{m} = 1{,}04\ \text{cm}$$

c) Bestimmung der erforderlichen Federkonstante

Aus Gl. (17-55) kann die Federkonstante c der Isolatoren berechnet werden, wenn man die Anzahl z der Federn festlegt. In unserem Falle sollen $z = 6$ gleichmäßig belastete Federn eingesetzt werden. Es ist dann:

$$c = \frac{m\,g}{z\,e}.$$

Die schwingfähige Masse besteht aus Ventilator, Antrieb, Motor und Fundamentplatte:

$$m = G/g = \frac{G_1 + G_2 + G_3}{g}$$

und damit

$$c = \frac{(G_1 + G_2 + G_3)g}{g\,z\,e} = \frac{G_1 + G_2 + G_3}{z\,e}$$

$$c = \frac{2257 + 2040 + 3060}{6 \cdot 0{,}01035}\ \text{N/m} = 118\,427\ \text{N/m} = 118{,}4\ \text{N/mm}.$$

Es sind also 6 Federn mit $c \approx 118\ \text{N/mm}$ zu verwenden.

Für die praktische Anwendung liefern zahlreiche Hersteller von Schwingungsisolatoren Auslegungsdiagramme, die die Berechnung wesentlich vereinfachen.

Diese Auslegungsdiagramme berücksichtigen den tatsächlichen Dämpfungsgrad D des Isolators. Grundlage der Diagramme sind die Gln. (17-59) und (17-61), die durch Elimination der Größe U zu einer Gleichung zusammengezogen werden.

Bild 17-49 zeigt beispielhaft das Auslegungsdiagramm für Gummi-Isolatoren aus einer weichen Gummiqualität bei Druckbeanspruchung (vgl. Bild 17-51a).

Die Anwendung des Diagramms wird in Beispiel 17-10 erläutert.

Beispiel 17-10: Gegeben sind gleiche Einrichtung und Daten wie in Beispiel 17-9, jedoch sei die Ventilatordrehzahl $n_2 = 1200\ \text{min}^{-1} = 20\ \text{Hz}$.

Lösung:

Es sollen 4 gleichmäßig belastete Gummi-Isolatoren mit Kennlinien nach Bild 17-49 vorgesehen werden.

Für den Einstieg in Diagramm Bild 17-49 werden benötigt:

Erregerfrequenz (Minimum von f_1, f_2)

$f_2 = 20\ \text{Hz}$ (waagrechte Linie I mit Pfeil von rechts nach links)

Belastung

$$M = \frac{m}{z} = \frac{G_1 + G_2 + G_3}{g\,z} = \frac{2257 + 2040 + 3060}{9{,}81 \cdot 4}\ \text{kg} = 187{,}5\ \text{kg}$$

(waagrechte Linie II mit Pfeil von links nach rechts).

Die Linie II schneidet die von der Belastbarkeit her in Frage kommenden Kennlinien der Isolator-Typen A, B, C in den Punkten 1, 2, 3. Die Senkrechten hierdurch ergeben mit der Linie I die Schnittpunkte a, b, c, welche die erreichbaren Isoliergrade kennzeichnen:

Typ A Isoliergrad $i_a < 50~\%$
Typ B Isoliergrad $i_b = 72~\%$
Typ C Isoliergrad $i_c = 82~\%$

Entscheidet man sich für eine dieser Typen, z. B. Typ C, so ist die Auslegung damit abgeschlossen.

Falls die statische Einfederung und die Eigenfrequenz noch interessieren, so werden diese Größen senkrecht unter Punkt c auf der Abszisse gefunden (gestrichelte Linie III):

$e = 5$ mm, $f_0 = 7{,}8$ Hz.

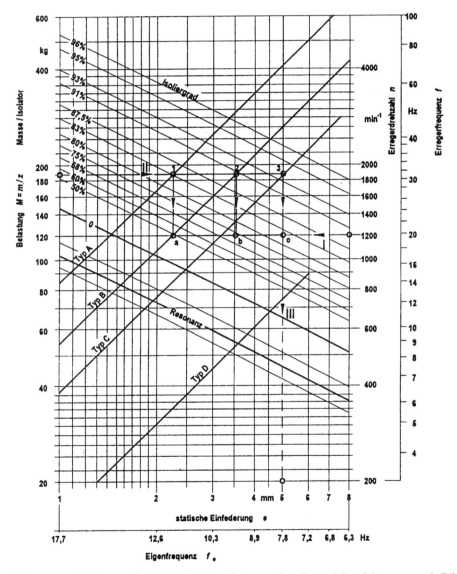

Bild 17-49: Auslegungsdiagramm für druckbeanspruchte Gummi-Rundelemente nach Bild 17-51a aus Gummiqualität a nach [36]

Man sollte beachten, dass dem Einsatzbereich der verschiedenen Isolatoren im Hinblick auf ausreichende Isoliergrade Grenzen durch niedrige Erregerfrequenzen gesetzt sind. Wäre im Beispiel 17-10 die Ventilatordrehzahl $n_2 = 720 \text{ min}^{-1} = 12$ Hz gewesen, so hätten die Isolatoren des Bildes 17-49 keine befriedigende Isolierwirkung ergeben ($i < 50$ %).

Diese Feststellung kann sinngemäß generell für alle Körperschallisolatoren getroffen werden. In erster Näherung kann man sich für die Materialauswahl des Isolators an den Grenzwerten der Tabelle 17-17 orientieren:

Tabelle 17-17: Vorauswahl der Isoliermaterialien in Abhängigkeit der kleinsten Erregerfrequenz f

Erregerfrequenz	mögliche Isolierung durch
$f > 7$ Hz	Federelemente
$f > 12$ Hz	Gummielemente, schubbeansprucht
$f > 15$ Hz	Gummielemente, druckbeansprucht
$f > 30$ Hz	Gummiplatten
$f > 50$ Hz	Korkplatten

17.5.2.2 Ausführung und Einbau der Schwingungsisolatoren

Auf dem Markt werden die Schwingungsisolatoren in unterschiedlichster Ausführung angeboten. Besonders vielfältig sind die Konstruktionen der Gummi-Isolatoren. In der Regel wird die elastische Gummischicht ein- oder beidseitig auf Metallplatten aufvulkanisiert (daher auch die Bezeichnung Gummi-Metall-Isolator). Die Metallplatten dienen einerseits zur Befestigung an der schwingfähigen Masse, andererseits zur Halterung an der ruhenden Unterlage. Die Beanspruchung des Gummis darf nur auf Schub oder Druck, keinesfalls auf Zug erfolgen. In den nachfolgenden Bildern 17-50 bis 17-54 werden einige Konstruktionen aus unterschiedlichen Materialien gezeigt.

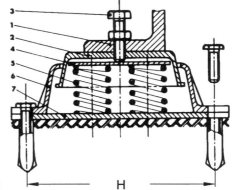

1 Maschinenfuß
2 Oberteil des Isolators
3 Stellschraube mit Gegenmutter
4 Federplatte
5 Federeinsatz
6 Mantelteil
7 Grundplatte
H Hülsensteinschraube ermöglicht leichteren
   Ein- und Ausbau des Avibrators

Bild 17-50: Stahlfederisolator, höhenverstellbar [35]

Die gezeigten Isolatoren werden meist zur Körperschall-Isolierung von Maschinen-, Ventilator-, Pumpen- und Kältemaschinenfundamenten verwendet.

Zur Trittschallisolierung des Fertig-Fußbodenaufbaues gegen den Rohfußboden werden Mineralfaser- oder Styroporplatten verwendet (Bild 17-55). Bei der Ausführung ist streng darauf zu achten, dass in die Stoßfugen der Isolierplatten kein Mörtel oder

Estrich läuft und Körperschallbrücken zur Rohdecke bildet. Auf der Rohdecke verlegte Leitungen dürfen die Isolierschicht nicht durchbrechen.

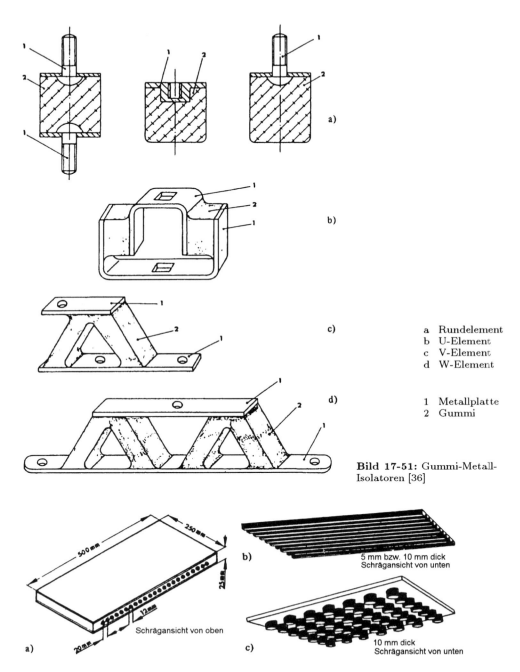

a   Rundelement
b   U-Element
c   V-Element
d   W-Element

1   Metallplatte
2   Gummi

Bild 17-51: Gummi-Metall-Isolatoren [36]

5 mm bzw. 10 mm dick
Schrägansicht von unten

10 mm dick
Schrägansicht von unten

Schrägansicht von oben

Bild 17-52: Gummiplatten [36]
a Platte mit Luftröhren   b Rippenplatte   c Warzenplatte

Besondere Gefahr der Körperschalleinleitung in das Bauwerk besteht bei Wand- und Deckendurchführungen und -befestigungen der Kanäle und Rohrleitungen. Die Bilder 17-56 bis 17-58 zeigen einige technisch einwandfreie Lösungen, die leider in der Praxis nicht konsequent genug ausgeführt werden.

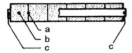

Bild 17-53: Korkplatte mit Metallbandeinfassung
a Klebefläche
b Korkstreifen verklebt
c umschließendes Metallband

Bild 17-54: Längsdämmbügel aus Federstahl [36]

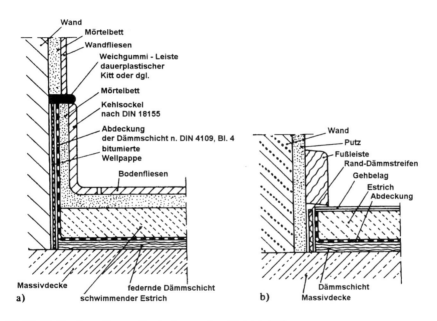

Bild 17-55: Fußbodenaufbau mit schwimmendem Estrich [33]
a in Nassräumen   b in Trockenräumen

17.5.3 Montagefehler

In diesem Abschnitt sollen einige Hinweise auf häufig vorkommende Montagefehler gegeben werden.

Bei der Schwingungsisolierung ist strengstes Gebot:

Keine Körperschallbrücken über den Isolierkörper hinweg herstellen!

Gegen dieses Gebot wird oft aus Unwissenheit und Nachlässigkeit bei der Ausführung verstoßen.

- Falsch ist es, wenn Isolatoren durch die Befestigungsschraube überbrückt werden (Bild 17-59).

- Falsch ist es, wenn Betonreste eines betonierten Maschinen-Grundrahmens die Isolierschicht überbrücken oder das Metallband einer Korkplatte nach Bild 17-60 verrutscht und Grundrahmen und Baukörper starr verbindet. Dieses Band wird nach der Montage am besten entfernt.

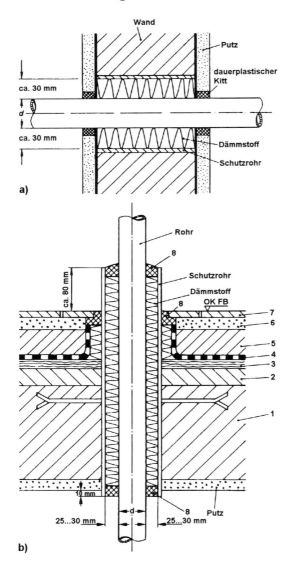

1 Massivdecke
2 Gefälleestrich
3 Dämmschicht
4 Dichtung
5 schwimmender Estrich
6 Mörtelbett
7 Bodenfliesen
8 dauerplastischer Kitt

Bild 17-56: Körperschallisolierte Durchführungen [37]
a Wanddurchführung eines Rohres
b Deckendurchführung eines Rohres durch eine Decke mit Fliesenbelag auf schwimmendem Estrich

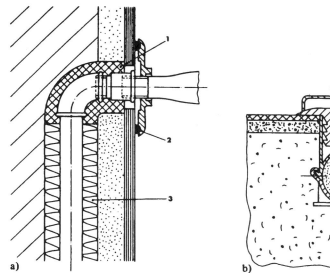
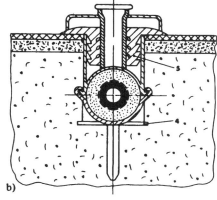

Bild 17-57: Körperschallisolierter Armaturenanschluss
a mit Korkschale [37]   b Missel-Schalldämpfer mit Unterputzdose
   1 Kork- oder Kunststoffmantel   4 Unterputzdose, angedübelt
   2 Gummirollring   5 Gummielement mit Scheibe für Rosettenauflage
   3 Dämmstoff

- Falsch ist es, wenn die Zu- und Ableitungen eines schwingungsisoliert aufgestellten Gerätes starr angeschlossen werden. Sie sind durch elastische, mediumdichte Zwischenstücke vom Gerät zu trennen.

  Beispiele sind: elastische Stutzen an Ventilatoranschlüssen, Gummi- und Metallkompensatoren an Pumpen und Kältemaschinen-Anschlüssen, Metallschlauchverbindungen an Druckluftkompressoren usw.

- Falsch ist es, wenn der Elektriker die Stromleitungen durch starres, überbrückendes Schutzrohr zuführt (Bild 17-61).

- Falsch ist es, wenn die einzelnen Isolatoren einer Maschine unterschiedlich stark einfedern. Es sind dann die Positionen der Isolatoren falsch gewählt oder falls diese nicht geändert werden können, müssen sie durch Isolatoren mit anderer Federsteifigkeit ausgetauscht werden, damit die Einfederung bei allen gleich wird.

Die Anzahl möglicher Montagefehler ist unbegrenzt; hier sind nur einige häufig vorkommende Störungsursachen behandelt. Weitere Beispiele wurden von *Baade* [40] beschrieben.

17.5.4 Körperschallmessungen

Für Körperschallmessungen kann ein Handmessgerät verwendet werden. Das Luftschallmikrofon wird durch einen *Schwingungsaufnehmer*, ein sog. *Körperschallmikrofon* ersetzt. Da verschiedene physikalische Größen interessieren, wird durch ein Zwischenglied, den sog. *Integrator*, die Möglichkeit geschaffen, den *Weg*, die *Geschwin-*

digkeit und die *Beschleunigung* der Schwingung zu messen. Ein Prinzipschaltbild des Messaufbaues zeigt Bild 17-62.

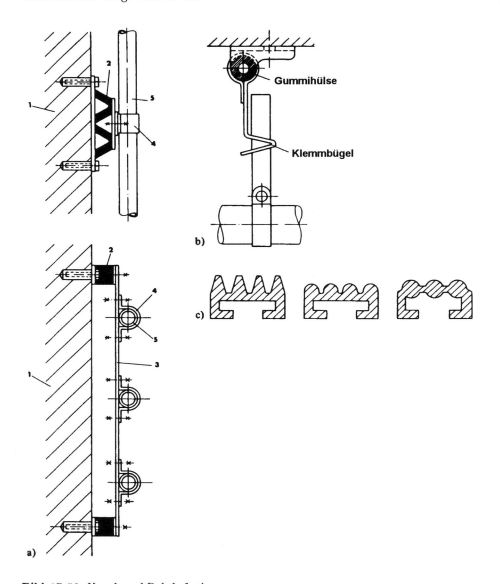

Bild 17-58: Kanal- und Rohrbefestigungen
a Kanal- oder Rohrschienen für Wandbefestigung mit Gummielementen [37]
    1 Wand   4 Rohrschelle
    2 Gummi-Metallelement   5 Rohr
    3 Befestigungsschiene
b Dipa-Schelle mit Gummihülse
c Profilgummi als Schelleneinlage

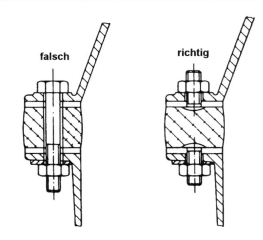

Bild 17-59: Richtiger und falscher Einbau
von Gummi-Metallelementen [34]

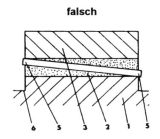
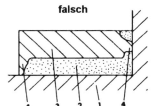
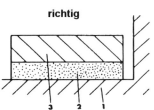

Bild 17-60: Richtig und falsch isolierter Beton-Grundrahmen
1 Baukörper   4 Betonreste   } Körperschall-
2 Isolierschicht   5 Metallband verrutscht   } brücke
3 Beton-Grundrahmen   6 Aufbeton in Nassräumen

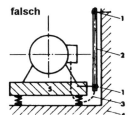
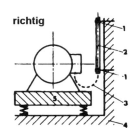

Bild 17-61: Richtige und falsche Stromzuleitung durch Stahlpanzerrohr
1 Rohrschelle   4 Baukörper
2 Stahlpanzerrohr   5 Grundrahmen der schwingenden Maschine
3 Elektroleitung

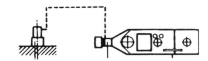

Bild 17-62: Körperschallmesseinrichtung

Der piezoelektrische Schwingungsaufnehmer wird auf der zu untersuchenden Fläche aufgeklebt, geschraubt oder magnetisch gehalten. Nach erfolgter Kalibrierung kann entsprechend der Einstellung des Integrators die gewünschte Größe auf einer auswechselbaren Messgeräteskala sofort abgelesen werden.

Da für die Umwandlung des Körperschalles in Luftschall die *Schwinggeschwindigkeit* (auch Schallschnelle genannt) maßgebend ist, genügt es, meist nur diese Größe zu messen.

Die von schwingungsisolierten Maschinen auf den Baukörper übertragenen Schwinggeschwindigkeiten w sollten bei Komfortanlagen

$$w \leq 0{,}02 \text{ mm/s}$$

sein. Sind die schwingenden Geräte nicht unmittelbar gegen den starren Baukörper isoliert, sondern gegen die schwimmende Estrichplatte einer Fußbodenkonstruktion, so können auf der Estrichplatte Schwinggeschwindigkeiten

$$w \leq 0{,}3 \text{ mm/s}$$

zugelassen werden.

Zur Durchführung zuverlässiger Körperschallmessungen gehört eine ebenso große Erfahrung wie dies bei Luftschallmessungen erforderlich ist. Der vorstehende Abschnitt ist als kurze Einführung zu verstehen. Probleme, wie Auswahl, Anpassung und Befestigung des Schwingungsaufnehmers wurden hier nicht behandelt.

17.6 Praktische Empfehlungen

In diesem Abschnitt sollen einige Hinweise gegeben werden zur Beurteilung, Messung und Beseitigung unzulässig hoher Anlagengeräuschpegel.

17.6.1 Beurteilung der Sollpegel und Raumzuordnungen

Hinweise über zulässige Geräuschpegel in den verschiedensten Räumen oder im Freien an den Grenzen zum Nachbarn sind in Band 1 gegeben. Oft sind die akustischen Grenzwerte auch vom Bauherrn vorgegeben.

Oft kann sich der Projektingenieur keine rechte Vorstellung von der Bedeutung der Zahlenwerte und dem Schwierigkeitsgrad, sie zu erfüllen, machen.

Deswegen sei hier beispielhaft herausgestellt, ein akustischer Sollpegel für Aufenthaltsräume im Bereich von:

30 dB(A) ist sehr streng und erfordert große Sorgfalt bei der Projektierung,

50 dB(A) ist ein Wert, der relativ leicht erfüllt werden kann.

Grundsätzlich kann man sagen, dass für die Einhaltung jeder akustischen Forderung bestimmte bautechnische Voraussetzungen, insbesondere hinsichtlich der Luftschalldämmung, erfüllt sein müssen.

Bezüglich der Grundrissplanung gilt die allgemeine Forderung:

Räume mit sehr hohen Geräuschpegeln sollten möglichst weit von solchen mit geringen Pegeln entfernt sein!

Bei sehr strengen akustischen Forderungen muss daher besonders auf die *Zuordnung der Maschinenräume* (Heiz-, Klima-, Kältezentrale, Pumpenstationen usw.) *zu den Nutzräumen* geachtet werden. Wenn z. B. in einem Bauplan die Intensivpflegeräume eines Krankenhauses, für die eine Sollforderung von 30 dB(A) besteht, unmittelbar unter der Pumpenstation und Klimazentrale angeordnet sind, dann liegt ein Planungsfehler des Architekten vor. Der Projektingenieur hat in diesem Falle sicher keinen Einfluss mehr auf die Planung, er sollte aber den Architekten schriftlich auf die schwierige Situation aufmerksam machen und die Hinzuziehung eines Akustikers, der die baulichen Voraussetzungen überprüft, unbedingt verlangen. Probleme, die dabei zu berücksichtigen sind, wurden von *Hartmann* [41] bis [44] behandelt.

17.6.2 Durchführung der Messungen

Voraussetzung für eine zuverlässige Messung ist der einwandfreie *Zustand der Messgeräte*. Dies ist eine Selbstverständlichkeit, die aber keinesfalls immer erfüllt ist. Gerade wenn die relativ teuren akustischen Messgeräte von mehreren Personen benutzt werden, kann der Zustand der Geräte sehr leiden.

Hauptkontrollen sollten im Rhythmus von 1 bis 2 Jahren in den Labors der Gerätehersteller oder durch neutrale Prüfstellen, z. B. Physikalisch-Technische Bundesanstalt in Braunschweig, vorgenommen werden.

Zu Beginn jeder Messung sind die Geräte nach Firmenvorschrift zu *kalibrieren*. Am Ende jeder Messung ist zu kontrollieren, ob die Kalibrierung stabil geblieben ist.

Während der Messung darf die Aufmerksamkeit nicht nur der Anzeige des Instrumentes geschenkt werden, sondern es müssen ständig alle möglichen *Nebengeräusche* (Autos, Flugzeuge, Aufzüge usw.) beachtet werden.

Der *gemessene* Summenpegel (Einwertanzeige) sollte bei gleichförmigen Geräuschen um maximal ±1 dB von dem aus den spektralen Anteilen (Oktav- bzw. Terzbandpegel) errechneten Summenpegel abweichen. Mit einiger Übung kann diese *Kontrolle* überschlägig als Kopfrechnung gleich an Ort und Stelle durchgeführt werden (siehe Band 1, Abschnitt 8.3).

17.6.3 Ermittlung der Geräuschübertragung

Bei Ermittlung der Störgeräusch-Übertragung kann oft nicht gleich festgestellt werden, ob die Schallübertragung *durch die Luftkanäle oder durch Nebenwege*, z. B. mangelhafte Luftschalldämmung zwischen Nutzraum und Gerätezentrale erfolgt. Diese Frage kann mit einiger Sicherheit geklärt werden, wenn man den Geräuschpegel in der Zentrale auf Tonband aufnimmt und das Band bei abgeschalteter Anlage mit gleicher Lautstärke (in der Hauptstörfrequenz) über Lautsprecher abspielt. Wenn *mangelhafte Luftschalldämmung* die Ursache ist, dann wird man dabei im Nutzraum einen nahezu unverändert lauten Pegel registrieren. In diesem Falle sind insbesondere die Wand- und Deckendurchbrüche für Luft-, Wasser- und Elektroleitungen zur angrenzenden

Gerätezentrale daraufhin zu untersuchen, ob sie in *voller* Tiefe des Mauerwerkes ausgestopft oder mit Mörtel ausgegossen wurden. Die zu erwartende Luftschalldämmung der ungeschwächten Wand- oder Deckenkonstruktion selbst kann nach DIN 4109 [33] abgeschätzt werden.

Ob ein Störgeräusch im Nutzraum auf *Strömungsrauschen im Kanal oder Ventilatorgeräusche* zurückzuführen ist, kann in vielen Fällen durch Abhören und subjektive Beurteilung entschieden werden. Kanal- und Gittergeräusche sind an dem ihnen eigenen, mittel- bis hochfrequenten Zisch-Charakter erkennbar. In diesem Frequenzbereich liegt auch meist ihre Hauptstörfrequenz. In Zweifelsfällen können absichtlich herbeigeführte Luftmengenverschiebungen (Verstellung vorhandener Drosselklappen, Absperrung durch akustisch transparente Polyethylenfolien) auf andere Kanal-Äste Aufklärung bringen. Eine eventuell damit verbundene größere Verschiebung des Ventilatorbetriebspunktes kann in ihrer Wirkung auf die Schallleistungsabgabe des Ventilators z. B. nach Bild 17-4 berücksichtigt werden.

Wird der Störpegel durch einen *dominierenden Einzelton* bestimmt, der nicht mit der Grundfrequenz des Drehklanges (Gl. (17-1)) übereinstimmt, so muss damit gerechnet werden, dass dieser Einzelton durch die Luftströmung an strömungsungünstigen Bauteilen (Querstreben, Stellzungen, scharfe Kanten) im Kanal entsteht. Dabei müssen die Bauteile nicht unbedingt selbst schwingen; die an ihnen abreißende Strömung kann auch die nachfolgende Luftsäule im Kanal (ähnlich wie bei einer Orgelpfeife) zu Schwingungen anregen.

Diese Fehler sind besonders tückisch und werden meist nur durch Zufälle bei zeitaufwändigem Probieren und Verstellen an der Anlage gefunden.

17.6.4 Abhilfemaßnahmen

Soweit nicht schon in vorstehenden Abschnitten erwähnt, können die nachfolgenden Vorschläge erwogen werden.

Bei zu laut geratenem Ventilatorgeräusch bietet sich manchmal die Möglichkeit der *Drehzahlreduzierung*. Die Wirkung ist begrenzt und kann nach Abschnitt 17.2.1 abgeschätzt werden. Häufiger und zuverlässig angewendet wird der Einbau eines *Zusatzschalldämpfers* oder bei geringen Sollwertüberschreitungen die *streckenweise Auskleidung* des Kanals mit abriebfestem Absorptionsmaterial. Hierzu muss allerdings die Zugänglichkeit oder Bekriechbarkeit des Kanals gewährleistet sein.

Bei *langen Abluftkanälen* mit vielen aufeinander folgenden, kurz angeschlossenen Abluftgittern ist es oft schwierig, die ventilatornahen Gitter abzugleichen. Drosselung der Gittervoreinstell-Lamellen führt zu hohen Strömungsgeräuschen. Die Drosselung darf in diesem Falle nicht am Abluftgitter vorgenommen werden. Sie muss möglichst weit zum Hauptkanal hin verlegt werden und kann dort durch die Querschnittsverengung einer Absorptionsauskleidung erfolgen; unter Umständen muss der Gitteranschluss auf „Umwegen" über einen kleinen Schalldämpfer erfolgen (Bild 17-63).

Sind die Anbindungen der Abluftgitter an den Hauptkanal extrem kurz oder fehlen sie gar, so ist der Hauptkanal als Unterdruck-Kammer mit sehr kleiner Strömungsgeschwindigkeit auszubilden.

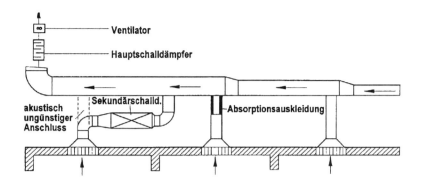

Bild 17-63: Abluftgitter mit kurzen Anschlüssen zum Hauptkanal

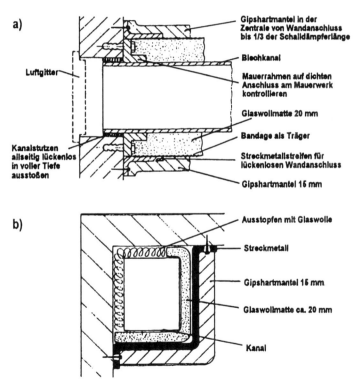

Bild 17-64: Gipshartmantelverkleidung zur Erhöhung der Schalldämmung
a   Kanal mit Wandanschluss durch Mauerrahmen
b   Kanal in einer Ecke verlaufend

Wenn die *Schalleinstrahlung* aus lauter Umgebung in einen Kanal hinein oder umgekehrt die Durchstrahlung von der Kanalinnenseite durch die Kanalwand hindurch in eine ruhigere Umgebung verringert werden soll, so muss die Schalldämmung des Kanals verbessert werden. Dies ist möglich durch lückenlose Verkleidung des Kanals mit spezifisch schwerem Material. Besonders bewährt hat sich die Gipshartmantelverkleidung mit Mineralfaserzwischenlage nach Bild 17-64. Diese Darstellung zeigt auch, wie der Wandanschluss auszuführen ist.

Die beschriebenen Vorschläge für Abhilfemaßnahmen sind keinesfalls vollständig. Sie sollten lediglich eine Anregung für die Entwicklung weiterer eigener, auf die jeweilige Situation abgestimmter Ideen geben. Für den jungen Ingenieur sollen sie eine Starthilfe in der praktischen Akustik sein.

Literatur

[1] *Baade, P.*: Schallschutzplanung für Anlagen der technischen Gebäudeausrüstung. Ki Klima-Kälte-Heizung, 3/1980.

[2] *Heckl, M.*: Strömungsgeräusche. Fortschrittsberichte VDI-Zeitschrift, Reihe 7, Nr. 20, Okt. 1969.

[3] *Laux, H.*: Geräusche in Lüftungs- und Klimaanlagen. Heizung-Lüftung-Haustechnik, Nr. 10, 1964.

[4] *Brockmeyer, H., W. Finkelstein* und *H. Kopp*: Zur akustischen Berechnung lufttechnischer Anlagen. Heizung-Lüftung-Haustechnik, Nr. 7, 1972.

[5] *Leidel, W.*: Einfluss von Zungenabstand und Zungenradius auf Kennlinie und Geräusch eines Radialventilators. DLR-Forschungsbericht 69—16, 1969.

[6] *Brockmeyer, H.*: Akustik für den Lüftungs- und Klimaingenieur. Karlsruhe 1971.

[7] ASHRAE-Handbook: HVAC Applications, Chapter 46: „Sound and Vibration Control", American Society of Heating, Refrigerating and Air-Conditioning Engineers, Atlanta, 1999.

[8] VDI 2081: Geräuscherzeugung und Lärmminderung in Raumlufttechnischen Anlagen. Juli 2001.

[9] *Brockmeyer, H.*: Strömungsakustische Untersuchungen an Kanalnetzelementen von Hochgeschwindigkeits-Klimaanlagen. Heizung-Lüftung-Haustechnik, Nr. 3 u. 8, 1969.

[10] *Brockmeyer, H.*: Zur Geräuschentwicklung in Kanälen von Lüftungs- und Klimaanlagen. Gesundheits-Ing., Heft 10, 1970.

[11] VDI 3733 Geräusche in Rohrleitungen, Juli 1996.

[12] Firma Gebr. *TROX* GmbH, Neukirchen-Vluyn: Technische Unterlagen.

[13] *Hönmann, W.*: Gesetzmäßigkeiten der Geräuschbildung von Klimakonvektoren. Tagungsbroschüre Lufttechnik und Trocknung 1968.

[14] *Kipp, E.*: Die Schallleistung von Schrankklimageräten. Klima + Kälte-Ingenieur 2/1974.

[15] *Laux, H.*: Geräuschabstrahlung von Zentralgeräten in den Maschinenraum. Klima + Kälte-Ingenieur 2/1974.

[16] *Quenzel, K. H.*: Geräusche bei kältetechnischen Anlagen, deren Ausbreitung und Minderung. Klimatechnik, Heft 3, 1967.

[17] *Schandinischky, L. H.* und *A. Schwartz*: Über die akustischen Probleme der Kühltürme. Kältetechnik-Klimatisierung, Heft 1, 1969.

[18] *Hartmann, G.*: Praktische Akustik, München 1968.

[19] VDI 2572: Geräusche von Textilmaschinen und in Textilmaschinensälen sowie Maßnahmen zur Geräuschminderung, Juli 1986. Juni 1971.

[20] VDI 2571: Schallabstrahlung von Industriebauten, August 1976.

[21] *Lübcke, E.*: Berichte aus der Bauforschung. Nr. 63, Berlin.

[22] *Furrer, W.*: Raum- und Bauakustik, Lärmabwehr. Berlin 1961.

[23] *Schmidt, H.*: Schalltechnisches Taschenbuch. Düsseldorf 1968.

[24] Firma *Woods* Ventilatoren GmbH, Düsseldorf 1, Hüttenstr. 11: Entwurfsrichtlinien für geräuscharme Klimaanlagen. Juni 1968.

[25] *Rákóczy, T.*: Schalldämpfung in Klimazentralen durch Einbauelemente der Luftaufbereitung. Heizung-Lüftung-Haustechnik, Heft 1, 1966.

[26] *Hoffmann, H. J.*: Messung der Einfügungsdämpfung verschiedener Bauteile. Unveröffentlichter Versuchsbericht des Labors für Klimatechnik an der Fachhochschule Wolfenbüttel.

[27] *Laux, H.*: Neuzeitliche Hochdruck-Induktionsgeräte zur Klimatisierung von Großbauten. Wärme-Lüftungs- und Gesundheitstechnik, Heft 10, 1966.

[28] VDI 2567: Schallschutz durch Schalldämpfer. Sept. 1971.

[29] Firma *Ohler* Eisenwerk, Plettenberg-Ohle: Technische Unterlagen.

[30] Firma Bau- und Lufttechnik GmbH, Kassel.

[31] *Lakatos, B.* und *H. Reiher*: Maßnahmen gegen die Abstrahlung von Lärm und Erschütterungen auf Baustellen. Gesundheits-Ing., Heft 12, 1967.

[32] *Jörn, R.* und *G. Lang*: Schwingungsisolierung mittels Gummifederelementen. Fortschrittsberichte VDI-Zeitschrift, Reihe 11, Nr. 6, Dez. 1968.

[33] DIN 4109: Schallschutz im Hochbau.

[34] *Pfützner, H.*: Schwingungsisolation von Maschinen. VDI-Bildungswerk BW 064.

[35] *Bieringer, H.*: Wesen und Formen der schwingungsisolierten Aufstellung von Werkzeugmaschinen. Wärme-Kälte-Schall, Heft 1, 1964.

[36] Firma *Grünzweig* und *Hartmann* AG., Ludwigshafen: Technische Unterlagen.

[37] *Feurich, H.*: Die Schalldämmung — derzeitiger Stand bei haustechnischen Anlagen. sbz Heft 20, 1970.

[38] *Holgerson S.* und B. Wikström: Schalldämpfung und Schalldämmung in lüftungstechnischen Anlagen, BAHCO-Schallkompendium 1962.

[39] *Smith, A., J. K. O'Malley* und *A. H. Phelps*: Verminderung der Schallentwicklung in Schaufelrädern von Radialventilatoren. Klima + Kälte-Ingenieur 3/1978.

[40] *Baade, P.*: Vermeidung von Geräuschbelästigungen durch Klimaanlagen. Kälte-Klima Praktiker, 7 und 8/1968.

[41] *Hartmann, K.*: Geräuschdämmung an Kältemaschinen. TAB Technik am Bau, 10/1980.

[42] *Baade, P.*: Selbsterregte Schwingungen in Gasbrennern. Ki Klima + Kälte-Ingenieur, 9/1977.

[43] *Hartmann, K.*: Einfache Ermittlung des Geräuschpegels bei Hauswärmepumpen und Klimageräten. Ki Klima-Kälte-Heizung, 5/1983.

[44] *Hartmann, K.*: Geräuschprobleme bei Wärmepumpen. TAB Technik am Bau, 9/1984.

18 Brandschutz in Lüftungsanlagen und Rauch- und Wärmeableitung in Gebäuden im Brandfalle

J. ZITZELSBERGER, D. OSTERTAG

18.1 Brandschutz in Lüftungsanlagen

18.1.1 Schadenserfahrung und daraus gezogene Konsequenzen

Bauaufsichtliche Anforderungen sind über viele Jahre, ja sogar Jahrhunderte, gewachsen. Im 19. Jahrhundert führten in Deutschland vielerorts noch kleine Entstehungsbrände zu verheerenden Stadtbränden. Sie raubten Hunderten und Tausenden von Menschen ihr Zuhause und ihre Habseligkeiten. Baupolizeiliche Bestimmungen und später Bauordnungen mit ihren Ausführungsbestimmungen legten Baustoffe, Bauweisen und Abstandsmaße fest, die — auch dank leistungsfähiger Feuerwehren — zu keinen Brandkatastrophen größeren Ausmaßes mehr führten. Vor einigen Jahrzehnten führten veränderte Bauweisen in Deutschland jedoch zum vermehrten Einsatz von raumlufttechnischen Anlagen. Die bestehenden Vorschriften deckten das neue Risiko einer Brandübertragung über Lüftungsanlagen unzureichend ab, wie die bekannt gewordenen Brände in Verbindung mit Lüftungsanlagen zeigten. Ursachen der Brandübertragung über Lüftungsanlagen konnten durch Auswertung zahlreicher Brandereignisse ermittelt werden und sind in Bild 18-1 und Bild 18-2 schematisch dargestellt.

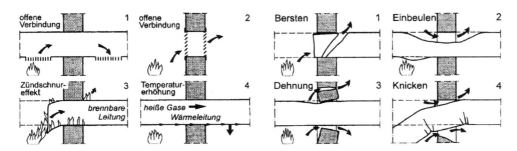

Bild 18-1: Brandübertragungsrisiken in Lüftungsleitungen I

Bild 18-2: Brandübertragungsrisiken in Lüftungsleitungen II

Das 1968 in Berlin gegründete Institut für Bautechnik (heute: Deutsches Institut für Bautechnik) erhielt deshalb sehr frühzeitig den Auftrag, das Muster einer Brandschutzrichtlinie für Lüftungsanlagen zu erstellen.

Ursachenermittlung und Forschungsergebnisse haben die erstmals 1977 veröffentlichte Brandschutzrichtlinie wesentlich geprägt. Sie bildet heute die Grundlage brandschutztechnischer Beurteilungen von Lüftungsanlagen. Seit ihrer Anwendung wurden keine

Brandschäden mehr bekannt, bei denen in Übereinstimmung mit ihr hergestellte und gewartete Lüftungsanlagen beteiligt waren.

18.1.2 Bauaufsichtliche Anforderungen und Begriffe

18.1.2.1 Musterbauordnung (MBO 97) und Landesbauordnungen

Mit wenigen Ausnahmen (wie z. B. bei Anlagen des öffentlichen Verkehrs) unterliegt das Bauen der Hoheit der Länder. So entstanden trotz der Musterbauordnung (MBO) 16 mehr oder weniger von der MBO abweichende, unterschiedliche Landesbauordnungen. Die MBO hat deshalb in der Baupraxis keine Bedeutung; sie wird hier dennoch benutzt, um einen von den Landesbauordnungen unabhängigen Bezug herstellen zu können. Die entsprechenden Stellen sind häufig unter ähnlichen Paragraphen- oder Artikelnummern und ähnlicher Überschrift in den Landesbauordnungen zu finden. Im Folgenden wird auf die wichtigsten für den Brandschutz in Lüftungsanlagen maßgebenden Paragraphen der MBO eingegangen.

In § 17 (Brandschutz) werden die Grundsatzanforderungen zum Brandschutz aufgestellt:

- Bauliche Anlagen müssen so beschaffen sein, dass der Entstehung eines Brandes und der Ausbreitung von Feuer und Rauch vorgebeugt wird und bei einem Brand die Rettung von Menschen und Tieren sowie wirksame Löscharbeiten möglich sind.

Dies sind die Grundsatzanforderungen für den Brandschutz in Gebäuden bzw. baulichen Anlagen. Sofern konventionelle Maßnahmen nicht ausreichen, um diese Anforderungen zu erfüllen, sind Kompensationsmaßnahmen erforderlich (hierzu gehören z. B. Sprinkleranlagen oder Rauch- und Wärmeabzugsanlagen; letztere werden im Abschnitt 18.2 behandelt).

In § 37 (Leitungen, Lüftungsanlagen, Installationsschächte, Installationskanäle) folgen für Lüftungsanlagen und andere Installationen allgemein gehaltene Anforderungen:

a) Lüftungsanlagen müssen betriebssicher und brandsicher sein; sie dürfen den ordnungsgemäßen Betrieb von Feuerungsanlagen nicht beeinträchtigen.

b) Lüftungsleitungen sowie deren Verkleidungen und Dämmstoffe müssen aus nichtbrennbaren Baustoffen bestehen; Ausnahmen können gestattet werden, wenn Bedenken hinsichtlich des Brandschutzes nicht bestehen.

c) Lüftungsanlagen, außer in Gebäuden geringer Höhe, und Lüftungsanlagen, die Brandwände überbrücken, sind so herzustellen, dass Feuer und Rauch nicht in Treppenräume, andere Geschosse oder Brandabschnitte übertragen werden können.

d) Lüftungsanlagen sind so herzustellen, dass sie Gerüche und Staub nicht in andere Räume übertragen; die Weiterleitung von Schall in fremde Räume muss gedämmt sein.

e) Lüftungsanlagen dürfen nicht in Schornsteine eingeführt werden; die gemeinsame Benutzung von Lüftungsleitungen zur Lüftung und zur Ableitung der Abgase von Gasfeuerstätten kann gestattet werden. Die Abluft ist ins Freie zu führen. Nicht zur Lüftungsanlage gehörende Einrichtungen sind in Lüftungsleitungen unzulässig.

f) Für raumlufttechnische Anlagen und Warmluftheizungen gelten vorstehende Absätze sinngemäß.

Zu a): Neben der allgemeinen Forderung der Brandsicherheit dürfen Lüftungsanlagen nicht die Zufuhr der Verbrennungsluft oder den Abzug von Abgasen von Feuerungsanlagen beeinträchtigen.

Zu b): Die Landesbauordnungen weichen teilweise sehr stark von der MBO ab. Während nach MBO auf Antrag ausnahmsweise brennbare Baustoffe gestattet werden können, sind in NRW brennbare Baustoffe zulässig (also ohne Antrag), wenn Bedenken wegen des Brandschutzes nicht bestehen. Es erhebt sich dabei die Frage, wer Bedenken wegen des Brandschutzes ausräumen darf. Die bayerische Bauordnung (BayBO) verzichtet sogar völlig auf eine Baustoffanforderung für Lüftungsleitungen.

Zu c) ist einschränkend hinzuzufügen, dass Brandschutzmaßnahmen für Lüftungsanlagen in Gebäuden geringer Höhe vielfach doch erforderlich sind (z. B. in Gebäuden mit mehr als zwei Wohnungen oder in Gebäuden mit gemischter Nutzung).

Zu d): Die Weiterleitung von Gerüchen muss bei Abluftanlagen mit Überdruck (z. B. mit Einzellüftungsgeräten für die Entlüftung von Bädern und WCs) mit Rückschlagklappen dauerhaft vermieden werden.

Zu e): Auf Antrag kann nach MBO das Abgas von Gasfeuerstätten gemeinsam mit der Küchenabluft abgeführt werden. Die möglichen Abweichungen von der MBO werden in NRW deutlich: dort dürfen in Lüftungsleitungen Abgase von Feuerstätten (auch mit festen Brennstoffen) eingeleitet werden, wenn die Abluft ins Freie geführt wird und Bedenken wegen der Betriebssicherheit und des Brandschutzes nicht bestehen.

Zu f): Hier wird ausdrücklich betont, dass der bauaufsichtliche Begriff Lüftungsanlagen alle der Be- und Entlüftung von Gebäuden dienenden Anlagen einschließt.

[1] enthält die Musterbauordnung und alle Landesbauordnungen.

18.1.2.2 Sonderbauverordnungen

Die Bauordnungen der Länder enthalten nicht die besonderen Bestimmungen für Gebäude besonderer Art und Nutzung. Sonderbauverordnungen ergänzen deshalb in vielen Fällen die Bauordnungen. Eine Übersicht über die Muster-Sonderbauverordnungen und die Sonderbauverordnungen der Länder gibt [2].

Als Sonderbauten gelten u. a. folgende Bauten oder Teile davon (nach BayBO):

Hochhäuser; bauliche Anlagen und Räume mit mehr als 1600 m^2 Grundfläche; Verkaufsstätten; Versammlungsstätten einschließlich Kirchen für mehr als 100 Personen; Krankenhäuser; Gaststätten mit mehr als 60 Gastplätzen oder mehr als 30 Gastbetten; Schulen, Hochschulen und ähnliche Ausbildungseinrichtungen; Justizvollzugsanstalten; Garagen mit mehr als 1000 m^2 Nutzfläche; bauliche Anlagen und Räume, deren Nutzung mit erhöhter Brand- und Explosionsgefahr verbunden ist.

In Abschnitt 18.1.2.5 wird ausgeführt, dass der Brandschutz für Lüftungsanlagen einheitlich geregelt ist und nur in Sonderfällen andere oder weitergehende Anforderungen bei Gebäuden oder Räumen besonderer Art und Nutzung (Sonderbauten) zu stellen sind. Insofern sind die Sonderbauverordnungen für den Brandschutz in Lüftungsanlagen von geringer Bedeutung.

18.1.2.3 Liste der Technischen Baubestimmungen

Ein Muster der Liste der Technischen Baubestimmungen ist in Brüssel notifiziert. Die nach den Landesbauordnungen aus diesem Muster als Technische Baubestimmungen eingeführten technischen Regeln sind zu beachten. Ein Auszug der Musterliste ist in Tabelle 18-1 abgedruckt.

Tabelle **18-1:** Musterliste der als Technische Baubestimmungen eingeführten technischen Regeln (den Brandschutz in Lüftungsanlagen betreffender Auszug)

3 Technische Regeln zum Brandschutz		
Lfd. Nr.	**Bezeichnung / Titel**	**Ausgabe**
3.1	DIN 4102-4; Brandverhalten von Baustoffen und Bauteilen; Zusammenstellung und Anwendung klassifizierter Baustoffe, Bauteile und Sonderbauteile	März 1994
3.4	Richtlinie über brandschutztechnische Anforderungen an Hohlraumestriche u. Doppelböden	Dezember 1998
3.6	Bauaufsichtliche Richtlinie über die brandschutztechnischen Anforderungen an Lüftungsanlagen	Januar 1984
3.7	Richtlinie über brandschutztechnische Anforderungen an Leitungsanlagen	März 2000

Zu 3.1: DIN 4102-4 [3] enthält eine Zusammenstellung und Angaben zur Anwendung klassifizierter Baustoffe, Bauteile und Sonderbauteile. Der Abschnitt 8.5 enthält Angaben für Lüftungsleitungen, die nach DIN 4102-6 den Feuerwiderstandsklassen L30 bis L120 zugeordnet werden können. Sie gelten nicht für Entrauchungsleitungen.

Zu 3.4: Die Richtlinie über brandschutztechnische Anforderungen an Hohlraumestriche und Doppelböden [4] enthält Anforderungen zur Vermeidung von Rauchausbreitung, wenn die Hohlräume von Hohlraumestrichen und Doppelböden auch der Raumlüftung dienen.

Zu 3.6: Der bauaufsichtlichen Richtlinie über die brandschutztechnischen Anforderungen an Lüftungsanlagen [5] wird wegen ihrer zentralen Bedeutung das Kapitel 18.1.2.5 gewidmet.

Zu 3.7: Die Bauaufsichtliche Richtlinie über die brandschutztechnischen Anforderungen an Leitungsanlagen (MLAR) [6] stellt brandschutztechnische Anforderungen an alle Medienleitungen und elektrischen Leitungen — ohne Lüftungsleitungen —. Bei gemischten Installationen müssen die Anforderungen beider Richtlinien (nach 3.6 und 3.7) erfüllt werden.

18.1.2.4 Bauregelliste A, Bauregelliste B und Liste C

Das Deutsche Institut für Bautechnik veröffentlicht regelmäßig die aktualisierten Bauregellisten [7]:

- Bauregelliste A Teil 1 enthält Festlegungen für geregelte Bauprodukte,
- Bauregelliste A Teil 2 enthält Festlegungen für nicht geregelte Bauprodukte,
- Bauregelliste A Teil 3 enthält Festlegungen für nicht geregelte Bauarten,
- Bauregelliste B Teil 1 enthält Festlegungen für Bauprodukte im Geltungsbereich von europäisch harmonisierten Normen und Leitlinien,
- Bauregelliste B Teil 2 enthält Festlegungen für Bauprodukte, die EU-Richtlinien und zusätzliche Anforderungen nach nationalem Recht erfüllen müssen,
- Liste C enthält Festlegungen für Bauprodukte mit geringer Bedeutung.

Einige Beispiele sind in der Tabelle 18-2 angegeben. Vergleiche auch „Bauregelliste" im Abschnitt 18.4 Glossar.

Geregelte und nicht geregelte Bauprodukte/Bauarten dürfen verwendet bzw. angewendet werden, wenn ihre Verwendbarkeit bzw. Anwendbarkeit in dem für sie geforderten Übereinstimmungsnachweis bestätigt ist.

Zahlreiche europäische Prüfnormen für den Brandschutz sind zwischenzeitlich veröffentlicht worden. Es ist zu erkennen, dass Brandschutzklappen und Lüftungsleitungen nach europäischen Prüfnormen teilweise härtere Anforderungen erfüllen müssen als nach den deutschen Prüfnormen. Solange die neuen Prüfnormen noch nicht zwingend angewendet werden müssen, dürfen Hersteller freiwillig nach ihnen prüfen. Die neuen Prüfnormen enthalten aber anders als die deutschen Prüfnormen keine Angaben zur Klassifizierung. Deutsche Klassifizierungen können jedoch während der Übergangszeit aufgrund europäischer Prüfungen in Verbindung mit Anlage 8 der Bauregelliste seit der Ausgabe 2000/2 erfolgen. Europäische Klassifizierungen sind erst nach Einführung europäischer Klassifizierungsnormen möglich.

Tabelle 18-2: Beispiele aus der Bauregelliste 2001/1 [18]

Bauregelliste	Bauprodukt/Bauart	anzuwendende Bestimmungen	Eignungsnachweise	Übereinstimmungsnachweise
Bauregelliste A Teil 1, lfd. Nr. 9.6	Gipskartonplatten mit und ohne Imprägnierung	Technische Regeln DIN 18180 und DIN 4102-4	Verwendbarkeitsnachweis bei wesentlicher Abweichung: allg. bauaufs. Zulassung	Übereinstimmungserklärung des Herstellers
Bauregelliste A Teil 2, lfd. Nr. 2.4	vorgefertigte Lüftungsleitungen (Anmerkung: dies sind Bauprodukte)	Prüfverfahren je nach Verw.-Zweck: für das Brandverhalten DIN 4102-6 oder DIN EN 1363-1 mit DIN EN 1366-1 für das schalltechnische Verhalten, DIN EN 20140-10, DIN EN ISO 717-1	Verwendbarkeitsnachweis: allgemeines bauaufsichtliches Prüfzeugnis	Übereinstimmungserklärung des Herstellers
Bauregelliste A Teil 3, lfd. Nr. 10	Bauart zur Errichtung von Entrauchungsleitungen	Prüfverfahren je nach Verw.-Zweck: für das Brandverhalten DIN 4102-6 und DIN V18232-6, für das schalltechnische Verhalten, DIN 52210-6	Anwendbarkeitsnachweis: allgemeines bauaufsichtliches Prüfzeugnis	Übereinstimmungserklärung des Anwenders
Bauregelliste B Teil 2, lfd. Nr. 1.2.3	Entrauchungsklappen für ventilatorbetriebene Entrauchungsanlagen	drei verschiedene EU-Vorschriften	CE-Zeichen plus allgemeine bauaufsichtliche Zulassung über die Erfüllung der zusätzlichen Anforderungen zum Brandschutz: Feuerwiderstandsdauer, Dichtheit, Oberflächentemperatur, Rauchmelder	CE-Zeichen plus allg. bauaufs. Zulassung, Übereinstimmungsnachweis in der Zulassung geregelt
Liste C lfd. Nr. 3.10	Rauchabzüge in notwendigen Treppenräumen, die nicht zur Rauchfreihaltung, sondern der Entrauchung nach Evakuierung dienen			

18.1.2.5 Anforderungen nach der MLüAR

Trotz erfolgter Überarbeitung wurde die bauaufsichtliche Richtlinie über die brandschutztechnischen Anforderungen an Lüftungsanlagen in der — veralteten — Fassung von 1984 [5] in die Musterliste der Technischen Baubestimmungen Fassung 2000 zur Notifizierung in Brüssel aufgenommen. Die überarbeitete MLüAR wurde bisher nicht offiziell veröffentlicht; Gründe hierfür wurden in [8] genannt. Die MLüAR ist aber in der Fassung September 2000 zugänglich [9].

Wegen des großen Umfanges und der Bedeutung der Richtlinie wird hier nicht auf alle Einzelheiten, sondern im Wesentlichen auf das Prinzip des Brandschutzes für Lüftungsanlagen einschließlich der Neuerungen einer künftig zu erwartenden Neufassung eingegangen.

Die MLüAR vermittelt rechtliche Sicherheit bei der Erfüllung der knapp gefassten Grundsatzforderungen der MBO bzw. der Landesbauordnungen. Bild 18-3 verdeutlicht die Bedeutung der MLüAR innerhalb der bauaufsichtlichen Regelungen.

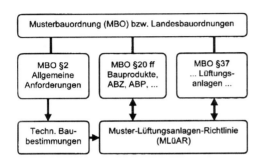

Bild 18-3: Die MLüAR im Geflecht bauaufsichtlicher Regelungen

Verwendung brennbarer Baustoffe

Nach § 37 MBO müssen Lüftungsleitungen sowie deren Verkleidungen und Dämmstoffe aus nichtbrennbaren Baustoffen bestehen; Ausnahmen können gestatttet werden, wenn Bedenken wegen des Brandschutzes nicht bestehen.

Die MLüAR nennt für Lüftungsleitungen, die nicht in Rettungswegen verlegt sind, nicht zur Förderung von Luft über 85 °C eingesetzt werden und keine Abluft aus gewerblichen Küchen abführen, diejenigen Fälle, in denen keine Bedenken gegen die Verwendung brennbarer Baustoffe bestehen. Bedenken bestehen z. B. nicht für

- Lüftungsleitungen, die nicht durch solche Decken und Wände geführt werden, für die eine mindestens feuerhemmende Bauart verlangt wird,
- Lüftungsleitungen, die mit Brandschutzklappen am Durchtritt durch Decken und Wände gesichert werden, für die eine mindestens feuerhemmende Bauart verlangt wird,
- feuerwiderstandsfähige Lüftungsleitungen mit mindestens 30 Minuten Feuerwiderstandsdauer (z. B. Leitungen für Laborabluft mit brennbarer Innenschale),
- höchstens 0,5 mm dicke Beschichtungen, Verkleidungen sowie Dämmschichten (auch im Bereich von Wand- und Deckendurchführungen),
- lokal begrenzte und kleine Bauteile, wie Dichtungen, Bediengriffe, Luftein- und -auslässe, und elektrische und pneumatische Leitungen, soweit sie zur Lüftungsanlage gehören und auf kürzestem Weg geführt werden,
- Abluftleitungen von Dunstabzugshauben innerhalb von Wohnungsküchen.

Das Prinzip des Brandschutzes für Lüftungsanlagen

Nach § 37 MBO sind Lüftungsanlagen, außer in Gebäuden geringer Höhe, und Lüftungsanlagen, die Brandwände überbrücken, so herzustellen, dass Feuer und Rauch nicht in Treppenräume, andere Geschosse oder Brandabschnitte übertragen werden können.

Diese Anforderungen gelten als erfüllt, wenn Brandschutzmaßnahmen nach der MLüAR ausgeführt werden.

Im Wesentlichen handelt es sich um die Schottlösung oder die Schachtlösung nach Bild 18-4. In beiden Fällen begrenzen Brandschutzklappen (BSK) den Brand auf das Geschoss des Brandausbruches (Brände in mehreren Geschossen zugleich sind nicht zu unterstellen).

Bei besonderen Anwendungen, bei denen keine Brandschutzklappen zum Einsatz kommen sollen, wird die Übertragung von Feuer und Rauch in andere Geschosse oder Brandabschnitte durch Einsatz getrennter feuerwiderstandsfähiger Hauptleitungen nach Bild 18-5 verhindert. Dabei wird vorausgesetzt, dass die in den Lüftungszentralen eingebauten Stahlblech-Lüftungsleitungen durch Brandgase nicht zerstört werden.

In allen Fällen dürfen die Zentralen in beliebigen Geschossen angeordnet werden[1].

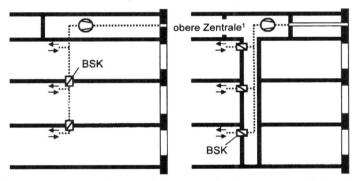

Bild 18-4: Schottlösung (links) und Schachtlösung (rechts)

[1] die Lüftungszentrale kann auch in anderen Geschossen angeordnet sein

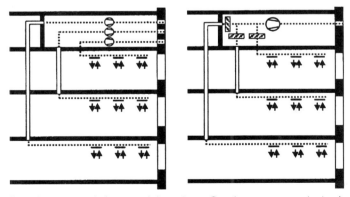

Bild 18-5: Lüftungsanlagen mit getrennten Hauptleitungen, links: mit getrennten Außenluft- oder Fortluftleitungen ohne Absperrvorrichtungen, rechts: mit gemeinsamer Außenluft- oder Fortluftleitung und mit Rauchschutzklappen

die Lüftungszentrale kann auch in anderen Geschossen angeordnet sein

Brandschutz im Dachraum

Nicht genutzte Dachräume sind im bauaufsichtlichen Sinne keine Geschosse. In der Vergangenheit wurden deshalb häufig keine Brandschutzmaßnahmen für Lüftungsan-

---

[1] Für Abluftanlagen nach DIN 18017-3 gelten besondere Bestimmungen, siehe hierzu 18.1.2.5.

lagen in Dachräumen getroffen. Eine künftige Fassung der MLüAR wird ausdrücklich den Brandschutz im Dachraum nach Bild 18-6 vorschreiben.

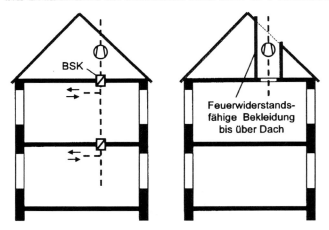

Bild 18-6: Brandschutz im Dachraum, links: Schottlösung, rechts: Schachtlösung

Leitungsführung durch Wände notwendiger Flure

Die Leitungsführung durch Wände notwendiger Flure darf bei unbelüfteten Fluren nach Bild 18-7 und bei belüfteten Fluren nach Bild 18-8 erfolgen. Mit „f" ist der

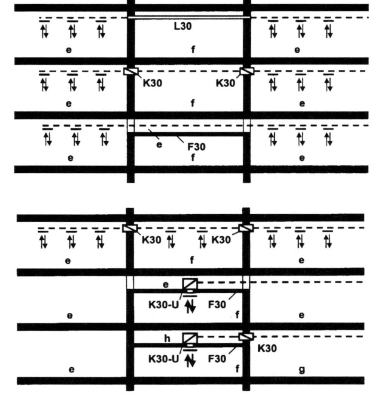

Bild 18-7: Brandschutzmaßnahmen bei der Leitungsführung in unbelüfteten Fluren

Bild 18-8: Brandschutzmaßnahmen bei der Leitungsführung in belüfteten Fluren

notwendige Flur und mit „e", „g" und „h" sind von „f" brandschutztechnisch getrennte Bereiche gekennzeichnet. Die Unterdecke F30 mit mind. 30 Minuten Feuerwiderstandsdauer bei Beanspruchung von oben und unten schließt die Leitung vollständig gegen das Innere des Brandabschnittes bzw. Rettungsweges ab. Die Feuerwiderstandsklassen K30, K30 U und L30 der Brandschutzklappen und Lüftungsleitungen sind in den Abschnitten 18.1.3 und 18.1.4 erläutert.

Mit diesen Forderungen geht die MLüAR über die Anforderungen der bisherigen MBOs hinaus; die meisten Landesbauordnungen enthalten dennoch Festlegungen, nach denen die Forderungen der MLüAR für Flurwände einzuhalten sind.

Leitungsführung durch Brandwände

Bei der Durchdringung von Brandwänden sind als Brandschutzmaßnahme nunmehr ausschließlich Brandschutzklappen mit mindestens 90 Minuten Feuerwiderstandsdauer zulässig. Um der angestrebten Wirkung einer Brandwand, auch nach 90 Minuten Brandeinwirkung noch den Brandschutz zu gewährleisten, gerecht zu werden, müssen Brandschutzklappen so angeordnet werden, dass deren Absperrelemente in der Ebene der Brandwand liegen.

Rauchschutz für Zuluftanlagen

Über Zuluftanlagen darf kein Rauch übertragen werden. Hierzu sind die Außenluftansaugöffnungen so anzuordnen, dass Rauch nicht angesaugt werden kann (z. B. an einer Fassade aus nichtbrennbaren Baustoffen mit genügendem Abstand zu Öffnungen). Wenn dies nicht möglich ist, muss die Übertragung von Rauch über die Außenluft durch Brandschutzklappen mit Rauchauslöseeinrichtungen oder durch Rauchschutzklappen verhindert sein.

Bei Lüftungsanlagen mit Umluft muss die Zuluft gegen Eintritt von Rauch aus der Abluft durch Brandschutzklappen mit Rauchauslöseeinrichtungen oder durch Rauchschutzklappen geschützt sein. Die Rauchauslöseeinrichtungen hierzu können in der Umluftleitung oder in der Abluftleitung angeordnet sein. Sie können jedoch auch in der Zuluftleitung nach Zusammenführung von Außenluft und Umluft angeordnet sein, wenn hierdurch gleichzeitig die Außenluftansaugung gegen Raucheintritt gesichert werden soll. Die Anordnung der Rauchauslöseeinrichtungen darf deren Wirksamkeit durch Verdünnungseffekte nicht beeinträchtigen. Bei Ansprechen der Rauchauslöseeinrichtungen müssen die Zuluftventilatoren automatisch abgeschaltet werden.

Feuerwiderstandsdauer der Brandschutzklappen und Lüftungsleitungen

Die Übertragung von Feuer und Rauch muss mit einer Feuerwiderstandsdauer in Minuten entsprechend Tabelle 18-3 ausgeschlossen sein.

Soweit für Sonderbauten weitergehende Anforderungen an die Feuerwiderstandsdauer von Decken und Wänden gestellt werden, muss die Feuerwiderstandsdauer der Lüftungsleitungen bzw. der Brandschutzklappen der Feuerwiderstandsdauer dieser Bauteile entsprechen.

Tabelle 18-3: Erforderliche Feuerwiderstandsdauer von Lüftungsleitungen und / oder Brandschutzklappen in Minuten mch MLüAR 9/2000[2]

| Gebäude | Bauteile | | Brandwände, Treppenraumwände, Trennwände F90 | Flurwände und Trennwände F30 |
| | Decken | | | |
	Decken ausgenommen Kellerdecken	Keller-decken		
geringer Höhe	30	90	90	30
nicht geringer Höhe	90	90	90	30

Lüftungsleitungen und andere Installationen

Innerhalb von Lüftungsleitungen oder gemeinsam mit ihnen dürfen nur bedingt andere Leitungen verlegt werden.

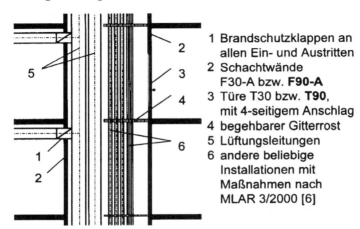

1 Brandschutzklappen an allen Ein- und Austritten
2 Schachtwände F30-A bzw. **F90-A**
3 Türe T30 bzw. **T90**, mit 4-seitigem Anschlag
4 begehbarer Gitterrost
5 Lüftungsleitungen
6 andere beliebige Installationen mit Maßnahmen nach MLAR 3/2000 [6]

Bild 18-9: Universeller Installationsschacht

- Innerhalb des luftführenden Querschnittes von Lüftungsleitungen dürfen nur Leitungen für Einrichtungen von Lüftungsanlagen verlegt werden, wenn von ihnen keine Gefahren ausgehen. Sie sind auf kürzestem Weg zu verlegen.

- In Schächten und Kanälen der Feuerwiderstandsklasse L30 bzw. L90 nach [3] dürfen zwischen dem luftführenden Querschnitt (Leitung aus Stahlblech) und der feuerwiderstandsfähigen Außenschale Leitungen für Wasser, Abwasser und Wasserdampf bis 110 °C verlegt werden, wenn sie einschließlich ihrer Dämmschichten aus nichtbrennbaren Baustoffen bestehen. Vorschriften für den Brandschutz der anderen Installationen bleiben bestehen.

- Lüftungsleitungen und beliebige andere Installationen werden in der Baupraxis häufig gemeinsam in Schächten verlegt. Die Fassung 1984 der MLüAR wurde teilweise so interpretiert, dass diese gemeinsame Verlegung nicht zulässig sei. Eine künftige Fassung wird eine gemeinsame Verlegung auch mit brennbaren Installationen (vergl. Bild 18-9) ausdrücklich zulassen, wenn

---

[2] Landesrecht weicht teilweise hiervon ab

- die Verlegung in feuerwiderstandsfähigen Schächten oder Kanälen erfolgt,
- Zugangstüren mit 4-seitigem Anschlag verwendet werden, die die gleiche Feuerwiderstandsdauer wie die Schächte oder Kanäle aufweisen,
- alle Ein- und Austrittsstellen der Lüftungsleitungen mit Brandschutzklappen mit der Klassifikation K30 bzw. K90 (ohne Zusatzkennzeichnung für eine einschränkende Verwendung) gesichert sind und
- für die Installationen an deren Austrittsstellen die für Wand- bzw. Deckendurchtritt notwendigen Maßnahmen getroffen werden.

Verlegung von Lüftungsleitungen

Alle Lüftungsleitungen (also nicht nur feuerwiderstandsfähige Lüftungsleitungen, wie vielfach vermutet wird) sind so zu führen, dass sie infolge ihrer Erwärmung durch Brandeinwirkung keine erheblichen Kräfte auf tragende oder notwendig feuerwiderstandsfähige Wände und Stützen ausüben können. Bisher galten Kräfte über 1 kN als erheblich. Wegen des praktisch nicht durchführbaren rechnerischen Nachweises für den Brandfall soll künftig die Definition von 1 kN für erhebliche Kräfte fallen gelassen werden. Die Begrenzung der Kräfte auf ein unerhebliches Maß soll künftig als erfüllt gelten, wenn entweder

- Dehnungsmöglichkeiten (ca. 10 mm pro lfd. Meter Leitung aus normalem Stahlblech) vorhanden sind, oder
- bei zweiseitig fester Einspannung der Leitungen
  - der Abstand zwischen zwei Einspannstellen nicht mehr als 5 m beträgt oder
  - die Leitungen so ausgeführt werden, dass sie keine erhebliche Längssteifigkeit besitzen (z. B. Flexrohre oder Spiralfalzrohre mit Steckstutzen bis 250 mm Ø) oder
  - durch Winkel und Verziehungen in den Lüftungsleitungen auftretende Längenänderungen durch Kanalverformungen (z. B. Ausknickungen) aufgenommen werden (vergl. Bild 18-10).

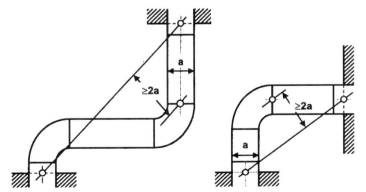

Bild 18-10: Begrenzung der Krafteinleitung durch Lüftungsleitungen in Bauteile des Gebäudes im Brandfall durch Winkel und Verziehungen

Leitungsabschnitte, die feuerwiderstandsfähig sein müssen, müssen an Bauteilen mit mindestens der gleichen Feuerwiderstandsdauer befestigt werden. Der Einbau muss nach [3] oder nach den Bestimmungen der allgemeinen bauaufsichtlichen Prüfzeugnisse erfolgen; vergl. hierzu Abschnitt 18.1.4.

Für *Leitungen im Freien*, die von Brandgasen durchströmt werden können, genügen anstelle von feuerwiderstandsfähigen Leitungsbauteilen Bauteile aus Stahlblech. Dabei müssen allerdings Regeln über den Abstand von Öffnungen (z. B. bei Fenstern oder Ansaugöffnungen) und von brennbaren Baustoffen (z. B. bei Dächern) eingehalten werden. Unter bestimmten Voraussetzungen dürfen auf Flachdächern sogar Leitungsbauteile aus schwerentflammbaren Baustoffen verwendet werden. Für Leitungen, die mit Brandschutzklappen gesichert sind, ist keine Durchströmung von Brandgasen zu erwarten.

Der *Einbau von Brandschutzklappen und Rauchschutzklappen* muss nach den jeweiligen Verwendbarkeitsnachweisen erfolgen; vergl. Abschnitt 18.1.3.

Lüftungsleitungen oberhalb von feuerwiderstandsfähigen Unterdecken müssen wie feuerwiderstandsfähige Lüftungsleitungen befestigt werden, um im Brandfall einen Absturz auf die Unterdecke und damit deren Zerstörung zu vermeiden. Dies gilt selbstverständlich auch für die Befestigung aller anderen Installationen.

Lüftungszentralen

Von Lüftungszentralen dürfen keine Gefahren ausgehen. Dies wird sichergestellt, indem Anforderungen an die

1) Luftaufbereitungseinrichtungen,

2) Aufstellräume für Ventilatoren und Luftaufbereitungseinrichtungen und

3) Lüftungsleitungen im Innern der Lüftungszentralen

gestellt werden.

Zu 1) wird dies erreicht, indem die Temperaturen von Lufterhitzern begrenzt werden, Vorrichtungen zur Vermeidung des Mitführens von brennenden Teilen von Filtermedien, Kontaktbefeuchtern und Tropfenabscheidern eingebaut werden, und Vorkehrungen gegen Brandübertragung über Wärmerückgewinnungsanlagen getroffen werden.

Zu 2) werden feuerwiderstandsfähig hergestellte Räume gefordert, wenn die Lüftungsleitungen in mehrere Geschosse oder Brandabschnitte führen (tragende Bauteile sowie Decken und Wände zu anderen Räumen müssen die Feuerwiderstandsklasse F90, Türen die Feuerwiderstandsklasse T30, Türen zu Treppenräumen zusätzlich Rauchdichtheit, d. h. die Feuerwiderstandsklasse T30 RS, aufweisen).

Zu 3) wird gefordert, dass Lüftungsleitungen in Lüftungszentralen entweder

● aus Stahlblech (jedoch nicht mit brennbaren Dämmschichten) hergestellt werden oder

● feuerwiderstandsfähige Lüftungsleitungen der Feuerwiderstandsklasse L90 verwendet werden oder

● am Ein- und Austritt der Lüftungszentrale Brandschutzklappen der Feuerwiderstandsklasse K90 mit Rauchauslöseeinrichtungen verwendet werden (ausgenommen sind Leitungen, die direkt ins Freie führen).

Wird keine der vorgenannten Leitungsanforderungen erfüllt, weil z. B. Laborabluftleitungen aus Kunststoff und keine Brandschutzklappen verwendet werden, so ist die Sonderform einer Lüftungsanlage nach Bild 18-11 mit einer Lüftungszentrale am Dach erforderlich. Im Brandfall muss Rauch unabhängig von Windstaudruck frei über das Dach abströmen können.

Hierzu ist es erforderlich, dass die Lüftungszentrale im obersten Geschoss liegt, keine öffenbaren Fenster, sondern nur Verglasungen mit einer Feuerwiderstandsklasse G90 oder F90 gemäß DIN 4102-13 hat, im Dach eine selbsttätig öffnende, durch Rauchmelder in der Lüftungszentrale auslösende Rauchabzugseinrichtung eingebaut ist, deren offener Querschnitt mindestens das 2,5-fache des lichten Querschnitts der größten in die Lüftungszentrale eingeführten Abluftleitung beträgt, die Lüftungsleitungen durch das Dach der Lüftungszentrale ins Freie geführt werden und Bauteile von Lüftungsleitungen aus brennbaren Baustoffen gegen Entflammen geschützt sind.

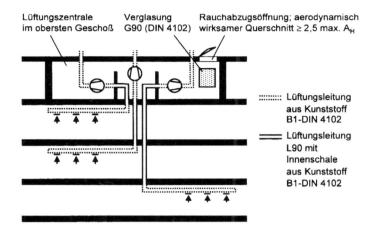

Bild 18-11: Abluftanlagen mit Leitungen und Ventilatoren aus brennbaren Baustoffen

Besondere Bestimmungen für Lüftungsanlagen nach DIN 18017-3

In Lüftungsanlagen nach DIN 18017-3 dürfen an Stelle von Brandschutzklappen K30 bzw. K90 Absperrvorrichtungen gegen Brandübertragung K30-18017 bzw. K90-18017 verwendet werden. Diese Absperrvorrichtungen sind dazu bestimmt, im Zusammenwirken mit den Bauteilen der Lüftungsanlagen nach DIN 18017-3 zu verhindern, dass Feuer und Rauch in andere Geschosse übertragen werden (Beispiele siehe Bild 18-12 und Bild 18-13). Die Absperrvorrichtungen sind innerhalb von Geschossen (z. B. bei der Überbrückung von Flur- oder Trennwänden) nicht zulässig.

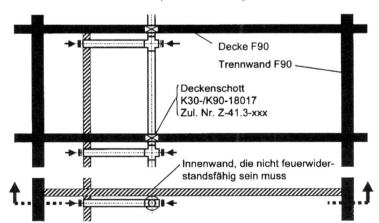

Bild 18-12: Schottlösung mit max. 350 cm^2 Anschlussquerschnitt bei Lüftungsanlagen nach DIN 18017-3 (mit Mündung über Dach)

Es bestehen keine Bedenken, Absperrvorrichtungen K30-18017 bzw. K90-18017 auch für Abluftanlagen von Toiletten und Bädern in nicht zu Wohnzwecken genutzten Gebäuden sowie nach Maßgabe der allgemeinen bauaufsichtlichen Zulassungen in

Anlagen zur Entlüftung innenliegender Wohnungsküchen und Kochnischen zu verwenden (ausgenommen Stoßlüftung und Anschluss von Dunstabzugshauben an die Absperrvorrichtungen). Sie können ferner in Anlagen der Bauart nach DIN 18017-3 verwendet werden, bei denen die Zuluft (z. B. wegen dichter Fenster) über Leitungen herangeführt wird, auch in diesen Zuluftleitungen selbst. Eine künftige Fassung der MLüAR wird dies zum Ausdruck bringen; zwischenzeitlich werden derartige Anwendungen auf Antrag der Hersteller in die allgemeinen bauaufsichtlichen Zulassungen aufgenommen.

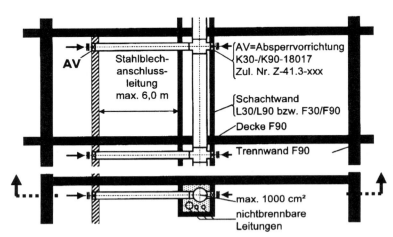

Bild 18-13: Schachtlösung mit max. 1000 cm² Hauptleitungsquerschnitt bei Lüftungsanlagen nach DIN 18017-3 (mit Mündung über Dach)

Die Absperrvorrichtungen und zugehörige Lüftungsleitungen müssen den Bestimmungen der jeweiligen Verwendbarkeits- oder Anwendbarkeitsnachweise genügen und im Übrigen folgenden Anforderungen entsprechen:

1. Senkrechte feuerwiderstandsfähige Lüftungsleitungen (Hauptleitungen) müssen aus nichtbrennbaren Baustoffen (Baustoffklassen A1 oder A2 gemäß DIN 4102) bestehen und der Feuerwiderstandsklasse L30/90 oder F30/F90 entsprechen.

2. Schächte für Lüftungsleitungen müssen aus nichtbrennbaren Baustoffen (Baustoffklassen A1 oder A2 gemäß DIN 4102-1) bestehen und der Feuerwiderstandsklasse L30/90 oder F30/90 entsprechen.

3. Hauptleitungen im Innern von feuerwiderstandsfähigen Schächten sowie gegebenenfalls außerhalb der Schächte liegende Anschlussleitungen zwischen Absperrvorrichtung und luftführender Hauptleitung müssen aus Stahlblech bestehen. Die Anschlussleitungen von Absperrvorrichtungen außerhalb von Schächten dürfen nicht länger als 6 m sein; sie dürfen keine Bauteile mit geforderter Feuerwiderstandsdauer überbrücken.

4. Der Querschnitt der Absperrvorrichtungen (Anschlussquerschnitt) darf maximal 350 cm² betragen (bei der Schottlösung nach Bild 18-12 sind die Hauptleitungsquerschnitte deshalb auf 350 cm² (entspricht DN 200) begrenzt).

5. Der Querschnitt der luftführenden Hauptleitung darf bis zu 1000 cm² betragen, wenn die luftführende Hauptleitung

a) als feuerwiderstandsfähige Lüftungsleitung oder als Schacht mit einer Feuerwiderstandsklasse L30/L90 oder F30/F90 ausgebildet ist, innerhalb dieser luftführenden Hauptleitung oder innerhalb des Schachtes keine Installationen geführt werden und die verwendeten Absperrvorrichtungen im Wesentlichen aus nichtbrennbaren Baustoffen bestehen.

b) in einem Schacht der Feuerwiderstandsklasse L30/L90 oder F30/F90 in beliebiger Größe geführt wird und der freie Querschnitt zwischen luftführender Hauptleitung und den Schachtwandungen im Bereich jeder Geschossdecke mit einem mindestens 100 mm dicken Mörtelverguss abgeschottet ist; auf den Mörtelverguss kann verzichtet werden, wenn der Querschnitt des Schachtes 1000 cm^2 nicht überschreitet und die verwendeten Absperrvorrichtungen im Wesentlichen aus nichtbrennbaren Baustoffen bestehen.

6. In Schächten der Feuerwiderstandsklasse L30/90 oder F30/90 dürfen neben den Lüftungsleitungen auch andere Installationen aus ausschließlich nichtbrennbaren Baustoffen (Baustoffklassen A1 oder A2 gemäß DIN 4102), ausgenommen Aluminium und Glas, geführt werden, wenn der freie Querschnitt zwischen den luftführenden Hauptleitungen, den anderen im Schacht zulässigen Installationen und den Schachtwandungen im Bereich jeder Geschossdecke mit einem mindestens 100 mm dicken Mörtelverguss vollflächig abgeschottet ist (dieser Fall ist in Bild 18-13 dargestellt). Rohrleitungsinstallationen dürfen in diesen Schächten nur nichtbrennbare Medien führen.

Abweichend von den vorgenannten Bestimmungen kann die Übertragung von Feuer und Rauch in andere Geschosse durch Lüftungsanlagen nach DIN 18017-3 auch auf andere Weise verhindert werden. Für diese Anlagen (Systeme) ist ein Verwendbarkeitsnachweis (Bauprodukt) oder ein Anwendbarkeitsnachweis (Bauart) in Form einer allgemeinen bauaufsichtlichen Zulassung zu führen (hierfür werden die Klassifikationen K30- bzw. K90-18017S mit den Zulassungsnummern Z-41.6-xxx erteilt). Jegliche von den Bestimmungen der Zulassungen abweichende Verwendung bedarf der Zustimmung im Einzelfall (in den meisten Ländern durch die oberste Bauaufsichtsbehörde).

Abluftleitungen von gewerblichen Küchen

Die Abluftleitungen von gewerblichen oder vergleichbaren Küchen, ausgenommen Kaltküchen, müssen aus nichtbrennbaren Baustoffen (Baustoffklasse A1 oder A2 DIN 4102-1) bestehen. Sie müssen vom Austritt aus der Küche an mindestens die Feuerwiderstandsklasse L90 aufweisen, sofern die Übertragung von Feuer und Rauch nicht auf andere Art und Weise z. B. durch Absperrvorrichtungen verhindert wird, für die ein Verwendbarkeitsnachweis für diesen Zweck vorliegt[3]. Für Leitungsabschnitte im Freien genügen Bauteile aus Stahlblech.

Für alle Leitungsabschnitte von Abluftleitungen aus gewerblichen Küchen wird Fettdichtheit, gute Zugänglichkeit und Reinigungsmöglichkeit gefordert. Die Küchenabluft darf nicht gemeinsam mit der Abluft aus anderen Bereichen abgeführt werden. Sie darf jedoch gemeinsam mit dem Abgas aus Feuerstätten für gasförmige und für feste Brennstoffe (z. B. aus Holzkohlegrillanlagen und Pizzaöfen) entsprechend den Festlegungen in der MLüAR abgeführt werden.

---

[3] Derzeit ist nur eine Absperrvorrichtung mit relativ geringem Querschnitt für Küchenabluft zugelassen.

Feuerwehren bevorzugen im Allgemeinen Abluftleitungen von gewerblichen Küchen ohne die Verwendung von Absperrvorrichtungen, weil dann im Brandfalle sogar nach Versagen des Abluftventilators eine gewisse Entrauchungswirkung vorhanden ist.

Zuluftanlagen mit Induktionsgeräten

Bild 18-14 zeigt eine Zuluftanlage mit Induktionsgeräten und waagrechter Hauptleitung im darunter liegenden Geschoss.

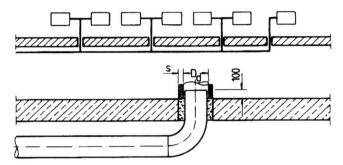

Induktionsgeräte und deren Düsen aus nichtbrennbaren Baustoffen
Stahlblechanschlussleitung mit Dämmung s ≥ 30 mm: D_d ≤ 150 mm

Bild 18-14: Zuluftanlagen mit Induktionsgeräten

Die Zuluftleitungen zu den Induktionsgeräten durchdringen dabei an zahlreichen Stellen die Geschossdecken. Auf die Verwendung von Absperrvorrichtungen kann verzichtet werden, wenn die Induktionsgeräte, die Verbindungsleitungen zu diesen Geräten und die waagrechten Leitungen nachfolgende Anforderungen erfüllen:

- Das Induktionsgerät muss aus nichtbrennbaren Baustoffen bestehen; dies gilt auch für die Düsen. Das Induktionsgerät darf einen Anschlussstutzen von max. 100 mm Ø haben und muss von brennbaren Baustoffen mindestens 50 mm entfernt sein; durch eine Verkleidung[4] ist außerdem ein Abstand von mindestens 50 mm zu brennbaren Stoffen sicherzustellen.

- Verbindungsleitungen zu Induktionsgeräten dürfen max. 150 mm Ø haben und müssen aus Stahlblech oder mit einer maximalen Länge von 250 mm aus Aluminium bestehen. Die Verbindungsleitungen müssen mit einer mindestens 30 mm dicken Ummantelung aus nichtbrennbaren Mineralfasermatten (äußere Kaschierung mit Alu-Folie ist zulässig) versehen sein. Auf diese Ummantelung kann bei Verbindungsleitungen aus Stahlblech verzichtet werden, wenn die Verbindungsleitung von brennbaren Baustoffen mindestens 50 mm entfernt und außerdem durch eine Verkleidung ein Abstand von mindestens 50 mm zu brennbaren Stoffen sichergestellt ist. Die Verbindungsleitung muss durch Flansch- oder Steckverbindung mit dem Abzweigstück der senkrechten Leitung und dem Induktionsgerät verbunden sein. Bei einer Steckverbindung muss die Verbindungsleitung ca. 60 mm auf- oder eingesteckt werden; die Einstecklänge darf mindestens 40 mm betragen, wenn die Verbindung mit vier Blechtreibschrauben gesichert ist. Die Verbindungsstellen dürfen mit geringen Mengen brennbarer Baustoffe abgedichtet werden.

---

[4] Plattenförmige Induktionsgeräte mit den Düsen an der Frontseite erfüllen diese Anforderungen nicht.

• Waagerechte Leitungen müssen aus schwarzem oder verzinktem Stahlblech (z. B. Wickelfalzrohr nach DIN 24 145) bestehen. Zur Abdichtung der Verbindungsstellen ist die Verwendung geringer Mengen brennbarer Baustoffe zulässig.

18.1.3 Absperrvorrichtungen, Brandschutzklappen, Rauchschutzklappen

Absperrvorrichtungen gegen Feuer und Rauch (oder gegen Brandübertragung) ist der bauaufsichtliche Oberbegriff für alle Einrichtungen zur Absperrung gegen Brandübertragung in Lüftungsleitungen (vergl. Definitionen im Abschnitt 18.4 Glossar). Nach deutschem Baurecht unterscheidet man im Wesentlichen Absperrvorrichtungen mit mindestens 30 oder mindestens 90 Minuten Feuerwiderstandsdauer. Die Feuerwiderstandsdauer wird in genormten Brandprüfungen mit einer Temperaturbeanspruchung nach der Einheits-Temperaturzeitkurve (ETK) nach DIN 4102-2 [10] bzw. DIN EN 1363-1 [11] ermittelt.

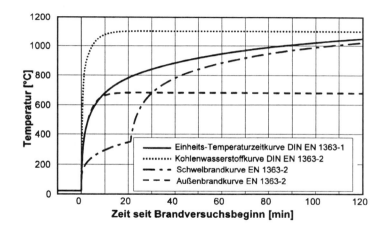

Bild 18-15: Einheits-Temperaturzeitkurve und andere Temperaturbeanspruchungen in Eignungsprüfungen nach DIN EN 1363-1 und -2

Absperrvorrichtungen werden heute in zahlreichen Ausführungsarten angeboten. Die wichtigsten Unterscheidungsmerkmale der verschiedenen Ausführungsarten sind in der Tabelle 18-4 zusammengestellt.

Die auf den Kennzeichnungsschildern der Absperrvorrichtungen angegebene Feuerwiderstandsklasse ist die jeweils höchste erzielbare Feuerwiderstandsklasse unter der Voraussetzung des ordnungsgemäßen Einbaues in Bauteile mit mindestens der gleichen Feuerwiderstandsdauer (das „schwächere" Bauteil bestimmt die erzielbare Feuerwiderstandsklasse, z. B. Brandschutzklappe K90 in einer Wand F30-A ergibt K30). Der Einbau muss nach den besonderen Bestimmungen der Zulassungsbescheide erfolgen.

Anbauteile, wie z. B. Endschalter und elektrische und pneumatische Betätigungseinrichtungen, dürfen nur verwendet werden, wenn diese den Angaben in Zulassungsbescheiden entsprechen.

Warnung: Die Manipulation der Auslöseeinrichtungen mit dem Ziel, Absperrvorrichtungen nach thermischer Auslösung im Brandfalle zur Entrauchung wieder öffnen zu können, ist ein kriminelles Delikt, auch wenn dies von sog. Experten schon gefordert worden ist.

Tabelle 18-4: Unterscheidungsmerkmale von Absperrvorrichtungen verschiedener Ausführungsarten

Oberbegriff	Absperrvorrichtungen gegen Brandübertragung				
übliche Bezeichnung	BSK	BSK mit Rauchauslöseeinrichtung	BSK für Unterdecken	RSK	Absperrvorrichtungen für Lüftungsanlagen nach DIN 18017
Schließelement	Klappen			Klappen	häufig Schaumbildner
thermische Auslöseprüfung	≤ 4 min bei 20 K Temperaturerhöhung je Minute (≤ 100 °C)			—	≤ 10 min bei konstant 160 °C
Rauchauslösung	nein	ja	nein	ja	nein
elektrische und pneumatische Auslösung	nur werksmäßig hergestellte zusätzliche Auslöseeinrichtungen gemäß Zulassungsbescheid				
Feuerwiderstandsprüfung	bei Einheits-Temperaturzeitkurve bis ca. 1000 °C			keine	bei Einheits-Temperaturzeitkurve bis ca. 1000 °C
Feuerwiderstandskriterium	140/180 K Temperaturerhöhung in geringen Abständen			—	140/180 K Temperaturerhöhung in größeren Abständen
Feuerwiderstandsklasse	K30/ K90		K30-U/ K90-U	—	K30-18017/K90-18017 K30-18017S/K90-18017S
zulässiger Querschnitt	beliebig [7]	beliebig [7]	≤ 1 m² [8]	beliebig [9]	≤ 350 cm²

[7] in Deutschland derzeit üblich $B \times H \leq (1500 \times 800)$ mm und $\emptyset \leq 710$ mm
[8] zulässige Deckenausschnittsfläche
[9] in Deutschland derzeit üblich $B \times H \leq (2000 \times 2000)$ mm

Die Zulassungsbescheide für Absperrvorrichtungen können bei den Vertriebsfirmen (meist kostenlos) und beim IRB (Informationszentrum Raum und Bau) in Stuttgart (gebührenpflichtig) bezogen werden. Das IRB sowie das DIBt stellten die Zulassungen vor Kurzem ins Internet (gebührenpflichtig).

18.1.3.1 Brandschutzklappen K30 und K90

„Normale" Brandschutzklappen (Bild 18-16) mit den Feuerwiderstandsklassen K30 bzw. K90 (ohne Zusatzbezeichnung) erfüllen die höchsten Anforderungen und sind im Allgemeinen universell einsetzbar. Brandschutzklappen, die auch in leichten Trennwänden (z. B. in nichttragenden inneren Trennwänden aus Metallständerwerk mit Beplankung aus Feuerschutzplatten) oder am Ende von feuerwiderstandsfähigen Lüftungsleitungen eingebaut werden dürfen oder die in Massivwänden nicht vollständig eingemörtelt oder einbetoniert werden müssen, sind bei diesen Einbauarten mit elastischen Stutzen aus brennbaren Baustoffen an Lüftungsleitungen anzuschließen. Diese brennbaren Stutzen sollen sicherstellen, dass im Brandfall keine Kräfte infolge abstürzender Leitungsteile über die Brandschutzklappen in die angrenzenden feuerwiderstandsfähigen Bauteile einwirken können.

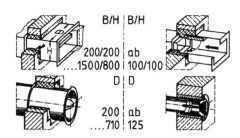

Bild 18-16: „Normale" Brandschutzklappen zum Einbau in Wände und Decken

18.1.3.2 Brandschutzklappen K30-U bzw. K90-U

Brandschutzklappen mit den Feuerwiderstandsklassen K30-U bzw. K90-U (Bild 18-17) sind ausschließlich in feuerwiderstandsfähigen Unterdecken mit der Feuerwiderstandsklasse F30 bzw. F90 anwendbar. Es werden drei Arten von feuerwiderstandsfähigen Unterdecken unterschieden:

1) Unterdecken aus Plattenbaustoffen in geschraubter und gespachtelter Ausführung und in einem vorgeschriebenen Raster abgehängt,

2) Unterdecken aus Plattenbaustoffen in Einlegebauweise und ebenfalls in einem vorgeschriebenen Raster abgehängt und

3) Unterdecken aus Paneelen (meist Metall im Verbund mit Plattenbaustoffen aus Kalziumsilikat und Mineralfaserprodukten), häufig in weit gespannter Ausführung, um z. B. in Fluren ganz auf Abhängungen verzichten zu können.

In den Zulassungsbescheiden sind die Unterdecken angegeben, in die die Brandschutzklappen eingebaut werden dürfen.

Beim Einbau in Unterdecken nach 1) und 2) müssen die Brandschutzklappen separat feuerwiderstandsfähig abgehängt werden. Beim Einbau in Unterdecken nach 3) sind Aufhängungen für die Brandschutzklappen wegen der Deckenverformungen im Brandfalle teilweise sogar schädlich.

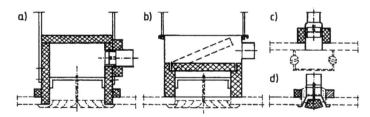

Bild 18-17: Brandschutzklappen zum Einbau in feuerwiderstandsfähigen Unterdecken

a) und b) Brandschutzklappen für rechteckige Luftdurchlässe
c) Brandschutzklappe für Luftdurchlässe unterhalb der Decke
d) Brandschutzklappe in Form eines Tellerventiles

18.1.3.3 Absperrvorrichtungen K30-18017 bzw. K90-18017 und K30-18017S bzw. K90-18017S

Absperrvorrichtungen mit den Feuerwiderstandsklassen K30-18017 bzw. K90-18017 erfüllen die bauaufsichtlichen Anforderungen erst in Verbindung mit anderen Bauteilen der Lüftungsanlagen entsprechend den Angaben in Abschnitt 0 (Besondere

Bestimmungen für Lüftungsanlagen nach DIN 18017-3) und in den zugehörigen Zulassungsbescheiden. Der Zusatz S führt schließlich zu den Feuerwiderstandsklassen K30-18017S bzw. K90-18017S und weist auf Systemlösungen hin, die nur als Ganzes entsprechend den Angaben in den zugehörigen Zulassungsbescheiden angewendet werden dürfen.

18.1.3.4 Rauchschutzklappen

Rauchschutzklappen (RSK) haben keine Feuerwiderstandsdauer. Sie dienen in Verbindung mit Rauchmeldern, die in der Lüftungsleitung eingebaut sind, nur zur Absperrung gegen Rauchübertragung an Stellen, an denen keine Feuerwiderstandsdauer gefordert werden muss. Andernfalls müssen Brandschutzklappen mit Rauchmeldern verwendet werden.

18.1.4 Feuerwiderstandsfähige Lüftungsleitungen

18.1.4.1 Unterscheidungsmerkmale

Feuerwiderstandsfähige Lüftungsleitungen werden unterschieden

1) nach der Feuerwiderstandsklasse in Leitungen mit den Feuerwiderstandsklassen L30, L60, L90, L120 nach DIN 4102 (im Wesentlichen werden L30- und L90-Leitungen gefordert),

2) nach der konstruktiven Ausbildung in bekleidete Stahlblechleitungen und selbstständige Leitungen,

3) nach der Verlegerichtung in senkrechte und waagrechte Leitungen und

4) nach der Art des notwendigen Eignungsnachweises in genormte Leitungen und Leitungen nach allgemeinen bauaufsichtlichen Prüfzeugnissen.

Zu 1) Die Feuerwiderstandsklassen nach DIN 4102 benutzen den Buchstaben L für Lüftungsleitungen und die Zahlenangabe in Dreißigerschritten für die Mindestfeuerwiderstandsdauer in Minuten.

Zu 2) Stahlblechlüftungsleitungen können durch geeignete Bekleidungen die Anforderungen an feuerwiderstandsfähige Lüftungsleitungen erfüllen. Dabei sind zu unterscheiden:

• Bekleidungen, bei denen die Stahlblechleitungen als Tragekonstruktion für die Bekleidung dienen (z. B. Mineralfaserdämmschichten, GKF-Bekleidungen, Spritzmörtelbeschichtungen) und

• Bekleidungen, die als Tragekonstruktion für die Stahlblechleitungen dienen oder dienen können (z. B. selbstständige Leitungen, in die Stahlblechleitungen eingebaut werden dürfen).

Zu 3) Senkrechte Leitungen (Schächte) werden im Allgemeinen von den Geschossdecken getragen, während waagrechte Leitungen (Kanäle) fast ausschließlich mittels geeigneter Aufhängungen an Geschossdecken abgehängt werden.

Zu 4) Nach DIN 4102-4 [3] genormte feuerwiderstandsfähige Lüftungsleitungen bedürfen — mit Ausnahme der notwendigen Dicke von Mineralfaserdämmschichten an Stahlblechleitungen — keines weiteren Eignungsnachweises. Für alle anderen feuerwiderstandsfähigen Lüftungsleitungen ist der Eignungsnachweis derzeit durch ein amtliches bauaufsichtliches Prüfzeugnis auf der Grundlage von Brandprüfungsergebnissen nach DIN 4102-6 oder nach DIN EN 1366-1 und nach DIN 4102-21 (in Vorbereitung) zu erbringen.

18.1.4.2 Anforderungen an feuerwiderstandsfähige Lüftungsleitungen

Bild 18-18 zeigt einen Brandbereich, der von einer feuerwiderstandsfähigen Lüftungsleitung ohne Öffnung überquert wird. Im Brandfall wirkt das Feuer von außen auf die Leitung ein. Bei Betrieb der Lüftungsanlage wirkt der Differenzdruck auf die

Leitungswandungen und die Aufhängungen werden infolge der Hitzeeinwirkung länger.

Bild 18-19 zeigt einen Brandbereich, in dem links eine Brandschutzklappe außerhalb der Wand und eine feuerwiderstandsfähige Lüftungsleitung zwischen Wand und Brandschutzklappe angeordnet wurde. Die Beanspruchung dieses Leitungsabschnittes und der Aufhängung ist ähnlich wie in Bild 18-18. Eine Stahlblechleitung mit Luftdurchlässen ist mit elastischem Stutzen an die Brandschutzklappe angeschlossen. Im Brandfalle können Brandwärme und heiße Gase in die nach rechts an den Brandbereich anschließende feuerwiderstandsfähige Lüftungsleitung eindringen. Die Brandbeanspruchung erfolgt bei dieser Leitung somit von innen. Selbst bei laufender Anlage wird nur ein vernachlässigbarer Differenzdruck auftreten.

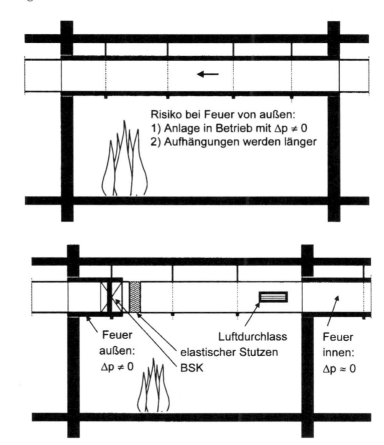

Bild 18-18: Leitung L30 ... L90 (... L120) bei Feuer von außen

Bild 18-19: Leitung L30 ... L90 (... L120) bei Feuer von außen und von innen

Feuerwiderstandsfähige Lüftungsleitungen müssen deshalb einer Brandbeanspruchung von außen *mit* Differenzdruck und von innen *ohne* Differenzdruck standhalten. In Feuerwiderstandsprüfungen werden diese Beanspruchungen praxisgerecht nachgestellt. Die Temperaturbeanspruchung erfolgt dabei entsprechend der Einheits-Temperaturzeitkurve bei bis zu ca. 1000 °C (vergl. Bild 18-15). An den äußeren Oberflächen der Leitungen dürfen die Temperaturen dann um nicht mehr als 140 K im Mittel und an keiner Stelle um mehr als 180 K ansteigen.

Warnhinweis: Im Betrieb auftretende Spitzenwerte der Differenzdrücke dürfen die zulässigen Differenzdrücke auch kurzeitig nicht wesentlich überschreiten.

18.1.4.3 Feuerwiderstandsfähige Lüftungsleitungen nach DIN 4102-4

DIN 4102-4 [3] enthält folgende Bauarten feuerwiderstandsfähiger Lüftungsleitungen:

1) Lüftungsschächte aus Leichtbeton,

2) Lüftungskanäle aus Leichtbeton,

3) Lüftungsschächte, die aus zusammengefügten feuerwiderstandsfähigen Wänden bestehen,

4) Lüftungskanäle, die aus zusammengefügten feuerwiderstandsfähigen Wänden und Decken bestehen,

5) Lüftungsschächte aus Formstücken für Hausschornsteine,

6) Lüftungsleitungen (waagrecht und senkrecht verlegt) aus Stahlblech mit äußerer Dämmschicht aus Mineralfasermatten oder -platten.

Ohne weitere Nachweise sind alle diese Leitungen für Differenzdrücke bis zu 500 Pa (Überdruck oder Unterdruck) einsetzbar. Die Geschosshöhen dürfen bei senkrechten Leitungen bis zu 5 m betragen.

Zu 1) und 2) Diese Leitungen werden nur mit kleinen Querschnitten hergestellt. Sie finden heute kaum mehr Anwendung.

Zu 3) und 4) Durch Zusammenfügen feuerwiderstandsfähiger Wände und Decken mit den Feuerwiderstandsklassen F30 bzw. F90 können Lüftungsleitungen mit den Feuerwiderstandsklassen L30 bzw. L90 hergestellt werden. Die Wandungsdicke beträgt z. B. bei Leitungen L90 aus Betonwänden mindestens 100 mm. Leitungen aus Stahlbeton können bei geeigneter statischer Bemessung (Bewehrung, Betonüberdeckung) praktisch für beliebige Querschnitte und Differenzdrücke hergestellt werden. Bild 18-20 zeigt feuerwiderstandsfähige Lüftungsleitungen, die aus Wänden und Decken in Massivbauart hergestellt wurden, im rechten Teilbild mit eingebauter Stahlblechleitung.

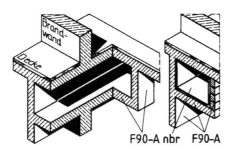

F90-A nbr F90-A   **Bild 18-20:** L90-Leitungen aus Massivbauteilen

Zu 5) Diese Schächte können für die Abführung von Abluft aus gewerblichen Küchen verwendet werden.

Zu 6) Diese Leitungen können bis zu Querschnitten von 1500 mm × 1500 mm und 1500 mm Ø hergestellt werden. Die Norm legt nicht nur die Dämmschicht und deren Befestigung an den Leitungen, sondern auch Einzelheiten der Stahlblechleitungen und deren Verlegung mit Kompensatoren sowie die Befestigung an Decken und Wänden fest (dies wird in der Praxis mitunter übersehen und führt zu empfindlichen Auswirkungen bei der Abnahme der Leitungen). Die notwendige Dicke der Dämmschicht kann nicht genormt werden und muss deshalb durch ein Prüfzeugnis nachgewiesen werden. Sie beträgt bei L30-Leitungen ca. 50 mm und bei L90-Leitungen ca. 120 mm.

18.1.4.4 Feuerwiderstandsfähige Lüftungsleitungen nach allgemeinen bauaufsichtlichen Prüfzeugnissen

Die amtlichen bauaufsichtlichen Prüfzeugnisse für feuerwiderstandsfähige Lüftungs-leitungen dürfen nur von den hierfür vom DIBt anerkannten Prüfstellen ausgestellt werden. Die Veröffentlichung erfolgt über das IRB. Sie können von dort (gebühren-pflichtig) oder von den Vertriebsfirmen (meist kostenlos) bezogen werden. Das IRB stellte die allgemeinen bauaufsichtlichen Prüfzeugnisse vor Kurzem ins Internet (ge-bührenpflichtig).

Feuerwiderstandsfähige Lüftungsleitungen nach allgemeinen bauaufsichtlichen Prüf-zeugnissen erfordern im Allgemeinen deutlich geringere Wanddicken als genormte Leitungen. Die zulässigen Differenzdrücke sind meist erheblich größer als 500 Pa.

Bekleidete Stahlblechleitungen

Bild 18-21 zeigt eine bekleidete Stahlblech-Lüftungsleitung. Stahlblech-Lüftungslei-tungen werden üblicherweise nach den Lüftungsleitungsnormen DIN 24150 ff. (für runde Leitungen) und DIN 24190 ff. (für rechteckige Leitungen bzw. Kanäle) herge-stellt. Nach diesen Normen können Dichtheitsanforderungen an die Stahlblechleitun-gen gestellt werden. Je nach Dichtheitsklasse haben die Leitungen mehr oder weniger Leckage. Die Bekleidungen solcher Leitungen müssen deshalb gerade so undicht sein, dass die Leckluftmengen abströmen können, ohne erhebliche Differenzdrücke an den Bekleidungen aufzubauen (keine Verklebung an den Längskanten!).

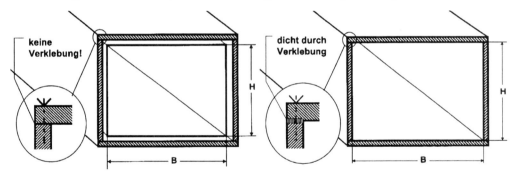

Bild 18-21: Bekleidete Stahlblechleitung mit den Nennabmessungen Breite B und Höhe H

Bild 18-22: Selbstständige Lüftungsleitung mit den Nennabmessungen Breite B und Höhe H

Für Standardanwendungen gelten bei bekleideten Stahlblechleitungen folgende Fest-legungen:

- Querschnitt B × H bis zu (1250 × 1250) mm bzw. Ø bis zu 1000 mm,
- keine Dichtheitsanforderungen,
- Differenzdruck (Betriebsdruck) von −500 Pa bis +500 Pa,
- Geschosshöhe bei senkrechten Leitungen bis zu 5 m,
- Abstand der Aufhängungen bei waagrechten Leitungen bis ca. 1200 mm.

Für Sonderanwendungen führten ergänzende Brandversuche bei bekleideten Stahl-blechleitungen zu folgenden Festlegungen (Stand 2001):

- Querschnitt B × H bis zu (2500 × 2500) mm; bei waagrechten Leitungen H bis zu 1250 mm,
- Dichtheitsanforderungen an die Stahlblechleitungen,
- Differenzdruck (Betriebsüberdruck) von −1000 Pa bis +2500 Pa,
- Geschosshöhe bei senkrechten Leitungen bis zu 15 m,
- Abstand der Aufhängungen bei waagrechten Leitungen bis ca. 2700 mm.

Selbstständige Leitungen

Bild 18-22 zeigt eine selbstständige Lüftungsleitung aus Plattenbaustoffen. Bei diesen Leitungen müssen die Plattenbaustoffe und die Verbindungen die Kräfte infolge der Betriebsdrücke aufnehmen und die Eck- und Stoßverbindungen ausreichend dicht ausgeführt werden.

Für Standardanwendungen gelten bei selbstständigen Lüftungsleitungen folgende Festlegungen:

- Querschnitt B × H bis zu (1250 × 1250) mm,
- Differenzdruck (Betriebsdruck) von −500 Pa bis +500 Pa,
- Geschosshöhe bei senkrechten Leitungen bis zu 5 m,
- Abstand der Aufhängungen bei waagrechten Leitungen bis ca. 1200 mm.

Für Sonderanwendungen führten ergänzende Brandversuche bei selbstständigen Lüftungsleitungen zu folgenden Festlegungen (Stand 2001):

- Querschnitt B × H bis zu (2500 × 1250) mm,
- Differenzdruck (Betriebsdruck) von −2000 Pa bis +1000 Pa,
- Geschosshöhe bei senkrechten Leitungen bis zu 15 m,
- Abstand der Abhängungen bei waagrechten Leitungen bis ca. 2700 mm.

18.1.4.5 Abhängungen für waagrechte feuerwiderstandsfähige Lüftungsleitungen

In der Baupraxis werden aus Kostengründen bevorzugt ungeschützte Abhängungen aus gewöhnlichem Stahl verwendet.

Die in DIN 4102-4 beschriebene Befestigungsmethode für genormte waagrechte feuerwiderstandsfähige Lüftungsleitungen aus Stahlblech schreibt ungeschützte Abhängungen aus gewöhnlichem Stahl vor. Durch Forschungsergebnisse wurde nachgewiesen, dass diese Befestigungsmethode sicher ist. Deshalb wird sie auch bei den meisten feuerwiderstandsfähigen Lüftungsleitungen nach allgemeinen bauaufsichtlichen Prüfzeugnissen angewendet.

Danach sind die Abhängestangen und andere Teile so zu bemessen, dass übermäßige Dehnung oder Bruch verhindert wird. Die Bemessung erfolgt nur für die rechnerisch anteilige Last aus dem Eigengewicht der Lüftungsleitungen. Die Abhängestangen sind aus Stahl ohne elastische Zwischenglieder herzustellen und so zu dimensionieren, dass die Grenzwerte der rechnerischen Spannungen nach DIN 4102-4 nicht überschritten werden. Diese Grenzwerte der Spannungen sind in Abhängigkeit von der Feuerwiderstandsklasse in Tabelle 18-5 angegeben. Die Grenzwerte der Beanspruchungen in N für Abhängungen aus Gewindestangen M6 bis M24 sind in Tabelle 18-6 angegeben.

Tabelle 18-5: Grenzwerte der Spannungen in N/mm² in Abhängungen in Abhängigkeit von der Feuerwiderstandsklasse

Beanspruchung	Bemessung für die Feuerwiderstandsklasse	
	L30 oder L60	L90 oder L120
Zugspannung σ in allen senkrecht angeordneten Teilen	9	6
Scherspannung τ in Schrauben der Festigkeitsklasse 4.6 nach DIN ISO 898 Teil 1	15	10

Tabelle 18-6: Grenzwerte der Beanspruchungen in N für Abhängungen aus Gewindestangen

Nenn-Abmessung	Spannungs-querschnitt in mm²	Grenzwerte der Beanspruchung (in N)			
		auf Zug in allen senkrecht angeordneten Teilen		auf Abscheren in Schrauben der Festigkeitsklasse 4.6	
M6	20,1	180	120	300	200
M8	36,6	330	220	550	360
M10	58	520	350	870	580
M12	84,3	760	505	1265	845
M14	115	1035	690	1725	1150
M16	157	1410	940	2355	1570
M20	245	2205	1470	3675	2450
M24	353	3180	2120	5300	3530
Feuerwiderstandsdauer in Minuten		**30 und 60**	**90 und 120**	**30 und 60**	**90 und 120**

Unkontrollierte Zusatzlasten dürfen in Abhängungen für feuerwiderstandsfähige Lüftungsleitungen oder Unterdecken nicht auftreten. Im Brandfalle abstürzende Teile würden diese feuerwiderstandsfähigen Bauteile zerstören. Alle anderen Installationen, die oberhalb von feuerwiderstandsfähigen Lüftungsleitungen oder Unterdecken angeordnet sind, müssen deshalb ebenfalls brandsicher abgehängt werden.

Im Gebäudebestand ist vielfach festzustellen, dass Lüftungsleitungen und Unterdecken im Laufe der Zeit durch nachträglich aufgelegte Kabel „schwerer" werden. Die Zugbelastung der Abhängungen und die Biegebeanspruchung der Plattenbaustoffe von Leitungen und Unterdecken wächst damit aber unkontrolliert an. Dies ist eine ganz gefährliche Situation, die keinesfalls geduldet werden darf.

Die Quertraversen werden bei Brandbeanspruchung infolge Durchbiegung nur linienförmig an den Außenkanten der Lüftungsleitungen belastet. Einflussgrößen für deren Bemessung sind deshalb die Zugkraft je Aufhängestange, der lichte Abstand der Aufhängestange von der Leitungsoberfläche und das Widerstandsmoment der Quertraverse. Abhängig von der linienförmigen Belastbarkeit der Leitungsaußenkanten ergibt sich schließlich die notwendige Auflagebreite der Leitung auf der Quertraverse.

Die Verfasser haben kürzlich die statische Bemessung für Quertraversen mit symmetrischen Profilen in allgemeinen bauaufsichtlichen Prüfzeugnissen für feuerwiderstandsfähige Lüftungsleitungen und für feuerwiderstandsfähige Entrauchungsleitungen aufgenommen, um eine wirtschaftliche Bemessung der Quertraversen aus gewöhnlichem Stahl unter Beachtung der tatsächlichen Lastsituation mit der im Brandfalle auftretenden plastischen Verformung zu ermöglichen. Dazu bedarf es der Formel

$$F_{Zug} = b\, f_1 \tag{18-1}$$

zur Bestimmung der notwendigen Auflagerbreite[5]) eines Profiles und der Formel

$$F_{Zug} = W\, f_2 \tag{18-2}$$

zur Bestimmung des notwendigen Widerstandsmomentes eines Profiles.

Es bedeuten
F_{Zug} Zugbelastung einer Aufhängestange in N,
b ebene Auflagerbreite des symmetrischen Profiles in mm,
W Widerstandsmoment des symmetrischen Profiles in mm³,
f_1 = 15 N/mm für Bauplatten mit der Bezeichnung SUPALUX-L, 45 mm dick,
f_2 = 0,36 N/mm³ für einen lichten Hängerabstand ≤ 10 mm,
f_2 = 0,14 N/mm³ für einen lichten Hängerabstand ≤ 50 mm.

Wegen der Verzunderung von Aufhängungen unter Brandeinwirkung wird eine Mindestdicke von 2 mm für alle tragenden Stahlteile gefordert.

Die — waagrechten — Leitungen dürfen nur an feuerwiderstandsfähigen Balken und Decken bzw. Dächern mit mindestens gleicher Feuerwiderstandsdauer mittels Abhängungen befestigt werden. Werden für die Befestigung an Stahlbetonteilen Dübel verwendet, müssen sie den Angaben gültiger Zulassungsbescheide des Deutschen Instituts für Bautechnik entsprechen. Dübel, deren brandschutztechnische Eignung mit einem Zulassungsbescheid bzw. Prüfzeugnis nachgewiesen ist, sind wie dort gefordert einzubauen und zu belasten. Dübel, für die kein brandschutztechnischer Eignungsnachweis vorliegt, müssen aus Stahl mindestens der Größe M8 verwendet werden und sind doppelt so tief, wie im Zulassungsbescheid gefordert, mindestens jedoch 60 mm tief einzubauen. Sie dürfen rechnerisch höchstens mit 500 N auf Zug belastet werden.

Bei der Befestigung an feuerwiderstandsfähig bekleideten Stahlbauteilen werden anstelle der Dübel kraftschlüssige Verbindungsmittel eingesetzt, für die die oben angegebene Begrenzung der rechnerischen Spannungen einzuhalten ist. Die Bekleidung der Stahlbauteile ist in diesem Fall auf einer Länge von mindestens 300 mm auf die Abhängungen auszudehnen. Die Ausdehnung der Bekleidung verhindert, dass die Feuerwiderstandsfähigkeit der Stahlbauteile durch den Anschluss der Abhänger beeinträchtigt wird.

Sofern die Bemessung der Abhänger keine größere Zahl erfordert, ist mindestens eine Abhängung je Formstück anzuordnen. Der größte Abstand zwischen zwei Abhängungen kann in den allgemeinen bauaufsichtlichen Prüfzeugnissen abweichend von der Formstücklänge festgelegt sein (für genormte Leitungen nach DIN 4104-4 [3] beträgt der größte Abstand zwischen zwei Abhängungen 1500 mm).

Grundsätzlich ist jedes Formstück (mit den heute üblichen Längen von 1225 mm ±25 mm) mindestens einmal abzuhängen.

---

[5]) Als Auflagerbreite eines Profiles ist dessen Breite abzüglich der Rundungen an den Rändern und der Breite evtl. vorhandener Langlöcher wirksam.

Zur Begrenzung des Biegemomentes in den Traversen darf der seitliche Abstand der einzelnen Abhängestangen von der Lüftungsleitung höchstens 50 mm betragen.

Zur Begrenzung der Auswirkungen infolge Längenänderungen der Abhänger bei Brandeinwirkung ist die Abhängehöhe (Abstand Unterkante Lüftungsleitungen bis Unterkante Decke) bei ungeschützten Abhängern auf 1,50 m zu begrenzen [12]. Mit bestimmten Dämmschichten und Abhängerquerschnitten können inzwischen Abhängehöhen bis zu 8 m ausgeführt werden. Einzelheiten darüber sind amtlichen bauaufsichtlichen Prüfzeugnissen über feuerwiderstandsfähige Lüftungsleitungen oder Entrauchungsleitungen zu entnehmen.

18.2 Rauch- und Wärmeableitung in Gebäuden im Brandfalle

18.2.1 Brandgeschehen und dessen Beeinflussung

Die Phasen eines Brandes sind schematisch in Bild 18-23 dargestellt. An die Zündung (1) schließt das Wachstum des Brandes (2) bis zum Flash-over (3) bei ca. 550 bis 600 °C an. Unter Flash-over versteht man das nahezu gleichzeitige Entzünden aller Brandlasten, das heißt aller brennbaren Stoffe, im Brandraum. Danach geht der Brand mit starkem Temperaturanstieg in den lüftungsgesteuerten Vollbrand (4) über. Der Brand erlöscht (5) nach dem Verzehr aller Brandlasten.

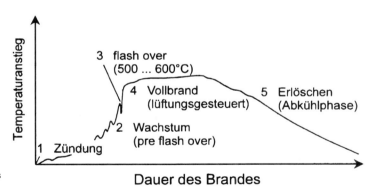

Bild 18-23: Phasen eines Brandes

Die Zündphase (1) kann wenige Augenblicke (z. B. bei Brandstiftung) oder aber Tage und Wochen (z. B. bei unbemerkten Veränderungen in Leitungsanlagen) dauern. Die Wachstumsphase eines Brandes (2) wird beeinflusst durch die Energiefreisetzungsrate (kW/m^2), das Anwachsen der Brandfläche und der Temperatur in der Rauchschicht unter der Decke des Raumes. Die Energiefreisetzungsrate hängt u. a. von der Art des brennenden Stoffes, seinem Feuchtegehalt und seiner Oberflächenbeschaffenheit ab. Nach Literaturangaben betragen die Energiefreisetzungsraten zwischen 100 kW/m^2 und 600 kW/m^2 für häufige Risiken. Sie können bis zu mehrere MW/m^2 betragen, wenn brennbare Stoffe in Regalen gelagert sind. In die aufsteigenden heißen Brandgase über einem Feuer mischt sich mit zunehmender Höhe mehr und mehr Luft aus der Umgebung ein, so dass die Temperatur mit der Höhe abnimmt. In niedrigen Räumen sammeln sich deshalb rasch Gase mit mehr als 500 °C unter der Decke an. Die Strahlung dieser Heißgasschicht führt in vielen Fällen schon drei bis sechs Minuten nach der Zündung zum Flash-over (3). Der Vollbrand (4) mit ausreichender Zuluft (lüftungsgesteuerter Brand) erreicht Temperaturen um 1000 °C und mehr und führt zu einer starken Beanspruchung bzw. Schädigung tragender und raumabschließender Bauteile. In der Phase des Erlöschens (5) oder der Abkühlphase nach einem Brand treten häufig in angrenzenden Bereichen durch „Nachschieben" der Temperaturwelle starke Temperaturerhöhungen auf, die zu Sekundärbränden führen können; die Feuerwehren begegnen dieser Tatsache durch stundenlange Brandwache nach erfolgtem Löschen.

Durch automatische und frühzeitig wirkende Ableitung des Brandrauches mittels

- natürlicher oder maschineller Abzüge im brennenden Bereich (Rauch- und Wärme-abzugsanlagen oder Entrauchungsanlagen genannt)

oder mittels

- maschineller Verdrängungsanlagen in dem zu schützenden Bereich (Druckbelüf-tungsanlagen genannt)

lässt sich der zum Flash-over führende Temperaturanstieg unter der Raumdecke verzögern oder ganz vermeiden, so dass Flucht, Rettung und Brandbekämpfung möglich sind.

Hauptanwendungsbereich für maschinelle Rauchabzugsanlagen (MRA) ist die Absaugung des Brandrauches, bevor der Flash-over eingetreten ist. In dieser sogenannten Pre-flash-over-Phase bildet sich eine deutlich gegen die Raumluft abgegrenzte Rauchschicht unter der Decke des brennenden Bereiches aus. Lediglich an der Stelle des Feuers steigt ein Rauchgaskegel — Plume genannt — auf, der begierig aus der Umgebung Luft einmischt. In der Praxis führte dieser Sachverhalt zur Entwicklung von Zonenmodellen, um die Vorgänge in der Pre-flash-over-Phase relativ einfach rechnerisch behandeln zu können.

Das Funktionieren von Sprinkleranlagen begrenzt die Ausbreitung von Bränden. Sie machen Rauchabzugsanlagen aber nicht entbehrlich.

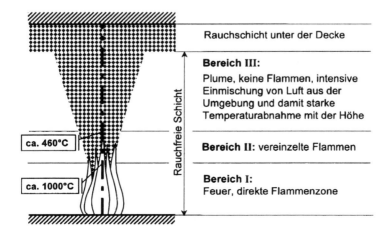

Rauchschicht unter der Decke

Bereich III:
Plume, keine Flammen, intensive Einmischung von Luft aus der Umgebung und damit starke Temperaturabnahme mit der Höhe

Bereich II: vereinzelte Flammen

Bereich I:
Feuer, direkte Flammenzone

ca. 460°C

ca. 1000°C

Rauchfreie Schicht

Bild 18-24: Zonenmodell mit Feuer und Plume

18.2.2 Rauchbewegung in Gebäuden im Brandfalle

Die Ausbreitung von Rauch wird durch verschiedene Einflüsse bewirkt: Innerhalb des brennenden Bereiches steigen die Brandgase kegelförmig infolge der geringen Dichte über dem Feuer nach oben und sammeln sich unter der Decke. Die Schornsteinwirkung im gesamten Gebäude begünstigt vor allem in Hochhäusern bei tiefen Außentemperaturen das Eintreten von Brandrauch in Treppenräume oder die Ausbreitung über Gebäudeundichtheiten in andere Geschosse. Wind kann vor allem bei hohen Gebäuden zu erheblichen Differenzdrücken zwischen der Luv- und der Leeseite führen und damit eine Querströmung von Brandrauch bewirken.

18.2.3 Schutzziele und Anwendungsbereiche von Einrichtungen zur Rauch- und Wärmeableitung in Gebäuden

Maschinelle Rauchabzugsanlagen (auch maschinelle Rauchabzüge (MAR) genannt) galten vor 25 Jahren noch als Exoten, die nur dann eingesetzt wurden, wenn für einen natürlichen Rauchabzug im Brandfall Gebäudeöffnungen gar nicht zu verwirklichen waren. Nur im Einzelfall wurden solche Anlagen gefordert und ihr Leistungsvermögen beurteilt, in der Vermutung, dass die Anlagen im Ernstfall auch erwartungsgemäß funktionieren. Veränderte Bauweisen und Nutzungen führen inzwischen aber häufig zu maschinellen **Rauchabzugsanlagen**. In gewissen Situationen müssen **Druckbelüftungsanlagen** eingesetzt werden, um Fluchtwege vor Brandrauch zu schützen. National und europäisch hat sich hierzu inzwischen eine umfangreiche Industrie etabliert. Es sind auch erhebliche Normungs- und andere Regelungsaktivitäten entstanden. Die an maschinelle Anlagen zur Ableitung von Rauch im Brandfalle zu stellenden Anforderungen sind in erster Linie aus dem Schutzziel und der sich daraus ergebenden Bemessung abzuleiten.

Die Schutzziele lauten

- den Nutzern von Gebäuden die Selbstrettung (Flucht) zu ermöglichen,
- die Rettung von Menschen, Tieren und Sachwerten von außen zu ermöglichen,
- wirksame Brandbekämpfungsmaßnahmen zu ermöglichen,
- Brandfolgeschäden, die durch Brandgase und Zersetzungsprodukte entstehen könnten, zu begrenzen.

Anwendungsbereiche für maschinelle Rauchabzugsanlagen und für Druckbelüftungsanlagen sind solche baulichen Anlagen oder Teile davon, bei denen Brandrauch nicht über Fenster abströmen kann, wie z. B.

- ein- und mehrgeschossige Einkaufszentren,
- ein- und mehrgeschossige Industriebauten,
- Atrien und komplexe Gebäude,
- Theater,
- umbaute Parkhäuser,
- Treppenräume und Sicherheitstreppenräume,
- Tunnels.

18.2.4 Grundsatzanforderungen an Einrichtungen zur Rauch- und Wärmeableitung in Gebäuden

Der Flash-over tritt bei 550 °C bis 600 °C ein. Für Einrichtungen zur Beherrschung der Pre-flash-over-Phase wurde deshalb eine obere Temperaturgrenze von 600 °C festgelegt.

In Bereichen, in denen Flucht und Rettung möglich bleiben sollen, darf die Rauchschicht „über Kopf" eine Temperatur von 300 °C nicht überschreiten. Hierfür wurde daher eine Temperaturgrenze von 300 °C festgelegt.

Für ungesprinklerte Bereiche legte die europäische Normung zusätzlich eine Temperaturgrenze von 400 °C fest.

Für gesprinklerte Bereiche legte die europäische Normung eine Temperaturgrenze von 200 °C fest; in den USA wird für Sprinklereinrichtungen sogar Beständigkeit bis 400 °C verlangt.

In Bereichen, in denen der Vollbrand beherrscht sein muss, um angrenzende Bereiche nicht zu gefährden, müssen maschinelle Rauchabzugsanlagen mindestens 30 Minuten lang der Einheits-Temperaturzeitkurve nach DIN 4102-2 [10] bzw. DIN EN 1363-1 [11] standhalten; die Endtemperatur beträgt hierfür 842 °C.

Um eine Brandübertragung in andere Brandbereiche zu verhindern, müssen alle Bauteile maschineller Abzüge, die in anderen Brandbereichen (z. B. in anderen Brandabschnitten oder Geschossen) angeordnet sind, feuerwiderstandsfähig sein. Da der Vollbrand nicht zuverlässig ausgeschlossen werden kann, müssen die Kriterien der raumabschließenden Wirkung und der höchstzulässigen Temperaturerhöhungen in vollem Umfang erfüllt werden.

Vertrauenswürdige Rauchabzugsanlagen setzen geeignete Bauteile voraus. Zur Begrenzung der Kosten für derartige Anlagen werden angepasste Anforderungen an die einzelnen Bauteile gestellt (siehe Abschnitt 18.2.5.5).

An Bauteile von Druckbelüftungsanlagen brauchen im Allgemeinen keine Temperaturanforderungen gestellt zu werden.

18.2.5 Maschinelle Rauchabzüge (Rauchabzugsanlagen)

18.2.5.1 Anlagenkonzept und Bauteile

Maschinelle Rauchabzugsanlagen sind beim flüchtigen Hinsehen nicht von Lüftungsanlagen bzw. RLT-Anlagen zu unterscheiden. Diese Tatsache verführt zu der bei RLT-Anlagen gewohnten planerischen Großzügigkeit. Fehlbeurteilungen durch die am Bau Beteiligten während der Planung und hinsichtlich der Leistungsfähigkeit konventioneller Lüftungsanlagenbauteile führen leider in vielen Fällen zu unnötigen Risiken oder gar zu erheblichen Gefahren. Bild 18-25 zeigt schematisch eine maschinelle Rauchabzugsanlage mit einigen ihrer Einzelbauteile.

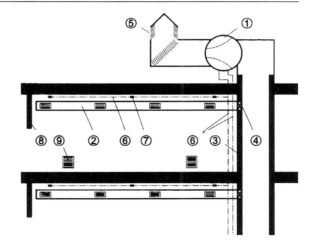

Bild 18-25: Bauteile einer maschinellen Rauchabzugsanlage

Für die Einzelteile werden national und europaweit vorgesehene Bezeichnungen verwendet, um die Unterschiede zu raumlufttechnischen Anlagen zu verdeutlichen:

1 Entrauchungsventilatoren mit Motor und mit elastischem Anschlussstutzen für den Leitungsanschluss (optional sind Wetter- und Vogelschutzgitter oder -klappen, z. B. bei Dachventilatoren, und Schwingungsdämpfer, wenn die Ventilatoren auch für die tägliche Lüftung eingesetzt werden),

2 Entrauchungsleitungen innerhalb eines Brandbereiches,

3 Entrauchungsleitungen, die feuerwiderstandsfähig sein müssen,

4 Entrauchungsklappen, die feuerwiderstandsfähig sein müssen,

5 Mündung mit Wetterschutz und Vogelschutz (nicht, wenn im Ventilator integriert),

6 Stromversorgung, Melde- und Steuerleitungen,

7 Rauchmelder,

8 Rauchschürzen,

9 Zuluftöffnungen.

Weitere Bauteile sind:

- Rauchabzugsöffnungen in Entrauchungsleitungen,
- Entrauchungsklappen, die nicht feuerwiderstandsfähig sein müssen,
- Zuluftleitungen, die feuerwiderstandsfähig sein müssen (z. B. wenn die Zuluft über Leitungen durch andere Brandbereiche geführt wird),
- Zuluftklappen, die feuerwiderstandsfähig sein müssen,
- Dehnungskompensatoren in Entrauchungsleitungen (z. B. wenn die Leitungen aus Stahl bestehen),
- Verschlussklappen,
- Schalldämpfer (z. B. wenn die Ventilatoren auch für die tägliche Lüftung eingesetzt werden).

Entrauchungsklappen dienen der Steuerung der abzusaugenden Rauchgasströme. Es werden Klappen unterschieden, die entweder in den Querschnitt von Leitungen oder in Öffnungen an der Oberfläche von Leitungen eingebaut werden. Über Zuluftöffnungen muss im unteren Raumbereich Außenluft impulsarm nachströmen. Die Zuluft von RLT-Anlagen ist deshalb als Nachströmluft meist völlig ungeeignet — ja sogar lebensgefährlich — ; sie verhindert die Schichtbildung.

18.2.5.2 Voraussetzungen für die Bemessung der Bauteile maschineller Rauchabzugsanlagen

Die Bemessung der Bauteile maschineller Rauchabzugsanlagen ist einer der letzten Schritte bei der Planung von Rauchabzugsanlagen. Sie ergibt sich aus der Bemessung der maschinellen Rauchabzugsanlage unter Berücksichtigung der Nutzung der Räume bzw. des Gebäudes, der Brandrisiken, der Schutzziele und der baulichen Gegebenheiten. Dabei darf auch nicht übersehen werden, dass die aus einem Brand aufsteigende Brandgassäule (Plume) beim Eintritt in eine Rauchschicht viel heißer sein wird als die Rauchschicht selbst. Insbesondere in niedrigen Räumen (z. B. in Tiefgaragen) sind durch direkte Flammeneinwirkung Schädigungen nicht auszuschließen. In sehr hohen Räumen dagegen, wie in Atrien, sinken bei mäßigen Bränden am Fußboden die Temperaturen im Plume so weit ab, dass ein Rauchabzug durch Auftriebswirkung nicht mehr erfolgen kann und deshalb maschinelle Rauchabzugsanlagen zum Einsatz kommen müssen.

Schematisch ist der Weg von der Bemessung der Anlage bis zur Auswahl der geeigneten Komponenten (Bauteile und Bauarten) in Bild 18-26 angegeben.

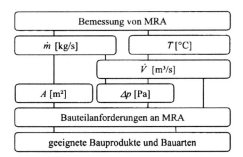

Bild 18-26: Von der Bemessung maschineller Rauchabzugsanlagen zur Auswahl geeigneter Bauprodukte und Bauarten

Die Bemessung einer maschinellen Rauchabzugsanlage liefert den abzuführenden Massenstrom und dessen mittlere Temperatur; damit ist auch der abzuführende Volumenstrom bekannt.

Leckagen in der Anlage sind in Relation zur Größe der Anlage abzuschätzen und hinzuzurechnen. Über die Wahl der Strömungsgeschwindigkeiten in der Rauchabzugsanlage ergeben sich die Strömungsquerschnitte in Leitungen, Klappen und Öffnungen. Daraus wiederum sind die Druckverluste und die notwendigen Differenzdrücke zu bestimmen, die gemeinsam mit Temperatur, Volumenstrom und Querschnitten die wesentlichen Anforderungen an die Bauteile von maschinellen Rauchabzugsanlagen darstellen. Aus dem Marktangebot lassen sich dann die geeigneten Bauprodukte, das sind Baustoffe (wie Feuerschutzplatten zur Herstellung von Entrauchungsleitungen) oder werksmäßig gefertigte bzw. vorgefertigte Bauteile (wie Entrauchungsventilatoren oder -klappen), und die geeigneten Bauarten — für an Ort und Stelle aus Bauprodukten zusammengefügte Bauteile (wie Entrauchungsleitungen) — auswählen.

18.2.5.3 Geeignete und ungeeignete Bemessungsansätze

Brandlastansatz

Der Brandlastansatz mit den Mengen brennbarer Stoffe und deren unterem Heizwert H_u gibt die potentielle in einem Brandfall maximal freiwerdende Energie an. Dieser Ansatz ist in der Praxis zwar beliebt, aber nicht unkritisch. So zeigt die Tabelle 18-7 deutlich, dass z. B. abgestellte Paletten ein erheblich größeres Brandrisiko darstellen als die fünffache Menge Holz in kompakter Form. Die Brandlast kann also nur einen Hinweis auf die Dauer eines Brandes geben, wenn auf Grund der Oberflächenbeschaffenheit, der Verteilung im Raum und anderer Einflussgrößen seine Intensität abgeschätzt werden kann. Die Brandlast ist für die Bemessung also nicht ausreichend. Da sich die meisten Aufgabenstellungen auf die Brandanfangsphase (Pre-flash-over-Phase) beschränken, hat die Brandlast hierfür sogar nur untergeordnete Bedeutung.

Tabelle 18-7: Einfluss von Stapeldichte und -höhe

Geometrie	kompakter Würfel $h = 1{,}22$ m	Paletten-Stapel $h = 1{,}22$ m	Paletten-Stapel $h = 6{,}1$ m
Masse kg	1100	220	1100
Brandlast kWh	5300	1060	5300
max. Energiefreisetzung in kW	1050	3700	14000
q MW/m^2	0,7	2,47	9,3
Abbranddauer	> 12 h	≈ 12 min	—

Tabelle 18-8: Fragwürdigkeit von Luftwechselzahlen beim Rauchabzug

1	Brandentwicklungsdauer in Minuten	10			
2	Brandausbreitungsgeschwindigkeit	mittel			
3	Maximale Brandfläche in m^2	20			
4	Hallenhöhe in m	6			
5	Rauchabschnittsfläche in m^2	400		2100	
6	angestrebte Dicke der rauchfreien Schicht in m	4	5	4	5
7	notwendiger Volumenstrom in m^3/s	<u>38,8</u>	<u>47,5</u>	27	37,5
8	Luftwechselzahl in h^{-1}	58,2	71,3	7,7	10,7
9	Luftwechselzahl in h^{-1}, bezogen auf rauchfreies Raumvolumen	87,3	85,5	11,6	12,9
	die unterstrichenen Volumenströme findet man auch in Tabelle 4 in DIN V 18232-5				

Luftwechselansatz

Der Luftwechselansatz ist in der Lüftungstechnik gebräuchlich und wird wegen der Ähnlichkeit maschineller Rauchabzugsanlagen und Lüftungsanlagen auch gerne für maschinelle Rauchabzugsanlagen angewendet. Die Ergebnisse der Bemessung[6] einer

---

[6] mit dem von den Verfassern für die Erstellung der DIN V 18232-5 [13] benutzten Rechenprogramm

Rauchabzugsanlage für ein Feuer mit mittlerer Ausbreitungsgeschwindigkeit sind in der Tabelle 18-8 enthalten. Sie zeigen deutlich, dass die sich ergebenden Luftwechselzahlen sehr stark streuen und übliche Luftwechselzahlen der Lufttechnik erheblich überschritten werden. Ein Luftwechselansatz ist deshalb ungeeignet.

Bemessungsfeuer

Grundlage der Dimensionierung von Rauchabzugsanlagen ist das zu Grunde zu legende Feuer, das sogenannte Bemessungsfeuer. Es wird als Funktion der Zeit oder als konstante Größe angegeben. Die Angabe einer konstanten Größe darf nicht als gleichbleibendes Feuer angesehen werden, sondern als das größte mit der Rauchabzugsanlage zu beherrschende Feuer. In den nationalen, europäischen und internationalen Normungsarbeiten finden sich drei verschiedene Brandszenarien, d. h. Annahmen über den Brandverlauf in der Wachstumsphase eines Brandes:

1. Brandflächenverdoppelung einer kreisrunden Brandfläche innerhalb von 5 Minuten: dieses Szenarium ist in der deutschen Norm DIN V 18232-5 [13] enthalten,

2. quadratische Zunahme der Energiefreisetzung: dieses Szenarium ist in der internationalen Norm ISO 13387-2 [14] vorgesehen,

3. vorgegebenes Bemessungsfeuer: dieses Szenarium ist im Entwurf zu der europäischen Norm EN 12101-5 [15] vorgesehen.

Bleibt der Flash-over aus, so wächst in den ersten beiden Fällen das Feuer stetig an, bis z. B. erfolgreiche Löschmaßnahmen das weitere Anwachsen verhindern. Diese Zeit wird als Brandentwicklungsdauer bezeichnet.

Für übliche Anwendungen ohne automatische Löschanlagen wird häufig zehn Minuten Brandentwicklungsdauer angesetzt. Mit einer Energiefreisetzungsrate von $600\,\mathrm{kW/m^2}$, die für häufige Risiken realistisch ist, ergeben sich je nach Bemessungsverfahren recht unterschiedlich große Bemessungsfeuer:

1. Im ersten Brandszenarium führt

    eine langsame Brandausbreitungsgeschwindigkeit nach 5 Minuten zu einer 5 $\mathrm{m^2}$ großen Brandfläche,

    eine mittlere Brandausbreitungsgeschwindigkeit nach 5 Minuten zu einer 10 $\mathrm{m^2}$ großen Brandfläche und

    eine schnelle Brandausbreitungsgeschwindigkeit nach 5 Minuten zu einer 20 $\mathrm{m^2}$ großen Brandfläche.

    In jeweils 5 weiteren Minuten verdoppelt sich die Brandfläche, bis die Brandentwicklungsdauer erreicht ist. Die Energiefreisetzung des Bemessungsfeuers für 10 Minuten Brandentwicklungsdauer beträgt somit je nach Brandausbreitungsgeschwindigkeit 6, 12, oder 24 MW.

2. Im zweiten Brandszenarium führt

    eine langsame Brandausbreitungsgeschwindigkeit nach 600 s zu einem Brand mit 1 MW Energiefreisetzung,

    eine mittlere Brandausbreitungsgeschwindigkeit nach 300 s zu einem Brand mit 1 MW Energiefreisetzung,

    eine schnelle Brandausbreitungsgeschwindigkeit nach 150 s zu einem Brand mit 1 MW Energiefreisetzung und eine extrem schnelle Brandausbreitungsgeschwindigkeit bereits nach 75 s zu einem Brand mit 1 MW Energiefreisetzung. Die Energiefreisetzung wächst quadratisch mit der Zeit weiter an, bis die Brandentwicklungsdauer erreicht ist.

Die Energiefreisetzung des Bemessungsfeuers für zehn Minuten Brandentwicklungsdauer beträgt somit je nach Brandausbreitungsgeschwindigkeit 1, 2, 4, oder 8 MW.

3. Im dritten Brandszenarium

wächst das Feuer bis zur Größe des Bemessungsfeuers an.

In [15] werden z. B. für einen brennenden PKW 4 MW und für einen gesprinklerten Einzelhandelsbereich 6 MW angegeben.

Stöchiometrische Rauchgasmengen

Die Rauchgasmengen bei stöchiometrischer Verbrennung werden bei Bränden ganz erheblich überschritten. Als Bezugsmaß für die Verdünnung und damit für die Gefährlichkeit der Rauchgase wird die stöchiometrische Rauchgasmenge aber angewendet. Kenntnis über die Zusammensetzung des Brandgutes eines eventuellen Brandes ist im Allgemeinen nicht erforderlich, da die stöchiometrische Brandgasmenge bei unterschiedlichen brennbaren Stoffen nur wenige Prozent schwankt, wenn sie auf die freigesetzte Energie bezogen wird. Es wird deshalb empfohlen [16], je MJ Energiefreisetzung ein stöchiometrisches Rauchgasvolumen von 0,285 m^3 (bei Normbedingungen) anzusetzen. Die Dichte der Brandgase wird mit genügender Genauigkeit durch die Dichte trockener Luft ersetzt. Mit $\varrho = 1,293$ kg/m^3 (bei Normbedingungen) erhält man z. B. einen stöchiometrischen Rauchgasmassenstrom für ein Feuer mit 5 MW Energiefreisetzung von

$$\dot{m}_{\text{Stöchiometrisch, 5 kW}} = 1,85 \text{ kg/s}. \tag{18-3}$$

Reale Rauchgasmengen bei einem Brand

Bei einem Brand mischen sich große Mengen Luft aus der Umgebung in das Feuer und in den aufsteigenden Rauchgasstrom (Plume bezeichnet) ein. Für diesen Vorgang wurden mehrere empirische Formeln entwickelt. Am bekanntesten ist die Plume-Formel nach *Thomas-Hinkley* aus den Sechziger Jahren. Sie gibt den realen Rauchgasmassenstrom in Abhängigkeit vom Umfang P des Feuers und von der Steighöhe H des Rauchgasmassenstromes an:

$$\dot{m}_{\text{Brand}} = C\,P\,H^{3/2} \text{ kg/s}. \tag{18-4}$$

Für Feuer mit freier Zuströmmöglichkeit der Luft ist für die Einmischkonstante C der Wert 0,188 zu verwenden.

Diese Plume-Formel enthält keine Energiefreisetzung. Sie ist aber experimentell verifiziert für Energiefreisetzungsraten zwischen 200 kW/m^2 und 750 kW/m^2 [17]. Über die Energiefreisetzung lassen sich Temperatur und Volumenstrom bestimmen. Im Brandraum finden sich etwa 80 % der freigesetzten Energie im Rauchgas wieder. In guter Näherung ist für die Wärmebilanzrechnung anstelle der unbekannten spezifischen Wärmekapazität der Brandgase die von der Temperatur abhängige spezifische Wärmekapazität für trockene Luft anzuwenden.

Für ein 8 m² großes Feuer mit 5 MW Energiefreisetzung erhält man mit diesen Annahmen die in Tabelle 18-9 wiedergegebenen Werte für den Massenstrom des Rauchgases $\dot{m}_R$, die Temperatur der Rauchschicht T_{RS} unter der Decke, die Temperatur in der Plume-Achse T_{Plume}, den Volumenstrom des Rauchgases $\dot{V}_R$ und die Verdünnung V bezogen auf die stöchiometrische Rauchgasmenge, jeweils in Abhängigkeit von der Steighöhe des Plumes bis zur Unterkante der unter der Decke liegenden Rauchschicht. Ein starker Anstieg der Rauchgasmengen mit der Höhe ist zu erkennen; bereits zwei Meter über dem Boden beträgt die Rauchgasmenge das 2,9-fache der stöchiometrischen Rauchgasmenge und in zehn Metern Höhe bereits das 32-fache. Damit ist eine rapide Temperaturabnahme sowohl in der Plume-Achse als auch in der Rauchschicht verbunden.

Tabelle 18-9: Von der Steighöhe abhängiger Rauchgasstrom

H m	$\dot{m}_R$ kg/s	T_{RS} °C	T_{Plume} °C	$\dot{V}_R$ m³/s	Verdünnung %
2	5,34	665	Flammen	14,2	2,9
3	9,8	385	675	18,2	5,3
4	15,1	260	515	22,6	8,2
6	27,7	140	285	32,6	15
10	59,6	65	120	57,3	32

Bemessungsmöglichkeit nach DIN V 18232-5

Mit der DIN V 18232-5 [13] wurde erstmals eine allgemein zugängliche Bemessungsregel geschaffen. Die Norm lässt aber andere Bemessungsverfahren zu.

Für die Bemessung nach dieser Norm wird unterstellt:

- frühzeitiges Einschalten durch automatische Brandmeldeanlage mit Rauchmeldern oder ständig anwesendes, qualifiziertes Personal,
- rechtzeitiges Eingreifen der Löschkräfte (geringe Brandentwicklungsdauer — für übliche Anwendungen werden 10 min unterstellt),
- eine ausreichend groß dimensionierte und großflächig verteilte Zuluftzuführung, damit eine Verwirbelung des Rauches durch Induktionswirkung vermieden wird ($v_{zul} \leq 3$ m/s),
- Unterteilung großer Räume in Rauchabschnitte mittels Rauchschürzen,
- Energiefreisetzungsraten für Feststoffbrände, die mit 600 kW/m² auf der sicheren Seite liegend genormt wurden. Im Anhang sind sämtliche Bemessungstabellen auch für 300 kW/m² abgedruckt,
- zu erwartende Brandfläche ≤ 80 m² (bis zum Beginn der Löschmaßnahmen) entsprechend der Bemessungsgruppe 5 nach Tabelle 1 der Norm,
- Rauchgastemperaturen vor Erreichen der Vollbrandphase nach DIN 18232-1,
- Raumgrößen ≥ 200 m² und Rauchabschnittsgrößen ≤ 1600 m².

Die Bemessung ist jedoch nicht anwendbar für:

- Lagerräume mit Lagerguthöhen über 1,5 m,

- Räume, in denen Gefahrstoffe gelagert werden,
- explosionsgefährdete Räume.

Die Bemessung ist anwendbar für:

Raumgrößen: $H \geq 3$ m; $A \geq 200$ m^2,
Rauchabschnittsflächen: $A_R \leq 1600$ m^2 (400 m^2 in der Rechnung benutzt),
Brandentwicklungsdauer: 5, 10, 15, 20, 25 min,
Energiefreisetzungsraten: $q = 0{,}6$ MW/m^2 und 0,3 MW/m^2,
konvektiver Energieanteil: $\chi = 0{,}8$,
Ventilator voll wirksam nach: $t = 2$ min.

Die Norm verwendet den Parameter *Bemessungsgruppe*, um die Parameter *Brandentwicklungsdauer* und *Brandausbreitungsgeschwindigkeit* zusammenzufassen. Den Bemessungsgruppen 1 bis 5 sind dadurch Brandflächen von 5 m^2 bis 80 m^2 zugeordnet. Für übliche Anwendungen sind zehn Minuten Brandentwicklungsdauer und eine mittlere Brandausbreitungsgeschwindigkeit anzusetzen. Dies entspricht der Bemessungsgruppe 3 der Norm mit einer größten Brandfläche von 20 m^2.

18.2.5.4 Bemessungsbeispiele

Einige Bemessungsergebnisse sind in Bild 18-27 bis Bild 18-30 wiedergegeben. In allen Beispielen wurde vorausgesetzt, dass die Entrauchungsventilatoren zwei Minuten nach Brandbeginn voll wirksam sind.

Für eine Halle mit 2500 m^2 Grundfläche und 4 m Höhe ist nach DIN V 18232-5 [13] eine Verdoppelung der Brandfläche nach fünf Minuten und eine Brandentwicklungsdauer von 10 min angesetzt worden. Für unterschiedliche Nutzungen ergeben sich jedoch sehr unterschiedliche Entrauchungsvolumenströme. Im ersten Fall (Bild 18-27) mit einer mittleren Brandausbreitungsgeschwindigkeit und einer Wärmefreisetzungsrate von 600 kW/m^2 nach DIN V 18232-5 wächst das Feuer auf 12 MW, bevor Löschmaßnahmen wirken. Es wird ein Absaugvolumenstrom von 36,5 m^3/s zur Vermeidung des Flash-over während 30 min Branddauer benötigt. Im zweiten

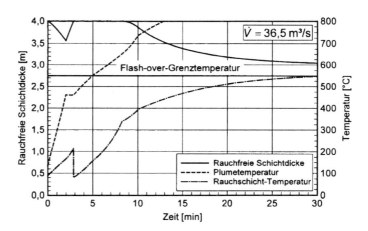

Bild 18-27: Mittleres Risiko nach DIN V 18232-5 in einer Halle (2500 m^2, 4 m Höhe)

Fall (Bild 18-28) mit einer besonders geringen Brandausbreitungsgeschwindigkeit und einer Wärmefreisetzungsrate von nur 200 kW/m² (abweichend von DIN V 18232-5) wächst das Feuer auf „nur" 2 MW an, bevor Löschmaßnahmen wirken. Hierfür reicht ein Entrauchungsvolumenstrom von 6,1 m³/s aus, um nach 10 min noch eine rauchfreie Schicht von 3 m und nach 30 min eine Rauchschichttemperatur von weniger als 300 °C erwarten zu dürfen. In beiden Fällen wurde mit einem konvektiven Wärmeanteil von 80 % gerechnet.

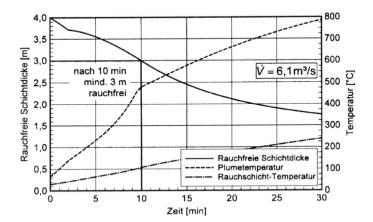

Bild 18-28: Sehr geringes Risiko in einer Halle (2500 m², 4 m Höhe)

Für eine Tiefgarage mit 1600 m² Grundfläche und 2,6 m Höhe in schwerer Bauweise ist nach prEN 12101-5 [15] für einen brennenden PKW eine schnell bis 4 MW wachsende Wärmefreisetzung angesetzt worden (Maximalwert). Es wird ein Absaugvolumenstrom von 9,6 m³/s benötigt, um nach 15 min Branddauer die beiden Kriterien — mind. 2 m rauchfreie Schicht und maximal 300 °C in der Rauchschicht — zu erfüllen (Bild 18-29). Wegen der schweren Bauweise wurde ein konvektiver Wärmeanteil von nur 50 % angesetzt.

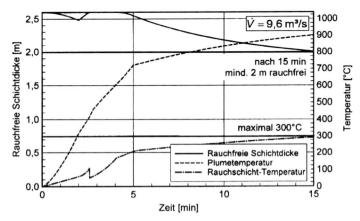

Bild 18-29: Risiko nach prEN 12101-5 in Tiefgarage (1600 m², 2,6 m Höhe)

Für die Bemessung eines Atriums ist nach ISO DIS 13387-2 [14] eine rasch quadratisch mit der Zeit wachsende Wärmefreisetzung bis zu 5 MW am Fußboden zu Grunde gelegt worden, die rechnerisch nach ca. 11 min erreicht ist. Es wird ein Absaugvolumenstrom von 62 m³/s benötigt, um nach 10 min Branddauer eine rauchfreie Schicht von 16 m zu erzielen (konvektiver Wärmeanteil $\psi = 0{,}8$). Zu diesem Zeitpunkt liegt die Rauchschichttemperatur gerade noch 15 K über der Umgebungstemperatur, während die Plume-Temperatur noch etwa drei Mal so hoch ist (Bild 18-30). Ein Feuer in einem oberen Geschoss wird selbstverständlich zu höheren Temperaturen im Plume führen.

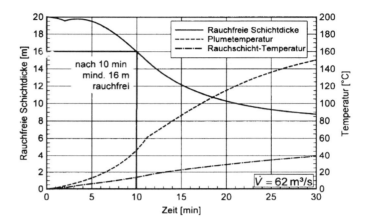

Bild 18-30: Mittleres Risiko in Atrium (5000 m², 20 m Höhe)

18.2.5.5 Anforderungen an die Bauteile von maschinellen Rauchabzügen

Anforderungen an Entrauchungsventilatoren

a) Temperatur-Zeit-Beanspruchung

Bild 18-31 zeigt die Temperatur-Zeit-Beanspruchung von Entrauchungsventilatoren. Die Kreise kennzeichnen die Temperatur-Kategorien nach DIN V 18232-6 [18], die Rauten kennzeichnen die Klassen nach DIN EN 12101-3 [19]. Die ausgezogenen Linien kennzeichnen das heute bereits bestehende Marktangebot.

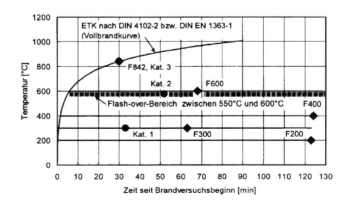

Bild 18-31: Temperatur-Zeit-Beanspruchung von Entrauchungsventilatoren

b) Volumenstrom

Der Volumenstrom von Entrauchungsventilatoren darf sich während des Rauchabzugsbetriebes höchstens 10 % verringern. Bei empfindlichen Bemessungssituationen ist deshalb bei der Planung ein Zuschlag von 10 % erforderlich.

c) Wärmedämmung

Ventilatoren, die die Kriterien der Wärmedämmung erfüllen, dürfen in gelüfteten Aufstellungsräumen (außerhalb des Brandraumes) aufgestellt werden.

d) Schneelast

Entrauchungsventilatoren, die im Freien aufgestellt werden (Dach- und Wandventilatoren), werden nach Schneelastklassen von SL 0 bis SL 1000 unterschieden. Die Zahl besagt die zulässige Schneelast in N/m^2 Fläche der Auslassöffnungen. Ventilatoren der Schneelastklasse SL 0 dürfen nur für beheizte Gebäude verwendet werden.

e) Eignung für Lüftungsbetrieb

Die Motoren von Entrauchungsventilatoren, die auch für den Lüftungsbetrieb eingesetzt werden sollen, müssen zur Begrenzung der Alterung der Wicklung weniger ausgelastet werden als ihrer Wärmeklasse entspräche (10 K niedrigere Betriebstemperatur führt etwa zu einer Verdoppelung der Lebensdauer).

f) Rauchmelder

Rauchabzugsanlagen erfüllen ihre Aufgabe meist nur bei automatischer Inbetriebnahme. In der BRD werden deshalb Zulassungen für Entrauchungsventilatoren in Verbindung mit Rauchmeldern erteilt.

g) Elastische Stutzen

Für Entrauchungsventilatoren, die sich zum Anschluss an Leitungen eignen (z. B. weil Anschlussflansche vorhanden sind), sind elastische Stutzen erforderlich. Sie müssen der Temperatur und dem Differenzdruck standhalten, müssen mindestens 50 mm axiale und mindestens 20 mm radiale Verschiebung aufnehmen können und dabei ausreichend dicht bleiben. Einzelheiten werden im Rahmen des Zulassungswesens geregelt.

h) Schwingungsdämpfer

Vor wenigen Jahren wurden an der TU München erstmals Entrauchungsventilatoren zum Einbau innerhalb des Brandraumes erfolgreich untersucht; inzwischen ist diese Einsatzmöglichkeit für verschiedene Bauarten eine Selbstverständlichkeit geworden (z. B. für Entrauchungsventilatoren in Tiefgaragen). Besondere Anforderungen ergeben sich dabei für Schwingungsdämpfer, weil sie ungeschützt der jeweiligen Temperaturbeanspruchung ausgesetzt sind. So muss das temperaturbedingte Einsinken von Federstahlschwingungsdämpfern durch geeignete Konstruktionen begrenzt werden, um ein Versagen der Anlage aufgrund dieser nebensächlich erscheinenden kleinen Bauteile zu verhindern.

Anforderungen an elektrische Anlagen mit Funktionserhalt

Der Funktionserhalt von Kabelanlagen zur Inbetriebsetzung und zum Betrieb der Rauchabzugsanlage ist zwingende Voraussetzung. Der Funktionserhalt nach DIN 4102-12 [20] schließt jedoch nicht den Funktionserhalt von Kabelanschlüssen an Verbraucher (wie Motoren innerhalb des heißen Brandgasstromes) ein; Regelungen hierzu finden sich derzeit nur in den allgemeinen bauaufsichtlichen Zulassungen für die Entrauchungsventilatoren.

Anforderungen an Entrauchungsklappen

Entrauchungsklappen müssen gegen die laufende Rauchabzugsanlage auch noch nach 25 Minuten Brandeinwirkung fernbedient zuverlässig öffnen können. Zum Rauchabzug geöffnete Rauchabzugsklappen müssen ihren Querschnitt beibehalten. Rauchabzugsklappen, die geschlossen bleiben müssen (z. B. um einen gezielten Rauchabzug an anderen Stellen zu ermöglichen oder andere Brandbereiche zu schützen), müssen ausreichend dicht bleiben. Brandschutzklappen dürfen nicht als Entrauchungs- oder Zuluftklappen in Rauchabzugsanlagen eingesetzt werden. Die missbräuchliche Nutzung in Verbindung mit gefährlicher Manipulation der Funktionsweise führt zum Verlust der allgemeinen bauaufsichtlichen Zulassung. Der Einsatz von Brandschutzklappen anstelle von Entrauchungsklappen führt häufig zu erheblichen Gefahren. Tabelle 18-10 verdeutlicht die Unterschiede zwischen Brandschutzklappen und Entrauchungsklappen. Für Entrauchungsklappen sind deshalb auch eigene Nachweise nötig.

Tabelle 18-10: Merkmale von Brandschutzklappen und Entrauchungsklappen

Anforderung	Bauteil	
	Absperrvorrichtung	Entrauchungsklappe
sicheres Schließen	durch Strömung unterstützt; $M_{Motor} \approx 11$ Nm	—
sicheres Öffnen	—	durch Strömung erschwert; $M_{Motor} \approx 36$ Nm

Drehmomentangabe für 90°-Antriebe

Man unterscheidet Entrauchungsklappen nach der Einbaustelle

- innerhalb des Leitungsquerschnittes und zwar innerhalb oder außerhalb von Wänden und Decken angeordnet oder
- in der Oberfläche von Entrauchungsleitungen angeordnet

und nach dem Feuerwiderstand

- ohne Feuerwiderstand (genauer: ohne Dämmwirkung) nur zum Einbau innerhalb eines Brandbereiches (Brandabschnitt oder Geschoss) und
- mit Feuerwiderstand zum Schutz anderer Brandbereiche.

Die Leckage geschlossener Entrauchungsklappen außerhalb eines zu entrauchenden Rauchabschnittes darf höchstens 200 m³/h je 1 m² Querschnittfläche betragen, wenn Prüfklappen

- bei Umgebungstemperatur mit 1500 Pa Differenzdruck und
- bei Brandprüfungen mit 500 Pa Differenzdruck

geprüft werden. Die Prüftemperatur für Entrauchungsklappen ohne Feuerwiderstand beträgt je nach vorgesehenem Einsatzbereich 300 °C oder 600 °C, für Klappen mit Feuerwiderstand folgt sie der Einheits-Temperaturzeitkurve ([10] bzw. [11]).

Anforderungen an Entrauchungsleitungen

Entrauchungsleitungen müssen nach [18] bzw. [21] oder [22] im Brandfalle ausreichend dicht bleiben und ihren Querschnitt beibehalten. Der Erhalt des Querschnittes wird bei feuerwiderstandsfähigen Lüftungsleitungen nicht gefordert. Diese können deshalb nicht als Entrauchungsleitungen eingesetzt werden. Für Entrauchungsleitungen sind eigene Nachweise nötig. Man unterscheidet Entrauchungsleitungen

- ohne Feuerwiderstand (genauer: ohne Dämmwirkung) zum Einbau mit Öffnungen — auch mit Entrauchungsklappen „ohne Feuerwiderstand" versehen — innerhalb eines Brandbereiches (Brandabschnitt oder Geschoss) und

- mit Feuerwiderstand zum Überqueren anderer Brandabschnitte oder Geschosse — auch mit brandschutztechnisch gesicherten Öffnungen.

Die Leckage von Entrauchungsleitungen darf höchstens 10 m^3/h je 1 m^2 innerer Oberfläche betragen, wenn Prüfleitungen

- bei Umgebungstemperatur mit 1500 Pa Unterdruck und

- bei Brandprüfungen mit 500 Pa Unterdruck

geprüft werden. Die Dehnungskräfte dürfen dabei 1 kN nicht überschreiten. Die Prüftemperatur für Entrauchungsleitungen ohne Feuerwiderstand beträgt 600 °C, für Leitungen mit Feuerwiderstand folgt sie der Einheits-Temperaturzeitkurve nach [10] bzw. [11].

Dehnungskompensatoren sind erforderlich, wenn die Entrauchungsleitungen allein höhere Dehnungskräfte als 1 kN erzeugen. Als Bestandteil solcher Leitungen sind die Dehnungskompensatoren mit diesen Leitungen gemeinsam zu prüfen und die Dehnungskräfte und die Leckage gemeinsam zu beurteilen. Dehnungskompensatoren für Stahlblechleitungen aus Normalstahl müssen eine freie Schiebelänge von mindestens 100 mm in Richtung der Leitungsachse ermöglichen.

Ohne weitere Nachweise dürfen Entrauchungsleitungen auch als *Zuluftleitungen* sinngemäß verwendet werden; dieser Sachverhalt ist in die an der TU München ausgestellten amtlichen bauaufsichtlichen Prüfzeugnisse aufgenommen und ein Muster für den Übereinstimmungsnachweis sowohl für Entrauchungsleitungen als auch für Zuluftleitungen angefügt worden.

Schalldämpfer werden in Rauchabzugsanlagen immer dann benötigt, wenn die Anlagen auch für Lüftungszwecke eingesetzt werden. Mehrfach konnte zwischenzeitlich festgestellt werden, dass Kulissenschalldämpfer herkömmlicher Bauart bereits bei relativ niedrigen Rauchabzugstemperaturen versagen; die Kulissen verlieren nämlich ihre Festigkeit und werden vom Rauchgasstrom mitgerissen. Verstopfungen der Leitungen und Klappen sowie Gefährdung der Ventilatoren sind die Folge. Wichtigstes Kriterium für die Eignung von Schalldämpfern ist der Querschnittserhalt während der Förderung heißer Gase.

Anforderungen an Rauchschürzen

Rauchschürzen dienen der Unterteilung eines Brandbereiches in Rauchabschnitte und sollen eine Mindesthöhe von 1 m haben. Sie müssen aus nichtbrennbaren Baustoffen bestehen, der vorgesehenen Temperatur-Zeit-Beanspruchung standhalten und dürfen im Brandfall nur begrenzte Spalte oder Öffnungen aufweisen. Für bewegliche Rauchschürzen wurde ein europäisches Prüfverfahren entwickelt (EN 12101-1).

Anforderungen an Absaugöffnungen

Die Bemessung der Rauchabzugsanlage muss auch die notwendige Anzahl der Absaugöffnungen oder Einzelventilatoren ausweisen. Diese Anzahl hängt stark von der für den Brandfall akzeptierten Rauchschichtdicke ab.

Bild 18-32 zeigt, dass der Einlaufkegel mit dünner werdender Rauchschichtdicke mehr ausgeprägt ist, um schließlich anstatt nur Rauch auch Luft aus dem Raum abzusaugen.

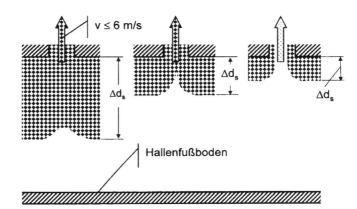

Bild 18-32: Effektivität der Absaugung in Abhängigkeit von der Rauchschichtdicke Δd_s

Wegen des Einlaufkegels ergibt sich je Absaugstelle oder Einzelventilator ein maximaler Entrauchungsvolumenstrom. Auf der Grundlage englischer Untersuchungen wurde Tabelle 18-11 entwickelt und in die MRA-Bemessungsnorm [13] aufgenommen.

Tabelle 18-11: Maximaler Volumenstrom je Absaugstelle oder Einzelventilator

Dicke Δd_s der Rauchschicht an der Absaugstelle oder am Ansaugquerschnitt eines Einzelventilators in m	Volumenstrom je Absaugstelle oder Einzelventilator in m³/s
$\geq 0{,}5^{1)}$	$\leq 0{,}2$
$\geq 1{,}0$	$\leq 1{,}2$
$\geq 1{,}5$	$\leq 3{,}5$
$\geq 2{,}0$	$\leq 7{,}0$
$\geq 2{,}5$	$\leq 12{,}0$
$^{1)}$ Auch für Rauchschichtdicken $< 0{,}5$ m anwendbar, sofern Absaugstellen nach oben gerichtet verwendet werden (siehe [13]).	

Die Anzahl N der Absaugstellen ergibt sich somit zu

$$N \geq \text{abzuführender Volumenstrom/Volumenstrom je Absaugstelle.}$$

Anmerkungen:

- Bei der Bemessung von nicht nach oben gerichteten Absaugstellen oder Einzelventilatoren sollte eine höchste rechnerische Absauggeschwindigkeit von 6 m/s, bezogen auf den freien Querschnitt der Absaugöffnung, eingehalten werden.

- Derzeit ist das Verhalten bei linienförmigen Absaugeinrichtungen noch nicht geklärt.

18.2.6 Druckbelüftungsanlagen

18.2.6.1 Wirkungsweise und Anwendungsbereiche

Im Brandfalle können geeignet bemessene und ausgeführte Druckbelüftungsanlagen das Eindringen von Feuer und Rauch in zu schützende Räume verhindern. Abhängig von der Brandraumtemperatur muss hierzu im Brandfalle ein ausreichend großer Volumenstrom auch bei geöffneten Türen vom zu schützenden Raum in den in Brand geratenen Raum und von diesem ins Freie strömen, um der Brandgasströmung zum zu schützenden Raum entgegen zu wirken (vergl. z. B. [23]).

Vor zwanzig Jahren wurde in Deutschland der Bau innenliegender Treppenräume erstmals unter der Auflage genehmigt, dass Druckbelüftungsanlagen die Treppenräume im Brandfalle benutzbar halten.

In Hochhäusern wird sogar auf einen zweiten Rettungsweg verzichtet, wenn die Rettung über nur einen sicher erreichbaren Treppenraum möglich ist, in den Feuer und Rauch nicht eindringen können (Sicherheitstreppenraum). In [24] wird hierzu ausgeführt, dass die Erkenntnisse und Erfahrungen mit Lüftungssystemen heute die Gestaltung von innenliegenden Sicherheitstreppenräumen mit einem höheren Sicherheitsstandard ermöglichen als Treppenräume ihn haben, die über offene Gänge zugänglich sind. Brände in der Vergangenheit haben gezeigt, dass beim Brand niedriger Gebäude und Gebäudeteile benachbarte Hochhausfassaden verrauchen können.

Im Wesentlichen werden Druckbelüftungsanlagen heute für zwei verschiedene Aufgabenstellungen eingesetzt:

1. Druckbelüftungsanlagen sollen sicherstellen, dass die Benutzung innenliegender Treppenräume im Brandfalle nicht durch Eintritt von Rauch erheblich erschwert wird,

2. Druckbelüftungsanlagen sollen sicherstellen, dass Feuer und Rauch nicht in Sicherheitstreppenräume eindringen können.

Zu 1) Der Eintritt von Rauch wird wie bei üblichen Treppenräumen nicht ausgeschlossen, weil ein zweiter Rettungsweg, z. B. Gerät der Feuerwehr, verfügbar ist. Die bauaufsichtlichen Anforderungen beschränken sich deshalb auf

- die Festlegung eines Spülluft-Volumenstromes von 10 000 oder 20 000 m^3/h der am Fuß des Treppenraumes einzublasen ist, und
- die Begrenzung des Differenzdruckes an den Türen auf ca. 50 Pa.

Zu 2) Der einzig mögliche Rettungsweg muss zuverlässig rauchfrei gehalten werden und das Öffnen der Türen möglich sein. Dies kann nur dann sichergestellt werden, wenn unter allen Brand- und Wettersituationen

- vom Treppenraum her über eine Schleuse ein Volumenstrom von

$$\dot{V}_L = k\,b\,h^{1,5} \text{ m}^3/\text{s} \tag{18-5}$$

in das Brandgeschoss einströmt und über geborstene Fenster oder über andere Abzugseinrichtungen abströmt, und
- der Differenzdruck an den Türen nicht über ca. 50 Pa ansteigt.

In der Formel bedeuten b und h die Breite bzw. die Höhe der Türöffnung und k einen Faktor, der von der Temperatur abhängig ist, die im Brandfall in dem der Schleuse vorgelagerten Raum auftreten kann. Meist ist für k der Wert 1,8 anzusetzen (vergleiche [23] oder [24]).

18.2.6.2 Einflussgrößen

Die im Abschnitt 18.2.2 genannten Einflussgrößen Wind und Thermik blieben bei der Bemessung von Druckbelüftungsanlagen für Treppenräume bisher meist unberücksichtigt. Bild 18-33 veranschaulicht, dass sich ein und derselbe physikalische Vorgang sehr unterschiedlich auswirkt. Im Schornstein ist der Auftrieb die Voraussetzung für seine Funktion, während der Auftrieb im Treppenraum die Tragödie im Brandfall verursachen kann. Bei einer Außentemperatur von $-10\,°C$ führt bereits der Dichteunterschied zwischen der kalten Außenluft und der Luft im Gebäudeinnern zu einem Druckgefälle von ca. 1,4 Pa pro Höhenmeter; in einem Hochhaus mit 160 m Höhe wirken im Winter also ca. 225 Pa Auftriebsdruck. In [25] und [26] werden die Gefahren bei Vernachlässigung thermischer Einflüsse vor allem bei hohen Hochhäusern aufgezeigt und eine Überarbeitung bauaufsichtlicher Bestimmungen angemahnt. Ein Forschungsvorhaben, das die Verfasser dieses Kapitels bearbeiteten, wird hierzu einen Beitrag leisten.

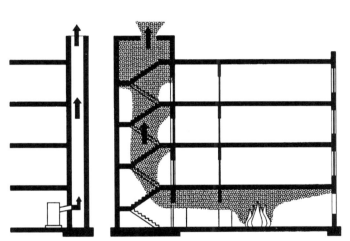

Bild 18-33: Auftriebswirkung im Schornstein und im Treppenraum

18.2.6.3 Normungsaktivitäten

Ein europäischer Normentwurf für Druckbelüftungsanlagen wurde kürzlich veröffentlicht [27]. Mehrere deutsche Anbieter von Druckbelüftungsanlagen für innenliegende Treppenräume sind an dieser Normungsarbeit beteiligt.

18.2.6.4 Anlagenanforderungen

Anlagenanforderungen wurden bisher nur von Fall zu Fall gestellt, um den baulichen Gegebenheiten gerecht zu werden. Die Ventilatoren für Druckbelüftungsanlagen brauchen keine Beständigkeit gegen heiße Brandgase aufzuweisen. Bezüglich der Zuverlässigkeit des Betriebes im Brandfalle sind jedoch ähnliche Anforderungen zu erfüllen wie bei maschinellen Rauchabzügen.

18.3 Europäische Klassifikationen für den Feuerwiderstand

In europäischen Klassifikationen kennzeichnen Kennbuchstaben aufgrund der Sprachenvielfalt nicht den Gegenstand, sondern das Brandschutzkriterium. Die angefügte Zahl definiert wie in deutschen Klassifikationen die Mindestdauer des Feuerwiderstandes bzw. die Erfüllung des jeweiligen Brandschutzkriteriums.

Folgende Brandschutzkriterien werden für brandschutztechnisch wirksame Gegenstände der Lüftungstechnik und der maschinellen Entrauchung angewendet (in Klammern die Begriffe, von denen die Kennzeichnungsbuchstaben abgeleitet wurden):

E	Raumabschluss (Étanchéité),
I	Wärmedämmung unter Brandeinwirkung (Isolation),
S	Begrenzung der Rauchdurchlässigkeit (Smoke leakage),
F	Funktionsfähigkeit von Entrauchungsventilatoren (Fans),
P und PH	Funktionserhalt von Kabelanlagen (-).

Beispielsweise wird anstelle einer nach DIN 4102-6 geprüften Lüftungsleitung L90 künftig eine nach DIN EN 1366-1 geprüfte Lüftungsleitung EIS90i↔o gefordert werden. Der Zusatz i↔o soll darauf hinweisen, dass die Feuerwiderstandsdauer sowohl bei der Brandbeanspruchung von innen als auch von außen erreicht wurde. Das Anforderungsniveau wird bei Lüftungsleitungen, Brandschutzklappen und verschiedenen anderen Gegenständen aufgrund der europäischen Prüfnormen steigen.

18.4 Glossar

Begriffe des Baurechtes sind dem Lüftungs- und Klimafachmann erfahrungsgemäß nicht sehr geläufig. Teilweise sind auch Begriffe im Baurecht und in der Lüftungstechnik mit unterschiedlichen Bedeutungen belegt. Das nachfolgende Glossar soll dazu beitragen, Missverständnissen vorzubeugen.

Absperrvorrichtungen gegen Feuer und Rauch in Lüftungsleitungen
ist die bauaufsichtlich allgemein gültige Bezeichnung von Absperrvorrichtungen, die dazu bestimmt sind, eine Übertragung von Feuer und Rauch in Lüftungsleitungen zu verhindern
Anmerkung: Die bauaufsichtlich allgemein gültige Bezeichnung „Absperrvorrichtungen" wurde gewählt, um auch für andere als mechanisch wirkende Absperrelemente einen geeigneten Begriff benutzen zu können; Absperrvorrichtungen für Abluftanlagen nach DIN 18017 verwenden vielfach Absperreinrichtungen, die durch die Brandwärme aufschäumen und dadurch den Leitungsquerschnitt absperren.

Absperrvorrichtungen gegen Rauch in Lüftungsleitungen
sind ausschließlich dazu bestimmt, in Verbindung mit geeigneten Rauchauslöseeinrichtungen eine Übertragung von Rauch in Lüftungsleitungen zu verhindern. Sie werden auch Rauchschutzklappen genannt (nicht zu verwechseln mit Entrauchungsklappen)

Allgemeine bauaufsichtliche Zulassung ist ein gemäß der Bauregelliste festgelegter und vom Deutschen Institut für Bautechnik in Berlin ausgestellter Anwendungs- bzw. Verwendungsnachweis

Allgemeines bauaufsichtliches Prüfzeugnis ist ein gemäß der Baugeregelliste festgelegter und von einer vom Deutschen Institut für Bautechnik in Berlin anerkannten Prüfstelle ausgestellter Anwendungs- bzw. Verwendungsnachweis.

Für Lüftungsleitungen sind zugelassen (Stand 2001): Forschungslabor für Haustechnik der TU München und Materialprüfamt NRW Erwitte,

Für Entrauchungsleitungen ist zugelassen (Stand 2001): Forschungslabor für Haustechnik der TU München.

Anforderungen, wesentliche

Wesentliche Anforderungen im Sinne des Bauproduktengesetzes (deutsche Umsetzung der Bauproduktenrichtlinie der EU) bestehen für sechs verschiedene Themenbereiche:

1) mechanische Festigkeit,

2) Brandschutz,

3) Hygiene, Gesundheit und Umweltschutz,

4) Nutzungssicherheit,

5) Schallschutz,

6) Energieeinsparung und Wärmeschutz.

Anwendbarkeitsnachweis ist der für nicht geregelte Bauarten vorgeschriebene Eignungsnachweis.

Bauarten (§ 2 und § 23 MBO)

Bauart ist das Zusammenfügen von Bauprodukten zu baulichen Anlagen oder Teilen von baulichen Anlagen.

Bildlich gesprochen sind **Bauarten** Rezepte, die angewendet werden, um Bauprodukte zusammenzufügen.

Bauprodukte (§ 2 und § 20 MBO)

Bauprodukte sind

1) Baustoffe, Bauteile und Anlagen, die hergestellt werden, um dauerhaft in bauliche Anlagen eingebaut zu werden,

2) aus Baustoffen und Bauteilen vorgefertigte Anlagen, die hergestellt werden, um mit dem Erdboden verbunden zu werden, wie Fertighäuser, Fertiggaragen und Silos.

Bildlich gesprochen sind Bauprodukte Waren, die auf Transportmitteln befördert und am Bau verwendet werden können.

Geregelte Bauprodukte sind Bauprodukte, deren Herstellung durch technische Regeln geregelt ist (siehe Bauregelliste A Teil 1).

Nicht geregelte Bauprodukte sind Bauprodukte, deren Herstellung nicht durch technische Regeln geregelt ist (siehe Bauregelliste A Teil 2 und 3 sowie Bauregelliste B Teil 2).

Bauregelliste

Bauregelliste A, Teil 1 listet geregelte Bauprodukte, die zugehörigen technischen Regeln und die Form des Übereinstimmungsnachweises auf.

Bauregelliste A, Teil 2 listet nicht geregelte Bauprodukte auf, für die anerkannte Prüfverfahren existieren, sowie die Form des Verwendbarkeits- und des Übereinstimmungsnachweises.

Bauregelliste A, Teil 3 listet nicht geregelte Bauarten auf, für die anerkannte Prüfverfahren existieren, sowie die Form des Anwendbarkeits- und des Übereinstimmungsnachweises.

Bauregelliste B, Teil 1 listet Bauprodukte aus dem Geltungsbereich europäisch harmonisierter Normen und Leitlinien auf.

Bauregelliste B, Teil 2 listet nicht geregelte Bauprodukte auf, die mit dem CE-Zeichen versehen sein müssen, darüber hinaus aber nach deutschem Recht noch andere Anforderungen zu erfüllen haben und wie dies nachzuweisen ist.

Liste C listet Bauprodukte auf, an die keine wesentlichen Anforderungen gestellt werden müssen.

Baustoffe sind Materialien, die zum Errichten von Gebäuden oder Teilen davon verwendet werden.

Brandabschnitte

1) nach den Bauordnungen müssen ausgedehnte Gebäude in Brandabschnitte unterteilt werden, um die Ausdehnung von Bränden zu begrenzen; in der Regel werden hierzu Brandwände im Abstand von 40 m angeordnet; da dies in beiden Richtungen geschehen darf, können sich (quadratische) Brandabschnitte auf bis zu 1600 m^2 erstrecken; der Brandabschnitt erstreckt sich über alle Geschosse, die durch die Brandwand / Brandwände begrenzt sind.

Anmerkung: Größere Brandabschnitte sind möglich, wenn die Nutzung des Gebäudes dies erfordert und geeignete Kompensationsmaßnahmen getroffen werden (z. B. Sprinklerung, Rauch- und Wärmeabzug).

2) nach [28] versteht man unter Brandabschnitt jeden Bereich, der von anderen Bereichen brandschutztechnisch abgetrennt sein muss; der so definierte Brandabschnitt kann keine durch Geschossdecken getrennte Bereiche enthalten.

Brandschutzklappen ist die in der Praxis gebräuchliche Bezeichnung für Absperrvorrichtungen gegen Feuer und Rauch in Lüftungsleitungen, die mit mechanischen Schließelementen ausgestattet sind.

Brandverhalten von Baustoffen bezeichnet man die Eigenschaften **nichtbrennbar** und **brennbar**, bei nichtbrennbaren Baustoffen werden unterschieden

nichtbrennbar   Klasse A1-DIN 4102 und

nichtbrennbar   Klasse A2-DIN 4102,

bei brennbaren Baustoffen werden unterschieden

schwerentflammbar   ist ein brennbarer Baustoff mit der Klasse B1-DIN 4102,

normalentflammbar   ist ein brennbarer Baustoff mit der Klasse B2-DIN 4102,

leichtentflammbar   ist ein brennbarer Baustoff mit der Klasse B3-DIN 4102.

Anmerkung: Nichtbrennbare Baustoffe der Klasse A2-DIN 4102 enthalten einen gewissen Anteil von brennbaren Bestandteilen, der im Brandfalle zu Rauchentwicklung führen kann. Leichtentflammbare Baustoffe der Klasse B3-DIN 4102 dürfen nicht verwendet werden.

Brandverhalten von Bauteilen bezeichnet man das Verhalten von Bauteilen unter genormter Brandeinwirkung, gekennzeichnet durch Feuerwiderstandsklassen nach DIN 4102 (z. B. L90 für Lüftungsleitungen mit mindestens 90 Minuten Feuerwiderstandsdauer; der Buchstabe kennzeichnet den Typ des Bauteiles und die Zahl dahinter die Mindestdauer des Feuerwiderstandes).

Anmerkung: Das deutsche Klassifikationssystem wird demnächst durch das europäische Klassifikationssystem abgelöst. Buchstaben bzw. Kombinationen davon kennzeichnen künftig die Feuerwiderstandskriterien (wie z. B. R für Tragfähigkeit, E für Erhalt des Raumabschlusses, I für Isolierwirkung und S für Rauchdichtheit). Die nachgestellte Zahl bezeichnet wie bisher die Mindestdauer des Feuerwiderstandes).

Brandwände siehe Wände

Decken (MBO § 29)

(1) Decken und ihre Unterstützungen sind feuerbeständig, in Gebäuden geringer Höhe mindestens feuerhemmend herzustellen. Dies gilt nicht für oberste Geschosse von Dachräumen.

(2) Kellerdecken sind feuerbeständig, in Wohngebäuden geringer Höhe mit nicht mehr als zwei Wohnungen mindestens feuerhemmend herzustellen.

(3) Öffnungen in Decken, für die eine mindestens feuerhemmende Bauart vorgeschrieben ist, sind, außer bei Wohngebäuden geringer Höhe mit nicht mehr als zwei Wohnungen, unzulässig; dies gilt nicht für den Abschluss von Öffnungen innerhalb von Wohnungen. Öffnungen können gestattet werden, wenn die Nutzung des Gebäudes dies erfordert und die Öffnungen mit Abschlüssen versehen werden, deren Feuerwiderstandsdauer der der Decken entspricht. Ausnahmen können gestattet werden, wenn der Brandschutz auf andere Weise sichergestellt ist.

DIBt Deutsches Institut für Bautechnik, Berlin; es dient der einheitlichen Erfüllung bautechnischer Aufgaben auf dem Gebiet des öffentlichen Rechts (z. B. Erteilen von allgemeinen bauaufsichtlichen Zulassungen, Anerkennung von Prüfstellen zur Erteilung allgemeiner bauaufsichtlicher Prüfzeugnisse, Vergabe von Bauforschungsaufträgen und Umsetzung von deren Ergebnissen in das Baurecht).

DIN EN xxx bezeichnet die deutsche Ausgabe einer europäischen Norm (mit xxx für die Nummer der Norm).

DIN EN ISO xxx bezeichnet die deutsche Ausgabe einer von Europa übernommenen ISO-Norm (mit xxx für die Nummer der Norm).

Entflammbarkeit siehe Brandverhalten von Baustoffen

Entrauchungsklappen sind Klappen in Entrauchungsanlagen, die im Entrauchungsfall in dem zu entrauchenden Rauchabschnitt zuverlässig offen sein müssen und in den nicht zu entrauchenden Rauchabschnitten/Brandbereichen zuverlässig geschlossen sein müssen.

feuerbeständig (fb) sind Bauteile (z. B. Wände, Decken, Stützen), wenn sie mindestens 90 Minuten feuerwiderstandsfähig sind und im Wesentlichen (in einzelnen Bundesländern ausschließlich) aus nichtbrennbaren Baustoffen bestehen (Feuerwiderstandsklasse F90-AB bzw. F90-A).

feuerhemmend (fh) sind Bauteile (z. B. Wände, Decken, Stützen), wenn sie mindestens 30 Minuten feuerwiderstandsfähig sind, sie dürfen aus brennbaren Baustoffen bestehen (Feuerwiderstandsklasse F30-B).

Anmerkung: Vereinzelt wird „fb" oder „fh" auch für Türen angewendet; eine Brandschutzklappe K90 oder K30 ist aber keinesfalls als feuerbeständig oder feuerhemmend zu bezeichnen.

Feuerwiderstandsdauer ist die Mindestzeit in Minuten (in den Stufen 30, 60, 90, 120 etc.), während der ein Bauteil in einer genormten Brandprüfung die brandschutztechnischen Beurteilungskriterien erfüllt hat.

Feuerwiderstandsklasse ist die brandschutztechnische Klassifikation von Bauteilen (auf der Basis der in genormten Brandprüfungen geprüften Probekörper),

deutsche Feuerwiderstandsklasse z. B. L90 nach DIN 4102-6 mit L für Lüftungsleitungen und 90 für die Feuerwiderstandsdauer,

europäische Feuerwiderstandsklasse z. B. für eine Lüftungsleitung EIS90 nach der künftigen Klassifizierungsnorm mit E für Erhalt des Raumabschlusses, mit I für die begrenzte Temperaturerhöhung auf der vom Feuer abgewandten Seite, mit S für die ausreichende Rauchdichtheit und mit 90 für die Feuerwiderstandsdauer.

Flure, notwendige (§ 33 MBO)

notwendige Flure sind Flure, über die Rettungswege von Aufenthaltsräumen zu Treppenräumen notwendiger Treppen oder zu Ausgängen ins Freie führen. Als notwendige Flure gelten nicht

1) Flure innerhalb von Wohnungen oder Nutzungseinheiten vergleichbarer Größe,

2) Flure innerhalb von Nutzungseinheiten, die einer Büro- oder Verwaltungsnutzung dienen und deren Nutzfläche in einem Geschoss nicht mehr als 400 m² beträgt.

In notwendigen Fluren und offenen Gängen sind

1) Verkleidungen, Unterdecken und Dämmstoffe aus brennbaren Baustoffen unzulässig; dies gilt nicht in Gebäuden geringer Höhe,

2) Leitungsanlagen nur zulässig, wenn Bedenken wegen des Brandschutzes nicht bestehen.

Formstücke werden in allgemeinen bauaufsichtlichen Prüfzeugnissen für Lüftungs- oder Entrauchungsleitungen auch als gerade Abschnitte dieser Leitungen bezeichnet.

Anmerkung: In den Lüftungsleitungsnormen versteht man unter Formstücken nur Bogen, Abzweigstücke, Reduzierstücke und andere nicht gerade Leitungsabschnitte.

Gebäude (MBO § 2)

Gebäude geringer Höhe sind Gebäude, bei denen der Fußboden keines Geschosses, in dem Aufenthaltsräume möglich sind, an einer Stelle mehr als 7 m über der Geländeoberfläche liegt.

Anmerkung: Im Brandfalle darf der zweite Rettungsweg über Gerät der Feuerwehr führen. Bei Gebäuden geringer Höhe erfolgen Rettung und Brandbekämpfung über die tragbare Steckleiter der Feuerwehr. Sie hat eine Reichweite von 8 Metern, weswegen verschiedene Landesbauordnungen an Stelle der 7 m-Grenze für Fußböden Fensterbrüstungshöhen von höchstens 8 Metern als Grenzhöhe für Gebäude geringer Höhe festlegen.

Gebäude mittlerer Höhe sind alle Gebäude, die keine Gebäude geringer Höhe und keine Hochhäuser sind; mitunter bestehen unterschiedliche Anforderungen für Gebäude mittlerer Höhe bis 5 Vollgeschosse und über 5 Vollgeschosse (künftig wird diese Grenze Gebäude der neuen Gebäudeklassen 4 und 5 unterscheiden).

Hochhäuser sind Gebäude, bei denen der Fußboden mindestens eines Aufenthaltsraumes mehr als 22 m über der Geländeoberfläche liegt.

Anmerkung: Im Brandfalle kann der zweite Rettungsweg nicht über Gerät der Feuerwehr führen, weil die Drehleitern der Feuerwehren nur Räume mit Fußböden bis zu 22 m über der Geländeoberfläche erreichen.

Hochhäuser siehe Gebäude

Installationsschächte und -kanäle

1) häufig übliche Definition

2) nach DIN 4102-11

ISO xxx bezeichnet eine Norm der weltweit arbeitenden internationalen Normungsorganisation (mit xxx für die Nummer der Norm).

Kanäle werden im Bauwesen durch Wände und Decken / Wandungen gebildete waagrechte schlanke Hohlräume bezeichnet.

Anmerkung: In der Lüftungstechnik werden rechteckige Leitungsformstücke als Kanäle bezeichnet.

Lüftungszentrale ist im bauaufsichtlichen Sinne der Aufstellraum für die lufttechnischen Geräte.

prEN xxx bezeichnet den Entwurf einer europäischen Norm (mit xxx für die Nummer der Norm).

Rauchabschnitte sind Bereiche von Räumen oder Gebäuden, in denen sich durch Verwendung von Rauchschürzen oder Wänden im Brandfalle Rauch (unter der Decke) ansammelt und eine Rauchausbreitung begrenzt bleiben soll.

Rauchschutzklappen siehe Absperrvorrichtungen gegen Rauch in Lüftungsleitungen.

Schächte nennt man durch Wände / Wandungen gebildete, meist über mehrere Geschosse reichende, senkrechte schlanke Hohlräume.

Treppen, notwendige (§ 31 MBO)

Jedes nicht zu ebener Erde liegende Geschoss und der benutzbare Dachraum eines Gebäudes müssen über mindestens eine Treppe zugänglich sein (notwendige Treppe).

Treppenräume, notwendige (§ 32 MBO)

Jede notwendige Treppe muss in einem eigenen Treppenraum (notwendiger Treppenraum) liegen. Für die Verbindung von Geschossen innerhalb derselben Wohnung sind notwendige Treppen ohne Treppenraum zulässig, wenn in jedem Geschoss ein anderer Rettungsweg erreicht werden kann.

Notwendige Treppenräume müssen durchgehend sein und an einer Außenwand liegen.

Notwendige Treppenräume, die nicht an einer Außenwand liegen (innenliegende notwendige Treppenräume), können gestattet werden, wenn ihre Benutzung durch Raucheintritt nicht gefährdet werden kann.

In Geschossen mit mehr als vier Wohnungen oder Nutzungseinheiten vergleichbarer Größe müssen notwendige Flure angeordnet sein.

Die Wände notwendiger Treppenräume müssen in der Bauart von Brandwänden hergestellt sein; bei Gebäuden geringer Höhe müssen sie feuerbeständig sein.

Übereinstimmungsnachweise (MBO § 24)

Bauprodukte bedürfen einer Bestätigung ihrer Übereinstimmung mit

1) den technischen Regeln bei geregelten Bauprodukten,

2) den allgemeinen bauaufsichtlichen Zulassungen, den allgemeinen bauaufsichtlichen Prüfzeugnissen oder den Zustimmungen im Einzelfall bei nicht geregelten Bauprodukten; als Übereinstimmung gilt auch eine Abweichung, die nicht wesentlich ist.

Die Bestätigung der Übereinstimmung erfolgt durch Übereinstimmungserklärung des Herstellers oder durch Übereinstimmungszertifikat.

Der Hersteller hat die Bauprodukte mit dem Übereinstimmungszeichen (Ü-Zeichen) unter Hinweis auf den Verwendungszweck zu kennzeichnen.

Für **Bauarten** gilt Vorstehendes entsprechend.

Verwendbarkeitsnachweis ist der für nicht geregelte Bauprodukte vorgeschriebene Eignungsnachweis.

Wände

Brandwände (MBO § 28) Brandwände müssen feuerbeständig sein und aus nichtbrennbaren Baustoffen bestehen. Sie dürfen bei einem Brand ihre Standsicherheit nicht verlieren und müssen die Verbreitung von Feuer auf andere Gebäude oder Gebäudeabschnitte verhindern.

Flurwände (MBO § 33) Wände notwendiger Flure sind mindestens feuerhemmend und in den wesentlichen Teilen aus nichtbrennbaren Baustoffen, in Gebäuden geringer Höhe mindestens feuerhemmend herzustellen. Türen müssen dicht schließen.

Trennwände (MBO § 27) Zwischen Wohnungen sowie zwischen Wohnungen und fremden Räumen sind feuerbeständige, in obersten Geschossen von Dachräumen und in Gebäuden geringer Höhe mindestens feuerhemmende Trennwände herzustellen.

Literatur

[1] Musterbauordnung (MBO) und Landesbauordnungen aller 16 Bundesländer (z. B. auf Bauvorschriften-CD mit INTERNET-Aktualisierung, Verlag FeuerTRUTZ, Wolfratshausen).

[2] Sonderbauverordnungen (Muster und Ländersonderbauverordnungen, z. B. auf Bauvorschriften-CD mit INTERNET-Aktualisierung, Verlag FeuerTRUTZ, Wolfratshausen).

[3] DIN 4102-4 Brandverhalten von Baustoffen und Bauteilen, Zusammenstellung und Anwendung klassifizierter Baustoffe, Bauteile und Sonderbauteile; März 1994.

[4] Musterrichtlinie über brandschutztechnische Anforderungen an Hohlraumestriche und Doppelböden — Fassung Dez. 1998 — ; DIBt Mitteilungen 6/1999.

[5] Bauaufsichtliche Richtlinie über die brandschutztechnischen Anforderungen an Lüftungsanlagen (Musterentwurf); Mitteilungen IfBt 4/1984 (Neufassung als MLüAR in Vorbereitung).

[6] Muster-Richtlinie über brandschutztechnische Anforderungen an Leitungsanlagen (Muster-Leitungsanlagen-Richtlinie MLAR) — Fassung März 2000 — ; DIBt Mitteilungen 6/2000.

[7] Bauregelliste A, Bauregelliste B und Liste C, 2001/1; DIBt Mitteilungen Sonderheft Nr. 24 vom 29. 08. 2001, ISSN 1438-7778.

[8] *Zitzelsberger, J.* und *D. Ostertag:* Brandschutz bei Lüftungsanlagen; Braunschweiger Brandschutz-Tage '01, Braunschweig 2001, S. 153–161, ISBN 3-89288-139-1.

[9] Muster-Richtlinie über brandschutztechnische Anforderungen an Lüftungsanlagen (Muster-Lüftungsanlagen-Richtlinie M-LüAR); Beratungsstand September 2000; z. B. abgedruckt im Anhang zu [8], dort S. 162–192.

[10] DIN 4102-2 Brandverhalten von Baustoffen und Bauteilen, Bauteile, Begriffe, Anforderungen und Prüfungen; September 1977.

[11] DIN EN 1363-1 Feuerwiderstandsprüfungen; Teil 1: Allgemeine Anforderungen; Deutsche Fassung EN 1363-1: 1999.

[12] *Zitzelsberger, J.* und *D. Ostertag:* Aufhängesysteme für feuerwiderstandsfähige Lüftungsleitungen; BBauBl Heft 7/98, S. 65–69.

[13] DIN V 18232-5 Rauch- und Wärmeableitung; Teil 5: Maschinelle Rauchabzugsanlagen (MRA); Anforderungen, Bemessung; Dezember 1999.

[14] ISO/PDTR 13387-2 Fire safety engineering — Part 2: Design fire scenarios and design fires (Beratungsstand 1998-04-14).

[15] prEN 12101-5 Fixed fire fighting systems; Smoke and heat control systems; Part 5: Functional requirements and calculation methods for smoke and heat exhaust systems; nach Information des DIN wird Part 5 doch nicht als europäische Norm erscheinen.

[16] *John, R.:* Rauch- und Wärmeabzug bei überdachten Innenhöfen, VFDB 2/89, S. 68–72.

[17] *Hinkley, P. L.:* Rates of production of hot gases in roof venting experiments; Fire Safety Journal, 10 (1986), S. 57–65.

[18] DIN V 18232-6 Rauch- und Wärmeableitung; Teil 6: Maschinelle Rauchabzüge (MRA); Anforderungen an die Einzelbauteile und Eignungsnachweise; Oktober 1997.

[19] prEN 12101-3 Fixed fire fighting systems; Smoke and heat control systems; Part 3: Specification for powered smoke and heat exhaust ventilators; Ausgabe als europäische Norm 2002 vorgesehen.

[20] DIN 4102-12 Brandverhalten von Baustoffen und Bauteilen; Teil 12: Funktionserhalt von elektrischen Kabelanlagen; Anforderungen und Prüfungen; September 1997.

[21] DIN EN 1366-8 Feuerwiderstandsversuche an Installationen in Gebäuden; Teil 8: Entrauchungsleitungen; Deutsche Fassung prEN 1366-8: 1996; deutscher Entwurf Januar 1997.

[22] prEN 1366-9 Fire resistance tests for service installations; Part 9: Single compartment smoke extraction ducts; Ausgabe als europäischer Normentwurf in Vorbereitung.

[23] *John, R.:* Druckbelüftungsanlagen zur Rauchfreihaltung von Treppenräumen; S+S Report, VdS-Magazin Schadenverhütung und Sicherheitstechnik, Heft 5/2000.

[24] Nr. 37.44 VVBauO NRW; RdErl. d. Min. für Städtebau und Wohnen, Kultur und Sport vom 12. 10. 2000.

[25] *Ostertag, D.* und *J. Zitzelsberger:* Wie sicher sind innen liegende Sicherheitstreppenräume in Hochhäusern? Neue Erkenntnisse; BBauBl Heft 4/2001, S. 51–55.

[26] *Ostertag, D.* und *J. Zitzelsberger:* Innenliegende Sicherheitstreppenräume in Hochhäusern und ihre Rauchfreihaltung; VFDB 3/2001, S. 120–122.

[27] DIN EN 12101-6 Rauch- und Wärmefreihaltung; Teil 6: Differenzdrucksysteme — Bausätze; Deutsche Fassung prEN 12101-6: 2001; deutscher Entwurf Nov. 2001.

[28] DIN EN ISO 13943 (Entwurf August 1998) Brandschutz-Vokabular; dreisprachige Fassung prEN ISO 13943: 1988.

19 Kälteanlagen

H. R. ENGELHORN

Formelzeichen

c	spezifische Wärmekapazität	q_0	massenstrombezogene
COP	Coefficient Of Performance,		(„spezifische") Kälteleistung
	Leistungszahl, Wärmeverhältnis	$\dot{Q}_0$	Kälteleistung
$\dot{m}$	Massenstrom	t	Celsius-Temperatur
p	Druck	$\dot{V}$	Volumenstrom
P	Leistung, mechanische, elektrische	ε	Leistungszahl

Indizes

A	Absorption	p	Pumpe
c	Kondensation	u	unterkühlt
e	effektiv	$\ddot{u}$	überhitzt
el	elektrisch	w	Wasser
f	auf die Feuchtkugeltemperatur bezogen	0	Kälte, Verdampfer
H	Heizung	1	auf den Verdichtereintritt bezogen
L	Luft		

19.1 Einleitung

Nachdem im 1. Band in Kapitel 6 die theoretischen Grundlagen der Kältetechnik behandelt wurden, befasst sich dieser 2. Band mit den praktischen Belangen der Kältetechnik, vornehmlich mit den Eigenschaften von Kälteanlagen und zugehöriger Komponenten. Dabei soll dem Leser anhand von Firmenunterlagen eine gewisse Vertrautheit mit marktgängigen Produkten vermittelt werden. Den Firmen, die hierbei hilfreich waren, sei an dieser Stelle gedankt.

Der Inhalt gliedert sich in:

- Rückkühlwerke,
- Verdichterkälteanlagen,
- Absorptionskälteanlagen.

Abweichend vom 1. Band werden die offenen Sorptionskälteanlagen nicht in diesem Kapitel behandelt, sondern in Kapitel 16.

19.2 Rückkühlwerke

19.2.1 Nasskühltürme

Aus dem 1. Band ist bekannt, dass der Kühleffekt bei Nasskühltürmen hauptsächlich auf der Verdunstung von Wasser beruht. Bei offenen Kühltürmen stammt das Wasser aus dem Kühlwasserkreislauf, bei geschlossenen Kühltürmen aus einem separaten Verdunstungskreislauf. Die theoretisch erreichbare untere Wassertemperatur ist die Feuchtkugeltemperatur.

Typische Zahlenangaben zu offenen und geschlossenen Nasskühltürmen gehen aus den Tabellen 19-1 und 19-2 hervor; sie stellen, wie alle nachfolgenden Tabellen, einen Auszug aus z. T. umfangreichen Typenprogrammen dar. Tabelle 19-1 gilt für offene, Tabelle 19-2 für geschlossene Nasskühltürme.

Tabelle 19-1: Daten von offenen Nasskühltürmen [1]

Wasserdurchsatz		Nennkühlleistung[1]		Motor-	Abmessungen			Gewicht	
min.	max.	32/26°	40/25°	leistung[2]	Länge	Breite	Höhe	leer	Betrieb
m^3/h	m^3/h	kW	kW	kW	mm	mm	mm	kg	kg
11	70	320	465	2,2/0,55	1620	1620	3030	400	1200
20	135	630	935	5,5/1,2	2220	2220	3780	900	3000
30	190	880	1295	9,5/2,4	3140	2150	4180	1300	4750
145	270	1250	1840	11,0/3,0	4350	2150	4600	1600	6400

[1] bezogen auf eine Feuchtkugeltemperatur t_f von 20 °C
[2] Polumschaltbare Motoren für 2 Drehzahlen

Tabelle 19-2: Daten von geschlossenen Nasskühltürmen [1]

Wasserdurchsatz		Nennkühlleistung[1]		Motor-	Abmessungen			Gewicht	
min.	max.	32/26°	40/25°	leistung[2]	Länge	Breite	Höhe	leer	Betrieb
m^3/h	m^3/h	kW	kW	kW	mm	mm	mm	kg	kg
10	80	50	180	2,2/0,55	1220	1220	2780	1400	1850
20	145	180	500	3,0/0,55	1830	1830	3230	2600	3800
30	230	330	1120	9,5/2,4	3055	2155	4200	4200	8000
40	240	510	1700	11/3,0	4255	2155	4600	5500	10 500

[1] bezogen auf eine Feuchtkugeltemperatur t_f von 20 °C
[2] Polumschaltbare Motoren für 2 Drehzahlen

Ein Vergleich zeigt, dass bei einem Wasserdurchsatz von 20 m^3/h und einer Abkühlung von 32 °C auf 26 °C die Kühlleistung des offenen Nasskühlturms 630 kW beträgt, des geschlossenen Nasskühlturms 180 kW. Offene Kühltürme sind somit leistungsfähiger als geschlossene. Grund ist der beim offenen Kühlturm direkte Kontakt zwischen Luft und Wasser, während beim geschlossenen Kühlturm Luft und Wasser durch die Rohrwandungen voneinander getrennt sind. Geschlossene Kühltürme benötigen einen größeren Bauaufwand mit der Folge größerer Baumaße und höherer Gewichte.

Offene Nasskühltürme finden wesentlich häufiger Verwendung als geschlossene, da sie in den meisten Fällen den gestellten Anforderungen genügen, und ein geschlossener

Kühlwasserkreislauf nur in speziellen Fällen notwendig ist. Dies ist in der Klimatechnik dann der Fall, wenn in den kalten Monaten die freie Kühlung genutzt werden soll. Dem Kühlwasser muss gegen Einfrieren Frostschutzmittel zugesetzt werden; der Verdunstungskreislauf ist ausgeschaltet. Ein vergleichbarer Betrieb ist mit einem offenen Kühlturm nicht möglich.

Bild 19-1 zeigt einen kompletten Kühlwasserkreislauf mit offenem Kühlturm (Pos. 1). Die Kühlstellen (Pos. 17) sind z. B. Kälteanlagenverflüssiger. Die Pumpen (Pos. 2) dienen zur Umwälzung des Kühlwassers, die übrigen Bauteile zur Wasseraufbereitung, zur Ableitung des verschmutzten Wassers und zur Frischwassernachspeisung.

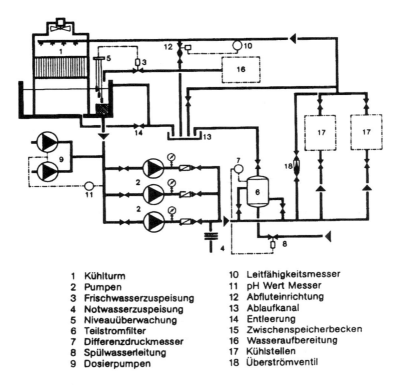

1	Kühlturm	10	Leitfähigkeitsmesser
2	Pumpen	11	pH Wert Messer
3	Frischwasserzuspeisung	12	Abfluteinrichtung
4	Notwasserzuspeisung	13	Ablaufkanal
5	Niveauüberwachung	14	Entleerung
6	Teilstromfilter	15	Zwischenspeicherbecken
7	Differenzdruckmesser	16	Wasseraufbereitung
8	Spülwasserleitung	17	Kühlstellen
9	Dosierpumpen	18	Überströmventil

Bild 19-1: Schema eines Kühlkreislaufs mit Nasskühlturm (*Sulzer Escher Wyss* GmbH)

19.2.2 Trockenkühlwerke

Jegliche Wasserbehandlung entfällt bei der Verwendung von Trockenkühlwerken. Bild 19-2 zeigt ein solches Trockenkühlwerk. Die Wärmeabgabe erfolgt über Lamellenkühler, in deren Rohren das Kühlwasser strömt. Im gezeigten Beispiel tritt die Kühlluft unten ein. Zur Leistungsregelung können einzelne Ventilatoren zu- und abgeschaltet werden. Die Wartung ist wesentlich einfacher als bei Nasskühltürmen und beschränkt sich auf gelegentliches Reinigen der Lamellen von Schmutz und Laub.

Ein typischer Lamellenkühler ist in Bild 19-3, hier in noch teilfertigem Zustand und ohne Rohrbögen, abgebildet.

Gegenüber Nasskühltürmen weisen Trockenkühlwerke zwangsläufig kleinere Kühlleistungen auf. Ein Vergleich ist in Bild 19-4 anhand von Messergebnissen vorgenommen. Aufgetragen sind Jahresmittelwerte der Lufttemperatur und der Feuchtkugeltemperatur sowie die Kühlwasseraustrittstemperatur eines offenen Nasskühlturms und eines Trockenkühlwerks.

Bild 19-2: Trockenkühlwerk (*Hans Güntner* GmbH)

Bild 19-3: Lamellenblock in teilfertigem Zustand (*Hans Güntner* GmbH)

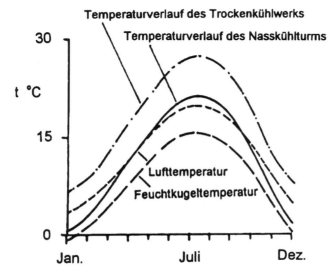

Bild 19-4: Kühlwasseraustrittstemperatur für einen Nasskühlturm, ein Trockenkühlwerk und zugehörige Luft- und Feuchtkugeltemperatur

Man sieht z. B. für den Monat Juli, dass die mittlere Kühlwassertemperatur des Nasskühlturms mit etwa 20 °C um 7 K unter der des Trockenkühlwerks liegt. Daraus resultiert eine niedrigere Verflüssigungstemperatur der Kälteanlage und damit ein niedrigerer Stromverbrauch für den Verdichterantrieb. Ob ein Nasskühlturm oder ein Trockenkühlwerk zum Einsatz kommt, ist meist anhand einer Kostenanalyse zu prüfen.

19.3 Verdichterkälteanlagen

Die Hauptkomponenten sind:

- Kältemittelverdichter,
- Kältemittelverdampfer,
- Kältemittelverflüssiger,
- Expansionsorgan.

Hinzu kommen Armaturen, Rohrleitungen, Regelgeräte und Dämmmaterialien, sowie die Betriebsstoffe, d. s. das Kältemittel und das Kältemaschinenöl.

19.3.1 Kältemittelverdichter

a) Gliederung

In Bild 19-5 ist eine Zuordnung von Kolben-, Scroll-, Schrauben- und Turboverdichtern zur Kälteleistung $\dot{Q}_0$ vorgenommen. Den unteren Leistungsbereich decken die Kolbenverdichter, den mittleren die Scroll-, die Schrauben- und die Kolbenverdichter und den oberen die Turboverdichter ab, wobei Überschneidungen bestehen.

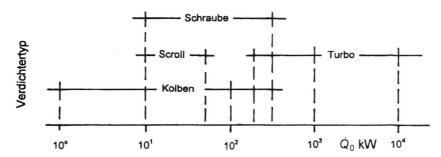

Bild 19-5: Leistungsbereiche von Kältemittelverdichtern

Tabelle 19-3: Verdichtereinteilung nach maximalem Saugvolumenstrom $\dot{V}_1$ und maximalem Druckverhältnis p_c/p_0

Verdichterbauart	Saugvolumenstrom $\dot{V}_1$ m^3/h	max. Druckverhältnis p_c/p_0 −
Kolben	bis 1500	15
Scroll	bis 200	15
Schrauben	100 bis 5000	25
Turbo	800 bis 20 000	4

Tabelle 19-3 zeigt eine Untergliederung nach max. Saugvolumenstrom $\dot{V}_1$ und max. Druckverhältnis p_c/p_0. Der Saugvolumenstrom ist der vom Verdichter angesaugte Gasvolumenstrom. Die angegebenen Werte von p_c/p_0 sind obere Richtwerte, deren Gültigkeit von Fall zu Fall zu prüfen ist. Dies gilt besonders hinsichtlich der Verdichtungsendtemperatur. Ist sie zu hoch, ist bei Kolbenverdichtern eine Senkung durch Kältemitteleinspritzung in das Druckgas möglich, oder es ist eine andere Lösungsvariante, etwa eine zweistufige Maschine, vorzusehen. Der relativ niedrige Wert für $p_c/p_0 = 4$ für Turboverdichter gilt für eine einzige Verdichterstufe. Da der Druck durch Zentrifugalkräfte erzeugt wird und von der Drehzahl abhängt, stellt die Materialfestigkeit die obere Grenze dar. Wird ein höheres Druckverhältnis benötigt, muss ein mehrstufiger Verdichter verwendet werden.

b) Kolbenverdichter

Das typische Leistungsverhalten von Kolbenverdichtern ist in Bild 19-6 dargestellt: Die Kälteleistung $\dot{Q}_0$ nimmt mit zunehmender Verdampfungstemperatur t_0 und abnehmender Verflüssigungstemperatur t_c zu, die Antriebsleistung P_e steigt mit Zunahme von t_0 und t_c.

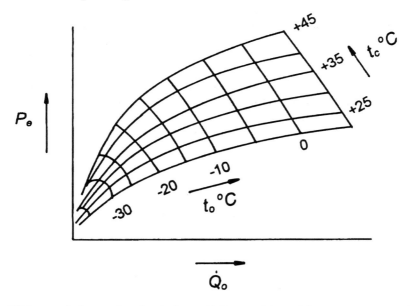

Bild 19-6: Leistungscharakteristik von Kolbenverdichtern [8]

Der Aufbau eines Halbhermetik-Kolbenverdichters geht aus Bild 19-7 hervor: Verdichter und Elektromotor sind in einem gemeinsamen Gehäuse angeordnet. Damit ist keine Wellenabdichtung erforderlich, so dass hierdurch kein Kältemittelverlust nach außen entstehen kann. Der am Sauggaseintrittsventil eintretende Kältemitteldampf durchströmt den Elektromotor, kühlt diesen, wobei eventuell mitgeführte Flüssigkeitströpfchen durch die vom Motor abgegebene Wärme verdampfen und damit Flüssigkeitsschlägen vorgebeugt wird. Nachteilig ist die mit der Wärmezufuhr einhergehende Erhöhung der Verdichtungsendtemperatur. Das verdichtete Heißgas tritt am Druckgasventil aus.

Der Motor des Verdichters ist mit 2 Wicklungen ausgestattet, entweder für 2 Dreh-zahlen (Synchrondrehzahlen von 1500 und 3000 U/min) oder für Stern-Dreieckanlauf zwecks Senkung des Anlaufstromes. Der Ölumlauf erfolgt mittels Ölpumpe — häufig eine Zahnradpumpe — in Ölkanälen, die zu den Schmierstellen führen. Im Ölsumpf ist eine Heizung angeordnet, die dafür sorgt, dass sich kein flüssiges Kältemittel im Öl lösen kann.

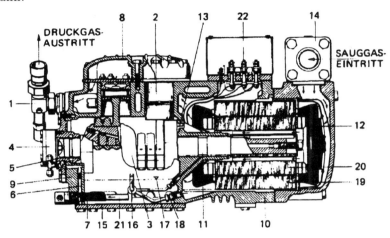

1 Druckabsperrventil	12 Sauggasfilter
2 Kolben	13 Gasausgleichsventil
3 Kurbelwelle	14 Saugabsperrventil
4 Ölpumpe	15 Bodenplatte
5 Gleitlagerbuchse	16 Ölrückführsystem (Injektor)
6 Saugkanal Ölpumpe	17 Ölspiegel/Ölfüllung
7 Ölfilter	18 Öl-Rückschlagventil
8 Zylinderkopfdeckel	19 Stator-Wicklung 1
9 Ölpumpendeckel	20 Stator-Wicklung 2
10 Verdichtergehäuse	21 Ölsumpfheizung
11 Ölkammer	22 Anschlußkasten

Bild 19-7: Schnitt durch einen Halbhermetik-Kolbenverdichter (*Bitzer* Kühlmaschinenbau GmbH)

Bild 19-8: Ansicht eines Halbhermetik-Kolben-verdichters (*Bitzer* Kühlmaschinenbau GmbH)

Bild 19-8 zeigt einen 4-Zylinder-Halbhermetikverdichter mit je 2 in V-Form angeordneten Zylindern. An der linken Gehäusestirnseite befindet sich die Ölpumpe, seitlich am Gehäuse das Ölstandsschauglas. Am rechten Zylinderdeckel ist ein Magnetventil zur Leistungsregelung (durch Zylinderabschaltung) angebracht. Die Gehäuseberippung dient zur Wärmeabgabe des Elektromotors, auf dem Gehäuse obenauf befindet sich der Stromanschlusskasten. Zwischen den Zylinderdeckeln ist das Druckventil, am Gehäuseende rechts das Saugventil zu erkennen.

Tabelle 19-4: Daten für $\dot{Q}_0$ und P_e in W von Halbhermetikverdichtern für R 134a[1] [2]

Verdichter-Typ	Verflüssigungs-temperatur t_c °C		Verdampfungstemperatur t_0 °C				
			12,5	10	7,5	5	0
2KC-05.2Y	30	$\dot{Q}_0$	3570	3260	2950	2640	2110
	30	P_e	590	590	580	570	540
	50	$\dot{Q}_0$	2700	2460	2220	1980	1570
	50	P_e	810	780	760	740	680
4EC-4.2Y	30	$\dot{Q}_0$	20 800	19 080	17 360	15 640	12 690
	30	P_e	3010	2980	2950	2910	2760
	50	$\dot{Q}_0$	15 730	14 400	13 070	11 740	9450
	50	P_e	4160	4050	3930	3810	3530
4N-12.2Y	30	$\dot{Q}_0$	52 300	47 600	43 250	39 200	32 000
	30	P_e	8430	8370	8260	8120	7750
	50	$\dot{Q}_0$	40 000	36 400	33 000	29 900	24 300
	50	P_e	11 370	10 910	10 460	10 010	9110
6F-40.2Y	30	$\dot{Q}_0$	138 400	125 800	114 200	103 400	84 200
	30	P_e	22 230	21 670	21 110	20 530	19 300
	50	$\dot{Q}_0$	108 700	98 700	89 500	80 900	65 600
	50	P_e	29 970	28 560	27 180	25 830	23 200

[1] bezogen auf 25 °C Sauggastemperatur, ohne Flüssigkeitsunterkühlung, Motordrehzahl 1450 U/min.

In Tabelle 19-4 sind Werte der Kälteleistung $\dot{Q}_0$ und der Antriebsleistung P_e für verschiedene Typen von Halbhermetikverdichtern angegeben; Parameter sind die Verflüssigungstemperatur t_c und die Verdampfungstemperatur t_0. Die Verdampfungstemperatur entspricht mit Werten von 0 °C bis 12,5 °C den üblichen Belangen der Klimatechnik. Eine Verflüssigungstemperatur von 30 °C stellt sich in etwa bei Kühlturmbetrieb, eine solche von 50 °C mit einem Trockenkühlwerk ein.

Vergleicht man z. B. für den Verdichter 2KC-05.2Y die aus dem Tabellenwert für $\dot{Q}_0$ und P_e berechnete Leistungszahl $\varepsilon_0 = \dot{Q}_0/P_e$ für $t_0 = 12,5$ °C und $t_c = 30$ °C mit der Leistungszahl ε_0 für $t_0 = 0$ °C und $t_0 = 50$ °C, so findet man für den erstgenannten Fall den Wert von 3570/590 = 6,05, für den letztgenannten Fall 1570/680 = 2,3, der somit um mehr als 60 % niedriger liegt als im ersten Fall.

Im nachstehenden Beispiel wird auf die Angaben der vorgen. Tabelle 19-4 und auf in Band 1 behandelte Zusammenhänge zurückgegriffen.

Beispiel 19-1: Für eine Klimaanlage ist anhand Tabelle 19-4 die Vorauswahl eines Halbhermetik-verdichters für das Kältemittel R 134a zu treffen. Benötigt wird eine Kälteleistung von 100 kW. Der Verdichter ist Teil eines Kaltwassersatzes. Die Kaltwassereintrittstemperatur beträgt 14 °C, die Kalt-wasseraustrittstemperatur 8 °C. Zur Kondensation steht Kühlwasser mit einer Eintrittstemperatur von 25 °C zur Verfügung. Die Kältemitteldrücke im Verdampfer und Verflüssiger sind als konstant anzunehmen.

Man bestimme:

a) t_0 und t_c bei Annahme einer Temperaturdifferenz von 3 K zwischen verdampfendem Kältemittel und Kaltwasseraustritt und von 5 K zwischen Eintritt Kühlwasser und Austritt Kältemittelkonden-sat,

b) p_0 und p_c und das Druckverhältnis p_c/p_0,

c) den Verdichtertyp,

d) die Leistungszahl ε_e.

e) Wie groß ist der Kaltwasserstrom $\dot{m}_K$, mit $c_w = 4{,}186$ kJ/(kg K) ?

f) Man ordne ein $\log p, h$ -Schema aus Band 1 dem Kreisprozess zu,

g) ebenso ein Anlagenschema aus Band 1.

Für folgende Fälle ist der Kreisprozess in das $\log p, h$ -Diagramm von R 134a einzutragen:

h) Für die in Tabelle 19-4 angegebenen Bedingungen unter Annahme isentroper Verdichtung,

i) wie h), jedoch für eine Unterkühlung des Kältemittels um 5 K,

k) wie i), jedoch für eine Sauggastemperatur von 15 °C.

Für jeden der Fälle ist die massenstrombezogene Kälteleistung einzutragen.

Lösung:

a) $t_0 = 5\,$°C, $t_c = 30\,$°C,

b) $p_0 = 3{,}5$ bar entspr. 0,35 MPa; $p_c = 7{,}7$ bar bzw. 0,77 MPa; $p_c/p_0 = 2{,}2$.

c) Gewählt wird die Verdichtertype 6F-40.2Y mit einer Kälteleistung von 103 400 W und einer Verdichterantriebsleistung von 20 530 W.

Anmerkung: Die Tabellenwerte gelten für eine Sauggastemperatur von 25 °C, ohne Flüssigkeitsun-terkühlung. Die Kälteleistung ist um 3400 W größer als die geforderte. Die angegebenen Randbedin-gungen (Sauggastemperatur von 25 °C, keine Flüssigkeitsunterkühlung) sind Referenzbedingungen und entsprechen i. a. nicht genau den Betriebsverhältnissen. So wird die Überhitzung üblicherweise nicht wie im vorliegenden Fall, 20 K, sondern nur 5 bis 10 K betragen, und das Kondensat wird noch geringfügig, etwa 5 K, unterkühlt, um eine einwandfreie Funktion des TEV zu gewährleisten. Hinsichtlich der Tabellendaten ist es i. a. unvermeidlich, dass sich die geforderte Leistung nicht genau wiederfindet; der Mehrleistung beträgt 3400 W. Der Leistungsüberschuss von 3,4 % ist nicht nachteilig. Damit können Unsicherheiten in der Berechnung und Ausführung ausgeglichen werden. Erfolgt die Anlagenregelung z. B. durch Ein- Ausschaltung (2-Punktregelung), wird der Verdichter eine etwas geringere Betriebsdauer aufweisen, als bei genau passender Leistung; bei Frequenzregelung liegt die Drehzahl geringfügig tiefer.

d) $\varepsilon_e = 5{,}04$.

e) $\dot{m}_K = 4{,}117$ kg/s.

f) Das $\log p, h$ -Diagramm entspricht Bild 6-16 aus Band 1, jedoch ist der Zustand in Punkt 1 überhitzt,

g) das Anlagenschema entspricht Bild 6-26 aus Band 1, Kältemittel ist jedoch R 134a, Kälteträger Wasser. Die Kreisprozesse sind in Bild 19-9 eingetragen.

h) Die Zustandspunkte sind mit 1, 2, 3 und 4 markiert. Da keine Flüssigkeitsunterkühlung erfolgt, fällt der Zustandspunkt 3 mit der linken Grenzkurve zusammen.

i) Es ändern sich die Zustandspunkte 3 und 4 in 3_u und 4_u. Die massenstrombezogene Kälteleistung, mit $q_{0,u}$ bezeichnet, ist größer als q_0.

k) Es ändern sich die Zustandspunkte 1 und 2 in 1* und 2*. q_0^* ist kleiner als $q_{0,u}$.

Bild 19-10 stellt das Leistungs-Kennfeld von Halbhermetikverdichtern dar. Aufge-tragen ist die Kälteleistung $\dot{Q}_0$ in Abhängigkeit der Verdampfungstemperatur t_0. Sie reicht herab bis $-30\,$°C, womit auch der kältetechnische Anwendungsbereich einstufiger Maschinen eingeschlossen ist. $\dot{Q}_0$ ist logarithmisch aufgetragen, um den großen Wertebereich darstellen zu können; t_c ist mit 40 °C konstant vorausgesetzt. Die Obergrenze von $\dot{Q}_0$ hängt von der Art der Wärmeabfuhr ab, d. h. Wasser- oder Luftkühlung, die für die Verdichtungsendtemperatur mitbestimmend ist und damit für die Einsatzgrenze.

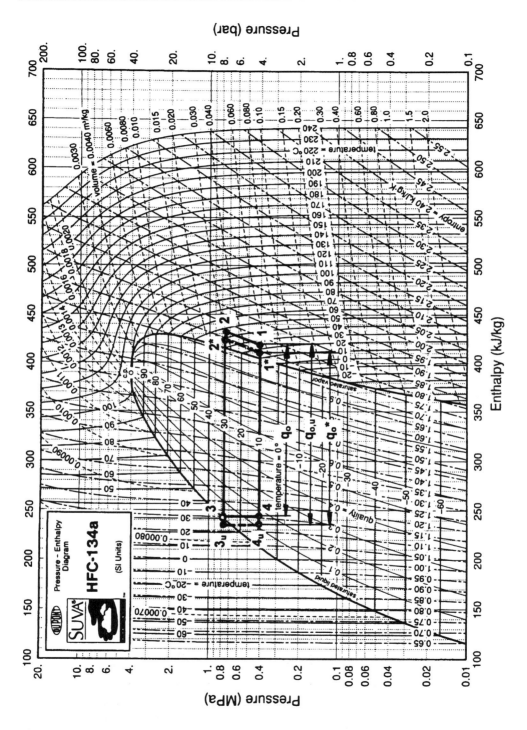

Bild 19-9: Prozessdarstellung zum Beispiel 19-1 im log p, h-Diagmmm von R 134a

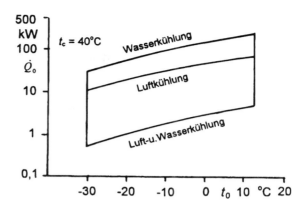

Bild 19-10: Kennfeld von Halbhermetik-Kolbenverdichtern (*Bitzer* Kühlmaschinenbau GmbH)

Bild 19-11 zeigt den Schnitt durch einen offenen Verdichter. Gegenüber Halbhermetikverdichtern erfolgt der Antrieb von außen mittels Keilriemen. Die für die Kurbelwellendurchführung durch das Gehäuse notwendige Wellenabdichtung stellt wegen möglicher Leckagen die Schwachstelle offener Verdichter dar. Offene Verdichter finden z. B. für NH_3 als Kältemittel Verwendung, da in einem Hermetikverdichter die Kupferwicklung des Motors durch das NH_3 zerstört würde, oder für PKW-Klimaanlagen, da der Verdichterantrieb vom Fahrzeugmotor aus erfolgt. Darüber hinaus ist es mit einem offenen Verdichter möglich, nachträglich die Kälteleistung zu erhöhen, indem lediglich der Keilriemenantrieb und ggf. der Motor ausgetauscht werden. Bei hermetisierten Verdichtern ist eine solche Maßnahme nicht möglich.

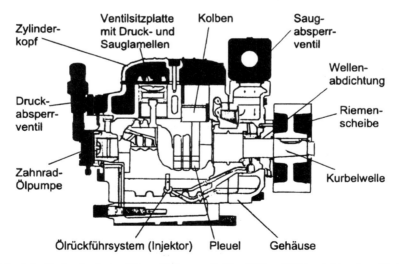

Bild 19-11: Schnitt durch einen offenen Kolbenverdichter (*Bitzer* Kühlmaschinenbau GmbH)

In Bild 19-12 ist ein Schnitt durch einen Vollhermetikverdichter — i. a. als „Hermetikverdichter" bezeichnet — gezeigt. Im Unterschied zu Halbhermetikverdichtern ist das Gehäuse verschweißt, d. h. nicht trennbar, somit eine Reparatur im Schadensfall unmöglich. Durch die Vollhermetisierung sind Leckagen weitgehend ausgeschlossen. Das Bild zeigt eine Einzylindermaschine kleiner Kälteleistung, wie sie z. B. in Kühlschränken Verwendung findet. Für Hermetikverdichter ist die senkrechte Anordnung des Antriebs typisch.

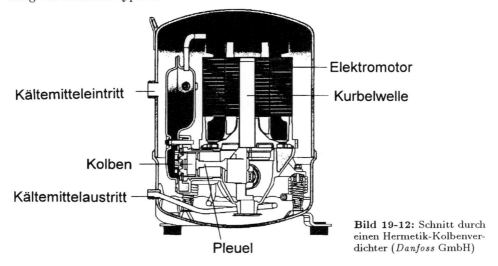

Kältemitteleintritt

Elektromotor

Kurbelwelle

Kolben

Kältemittelaustritt

Pleuel

Bild 19-12: Schnitt durch einen Hermetik-Kolbenverdichter (*Danfoss* GmbH)

In Tabelle 19-5 sind Daten von Hermetikverdichtern mittlerer Leistung eingetragen. Die Randbedingungen sind als Fußnoten angegeben und vom Kältemittel und dem Einsatzbereich abhängig. Wie man erkennt, kommt R 404A bei tieferen Verdampfungstemperaturen zur Anwendung als R 134a. Den unterschiedlichen Stoffwerten der Kältemittel entsprechend unterscheiden sich die Wertebereiche von $\dot{Q}_0$: Für R 134a erstrecken sie sich von 2553 W bis 51 169 W, für R 404A von 1865 W bis 40 093 W.

Tabelle 19-5: Daten von Hermetikverdichtern für die Kältemittel R 134a und R 404A [3]

Verdichtermodell MT/MTZ	Werte für R 134a[1]				Werte für R 404A[2]			
	$\dot{Q}_0$	P_e	I[3]	ε_e[4]	$\dot{Q}_0$	P_e	I[3]	ε_e[4]
	W	W	A	–	W	W	A	–
18JA	2553	990	2,19	2,58	1865	1200	2,47	1,56
36JG	6005	2130	4,09	2,81	4371	2660	4,91	1,64
56HL	9069	3210	5,83	2,82	7001	4000	7,07	1,75
100HS	15 529	5280	10,24	2,94	12 020	6830	12,16	1,76
200HSS	30 756	10 450	20,28	2,94	23 800	13 530	24,06	1,76
32OHWW	51 169	16 980	29,06	3,01	40 093	21 760	35,51	1,84

[1] $\dot{Q}_0$ bezogen auf $t_0 = 7,2\,°C$; $t_c = 54,4\,°C$; $t_u = 8,3$ K; $t_{\ddot{u}} = 11,1$ K; Synchronfrequenz = 50 Hz (3000 U/min)

[2] $\dot{Q}_0$ bezogen auf $t_0 = -10\,°C$; $t_c = 45\,°C$; $t_u = 0$ K; $t_{\ddot{u}} = 10$ K; Synchronfrequenz = 50 Hz (3000 U/min)

[3] Stromaufnahme

[4] In den Firmenunterlagen ist anstelle der Leistungszahl ε_e die Größe COP angegeben.

c) Schraubenverdichter

Der typische Aufbau eines als Halbhermetikverdichter ausgeführten Schraubenverdichters geht als Schnitt aus Bild 19-13 hervor. Zur Verdichtung des Kältemittels dienen zwei Schraubenrotoren, die Hauptschraube als Antriebsrotor und die hiervon angetriebene Nebenschraube. Die Verdichtung geschieht in dem von den Rotorflanken gebildeten Hohlraum, der sich in Strömungsrichtung verkleinert. Die Abdichtung der Gleitflächen geschieht durch das Schmieröl. Schraubenverdichteraggregate zeichnen sich durch ein aufwendiges Ölsystem aus, zu dem u. a. ein Ölabscheider und ein Ölkühler gehören.

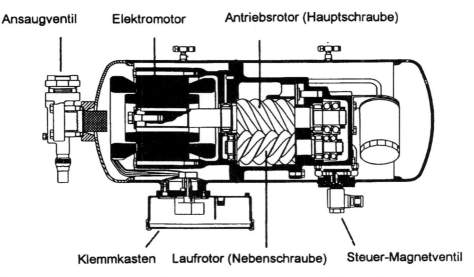

Ansaugventil **Elektromotor** **Antriebsrotor (Hauptschraube)**

Klemmkasten **Laufrotor (Nebenschraube)** **Steuer-Magnetventil**

Bild 19-13: Schnitt durch einen Halbhermetik-Schraubenverdichter (*Bitzer* Kühlmaschinenbau GmbH)

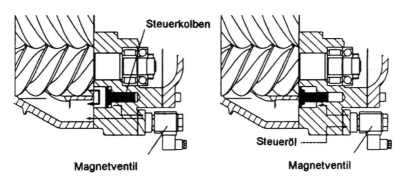

Steuerkolben

Magnetventil **Steueröl** **Magnetventil**

Teillastbetrieb und Anlaufentlastung **Volllastbetrieb**
(Magnetventil stromlos) **(Magnetventil unter Spannung)**

Bild 19-14: Regeleinrichtung eines Schraubenverdichters (*Bitzer* Kühlmaschinenbau GmbH)

Der Kältemittelvolumenstrom ist durch die Schraubengeometrie festgelegt; der Ein- und Auslassvorgang erfolgt druckunabhängig. Eine genaue Festlegung der Betriebsbedingungen ist bei der Verdichterauswahl erforderlich. Kennzeichnend ist das innere Volumenverkleinerungsverhältnis, das das Verhältnis von Ansaug- zu Austrittsvolumen darstellt.

Die Regelung großer Verdichter erfolgt mittels Steuerschieber, womit die wirksame Rotorlänge begrenzt wird. Dies ermöglicht eine stufenlose Regelung bis herab auf 20 % der Maximalleistung. Für kleinere Verdichter findet eine vereinfachte Methode Verwendung, die in Bild 19-14 dargestellt ist. Hierzu dienen mehrere Steuerkolben, die einen Steueröldurchfluss im Regelfall freigeben, bei Vollast schließen. Das Öffnen und Schließen wird mittels Magnetventil bewerkstelligt. Bei Teillast strömt ein Teil des Kältemittels zur Saugseite zurück. Intermittierendes Öffnen und Schließen des Magnetventils bewirkt eine näherungsweise stufenlose Regelung.

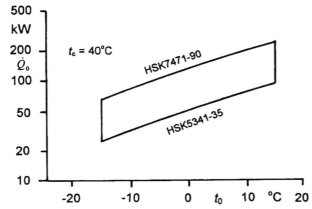

Bild 19-15: Kennfeld von Schraubenverdichtern (*Bitzer* Kühlmaschinenbau GmbH)

Das Kennfeld einer Verdichterreihe (9 Typen umfassend) zeigt Bild 19-15; die Kennlinie der kleinsten Type stellt die untere Begrenzung des Kennfeldes, die der größten Type die obere Begrenzung dar. Kältemittel ist R 134a; die Verflüssigungstemperatur t_c ist mit 40 °C konstant. Der dargestellte Leistungsbereich erstreckt sich von ca. 25 bis ca. 250 kW. Die Verdampfungstemperatur reicht von $t_0 = -15$ °C bis $+15$ °C. Die Kälteleistung einer Verdichtergröße nimmt vom unteren Wert bei $t_0 = -15$ °C bis zum oberen Wert bei $t_0 = +15$ °C etwa um den Faktor 3 zu. Ursache ist vor allem die Änderung der Stoffdaten.

Die äußere Ansicht eines halbhermetischen Schraubenverdichters zeigt Bild 19-16.

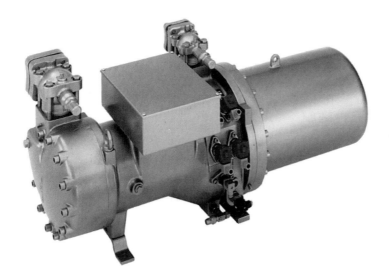

Bild 19-16: Ansicht eines Halbhermetik-Schraubenverdichters (*Bitzer* Kühlmaschinenbau GmbH)

d) Scrollverdichter

Der Aufbau und das Funktionsprinzip gehen aus Bild 19-17 hervor: Eine exzentrisch rotierende — „orbitierende" — Spirale kämmt in einer feststehenden Spirale. Das Volumen der eingeschlossenen sichelförmigen Verdichtungsräume verkleinert sich bei der Drehbewegung. Die Verdichtung erfolgt innerhalb von drei Umdrehungen. Da rein rotierende Bewegungen stattfinden, zeichnen sich die Verdichter durch schwingungsarmen Lauf aus.

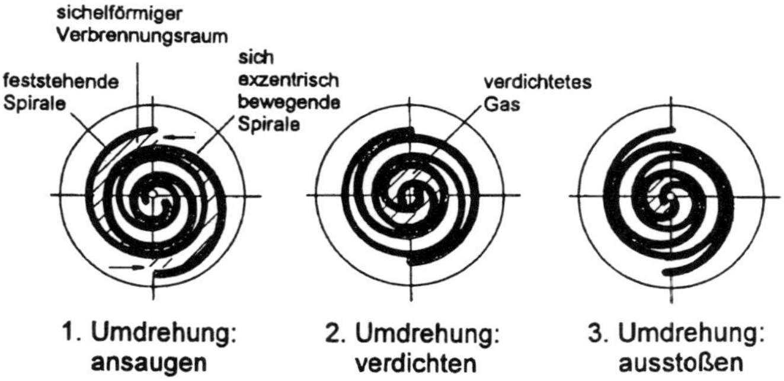

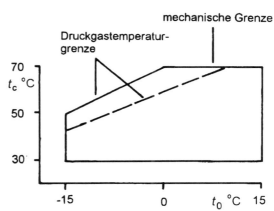

Bild 19-17: Funktionsschema von Scrollverdichtern (*Danfoss* GmbH)

Bild 19-18 zeigt ein typisches Kennfeld. Die obere Begrenzung ist mechanisch und thermisch bedingt. Die thermische Grenze stellt die Druckgastemperatur dar, die von der Ansaugüberhitzung abhängt. Die obere, schräg durchgezogene Grenzlinie gehört zu einer Ansaugüberhitzung von 11,1 K, die untere, gestrichelte, zu 30 K.

Bild 19-18: Einsatzbereich von Scrollverdichtern (*Danfoss* GmbH)

In Tabelle 19-6 sind Daten von Scroll-Verdichtern für R 22 eingetragen. Mit Kälteleistungen $\dot{Q}_0$ von 19 300 W bis 37 550 W sind sie dem üblichen mittleren Anwendungsbereich zuzuordnen. Aus den Angaben für $\dot{Q}_0$ und P_e ergeben sich Werte von ε_e mit knapp über 3,1. Zusätzlich sind auch Schallleistungswerte angegeben.

Tabelle 19-6: Daten von Scrollverdichtern[1] [3]

Modell SZ	$\dot{Q}_0$ W	P_e W	ε_e –	L_W[2] dB	$\dot{V}_1$ m³/h	G[3] kg
084	19 300	6130	3,15	77	114,5	72
115	26 850	8490	3,16	79	155	80
116	37 550	11 580	3,24	83	216,6	94

[1] Kältemittel R22; Drehfrequenz 50 Hz; $t_0 = 7,2\,°C$; $t_c = 54,5\,°C$; $t_u = 8,3\,K$; $t_{\ddot{u}} = 11,1\,K$
[2] Schallleistungspegel
[3] Trockengewicht

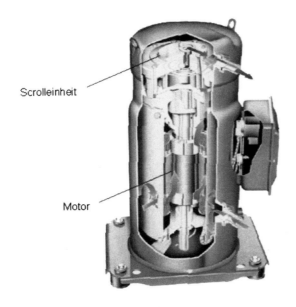

Scrolleinheit

Motor

Bild 19-19 zeigt einen Blick in
einen Scrollverdichter in Herme-
tikausführung. Der Elektromotor
befindet sich im unteren Gehäu-
seteil, die „Scrolleinheit" im oberen.

Bild 19-19: Schnitt durch einen
Scrollverdichter (*Danfoss* GmbH)

e) Turboverdichter

Die Leistungsuntergrenze von Turboverdichtern liegt bei etwa 300 kW, bedingt durch
die notwendige Spalt-Mindestgröße zwischen Laufrad und Gehäuse, die einen Kurz-
schluss zwischen Saug- und Druckseite zur Folge hat. Die Auswirkung des damit
verbundenen Leistungsverlusts wächst mit kleiner werdendem Laufrad.

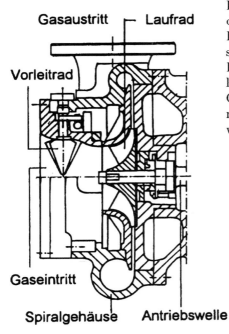

Gasaustritt ⌐ Laufrad

Vorleitrad

Gaseintritt

Spiralgehäuse Antriebswelle

Bild 19-20 zeigt einen Schnitt durch den Ver-
dichterteil einer einstufigen Maschine. Der im
Bild links mittig eintretende Kaltdampf durchströmt zunächst das Vorleitrad, mit dem die
Leistung bis herab auf ca. 60 % der Maximalleistung gesenkt werden kann. Das verdichtete
Gas gelangt in das Spiralgehäuse, in dem dynamischer Druck in statischen umgewandelt
wird.

Bild 19-20: Teilschnitt durch einen Turboverdichter (*Sulzer Escher Wyss* GmbH)

Nicht dargestellt ist der sich im Bild rechts anschließende Antrieb, bestehend aus Planetengetriebe und Elektromotor. Die Motordrehzahl von ca. 1500 oder 3000 U/min wird mittels des Getriebes auf 20 000 U/min, ggfs. noch höher, übersetzt.

Die Ansicht eines einstufigen Turbinenlaufrades geht aus Bild 19-21 hervor.

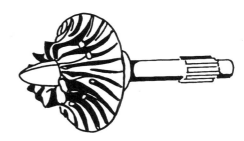

Bild 19-21: Laufrad eines Turboverdichters (*Sulzer Escher Wyss* GmbH)

Die Kälteleistungen reichen bis etwa 30 000 kW. Als Kältemittel fand früher vor allem R 11 Verwendung, das jedoch der FCKW-Halon-Verordnung unterliegt (vgl. Band 1). Eine Übergangslösung stellt R 123 dar; vorwiegend gelangt heute R 134a zum Einsatz.

Ein Nachteil von Turboverdichtern ist das sogen. Pumpen, das bei ungünstigen Betriebsbedingungen durch Ablösung der Laufradströmung verursacht wird. Durch sorgfältige Bestimmung des Betriebspunktes ist es vermeidbar.

19.3.2 Wärmeübertrager

Es sind dies vor allem die Kältemittelverdampfer und Kältemittelverflüssiger. Baulicher Gemeinsamkeiten wegen werden sie im Folgenden gemeinsam behandelt. Die Zahl der Varianten ist groß, so dass nur einige Fälle erläutert werden können.

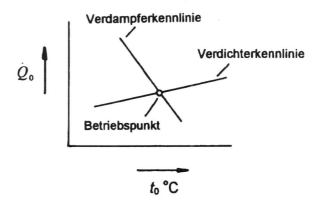

Bild 19-22: Zusammenwirken von Verdichter und Verdampfer

Das Zusammenwirken von Verdampfer und Verdichter zeigt Bild 19-22 anhand ihrer Kennlinien; der Schnittpunkt stellt den Betriebspunkt dar. Die Verdichterleistung steigt mit zunehmender Verdampfungstemperatur an (es sei auf die weiter vorn gezeigten Kennfelder verwiesen). Die Verdampferleistung nimmt mit zunehmender Verdampfungstemperatur ab, weil die für die Wärmeübertragung treibende Temperaturdifferenz kleiner wird.

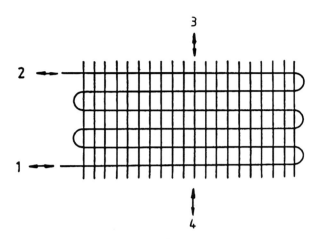

Bild 19-23: Schema eines
Lamellen-Wärmeübertragers

Der prinzipielle Aufbau von Verdampfern und Verflüssigern ist in den Bildern 19-23
und 19-24 gezeigt; Bild 19-23 stellt einen Lamellenwärmeübertrager, Bild 19-24 einen
Rohrbündelwärmeübertrager dar. Der Strömungsverlauf der Medien zueinander erfolgt näherungsweise im Kreuzstrom.

Bild 19-24: Schema eines
Rohrbündel-Wärmeüber-
tragers

Handelt es sich bei Bild 19-23 um einen Trockenexpansionsverdampfer, bei dem die
Kältemitteleinspritzung in den Verdampfer mittels thermostatischem Expansionsventil erfolgt, und das Kältemittel am Austritt trocken gesättigt (i. a. noch überhitzt) ist,
so tritt das gedrosselte Kältemittel z. B. in 1 ein, als Dampf in 2 aus; die Luft strömt
von 3 nach 4. Auch der entgegengesetzte Fall ist möglich, bei dem die Strömung des
Kältemittels von 2 nach 1, die der Luft von 4 nach 3 gerichtet ist.

Beim Verflüssiger tritt das Kältemittel als Heißgas oben ein und fließt als Kondensat
nach unten. Der Eintritt ist somit in 2, der Austritt in 1, die Luftrichtung von 4
nach 3.

Dient der Rohrbündelwärmeübertrager (Bild 19-24) als Trockenexpansionsverdampfer
zur Flüssigkeitskühlung, z. B. für Kaltwasser, sind die Verhältnisse analog denen des
Lamellenverdampfers: Das Kältemittel verdampft in den Rohren, das abzukühlende
Wasser fließt außen, im Mantelraum, in welchem zudem noch Umlenkungen für das
Wasser angebracht sind. Beim Verflüssiger tritt das Heißgas in 3 ein, das Kondensat
in 4 aus; das Kühlwasser fließt von 1 → 2.

In dem Fall, dass der Rohrbündelapparat kein Trockenexpansionsverdampfer ist, sondern ein überfluteter Verdampfer, bezeichnet man ihn als Röhrenkesselverdampfer. Das Kältemittel steht im Mantelraum und verdampft an den Rohraußenseiten; die Kältemittelströmung erfolgt somit von 4 → 3, d. h., der Dampf tritt oben aus. Das Wasser fließt in den Rohren von 2 → 1.

Bild 19-25: Lamellen-Verdampferblock
(*Hans Güntner* GmbH)

Bild 19-25 zeigt die Ansicht eines Lamellenverdampfers. Mittig ist das Lamellenbündel mit den Rohren zu sehen. Seitlich erkennt man die „Verteilspinne", bestehend aus mehreren dünnen Kupferrohren, die der Zuführung des gedrosselten Kältemittels zu dem in einzelne Abschnitte aufgeteilten Verdampferblock dienen. Weiterhin sieht man seitlich die Rohrbögen für die Verbindung der Verdampferrohre. Die vorgenannte Unterteilung des Verdampferblocks dient dazu, den kältemittelseitigen Durchflusswiderstand zu verringern.

Bild 19-26: Hochleistungsverdampfer
(*Hans Güntner* GmbH)

In Bild 19-26 ist ein sogen. Hochleistungsverdampfer gezeigt. Im Innern des Gehäuses sind der Lamellenblock samt Kältemittelverteilung und thermostatischem Expansionsventil angeordnet. Unten angebracht ist eine Tropfwanne zur Aufnahme kondensierter Luftfeuchtigkeit. Wird die Luft unter den Gefrierpunkt des Wassers abgekühlt, so dass sich an den Lamellen Eis bilden kann, wird der Lamellenblock mit Abtauheizstäben ausgerüstet.

Bild 19-27: Röhrenkesselverdampfer (*Hans Güntner* GmbH)

Bild 19-27 zeigt einen Röhrenkesselapparat großer Leistung für einen Kaltwassersatz. Die Wände sind gegen Wärmeeinfall gedämmt.

Bild 19-28: Luftgekühlter Verflüssiger für Wandanordnung (*Hans Güntner* GmbH)

Bild 19-29: Luftgekühlter Verflüssiger zur Dachanordnung (*Hans Güntner* GmbH)

Die Bilder 19-28 und 19-29 zeigen zwei verschiedene Verflüssigerbauformen. Der in Bild 19-28 gezeigte Verflüssiger ist für Wandanordnung ausgeführt, der in Bild 19-29 gezeigte zur Aufstellung auf einer Fläche, meist einem Flachdach. Zur Leistungsanpassung können die Ventilatoren zu- und abgeschaltet werden. In der kalten Jahreszeit dient diese Schaltung dazu, den Verflüssigungsdruck so hoch zu halten, dass vor dem Expansionsventil der notwendige Vordruck für den Kältemitteldurchfluss herrscht.

Anstelle der vorgenannten Wärmeübertrager kommen zunehmend auch Plattenwärmeübertrager als Verflüssiger und Verdampfer zur Verwendung. Sie zeichnen sich
durch gute Wärmeübertragungseigenschaften, Kompaktheit und kleine Kältemittel-
füllmengen aus [9]. Die letztgenannte Eigenschaft dient dem Umweltschutz.

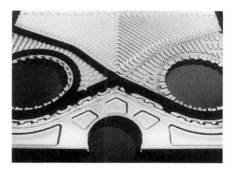

Bild 19-30: Einzelplatte eines Plattenwärmeübertragers (*Hans Güntner* GmbH)

Bild 19-31: Plattenwärmeübertrager in verschraubter
Ausführung (*Hans Güntner* GmbH)

Plattenwärmeübertrager bestehen aus einer größeren Zahl von Einzelplatten (50 Stück
und mehr) von geringer Stärke (ca. 0,1 mm). Die Kammertiefe beträgt ca. 5 mm.
Alternierend strömt in den Kammern Wasser und Kältemittel. Bild 19-30 zeigt eine
einzelne Platte. Die Plattenpakete sind außen meist verlötet; Bild 19-31 zeigt einen
Plattenwärmeübertrager in verschraubter Ausführung.

19.3.3 Expansionsorgane

Dies sind:

- thermostatisches Expansionsventil (TEV),
- elektronisches Expansionsventil (EEV),
- Schwimmerventil.

Thermostatische und elektronische Expansionsventile finden in Trockenexpansionsver-
dampfern Verwendung, Schwimmerventile in überfluteten Verdampfern.

Die Anordnung eines TEV an einem Verdampfer zeigt Bild 19-32. Es ist mit einer Druckausgleichsleitung versehen, womit der Einfluss des Durchflusswiderstands des Verdampfers auf die Ventilfunktion ausgeschaltet wird.

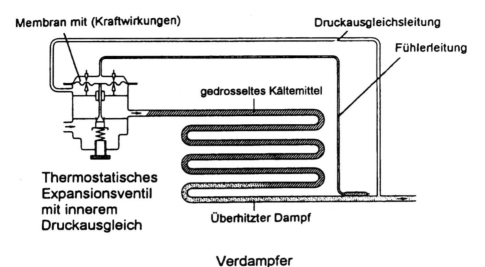

Bild 19-32: Zur Funktion des thermostatischen Expansionsventils (*Honeywell Flitsch* GmbH)

Das TEV weist 4 Kammern auf: In die unterste Kammer tritt das flüssige Kältemittel ein. In geöffnetem Zustand des Ventilkegels gelangt das gedrosselte Kältemittel durch die darüber befindliche Kammer in den Verdampfer. Der aus dem Verdampfer austretende Dampf ist überhitzt.

Bei abnehmender Kältemittelfüllung steigt am Austritt die Überhitzung und damit der Druck in der Fühlerleitung und im Ventilkopf, der obersten Kammer. Die Ventilspindel wird durch die Membran (die Pfeile deuten Kraftwirkungen an) nach unten gedrückt, das Ventil öffnet und Kältemittel strömt nach.

Bild 19-33: Thermostatisches Expansionsventil (*Honeywell Flitsch* GmbH)

Bild 19-33 zeigt die Ansicht eines TEV; am Fühlerkopf ist die Fühlerkapillare angebracht (hier aufgewickelt). Im unteren Teil erkennt man die am Ventilkörper befindlichen Löt-Rohranschlüsse.

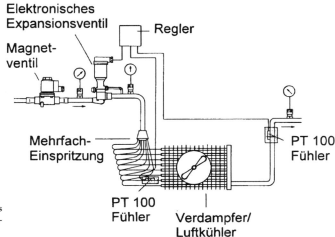

Bild 19-34: Zur Funktion des elektronischen Expansionsventils (*Danfoss* GmbH)

Das EEV wirkt nach dem Prinzip eines elektrischen Stellventils. Die Temperaturmessung erfolgt mittels Widerstandsfühlern. Die Regelung geschieht elektronisch. Bild 19-34 zeigt das Anordnungsprinzip eines EEV an einem Verdampfer samt den Regelkomponenten und der Mehrfacheinspritzung.

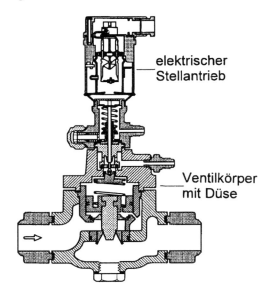

Bild 19-35: Elektronisches Expansionsventil (*Danfoss* GmbH)

Bild 19-35 stellt den Schnitt durch ein EEV dar.

Schwimmerventile dienen zur Regelung überfluteter Verdampfer. Man unterscheidet zwischen Niederdruck- und Hochdruckschwimmern; nachstehend wird die Funktion eines Hochdruckschwimmers erläutert. Bild 19-36 zeigt einen solchen. Für den

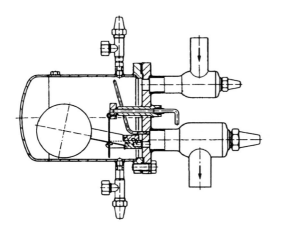

Kältemittelein- und -austritt
dienen die beiden seitlichen
Stutzen. Im Innern befindet
sich eine Schwimmerkugel, die
bei sinkendem Kältemittel-
stand öffnet.

Bild 19-36: Hochdruckschwimmer
(*Witt* GmbH)

Das Schema einer mit 2 überfluteten Verdampfern und gemeinsamem Hochdruckschwimmer ausgestatteten Kälteanlage zeigt Bild 19-37. Das aus dem Hochdruckschwimmer austretende gedrosselte Kältemittel gelangt in den Abscheider, aus dem
der Kältemittelverdichter den (trocken gesättigten) Kältemitteldampf ansaugt. Das

flüssige Kältemittel wird durch
Kältemittelpumpen den Verdampfern zugeleitet.

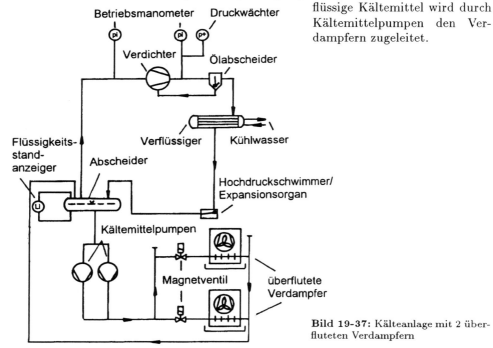

Bild 19-37: Kälteanlage mit 2 überfluteten Verdampfern

Die Kältemittelzufuhr wird durch Magnetventile geregelt, abhängig von der einzuhaltenden Raumtemperatur. Der Kältemitteldampf und die nicht verdampfte Kältemit-
telflüssigkeit (die den weitaus größten Massenanteil ausmacht) treten in den Abscheider ein, in dem wiederum die Phasentrennung erfolgt, so dass nur Dampf zum
Verdichter und Flüssigkeit zu den Pumpen gelangt.

19.3.4 Anlagenkomponenten

Weitere Anlagenkomponenten gehen aus Bild 19-38 hervor, das eine Kälteanlage üblicher Bauweise darstellt, die mit einem Trockenexpansionsverdampfer für Luftkühlung ausgestattet ist. Vor und hinter dem Verdichter befinden sich Manometer (pi) zur Druckkontrolle. Für die Absicherung gegen zu hohen Druck (z. B. mangels Kühlwasser) dient ein Druckwächter (p+). Das im Verflüssiger an Kühlwasser kondensierte Kältemittel wird von einem Sammler aufgenommen, der mit einem Sicherheitsventil und einem Flüssigkeitsstandanzeiger (Li) ausgerüstet ist. In der Flüssigkeitsleitung befindet sich ein Filtertrockner, der neben mechanischen Verunreinigungen auf sorptive Weise Wasser aus dem Kältemittelkreislauf ausscheidet; Füllmaterial ist ein Molekularsieb. Ein Schauglas dient zur Kontrolle ausreichender Kältemittelfüllung: sind Blasen sichtbar, fehlt Kältemittel.

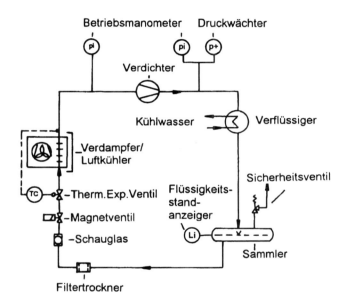

Bild 19-38: Kälteanlage mit Lüftkühler

Zur Sicherung des Verdichters gegen Flüssigkeitsschläge beim Anfahren dient die „Pump-Down"-Schaltung. Hierzu ist ein Magnetventil angebracht, das vor Abschalten des Verdichters den Kältemitteldurchfluss schließt, so dass der Verdampfer zuerst leergesaugt wird, und beim Anfahren keine Flüssigkeit angesaugt werden kann. Die Verdichterabschaltung erfolgt pressostatisch, sobald der Saugdruck einen eingestellten unteren Wert erreicht hat.

Die Rohrleitungen bestehen bei organischen Kältemitteln (R 134a u. ä.) aus Kupfer, bei Ammoniak (NH_3) aus Stahl. Bei der Querschnittsbemessung ist einerseits zwecks vollständiger Ölrückführung auf ausreichend hohe Strömungsgeschwindigkeit zu achten, andererseits darf die Strömungsgeschwindigkeit wegen des damit einhergehenden Druckverlusts nicht zu hoch sein. Alle kalten Leitungen werden wärmegedämmt.

19.3.5 Kälteanlagenaggregate

Im allgemeinen wird man die Kälteanlage als komplettes oder teilkomplettes Aggregat beziehen. Einige typische Lieferformen werden nachstehend vorgestellt.

Bild 19-39: Kälteaggregat für
Kühlzelle (*Hans Güntner* GmbH)

Bild 19-39 zeigt ein komplettes Aggregat kleinerer Leistung zum Einbau in eine Kühlzelle ($\dot{Q}_0$ ca. 500 W). Vorn sieht man den Verflüssigersatz, bestehend aus Verdichter, Verflüssiger, Armaturen (Druckwächter), dem Elektro- und MSR-Teil. Dahinter befindet sich, in fester Verbindung, der Verdampferteil, bestehend aus Lamellenblock, TEV und Ventilator. Das Aggregat ist steckerfertig; die Anordnung in die Kühlzelle erfolgt durch einfaches Einhängen in eine Zellenwand.

Bild 19-40: Turbo-Kaltwassersatz
(*York International* GmbH)

Bild 19-40 zeigt einen Turbo-Kaltwassersatz für R 134a. Die maximale Kälteleistung beträgt ca. 7000 kW. Unten, über die Bildbreite sich erstreckend, ist der Verdampfer zu sehen, links im Hintergrund noch ein Stück des Verflüssigers. Oben links ist der Turboverdichter angebracht. Typische Kaltwassertemperaturen sind 12 bis 14 °C am Eintritt, 6 bis 8 °C am Austritt.

Die Bilder 19-41 und 19-42 zeigen sogen. Verflüssigeraggregate. Sie bestehen im Wesentlichen aus Verdichter, Verflüssiger und Armaturen. Das in Bild 19-41 dargestellte Aggregat ist mit einem luftgekühlten Verflüssiger, das Aggregat in Bild 19-42 mit einem wassergekühlten Verflüssiger ausgerüstet.

Bild 19-41: Luftgekühltes Verflüssiger-aggregat (*Bitzer* Kühlmaschinenbau GmbH)

Bild 19-42: Wassergekühltes Ver-flüssigeraggregat (*Bitzer* Kühlma-schinenbau GmbH)

19.4 Absorptionskälteanlagen

Ihre Bedeutung ist durch die Kombination mit Blockheizkraftwerken (BHKW) zum Kraft-Wärme-Kälteverbund im Zunehmen begriffen [10]. Zur Funktion sei auf Band 1 verwiesen. Für die Klimatechnik finden überwiegend Anlagen mit dem Stoffpaar Wasser-Lithiumbromid (H_2O/LiBr) Verwendung, wobei Wasser das Kältemittel, Lithiumbromid das Lösungsmittel ist.

Der in Tabelle 19-7 angegebene Leistungsbereich entspricht näherungsweise demjenigen bisher marktgängiger Anlagen. Die kleinste Anlage weist eine Kälteleistung von 420 kW auf, die größte 4840 kW; es handelt sich somit um ausgesprochene Großkälteanlagen. Die als Fußnoten genannten Randbedingungen stellen typische Einsatzbedingungen dar. Das in der Tabelle nicht angegebene Wärmeverhältnis, mit ζ oder COP bezeichnet (Verhältnis von Kälteleistung zur Heizleistung), liegt bei etwa 0,67. Damit beträgt die der Anlage mit einer Kälteleistung von 4840 kW zuzuführende Heizleistung 7224 kW.

Eindrucksvoll sind auch die Abmessungen: Die größte Anlagenlänge beträgt mehr als
9 m, das Gewicht ca. 40 t. Der elektrische Leistungsbedarf ist äußerst gering; er liegt
bei der größten Maschine bei weniger als 0,2 % von $\dot{Q}_0$.

Tabelle 19-7: Daten von Absorptionskälteanlagen [6]

Modell	$\dot{Q}_0$[1]	P_p[2]	Abmessungen in mm			Gewichte in kg	
YIA	kW	kW	Länge	Breite	Höhe	Betrieb[3]	Lösung[4]
1A1	420	2,6	3810	1680	2320	5130	710
2B1	830	3,6	5030	1530	2640	8130	1220
4C1	1280	4,5	5630	1700	3020	11 760	1800
8E1	2790	6,2	7010	2260	3840	3790	4050
14F3	4840	9,2	9310	2450	4230	40 320	7140

[1] Werte für Kaltwasser 12,2/6,7 °C; Kühlwasser 29,4/39,4 °C; Dampf 1,8 bar oder Heißwasser
115/109 °C
[2] gesamte elektrische Leistungsaufnahme der Pumpen
[3] Betriebsgewicht
[4] Gewicht der Lösung $H_2O/LiBr$

Bild 19-43: Absorptionskälteanlage
(*York International* GmbH)

Bild 19-43 zeigt die Ansicht einer solchen Absorptionskälteanlage; der Aufbau und
die Komponenten sind identisch mit der in Band 1 in Bild 6-32 dargestellten Anlage.

Neuentwicklungen gehen in Richtung deutlich kleinerer Leistung. Damit wird der
zunehmenden Bedeutung des Kraft-Wärme-Kälteverbundes entsprochen. Tabelle 19-8
beinhaltet Werte einer solchen Anlage, die eine vergleichsweise geringe Kälteleistung
von 46 kW aufweist. Mit ca.-Abmessungen von 1 m in der Breite, 1 m in der Tiefe
und 2 m in der Höhe baut die Anlage kompakt.

Der *COP*-Wert ist mit 0,73 größer als der Wert vorbeschriebener Großanlagen. Ebenfalls vorteilhaft ist die Heizwassereintrittstemperatur von 95 °C, womit die Motorab-
wärme des BHKW's genutzt werden kann.

Tabelle 19-8: Daten einer Absorptionskälteanlage kleiner Leistung [6]

$\dot{Q}_0$	COP[1]	Kaltwasser		Heizwasser		Kühlwasser		P_{el}[2]	Abmessungen			Gewicht[3]
		ein	aus	ein	aus	ein	aus		Länge	Breite	Höhe	
kW	–	°C	°C	°C	°C	°C	°C	W	mm	mm	mm	kg
46,0	0,73	15,6	9,0	95,0	88,7	29,5	35,9	30	990	1035	1995	730

[1] Kälteleistung/Heizleistung
[2] gesamte elektrische Leistungsaufnahme
[3] Betriebsgewicht

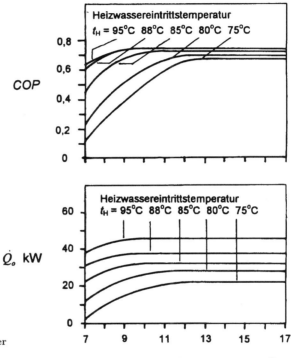

Bild 19-44: Leistungscharakteristik einer Absorptionskälteanlage kleiner Kälteleistung (*York International* GmbH)

Der Verlauf von COP und $\dot{Q}_0$, abhängig von der Kaltwasseraustrittstemperatur t_k, geht aus Bild 19-44 hervor, Parameter ist die Heizwassereintrittstemperatur t_H. COP und $\dot{Q}_0$ nehmen unterhalb einer Kaltwasseraustrittstemperatur von etwa 12 °C, abhängig von der Heizwassereintrittstemperatur, in zunehmendem Maße ab. Dabei ist die Abnahme umso geringer, je höher die Heizwassereintrittstemperatur ist. Insgesamt erweist sich für eine wirtschaftliche Betriebsweise eine Heizwassereintrittstemperatur von ca. 95 °C als erforderlich.

Beispiel 19-2: Für die in Tabelle 19-8 angegebene Absorptionskälteanlage ermittle man:
a) Die zuzuführende Heizleistung $\dot{Q}_H$,
b) die gesamte abzuführende Wärmeleistung $\dot{Q}_{ab}$,
c) den Prozentanteil zuzuführender elektrischer Leistung im Vergleich zur Heizleistung,
d) die Massenströme an Kaltwasser $\dot{m}_K$, an Heizwasser $\dot{m}_H$ und an Kühlwasser $\dot{m}_{K\ddot{u}}$ (mit $c_w = 4{,}186$ kJ/kg K).

Lösung:

a) $\dot{Q}_H = \dot{Q}_0/COP = 46\,\text{kW}/0{,}73 = 63\,\text{kW}$,

b) $\dot{Q}_{ab} = \dot{Q}_0 + \dot{Q}_H = 46\,\text{kW} + 63\,\text{kW} = 109\,\text{kW}$,

c) $P_{el}/\dot{Q}_H = 0{,}03\,\text{kW}/63\,\text{kW} \times 100 = 0{,}048\,\%$,

d) $\dot{m}_K = \dfrac{46\,\text{kW}}{4{,}186\,\text{kJ}/(\text{kg K})(15{,}6 - 9)\text{K}} = 1{,}665\,\text{kg/s}$; $\dot{m}_H = 2{,}389\,\text{kg/s}$; $\dot{m}_{K\ddot{u}} = 4{,}069\,\text{kg/s}$.

Literatur

[1] Produktunterlagen der *Sulzer Escher Wyss* GmbH, Lindau/Bodensee.

[2] Produktunterlagen der *Bitzer* Kühlmaschinenbau GmbH, Sindelfingen.

[3] Produktunterlagen der *Danfoss* GmbH, Heusenstamm.

[4] Produktunterlagen der *Hans Güntner* GmbH, Fürstenfeldbruck.

[5] Produktunterlagen der *Honeywell Flitsch* GmbH, Mosbach.

[6] Produktunterlagen der *York International* GmbH, Mannheim.

[7] *Fackelmayer, H.*: Das Produktionsmittel Kühlwasser als Energieträger. KI Klima Heizung Kälte, 7–8/1992, S. 264-268.

[8] *Maake-Eckert-Pohlmann*: Taschenbuch der Kältetechnik, 16. Auflage. Verlag C. F. Müller.

[9] *Engelhorn, H. R.* und *A. M. Reinhart*: Investigations on Heat Transfer in a Plate Evaporator. Chem. Eng. Process., 28, 1990, S. 143–146. Elsevier Sequoia.

[10] *Engelhorn, H. R.*: BHKW und Kältemaschine im Verbundsystem. Jahrbuch der Wärmerückgewinnung, 7. Ausgabe, 1993, S. 248–253. Vulkan-Verlag, Essen.

20 Beispiele raumlufttechnischer Anlagen und Geräte

K. Müller

Formelzeichen

A	Grundfläche des Raumes	$\dot{Q}_{KA}$	trockene Kühlleistung der RLT-Anlage
c_{pL}	spezifische Wärmekapazität der trockenen Luft	$\dot{Q}_{KA,Nenn}$	Maximalwert der trockenen Kühlleistung der RLT-Anlage
f_G	Gleichzeitigkeitsfaktor		
f_L	Leckluftfaktor	$\dot{Q}_{KD}$	dezentrale trockene Kühlleistung im Raum
h_{1+x}	Enthalpie der feuchten Luft		
$h_{1+x,K}$	Enthalpie der Kaltluft	$\dot{Q}_{KD,Nenn}$	Maximalwert der dezentralen trockenen Kühlleistung im Raum
$h_{1+x,W}$	Enthalpie der Warmluft		
$\Delta h_{1+x,ges}$	gesamte Enthalpiedifferenz der feuchten Luft im Kühler	$\dot{Q}_{KD,Nenn,G}$	maximale sekundäre Kühlleistung je Induktionsgerät
$\Delta h_{1+x,sen}$	sensible Enthalpiedifferenz der feuchten Luft im Kühler	$\dot{Q}_{KR}$	trockene Kühllast des Raumes
l_F	Länge der Fensterfront	$\dot{Q}_{KR,Nenn}$	Maximalwert der trockenen Kühllast des Raumes
$\dot{m}_{L,K}$	Massenstrom der trockenen Kaltluft		
		$\dot{Q}_{KP}$	Kühlleistung der Primärluft
$\dot{m}_{L,P}$	Massenstrom der trockenen Primärluft	$\dot{q}_{KR,Nenn}$	Maximalwert der spezifischen trockenen Kühllast des Raumes
$\dot{m}_{L,W,0}$	Massenstrom der trockenen Warmluft bei geschlossener Warmluftklappe	n	Anzahl
		P	Ventilatorleistung
		Δp_{ges}	Gesamtdruckdifferenz
$\dot{m}_{L,ZU}$	Massenstrom der trockenen Zuluft	$\dot{V}$	Volumenstrom
		$\dot{V}_{AB}$	Abluftvolumenstrom
$\Delta \dot{m}_W$	Wasserdampfabgabe im Raum	$\dot{V}_{AB,M}$	Abluftvolumenstrom der Maschinenabsaugung
$\dot{Q}_{HA}$	Heizleistung der RLT-Anlage		
$\dot{Q}_{HA,Nenn}$	Maximalwert der Heizleistung der RLT-Anlage	$\dot{V}_{AU}$	Außenluftvolumenstrom
		$\dot{V}_{AU,min}$	Mindestaußenluftvolumenstrom
$\dot{Q}_{HD}$	dezentrale Heizleistung im Raum	$\dot{V}'_{AU,min}$	Mindestaußenluftvolumenstrom im Ansaugkanal
$\dot{Q}_{HD,Nenn}$	Maximalwert der dezentralen Heizleistung im Raum	$\dot{V}_K$	Kaltluftvolumenstrom
$\dot{Q}_{HD,Nenn,G}$	maximale sekundäre Heizleistung je Induktionsgerät	$\dot{V}_{LU}$	Volumenstrom der Luftdurchlässe
$\dot{Q}_{HR}$	Heizlast des Raumes	$\dot{V}_P$	Primärluftvolumenstrom
$\dot{Q}_{HR,Nenn}$	Maximalwert der Heizlast des Raumes	$\dot{V}_W$	Warmluftvolumenstrom
		$\dot{V}_{ZU}$	Zuluftvolumenstrom
		$\dot{V}'_{ZU}$	Anlagenvolumenstrom
$\dot{Q}_{HE}$	Erhitzerleistung	$\dot{v}_{ZU}$	spezifischer Zuluftvolumenstrom

$\dot{V}_L$	Leckluftvolumenstrom		ϑ_W	Warmlufttemperatur
x	Feuchtegehalt		ϑ_{ZU}	Zulufttemperatur
x_{AB}	Feuchtegehalt der Abluft		$\Delta\vartheta_{ZU}$	Temperaturdifferenz Raumluft-Zuluft
x_{AU}	Feuchtegehalt der Außenluft		η_B	Befeuchtungsgrad des Wäschers
x_{GA}	Feuchtegehalt der Grundaufbereitung		ϱ_f	Dichte der feuchten Luft
x_P	Feuchtegehalt der Primärluft			
$x_{P,\mathrm{ber}}$	berechneter Feuchtegehalt der Primärluft		**Häufig verwendete Indizes**	
x_{RA}	Feuchtegehalt der Raumluft		AB	Abluft
x_{ZU}	Feuchtegehalt der Zuluft		AU	Außenluft
Ψ_2	Rückfeuchtezahl		Aus	Austrittszustand
φ	relative Feuchte		Ein	Eintrittszustand
φ_{AB}	relative Feuchte der Abluft		FO	Fortluft
φ_{AU}	relative Feuchte der Außenluft		GA	Grundaufbereitung
φ_{RA}	relative Feuchte der Raumluft		max	Maximalwert
φ_{ZU}	relative Feuchte der Zuluft		min	Minimalwert
Φ_2	Rückwärmzahl		P	Primärluft
ϑ	Temperatur		RA	Raumluft
ϑ_{AB}	Ablufttemperatur		So	Sommer
ϑ_{AU}	Außenlufttemperatur		UM	Umluft
ϑ_{GA}	Temperatur nach der Grundaufbereitung		Wi	Winter
ϑ_K	Kaltlufttemperatur		ZU	Zuluft
$\vartheta_{KW,\mathrm{Ein}}$	Eintrittstemperatur des Kaltwassers		**Bezeichnungen der Regelungstechnik**	
ϑ_P	Primärlufttemperatur		A	Schaltbefehl
ϑ_{RA}	Raumlufttemperatur		E	Meldung
$\vartheta_{TP,RA}$	Taupunkttemperatur der Raumluft		W	Sollwert
$\vartheta_{WW,\mathrm{Ein}}$	Eintrittstemperatur des Warmwassers		X	Messgröße
			Y	Stellgröße
			Z	Zählgröße

Die nachfolgend bearbeiteten Beispiele haben die Aufgabe, die Fachinhalte der vorangegangenen Kapitel zusammenhängend anzuwenden. Um den Umfang der Beispiele zu begrenzen, werden einige Bereiche, wie beispielsweise Kühllastberechnung und Kanalnetz, nicht behandelt. Dieses Kapitel stellt folgende Anwendungsfälle vor:

   Klimatisierung eines Drucksaals,
   Klimatisierung von Büroräumen mit Kühldecke und Außenluftversorgung,
   Klimatisierung von Büroräumen mit einem VV-System,
   Klimatisierung von Büroräumen mit einer Zweikanalanlage,
   Teilklimaanlage für einen Hörsaal.

Bei allen Beispielen wird die gleiche Reihenfolge der Bearbeitung gewählt:

   Beschreibung,
   Nutzungsvarianten und Anforderungsprofil,
   Systemauswahl,

Luftströmung im Raum,

Aufbau der RLT-Anlage,

Betriebsvarianten,

Regelung der RLT-Anlage,

Auslegung.

In der praktischen Abwicklung sind die einzelnen Abschnitte teilweise parallel zu bearbeiten, außerdem wirken Entscheidungen auf vorangegangene Abschnitte zurück. Diese Abhängigkeiten sind nur in ihrer endgültigen Auswirkung dargestellt.

20.1 Klimatisierung eines Drucksaals

20.1.1 Beschreibung

Ein Drucksaal mit den Abmessungen Länge 100 m, Breite 25 m und Höhe 5 m ist zu klimatisieren. Im Drucksaal werden Mehrfarbdrucke hoher Präzision hergestellt. Die Produktion erfordert die Raumluftkonditionen:

$$\vartheta_{RA} = (23 \pm 1)\,°C,$$

$$\varphi_{RA} = (55 \pm 3)\,\%.$$

Diese Konditionen sind ganzjährig einzuhalten, da im Drucksaal auch außerhalb der Produktionszeiten Papier gelagert wird. Wegen der beim Druckprozess frei werdenden Lösungsmittel ist die Verwendung von Umluft in der Klimaanlage nicht zulässig; zur Unterstützung der Kühlleistung können jedoch dezentrale Umluftkühlgeräte im Drucksaal eingesetzt werden. Um Geruchsbelastung im Gebäude zu vermeiden, ist der Drucksaal mit Unterdruck zu betreiben. An den Druckmaschinen sind drei Maschinenabsaugungen mit jeweils 5400 m^3/h Abluft installiert.

20.1.2 Nutzungsvarianten und Anforderungsprofil

Es liegen folgende Nutzungsvarianten vor:

Produktion: Betriebszeit   7200 h/a,

Raumlufttemperatur $\vartheta_{RA} = (23 \pm 1)\,°C,$

Raumluftfeuchte $\varphi_{RA} = (55 \pm 3)\,\%,$

Raumdruck $p_{RA} = -30$ Pa,

Kühllast $\dot{Q}_{KR,Nenn} = 231{,}24$ kW,

Heizlast $\dot{Q}_{HR,Nenn} = 67{,}25$ kW,

Personenzahl   20.

Außenluftvolumenstrom mindestens 80 m^3/h je Person auf Wunsch des Nutzers.

Der Druckprozess setzt Lösungsmittel und Papierstaub frei.

Stand-by: Betriebszeit   1560 h/a,

Raumlufttemperatur $\vartheta_{RA} = (23 \pm 1)\,°C,$

Raumluftfeuchte	$\varphi_{RA} = (55 \pm 3)$ %,
Raumdruck	$p_{RA} = -30$ Pa,
Kühllast	$\dot{Q}_{KR,\text{Nenn}} = 87{,}13$ kW,
Heizlast	$\dot{Q}_{HR,\text{Nenn}} = 67{,}25$ kW,
Personenzahl	0.

20.1.3 Systemauswahl

Die hohen Raumlasten mit unterschiedlicher, produktionsbedingter Verteilung erfordern eine Aufteilung des Fertigungsbereichs in 4 Versorgungszonen. Es ist daher eine Klimaanlage mit vier Zonennachbehandlungen vorgesehen. Die Klimaanlage für die Grundaufbereitung wird wegen der Forderung nach sicherer Verfügbarkeit redundant ausgeführt. Die großen Kühllasten in den Zonen machen zusätzliche Umluftkühlgeräte erforderlich (Bild 20-1).

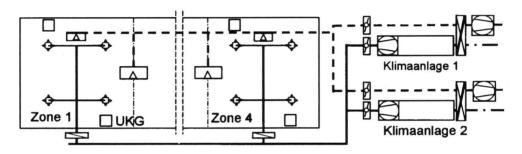

Bild 20-1: Gesamtaufbau der Klimatisierung

Da die Feuchteabgabe im Raum vernachlässigbar ist, be- und entfeuchtet die Grundaufbereitung auf Raumluftfeuchtegehalt $x_{RA} = 8{,}9$ g/kg. Die Temperatur nach der Grundaufbereitung wird mit 17 °C festgelegt; Erhitzer in den Zonen stellen die lastabhängige Zulufttemperatur ein. Die Integration der Maschinenabsaugungen in das Abluftkanalnetz ist wegen der geringen Verunreinigung der abgesaugten Luft möglich. Da beim Druckvorgang Lösungsmittel austreten, wird eine Außenluftanlage gewählt. Für den Drucksaal ergibt sich damit folgende Versorgung:

2 Stck. Klimaanlage HKBE-AU mit Wärmerückgewinnung und Wäscherbefeuchtung,

4 Stck. Zonennacherhitzer,

8 Stck. Umluftkühlgeräte K-UM.

Bild 20-3 zeigt den erforderlichen Gesamtaufbau als Anlagenschema mit Regelung.

20.1.4 Luftführung im Drucksaal

Die Zuluft der Klimaanlage wird über 16 Verdrängungsluftdurchlässe oberhalb der Produktionsebene in 3,5 m Höhe eingebracht (Bild 20-2). Nach Firmenunterlagen [1] ist bei einer Zulufttemperaturdifferenz 6 °C ein Zuluftvolumenstrom je Durchlass von 3000 m³/h bis 4000 m³/h zulässig. Die Zuluft der Umluftkühlgeräte tritt im Arbeitsbereich über Quelldurchlässe in Bodennähe aus. Um Zugerscheinungen zu vermeiden, wird die Zulufttemperatur der Umluftkühlgeräte auf den Minimalwert 19 °C begrenzt. Zur Senkung der Kühllast im Drucksaal erfolgt die Abluftabsaugung zum Teil über Maschinenabsaugungen. Der restliche Abluftvolumenstrom wird über Abluftdurchlässe abgesaugt.

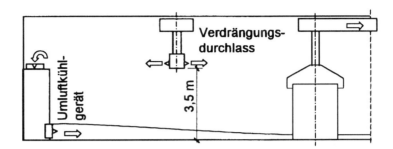

Bild 20-2: Luftströmung im Drucksaal

20.1.5 Aufbau der RLT-Anlage

Grundaufbereitung

Die Klimaanlage zur Grundaufbereitung muss die Luft heizen, kühlen, befeuchten und entfeuchten können. Sie hat daher den in Bild 20-3 skizzierten Aufbau.

Nach einem Vorfilter zum Schutz der Wärmeübertrager gegen Verschmutzung ist ein Wärmerückgewinner mit Wärme- und Wasserdampfübertragung angeordnet. Der Wärmerückgewinner ist wegen der hohen Betriebszeit der Anlage und der Forderung nach 100 % Außenluft sinnvoll. Der erste Erhitzer hat nur Sicherheitsfunktionen beim Ausfall der Wärmerückgewinnung. Bei geringeren Anforderungen an die Verfügbarkeit der Anlage kann er entfallen. Der Vorerhitzer muss aus Frostschutzgründen im Kreuz-Gleich-Strom betrieben werden und mit einer Leistungsregelung über die Vorlauftemperatur ausgerüstet sein. Der Kaltwasserkühler hat eine Leistungsregelung über den Wassermassenstrom. Der Nacherhitzer ist hinter dem Kühler angeordnet, damit eine Erwärmung der Luft nach der Entfeuchtung möglich ist. Der regelbare Wäscher ist auf der Saugseite des Ventilators platziert, um austretendes Wäscherwasser zu vermeiden. Der Befeuchtungsgrad des regelbaren Wäschers muss mindestens 84 % betragen, da sonst der Feuchtegehalt nach der Grundaufbereitung nicht erreicht werden kann. Zu- und Abluftventilator sind so angeordnet, dass am Wärmerückgewinner zwischen Fortluft und Außenluft nur geringe Druckunterschiede auftreten. Die Ventilatoren haben Frequenzumformer zur Anpassung der Volumenströme an die wirklichen Betriebsverhältnisse. Der Filter im Abluftkanal soll den Wärmerückgewinner vor Verschmutzung schützen.

Zonennachbehandlung

Da die Grundaufbereitung die niedrigste Zulufttemperatur 17 °C zur Verfügung stellt, sind in der Zonennachbehandlung jeweils nur ein Erhitzer und ein Filter erforderlich. Können 17 °C in der Grundaufbereitung wegen des geringeren Befeuchtungsgrads des Wäschers nicht ganzjährig garantiert werden, ist ein zusätzlicher Kühler in den Zonenanlagen vorzusehen.

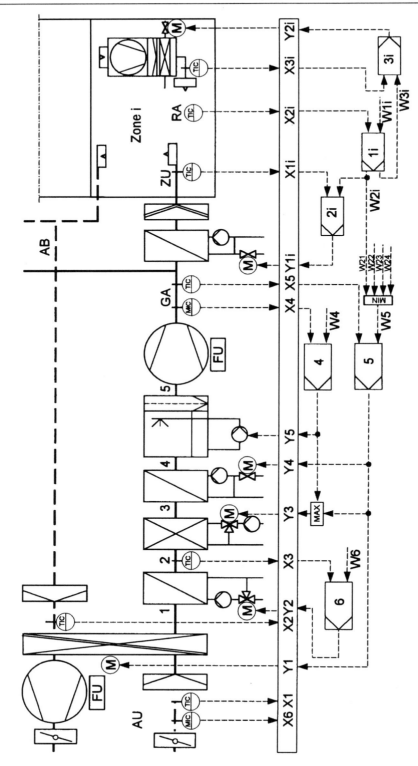

Bild 20-3: Anlagenschema der RLT-Anlagen des Drucksaals

Umluftkühlgeräte

Die Umluftkühlgeräte dienen zur trockenen Kühlung der Umluft. Der Kühler muss daher mit Kaltwasservorlauftemperaturen > 12 °C versorgt werden. Im Umluftkühlgerät wird der Ventilator vor dem Kühlregister angeordnet, damit auch die Erwärmung der Luft im Ventilator mit herausgekühlt werden kann. Wegen der Verschmutzung der Kühlerlamellen durch Papierstaub ist ein Filter vorgesehen.

20.1.6 Betriebsvarianten

Unterschiedliche Betriebsvarianten sind wegen der ganzjährig geforderten Raumluftzustände nicht sinnvoll. In der Einregulierungsphase ist zu klären, ob eine Reduzierung der Volumenströme über die Frequenzumformer der Ventilatoren im Stand-by-Betrieb möglich ist. Die Umschaltung realisiert das Zeitschaltprogramm der Gebäudeleittechnik.

20.1.7 Regelung der RLT-Anlage

Raumlufttemperatur

Der Regler 1n regelt die Raumlufttemperatur über die Zulufttemperatur der Zonennacherhitzung X1n und der Umluftkühlgeräte X3n nach den Sequenzbildern in Bild 20-4.

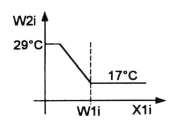

Regler 1i: Raumlufttemperatur
der Zone i, Klimaanlage

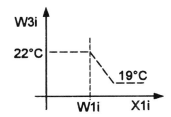

Regler 1i: Raumlufttemperatur
der Zone i, Umluftkühlgeräte

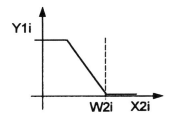

Regler 2i: Zulufttemperatur
der Erhitzer Zone i

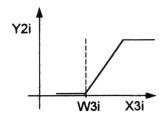

Regler 3i: Zulufttemperatur
der Umluftkühlgeräte Zone i

Bild 20-4: Sequenzbilder der Raumlufttemperaturregelung

Luftzustand nach der Grundaufbereitung

Der Sollwert der Temperatur nach der Grundaufbereitung wird mit 17 °C als untere Grenze festgelegt. Eine lastabhängige Anhebung auf höhere Werte kann über die Minimalauswahl der Sollwerte W21, W22, W23 und W24 erfolgen. In den Zonenaufbereitungen und in den Umluftkühlgeräten ist keine Be- oder Entfeuchtung vorgesehen; die Grundaufbereitung regelt allein die Feuchte im Drucksaal. Wegen der geringen Feuchtelasten im Drucksaal wird der Sollwert für den Feuchtegehalt der Luft nach der Grundaufbereitung dem Sollwert der Raumluftfeuchte mit W4 = 8,9 g/kg gleichgesetzt.

Die Sequenzbilder für die Regelung der Grundaufbereitung stellt Bild 20-5 dar. Die Temperatur nach der Grundaufbereitung wird vom Wärmerückgewinner, dem zweiten Erhitzer und dem Kühler geregelt. Der Wärmerückgewinner dient nicht zu Kühlung; er ist ausgeschaltet, wenn der Feuchtegehalt der Außenluft höher liegt als die Raumluftfeuchte. Der erste Erhitzer hat die Funktion der Frostschutzsicherung bei ausgefallenem Wärmerückgewinner. Die Temperatur X3 soll mindestens 10 °C betragen. Den Feuchtegehalt nach der Grundaufbereitung regelt der Wäscher bei Befeuchtung und der Kühler bei Entfeuchtung.

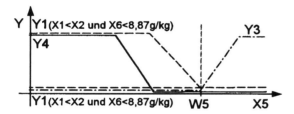

Regler 5: Temperatur nach der Grundaufbereitung

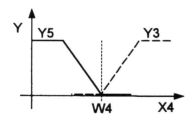

Regler 4: Feuchtegehalt nach · der Grundaufbereitung

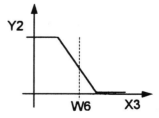

Regler 6: Frostschutz

Bild 20-5: Sequenzbilder der Grundaufbereitung

Einzelbetrieb der Klimaanlagen

Der Zustand der Luft nach der Grundaufbereitung wird bei Einzelbetrieb der Klimaanlagen mit dem jeweiligen Temperatur- und Feuchtefühler der laufenden Anlage geregelt.

Parallelbetrieb der Klimaanlagen

Aus wirtschaftlichen Gründen sollen beide Klimaanlagen normalerweise mit 50 % des Volumenstroms parallel betrieben werden. Damit die Anlagen dann nicht gegeneinander arbeiten, muss die Temperatur- und Feuchteregelung nach der Grundaufbereitung für beide Anlagen nach dem gemeinsamen Mittelwert der Fühler geregelt werden.

20.1.8 Auslegung

Auslegung der Umluftkühlgeräte

Es werden 8 Umluftkühlgeräte mit jeweils 9200 m³/h gewählt. Da Entfeuchtung unerwünscht ist, müssen die Kaltwassertemperaturen oberhalb des Taupunkts der Raumluft liegen. Mit den Festlegungen Zulufttemperatur $\vartheta_{ZU} = 19\,°\mathrm{C}$, Umlufttemperatur einschließlich der Ventilatorerwärmung $\vartheta_{UM} = 24\,°\mathrm{C}$ und dem Massenstrom der Zuluft

$$\dot{m}_{L,ZU} = \frac{\dot{V}_{ZU}\, \varrho_f}{1 + x_{ZU}} = 3{,}03\,\frac{\mathrm{kg}}{\mathrm{s}} \tag{20-1}$$

ergibt sich die dezentrale Kühlleistung der Umluftkühlgeräte zu

$$\dot{Q}_{KD,\mathrm{Nenn}} = 8\,\dot{m}_{L,ZU}\, c_{pL}\, (\vartheta_{UM} - \vartheta_{ZU}) = 4 \cdot 3{,}03\,\frac{\mathrm{kg}}{\mathrm{s}} \cdot 1{,}006\,\frac{\mathrm{kJ}}{\mathrm{kg\,K}} \cdot (24\,°\mathrm{C} - 19\,°\mathrm{C})$$

$$= 121{,}92\ \mathrm{kW}. \tag{20-2}$$

Damit verbleiben für die Klimaanlage im Sommerauslegungsfall

$$\dot{Q}_{KA,\mathrm{Nenn}} = \dot{Q}_{KR,\mathrm{Nenn}} - \dot{Q}_{KD,\mathrm{Nenn}} = 231{,}24\ \mathrm{kW} - 121{,}92\ \mathrm{kW} = 109{,}32\ \mathrm{kW}. \tag{20-3}$$

Auslegung der Klimaanlage

Bestimmung der Volumenströme

Außenluftvolumenstrom nach der Personenzahl

$$\dot{V}_{AU} = 20 \cdot 80\ \mathrm{m^3/h} = 1600\ \mathrm{m^3/h} \tag{20-4}$$

Außenluftvolumenstrom zur Deckung der Maschinenabsaugung

$$\dot{V}_{AU} = 16\,200\ \mathrm{m^3/h} \tag{20-5}$$

Zuluftvolumenstrom nach der Kühlleistung im Sommerauslegungsfall

Die Kühllast des Drucksaals wird von der Klimaanlage und den Umluftkühlgeräten gedeckt. Mit der Raumlufttemperatur $\vartheta_{RA} = 23\,°\mathrm{C}$ und der Zulufttemperatur $\vartheta_{ZU} = 17\,°\mathrm{C}$ werden

$$\dot{m}_{L,ZU} = \frac{\dot{Q}_{KA,\mathrm{Nenn}}}{c_{pL}\,(\vartheta_{RA} - \vartheta_{ZU})} = \frac{109{,}32\ \mathrm{kW}}{1{,}006\ \mathrm{kJ/(kg\,K)} \cdot (23\,°\mathrm{C} - 17\,°\mathrm{C})} = 18{,}1\ \mathrm{kg/s}, \tag{20-6}$$

$$\dot{V}_{ZU} = \frac{\dot{m}_{L,ZU}\,(1 + x_{ZU})}{\varrho_f} = \frac{18,1\ \text{kg/s} \cdot (1 + 0,009)}{1,20\ \text{kg/m}^3}$$

$$= 15,23\ \text{m}^3/\text{s} = 54\,828\ \text{m}^3/\text{h}. \qquad (20\text{-}7)$$

Zuluftvolumenstrom nach der Heizleistung im Winterauslegungsfall

Die Heizlast des Drucksaals wird allein von der Klimaanlage gedeckt. Mit Raumlufttemperatur $\vartheta_{RA} = 23\,^\circ\text{C}$ und Zulufttemperatur $\vartheta_{ZU} = 29\,^\circ\text{C}$ errechnen sich

$$\dot{m}_{L,ZU} = \frac{\dot{Q}_{HA,\text{Nenn}}}{c_{pL}\,(\vartheta_{ZU} - \vartheta_{RA})} = \frac{67,25\ \text{kW}}{1,006\ \text{kJ/(kg K)} \cdot (29\,^\circ\text{C} - 23\,^\circ\text{C})}$$

$$= 11,14\ \text{kg/s}, \qquad (20\text{-}8)$$

$$\dot{V}_{ZU} = \frac{\dot{m}_{L,ZU}\,(1 + x_{ZU})}{\varrho_f} = \frac{11,14\ \text{kg/s} \cdot (1 + 0,009)}{1,19\ \text{kg/m}^3}$$

$$= 9,45\ \text{m}^3/\text{s} = 34\,020\ \text{m}^3/\text{h}. \qquad (20\text{-}9)$$

Mindestzuluftvolumenstrom als Grenze der Luftdurchlässe

Nach Herstellerangaben lassen sich die Luftdurchlässe auf 50 % des Zuluftvolumenstroms reduzieren. Eine weitere Senkung des Zuluftvolumenstroms kann durch Abschaltung einzelner Durchlässe erreicht werden.

$$\dot{V}_{ZU,\text{min}} = 0,5\ \dot{V}_{ZU} = 27\,414\ \text{m}^3/\text{h} \qquad (20\text{-}10)$$

Festlegung der Volumenströme der Anlage

Für die Volumenströme der Anlage werden auf der Basis der vorangegangenen Berechnungen folgende Festlegungen getroffen:

Zuluftvolumenstrom $\dot{V}_{ZU} = 54\,828\ \text{m}^3/\text{h}$,

Zuluftvolumenstrom je Durchlass $\dot{V}_{ZU,D} = 3427\ \text{m}^3/\text{h}$,

Anlagenvolumenstrom $\dot{V}'_{ZU} = 57\,569\ \text{m}^3/\text{h}$, 5 % Leckverluste im
                                 Kanalnetz,

Außenluftvolumenstrom $\dot{V}'_{AU} = 57\,569\ \text{m}^3/\text{h}$, 100 % Außenluft,

Abluftvolumenstrom $\dot{V}_{AB} = 60\,311\ \text{m}^3/\text{h}$, Unterdruck.

Die Differenz zwischen Zuluft- und Abluftvolumenstrom bestimmt den Unterdruck im Drucksaal. Diese Differenz muss in der Einfahrphase überprüft und eingestellt werden.

Abluftvolumenstrom Maschinen $\dot{V}_{AB,M} = 16\,200\ \text{m}^3/\text{h}$,

Abluftvolumenstrom Durchlässe $\dot{V}_{AB} = 44\,111\ \text{m}^3/\text{h}$,

Fortluftvolumenstrom $\dot{V}_{FO} = 60\,311\ \text{m}^3/\text{h}$,

Volumenstrom Umluftkühlgeräte $\dot{V}_{UM} = 73\,600\ \text{m}^3/\text{h}$.

h_{1+x},x-Diagramm

Sommerauslegungsfall

Annahmen: Kaltwassertemperaturen 6/12 °C, Kühleraustrittszustand nach dem t_{Oef}-Verfahren [2].

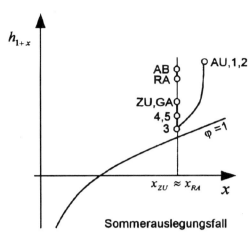

Bild 20-6: h_{1+x}, x-Diagramm im Sommerauslegungsfall

Tabelle 20-1: Zustandspunkte der Klimaanlage im Sommerauslegungsfall

Stelle	$\dfrac{\vartheta}{°C}$	$\dfrac{\varphi}{\%}$	$\dfrac{x}{g/kg}$	$\dfrac{h_{1+x}}{kJ/kg}$	Bemerkungen
AU	32,0	40	12,1	63,1	
1	32,0	40	12,1	63,1	WRG aus
2	32,0	40	12,1	63,1	VE aus
3	12,9	95	8,9	35,4	
4	15,0	83	8,9	37,6	WÄ aus
5	15,0	83	8,9	37,6	
GA	17,0	73	8,9	39,6	
ZU	17,0	73	8,9	39,6	
RA	23,0	50	8,9	45,8	
AB	25,0	45	8,9	47,8	2 °C, Warm-luftpolster

Winterauslegungsfall

Annahmen: Die Rückwärmezahl $\Phi_2 = 0,8$ und die Rückfeuchtezahl $\Psi_2 = 0,8$ des Wärmerückgewinners wurden aus Firmenunterlagen entnommen. Der Befeuchtungs-grad des Wäschers liegt nach Firmenunterlagen bei $\eta_B = 0,85$.

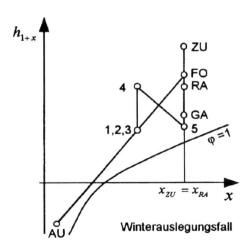

Bild 20-7: h_{1+x}, x-Diagramm im Winterauslegungsfall

Tabelle 20-2: Zustandspunkte der Klimaanlage im Winterauslegungsfall

Stelle	$\dfrac{\vartheta}{°C}$	$\dfrac{\varphi}{\%}$	$\dfrac{x}{g/kg}$	$\dfrac{h_{1+x}}{kJ/kg}$	Bemerkungen
AU	−15,0	80	0,8	−13,0	
1	17,0	60	7,3	35,6	
2	17,0	60	7,3	35,6	
3	17,0	60	7,3	35,6	
4	17,0	53	7,3	37,6	$h_{1+x} \approx$ const
5	15,0	83	8,9	37,6	
GA	17,0	73	8,9	39,6	
ZU	29,0	35	8,9	51,8	
RA	23,0	50	8,9	45,8	
AB	25,0	45	8,9	47,8	2 °C, Warm-luftpolster

Geräteauslegung

Für die Geräteauslegung nach Firmenunterlagen, z. B. [3], ergeben sich aus den Berechnungen und der Darstellung der Zustandsänderung im h_{1+x}, x-Diagramm fol-gende Grundlagen:

Zuluftventilator

Anlagenvolumenstrom	57 569 m³/h,
Gesamtdruckerhöhung	1400 Pa nach Kanalnetzberechnung,
Ventilatortyp	Radialventilator mit rückwärts gekrümmten Schaufeln.

Abluftventilator

Abluftvolumenstrom	60 311 m³/h,
Gesamtdruckerhöhung	800 Pa nach Kanalnetzberechnung,
Ventilatortyp	Radialventilator mit rückwärts gekrümmten Schaufeln.

Wärmerückgewinner

Außenluftvolumenstrom	57 569 m³/h,
Fortluftvolumenstrom	60 311 m³/h,
Typ	rotierender Wärmeübertrager mit Wärme- und Feuchteübertragung,
Lufteintrittszustand	$-15,0\,°C$; 0,8 g/kg; $-13,0$ kJ/kg,
Luftaustrittszustand	17,0 °C; 7,3 g/kg; 35,6 kJ/kg.

Vorerhitzer

Anlagenvolumenstrom	57 569 m³/h,
Schaltung	Kreuz-Gleich-Strom,
Warmwassertemperaturen	70 °C/50 °C,
Lufteintrittstemperatur	-15 °C (bei ausgefallener WRG),
Luftaustrittstemperatur	10 °C.

Kühler

Anlagenvolumenstrom	57 569 m³/h,
Schaltung	Kreuz-Gegen-Strom,
Kaltwassertemperaturen	6 °C/12 °C,
Lufteintrittszustand	32,0 °C; 12,1 g/kg; 63,1 kJ/kg (Sommerfall),
Lufteintrittszustand	29,0 °C; 13,3 g/kg; 63,1 kJ/kg (Schwülepunkt),
Luftaustrittszustand	12,9 °C; 8,9 g/kg; 35,4 kJ/kg.

Nacherhitzer

Anlagenvolumenstrom	57 569 m³/h,
Schaltung	Kreuz-Gegen-Strom,
Warmwassertemperatur	70 °C/50 °C,
Lufteintrittstemperatur So	12,9 °C,
Luftaustrittstemperatur So	15,0 °C,
Lufteintrittstemperatur Wi	17,0 °C,
Luftaustrittstemperatur Wi	19,0 °C (bei ausgefallener WRG auf 35,3 °C).

Wäscher

Anlagenvolumenstrom	57 569 m³/h,
Befeuchtungsgrad	84 % im Normalbetrieb,
Lufteintrittszustand	19,0 °C; 7,3 g/kg; 37,6 kJ/kg (35,3 °C; 37,6 kJ/kg bei ausgefallener WRG),
Luftaustrittszustand	15,0 °C; 8,9 g/kg; 37,6 kJ/kg,
Regelung	stetig geregelt.

Zonennacherhitzer

Anlagenvolumenstrom	14 392 m³/h,
Schaltung	Kreuz-Gegen-Strom,
Warmwassertemperaturen	70 °C/50 °C,
Lufteintrittstemperatur	17 °C,
Luftaustrittstemperatur	29 °C.

20.2 Büroklimatisierung

20.2.1 Beschreibung

Drei Büroräume mit hohem Standard nach Bild 20-8 sollen klimatisiert werden. Es handelt sich dabei um ein Einzelbüro, einen Besprechungsraum und ein Großraumbüro.

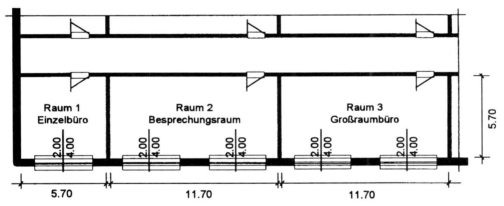

Bild 20-8: Grundriss der Bürofläche

Tabelle 20-3: Nutzungsanforderungen

Raum		1	2	3
Bezeichnung		Einzelraum	Besprechungsraum	Großraumbüro
Büro genutzt	Betriebszeit	Mo bis Fr an 50 Wochen im Jahr von 7:00 bis 19:00 Uhr; 3000 h/a		
	Personen	1	12	4
	Raumlufttemperatur	(23 ± 1) °C		
	Raumluftfeuchte	(40 bis 60) %		
Büro ungenutzt	Betriebszeit	5760 h/a		
	Personen	0		
	Raumlufttemperatur	> 18 °C		
	Raumluftfeuchte	keine Forderung		

Bei der Planung sind künftige Umnutzungen der Räume zu berücksichtigen. Die Büros werden normalerweise an 5 Tagen in der Woche von 7:00 bis 19:00 Uhr genutzt. Die daraus resultierenden Anforderungen des Nutzers enthält Tabelle 20-3.

20.2.2 Nutzungsvarianten und Anforderungsprofil

Es sind die Daten nach Tabelle 20-4 als Nutzeranforderungen, aus Berechnungen oder aus Richtlinien und Normen bekannt.

Tabelle 20-4: Nutzungsdaten

Raum	1	2	3
Bezeichnung	Einzelraum	Besprechungsraum	Großraumbüro
Kühllast $\dot{Q}_{KR,Nenn}$	985 W	2512 W	2255 W
Heizlast $\dot{Q}_{HR,Nenn}$ bei 20 °C	450 W	805 W	805 W
Grundfläche	32,5 m²	66,7 m²	66,7 m²
Raumvolumen	97,5 m³	200,1 m³	200,1 m³

Berechnung der Mindestaußenluftrate

Mindestaußenluftrate nach der Personenzahl, DIN 1946 Teil 2 [4]

Raum 1: Einzelbüro 40 m³/h je Person $\quad\dot{V}_{AU} = 1 \cdot 40 \text{ m}^3/\text{h} = 40 \text{ m}^3/\text{h}$,

Raum 2: Konferenzraum 20 m³/h je Person $\quad\dot{V}_{AU} = 12 \cdot 20 \text{ m}^3/\text{h} = 240 \text{ m}^3/\text{h}$,

Raum 3: Großraumbüro 60 m³/h je Person $\quad\dot{V}_{AU} = 4 \cdot 60 \text{ m}^3/\text{h} = 240 \text{ m}^3/\text{h}$.

Mindestaußenluftrate nach der Grundfläche, DIN 1946 Teil 2

Raum 1: Einzelbüro 4 m³/(h m²) $\quad\dot{V}_{AU} = 32,5 \text{ m}^2 \cdot 4 \text{ m}^3/(\text{h m}^2) = 130 \text{ m}^3/\text{h}$,

Raum 2: Konferenzraum 2 m³/(h m²) $\quad\dot{V}_{AU} = 66,7 \text{ m}^2 \cdot 2 \text{ m}^3/(\text{h m}^2) = 133,4 \text{ m}^3/\text{h}$,

Raum 3: Großraumbüro 6 m³/(h m²) $\quad\dot{V}_{AU} = 66,7 \text{ m}^2 \cdot 6 \text{ m}^3/(\text{h m}^2) = 400,2 \text{ m}^3/\text{h}$.

Auszuführende Mindestaußenluftrate, DIN 1946 Teil 2

Raum 1: Einzelbüro $\quad\dot{V}_{AU} = 130 \text{ m}^3/\text{h}$,

Raum 2: Konferenzraum $\quad\dot{V}_{AU} = 240 \text{ m}^3/\text{h}$,

Raum 3: Großraumbüro $\quad\dot{V}_{AU} = 400 \text{ m}^3/\text{h}$.

20.2.3 Systemauswahl

Zur Klimatisierung der Räume 1 bis 3 werden die folgenden Lösungsvarianten untersucht:

> Kühldecke und Mindestaußenluftversorgung über eine Klimaanlage,
>
> Volumenstromregler mit Nacherhitzer,
>
> Zweikanalanlage mit volumenvariablen Mischreglern.

20.2.4 Kühldecke mit Mindestaußenluftversorgung

20.2.4.1 Beschreibung

Zur Versorgung der Räume werden induzierende Quellluftdurchlässe mit Wärmeübertragern [5] unter den Fenstern verwendet (Bild 20-9).

Der Wärmeübertrager soll nur zur Raumheizung dienen. Bei genutztem Büro strömt die aufbereitete Außenluft als Primärluft mit 18 °C durch Düsen in den Quelldurchlass und saugt Raumluft als Sekundärluft über den Wärmeübertrager an (Bild 20-10).

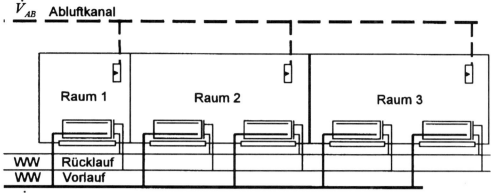

Bild 20-9: Büroraum mit induzierenden Quellluftdurchlässen

Nach der Mischung der Primär- und der Sekundärluft tritt die Zuluft über ein Quelldurchlassgitter in den Raum ein. Die Zuluft der Quelldurchlässe und die Kühldecke decken gemeinsam die Kühllast des Raumes. Der Feuchtegehalt der Primärluft gibt zusammen mit der Raumlufttemperatur und der Feuchtelast die relative Feuchte der Raumluft vor.

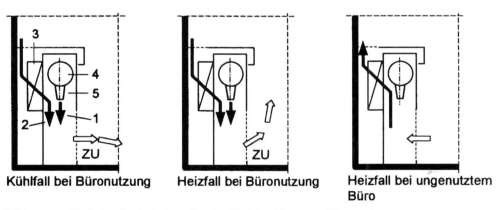

Bild 20-10: Funktion der induzierenden Quellluftdurchlässe mit Wärmeübertragern
1 Primärluft, 2 Sekundärluft, 3 Erhitzer, 4 Primärluftanschluss, 5 Düsen

Die Versorgung der Räume wird so ausgelegt, dass auch eine Umnutzung des Besprechungsraums zum Büroraum möglich ist. Für die Versorgung mit Außenluft gilt daher:

Raum 1: Einzelbüro $\dot{V}_{AU} = 200 \text{ m}^3/\text{h}$,
Raum 2: Konferenzraum $\dot{V}_{AU} = 400 \text{ m}^3/\text{h}$,
Raum 3: Großraumbüro $\dot{V}_{AU} = 400 \text{ m}^3/\text{h}$.

Bei ungenutztem Raum ist nur eine Mindesttemperatur gefordert. Die Zuluftversorgung ist daher ausgeschaltet, und die Heizlast des Raumes wird allein mit Hilfe des Wärmeübertragers im Quellluftdurchlass gedeckt; der Wärmeübertrager arbeitet als statische Heizung.

20.2.4.2 Luftströmung im Raum

Die Zuluft strömt über den Quelldurchlass 1 in den Raum ein (Bild 20-11). Im Kühlfall liegt die Zulufttemperatur unter der Raumlufttemperatur und bildet einen See mit kalter Luft (21 °C). Die Kühldecke 2 unterstützt die Raumkühlung.

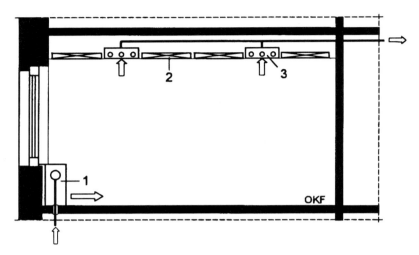

Bild 20-11: Luftströmung im Büro
1 induzierender Quelldurchlass, 2 Kühldecke, 3 Abluftleuchte

Im Heizfall tritt die Zuluft mit einer Temperatur oberhalb der Raumlufttemperatur ein. Wegen des geringen Impulses am Durchlassaustritt steigt die Zuluft hinter dem Durchlass ähnlich der Strömung am Heizkörper nach oben auf. Zur Reduzierung der Kühllast erfolgt die Abluftabsaugung über die Abluftleuchten.

20.2.4.3 Aufbau der Grundaufbereitung

Bild 20-12 enthält Aufbau und Regelung der RLT-Anlage für die Primärluftaufbereitung, die Kühldecke und die Quellluftdurchlässe. Als Wärmerückgewinner wird ein kreislaufverbundenes System mit Wasser/Glykol verwendet. Der Wärmerückgewinner hat im Fortluftkreis konstanten Volumenstrom, damit es bei Teillast nicht zur Eisbildung an den Lamellen des Wärmeübertragers in der Fortluft kommt. Im Sommer ist bei $x_{AU} > 9{,}0$ g/kg der Wärmerückgewinner ausgeschaltet, da er im Feld 3 unterhalb der Ablufttemperatur die Kühlerleistung sonst erhöhen würde. Der Vorerhitzer ist erforderlich, da die Temperatur nach dem Wärmerückgewinner keinen ausreichenden Frostschutz für die Anlage garantiert. An Stelle des Vorerhitzers könnte eine Umluftbeimischung vorgesehen werden. Da der Kühler auch entfeuchten muss, ist ein Nacherhitzer hinter dem Kühler notwendig. Der Dampfbefeuchter ist nach dem Zuluftventilator im Kanalnetz angeordnet, um die notwendige Nachverdampfungsstrecke zur Verfügung zu haben. Wegen der lufttechnischen Trennung zwischen Fortluft und Außenluft im Wärmerückgewinner ist die Anordnung des Abluftventilators vor dem Wärmerückgewinner möglich. Bei dieser Anordnung wird die Erwärmung durch den Abluftventilator zur Wärmerückgewinnung genutzt.

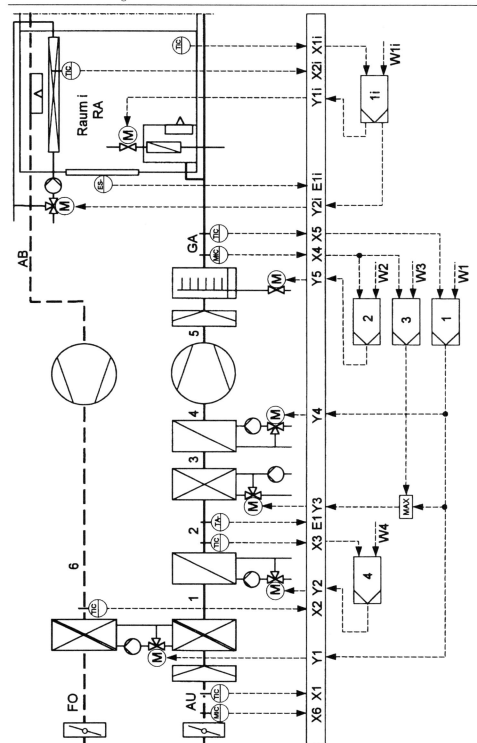

Bild 20-12: Anlagenschema der Primärluftaufbereitung und der Raumversorgung

20.2.4.4 Betriebsvarianten

Als Betriebsvarianten sind möglich:

B1 — genutztes Büro

Die RLT-Anlage sichert die Außenluftversorgung und regelt zusammen mit der Kühldecke die Raumlufttemperatur auf 23 °C und den Feuchtegehalt der Raumluft auf Werte zwischen (7,1…9,0) g/kg.

B2 — ungenutztes Büro

Die statische Heizung wird über die Erhitzer der Quellluftdurchlässe realisiert. Die RLT-Anlage ist ausgeschaltet und die Erhitzer halten die Raumlufttemperatur > 18 °C.

B3 — Optimum-Start-Stop

Der Einschaltpunkt und der Ausschaltzeitpunkt der RLT-Anlage werden zur Verringerung der Aufheizzeiten und zur Nutzung der Restwärme in den Räumen optimiert.

20.2.4.5 Regelung

Raumlufttemperatur

Die Raumlufttemperatur wird über den Erhitzer im Quellluftdurchlass und die Kühldecke geregelt (Bild 20-13). Die Außenluft aus der Grundaufbereitung tritt als Primärluft mit der Temperatur $\vartheta_P = 18\,°C$ in den Durchlass ein und mischt sich dort mit der Sekundärluft aus dem Raum. Die maximale Kühlleistung liegt vor, wenn der Erhitzer ausgeschaltet ist und Kühldecke und Kühlleistung der Primärluft gleichzeitig wirken. Bei geringerer Kühllast im Raum senkt der Erhitzer die Kühlleistung durch Erwärmung der Sekundärluft; die Kühldecke ist ausgeschaltet. Im Sommerauslegungsfall ist der Erhitzer im Quellluftdurchlass also nicht in Betrieb.

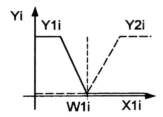

**Regler 1i: Raumlufttemperatur
des Raumes i**   Bild 20-13: Regelung der Raumlufttemperatur

Bei geöffnetem Fenster E1i=1 oder Taupunktunterschreitung X2i an der Kühldeckenoberfläche schaltet sich die Kühldecke aus.

Grundaufbereitung

Luftzustand nach der Grundaufbereitung

Die Primärluftanlage bereitet die Außenluft auf folgende Konditionen auf:

Winterauslegungsfall $\vartheta_{RA} = 23\,°C;\ \varphi_{RA} = 40\,\%;\ x_{RA} = 7,1\ g/kg,$

$\vartheta_{AU} = 18\,°C;\ x_{ZU} = 7,1\ g/kg,$

Sommerauslegungsfall $\quad \vartheta_{RA} = 23\,°\mathrm{C}; \; \varphi_{RA} = 60\,\%; \; x_{RA} = 10{,}7\,\mathrm{g/kg},$

$\qquad\qquad\qquad\qquad \vartheta_{AU} = 18\,°\mathrm{C}; \; x_{ZU} = 9{,}0\,\mathrm{g/kg}.$

Der geforderte Feuchtegehalt der Raumluft hat bei 10,7 g/kg seinen oberen Grenzwert. Um diese Grenze auch bei der Wasserdampfabgabe der Menschen einhalten zu können, wird der Feuchtegehalt auf 9,0 g/kg festgelegt.

In Bild 20-14 sind die geforderten Raumluftkonditionen grafisch dargestellt. Für die Felder ergeben sich dann:

Feld 1: $x_{AU} < 7{,}1\,\mathrm{g/kg}$; Befeuchtung auf 7,1 g/kg,
Feld 2: $x_{AU} = (7{,}1 \ldots 9{,}0)\,\mathrm{g/kg}$; weder Be- noch Entfeuchtung,
Feld 3: $x_{AU} > 9{,}0\,\mathrm{g/kg}$; Entfeuchtung auf 9,0 g/kg.

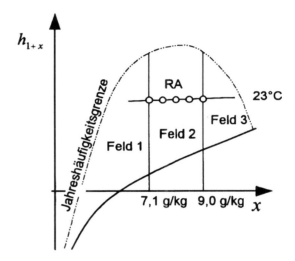

Bild 20-14: Feldeinteilung im h_{1+x}, x-Diagramm

Die Realisierung der Feldeinteilung erfordert wegen der unterschiedlichen Sollwerte zwei getrennte Regler für die Befeuchtung (Regler 2) und für die Entfeuchtung (Regler 3).

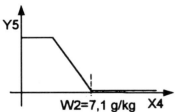

Regler 2: Absolute Feuchte nach der Grundaufbereitung, Befeuchtung

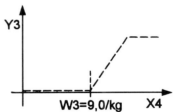

Regler 3: Absolute Feuchte nach der Grundaufbereitung, Entfeuchtung

Bild 20-15: Sequenzbilder der Feuchteregelung der Primärluftaufbereitung

Der Vorerhitzer übernimmt die Frostschutzsicherung. Der Sollwert des Reglers 4 wird dazu auf 10 °C eingestellt.

In die Regelung der Temperatur nach der Grundaufbereitung sind Wärmerückgewinner, Kühler und Nacherhitzer über den Regler 1 eingebunden.

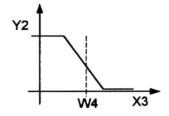

Regler 4: Frostschutz

Bild 20-16: Frostschutzsicherung

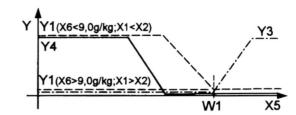

Regler 1: Temperatur nach der Grundaufbereitung

Bild 20-17: Regelung der Primärlufttemperatur

Der Wärmerückgewinner wird in Feld 1 und Feld 2 freigegeben; in Feld 3 ist der Wärmerückgewinner aus wirtschaftlichen Gründen gesperrt.

20.2.4.6 Auslegung

Sommerauslegungsfall

Kühlleistung der Quellluft

Als Quelldurchlässe werden Geräte mit jeweils 100 m³/h Primärluft gewählt. Je Gerät ergibt sich daraus der Massenstrom der trockenen Luft

$$\dot{m}_{L,P} = \frac{\dot{V}_P \, \varrho_f}{1 + x_P} = \frac{100 \text{ m}^3/\text{h} \cdot 1,19 \text{ m}^3/\text{kg}}{1,009 \cdot 3600 \text{ s/h}} = 0,0328 \text{ kg/s} \qquad (20\text{-}11)$$

und eine maximale Kühlleistung zu

$$\dot{Q}_{KA,\text{Nenn}} = \dot{m}_{L,P} \, c_{pL} \, (\vartheta_{RA} - \vartheta_P)$$
$$= 0,0328 \text{ kg/s} \cdot 1,006 \text{ kJ/(kg K)} \cdot (23\,°\text{C} - 18\,°\text{C}) = 165 \text{ W}. \quad (20\text{-}12)$$

Kühlleistung der Kühldecke

Mit der Anzahl n der Geräte je Raum gilt für die verbleibende Kühlleistung der Kühldecke

$$\dot{Q}_{KD} = \dot{Q}_{KR,\text{Nenn}} - n \, \dot{Q}_{KA,\text{Nenn}}. \qquad (20\text{-}13)$$

Die spezifische Kühlleistung der Decke wird mit $A_K = 0,7\,A$ dann

$$\dot{q}_{KD} = \frac{\dot{Q}_{KD}}{A_K}. \qquad (20\text{-}14)$$

Die Ergebnisse für die Räume sind in Tabelle 20-5 enthalten.

Die spezifische Leistung der Kühldecke ist realisierbar [6].

Tabelle 20-5: Leistungsdaten der Räume

Raum	Anzahl der Geräte	Kühlleistung der Geräte	Kühllast des Raumes	Kühlleistung der Decke	Nutzbare Deckenfläche	Spezifische Leistung der Kühldecke
1	2	330 W	985 W	655 W	22,8 m^2	28,7 W/m^2
2	4	660 W	2512 W	1852 W	45,5 m^2	40,7 W/m^2
3	4	660 W	2255 W	1595 W	45,5 m^2	35,1 W/m^2

Winterauslegungsfall

Induzierende Quellluftdurchlässe mit Primärluft und sekundärer Heizleistung

Aus der Wärmebedarfsberechnung liegt der Wärmebedarf bei 20 °C vor. Diese Daten sind auf die Raumlufttemperatur 23 °C umzurechnen.

$$\dot{Q}_{HR,\text{Nenn},2} = \frac{\vartheta_{RA,2} - \vartheta_{AU}}{\vartheta_{RA,1} - \vartheta_{AU}}\, \dot{Q}_{HR,\text{Nenn},1}$$

$$= \frac{23\,°\text{C} + 15\,°\text{C}}{20\,°\text{C} + 15\,°\text{C}}\, \dot{Q}_{HR,\text{Nenn},1} \tag{20-15}$$

Im Heizfall muss der sekundäre Wärmeübertrager zusätzlich noch die Erwärmung der Primärluft von Primärlufttemperatur auf Raumlufttemperatur decken.

$$\dot{Q}_{HG} = \dot{Q}_{HR,\text{Nenn},2} + n\,\dot{m}_{L,P}\, c_{pL}\, (\vartheta_{RA} - \vartheta_P) \tag{20-16}$$

Tabelle 20-6: Heizleistung des Wärmeübertragers im Quellluftdurchlass

Raum	Heizlast bei 20 °C	Heizlast bei 23 °C	Kühlleistung der Primärluft	Heizleistung der Wärmeübertrager	Heizleistung je Wärmeübertrager
1	450 W	489 W	330 W	819 W	410 W
2	805 W	874 W	660 W	1534 W	384 W
3	805 W	874 W	660 W	1534 W	384 W

Die Heizleistung der Wärmeübertrager im Quellluftdurchlass [4] ist realisierbar.

Erhitzer der Quellluftdurchlässe als statische Heizung

Bei ausgeschalteter Primärluft arbeiten die Wärmeübertrager im Quellluftdurchlass als statische Heizung. In dieser Betriebsweise muss nur die Heizlast bei 18 °C Raumlufttemperatur gedeckt werden.

Tabelle 20-7: Heizleistung des Wärmeübertragers im Quellluftdurchlass

Raum	Heizlast bei 20 °C	Heizlast bei 18 °C	Kühlleistung der Primärluft	Heizleistung der Wärmeübertrager	Heizleistung je Wärmeübertrager
1	450 W	424 W	0 W	424 W	212 W
2	805 W	759 W	0 W	759 W	190 W
3	805 W	759 W	0 W	759 W	190 W

Die erforderliche Heizleistung als statische Heizung ist mit den Wärmeübertragern der Quellluftdurchlässe realisierbar.

Festlegung der Volumenströme der Anlage

Für die Volumenströme der Anlage werden auf der Basis der vorangegangenen Berechnungen folgende Festlegungen getroffen:

Zuluftvolumenstrom $\dot{V}_{ZU} = 1000 \text{ m}^3/\text{h}$,

Primärluftvolumenstrom je Durchlass $\dot{V}_{ZU,D} = 100 \text{ m}^3/\text{h}$,

Anlagenvolumenstrom $\dot{V}'_{ZU} = 1050 \text{ m}^3/\text{h}$, 5 % Leckverluste im Kanalnetz,

Außenluftvolumenstrom $\dot{V}'_{AU} = 1050 \text{ m}^3/\text{h}$, 100 % Außenluft,

Abluftvolumenstrom $\dot{V}_{AB} = 900 \text{ m}^3/\text{h}$, Überdruck,

Fortluftvolumenstrom $\dot{V}_{FO} = 900 \text{ m}^3/\text{h}$.

Die Differenz zwischen Zuluft- und Abluftvolumenstrom bestimmt den Überdruck im Raum. Diese Differenz muss in der Einfahrphase überprüft und eingestellt werden.

h_{1+x}, x-Diagramm

Sind keine Änderungen in den Raumkonditionen durch Umnutzung zu erwarten, so können die Eckpunkte der Felder 1 und 3 nach Bild 20-14 zur Auslegung der Anlage angenommen werden. Bei zu erwartenden Änderungen sollten Be- und Entfeuchtung auf $x_{ZU} = 8,1 \text{ g/kg}$ ausgelegt werden.

Für die Grundaufbereitung erhält man mit den Eckpunkten die folgenden Daten im h_{1+x}, x-Diagramm als Auslegungsgrundlage.

Sommerauslegungsfall

Annahmen: Kaltwassertemperaturen 6/12 °C, Kühleraustrittszustand nach Firmenunterlagen.

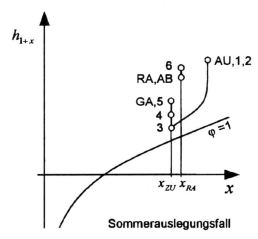

Bild 20-18: h_{1+x}, x-Diagramm im Sommerauslegungsfall

Tabelle 20-8: Zustandspunkte der Primärluftanlage im Sommerauslegungsfall

Stelle	$\dfrac{\vartheta}{°C}$	$\dfrac{\varphi}{\%}$	$\dfrac{x}{\text{g/kg}}$	$\dfrac{h_{1+x}}{\text{kJ/kg}}$	Bemerkungen
AU	32,0	40	12,1	63,1	
1	32,0	40	12,1	63,1	WRG aus
2	32,0	40	12,1	63,1	VE aus
3	16,0	78	9,0	38,9	
4	16,0	78	9,0	38,9	NE wird nicht benötigt
5	18,0	69	9,0	40,9	DB aus
GA	18,0	69	9,0	40,9	
RA	23,0	60	10,7	50,3	
6	24,0	57	10,7	51,3	

Winterauslegungsfall

Annahmen: Die Rückwärmezahl $\Phi_2 = 0{,}6$ des Wärmerückgewinners wurde aus Firmenunterlagen entnommen. Es wird ein Dampfbefeuchter mit Sattdampf von 110 °C eingesetzt.

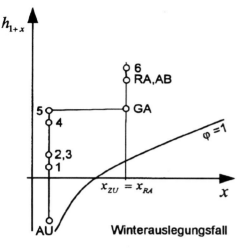

Bild 20-19: h_{1+x}, x-Diagramm im Winterauslegungsfall

Tabelle 20-9: Zustandspunkte der Klimaanlage im Winterauslegungsfall

Stelle	$\dfrac{\vartheta}{°C}$	$\dfrac{\varphi}{\%}$	$\dfrac{x}{g/kg}$	$\dfrac{h_{1+x}}{kJ/kg}$	Bemerkungen
AU	−15,0	80	0,8	−13,0	
1	8,4	12	0,8	10,5	
2	10,0	11	0,8	12,1	
3	10,0	11	0,8	12,1	KÜ aus
4	15,0	8	0,8	17,2	
5	17,0	7	0,8	19,2	
GA	18,0	55	7,1	36,1	
RA	23,0	50	7,1	41,1	
6	24,0	38	7,1	42,2	

Geräteauslegung

Für die Geräteauslegung nach Firmenunterlagen ergeben sich aus den Berechnungen und der Darstellung der Zustandsänderung im h_{1+x}, x-Diagramm die folgenden Grundlagen.

Zuluftventilator

Anlagenvolumenstrom	1050 m³/h,
Gesamtdruckerhöhung	1400 Pa nach Kanalnetzberechnung,
Ventilatortyp	Radialventilator mit rückwärts gekrümmten Schaufeln.

Abluftventilator

Abluftvolumenstrom	900 m³/h,
Gesamtdruckerhöhung	800 Pa nach Kanalnetzberechnung,
Ventilatortyp	Radialventilator mit rückwärts gekrümmten Schaufeln.

Wärmerückgewinner

Außenluftvolumenstrom	1050 m³/h,
Fortluftvolumenstrom	900 m³/h,
Typ	kreislaufverbundener Wärmeübertrager,
Lufteintrittszustand	−15,0 °C; 0,8 g/kg; −13,0 kJ/kg,
Luftaustrittszustand	8,4 °C; 0,8 g/kg; 10,5 kJ/kg.

Vorerhitzer

    Anlagenvolumenstrom   1050 m³/h,
    Schaltung   Kreuz-Gleich-Strom,
    Warmwassertemperaturen   70 °C/50 °C,
    Lufteintrittstemperatur   −15 °C,
    Luftaustrittstemperatur   10 °C.

Kühler

    Anlagenvolumenstrom   1050 m³/h,
    Schaltung   Kreuz-Gegen-Strom,
    Kaltwassertemperaturen   6 °C/12 °C,
    Lufteintrittszustand   32,0 °C; 12,1 g/kg; 63,1 kJ/kg,
    Luftaustrittszustand   16,0 °C; 9,0 g/kg; 38,9 kJ/kg.

Nacherhitzer

    Anlagenvolumenstrom   1050 m³/h,
    Schaltung   Kreuz-Gegen-Strom,
    Warmwassertemperatur   70 °C/50 °C,
    Lufteintrittstemperatur So   16,0 °C,
    Luftaustrittstemperatur So   16,0 °C,
    Lufteintrittstemperatur Wi   10,0 °C,
    Luftaustrittstemperatur Wi   15,0 °C.

Dampfbefeuchter

    Anlagenvolumenstrom   1050 m³/h,
    Sattdampf   110 °C,
    Lufteintrittszustand   17,0 °C; 0,8 g/kg; 19,2 kJ/kg,
    Luftaustrittszustand   18,0 °C; 7,1 g/kg; 36,1 kJ/kg.

20.2.5 Volumenstromregler mit Nacherhitzern

20.2.5.1 Beschreibung

Die Versorgung der Büroräume mit Außenluft und die Deckung der Raumlast soll mit einem VV-System nach Bild 20-20 realisiert werden. Die Zuluft tritt über Volumen-

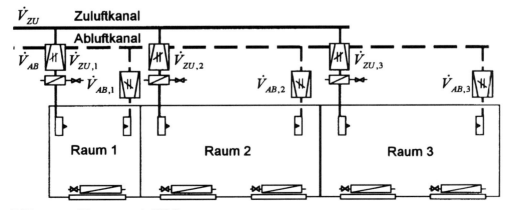

Bild 20-20: Büroraum mit VV-System

stromregler mit nachgeschalteten Erhitzern in die Räume ein. Die Volumenstromregler erhalten aus der Klimaanlage aufbereitete Luft mit dem Zuluftzustand ϑ_{ZU}
= 17 °C; x_{ZU} = 10,3 g/kg für den Sommerauslegungsfall. Der Erhitzer hinter dem
Volumenstromregler liefert eine höhere Zulufttemperatur, wenn es das Raumlastver-
halten erfordert. Um die hohen Komfortforderungen erfüllen zu können, wird der
Kaltluftabfall unter den Fenstern bei niedrigen Außenlufttemperaturen über statische
Heizflächen kompensiert. Die statischen Heizflächen erlauben bei dieser Betriebsweise
eine dichtere Anordnung der Arbeitsplätze an den Fenstern. Die statischen Heizflächen
sichern außerdem die Mindesttemperatur der Raumluft im unbenutzten Büro.

20.2.5.2 Luftströmung im Raum

Bei Büronutzung erfolgt die Versorgung der Räume über die Klimaanlage und über
die statische Heizung. Die Zuluft tritt in den Raum über Schlitzdurchlässe [7] beider-
seits der Leuchten ein (Bild 20-21), und es entsteht eine diffuse Raumluftströmung
in der Aufenthaltszone. Die Abluft strömt über die Abluftleuchten ab und reduziert
so die Kühllast des Raumes. Die statischen Heizflächen sind zwar zur Lastdeckung
nicht erforderlich, sie reduzieren aber die Wirkung des Kaltluftabfalls am Fenster. Im
genutzten Büro wird deren Heizleistung außentemperaturabhängig gesteuert. Außerhalb der Nutzungszeiten des Büros regelt die statische Heizung die Raumlufttemperatur.

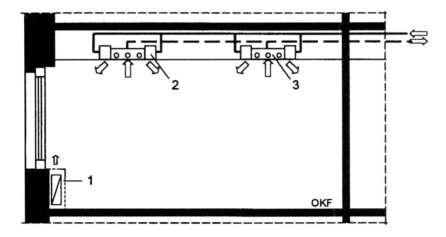

Bild 20-21: Luftströmung im Büro
1 statische Heizung, 2 Zuluftdurchlass, 3 Abluftleuchte

20.2.5.3 Aufbau der RLT-Anlage

Den Aufbau der RLT-Anlage stellt Bild 20-22 dar. Gegenüber Bild 20-12 ist hier die
Frostschutzsicherung über Umluftbeimischung realisiert worden. Wird die Temperatur an Stelle 2 zu niedrig, so öffnet die Bypass-Klappe und mischt Umluft zu. Diese
Lösung erspart den Vorerhitzer, hält den geforderten Mindestaußenluftvolumenstrom
bei tiefen Außentemperaturen jedoch nicht ein. Je Raum ist jeweils ein Volumenstromregler für die Zuluft und die Abluft vorgesehen. Diese Regler sind gekoppelt;

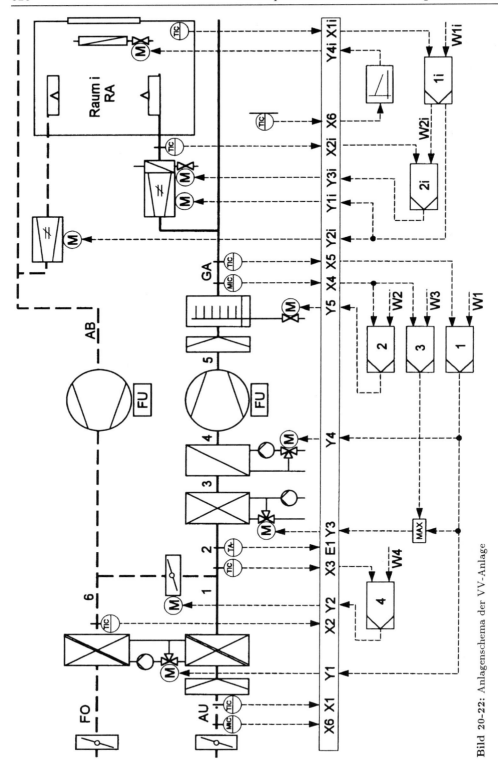

Bild 20-22: Anlagenschema der VV-Anlage

bei gefordertem Überdruck im Raum ist der Abluftvolumenstrom geringer als der Zuluftvolumenstrom. Der Volumenstromregler für die Zuluft und der nachgeschaltete Erhitzer regeln die Raumlasten aus. Die Führung des Zu- und Abluftkanals im Bereich der Büros erfolgt oberhalb der abgehängten Decke des Flurs; die Warmwasserversorgung wird oberhalb der abgehängten Decke des Untergeschosses installiert.

20.2.5.4 Betriebsvarianten

Die Betriebsvarianten aus Abschnitt 20.2.4.4 sind bei Volumenstromreglern zur Einzelraumregelung auch möglich. Voraussetzung ist jedoch, dass die Parameter der Volumenstromregler über Zeitschaltprogramme von der Gebäudeleittechnik aus in den Einzelraumregelsysteme verändert werden können.

20.2.5.5 Regelung

Die Regelung der Grundaufbereitung ist identisch mit der Lösung in Kapitel 20.2.4.5.; Änderungen ergeben sich in der Raumlufttemperaturregelung. Der Führungsregler 1i liefert die Ausgänge an Zu- und Abluftvolumenstromregler, und er bildet den Sollwert W2i für die Zulufttemperatur X2i (Bild 20-23). Regler 2i regelt die Zulufttemperatur nach dem Sollwert W2i mit dem Erhitzer Y3i.

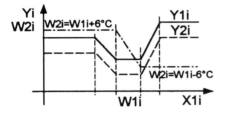
Regler 1i: Raumlufttemperatur Raum i

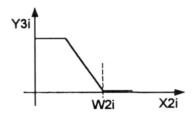
Regler 2i: Zulufttemperatur Raum i

Bild 20-23: Raumlufttemperaturregelung bei genutztem Büro

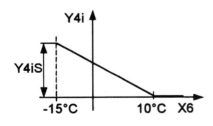
Steuergerät: statische Heizung

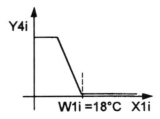
Regler 1i: Raumlufttemperatur Raum i bei ungenutztem Büro

Bild 20-24: Einbindung der statischen Heizung

Die statische Heizung wird auf unterschiedliche Weise geregelt oder gesteuert. Ist der Raum besetzt, hat sie die Aufgabe, den Kaltluftabfall am Fenster zu reduzieren. Das

Ausgangssignal Y4i wird bis zu einem Maximalwert Y4iS außentemperaturabhängig gesteuert. Das Signal Y4iS und der Einsatzpunkt 10 °C müssen bei der Inbetriebnahme optimiert werden.

Bei ungenutztem Büro sichert die statische Heizung die Mindestraumlufttemperatur 18 °C. Sehr wichtig ist auch die Regelung des Drucks im Zuluft- und im Abluftkanal vor den Volumenstromreglern (Bild 20-25). Unabhängig vom augenblicklichen Volumenstrom muss vor den entferntesten Volumenstromreglern der Mindestdruck garantiert werden.

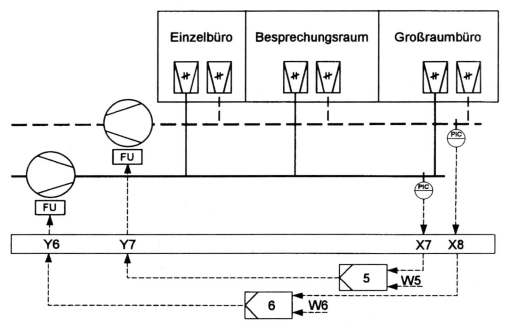

Bild 20-25: Regelung des Kanaldrucks

20.2.5.6 Auslegung

Sommerauslegungsfall

Zunächst werden die Zuluftvolumenströme im Sommerauslegungsfall bestimmt. Die Berechnung soll sowohl über die trockene Kühllast als auch mit der Arbeitsgeraden aus der gesamten Kühllast durchgeführt werden. Die Ergebnisse enthält Tabelle 20-10.

Tabelle 20-10: Berechnungsergebnisse des Zuluftvolumenstroms im Sommerauslegungsfall

Raum	Trockene Kühllast	Gesamt-kühllast	Wasserdampf-abgabe der Menschen	Steigung der Arbeitsgeraden	Massenstrom der Zuluft	Zuluftvolu-menstrom
1	895 W	930 W	50 g/h	66 960 kJ/kg	0,148 kg/s	454 m³/h
2	2512 W	2932 W	600 g/h	17 592 kJ/kg	0,416 kg/s	1268 m³/h
3	2255 W	2395 W	200 g/h	43 110 kJj/kg	0,374 kg/s	1140 m³/h

An Raum 1 wird der Rechengang mit Zahlen erläutert.

Die Steigung der Arbeitsgeraden

$$\frac{\Delta h_{1+x}}{\Delta x} = \frac{\dot{Q}_{KR,\text{ges},\text{Nenn}}}{\dot{m}_W} = \frac{930\ \text{W}}{50\ \text{g/h}} = 66\,960\ \frac{\text{kJ}}{\text{kg}} \tag{20-17}$$

ergibt zusammen mit der Zulufttemperatur

$$\vartheta_{ZU} = \vartheta_{RA} - 6\,^\circ\text{C} = 23\,^\circ\text{C} - 6\,^\circ\text{C} = 17\,^\circ\text{C} \tag{20-18}$$

die Enthalpie der Zuluft

$$h_{1+x,ZU} = \frac{\dfrac{\Delta h_{1+x}}{\Delta x}\,\vartheta_{ZU}\,c_{pL} - h_{1+x,RA}\,(r_0 + \vartheta_{ZU}\,c_{pD}) + \dfrac{\Delta h_{1+x}}{\Delta x}\,x_{RA}\,(r_0 + \vartheta_{ZU}\,c_{pD})}{\dfrac{\Delta h_{1+x}}{\Delta x} - r_0 - \vartheta_{ZU}\,c_{pD}}$$

$$= 44{,}0\ \text{kJ/kg} \tag{20-19}$$

und den Feuchtegehalt der Zuluft

$$x_{ZU} = \frac{h_{1+x,ZU} - \vartheta_{ZU}\,c_{pL}}{r_0 + \vartheta_{ZU}\,c_{pD}} = 0{,}0106. \tag{20-20}$$

Berechnet man den Zuluftzustand zunächst über den Feuchtegehalt der Zuluft x_{ZU} und ermittelt dann $h_{1+x,ZU}$, so verringert sich die Genauigkeit des Zuluftmassenstroms infolge der geringen Differenzen des Feuchtegehalts zwischen Zuluft und Raum ganz erheblich.

Der Massenstrom der Zuluft berechnet sich aus der Gesamtkühllast

$$\dot{m}_{L,ZU} = \frac{\dot{Q}_{KR,\text{ges},\text{Nenn}}}{h_{1+x,RA} - h_{1+x,ZU}} = \frac{0{,}930\ \text{kW}}{50{,}3\ \text{kJ/kg} - 44{,}0\ \text{kJ/kg}} = 0{,}148\ \text{kg/s} \tag{20-21}$$

oder, aus der trockenen Kühllast

$$\dot{m}_{L,ZU} = \frac{\dot{Q}_{KR,\text{Nenn}}}{c_{pL}\,(\vartheta_{RA} - \vartheta_{ZU})}$$

$$= \frac{0{,}895\ \text{kW}}{1{,}006\ \text{kJ/(kg K)} \cdot (23\,^\circ\text{C} - 17\,^\circ\text{C})} = 0{,}148\ \text{kg/s}. \tag{20-22}$$

Beide Wege führen im Rahmen der Ungenauigkeiten der angenommenen Daten im Allgemeinen annähernd zu gleichen Ergebnissen.

Der realisierbare Feuchtegehalt der Zuluft ist wegen der gemeinsamen Grundaufbereitung für alle Räume gleich. Da der Feuchtegehalt der Raumluft als Obergrenze gegeben ist, wird der Raum 2 mit der größten Feuchtelast für die Festlegung des Zuluftzustands zugrunde gelegt:

Zuluftzustand $\vartheta_{ZU} = 17{,}0\,^\circ\text{C}$; $x_{ZU} = 10{,}3\ \text{g/kg}$.

Der Zuluftvolumenstrom beträgt dann für Raum 1

$$\dot{V}_{ZU} = \frac{\dot{m}_{L,ZU} \, (1 + x_{ZU})}{\varrho_f} = \frac{0{,}148 \text{ kg/s} \cdot 1{,}0103}{1{,}193 \text{ kg/m}^3} = 0{,}125 \text{ m}^3/\text{s} = 450 \text{ m}^3/\text{h}. \quad (20\text{-}23)$$

Winterauslegungsfall

Anlagenbetrieb bei genutzten Büros

Tabelle 20-11 enthält die Berechnung des Zuluftvolumenstroms im Winterauslegungsfall bei einer Zulufttemperatur 29 °C und einer Raumlufttemperatur 23 °C. Die Heizlast der Räume wurde auf 23 °C umgerechnet.

Tabelle 20-11: Berechnungsergebnisse des Zuluftvolumenstroms im Winterauslegungsfall

Raum	Heizlast bei 23 °C	Massenstrom der Zuluft	Zuluftvolumen- strom
1	489 W	0,081 kg/s	256 m³/h
2	874 W	0,148 kg/s	467 m³/h
3	874 W	0,148 kg/s	467 m³/h

Für Raum 1 erhält man bei $x_{ZU} = x_{RA} = 7{,}1$ g/kg und $\vartheta_{ZU} = 29$ °C im Winterauslegungsfall den Massenstrom der trockenen Luft

$$\dot{m}_{L,ZU} = \frac{\dot{Q}_{HR,\text{Nenn}}}{c_{pL} \, (\vartheta_{ZU} - \vartheta_{RA})}$$

$$= \frac{0{,}489 \text{ kW}}{1{,}006 \text{ kJ/(kg K)} \cdot (29\,^\circ\text{C} - 23\,^\circ\text{C})} = 0{,}081 \text{ kg/s} \quad (20\text{-}24)$$

und den Zuluftvolumenstrom

$$\dot{V}_{ZU} = \frac{\dot{m}_{L,ZU} \, (1 + x_{ZU})}{\varrho_f} = \frac{0{,}08 \text{ kg/s} \cdot 1{,}0071}{1{,}148 \text{ kg/m}^3} = 0{,}071 \text{ m}^3/\text{s} = 256 \text{ m}^3/\text{h}. \quad (20\text{-}25)$$

Statische Heizung

Die Auslegung der statischen Heizung für die Beheizung der ungenutzten Büros wird mit den Heizleistungen bei 18 °C Raumlufttemperatur nach Tabelle 20-7 durchgeführt.

Festlegung der Volumenströme der Anlage

Volumenströme der Räume

Die volumenvariable Raumlufttemperaturregelung benötigt die Eckpunkte der Sequenzbilder für Regler 1i in Bild 20-22. Dazu werden die Zu- und Abluftvolumenströme festgelegt (Tabelle 20-12, Tabelle 20-13).

Tabelle 20-12: Berechnete Volumenströme der Räume

Raum	Zuluftvolumenstrom So	Zuluftvolumenstrom Wi	Mindestaußenluftrate	Mindestvolumenstrom der Durchlässe
1	450 m³/h	256 m³/h	200 m³/h[1]	135 m³/h
2	1268 m³/h	467 m³/h	400 m³/h[1]	380 m³/h
3	1140 m³/h	467 m³/h	400 m³/h[1]	342 m³/h

[1] Die Außenluftrate wird aus Komfortgründen gegenüber DIN 1946 erhöht.

Tabelle 20-13: Ausgeführte Zu- und Abluftvolumenströme der Räume

Raum	Maximaler Zuluftvolumenstrom So	Maximaler Zuluftvolumenstrom Wi	Minimaler Zuluftvolumenstrom	Maximaler Abluftvolumenstrom So	Maximaler Abluftvolumenstrom Wi	Minimaler Abluftvolumenstrom
1	450 m³/h	256 m³/h	200 m³/h	405 m³/h	211 m³/h	155 m³/h
2	1268 m³/h	467 m³/h	400 m³/h	1141 m³/h	340 m³/h	274 m³/h
3	1268 m³/h[2]	467 m³/h	400 m³/h	1141 m³/h	340 m³/h	274 m³/h
Σ	2986 m³/h	1190 m³/h	1000 m³/h	2687 m³/h	981 m³/h	703 m³/h

[2] Raum 2 und 3 werden gleich versorgt, damit Umnutzungen möglich sind.

Die berechneten Zuluft- und Abluftvolumenströme sind realisierbar [8].

Für Raum 1 ermitteln sich die Volumenströme aus den folgenden Überlegungen. Da der Zuluftvolumenstrom aus der Kühllast mit 450 m³/h höher liegt als der erforderliche Außenluftvolumenstrom 200 m³/h und der Zuluftvolumenstrom 256 m³/h aus der Heizlast, wird er als maximaler Zuluftvolumenstrom gewählt. Der minimale Zuluftvolumenstrom muss den minimalen Außenluftvolumenstrom 200 m³/h einhalten. Weiterhin ist zu beachten, dass der Mindestvolumenstrom der Zuluftdurchlässe nicht unter den maximalen Volumenstroms nach Firmenunterlagen sinken sollte.

Für die Festlegung des maximalen Abluftvolumenstroms ist der geforderte Raumdruck maßgebend. Bei Überdruck im Raum ist zunächst anzusetzen:

$$\dot{V}_{AB,i} = 0{,}9\,\dot{V}_{ZU,i} = 0{,}9 \cdot 450 \text{ m}^3/\text{h} = 405 \text{ m}^3/\text{h}. \tag{20-26}$$

Da die Differenz $\dot{V}_{ZU} - \dot{V}_{AB}$ zwischen Zu- und Abluft bei gefordertem Raumdruck auch bei Teillast erhalten bleiben muss, wird der minimale Abluftvolumenstrom mit 211 m³/h festgelegt. Aus den vorangegangenen Überlegungen erhält man die Daten für das Sequenzbild der Zu- und Abluftvolumenströme des Einzelraumreglers für Raum 1 (Bild 20-26).

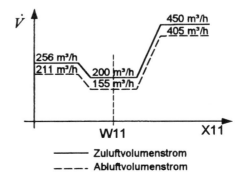

Bild 20-26: Zu- und Abluftvolumenstrom Raum 1

Volumenströme der Anlage

Die Volumenströme der Anlage errechnen sich als Summe der Zuluftvolumenströme der Einzelräume. Da die Räume gleiche Nutzungszeiten und gleiche Ausrichtung haben, ist ein Gleichzeitigkeitsfaktor $f_G = 1$ anzusetzen. Für die maximalen Volumenströme der Anlage werden dann auf der Basis der vorangegangenen Berechnungen folgende Festlegungen getroffen:

Zuluftvolumenstrom $\qquad\qquad \dot{V}_{ZU} = 2986 \text{ m}^3/\text{h},$

Anlagenvolumenstrom $\qquad\qquad \dot{V}'_{ZU} = 3135 \text{ m}^3/\text{h},\ 5\ \%$ Leckverluste im Kanalnetz,

Außenluftvolumenstrom $\qquad\ \dot{V}'_{AU} = 3135 \text{ m}^3/\text{h},\ 100\ \%$ Außenluft,

Abluftvolumenstrom $\qquad\qquad \dot{V}_{AB} = 2687 \text{ m}^3/\text{h},$ Überdruck.

h_{1+x},x-Diagramm

Sind keine Änderungen in den Raumkonditionen durch Umnutzung zu erwarten, so können die Eckpunkte der Felder 1 und 3 nach Bild 20-14 zur Auslegung der Anlage angenommen werden. Bei zu erwartenden Änderungen sollten Be- und Entfeuchtung auf $x_{ZU} = 8,7$ g/kg ausgelegt werden. Für die Klimaanlage erhält man mit den Eckpunkten die folgenden Daten im h_{1+x},x-Diagramm als Auslegungsgrundlage.

Sommerauslegungsfall

Annahmen: Kaltwassertemperaturen 6/12 °C, Kühleraustrittszustand nach Firmenunterlagen.

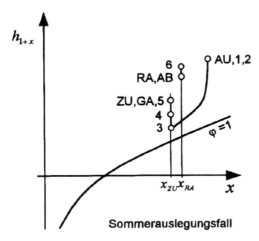

Bild 20-27: h_{1+x},x-Diagramm im Sommerauslegungsfall

Tabelle 20-14: Zustandspunkte der Klimaanlage im Sommerauslegungsfall

Stelle	ϑ °C	φ %	x g/kg	h_{1+x} kJ/kg	Bemerkungen
AU	32,0	40	12,1	63,1	
1	32,0	40	12,1	63,1	WRG aus
2	32,0	40	12,1	63,1	UK zu
3	15,0	96	10,3	41,1	
4	15,0	96	10,3	41,1	NE aus
5	17,0	84	10,3	43,2	DB aus
GA	17,0	84	10,3	43,2	
RA	23,0	60	10,7	50,3	
6	24,0	57	10,7	51,3	

Winterauslegungsfall

Annahmen: Die Rückwärmezahl $\Phi_2 = 0,6$ des Wärmerückgewinners wurde aus Firmenunterlagen entnommen. Es wird ein Dampfbefeuchter mit Sattdampf von 110 °C eingesetzt.

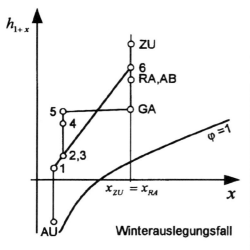

Bild 20-28: h_{1+x}, x-Diagramm im Winterauslegungsfall

Tabelle 20-15: Zustandspunkte der Klimaanlage im Winterauslegungsfall

Stelle	$\dfrac{\vartheta}{°C}$	$\dfrac{\varphi}{\%}$	$\dfrac{x}{g/kg}$	$\dfrac{h_{1+x}}{kJ/kg}$	Bemerkungen
AU	−15,0	80	0,8	−13,0	
1	8,4	12	0,8	10,5	
2	10,0	20	1,5	13,8	
3	10,0	20	1,5	13,8	KÜ aus
4	14,0	15	1,5	17,9	
5	16,0	13	1,5	19,9	
GA	17,0	58	7,1	35,1	
ZU	29,0	28	7,1	47,3	
RA	23,0	50	7,1	41,1	
6	24,0	38	7,1	42,2	

Geräteauslegung

Für die Geräteauslegung nach Firmenunterlagen sind die Überlegungen aus Abschnitt 20.2.4 analog anzuwenden. Zu ergänzen sind noch die Auslegungsdaten für die Geräte der Einzelräume; nachfolgend beispielhaft dargestellt an Raum 1.

Zuluftvolumenstromregler

Maximaler Zuluftvolumenstrom So 450 m³/h,
Maximaler Zuluftvolumenstrom Wi 256 m³/h,
Minimaler Zuluftvolumenstrom 200 m³/h.

Abluftvolumenstromregler

Maximaler Abluftvolumenstrom So 405 m³/h,
Maximaler Abluftvolumenstrom Wi 211 m³/h,
Minimaler Abluftvolumenstrom 155 m³/h.

Erhitzer

Volumenstrom 450 m³/h,
Schaltung Kreuz-Gegen-Strom,
Warmwassertemperaturen 70 °C/50 °C,
Lufteintrittstemperatur 17 °C,
Luftaustrittstemperatur 29 °C.

Statische Heizung

Raumlufttemperatur 18 °C,
Warmwassertemperaturen 70 °C/50 °C,
Heizleistung 424 W.

20.2.6 Zweikanalanlage mit volumenvariablen Mischreglern

20.2.6.1 Beschreibung

Die Außenluftversorgung der Büroräume und die Raumlastdeckung erfolgen in dieser Variante über eine volumenvariable Zweikanalanlage (Bild 20-29). Die Zuluft tritt in die Räume über volumenvariable Mischgeräte ein. Die Mischgeräte sind an einen Warm- und einen Kaltluftkanal angeschlossen. Im Kühlfall ist nur die Kaltluftklappe geöffnet; der Zuluftzustand ist, abgesehen von den Undichtigkeiten der Warmluftklappe, identisch mit dem Kaltluftzustand. Heizkörper unter den Fenstern kompensieren den Kaltluftabfall und sorgen bei ungenutztem Büro für die geforderte Mindestraumlufttemperatur.

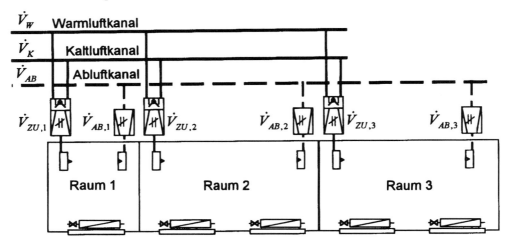

Bild 20-29: Büroraum mit volumenvariablen Mischreglern

20.2.6.2 Luftströmung im Raum

Bei Büronutzung erfolgt die Versorgung der Räume über die Klimaanlage und über

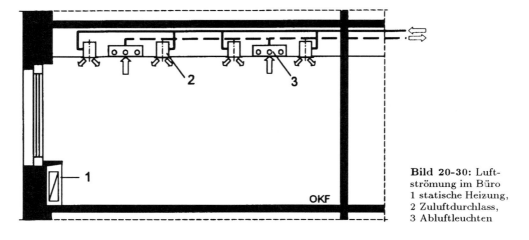

Bild 20-30: Luftströmung im Büro
1 statische Heizung,
2 Zuluftdurchlass,
3 Abluftleuchten

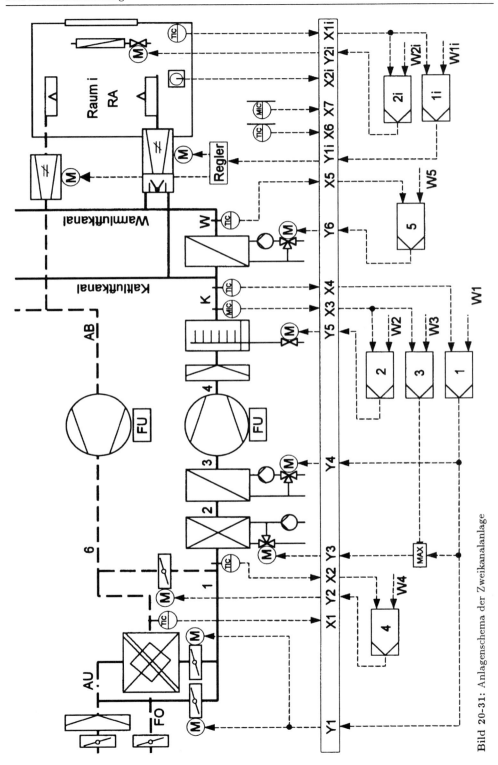

Bild 20-31: Anlagenschema der Zweikanalanlage

die statische Heizung. Die Zuluft tritt in den Raum über Dralldurchlässe mit 45° Ausblasrichtung [9] ein (Bild 20-30); es entsteht eine diffuse Raumluftströmung in der Aufenthaltszone. Die Abluft strömt über die Abluftleuchten ab und senkt so die Kühllast des Raumes. Außerhalb der Nutzungszeiten des Büros regelt die statische Heizung die Raumlufttemperatur; eine Beeinflussung des Kaltluftschleiers an den Fenstern ist in dieser Variante nicht vorgesehen.

20.2.6.3 Aufbau der RLT-Anlage

Den Aufbau der RLT-Anlage stellt Bild 20-31 dar. Der verwendete Platten-Wärmerückgewinner wird über die Klappen Y1 geregelt. Je nach erforderlicher Rückwärmezahl wird ein Teil des Außenluftvolumenstroms am Wärmetauscher vorbeigeführt. Eine weitere Bypassklappe dient zur Beimischung von Umluft zur Frostschutzsicherung. Die Klimaanlage bereitet die Luft auf den Zustand der Kaltluft auf. Anschließend teilt sich der Kanal in Warm- und Kaltluftstrang. Der Erhitzer Y6 erwärmt vom Kaltluftzustand auf die Warmlufttemperatur. Der volumenvariable Mischregler stellt den Volumenstrom und das Mischungsverhältnis Warmluft/Kaltluft so ein, dass die Raumlastdeckung erreicht wird. Die Heizkörper unter den Fenstern dienen der Sicherung der Mindestraumlufttemperatur bei ungenutztem Büro.

20.2.6.4 Betriebsvarianten

Gegenüber der Variante 1 sind auch bei volumenvariablen Mischreglern unterschiedliche Betriebsvarianten zur Einzelraumregelung möglich. Voraussetzung ist jedoch auch hier, dass die Parameter der Einzelraumregelsysteme über Zeitschaltprogramme von der Gebäudeleittechnik aus verändert werden können.

20.2.6.5 Regelung

Die Regelung der Grundaufbereitung ist ähnlich der Lösung in Kapitel 20.2.4.5.; Änderungen ergeben sich in der Raumlufttemperaturregelung. Der Regler 1i bildet das Ausgangssignal Y1i an den Einzelraumregler. Die Realisierung der Mischung und der Volumenstromregelung führt der Einzelraumregler aus. Regler 2i regelt die Raumlufttemperatur bei unbesetztem Büro. Über den Sollwertversteller X2i kann die Raumlufttemperatur vom Nutzer in Grenzen verändert werden.

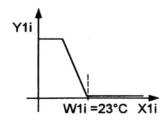

Regler 1i: Raumlufttemperatur
Raum i bei genutztem Büro

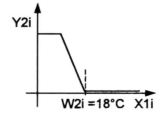

Regler 2i: Raumlufttemperatur
Raum i bei ungenutztem Büro

Bild 20-32: Raumlufttemperaturregelung

Sehr wichtig ist auch hier die Regelung des Drucks im Warmluft-, Kaltluft- und Abluftkanal vor den volumenvariablen Mischreglern und den Volumenstromreglern. Unabhängig vom augenblicklichen Volumenstrom muss vor dem Gerät mit dem längsten Strömungsweg der Mindestdruck garantiert werden.

20.2.6.6 Auslegung

Sommerauslegungsfall

Zunächst werden die Zuluftvolumenströme im Sommerauslegungsfall bestimmt. Die Berechnung wird über die trockene Kühllast unter Berücksichtigung einer Leckluftrate von $f_L = 0{,}03$ bei geschlossener Warmluftklappe durchgeführt. Als Auslegungsdaten werden festgelegt: Zuluftzustand im Sommerauslegungsfall $\vartheta_{ZU} = 17\,°\mathrm{C}$, $x_{ZU} = 10{,}3$ g/kg, Kaltlufttemperatur $\vartheta_K = 17\,°\mathrm{C}$ und Warmlufttemperatur

$$\vartheta_W = \vartheta_{RA} + 3\,°\mathrm{C}. \tag{20-27}$$

Die Ergebnisse der Berechnungen enthält Tabelle 20-16.

Tabelle 20-16: Berechnete Volumenströme der Räume im Sommerauslegungsfall

Raum	Trockene Kühllast	Massenstrom der Zuluft	Zuluftvolumenstrom	Kaltluftvolumenstrom	Warmluftvolumenstrom
1	895 W	0,155 kg/s	472 m³/h	458 m³/h	14 m³/h
2	2512 W	0,416 kg/s	1326 m³/h	1286 m³/h	40 m³/h
3	2255 W	0,374 kg/s	1192 m³/h	1192 m³/h	36 m³/h

Für Raum 1 errechnet sich der Massenstrom der trockenen Luft zu

$$
\begin{aligned}
\dot m_{L,ZU} &= \frac{\dot Q_{KR,\mathrm{Nenn}}}{c_{pL}\,(\vartheta_{RA} - (1 - f_L)\,\vartheta_K - f_L\,\vartheta_W)} \\
&= \frac{0{,}895\ \mathrm{kW}}{1{,}006\ \mathrm{kJ/(kg\,K)} \cdot (23\,°\mathrm{C} - (1 - 0{,}03)\cdot 17\,°\mathrm{C} - 0{,}03 \cdot 26\,°\mathrm{C})} \\
&= 0{,}155\ \mathrm{kg/s}.
\end{aligned}
\tag{20-28}
$$

Im Sommerauslegungsfall ergeben sich dann für den betrachteten Raum:

$$
\begin{aligned}
\dot V_{ZU} &= \frac{\dot m_{L,ZU} \cdot (1 + x_{ZU})}{\varrho_{f,ZU}} \\
&= \frac{0{,}155\ \mathrm{kg/s} \cdot (1 + 0{,}0103)}{1{,}193\ \mathrm{kg/m^3}} = 0{,}131\ \mathrm{m^3/s} = 472\ \mathrm{m^3/h},
\end{aligned}
\tag{20-29}
$$

$$\dot V_W = f_L\,\dot V_{ZU} = 0{,}03 \cdot 472\ \mathrm{m^3/h} = 14\ \mathrm{m^3/h}, \tag{20-30}$$

$$\dot V_K = \dot V_{ZU} - \dot V_W = 472\ \mathrm{m^3/h} - 14\ \mathrm{m^3/h} = 458\ \mathrm{m^3/h}. \tag{20-31}$$

Winterauslegungsfall

Anlagenbetrieb bei genutzten Büros

Mit den Annahmen $\vartheta_W \leq 40\,°C$; $\vartheta_W = 35\,°C$; $\vartheta_K = 17\,°C$ ergeben sich die Volumenströme der Räume in Tabelle 20-17.

Tabelle 20-17: Berechnete Volumenströme der Räume im Winterauslegungsfall

Raum	Heizlast bei 23 °C	Massenstrom der Zuluft	Zuluftvolumenstrom	Kaltluftvolumenstrom	Warmluftvolumenstrom
1	489 W	0,081 kg/s	256 m³/h	85 m³/h	171 m³/h
2	874 W	0,148 kg/s	467 m³/h	156 m³/h	311 m³/h
3	874 W	0,148 kg/s	467 m³/h	156 m³/h	311 m³/h

Für Raum 1 erhält man bei $x_{ZU} = x_{RA} = 7,1$ g/kg und $\vartheta_{ZU} = 29\,°C$ im Winterauslegungsfall den Massenstrom der trockenen Luft

$$
\dot{m}_{L,ZU} = \frac{\dot{Q}_{HR,\text{Nenn}}}{c_{pL}\left(\vartheta_{ZU} - \vartheta_{RA}\right)}
$$
$$
= \frac{0,489 \text{ kW}}{1,006 \text{ kJ/(kg K)} \cdot (29\,°C - 23\,°C)} = 0,08 \text{ kg/s} \qquad (20\text{-}32)
$$

und den Zuluftvolumenstrom

$$
\dot{V}_{ZU} = \frac{\dot{m}_{L,ZU}\left(1 + x_{ZU}\right)}{\varrho_f} = \frac{0,081 \text{ kg/s} \cdot 1,0071}{1,148 \text{ kg/m}^3} = 0,071 \text{ m}^3/\text{s} = 256 \text{ m}^3/\text{h}. \quad (20\text{-}33)
$$

Die Aufteilung des Zuluftvolumenstroms auf Warm- und Kaltluft lässt sich nach der Mischungsregel bestimmen.

Statische Heizung

Die Auslegung der statischen Heizung für die ungenutzten Büros wird mit den Heizleistungen bei 18 °C Raumlufttemperatur nach Tabelle 20-7 durchgeführt.

Festlegung der Volumenströme der Anlage

Volumenströme der Räume

Die volumenvariable Raumlufttemperaturregelung benötigt die Eckpunkte der Sequenzbilder für Regler 1i und für den Einzelraumregler des volumenvariablen Mischreglers. Dazu werden die Zu- und Abluftvolumenströme festgelegt (Tabelle 20-18, Tabelle 20-19, Tabelle 20-20).

Tabelle 20-18: Berechnete Volumenströme der Räume

Raum	Zuluftvolumenstrom So	Zuluftvolumenstrom Wi	Mindestaußenluftrate	Mindestvolumenstrom der Durchlässe
1	472 m³/h	256 m³/h	200 m³/h[1]	142 m³/h
2	1326 m³/h	467 m³/h	400 m³/h[1]	398 m³/h
3	1192 m³/h	467 m³/h	400 m³/h[1]	358 m³/h

[1] Die Außenluftrate wird aus Komfortgründen gegenüber DIN 1946 erhöht.

Tabelle 20-19: Ausgeführte Zuluft-, Warmluft- und Kaltluftvolumenströme der Räume

Raum	Maximaler Zuluftvolumen-strom So	Maximaler Zuluftvolumen-strom Wi	Minimaler Zuluftvo-lumenstrom	Maximaler Kaltluftvolu-menstrom So	Maximaler Warmluftvo-lumenstrom Wi
1	472 m³/h	256 m³/h	200 m³/h	458 m³/h	171 m³/h
2	1326 m³/h	467 m³/h	400 m³/h	1286 m³/h	311 m³/h
3	1326 m³/h[2]	467 m³/h	400 m³/h	1286 m³/h	311 m³/h
Σ[1]	3124 m³/h	1190 m³/h	1000 m³/h	3030 m³/h	793 m³/h

[1] Gleichzeitigkeitsfaktor 1
[2] Raum 2 und 3 werden gleich versorgt, damit Umnutzungen möglich sind.

Tabelle 20-20: Ausgeführte Abluftvolumenströme der Räume

Raum	Maximaler Abluftvolumen-strom So	Maximaler Abluftvolumen-strom Wi	Minimaler Abluftvolumen-strom
1	425 m³/h	209 m³/h	153 m³/h
2	1193 m³/h	334 m³/h	267 m³/h
3	1193 m³/h	334 m³/h	267 m³/h
Σ[1]	2811 m³/h	877 m³/h	687 m³/h

[1] Gleichzeitigkeitsfaktor 1

Die berechneten Zuluft- und Abluftvolumenströme sind realisierbar [10].

Für Raum 1 erhält man den Zuluftvolumenstrom aus der Kühllast zu 472 m³/h und aus der Heizlast zu 256 m³/h. Der Mindestzuluftvolumenstrom der Zuluftdurchlässe beträgt 142 m³/h. Der geforderte Außenluftvolumenstrom liegt mit 200 m³/h höher als die Anforderungen der Luftdurchlässe und bildet daher den minimalen Zuluftvolumenstrom.

Daraus folgt dann

maximaler Zuluftvolumenstrom So   472 m³/h,

maximaler Zuluftvolumenstrom Wi   256 m³/h,

minimaler Zuluftvolumenstrom   200 m³/h,

und mit dem angestrebten Überdruck im Raum

maximaler Abluftvolumenstrom So   425 m³/h,

maximaler Abluftvolumenstrom Wi   209 m³/h,

minimaler Abluftvolumenstrom   153 m³/h.

Aus den vorrangegangenen Überlegungen erhält man die Daten für das Sequenzbild der Zu- und Abluftvolumenströme für Raum 1 als Vorgabe für den Lieferanten des Einzelraumregelsystems.

Volumenströme der Anlage

Die Volumenströme der Anlage errechnen sich aus der Summe der Zuluftvolumenströme der Einzelräume. Da die Räume gleiche Nutzungszeiten haben und gleiche Ausrichtung, ist ein Gleichzeitigkeitsfaktor $f_G = 1$ anzusetzen. Für die maximalen Volumenströme der Anlage werden dann auf der Basis der vorangegangenen Berechnungen folgende Festlegungen getroffen:

Zuluftvolumenstrom	$\dot{V}_{ZU} = 3124 \ \text{m}^3/\text{h},$	
Anlagenvolumenstrom	$\dot{V}'_{ZU} = 3280 \ \text{m}^3/\text{h},$ 5 % Leckverluste im Kanalnetz,	
Außenluftvolumenstrom	$\dot{V}'_{AU} = 3280 \ \text{m}^3/\text{h},$ 100 % Außenluft,	
Abluftvolumenstrom	$\dot{V}_{AB} = 2811 \ \text{m}^3/\text{h},$ Überdruck,	
maximaler Kaltluftvolumenstrom	$\dot{V}'_K = 3183 \ \text{m}^3/\text{h},$	
maximaler Warmluftvolumenstrom	$\dot{V}'_W = 833 \ \text{m}^3/\text{h}.$	

h_{1+x}, x-Diagramm

Sind keine Änderungen in den Raumkonditionen durch Umnutzung zu erwarten, so können die Eckpunkte der Felder 1 und 3 nach Bild 20-14 zur Auslegung der Anlage angenommen werden. Bei zu erwartenden Änderungen sollten Be- und Entfeuchtung auf $x_{ZU} = 8{,}7 \ \text{g/kg}$ ausgelegt werden. Für die Grundaufbereitung erhält man mit den Eckpunkten die folgenden Daten im h_{1+x}, x-Diagramm als Auslegungsgrundlage.

Sommerauslegungsfall

Annahmen: Kaltwassertemperaturen 6/12 °C, Kühleraustrittszustand nach Firmenunterlagen.

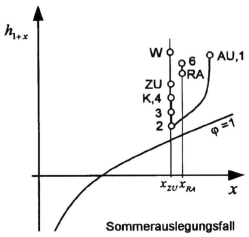

Bild 20-33: h_{1+x}, x-Diagramm im Sommerauslegungsfall

Tabelle 20-21: Zustandspunkte der Klimaanlage im Sommerauslegungsfall

Stelle	$\dfrac{\vartheta}{°C}$	$\dfrac{\varphi}{\%}$	$\dfrac{x}{\text{g/kg}}$	$\dfrac{h_{1+x}}{\text{kJ/kg}}$	Bemerkungen
AU	32,0	40	12,1	63,1	WRG aus
1	32,0	40	12,1	63,1	
2	15,0	96	10,3	41,1	UK zu
3	15,0	96	10,3	41,1	
4	17,0	84	10,3	43,2	NE aus
K	17,0	84	10,3	43,2	
W	26,0	49	10,3	52,4	
ZU	17,2	84	10,3	43,2	Undichtigkeit
RA	23,0	60	10,7	50,3	
6	24,0	57	10,7	51,3	

Winterauslegungsfall

Annahmen: Die Rückwärmezahl $\Phi_2 = 0{,}65$ des Wärmerückgewinners wurden aus Firmenunterlagen entnommen. Es wird ein Dampfbefeuchter mit Sattdampf von 110 °C eingesetzt.

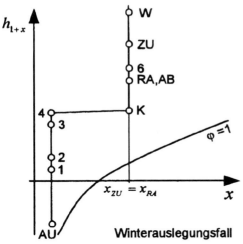

Bild 20-34: h_{1+x}, x-Diagramm im Winterauslegungsfall

Tabelle 20-22: Zustandspunkte der Klima-anlage im Winterauslegungsfall

Stelle	$\dfrac{\vartheta}{°C}$	$\dfrac{\varphi}{\%}$	$\dfrac{x}{g/kg}$	$\dfrac{h_{1+x}}{kJ/kg}$	Bemerkungen
AU	−15,0	80	0,8	−13,0	
1	10,4	10	0,8	12,5	
2	10,4	10	0,8	12,5	KÜ aus
3	14,0	8	0,8	16,1	
4	16,0	7	0,8	18,1	
K	17,0	58	7,1	35,1	
W	35,0	20	7,1	53,4	
ZU	29,0	28	7,1	47,3	
RA	23,0	40	7,1	41,2	
6	24,0	38	7,1	42,2	

Geräteauslegung

Für die Geräteauslegung nach Firmenunterlagen sind die Überlegungen aus Abschnitt 20.2.4 analog anzuwenden. Zu ergänzen sind noch die Auslegungsdaten für die Geräte der Einzelräume; nachfolgend beispielhaft dargestellt an Raum 1.

Zuluftvolumenstromregler

maximaler Zuluftvolumenstrom So	472 m³/h,
maximaler Zuluftvolumenstrom Wi	256 m³/h,
minimaler Zuluftvolumenstrom	200 m³/h.

Abluftvolumenstromreger

maximaler Abluftvolumenstrom So	425 m³/h,
maximaler Abluftvolumenstrom Wi	209 m³/h,
Minimaler Abluftvolumenstrom	153 m³/h.

Erhitzer im Warmluftkanal

Volumenstrom	833 m³/h,
Schaltung	Kreuz-Gegen-Strom,
Warmwassertemperaturen	70 °C/50 °C,
Lufteintrittstemperatur	17 °C,
Luftaustrittstemperatur	35 °C.

Statische Heizung

Raumlufttemperatur	18 °C,
Warmwassertemperaturen	70 °C/50 °C,
Heizleistung	424 W.

20.3 Teilklimatisierung eines Hörsaals

20.3.1 Beschreibung

Ein Hörsaal für 78 Studenten soll raumlufttechnisch versorgt werden. Er wird normalerweise nur in den Vorlesungszeiten genutzt. Sonderveranstaltungen außerhalb der Vorlesungszeit sind jedoch ebenfalls möglich. Die Belegung des Hörsaals schwankt zwischen 5 bis 78 Hörern; die optimale Anpassung an diese Lastschwankungen muss von der raumlufttechnischen Anlage sichergestellt werden. Der Hörsaal liegt innerhalb des Gebäudes, Fensterlüftung ist nicht möglich. Da das Bauvorhaben in den Zuständigkeitsbereich der staatlichen und kommunalen Verwaltung fällt, gelten neben den üblichen Richtlinien und Normen außerdem die AMEV-Richtlinien [11].

20.3.2 Nutzungsvarianten und Anforderungsprofil

Es liegen folgende Nutzungsvarianten vor:

Vorlesung: Betriebszeit   1800 h/a,

            Raumlufttemperatur $\vartheta_{RA} = (20\ldots28)\,°C$ nach der AMEV-Richtlinie, gewählt werden $\vartheta_{RA} = (22\ldots26)\,°C$,

            Raumluftfeuchte   keine Forderungen nach der AMEV-Richtlinie,

            Raumdruck $p_{RA} = 30$ Pa,

            Kühllast $\dot{Q}_{KR,\mathrm{Nenn}} = 9{,}48$ kW,

            Heizlast bei 22 °C $\dot{Q}_{HR,\mathrm{Nenn}} = 2{,}50$ kW,

            Personenzahl   79,

            Außenluftvolumenstrom mindestens 30 m³/h je Person nach der AMEV-Richtlinie.

Stand-by: Betriebszeit   5960 h/a,

            Raumlufttemperatur $\vartheta_{RA} > 18\,°C$,

            Raumluftfeuchte   keine Forderung,

            Raumdruck $p_{RA} = 30$ Pa,

            Heizlast bei 18 °C $\dot{Q}_{HR,\mathrm{Nenn}} = 2{,}23$ kW,

            Personenzahl   0.

20.3.3 Systemauswahl

Nach dem Nutzungsprofil ist eine RLT-Anlage mit Heiz- und Kühlregister erforderlich. Da Umluftbeimischung zulässig ist und auf Grund der geringen Betriebszeit, wird auf Wärmerückgewinnung verzichtet. Um die Anlage der variablen Belegung anpassen zu können, werden Zu- und Abluftventilatoren regelbar ausgeführt.

Gewählter Anlagentyp: Teilklimaanlage HK-MI mit regelbaren Ventilatoren.

Der Hörsaal hat die geometrischen Daten:

            maximale Breite 11,00 m,

            maximale Tiefe 8,40 m,

maximale Höhe 3,50 m,

Grundfläche 79,4 m^2,

Raumvolumen 254 m^3.

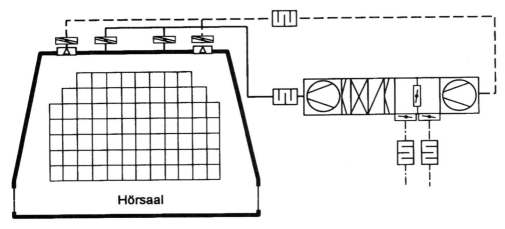

Bild 20-35: Gesamtaufbau der Klimatisierung

20.3.4 Luftführung im Hörsaal

Die Zuluft der Teilklimaanlage wird zunächst einem Druckraum unter den Sitzreihen zugeführt. Von dort aus verteilt sie sich auf 78 Stufendralldurchlässe [12] und strömt in den Hörsaal. Eine gleichmäßige Verteilung der Zuluft auf die Luftdurchlässe wird durch einen ausreichenden Druckverlust an den geöffneten Luftdurchlässen erreicht. Infolge der Wärmeabgabe der Personen im Raum strömt die erwärmte Luft in den Deckenbereich und von dort über Abluftgitter aus.

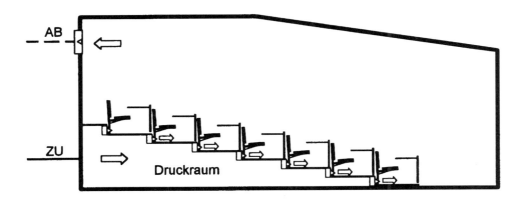

Bild 20-36: Luftströmung im Hörsaal

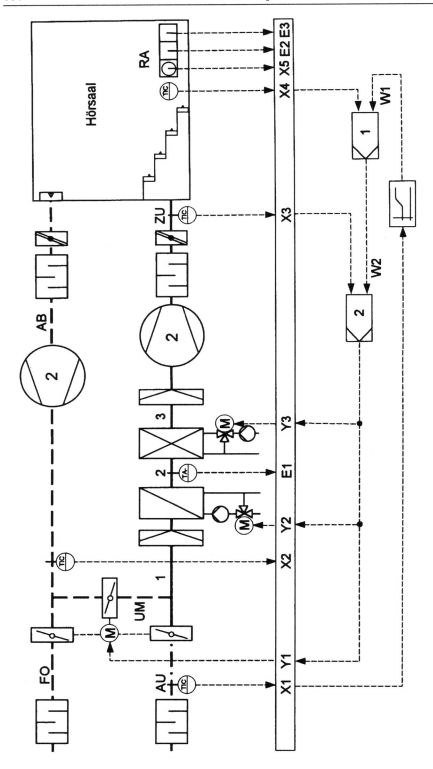

Bild 20-37: Anlagenschema der Hörsaalanlage, Betriebsvariante Normalbetrieb

20.3.5 Aufbau der RLT-Anlage

Der Aufbau der Teilklimaanlage und deren Regelung sind in Bild 20-37 dargestellt. Nach der Mischkammer und einem ersten Filter ist zunächst ein Erhitzer angeordnet. Er dient zur Regelung der Zulufttemperatur und sichert die Anlage gleichzeitig gegen Frostschäden. Da der nachfolgende Kühler nur die Temperatur der Luft erreichen soll, ist kein Nacherhitzer erforderlich. Wegen der geringen Heizlast wird auf eine statische Heizung verzichtet; die Teilklimaanlage übernimmt deren Funktion im Stützbetrieb.

In den Anlagenschemata der vorangegangenen Beispiele wurden Feuerschutzklappen und Schalldämpfer aus Platzgründen nicht in das Anlagenschema aufgenommen. In diesem Beispiel wird deren Anordnung erläutert. Die Schalldämpfer sollen die in der Anlage entstehenden Geräusche, vornehmlich an den Ventilatoren, reduzieren. Die Schalldämpfer im Zu- und Abluftkanal schützen den Hörsaal, die Schalldämpfer im Außen- und Fortluftkanal verhindern Lärmbelästigung außerhalb des Gebäudes. Der Hörsaal kann als abgeschlossener Brandabschnitt gelten, alle ein- und austretenden Kanäle sind am Mauerdurchbruch in den Hörsaal daher mit Brandschutzklappen zu sichern.

20.3.6 Betriebsvarianten

Die Ausführung unterschiedlicher Betriebsvarianten ist in diesem Anwendungsfall sinnvoll. Es werden gewählt:

B1 - Normalbetrieb - voller Volumenstrom

Die Anlage arbeitet in Stufe 2 mit vollem Volumenstrom. Die Raumlufttemperatur wird von 22 °C bis 26 °C gleitend vorgegeben.

B2 - Normalbetrieb - halber Volumenstrom

Die Anlage arbeitet in Stufe 1 mit halbem Volumenstrom. Die Raumlufttemperatur wird von 22 °C bis 26 °C gleitend vorgegeben.

B3 - Stützbetrieb

Die Anlage wird im Umluftbetrieb und bei halbem Zuluftvolumenstrom gefahren. Sie hält den Raum bei einer Mindesttemperatur von 18 °C.

B4 - Nachtkühlung

Bei hoher Raumlufttemperatur im ungenutzten Hörsaal und geringer Außenlufttemperatur durchlüftet die Anlage den Raum bei halbem Zuluftvolumenstrom mit reiner Außenluft.

B5 - Optimum-Start-Stop

Optimierung des Ein- und Ausschaltzeitpunkts der Anlage.

20.3.7 Regelung der RLT-Anlage

Der Regler 1 regelt die Raumlufttemperatur über die Zulufttemperatur. Im Normalbetrieb arbeitet die Teilklimaanlage mit 50 % des Zuluftvolumenstroms. Von einem Bedientableau aus können 100 % Zuluftvolumenstrom vom Nutzer für 1,5 Stunden gewählt werden (E2). Das Tableau erlaubt auch die Einschaltung der Anlage außerhalb der normalen Nutzungszeit (E3). Der Sollwert der Raumlufttemperatur kann ebenfalls in Grenzen beeinflusst werden (X5). Die Raumlufttemperatur wird in Abhängigkeit von der Außenlufttemperatur gleitend vorgegeben (Bild 20-38).

Die Regelung der Zulufttemperatur führt Regler 2 nach dem Sollwert von Regler 1 aus (Bild 20-39).

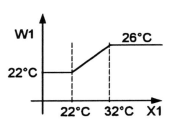

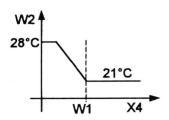

Bild 20-38: Gleitender Sollwert der Raumlufttemperatur

Regler 1: Raumlufttemperatur

Bild 20-39: Sollwert der Zulufttemperatur

Das Sequenzbild des Reglers 2 enthält Bild 20-40.

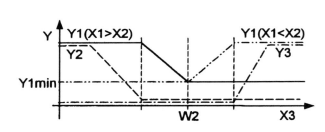

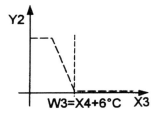

Regler 2: Zulufttemperatur, Y1=0 Umluft

Regler 3: Zulufttemperatur

Bild 20-40: Regelung der Zulufttemperatur

Bild 20-41: Sequenzbild der Zulufttemperatur im Stützbetrieb

In der Betriebsvariante Stützbetrieb wird die RLT-Anlage eingeschaltet, wenn die Raumlufttemperatur 18 °C unterschreitet. Bei einer Raumlufttemperatur über 20 °C schaltet sich die Anlage wieder aus. In dieser Betriebsvariante arbeitet die Anlage als Lüftungsanlage im Umluftbetrieb (Bild 20-42). Die Zulufttemperatur wird 6 °C höher gewählt als die augenblickliche Raumlufttemperatur (Bild 20-41). Es ist zu beachten, dass die Raumlufttemperatur direkt im Raum und die Außenlufttemperatur in der Umgebung gemessen werden müssen, damit diese Daten auch bei abgeschalteter Anlage zur Verfügung stehen.

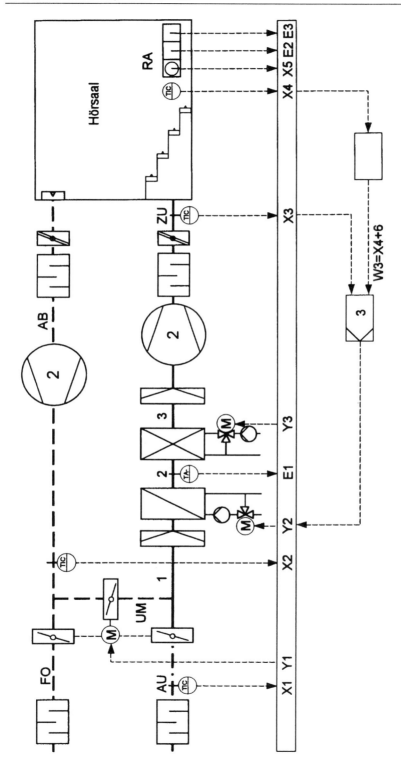

Bild 20-42: Anlagenschema der Hörsaalanlage, Betriebsvariante Stützbetrieb

20.3.8 Auslegung

Bestimmung der Volumenströme

Außenluftvolumenstrom nach der Personenzahl (DIN 1946, Teil 2, AMEV)

$$\dot{V}_{AU} = 79 \cdot 30 \ \text{m}^3/\text{h} = 2370 \ \text{m}^3/\text{h}. \tag{20-34}$$

Außenluftvolumenstrom nach der Grundfläche (DIN 1946, Teil 2)

$$\dot{V}_{AU} = 79{,}4 \cdot 15 \ \text{m}^3/\text{h} = 1191 \ \text{m}^3/\text{h}. \tag{20-35}$$

Der mindestens auszuführende Außenluftvolumenstrom beträgt $\dot{V}_{AU} = 2370 \ \text{m}^3/\text{h}$.

Zuluftvolumenstrom nach der Kühlleistung im Sommerauslegungsfall

Die Kühllast des Hörsaals wird nur von der Klimaanlage gedeckt. Bei der Raumlufttemperatur $\vartheta_{RA} = 26\,°\text{C}$ und der Zulufttemperatur $\vartheta_{ZU} = 21\,°\text{C}$ erhält man den Massenstrom der trockenen Zuluft.

$$
\begin{aligned}
\dot{m}_{L,ZU} &= \frac{\dot{Q}_{KR,\text{Nenn}}}{c_{pL}\,(\vartheta_{RA} - \vartheta_{ZU})} \\
&= \frac{9{,}480 \ \text{kW}}{1{,}006 \ \text{kJ}/(\text{kg K}) \cdot (26\,°\text{C} - 21\,°\text{C})} = 1{,}885 \ \text{kg/s}
\end{aligned} \tag{20-36}
$$

und mit der Wasserdampfabgabe der Personen

$$\dot{m}_W = n \cdot 65 \ \text{g/h} = 79 \cdot 65 \ \text{g/h} = 5135 \ \text{g/h} \tag{20-37}$$

die Differenz der Feuchtegehalte

$$x_{RA} - x_{ZU} = \frac{\dot{m}_W}{\dot{m}_{L,ZU}} = \frac{1{,}43 \ \text{g/s}}{1{,}885 \ \text{kg/s}} = 0{,}76 \ \text{g/kg}. \tag{20-38}$$

Da der wirkliche Raumluftzustand wegen der fehlenden Feuchteforderung nicht bekannt ist, muss er bestimmt werden. Zunächst wird der Kühleraustrittszustand mit dem Außenluftzustand ermittelt und dann der Feuchtegehalt des Raumes berechnet. Anschließend wird der Mischungspunkt zwischen Umluft und Außenluft ermittelt, und der Vorgang wird mit dem Mischungspunkt als Kühlereintritt wiederholt, bis die Genauigkeit ausreicht. Es ergeben sich dann für den Feuchtegehalt der Raumluft $x_{RA} = 12{,}0 \ \text{g/kg}$ und der Zuluft $x_{ZU} = 11{,}3 \ \text{g/kg}$.

Der Zuluftvolumenstrom beträgt dann

$$
\begin{aligned}
\dot{V}_{ZU} &= \frac{\dot{m}_{L,ZU}\,(1 + x_{ZU})}{\varrho_f} \\
&= \frac{1{,}885 \ \text{kg/s} \cdot 1{,}0113}{1{,}177 \ \text{kg/m}^3} = 1{,}620 \ \text{m}^3/\text{s} = 5832 \ \text{m}^3/\text{h}.
\end{aligned} \tag{20-39}
$$

Der so errechnete Zuluftvolumenstrom ist erforderlich, wenn die Kühllast des Raumes wegen der Durchmischung der gesamten Raumluft vollständig beseitigt werden muss.

Nach der vorangegangenen Rechnung ergeben sich 75 m³/h je Platz. Die Schichtbildung mit Warmluftpolster entlastet jedoch die Aufenthaltszone. In Luftströmungsversuchen haben 40 m³/h je Platz zur Einhaltung der Behaglichkeitskriterien geführt. In diesem Anwendungsfall werden daher 50 m³/h je Platz gewählt. Dieser Volumenstrom reicht aus, um die Rückströmung der Luft aus dem Warmluftpolster in die Aufenthaltszone zu verhindern.

$$\dot{V}_{ZU} = 50 \ \text{m}^3/\text{h} \cdot 78 = 3900 \ \text{m}^3/\text{h} \tag{20-40}$$

Aus Erfahrung ist dieser Zuluftvolumenstrom reichlich bemessen; weitere Absenkungen sollten jedoch durch einen Luftströmungsversuch abgesichert werden.

Die Nachrechnung mit dem neuen Zuluftvolumenstrom ergibt dann $x_{RA} = 11{,}9$ g/kg und $x_{ZU} = 10{,}8$ g/kg.

Winterauslegungsfall

Mit $\vartheta_{ZU} = 28\,°\text{C}$ und $x_{ZU} = x_{AU} = 0{,}8$ g/kg erhält man

$$
\begin{aligned}
\dot{m}_{L,ZU} &= \frac{\dot{Q}_{HR,\text{Nenn}}}{c_{pL}\,(\vartheta_{ZU} - \vartheta_{RA})} \\
&= \frac{2{,}5 \ \text{kW}}{1{,}006 \ \text{kJ}/(\text{kg K}) \cdot (28\,°\text{C} - 22\,°\text{C})} = 0{,}414 \ \text{kg/s}
\end{aligned}
\tag{20-41}
$$

und den Zuluftvolumenstrom

$$
\begin{aligned}
\dot{V}_{ZU} &= \frac{\dot{m}_{L,ZU}\,(1 + x_{ZU})}{\varrho_f} \\
&= \frac{0{,}414 \ \text{kg/s} \cdot 1{,}0008}{1{,}156 \ \text{kg/m}^3} = 0{,}358 \ \text{m}^3/\text{s} = 1289 \ \text{m}^3/\text{h}.
\end{aligned}
\tag{20-42}
$$

Die Mindestaußenluftrate liegt höher als der Zuluftvolumenstrom im Winterauslegungsfall.

Festlegung der Volumenströme der Anlage

Für die Volumenströme der Anlage werden auf der Basis der vorangegangenen Berechnungen folgende Festlegungen getroffen:

Zuluftvolumenstrom	$\dot{V}_{ZU} = 3900$ m³/h,
Zuluftvolumenstrom je Durchlass	$\dot{V}_{ZU,D} = 50$ m³/h,
Anlagenvolumenstrom	$\dot{V}'_{ZU} = 4095$ m³/h, 5 % Leckverluste im Kanalnetz,
Mindestaußenluftvolumenstrom	$\dot{V}'_{AU} = 2489$ m³/h,
Abluftvolumenstrom	$\dot{V}_{AB} = 3510$ m³/h, Überdruck im Raum.

Die Differenz zwischen Zuluft- und Abluftvolumenstrom bestimmt den Überdruck im Hörsaal. Diese Differenz muss in der Einfahrphase überprüft und eingestellt werden.

h_{1+x}, x-Diagramm

Sommerauslegungsfall

Annahmen: Kaltwassertemperaturen 6/12 °C, Kühleraustrittszustand nach dem t_{Oef}-Verfahren.

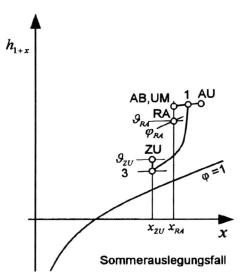

Bild 20-43: h_{1+x}, x-Diagramm im Sommerauslegungsfall

Tabelle 20-23: Zustandspunkte der Klima-anlage im Sommerauslegungsfall

Stelle	$\dfrac{\vartheta}{°C}$	$\dfrac{\varphi}{\%}$	$\dfrac{x}{g/kg}$	$\dfrac{h_{1+x}}{kJ/kg}$	Bemerkungen
AU	32,0	40	12,1	63,1	
1	30,8	43	12,0	61,7	
2	30,8	43	12,0	61,7	Erhitzer aus
3	19,0	78	10,8	46,5	
ZU	21,0	69	10,8	48,5	
RA	26,0	56	11,9	56,5	
AB	29,0	47	11,9	59,6	3 °C, Warmluft-polster, Ventilator

Winterauslegungsfall

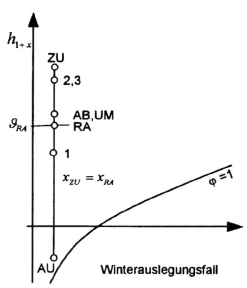

Bild 20-44: h_{1+x}, x-Diagramm im Winterauslegungsfall

Tabelle 20-24: Zustandspunkte der Klima-anlage im Winterauslegungsfall

Stelle	$\dfrac{\vartheta}{°C}$	$\dfrac{\varphi}{\%}$	$\dfrac{x}{g/kg}$	$\dfrac{h_{1+x}}{kJ/kg}$	Bemerkungen
AU	−15,0	80	0,8	−13,0	
1	0,2	12	0,8	9,7	
2	26,0	4	0,8	28,2	
3	26,0	4	0,8	28,2	KÜ aus
ZU	28,0	3	0,8	30,2	
RA	22,0	5	0,8	24,2	
AB	23,0	5	0,8	25,2	

Geräteauslegung

Für die Geräteauslegung nach Firmenunterlagen ergeben sich aus den Berechnungen und der Darstellung der Zustandsänderung im h_{1+x}, x-Diagramm folgende Grundlagen:

Zuluftventilator

Anlagenvolumenstrom	4095 m³/h,
Gesamtdruckerhöhung	1000 Pa nach Kanalnetzberechnung,
Ventilatortyp	Radialventilator mit rückwärts gekrümmten Schaufeln.

Abluftventilator

Abluftvolumenstrom	3510 m³/h,
Gesamtdruckerhöhung	600 Pa nach Kanalnetzberechnung,
Ventilatortyp	Radialventilator mit rückwärts gekrümmten Schaufeln.

Erhitzer

Anlagenvolumenstrom	4095 m³/h,
Schaltung	Kreuz-Gleich-Strom,
Warmwassertemperaturen	70 °C/50 °C,
Lufteintrittstemperatur	0,2 °C,
Luftaustrittstemperatur	26 °C.

Kühler

Anlagenvolumenstrom	4095 m³/h,
Schaltung	Kreuz-Gegen-Strom,
Kaltwassertemperaturen	6 °C/12 °C,
Lufteintrittszustand	30,8 °C; 12,0 g/kg,
Luftaustrittszustand	19 °C.

Literatur

[1] Ideal-Verdrängungs-Auslass Typ IVA; Schako Klima - Luft; Kolbingen.

[2] Handbuch der Klimatechnik Band 1: Grundlagen, Abschnitt 5.7.4; Ausgabe 2000; C. F. Müller Verlag; Heidelberg.

[3] Klimageräte; WOLF GmbH; Mainburg.

[4] DIN 1946-1; Ausgabe 1988-10; Raumlufttechnik; Gesundheitstechnische Anforderungen.

[5] LTG Quellluft-Induktionsgerät TYP QHG; LTG Lufttechnik GmbH; Stuttgart.

[6] Strahlungskühldecke STULZ Ka.Ro cool; STULZ GmbH; Hamburg.

[7] Hesco - Deckenschlitzauslässe; Hesco Deutschland GmbH; Offenbach.

[8] VVS-Geräte Typ TVZ; Gebrüder Trox GmbH; Neukirchen-Vluyn.

[9] EMCO Drallauslässe DRS 483, Technisches Handbuch Luftführung 1997; EMCO Klimatechnik, Erwin Müller Gruppe Lingen.

[10] VVS-Mischgeräte Typ TVM; Gebrüder Trox GmbH; Neukirchen-Vluyn.

[11] Hinweise zur Planung und Ausführung von Raumlufttechnischen Anlagen für öffentliche Gebäude; (RLT-Anlagen-Bau-93), AMEV.

[12] Stufendralldurchlass Serie SD; Gebrüder Trox GmbH; Neukirchen-Vluyn.

21 Abnahme von raumlufttechnischen Anlagen

A. Henne

Formelzeichen

a	Korrekturfaktor		P	Stromleistung
A	Fläche		$\dot{Q}$	Wärmestrom
$\overline{A}$	Fläche		R	Gaskonstante
B	Kanalbreite		Re	*Reynolds*-Zahl
c_p	spezifische Wärmekapazität		s	Windweg
$\cos\varphi$	Leistungsfaktor		S_w	Standardabweichung
D	Durchmesser des Außenkreises		t_{11}	Lufteintrittstemperatur
D_h	hydraulischer Durchmesser		t_{12}	Luftaustrittstemperatur
D_i	Durchmesser der Kreisringe		t_{21}	Wassereintrittstemperatur
	von aussen gezählt		t_{22}	Wasseraustrittstemperatur
H	Kanalhöhe		t_L	Lufttemperatur
i	Ordnungszahl eines Messpunktes		t_O	operative Raumtemperatur
I	Stromstärke		t_s	Oberflächentemperatur
k	Flügelradkorrektur		T_u	Turbulenzgrad
l	gerade Länge der luftführenden		U	Spannung, Unregelmäßigkeit
	Leitung		$\dot{V}$	Volumenstrom
n	Anzahl Messpunkte bzw.		w	Geschwindigkeit
	Anzahl Kreisringe		$\overline{w}$	mittlere Geschwindigkeit
$\dot{m}$	Massenstrom		W	Wärmekapazitätsstrom
p_B	Barometerdruck		X_i	X-Koordinate des Messpunktes
p_d	dynamischer Druck		Y_i	Y-Koordinate des Messpunktes
p_p	Partialdruck		z	Zeit
p_s	Sättigungsdruck		μ	Verhältnis der Wärmekapazitätsströme
p_{st}	statischer Druck		τ	Unsicherheit

Die Abnahme raumlufttechnischer Anlagen, gemäß VOB [1], hat mehrere Hintergründe. Zum einen erhält der Auftraggeber die Bestätigung, dass die erstellte RLT-Anlage den Planungsvorgaben entspricht. Dieses wird durch Überprüfung von Vollständigkeit und Funktion sichergestellt. Zum anderen erfolgt die Übergabe der Revisionsunterlagen sowie die Einweisung des technischen Personals. Mit dem Tag der Abnahme geht gemäss § 644 BGB die Gefahr auf den Auftraggeber, sprich den Bauherrn, über, und es beginnt für das ausführende Unternehmen eine zwei jährige Gewährleistungsphase. Nach Ablauf dieses Zeitraumes erhält der Auftragnehmer eine in der Regel 5 %-ige, einbehaltene, Gewährleistungsbürgschaft zurück. Von keiner Seite wird somit die Notwendigkeit der Abnahmeprüfung bestritten. Die Abnahme sollte innerhalb von 12 Tagen nach Bekanntgabe der Fertigstellung erfolgen. Diese Fertigstellung sollte schriftlich durch den Auftragnehmer angezeigt werden.

Diese im Vorfeld ein wenig formell anmutende Formulierung des Abnahmevorganges kann bei „Nichteinhaltung" weitreichende Konsequenzen haben.

Beispiel: Fehler bei formeller Abnahme

Ein Unternehmen der Klimabranche hat für einen großen Produktionsbetrieb ein redundant klimatisiertes Rechenzentrum ausgeführt. Nach Fertigstellung der Anlage wird die Produktion auf das neue Rechenzentrum umgestellt. Die Anlage geht in Betrieb. Aufgrund einiger Nachbesserungen an der Anlage wird die Abnahme vom Auftraggeber vorerst verweigert, wodurch streng genommen die Gefahr noch nicht auf den Auftraggeber übertragen wurde. Nach einer Betriebszeit von zwei Monaten fallen, aufgrund eines Mangels, plötzlich beide Klimaanlagen aus. Die Temperatur im Rechenzentrum steigt. Zum Schutze der Großrechneranlage gegen Überhitzung schaltet diese ab. Die Produktion steht. Es entstehen tägliche Umsatzverluste in Millionenhöhe, welche das Produktionsunternehmen der ausführenden Firma anlastet.

Das Szenario belegt, wie wichtig es ist, auch die Formalien der Abnahme, insbesondere von Seite des Auftragnehmers, einzuhalten. Die allgemeinen technischen Vertragsbedingungen zur Erstellung raumlufttechnischer Anlagen sind dabei der DIN 18379 [18] zu entnehmen. In diesen Vertragsbedingungen werden die gültigen Normen zitiert. Da jedoch Ausführungen stets dem Stand der Technik folgen sollten, können auch fachlich anerkannte (und gegebenenfalls von der Norm abweichende) Publikationen Berücksichtigung finden. Die Abnahmeprüfung selbst sowie deren Mess- und Prüfverfahren sind in der VDI 2079 [2], der VDI 2080 [4] bzw. der DIN EN 12599 [3] nachzulesen.

Zur raumlufttechnischen Anlage zählen dabei im Wesentlichen die Komponenten der Begriffsbestimmung gemäß DIN 1946, Teil 1 [19]. Ferner die Wärme- und Kälteversorgung der RLT-Anlage (ab Verteiler) und letztlich die zur RLT-Anlage gehörigen regelungs- und steuerungstechnischen Komponenten, einschließlich Schaltschrank. Nicht zur RLT-Anlage gehören die Kälte- bzw. Wärmeerzeugungsanlagen (auch Dampfkessel) sowie Wasseraufbereitungsanlage (falls sich in der RLT-Anlage ein Luftwäscher befindet). Zentrale Leitwarten zur Anlagenoptimierung zählen ebenfalls nicht zur RLT-Anlage.

Die Abnahme selbst, untergliedert sich in:

- Vollständigkeitsprüfung,
- Funktionsprüfung,
- Funktionsmessung.

Wichtig ist, dass die Funktionsmessungen vom zuständigen Planer durchgeführt werden. Etwaige Messprotokolle, die während der Einregulierungsphase vom Anlagenersteller aufgenommen wurden, gilt es kritisch zu überprüfen!

Ergänzend sei hier vermerkt, dass bei der Abnahme von Kühlflächen (Kühldecken, Kühlwänden und Kühlböden) ein Beiblatt zur VDI 2079 existiert, das hier nicht weiter behandelt wird.

Aufgrund der Komplexität des Abnahmeverfahrens werden, innerhalb dieses Beitrages, insbesondere die umfangreichen Messprinzipien zur Funktionsmessung erläutert.

21.1 Vollständigkeitsprüfung

In der Vollständigkeitsprüfung erfolgt einerseits der Vergleich zwischen Lieferung und Ausschreibung. Dieses betrifft insbesondere: den Einbau-/ und Lieferumfang, die Werkstoffe einzelner Bauteile, das Fabrikat einzelner Bauteile sowie die Zugänglichkeit der Komponenten. Desweiteren wird die Einhaltung technischer und behördlicher Sicherheitsvorschriften überprüft (z. B. Ansaugung 3 m über Erdgleiche). Hiermit ist in erster Linie die elektrische Vollständigkeitsprüfung gemeint. Sämtliche elektrischen und elektronischen Geräte müssen mit dem Gütesiegel der EU gekennzeichnet sein. Ist dies nicht der Fall, so sollten die entsprechenden Anlagenteile ausgewechselt werden. Außerdem ist in unmittelbarer Reichweite der RLT-Anlage ein „NOT EIN/AUS" Schalter in „ROT auf GELB" anzuordnen. Es ist ferner darauf zu achten, dass die wesentlichen Anlagenkomponenten (insbesondere Feuerschutzklappen) beschildert sind. Letztlich muss die Anlage in „reinem Zustand" übergeben werden.

Anhang: Musterprotokolle

Muster 1 (vereinfachte Darstellung)

Protokoll über die Vollständigkeitsprüfung nach VDI 2079

Bauvorhaben (Gebäudeteil):
Anlage:
Auftraggeber:
Auftragnehmer:
Leistung (Gewerk/LB):

Spalte 1: in Ordnung
Spalte 2: Mangel
Spalte 3: Bemerkungen

	1	2	3
1. Lieferumfang			
2. Werkstoffe und Bauteile			
3. Fabrikat der Bauteile			
4. Sicherheitseinrichtungen			
5. Zugänglichkeit der Bauteile			
6. Reinheitszustand der Anlage			
7. Bestandszeichnungen			
8. Bedienungsanleitung			
9. Wartungsanleitung			
10. Ersatzteillisten/Ersatzteile			
11. Zulassungsbescheinigung			

Datum: Unterschrift für den Auftraggeber
Unterschrift für den Auftragnehmer

Bild 21-1: Protokoll — Vollständigkeit gemäß VDI 2079

Nach dieser augenscheinlichen Überprüfung erfolgt die Übergabe der technischen Unterlagen (in der Regel, wenn nicht anders vereinbart, in 3-facher Anfertigung). Dieses sind insbesondere:

- Anlagenschemata (Revisionsunterlagen),
- elektrische Übersichtspläne gemäß DIN 40719, Teil 9,
- Zusammenstellung der wichtigsten technischen Daten (Luftmenge, Kühl- und Heizlast, Luftkanalnetz, Schalldämpferauslegung),
- Betriebs- und Wartungsanleitungen,
- Einregulierungsprotokolle,
- Betriebsanleitung.

Ein Abnahmevordruck zur Vollständigkeitsprüfung ist Bestandteil der VDI 2079 [2]!

21.2 Funktionsprüfung

Während dieser Prüfung erfolgt der Nachweis auf Funktionstüchtigkeit von Bauelementen (z. B. Erwärmer, Kühler, Befeuchter, Filter etc.) und sonstiger Komponenten (Volumenstromregler, Luftauslässe etc.). Die Anlage wird dabei im Probebetrieb unterschiedlichen Lastzuständen (Sommer, Winter) und somit auch eventuell variierenden Volumenströmen ausgesetzt. Lassen sich unterschiedliche Lastzustände nicht simulieren, so muss eine Funktionsprüfung sowohl im Sommer- als auch im Winterbetrieb durchgeführt werden.

Innerhalb der Funktionsprüfung werden insbesondere die sicherheitstechnischen Komponenten überprüft wie z. B.:

Muster 2 (vereinfachte Darstellung) Protokoll über die Funktionsprüfung (VDI 2079) Bauvorhaben (Gebäudeteil): Anlage: Auftraggeber: Auftragnehmer: Leistung (Gewerk/LB):			
Spalten 1, 2, 3 wie bei Muster 1	1	2	3
1. Ventilatoren			
2. Filter			
3. Wärmeaustauscher			
4. Befeuchter/Entfeuchter			
5. Wärmerückgewinner			
6. Nachbehandlungsgeräte			
7. Luftleitungen			
8. Brandschutzklappen			
9. Luftklappen			
10. Filterabdichtung			
11. Misch-, Entspannungskästen			
12. Luftdurchlässe			
13. Mess-, Regel-, Schaltgeräte			
14. Überwachungseinrichtungen			
15. Schutzeinrichtungen			
16. Wärmeversorgung			
17. Kälteversorgung			
Bedienungspersonal eingewiesen/nicht eingewiesen. Messprotokolle vorgelegt/nicht vorgelegt.			
Datum: Unterschrift für den Auftraggeber Unterschrift für den Auftragnehmer			

Bild 21-2: Protokoll — Funktionsprüfung gemäß VDI 2079

Frostschutzschaltung

In jedem Fall muss die Frostschutzschaltung überprüft werden. Die Temperaturmessung, erfolgt, in der Regel, über einen Kapillarfühler, der hinter dem ersten fluidführenden Wärmeübertrager sitzt. Vor der Überprüfung sollten beide Ventilatoren laufen. Ferner müssen die Klappenpositionen (Außen-, Fort-, Umluft) und die Ventilstellung am Erhitzer notiert werden. Da am Tage der Abnahme wahrscheinlich nicht mit Frost zu rechnen ist, wird, mittels Kältespray, am Fühler Frost simuliert. Nachdem der Fühler unter Sollwert (ca. $+5\,^{\circ}C$) abgekühlt ist, sollte beispielsweise, je nach Anlage, nachfolgende Schaltung erfolgen: Zuluftventilator aus, Abluftventilator aus,

Außen- und Fortluftklappen schließen, Lufterhitzer und Regelventil 100 % auf, Verriegelung der Anlage. Die Warnmeldung kann optisch bzw. akustisch erfolgen oder per Modem auf eine Störstelle auflaufen. Die Funktionalität der Frostschutzschaltung muss auch bei Anlagenstillstand gewährleistet bleiben.

Brandschutzabsperrvorrichtungen

Vorab ist der sach- und fachgerechte Einbau der Klappe festzustellen. Insbesondere die Peripherie zwischen Klappe und Mauerwerk, die Ummörtelung, ist dabei zu überprüfen. Nicht selten deformiert das Mauerwerk die Brandschutzvorrichtung, infolge des Druckes auf die Komponente. Ein ordentliches Schließen und somit auch der vorbeugende Brandschutz sind dann in Frage gestellt. Es dürfen darüber hinaus nur Klappen mit Prüfzeugnis, des deutschen Instituts für Bautechnik zugelassen werden.

Zur Funktionsüberprüfung werden die Klappen, vor Ort, ausgelöst (mechanisch). Fällt die Klappe, so wird die Anlage abgeschaltet und es erfolgt eine Warnmeldung, wie bereits beschrieben.

Entrauchungsanlagen

Bei schließen der Feuerschutzklappen öffnen, falls vorhanden, die Entrauchungsklappen und es kommt zum Einschalten der Rauchgasventilatoren. Alternativ, bei Anlagen ohne Brandgasventilatoren, öffnen die Lichtkuppeln. Aufgrund der überaus starken Luftbewegung sollte diese Überprüfung unbedingt mit Voranmeldung erfolgen.

Keilriemen

Es gilt unbedingt die sorgfältige Montage festzustellen. Dabei gilt es insbesondere das Fluchten der Scheiben sowie gleiche Riemenlänge zu überprüfen. Die Keilriemenüberwachung erfolgt über eine Differenzdruckmessung vor und hinter dem Ventilator. Bei Riss muss eine Störmeldung erfolgen.

Luftverteilung und Luftrichtung

Luftströme und Luftverteilung müssen auf die vorgegebenen Betriebszustände überprüft werden. Hierzu muss im Vorfeld der Abgleich des Kanalsystems sichergestellt sein. Danach erfolgt die stichprobenartige Feststellung der Luftförderung an einzelnen Luftdurchlässen. Falls notwendig, wird eine Überprüfung der Strömungsrichtung durchgeführt. Dieses ist insbesondere bei der Abnahme von RLT-Anlagen in Krankenhäusern, Reinräumen und Küchen von Bedeutung, da hier entsprechende Unter-/bzw. Überdrucke eingehalten werden müssen. Die Strömungsrichtung erfolgt dabei, bei hoher und niedriger Stufe, stets vom reinen zum weniger reinen Raum. Falls keine Volumenstromregler existieren, so kann die Strömungsrichtung mit Rauchröhrchen überprüft werden.

Abschließend erfolgt die Einweisung des technischen Personals.

21.3 Funktionsmessung

Anhand der Funktionsmessung in Raum, Gerät und Luftleitung wird sichergestellt, dass die während der Planungsphase, ermittelten Sollwerte von der Anlage tatsächlich erbracht werden.

Dabei geht es auf keinen Fall nur um die simple Überprüfung des Typenschilds!

Für die eigentliche Funktionsmessung existiert ebenfalls ein vorgefertigtes Protokoll in der VDI 2079.

Nachstehende Tabelle gibt, gemäß DIN 12599, Aufschluss über Messungen, die entweder : „nicht erforderlich", „auf jeden Fall durchzuführen" oder „nur bei einer vertraglichen Vereinbarung durchzuführen" sind.

```
┌─────────────────────────────────────────────────┐
│ Muster 3 (vereinfachte Darstellung)             │
│ Protokoll über die Funktionsmessung (VDI 2079)  │
│ Bauvorhaben (Gebäudeteil):                       │
│ Anlage:                                          │
│ Auftraggeber:                                    │
│ Auftragnehmer:                                   │
│ Leistung (Gewerk/LB):                            │
│ Auftrag vom:                                     │
│ Tag der Messung:                                 │
│ Außenverhältnisse: Lufttemperatur: Feuchte:     │
│    heiter — trübe — gemischt bewölkt             │
│    Windverhältnisse                              │
│ Spalten 1, 2, 3 wie bei Muster 1                 │
```

Messung	1	2	3

1. Stromaufnahme des Antriebsmotors
  a) Zuluftventilator
  b) Abluftventilator			

2. Luftstrom der Anlage
  a) Zuluft
  b) Außenluft
  c) Abluft			

3. Lufttemperatur im Zuluftkanal			
4. Luftfeuchte im Zuluftkanal			
5. Druckabfall am Filter			

6. Luftstrom für den Raum
  a) Raumzuluft
  b) Raumabluft			

7. Lufttemperatur im Raum			
8. Luftfeuchte im Raum			

9. Schalldruckpegel
  a) im Raum
  b) außerhalb des Gebäudes			

10. Raumluftgeschwindigkeit			

```
Messprotokolle siehe Muster 1 bis 3
Datum: Unterschrift für den Auftraggeber
       Unterschrift für den Auftragnehmer
```

Bild 21-3: Protokoll — Funktionsmessung gemäß VDI 2079

Tabelle 21-1: Funktionsmessungen im Raum gemäß DIN 12599

R1	Luftstrom	G1	Stromaufnahme Motor
R2	Lufttemperatur	G2	Luftstrom
R3	Luftfeuchte	G3	Lufttemperatur
R4	Schalldruckpegel	G4	Druckabfall Filter
R5	Raumluftgeschwindigkeit		

Legende:
0 Messung nicht erforderlich
1 auf jeden Fall durchführen
2 durchführen, nur wenn vertraglich vereinbart
C kühlen
D entfeuchten
F filtern
H heizen
M befeuchten
Z ohne thermodynamische Behandlung

Anlage	Behandlungsfunktion	Raum					Gerät			
		R1	R2	R3	R4	R5	G1	G2	G3	G4
Lüftungs-anlage	(F)Z	2	0	0	2	0	1	1	0	1
	(F)H	2	2	0	2	2	1	1	1	1
	(F)C	2	2	2	2	2	1	1	1	1
	(F)M/D	2	2	1	2	2	1	1	1	1
Teilklima-anlage	(F)HC	2	1	2	2	2	1	1	1	1
	(F)HM/HD/CM/CD	2	1	1	2	2	1	1	1	1
	(F)MD	2	2	1	2	2	1	1	1	1
	(F)HCM/MCD/CHD/HMD	2	1	1	2	2	1	1	1	1
Klimaanlage	(F)HCMD	2	1	1	2	2	1	1	1	1

Es können selbstverständlich über diesen Standardfall hinaus weitere Messungen erforderlich werden (z. B. Druckabfall, Partikel etc.), die aber einer vertraglichen Vereinbarung bedürfen. Im Folgenden werden Messverfahren, diverse Messfühler, Messgeräte und Beispiele erläutert, die während der einzelnen Funktionsmessungen zum Einsatz kommen können.

21.3.1 Geschwindigkeiten und Luftstrom

Die Ermittlung des Luftstromes erfolgt im Regelfall über integrierende Geschwindigkeitsmessungen. Aufgrund dessen werden beide Messverfahren, sowohl für Raum als auch in der Luftleitung, innerhalb dieses Kapitels erläutert.

21.3.1.1 Luftstrom- und Geschwindigkeitssensoren

Luftstrom (Raum, Strömungskanal)

Der Zuluftvolumenstrom ist entweder direkt im Luftkanal oder am Auslass aufzunehmen. Je nach Messverfahren, siehe im weiteren, können insbesondere Teleskop-Stau- bzw. *Prandtl*rohr, Flügelradsonden (Ø bis zu 60 mm) [7] oder thermische Sonden (richtungsunabhängig) Verwendung finden.

Im Luftkanal finden insbesondere Staurohr, thermische Sonde (richtungsabhängig) und Flügelrad Verwendung. Der Vorteil des Staurohrs liegt darin, dass stets eine kleine Durchgangsbohrung in der Kanalwand, zur Durchführung schneller Messungen, ausreicht. Die Auswertung erfolgt entweder in Verbindung mit Druckmessdose elektronisch oder über Mikromanometer-Prüfsatz.

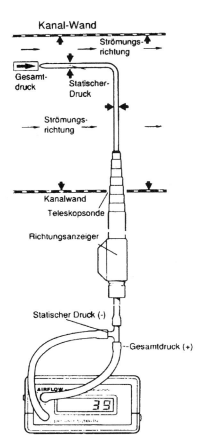

Bild 21-4: Staurohr [20]

Inkompressible Fluidströme (Wasser, Glykol)

Diese Messungen werden höchst selten erforderlich, da sie mit äußerst hohem apparativem Aufwand verbunden sind. In der Praxis kamen früher häufig Schwebekörper zum Einsatz, die in die Rohrleitung installiert wurden. Aufgrund der besseren Auswertemöglichkeiten kommen heute aber fast ausschließlich induktive Durchflussmessgeräte zum Einsatz, die entweder in die Rohrleitung oder, unter Verwendung mobiler Messgeräte, auch um die Rohrleitung installiert werden.

Raumluftgeschwindigkeit

Aufgrund der, gemäß DIN 1946 Teil 2, sehr geringen, zulässigen Strömungsgeschwindigkeiten im Raum (< 0,5 m/s), kommen nur hochempfindliche, temperaturkompensierte, thermische Sonden, die auf jeden Fall richtungsunabhängig sein müssen, zum Einsatz. Das Messprinzip besteht darin, dass ein kleiner Körper aufgeheizt und der Raumumgebung ausgesetzt wird. Nach dem *Newton*schen Abkühlungsgesetz ist danach die dem Körper zugeführte elektrische Leistung ein Maß für die Raumluftgeschwindigkeit [8]. Das verwendete Messgerät muss mindestens je Sekunde einen Messwert erfassen und sollte parallel dazu in der Lage sein, aus den einzelnen Messwerten den erforderlichen Turbulenzgrad direkt zu berechnen.

Eine weitere Möglichkeit ist unter Verwendung des Laser *Doppler* Anemometers, sogenannter LDA, gegeben. Unter Einbringung eines Gases wird, als Maß für die Geschwindigkeit, dabei vom Laser die Verweilzeit eines Gaspartikels im Laserstrahl ermittelt. So genau das Verfahren ist, so praxisfremd ist es auch, aufgrund der immens hohen Investition für das Equipment. Will man jedoch ganze Geschwindigkeitsfelder vermessen, so sollte man sich dieser Technologie bedienen, da Messsonden auch stets das Strömungsfeld beeinträchtigen.

21.3.1.2 Luftstrom am Gerät bzw. in der Luftleitung

Der Anlagenvolumenstrom muss auf jeden Fall ermittelt werden. Die Messung kann im Gerät erfolgen, wird aber auch häufig aufgrund der günstigeren An- und Abströmbedingungen im Luftkanal erfasst. Innerhalb der Strömungsmechanik differenziert man in zwei unterschiedliche Strömungsarten: laminar oder turbulent. Bis auf wenige Ausnahmen, z. B. LF-Decken, gibt es in Luftleitungen fast ausschließlich die turbulente Strömungsform (Kriterium ist eine *Reynolds*zahl > 2300). Diese Strömungsform spiegelt sich theoretisch bei idealen An- und Abströmbedingungen über ihr hutähnliches Profil wieder, deren mittlere Geschwindigkeit in etwa 80 % der Maximalgeschwindigkeit entspricht [6]. Da aber für diese ideale Ausprägung des Profiles sehr lange Anlaufstrecken, von > 30 D_h [11] erforderlich sind, gibt es in der Praxis diese idealisierten Strömungsformen selten. Aufgrund dieser Tatsache und der sogenannten Haftbedingung (Geschwindigkeit an der Kanalwandung = 0 m/s) liegt stets Geschwindigkeitsverteilung vor. Die Volumenstrombestimmung muss dewegen über eine integrierende Netzmessung erfolgen. Hierbei wird die angeströmte Fläche in eine ausreichende Anzahl Felder unterteilt, in jedem Feld die Geschwindigkeit gemessen und zu einer mittleren Geschwindigkeit aufintegriert. Mit der korrespondierenden, gesamten Querschnittsfläche wird anschließend der Volumenstrom berechnet. Der Messort sollte sich aber trotzdem in ausreichendem Abstand zu einer Störquelle befinden.

Wichtig ist, dass jeweils Lufttemperatur, statische Druckdifferenz und Luftdruck mit aufgenommen werden, damit auf Auslegungszustand zurückgerechnet werden kann. Denn gemäß nachfolgender Abbildung, ist zwar der trockene Luftmassenstrom immer konstant; dieses gilt aber keinesfalls für den Volumenstrom, der in Abhängigkeit der Temperatur erheblichen Schwankungen ausgesetzt sein kann.

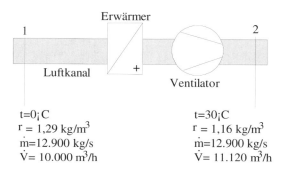

$t=0;C$
$r = 1{,}29\ \mathrm{kg/m^3}$
$\dot{m}=12.900\ \mathrm{kg/s}$
$\dot{V}= 10.000\ \mathrm{m^3/h}$

$t=30;C$
$r = 1{,}16\ \mathrm{kg/m^3}$
$\dot{m}=12.900\ \mathrm{kg/s}$
$\dot{V}= 11.120\ \mathrm{m^3/h}$

Bild 21-5: Ort der Volumenstrommessung

Die Umrechnung auf Auslegebedingung ($\varrho = 1{,}2\ \mathrm{kg/m^3}$), erfolgt über die Kontinuitätsbedingung des Massenstromes:

$$\dot{V}_{L2} = \frac{\varrho_{L1}}{\varrho_{L2}} \dot{V}_{L1}. \tag{21-1}$$

Für die Dichteberechnung der Luft kann die handliche Gleichung des idealen Gases hinzugezogen werden. Der Fehler, infolge Vernachlässigung der Feuchte, ist gering.

$$\varrho_L = \frac{p_B \pm \Delta p_{st}}{R_L\, T_L}. \tag{21-2}$$

Die Anzahl der Messpunkte innerhalb des Strömungskanals ist abhängig von der zulässigen Messungenauigkeit (siehe Kapitel Toleranzen und Unsicherheiten).

Nachdem die Anzahl der Messpunkte festgelegt ist, erfolgt nun prinzipiell die Differenzierung der jeweiligen Messverfahren: für Rechteck-Kanäle und Rohrleitungen.

a) Trivialverfahren für Rechteck-Kanäle

Die Einteilung der Einzelquerschnitte erfolgt üblich in Quadranten gleicher Größe. Der relative Wandabstand, d. h. der Abstand zwischen Kanal und Messpunkt, ergibt sich aus nachstehender Gleichung:

$$\frac{y_i}{H} = \frac{X_i}{B} = \frac{2\,i-1}{2\,n}. \tag{21-3}$$

Den relativen Wandabstand der Messpunkte im Rechteckkanal nach dem Trivialverfahren zeigt nachstehende Tabelle:

Tabelle 21-2: Relativer Wandabstand der Messpunkte im Rechteckkanal □ [3]

	Messpunkt i, X_i/B bzw. Y_i/H					Rechteckkanal - Trivialverfahren				
n	1	2	3	4	5	6	7	8	9	10
3	0,167	0,500	0,833							
4	0,125	0,375	0,625	0,875						
5	0,100	0,300	0,500	0,700	0,900					
6	0,083	0,250	0,417	0,583	0,750	0,917				
7	0,071	0,214	0,357	0,500	0,643	0,786	0,929			
8	0,062	0,187	0,312	0,438	0,563	0,688	0,813	0,938		
9	0,056	0,167	0,278	0,389	0,500	0,611	0,722	0,833	0,944	
10	0,050	0,150	0,250	0,350	0,450	0,550	0,650	0,750	0,850	0,950

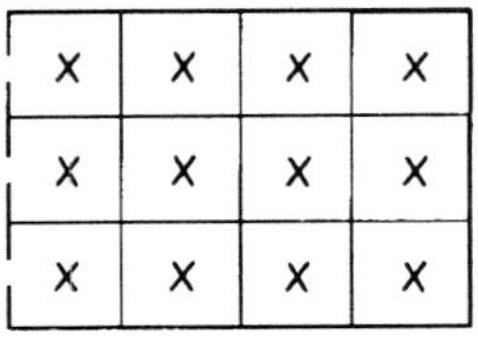

Zur Durchführung der Messungen müssen in der Wandung oder am Gerät Bohrungen angebracht werden.

Bild 21-6: Exempl. Einteilung eines Rechteckkanales in Quadranten

b) Schwerlinien-Verfahren (runde Luftleitungen)

Anders als bei der Messung im Rechteck-Kanal, erfolgt in Rohrleitungen die Erfassung des Geschwindigkeitsfeldes über die Aufteilung von Querschnittsflächen in eine bestimmte Anzahl flächengleicher Kreisringe. Die einzelnen Areale, um die jeweilige Schwerlinie, sind dabei flächengleich. Das führt dazu, dass in unmittelbarer Wandnähe die Häufigkeit der Kreisringe zunimmt. Hierdurch ist die objektive Erfassung des, in aller Regel, turbulenten Geschwindigkeitsprofiles gewährleistet. Bei idealen An- und Abströmbedingungen ist die Geschwindigkeit dieses hutähnlichen Profils nahezu unverändert. Lediglich im Randbereich läuft, aufgrund der Haftbedingung, die Geschwindigkeit gegen 0 m/s. Die Einteilung des Kreisquerschnittes in die einzelnen flächengleichen Kreisringe zeigt nachstehende Tabelle.

Tabelle 21-3: Einteilung des Kreisquerschnittes in flächengleiche Kreisringe ○ [4]

	runde Luftleitungen — Schwerlinen-Verfahren									
i / n	1	2	3	4	5	6	7	8	9	10
1	0,1464									
2	0,0670	0,2500								
3	0,0436	0,1464	0,2959							
4	0,0323	0,1047	0,1938	0,3232						
5	0,0257	0,0817	0,1464	0,2261	0,3419					
6	0,0213	0,0670	0,1181	0,1773	0,2500	0,3557				
7	0,0182	0,0568	0,0991	0,1464	0,2012	0,2685	0,3664			
8	0,0159	0,0493	0,8540	0,1250	0,1693	0,2205	0,2835	0,3750		
9	0,0141	0,4360	0,0751	0,1091	0,1464	0,1882	0,2365	0,2959	0,3821	
10	0.0127	0,0390	0,0670	0,0969	0,1292	0,1646	0,2042	0,2500	0,3064	0,3882
n = Anzahl der Schwerlinien, i Ordnungszahl der Schwerlinien von außen gezählt										

c) über Wirkdruckverfahren in Verbindung mit Volumenstromreglern

Häufig findet man in Leitungsabschnitten konstante oder variable Volumenstromregler. Innerhalb des Gerätes wird häufig aus der Differenz von Gesamtdruck und statischem Druck der sogenannte Wirkdruck erfasst, der in Abhängigkeit des Durchmessers je nach Fabrikat ein direktes Maß für den Volumenstrom ist. Der eigentliche Messkörper besteht in der Regel aus einem Zweikammersystem. Auf der Lufteintrittsseite wird in einer Hohlkammer der Gesamtdruck erfasst, wobei Schlitze mit relativ großen, freien Durchtrittsflächen genutzt werden. Als Maß für den Volumenstrom dient der resultierende Wirkdruck, der über ein Messnippelpaar ermittelt wird. Das System ist eine praxisnahe Methode zur Volumenstromerfassung und sollte insbesondere bei hydraulisch hohen Anforderungen Berücksichtigung finden.

Bild 21-7: Volumenstromregler [12]

d) Permanent, über mehrere im Luftkanal, angebrachte Staurohre (z. B. *Wilson*-Gitter)

Zur permanenten Erfassung des Volumenstroms kommen auch, wie beim oben beschriebenen Volumenstromregler, nur fest installierte Messsysteme in Betracht. Eine Möglichkeit ist der Einbau des sogenannten *Wilson*-Staugitters. Hierbei werden in einer Messebene mehrere Staurohre, zur Erfassung des dynamischen Drucks, angebracht. Durch die hohe Messstellenanzahl (ähnlich der Netzmessung) erzielt man eine hohe Messgenauigkeit.

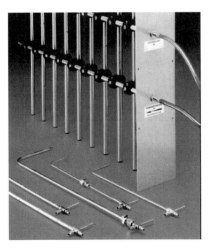

Bild 21-8: *Wilson*-Staugitter [20]

Beispiel: Volumenstrom in einer runden Luftleitung gemäß Schwerlinien-Verfahren

Eine Lüftungsanlage soll unter Auslegungsbedingungen, d. h. Dichte der Luft $\varrho_L = 1{,}2$ kg/m^3, einen Volumenstrom von 1450 m^3/h fördern. Bei der Abnahme wird in der runden Luftleitung, druckseitig, der Volumenstrom erfasst. Der Durchmesser der Leitung beträgt $d = 400$ mm. Der kürzeste Abstand zur nächsten Störstelle beträgt $l/D_h = 8$. Die Messung erfolgt mit einem *Prandtl*-Rohr, angeschlossen an ein Schrägrohrmanometer. Um mit der verwendeten Messapparatur innerhalb der maximal zulässigen Fehlertoleranz von 15 % zu bleiben (siehe Kapitel Toleranzen und Unsicherheiten), wird vorab die zu erwartende Unsicherheit des Messortes (erfahrungsgemäß liegt hier der größte Messfehler) in Abhängigkeit der Unregelmäßigkeit des Strömungsprofiles abgeschätzt, um die erforderliche Anzahl der Messpunkte zu ermitteln. Diese Unregelmäßigkeit des Profiles liegt, infolge des relativ großen Abstandes zur nächsten Störquelle, bei 7 %. Um eine tolerable 10 %-ige Unsicherheit des Messortes zu garantieren, sind demnach 10 Messpunkte ausreichend (zur näheren Erläuterung siehe Abschnitt Toleranzen und Unsicherheiten in diesem Kapitel). Nebenstehende Abbildung zeigt die Einteilung der einzelnen Messpunkte, entsprechend Schwerlinienverfahren, für $n = 5$ (spiegelsymmetrisch um die Achsmitte).

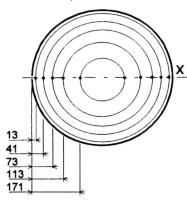

Bild 21-9: Achseneinteilung in mm

gemessen:

Luftdruck	102,3	kPa
Lufttemperatur im Kanal	25,3	°C
stat. Druckdifferenz Δp_{st}	27	Pa
trockene Luftdichte	1,191	kg/m^3 (errechnet)
Faktor	0,05	Pa / Skt (Ablesefaktor Pa/Skalenteil)

Tabelle 21-4: dynamischer Druck in x-Richtung

Messstelle	–	1	2	3	4	5	6	7	8	9	10
Messort	mm	10	33	59	90	137	263	310	341	367	390
p_{di}	Skt	70	110	112	111	114	120	130	128	127	120
w_i	m/s	2,42	3,04	3,07	3,05	3,09	3,17	3,30	3,28	3,27	3,17
		Profil 1: $w_{1m} = 2{,}94$ m/s					Profil 2: $w_{2m} = 3{,}24$ m/s				

Unregelmäßigkeit des Profils	= 4,92	%	mit: $U = \dfrac{w_{2m} - w_{1m}}{\overline{w}\,2} \, 100\%$
Geschwindigkeitsmittelwert	= 3,09	m/s	
Fläche	= 0,126	m^2	
Volumenstrom (Dichte = 1,19 kg/m^3)	= 1,398	m^3/h	
Volumenstrom (Dichte = 1,20 kg/m^3)	= 1,386	m^3/h	
Massenstrom	= 1.663	kg/h	

Fazit:

Die Abweichung zum Sollwert beträgt ca. 4 %. Aufgrund des weitaus größer zu erwartenden Messfehlers (erlaubt sind bis zu 15 %) ist dieser Wert auf jeden Fall akzeptabel. Die konkrete Fehlerrechnung für dieses Beispiel ist im Unterkapitel Toleranzen und Unsicherheiten beschrieben.

21.3.1.3 Raumluftstrom

Die Messung der Zu- und Abluftvolumenströme innerhalb eines Raumes ist, wenn nicht entsprechende Messgeräte zur Verfügung stehen, relativ aufwendig und muss daher lediglich bei vertraglicher Vereinbarung durchgeführt werden. Einerseits sollte, nach erfolgtem Anlagenabgleich, der Raumluftvolumenstrom, wie bereits erwähnt, gleichmäßig auf die einzelnen Auslässe verteilt sein. Andererseits darf, wie im Späteren erläutert, die, gemäß DIN 1946 T2, zulässige Raumluftgeschwindigkeit nicht überschritten werden, die natürlich über den Zuluftstrom am jeweiligen Auslass zu Stande kommt.

Es gibt diverse Messverfahren. Im Wesentlichen sollen hier die praxisrelevantesten Methoden erläutert werden.

a) Kanalansatzverfahren

Insbesondere bei geometrisch komplizierten Luftdurchlässen kommt dieses Verfahren zur Anwendung. Dabei wird an den Auslass ein Luftkanalstück aufgesetzt. Die Länge des Luftkanales liegt dabei zwischen dem ca. 4 fachen des hydraulischen Auslassdurchmessers. Wichtig ist dabei vor allem die Vermeidung von Induktion. Am Mündungsquerschnitt werden die Geschwindigkeiten über eine Netzmessung (wie vorher beschrieben) erfasst. Aufgrund der Haftbedingung (Geschwindigkeit am Kanalrand = 0) und der in aller Regel ungleichmäßigen Durchströmung des Luftdurchlasses, ist eine Punktmessung nicht ausreichend. Es gilt vielmehr das Geschwindigkeitsprofil zu erfassen. In Abhängigkeit des Ansatzstückes rund – eckig kommen dabei die bereits beschriebenen Verfahren zum Einsatz.

b) Nullmethode

Ebenfalls für „geometrisch kompliziertere Luftdurchlässe" empfiehlt sich die sogenannte Nullmethode. Dabei wird eine Kammer unter dem Auslass montiert, die mit einem Ventilator verbunden ist. Bei ausgeschaltetem Ventilator stellt sich in der Kammer ein Überdruck ein. Nun wird am Ventilator eine entsprechende Luftmenge eingestellt, sodass sich innerhalb der Kammer Umgebungsdruck einstellt. Der am Ventilator eingestellte Luftstrom entspricht dann genau dem Zuluftvolumenstrom. Das Prinzip kann durch Änderung der Strömungsrichtung auch für Abluftdurchlässe angewandt werden.

Bild 21-10: Nullmethode

c) Luftdurchsatzmesser

Bild 21-11: Luftdurchsatzmesser [10]

Ein äußerst praxisgerechtes Verfahren zur Volumenstrombestimmung an Decken- und Wanddurchlässen ist der sogenannte Luftdurchsatzmesser. Das Messgerät besteht, im Regelfall, aus einer Segeltuchhaube, an deren Basis sich ein Speichenrad befindet. Die über dieses Messkreuz eintretende Luft strömt danach in eine mittig angeordnete Kammer mit integrierter thermischer Sonde. In Abhängigkeit des Querschnitts wird der Volumenstrom angezeigt. Zur Vermeidung von Induktion wird über Querschnittsverengung ein Gegendruck erzeugt. Während der Messung wird der Luftdurchsatzmesser unter einem Durchlass positioniert. Die eintretende Luft strömt über die Haube in die Durchlässe des Speichenrades. In diesem befindet sich zur eigentlichen Volumenstromermittlung ein Heißfilmsensor. Das über den Gegendruck leicht verfälschte Messergebnis wird über ein Nomogramm korrigiert. Für verschiedene Austrittsquerschnitte gibt es unterschiedliche Haubengrößen. Das Verfahren ist einfach und für die meisten Auslasstypen (Zu-/Abluft) hinreichend genau. Nach derzeitigem Kenntnisstand ist es jedoch bei Drallluftauslässen nicht anwendbar.

d) Schleifenverfahren

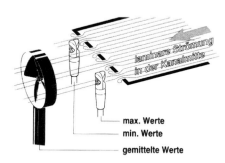

max. Werte
min. Werte
gemittelte Werte

Bild 21-12: Integrierende Messung mit großem Flügelrad

Das Verfahren findet bei einfachen Gittern oder Lochblechen Anwendung. Die Volumenstrombestimmung erfolgt über die Geschwindigkeitsmessung, die anhand eines Flügelradanemometers vorgenommen wird. Bei der zu wiederholenden Messung wird der gesamte Gitterquerschnitt während der Messzeit gleichmäßig abgefahren. Der Volumenstrom wird dann bestimmt über das korrigierte Produkt aus freier Querschnittsfläche und mittlerer Strömungsgeschwindigkeit.

$$\dot{V} = a\, A_f\, \overline{w}. \qquad (21\text{-}4)$$

Während mit dem Anemometer bei Abluftgittern direkt am Gitter gemessen werden kann, so muss der Messfühler bei Zuluftgittern einen bestimmten gerätespezifisch vorgegebenen Abstand zum Durchlass aufweisen. Auf diesem kurzen Weg erfolgt bereits Induktion. Dieser Tatsache begegnet der Faktor a, als empirisch ermittelte Größe. Die mittlere Strömungsgeschwindigkeit wird mit Hilfe des Windweges, der Messzeit und einer ebenfalls gerätespezifischen Flügelradkorrektur, gewichtet über die Anzahl Messungen, ermittelt.

$$\overline{w} = \frac{1}{n} \sum_{i=1}^{i=n} \left(\frac{s}{Z} \pm k \right)_i . \qquad (21\text{-}5)$$

Aufgrund seiner Einfachheit findet das Verfahren häufig Anwendung. Der Messfehler dieser Methode ist jedoch relativ hoch und liegt meist über $\pm 20\,\%$.

e) Netz-Verfahren

Das Netz-Verfahren findet bei geometrisch simplen Luftdurchlässen (z. B. Gittern) Verwendung. Der freie Querschnitt wird in gleichgroße Segmente aufgeteilt. In jedem Teilquerschnitt wird dann die Geschwindigkeit gemessen, wobei sich die mittlere Strömungsgeschwindigkeit über die Mittlung aller Einzelgeschwindigkeiten ergibt.

$$\overline{w} = \frac{1}{n} \sum_{i=1}^{i=n} w_i \qquad (21\text{-}6)$$

Der Volumenstrom ergibt sich dann über die mittlere Strömungsgeschwindigkeit mit der gesamten freien Querschnittsfläche.

$$\dot{V} = A_f\, \overline{w} \qquad (21\text{-}7)$$

f) Drosselgeräte

Ein weiteres Verfahren zur Volumenstromermittlung liegt in der Verwendung normierter Düsen und Blenden. Das Messverfahren wird ausführlich in der DIN 1952 [5] erläutert. Dabei könnten theoretisch bei idealen An- und Abströmbedingungen auch normierte Bauelemente, wie Wärmeübertrager, Lochbleche etc., als Düsen eingesetzt werden, deren Druckabfall in Abhängigkeit des Volumenstromes einer normierten Gesetzmäßigkeit unterliegen. Diese idealen Verhältnisse liegen vor, wenn vor gezogenen glatten Luftkanälen oder Rohrleitungen mindestens 1 D_h Anström- und 5 D_h [11] Abströmbedingungen vorhanden sind. In der Praxis gibt es derartige Anlagen fast nie. Darüber hinaus werden selten gezogene Luftleitungen verwendet. Da die Widerstandskennlinie jedoch lediglich für diesen Idealfall vorliegt, ist von der Messmethode abzuraten.

g) Sonstige Verfahren

Weitere aufwendige Verfahren wie beispielsweise mittels Spurengase oder Gasuhren sollen hier nicht weiter erläutert werden, da sie für konventionelle Anlagen eher praxisfremd sind. Erwähnt werden soll noch das sogenannte Airbag - Verfahren (Messung des Luftvolumens in einem Ballon direkt am Auslass). Es versteht sich von selbst, dass die sinnvollste Messmethode in der Messung innerhalb der Luftleitung (gemäß Netzmessung), vorm Luftdurchlass, liegt, falls dieser sichtbar verlegt und somit zugängig ist.

21.3.1.4 Raumluftgeschwindigkeit

Zur Untersuchung der Raumströmung können Raumluftgeschwindigkeitsmessungen erforderlich werden. Sie bedingen einen hohen apparativen Aufwand und sind lediglich erforderlich, wenn sie vorher schriftlich vereinbart wurden oder falls Behaglichkeitsbedenken aufkommen. Die Raumluftgeschwindigkeit ist, gemäß den Behaglichkeitskriterien der DIN 1946, eine Funktion des sogenannten Turbulenzgrades und der Lufttemperatur. Die Werte in der Richtlinie gelten für Aktivitätsstufe I + II (im Wesentlichen sitzende Tätigkeit, Wärmestrom 120 W/Person) und der im Sommer üblichen leichten bis mittleren Kleidung entsprechend einem Wärmedurchlasswiderstand der Kleidung von etwa 0,12 m² K/W.

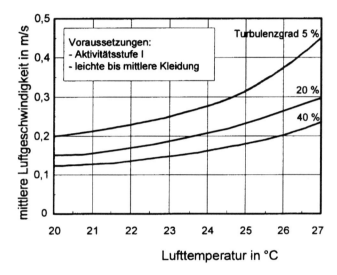

Bild 21-13: Mittlere zulässige Raumluftgeschwindigkeiten

Bei einer Erhöhung des Wärmedurchlasswiderstandes um 0,032 m² K/W, respektive einer Aktivitätssteigerung von 10 W, darf die zulässige Luftgeschwindigkeit auf die um etwa 1 K erhöhte, zugeordnete Luftgeschwindigkeit angehoben werden. Entsprechendes gilt bei abgesenkter Lufttemperatur. In Abhängigkeit dieser Angaben liegt die zulässige Raumluftgeschwindigkeit zwischen 0 und 0,45 m/s. Der Messvorgang ist aufgrund der kleinen Geschwindigkeiten nur mit hochempfindlichen, richtungsunabhängigen Messsonden möglich.

Die Messzeit beträgt in der Regel 100 s. Die mittlere Geschwindigkeit ist dabei der arithmetische Mittwert der zahlreichen Einzelmessungen

$$w = \frac{1}{n} \sum w_i. \tag{21-8}$$

Die einzelnen Geschwindigkeiten können, wie nachfolgende Abbildung verdeutlicht, aufgrund diverser Einflüsse starken Schwankungen unterliegen.

Um eine Aussage über den Grad der Schwankung dieser „fieberkurvenähnlichen" Verläufe zu erhalten, errechnet man die Standardabweichung vom Mittelwert.

$$S_w = \sqrt{\frac{1}{n-1} \sum (w_i - \overline{w})^2} \tag{21-9}$$

Anhand von Standardabweichung und mittlerer Geschwindigkeit bestimmt sich letztlich der sogenannte Turbulenzgrad.

$$T_u = \frac{S_w}{\overline{w}} \, 100\% \qquad\qquad (21\text{-}10)$$

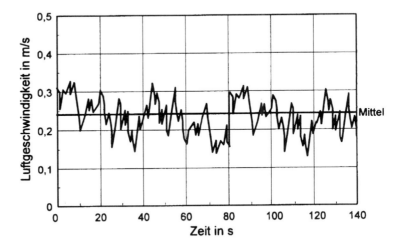

Bild 21-14: Zeitlicher Verlauf einer Geschwindigkeitsmessung im Raum

Falls der Turbulenzgrad nicht ermittelt werden kann, so ist dieser mit 40 % anzunehmen. Liegt der Turbulenzgrad über 40 %, so wird als zulässige Geschwindigkeit der Wert für einen Turbulenzgrad von 40 % gewählt. Geringe Turbulenzgrade erzielt man lediglich bei Verdrängungssystemen. Hohe Turbulenzgrade entstehen insb. bei Induktionsauslässen. Die Messungen müssen für das korrespondierende Temperaturprofil in 0,1 m, 1,1 m und 1,7 m Höhe aufgenommen werden. Zur Vermeidung von Sondenbewegungen sollte ein Stativ verwendet werden. Ähnlich der operativen Raumlufttemperatur ist anzumerken, dass die DIN 1946, nur in Räumen mit Personenbelegung bindend ist. In Räumen ohne ständigen Arbeitsplatz, z. B. bei RLT-Anlagen in DV-Räumen, oder, z. B. in Industriehallen, dürfen mitunter höhere Geschwindigkeiten gefahren werden.

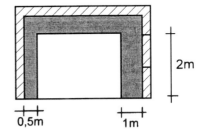

Bild 21-15: Messort

Der Messort kann stichprobenartig, willkürlich im Raum festgelegt werden. Lediglich in den Randzonen, 1 m von der Außenwand bzw. 0,5 m von der Innenwand, darf nicht gemessen werden, da hier andere Phänomene auftauchen (z. B. Kaltluftabfall an der Scheibe). Überhaupt sollte, bei Zugbeschwerden, der Kaltluftabfall, bei ausgeschalteter RLT-Anlage, reflektiert werden. Die Raumluftgeschwindigkeit, oberhalb 2 m Höhe, ist gleichfalls nicht von Interesse.

Beispiel: Überprüfung der zulässigen Raumluftgeschwindigkeiten

In einem Konstruktionsbüro häuften sich Unbehaglichkeitsäußerungen, mit dem Argument zu hoher Luftgeschwindigkeiten infolge RLT-Anlage. Daraufhin wurde von einem Gutachter die Raumströmung untersucht. In dem Raum der Aktivitätsstufe II (sehr leichte Tätigkeit im Stehen oder Sitzen) befanden sich Personen, die sogenannte mittlere Kleidung trugen und 150 W/Person abgaben. Die Geschwindigkeitsmessung erfolgte über 100 s mit einem richtungsunabhängigen, Hitzdrahtanemometer gleichzeitig in den Ebenen 0,1 m, 1,1 m und 1,7 m. Das Messgerät berechnete den Turbulenzgrad direkt.

Tabelle 21-5: Mess- und Ergebnisprotokoll zur Ermittlung der Raumluftgeschwindigkeit

	Höhe	**m**	**0,1**	**1,1**	**1,7**
Messung					
Lufttemperatur	t_L	°C	21,2	22,1	22,6
Turbulenzgrad	T_u	%	21	30	71
mittlere Geschwindigkeit	$\overline{w}$	m/s	0,26	0,22	0,26
Korrektur 1					
vorhandene Aktivitätsstufe	$\dot{Q}$	W	150	150	150
Zuschlag für Aktivitätsstufe	Δt_Q	K	3	3	3
Korrektur 2					
vorhandene Bekleidung	R	m² K/W	0,16	0,16	0,16
Zuschlag für Bekleidung	Δt_R	K	1	1	1
Ergebnis					
korrigierte Lufttemperatur	t_L	°C	25,2	26,1	26,6
korrigierter Turbulenzgrad	T_u	%	21	30	40
zulässige Geschwindigkeit (DIN 1946)	$\overline{w}$	m/s	**0,23**	**0,24**	**0,22**

Erläuterung:

Mit den gemessenen Daten konnte die Behaglichkeit gemäß DIN 1946 nicht sofort aus dem Diagramm abgelesen werden. Die Werte mussten, da die DIN 1946, direkt nur eine Aussage über die Raumluftgeschwindigkeit bei Aktivitätsstufe I und leichter Kleidung (120 W/Person bzw. $R = 0,12$ m² K/W) gibt, auf veränderte Aktivitätsstufe und Bekleidung umgerechnet werden. Der Wärmestrom zur Zeit der Messung im Konstruktionsbüro lag um 30 W höher, d. h. die Temperatur durfte um 3 K (1 K je 10 W) angehoben werden. Infolge der Verwendung sogenannter mittlerer Bekleidung 0,04 m² K/W musste die Temperatur nochmals um ca. 1 K nach oben korrigiert werden (1 K je 0,032 m² K/W). Da die DIN 1946, keine Aussagen über Turbulenzgrade > 40 % trifft, wurde bei den entsprechenden Messungen die Kurve für 40 % angesetzt. Das Messergebnis zeigte, dass die Luftgeschwindigkeit tatsächlich an zwei Stellen, nämlich in 0,1 m und 1,7 m Höhe, zu hoch waren! Es muss dabei jedoch letztlich geklärt werden, ob die geringfügige Überschreitung innerhalb der Fehlertoleranz des Messgerätes liegt, was in diesem Falle sehr wahrscheinlich der Fall ist.

21.3.2 Temperaturen

Temperaturmessungen können einerseits im Gerät, in den Luftleitungen, im Raum oder in Flüssigkeiten abverlangt werden. Im Weiteren sind die einzelnen Messverfahren angeführt.

21.3.2.1 Temperatursensoren

Lufttemperaturen (Strömungskanal, Luftauslass)

Die Temperaturermittlung im Strömungskanal und an Luftdurchlässen kann sowohl mit mechanischen als auch mit elektrischen Temperaturfühlern erfolgen. Gemäß der

VDI 3511 [9] eignen sich insbesondere Thermoelemente, Widerstandsthermometer und Quecksilberthermometer. Sind Widerstands- und Quecksilberthermometer aufgrund ihrer relativ großen Masse eher träge Fühler mit längeren Beharrungszeiten, so dienen Thermoelemete aufgrund ihres geringen Eigengewichtes zur schnellen Erfassung der Temperatur.

Bei der Verwendung von Thermoelementen ist ein höherer apparativer Aufwand erforderlich (Vergleichstelle mit Eiswasser bzw. elektrisch, Digitalmultimeter etc.), so dass eigentlich nur Widerstands- und Quecksilberthermometer praxistauglich sind.

Thermoelente bestehen immer aus einem Thermopaar, häufig aus den Materialien NiCr-Ni bzw. Eisen-Konstantan. Unter Verwendung der jeweiligen Thermodrähte können Thermoelemente selber gefertigt werden. Zur Überbrückung längerer Wegstrecken finden sogenannte Ausgleichsleitungen Verwendung, die an das eigentliche Element gekuppelt werden. Detaillierter Aufbau und Handhabung sind der DIN 43710 [14] zu entnehmen. Aufgrund des Alterungsprozesses müssen Thermoelemente beizeiten, anhand eines hinreichend genauen Referenzmessfühlers, neu kalibriert werden.

Gebräuchliche Widerstandsthermometer sind derzeit beispielsweise das PT100 und der NTC. Bei Eigenkonstruktionen ist auf eine geeignete Leiterschaltung zur Kompensation des Leitungswiderstandes zu achten. Die DIN 43760 [15] gibt Auskunft über Aufbau und Verwendung. Handelsübliche Messfühler sind meistens direkt mit dem Digitalmultimeter gekoppelt. Häufig sind die Widerstände bereits in die sogenannten thermischen Sonden, zur direkten Anzeige von Geschwindigkeit und Temperatur, integriert. Quecksilberthermometer sind nur verwendbar, wenn sie einen Strahlungsschutz besitzen [16].

Prinzipiell ist die Länge des Fühlers von der vorzunehmenden Messung abhängig. So sind beispielsweise für Netzmessungen in der Strömungskanalmitte längere Sonden, z. B. mit Teleskoparm, der unter 45° in den Fluidstrom gehalten wird, erforderlich.

Temperaturen in Flüssigkeiten

Zur Leistungsüberprüfung an Wärmeübertragern ist es notwendig, die wasserseitige Temperaturdifferenz an Ein- und Austritt zu messen. Hierbei gibt es prinzipiell drei Möglichkeiten. Einerseits kann die jeweilige Temperatur über Einschraubwiderstandsthermometer gemessen werden. Der Fühler wird bei Stahlrohren dabei direkt über ein angeschweißtes Röhrchen mit Gewinde entweder unter 45° oder unter 180° (im Bogen) in den Fluidstrom eingeschraubt. Andererseits besteht die Möglichkeit, Tauchhülsen unter den vorher genannten Winkeln am Rohr anzulöten, was häufig bei Kupferrohrleitungen der Fall ist. Die Tauchhülsen werden dann mit einer wärmeleitenden Flüssigkeit gefüllt. In dieser Hülse kann dann die Temperatur entweder mit Thermoelementen oder Widerstandsthermometern erfasst werden. Falls die erforderlichen Einlauflängen [3] nicht vorhanden sind, ist aus Genauigkeitsgründen von dem Verfahren Abstand zu nehmen. Die beiden vorgenannten Verfahren sind allerdings prinzipiell praxisfremd und zur schnellen Temperaturerfassung während der Abnahme höchst ungeeignet, da die Tauchhülsen oder Einschraubvorrichtungen im Nachhinein an den Rohrleitungen angebracht werden müssen. Eine einfachere und nicht minder ungenaue Methode liegt in der Ermittlung der Oberflächentemperaturen. Hierbei kommen entweder magnetische Widerstandsthermometer oder Thermoelemente, die mehrmals um die Rohrleitung und anschließend thermisch ummantelt werden, zum

Einsatz. Prinzipiell entspricht die Oberflächentemperatur nicht der mittleren Fluidtemperatur. Der absolute Fehler ist jedoch in aller Regel < 1 K. Da lediglich die Temperaturdifferenz von Interesse ist, der Fehler aber sowohl an Vor- und Rücklauf auftritt, reduziert sich die Ungenauigkeit gegen 0 %.

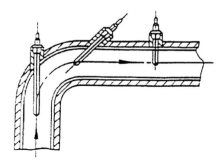

Bild 21-16: Einschraubwiderstandsthermometer [4]

Operative Raumtemperatur

Die Behaglichkeitsanforderungen der DIN 1946, Teil 2, spechen im Zusammenhang mit RLT-Anlagen ausschließlich von der sogenannten operativen Raumtemperatur. Diese setzt sich zu gleichen Anteilen aus der konvektiven Lufttemperatur und der raumumschließenden Oberflächentemperatur zusammen. Der einzusetzende Fühler muss sowohl Luft- als auch Raumumschließungstemperatur erfassen. Zum Einsatz kommt das sogenannte Globethermometer. Es handelt sich dabei im Aufbau um ein Widerstandsthermometer, das sich in einer metallenen Hohlkugel mit schwarzem Anstrich befindet. Bei der Verwendung eines Durchmessers von 150 mm korrespondiert die dabei erfasste Temperatur der Empfindungstemperatur des Menschen [17]. Die Fühler gibt es handelsfertig, können jedoch auch selber, unter den vorher genannten Randbedingungen für Widerstandsthermometer, gefertigt werden.

21.3.2.2 Lufttemperaturen am Gerät bzw. in der Luftleitung

Gemäß der VDI 2079 sind in Anlagen mit Zulufttemperaturregelung eine Temperaturregistrierung im Kanal und bei Anlagen mit Raumlufttemperaturregelung eine stichprobenartige Temperaturregistrierung während des Probebetriebes vorzunehmen. Es können aber auch Messungen an Wärmeübertragern: z. B. Wärmerückgewinner, Erwärmer, Kühler erforderlich werden.

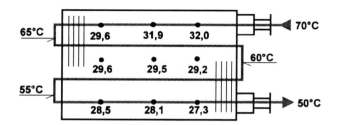

Bild 21-17: Exempl. Temperaturverteilung im Erhitzer

In den meisten Fällen liegt innerhalb des Gerätes oder im Kanal Temperaturverteilung vor, d. h. die Temperatur variiert über den Flächenquerschnitt. So ist es selbstverständlich, dass aufgrund der wasserseitigen Temperaturspreizung, z. B. 70/50 °C in

Abhängigkeit der Stromführung, auch luftseitig anisotherme Felder auftreten. Ein weiterer Grund für Temperaturverteilung ist durch Umlenkungen gegeben. Hier kommt es zu lokalen Totwassergebieten infolge der Einschnürung des Geschwindgkeitsprofiles. Letztlich kommt es beispielsweise in Mischkammern, ähnlich wie in der Meteorologie, nicht zu der gewünschten Durchmischung von „Kalt- und Warmluftfront". Die Mischkammer verdient daher ihre Bezeichnung eigentlich nicht, da die Luftmengen quasi nebeneinander herströmen, so dass es auch hier zu Temperaturverteilung mit lokalen Differenzen bis zu 40 K kommt. Eine Durchmischung mit resultierender einheitlicher Lufttemperatur erfolgt häufig erst nach ca. 200 D_h, also weit hinter dem Gerät [11]! Nachgeschaltete Komponenten im RLT-Gerät bewirken je nach Betriebsart lediglich eine positive oder negative Veränderung in Strömungsrichtung.

Die Konsequenz liegt in der Durchführung einer Netzmessung. Es macht, ähnlich der Geschwindigkeitsmessung in der Luftleitung, keinen Sinn, einzelne Punktmessungen durchzuführen, da hier sicherlich nicht die repräsentative Temperatur erfasst wird.

21.3.2.3 Zulufttemperatur und operative Raumtemperatur

Bei kaum einer Funktionsmessung gibt es soviel Unkenntnis wie bei der Erfassung der Temperaturen im Raum. Die Erfassung der Zulufttemperatur, die direkt am Luftdurchlass erfolgt, bereitet dabei keinerlei Probleme. Wichtiger als die Zulufttemperatur ist hingegen, die, für die Behaglichkeit im Raum maßgebliche, operative Raumtemperatur. Ausschließlich diese gilt es, entsprechend den Behaglichkeitskriterien der DIN 1946, einzuhalten.

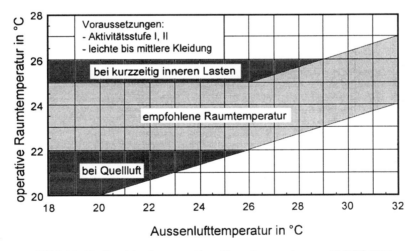

Bild 21-18: Bereiche der operativen Raumtemperatur gemäß DIN 1946

Aber gerade über die operative Raumtemperatur existiert in der gesamten Branche große Ahnungslosigkeit und zumeist wird sie bei der Abnahme überhaupt nicht erfasst.

Gemäß DIN 1946 ist bei raumlufttechnischen Anlagen im Aufenthaltsbereich das Zusammenspiel von Luft- und Strahlungstemperatur der Umgebungsoberflächen gleichermaßen zu berücksichtigen (insbesondere bei installierten Kühlflächen oder bei großflächigen Scheiben).

$$t_O = 0,5\,(t_L - t_s) \tag{21-11}$$

Dieser Forderung wird also nicht durch alleinige Messung der Raumlufttemperatur mittels Quecksilberthermometer oder anderen Messfühlern Rechnung getragen. Es müssten zusätzlich die Oberflächentemperaturen jeder Umschließungsfläche gemessen und mit den korrespondierenden Flächenanteilen gewichtet werden. Da diese Aufgabe nahezu undurchführbar ist, kommen für derartige Messungen nur spezielle Temperaturfühler in Frage, die beide Komponenten (Konvektion und Strahlung) gleichermaßen erfassen können. Ein derartiger Messfühler ist beispielsweise das Globe-Thermometer. Die Messungen mit dem Globe sind zeitgleich in 0,1 m, 1,1 m und 1,7 m Höhe durchzuführen, d. h. in Knöchel-, Sitz- und Kopfhöhe. Bei der Messung ist der extrem lange Beharrungszustand des Globe-Thermometers zu beachten.

Eine weitere Forderung der DIN 1946 liegt in der Einhaltung des Lufttemperaturgradienten (also nicht operativ, sondern konvektiv). Dabei darf der vertikale Temperaturgradient lediglich 2 K je m Raumhöhe betragen. Eine letzte Forderung liegt in der Einhaltung der Lufttemperatur in 0,1 m Höhe, von 21 °C. Die letztlich genannten Forderungen sollten insbesondere bei Quellluft- sowie Wand- und Bodenkühlsystemen überprüft werden.

Für die einzuhaltende operative Raumtemperatur sind, falls nicht schriftlich vereinbart, die zulässigen Bereiche der DIN 1946 T2 bindend. Die Anforderungen der DIN 1946, beziehen sich aus Gründen der Behaglichkeit auf Räume mit Personenbelegung.

21.3.2.4 Wärmeübertrager

Wärmeübertrager in RLT-Anlagen existieren in der Form von Erwärmern, Kühlern oder Wärmerückgewinnern. Die eintretende Luft nimmt dabei, in positiver oder negativer Form, den Wärmestrom der jeweiligen Komponente auf. Der trockene Luftmassenstrom bleibt dabei (Leckagen unberücksichtigt) stets konstant. Der Volumenstrom ändert sich allerdings in Abhängigkeit des Dichteunterschiedes. Bei der feuchten Kühlung variiert ebenfalls der Gesamtluftmassenstrom, als Summe von trockenem und feuchtem Massenstrom, infolge des Kondensatausfalls.

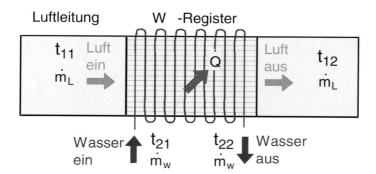

Bild 21-19: Definitionen am Wärmeübertrager

Messungen an Wärmeübertragern können erforderlich werden, wenn die Leistung des Wärmeübertragers angezweifelt wird, z. B.: im Winterfall zu niedrige Raumtemperatur. Die Schwierigkeit bei der Überprüfung liegt in der Tatsache, dass ein Wärmeübertrager immer mit einem Leistungsspektrum versehen ist und niemals nur eine einzelne Leistung aufweist. Er muss jedoch unter ganz gewissen Randbedingungen eine bestimmte Leistung besitzen. Zu einem Wärmeübertrager, beispielsweise einem Lufterhitzer (in der Versorgungstechnik existieren überwiegend Kreuzströmer), muss dementsprechend immer die jeweilige Kennlinie oder auch Betriebscharakteristik vorliegen. Mit dieser kann auf den aktuellen Betriebsfall, der sich am Tag der Abnahme aller Voraussicht nach nicht mit dem Auslegungsfall deckt, zurückgerechnet werden.

Die Überprüfungsmöglichkeit besteht in dem Vergleich der dimensionslosen Betriebscharakteristik, mit dem gemessenen Betriebspunkt.

Aus den Herstellerunterlagen entnimmt man, die tabellarisch aufgelisteten, Luftein- und Austrittstemperaturen (t_{11}, t_{12}) sowie die Wassereintrittstemperatur (t_{21}) und berechnet, bezogen auf den wahren Auslegungsfall, die sogenannte Aufheizzahl.

$$\Phi_1 = \frac{t_{12} - t_{11}}{t_{21} - t_{11}} \qquad (21\text{-}12)$$

Aufgetragen wird diese über dem Wärmekapazitätsstromverhältnis μ.

$$\mu = \frac{\dot{C}_1}{\dot{C}_2} \qquad \text{mit} \ \ 0 < \mu \le 1 \qquad (21\text{-}13)$$

Der Wärmekapazitätsstrom des jeweiligen Stoffstromes (Index: 1 für Luft, 2 für Wasser) entspricht dabei dem Produkt aus Massenstrom und spezifischer Wärmekapazität.

$$\dot{C} = \dot{m}\, c_p \qquad (21\text{-}14)$$

Selbiges ermittelt man nun, am Tag der Abnahme, für den Betriebspunkt. Bei der Messung muss am luftseitigen Wärmeübertragerein- bzw. -austritt das Temperaturprofil aufgenommen werden. Ferner muss anhand des aufgenommenen Geschwindigkeitsprofiles der Massenstrom vorliegen. Möglichst nahe am Wärmeübertrager wird weiterhin wasserseitig die Vor- und Rücklauftemperatur erfasst. Falls direkt am Register keine Ablesemöglichkeit gegeben ist, darf die Temperatur, aus Genauigkeitsgründen, nicht am Verteiler abgelesen werden, da bis zum Wärmeübertrager Verluste existieren. Die einfachste Methode liegt dann in der Umwicklung der Rohroberflächen mit Thermodrähten (mit Klettverschluss oder unterhalb der Wärmedämmung), unmittelbar am Register. Der dabei auftretende Fehler ist, insbes. bei Cu-Leitungen, relativ gering und hebt sich bei Temperaturdifferenzen ehedem auf. Letztlich ist noch die Kenntnis über den wasserseitigen Massenstrom erforderlich. Zur messtechnischen Erfassung müsste ein Schwebekörper oder ein Induktivdurchflussmesser im Fluidstrom angebracht werden. Da dieser Aufwand nicht vertretbar ist, wird in aller Regel über eine Energiebilanz auf den wasserseitigen Massenstrom zurückgerechnet.

$$\dot{Q}_{\text{Luft}} = \dot{Q}_{\text{Wasser}} = \dot{m}\, c_p\, \Delta T \qquad (21\text{-}15)$$

Wurden sämtliche Messgrößen erfasst und auf Betriebszustand umgerechnet, so gelten die Garantiewerte als akzeptabel, wenn sich der Betriebspunkt, innerhalb der Fehlertoleranz, auf oder über der Kennlinie des Wärmeübertragers befindet. Andernfalls muss die Leistung, wie beispielsweise in nachfolgender Abbildung, angezweifelt werden.

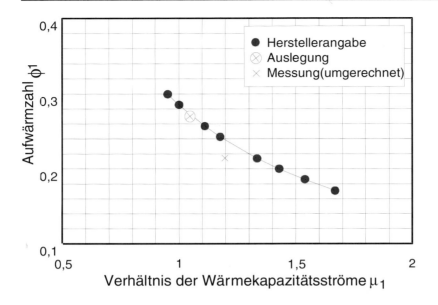

Bild 21-20: Garantiekurve, Auslegungspunkt und Betriebspunkt eines Wärmeübertragers

Die Ursache hierfür liegt jedoch selten beim Gerätehersteller, als vielmehr in einer mangelhaften Montage des ausführenden Unternehmens. Ein häufiger Fehler ist dabei die Platzierung des Gerätes unmittelbar hinter Umlenkungen. Durch die dann auftretende Strömungseinschnürung, kommt es zu einer Beschleunigung, infolge lokaler Totwasserzonen, d. h. die Fläche des Wärmeübertragers wird nicht zu 100 % beaufschlagt.

Vielfach kommt es auch in Dachzentralen zu Problemen. Da das Register an erhöhter Stelle liegt, sammelt sich dort häufig Luft im Wärmeübertrager. Die Folge ist eine Unterbrechung des Durchflusses, was letztlich im Winter sogar zur Einfriergefahr führt.

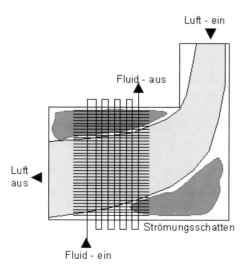

Bild 21-21: Fehlerhafte Montage eines Wärme-übertragers im Strömungsschatten

Eine weitere Auslegungsgröße des Wärmeübertragers, auf die hier nicht weiter eingegangen wird, ist der Druckverlust.

21.3.3 Luftfeuchtigkeit

Die Luftfeuchtemessung in Gerät oder Raum wird erforderlich, im Falle einer vereinbarten Raumsollfeuchtigkeit. Dieses ist insbesondere in Produktionsbetrieben der papier- und textilverarbeitenden Industrie, in Museen oder aber aus bauphysikalischen Gründen (Schwimmbad, Küche) der Fall.

21.3.3.1 Luftfeuchtesensoren

Zur Erfassung der Luftfeuchtigkeit stehen diverse Messverfahren zur Verfügung. So beispielsweise: *Assmann*sches Aspirationspsychrometer, Lithiumchlorid-Fühler (LiCl-Fühler), Haarhygrometer, kapazitive Feuchtefühler mit hygroskopischem Dielektrikum sowie elektrische Feuchtefühler mit Kunststoff-Metall-Spirale. Die Feuchteerfassung erfolgt prinzipiell über zwei unterschiedliche Methoden. Entweder basiert sie auf der Feuchtempfindlichkeit von Materialien oder auf dem Prinzip der Verdunstungskühlung.

So sind beispielsweise die kapazitiven Fühler in der Lage, die relative Feuchte unmittelbar anzuzeigen. Das Messprinzip unterliegt der Feuchtempfindlichkeit des Dielektrikums eines elektrischen Kondensators. Die Kapazität ändert sich proportional der Luftfeuchte. Die Fühler haben zudem den Vorteil, dass sie nahezu wartungsfrei sind. Man sollte sich jedoch immer über die Messgenauigkeit der Fühler informieren, denn bei einigen Geräten stellen sich nach erhöhter Beladung gravierende Fehler ein. Grund hierfür ist eine Betauung der Sensorik, die das Ergebnis komplett verfälscht. Liegt beispielsweise ein Feuchtesensor über Nacht in einem kühlen Auto (meist hohe relative Luftfeuchtigkeit), so könnten sich Ungenauigkeiten einstellen, wenn am nächsten Tag im warmen Raum gemessen wird.

Bild 21-22: *Assmann*sches Aspirationspsychrometer

Andere Messinstrumente (*Assmann*sches Aspirationspsychrometer) nutzen den Aspirationseffekt. Das Messgerät erfasst zwei unterschiedliche Temperaturen. Einerseits wird die Trockentemperatur gemessen. Anschließend wird am Fuße eines zweiten Thermometers ein Strumpf mit destilliertem Wasser beträufelt. Ein Miniventilator forciert jetzt die Verdunstungskühlung, was letztlich eine Abkühlung von der Trockentemperatur, über konst. Enthalpie, hin zur Feuchtkugeltemperatur (gesättigter Zustand) bewirkt. Die Beladung kann, nach der Messung, aus dem h, x-Diagramm, als Schnittpunkt von Trockentemperaturgerade und Enthalpiegerade der ermittelten Feuchtkugeltemperatur, abgelesen werden. Letzteres Verfahren gilt als eines der Genauesten zur Erfassung der Raumluftfeuchte.

21.3.3.2 Raumluftfeuchte

Aus Zeit- und Genauigkeitsgründen empfiehlt sich das Aspirationspsychrometer. Es sind einzelne Referenzmessungen stichprobenartig vorzunehmen. Die einzustellende Luftfeuchtigkeit wird dabei in aller Regel vorher schriftlich vereinbart. Ist das nicht der Fall, so empfiehlt die DIN 1946:

- oberer Wert: 11,5 g Wasser/kg Luft absolute Feuchte und 65 % relative Feuchte,
- unterer Wert: nicht unter 30 % relative Feuchte.

Konventionelle h, x-Diagramme besitzen ihre Gültigkeit für den Normdruck. Da die meisten Feuchtemessgeräte den Luftdruck nicht kompensieren, kann bei starker Abweichung vom Normdruck, z. B. in sehr hohen Regionen, eine Korrektur über die sogenannte *Sprung*sche Gleichung (diese korrigiert das Ergebnis in Abhängigkeit von Trocken- und Feuchtkugeltemperatur, auf den jeweiligen Luftdruck), erforderlich werden.

$$p_p = p_s - \frac{(t_{tr} - t_f)\, p_B}{1640} \qquad p_p,\ p_s,\ p_B \text{ in mbar} \qquad (21\text{-}16)$$

21.3.3.3 Luftfeuchtigkeit im Gerät

Repräsentative Feuchtemessungen im Luftkanal sind, während des Abnahmevorganges, eigentlich nahezu unmöglich, da auch hier eine Netzmessung bei langer Beharrungszeit erforderlich würde. Entweder vertraut man den Kanalfühlern oder aber man vollzieht den Prozessverlauf nach.

Dieser Sonderfall zur vereinfachten Ermittlung des Feuchtezustandes im Gerät ist über die Taupunktregelung gegeben. Im Kühlfall kondensiert die Luft bei 60...70 % relativer Luftfeuchte bereits aus und beschreibt dann einen kurvenartigen Verlauf in Richtung Sättigung. In der Regel kann davon ausgegangen werden, dass die hinter dem Kühler austretende Luft nahezu feuchtegesättigt ist (praktisch zwischen 90...100 %), so dass es ausreicht, die Trockentemperatur hinter dem Kühler zu erfassen und anschließend die absolute Feuchte, dieses Tauzustandes, dem h, x-Diagramm zu entnehmen. Im Winterfall ist dieses, ebenso vereinfacht, bei der Verwendung von Luftwäschern möglich. In Abhängigkeit des Befeuchterwirkungsgrades werden hier im Regelfall Austrittsfeuchten von meist ca. 70...80 % erreicht. Mit der korrespondierenden Trockentemperatur lässt sich somit ebenfalls die absolute Feuchtebeladung ermitteln. Dampfbefeuchter lassen sich in dieser Art leider nicht nachvollziehen, da sie die direkte Raumluftsollfeuchte anfahren und eine Gefahr der Überfeuchtung gegeben ist.

21.3.4 Druckmessungen

Die Totaldruckbestimmung an Ventilatoren oder die Ermittlung des Druckverlustes einzelner Komponenten können nachfolgende Druckmessungen erforderlich machen:

- statischer Druck (wirkt auf die Kanalwand),
- dynamischer Druck (in Strömungsrichtung),
- Totaldruck (Summe von stat. und dyn. Druck),
- Barometerdruck (wichtig zur Bestimmung von Unter- oder Überdruck).

21.3.4.1 Drucksensoren

Als Sensoren kommen, wie bereits erläutert, verstärkt Stau- bzw. *Prandtl*rohr zum Einsatz. Die Auflösung erfolgt entweder mit Schrägrohrmanometern, *Betz*manometern (hohe Auflösegenauigkeit) oder elektronischen Messdosen. Messungen zur Ermittlung des dynamischen Druckes, mit dem Ziel der Volumenstrom- oder Geschwindigkeitserfassung wurden bereits ausführlich erläutert. Standardmäßig ist ansonsten nach DIN 12599, falls nichts weiteres vereinbart wurde, lediglich der Druckabfall am Filter zu überprüfen. Der in der Regel, über die permanente Messeinrichtung am Filter, direkt abgelesen wird.

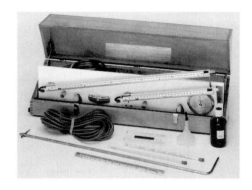

Bild 21-23: Mikromanometerprüfsatz [20]

21.3.4.2 Druckabfall am Filter

Vorab ist der sachgerechte Einbau und Dichtsitz des Filters festzustellen. In unbeladenem, d. h. reinem Zustand, muss sich, die vom Hersteller angegebene, Anfangsdruckdifferenz einstellen. Zur Überprüfung ist am Filter ein Differenzdruckschalter angebracht. An diesem befinden sich zwei Druckstutzen zum Anschluss an ein Auswertegerät, mittels zweier Druckanschlussschläuche. Die Länge der Schläuche ist dabei beliebig. Bei mehr als 2 m Länge erhöht sich lediglich die Ansprechzeit [21]. Der, für den Filterwechsel festzulegende, Schaltpunkt kann über eine, am Differenzdruckschalter angebrachte, Richterskala eingestellt werden. Es ist zu berücksichtigen, dass die Luftleistung infolge Filterverschmutzung, aufgrund des dann erhöhten Widerstandes, weiter abnehmen wird.

21.3.5 Ventilator

Neben dem bereits erläuterten Verfahren zur Volumenstrombestimmung müssen Stromaufnahme und, eventuell, Ventilatordrehzahl erfasst werden. Insbesondere bei Minderleistung sollte, zur Überprüfung, der Betriebspunkt des Ventilators, über Affinitätsgesetze auf Auslegebedingungen umgerechnet, in das Kennfeld des Herstellers eingetragen werden. Es kann am besten beurteilen, ob eine Leistungsteigerung durch einfachen Austausch einer größeren Keilriemenscheibe realisiert werden kann, oder ob direkt der komplette Motor ausgewechselt werden muss.

21.3.5.1 Stromaufnahme

Es gibt zwei Möglichkeiten zur Messung der Stromaufnahme am Ventilator. Zum einen kann mit Hilfe von stromseitigem Arbeitszähler, in Abhängigkeit der Betriebszeit, die Leistung ermittelt werden. Zum anderen besteht die praxisgerechtere Lösung, mit der Messung der Leistungsaufnahme am Schaltschrank, unter Verwendung eines Zangenamperemeters.

Gemäß DIN EN 12599 ist in jedem Fall die Stromaufnahme am Motor aufzunehmen. Diese muss sowohl für Zuluft- als auch Abluftventilatoren messtechnisch erfasst werden und darf keinesfalls einfach nur vom Typenschild abgelesen werden. In der Regel findet man in RLT-Anlagen Drehstrommotoren mit Kurzschlussläufer. Die Leistungsmessung erfolgt nach dem sogenannten 2 Watt Meter Verfahren (Aronschaltung). Als Messgeräte finden Stromwandlerzangen oder Schraubkappen, mit Amperemeter, Verwendung. Es genügen bei erdschlussfreien Anlagen zwei Leistungsmessungen gemäß nachstehender Abbildung:

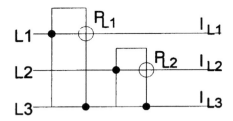

Bild 21-24: Messung mit zwei Zweileistungsmessern

Die Enden der Spannungspfade werden auf die dritte Leitung, in der keine Stromspule liegt, geschaltet. Die aufgenommenen Einzelleistungen addieren sich zur Gesamtleistung.

$$P = P_{L1} + P_{L2} = \sqrt{3}\, U\, I\, \cos\varphi \qquad (21\text{-}17)$$

Eine Alternative liegt in der Leistungsberechnung direkt am Stromzähler. Wenn man die Arbeit des Ventilators pro Zeit erfasst, so lässt sich aus dem Quotienten die Leistung errechnen.

21.3.5.2 Drehzahl

Bei Minderleistung sollte auf jeden Fall die Drehzahl des Motors aufgenommen werden. Die Messung der Ventilatordrehzahl erfolgt in aller Regel berührungslos über Stroboskop oder andere optische Reflektionsgeräte. Bei letzterem wird auf dem rotierenden Messobjekt eine Reflektionsmarke angebracht. Nach Betätigung der Auslösetaste auf der Geräteseite erscheint ein Lichtstrahl, der aus einer Entfernung von ca. 100 mm auf die Reflektionsmarke gerichtet wird. Simultan erscheint bei den meisten Messgeräten direkt die, auf entsprechende Zeiteinheit umgerechnete, Drehzahl [20].

Bild 21-25: Reflektionsgerät [20]

21.3.6 Schalldruckpegel

Wird eine Schalldruckmessung vertraglich gefordert, so ist ein Messgerät gemäß den Anforderungen der DIN-IEC 651 [8] zu verwenden. Hierbei handelt es sich in der Regel um ein Handpegelmessgerät, entsprechender Genauigkeitsklasse, gemäß Richtlinie.

Messungen sind lediglich vorzunehmen, wenn sie vorher vertraglich vereinbart wurden oder aber falls eine Beschwerde es erforderlich macht. Die einzuhaltenden A-bewerteten Schalldruckpegel sind der DIN 1946, T2 oder der DIN 4109 [13] zu entnehmen. Letztere Richtlinie weist die zulässigen A-bewerteten Schalldruckpegel von Gebäuden in haustechnischen Anlagen und Gewerbebetrieben aus. Hierbei handelt es sich um sogenanntes Baurecht! Die eigentlichen Schallschutzauflagen entnimmt man dabei dem Bauschein, der entsprechend dem jeweiligen Flächennutzungsplan vom Architekten auszufüllen ist. Nachfolgende Tabelle zeigt auszugsweise die Anforderungen der DIN 1946:

Tabelle 21-6: Richtwerte für Schalldruckpegel in RLT-Anlagen Auszug aus der DIN 1946

Raumart	Beispiel	A-bewerteter Schalldruckpegel in dB Anforderungen	
		hoch	niedrig
Arbeitsräume	Einzelbüro	35	40
	Großraumbüro	45	50
	Werkstatt	50	k. A.
Versammlungsräume	Konzertsaal, Opernhaus	25	30
	Theater, Kino	30	35
	Konferenzraum	35	40
Wohnräume	Hotelzimmer (tags)	30	35
	Hotelzimmer (nachts)	25	30
Sozialräume	Ruheraum, Pausenraum	30	40
	Wasch- und WC-Raum	45	55
Unterrichtsräume	Lesesaal	30	35
	Klassen- und Seminarraum	35	40
	Hörsaal	35	40
Räume mit Publikumsverkehr	Museum	35	40
	Gaststätte	40	55
	Verkaufsraum	45	60
Sportstätten	Turn- und Sportstätten	45	50
	Hallenbad	45	50
Sonstiges	Rundfunkstudio	15	25
	Fernsehstudio	25	30
	Schutzraum	45	55
	EDV-Raum	45	60
	reiner Raum	50	65
	Küche	50	65

Zur Messung zugelassen sind Schallpegelmesser der Klasse 1 gemäß DIN-IEC 651 [8]. Vor der Messung sind sämtliche Fenster und Türen zu schließen. Es ist darauf zu achten, dass Fremdemissionen, d. h. Geräusche, die nicht von der raumlufttechnischen Anlage stammen, erfasst werden. Zu diesem Zweck ist vorerst eine Messung, zur Erfassung des Grundpegels, bei abgeschalteter RLT-Anlage durchzuführen. Erst danach erfolgt die Messung bei eingeschalteter Anlage. Entsprechende Pegelkorrekturen, infolge Fremdemission, sind bei Pegeldifferenzen < 10 dB vorzunehmen (siehe Kapitel Akustik, oder vereinfacht über nachstehende Tabelle).

Tabelle 21-7: Korrekturdaten bei Fremdpegelemissionen [4]

Pegeldifferenz in dB	>10	6...9	4...5	4
Korrektur in dB	0	−1	−2	−3

Bei der Abnahme muss die maximal zu erwartende Schallemission der RLT-Anlage erfasst werden. Zu diesem Zweck muss der Ventilator im Auslegezustand, bei gedrosseltem Volumenstrom (falls vorgesehen), fahren.

Um bessere Dämpfungsmaßnahmen in bestimmten Frequenzbereichen durchführen zu können, sollte der, in aller Regel unbewertete, Oktavpegel ebenfalls erfasst werden.

In Räumen bis zu 30 m^2 ist eine Einzelmessung, die in aller Regel in der Raummitte vorgenommen wird, ausreichend. In größeren Räumen sollte an mehreren, zu vereinbarenden, Stellen gemessen werden. Es ist wichtig, dass sämtliche Einflussparameter, die für den Geräuschpegel verantwortlich sind, während der Messung erfasst werden. Dieses sind beispielsweise: Raumgröße, Raumhöhe, Raumart (Nachhallzeit etc.), Messung (Schwanenhals, Stativ, Windschirm), Anlagencharakter (Abluft an, Zuluft an, Umluftbetrieb etc.)

21.3.7 Regelungs- und steuerungstechnische Funktionsmessungen

Die wirksamste Kontrolle zur Überprüfung der Regel- und Steuereinrichtungen erzielt man, indem der komplette Prozessverlauf, Sommer wie Winter, aufgenommen und in ein h, x-Diagramm skizziert wird. Hierfür ist es erforderlich, dass hinter jeder Komponente mit thermodynamischer Behandlungsfunktion, und im Raum, sowohl Trockentemperatur als auch Luftfeuchte erfasst werden. Entspricht der Prozessverlauf nicht dem Sollzustand, so kann die Ursache entweder in einer falschen Dimensionierung, einer fehlerhaften Montage oder aber auch an der Plazierung des Messfühlers liegen.

Falls die relative Feuchte in der Anlage nicht erfasst wird, empfiehlt es sich, die Luftfeuchte, wie bereits unter Kapitel Feuchte beschrieben, abzuschätzen.

21.3.8 Toleranzen und Unsicherheiten

Sämtliche beschriebenen Messverfahren sind fehlerbehaftet. Die dabei, nach DIN EN 12599, erlaubten Unsicherheiten sind in nachfolgender Tabelle zusammengestellt. Falls geringere Toleranzen gewünscht werden, so sind diese schriftlich zu fixieren.

Die Berechnungsmethode für die Gesamtunsicherheit erfolgt nach der Fehlerfortpflanzung für mittlere Fehler. Ist ein Messwert, z. B. durch eine Potenzfunktion $y = f(x_1, x_2 \ldots x_n)$ gegeben, wobei die einzelnen Parameter mit den Ungenauigkeiten $\Delta \tau_1$,

$\Delta \tau_2 \ldots \Delta \tau_n$, behaftet sind, so berechnet sich die prozentuale, relative, mittlere Unsicherheit wie folgt:

$$\Delta \tau_{\text{ges}} = \pm \sqrt{\left(\frac{\delta y}{\delta x_1}\right)^2 \Delta \tau_1^2 + \left(\frac{\delta y}{\delta x_2}\right)^2 \Delta \tau_2^2 + \ldots \left(\frac{\delta y}{\delta x_n}\right)^2 \Delta \tau_n^2} \ . \qquad (21\text{-}18)$$

Tabelle 21-8: Zulässige Messunsicherheiten für die Messparameter [3]

Parameter	Messunsicherheit
Luftvolumenstrom, je Einzelraum	±20 %
Luftvolumenstrom, je Anlage	±15 %
Zulufttemperatur	±2 K
relative Luftfeuchte	±15 %
Luftgeschwindigkeit im Aufenthaltsbereich	±0,05 m/s
Lufttemperatur im Aufenthaltsbereich	±1,5 K
Schalldruckpegel im Raum	±3 dB

Nachfolgende Tabelle gibt einen Überblick von Unsicherheiten einiger, primär gemessener, Größen, in Abhängigkeit ausgewählter Messinstrumente:

Tabelle 21-9: Unsicherheiten primär gemessener Größen in Abhängigkeit ausgewählter Messinstrumente [3]

Druck	Flüssigkeitsmanometer	U-Rohr Manometer	±1…2 mm
		Schrägrohrmanometer	±0,5 mm
		*Betz*manometer	±0,1…0,2 mm
	Druckwaagen	Ringwaage	±1 % (Endwert)
		Druckluftwaage	±1 % (Endwert)
	Federmanometer	Kapsel, Platten, Röhren	±1 % (Endwert)
	Messumformer	elektrisch	±0,5 % (Endwert)
Temperatur	Messwertaufnehmer	Flüssigkeits-Glasthermometer	±0,04…1 K
		Flüssigkeits-Federthermometer	±1…2 %
		Widerstandsthermometer (geeicht)	±(0,03+0,04 t) K
		Thermoelement (geeicht)	±(0,05+0,01 t) K
	Messgeräte	Schreiber	±1,5 %
		Digitalvoltmeter	±0,3 %
Feuchte	Messgeräte	Haarhygrometer	±5 %
		LiCl-Taupunkt-Hygrometer	±1…3 %
		Psychrometer	±0,5…2 %
		kapazitive Geräte	±2…3 %

Der Volumenstrom setzt sich aus dem Produkt der Querschnittsfläche und der mittleren Geschwindigkeit zusammen.

$$\dot{V}_L = \frac{d^2 \pi}{4} \overline{w} \qquad (21\text{-}19)$$

Die Einzelgeschwindigkeiten werden anhand der Messdaten über nachstehende Gleichung berechnet.

$$w_i = \sqrt{p_d \, \frac{2 \, (p_B + \Delta p_{st})}{R \, T}} \qquad (21\text{-}20)$$

Alle Messgrößen sind dabei fehlerbehaftet. Die relative Gesamtunsicherheit $\Delta \tau_{ges}$, gemäß Fehlerquadratminimum, setzt sich aus nachstehenden Einzelunsicherheiten zusammen:

τ_U relative Unsicherheit des Messortes
τ_d relative Unsicherheit infolge geometrischer Toleranzen
τ_G relative Unsicherheit des Messgerätes
τ_S relative Unsicherheit der Sonde (*Prandtl*-Rohr)
$\tau_{\varrho L}$ relative Unsicherheit der Luftdichte

$$\Delta \tau_{ges} = \pm \sqrt{\tau_U^2 + \tau_d^2 + \left(\frac{1}{2}\tau_S\right)^2 + \tau_G^2 + \left(\frac{1}{2}\tau_{\varrho L}\right)^2}. \qquad (21\text{-}21)$$

Der Faktor 1/2 kommt an der Sonde und bei der Dichte, infolge der mathematischen Ableitung der Faktoren innerhalb der Wurzel, gemäß Fehlerquadratminimum, zustande.

Beispiel: Fehlerberechnung bei der Volumenstrombestimmung mittels *Prandtl*-Rohr

Für das im Kapitel Volumenstrom berechnete Beispiel soll an dieser Stelle die Fehlerrechnung durchgeführt werden. Die Luftleitung hat einen Durchmesser von 400 mm. Der Messort befindet sich in 8-fa Distanz zur nächsten Störstelle (Krümmer).

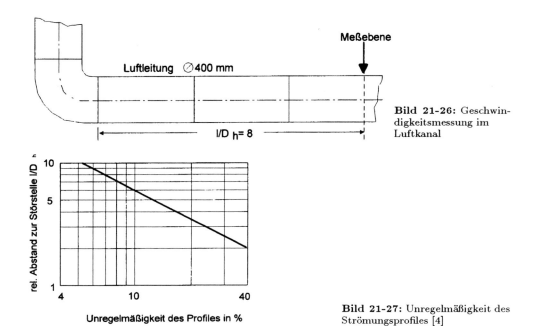

Bild 21-26: Geschwindigkeitsmessung im Luftkanal

Bild 21-27: Unregelmäßigkeit des Strömungsprofiles [4]

τ_U relative Unsicherheit des Messortes

Die relative Unsicherheit des Messortes wird direkt aus der Messung bestimmt. Um jedoch eine Vorhersage über die notwendige Anzahl an Messstellen zu erhalten, sollte diese vorher abgeschätzt werden. In Abhängigkeit des relativen Abstandes zur Störquelle, in diesem Beispiel $l/D_h = 8$, ergibt sich eine Unregelmässigkeit von 7 %. Mit diesem Wert geht man in nachfolgende Tabelle. Um einen wahrscheinlichen Fehler von 10 % (gängiger Wert), infolge Unsicherheit des Messortes zur realisieren, sind in diesem Falle bei einer Unregelmäßigkeit des Profiles von 7 %, lediglich 10 Messpunkte erforderlich.

Tabelle 21-10: Unsicherheit der Messung in Abhängigkeit von der Anzahl der Messpunkte bzw. der Unregelmäßigkeit des Profiles

Anzahl der Messpunkte	Unsicherheit des Messortes τ_U in % Unregelmäßigkeit des Profiles in %					
	2	10	20	30	40	50
4	6	12	20	28	36	42
5	5	11	17	24	31	36
6	5	10	15	21	27	32
8	4	8	13	18	23	27
10	3	7	12	16	20	24
20	2	5	8	11	14	16
30	2	4	7	9	11	14
50	1	3	5	7	8	10
100	1	2	3	5	6	7
200	1	1	2	3	4	5

Wie gesagt handelt es sich hierbei lediglich um den vorausberechneten Wert. Die im Endeffekt, tatsächlich gemessene Unsicherheit des Profiles lag mit 4,9 % (siehe Beispiel Volumenstrombestimmung) deutlich unter diesem Schätzwert, was letztlich zu einer, aus der Tabelle, interpolierten Unsicherheit des Messortes in Höhe von 4,4 % führt.

τ_d relative Unsicherheit infolge geometrischer Toleranzen

Bei der Fertigung von Lüftungskanälen wäre es Zufall, wenn das Luftleitungsstück genau ein Maß von 400 mm hätte. Vielmehr kommt es, selbst bei laserzugeschnittenen Leitungen, Kanälen und Formstücken, zu Fertigungstoleranzen. Die in diesem Falle, vom Lieferanten, angegebene Toleranz liegt bei $\tau_d = 1$ %, sprich 4 mm.

τ_G relative Unsicherheit des Messgerätes

Die angegebene Messunsicherheit für das Schrägrohrmanometer liegt gemäß Hersteller bei 5 Pa. Um eine genauere Auflösung zu erhalten, wurde es schräg positioniert (Multiplikationsfaktor 0,05). In Abhängigkeit der hier erfassten mittleren Flüssigkeitssäule, entsprechend 5,7 Pa, liegt der Fehler bei 2,2 %.

τ_S relative Unsicherheit der Sonde (*Prandtl*-Rohr)

Durch das Einbringen der Sonde in den Strömungsquerschnitt erfolgt eine leichte Verfälschung des Messergebnisses infolge Querschnittsverjüngung. Diese Unsicherheit liegt bei der hier verwendeten 5 mm starken Sonde, gemäß Herstellerangabe, bei 1 %.

$\tau_{\varrho L}$ relative Unsicherheit der Luftdichte

Der relativ geringe Fehler bei der Ermittlung der Luftdichte (Druck und Temperatur sind fehlerbehaftet) wird pauschal mit 2 % angesetzt.

Tabelle 21-11: Zusammenfassung der Fehlerberechnung

Pos.	Bezeichnung		Hinweis	Dim.	Ergebnis
1	Durchmesser	d		mm	400
2	Zahl der Messpunkte	n		–	10
3	rel. Abstand der Messstelle von Störquelle	a/d_H	Ein- oder Auslaufstrecke	–	8
4	Unregelmäßigkeit des Profils	U	$U = 95,58\,(a/d_H)^{-1,26}$	%	4,90
5	Unsicherheit des Messortes	τ_U		%	4,45
6	Toleranz des Durchmessers	ΔD		mm	±4
7	Unsicherheit des Durchmessers	τ_d	$100\,da/d$	%	1,00
8	Auflösung des Druckmessgerätes	Δp_d	5 Pa×Faktor z. B. 0,05	Pa	0,25
9	Messergebnis (mittl. Geschwindigkeit)	w		m/s	3,09
10	Dichte der Luft am Messort	ϱ		kg/m³	1,19
11	dynamischer Druck am Messort	p_d	$\varrho/2\,w^2$	Pa	5,68
12	rel. Unsicherheit des Messgerätes	τ_G	$0,5\,\Delta h_D/h_d\,100$ %	%	2,20
13	Unsicherheit des *Prandtl*-Rohres	τ_S	Tabelle G6	%	1
14	Unsicherheit der Luftdichte	$\tau_{\varrho L}$	festgel. Wert	%	2
15	Gesamtunsicherheit	$\Delta\tau_{ges}$	eingesetzt in Gleichung	%	5,19
16	Volumenstrom	$\dot{V}$		m³/h	1,398
17	Toleranz des Volumenstroms	$\Delta\dot{V}$		m³/h	72

Zusammenfassend wird festgestellt, dass die Gesamtunsicherheit bei 5,19 % liegt. Der zulässige Fehler zur Erfassung des Anlagenvolumenstromes liegt bei 15 %. Das Messergebnis ist, in dieser Form, nicht anzuzweifeln. Der relativ geringe Fehler ist einerseits durch einen ausreichenden Abstand zur Störquelle und andererseits durch das Messverfahren zu erklären. Messungen mit Staurohr in Verbindung mit Schrägrohrmanometer sind aus zweierlei Gründen sehr genau. Einerseits ist das Staurohr relativ dünn und verfälscht damit nicht den Messquerschnitt, andererseits ist man über eine geeignete Neigung des Schrägrohres dazu in der Lage, eine hohe Auflösung zu gewährleisten.

Literatur

[1] VOB, Verdingungverordnung für Bauleistungen, Beuth Verlag GmbH (Berlin, Wien, Zürich), Ausgabe 1992, ISBN 3-410-61067-7.

[2] VDI 2079, Abnahmeprüfung an Raumlufttechnischen Anlagen, DIN Taschenbuch 217, Raumlufttechnik 1, Beuth Verlag GmbH (Berlin, Wien, Zürich), Ausgabe 1994.

[3] DIN EN 12599, Prüf- und Messverfahren für die Übergabe eingebauter raumlufttechnischer Anlagen, Beuth Verlag GmbH (Berlin, Wien, Zürich), August 2000.

[4] VDI 2080, Messverfahren und Messgeräte für Raumlufttechnische Anlagen, Beuth Verlag GmbH (Berlin, Wien, Zürich), Ausgabe 1994.

[5] DIN 1952, VDI-Durchfluss-Messregeln (Blenden, Düsen, Venturirohr), Beuth Verlag GmbH (Berlin, Wien, Zürich), Ausgabe 1982.

[6] *Gersten, Klaus*: Einführung in die Strömungsmechanik, Vieweg Verlag, Ausgabe 1986.

[7] Fa. TESTO GmbH & Co (Velbert), Klimamessung für Praktiker.

[8] DIN-IEC 651, Schallpegelmesser; Festlegung der Genauigkeitsklasse, Beuth Verlag GmbH (Berlin, Wien, Zürich), Ausgabe 1981.

[9] VDI 3511, Technische Temperaturmessungen, Beuth Verlag GmbH (Berlin, Wien, Zürich), Ausgabe 1967.

[10] Driesen + Kern GmbH (Bad Bramstedt), Physikalisch Technische Instrumente, 1998.

[11] VDI-Bildungswerk GmbH (Düsseldorf), Abnahmeprüfung an raumlufttechnischen Anlagen (*Kopp, Henne, Hönig, Niessen*) 2000.

[12] Hesco Pilgersteg AG (CH-8630 Rüti / ZH), Lüftungsartikel.

[13] DIN 4109 Schallschutz im Hochbau, Beuth Verlag GmbH (Berlin, Wien, Zürich), Ausgabe 1990.

[14] DIN 43710 Messen, Steuern, Regeln elektr. Thermoelemente, Thermospannungen und Werkstoffe der Thermopaare, Beuth Verlag GmbH (Berlin, Wien, Zürich).

[15] DIN 43760 Elektrische Temperaturmessgeräte; Grundwerte der Messwiderstände für Widerstandsthermometer, Beuth Verlag GmbH (Berlin, Wien, Zürich).

[16] *Presser, K. H.*: Messverfahren und Messgeräte für Raumlufttechnische Anlagen, Beilage zum Handbuch der Klimatechnik Band 2, Verlag C. F. Müller GmbH (Karlsruhe) 1986.

[17] *Glück, B.*: Empfindungstemperatur und ihre Messbarkeit, GI Haustechnik, Bauphysik, Umwelttechnik, Heft 3, 1993.

[18] DIN 18379, VOB Verdingungsordnung für Bauleistungen, Teil C: Allgemeine technische Vertragsbedingungen (ATV) RLT-Anlagen, Beuth Verlag GmbH (Berlin, Wien, Zürich), Ausgabe 1992.

[19] DIN 1946 Teil 2, gesundheitstechnische Anforderungen, Beuth Verlag GmbH (Berlin, Wien, Zürich), Ausgabe 1992.

[20] Fa. Airflow Lufttechnik GmbH (Rheinbach), Technische Dokumentation — Messgeräte für die Luftbewegungstechnik.

[21] Landis & Staefa — Siemens Building Technologies Group, Produktekatalog 2001.

22 Wirtschaftlichkeit von Anlagen

A. Gerhardy

Formelzeichen

A	Annuität		R	Rentabilität
A_τ	Auszahlung zu Zeitpunkt τ		$\dot{V}$	Volumenstrom
e_{spez}	spez. Verbrauchsfaktor		$\dot{V}_{ges}$	Gesamtvolumenstrom
E_τ	Einzahlungen zum Zeitpunkt τ		$\dot{V}_{ges}^{Nenn}$	Gesamtvolumenstrom bei
h_{1+x}	Enthalpie			Nennbedingungen
i	Zinssatz		$\dot{V}_{Netz}$	Netzvolumenstrom
i^*	interner Zinsfuß		$\dot{V}_{Netz}^{Nenn}$	Netzvolumenstrom bei
K_0	Kapitalwert			Nennbedingungen
$\dot{m}$	Massenstrom		W	Arbeit, elektrisch
p	Druck		x	absolute Feuchte
Δp	Differenzdruck		φ	relative Feuchte
Δp_{Netz}	Gesamtnetzdruckverlust		φ_{au}	relative Außenluftfeuchte
Δp_{Netz}^{Nenn}	Gesamtnetzdruckverlust bei		φ_{min}	relative Feuchte, minimal
	Nennbedingungen		φ_{max}	relative Feuchte, maximal
P	Leistung, elektrisch		ϑ	Temperatur
$\dot{Q}$	Leistung (Wärme oder Kälte)		ϑ_{au}	Außenlufttemperatur
Q_a	Jahreswärmeenergie		$\Delta\vartheta$	Temperaturdifferenz
$\dot{Q}_{Raum}$	Gesamtraumlast		ϑ_{min}	minimale Temperatur
$\dot{Q}_{innen}$	innere Raumlast		ϑ_{max}	maximale Temperatur
$\dot{Q}_{außen}$	äußere Raumlast		τ	Zeit

22.1 Überblick und Motivation

Die Wirksamkeit von Investitionen versorgungstechnischer Systeme im Allgemeinen und raumlufttechnischer Anlagen im Besonderen ist zunehmend an steigende Anforderungen gebunden. Dies betrifft natürlich in hohem Maße die zu realisierenden Anforderungsprofile in den zu konditionierenden Versorgungsbereichen. Doch sind darüber hinaus die tolerierbaren „pay-back" Zeiträume deutlich geschrumpft. Fünf Jahre und mehr sind heute in privatwirtschaftlich agierenden Unternehmen schon die Ausnahme. Besonders weltweit tätige Konzerne und solche mit amerikanischem Ursprung binden heute ihre Investitionen an Erwartungszeiträume der Wirtschaftlichkeit von deutlich weniger als drei Jahren. Tritt erschwerend hinzu, dass derartige Unternehmen in Branchen mit sehr kurzen Entwicklungszyklen oder aber Märkten mit einer hohen Wechselbereitschaft der Endkunden präsent sind, steigen die Ansprüche an Alternativ- oder Zusatzinvestitionen auf wenige Monate an.

Dass an dieser Stelle darauf ausführlich hingewiesen wird, ist darauf zurückzuführen, dass diese Entwicklung auch zunehmend in den Non-Profit-Sektoren unserer Gesellschaft anzutreffen ist. Bedingt durch eingeschränkte oder vorab fest zugeteilte Budgets steigen auch in diesen Institutionen und Verwaltungen die wirtschaftlichen Erwartungen, die mit einer raumlufttechnischen Anlage verbunden werden. Somit wird, um diesen auf breiter Front vorgetragenen Ansprüchen zu genügen, allen Beteiligten, die zur Planung, zur Erstellung und zum Betrieb raumlufttechnischer Anlagen beitragen, ein immer höheres Maß an Professionalität und Qualität abverlangt.

Nun kann angeführt werden, dass bei weitem nicht alle Investitionen in raumlufttechnische Anlagen einzig und allein unter wirtschaftlichen Gesichtspunkten zu sehen sind. Wenn zum Beispiel zur Herstellung eines Produktes die Einhaltung besonderer Raumluftkonditionen unabdingbar ist, stellt sich die Frage für oder wider eine RLT-Anlage nicht. Doch mitnichten ist hierin ein Freibrief der Gestaltung zu sehen. Was spricht für eine Verdrängungslüftung? Wie erzeugen wir das benötigte Kaltwasser? Gestalten wir eine oder mehrere Anlagen? Wie realisieren wir die Befeuchtung? Was sind die technischen Mindestanforderungen, die trotz des Wunsches nach Reduzierung der Investitionskosten einzuhalten sind?

Gleiche oder ähnliche Fragestellungen sind selbstverständlich auch außerhalb gewerblicher Produktionen anzutreffen. Kühlen wir nur über Luft? Sind gesonderte Zonenaufbereitungen sinnvoll und vorteilhaft? Lohnt die Investition in volumenvariable Systeme?

Zu allen diesen Fragen erwartet der Kunde Antworten, die sowohl wirtschaftliche, qualitative als auch organisatorische Aspekte des Betriebes hinreichend berücksichtigen. Dass sich hierbei der eingeschränkte Blick auf die reinen Investitionskosten zunehmend weitet, ist der Entwicklung zuzuschreiben, die unter dem Oberbegriff „Facility Management" von der Erstellung, über den Betrieb bis hin zur Verwertung von Immobilien neue Wege beschreitet.

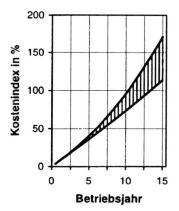

Bild 22-1: Kumulierte Betriebskosten (Energieverbrauch, Bedienung, Instandhaltung) technischer Anlagen in Bezug auf die Erstellungskosten

Die Betriebskosten (Energie, Bedienung, Inspektion, Wartung, Instandsetzung) haben hierbei zwischenzeitlich einen besonderen Stellenwert eingenommen (s. a. Bild 22-1). In technisch höher installierten Gebäuden und Liegenschaften erreichen sie einen Umfang, der in Summe die Höhe der Erstellungskosten (Investition) durchschnittlich nach 8 bis 12 Jahren erreicht. Wertet man hierbei diese Kosten für bereits längerjährig genutzte Liegenschaften aus, so stellen sich die Kostenblöcke wie folgt dar:

- Verbrauchskosten (Energie und Medien):   30 ... 45 %,
- Bedienen und Instandhaltung (Inspektion, Wartung, Instandsetzung): 55 ... 70 %.

Die Aufwendungen für die Bedienung und die Instandhaltung teilen sich hierbei fast paritätisch auf Eigenpersonal- und Sachkosten (Fremdpersonal und Material) auf, wobei hier zunehmend ein Trend zu verzeichnen ist, die Eigenpersonalkosten zugunsten der Sachkosten abzusenken. Sowohl bei diesen Kostenblöcken als auch bei den Investitionen nimmt die Raumlufttechnik eine herausragende Postition ein.

Tabelle 22-1: Prozentualer Anteil der Investitionskosten der Kostengruppe 430 (Raumlufttechnik) an der Kostengruppe 400 (Technische Gewerke) nach DIN 276 für ausgeführte Bauobjekte [1]

	Nutzungsart	von	Ø	bis
Verwaltung	einfacher bis mittlerer Standard		**3,6**	
	mittlerer bis hoher Standard	2,3	**13,7**	25,1
	hoher Standard	2,5	**15,8**	29,2
Wissenschaft	Institutsgebäude für Lehre und Forschung		**16,6**	33,9
Gesundheit	Krankenhäuser	0,3	**8,9**	17,5
	Pflegeheime	6,9	**11,6**	16,3
Bildung	Allgemeinbildende Schulen		**4,8**	8,4
	Berufliche Schulen	13,2	**20,6**	28,0
	Sonderschulen	3,3	**12,2**	21,0
	Kindergärten, Kindertagesstätten (1 bis 2 Gruppen)		**0,8**	1,5
	Kindergärten, Kindertagesstätten (3 und mehr Gruppen)		**1,9**	3,7
Sport	Turn- und Mehrzweckhallen	19,7	**25,8**	31,8
	Sporthallen (Typ 15/27)	6,6	**12,5**	18,4
	Sporthallen (Typ 27/45)	14,9	**21,2**	27,5
	Schwimmhallen	12,1	**14,1**	16,0
Gewerbe	Industrielle Produktionsstätten		**16,8**	34,9
	Laborgebäude	16,6	**23,0**	29,3
	Verbrauchermärkte	27,3	**32,8**	38,2
Kultur	Gebäude für kulturelle und musische Zwecke, Museen	29,6	**31,7**	33,9

Berücksichtigt man weiterhin, dass sich zu diesen direkten Investitionsanteilen (Kostengruppe 430: Lufttechnische Anlagen inkl. der zugehörigen Kälteversorgung) Kosten addieren, die in anderen Gewerken verursacht werden, so nehmen raumlufttechnische Anlagen einen Status ein, der für die Wirtschaftlichkeit der Immobilie maßgebend ist.

- Der Wärmebedarf belüfteter und klimatisierter Gebäude und Liegenschaften wird bis zu 70 % durch raumlufttechnische Anlagen bestimmt.

- Außerhalb gewerblich genutzter Gebäudekomplexe gilt, dass die elektrischen Antriebe der raumlufttechnischen Anlagen sowie der Kältemaschinen nebst Rückkühleinrichtungen bei der Gestaltung der elektrischen Energieversorgung mit Abstand die Gruppe der größten Leistungsabnehmer bilden. Selbst in Bereichen, in denen umfangreiche Produktionsanlagen im Einsatz sind, kann der Leistungsanteil der Klimatisierung 40 % und mehr betragen.

Nimmt die Raumlufttechnik bereits bei den Investitionen eine Sonderstellung ein, so ist sie auch im Betrieb ein Hauptkostenfaktor. Im Bereich der Energie- und Medienverbräuche bestimmt sie, je nach betrachtetem Energieträger bzw. Medium, wesentlich

die Verbrauchshöhen. So entfallen bis zu 30 % des Trinkwasserbedarfes einer Liegenschaft auf die Befeuchtung und Rückkühlung. Im Bereich der Wärmeversorgung werden bis zu 75 % des Jahreswärmeverbrauches für die Aufbereitung von Luft verwendet. Darüber hinaus zählt die Raumlufttechnik auch in der Instandhaltung zu den
aufwendigeren und betreuungsintensiveren technischen Anlagen.

Tabelle 22-2: Jahreskostenfaktoren (Ausschnitt) für Bedienung und Instandhaltung technischer
Anlagen in Prozent des Wiederbeschaffungswertes [2]

Anlagenart - Kostengruppe nach DIN 276 -		Inspektion	Wartung	Instands.	Bedienung	**Summe**
410	Abwasser-, Wasser-, Gasanlagen	0,14	0,56	0,70	0,07	**1,47**
420	Wärmeversorgungsanlagen	0,30	0,60	0,60	0,30	**1,80**
430	RLT-Anlagen	0,60	1,50	0,90	0,30	**3,30**
440	Starkstromanlagen	0,81	1,08	0,81	0,14	**2,84**
450	Informationstechnische Anlagen	0,50	0,20	0,30	0,20	**1,20**
460	Förderanlagen	1,05	1,05	1,40	0,18	**3,68**

Zusammenfassend lässt sich darstellen, dass die Raumlufttechnik im Kreis der ver-
sorgungstechnischen Einrichtungen Investitions-, Verbrauchs- und Instandhaltungs-
schwerpunkt ist. Die Anforderungen an die Bemessung, den Betrieb und die Wirtschaftlichkeit erfordern somit besonderes Augenmerk. Während die Investitionen im
Kapitel 23 (Planung von RLT-Anlagen) und die Aufwendungen des Betreibens in
Kapitel 24 (Betreiben und Instandhaltung in der Klimatechnik) behandelt werden,
gilt ein Schwerpunkt dieses Kapitels den Energie- und Medienverbräuchen raumlufttechnischer Anlagen.

22.2 Investitionsrechenverfahren

Neben den qualitativen Aspekten und Argumenten, die für oder wider eine Einzel-
bzw. Alternativinvestition sprechen, kommen in der Praxis anerkannte Rechenverfahren zur Anwendung, die, im Hinblick auf die Entscheidungsfindung, die finanziellen
Auswirkungen einer Investitionsmaßnahme bewerten (Bild 22-2).

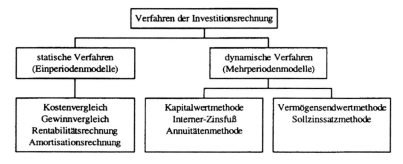

Bild 22-2: Verfahren der Investitionsrechnung [3]

Die erstgenannten statischen Verfahren berücksichtigen zeitliche Faktoren nicht oder aber nur in geringem Umfang. Die Zeitpunkte, zu denen im gewählten Betrachtungszeitraum Ein- und Auszahlungen anfallen, bleiben unberücksichtigt, obwohl dies für eine Investitionsentscheidung von Interesse ist.

Tabelle 22-3: Investitionen mit unterschiedlicher zeitlicher Verteilung der Gewinne in € (beispielhaft)

Zeiteinheit	1	2	3	4	5	6	Ø-Gewinn
Projekt 1	12.000	10.000	8.000	6.000	4.000	2.000	7.000
Projekt 2	7.000	7.000	7.000	7.000	7.000	7.000	7.000
Projekt 3	2.000	4.000	6.000	8.000	10.000	12.000	7.000

Obwohl der durchschnittliche sowie der absolute Gewinn der drei Projekte identisch ist, enthält das Projekt 1 die größeren Vorteile, da die Rückflüsse für den Investor zeitlich früher zur Verfügung stehen. Die genannten dynamischen Investitionsrechenverfahren beziehen die unterschiedlichen Zeitpunkte der Ein- und Auszahlungen mit ein, und nehmen Abstand von der Betrachtung durchschnittlicher Werte.

Für die Anwendung dieser Modi gilt allgemein:

- Das Investitionsrechenverfahren und die zugehörigen Basisgrößen werden gemeinsam mit dem Kunden festgelegt, um die Akzeptanz der Ergebnisse zu sichern.
- Oftmals obliegt es nicht dem Fachplaner, die Wirtschaftlichkeit einer Maßnahme rechnerisch nachzuweisen. Besonders größere Unternehmen gehen dazu über, sich lediglich die notwendigen Ein- und Auszahlungen einer Investitionsmaßnahme aufstellen zu lassen. Die Wirtschaftlichkeit wird dann hausintern auf der Basis einheitlicher Vorgaben und Methoden bewertet. Dies stellt sicher, dass, ungeachtet der Projektinhalte, eine unternehmensweit einheitliche Maßnahmen- und Prioritätenliste entsteht.

22.2.1 Statische Verfahren der Investitionsrechnung

(a) Kostenvergleichsrechnung

Die Kostenvergleichsrechnung wird eingesetzt zur Beurteilung der Vorteilhaftigkeit von mehreren vergleichbaren Investitionen (Auswahlproblem) oder von Ersatzinvestitionen (Austausch einer alten Anlage gegen eine neue). Die Maßnahme mit den niedrigsten durchschnittlichen jährlichen Kosten ist vorzuziehen.

(b) Gewinnvergleichsrechnung

Im Rahmen der Gewinnvergleichsrechnung erfolgt eine Gegenüberstellung der Kosten und Erlöse einer oder mehrerer Investitionsmaßnahmen. Zur Entscheidung herangezogen wird der durchschnittliche Gewinn der Maßnahmen je Periode. Das Investitionsprojekt mit dem höchsten Jahresgewinn ist vorzuziehen. Die Gewinnvergleichsrechnung findet sowohl bei Einzel- als auch bei Alternativentscheidungen Anwendung.

(c) Rentabilitätsvergleichsrechnung

Dieses Verfahren ermittelt die Rentabilität eines oder mehrerer Investitionsobjekte (return of investment). Entscheidungskriterium ist die erwartete Rentabilität der Maßnahmen. Bei dem Vergleich unterschiedlicher Alternativen ist jene mit der größten Rentabilität vorzuziehen. Wird eine Mindestrentabilität vereinbart, kann diese Methode auch für Einzelinvestitionen angewendet werden. Liegt die Rentabilität dieser Einzelmaßnahme über dem Mindestwert, so ist die Investitionsmaßnahme zu realisieren.

$$\text{(Perioden--) Rentabilität } R = \frac{\text{Periodenerfolg (€/ZE)}}{\text{Kapitaleinsatz (€/ZE)}} \, 100\% \qquad (22\text{-}1)$$

(d) Amortisationsvergleichsrechnung

Die Amortisationsrechnung (pay-off-Methode) berechnet den Zeitraum, innerhalb dessen sich das eingesetzte Kapital durch Rückflüsse amortisiert hat. Entscheidungskriterium bildet die erwartete Kapitalrückflusszeit (Amortisationsdauer, Kapitalwiedergewinnungsdauer). Bei der Auswahl mehrerer Optionen empfiehlt sich diejenige mit der kürzesten Amortisationsdauer, vorausgesetzt, die Einzelvarianten weisen gleiche Lebensdauern aus. Wird eine Soll-Amortisationszeit vereinbart, so können auch Einzelmaßnahmen bewertet werden. Entscheidend ist dann, ob die berechnete Amortisationsdauer der Maßnahme kleiner als die Solldauer ist.

$$\text{Amortisationsdauer} = \frac{\text{Kapitaleinsatz (€)}}{\text{jährliche Wiedergewinnung (€/ZE)}} \qquad (22\text{-}2)$$

Abschließend lassen sich die vier vorgestellten statischen Verfahren (Einperiodenmodelle) der Investitionsrechnung wie folgt charakterisieren:

Tabelle 22-4: Charakteristika statischer Verfahren [4]

	Rechengröße	Anzahl der Planungs-perioden	Problemstellung Einzelmaßnahme	Alternativ-maßnahmen
Kostenvergleichsrechnung	Kosten	eine		X
Gewinnvergleichsrechnung	Kosten und Leistungen	eine	X	X
Rentabilitätsvergleichsrechnung	Kosten und Leistungen	eine	X	X
Amortisationsrechnung	Einzahlungen und Auszahlungen	mehrere	X	X

22.2.2 Dynamische Verfahren der Investitionsrechnung

(a) Kapitalwertmethode

Die Kapitalwertmethode ermittelt den Barwert (Kapitalwert) einer Investition durch die Abzinsung (Diskontierung) der Zahlungsreihe auf den Zeitpunkt $\tau = 0$.

$$K_0 = \sum_{\tau=0}^{n} (E_\tau - A_\tau) \, \frac{1}{(1+i)^\tau} \quad \text{(Angabe } \tau \text{ in Jahren)} \qquad (22\text{-}3)$$

Entscheidungskriterium ist der berechnete Kapitalwert K_0. Eine einzelne Investitionsmaßnahme ist dann vorteilhaft, wenn der Kapitalwert größer oder gleich null ist. Bei einem Auswahlproblem ist die Alternative mit dem größten nichtnegativen Kapitalwert zu favorisieren.

(b) Interne Zinsfußmethode

Der interne Zinsfuß einer Investition ist derjenige Zinssatz, der den zugehörigen Kapitalwert genau null werden lässt.

$$K_0 = \sum_{\tau=0}^{n} (E_\tau - A_\tau) \frac{1}{(1+i^*)^\tau} = 0 \tag{22-4}$$

Im Allgemeinen wird diese Zahlungsreihe durch lineare Interpolation aufgelöst. Hierbei werden für zwei frei gewählte Zinssätze i_1 und i_2 die zugehörigen Kapitalwerte K_{01} und K_{02} berechnet. Der interne Zinsfuß ergibt sich dann zu:

$$i^* = i_1 - K_{01} \frac{i_2 - i_1}{K_{02} - K_{01}}. \tag{22-5}$$

Vorteilhaft ist eine Investitionsmaßnahme dann, wenn der interne Zinsfuß über der geforderten Mindestverzinsung liegt. Bei Alternativinvestitionen ist diejenige mit dem höchsten internen Zinsfuß auszuwählen.

(c) Annuitätenmethode

Annuitäten sind gleichbleibende Beträge, die neben Verzinsung und Tilgung aus dem Investitionsprojekt zur Verfügung stehen.

$$A = \frac{i(1+i)^n}{(1+i)^n - 1} K_0 \tag{22-6}$$

Vorteilhaft ist eine Investition, wenn sie eine jährliche Entnahme (Annuität > 0) ermöglicht. Bei mehreren Investitionsalternativen entscheidet die höchste Annuität über die Vorteilhaftigkeit.

(d) Endwertverfahren

Während die Kapitalwert- und die Interne Zinsfußmethode die Ein- und Auszahlungen auf den Anfang des Planungszeitraumes beziehen, nehmen die Endwertverfahren Bezug auf das Ende des Betrachtungshorizontes. Zum einen können unterschiedliche Soll- und Habenzinssätze Berücksichtigung finden, und zum anderen kann die Investition der im Betrachtungszeitraum freigesetzen Mittel (Differenzinvestition) einbezogen werden. Unterschieden wird zwischen Vermögensendwertmethode (adäquat Kapitalwertmethode) und der Sollzinssatzmethode (entspricht der Internen Zinsfußmethode).

22.3 Berechnungsgrundlagen

Um die Wirtschaftlichkeit eines raumlufttechnischen Systems, ungeachtet des anzuwendenden Berechnungsverfahrens, zu bewerten, erfolgt die Bildung einzelner Kostenblöcke (Tabelle 22-5).

Tabelle 22-5: Darstellung der Kostenblöcke

Kostenblock	Bemerkungen
Kapitalgebundene Kosten	Herstellungskosten der Anlage
Verbrauchsgebundene Kosten	Energie- und Medienkosten
Betriebsgebundene Kosten	Bedienen und Instandhalten (Inspektion, Wartung und Instandsetzung)
sonstige Kosten	Versicherungen, Steuern, allgemeine Abgaben

22.3.1 Kapitalkosten

Die Investitionskosten eines raumlufttechnischen Systems werden im Allgemeinen auf der Basis von Kenngrößen ermittelt. Die dazu herangezogenen Werte und Quellen variieren entsprechend dem Planungsfortschritt bzw. -stand. Somit wird den unterschiedlichen Informationsdichten und dem fortwährend zunehmenden Genauigkeits- und Verlässlichkeitsanspruch der einzelnen Projektphasen entsprochen.

Tabelle 22-6: Arten der Kostenermittlung

	Ergebnis	Grundlagen	Genauigkeit
Grobkostenschätzung	Beratung und Entscheidungs-findung vor Planungsbeginn		± 50 %
Kostenschätzung	Angabe des Kostenziels und des Leistungsumfangs	Vorplanung	± 20 %
Kostenberechnung	Veranschlagung der finanziellen Mittel im Haushalt	Entwurfsplanung	± 10 %
Kostenfeststellung	Dokumentation der Baumaßnahme, Bildung von Kostenkennwerten	geprüfte Schlussrechnungen und Dokumentation	

In der Vorplanungsphase, wenn Bezugsgrößen und Rahmenbedingungen nur grob und ansatzweise bekannt sind, finden Kostenkennwerte Anwendung.

Tabelle 22-7: Kostenkennwerte in €/m^3/h für raumlufttechnische Anlagen (Lüftungsgerät, Kanäle, Brandschutzklappen, Luftdurchlässe, Reglerkomponenten), Stand 2001 [5]

	bis 5000 m^3/h		bis 30 000 m^3/h		> 30 000 m^3/h	
	von	bis	von	bis	von	bis
Abluftanlagen	5,-	8,-	4,-	7,-	3,50	6,-
Zuluftanlagen mit einer thermodynamischen Behandlung	6,-	9,-	5,-	7,50	4,-	6,50
Zuluftanlagen mit zwei thermodynamischen Behandlungen	7,-	10,-	5,50	8,-	4,50	7,-
Zuluftanlagen mit drei thermodynamischen Behandlungen	8,50	12,-	7,50	1,-	6,-	10,-
Zuluftanlagen mit vier thermodynamischen Behandlungen	15,-	20,-	12,50	17,50	10,-	17,50

In den weiteren Phasen der Entwurfs- und Ausführungsplanung erfolgt die Kostenberechnung für die Einzelkomponenten (z. B. Erhitzer, Filter, Auslass, Klappe etc.). Hierzu wird auf Herstellerangaben, veröffentlichte oder eigengebildete Kennwerte zurückgegriffen.

Tabelle 22-8: Kostenkennwerte für Einzelkomponenten raumlufttechnischer Anlagen (Auszug) [5]

Kontaktflächen Regenerator für sensible Wärmeübertragung: Gehäuse aus verzinktem Stahlblech geschraubt, zerlegbarer Rotor aus oberflächenbehandeltem Aluminiumband, abriebfest, mit Getriebemotor, Riemen, Schalt- und Regelteilen, Schaltschrankanteil, Motorgruppe, mit Verkabelung zwischen Schaltschrank und Feldgeräten	
Luftvolumenstrom bis 5000 m^3/h	7.500 €/Stück
Luftvolumenstrom bis 10 000 m^3/h	8.750 €/Stück
Luftvolumenstrom bis 30 000 m^3/h	15.000 €/Stück
Luftvolumenstrom bis 50 000 m^3/h	22.500 €/Stück
20 % Zuschlag für Enthalpieübertragung	

22.3.2 Betriebsgebundene Kosten

Unter dem Begriff „Betreiben" sind, wie bereits angeführt, die Leistungen des Bedienens und des Instandhaltens (Inspektion, Wartung und Instandsetzung) zu verstehen. Die Ermittlung dieser Kosten erfolgt überwiegend auf der Basis der veranschlagten Investitionskosten. Diese Methodik gründet auf der Erkenntnis, dass der Betreuungsaufwand technischer Anlagen abhängig ist vom Umfang und der Komplexität der Anlagen. Sowohl zunehmender Anlagenumfang als auch steigende Komplexitätsgrade führen zu höheren Investitionskosten. Somit kann eine direkte Proportionalität zwischen Betreuungs- und Investitionskosten abgeleitet werden. Entsprechende Faktoren sind auf Gewerkeebene (s. a. Tabelle 22-2), auf Bauteilebene (Tabelle 22-9) und partiell durch Komponentenhersteller verfügbar.

Tabelle 22-9: Aufwand für Instandsetzung, Wartung und Bedienung sowie Nutzungsdauer technischer Anlagen (Auszug) [6]

	rechnerische Nutzungsdauer	Aufwand für Instandsetzung	Aufwand für Wartung	Aufwand für Bedienung
	in Jahren	in % der Investitionssumme		in h/a
Platten-Wärmeübertrager	20	2	10	0
Kreislauf-Wärmeübertrager	20	2	10	0
Wärmerohr-Wärmeübertrager	20	2	10	0
Rotations-Wärmeübertrager	15	3	10	0

Dieses Verfahren ist praktikabel und anerkannt, weist jedoch dann Schwächen auf, wenn in höherwertige, instandhaltungsfreundlichere und mit moderner Regel- und Überwachungstechnik ausgestattete Anlagen investiert wird. Die mit diesen Maßnahmen zu erwartenden Reduzierungen im Betriebsaufwand werden bei diesem Algorithmus nicht ausgewiesen. Dies muss durch einen individuellen und aufgabenbezogenen

Abschlag korrigiert werden. Dabei ist zu beachten, dass die Tätigkeiten des Betreibens grundsätzlich mit unterschiedlichen Verhältnissen von personal- und materialbezogenen Aufwendungen versehen sind (Tabelle 22-10).

Tabelle 22-10: Personal- und Materialkostenanteil der Aufgaben des Betreibens (in %) [2]

	Inspektion	Wartung	Instandsetzung	Bedienung
Personalkosten	100 %	95 %	80 %	100 %
Materialkosten	—	5 %	20 %	—

Legt man weiterhin die Jahreskostenfaktoren (Tabelle 22-2) zugrunde, so ergibt sich für die Raumlufttechnik in Summe ein Personalkostenanteil von ca. 92 %. Bei der Bemessung von Zu- oder Abschlägen gilt somit dem personellen Ressourcenbedarf ein besonderes Augenmerk.

22.3.3 Verbrauchsgebundene Kosten

Die prognostizierende Berechnung der verbrauchsgebundenen Kosten stellt besondere Anforderungen. Sowohl die Möglichkeit der Realisierung unterschiedlicher Anforderungsprofile als auch die Freiheiten bei der Gestaltung raumlufttechnischer Systeme (Anordung der Bauteile, Regel- und Steueralgorithmen, Betriebsparameter)

Tabelle 22-11: Berechnungsverfahren fur die Verbrauchsprognose? raumlufttechnischer Anlagen (s. a. Vorbemerkungen VDI 2067, Blatt 3)

	Rechenverfahren nach VDI 2067, Blatt 3	verschiedene EDV-Verfahren (allgemein)
Beschreibung	Typisierung raumlufttechnischer Anlagen	Einzelbetrachtung raumlufttechnischer Anlagen
Basis	aggregierte Mittelwerte und Häufigkeiten der Außenluftzustände für insgesamt sieben unterschiedliche Felder des h, x-Diagrammes (Häufigkeiten entsprechend [5])	Einzelhäufigkeiten der Außenluftzustände
Berechnung	summarische Betrachtung je Zustandsfeld, aufgabenbezogene Anpassung über Korrekturfaktoren	Betrachtung von Einzelverbräuchen je Aggregat und Außenluftzustand auf der Basis des individuellen Anlagen- und Regelungsaufbaus, Gesamtenergie- und -medienverbrauch als Summe der Einzelverbräuche
Vorteile	• normiertes Verfahren • keine EDV-Unterstützung erforderlich • uneingeschränkte Zugänglichkeit	• hohe Flexibilität in Bezug auf die gegebene Problemstellung (Aufbau, Regelung, Steuerung, Parameter, Lasten) • Abbildung vielfältiger Anlagenkonfigurationen möglich • einfache Änderung und Bewertung von unterschiedlichen Rahmenbedingungen, insbesondere der Regelung und der Anforderungsprofile • direkte Integration von Wärmerückgewinnungen in die Berechnung

lassen die Anzahl der Einflussfaktoren anwachsen. Die hierdurch gegebene Bandbreite des Jahresenergie- und -medienverbrauches ist beachtlich. Z. T. liegt zwischen Minimal- und Maximalwert der Faktor 3,5 (s. a. Bild 22-27). Für die anzuwendenden Berechnungsverfahren (Tabelle 22-11) gilt somit, die gegebenen Faktoren entsprechend ihres Einflusses hinreichend zu berücksichtigen und weiterhin ein handhabbares und verlässliches Instrument der Verbrauchsprognose darzustellen.

Beispiel 22-1: Jahresenergie- und -medienverbräuche eines Zentralgerätes

Für die taupunktgeregelte Primärluftaufbereitung (reine Außenluft) einer Mehrzonenanlage (Bild 22-3) ist der Jahresenergieverbrauch zu berechnen. Die Rahmenbedingungen werden angegeben zu:

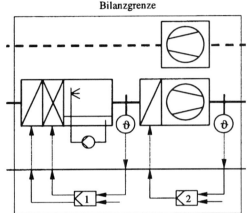

Volumenstrom (Zuluft = Abluft):	10 000 m³/h
Betriebszeit:	8 760 h/a
Leistungsaufnahme Antrieb Zuluft:	6,5 kW
Antrieb Abluft:	4,5 kW
Pumpe VE:	0,5 kW
Pumpe NE:	0,2 kW
Pumpe K:	1,5 kW
Pumpe WÄ:	2,5 kW
Zusatzwasser:	50 dm³/h
Standort:	Braunschweig
Sollwert Austritt Befeuchter (Taupunkt):	11,5 °C
Sollwert Zuluft:	16,0 °C

Bilanzgrenze

Bild 22-3: Anlagen- und Regelungsaufbau zum Beispiel 22-1

Tabelle 22-12: Ergebnisse (gerundet) der Verbrauchsberechnung zu Beispiel 22-1, Anlagentyp nach VDI 2067, Blatt 3: Klimaanlage, Typ (F) HCMD, mit adiabatischer Befeuchtung, mit Taupunktregelung nach festem Sollwert

	VDI 2067, Blatt 3	EDV-Verfahren
Jahreswärmeenergiebedarf	475 000 kWh/a	350 000 kWh/a
Jahreskälteenergiebedarf	62 000 kWh/a	72 500 kWh/a
Jahreswasserverbrauch	450 m³/a	410 m³/a
jährlicher Elektroenergiebedarf (Ventilatoren)	96 300 kWh/a	96 300 kWh/a
jährlicher Elektroenergiebedarf (Nebenantriebe)	30 500 kWh/a	29 000 kWh/a

Für die prognostizierende Berechnung der Jahresenergie- und -medienverbräuche gilt:

- Bei einfachen anlagen- und regelungstechnischen Aufbauten liefern die EDV-Verfahren und der normierte Algorithmus entsprechend VDI 2067, Blatt 3, vergleichbare Ergebnisse.

- Die EDV-Verfahren berücksichtigen Wärmegewinne innerhalb der Aufbereitungskette (Temperaturerhöhung durch die Ventilatoren). Dies führt zu tendenziell geringeren Heiz- und zu höheren Kälteenergiebedarfen.

- Liegen aufwendige und komplexe Anlagensysteme vor, die so in der Typisierung des normierten Verfahrens nicht wiederzufinden sind, so nimmt die Vergleichbarkeit der Berechnungsverfahren signifikant ab.

In der Anwendung der Verfahren, besonders bei bereits bestehenden Anlagensystemen, bewährt es sich, die Rechenergebnisse durch reale Energie- und Medienverbräuche zu bestätigen bzw. abzugleichen. Da jedoch erfahrungsgemäß die Ausstattung mit den dazu erforderlichen Zähleinrichtungen meist unzureichend ist, wird über ein Faktorisierungsverfahren die erforderliche Ausgangsbasis beschrieben. Eine derartige Faktorisierung gründet auf der Erkenntnis, dass der Verbrauch einer raumlufttechnischen Anlage im wesentlichen durch die Größen Volumenstrom, Betriebszeit und den Funktionsumfang beschrieben werden kann:

$$Verbrauch \sim \tau_{\text{Betrieb}} \, \dot{V} \, e_{\text{spez}}.$$

Werden mehrere Anlagen (Bild 22-4) in ihrem Verbrauch über einen Zähler erfasst, können somit die Einzelverbräuche ermittelt werden. Beispielhaft für die Anlage 1 gilt:

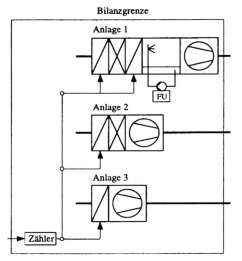

Bild 22-4: Verbrauchserfassung mehrerer Anlagen

$$Q_a^{\text{Anl.1}} = Q_a^{\text{ges}} \, \frac{\tau_{\text{Betrieb}}^{\text{Anl.1}} \, \dot{V}^{\text{Anl.1}} \, e_{\text{spez}}^{\text{Anl.1}}}{\sum\limits_{i=1}^{3} \left(\tau_{\text{Betrieb}}^{\text{Anl.}i} \, \dot{V}^{\text{Anl.}i} \, e_{\text{spez}}^{\text{Anl.}i} \right)}.$$

Wird im Anschluss der Verbrauchsermitt-

Tabelle 22-13: Einflussfaktoren und Verlustanteile bei der Berechnung spezifischer Energiekosten beim Verbraucher (beispielhafter Auszug)

	Einflussfaktoren / Verluste der Aufbereitung und Umwandlung
Warmwasserversorgung	• Nichtnutzung des Brennwertanteiles des Primärenergieträgers • Jahresnutzungsgrad der Wärmeerzeugung • Verteilungsverluste • gesonderte Abrechnung der bereitgestellten Wärmeleistung bei Fernwärmeversorgungsanlagen
Dampfversorgung	• Nichtnutzung des Brennwertanteiles des Primärenergieträgers • Jahresnutzungsgrad der Dampferzeugung • Verteilungs- und Kondensatverluste • Wasseraufbereitung (z. B. Vollentsalzung, thermische Entgasung)
Kaltwasserversorgung (Kühlung)	• Leistungszahl der Kälteerzeugung • Aufwand der Rückkühlung und der Kaltwasserverteilung • Verteilungsverluste • gesonderte Berücksichtigung des elektrischen Leistungsbedarfes der Kälteversorgung
Elektrizität	• Berücksichtigung der gesonderten Abrechnung des Leistungsbedarfes • Verluste in Transformatoren • Verteilungsverluste
Wasserversorgung für Befeuchtung	• Hilfsstoffe für Enthärtungs- und Entsalzungsanlagen (z. B. Stoffe der Regeneration) • Wasserverluste bei der Aufbereitung (z. B. Osmoseanlagen) • gesonderter Energiebedarf der einzelnen Aufbereitungsstufen

lung oder -berechnung die monetäre Bewertung dieser Ergebnisse erforderlich, so sind spezifische Energiekosten je Energie- und Medienträger heranzuziehen. Bei der Einzelbetrachtung raumlufttechnischer Anlagen sind diese Kenngrößen auf der Verbraucherebene anzugeben. Diese Werte weichen aufgrund von Liefervereinbarungen (z. B. Arbeits- und Leistungspreis) sowie Umwandlungs- und Verteilungsverlusten von den Bezugskonditionen ab.

Ob bei der Betrachtung der spezifischen Energiepreise darüberhinaus Kapitalkosten der Versorgungsanlagen einzubeziehen sind, ist aufgabenspezifisch und gemeinsam mit dem Kunden zu vereinbaren.

22.4 Haupteinflussgrößen auf den Jahresenergie- und -medienverbrauch

Wertet man den Jahresenergie- und -medienbedarf raumlufttechnischer Anlagen aus, so stellt sich im Mittel die in Bild 22-5 skizzierte Kostenverteilung dar. Auffallend ist, dass selbst bei einer Klimaanlage mit ihren umfangreichen Luftbehandlungsfunktionen die Förderung der Luft den größten Einzelposten darstellt. Reduzieren sich die Luftbehandlungsfunktionen, so nimmt dieser Anteil durch Wegfall oder Reduzierungen anderer Kostenblöcke zu. Entfällt z. B. die Anforderung der Entfeuchtung, so reduziert sich auch der Jahresheizenergiebedarf, da im Sommer die entfeuchtete Luft nicht mehr auf den erforderlichen Zuluftzustand erwärmt werden muss. Entfällt weiterhin die isenthalpe Befeuchtung, geht der Heizenergiebedarf ebenfalls zurück, da nicht mehr auf die hohen Eintrittstemperaturen eines adiabatischen Befeuchters erwärmt werden muss.

Die Erfassung der Kostenanteile und das Verständnis für ihren Zusammenhang sind insofern von Bedeutung, da es auch beim wirtschaftlichen Betrieb raumlufttechnischer Anlagen in erster Linie darum geht, die wesentlichen Kostenverursacher zu analysieren.

Zu diesem Zweck werden die wesentlichen Einflussfaktoren beleuchtet, die maßgebend den Betrieb der Kostentreiber (Bild 22-5) beeinflussen.

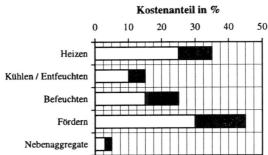

Bild 22-5: Durchschnittliche Aufteilung der Jahresenergie- und -medien-kosten einer Klimaanlage

22.4.1 Jahreshäufigkeit einzelner Außenluftzustände

Raumlufttechnische Anlagen werden im Allgemeinen für extreme Außenluftzustände dimensioniert und projektiert, um auch bei diesen Bedingungen die Konditionierung der Versorgungsbereiche sicherzustellen. Diese Arbeitsbedingungen treten jedoch nur in geringem Umfang im Jahresverlauf auf (Tabelle 22-14).

Tabelle 22-14: Jahreshäufigkeit unterschiedlicher Außenluftzustände für Braunschweig [5] (Angabe der Jahreshäufigkeit für $\vartheta_{au} \leq -15{,}0\,°C$ bzw. $\vartheta_{au} \geq +32{,}0\,°C$)

	ϑ $°C$	φ	x g/kg	h_{1+x} kJ/kg	Jahreshäufigkeit h/a
Winterfall	−15,0	0,8	8,2	−13,5	≈22
Sommerfall	32,0	0,4	12,1	63,0	≈5
stat. Jahresmittel	8,6				

Es wird deutlich, dass diese Grenzwerte nur an wenigen Stunden des Jahres vorzufinden sind. Während der übrigen Zeit wird folglich die raumlufttechnische Anlage, bezogen auf ihre Auslegungsbedingungen, in Teillast betrieben. Eine beispielhafte Verteilung dieser Außenluftzustände ist in Bild 22-6 dargestellt (s. a. Band 1, Bild 2-3). Mit den Grenzbedingungen $0\,°C \leq \vartheta_{au} \leq 20\,°C$ und $\varphi_{au} \geq 0{,}4$ sind mehr als 75 % der statistischen Außenluftzustände beschrieben.

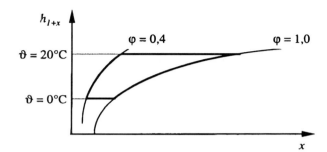

Bild 22-6: Bereich der häufigsten Außenluftzustände ($0\,°C \leq \vartheta_{au} \leq 20\,°C$ und $\varphi_{au} \geq 0{,}4$) [5]

Nehmen die genannten Grenzwerte im Winter und im Sommer vorwiegend Einfluss auf die Gestaltung und Dimensionierung der raumlufttechnischen Anlage, so sind es die Außenluftzustände mit großer Jahreshäufigkeit, die den Jahresenergie- und -medienbedarf maßgebend bestimmen. Neben den Hauptkostenblöcken (Bild 22-5) gilt es, dies zu berücksichtigen. Raumlufttechnische Anlagen sind folglich in jenen Betriebspunkten vorrangig zu verbessern, in denen sie überwiegend betrieben werden.

22.4.2 Anforderungsprofile

Unter dem Begriff Anforderungsprofile sind sämtliche Rahmenbedingungen der zu konditionierenden Versorgungsbereiche zu verstehen, die auf die Gestaltung der zugehörigen raumlufttechnischen Anlage Einfluss nehmen. Im Hinblick auf den energetischen Verbrauch sind hier von besonderem Interesse die Temperatur- und Feuchteanforderungen, die Betriebszeiten, der Nennluftvolumenstrom und die erforderlichen Mindestaußenluftraten bei der Option des Mischluftbetriebes. Den Einflussbereich dieser Größen gilt es nachfolgend darzustellen. Ohne weitere Ausführungen sind sicherlich die Auswirkungen der Betriebszeit und des Nennluftvolumenstromes nachvollziehbar. Sowohl längere Jahresbetriebszeiten als auch größere Nennluftvolumenströme (bei volumenkonstantem Betrieb) nehmen fast linearen Einfluss auf die Energie- und Medienverbräuche. Ungeachtet dieses naheliegenden Zusammenhanges sind gerade nichtangepaßte Betriebszeiten raumlufttechnischer Anlagen in Bezug auf den

Versorgungsbereich einer der häufigsten Mängel, die im Verlauf von Betriebsopti-
mierungen anzuführen sind. Erleichternd ist jedoch hier der Umstand anzuführen,
dass gerade Betriebszeiten in einfacher Art und Weise abzuändern sind. Dies trifft
sowohl auf moderne DDC-geregelte Anlagen zu, als auch auf ältere, analog oder sogar
pneumatisch geregelte Systeme.

Die Auswirkungen einer variierten Temperatur- oder Feuchteanforderung auf die
zugehörige Regelung sind im direkten Vergleich oftmals gravierender. Besonders wenn
von einer Festwertregelung auf die Konditionierung eines Temperatur- oder Feuchtebandes umgestellt wird, sind Eingriffe in den regelungstechnischen Aufbau notwendig.
Trotzdem sind die Optionen der Kostenreduzierung besonders bei erweiterten Feuchteanforderungen als bemerkenswert einzustufen. Anhand eines Beispieles wird der
Einfluss unterschiedlicher Temperaturen und Feuchten vorgestellt.

Beispiel 22-2: Konditionierung eines Raumes mit unterschiedlichen Temperatur- und Feuchtean-
forderungsprofilen

Anlagenkategorie		HKBE-AU (inkl. Wärmerückgewinnung)
Sollwerte	Raumtemperatur:	siehe Grafik
	rel. Raumluftfeuchte:	siehe Grafik
Zuluft	Volumenstrom:	10 000 m³/h
Abluft	Volumenstrom:	10 000 m³/h

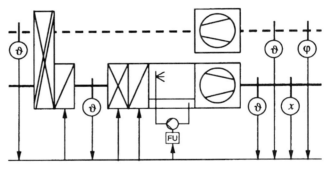

Bild 22-7: Grundsätzlicher
Anlagenaufbau zu Beispiel
22-2 (stetige Feuchteregelung
mittels regelbarem Wäscher,
Wärmerückgewinnung ohne
Feuchteübertragung)

Fall	Anforderungsprofil		
	ϑ °C	φ_{min} -	φ_{max} -
(1)	18,0	0,35	0,65
(2)	19,0	0,35	0,65
(3)	20,0	0,35	0,65
(4)	21,0	0,35	0,65
(5)	22,0	0,35	0,65
(6)	23,0	0,35	0,65
(7)	24,0	0,35	0,65

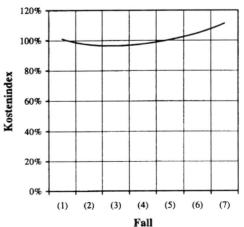

Bild 22-8: Darstellung der indizierten Jahresenergiekosten bei Festwertregelung der Raumlufttemperatur und unterschiedlichen Temperatursollwerten (konstanter Volumenstrom)

Fall	Anforderungsprofil			
	ϑ_{min} °C	ϑ_{max} °C	φ_{min} -	φ_{max} -
(1)	22,0	22,0	0,35	0,65
(2)	21,5	22,5	0,35	0,65
(3)	21,0	23,0	0,35	0,65
(4)	20,5	23,5	0,35	0,65
(5)	20,0	24,0	0,35	0,65

Bild 22-9: Darstellung der indizierten Jahresenergiekosten bei der Regelung eines Raumtemperaturbandes und unterschiedlichen Temperatursollwerten (konstanter Volumenstrom)

Fall	Anforderungsprofil	
	ϑ °C	φ -
(1)	22,0	0,45
(2)	22,0	0,50
(3)	22,0	0,55
(4)	22,0	0,60
(5)	22,0	0,65

Bild 22-10: Darstellung der indizierten Jahresenergiekosten bei Festwertregelung der relativen Raumluftfeuchte und unterschiedlichen Sollwerten der Raumluftfeuchte (konstanter Volumenstrom)

Fall	Anforderungsprofil		
	ϑ °C	φ_{min} -	φ_{max} -
(1)	22,0	0,50	0,50
(2)	22,0	0,45	0,55
(3)	22,0	0,40	0,60
(4)	22,0	0,35	0,65

Bild 22-11: Darstellung der indizierten Jahresenergiekosten bei der Regelung eines Raumluftfeuchtebandes (relative Feuchte) und unterschiedlichen Sollwerten der Raumluftfeuchte (konstanter Volumenstrom)

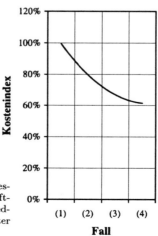

Festzuhalten bleibt:

(a) Die Breite des möglichen Feuchtebandes einer Klimaanlage hat den größten Einfluss auf die Jahresenergie- und -medienkosten einer RLT-Anlage. Gegenüber der Festwertregelung kann der Betrieb mit einem Feuchteband, bezogen auf den Jahresverlauf, um ein Drittel günstiger gestaltet werden.

(b) Grundsätzlich sind, sofern möglich, Temperatur- und Feuchtebänder zu realisieren.

(c) Unter dem Gesichtspunkt der Verbrauchskosten sind die gestellten und einzuhaltenden Anforderungsprofile der Temperatur und der Feuchte beim Kunden und beim späteren Nutzer stets zu hinterfragen bzw. zu bestätigen. Nicht, dass notwendige Raumluftkonditionen zu Gunsten der Verbrauchskosten aufzugeben sind, aber oftmals werden in Unkenntnis der Auswirkungen Anforderungen überhöht formuliert.

(d) Die dargestellten Auswirkungen sind adäquat auch bei Anlagen mit Dampfbefeuchtung vorzufinden.

22.4.3 Einfluss der Regelstrategie auf den Jahresenergieverbrauch

Erste Überlegungen zum Energie- und Medienverbrauch raumlufttechnischer Anlagen werden beispielhaft an einer Klimaanlage vorgestellt, die, bei gleichen Anforderungsprofilen und Eintrittszuständen (Außenluft), auf unterschiedliche Art und Weise die Konditionierung vollzieht.

Beispiel 22-3: Konditionierung eines Raumes mit unterschiedlichen Regelstrategien

Anlagenkategorie		HKBE-AU	(adiabatische Befeuchtung)
Sollwerte	Raumtemperatur:	22,0	°C
	rel. Raumluftfeuchte:	50	%
Zuluftventilator	Volumenstrom:	10 000	m³/h
	Druckerhöhung:	1500	Pa
	Motorleistung:	7,5	kW
Abluftventilator	Volumenstrom:	10 000	m³/h
	Druckerhöhung:	1000	Pa
	Motorleistung:	5,0	kW

Tabelle 22-15: Unterschiedliche Luftzustände zum Beispiel 22-3 [7]

	ϑ °C	φ	x kg/kg	h_{1+x} kJ/kg
Raumluft	22,0	0,5	0,0083	43,3
Außenluft	22,0	0,4	0,0067	39,0
Zuluft (bei 10 000 m³/h)	19,0		0,0083	40,2
Zuluft (bei 5000 m³/h)	16,0		0,0083	37,2

Die Reduzierung des Volumenstromes von 10 000 m³/h auf 5000 m³/h erfordert, bei gleichbleibender Raumlast, die Vergrößerung der Zulufttemperaturdifferenz. Mit

$$\dot{Q} \sim \dot{m}\,\Delta\vartheta$$

geht die vorstehend ausgewiesene Halbierung des Volumenstromes folglich mit der Verdoppelung der Zulufttemperaturdifferenz einher. Die Temperatur der Zuluft re-

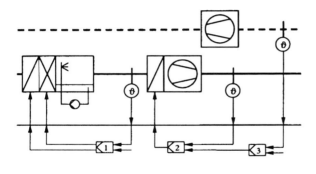

	ϑ °C	φ	x g/kg	h_{1+x} kJ/kg
Außenluft	22,0	0,4	6,7	39,0
Austritt VE	22,0	0,4	6,7	39,0
Austritt K			6,7	34,0
Austritt WÄ	13,0		8,3	34,0
Austritt NE	17,0		8,3	38,1
Zuluft	19,0		8,3	40,2
Raum	22,0	0,5	8,3	43,3

Bild 22-12: Lösungsvariante 1 zu Beispiel 22-3, Taupunkttemperaturregelung mit konstantem Volumenstrom, Feuchteregelung über Regler 1 (Taupunkt), Temperatur-Kaskadenregelung (Regler 2 und 3), siehe hierzu auch Band 1 (Kapitel 10).

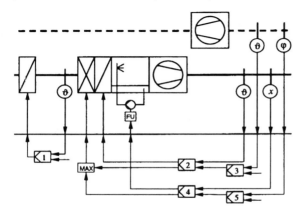

	ϑ °C	φ	x g/kg	h_{1+x} kJ/kg
Außenluft	22,0	0,4	6,7	39,0
Austritt VE	22,0	0,4	6,7	39,0
Austritt K			6,7	38,1
Austritt NE			6,7	38,1
Austritt WÄ	17,0		8,3	38,1
Zuluft	19,0		8,3	40,2
Raum	22,0	0,5	8,3	43,3

Bild 22-13: Lösungsvariante 2 zu Beispiel 22-3, stetige Feuchteregelung mit regelbarem Wäscher, konstanter Volumenstrom, Feuchte-Kaskadenregelung (Regler 4 und 5), Temperatur-Kaskadenregelung (Regler 2 und 3), Frostschutzregelung über den Vorerhitzer (Regler 1)

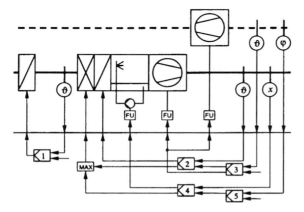

	ϑ °C	φ	x g/kg	h_{1+x} kJ/kg
Außenluft	22,0	0,4	6,7	39,0
Austritt VE	22,0	0,4	6,7	39,0
Austritt K			6,7	35,0
Austritt NE			6,7	35,0
Austritt WÄ	14,0		8,3	35,0
Zuluft	16,0		8,3	37,1
Raum	22,0	0,5	8,3	43,3

Bild 22-14: Lösungsvariante 3 zu Beispiel 22-3, stetige Feuchteregelung mit regelbarem Wäscher, volumenvariabler Betrieb, Feuchte-Kaskadenregelung (Regler 4 und 5), Temperatur-Kaskadenregelung (Regler 2 und 3), Frostschutzregelung über den Vorerhitzer (Regler 1)

duziert sich von ursprünglich 19 °C auf 16 °C bei 5000 m³/h. Hierbei wird eine gleich-bleibende Luftdichte angesetzt. Betrachtet werden daraufhin nun drei unterschiedliche Lösungsvarianten:

Auf dieser Basis lassen sich nun im h, x-Diagramm die einzelnen Zustände innerhalb der Klimaanlage qualitativ darstellen, um die Unterschiede der Luftaufbereitung zu verdeutlichen.

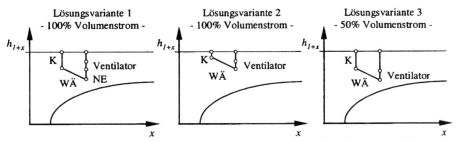

Bild 22-15: Qualitative Darstellung der Zustandsänderungen im h, x-Diagramm (Lösungsvarianten 1 bis 3) zum Beispiel 22-3

Tabelle 22-16: Abschließender Vergleich der Lösungsvarianten 1 bis 3 zum Beispiel 22-3 (zugrunde liegen folgende spezifische Energie- und Medienkosten: Heizen 35 €/MWh, Kühlen 48 €/MWh, Wasser 3,80 €/m³, Elektrizität 60 €/MWh, keine Berücksichtigung von Verlusten wie z. B. Ab-schlämmung)

	Variante 1 Taupunktregelung volumenkonstanter Betrieb		Variante 2 direkte Feuchteregelung volumenkonstanter Betrieb		Variante 3 direkte Feuchteregelung volumenvariabler Betrieb	
Volumenstrom	10 000 m³/h		10 000 m³/h		5000 m³/h	
Massenstrom	3,3 kg/s		3,3 kg/s		1,65 kg/s	
Heizen	13,5 kW	0,48 €/h	— kW	— €/h	— kW	— €/h
Kühlen	16,5 kW	0,79 €/h	3,0 kW	0,14 €/h	6,6 kW	0,32 €/h
Befeuchten	19,0 kg/h	0,07 €/h	19,0 kg/h	0,07 €/h	9,5 kg/h	0,04 €/h
Fördern	12,5 kW	0,75 €/h	12,5 kW	0,75 €/h	1,6 kW	0,10 €/h
Gesamtkosten		**2,09 €/h**		**0,96 €/h**		**0,46 €/h**
Kostenindex		**100 %**		**46 %**		**22 %**

Obwohl das Anforderungsprofil des Versorgungsbereiches und die wesentlichen Anla-genkomponenten identisch sind, streut der erforderliche Kostenaufwand des Betriebes (Energie und Medien) um den Faktor vier. Selbst wenn man die volumenvariable Lösungsvariante 3 außer Acht lässt, unterscheiden sich die Energiekosten weiterhin, trotz konstantem und identischem Volumenstrom, um mehr als das Doppelte. Nun kann angeführt werden, dass der ausgewählte Außenluftzustand möglicherweise für den gesamten Jahresverlauf nicht repräsentativ ist. Um hier Klarheit zu erlangen, wird die vorab für einen einzelnen Außenluft- und Lastzustand getätigte Betrachtung auf die Wetterdaten eines ganzen Jahres ausgedehnt. Darüber hinaus wird das zu betrachtende Regelungsspektrum erweitert, um einen umfassenderen Überblick über mögliche Regelstrategien, unabhängig ihrer Sinnhaftigkeit, zu geben. Dies erfolgt mit

Hinblick auf die Tatsache, dass diese Regelalgorithmen zum Teil auch heute noch bei Neuanlagen zur Anwendung kommen und ebenfalls im umfangreichen Bestand von Altanlagen vielerorts vorzufinden sind. Im Einzelnen sind dies:

(a) Taupunktregelung mit autarker Mischkammer

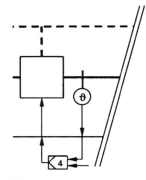

Bild 22-16: Autarke Regelung der Mischkammer auf eine konstante Mischlufttemperatur

An dieser Stelle wird auf Bild 22-12 verwiesen, in dem diese Variante für den reinen Außenluftbetrieb dargestellt ist. Die Integration der Mischkammer erfolgt hier über einen eigenständigen Regelkreis, der die Mischkammer in Abhängigkeit der Mischlufttemperatur auf einen vorgegebenen Festwert regelt. Mit sinkender Mischlufttemperatur wird der Außenluftanteil stetig bis zum voreingestellten Mindestmaß reduziert (Bild 22-16). Die Bandbreite der ausgeführten Sollwerte schwankt zwischen 14 °C und zum Teil 22 °C. Höhere Sollwerte werden häufig favorisiert, da oftmals die Vorstellung gegeben ist, dass ein maximaler Mischluftanteil auch die größte Kostenreduzierung sichert. Dass dies bei einer eigenständigen Regelung der Mischkammer zu Problemen führt, da evtl. nachfolgend gekühlt werden muss, wird oft außer Acht gelassen. Diese Gefahr ist besonders bei geringen Mindestaußenluftraten gegeben.

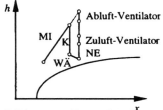

Bild 22-17: Zustandsänderungen der Anlage entsprechend Beispiel 22-3 im h, x-Diagramm

Beispiel 22-4: Klimatisierung eines Rechenzentrums über eine Taupunktregelung mit autarker Mischkammer

Der Anlagenaufbau entspricht den vorstehenden Darstellungen. Die unten ausgewiesene Mindestaußenluftrate von 10 % gründet auf dem Umstand, dass die Hardware-Räume eines Rechenzentrums nur mit wenigen Personen besetzt sind und somit die Anforderungen an die einzuhaltenden Außenluftraten gering sind.

Sollwert Taupunkttemperatur:	11,0 °C
Sollwert Mischlufttemperatur:	22,0 °C
Mindestaußenluftrate:	10 %
Außenlufttemperatur:	10 °C
rel. Außenluftfeuchte:	60 %

Der nicht erforderliche Energiemehraufwand durch übermäßiges Mischen, anschließendes Kühlen und nachfolgendes Erhitzen ist Bild 22-17 qualitativ zu entnehmen.

(b) Taupunktregelung mit autarker Mischkammer und witterungsabhängiger Steuerung des ungeregelten Wäschers

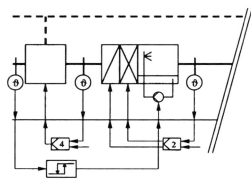

In Band 1, Kapitel 10, Bild 10-46 wird der energetische Nachteil der Taupunktregelung (bzw. Wäscheraustrittstemperaturregelung) für den Entfeuchtungsfall dargestellt. Dieses versucht man zu umgehen bzw. zu vermeiden, indem der Wäscher in Abhängigkeit der Witterung außer Betrieb genommen wird. In der Praxis

Bild 22-18: Außentemperaturabhängige Steuerung der adiabaten Befeuchtung

durchgesetzt hat sich hier eine Steuerung des Befeuchters über die Außenlufttemperatur (Bild 22-18).

(c) Taupunktregelung mit autarker Mischkammer und Außerbetriebnahme des Wäschers

Wohlwissend, dass die Befeuchtung der Luft mit deutlichen Mehrkosten verbunden ist, wird häufig die Befeuchtung einer solchen Anlage von Hand dauerhaft außer Betrieb gesetzt. Dass sich hierbei die erhofften Einsparungen nicht einstellen, ist abschließend im Vergleich aufgeführt und basiert auf dem Umstand, dass nun der Taupunkt über den Kühler realisiert wird und nicht mehr isenthalp über den adiabatischen Befeuchter. Die entfallenden Kosten für Wasser (Befeuchtung) und zur Erhitzung auf den erforderlichen Eintrittszustand des Wäschers werden durch deutlich erhöhte Kühlkosten fast ausgeglichen.

(d) Taupunktregelung mit autarker Mischkammer und Führung des Taupunktsollwertes über die Abluftfeuchte

Ebenfalls in Band 1, Kapitel 10, Bild 10-45, wird darauf verwiesen, dass ein Festwert der Feuchte bei einem endlichen Befeuchtungswirkungsgrad des Wäschers kleiner 100 % nicht zu realisieren ist. Auch hier haben sich in der Praxis Lösungen etabliert, die dies zu vermeiden suchen. Dabei wird der Sollwert der Wäscheraustrittstemperatur im Rahmen einer Kaskadenregelung über die relative Abluft- bzw. Raumluftfeuchte vorgegeben und geführt.

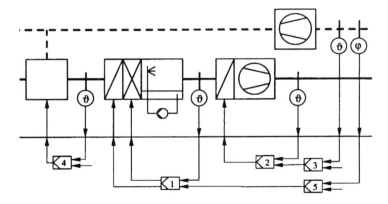

Bild 22-19: Regelung der Taupunkttemperatur über eine Kaskade (Regelung der Abluftfeuchte über den Führungsregler Nr. 5, Regelung des Taupunktes über den Folgeregler Nr. 1)

Sinkt die Abluftfeuchte unter den gewünschten Sollwert, so wird über die Anhebung der Wäscheraustrittstemperatur (Bild 22-20) die Befeuchtungsgerade nach oben verschoben. Damit steigt die absolute Austrittsfeuchte aus dem Wäscher an. Bei einer Überschreitung der Abluftfeuchte wird entgegengesetzt verfahren. Es ist darauf zu achten, dass bei einer möglichen Anhebung der Austrittstemperatur weiterhin eine Zulufttemperaturdifferenz realisierbar ist, die eine ausreichende Abführung möglicher Kühllasten im Versorgungsbereich sicherstellt. Anderenfalls ist eine Anhebung des

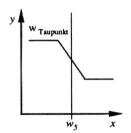

Volumenstromes erforderlich, sofern von der Maßgabe eines eindeutigen Festwertes der Abluftfeuchte nicht abgewichen werden darf.

Bild 22-20: Sequenz des Führungsreglers Nr. 5: w_{Taupunkt} = Sollwert der Austrittstemperatur (Folgeregler Nr. 1)

(e) Taupunktregelung mit Steuerung der Mischkammer über ein Mischlufttrapez

Unter (a), Taupunktregelung mit autarker Mischkammer, steht beschrieben, dass ein unbeabsichtigter Energiemehrverbrauch möglich ist, wenn die Mischkammer über den Bedarf hinaus arbeitet und dies im Nachgang aufwendig herausgekühlt werden muss. Eine ebenfalls weit verbreitete Lösung versucht, dies zu umgehen, indem die Mischkammer weiterhin eigenständig betrieben, jedoch in Abhängigkeit der Außenlufttemperatur nunmehr gesteuert wird. Zugrunde liegt hier der Gedanke, dass bei niedrigen und besonders hohen Außenlufttemperaturen eine Mischung zur Reduzierung der benötigten Heiz- und Kühlleistungen gewünscht ist, in der Übergangszeit jedoch reine Außenluft gefahren wird, um die vorstehend angeführten Nachteile zu eliminieren.

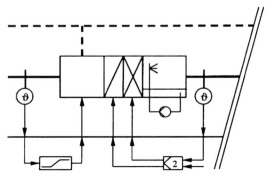

Bild 22-21: Steuerung der Mischkammer in Abhängigkeit der Außenlufttemperatur (Mischlufttrapez)

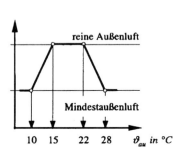

Bild 22-22: Beispielhafte Sollwerte eines Mischlufttrapezes

Dass dieser Variante, namentlich unter dem Titel „Mischlufttrapez" bekannt, nicht der gewünschte Erfolg beschieden ist, liegt in den stets unterschiedlichen Lastanforderungen eines Versorgungsbereiches begründet. So kann ein Mischlufttrapez nie die exakten Erfordernisse widerspiegeln. Besonders für die im Jahresverlauf sehr häufig auftretenden milden Witterungsbedingungen wird entweder zuviel Abluft zugemischt, oder aber der Außenluftanteil ist deutlich zu groß. Beides ist mit energetischen Mehraufwendungen (zusätzliches Heizen bzw. Kühlen) und höheren Jahresenergiekosten verbunden. Die in Bild 22-22 aufgeführten Werte sind beispielhaft. In der Anlagentechnik werden hier die vielfältigsten „Erfahrungswerte" vorgefunden. An dem grundsätzlichen Problem des Mischlufttrapezes können sie jedoch nichts ändern.

(f) Taupunktregelung mit eingebundener Mischkammer

Um den eigenständigen und unkoordinierten Betrieb der Mischkammer gänzlich zu vermeiden, ist ihre Einbindung in die Temperaturregelkreise der Klimaanlage sinnvoll. Bei der klassischen Taupunktregelung vollzieht sich diese Integration in die Regelung der Wäscheraustrittstemperatur (Bild 22-23).

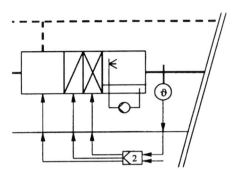

Bild 22-23: Einbindung der Mischkammer

(g) Taupunktregelung mit Taupunkttemperaturband und eingebundener Mischkammer

Wissend, dass die Regelung der Wäscheraustrittstemperatur keinen Festwert Feuchte liefert (siehe hierzu auch Band 1, Kapitel 10), wird dieser Umstand dazu genutzt, grundsätzlich ein Feuchteband regelungstechnisch (Bild 22-24) einzurichten. Dabei wird mit dem Regler 2a der obere Grenzwert über den Kühler realisiert, über den Regler 2b der untere. Zur Erreichung des unteren Sollwertes werden weiterhin die Mischkammer und der Vorerhitzer in Sequenz betrieben. Zu beachten ist, dass die beiden Sollwerte nicht zu nahe beieinander liegen, um regelungstechni-

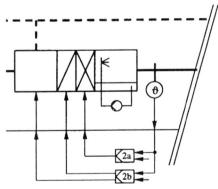

Bild 22-24: Realisierung eines Taupunkttemperaturbandes

sche Störungen durch Überschwingen oder unterschiedliche I-Anteile der Regler auszuschließen.

(h) Stetige Feuchteregelung mit autarker Mischkammer

Regelungstechnisch gilt hier die mit Bild 22-13 vorgestellte Konzeption, ergänzt um eine eigenständige Mischkammer, die analog (a), Taupunktregelung mit autarker Mischkammer, betrieben wird. An dieser Stelle ist die Frage statthaft, warum, trotz moderner Anlagenkonzeption mit stetig regelbarem Wäscher, eine nachteilige Einbindung der Mischkammer erfolgt. Dies kann unterschiedliche Gründe haben:

- Oftmals wird im Sanierungsfall eine Klimaanlage nur partiell betrachtet. Wenn ein bestehender, ungeregelter Wäscher saniert und auf regelbaren Betrieb umgestellt wird, ist häufig der Blick für die peripheren Einrichtungen nicht gegeben. Somit wird ein autarker Betrieb der Mischkammer oder eine in diesem Zusammenhang gleichwertig zu sehende Wärmerückgewinnung unbewertet beibehalten.

- Der Modernisierungsfall kann jedoch auch eintreten, wenn eine Anlage mit stetiger Feuchteregelung und reinem Außenluftbetrieb nachträglich um eine Wärmerückgewinnung ergänzt wird. Auch hier wird häufig der abschließende Blick für die regelungstechnische Verknüpfung und Einbindung vermisst.

- Umfangreiche Klimazentralen werden gerne mit einer zentralen Außenluftaufbereitung ausgestattet. Der Leistungsumfang solcher Außenluftaufbereitungen kann die Funktionen Filtern, Fördern, Erhitzen (Frostschutz) und Wärmerückgewinnung beinhalten. Auch hier werden Anlagen der Energierückgewinnung realisiert, die isoliert betrieben werden und keinerlei Verknüpfung mit den nachfolgenden Klimaanlagen haben.

Allen drei Fällen gemein ist, dass die bereits beschriebene Gefahr des übermäßigen Einsatzes bei milden Witterungsbedingungen weiterhin gegeben ist.

(i) Stetige Feuchteregelung mit eingebundener Mischkammer (siehe hierzu auch Band 1, Kapitel 10)

(j) Stetige Feuchteregelung mit Feuchteband und eingebundener Mischkammer

Geht es um die grundsätzliche Realisierung eines Feuchte- oder Temperaturbandes, so sind die Aufgaben der Regelung, die vormals einem Regler übertragen wurden, nun auf zwei aufzuteilen. So gilt es auch für die Feuchteregelung, sofern ein Band gewünscht ist, die Aufgaben der Befeuchtung und die der Entfeuchtung in zwei unterschiedlichen Reglern zu realisieren.

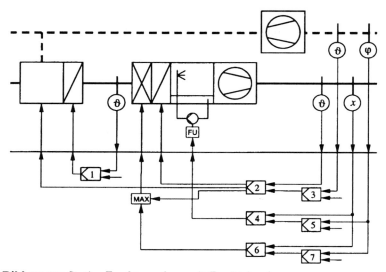

Bild 22-25: Stetige Feuchteregelung mit Feuchteband

Anzumerken ist:

- Die Regelung der Feuchte über eine Kaskade (Befeuchtung Regler 4 und 5, Entfeuchtung Regler 6 und 7) ist nicht zwingend erforderlich, bietet aber die regelungstechnischen Vorteile, wie sie in Band 1, Kapitel 10, beschrieben sind.

- Ungeachtet der Kaskadenregelung wird in der Zuluft einer raumlufttechnischen Anlage vornehmlich die absolute Feuchte geregelt. Die Regelung der relativen Feuchte in der Zuluft ist aufgrund ihres Temperatureinflusses nur bei einer Festwertregelung der Zulufttemperatur möglich.

In Bild 22-25 regeln die Führungsregler (Nr. 5 und 7) die relative Feuchte und geben für die zugehörigen Folgeregler (Nr. 4 und 6) den Sollwert für die Zuluft als absolute Feuchte vor.

(k) Stetige Feuchteregelung mit Feuchteband, gleitender Raumtemperatur und eingebundener Mischkammer

Diese Lösung wird gegenüber dem Bild 22-25 um eine gleitende Führung des Ablufttemperatursollwertes (Regler Nr. 3) in Abhängigkeit der Außenlufttemperatur ergänzt.

(l) Entsprechend (j), jedoch volumenvariabler Betrieb

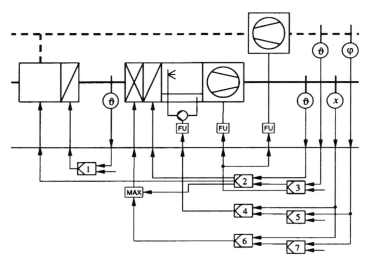

Bild 22-26: Stetige Feuchteregelung mit Feuchteband und volumenvariablem Betrieb (Die Einrichtungen zur Sicherstellung des absoluten Mindestaußenluftanteiles bei reduziertem Volumenstrom sind nicht dargestellt.)

(m) Entsprechend (k), jedoch volumenvariabler Betrieb

Die Auswirkungen der vorgestellten Regelalgorithmen auf die Jahresenergie- und -medienverbräuche sind in Bild 22-27 dargestellt. Ergänzend ist anzumerken:

- Es wird darauf hingewiesen, dass die beschriebenen Möglichkeiten zur Regelung bzw. Steuerung einer Mischkammer in gleicher Art und Weise bei Wärmerückgewinnungen zum Einsatz kommen. Die Auswirkungen bzgl. der Jahresenergieverbräuche und -kosten sind adäquat.

- Der autarke Betrieb einer Mischkammer bzw. einer Wärmerückgewinnung und die damit verbundenen Fehlentwicklungen sind unabhängig von der hier vorgestellten Befeuchtungsart. Sie gelten in gleichem Umfang sowohl für Anlagen mit Dampfbefeuchtung als auch für Lüftungsanlagen, die lediglich heizen und kühlen.

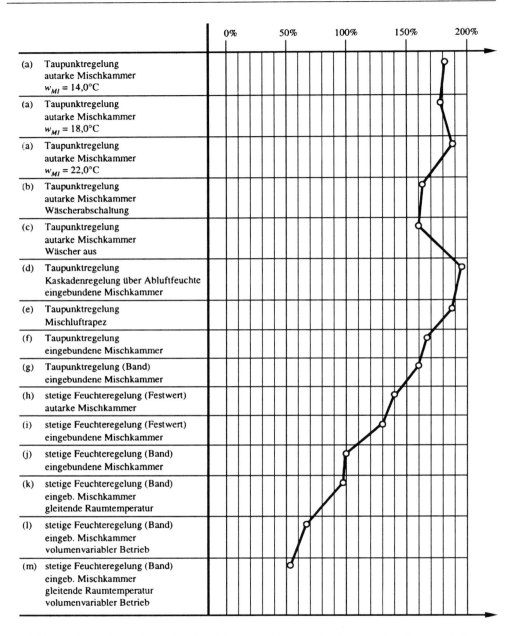

Bild 22-27: Darstellung der indizierten Jahresenergiekosten für die Regelalgorithmen (a) bis (m) (Regelschema (j) — stetige Feuchteregelung (Band) mit eingebundener Mischkammer = 100 %)

Aus der Gegenüberstellung der indizierten Jahresenergiekosten (Bild 22-27) sind als wesentliche Erkenntnisse festzuhalten:

- Nimmt man die Gesamtbreite der ausgewiesenen, indizierten Jahresenergiekosten, so liegt zwischen den beiden Extremen (m) und (d) der Faktor 3,5.

- Wird bei einer bestehenden Taupunktregelung zwecks Energieeinsparung der Wäscher außer Betrieb genommen, so reduzieren sich zwar die Energiekosten, verbleiben jedoch weiterhin auf hohem Niveau (c).

- Die Differenz der Jahresenergiekosten zwischen Festwert Feuchte (i) und Feuchteband (j) (hier 40 ... 60 %) betrifft ca. $\frac{1}{3}$ der Gesamtaufwendungen.

- Bei autark agierenden Mischkammern oder Wärmerückgewinnungen (h) besteht die Gefahr, dass die Energie- und Medienverbräuche um ca. 5 ... 10 % über denen einer sinnvollen regelungstechnischen Einbindung (i) liegen.

- Aus Sicht der Verbrauchsreduzierung ist die Einführung der gleitenden Raumtemperaturregelung bei volumenvariablen Systemen erfolgreicher als bei volumenkonstanten Anlagen. Während bei der letztgenannten Kategorie eine Reduzierung von 5 ... 10 % möglich ist (siehe (j) nach (k)), so verringern sich die Verbrauchskosten bei volumenvariablen Systemen um ca. 10 ... 15 % (siehe (l) nach (m)). Ungeachtet dessen nimmt die gleitende Raumtemperatur weit größeren Einfluss auf die Gestaltung und Bemessung der Klimaanlagen. Über die größere realisierbare Zulufttemperaturdifferenz bei 26 °C wird direkt der Nennvolumenstrom der Anlage bestimmt. Über die erforderliche Luftaustrittstemperatur des Kühlers wird die Dimensionierung desselben maßgeblich beeinflusst (siehe zu diesen Themen auch Kapitel 20, Beispiele von Anlagen und Klimageräten).

Festzuhalten ist weiterhin, dass heute mit großem, gerechtfertigtem und auch erforderlichem Aufwand Anlagenkomponenten bemessen und ausgesucht werden. Demgegenüber wird den Regelstrategien im Besonderen und der gesamten MSR-Technik im Allgemeinen nur eine zurückhaltende Bedeutung zuteil, mit, wie vorstehend dargelegt, oftmals gravierenden Auswirkungen. Nicht, dass heute noch in umfangreichem Maße Taupunktregelungen realisiert werden, jedoch selbst bei stetiger Feuchteregelung (Regelstrategien (h) bis (m)) besteht eine Differenz zwischen best case und worst case, die jede vorab getätigte Wirtschaftlichkeitsbetrachtung ad absurdum führt. Dass hier eine Festwertregelung Feuchte mit einem Feuchteband verglichen wird, mag unverständlich erscheinen. Doch gehen Sie davon aus, dass nur jene Vorgaben auf der Baustelle zur Ausführung kommen, die vorab detailliert beschrieben sind. Die Energiekosten raumlufttechnischer Anlagen machen, wie eingangs beschrieben, fast 50 % der gesamten Betriebskosten aus. Wenn hier bereits eine Differenz um den Faktor zwei möglich ist, schwanken auch die gesamten Betriebskosten um 50 %.

22.4.4 Einfluss der Anlagentechnik auf die Wirtschaftlichkeit

Bisher standen das Anforderungsprofil und der zugehörige Weg der regelungstechnischen Realisierung im Mittelpunkt. Die dabei zu Tage tretenden Einflussmöglichkeiten sind beachtlich. Ungeachtet dessen hält der tägliche Einsatz weitere Hindernisse bereit, die einen stabilen, optimierten und damit auch kostengünstigen Betrieb raumlufttechnischer Anlagen nachhaltig beeinträchtigen.

(a) Herabsetzung der Regelstabilität durch falsche Ventildimensionierung

Falsch dimensionierte Ventile sind ein vielerorts vorzufindender Mangel, der den stabilen und wirtschaftlichen Betrieb raumlufttechnischer Anlagen massiv einschränkt.

Beispiel 22-5: Zentrale Außenluftaufbereitung einer Klimazentrale

Die zentrale Außenluftaufbereitung einer größeren Klimazentrale filtert die Außenluft und erwärmt sie auf frostfreie Temperaturen vor. Die betriebsbegleitende Beobachtung dieser Anlage via Gebäudeleittechnik (Historisierung der Außen- und Zulufttemperatur im 15 Minutentakt über eine Dauer von 14 Tagen) hat die Temperaturverläufe nach Bild 22-28 ergeben. Auffallend ist, dass bei geringen Lasten, entsprechend geringen Temperaturdifferenzen zwischen Außen- und Zulufttemperatur, der Zulufttemperaturregelkreis ein Schwingungsverhalten aufweist. Hierfür verantwortlich ist eine suboptimale Ventilauslegung.

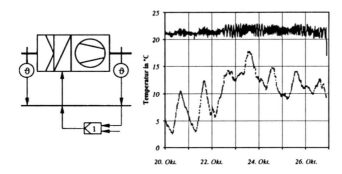

Bild 22-28: Anlagenaufbau und Temperaturhistorisierung der Anlage nach Beispiel 22-5

Das vorhandene 3-Wege-Regelventil ist mit einer gleichprozentigen Kennlinie ausgestattet, was für den Betrieb innerhalb eines Zulufttemperaturregelkreises vorteilhaft und anzustreben ist. Jedoch ist dieses Regelorgan mit einer zu geringen Ventilautorität versehen. Entsprechend Bild 22-29 ist ersichtlich, dass dieser Nachteil in Zusammenhang mit der Kennlinie des Wärmeübertragers zu einer Gesamtkennlinie führt, die nichtlinear ist und für kleine Ventilstellungen H/H100 ≪ 1 zu einem deutlich überproportionalen Anstieg der übertragenen Wärmeleistungen führt. Ein stabiles Regelverhalten ist mit dieser zu geringen Ventilautorität, unabhängig des Regelsystems (pneumatisch, analog, digital), nicht möglich. Diese Schwingungen setzen sich auch in den nachgeschalteten Klimaanlagen fort. Hier werden die zugehörigen Erhitzer und Kühler zum Ausgleich dieser Temperaturschwingungen im Wechsel betrieben. Offensichtlich ist, dass hierdurch ein Energiemehrverbrauch verursacht wird.

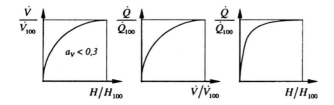

Bild 22-29: Kennlinienfeld des Regelventils, des Wärmeübertragers (Vorerhitzer) und des Gesamtsystems aus Regelventil und Wärmeübertrager für das Beispiel 22-5

(b) Beeinträchtigung der Regelstabilität — taktender Wäscher

Es ist nachvollziehbar, dass die Einhaltung von Sollwerten und Toleranzen umso schwieriger zu realisieren ist, je geringer die Regelbarkeit einzelner Bauteile gegeben ist. Dies trifft besonders auf Anlagen zu, die mit einem ein- oder mehrstufigen Wäscher die Festwertregelung der Feuchte zu realisieren suchen. Da der Wäscher durch seine isenthalpe Befeuchtung direkt Einfluss auf die Zulufttemperatur nimmt, kann dies bei Anlagen mit ein- oder geringstufig betriebenen Wäschern erhebliche Auswirkungen auf die Stabilität der gesamten Regelkreise (Feuchte und Temperatur) haben (Bild 22-30).

Die rechnerische Quantifizierung der energetischen Mehraufwendungen, die durch taktende Wäscher oder aber falsch dimensionierte Regelventile hervorgerufen werden, ist vorausberechnend nicht möglich. Lediglich Betriebserfahrungen bieten die Grundlage, diese Mehrverbräuche zu bewerten. Bei raumlufttechnischen Systemen mit den vorab beschriebenen Fehlerbildern reduzieren sich die Jahresheiz- und -kühlenergiebedarfe nach der Beseitigung der Mängel um ca. 8 bis 10 %, in extremen Schadensbildern sogar bis 15 %. Energetisch und monetär nicht bewertbar in diesem Zusammenhang ist die Qualitätssteigerung der gesamten Regelgüte und die damit einhergehende Sicherstellung der Temperatur- und Feuchteanforderungen im Versorgungsbereich.

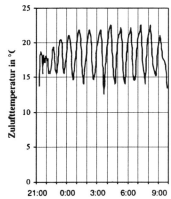

Bild 22-30: Zulufttemperatur einer Klimaanlage (beispielhaft) mit einem taktenden Wäscher (Zweipunktregelung über die relative Abluftfeuchte)

Solche Defizite können nur durch anlagentechnische Maßnahmen ausgeglichen werden. Die Auswirkungen eines falsch dimensionierten Ventiles sind nur durch den Austausch desselben oder durch die hydraulische Anbindung des Registers an differenzdruckarme Versorgungssysteme behebbar. Die regelungstechnischen Probleme eines taktenden Wäschers können durch folgende Lösungsvarianten ausgeglichen werden:

1. Realisierung einer Taupunktregelung,

2. Ausrichtung der Regelung auf ein breites Feuchteband,

3. Umbau des Befeuchters zu einem stetig regelbaren Anlagenbauteil.

Die Variante (1) ist mit deutlich höheren Jahresenergiekosten verbunden (s. a. vorherige Kapitel) und entspricht nicht mehr dem Stand der Regelungstechnik. Die Variante (2) geht einher mit der Aufweichung des Anforderungsprofiles (kein Festwert Feuchte). Somit kommt aus regelungstechnischer Sicht und wirtschaftlichen Anforderungen lediglich die Variante (3) in Betracht, die jedoch einen deutlichen Eingriff in die bestehende Anlagenhardware des Wäschers beinhaltet.

Analog zur Feuchtefestwertregelung mit einem taktenden Wäscher ist die Festwertregelung eines Druckes (z. B. Kanal oder Raum) mittels stufiger Ventilatoren zu sehen. Auch hier gilt, dass ein hohes Anforderungsprofil (geringe Toleranzen des geforderten Druckes) über eine stufige Regelung der Ventilatoren und unter Wahrung der Regelstabilität nicht möglich ist. Eine stufige Regelung lässt in diesem Zusammenhang nur die Realisierung eines Druckbandes (oberer und unterer Grenzwert) zu. Ungeachtet dessen wird darauf verwiesen, dass die Druckregelung an und für sich aufgrund der Kennwerte der gesamten Regelstrecke erhöhte regelungstechnische Anforderungen stellt.

(c) Übereilige Inbetriebnahme unter Zeitdruck

Zur Sicherung der getätigten Investitionen ist jedem Bauherren daran gelegen, seine Immobilie frühestmöglich in Betrieb nehmen zu können. Auf diesem Anspruch gründen ambitionierte Zeitpläne der Baurealisierung. Nachteilig in diesem Zusammenhang ist, dass die MSR-Technik eines der letzten Gewerke ist, das die Baustelle betritt. Aufgelaufene Terminverzüge in den vorgelagerten Bauleistungen sind durch die MSR-Technik bestmöglich aufzufangen und vorteilhafterweise auszugleichen. Dass unter Zeitdruck die Qualität der ausgeführten Leistungen partiell leidet, ist nachvollziehbar. Somit ist nicht gewährleistet, dass die bestmögliche Regelstrategie und das wirtschaftlichste regelungstechnische Gesamtkonzept bereits zum Zeitpunkt der Abnahme realisiert ist. Welchen Einfluss jedoch gerade die Intelligenz der Regelung auf den Energie- und Medienverbrauch hat, ist im vorstehenden Kapitel dargelegt.

(d) Nichtbeachtung von Teillastbetriebsfällen bei der Anlagengestaltung

Dieses Thema hat im Hinblick auf den Betrieb der raumlufttechnischen Anlagen zwei Auswirkungen, die zum einen die Jahresenergiekosten (siehe Kapitel 22.5) beeinflussen und zum anderen die Regelstabilität der RLT-Anlage unterstützen.

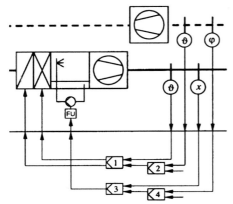

Bild 22-31: Anlagen- und Regelungsaufbau zu Beispiel 22-6

Beispiel 22-6: Klimaanlage mit reiner Außenluft und stetiger Wäscherbefeuchtung

Das Anforderungsprofil eines Versorgungsbereiches sieht die ganzjährige Festwertregelung der Raumlufttemperatur auf 22,0 °C und die Einhaltung einer relativen Mindestfeuchte von 40 % in der Abluft vor. Im Winterauslegungsfall realisiert der Vorerhitzer eine Erwärmung der Außenluft von −15,0 °C auf die erforderliche Wäschereintrittstemperatur von 40 °C. Dies entspricht einer Temperaturdifferenz von 55 K. In der Übergangszeit reduziert sich diese Temperaturdifferenz bis auf wenige Kelvin. Dadurch sinkt die zu übertragende Wärmeleistung bis auf Bruchteile des Nennwertes ab.

Bei einer Temperaturdifferenz zwischen Lufteinund -austritt des Vorerhitzers von 5 K wird nur noch $1/11$ der Nennleistung benötigt. Diese geringen Leistungsanforderungen gehen einher mit kleinen Öffungsstellungen der zugehörigen Stellorgane. Sinkt der Leistungsbedarf weiter ab, so stoßen die Stellventile an ihre Einsatzgrenze, da im Öffnungsbereich eines Regelorganes kein sauberes und damit stabiles Regelverhalten möglich ist.

Die Darstellung von kleinen Leistungen (in Bezug auf die Nennleistung des Registers) stellt an die Regelungstechnik somit erhöhte Anforderungen, denen auf unterschiedliche Weise entsprochen werden kann. Etabliert haben sich die bedarfsorientierte Vorlauftemperaturregelung (überwiegend in Abhängigkeit der Außenlufttemperatur) und der Einsatz von Teillastventilen.

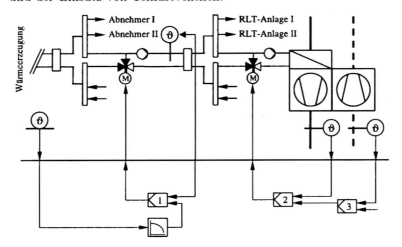

Bild 22-32: Witterungsgeführte Vorregelung für RLT-Anlagen

Durch das Absenken der maximalen Vorlauftemperatur bei milder Witterung (Regler 1), wird die maximal übertragbare Leistung der nachgeschalteten Register ebenfalls reduziert (siehe Bild 22-33). Dies ist möglich, da die Nennleistung der Register nur bei extremer Witterung benötigt wird. Der zugehörige Regelkreis der RLT-Anlage gleicht diese verringerte Nennleistung durch größere Öffungsstellungen des entsprechenden Regelventiles aus. Dem Betrieb dieses Regelorgans im Schließbereich wird so entgegengewirkt.

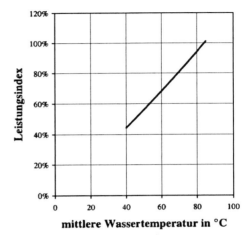

Bild 22-33: Übertragbare Wärmeleistungen eines Registers bei unterschiedlichen Heizmediumtemperaturen und einer konstanten Lufteintrittstemperatur von 0 °C (Herstellerangabe)

Diese Vorregelung kann jedoch nicht allen Teillastbetriebsfällen vorbeugen und ist nicht immer einsetzbar:

- Werden Anlagen volumenvariabel betrieben, so verringert sich ihr maximaler Wärme- bzw. Kältebedarf unabhängig der Witterung.

- Wenn Anlagen abweichend ihrer Grundgestaltung betrieben werden (z. B. Klimaanlagen in der Nebenbetriebszeit ohne adiabatische Befeuchtung und Kühlung), so ist ebenfalls eine Reduzierung des maximalen Leistungsbedarfes zu verzeichnen.

- Vorregelungen sind im Bereich der Kälteversorgung der Zentralgeräte nicht oder nur bedingt einsetzbar, da eine Anhebung der Vorlauftemperatur die Option der Entfeuchtung im Teillastfall zunichte macht.

Um auch unter solchen Bedingungen eine einwandfreie Stabilität der Regelkreise zu gewährleisten, wird vermehrt der Einsatz von Teillastventilen propagiert (Bild 22-34). Dabei wird im Rahmen der Ventilauslegung der wasserseitige Auslegungsvolumenstrom auf zwei Ventile ungleicher Größe aufgeteilt, wovon das kleinere Ventil zur Realisierung geringer Leistungsanforderungen verwendet wird. Der zur Auslegung benötigte Druckverlust Δp_{100} des / der Ventile ist gegenüber dem Einsatz von nur einem Ventil der gleiche, da es sich hier um eine Parallelschaltung von Widerständen handelt.

In der Praxis hat sich eine Aufteilung des Volumenstromes von $1/4$ zu $3/4$ etabliert. Diese hydraulische Änderung wird durch eine regelungstechnische Ergänzung abgerundet. Die entsprechende Sequenz wird zweigeteilt. Bei Anforderung wird das Kleinlastventil in erster Sequenz stetig geöffnet. Erst wenn dieses Ventil vollständig geöffnet ist, wird das Volllastventil angesteuert. Werden Teil- und Volllastventile bei Erhitzern eingesetzt, so wird mit der entsprechenden Heizsequenz adäquat verfahren.

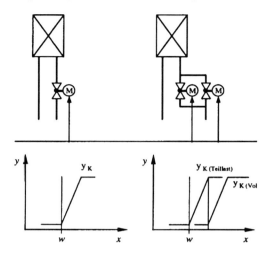

Bild 22-34: Standardanschluss und Teil- / Volllastventil im Vergleich (Hydraulik und Regelfrequenz)

(e) Einzelbetrachtung der Anlagen

In großen, ausgedehnten, jedoch zusammengehörigen Versorgungsbereichen wird oftmals die Raumkonditionierung auf mehrere Anlagen aufgeteilt (Bild 22-35). Hierdurch stellt sich die Anforderung, den Betrieb der Einzelanlagen übergreifend durch die Regel- und Steuerungstechnik zu koordinieren.

Beispiel 22-7: Klimatisierung einer Produktionshalle

Eine Produktionshalle wird mittels zweier Klimaanlagen und reiner Außenluft konditioniert. Die Anlage 1 versorgt den Bereich der thermisch hochbelasteten Produktion, die Anlage 2 den Bereich der Verpackung und der Logistik.

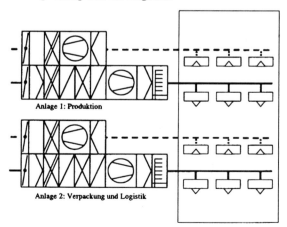

Bild 22-35: Konditionierung eines Versorgungsbereiches durch zwei Klimaanlagen (zu Beispiel 22-7)

Tabelle 22-17: Mögliche Betriebszustände zu Beispiel 22-7

Betriebszustand	Anlage 1	Anlage 2
1	heizen	heizen
2	heizen	kühlen
3	kühlen	heizen
4	kühlen	kühlen
5	befeuchten	befeuchten
6	befeuchten	entfeuchten
7	entfeuchten	befeuchten
8	entfeuchten	entfeuchten

Für diese Anlagenkonstellation sind grundätzlich die Betriebszustände entsprechend Tabelle 22-17 denkbar. Die Zustände 2, 3, 6 und 7 beschreiben einen entgegengesetzten Betrieb der beiden Anlagen. Ursachen hierfür können sein:

1. Die Lasten innerhalb des Versorgungsbereiches unterscheiden sich deutlich. So ist es vorstellbar, dass in dem durch hohe innere Lasten geprägten Produktionsbereich gekühlt werden muss, hingegen im nur mit geringen Lasten ausgestatteten Verpackungsbereich die Luft isotherm oder mit überhöhten Zulufttemperaturen eingeblasen wird.

2. Die eine Anlage wird zur simulierten Last der anderen. Dabei unterscheidet die Regelung z. B. nicht, ob ein Kühlbedarf durch Lasten des Versorgungsbereiches hervorgerufen wird oder aber durch die zweite Klimaanlage, die mit überhöhten Temperaturen einbläst.

Der letztgenannten Ursache ist regelungs- und steuerungstechnisch vorzubeugen, da sie mit nicht erforderlichen energetischen Mehraufwendungen verbunden ist. Die dazu erforderlichen Algorithmen sind problemspezifisch und können nicht allgemeingültig formuliert werden.

Aufgrund der Erfordernisse und der Lastverteilung innerhalb des Versorgungsbereiches ist ein entgegengesetzter Betrieb mehrerer Anlagen mit Heizen und Kühlen vielerorts anzutreffen. Der Fall des Be- und Entfeuchtens tritt nur in seltenen Ausnahmen auf. Grundsätzlich sollte er regelungstechnisch unterbunden werden.

(f) Verzicht auf maximale Zulufttemperaturbegrenzungen

Der Einfluss thermischer Auftriebe auf die Raumluftströmung ist beachtlich und kann, bei Verzicht auf die maximale Begrenzung der Zulufttemperatur, zu Fehlfunktionen führen.

Beispiel 22-8: Einfache Raumtemperaturregelung eines Versorgungsbereiches

Der Zonennacherhitzer einer Mehrzonenanlage ist in einen Raumtemperaturregelkreis entsprechend Bild 22-36 eingebunden. Die Zuluft wird über Lüftungsgitter im Deckenbereich eingebracht. Die Abluft wird dem Raum gleichermaßen entnommen. Die Datenhistorisierung der Zu- und Ablufttemperaturen in der Gebäudeleittechnik ergeben den im Bild 22-37 dargestellten Temperaturverlauf.

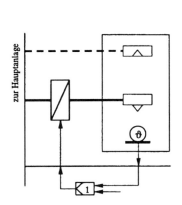

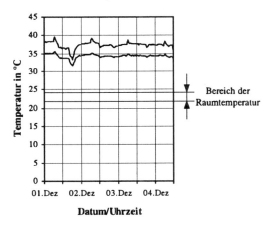

Bild 22-36: Anlagen- und Regelungsaufbau zu Beispiel 12-8

Bild 22-37: Zu- und Ablufttemperaturen zu Beispiel 22-8

Ersichtlich ist, dass die Zulufttemperatur mit ca. 37 ... 39 °C eingeblasen wird und die Abluft ein Temperaturniveau von ca. 35 °C aufweist, trotzdem der Raum auf ca. 23 °C erwärmt ist. Ursache hierfür ist eine überhöhte Zulufttemperatur, die dafür verantwortlich ist, dass die warme Zuluft aufgrund ihres thermischen Auftriebes im Deckenbereich verharrt, nur geringfügig zur Lastdeckung beiträgt und fast ohne Abkühlung dem Raum wieder entnommen wird. Als Abhilfe sind hier die Installation einer Raum-/Zulufttemperaturkaskade (Eindeutige Vorgabe des Zulufttemperatursollwertes durch den Führungsregler) und der optionale Austausch der Lüftungsgitter gegen Auslässe mit höherer Eindringtiefe anzustreben.

(g) Inbetriebnahme im Leerlauf

Im Verlauf der Inbetriebnahme und Einregulierung raumlufttechnischer Systeme wird oftmals auf eine Verifizierung im Echtbetrieb verzichtet. Da jedoch der reale Betrieb abweichende Bedingungen (z. B. innere Lasten, Materialtransporte, offene Türen und Tore zu angrenzenden Bereichen) vorhält, ist der stabile und zufriedenstellende Betrieb der Anlagen gefährdet.

Beispiel 22-9: Inbetriebnahme einer Produktionshalle

Die zur Konditionierung einer Produktionsfläche (Festwert Feuchte und Temperatur) installierte Klimaanlage (Vorerhitzer, Wäscher, Kühler, Nacherhitzer, Ventilator) wurde vor dem Produktionsbeginn in Betrieb genommen. Im Betrieb sollen 21 °C und 55 % relative Feuchte in engen Grenzen eingehalten werden. Eine Messung der Raumtemperaturzustände unter Produktionsbedingungen ergibt das Bild 22-38.

Ersichtlich ist, dass in einem breiten Bereich die Raumtemperatur nicht eingehalten werden kann und bei deutlich über 23 °C liegt. Mit der Temperaturabweichung einher geht in den höher temperierten Zonen die Absenkung der relativen Raumluftfeuchte unter den gewünschten Sollwert. Die Klimaanlage versucht, beide Abweichungen durch Kühlen und Befeuchten auszugleichen.

Aufgrund der Taupunktunterschreitung im Kühler fällt jedoch ein Großteil der durch den Befeuchter eingebrachten Feuchtigkeit wieder aus. Es folgen:

1. Die weiterhin nicht gegebene Einhaltung der Feuchte führt über den Feuchteregelkreis zu einer Anhebung der Leistung des Wäschers.

2. Da der Wäscher vor dem Kühler angeordnet ist, wandert durch den Betrieb des Wäschers der Eintrittszustand in den Kühler zunehmend in den Schwülebereich. Die Leistungsfähigkeit des Kühlers nimmt hierduch ab.

3. Die reduzierte Leistung des Kühlers lässt die Zulufttemperatur und im Anschluß die Raumtemperatur ansteigen.

Ursache für diese Wirkungskette ist eine Luftführung, die unter Produktionsbedingungen den Versorgungsbereich nicht vollständig erfasst. Dieser Umstand war im Rahmen der Inbetriebnahme ohne Lasten nicht erkennbar.

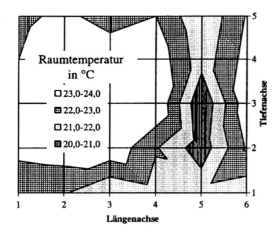

Bild 22-38: Raumtemperaturverlauf zu Beispiel 22-9

(h) Kostendruck

Die Forderung nach investitionsoptimierten Gebäuden und Liegenschaften ist legitim, nachvollziehbar und ein wichtiges Regulativ bei der Bewertung von Alternativen und der späteren Realisierung. Es obliegt hierbei den Planern und Ausführenden, die Kausalkette von investitionsreduzierenden Maßnahmen aufzuzeigen:

- Die häufig vorzufindende Reduzierung der Querschnitte (Zentralgerät und Kanalnetz) geht zu Lasten der späteren Jahresenergie- und Medienkosten. Kleinere Querschnitte erhöhen die erforderliche Förderleistung und damit den elektrischen Energiebedarf im Jahresverlauf. Je nach Anlagentyp sind die Förderkosten mit bis zu 40 % an den Jahresgesamtkosten für Energien und Medien beteiligt. Somit nehmen kleinere Querschnitte im beachtlichen Maß Einfluss auf den späteren Betrieb.

  So sind z. B. die Energiekosten raumlufttechnischer Anlagen in Vermietungsobjekten normalerweise Bestandteil der Nebenkosten (sogenannte „Zweite Miete"). Höhere Strömungsgeschwindigkeiten können daher die Attraktivität der Vermietungsobjekte einschränken, denn potentielle Mieter lassen sich heute zunehmend die Nebenkosten garantieren, um eine eigene Kalkulationssicherheit zu erlangen.

- Ob nun zusätzliche Einrichtungen für Teillastbetriebsfälle, stetig regelbare Befeuchter oder stufenlos regelbare Ventilatoren; ihnen gemein ist, dass sie oftmals zugunsten der Investitionskosten aufgegeben und nicht realisiert werden. Hieraus folgen, wie bereits vorgestellt, Regelinstabilitäten, höhere Energiekosten und eine deutlich eingeschränkte Flexibilität der raumlufttechnischen Anlage.

Festzuhalten ist, dass anlagentechnische Defizite im Allgemeinen, ungeachtet ihrer Herkunft, auch durch moderne Regelungs- und Steuerungstechnik nicht egalisiert werden können. Als klassisches Beispiel hierfür gelten hydraulische Mängel, die den gesamten Regelkreis nachhaltig beeinträchtigen.

22.5 RLT-Anlagen mit erweitertem Funktionsumfang

Die bisherigen Betrachtungen bezogen sich vorwiegend auf ein eindeutiges und festes Anforderungsprofil sowie auf die Bewertung und Optimierung einer Einzelanlage. Die Möglichkeiten, den Betrieb einer raumlufttechnischen Anlage wirtschaftlich zu gestalten, gehen jedoch darüber hinaus.

22.5.1 Volumenvariabler Betrieb

Da die Förderkosten einen nennenswerten Anteil an den Gesamtjahresaufwendungen für den Energie- und Medienbezug haben, eröffnen sich hier beachtliche Potentiale, die Verbrauchskosten durch Variation der geförderten Luftmengen zu senken (s. a. Band 1, Kapitel 10.6.2). Dieser Einfluss ist bereits in vorangehenden Beispielen grundsätzlich dargelegt.

Wird vereinfachend vorausgesetzt, dass sich die äußeren Lasten eines Versorgungsbereiches (Heiz- und Kühllasten) proportional der Temperaturdifferenz zwischen Raum- und Außenlufttemperatur verhalten, so kann für die Bewertung der Einsparpotentiale volumenvariabler Systeme die Jahreshäufigkeitslinie der Außenlufttemperatur zugrunde gelegt werden (beispielhaft Bild 22-39). Mit

$$\dot{V} \sim \dot{Q}_{\text{Raum}}$$

$$\dot{Q}_{\text{Raum}} = \dot{Q}_{\text{innen}} + \dot{Q}_{\text{außen}}$$

$$\dot{Q}_{\text{außen}} \sim (\vartheta_{\text{Raum}} - \vartheta_{\text{außen}})$$

und

$$P \sim p\,\dot{V} \sim \dot{V}^3$$

lässt sich für jeden Außenluftpunkt die Raumlast, der zur Lastdeckung erforderliche Volumenstrom und die zugehörige Förderleistung berechnen. Setzt man weiterhin an, dass

$$W_{ELT} = P\,\tau$$

die erforderliche elektrische Arbeit ergibt, so liefert jeder Außenluftpunkt in Verbindung mit der ihm zugehörigen Jahreshäufigkeit die entsprechende benötigte elektrische Arbeit. In Summe wird der Jahresgesamtaufwand zur Förderung der Luft ermittelt.

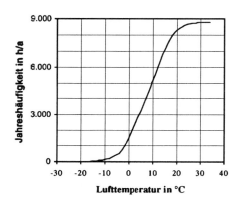

Bild 22-39: Jahreshäufigkeit der Außenlufttemperatur für Braunschweig [8]

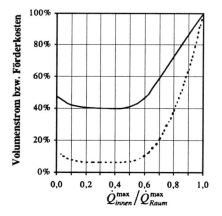

······· elektr. Jahresenergiebedarf (Förderung)

────── geförderter Jahresvolumenstrom

Bild 22-40: Einsparpotentiale volumenvariabler Systeme in Abhängigkeit des Lastverhältnisses

Anzumerken ist:

- Die Mindestfördermenge wird lastunabhängig mit ca. 40 % angesetzt. Sie ergibt sich aus der Mindestdrehzahl der Antriebsmotoren.

- Besteht die Raumlast nur aus inneren Lasten, so ist die Option des volumen-variablen Betriebs bei ununterbrochener Nutzung des Versorgungsbereiches nicht gegeben. Die zugehörige raumlufttechnische Anlage wird durchgängig mit Nennluft-volumenstrom betrieben.

Wird eine raumlufttechnische Anlage in Abhängigkeit der Raumlasten volumenvari-abel betrieben, so kann sich die geförderte Jahresluftmenge bis auf 40 % des Wertes bei volumenkonstantem Betrieb reduzieren. Die zugehörigen Förderkosten sinken dabei bis auf ca. 10 % des ursprünglichen Wertes ab. Aus technischer Sicht lassen sich diese Optionen bestmöglich über Frequenzumrichter (FU) erreichen, da hier direkt die Drehzahl der Antriebsmotoren über Frequenz- und Spannungsvariation verändert wird.

Dass die vorstehend genannten Einsparungen nicht durchgängig zu realisieren sind, hängt mit dem Teillastverhalten aufwendiger Kanalsysteme nebst den regelungstech-nischen Einbauten zusammen. Sobald zusätzliche Geräte im Kanal, wie z. B. VV-Boxen, die Einhaltung eines Mindestdruckes zur Sicherstellung der Regelfähigkeit in sämtlichen Betriebsfällen erfordern, wird auch das Teillastverhalten des Ventila-tors beeinflusst. Bei derartigen Anforderungen verlässt der Ventilator im Regelbe-trieb (Drehzahl < Nenndrehzahl) den Bereich seines Auslegungswirkungsgrades. Die höheren Druckanforderungen bei kleinen Volumenströmen und der sich verschlech-ternde Wirkungsgrad der Förderung erhöhen den Energiebedarf gegenüber den vorab ausgewiesenen Werten.

Ein weiterer Grund, weswegen prognostizierte Einsparungen im volumenvariablen Be-trieb nicht erreicht werden, ist in einer nicht optimalen Anordnung der Messwertgeber zu sehen. Bei verzweigten raumlufttechnischen Anlagen mit mehreren Versorgungs-bereichen werden oftmals die einzelnen Zonen volumenvariabel in Abhängigkeit der Raumlasten betrieben. Die zugehörigen Ventilatoren der Zu- und Abluftzentralgeräte werden hingegen nach den Druckanforderungen im Kanalsystem geregelt. Hier ent-scheidet der Einbauort des Druckmesswertaufnehmers über den Regelbereich der Ven-tilatoren und damit über die möglichen Einsparungen im Betrieb.

Beispiel 22-10: Druckregelung eines Zuluftzentralgerätes mit unterschiedlichen Orten der Druck-messung

Eine vereinfachte Klimaanlage (Einzonenanlage) verfügt entsprechend Bild 22-41 über eine im Kanal-netz angeordnete Zonenaufbereitung in unmittelbarer Nähe zum Versorgungsbereich. In allen Last-fällen ist vor der Zonenaufbereitung ein Mindestdruck einzuhalten. Der zugehörige Zuluftventilator wird über den Kanaldruck geregelt. Es stehen zwei Messorte zur Auswahl. Die Regelungsvariante 1 regelt den Ventilator auf einen festen Sollwert am Ausgang des Zentralgerätes. Die Regelungsvariante 2 sichert vor der Zonenaufbereitung die Einhaltung des Mindestdruckes.

Die zugehörigen Sollwerte ergeben sich aus dem Druckverlauf bei Volllast. Mit abnehmendem Vo-lumenstrom laufen die bei Volllast noch identischen Druckverläufe auseinander. Die Regelungsvari-ante 2 erfordert im Vergleich zur Variante 1 bei Teillast eine geringere Druckerhöhung. Dies ist durch die Einbindung des Kanalnetzes in den Regelkreis begründet. Die abnehmenden Druckver-luste bei Teillast werden bei der Variante 2 miterfasst und regelungstechnisch berücksichtigt. Die Regelungsvariante 1 kann dies nicht. Hier wird bei Teillast der Zonenaufbereitung ein über das Min-destmaß hinausgehender Druck angeboten.

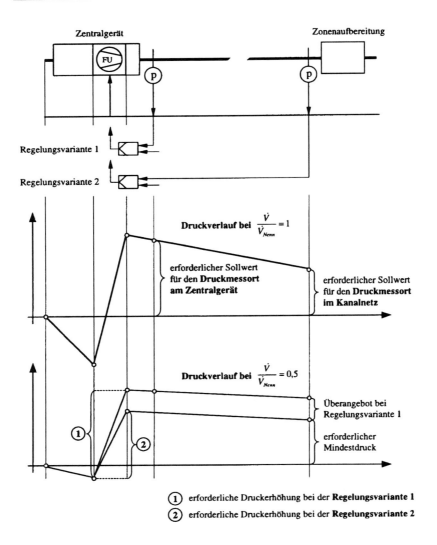

Bild 22-41: Anlagenaufbau und Druckverläufe bei unterschiedlichen Volumenströmen und Druckmessorten (zu Beispiel 22-10)

22.5.2 Betrieb mit unterschiedlichen Betriebsvarianten

Die einfachste und auch effektivste Form, eine RLT-Anlage wechselnden Anforderungen anzupassen, ist die frühestmögliche Volumenstromreduzierung oder Abschaltung und die spätestmögliche Wiederinbetriebnahme. Doch zwischen Betrieb und Stillstand einer RLT-Anlage sind grundsätzlich weitere Optionen variierender Betriebsvarianten denkbar.

Tabelle 22-18: Alternative Betriebsvarianten einer raumlufttechnischen Anlage (Auszug)

Betriebsvariante	Beschreibung
Normalbetrieb	Betrieb der RLT-Anlage entsprechend den Kernanforderungen des zu versorgenden Nutzungsbereiches
Alternativbetrieb mit abweichenden Sollwerten	Besonders dann, wenn im Normalbetrieb sehr hohe Anforderungen formuliert sind (z. B. Festwertregelung Feuchte und Temperatur), ergeben sich Einsparpotentiale durch die zeitweise Aufhebung dieser Maximalforderungen, z. B.: • Realisierung von Temperatur- und Feuchtebändern (s. a. Kapitel 22.4.2, Anforderungsprofile) • Aufgabe der Feuchteanforderungen und Außerbetriebnahme der Befeuchter bzw. Entfeuchter in den Nebenbetriebszeiten • Absenkung der Mindestaußenluftraten bei unterschiedlichen Personen- und Schadstoffbelastungen • Absenkung der maximalen Volumenströme
Anfahr- und Abschaltbetrieb	Der RLT-Anlage werden keine festen Betriebszeiten vorgegeben, sondern Zeitfenster, in denen entsprechende Sollwerte nebst Toleranzbereich einzuhalten sind. Aufgrund der Istwerte bestimmt die Automationstechnik, wann der spätestmögliche Einschalt- und der frühestmögliche Ausschaltzeitpunkt gegeben ist, so dass in den formulierten Zeitfenstern die gewünschten Sollwertgrenzen eingehalten werden.
Stützbetrieb HEIZEN	Die RLT-Anlage ist betriebsbereit, verharrt jedoch im Stillstand. Bei Unterschreitung einer Mindestraumtemperatur wird die Anlage mit minimalem Volumenstrom und größtmöglicher Umluftrate betrieben. Nach dem Erreichen des Sollwertes (incl. Hysterese) wird die Anlage wieder abgeschaltet.
Stützbetrieb KÜHLEN	Analog dem Stützbetrieb Heizen, jedoch wird die Mischkammer regelungstechnisch freigegeben, um mit kühlerer Außenluft den Sollwert erreichen zu können.
Stützbetrieb FEUCHTE	Die RLT-Analge ist betriebsbereit, verharrt jedoch im Stillstand, Bei Unter- bzw. Überschreitung eines minimalen bzw. maximalen Feuchtesollwertes wird die Anlage mit minimalem Volumenstrom betrieben. Nach Erreichen des Sollwertes (incl. Hysterese) wird die Anlage wieder abgeschaltet.
Stützbetrieb HYGIENE	In Bereichen mit besonderen Druckanforderungen (z. B. Reinräume, Funktionsbereiche im Gesundheitswesen, Labore) wird die Anlage auch in den Nebenbetriebszeiten so betrieben, dass die erforderlichen Luftüberströmungen (vom reinen (weißen) zum unreien (schwarzen) Versorgungsbereich) dauerhaft sichergestellt sind.
freie Kühlung / Nachtkühlung	Die Anlage ist in der Nebenbetriebszeit betriebsbereit. Sinkt die Außenlufttemperatur unter den momentanen Istwert der Raumlufttemperatur, so geht die Anlage in Betrieb und kühlt den Versorgungsbereich mit reiner Außenluft. Diese Betriebsvariante findet in den Sommermonaten und vorwiegend bei Anlagen ohne Kühlung Anwendung. Bei RLT-Anlagen, die über ein Kühlregister verfügen, ist projekt- und anwendungsspezifisch zu prüfen, ob die freie Kühlung kostengünstiger ist als der Anfahrbetrieb mit Kühlung vor der Hauptnutzungszeit.

Beispiel 22-11: Unterschiedliche Produktionsbedingungen und daraus abgeleitete Betriebsvarianten
Der fiktive Produktionsplan eines Industrieunternehmens sieht für die Werktage folgende Zeiten vor:

Tabelle 22-19: Produktionsplan zu Beispiel 22-11

	Beschreibung	Uhrzeit	Temperatur-anforderungen	Feuchte-anforderungen	RLT-Betrieb erforderlich	Mindest-außenluftrate
1	Rüsten	05:00–06:00	22,0 °C	keine	ja	ja
2	Produktionsvorbe-reitung und -anlauf	06:00–07:30	22,0 °C	50 %	ja	ja
3	Produktion	07:30–21:00	22,0 °C	50 %	ja	ja
4	Nachbetreuung und Abbau	21:00–22:00	22,0 °C	keine	ja	ja
5	Produktionsruhe	22:00–05:00	min: 18,0 °C max: 26,0 °C	keine	nein	nein

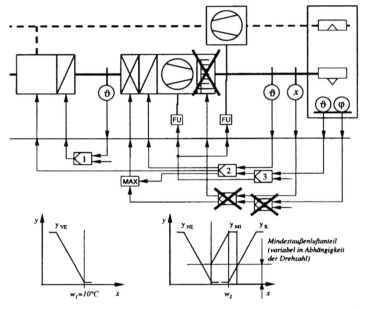

Bild 22-42: Regelungsaufbau zur Betriebsvariante 1 zu Beispiel 22-10 (incl. ausgewählter Sequenz-bilder)

In den Betriebsvarianten 1 und 4 ist kein Feuchteregelkreis (Regler 4 und 5) gegeben. Der Dampf-befeuchter ist dauerhaft außer Betrieb. Der Vorerhitzer sichert den Frostschutz für das Zentralgerät. Die Raumtemperatur wird über eine Kaskadenregelung (Nr. 2 und 3) realisiert. Zur Erwärmung wird über den Regler 2 zuerst die Mischkammer soweit geschlossen, bis der Mindestaußenluftanteil erreicht ist. Dann wird der Nacherhitzer angesteuert. Das Kühlen erfolgt in erster Sequenz mit dem Kühler.

Da die Anlage volumenvariabel betrieben wird, ist bei sinkender Drehzahl der Ventilatoren die Ein-haltung der Mindestaußenluft sicherzustellen. Hierzu bieten sich unterschiedliche Alternativen an:

1. Über die gesonderte Regelung des Mindestaußenluftvolumenstromes (Außenluftvolumenstrom-messung vor der Mischkammer) wird der Mischluftanteil maximal begrenzt (höhere Priorität als Regler 2).

2. Die Qualität der Raumluft im Versorgungsbereich wird über CO_2- oder Mischgassensoren erfasst. Bei Unterschreitung des vorgegebenen Mindestwertes, wird der Außenluftanteil erhöht (höhere Priorität als Regler 2).

3. Bei der Inbetriebnahme der Anlage wird die Mindeststellung der Mischkammer in Abhängigkeit der Ventilatordrehzahl ermittelt und in die Drehzahlregelung eingebunden. Mit sinkender Dreh-zahl wird die Mindeststellung entsprechend nachgeführt.

Bei den Betriebsvarianten 3 und 4 ist der Feuchteregelkreis (Regler 4 und 5) nebst Dampfbefeuchter in Betrieb. Die Produktionsruhe (Betriebsvariante 5) wird als Stützbetrieb Heizen (s. a. Tabelle 22-18) realisiert.

Das Beispiel legt dar, dass es sinnvoll ist, unterschiedlichen Anforderungsprofilen mit unterschiedlichen Regel- und Steueralgorithmen zu entsprechen. Bezugnehmend auf die bisherigen Erläuterungen ist dabei jede Möglichkeit zu nutzen, Temperatur- und Feuchteanforderungen so weit wie möglich zu fassen bzw. Volumenströme und Betriebszeiten so gering wie möglich zu halten.

22.5.3 Betrieb im Anlagenverbund

Arbeiten mehrere Anlagen auf ein gemeinsames Kanalnetz (Anlagenverbund entsprechend Bild 22-43), so bieten sich für den Betrieb in Teillast grundsätzlich zwei unterschiedliche Varianten an. Entweder werden bei reduziertem Volumenstrombedarf des Gesamtsystems ganze Anlagen abgeschaltet (Alternativbetrieb), oder sämtliche Zentralgeräte werden gemeinsam in ihrer Leistung heruntergefahren (Parallelbetrieb). Auf das zugehörige Teillastverhalten des Kanalnetzes und der peripheren Einbauten (z. B. Volumenstromregler, Klappen, Auslässe) sind die zu betrachtenden Alternativen ohne Einfluss. Zum Vergleich der beiden Betriebsweisen werden systemübliche Druckverluste veranschlagt:

Zentralgerät: 1000 Pa
Kanalnetz: 300 Pa
Mindestdruck: 200 Pa

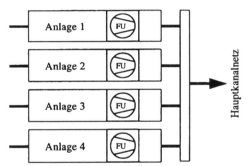

Bild 22-43: Anlagenverbund aus vier Zentralgeräten

Die Einhaltung eines Mindestdruckes ist im Allgemeinen für die Aufrechterhaltung regelungstechnischer Einbauten im Kanalnetz, wie z. B. Volumenstromregler oder Mischboxen, erforderlich. In Summe ergibt sich je Ventilator eine Gesamtdruckdifferenz von 1500 Pa.

Der Berechnung des indizierten Leistungsbedarfes der Einzelanlagen liegt die Vorgabe zugrunde, dass der Gesamtwirkungsgrad der Luftförderung (Wirkungsgrade des Ventilators, des mechanischen Antriebes und des Antriebsmotors) über den gesamten Regelbereich konstant ist.

Wird das Gesamtsystem in Teillast betrieben, so ergeben sich für den Parallelbetrieb deutliche Vorteile bei den aufzuwendenden Förderleistungen gegenüber dem Alternativbetrieb. Bei einem Gesamtvolumenstrombedarf des raumlufttechnischen Systems von 75 % der Nennluftmenge beträgt die Einsparung ca. 30 %. Wird nur noch die halbe Luftmenge benötigt, fördern vier in ihrer Leistung gleichmäßig zurückgenommene Anlagen im Parallelbetrieb die Luft um fast 60 % günstiger als zwei Anlagen in Volllast (Alternativbetrieb). Die Kosten für die weiteren Luftaufbereitungsfunktionen (Heizen,

Kühlen, Be- und Entfeuchten) sind für beide Betriebsvarianten gleich, da der jeweils geförderte Gesamtvolumenstrom aller laufenden Anlagen identisch ist.

Je mehr Zentralgeräte eines Anlagenverbundes parallel betrieben werden, desto größer ist die zu erreichende Einsparung im Bereich der Förderkosten. Die benannten Vorteile werden aber auch bei einem Verbund aus lediglich zwei Anlagen erzielt.

Tabelle 22-20: Teillastverhalten eines Anlagenverbundes (**Parallelbetrieb**)

			Gesamtvolumenstrom $\dot{V}_{ges}/\dot{V}_{ges}^{Nenn}$			
			1	0,75	0,50	Bemerkungen
1	Netzverluste		Pa	300	169	75	
2	Mindestdruck		Pa	200	200	200	
3	Anlagendruckverlust	je Anl.	Pa	1000	563	250	
7	erforderliche Druckerhöhung	je Anl.	Pa	1500	932	525	Zeilen 1, 2 und 3
11	Volumenstrom, indiziert	je Anl.	-		1	0,75	0,50	
15	Leistungsbedarf, indiziert	je An.	-		1	0,47	0,18	
19	**Leistungsbedarf, indiziert**	**gesamt**	-		**4**	**1,88**	**0,72**	

Tabelle 22-21: Teillastverhalten eines Anlagenverbundes (**Alternativbetrieb**)

				Gesamtvolumenstrom $\dot{V}_{ges}/\dot{V}_{ges}^{Nenn}$			
				1	0,75	0,50	Bemerkungen
1	Netzverluste		Pa	300	169	75	
2	Mindestdruck		Pa	200	200	200	
3	Anlagendruckverlust	Anl. I	Pa	1000	1000	1000	
4		Anl. II	Pa	1000	1000	1000	
5		Anl. III	Pa	1000	1000	—	
6		Anl. IV	Pa	1000	—	—	
7	erforderliche Druckerhöhung	Anl. I	Pa	1500	1369	1275	Zeilen 1, 2 und 3
8		Anl. II	Pa	1500	1369	1275	Zeilen 1, 2 und 4
9		Anl. III	Pa	1500	1369	—	Zeilen 1, 2 und 5
10		Anl. IV	Pa	1500	—	—	Zeilen 1, 2 und 6
11	Volumenstrom, indiziert	Anl. I	-	1	1	1	
12		Anl. II	-	1	1	1	
13		Anl. III	-	1	1	—	
14		Anl. IV	-	1	—	—	
15	Leistungsbedarf, indiziert	An. I	-	1	0,91	0,85	
16		Anl. II	-	1	0,91	0,85	
17		Anl. III	-	1	0,91	—	
18		Anl. IV	-	1	—	—	
19	**Leistungsbedarf, indiziert**	**gesamt**	-	**4**	**2,73**	**1,7**	**Zeile 15 bis 18**

Zu Zeile 1:

$$\frac{\Delta p_{\text{Netz}}}{\Delta p_{\text{Netz}}^{\text{Nenn}}} = \left(\frac{\dot{V}_{\text{Netz}}}{\dot{V}_{\text{Netz}}^{\text{Nenn}}} \right)^2 . \tag{22-7}$$

Zu Zeile 3 bis 6:

$$\frac{\Delta p_{\text{Anl}}}{\Delta p_{\text{Anl}}^{\text{Nenn}}} = \left(\frac{\dot{V}_{\text{Anl}}}{\dot{V}_{\text{Anl}}^{\text{Nenn}}} \right)^2 . \tag{22-8}$$

Zu Zeile 11 bis 14:

$$\frac{\dot{V}_{\text{Anl}}}{\dot{V}_{\text{Anl}}^{\text{Nenn}}} . \tag{22-9}$$

Zu Zeile 15 bis 18:

$$\frac{P_{\text{Anl}}}{P_{\text{Anl}}^{\text{Nenn}}} = \frac{\Delta p_{\text{Vent}}}{\Delta p_{\text{Vent}}^{\text{Nenn}}} \frac{\dot{V}_{\text{Anl}}}{\dot{V}_{\text{Anl}}^{\text{Nenn}}} . \tag{22-10}$$

22.5.4 Einbindung des Wäschers in die Kühlung

Im normalen Betrieb einer Klimaanlage wird der adiabate Befeuchter nur zur Befeuchtung in Anspruch genommen. Die isenthalpe Zustandsänderung der Luft in einem Wäscher kann darüber hinaus aber auch zur Kühlung genutzt werden. Dies ist dann möglich, wenn der zugehörige Versorgungsbereich ein Anforderungsprofil aufweist, das die Realisierung eines breiteren Feuchtebandes gestattet. Ergänzend dazu muss der Wäscher unabdingbar als stetig regelbares Bauteil ausgeführt sein. Ist die Außenluft in Bezug auf die geforderten Zuluftkonditionen zu warm, jedoch mit einer passenden Feuchte versehen (Bild 22-44, Außenluftzustand 1), so wird normalerweise über den Kühler die Zulufttemperatur realisiert (Zustandsänderung 1a). Anstatt des Kühlers kann aber alternativ der Wäscher die geforderte Zulufttemperatur erreichen (Zustandsänderung 1b), indem die Außenluft isenthalp befeuchtet und dabei abgekühlt wird. Diese Zustandsänderung bewirkt eine Zunahme der absoluten Feuchte, die aber weiterhin im gestatteten Toleranzband verbleibt.

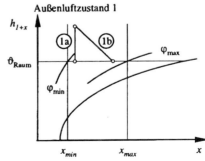

Bild 22-44: Kühlen mittels adiabatischer Befeuchtung — beispielhafte Zustandsänderung im h, x-Diagramm für den Außenluftzustand 1 (keine Raumlasten, Zulufttemperatur gleich Raumlufttemperatur, keine Temperaturerhöhung durch den Ventilator)

Ist die Außenluft nicht nur zu warm, sondern auch zu trocken (Bild 22-45, Außenluftzustand 2), so ist bei der klassischen Regelung vorab eine Kühlung notwendig, bevor die Luft im Wäscher aufbereitet wird (Zustandsänderung 2a). Hierbei wird der

Befeuchter in Teillast betrieben, da nur eine geringe Befeuchtungsleistung erforderlich ist. Wird die Leistung des Befeuchters über diesen Minimalbedarf hinaus angehoben, so kann die gewünschte Zulufttemperatur ohne Kühler erreicht werden (Zustandsänderung 2a). Auch hier verbleibt die Feuchte im gewünschten Toleranzband.

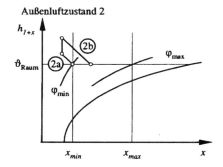

Bild 22-45: Kühlen mittels adiabatischer Befeuchtung — beispielhafte Zustandsänderung im h, x-Diagramm für den Außenluftzustand 2 (keine Raumlasten, Zulufttemperatur gleich Raumlufttemperatur, keine Temperaturerhöhung durch den Ventilator)

Um diese Funktionalität zu erreichen, ist eine Änderung der Regelstrategie notwendig. Über die normale Einbindung des Wäschers in den Feuchteregelkreis hinaus ist der Zugriff des Temperaturregelkreises auf den Befeuchter erforderlich. Diese Integration ist derart zu gestalten, dass der Wäscher im Kühlfall als erste Sequenz betrieben wird. Der sich so ergebende Regelungsaufbau ist in Bild 22-45 dargestellt.

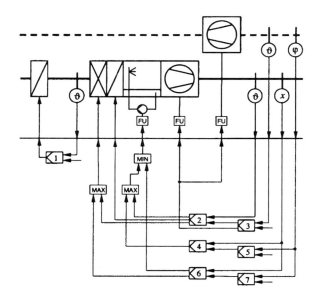

Bild 22-46: Klimaanlage mit adiabatischer Befeuchtung (Wäscher ist in den Feuchte- und Temperaturregelkreis eingebunden)

Wie vorstehend beschrieben, ist die adiabatische Befeuchtung nicht nur in den Feuchteregelkreis (Sicherstellung der minimalen Feuchte über die Kaskadenregelung aus Regler 4 und Regler 5) eingebunden, sondern auch in den Temperaturregelkreis. Dabei erhält der Zulufttemperaturregler (Regler 2) eine weitere Sequenz (Bild 22-47). Zum Kühlen wird zuerst der Wäscher mit Mindestdrehzahl betrieben. Bei steigendem Kühlbedarf wird die Befeuchtungsleistung stetig erhöht. Läuft der Wäscher mit maximaler Leistung, wird bei weiterhin zunehmendem Bedarf der Kühler stetig in seiner Leistung dazugeschaltet. Das Befeuchterstellsignal dieses Reglers wird mit dem Stellsignal des Reglers Nr. 4 (minimale Feuchte) auf eine Maximalauswahl gegeben, so dass der jeweils größere Bedarf (Kühlen oder Befeuchten) zum Betrieb des Wäschers herangezogen wird.

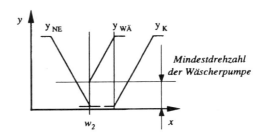

Bild 22-47: Sequenzbild des Reglers 2 aus Bild 22-46

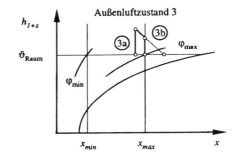

Bild 22-48: Kühlen mittels adiabatischer Befeuchtung — beispielhafte Zustandsänderung im h, x-Diagramm für den Außenluftzustand 3 (keine Raumlasten, Zulufttemperatur gleich Raumlufttemperatur, keine Temperaturerhöhung durch den Ventilator)

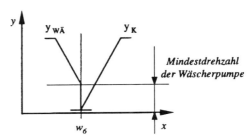

Bild 22-49: Sequenzbild des Reglers 6 aus Bild 22-46

Diese grundsätzliche Regelfunktionalität muss jedoch eingeschränkt werden. Auf der Basis der beschriebenen Sequenzen würde die Luftaufbereitung für den Außenluftzustand 3 (Bild 22-48) entsprechend dem Verlauf 3b erfolgen. Eine Befeuchtung auf den Mindestwert ist in diesem Außenluftzustand nicht notwendig, so dass der Wäscher nur aus dem Temperaturregelkreis heraus angesteuert wird. Ohne zusätzlichen Eingriff würde dies jedoch dazu führen, dass über die gewünschte maximale Feuchte hinaus die Luft konditioniert wird. Um dies zu unterbinden, wird aus dem Regelkreis zur Einhaltung der maximalen Feuchte (Regler 6) der Wäscherbetrieb über eine Minimalauswahl begrenzt. Nähert sich die Zuluftfeuchte dem Sollwert des Reglers Nr. 6, so wird bei Erreichen dieses Wertes der Befeuchter stetig in seiner Leistung reduziert, bevor der Kühler, nach Abschalten des Wäschers, zum Entfeuchten betrieben wird. Das Befeuchterstellsignal des Reglers Nr. 6 wird den beiden anderen Befeuchtersignalen mittels einer Minimalauswahl überlagert. Da dieser Auswahlbaustein als letztes

Regelglied vor dem Wäscher sitzt, hat er die höhere Priorität. Durch diese Begrenzung kann für den Außenluftzustand 3 die Zulufttemperatur nicht allein über den Befeuchter realisiert werden. Der Regler Nr. 2 schreitet in seinen Sequenzen fort und nimmt den Kühler hinzu. Die Zustandsänderung der Außenluft entspricht dem Verlauf 3b (Bild 22-48).

Ob die Einbindung eines adiabatischen Befeuchters zur Kühlung in den Temperaturregelkreis sinnvoll ist, hängt von den entsprechenden Kosten ab. Solange die Kühlung über die isenthalpe Befeuchtung kostengünstiger ist als die klassische Erzeugung von Kaltwasser, kann diese Regelstrategie sinnvoll angewandt werden.

22.6 Gestaltungsgrundsätze

Zusammenfassend lassen sich für den wirtschaftlichen und energetisch optimierten Betrieb raumlufttechnischer Anlagen und Systeme wenige, aber wesentliche Gestaltungsgrundsätze vereinbaren:

(a) Anforderungsprofil

Da raumlufttechnische Anlagen nicht zum Selbstzweck betrieben werden, sind die Anforderungsprofile der zugehörigen Versorgungsbereiche sorgfältig zu erheben. Unterschiedliche Anforderungsprofile werden regelungstechnisch berücksichtigt und durch variierende Regel- und Steueralgorithmen umgesetzt. Hier ist die Flexibilität moderner DDC-Systeme auszuschöpfen.

(b) Vorgaben der Planung

Welchen Einfluss die Regel- und Steuerstrategien auf den Energie- und Medienkonsum nehmen, ist hinreichend dargelegt. Aufbauend auf dieser Erkenntnis gilt es, im Verlauf der Planung und Ausführung raumlufttechnischer Anlagen eindeutige Planungsvorgaben zu tätigen, die fester Bestandteil einer umfangreichen Abnahme sind.

(c) Inbetriebnahme

Die Inbetriebnahme der RLT-Anlagen sollte bestmöglich in zwei Phasen realisiert werden. Im ersten Teil gilt es, die Einregulierung vorzunehmen und die Grundfunktionalitäten der Systeme sicherzustellen. Dieser Part ist weiterhin Grundbestandteil der Bauausführung und des zugehörigen Zeitplanes. Der im Hinblick auf einen dauerhaft gesicherten wirtschatlichen Betrieb besonders wichtige zweite Teil der Gesamtoptimierung wird vorteilhafterweise ohne Zeitdruck und im Echtbetrieb der Versorgungsbereiche vollzogen. Er sollte ebenfalls fester Bestandteil der Abnahme sein.

(d) Drehzahlgeregelte Ventilatoren und VV-Systeme

Der volumenvariable Betrieb raumlufttechnischer Systeme und die Drehzahlregelung von Ventilatoren gelten als Stand der Technik und zählen zu den effektivsten Maßnahmen, die Energie- und Medienkosten deutlich zu senken. Weiterhin werden raumlufttechnische Anlagen durch diese Maßnahmen mit einer Flexibilität versehen, die ihren sinnvollen Betrieb auch bei wechselnden und von den Planungsgrundlagen deutlich abweichenden Anforderungsprofilen über Jahre sichert.

(e) Stetig regelbare Wäscher

Wäscher, die in ihrer Befeuchtungsleistung nicht oder nur geringfügig regelbar sind, entsprechen nicht mehr dem Stand der Technik und sollten folglich bei Neuanlagen nicht mehr zum Einsatz kommen. Die Vielzahl ungeregelter Befeuchter im Bestand ist sukzessiv und konsequent zu sanieren.

(f) Teillastventile

Die Ausstattung der Register (Heizen und Kühlen) bei mittleren und großen Leistungen mit Teillastventilen bietet unbestritten regelungstechnische Vorteile und trägt zur störungsarmen und betriebssicheren Nutzung der Anlagensysteme bei. Ihr Einbau ist empfehlenswert.

Literatur

[1] BKI Baukosten 1999: Kostenkennwerte für Gebäude, Teil 1, Verlag Rudolf Müller.

[2] AMEV (Arbeitskreis Maschinen- und Elektrotechnik staatlicher und kommunaler Verwaltungen): Hinweise zur Ermittlung des Personalbedarfs für die Betriebsführung technischer Gebäudeausrüstung in öffentlichen Verwaltungen (Personal Betrieb 93).

[3] *Perridon L.* und *M. Steiner*: Finanzwirtschaft der Unternehmung, 9. Auflage, Verlag Vahlen, 1997.

[4] *Wöhe G.*: Einführung in die Allgemeine Betriebswirtschaftslehre, 19. Auflage, Verlag Vahlen, 1996.

[5] TGA-KO: Kosten Technischer Gebäudeausrüstung, herausgegeben im Auftrag des Finanzministeriums Baden-Württemberg, Zentralstelle für Bedarfsbemessung und wirtschaftliches Bauen, Arbeitskreis Technik im Bau (ZBWB/TiB), Stuttgart.

[6] VDI 2067, Blatt 1, Wirtschaftlichkeit gebäudetechnischer Anlagen, Grundlagen und Kostenberechnung.

[7] *Baumgarth S., B. Hörner* und *J. Reeker* (Hrsg.): Handbuch der Klimatechnik, Band 1, C. F. Müller Verlag, 1999.

[8] DIN 4710, Meteorologische Daten zur Berechnung des Energieverbrauches von heiz- und raumlufttechnischen Anlagen.

23 Planung von RLT-Anlagen

A. TROGISCH

23.1 Planungsgrundsätze

Mit den Entwicklungen zur vielfältigen Nutzung von Gebäuden sowohl durch den Menschen mit seinen Ansprüchen als auch durch die Produktion ergibt sich zwangsläufig ein „integrativer Planungsablauf" durch eine paritätische Zusammenarbeit von Architekt, Fachplaner, Anlagenbauer, Produktentwickler und Gebäudebetreiber.

Dies bedeutet, dass

- eine raumlufttechnische Fachplanung immer im Gesamtkonzept zu sehen und zu bearbeiten ist,
- eine konstruktive Zusammenarbeit, ein gegenseitiger Informationsaustausch und nicht nur eigene Fachkenntnisse im jeweiligen Gewerk, sondern auch Kenntnisse aus anderen Fachgebieten, wie z. B. Architektur, Bauklimatik, Tragwerksplanung, Vertragswesen, Ingenieurrecht und den anderen gebäudetechnischen Fachdisziplinen notwendig sind und
- eine Auseinandersetzung mit den unterschiedlichen Nutzungsbedingungen erforderlich ist.

Bei der Planung sollten grundsätzlich folgende Ziele berücksichtigt werden:

- funktions- und nutzungsfähiges Gebäude unter Beachtung der vorgegebenen oder möglichen variablen oder zukünftigen Nutzung,
- hoher Gebrauchswert des Gebäudes verbunden mit guter Vermarktung (z. B. Vermietung),
- Optimierung bzw. Einhaltung des investiven Kostenrahmens bei der Erstellung des Gebäudes und
- Minimierung der Betriebskosten der technischen Anlagen und für die Erhaltung des Gebäudes.

Die raumlufttechnische Planung ist ein Teil der Gesamtplanung für die Erstellung eines Gebäudes. Der Ablauf für ein Bauvorhaben wird schematisch im Bild 23-1 dargestellt. Es wird deutlich, dass die technische Planung nicht für sich allein betrachtet und durchgeführt werden darf, sondern in einer Wechselbeziehung zur ökonomischen, kommerziellen und rechtlichen Planung steht.

Die ersten Kontakte zwischen den am Planungsgeschehen Beteiligten werden beim Architektenwettbewerb bzw. in einem zukünftigen Ingenieurwettbewerb geknüpft. Im Allgemeinen sollten die RLT-Planer bereits im Architektenwettbewerb mit einbezogen werden. Besonders in dieser Phase gilt es, technische Lösungen einschließlich innovativer Ideen einzubringen. Sie erfordert Kreativität, Variabilität, umfangreiche Kenntnisse über technische Lösungen und notwendige technische und bauliche Randbedingungen verbunden z. B. mit Kennwerten über Platzbedarf, Investitionskosten und Betriebskosten.

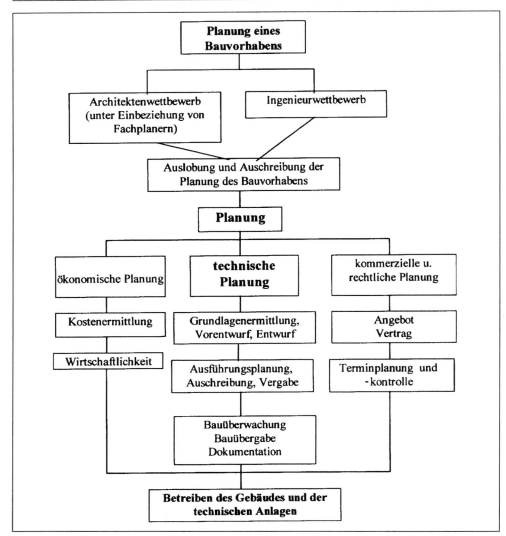

Bild 23-1: Schema des Ablaufs eines Bauvorhabens

Obwohl bei der Planung ein integratives Zusammenwirken notwendig ist, hat sich aus unterschiedlich historisch gewachsenen Gründen eine Planungshierachie entwickelt (Bild 23-2). Es können sich deshalb vor allem rechtliche und finanzielle Abhängigkeiten zwischen den Planungsbeteiligten ergeben, die den Planungsprozess oft stark beeinflussen können und besonders vom RLT-Planer beachtet werden sollten.

Bild 23-2 zeigt wesentliche Aufgaben der Planungsbeteiligten und lässt die Komplexität des Planungsprozesses erkennen.

Hinweis:

- Obwohl eine gegenseitige Informationspflicht zwischen den Planungsbeteiligten bestehen sollte , ergibt sich für den gebäudetechnischen Fachplaner in der Planungspraxis oft eine *doppelte Aufgabe*: eine „Bringepflicht" *und* eine „Holepflicht":

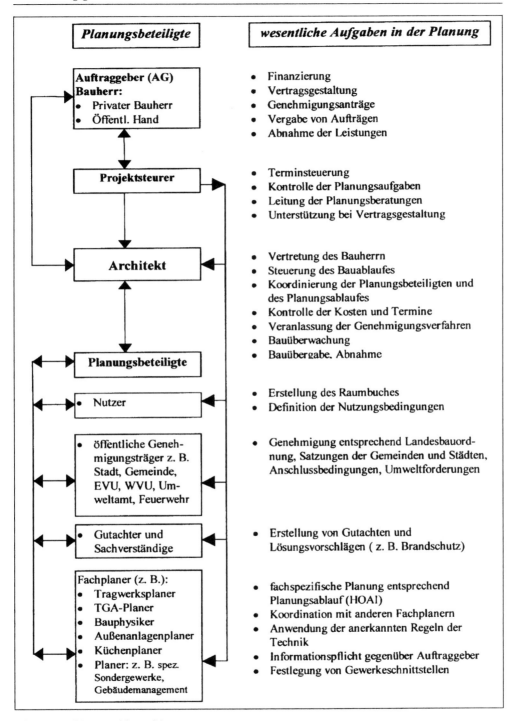

Bild 23-2: Planungshierarchie

● Einerseits bei fehlenden, für den Bearbeitungsablauf erforderlichen Angaben, die *Annahme* von fachlich begründeten bzw. gesetzlich (z. B. Wärmeschutzverordnung) oder durch Normen geregelten (z. B. DIN, VDI, VDE) Werten *und* andererseits die *Information* über diese Annahmen an die anderen Planungsbeteiligten.

---

gesetzliche Regelungen

Landesbauordnung *(in der gültigen Fassung)*	● Brandschutz ● Schallschutz ● Emissionsschutz ● Immissionsschutz
Vertragsgestaltung	● BGB ● VOB (B), VOB (C), VOF ● HOAI ● RBBau
Honorarermittlung **Kostenermittlung**	● Honorarordnung für Architekten und Ingenieure (HOAI) ● Kosten im Hochbau (DIN 276)
Regeln der Technik; **Normen (DIN, VDE, VDI, EN)**	**zum Beispiel:** ● Heizlast und Wärmeschutz; DIN 4701, DIN 4108 ● Kühllast: VDI 2078 ● Wirtschaftlichkeit: VDI 2067 ● Luftleitungssysteme: VDI 2087 ● meteorologische Daten: DIN 4710 ● Lüftungsregeln: DIN 1946, DIN 18017 ● Abnahmeregeln: VDI 2079 ● techn.-und baul. Anforderungen: VDI 3803 ● Aufmaß - RLT: DIN 18379; Wärmedämmung: DIN 18421 ● VDI-Regeln: z. B. Laborlüftung, Krankenhäuser, Garagen ● VDMA-Richtlinien ● AMEV-Richtlinie

Bild 23-3: Überblick über gesetzliche Regelungen und Regeln der Technik

Auch bei der RLT-Planung sollten die Belange des Nutzers bzw. Betreibers hinsichtlich der Minimierung der Betriebskosten, des gebäudetechnischen und gebäudeverwaltungstechnischen Managements („Facility Management") und der Betreibung der Anlagensysteme Berücksichtigung finden. Weiterhin sind u. a. Vereinbarungen zur Erstellung der Planungsdokumentationen und deren Pflege zu treffen, auf die Kompatibilität der eingesetzten CAD-Systeme der anderen Fachplaner und Architekten zu achten und die Redundanz von Daten und Informationen zu minimieren.

Der Nutzer bzw. Auftraggeber sollte bei dem Planungsablauf — insbesondere im Vorentwurf und Entwurf — durch den Planer auf Aspekte einer möglichen Erweiterung oder der einer Variabilität der Nutzung hinsichtlich der technischen Lösung angesprochen werden.

Die Darstellung in Bild 23-2 weist eine Hierarchie aus. Notwendige technische Forderungen sollten konsequent durch den RLT-Planer durchgesetzt werden. Bei abweichenden Forderungen der Auftraggeber und/oder Nutzer ist klar und eindeutig schriftlich auf die Konsequenzen hinzuweisen und Verursacher oder Veranlasser ist zu nennen.

23.2 Planungsablauf

23.2.1 Grundlagen

Die Grundlagen für die Planung können in fünf wesentlichen Punkten zusammengefasst werden:

Gesetzliche Regelungen

Der Fachplaner sollte Grundkenntnisse über gesetzliche Regelungen haben, wobei er verpflichtet ist, neueste Erkenntnisse und Berechnungsverfahren zu berücksichtigen und zu benutzen.

Eine Auswahl von gesetzlichen Regelungen zeigt Bild 23-3. Bei den Regeln der Technik wurde auf wichtige, vom RLT-Planer zu beachtende Regeln hingewiesen.

Grundsätzliche Aufgaben des Fachplaners RLT-Planer

Die grundsätzlichen Aufgaben ziehen sich durch den gesamten Planungsprozess. Bild 23-4 verdeutlicht für den RLT-Planer die Komplexität und die Verantwortlichkeiten des Planers.

Grundleistungen der Planung und ihre Bewertung (HOAI)

Die Grundleistungen und besonderen Leistungen im Planungsprozess sind in der Honorarordnung für Architekten und Ingenieure (HOAI) [1], insbesondere im §§ 68 ff. beschrieben.

Die HOAI definiert neben der Leistungsbeschreibung der einzelnen Planungsphasen auch die Mechanismen der Honorierung der Planungsleistung. Der Gesetzgeber hat klar die einzelnen Grundleistungen und die sogenannten „besonderen Leistungen"definiert. Die HOAI stellt eine Bezugsbasis für die zu erbringenden Planungsleistungen dar. Die einzelnen Teilleistungen werden in den folgenden Abschnitten näher erläutert. In Anlehnung an die HOAI gelten für Bauvorhaben der „öffentlichen Hand" die Richtlinien für die Durchführung von Bauaufgaben des Bundes im Zuständigkeitsbereich der Finanzbauverwaltungen (RBBau) [2]. Die Phase 3 (Entwurf) wird in dieser Regelung geteilt und besteht im ersten Teil des Entwurfes in der Erstellung der Haushaltsunterlage Bau (HUBau) und der Komplettierung des Entwurfes auf der

Grundlage der durch die Finanzbehörden (Oberfinanzdirektion (OFD)) bestätigten HUBau.

Aufgaben	**RLT - Planer**
Überprüfung, ob Anforderungen der Auftraggeber (AG) bzw. Nutzer der jeweiligen Landesbauordnung entsprechen →	• zulässige Schadstoff- bzw. Schallemissionen • Brandschutzbedingungen • hygienische Anforderungen
Prüfung der Anschluss- und Einleitbedingungen mit entsprechenden Versorgungsunternehmen Anwendung der anerkannten Regeln der Technik: gesetzlichen Bestimmungen, Normen und fachspezifische Regeln → Ermittlung der Herstellkosten nach DIN 276 entsprechend der Planungsphasen	• Heizlast und Wärmeschutz: DIN 4701, DIN 4108 • Kühllast: VDI 2078 • Wirtschaftlichkeit:. VDI 2067 • Luftleitungssysteme: VDI 2087 • meteorologische Daten: DIN 4710 • Lüftungsregeln: DIN 1946, DIN 18017 • Abnahmeregeln: VDI 2079 • techn. und baul. Anforderungen: VDI 3803 • RLT - Aufmaß: DIN 18379; Wärmedämmung: DIN 18421
Informationsfluss: • grundsätzliche Informationspflicht gegenüber Auftraggeber(AG), Architekten und Fachplanern • Vorschlag von technischen Lösungsvarianten → • z. T. Holpflicht von notwendigen Informationen, gegebenfalls Annahme von Auslegungsdaten	• Luftaufbereitung • Raumströmung • Annahme von (k-) U- und g_F-Werten für Kühllastberechnung • Sonnenschutzmaßnahmen • EMV bei regelbaren Ventilatoren • Brandschutzmaßnahmen • Schlitz- und Durchbruchfestlegung
Klärung von Schnittstellen und Leistungsgrenzen zu anderen Ausrüstungsgewerken →	• Vorlauftemperatur und Spreizung für Heizung und Kälte • Massenstrom für Heizung, Kälte, Befeuchtung • Anschlusswerte für Pumpen und Ventilatoren • Erforderliche Datenpunkte für die Regelung bzw. Regelungskonzeption

Bild 23-4: Überblick über die Aufgaben des Fachplaners TGA

Kostengliederung nach DIN 276

In DIN 276 [3] — Kosten im Hochbau — erfolgt eine Aufteilung der Gesamtherstellungskosten für ein Gebäude. Tabelle 23-1 gibt auszugsweise die Gliederung wieder, wobei kursiv das Gewerk RLT-Anlage dargestellt ist. Weiterhin sind die Gewerke aufgelistet, die in Verbindung mit der RLT-Anlage stehen können.

Hinweis:

Die technischen und kostenrelevanten „Schnittstellen"zwischen den einzelnen Gewerken sind eindeutig abzustimmen.

Tabelle 23-1: Kostengliederung nach DIN 276 (6/1993) [3]

Kosten schlüssel	Kostengruppen
400	Bauwerk -Technische Anlagen
410	Abwasser-, Wasser-, Gasanlagen
420	Wärmeversorgungsanlagen
430	*Lufttechnische Anlagen*
431	*Lüftungsanlagen: Abluftanlagen, Zuluftanlagen, Zu- und Abluftanlagen ohne oder mit einer Luftaufbereitungsfunktion, mechanische Entrauchungsanlagen*
432	*Teilklimaanlagen: Anlagen mit zwei und drei thermodynamischen Luftaufbereitungsfunktionen*
433	*Klimaanlagen: Anlagen mit vier thermodyn. Luftaufbereitungsfunktionen*
434	*Prozesslufttechnische Anlagen: Absauganlagen, Prozessfortluftsysteme, Farbnebelabscheideanlagen*
435	*Kälteanlagen: Kälteanlagen für lufttechnische Anlagen; Kälteerzeugungs- und Rückkühlanlagen incl. Pumpen, Verteiler und Rohrleitung*
439	*Lufttechnische Anlagen; Sonstiges: Lüftungsdecken, Kühldecken, Abluftfenster, RWA, Installationsdoppelböden, Dämmung*
440	Starkstromanlagen
450	Fernmelde- und Informationstechnische Anlagen
460	Förderanlagen
470	Nutzungsspezifische Anlagen
480	Gebäudeautomation
490	sonstige Maßnahmen für technische Anlagen

Planungsablauf und Koordination mit anderen Gewerken

Da der Planungsablauf ein integrativer Prozess ist, ist in den unterschiedlichsten Planungsphasen unabdingbar die Koordination zu den Planungsbeteiligten der anderen Gewerke erforderlich.

Ausgangspunkt der Planung sind die Vorentwurfskonzepte des Architekten, die auf der Grundlage der Ausschreibung des Bauherrn und der Vorgabe der Nutzungsbedingungen (z. B. eines Raumbuches) (s. a. [9]) erstellt werden. Ein Beispiel für ein Raumbuchblatt zeigt Tabelle 23-2.

Die Komplexität der Kommunikationsverknüpfungen wird ausführlich in [8] beschrieben.

Die notwendigen Planungsberatungen sind zweckmäßigerweise zu protokollieren, um Festlegungen, Vereinbarungen, Termine und Verantwortlichkeiten nachvollziehbar und kontrollierbar zu gestalten.

Tabelle 23-2: Beispiel für ein Raumbuchblatt

Bauvorhaben			Ebene:		*Raum-Nr.*		Raumbez.	
Bearbeitungsstand			Datum				Bearbeiter	

Grundfläche		m²	Länge			m	Breite			m	Höhe			m	Raumvolumen			0	m³

Verkehrslast		kN/m²	Personenbel.		Arbeitsplätze		ständ. Aufenthalt		Verd.mögl.	

Bauliche Angaben:

1.1 Boden		*1.2 Wände*		*1.3 Decken*		
Bodenbelag		Wandart		Decke abgehängt		cm
Wandsockel-Höhe	cm	Oberfl. d. Wände		Oberfl. d. Wände		
Bodenablauf						
Einzellasten	kN	Einzellasten	kN	Einzellasten		kN
Bes. Anforder.		Bes. Anforder.		Bes. Anforder.		
1.4 Fenster		*1.5 Türen*		*Schall*		
Öffnung n. innen		Türkonstruktion		Geräuschpegel		
Verglasung		Breite	m	im Raum		dB
Belüftung		Höhe	m	Schallschutz		
Sonnenschutz		Oberfläche		schwingungsarm		
Verdunklung		Brandschutz		Verbind. z. Raum		
Brandschutz						
Bes. Anforder.		Bes. Anforder.		Bes. Anforder.		

Installation und betriebstechnische Anlagen

2.1 Sanitär/Medien		*2.2. Heiz./Lüft./Klima/Kälte*		*2.3 Starkstrom*	
Entwässerung		*Raumklima*		*Beleuchtung*	
Abwasser ohne Verunreinig.		t_R nach ASR, Wint	°C	nach ASR	
Abwasser chem. verunreinigt		t_R nach ASR, Som.	°C	beso. Anford.	lx
Anteile in	m³/h	Schwankung Δt	K	Anz. Sonderleuchten	
	m³/h	**Relative Feuchte**		Bildschirmleuchten	
Abwassermenge	m³/h	ϕ_R nach ASR, Win.	%	*Steckdosen*	
Wasserversorgung		ϕ_R nach ASR, Som.	%	Absicherung	A
Kaltwasser	m³/h	Schwankung $\Delta \phi$	%	Anzahl	
Warmwasser	m³/h	Luftwechsel	1/h	Nennspannung	V
aufber. Wasser		*Gefährliche Arbeitsstoffe*		Nennstrom	A
für	m³/h	brennbar		unterbrechungsfr. Stromvers.	
Gasversorgung		toxisch		direkt angeschl Geräte	
	m³/h	explosibel		Anzahl	
dezentral		radioaktiv		Leistung	kW
Gasflaschenschränke		Digistorien		Gleichzeitigkeit	%
Notdusche		Abmessung L*B*H		örtliche Unterteilung	
Druckluft		Luftreinheit		Sonderspannung/Frequenz	
Menge	m³/h	Reinheitsklasse		Not AUS-Taster	Anzahl
Entnahmestellen		*Wärmeabgabe der Geräte*		*Schwachstrom*	
Gleichzeitigkeit		Summe	kW	Telefonapp.	Anzahl
Druck	bar	Gleichzeitigkeit	%	Datenanschlüsse	Anzahl
beson. Anford.		Auslastung	%	Antennenanschl	Anzahl
Sanitärobjekte		*Gerätekühlung*		Überwachung	Anzahl
Anzahl		Leistung	kW	Sicherheits- u. Eingangskontr.	
Abläufe		Druck	bar	*Aufzüge*	
zus. Zapfstellen		t_{Vorl}	°C	Personenaufz.	
		Δt	K	Lastenaufzug	

Hinweis:

Aufbauend auf den Vorentwurfskonzepten sind vom RLT-Planer technische *Lösungskonzepte* (Varianten), der Trassenverlauf und die Anordnungen von Zentralen und Steigern zu erarbeiten. Voraussetzung dafür sollten sein:

- eine Darstellung und verbale Beschreibung von Vor- und Nachteilen möglicher technischer Varianten und
- die Kenntnis von spezifischen haustechnischen Kennwerten, die im Allgemeinen auf die Grundfläche (z. B. Bruttogeschossfläche) bezogen werden (s. a. 23.2.2.2).

Die *technischen Lösungskonzepte* sollten daher frühzeitig — unter Umständen schon bei der Grundlagenermittlung, aber spätestens beim Vorentwurf (Phase 2) — gemeinsam vor allem mit dem Architekten und dem Tragwerksplaner konzeptionell bearbeitet werden.

Hinweis:

Rückkopplung und gegenseitige Abstimmung sind im gesamten Planungsprozess notwendig und entscheiden letztendlich über das Gesamtergebnis der Planung.

23.2.2 Planungsphasen nach HOAI

23.2.2.1 Grundlagenermittlung

Eine solide und qualitative gute Grundlagenermittlung ist die Basis für einen ordnungsgemäßen und ausgewogenen Planungsablauf. In der Praxis werden dafür oft eine Nutzungskonzeption oder ein Raumbuch (Beispiel s. a. Tabelle 23-2) als Grundlage definiert.

Klärung der Arbeitsgrundlagen z. B. mit
- Auftrageber (AG):
    - Nutzung und nutzungsspezifische Vorgaben
    - technische und technologische Ausstattung
    - Abrechnungsmodalitäten
- Architekt:
    - Fassadengestaltung inlc. Sonnenschutz, Verglasungsart
    - Bauweise; abgehängte Decken, Doppelböden
    - Fluchtwege und Brandabschnitte
    - Schadstoffemission, Garagenbelüftung
    - Außenluftansaugung, Fortluftführung
    - Luftwechsel, Druckverhältnisse
    - Ausführung und Anordnung von Rückkühlwerken
    - Rauch- und Wärmeabzug

Planungstätigkeit (allgem.):
    - Systemvorschläge der Lüftung bzw. Klimatisierung mit Darstellung von Vor- und Nachteilen
    - Skizze der Lage und überschlägige Größe der Zentralen und Hauptschächte
    - mögliche Trassenführung

Koordinierung (intern und extern):
    - mit anderen haustechnischen Gewerken, z. B. Heizung, Elektro, Beleuchtung, Regelung

---

Bild 23-5: Grundlagenermittlung: Leistungen für RLT-Anlagenplanung

Bild 23-5 gibt einen Überblick über wesentliche Aktivitäten des RLT-Planers, um die Grundlagen für die notwendigen Systemvorschläge erarbeiten zu können.

Zentrale:	**Heizung**: Heizraum, Schornstein
Lage und Größe	**Lüftung:** RLT-Zentrale,
Anschlusspunkte der Medien:	Aufstellung Ventilatoren
Wasser, Abwasser, Gas, Elektro,	**Kälte:** Kältezentrale, Rückkühler
Fernwärme,Telekommunikation	**Aufzug:** Triebwerksraum
	Müll: Sammelräume
	Elektro: Traforäume

Leitungen:

vertikale Steigschächte
horizontale Leitungstrassen
horizontale Kollektoren: z. B.

- Anordnung
- Verlegung
- Kreuzungspunkte
- Lage zueinander

- gemeinsame Belegung der Trassen
- Leitungsführung in Abhängigkeit von der Lage der Zentrale und der Anlagenteile

+

- *Lüftungskanäle* (Abluft-, Außenluft-, Zuluft-, Umluft-, Fortluftkanäle)
- Außenluftansaugung, Fortluftführung, Dachaufsätze
- Abgasleitungen
- Schächte
- Kondensatleitungen
- Fassadendurchbrüche

Anlagenteile:
Anordnung, Platzbedarf, Größe,
Design, Wartung, Bedienung

- Lüftungsgeräte
- Luftdurchlasselemente
- Brandschutzklappen
- Revisionsöffnungen
- Steuer- und Regeleinrichtungen
- Beleuchtung
- Rauch- und Wärmeabzüge

Die Auswahl der Installationssysteme der TGA-Gewerke ist vorrangig abhängig von

- **dem Tragsystem,**
- **den Brandschutzanforderungen und**
- **der Nutzung des Gebäudes**

Bild 23-6: Wesentliche Planungsvorbereitungen und Hinweise für RLT-Anlagen und korrespondierende TGA-Gewerke

Hinweis:

- In dieser Planungsphase, jedoch spätestens in der Phase des Vorentwurfes (Abschnitt 23.2.2.2) sind durch den RLT-Planer bzw. TGA-Planer die in Bild 23-6 aufgezeigten Betrachtungen anzustellen. Es ist sinnvoll und zweckmäßig, in den Vorentwurfskonzepten des Architekten (M 1:200) vor allem die Leitungen stricharting zu fixieren, um schon frühzeitig besonders Kreuzungspunkte und erforderliche Durchbrüche heraus arbeiten zu können.

- Die Anschlusspunkte für die Medien sind mit den jeweiligen Versorgungsträgern abzustimmen, da bei diesen sehr oft betriebsinterne, fachspezifische Richtlinien für die Planung zu beachten sind.

Für die Planungsvorbereitung sind Behörden und Versorgungsunternelunen zu kontaktieren (vgl. Bild 23-7).

---

   1. Bauordnungsamt
   2. Amt für Umweltschutz
   3. Untere Wasserbehörde (Wasserwirtschaftsamt)
   4. Amt für Abfallentsorgung
   5. Gewerbeaufsichtsamt
   6. Amt für Arbeitsschutz
   7. Feuerwehr
   8. Bezirksschornsteinfeger (untere Baubehörde)
   9. Verband der Sachversicherer
   10. Technischer Überwachungsverein (TÜV) oder analoge Institution
   11. Gutachter (Tragwerksplanung, Statik)
   12. Gutachter (Brandschutz)
   13. Gutachter (Bauphysik)
In den Planungsunterlagen beim Planer sind festzuhalten:
   1. Anschrift:
   2. zuständiger Sachbearbeiter: Telefon:
                                               Fax:
                                               e-mail:

Bild 23-7: Planungsvorbereitung [*)]: Behörden, Institutionen und Gutachtern, mit denen Kontakt während der Planungsphase aufgenommen werden sollte
[*)] gilt für alle haustechnischen Gewerke, *kursiv* für RLT-Anlagen wichtig

23.2.2.2 Vorentwurf

Die Vorentwurfsphase ist ein wichtiger Abschnitt in der Planung. Der RLT-Planer sollte wissen, dass die Vorentwurfskonzeption des Architekten in Abstimmung mit dem Bauherrn vielfältigen Änderungen unterliegen kann. Dadurch werden die gewählten Anlagensysteme einschließlich der Trassenführung, die Anordnung der Zentralen und unter Umständen die technischen Anschlussbedingungen beeinflusst und können ebenfalls Änderungen erfordern.

Für den weiteren Planungsablauf sind Flächenangaben und Kostenschätzungen für einzelne mögliche Varianten zu erbringen. Dies wird im Allgemeinen auf der Grundlagen von spezifischen Kennwerten erfolgen. Diese Kennwerte sind immer als Orientierungswerte zu betrachten, da sie nur unter ganz bestimmten, dem Anwender kaum bekannten Randbedingungen erstellt worden sind. Die Genauigkeit der Kennwerte ist auf jeden Fall zu beachten. Sie kann im Allgemeinen in einer Größenordnung von $\pm\ 15 \ldots 25\ \%$ liegen.

Tabelle 23-3: Flächenbedarf — Mindestraumhöhen — *raumlufttechnische Geräte* (kleiner Wert: 1 Filterstufe, großer Wert: 2 Filterstufen + Aktivkohlefilter)

RLT-Geräte	Luftvolumenstrom in m³/h bzw. m³/s					
	bis 5.000 bis 1,38		5.000 - 10.000 1,38 - 2,76		10.000-15.000 2,76 - 4,14	
	Grund-fläche in m²	Mindest-höhe in m	Grund-fläche in m²	Mindest-höhe in m	Grund-fläche in m²	Mindest-höhe in m
Kastengeräte						
Abluft	7-11		8-16		8-20	
Zuluft ohne Heizung	8-16	2,50	9-17	3,00	12-23	3,00
Zuluft m. Heizung u. Mischkammer	9-17		12-20		18-30	
dgl., aber stehend	7-14		8-16		12-23	
Kombinationsgeräte für Zu- und Abluft						
liegende Ausführung	10-18		13-21		17-27	
übereinander angeordnet	9-17	2,50	12-20	3,00	14-26	3,00
stehende Ausführung	8-16		9-17		12-23	
Kombinationsgeräte für Zu- und Abluft						
mit Kühlung in liegender Ausführung (ohne Raumansatz für Kältemasch.)	12-20	2,50	16-23	3,00	20-31	3,00
Klimaanlagen in Kasten oder Schrankform						
liegend	17-25	2,50	22-30	3,00	30-42	3,00
stehend	15-22		18-26		21-33	

Tabelle 23-4: Flächenbedarf — Mindestraumhöhen — *raumlufttechnische Geräte* (kleiner Wert: 1 Filterstufe, großer Wert: 2 Filterstufen + Aktivkohlefilter)

Anmerkung: Werte gelten auch für Zweikanal- und Hochgeschwindigkeitsanlagen incl. Filterkammer und Wärmerückgewinnung

	Luftvolumenstrom in m³/h bzw. m³/s						
	10.000 bis 15.000	15.000 bis 20.000	20.000 bis 35.000	35.000 bis 50.000	50.000 bis 75.000	75.000 bis 100.000	Verhältnis
	2,78 bis 4,17	4,17 bis 5,55	5,55 bis 9,72	9,72 bis 13,89	13,89 bis 20,83	20,83 bis 27,77	Länge:Breite des Raumes
Grundfläche	m²	m²	m²	m²	m²	m²	
Be- und Entlüftungsanlagen mit Umluft- u. Außenluftkammer							
	26 - 39	39 - 52	52 - 65	72 - 85	85 - 104	104 - 124	1,5 :1 bis 2,0 : 1
Be- und Entlüftungsanlagen mit Kühlung (ohne Raumansatz für Kältemaschine)							
	33 - 46	46 - 58	58 - 72	78 - 91	91 - 110	110 - 130	1,5 :1 bis 2,0 : 1
Klimaanlagen							
	39 - 52	52 - 65	65 - 85	85 - 104	98 - 150	117 - 200	2,6 :1 bis 3,0 : 1
Lichte Raumhöhe in m	3,0	3,2	3,5	3,5	3,5	4,0	

Wichtige Bezugskriterien können z. B. der Luftwechsel, der Mindestaußenluftwechsel, ein erforderlicher Luftvolumenstrom auf der Grundlage einer überschlägigen Lastberechnung, die notwendige Luftaufbereitung, die Brutto- oder Nettogeschossfläche und die Nutzung sein.

Aus den Tabellen 23-3 bis 23-6 können Angaben zum Flächenbedarf und Installationshöhen entnommen werden. Zur Kostenschätzung sei beispielhaft auf die Tabellen 23-7 und 23-8 verwiesen.

Tabelle 23-5: Mindesthöhen für Räume und für die Unterbringung von RLT-Anlagenteilen

		Büro	Hotelzimmer	Warenhäuser
Lichte Raumhöhe	m	2,50	2,50	3,00
Geschossdecke	m	0,25	0,25	0,25
Hohlraumboden	m	0.15	0.12	0,15
Deckenhohlraum	m	0,50...0,60	0,25...0,35	0,30 ...0,40

Tabelle 23-6: Flächenbedarf für RLT-Anlagen (Verwaltungsgebäude, Warenhäuser u. ä.)

	bezogen auf die Bruttoge-schossfläche (BGF) in %	bezogen auf die Nettoge-schossfläche (NGF) in %
Technikfläche	5.....8	8 13
Schachtfläche	1.....2	1,7....3,3

Planungshilfen können die VDI 3803 [7] bzw. [8] sein, die detailliertere Angaben zur Gestaltung der RLT-Zentralen, der zweckmäßigen Anordnung der Kanäle, dem Platzbedarf für Kälteerzeugung und die Rückkühlwerke enthalten.

Mit Beendigung dieser Phase ist ein Vorentwurfsbericht zu erstellen. Wichtige inhaltliche Angaben sollten identisch mit der Aufzählung in Bild 23-8 sein.

Hinweis:

Dieser Vorentwurfsbericht soll in Abstimmung mit dem Architekten *unbedingt* durch den *Bauherrn schriftlich* bestätigt werden, um

- als Grundlage für die weiteren Bearbeitungen zu dienen und
- bei wesentlichen gewünschten Änderungen durch den Bauherrn zusätzliche Planungsleistungen und -kosten ableiten zu können.

Obwohl die RLT-Planung nicht der bauaufsichtlichen Genehmigung bedarf, sollten mit dem Umweltamt unter Beachtung der TA-Lärm [4] und TA-Luft [5] einzuhaltende Schall- und Schadstoffbelastungen in Abhängigkeit der Gebäudenutzung geklärt werden.

Vor allem die zulässigen sommerlichen Raumlufttemperaturen oder auch die maximalen Kühllasten (innere und äußere) sind eindeutig zu verifizieren und durch den Bauherrn bestätigen zu lassen.

Hinweis:

Wenn die einzuhaltenden Raumluftbedingungen im Winter und/oder Sommer von denen in den technischen Regeln genannten Werten abweichen, ist dies

- mit dem Gewerbeaufsichtsamt abzustimmen,
- durch den Auftraggeber schriftlich bestätigen zu lassen und
- eindeutig zu dokumentieren.

Die Koordination mit den anderen gebäudetechnischen Gewerken und den am Planungsprozess Beteiligten ist insbesondere in dieser Planungsphase wichtig. Dies gilt für die Definition der Schnittstellen der Planungsleistungen und die Übermittlung von notwendigen Planungswerten.

Tabelle 23-7: Kostenkennzahl für TGA von ausgewählten Gebäuden für die Kostenschätzung (Nettowerte: Stand 1997) bezogen auf die Nettogeschossfläche (Nutzfläche), Volumenstrom oder Bezugseinheiten

Anlagen- / Objektbezeichnung		Kostenkennzahlen		
		€/m² (Nutzfläche)	€/ (m³/h)	€/Bezugseinheit
1.	**Wohn- u. Geschäftshäuser**			
	bis 90 % Läden und Büros, Rest Wohnungen einfach bis mittel	60 - 80		
	gehoben	95 - 100		
	bis 65 % Läden und Büros, Rest Wohnungen einfach bis mittel	25 - 30		
	gehoben	35 - 40		
	bis 35 % Läden und Büros, Rest Wohnungen einfach bis mittel	3,5 - 4		
	gehoben	4,5 - 5		
2.	**Bankgebäude/Sparkassen**			
	kl. Nebenstellen(EG; EG+OG)	50 - 75		
	große Filialen	115 – 140		
3.	**Parkhäuser (Einheit = Stellplatz)**			
	200 - 500 Stellplätze			35 - 43
4.	**Lagergebäude (beheizt)**	8- 60		
5.	**Bürogebäude (Einheit = Arbeitsplatz)**			
	einfach bis mittel			50 - 110
	gehoben			140 - 165
6.	**RLT-Anlagen**			
	Lüftungsanlagen		3- 7	
	Klimaanlagen		6,5 – 17,5	
7.	**Anlagenteile**			
	Zu- und Abluftgeräte bis 5 Tm³/h		3	
	Zu- und Abluftgeräte bis 10 Tm³/h		2,5	
	Luftkanal (Einheit = lfd. m)			
	rechteckig			72
	rund			36

23.2.2.3 Entwurfsplanung

Auf der Grundlage des bestätigten Vorentwurfs erfolgt eine stufenweise Bearbeitung der Planung. Für den RLT-Planer ist zu beachten, dass sich in der Entwurfsplanung des Architekten — unter Umständen durch Entscheidungen des Bauherrn beeinflusst — in kurzen Abständen für die Ausrüstungen entscheidende Änderungen — insbesondere die RLT-Anlagen und Heizung — ergeben können. Der Auftraggeber sollte schriftlich auf die Abweichungen und Konsequenzen für den weiteren Planungsprozess hingewiesen werden.

Zeitlich determinierte Beratungen mit dem Architekten, Tragwerksplaner und den anderen Planern sind durchzuführen. Die Ergebnisse der Beratungen sind gemeinsam zu dokumentieren, da sie als Grundlage für die weitere Bearbeitung dienen müssen.

Der Entwurf sollte auf der Basis von 1:100- bis 1:50-Plänen des Architekten (Grundrisse, Schnitte, Ansichten) erstellt werden.

In dieser Planungsphase liegen in den seltensten Fällen schon exakte Angaben wie z. B. zum Wandaufbau, der Verglasungsform und -art, zum Sonnenschutz, der anzusetzenden speicherwirksamen Bauwerksmassen vor, so dass für die im Entwurf notwendigen Berechnungen durch den Fachplaner Werte angenommen werden müssen.

Tabelle 23-8: Spezifische Kosten — *raumlufttechnische Anlagen* — als Funktion des Luftvolumenstromes bzw. Luftwechsels β — Genauigkeit: $\pm\, 10 \ldots 15\,\%$

Luftvolumenstrom in m³/h	Kosten in €/(m³/h)	Kosten in €/m² (Bodenfläche) als Funktion des Luftwechsels β in (1/h)			
		2	3	5	8
Abluftanlagen					
bis 10.000	4,00		36,00	60,00	
bis 20.000	3,50		31,50	52,50	
über 20.000	3,00		27,00	45,00	
Be- und Entlüftungsanlagen					
bis 10.000	6,00	36,00	54,00	90,00	144,00
bis 20.000	5,50	33,00	49,50	82,50	123,00
über 20.000	5,00	30,00	45,00	75,00	120,00
Klimaanlagen (Niederdruckanlagen, Konstantvolumenstrom)					
bis 10.000	11,00	66.00	99,00	165,00	264,00
bis 20.000	10,00	60,00	90,00	150,00	240,00
über 20.000	9,00	54,00	81,00	135,00	216,00
Hochdruckanlagen (Konstantvolumenstrom)					
bis 10.000	12,00	72,00	108,00	180,00	288,00
bis 20.000	11,00	66,00	99,00	165,00	264,00
über 20.000	9,00	54,00	81,00	135,00	216,00
Hochdruckanlagen (VVS - Einkanalanlage)					
bis 10.000	17,50	105,00	157,50	263,00	420,00
bis 20.000	16,00	96,00	144,00	240,00	384,00
über 20.000	15,00	90,00	135,00	225,00	360,00

Hinweis:

Die angenommenen Werte sind dem Architekten mitzuteilen,

• durch diesen bestätigen zu lassen und

• im Entwurfsbericht zu dokumentieren.

Zweckmäßig sind in dieser Planungsphase auch Betrachtungen zur Raumlufttemperatur unter sommerlichen Bedingungen (s. a. Kapitel 3), um auf mögliche bauseitig zu realisierende Maßnahmen hinweisen zu können und um die erforderlichen technischen Aufwendungen (Investitions- und Betriebskosten) zu minimieren.

Für die notwendige Kostenberechnung nach DIN 276 [3] kann auf Kennwerte zurückgegriffen werden, wobei deren Genauigkeit schon bei 5 ... 10 % liegen und die Bezugswerte eindeutiger beschreibbar sein sollten.

Klärung der Arbeitsgrundlagen z.B. mit
- AG/Architekt/Fremdplaner:
    - Leistungs- und Planungsgrenzen; Schnittstellen
    - Erarbeitung von Entscheidungsvorschlägen und -varianten
    - Abstimmung notwendiger Bearbeitungsannahmen
- Versorgungsunternehmen/ Behörden/Sachverständige:
    - Präzisierung der Forderungen und Anschlussbedingungen
    - Einreichen von Gesuchen

Planungstätigkeit (allgem.):
- Variantenklärung (Vor- und Nachteile, Wirtschaftlichkeit, Kundenbewertungskriterien, Ökologie, Investitions- u. Betriebskosten, Umweltbeeinträchtigungen, Flexibilität) mit Festlegung der Hauptvariante
- Zusammenstellung der Grunddaten wie Wärme-, Kälte-, Strom- u. Wasserbedarf
- Ermittlung der Grunddaten für Betriebskosten (Arbeits- u. Leistungspreis)
- Wirtschaftlichkeitsbetrachtungen auf der Basis von Erfahrungswerten
- Kostenschätzung nach DIN 276

in interner und externer Koordinierung mit anderen Gewerken:
- Lage und Größe der RLT-Zentralen
- Lage der Schächte und deren Belegung
- Trassenbelegung und Trassierung, Trassenquerschnitte (kritische Punkte z. B. Kreuzungen, Abzweigungen)
- Installationen (Höhe) im Decken- bzw. Fußbodenbereich
- Erarbeitung der Funktionsschemata
- technische Beschreibung der Anlagenlösung
- Erarbeitung der notwendigen Datenpunkte für die Regelung
- Rohbauabmessungen für Schächte, Durchbrüche und Zentralen
- Lastangaben für Zentralen, Rückkühlwerke
- erforderliche Dachaufbauten
- Entrauchungsöffnungen, Entrauchungsart
- Öffnungen und Transportwege unter Berücksichtigung von Wartung und Bauablauf

---

Bild 23-8: Vorentwurf: Leistungen des RLT-Planers

Der Entwurf ist in einem schriftlichen Bericht zusammenzufassen. Eine mögliche Gliederung kann aus den Aufgaben des RLT-Planers (Bild 23-9) abgeleitet werden.

Der Entwurf ist an Hand von Zeichnungen und mündlichen Darlegungen zu präsentieren (s. a. [8]).

Hinweis:

Der Entwurf sollte — besser er muss — durch den Bauherrn bestätigt werden, um

- eine definierte Arbeitsgrundlage für die Genehmigungsplanung und die Ausführungsplanung zu haben und
- eine Grundlage für die Bewertung und Abrechnung von Planungsmehrleistungen infolge von Änderungen, die durch den Bauherrn oder andere Planungsbeteiligte veranlasst werden bzw. wurden, zu haben.

---

endgültige Klärung der Arbeitsgrundlagen z. B. mit
- AG/Architekt/Fremdplaner:
  - – Verbrauchswerte, Raumbedingungen, Anschlussbedingungen
  - – bauphysikalische Angaben, wie k- (bzw. U-) Werte, g_F-Faktoren, Art des Sonnenschutzes, speicherwirksame Bauwerksmasse
  - – **Entwurfspläne: M 1:100;** Grundrisse, Schnitte, Ansichten, Dachgestaltung, bei Zwischendecken Deckenspiegel
  - – Mitarbeit an Musterräumen
  - – Festlegung notwendiger Bearbeitungsannahmen
  - – Aktualisierung von Planungsgrenzen
- Versorgungsunternehmen/ Behörden/Sachverständige:
  - – endgültige Klärung der Forderungen und Anschlußbedingungen
  - – Einreichen von Gesuchen und Abstimmung mit Bearbeitern
  - – u. U. Einschalten von Sachverständigen (z. B. Lärmschutz, Akustik, Brandschutz)

Planungstätigkeit (allgem.):
- – Ausführung der vom AG und vom Architekten bestätigten Lösungsvariante
- – Erarbeitung von Teildokumentation in Zusammenarbeit mit anderen Gewerken, technische Beschreibung der Lösungsvariante
- – Kostenberechnung nach DIN 276
- – Arbeiten mit gemeinsamen Plänen für alle haustechnischen Gewerke

in interner und externer Koordinierung mit anderen Gewerken:
- – endgültige Lage und Größe der RLT-Zentralen
- – endgültige Abstimmung zur Lage der Schächte und deren Belegung
- – endgültige Abstimmung zur Trassenbelegung und Trassierung, Trassenquerschnitte (kritische Punkte z. B. Kreuzungen, Abzweigungen)
- – endgültige Abstimmung zur Installationen (Höhe) im Decken- bzw. Fußbodenbereich
- – endgültige Abstimmung der Installationen auf dem Dach
- – Abstimmung über Deckenspiegel und Beleuchtung in Kooperation mit dem Innenarchitekt
- – endgültige Darstellung der Funktionsschemata
- – endgültige Darstellung der technische Beschreibung der Anlagenlösung
- – endgültige Festlegung der notwendigen Datenpunkte für die Regelung
- – endgültige Festlegung der Rohbauabmessungen für Schächte, Durchbrüche und Zentralen
- – endgültige Festlegung der Lastangaben für Zentralen, Rückkühlwerke
- – endgültige Festlegung der Art der Entrauchung und der Entrauchungsöffnungen in Abstimmung mit Gutachter oder Feuerwehr
- – endgültige Festlegung der Öffnungen und Transportwege unter Berücksichtigung von Wartung und Bauablauf

---

Bild 23-9: Entwurf: Leistungen des RLT-Planers

23.2.2.4 Genehmigungsplanung

Der RLT-Planer hat den Architekten bei der Einreichung der durch den Bauherrn bestätigten Entwurfsplanung bei den Genehmigungsbehörden zu unterstützen. Leistungen des RLT-Planers zeigt Bild 23-10.

Die vorherige Kontaktaufnahme mit den Genehmigungsbehörden in der Grundlagenermittlung bzw. Vorentwurf ist förderlich für den Genehmigungsprozess. Im Ergebnis des Genehmigungsverfahrens sind die Auflagen in den Entwurf einzuarbeiten bzw. in der Ausführungsplanung zu berücksichtigen.

23.2.2.5 Ausführungsplanung

Die HOAI [1] beschreibt relativ knapp die Leistungen dieser Planungsphase, obwohl in diesem Planungsabschnitt wesentliche und grundlegende Planungsaktivitäten erforderlich sind.

Klärung der Arbeitsgrundlagen
- Überprüfen der landesspezifischen Bauvorlagenverordnung und der Landesbauordnung nach relevanten Genehmigungen, z. B. Schadstoff- und Lärmemissionen
- Brandschutzforderungen, Entrauchung

Planungstätigkeit (allgem.):
- Erarbeitung der Anträge und Gesuche auf der Basis der Entwurfsplanung
- Dokumentation der notwendigen Berechnungen

in interner und externer Koordinierung mit anderen Gewerken:
- Abstimmung mit Architekten und anderen Fachplanern

Bild 23-10: Genehmigungsplanung: Leistungen des RLT-Planers

Auf die Koordination mit den an der Planung Beteiligten sei hier nochmals hingewiesen. Es ist zu beachten, dass der Architekt seinen Plan für die Ausführungsplanung der Fachplaner „freigeben" muss und in seiner Verantwortung die Freigabe der Ausführungspläne u. a. der RLT-Planung liegt. Dies erfordert auf Seiten des Architekten ein technisches Verständnis bezüglich der angestrebten technischen und gestalterischen Lösung z. B. bei der Anordnung der Luftdurchlässe (Luftverteiler und -erfasser) im Raum und der Raumströmung.

Mit der Fertigstellung der Ausführungsplanung ist im Allgemeinen davon auszugehen, dass die technische Planung abgeschlossen ist. Korrekturen sind möglich, wenn im Rahmen der Ausschreibung und Vergabe diese notwendig sind. Spezielle Aspekte werden in [8] näher umfassend erläutert.

Hinweis:

Die Ausführungspläne sind keine Montage- bzw. Werkstattzeichnungen. Diese sind von den Ausführungsfirmen der RLT-Leistungen zu erstellen.

Bild 23-11 beschreibt zusammengefasst die wesentlichen Aktivitäten des RLT-Planers in dieser Planungsphase. Es wird erkennbar, dass zu diesem Zeitpunkt alle baurelevanten Daten vorliegen müssen, um die erforderlichen Berechnungen und Dimensionierungen vornehmen zu können.

In der Ausführungsplanung ist die Planung der RLT-Leistungen zweckmäßigerweise auf CAD-Basis durchzuführen, um die im schrittweisen Planungsprozess auftretenden Änderungen problemlos vornehmen zu können. Die RLT-Planung ist auf einem separaten Layer abzulegen. Die CAD-Planung kann schon im Vorentwurf oder Entwurf vorgenommen werden. Um dies zu entscheiden, sollte der zeitliche Aufwand und die entstehenden Kosten kritisch analysiert werden.

Hinweis:

- In den Architektenplänen dürfen durch den RLT-Planer zeichnerisch keine Änderungen vorgenommen werden (Urheberrecht).
- In der Ausführungsplanung sollten neben der üblichen zeichnerischen Darstellung der Anlage (bis zu Detaillösungen M 1:1) auch einige Aspekte der Bau- und Mon-

tagetechnologie berücksichtigt werden. Dies betrifft z. B. Größe der Türen bei RLT-Zentralen, Einbringöffnungen und Montagehilfsmittel (s. a. [7]).

Arbeitsgrundlagen von
- AG/Architekt/Fremdplaner:
    - *Entwurfspläne:M 1: 100; fortzuschreibende Ausführungspläne M 1:50*
      Grundrisse, Schnitte, Ansichten, Dächer, bei Zwischendecken: Deckenspiegel
    - endgültige Festlegung notwendiger Bearbeitungsannahmen
    - eventuell Aktualisierung von Planungsgrenzen

Planungstätigkeit (allgem.) :
    - Kostenverfolgung
    - Schlitz- und Durchbruchplanung in Abstimmung mit Tragwerksplaner, Architekt und anderen Gewerken
    - Arbeiten mit gemeinsamen Plänen für alle haustechnischen Gewerke

spez. Planungstätigkeit :
    - Kühllastberechnung, Wärmebedarfsermittlung, Schadstoffberechnung, Luftvolumenstromberechnung, Luftvolumenstrombilanz im Gebäude
    - Berechnung der Leistungsdaten für die Luftaufbereitung, Auswahl von Komponenten
    - Kanalnetzberechnung, Auswahl und Auslegung der Ventilatoren bzw. Konzeption der Luftvolumenstromregelung
    - Dimensionierung der Luftdurchlässe in Verbindung mit Raumströmung und möglichen Anordnung im Raum
    - Dimensionierung der Schalldämpfer und Volumenstromregler
    - Dimensionierung der notw. Brandschutzmaßnahmen (Klappen, RWA)
    - Gestaltung der Luftansaugung und Fortluftführung
    - Trassierung der Kanäle und Bemaßung in Abstimmung mit anderen Trassierungen (Detaildarstellung von kritischen Punkten, z. B. Kreuzungen, Abzweigungen)
    - Lastangaben für Kanalnetz und Angaben zu Lage und Art der Befestigung.
    - Lage der Installationen (Höhe) im Decken- bzw. Fußbodenbereich in Abstimmung Deckenspiegel mit Beleuchtung
    - Ausrüstung der RLT-Zentrale (Grundriss, Schnitt; Fundamente), Lastangaben (u. a. Transport)
    - Aufstellung und Abstimmen der notwendigen Daten für andere Gewerke (Schnittstellen) mit Parameterangaben (Heizung, Sanitär, Elektro, Regelung, Kälte)
    - Technische Beschreibung der Anlagenlösung und der Regelungskonzeption incl. Festlegung der Datenpunkte für die Regelung
    - Festlegung der Rohbauabmessungen für Schächte, Durchbrüche und Schlitze, Öffnungen für Montage
    - Anordnung der notwendigen Revisonsöffnungen im Wand- und Deckenbereich
    - Dimensionierung der notwendigen Wärmedämmung (zumindest Zuluft und Außenluft)
    - Ausbaudetails für Anordnung notwendiger Rückkühlwerke
    - Festlegung und Dimensionierung der mechanischen bzw. natürlichen Entrauchung
    - Ausführungsplanung der RLT-Anlage im Maßstab M 1:50
      incl. notwendiger Details M 1:20 bis M 1:1 als Grundriss, Schnitt
      u. U. als 3-D-Darstellung (CAD -Lösung)

Bild 23-11: Ausführungsplanung: Leistungen des RLT-Planers

23.2.2.6 Erstellung des Leistungsverzeichnisses, Vergabe

Die Ausführungsplanung ist die Basis für die Erstellung des Leistungsverzeichnisses (LV). Im LV müssen die Bauteile und die Mengen *eindeutig* beschrieben und spezifiziert werden.

Die Leistungen für den RLT-Planer können beispielhaft aus Bild 23-12 entnommen werden. Die Ausführungsplanung sollte mit der Beschreibung übereinstimmen, um eine Überprüfbarkeit zu gewährleisten. Grundlage sollte im Allgemeinen das Standardleistungsbuch (StLB) [6] sein, in dem auf Datenträgern Beschreibungen nach Leistungsbereichen vorgegeben sind. Diese allgemeinen Beschreibungen können durch produktspezifische ergänzt und präzisiert werden. Für den Auftraggeber „Öffentliche Hand" wird das StLB im Allgemeinen gefordert, wobei auch freie Texte (z. B. LV-Texte von Herstellerfirmen) zugelassen werden können.

- *Erstellung des Leistungsverzeichnisses*
  - genaue Mengen und Massenermittlung
  - genaue technische Beschreibung aller RLT-Komponenten incl. Leistungsparameter, Anschlussbedingungen, Abmessungen, Farbe, Form, Material; eventuell unter Angabe Fabrikat mit Hinweis „oder gleichwertig"
  - Hinweise für Montage und Inbetriebnahme, Montageaufwand (Angabe in Stunden)
  - Angaben über erforderliche Fremdleistungen (z. B. Fundamente, Verschluss von Durchbrüchen von Brandschutzwänden bzw. - decken)
  - eventuell Zulassung von Alternativangeboten
- *Koordination mit AG/Architekt/ Fremdplaner*
  - Ausschreibung nach Gewerken, Festlegung der Lose
  - Gliederung der Ausschreibung
  - Angabe der speziellen Vertragsbedingungen und Einhaltung notwendiger technischer Regelungen

---

Bild 23-12: Vorbereitung der Vergabe: Leistungen des RLT-Planers

Bild 23-13 verdeutlicht auszugsweise die notwendigen Formulierungen und Informationen für ein Lüftungsgerät, einen Schalldämpfer, einen Luftverteiler und einen Kanal. Eine spezielle herstellerspezifische technische Lösung ist mit dem Vermerk „*gleichwertig*" zu versehen.

Ein Beispiel für ein komplettes LV für eine einfache RLT-Anlage und weitere Hinweise für diesen Planungsabschnitt sind in [8] zu entnehmen.

Hinweis:

- Das LV ist die *Grundlage* für die Abgabe eines Angebotes des sich bewerbenden anlagenausführenden Betriebes.
- Das LV beinhaltet auch eine Aufzählung der einzuhaltenden technischen Regeln und Richtlinien sowie spezielle Vertragsbedingungen.
- Es soll ausdrücklich darauf hingewiesen werden, dass nur ein einwandfreies und vollständiges LV die Basis für eine ordnungsgemäße Beauftragung, die Einhaltung der Kosten und kontrollierbare Realisierung des Bauvorhabens ist.
- Fehlerhafte und unvollständige Leistungsverzeichnisse führen in der Realisierungsphase sehr oft zu erheblichen Problemen (z. B. dem Anmelden von technischen Bedenken und Nachträgen) und letztendlich zu Kostenerhöhungen und/oder Ausführungsmängeln.

1.1.1 0   Zentrallüftungsgerät

Zu- und Abluftgerät mit Wärmerückgewinnung und Elektronachheizregister.
Gehäuse aus verzinktem Stahlblech, doppelwandig, mit 50 mm starker
Isolierung und zwei Revisionstüren. Kreuzstromwärmetauscher aus Aluminium,
Filtereinheiten für Außenluft und Abluft Klasse F7. Ventilator und Radiallaufrad
aus heißverzinktem Stahlblech. Motor (mit Thermosicherung) mit
durchgehender Welle für den direkten Antrieb des Zu- und Abluftventilators.
Volldeckende Kondensatwanne aus rostfreiem Stahl, Kondensatablauf 15 mm
Durchmesser. Ventilatoreinheit, Wärmetauscher und Filtereinheit ohne
Verwendung von Werkzeugen zur Reinigung und zum Filteraustausch leicht
herausnehmbar. Schwingungsfreie Montage auf Gummischwingungsdämpfern.
Frostschutzklappe, Filterüberwachung für Zu- und Abluftfilter und Bypassmotor
mit 10 V Stellmotor eingebaut.

Technische Daten:	geplant	angeboten	
Luftvolumenstrom max.	1500	....	m3/h
Spannung	230	....	V
Leistungsaufnahme	1,3	....	kW
Stromaufnahme	6,0	....	A
Drehzahl	1400	....	1/min
externe Pressung	300	....	Pa
Kanal-Schallleistungs-pegel, zuluftseitig	74	....	dB(A)
Kanal-Schallleistungs-pegel, abluftseitig	60	....	dB(A)
Dichtungsklasse	IP54	....	
Temperaturwirkungsgrad	61	....	%
Hauptabmessungen:	geplant	angeboten	
Länge	1250	....	mm
Breite	655	....	mm
Höhe	950	....	mm
Masse	180	....	kg

Zubehör:

Flexible Verbindungen:	Anschlussstutzen 4 Stück, Durchmesser 250 mm
Luftfilter:	1 Abluftfilter F7, 1 Zuluftfilter F7
Elektroheizregister:	Zum Nachheizen der Außenluft, bestehend aus verzinktem Rahmen in dem die elektrischen Heizstäbe angebracht sind. Heizleistung 9 kW. Stromaufnahme 14,3 A.

Bild 23-13: Auszug aus einem LV (Lüftungsgerät, Kanal, Schalldämpfer) für eine RLT-Anlage

Fortluftklappe:	Durchmesser 250 mm mit 10 Volt-Motor.
Regelautomatik:	Für Zu- und Abluft, modulierenden Bypass, Filter-überwachung, Elektronachheizregister, Klappen, Ventilator und Motorsteuerung.
	Maße 365x270x100.
Zubehör:	Temperaturfühler, Frostschutzklappe, Elektro-nischer Vereisungsschutz, modulierender Betrieb des Bypasses, Reparatur- und Wartungsschalter.
Vorbereitete Anschlüsse für:	Bedienungseinheiten: Uhrmodule, Frisch- und Fortluftklappe, Kühlsteuerung, Brandthermostate, Raum- und Abluftkanalfühler, Alarm- und Rauchgasmodul, DDC Zentrale Leittechnik.
Bedieneinheit:	Stufenlose Einstellung von Temperatur und Drehzahl, mit Anzeigelampen für Betrieb, Filter und Überhitzung. Maße : 85x85x32, Aufputzmontage.
Verdrahtung	Die Verdrahtung ist komplett mitzukalkulieren. Die Bedieneinheit ist im Tresenbereich zu instal-lieren.

gewähltes Fabrikat: Exhausto oder gleichwertig

gewählte Type: VEX-3.5

      1,000 Stck   ....

1.2.10   Rechteckige Blechkanäle   ***Bedarfsposition***

nach DIN 24190 / 24191, aus
Stahlblech mit Flanschen aus genormtem Kanalrah-
menprofil. Dichtgefalzte Ausführung, entsprechend
Dichtheitsklasse I nach DIN 24194. Mit dauerelasti-
schem Dichtungsmaterial und verzinkten Schrauben,
absolut flatterfrei, wenn nötig mit äußerer Profilleis-
tenkonstruktion, bei ungünstigerem Seitenverhältnis
als 1:5 mit zusätzlichem Trennblech. Revisions- und
Reinigungsöffnungen mit abnehmbaren Deckel vor
und hinter Einbauten wie: Wärmetauscher, Schalldämpfer, Kanalfiltern, Kanalbefeuchtern, Ventilatoren,
Brandschutzklappen, Messwertgeber und Regulier-
einrichtungen. Mit höhenverstellbarer Aufhängung
durch Metallspreizdübel (Kunststoffdübel und Schuss-
apparate sind verboten), mit Akustikisolierung gegen
Körperschall. Bei Wanddurchführungen zusätzliche
Verteilungsflansche gegen Eindrücken und Durch
biegen sowie Rosetten bzw. Manschetten aus verzinktem Material gegen die Wand isoliert. Mit Messöffnun-
gen 20 mm Durchmesser, mit luftdichten Stopfen an

Bild 23-13 (Fortsetzung): Auszug aus einem LV (Lüftungsgerät, Kanal, Schalldämpfer) für eine
RLT-Anlage

allen Geräteanschlüssen, mit Verbindungsstutzen an bauseitige Anlagenteile.

1,000 m² .... nur E-Preis

1.2.20 **Formstücke**

wie vor, jedoch in Bögen und Formstücken.

14,000 m² ....

1.3. 10 **Schalldämpfer**
mit RAL-Gütezeichen für Kulissenschalldämpfer, geprüft nach Messvorschrift DIN 45646. Kulissenbauweise mit Absorptions- und Resonanzdämmelementen in Zweikammerbauart mit durchgehendem Mittelsteg für hohe Dämpfungsleistungen in einem Stahlblechgehäuse mit Anschlussflanschen, verrottungssicher, feuchtigkeitsabweisend, für Luftgeschwindigkeiten bis 20 m/s und nicht brennbar nach DIN 4102. Mineralfaserabdeckungen aus Glasvlies bzw. aus Stahlblech, alle Stahlblechteile stabil profiliert, verzinkt und rostfrei, kompl. mit allen Befestigungs- und Montagematerialien.

Technische Daten:

	geplant	angeboten	
Luftvolumenstrom	1500	....	m3/h
Einfügungsdämpfung			
bei 250 Hz	28	....	dB
Kulissendicke	100	....	mm
Breite	600	....	mm
Höhe	450	....	mm
Länge	1500	....	mm
Druckverlust	12	....	Pa

gewähltes Fabrikat: LTA oder gleichwertig

gewählte Type: K 200

2,000 Stck ....

1.4.10 **Quellluftdurchlass**
Quellldurchlass in halbrunder Bauweise mit Anschluss von unten bestehend aus einer perforierten, demontierbaren Front, einer Anschlusseinheit mit rundem Anschlussstutzen und innenliegenden Luftverteilerelementen. Luftdurchlass aus Stahl, pulverbeschichtet in weiß, Sonderausführungen pulverbeschichtet, RAL-Farbton nach Wahl.

Zubehör: Fußbodensockel

Technische Daten:

	geplant	angeboten	
Luftvolumenstrom	600	....	m³/h
Breite	428	....	mm

Bild 23-13 (Fortsetzung): Auszug aus einem LV (Lüftungsgerät, Kanal, Schalldämpfer) für eine RLT-Anlage

Höhe	623	.... mm
Tiefe	370	.... mm
Schallleistungspegel	32	.... dB(A)
Druckverlust	7	.... Pa
Anschlussdurchmesser	250	.... mm

gewähltes Fabrikat: Schanze Lufttechnik oder gleichwertig

gewählte Type: OPIG-250-GS

            2,000 Stck   ....

Bild 23-13 (Fortsetzung): Auszug aus einem LV (Lüftungsgerät, Kanal, Schalldämpfer) für eine RLT-Anlage

23.2.2.7 Mitwirkung bei der Vergabe

Durch den Auftraggeber bzw. den beauftragten Architekten oder Projektsteurer werden im Allgemeinen die zu erbringenden Leistungen öffentlich ausgeschrieben. Die mit Preisen versehenen LV sind zu einem bestimmten Termin (Datum und Zeitpunkt) verschlossen an den Auftraggeber zu übergeben (*Submission*). Der weitere Ablauf wird in [8] ausführlich anhand eines Beispiels beschrieben.

Der RLT-Planer kann und sollte zweckmäßigerweise den Auftraggeber bei der Auswertung unterstützen (vgl. Bild 23-14), d. h. Prüfung und Wertung der Ausschreibungsergebnisse sowie Aufstellung eines Preisspiegels unter Nutzung von Rechenprogrammen, z. B. auf der Grundlage des StLB. Im Ergebnis der Prüfung liegt ein technischer Vergabevorschlag vor. Der RLT-Planer kann bei der Vergabe mitwirken, um fachspezifisch den Auftraggeber bei den Verhandlungen beraten zu können. Sind Alternativangebote im LV zugelassen, so sind diese technisch durch den RLT-Planer zu prüfen und zu werten.

- • *Prüfung der Leistungsverzeichnisse*
  - – formale Prüfung der ausgefüllten Leistungsverzeichnisse
  - – Bewertung von Nebenangeboten von Systemen (Vor- und Nachteile, Kosten)
  - – Bewertung von fachlichen und kostenmäßigen Unterschieden
  - – Mitwirkung bei den Vergabeverhandlungen, Erarbeitung des Vergabevorschlages für den AG , Klärung von Differenzen im Angebot
  - – Erstellung eines Preisspiegels und Kostenvergleiches

Bild 23-14: Mitwirkung bei der Vergabe: Leistungen des RLT-Planers

Hinweis:

Die Vergabe sollte an den Bieter mit dem kostengünstigsten und wirtschaftlichsten Angebot erfolgen. Bei abweichenden Entscheidungen sind plausible und nachvollziehbare Begründungen notwendig („Öffentlichen Hand").

23.2.2.8 Objektüberwachung (Bauüberwachung)

Die Objektüberwachung beinhaltet ca. ein Drittel der Planungsleistung und umfasst ein sehr großes Leistungs- und Aufgabenspektrum durch den verantwortliche Planungsbeteiligten. Dieser kann der RLT-Planer selber aber auch ein Fachbauleiter sein. Letzterer hat sich in der Praxis mehr durchgesetzt. Auf die speziellen Aspekte bei der Objektüberwachung wird in [8] näher und ausführlich eingegangen.

Hinweis:

Für eine fach- und sachgerechte Objektüberwachung sind eine ordnungsgemäße Ausführungsplanung, eine durch den RLT-Planer frei gegebene Montageplanung der ausführenden RLT-Anlagenbaufirma und ein lückenloses und qualitativ hochwertiges LV die Grundvoraussetzungen.

23.2.2.9 Objektbetreuung, Dokumentation

Diese Planungsphase schließt die Gesamtplanung für ein Objekt ab. Aus abrechnungstechnischen Gründen (Legen der Schlussrechnung) geht heute die Tendenz dahin, dass diese Phase nach der Objektabnahme gesondert beauftragt werden sollte.

Zur Erarbeitung der Dokumentation auf Papier und auf Datenträgern ist schon frühzeitig in der Planung für alle an der Planung Beteiligten eine einheitliche Systematisierung und Kennzeichnung der Zeichnungen vorzugeben. Bei der Dokumentation auf Datenträgern ist auf die Kompatibilität der häufig unterschiedlich genutzten Programmstrukturen und -systeme mit denen des späteren Betreibers oder Nutzers unter dem Aspekt des Gebäudemanagementes und der Betriebsüberwachung zu achten.

23.3 Angebotserstellung und Vertragsgestaltung

Angebotserstellung

Neben der technischen Planung ist durch den RLT-Planer oft auch ein Teil der kommerziellen und rechtlichen Planung zu bearbeiten. Der RLT-Planer muss auf Aufforderung z. B. durch einen Bauherrn, Architekten oder Projektsteuerer seine planerischen Leistungen anbieten. Die für die Erarbeitung eines Angebotes zur Verfügung stehenden Unterlagen sind oft kaum ausreichend, so dass auf

- Erfahrungswerte aus ausgewerteten ähnlichen Planungsleistungen,
- Kennwerte,
- Vermarktungskonditionen für das Gebäude (z. B. Eigennutzung, Vermietung) und
- auf Nutzungsbedingungen mit den dafür bekannten technischen Lösungen

zurückgegriffen werden muss.

Je klarer die Aussagen in einem Angebot sind, desto einfacher gestalten sich die anschließenden Verhandlungen und um so einfacher ist ein Angebotsvergleich möglich. Detailliert wird der Aufbau und der Inhalt eines Angebotes in [8] beschrieben.

Hinweis:

Der Bieter sollte wissen, dass die „Trefferquote" von Angeboten hinsichtlich einer Auftragsvergabe erfahrungsgemäß zwischen 5 ... 10 % liegen kann. Rückmeldungen, aus welchem Grund das Angebot unberücksichtigt blieb, sind kaum zu erwarten. Es hat sich als günstig erwiesen, nach einer angemessenen Zeit nachzufragen, um Informationen über die Ablehnung (z. B. zu hohe Kosten, zu hohe Honorarerwartungen) des Angebotes zu erhalten.

Vertragsgestaltung

Ein Vertrag ist die Grundlage für die Zusammenarbeit in der Planung. Je klarer und eindeutiger alle Vertragspunkte rechtzeitig geregelt sind, um so geringer sind die Probleme und Konsequenzen bei der möglichen Nichteinhaltung oder Verletzung des Vertrages.

Wesentlichen Punkte bei der Vertragsgestaltung sind in [8] dargelegt und ermöglichen es z. B. dem RLT-Planer, sich auf die Vertragsverhandlungen entsprechend vorzubereiten.

Hinweis:

- Nahezu jeder Aspekt eines Vertrages ist verhandelbar.
- Vertragsänderungen nach der Unterschrift sind i. a. sehr schwierig.
- Bei Verträgen und Änderungen bzw. Ergänzungen sollte grundsätzlich die Schriftform gewählt werden.

Literatur

[1] HOAI — Verordnung über Honorare für Leistungen der Architekten und Ingenieure (Honorarordnung für Architekten und Ingenieure), 5. Änderungsverordnung vom 21. 09. 1995. BGBl. 1, S. 1174, verbindlich ab 01. 01. 1996.

[2] RBBau: Richtlinien für die Durchführung von Bauaufgaben des Bundes im Zuständigkeitsbereich der Finanzbauverwaltungen, Bundesanzeiger.

[3] DIN 276: Kosten im Hochbau, Fassung 1993.

[4] Technische Anleitung zum Schutz gegen Lärm (TA - Lärm) in der BlmSchV (Bundesimissionsschutzverordnung).

[5] Technische Anleitung zur Reinhaltung der Luft (TA - Luft) in der BlmSchV (Bundesimissionsschutzverordnung).

[6] *Koch, K. H.*: Kosten- und Leistungsrechnung in der Heizungs-, Lüftungs- und Sanitärtechnik. Verlag für Bauwesen Berlin/München, 2. Auflage, 1994, Abschnitt 2.5 StLB — Standardleistungsbuch.

[7] VDI 3803 — „Raumlufttechnische Anlagen — bauliche und technische Anforderungen", 2001, (Gründruck).

[8] *Trogisch, A.*: RLT-Anlagen — Handbuch für die Planungspraxis, C. F. Müller Verlag Heidelberg, 1. Auflage, 2001.

[9] VDI 6028 — „Bewertungskriterien für die Technische Gebäudeausrüstung — Grundlagen", 2000, (Gründruck).

24 Betriebsführung und Instandhaltung in der Klimatechnik

O. CLAUSEN

24.1 Einführung in das Facility Management

Der Betrieb und die Instandhaltung klimatechnischer Anlagen ist in einer modernen Bewirtschaftungsorganisation nicht mehr als gewerkespezifische Aufgabenstellung zu verstehen. Die Orientierung hin zum ganzheitlichen Gedanken des Facility Managements erfordert auch ein Umdenken in der Bewirtschaftung der Anlagen der Technischen Gebäudeausrüstung. Man bewegt sich nicht mehr im Kontext der Fachlichkeit. Lebenszyklusperspektiven, Prozessorientierung, integrale Servicestrukturen und der Wunsch nach homogenen EDV-Lösungen beherrschen die Diskussion. Der Veränderungsprozess ist im vollen Gange und macht vor den technischen Gewerken nicht halt. Die Regeln der Technik und insbesondere der Stand der Technik verändern sich gleichermaßen. Moderne Managementstrukturen etablieren sich in der Fachwelt und finden zunehmend ihr Abbild in den Regelwerken.

Neben der fachlichen Integration des Gewerkes Klimatechnik in umfassende Strukturen des Gebäudemanagements erfolgt auch eine zeitliche Integration der verschiedenen Lebensphasen. Die Lebensphasen „Projektierung – Errichtung – Betrieb" werden intensiv miteinander gekoppelt. Wird die Immobilie mit ihrer technischen Ausrüstung über den gesamten Lebenszyklus betrachtet (und bewertet), so ist eine Rückkopplung aus der Betriebsphase in die Projektierungs- und Bauphase zwingend erforderlich.

Vor diesem Hintergrund soll der Betrieb und die Instandhaltung klimatechnischer Anlagen im Gesamtkontext des Facility Managements erörtert werden. Wie ordnet sich das Betreiben und die Instandhaltung der Klimatechnik in den Gesamtkontext des Facility Managements ein? Stellen die Betreiberaufgaben in der Klimatechnik ein isoliertes Element oder einen integralen Bestandteil des Facility Managements dar? Und in welcher Form und Tiefe erfolgt die Integration? Diese Fragen sollen zunächst grundsätzlich erörtert werden, bevor auf der hierdurch gewonnenen Basis die Anforderungen an den technischen Betrieb abgeleitet werden.

Dabei wird einerseits ein Überblick über die derzeitigen technischen Regeln und deren Anwendung gegeben (hard facts), andererseits soll auf die Strukturen und Anforderungen eines integrierten Gebäudemanagements als aktuelle Momentaufnahme eingegangen werden (soft skills). Die aufgeführten Fragestellungen werden in diesem Kapitel allgemeingültig für das gesamte Technische Gebäudemanagement bearbeitet. Die Anforderungen und Auswirkungen auf das Betreiben und die Instandhaltung in der Klimatechnik wird an Beispielen dokumentiert.

Das Facility Management definiert sich nach der Definition der GEFMA (Deutscher Verband für Facility Management) als „...ein unternehmerischer Prozess, der durch die Integration von Planung, Kontrolle und Bewirtschaftung bei Gebäuden, Anlagen und Einrichtungen (facilities) und unter Berücksichtigung von Arbeitsplatz und

Arbeitsumfeld eine verbesserte Nutzungsflexibilität, Arbeitsproduktivität und Kapitalrentabilität zum Ziel hat. „Facilities" werden als strategische Ressourcen in den unternehmerischen Gesamtprozess integriert [1]".

Nach dem VDMA-Verband deutscher Maschinen- und Anlagenbau e. V. stellt das Facility Management die „...Gesamtheit der Leistungen zur optimalen Nutzung der betrieblichen Infrastruktur auf der Grundlage einer ganzheitlichen Strategie [2]" dar.

Beiden Definitionen ist gleich, dass das Facility Management als ganzheitliches System zur Immobilienbewirtschaftung mit dem Ziel der Werterhaltung der Immobilien und der Produktivitätssteigerung der Immobiliennutzer dargestellt werden. Jedoch sind die Formulierungen abstrakt gehalten. Die konkreten Anforderungen und Aufgaben, die sich beim „managen der facilities" tatsächlich ergeben, lassen sich nicht deutlich erkennen und ableiten. Was ist ein „ganzheitliches System"? Was macht das Management der „strategischen Ressource Immobilie" letztendlich aus? Durch weitere Betrachtungen soll das „ganzheitliche System Facility Management" eine deutlichere Kontur gewinnen:

Facility Management definiert als Unternehmensmodell

Im Facility Management werden alle immobilien- und infrastrukturbezogenen Service- und Dienstleistungen zusammengefasst. Diese werden für die dienstleistende Organisation zum Kerngeschäft. Das Unternehmensmodell des „FM-Dienstleisters" definiert den zur Erbringung der Dienstleistungen erforderlichen Organisationsrahmen. In Anlehnung an die Betriebswirtschaftslehre unterscheidet das Unternehmensmodell zwischen folgende Organisations- bzw. Funktionsebenen:

- Strategieebene,
- Administrative Ebene und
- Operative Ebene.

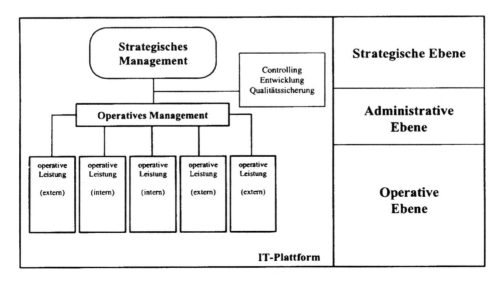

Bild 24-1: Funktionsebenen im Unternehmensmodell

Das strategische Facility Management definiert die (mittel- und langfristigen) Visionen und Ziele um den Werterhalt der Immobilien und die Produktivität der Immobiliennutzer sicherzustellen. Moderne Managementmethoden differenzieren die strategischen Ziele nach „Kunden – Prozesse – Finanzen – Mitarbeiter".

Das administrative Facility Management stellt die Organisationsebene dar, die für die Operationalisierung der strategischen Ziele verantwortlich ist. Die (kurz- und mittelfristigen) operativen Ziele werden aus den strategischen Vorgaben abgeleitet. Die operative Umsetzung wird in dieser Organisationsebene gesteuert und administriert.

In der Ebene der operativen Umsetzung werden entsprechend der Vorgaben des operativen Managements die operativen Dienste und Leistungen erbracht. Zu den Aufgaben der operativen Ebene zählen z. B. in der Betriebsphase der Immobilie die technischen und infrastrukturellen Dienst- und Werkleistungen.

Beispiel 24-1: Für einen Immobilienbestand sind die durch externe Fachunternehmen erbrachten Leistungen der Instandhaltung von Gebäudesubstanz und Technischer Gebäudeausrüstung zu optimieren. Ohne Einschränkungen in der Servicequalität sollen die Bezugskonditionen verbessert werden.

Lösung: In der strategischen Ebene des Facility Management der betroffenen Liegenschaften wird die derzeitige Struktur des Bezuges externer Instandhaltungsleistungen analysiert und bewertet. Es zeigt sich ein hoher Grad an Fragmentierung nach Gewerken und nach beauftragten Fachunternehmen. Die Optimierungsstrategie sieht eine Konsolidierung der Leistungen und der beauftragten Fachunternehmen vor. Die Instandhaltungsleistungen sollen zusammengefasst werden, um durch die damit gewonnene Losgröße verbesserte Einkaufspreise erzielen zu können. Zukünftig soll ein „Generaldienstleister" alle Leistungen der Instandhaltung „aus einer Hand" liefern.

In der Ebene des operativen Managements ist die Umstrukturierung durchzuführen. Einerseits sind die gegebenen Vertragsverhältnisse zu lösen, gleichzeitig ist das Leistungsprofil zu definieren und der „Generaldienstleister" zu beauftragen und produktiv zu setzen. Nach der Produktivsetzung übernimmt der „Generaldienstleister" einen Teil des operativen Managements, wie z. B. Ressourcen-, Einsatz- und Terminplanung. Die Steuerungsaufgaben des Immobilienbesitzers reduzieren sich auf das Vertragsmanagement und die Leistungskontrolle des „Generaldienstleisters".

In der operativen Ebene werden die Aufgaben der Inspektion, der Wartung und der Instandsetzung handwerklich durchgeführt. Die Leistungserbringung erfolgt nach dem Optimierungsprozess durch die Fachkräfte des „Generaldienstleisters" bzw. seiner Subunternehmer.

Facility Management definiert als Dienstleistungsprodukt

Das Facility Management stellt die „Gesamtheit der Leistungen zur optimalen Nutzung der betrieblichen Infrastruktur auf der Grundlage einer ganzheitlichen Strategie [2]" dar. Die Erbringung von Dienstleistungen „rund um die Immobilie" ist somit das Produkt des „FM-Dienstleisters" und die Durchführung der Dienstleistungen dessen Wertschöpfungskette. Für eine optimale Wertschöpfung sind vier Faktoren von Bedeutung:

- Organisation,
- Prozesse,
- Systeme und
- Daten.

Die Organisation bzw. die Mitarbeiter des „FM-Dienstleisters" erbringen in der betreffenden Immobiliensubstanz die FM-Dienstleistungen durch Abwicklung der dazugehörigen Geschäftsprozesse. Die Summe der durchgeführten Prozesse (Geschäftsvorfälle) definiert für den FM-Dienstleister die Gesamtwertschöpfung des Unternehmens. EDV-Systeme, wie die Gebäudeleittechnik unterstützten bzw. motivieren die Dienstleistungen. Die Qualität der Dienstleistungsprozesse wird durch die Verfügbarkeit der dazugehörige Daten- und Informationssubstanz verbessert.

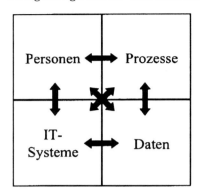

Bild 24-2: Produktelemente des Facility Managements

Facility Management definiert über den Lebenszyklus der Immobilie

Die zeitliche Einordnung des Facility Managements wird durch den Lebenszyklus der Immobiliensubstanz definiert. Dieser erstreckt sich von der Phase der Projektentwicklung über die Planungs- und Bauphase bis zur Betriebsphase und den Abriss der Immobilie. Die Aufgabe des Facility Managements versteht sich darin, die Lebensphasen der Immobilie und der darin enthaltenen technischen Anlagen konsistent miteinander zu verketten, so dass eine optimale „Nutzungsflexibilität, Arbeitsproduktivität und Kapitalrentabilität [1]" der Ressource „Immobilie" erreicht wird.

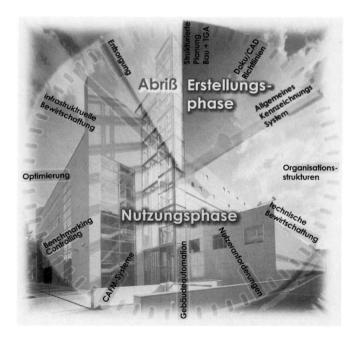

Bild 24-3: Lebenszyklusmodell einer Immobilie

24.2 Begriffe, Normen und Richtlinien

Die Immobilienbewirtschaftung und alle dazugehörigen Teilbereiche befinden sich aufgrund der erforderlichen Integration in Facility Management-Strukturen im Umbruch. Dieses gilt entsprechend für die dazugehörigen Regelwerke. Während für die Planungs- und Bauphase einer Immobilie und ihrer Technik auf einen allumfassenden Katalog an technischen Regeln zurückgegriffen werden kann, ist das Regelwerk bezogen auf die Betriebsphase nur gering entwickelt. Gleiches gilt für den Stand der Technik.

Die grundsätzliche Neuausrichtung der Aufgaben und Leistungen in der Betriebsphase von Immobilien und technischen Anlagen definiert einen noch sehr dynamischen „Stand der Technik". Die entsprechenden „Regeln der Technik" stellen derzeit noch kein konsistentes Gesamtregelwerk dar. Unterschiedlichste Gremien und Verbände befassen sich mit der Erarbeitung der technischen Regeln des Facility Managements. Die Arbeitsergebnisse unterscheiden sich teilweise erheblich und konkurrieren miteinander. Die Konsistenz mit vorhandenen Regelwerken (insbesondere die Regelwerke der Bauphase) ist nicht immer gegeben.

Das Gebäudemanagement beinhaltet die „… Gesamtheit aller technischen, infrastrukturellen und kaufmännischen Leistungen zur Nutzung von Gebäuden und Liegenschaften auf der Grundlage einer ganzheitlichen Strategie mit dem Ziel der Aufrechterhaltung und Optimierung aller Betriebsfunktionen sowie der Kostenreduzierung und Kostentransparenz [3]". In neuerer Definition wird das Flächenmanagement als viertes Leistungselement hinzugezogen (DIN 32736). Die Aufgaben des Gebäudemanagements in einer Immobilie sind für sämtliche Bewirtschaftungsobjekte (Hochbauobjekte, Anlagen der Technischen Gebäudeausrüstung, Anlagen im Außenbereich und mobiles Inventar) gleichermaßen zu erbringen.

Tabelle 24-1: Technische Regeln „Facility Management" (Auszug)

Bereich	Regelwerk	Erläuterung
Facility Management	GEFMA 100	Facility Management ist die Betrachtung, Analyse und Optimierung aller kostenrelevanten Vorgänge rund um ein Gebäude, ein anderes bauliches Objekt oder eine im Unternehmen erbrachte (Dienst-) Leistung, die nicht zum Kerngeschäft gehört.
	GEFMA 104	In diesem Sinne steht bei FM im Mittelpunkt aller Betrachtungen der Mensch, der ein Gebäude (eine Immobilie) nutzt, um darin ein Kerngeschäft (primären Prozess, Wertschöpfungsprozess) zu betreiben. Hauptziel von FM ist es dementsprechend, alle Facilities (Flächen, Einrichtungen, Dienste) so optimal bereitzustellen, dass dadurch eine wirksame Unterstützung der Kernprozesse des Nutzers erreicht wird. Erhalt oder Erhöhung des Gebäudeertragswertes ist ein Nebenziel von FM.
	VDMA 24196	Gesamtheit aller Leistungen zur optimalen Nutzung der betrieblichen Infrastruktur auf der Grundlage einer ganzheitlichen Strategie. … Facility Management umfasst gebäudeunabhängige und gebäudeabhängige Leistungen.

Trotz aller Dynamik im Bereich der Regelwerke des Facility Managements soll nachfolgend ein Überblick über den derzeitigen Stand der Regelwerke erfolgen:

Tabelle 24-2: Technische Regeln „Gebäudemanagement" (Auszug)

Bereich	Regelwerk	Erläuterung
Gebäudemanagement	AIG 12	Gesamtheit technischer, kaufmännischer und infrastruktureller Leistungen zur Nutzung von Gebäuden/Liegenschaften auf der Grundlage einer gesamtheitlichen Strategie mit dem Ziel der Aufrechterhaltung und Optimierung aller Betriebsfunktionen sowie der Kostenreduzierung und Kostentransparenz.
	DIN 32736	Gesamtheit aller Leistungen zum Betreiben und Bewirtschaften von Gebäuden einschließlich der baulichen und technischen Anlagen auf der Grundlage ganzheitlicher Strategien. Dazu gehören auch die infrastrukturellen und kaufmännischen Leistungen. ... Das Gebäudemanagement gliedert sich in drei Leistungsbereiche Technisches Gebäudemanagement TGM, Infrastrukturelles Gebäudemanagement IGM und Kaufmännisches Gebäudemanagement KGM. In allen drei Leistungsbereichen können flächenbezogene Leistungen enthalten sein.
	GEFMA 100	Gebäudemanagement ist ein Teilbereich im Facility Management, der Aktivitäten während der Nutzungsphase des Gebäudes zum Gegenstand hat. Es enthält auch Dienstleistungen ohne Bezug zum Gebäude.
	VDMA 24196	Gesamtheit aller technischen, infrastrukturellen und kaufmännischen Leistungen zur Nutzung von Gebäuden/Liegenschaften im Rahmen des Facility Management.

Tabelle 24-3: Technische Regeln „Technisches Gebäudemanagement" (Auszug)

Bereich	Regelwerk	Erläuterung
Technisches Gebäudemanagement	AIG 12	Gesamtheit der technischen Leistungen im Rahmen des Gebäudemanagement. Wichtiges Element des Technischen Gebäudemanagements ist das Betreiben, zu dem wiederum als wichtiges Subelement das Instandhalten gehört.
	DIN 32736	Technisches Gebäudemanagement umfasst alle Leistungen, die zum Betreiben und Bewirtschaften der baulichen und technischen Anlagen eines Gebäudes erforderlich sind.
	VDMA 24196	Gesamtheit der technischen Leistungen im Rahmen des Gebäudemanagement.

Tabelle 24-4: Technische Regeln „Instandhaltung" (Auszug)

Bereich	Regelwerk	Erläuterung
Instandhaltung	DIN 31051	Maßnahmen zur Bewahrung und Wiederherstellung des Sollzustandes sowie zur Feststellung und Beurteilung des Istzustandes von technischen Mitteln eines Systems. Diese schließen die Abstimmung der Instandhaltungsziele mit den Unternehmenszielen sowie die Festlegung entsprechender Instandhaltungsstrategien mit ein.
	DIN 31052	Anleitung zum Inhalt und Aufbau von Instandhaltungsanleitungen.
	DIN 32541	Aufrechterhalten von Bewegungen oder Vorgängen.
	VDI 2067-1	Die Instandhaltung umfasst die Wartung und die Instandsetzung.
	VDI 3801	Warten, Inspizieren und Instandsetzen
	VDI 3810	Instandhalten ist die Maßnahme zum Erhalten bzw. Wiederherstellen des Sollzustandes.
	VDMA 24196	Warten, Inspizieren und Instandsetzen.

24.3 Betriebsführung und Instandhaltung im Kontext des Gebäudemanagements

Die Betriebsführung und Instandhaltung stellt sich entsprechend der obigen Herleitung als integrativer Bestandteil des Technischen Gebäudemanagements dar. Die zur Betriebsführung und Instandhaltung zählenden Aufgaben können nach folgender Systematik eingeordnet werden:

Tabelle 24-5: Einordnung der Betriebsführung und Instandhaltung

Bereich	Leistungsbereiche [4]	Leistung [4]	Aufgaben [5]
Technisches Gebäudemanagement	Betreiben	Übernehmen	
		Inbetriebnehmen	
		Bedienen	
		Überwachen, Messen, Steuern, Regeln, Leiten	
		Optimieren	
		Instandhaltung (Warten, Inspizieren, Instandsetzen) nach DIN 31051	Instandhaltung
			Wartung
			Inspektion
			Instandsetzung
		Beheben von Störungen	
		Außerbetriebnehmen	
		Wiederinbetriebnehmen	
		Ausmustern	
		Wiederholungsprüfungen	
		Erfassen von Verbrauchswerten	
		Einhalten von Betriebsvorschriften	

Tabelle 24-5: Einordnung der Betriebsführung und Instandhaltung (Fortsetzung)

Bereich	Leistungsbereiche [4]	Leistung [4]	Aufgaben [5]
	Dokumentieren		
	Energiemanagement		
	Informationsmanagement		
	Modernisieren		
	Sanieren		
	Umbau		
	Verfolgen der technischen Gewährleistung		
Infrastrukturelles Gebäude- management (Auszug)	Verpflegungsdienste		
	Hausmeisterdienste		
	Reinigungs- und Pflegedienste		
	Entsorgung		
Kaufmännisches Gebäude- management (Auszug)	Beschaffungsmanagement		
	Kostenplanung und -kontrolle		
	Objektbuchhaltung		
	Vertragsmanagement		
Flächen- management (Auszug)	Nutzungsplanung		
	flächen- und raumbezogene Analysen		
	Belegungsberatung und -steuerung		
	Zeitmanagement von Raumbelegungen		

Instandhaltung [4]:

„Maßnahmen zur Bewahrung und Wiederherstellung des Sollzustandes sowie zur Feststellung und Beurteilung des Istzustandes von technischen Mitteln eines Systems."

Diese Maßnahmen beinhalten:

- Wartung,
- Inspektion und
- Instandsetzung.

Wartung [4]:

„Maßnahmen zur Bewahrung des Sollzustandes von technischen Mitteln eines Systems".

Diese Maßnahmen beinhalten:

- Erstellen eines Wartungsplanes,
- Vorbereitung der Durchführung,
- Durchführung und
- Rückmeldung.

Inspektion [4]:

„Maßnahmen zur Feststellung und Beurteilung des Istzustandes von technischen Mitteln eines Systems." [4]

Diese Maßnahmen beinhalten:

- Erstellen eines Planes zur Feststellung des Istzustandes,
- Vorbereitung der Durchführung,
- Durchführung,
- Vorlage des Ergebnisses zur Beurteilung des Istzustandes und
- Ableitung der notwendigen Konsequenzen aufgrund der Beurteilung.

Instandsetzung [4]:

„Maßnahmen zur Wiederherstellung des Sollzustandes von technischen Mitteln eines Systems."

Diese Maßnahmen beinhalten:

- Auftrag, Auftragsdokumentation und Analyse des Auftragsinhaltes,
- Planung,
- Entscheidung für eine Lösung,
- Vorbereitung der Durchführung,
- Vorwegmaßnahmen,
- Überprüfung der Vorbereitung und der Vorwegmaßnahmen,
- Durchführung,
- Funktionsprüfung und Abnahme,
- Fertigmeldung und
- Auswertung.

24.4 Gebäudemanagement als integriertes Organisationsmodell

Welche Anforderungen ergeben sich nun an ein strategisch ausgerichtetes Organisationsmodell für das Gebäudemanagement? Die Ableitung soll an der oben beschriebenen Struktur „Organisation – Prozesse – Systeme – Daten" für das Technische Gebäudemanagement getroffen werden.

24.4.1 Gebäudemanagementstrategie

In den vorangehenden Kapiteln wurde dargestellt, dass eine optimale Dienstleistung im Technischen Gebäudemanagement sich zwingend an der für die betreffende Immobilien- und Techniksubstanz vorgegebenen Bewirtschaftungsstrategie zu orientieren hat. Die strategischen Rahmenbedingungen leiten sich z. B. aus folgenden Vorgaben ab:

- Finanzwirtschaftlicher Rahmen,

- Werterhaltung der Anlagen,

- Nutzung und Anpassung an Nutzungsänderungen,

- Dienstleistungsqualität,

- Betriebssicherheit und Verfügbarkeit,

- Standortpolitik und Standortentwicklung und

- personalwirtschaftliche Rahmenbedingungen.

Ist die Bewirtschaftungsstrategie nicht eindeutig definiert, so können sich die administrativen und operativen Managementebenen nicht eindeutig positionieren und die operative Leistungserbringung wird nicht klar ausgerichtet.

Beispiel 24-2: Aufgrund von Finanzierungsproblemen können Investitionen zur Sanierung der Technischen Gebäudeausrüstung nicht realisiert werden.

Lösung: Trotz zeitlich verzögerter Investitionen für die Sanierung der technischen Anlagen ist die Betriebssicherheit der Anlagen und dadurch die Nutzbarkeit der Immobilien durch das Technische Gebäudemanagement zu gewährleisten. Die Bewirtschaftungsstrategie stellt diese Anforderung sicher, indem in die Inspektion und Wartung der Anlagen intensiviert wird.

Die Steuerungsebene der Organisation hat diesen Strategieansatz umzusetzen. Dies geschieht unter anderem durch eine Veränderung der Zykluszeiten. Die Steuerungsinstrumente, wie z. B. die Instandhaltungsplanung, werden der neuen Strategie angepasst. In der operativen Ebene kommt es zu einer Erhöhung der Frequenz von Inspektionsgängen und Wartungsaufträgen mit dem entsprechend größeren Personaleinsatz.

24.4.2 Prozesse

Für die einzelnen Kernaufgaben im Technischen Gebäudemanagement lassen sich konkret die jeweiligen Prozessabläufe definieren, so z. B. die Wartung einer technischen Anlage von der Generierung des Auftrages bis zum technischen und kaufmännischen Abschluss der Maßnahme. Maßgebend für die Festlegung der Prozessabläufe ist neben der Sicherstellung von Qualitätsanforderungen (Servicelevel) die Wirtschaftlichkeit des Geschäftsvorfalls.

Diese Abläufe existieren bereits in Form täglicher praktischer Umsetzung oder werden im Zuge einer Neuorientierung des Technischen Gebäudemanagements optimiert bzw. neu entwickelt. Dabei werden die spezifischen Bedürfnisse und Wünsche des Auftraggebers als Grundlage verwendet. Wir bezeichnen die Abläufe als **Prozesse**. Die Gesamtheit aller Prozesse ergibt das Prozessnetzwerk der Organisation.

Ziel ist es, durch die Definition der einzelnen Prozesse im Bereich des Technischen Gebäudemanagements, die

- Abläufe optimal zu gestalten,

- Transparenz der Abläufe in der Gebäudebewirtschaftung zu erlangen,

- alle Abläufe in der Gebäudebewirtschaftung zu manifestieren,

- die für die Durchführung der Prozesse erforderliche **Organisation** aufzubauen,

- Anforderungsprofile und Beurteilungskriterien für die Auswahl unterstützender EDV-**Systeme** (z. B. CAFM-Systeme = Computer Aided Facility Management-Systeme) zu bekommen und

- die für die Gebäudebewirtschaftung benötigten **Daten** zu extrahieren.

Die Analyse der Prozesse bildet somit die Grundlage für alle weiteren Betrachtungen der Organisation, der Systeme und der notwendigen Daten.

24.4.3 Organisation

Um ein integriertes Technisches Gebäudemanagement gewährleisten zu können, ist die Betreiberorganisation in Anlehnung an die Fachprozesse zu gestalten. Der Aufbau orientiert sich dabei an folgenden Anforderungen:

- Prozesse und Prozessnetzwerk,
- Qualität der Leistungserbringung,
- Quantität der Leistungserbringung,
- Quantität der Gebäude, Infrastruktur und Technik und
- Komplexität der Gebäude, Infrastruktur und Technik.

In der **Organisationsentwicklung** wird die Betreiberorganisation hinsichtlich ihres organisatorischen Aufbaus (Stab-Linien-Organisation, Matrixorganisation o. ä.) definiert. Darüber hinaus werden die für die Leistungserbringung erforderlichen Kompetenzen und Ressourcen festgelegt. Die Anforderungen an die jeweiligen Ressourcen werden in Rollen- oder Stellenbeschreibungen dokumentiert.

Die **Personalentwicklung** setzt die Anforderungen der Organisationsentwicklung personalwirtschaftlich um. Neben der quantitativen Personalentwicklung (z. B. Stellenbesetzungen, Personalauswahlverfahren) nimmt in einer Dienstleistungsorganisation die qualitative Personalentwicklung (Ausbildung, Fortbildung) breiten Raum ein.

Vielfach wird ein nennenswerter Teil der Leistungserbringung im Technischen Gebäudemanagement durch externe Fachunternehmen erbracht. Für die Prozessabläufe bedeutet dies, dass viele Prozesse durch immobilieneigenes Betreiberpersonal **und** externes Personal gemeinsam abgewickelt werden. Die Schnittstellen, Verantwortlichkeitsgrenzen und auch die Frage nach dem (aus fachlicher und wirtschaftlicher Sicht) optimalen Verhältnis von Betreiberpersonal zu externen Fachunternehmen ist Aufgabe der **Ressourcenplanung und Leistungssteuerung**.

In der **Unternehmensebene** sind die Gesellschaftsstrukturen des Gebäudemanagements zu etablieren. Diese können von der Abteilungsstruktur über Cost- oder Profit-Center-Strukturen bis hin zu kapitalisierten eigenständigen Gesellschaften gehen.

24.4.4 Systeme

Abhängig von den definierten Prozessen kommen prozessunterstützende EDV-Systeme zum Einsatz. Die Aufgabe der Systeme ist es, in optimaler Form die Realisierung der Prozesse zu unterstützen. Die zentrale Forderung besteht darin, dass ein EDV-System grundsätzlich als prozessunterstützendes Werkzeug betrachtet wird. Durch die Prozessabläufe und ihre Häufigkeit ergibt sich der Grad der EDV-Unterstützung und die Funktionalität der Systeme.

Im Technischen Gebäudemanagement stellt die Gebäudeleittechnik ein zentrales EDV-System dar. Die Aufgabe der Gebäudeleittechnik liegt insbesondere in der (online) Betriebsführung und Betriebsüberwachung der aufgeschalteten Systeme und Anlagen. In diesem Zusammenhang spielt die Gebäudeleittechnik eine wichtige Rolle im Prozess der „störungsbedingten Instandsetzung".

Andere Systeme der Instandhaltungsplanung oder gar des CAFM (Computer Aided Facility Management) besitzen zwei zentrale Leistungselemente:

- Steuerung der Prozesse und Ressourcen (Tätigkeitsplanung, Personaleinsatz, Beauftragung von Fachunternehmen, Auftragsabrechnung etc.) und
- Stammdatenhaltung zur informellen Unterstützung der Geschäftsvorfälle (Anlagendaten, Bauteildaten, Ersatzteile, Standorte etc.).

24.4.5 Daten

Für das Betreiben eines Gebäudes ist die Existenz von Informationen in Form vorliegender Daten eine fundamentale Bedingung. Die Qualität und Quantität der zur Verfügung stehenden Daten beeinflusst entscheidend die Qualität und Wirtschaftlichkeit der Prozesse.

Eine große Aufgabe im Facility Management besteht darin, eine systematische, aktuelle und redundanzfreie Datengrundlage für die Realisierung der einzelnen Prozesse zu schaffen. Darüber hinaus müssen die Verknüpfungen gleicher Daten in unterschiedlichen Tätigkeitsbereichen hergestellt werden, wie z. B. zwischen den Bereichen der technischen Instandhaltung und der Kosten- und Leistungsrechnung.

Diese Definition des FM-Datenmodells, bestehend aus allen in den einzelnen Geschäftsprozessen erforderlichen Informationen, stellt aufgrund großer Datenmengen, sehr umfangreicher Prozessnetzwerke und produktspezifischer Anforderungen eine komplexe Aufgabe dar.

Es kann zwischen drei verschiedenen Fälle, die bei der Erhebung der notwendigen Daten für den Datenpool auftreten können, unterschieden werden:

- Ein Gebäude wird neu errichtet: Eine Vielzahl der Daten werden durch die Dokumentation des Baugeschehens bereitgestellt.
- Ein Gebäude besteht bereits: Entweder kann die bestehende Dokumentation aufbereitet werden oder es muss der Prozess der Bestandsaufnahme durchgeführt werden.
- Zwischenstadien (Gebäude bereits kurz vor der Fertigstellung, Sanierung etc.): Es werden projektspezifische Lösungen erarbeitet.

24.5 Organisationsmodell für die Klimatechnik

Die Leistungsbereiche und Aufgaben des Facility Managements wurden in den vorangegangenen Kapiteln detailliert beschrieben. Sie werden an den Anlagen und Objekten des Hochbaus, der Technischen Gebäudeausrüstung und des Außenbereiches wahrgenommen. Nachfolgend soll dieses zweidimensionale Gebilde (Leistungen über Objekte) am Beispiel der Klimatechnik zu einem Organisationsmodell für die Betriebsführung und Instandhaltung aufgebaut werden. Der Aufbau erfolgt entsprechend folgendem Schema:

1. Schritt: **Instandhaltungs- und Betriebsführungsstrategie,**
2. Schritt: Definition der **Aufbauorganisation,**
3. Schritt: Definition der **Ablauforganisation,**
4. Schritt: Erarbeitung der **Leistungskataloge,**
5. Schritt: **Ressourcen- und Einsatzplanung** (Personal, Material, Termine, Zyklen),
6. Schritt: Aufbau der **Systeme** (Werkzeuge und Hilfsmittel),
7. Schritt: Definition und Beschaffung der erforderlichen Informationen und **Daten.**

Das wichtigste Ziel beim Aufbau des Organisationsmodells ist es, ein Höchstmaß an Strategieorientierung und Konsistenz zwischen den Systemelementen

- Prozesse,
- Organisation,
- Systeme und
- Daten

herzustellen. Nur die ausgeglichene Gestaltung der Elemente garantiert ein Dienstleistungsprodukt, dass den Anforderungen an Nutzen, Qualität und Kosten optimal erfüllt.

24.5.1 Instandhaltungs- und Betriebsführungsstrategie

Eine optimale Betreiberorganisation definiert eine durchgängige Strategie für die Betriebsführung und die Instandhaltung der bewirtschafteten Objekte. Das „Bindeglied" zwischen diesen Leistungsbereichen ist das Störungsmanagement.

Die Wahl der Instandhaltungsstrategie orientiert sich unter anderem an folgenden Auswahlkriterien:

- Betriebs- und Versorgungssicherheit,
- Bedeutung der Anlagen und Bauteile für die Gesamtversorgung,
- Anlagenvoraussetzungen (Zugänglichkeit, Diagnosemöglichkeit) und
- Wirtschaftlichkeit.

Wie in Kap. 24.3 beschrieben, setzt sich die Instandhaltung aus folgenden Maßnahmen zusammen:

Tabelle 24-6: Maßnahmen und Tätigkeiten in der Instandhaltung [5]:

Instandhaltung (nach DIN 31051)		
Inspektion	**Wartung**	**Instandsetzung**
Feststellung und Beurteilung des Istzustandes	Bewahren des Sollzustandes	Wiederherstellung des Sollzustandes
• Prüfen • Messen • Beurteilen	• Prüfen • Nachstellen • Auswechseln • Ergänzen • Schmieren • Konservieren • Reinigen	• Ausbessern • Austauschen

Für die Instandsetzung zeigt sich die Besonderheit, dass ein Großteil der technischen Regeln das „Beheben von Störungen" als gesonderte Leistung bzw. als Element der Betriebsführung ausweist. Hier ergeben sich Unschärfen in der Abgrenzung der Leistungen untereinander.

Gleiches gilt für den Übergang von der Instandsetzung zur Ersatzbeschaffung. Hier wird z. B. nach GEFMA 122 zwischen der „Kleinen Instandsetzung" und der „Großen Instandsetzung" unterschieden. Diese orientiert sich weitestgehend an den Kosten- und Abrechnungssystemen der Wohnungswirtschaft und der damit verbundenen Zuordnung zu Betriebskosten und Unterhaltskosten. Die „Kleine Instandsetzung" beinhaltet weitestgehend den Austausch von Verschleißteilen, währenddessen zur „Großen Instandsetzung" der Austausch von Anlagenteilen oder ganzen Anlagen zählt.

Der Übergang von der Instandsetzung zur Sanierung bzw. Ersatzbeschaffung ist ähnlich unscharf. Hier gibt es keine eindeutigen Regelwerte. Definitionen werden oft über Wertgrenzen oder Standardkataloge der Maßnahmen getroffen.

In der Instandhaltung wird grundsätzlich zwischen drei Strategien unterschieden:

- Inspektionsstrategie,
- Präventionsstrategie und
- Reaktionsstrategie.

Die Instandhaltungsstrategie kann für den gesamten Bereich der Instandhaltung als ganzheitliche Strategie definiert werden. Gleichwohl können auch die Instandhaltungsobjekte klassifiziert und je Objektpriorität eine individuelle Strategie etabliert werden.

Beispiel 24-3: In einem Krankenhaus soll für die Klimatechnik eine wirtschaftliche Instandhaltungsstrategie unter Berücksichtigung der Belange der Betriebs- und Versorgungssicherheit aufgebaut werden.

Lösung: Zunächst einmal gilt es, die Klima- und Lüftungsanlagen in ihrer Gesamtheit zu erfassen und ein Bestandskataster aufzustellen. Nunmehr kann eine Klassifizierung der Anlagen vorgenommen werden. Der maßgebliche Faktor ist hier die Versorgungssicherheit für den Nutzungsbereich. So haben die Klimaanlagen, die zur Versorgung der Operationssäle dienen, eine höhere Versorgungssicherheit zu gewährleisten als die Abluftanlage eines Sanitärraumes. Zur Klassifizierung eignet sich unter anderem die aus der Betriebswirtschaftslehre bekannte Methode der „ABC-Analyse".

Im Weiteren sollte je Anlagepriorität die Instandhaltungsstrategie definiert werden. Hier ist mit steigender Anforderung an die Versorgungssicherheit von der Reaktionsstrategie ausgehend zur Präventionsstrategie überzugehen.

Nach DIN 31051 ist der Abnutzungsvorrat einer Anlage für die Instandhaltung derselben „das charakteristische Merkmal zur Beschreibung des Zustandes. Hierzu ist zu bemerken, dass der Abbau des Abnutzungsvorrates, z. B. der Verschleiß eines Zahnrades in einem offenen Zahnantrieb, die Abnutzung wiedergibt. Der Kurvenzug (Bild 24-4) gibt eine mögliche Form des Verlaufes der Abnutzung während der Zeit der Nutzung an. (...)

Alle genannten Faktoren können den Kurvenverlauf beeinflussen, ohne ihn jedoch qualitativ zu verändern, denn Nutzung bedeutet immer den Abbau des Abnutzungsvorrates, der als feste Ausgangsgröße vor Beginn der Abnutzung verstanden wird."

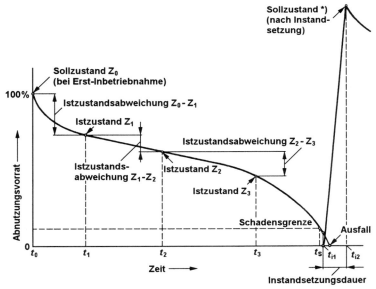

Bild 24-4: Abnutzungsverlauf nach DIN 31051

Inspektionsstrategie (zustandsbasiert)

Die Strategie der **zustandsabhängigen Instandhaltung** leitet den Instandhaltungsprozess aus der Zustandsbewertung der Anlagen ab. Entsprechend der Bewertung des Anlagenzustandes und der daraus resultierenden Einschätzung des Abnutzungsvorrates wird der Instandhaltungsprozess terminiert und ausgelöst.

Im Regelfall wird der Anlagenzustand durch das Fachpersonal im Rahmen der Inspektionsroutine beurteilt. Die Abweichung vom Sollzustand wird erkannt und definiert den Zeitpunkt und den Umfang der Instandhaltungsmaßnahme. Das zentrale Element dieses Ablaufes ist das objektive Beurteilungsvermögen des Fachkundigen.

Als Alternative hierzu können messtechnische Verfahren eingesetzt werden, die den andauernden Vergleich zwischen Ist- und Sollzustand ermöglichen. Bei Über- oder Unterschreitung von Grenzwerten wird der Instandhaltungsprozess automatisch motiviert. So kann beispielsweise der Instandhaltungsbedarf der Lager von Antriebsaggregaten durch die messtechnische Erfassung der Amplitude des Körperschalls abgeleitet werden. Überproportionale Abweichungen zum Amplitudenverlauf im Normalbetrieb (Neuanlage) veranlassen die Instandhaltungsmaßnahme.

Die Instandhaltungsmaßnahmen werden rechtzeitig vor einem Schadensereignis motiviert und durchgeführt. Hierdurch ergibt sich eine Verminderung des Ausfallrisikos.

Die Instandhaltungsorganisation kann bei der Inspektionsstrategie in hohem Maße geplant eingesetzt werden. Da die einzelnen Maßnahmen vor der Durchführung zeitgerecht definiert werden, ist eine effiziente Ressourcenplanung möglich. Hierdurch können Wirtschaftlichkeitspotentiale erschlossen werden.

Bei der Inspektionsstrategie wird versucht, eine möglichst hohe Quote des Abnutzungsvorrates auszuschöpfen. Die Instandhaltungsmaßnahme ist jedoch dem Schadensereignis zeitlich vorgelagert. Die Gesamtwirtschaftlichkeit der Inspektionsstrategie wird hauptsächlich durch die optimale Einschätzung des Abnutzungsvorrates definiert. Die Betriebserfahrung des Inspekteurs und die Qualität der Messsensorik und des statistischen Materials sind die zentralen Erfolgsfaktoren.

Die Inspektionsstrategie ist an Anlagen und in Objekten mit hohen Anforderungen an die Betriebs- und Versorgungssicherheit anzuwenden.

Präventionsstrategie (zeitbasiert)

Die Strategie der **vorbeugenden Instandhaltung** löst die Instandhaltungsmaßnahme periodisch aus. Das Instandhaltungsintervall wird datumsabhängig oder auf Basis statistischer Auswertungen und Erfahrungswerten bezüglich der Ausfalleigenschaften gewählt. Neben Erfahrungswerten der Fachkundigen können für die Definition der Zyklen auch Herstellerangaben oder Regeln der Technik herangezogen werden.

Aufgrund der periodischen Auslösung der Instandhaltungsmaßnahmen kommt es zu einer Entkopplung vom Abnutzungsvorrat. Eine optimale Chronologie zwischen Anlagenzustand und Abnutzungsvorrat der Anlage und der Terminierung der Instandhaltungsmaßnahme kommt nur zufällig und im Ausnahmefall zustande. Genauso zufällig kann die Instandhaltungsmaßnahme erheblich zu früh, oder aber erst nach Eintritt des Schadensfalls terminiert sein.

Wird ein hohes Maß an Betriebssicherheit gefordert, wird die vorbeugende Instandhaltungsmaßnahme eher zu früh terminiert. Hierdurch ergibt sich ein schlechterer Ausnutzungsgrad des Abnutzungsvorrates und entsprechende Wirtschaftlichkeitseinbußen.

Aufgrund der langen Fristigkeiten ergibt sich bei der Präventionsstrategie ein Höchstmaß an Planbarkeit. Der Ressourceneinsatz kann daher bei dieser Strategie mit der höchsten Wirtschaftlichkeit geplant und gesteuert werden.

Eine Mischung aus Inspektions- und Präventionsstrategie ergibt sich, wenn die Instandhaltungsmaßnahmen in Abhängigkeit von der Maschinenlaufzeit ausgelöst werden. Die Gebäudeleittechnik kann durch Erfassung der Betriebszeiten und bei Überschreitung von Grenzwerten die Instandhaltungsmaßnahme anfordern.

Beispiel 24-4: Realisierung einer laufzeitabhängigen Wartung eines 3-stufigen Ventilators

Lösung: Der Abnutzungsvorrat eines Antriebes reduziert sich in Abhängigkeit von der Nutzung des Antriebes. Beim 3-stufigen Ventilator ergibt sich in der höheren Drehzahl dementsprechend eine größere Reduzierung des Abnutzungsvorrates. Erfolgt die Wartung des Antriebes im Rahmen der präventiven Instandhaltungsstrategie, so wird die Wartungsmaßnahme z. B. nach Erreichen einer Gesamtbetriebszeit durchgeführt. Diese kann mittels der modernen DDC-Technik und Gebäudeleittechnik ermittelt werden.

Zur Realisierung ist ein virtueller Datenpunkt einzurichten, der als Zähler für die Betriebszeit (B) fungiert. Diese ergibt sich aus der Summation der Produkte aus Schaltbefehl (E) und Programmdurchlaufzeit (t). Für den 3-stufigen Ventilator ergibt sich ein drehzahlabhängiges Betriebszeitäquivalent (B_{ges}) durch Summation der Einzelbetriebszeiten je Drehzahlstufe:

$$B_{ges} = B_1\, t_1 + B_2\, t_2 + B_3\, t_3$$

Reaktionsstrategie (schadensbasiert)

Die ausfallbedingte Instandhaltung definiert die Instandhaltungsstrategie mit dem größten Risikopotential bezogen auf die Betriebs- und Versorgungssicherheit der Anlagen. Bei dieser Instandhaltungsstrategie wird die Instandsetzungsmaßnahme erst durchgeführt, wenn die Anlagenstörung oder das Schadensereignis eingetreten ist. Auf vorbeugende Tätigkeiten der Inspektion und Wartung wird ganz oder weitestgehend verzichtet.

Die Reaktionsstrategie kann für Anlagen angewandt werden, deren Ausfall kein Versorgungsrisiko bzw. nur ein geringes Maß an Folgeschäden nach sich zieht.

Wird eine hohe Betriebssicherheit gefordert, muss die Reaktionsstrategie einhergehen mit der Vorhaltung einer Instandhaltungsorganisation, die in kürzester Reaktionszeit den Sollzustand wiederherstellen kann. Hier ergeben sich jedoch wirtschaftliche Grenzen. Das geringe Maß an Planbarkeit zieht zusätzliche Wirtschaftlichkeitsnachteile nach sich.

Demgegenüber wird bei der Reaktionsstrategie im höchsten Maße der Abnutzungsvorrat ausgenutzt, wodurch Wirtschaftlichkeitspotentiale erschlossen werden.

Die Vor- und Nachteile der drei Instandhaltungsstrategien werden in der nachfolgenden Tabelle zusammengefasst:

Tabelle 24-7: Vor- und Nachteile verschiedener Instandhaltungsstrategien:

Instandhaltungsstrategie	Vorteile	Nachteile
Inspektionsstrategie	• gute Planbarkeit • gute Ausnutzung des Abnutzungsvorrates • geringe Anlagenausfälle • Durchführung von Wartung und Instandsetzung gut koordinierbar • höhere Anlagenlebensdauer • Personaleinsatz gut steuerbar	• höhere Betriebskosten (Inspektionspersonal) • Investitionen für Messsensorik
Präventionsstrategie	• sehr gute Planbarkeit • minimale Anlagenausfälle • Durchführung von Wartung und Instandsetzung gut koordinierbar • höchste Anlagenlebensdauer • Personaleinsatz gut steuerbar	• vergleichsweise geringe Ausnutzung des Abnutzungsvorrates • höhere Betriebskosten
Reaktionsstrategie	• optimale Ausnutzung des Abnutzungsvorrates • geringere Betriebskosten	• geringe Planbarkeit • hohes Ausfallrisiko • Personaleinsatz nicht effizient steuerbar • erforderliche Reaktionszeiten kurz • Anlagenlebensdauer verkürzt

24.5.2 Instandhaltungsorganisation

Organisationsmodelle setzen sich aus den Elementen

- Aufbauorganisation und
- Ablauforganisation

zusammen.

Die Organisationslehre definiert die beiden Elemente nach REFA folgendermaßen:
„ ...In der Aufbauorganisation werden die Aufgaben eines Unternehmens auf verschiedene Stellen aufgeteilt und die Zusammenarbeit dieser Stellen geregelt.

Die Ablauforganisation befasst sich mit der räumlichen und zeitlichen Folge des Zusammenwirkens von Menschen, Betriebsmitteln und Arbeitsgegenständen beziehungsweise von Informationen bei der Erfüllung von Arbeitsaufgaben. Sie besteht in der Planung, Gestaltung und Steuerung von Arbeitsabläufen."

Im Gegensatz zu maschinengestützten Prozessen der industriellen Produktion ergibt sich in den Serviceprozessen der Instandhaltung eine hochgradige Abhängigkeit zwischen Aufbau- und Ablauforganisation. Ein wirtschaftlicher und qualitativ hochwertiger Instandhaltungsprozess bedarf einer fachkundigen und effizient arbeitenden Aufbauorganisation mit entsprechender Mitarbeiterstruktur. Darüber hinaus bestehen die oben bereits beschriebenen Abhängigkeiten zu den prozessunterstützenden Systemen, insbesondere den EDV-Systemen, sowie zur Verfügbarkeit von prozessunterstützenden Informationen und Daten.

24.5.2.1 Aufbauorganisation

„Aufgabe der Aufbauorganisation ist es, ausgehend von der Gesamtaufgabe des Betriebs (. . .), eine Aufspaltung in so viele Teilaufgaben (oder Einzelaufgaben) vorzunehmen, dass durch die anschließende Kombination dieser Teilaufgaben zu Stellen eine sinnvolle arbeitsteilige Gliederung und Ordnung der betrieblichen Handlungsprozesse entsteht. Erste Aufgabe der Aufbauorganisation (. . .) ist also die Analyse und Zerlegung der Gesamtaufgabe des Betriebes (Aufgabenanalyse). Die zweite Aufgabe besteht darin, die Einzelaufgaben zusammenzufassen, indem „Stellen" gebildet werden (Aufgabensynthese), wobei sich aus der Aufgabenstellung Beziehungszusammenhänge zwischen diesen Stellen ergeben" [6].

Die Aufgabenanalyse für die Instandhaltungsorganisation zeigt Abhängigkeit

- zur Instandhaltungsstrategie und
- dem Instandhaltungsbedürfnis der betroffenen Objekte und Anlagen.

Insbesondere definieren die instandzuhaltenden Objekte und Anlagen entsprechend ihren Prioritäten die Rangfolge der Tätigkeiten sowie die zeitliche Einordnung und Umsetzung der Aufgaben.

Stellenbildung

Ausgehend von dem Ergebnis der Aufgabenanalyse erfolgt die Definition der arbeitsteiligen Organisationseinheiten durch Bildung der sogenannten Stellen. Ihnen werden die zuvor definierten Teilaufgaben zugeordnet. Die Kombination der Teilaufgaben ergibt die Organisationsstruktur des Unternehmens.

Die Gesamtheit aller Stellen ergibt den Stellenplan. Die einer Stelle zugeordneten Teilaufgaben werden in einer Stellenbeschreibung zusammengefasst. Neben den durch die Stelle zu erbringenden Aufgaben enthält diese unter anderem Aussagen zu fachlichen Anforderungen, Qualifikationen und Erfahrungen des Stelleninhabers. Darüber hinaus werden Aussagen zur erforderlichen Kompetenz und der Verantwortung innerhalb der Stelle gemacht.

Stellenbeschreibung
• Stellenbezeichnung
• Stelleneinordnung
• Stellenvertretung
• Stellenaufgaben, Tätigkeiten, Zuständigkeiten
• Stellenbefugnisse / Stellenverantwortung
• erforderliche Ausbildung
• Stellenanforderungen / Kompetenzen
• Stellenziel

Bild 24-5: Inhalte einer Stellenbeschreibung

In arbeitsteiligen Organisationen ergeben sich neben den operativen Aufgaben auch Leitungsaufgaben. Eine Abteilungsstruktur ergibt sich, indem die Leitungsaufgaben einer Anzahl operativer Stellen in einer Leitungsstelle zusammengefasst werden.

Die „Führungsspanne" definiert das Verhältnis von Leitungsstellen zu operativen Stellen. Diese ist abhängig vom Aufgabenprofil der Abteilung, den räumlichen Verhältnissen, den zeitlichen Faktoren sowie den Kommunikations- und Kontrollmöglichkeiten. In vielen Instandhaltungsorganisationen hat sich das Verhältnis von 12 bis 15 operativer Stellen je Leitungsstelle etabliert.

Die Bildung hierarchischer Instanzen kann „nach oben" fortgesetzt werden. Schlanke Organisationen fordern eine größtmögliche Minimierung der Hierarchieebenen (Lean Management).

Stellenbemessung

Die Aufbauorganisation stellt das hierarchische Gesamtgefüge der Organisation dar. Der oben beschriebene Stellenplan legt die Anforderungen an die Stellen und die damit verbundenen Qualifikationen fest. Durch die Unterscheidung von operativen Aufgaben und Leitungsaufgaben ergibt sich ein Abteilungsmodell.

Um eine Instandhaltungsorganisation zu formulieren muss neben den beschriebenen Qualitäten der Stellen und Abteilungen (Qualifikationen, Erfahrungen etc.) auch die Quantität der Stellen festgestellt werden. Bei der Stellenbemessung für eine Instandhaltungsorganisation sind verschiedene Faktoren zu berücksichtigen.

Es sind Kenntnisse über die Anzahl und die Dauer der einzelnen Geschäftsvorfälle je Periode erforderlich. Diese sind in der Instandhaltungsorganisation abhängig von

- der Instandhaltungsstrategie,
- der Quantität und Qualität der instandzuhaltenden Anlagen,
- dem Automatisierungsgrad von Prozessen,
- dem Verhältnis von zentraler zu dezentraler Aufgabenverteilung sowie
- dem Verhältnis von Eigenleistung zu Fremdleistung.

So definiert die vorbeugende Instandhaltung eine größere Anzahl an Stellen im Bereich der Wartung als die Reaktionsstrategie. Diese wiederum hat eine größere Anzahl an Stellen zur Störungsbehebung und Instandsetzung.

Erfolgt die Instandhaltung an Objekten, die am Ende ihrer statistischen Lebenszeit angelangt sind, so ergibt sich bei gleichbleibender Verfügbarkeit ein erhöhtes Maß an Instandhaltungsaufwand gegenüber Neuanlagen.

Die für die Instandhaltungsobjekte geforderte Betriebssicherheit definiert für die Instandhaltungsorganisation die Verfügbarkeit und Reaktionszeiten. Beide Faktoren wirken sich auf die Stellenbemessung und die Aufbauorganisation aus. Wird die Betriebssicherheit durch die Automatisierungstechnik erhöht, wirkt sich dieses wiederum stellenmindernd aus.

Die Fragestellung „Eigenleistung oder Fremdleistung?" nimmt im Gebäudemanagement eine zentrale Position ein. Abhängig vom Umfang der externen Leistungsbeschaffung ergibt sich in der Konsequenz der verbleibende Umfang der internen Leistungserbringung. Erfolgt eine vollständige Fremdbeschaffung der operativen Leistungen, so verbleiben in der Instandhaltungsorganisation zumindest die Prozesse der Beschaffung und der Leistungskontrolle bzw. die nicht-delegierbaren Bauherrenaufgaben.

Aufbauorganisation

Unter Berücksichtigung der genannten Faktoren ergibt sich eine Aufbauorganisation als Leitungssystem, das in der Regel in einer „Stab-Linien-Organisation" formuliert wird. Komplexere Organisationen definieren sich über höher entwickelte Organisationsmodelle, wie z. B. die „Matrixorganisation".

Die Instandhaltungsorganisation kann unterschiedlich in die Unternehmensorganisation eingebunden werden. Exemplarisch seien folgende Varianten genannt:

- zentrale Instandhaltungsorganisation für alle Produktionsstätten und
- dezentrale Instandhaltungsorganisation je Produktionsstätte.

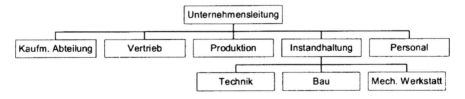

Bild 24-6: Zentrale Anordnung der Instandhaltung in einer Unternehmensorganisation

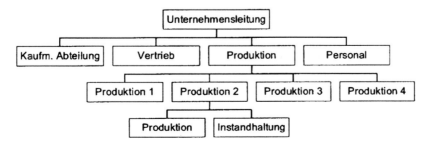

Bild 24-7: Dezentrale Anordnung der Instandhaltung in einer Unternehmensorganisation

24.5.2.2 Ablauforganisation

„Unter Ablauforganisation versteht man die Gestaltung von Arbeitsprozessen. Dabei muss der Arbeitsablauf in verschiedener Hinsicht geordnet werden. Man unterscheidet:

(1) die Ordnung des Arbeitsinhalts,

(2) die Ordnung der Arbeitszeit,

(3) die Ordnung des Arbeitsraums,

(4) die Arbeitszuordnung." [6]

Die grafische Darstellung von Arbeitsabläufen hat sich als Dokumentationsform durchgesetzt. Das folgende Beispiel zeigt exemplarisch einen Prozessablauf aus der Instandhaltung. Neben den Prozessschritten können weitere Elemente, wie z. B. zu- und abgehende Dokumente, Verantwortlichkeiten und Informationsflüsse dokumentiert werden.

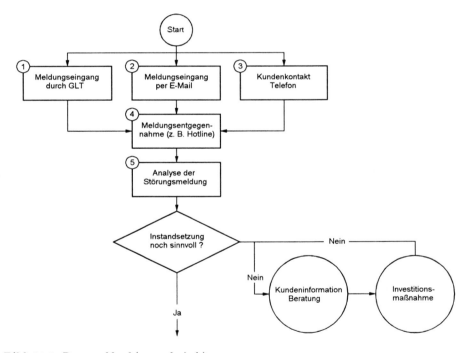

Bild 24-8: Prozessablauf (exemplarisch)

In Anlehnung an die DIN/ISO 9000 ff. werden Arbeitsabläufe nach folgendem Schema gegliedert und zu einem Prozesshandbuch konsolidiert:

• Zweck und Anwendungsbereich,

• Bezeichnung des Prozesses,

• Zielsetzung,

• Geltungsbereich,

• Zuständigkeiten,

• Prozessbeschreibung,

- Definitionen,

- Prozessumgebung und Abhängigkeiten,

- Qualitätsmerkmale und Kennzahlen,

- Prozessablauf als Flowchart und Arbeitsanweisungen und

- Formulare.

24.5.2.3 Leistungskataloge und Arbeitsaufträge

Die Instandhaltungsstrategie definiert die Grundlage der Leistungserbringung. Die durch die Instandhaltungsorganisation zu erbringenden Aufgaben orientieren sich an der Instandhaltungsstrategie. Die Gestaltung der Aufbauorganisation und des Stellenplans basiert auf dem Aufgabenkatalog und der Aufgabenverteilung. Die Prozessmodelle definieren den Arbeitsablauf und die durch die Prozessbeteiligten zu leistenden Arbeitsschritte.

Die operative Umsetzung dieser funktionalen Strukturen durch die mit einer Aufgabe betrauten Ressourcen (Personen, Abteilungen, Dienstleister) erfordert die logische Verknüpfung der Aufgaben mit den Anlagen, an denen diese zu erbringen sind. An dieser Stelle wird der Schritt vom allgemeingültigen Prozessablauf zum anlagenspezifischen Aufgabenkatalog vollzogen. Das verknüpfende Element zwischen Anlage, Aufgabe und ausführender Person ist der **Arbeitsauftrag**. Dieses gilt sowohl für ungeplante Instandsetzungsaufgaben, wie auch für die geplanten Tätigkeiten der Inspektion, Wartung und geplanter Instandsetzung. Üblicherweise werden die anlagenspezifischen Aufgaben und Tätigkeiten in Form von Arbeitsaufträgen oder auch Arbeitskarten dargestellt.

In der ungeplanten Instandsetzung (Störfall, Reparatur) enthält der Arbeitsauftrag die entsprechende Störmeldung bzw. Reparaturanforderung. Neben den allgemeinen Angaben, wie z. B. Anlage, Standort, Meldender, Ausführungstermin, ist der Schadensbericht und die ggf. bereits definierbaren Reaktionen das zentrale Element des Auftrages.

Für die geplanten Tätigkeiten in der Instandhaltung ist für jedes Instandhaltungsobjekt (Baukörper, technische Anlage, mobiles Inventar) ein individueller **Leistungskatalog** der erforderlichen Tätigkeiten festzulegen. Dieser Leistungskatalog definiert sämtliche Aufgaben und Tätigkeiten, die für die Durchführung dieses Prozesses erforderlich sind. Für die tätigkeitsausübenden Ressourcen stellt der Leistungskatalog die Arbeitsanweisung dar. Wird die Leistung durch Dritte erbracht, ergibt sich aus den Leistungskatalogen das Leistungsverzeichnis als Basis des Dienstleistungsauftrages.

Bei der Erstellung von anlagenspezifischen Leistungskatalogen kann beispielsweise die VDMA 24186 als Grundlage herangezogen werden.

Tabelle 24-8: Tätigkeitsplan nach VDMA 24186

Baugruppen-Nr.	Bauelemente-Nr.	Tätigkeits-Nr.	Tätigkeiten an Baugruppen und -elementen	Ausführung periodisch	Ausführung bei Bedarf
1			**Luftfördereinrichtung**		
1	1		**Ventilatoren**		
1	1	1	Auf Verschmutzungen, Beschädigung, Korrosion und Befestigung prüfen	x	
1	1	2	Laufrad auf Unwucht prüfen	x	
1	1	3	Schaufelverstelleinrichtung auf Funktion prüfen	x	
1	1	4	Lager auf Geräusche prüfen	x	
1	1	5	Lager schmieren	x	
1	1	6	Flexible Verbindung auf Dichtheit prüfen	x	
1	1	7	Schwingungsdämpfer auf Funktion prüfen	x	
1	1	8	Schutzeinrichtung auf Funktion prüfen	x	
1	1	9	Drallregler auf Funktion prüfen	x	
1	1	10	Entwässerung auf Funktion prüfen	x	
1	1	11	Antriebselemente siehe Nr. 7		
1	1	12	Funktionserhaltendes Reinigen		x
2			**Wärmeaustauscher**		
2	1		**Lufterwärmer (Luft/Flüssigkeit)**		
2	1	1	Auf luftseitige Verschmutzung, Beschädigung u. Korrosion prüfen	x	
2	1	2	Vor- und Rücklauf auf Funktion prüfen	x	
2	1	3	Luftseitig reinigen		x
2	1	4	Entlüften	x	
2	2		**Elektro-Lufterwärmer**		
2	2	1	Auf Zunderansatz und Korrosion prüfen	x	
2	2	2	Auf Funktion prüfen	x	
2	2	3	Sicherheitseinrichtung auf Funktion prüfen	x	
2	2	4	Luftseitig reinigen		x
2	3		**Luftkühler (Luft/Flüssigkeit)**		
2	3	1	Auf luftseitige Verschmutzung, Beschädigung u. Korrosion prüfen	x	
2	3	2	Vor- und Rücklauf auf Funktion prüfen	x	
2	3	3	Entlüften	x	
2	3	4	Wasserablauf und Geruchsverschluss auf Funktion prüfen	x	
2	3	5	Tropfenabscheider siehe Nr. 4.2		
2	3	6	Luftseitig reinigen		x
2	4		**Verdampfer (Luft/Kältemittel)**		
2	4	1	Auf luftseitige Verschmutzung, Beschädigung, Korrosion und Vereisung prüfen	x	
2	4	2	Wasserablauf und Geruchsverschluss auf Funktion prüfen	x	
2	4	3	Tropfenabscheider siehe Nr. 4.2		
2	4	4	Luftseitig reinigen		x
2	5		**Rotationswärmetauscher**		
2	5	1	Auf luftseitige Verschmutzung, Beschädigung u. Korrosion prüfen	x	
2	5	2	Dichtelemente auf Funktion prüfen	x	
2	5	3	Antriebselemente siehe Nr. 7		
2	5	4	MSR-Einrichtung siehe VDMA 24 186 Teil 4		

In der Praxis wird dieser allgemein gehaltene Leistungskatalog ergänzt um

- anlagenspezifische Anforderungen,
- bauteil-, fabrikats- und typspezifische Anforderungen,
- Anforderungen, die aus der Instandhaltungsstrategie resultieren und
- Erfahrungen des Instandhaltungs- und Betreiberpersonals.

Bewährt hat sich eine Darstellung als Funktionsmatrix, die eine Aussage über die Tätigkeit, die Form der Mitwirkung, die zeitliche Einordnung und die vertraglich zu vereinbarende Leistungsphase zulässt. Diese Funktionsmatrix wird durch die Geschäftsprozessdarstellungen ergänzt.

	INTERN	EXTERN	INTERN	EXTERN
Betriebszeit	7.00-12.00		17.00-7.00	
Inbetriebnehmen	M	D		
Übernehmen	D			
Bedienen	D		I	D
Wartung	I	D	M	D
Inspektion		D		
Instandsetzung klein	D		D	
Instandsetzung groß	M	D	M	D
Verfolgung der Gewährleistung	D			
Dokumentation	M	D		
Außerbetriebnahme, Entsorgung	M	D		
Optimieren	D	M		
Instandhaltungskontrolle	D			

Bild 24-9: Leistungsmatrix

Die anlagenspezifische Definition von geplanten Instandhaltungsaufträgen ist insbesondere beim Einsatz von prozessunterstützenden EDV-Systemen (z. B. Instandhaltungsplanungssystem) erforderlich. Diese generieren termingerecht für die jeweiligen Ressourcen den Arbeitsauftrag, der unter anderem den Aufgaben- und Tätigkeitskatalog, Materialbedarfe und Richtzeiten für die Tätigkeitsausübung beinhaltet.

Bild 24-10 zeigt ein Praxisbeispiel eines Wartungsauftrages.

24.5.3 Instandhaltungsplanung und Leistungserbringung

Die Planbarkeit und die Durchführung von Instandhaltungsmaßnahmen hängt maßgeblich von der Instandhaltungsstrategie ab. Für die Varianten

- Präventionsstrategie und
- Reaktionsstrategie

sollen in den nachfolgenden Kapiteln die Anforderungen an die Arbeitsplanung und die Leistungserbringung erörtert werden.

Arbeitsauftrag Nr. Z-01-330-02-00055

Auftragsdatum: _____

Auftraggeber: _____ **Liegenschaft**

Objekt: Lüftungsanlage 1 (Zu- und Abluft) Projekt:

Standort: _____ Position: Wartung Lüftungsanlagen

Fälligkeit: _____

Ansprechpartner: _____

Wartung Lüftungsanlage 1 (Zu- und Abluft allg. Büros)

1 Stück Zuluftventilator

01-330-002-G010-0001-02	Elektromotoren	18.02.02	
Artikel 1.7.1.01	Auf Verschmutzung, Beschädigung, Korrosion und Befestigung prüfen	1	
Artikel 1.7.1.02	Drehrichtung prüfen	1	
Artikel 1.7.1.03	Lager auf Geräusch prüfen	1	
Artikel 1.7.1.04	Lager schmieren	1	
Artikel 1.7.1.05	Schutzeinrichtung auf Funktion prüfen	1	
Artikel 1.7.1.06	Funktionserhaltendes Reinigen	1	

Elektromotor für o.g. Zuluftventilator

01-330-002-G010-0001-02	Elektromotoren	18.02.02	
Artikel 1.7.1.01	Auf Verschmutzung, Beschädigung, Korrosion und Befestigung prüfen	1	
Artikel 1.7.1.02	Drehrichtung prüfen	1	
Artikel 1.7.1.03	Lager auf Geräusch prüfen	1	
Artikel 1.7.1.04	Lager schmieren	1	
Artikel 1.7.1.05	Schutzeinrichtung auf Funktion prüfen	1	
Artikel 1.7.1.06	Funktionserhaltendes Reinigen	1	

1 Stück Abluftventilator

01-330-002-G010-0001-03	Elektromotoren	18.02.02	
Artikel 1.7.1.01	Auf Verschmutzung, Beschädigung, Korrosion und Befestigung prüfen	1	
Artikel 1.7.1.02	Drehrichtung prüfen	1	
Artikel 1.7.1.03	Lager auf Geräusch prüfen	1	
Artikel 1.7.1.04	Lager schmieren	1	
Artikel 1.7.1.05	Schutzeinrichtung auf Funktion prüfen	1	
Artikel 1.7.1.06	Funktionserhaltendes Reinigen	1	

Unterschrift (Ausführender)	Erledigt am / Uhrzeit	Ort, Datum, Auftraggeber

Bild 24-10: Wartungsauftrag für eine Klimaanlage

24.5.3.1 Einsatzplanung und Ressourcenbedarf

Die Einsatzplanung ergibt sich aus der Instandhaltungsstrategie, indem diese die Anforderungen für die Leistungsintensität, Leistungsfrequenz und Terminierung der Leistungserbringung vorgibt. Der Ressourcenbedarf, der für die Leistungserbringung erforderlich ist, ergibt sich aus dem Arbeitsaufwand und dem Materialbedarf für die jeweilige Tätigkeit. Der Materialanteil spielt dabei die untergeordnete Rolle (durchschnittlicher Materialanteil bei Wartung 5 % des Aufwandes, bei Instandsetzung 20 % des Aufwandes). Die wichtigste Kalkulationsgröße für die Ermittlung des Ressourcenbedarfs ist der Zeitaufwand des Instandhaltungspersonals.

Präventionsstrategie

Die Präventionsstrategie lässt ein Höchstmaß an Planbarkeit zu. Die Anlagen werden in Abhängigkeit von der Betriebszeit regelmäßigen Wartungsintervallen unterzogen. In gleicher Regelmäßigkeit werden Instandsetzungsmaßnahmen präventiv durchgeführt. Das Ausfallrisiko der Anlagen wird dadurch minimiert und das Störungsaufkommen ist gering.

Die Arbeitsaufträge für die Wartungs- und Instandsetzungtätigkeiten sind inhaltlich und terminlich festgelegt. Die Instandhaltungsorganisation kann große Bereiche der Organisation diesem geplanten und geordneten Leistungsbedarf anpassen. Der Personaleinsatz (auch von Fremdpersonal) kann langfristig disponiert werden. Nur im kleinen Maße sind Organisationseinheiten für ungeplante Sofortmaßnahmen der Instandsetzung zu etablieren.

Aufgrund der im geplanten Instandhaltungsprozess deutlich größeren Standardisierbarkeit und den damit verbundenen Automatisierungspotentialen spielen Instandhaltungsplanungssysteme in diesem Bereich eine wichtige Rolle. Der in diesen Systemen generierte Wartungs- oder Instandsetzungsauftrag motiviert den Leistungsprozess. Das qualifizierte Auftragswesen ist der zentrale Erfolgsfaktor für eine optimal umgesetzte Präventionsstrategie.

Der Ressourcenbedarf ergibt sich für die geplanten Tätigkeiten in der Regel aus kalkulatorischen Ansätzen für die jeweiligen Tätigkeiten. Diese sind in der Regel in Form von Minutenwerten je erforderlicher Qualifikation und Tätigkeit bekannt. In Summe ergibt sich der Gesamtpersonalbedarf durch Summierung der Zeitwerte je Qualifikation.

Reaktionsstrategie

Anders stellt sich die Situation bei der Reaktionsstrategie dar. Hier dominiert die fehlende Planbarkeit auch die Instandhaltungsorganisation. Die sofortige Verfügbarkeit von Instandsetzungspersonal muss deutlich besser gewährleistet sein. Die Instandhaltungsorganisation muss entsprechend den Anforderungen an die Betriebssicherheit und Verfügbarkeit der betreuten Anlagen schnell und „rund um die Uhr" reagieren können, wodurch im Gegensatz zum vorgenannten Beispiel Schichtmodelle für die Organisation eher notwendig sein können.

Aufgrund der Anforderung an den schnellen Einsatz des Instandhaltungspersonals im Störungsfall ist eine schnell und reibungslos funktionierende Prozesskette von der Meldungsannahme bis zur Leistungserbringung einschließlich der Logistikprozesse zur Materiallieferung von größter Bedeutung. Eine zentrale Funktion nimmt hier der Leitstand als zentrale Stelle zur Meldungsannahme (vom Nutzer oder aus der Gebäudeleittechnik) und zur Arbeitsvorbereitung und Ressourcendisposition ein. Der Instandsetzungsprozess wird durch den Leitstand motiviert. Für die erfolgreiche Umsetzung der Reaktionsstrategie ist ein qualifizierter Leitstand und die zeitnahe Definition und

Weiterleitung der Arbeitsaufträge verbunden mit der Reaktionszeit des operativen Personals von zentraler Bedeutung.

Der Ressourcenbedarf kann bei der Reaktionsstrategie aufgrund des höheren Störungs- und Reparaturaufkommens auf Basis statistischer Auswertungen der bereits abgewickelten Instandsetzungsaufträge ermittelt werden. Aus einer vollständigen Auftragsdokumentation können Störungsstatistiken, Reaktionszeiten und Zeitbedarfe je Qualifikation ermittelt werden. Auch ergeben sich Hinweise zur zeitlichen Verteilung des Störungsaufkommens. Das wirtschaftliche Optimum entsteht, wenn die Verfügbarkeit der Instandsetzungsorganisation und die Meldungsstatistik einander möglichst angepasst sind. Da keine Deckungsgleichheit zu erreichen ist, wird die Instandhaltungsorganisation in Grenzen Ressourcen als „Feuerwehr" vorzuhalten haben. Aus wirtschaftlicher Sicht ist ein Einsatz im Bereich der geplanten Maßnahmen in dieser Vorhaltezeit zu empfehlen.

24.5.3.2 Ausschreibung und Vergabe von Dienstleistungen

Die Beschaffung unternehmensfremder Ressourcen zur Leistungserbringung ist im modernen Gebäudemanagement weit verbreitete Praxis. Die Quote der Fremdvergabe liegt im Technischen Gebäudemanagement (gemessen an den Kosten) üblicherweise bei 50 % und höher. Aufgrund dieser hohen Fremdvergabequote ergeben sich Qualitätsanforderungen bezüglich der Ausschreibung und Vergabe von Dienstleistungen, die von der Instandhaltungsorganisation zu erfüllen sind. Nachfolgend wird der Inhalt und Ablauf einer Ausschreibung im Gebäudemanagement skizziert.

Leistungspakete zur optimalen Vergabe von Gebäudemanagementleistungen

Im Vorfeld der Leistungsausschreibung sind verschiedene Arbeitsschritte zu erbringen, die den drei Leistungspaketen

- Geschäftsprozesse und Organisation,
- Dokumentation und
- Ausschreibung und Vergabe

zugeordnet werden können. Die Tabelle 24-9 gibt Aufschluss über die einzelnen Arbeitsschritte.

Geschäftsprozesse und Organisation

In den vorangegangenen Kapiteln wurde der Bereich der Instandhaltungsorganisation detailliert beschrieben. Im Fall der Fremdvergabe von Betreiber- und Instandhaltungsleistungen ist das Personal des Dienstleisters in die Ablauforganisation des Auftraggebers homogen zu integrieren. Die Prozessabläufe der Instandhaltungsorganisation sind auch für das externe Personal bindend. Auf der Aufttraggeberseite verbleiben mindestens die Aufgaben des Controllings, der Leistungskontrolle sowie die nicht-delegierbaren Bauherren- und Eigentümeraufgaben. Die aufbau- und ablauforganisatorischen Anforderungen sind dem Dienstleister in der Vergabeunterlage, die nach Beauftragung zur Vertragsunterlage wird, mitzuteilen, da diese Anforderungen kalkulations- und vertragsrelevant sind.

Für die zu vergebenden Fremdleistungen werden aus den Geschäftsprozessdarstellungen eindeutige Leistungskataloge generiert. Die erforderlichen Arbeitsschritte wurden oben detailliert beschrieben. Es bietet sich an, möglichst auf standardisierte Leistungskataloge der technischen Regeln zurückzugreifen.

Tabelle 24-9: Arbeitsschritte bei der Vergabe von Gebäudemanagementleistungen

Arbeits-schritt	Leistungspaket 1	Leistungspaket 2	Leistungspaket 3
AS 1	Erfassung aller Geschäftsprozesse	Beschaffung der Objektdokumentation	Bestandsaufnahme je Dienstleistungsbereich mit Geschäftsprozessanalyse
AS 2	Festlegung des gewünschten Organisationsaufbaus	Erstellen von Dokumentationsrichtlinien für Bauvorhaben	Leistungsdifferenzierung innerhalb/außerhalb der Gewährleistung
AS 3	Erfassung der notwendigen Betriebsmittel	Überprüfung der Leistungsverzeichnisse auf Dokumeritationsinhalte	Aufstellung von Leistungskatalogen
AS 4	Detailuntersuchungen der Geschäftsprozesse mit grafischer Darstellung	Einführung eines Anlagen-Kennzeichnungs-Systems (AKS)	Vergabe von Dienstleistungs- und Anlagenprioritäten
AS 5	Analyse der Geschäftsprozesse und aufzeigen von internen Verbesserungs-möglichkeiten	Auswerten der übergebenen Dokumentation	Wahl der Fremdbewirtschaftungsform oder der Gesellschaftsform bei einer Beteiligung
AS 6	Klärung der Kosten im Falle der Eigenbewirtschaftung	Integration der Daten in ein FM-System für wieder-holte Ausschreibungen	Differenzierung der Eigen- und Fremddienstleistungen
AS 7	Wirtschaftlichkeits-berechnung Eigen-/Fremdleistung	Extraktion der Leistungskataloge aus der Dokumentation	Strukturierung Aufbau- und Ablauforganisation der not-wendigen Eigenleistungen
AS 8	Aufstellen einer Entscheidungsvorlage	Verpflichtung des zukünf-tigen Dienstleisters zur Pflege der Dokumentation	Definition des technischen und kauf-männischen Controllings
AS 9	Festlegen der Aufbau- und Ablauforganisation zum Controlling		Wirtschaftlichkeits-berechnung der Fremddienstleistungen
AS 10	Durchführen Auswahlverfahren für Betriebsmittel (FM-System, GLT, Buchhaltung)		Erstellung des Vertrages Gebäudemanagement (Werk-, Dienstleistungs-, Gesellschaftsvertrag)
As 11	Einführen der Betriebsmittel		Erstellen des Leistungsverzeichnisses
AS 12			Ausschreibung der Fremd-bewirtschaftungsleistungen
AS 13			Angebotsprüfung und Bieterbewertung
AS 14			Vergabe der Leistungen
AS 15			Zyklisches Leistungs- und Kostencontrolling

Bestandsaufnahme und Dokumentation der Leistungsbereiche

Um die ausgeschriebene Dienstleistung kalkulierbar zu definieren, ist neben der Angabe der Leistungskataloge auch die Information über die Objekte und Anlagen erforderlich, an denen die Leistungen zu erbringen sind. Dies stellt neben den Tätigkeitszyklen gewissermaßen den Massenteil der Ausschreibung dar.

Üblicherweise werden in den Ausschreibungspositionen charakteristische Angaben zu den Leistungsbereichen gemacht. Neben den allgemeinen Angaben sind dies z. B. für die Ausschreibung von Instandhaltungsaufgaben die Informationen zu den instandhaltungsrelevanten Baugruppen und Anlagenkomponenten. In diesem Zusammenhang ergibt sich eine direkte Abhängigkeit des Datenmodells der Bestandsdokumentation zum Datenmodell der Leistungspositionen.

Für die Leistungen des Technischen Gebäudemanagements kann die Bestandsaufnahme und Dokumentation in vielen Fällen aus der Baudokumentation der Gebäude und Anlagen generiert werden. Lückenhafte Dokumentationen machen eine Erhebung der fehlenden Daten im Rahmen von Objektbegehungen erforderlich.

Abgrenzung der Eigen- und Fremdleistung

Vor der Abgrenzung der Eigen- und Fremdleistung muss eine grundsätzliche Aussage darüber getroffen werden, welche Leistungen der Auftraggeber nach der Leistungsvergabe seinerseits erbringen will. Innerhalb des Gesamtleistungsumfangs des Gebäudemanagements gibt es einige Teilleistungen, die neben den nicht-delegierbaren Aufgaben des Bauherrn und des Eigentümers in der Hoheit des Auftraggebers verbleiben sollten:

- Leistungskatalog und Ausschreibung von Fremdleistungen,
- Betrieb CAFM-System,
- Vorgaben zur Pflege von Dokumentationen,
- Vorgaben zum Erhaltungszustand der Infrastruktur,
- Koordination der Fremdleistung mit internen Betriebsabläufen,
- Kostenbudgetierung, Mittelbereitstellung und Mittelfreigabe,
- Controlling der Kosten und Kostenrechnung,
- Kontrolle der Leistungen,
- Beurteilung der Nutzerzufriedenheit und
- Abnahme und Zahlungen der Leistungen.

Die Darstellung der Fremdleistungen in einer Funktionsmatrix insbesondere zur Abgrenzung der vertraglich vereinbarten Leistungen zur Eigenleistung ist empfehlenswert. Aufgrund möglicher Abgrenzungsprobleme im Gewährleistungsfall ist eine Aufteilung in die Leistungsphasen Inbetriebnahmeunterstützung, Leistungen innerhalb der Gewährleistungszeit und Leistungen außerhalb der Gewährleistungszeit anzuraten. Eine klare vertragliche Abgrenzung zwischen dem Dienstleistungsvertrag und dem Bauvertrag einschließlich der dort zitierten Regelwerke (z. B. VOB) ist für Dienstleistungen an Neuanlagen von besonderer Bedeutung. Alle Leistungsabgrenzungen sind in den Vertragsbedingungen darzustellen.

Auswahl der Ausschreibungsform

Die Wahl der geeigneten Ausschreibungsform hat hohen Einfluss auf den Preis der Gebäudemanagementausschreibung. Folgende Varianten können unterschieden werden:

- Massenbezogene Ausschreibung,
- funktionale Ausschreibung und
- massenbezogene funktionale Ausschreibung (Mischform).

Die exakte **massenbezogene Ausschreibung** erfordert einen außerordentlich hohen Aufwand bei der Bestandsaufnahme. In bestehenden Gebäuden ist es sogar vielfach gar nicht möglich eine vollständige Massenermittlung beispielsweise der technischen Anlagen durchzuführen, da diese ggf. schwer zugänglich in Installationsschächten, Zwischendecken oder Technikzentralen vorzufinden sind. Durch die Ausschreibung vieler detaillierter Einzelpositionen besteht eine relativ hohe Gefahr für Nachträge. Die Ausschreibungskosten sind hoch.

Die **funktionale Ausschreibung** ermöglicht dem Bieter die Erstellung eines individuellen Angebotes ohne nennenswerte Randbedingungen. Zwischen den Bietern kann ein — teilweise erwünschter — Ideenwettbewerb entstehen. Ein Vergleich der Angebote ist jedoch aufgrund der Individualität nur schwer möglich. Die Kosten für die Erstellung der Ausschreibungsunterlagen sind gering. Auch hier besteht ein großes Nachtragspotential, da kein eindeutiger Leistungsbezug herzustellen ist. Aufgrund des Fehlens von Einheitspreisen können Massenmehrungen und -minderungen nur schwer monetär bewertet werden.

Die **massenbezogene funktionale Ausschreibung** stellt eine Mischform der zuvor beschriebenen Varianten dar. Es werden nicht Komponenten- und Bauteilpreise abgefragt, sondern Einheitspreise auf Anlagenebene gefordert. Für die Anlage werden die kalkulationsrelevanten Bauteile genannt. So werden die Bauteile einer RLT-Anlage in der Position benannt (Register, Ventile, Filter etc.), jedoch ein Einheitspreis für die gesamte Anlage und die Gesamtheit der Tätigkeiten abgefragt. Die Ausschreibungskosten bewegen sich in einem mittleren Niveau zwischen den beiden vorgenannten Varianten. Die Vergleichbarkeit der Bieter ist gegeben. Die gewonnenen Einheitspreise können für die Bewertung von Massenänderungen herangezogen werden.

Inhalte eines Dienstleistungsvertrages

Der Dienstleistungsvertrag zwischen Immobilienbesitzer (bzw. dessen Instandhaltungsorganisation) und Fremddienstleister ist im streng juristischen Sinne ein typengemischter Vertrag, der sowohl dienstvertragliche Komponenten, als auch werkvertragliche Charakterzüge aufweist. Der Vertrag muss die Bedingungen des Auftraggebers ausreichend dokumentieren, weshalb die Erstellung des Vertrages durch den Auftraggeber empfehlenswert ist. Nachfolgend sind die inhaltlichen Elemente des Dienstleistungsvertrages dargestellt. Das Vertragsmuster ist den Ausschreibungsunterlagen beizufügen, da die Vertragsinhalte für den Dienstleister bindend und daher kalkulationsrelevant sind.

Inhalte Dienstleistungsvertrag
Bietererklärung
Geheimhaltungserklärung
Allgemeine Vorbemerkungen
Vertrag Gebäudemanagement
Allgemeine Vertragsbedingungen des AG (AV)
Zusätzliche technische Vertragsbedingungen (ZTV)
Anlagenzusammenstellung nach Priorität
Funktionsorientierte Leistungszusammenstellung
Massenzusammenstellung
Kostenübersichtsblätter

Bild 24-11: Inhalte eines Dienstleistungsvertrages

Bewertung der Angebote

Die Ergebnisse der Ausschreibung werden einer Auswertung unterzogen. Neben der preislichen Bewertung sollten aufgrund der intensiven und langfristigen Zusammenarbeit zwischen Auftraggeber und Bieter auch immaterielle Faktoren, wie z. B.

- Referenzen und Erfahrung,
- Verfügbarkeit,
- Reaktionszeiten und
- Betriebsführungskonzept

berücksichtigt werden. Eine Bewertungsmatrix mit den Kriterien zur Bieterbeurteilung ist empfehlenswert.

24.5.3.3 Leistungserbringung und Leistungskontrolle

Die Delegation von Betreiber- und Instandhaltungsaufgaben vom Immobilienbesitzer an die Instandhaltungsorganisation und weiter an Fremddienstleister und ggf. Subunternehmer hat in der Form zu erfolgen, dass die Delegationskaskade ohne Organisationsverschulden aufgebaut wird. Um die Anforderung an die Delegationskaskade deutlich zu machen, ist das Bürgerliche Gesetzbuch (BGB) zu zitieren:

> **§ 831. [Haftung für den Verrichtungsgehilfen]**
>
> (1) Wer einen anderen zu einer Verrichtung bestellt, ist zum Ersatz des Schadens verpflichtet, den der andere in Ausführung der Verrichtung einem Dritten widerrechtlich zufügt. Die Ersatzpflicht tritt nicht ein, wenn der Geschäftsherr bei der Auswahl der bestellten Person und, sofern er Vorrichtungen oder Gerätschaften zu beschaffen oder die Ausführung der Verrichtung zu leiten hat, bei der Beschaffung oder der Leitung die im Verkehr erforderliche Sorgfalt beobachtet oder wenn der Schaden auch bei Anwendung dieser Sorgfalt entstanden sein würde.
>
> (2) Die gleiche Verantwortlichkeit trifft denjenigen, welcher für den Geschäftsherrn die Besorgung eines der im Absatz 1 Satz 2 bezeichneten Geschäfte durch Vertrag übernimmt.

Bild 24-12: Auszug BGB, § 831

Das hierin formulierte Grundgebot der „strafentlastenden Delegation von Aufgaben" ist insbesondere für Immobiliensubstanzen und technische Anlagen von Bedeutung, die eine erhöhte Sensibilität aufweisen. Diese lässt sich einfach durch die monetäre und strafrechtliche Bewertung der als Folge einer Störung oder eines Anlagenausfalls auftretenden

- Personenschäden,
- Sachschäden oder
- Vermögensschäden

bemessen. Beispielhaft können RLT-Systeme zur Versorgung von Krankenhäusern (Vorsicht: Personenschäden möglich!), Produktionsbereichen oder Brandmeldeanlagen genannt werden. Werden Delegationsfehler begangen, so kommt es im Umkehrschluss zu einer Addition der Verantwortung bei dem Delegierenden.

Bei der Delegation von Aufgaben ist daher durch den Delegierenden darauf zu achten, dass der Erfüllungsgehilfe eine eindeutig beschriebene Aufgabe genannt bekommt, für die er verantwortlich ist und die er im Rahmen seiner Kompetenz leisten kann. Der Delegierende hat dies durch einen entsprechenden Auswahlprozess und im Rahmen der Anweisung und Überwachung sicherzustellen. Durch regelmäßige Kontrollen (technische Revision) ist die Überwachung und im Bedarfsfall der Eingriff durch den Delegierenden sicherzustellen. Die dargestellten Anforderungen gelten für jede der oben genannten Stufen der Delegationskaskade.

24.6 EDV-Systeme

24.6.1 EDV-Gesamtarchitektur

Ein konsistentes Prozessnetzwerk fordert die Integration der Fachprozesse untereinander und die Konsistenz mit den nicht-fachlichen Prozessen (einbettende betriebswirtschaftliche Prozesse, unterstützende Logistikprozesse). Die Qualität des Prozesses und somit der Dienstleistung ergibt sich letztendlich aus der Qualität der einzelnen Prozessabläufe und dem Zusammenspiel der Prozesse.

Die moderne Organisationslehre sieht die Informationstechnologie zwar in einer tragenden Rolle bei der optimalen Umsetzung der Geschäftsprozesse, jedoch lediglich als Träger des Prozesses. Diese Interpretation sieht die Informationstechnologie konsequent in der Rolle des prozessunterstützenden Werkzeuges, dessen sich die prozessdurchführende Organisation bedient. Somit ergibt sich für die Informationstechnologie, in der Ableitung der oben genannten Anforderungen an ein integriertes Prozessnetzwerk, die Forderung nach einer integrierten Gesamtarchitektur in den Ebenen:

- Hardwarearchitektur,
- Softwarearchitektur und Softwarefunktionalitäten (Leistungsmerkmale),
- Datenmodell,
- Schnittstellenmodell und
- Informations- bzw. Datenflussmodell.

Ein integriertes EDV-System zur Unterstützung sämtlicher Geschäftsprozesse im Gebäudemanagement, im Weiteren als **Gebäudemanagementsystem** bezeichnet, besteht aus drei zentralen Elementen:

- **Gebäudeleittechnik**,
- **CAFM-System** (Computer Aided Facility Management-System) und
- betriebswirtschaftliches **ERP-System** (ERP = Enterprise Ressource Planning).

Die einzelnen Systeme stellen jeweils ein Expertensystem dar. Die zentrale Aufgabe beim Aufbau eines integrierten EDV-Systems ist die konsistente Verknüpfung der Elemente und die Gewährleistung einer systemübergreifenden Funktionalität. Diese wird gesichert durch:

- Prozessorientierte Systemfunktionalitäten,
- nutzerorientierte Systemergonomie,
- prozessorientierte Systemausbildung der Anwender,
- konsistentes Daten-, Schnittestellen- und Informationsflussmodell und
- redundanzfreie Datenhaltung.

Die Systemakzeptanz und damit die Nutzung der Informationstechnologie durch die Anwender leitet sich aus dem Erfüllungsgrad der aufgeführten Erfolgsfaktoren ab. Die Praxis zeigt, dass vielfach EDV-Systeme nur rudimentär genutzt oder gar gänzlich außer Betrieb genommen werden, weil der Nutzwert des Systems als prozessunterstützendes Werkzeug des Anwenders zu gering ist.

Tabelle 24-10: Systemfunktionalitäten (Auszug)

System	Funktionalität
Gebäudeleittechnik	- Regelung und Steuerung der betriebstechnischen Anlagen - Betriebsführung - Anlagenvisualisierung - Betriebsüberwachung - Störungsweiterleitung - Datenhistorisierung für Energiemanagement - Trendprotokollierung - Verbrauchswertprotokollierung
CAFM-System	- Planung und Steuerung der technischen Prozesse (z. B. Instandhaltungsplanung) - Planung und Steuerung der infrastrukturellen Prozesse - Prozesscontrolling und Leistungskontrolle - Liegenschafts-, Flächen- und Anlagenkataster - Flächenmanagement - Schlüsselmanagement - Energiemanagement - Gewährleistungsverfolgung
Betriebswirtschaftliches System	- Gebäudenutzungskostenrechnung - Bildung von Kennzahlen - Kennzahlenvergleich (Benchmarking) - finanzwirtschaftliches Controlling - Anmietung und Vermietung - Nebenkostenberechnung - Versicherungsmanagement - Auftragswesen - Rechnungswesen

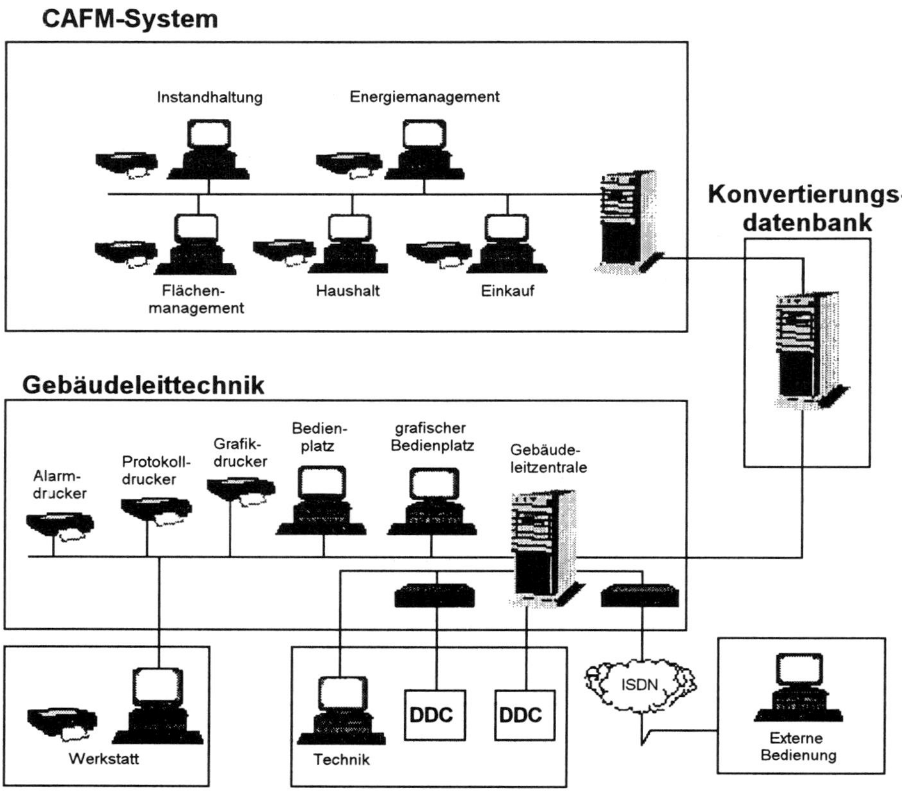

CAFM-System

Gebäudeleittechnik

Bild 24-13: EDV-Gesamtarchitektur im Gebäudemanagement

24.6.2 Gebäudeleittechnik

Die Gebäudeautomation mit einer Gebäudeleitzentrale als Führungsinstrument gehört heute zur Standardausrüstung großer und mittlerer Liegenschaften. Die Führungsaufgaben in der technischen Gebäudeausrüstung sind:

- Überwachung,
- Bedienung,
- Optimierung,
- Inspektion,
- Wartung,
- Instandhaltung,
- Kostenerfassung und
- Berichte,

die sich im Betriebskonzept widerspiegeln, sind sehr eng mit der Gebäudeleittechnik verknüpft. Die Gebäudeleitzentrale bildet dabei das Verbindungsglied zwischen der Anlagenwelt und den Betreibern. Sie muss daher dem technischen Personal vom

Handwerker bis zum Ingenieur als Werkzeug zur Verfügung stehen. Diese Funktionalität der Gebäudeautomation erfordert auch, dass sich die einzurichtenden Datenpunkte an den künftigen Aufgaben orientieren. So ist beispielsweise für die Installation der Zähler ein Mess- und Zählkonzept Voraussetzung, das sich an der Kostenstellenstruktur ausrichtet.

Überwachen

Die Überwachungsfunktionen der Gebäudeleitzentrale werden normalerweise als Hauptaufgabe gesehen und auch meistens genutzt. Diese Funktionalität ist noch aus der Zeit der Störmeldezentralen bekannt. Die automatische Weiterleitung der Störungen an ein Instandhaltungs-Planungs-System (IPS) ist jedoch nur selten realisiert.

Bedienen

In der Bedienung der Anlagen der Technischen Gebäudeausrüstung über die Gebäudeleitzentrale liegt ein großes Einsparpotential für die Betriebskosten. Die wichtigsten Eingriffsmöglichkeiten sind dabei:

- Betriebszeiten im Zeitschaltkatalog (Wochenprogramm, Jahresprogramm, Sondertage),
- Aktivierung unterschiedlicher Betriebsvarianten einer Anlage zur exakten Anpassung an das Anforderungsprofil des Nutzers (Schwachlastbetrieb, Starklastbetrieb, Optimum-Start-Stop-Programme, Nachtkühlung, Stützbetrieb),
- Überwachung der regelungstechnischen Stabilität und
- Anpassung des Anforderungsprofils an sich ändernde Nutzung (Sollwerte für Raumlufttemperatur, Raumluftfeuchte und Außenluftrate bei RLT-Anlagen).

Optimieren

Über die Anlagenbilder mit eingeblendeten Daten, über Trendkurven und über die Sammlung historischer Daten besteht eine umfassende Informationsquelle zur Anlagenoptimierung. Während die zuvor beschriebenen Maßnahmen vom Handwerker ausgeführt werden können, sind zur Analyse der beschriebenen Daten erhebliches theoretisches Wissen und auch Erfahrung erforderlich. Kann diese Kompetenz im eigenen Unternehmen nicht zur Verfügung gestellt werden, so ist die Einbindung von Fachwissen der Fremdfirmen über Datenleitungs-Anbindungen anzustreben.

Unterstützung des Inspektionsprozesses

Bei der Inspektion stellt die Gebäudeleitzentrale ein nützliches Hilfsmittel zur Vorinformation dar. Sie kann jedoch nicht den Inspektionsgang vor Ort ersetzen. Mit der Gebäudeleitzentrale können die Betriebszustände einer Anlage vor dem Inspektionsgang auf mögliche Schwachstellen untersucht werden oder es können betriebszeit- oder statusabhängige Inspektionen angefordert werden.

Unterstützung des Wartungsprozesses

Die Gebäudeleittechnik liefert bei der ereignisabhängigen und der betriebszeitabhängigen Wartung Informationen über eine Schnittstelle an das Wartungspersonal oder direkt an das Instandhaltungs-Planungs-System. Dazu gehören beispielsweise:

- Betriebszeiten,
- Wartungsmeldungen,
- Störmeldungen und
- Grenzwertverletzungen.

Die Wartungsanweisungen können sowohl von der Gebäudeleitzentrale als auch vom Gebäudemanagementsystem geliefert werden.

Unterstützung der Instandsetzung

Die Verbindung zwischen Gebäudeleitzentrale und Instandhaltung wird über Störmeldungen hergestellt. Bei der Wahl der Instandhaltungsmaßnahmen können unter anderem folgende Daten der Gebäudeleitzentrale behilflich sein:

- Ausfallhäufigkeit der Bauteile,
- Auslastungsgrad der Anlage und
- Notfallstrategie.

Kostenerfassung

Die Betriebskosten der technischen Anlagen werden von den Forderungen der Nutzer und von der technischen Realisierung der Nutzeranforderungen bestimmt. Nur die optimierte Realisierung der Nutzeranforderungen liegt im Entscheidungsbereich der Betriebstechnik. Die Reduzierung der Forderungen ist nur über veranlasserbezogene Kostenerfassung möglich. Mit Hilfe der Erfassung ist die Zuweisung auf Kostenstellen und damit die Einbeziehung der Nutzer in die Einsparstrategien möglich. Neben der direkten Verbrauchserfassung über Zähler sind auch kostengünstige Faktorierungsverfahren einsetzbar. Bei diesen Verfahren wird der gemessene Zählerstand über Faktoren auf die einzelnen Nutzer verteilt. Die Faktoren enthalten die Nutzeranforderungen.

Berichte

Die Gebäudeleittechnik unterstützt die Erstellung von Leistungsnachweisen, Energieverbrauchsanalysen, Kostenanalysen und Umweltberichten durch Bereitstellung von entsprechenden Mess- und Zählwerten. Diese Informationen werden weiterverarbeitet und mittels Reportgeneratoren zu aussagefähigen Berichten zusammengefügt, beispielsweise:

- Zeitabhängige Verläufe der geforderten Regelgrößen,
- Dokumentation der Anlagenverfügbarkeit,
- Leistungsnachweis für die Nutzeranforderungen,
- veranlasserbezogene Verbrauchsverteilung,
- Verbrauchsanalysen auf Anomalien,
- Analyse des Nutzerverhaltens,
- Nachweis der erzielten Energie- und Kosteneinsparungen oder
- Störstatistik.

24.6.3 Computer Aided Facility Management (CAFM-Systeme)

So vielfältig die Interpretationen des Begriffes Facility Management heute ist, so zahlreich sind auch die Softwaresysteme, die dieses Marktsegment für sich beanspruchen. Eine sorgfältige Systemauswahl sollte unter umfassender Einbeziehung des Anwenders durchgeführt werden. In den ersten Arbeitsschritten erfolgt daher eine Untersuchung des IT-Konzeptes des Anwenders. Nach der grundsätzlichen Festlegung der Randbedingungen wie CAD-Plattform und verwendete Datenbankmaschine werden solche Systeme aussortiert, die den Anforderungen des heutigen DV-technischen Standards nicht genügen. Diese Vorgehensweise ist empfehlenswert, da so ein Systemsupport mit eigenen Mitarbeitern erfolgen kann. Nimmt man eine Klassifizierung der derzeitig angebotenen CAFM-Systeme vor, so zeigt sich, dass drei Systemgenerationen verfügbar sind:

1. CAD plus angehängte Datenbank,
2. datenbankorientiertes System mit Visualisierungsmodul und festen Standardapplikationen und
3. datenbankorientiertes System mit Visualisierungsmodul, adaptierbarem Datenmodell und anpassungsfähigen Applikationen (Standardsoftware).

Aufgrund der äußerst wichtigen Anpassbarkeit der Software an die Arbeitsabläufe im Gebäudemanagement ist eine Zukunftssicherheit der Investition nur mit den Systemen zu erreichen, die aus einer Standarddatenbank als Herzstück in Kombination mit einer Visualisierungssoftware bestehen. Mittels Referenztechnik werden die alphanumerischen Datenbankinformationen visuell dargestellt und umgekehrt führen Änderungen der Geometrie zur Aktualisierung der Datenbank.

Geschäftsprozess bestimmt EDV-Funktion

Im weiteren Auswahlverfahrens für das geeignete CAFM-System kommen die funktionsorientierten Qualitätsmerkmale zum Tragen. Sie resultieren aus den unternehmensspezifischen Geschäftsprozessen des Gebäudemanagements. An dieser Stelle wird die Ablauforganisation innerhalb des Unternehmens untersucht. Gleichzeitig werden die bestehenden Arbeitsmittel (EDV-Systeme, Datenbanken, Tabellen, Formulare, Berichte) erhoben und dem jeweiligen Arbeitsschritt zugeordnet. Die Darstellung der Ablauforganisation erfolgt je nach Wunsch des Anwenders und kann von der Matrixdarstellung bis zu standardisierten Notationen reichen. Diese bieten den Vorteil, dass die Ablauforganisation für Anwender und Systemspezialisten gleichermaßen verständlich dargestellt wird. Zur Erstellung von Verfahrensanweisungen und Stellenbeschreibungen im Gebäudemanagement sind dann nur noch wenige Schritte notwendig.

Durch systematisches Gliedern der Geschäftsprozesse in Teilprozesse werden der Datenfluss, die Prozessverantwortlichkeit und die notwendigen Ressourcen definiert. Arbeitsergebnisse eines Prozessschrittes werden gemäß dem Aufbau der Prozessketten personen- oder abteilungsorientiert weitergegeben.

Definition des Datenmodells

Aus den Geschäftsprozessmodellen resultieren Beschreibungen der Datenstrukturen, die notwendig sind, um Informationen zwischen den Arbeitsschritten zu transportieren. Beim Übergang eines feingegliederten Arbeitsschrittes in den nächsten sind die erforderlichen, zu übergebenden Daten eindeutig bekannt und beschreibbar. Alle benötigten Daten innerhalb der Geschäftsprozesse des Gebäudemanagements bilden das Datenmodell für das CAFM-System. Zur Abbildung der notwendigen Arbeitsoberfläche für jeden Bediener werden Authorisierungen und Sichten auf die Daten definiert, um sinnvolle Anwendermodule zu erhalten.

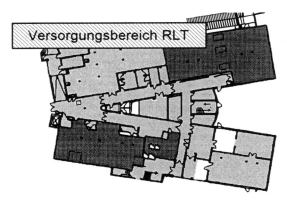

Bild 24-14: Beispiel einer Programmoberfläche eines CAFM-Systems

Bei der Planung und Realisierung eines datenbankgestützten CAFM-Systems müssen eine Vielzahl von Informationskategorien, wie z. B. bautechnische, gewerkespezifische und kostenorientierte Informationen berücksichtigt werden. Grundlage für die Beachtung dieser Tatsache ist die Einführung eines eindeutigen und gut organisierten Kennzeichnungssystems.

Produktauswahl

Auf der Grundlage der beschriebenen Vorleistungen kann eine fundierte Softwareauswahl unter Zuhilfenahme gewichteter Bewertungskriterien durchgeführt werden. In letzter Instanz liefern exemplarisch ausgewählte Testszenarien ein objektives Bild der Systemeignung. Diese sollten gemeinsam mit dem Auftraggeber formuliert und repräsentativ für seine Anforderungen ausgewählt werden. Die Auswahl und Einführung des CAFM-Systems darf nicht mit der Kaufentscheidung und der Installation enden. Ein gut organisierter Programmierprozess (Customizingprozess) versetzt den Anwender nach und nach in die Lage, seine unternehmensspezifischen Prozess- und Datenmodelle in der ausgewählten Systemumgebung umzusetzen.

Einführung und Kosten

Wichtigste Anforderung an das System ist die Möglichkeit eines langfristigen Einsatzes im Prozesskontext des Anwenders. Daher ist es notwendig, dass alle heutigen und zukünftigen Nutzungswünsche im System abgebildet werden können. Häufig sind die Systeme kaum genutzt worden, da ein maßgebliches Problem bestand: Aufgrund ihrer Unflexibilität war eine Anpassung der Software auf die Organisationsabläufe nur mit Mühe und hohen Kosten möglich. Solche Erfahrungen müssen bei der Auswahl eines CAFM-Systems unbedingt Beachtung finden. Dies wird um so wichtiger, je mehr Module benötigt werden. Neben dem Standardmodul „Instandhaltungsplanung" werden viele weitere Module vom Flächenmanagement bis zur Miet- und Nebenkostenabrechnung durch die Anwender gewünscht. Bei der Betrachtung der Installationskosten ist festzustellen, dass die Systemkosten ca. 30 % der Gesamtkosten verursachen. 70 % gehen auf das Konto der Zeichnungs- und Datenintegration. Erfolgt die Auswahl des Systems nicht nach einem exakt definierten Anforderungsprofil, so riskiert der Käufer also nicht nur die Systemkosten sondern insbesondere auch die Integrationskosten. Ein späterer Systemwechsel ist aufgrund der sehr hohen Zeichnungs- und Datenmenge sehr aufwendig. Bei einer Einführung eines CAFM-Systems im Zuge eines Bauvorhaben ist die frühzeitige Bearbeitung der oben genannten Punkte — in Anlehnung an die spätere Systemspezifikation — empfehlenswert. Trotz eines höheren Aufwands für die Vorbereitung der Systeminstallation sind deutlich geringere Gesamtkosten zu erwarten.

24.6.4 EDV-Systeme in der Instandhaltung

Unabhängig vom Vorhandensein eines CAFM-Systems finden sich in der Praxis häufig EDV-Systeme zur Unterstützung der Instandhaltungsprozesse — **Instandhaltungsplanungssysteme** (oft: IPS-Systeme). Dieser Begriff subsummiert alle EDV-Anwendungen „rund um die Instandhaltung". Da hierzu nicht ausschließlich geplante Tätigkeiten gehören, sondern auch die Maßnahmen der ungeplanten, störungsbedingten Instandsetzung, erscheint die Bezeichnung „Instandhaltungsmanagementsystem" treffender. Die Leistungsmerkmale von IPS-Systemen liegen in folgenden Bereichen:

- Anlagenverwaltung (Stammdaten und Bewegungsdaten),
- Arbeitsvorbereitung,
- Auftragswesen inkl.
- Ressourcenverwaltung und
- Materialwesen sowie
- Dokumentation und Berichtswesen.

Die Prozesse der Instandhaltung stellen einen integrierten Bestandteil des Prozessnetzwerkes im Gebäudemanagement dar. Demnach sind auch die unterstützenden EDV-Werkzeuge als eingegliederter Bestandteil der Gesamtarchitektur des Gebäudemanagementsystems zu verstehen. Die Instandhaltungsprozesse stellen neben dem Bedienen der technischen Infrastruktur das zentrale Element des Technischen Gebäudemanagements dar. Aufgrund dessen hat die EDV-Unterstützung dieser Prozesse eine zentrale Bedeutung beim Aufbau eines Gebäudemanagementsystems. Die EDV-Funktionen der Instandhaltungsplanung können unterschiedlich realisiert werden:

- Integrierter Bestandteil des CAFM-Systems,
- integrierter Bestandteil des betriebswirtschaftlichen Systems (ERP-System) und
- Insellösung mit Schnittstellenanbindung.

Die Abbildung der Instandhaltungsprozesse in einem ERP-System mag zunächst unplausibel klingen und soll daher erläutert werden.

Neben den planbaren Prozessen der Instandhaltung (Inspektion, Wartung und vorbeugende Instandsetzung) stellt die ungeplante, störungsbedingte Instandsetzung die zweite Säule der Instandhaltung dar. Ein durchgängig wirkendes EDV-System unterstützt auch diese Prozesse. Für die geplanten Prozesse ist die zyklische Wiederholung von Regelleistungen das zentrale Steuerungskriterium.

Im Gegensatz dazu wird die störungsbedingte Instandsetzung immer durch einen individuellen Arbeitsauftrag motiviert. Hieraus ergibt sich die unmittelbare Nähe zum betriebswirtschaftlichen Bereich des Auftragswesens. Gelten zudem Anforderungen an die veranlassergerechte Abrechnung des Instandsetzungsauftrages, ist der Fachprozess eingebettet in die betriebswirtschaftlichen Prozesse des Auftrags- und Rechnungswesens.

Für die Integration der Instandhaltungsplanungsfunktionen in die CAFM-Systematik spricht die damit verbundene Mehrfachnutzung von objekt- und anlagenbezogenen Stammdatensubstanzen. Die Anlagen- und Bauteildaten, die Nutzungsinformationen und die Liegenschaftsdaten stehen sowohl der Instandhaltung, als auch allen anderen Gebäudemanagementprozessen zur Verfügung. Die redundanzfreie Datenhaltung erleichtert die Pflege, die Notwendigkeit von Systemschnittstellen entfallen.

Instandhaltungsplanungssysteme finden sich hauptsächlich in Liegenschaften, die eine EDV-gestützte Instandhaltung betrieben haben, bevor Bestrebungen zur Etablierung eines integrierten Gebäudemanagements erkennbar wurden. Darüber hinaus kommen Instandhaltungsplanungssysteme in Spezialbereichen als Expertensystem zum Einsatz, so z. B. in der Instandhaltung medizintechnischer Geräte in Krankenhäusern. Die in diesen Fällen gegebenen höheren Anforderungen können von CAFM-Systemen nur schwer gewährleistet werden.

Tabelle 24-11: Funktionalitäten und Daten eines Instandhaltungsplanungssystems (Auszug)

Modul	Funktionalität
Basisdaten (Stammdaten)	- Instandhaltungsobjekte (Anlagen, Bauteile) - Versorgungsbereiche - Organisations- und Personaldaten - Unternehmen (Lieferanten, Hersteller, Fachunternehmen) - Schadenskataloge - Notfallpläne - Arbeitskarten, Tätigkeitskataloge - Prioritäten, Zyklen, Regeltermine - Maßnahmenkataloge und Maßnahmenbeschreibungen
Arbeitsvorbereitung	- Terminrecherchen und Terminvorgaben - Erfassung ungeplanter Instandsetzungen - Fehlersuche und Schwachstellenanalyse - Zusammenfassung aller Aufträge im Instandhaltungsplan
Ressourcenverwaltung	- Materialwirtschaft - Lagerverwaltung - Bestellwesen - Spezialwerkzeuge oder -geräte
Auftragssteuerung	- Terminplanung - Personaleinsatzplanung - Einsatzplanung von Fachunternehmen - Maßnahmenbündelung
Dokumentation und Berichtswesen	- Auftragsdokumentation - Schadensdokumentation - Ressourcenverbrauch (Material, Personal, Sachleistungen) - Anlagenhistorie

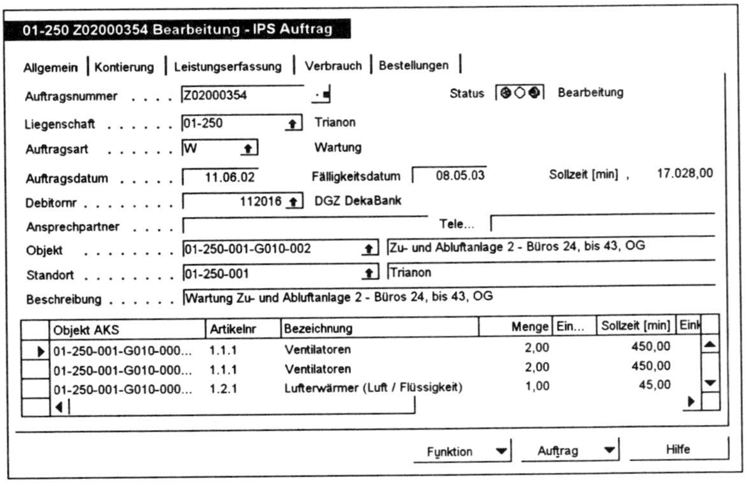

Bild 24-15: Beispiel einer Programmoberfläche eines Instandhaltungsplanungssystems

24.7 Dokumentation und Daten

Das abgestimmte Zusammenspiel zwischen Organisation, Prozessen und EDV-Systemen mit den prozessspezifischen Informationen und Daten ist die Basis für ein effektiv arbeitendes Gebäudemanagement. Neben der hohen Prozessorientierung ist die Verfügbarkeit von Stammdaten in den jeweiligen Anwendungen der zweite kritische Erfolgsfaktor. EDV-Systeme sind zum Scheitern verurteilt, wenn diese beiden Kriterien nicht erfüllt werden.

An die Stammdaten im CAFM sind folgende Anforderungen zu stellen:

- Die Prozesse definieren die erforderlichen Daten, somit das Datenmodell.
- Es dürfen nicht mehr Daten als erforderlich sein.
- Die Daten müssen vollständig sein.
- Die Daten müssen aktuell sein.

Die Bedeutsamkeit der Stammdatenverfügbarkeit für die Funktionalität eines CAFM-Systems wird auch durch die Kostenstruktur bei der Einführung deutlich. Die Investition liegt bei ca. 70 % für die Stammdatenerhebung und die Digitalisierung der Daten. Wird dieser Aufwand betrieben, um am Ende einen nicht-prozessorientierten oder lückenhaften Datenbestand zu bekommen, steigt das Investitionsrisiko deutlich.

Der nachfolgende Beitrag gibt Hinweise auf die Strukturierung und inhaltliche Ausgestaltung von Bestandserhebungsverfahren im Facility Management. Das skizzierte Verfahren bezieht sich dabei auf die grafischen und alphanumerischen Daten, die für die Prozesse im technischen, kaufmännischen und infrastrukturellen Management sowie dem Flächenmanagement benötigt werden.

Anhand eines Pilotprojektes mit einem Querschnitt gut und schlecht dokumentierter Gebäude („best- und worst case-Gebäude") wird die Bestandserhebung von Raum-, Flächen- und Technikdaten repräsentativ durchgeführt, bevor eine flächendeckende Datenaufnahme erfolgt. Mit dieser Erfassung werden folgende Ziele verfolgt:

- Optimierung der Vorgehensweise,
- Schaffung einer Arbeitsbasis in Form von Datenerfassungsblättern,
- Anpassung des CAFM-Systems an die Erfordernisse,
- Ableitung repräsentativer Zeitwerte für die Erfassung (Hochrechnung) und
- Ausarbeitung notwendiger Anweisungen und Definitionen.

Bestandserhebungsverfahren

Der Gesamtprozess „Bestandserhebungsverfahren Raum und Technik" untergliedert sich in 4 Teilprozesse:

- Aufnahme Topographie (z. B. Liegenschaft, Gebäude, Etage, Raum oder Raumnummer),
- Aufnahme der Raumdaten (z. B. allg. Raumdaten, Raumgeometrie, Raumausstattung),
- Aufnahme der technischen Anlagendaten (z. B. allg. Anlagendaten, Anlagenparameter) und
- Kennzeichnung der Objekte und Anlagen.

Teilprozess 1 — Aufnahme der Topographie mit Datenintegration

Die Aufnahme der Topographiedaten (Liegenschaft, Gebäude, Etage, Raum und Raumnummer) und die Datenintegration in ein grafikorientiertes CAFM-System sollen als erster Schritt in der Bearbeitungsfolge durchgeführt werden.

Pläne sind wertvolle Informationsträger, die einem Gebäude- und Immobilienbewirtschafter wichtige Daten liefern. Dabei sind in der Regel zweidimensionale Etagenpläne in digitaler Form oder in Papierform absolut ausreichend. Mit Kontrollmessungen werden Flächen in ihrem aktuellen Zustand dargestellt. Wenn weder aktuelle Pläne in digitaler noch analoger Form verfügbar sind, wird ein Flächenaufmaß vor Ort notwendig. Die Aufbereitung der CAD-Pläne erfolgt nach definierten Datengenerierungsvorschriften. Dabei werden eindeutige Raumnummern vergeben, die zusammen mit den Basisplänen ausgedruckt und als weitere Informationsbasis für die nachfolgenden Teilprozesse verwendet werden.

Teilprozess 2.1 — Aufnahme der Raumdaten mit Datenintegration

Wenn keine digitalen Daten für das Flächen- oder Technikkataster als Basis für eine Altdatenübernahme verfügbar sind, werden Bestandserhebungen vor Ort unvermeidbar.

Die Aufnahme der Raumdaten beginnt mit der Festlegung der Prioritäten der Liegenschaften und Gebäude nach ihrer Wichtigkeit. Mit dem vordefinierten Raumerfassungsblatt wird die manuelle Aufnahme der Raumdaten vor Ort durchgeführt. Im Anschluss erfolgt bei der Übernahme der Daten aus den Raumerfassungsblättern in das CAFM-System eine Prüfung auf Plausibilität. Nach vollständiger Digitalisierung des Raumbuches werden übergreifende Qualitätsrecherchen durchgeführt.

Erfassungsblatt Raum/Raumausstattung

Vorläufige RN

Ort   Herr/Frau: Firma/Abteilung:
Tel.-Nr. :   Blatt Nr. :

Liegenschaft: Gebäude:

Geschoss:
UG   1. UG   EG   1. OG   2. OG   3. OG   4. OG   Dach

Raum: Nr.:   Raumbezeichnung:

Raum-AKS

AKS/Barcode: **1 7 | B** | _ _ | _ _ _ | _ . _ | / | _ _
Liegenschaft   Obj.kl.   Gebäude   Geschoss   Raumnummer   Bauteil - Haus

Allg. Raumdaten

Flächennutzung (DIN 277):   HNF- Hauptnutzfl.   NNF- Nebennutzfl.   FF- Funktionsfl.   VF- Verkehrsfl.
Raumzuordnung zu Nutzungsarten (DIN 277):   Nr.:
Raum der Sicherheits- klasse n. DIN VDE 0107:   0   1   2   ohne Sicherheitsklasse

Nutzende Abt.:

Kostenstelle:

Raumgeometrie

Zeichnungsname (X-WORLD):
Liegenschaft   Obj.kl.   _ _ | _ _ _ _   Geschoss

Raumhöhe: m   abgehängte Decke: ja   nein

Raumausstattung

Waschbecken   Duschen   WC - Topf
Badewanne   Urinal   Spülbecken
Steckbeckenspüle   Heizkörper   Bettenanzahl
Ausgussbecken

Namenszeichen PQ/RB- Mitarbeiter

Status: Datenerfassungsblätter in EDV eingegeben   Name / Abt.:

Bild 24-17: Erfassungsbogen „Raum"

Teilprozess 2.2 — Aufnahme der Technikdaten mit Datenintegration

Der Teilprozess 2.2 - Anlagenerfassung erfolgt analog zur Raumbucherfassung auf Basis definierter Anlagenerfassungsblätter, wobei die Organisation der vor Ort Aufnahme nach Gewerkegesichtspunkten erfolgt. Die Integration der Technikdaten in das CAFM-System erfolgt teilweise alphanumerisch (allgemeine und typspezifische Anlagenstammdaten) und teilweise grafikorientiert (Anlagenstandorte und Versorgungsbereiche).

Erfassungsblatt Bauwerk - Techn. Anlagen

AKS verklebt: ☐

Name Abteilung: _____   Barcode

Ort

Herr/Frau: Firma/Abteilung:
Tel.-Nr. :   Blatt Nr. :

Liegenschaft: Gebäude:

Geschoss:

| UG | 1. UG | EG | 1. OG | 2. OG | 3. OG | 4. OG | Dach |

Raum: Nr.: _____ Raumbezeichnung: _____

Raum-AKS: _____

Anlage

Anlagenbezeichnung vor Ort: _____

Anlagenkennung nach AKS:

☐ (A) Anzeigetafel   ☐ (B) Belüftungsanlage

☐ (E) Fensterrolläden   ☐ (F) Türfeststellanlage

☐ (G) Garagentorantrieb   ☐ (K) Drehkreuz

☐ (O) Rolltor   ☐ (P) Projektionswand

☐ (R) Rauchabzug   ☐ (T) Automatiktür

AKS / Barcode: _ _ _ _ _ _ _ _ _ _ _ _ _ _
Liegenschaft   Obj.kl.   Gebäude   Geschoss   Gewerk   Anlage   lfd. Nr.

Anlagentyp nach Anlagendefinition: ☐ Buchstabe   ☐ Zahl

Ver- / Entsorgungsbereich: Raum-AKS: _____

Raum-AKS: _____

Anlagenverknüpfung: Versorgung von Anlage (AKS) _____

Versorgung nach Anlage (AKS)

Hersteller / Typ: _____   Baujahr: _____

Archivdaten: Zeichn.-Abl. / Raum AKS: _____   Zeichn.-Nr.: _____

Anlagenparameter

Wichtige Daten: Nennspannung _____ V   Nennstrom _____ A

Antriebs-Leistung _____ kW

Ausführung: ☐ elektrisch   ☐ hydraulisch

☐ elektro / hydraulisch   ☐ von Hand

☐ pneumatisch

Besonderheiten: _____

Sonstiges: _____

Bild 24-18: Erfassungsbogen „Technik"

Teilprozess 3 — Kennzeichnung der Objekte und Anlagen

Nach der Erfassung und Definition der Kennzeichnung der Räume, Anlagen und Bauteile sind die realen Objekte mit der vergebenen Kennzeichnung zu beschildern. Hierdurch wird der Bezug der elektronischen Daten zur realen Welt hergestellt. Es bietet sich hier aufgrund der zukünftigen Vereinfachung von Bestandsinventuren die Kennzeichnung mit Barcodeaufklebern an.

Dazu werden aus dem CAFM-System die entsprechenden Informationen durch Datenrecherchen herausgefiltert und an die Barcodesoftware übergeben, formatiert und gedruckt. Vor Ort werden die ausgedruckten Barcodes an standardisierten Stelle angebracht.

Bild 24-19: Beschilderung mit Barcodeaufkleber

24.7.3 Stammdatengenerierung aus Bauvorhaben

Im Gegensatz zur Erhebung von Stammdaten in bestehenden Immobilienbeständen ist das Ziel der Stammdatengenerierung aus Bauvorhaben, so viel notwendige Daten wie möglich aus dem Baugeschehen, d. h. über die übergebene Gesamtdokumentation der Planer und Gewerkenehmer, für den Bewirtschaftungsprozess zur Verfügung zu stellen. Aus der Baudokumentation der Fachunternehmen, Fachplaner und Architekten soll die Bewirtschaftungsdokumentation möglichst wirtschaftlich generiert werden.

Der Gesamtprozess der Erzeugung eines integrierten Datenpools lässt sich in vier Teilprozesse oder Phasen unterteilen. Während dieses Prozesses geht die Dokumentation des Baugeschehens in eine kundenspezifische Nutzerdokumentation über:

Phase 1. Dokumentationsvorgaben

Phase 2. Dokumentationsübernahme

Phase 3. Dokumentationsaufbereitung

Phase 4. Dokumentationsintegration

Für eine letztlich abschließende Datenintegration in das CAFM-System muss das Ziel realisiert werden, möglichst alle notwendigen Daten aus dem Bauprozess in einer definierten Form vorliegen zu haben. Dafür sind bei der Erstellung prinzipiell nachfolgende elementare Bedingungen einzuhalten:

1. Einheitliche Bezeichnung aller Unterlagen mittels des Allgemeinen Kennzeichnnungssystems (AKS).

2. Daten liegen digitalisiert und in Datenbankform vor. Leistungskataloge für die Instandhaltung sind erzeugt worden.

3. Einheitliche und digitalisierte Inhaltsverzeichnisse sind für alle Daten in Papierform erstellt worden.

4. Verknüpfung aller Daten mit den zugehörigen Objekten durch das AKS.

5. Für alle Gewerke existiert eine einheitliche Strukturierung aller Unterlagen.

Um eine einheitliche Dokumentation zu erhalten, müssen den Erstellern (Gewerkenehmern) Vorgaben und Realisierungshilfen an die Hand gegeben werden. Zu diesem Zweck werden für die verschiedenen Gewerke **Dokumentationsvorgaben** ausgearbeitet. Diese Dokumentationsvorgaben sind in den Bauprozess so früh wie möglich zu integrieren. Prinzipiell sind die Dokumentationsvorgaben so aufgebaut, dass sie Vorgaben für folgende Aspekte liefern:

- Inhalt und Umfang der zu liefernden Dokumentation,
- Anforderungen und Grundsätze an die Ausführung der Dokumentation,
- Kennzeichnung aller Unterlagen, Datenträger und Ordner,
- Bezeichnung und Format digitalisierter Unterlagen,
- Anforderungen an die Ausführung der CAD-Dokumentation (CAD-Richtlinie).

Durch die Einhaltung des in sich schlüssigen Systems der Dokumentationsvorgaben ist die Realisierbarkeit der Datenintegration in das CAFM-System möglich und der dafür notwendige Aufwand, sowohl zeitlich als auch finanziell, befindet sich in einem vertretbaren Maße.

Phase 2: Dokumentationsübernahme

Bevor die Dokumentationen der Gewerkenehmer übernommen werden, wird zunächst eine Abschätzung der Qualität und Quantität der zu erwartenden Daten vorgenommen. Diese Abschätzung wird mittels eines spezifischen Fragenkataloges realisiert, den die einzelnen Gewerkenehmer erhalten und welcher nach der Ausfüllung ausgewertet werden kann.

Damit die richtige Umsetzung der Dokumentationsvorgaben durch die Gewerkenehmer gewährleistet ist, wird von diesem eine Musterdokumentation angefordert und begutachtet. So können frühzeitig eventuell notwendige Korrekturen und Hinweise in den Prozess der Erstellung der Gesamtdokumentation einfließen.

Bevor die nachfolgende Aufbereitung der Dokumentationen durchgeführt werden kann, werden die Unterlagen auf ihre Qualität und Quantität überprüft. Die Protokollierung erfolgt in vorbereiteten Prüfblättern. Gegebenenfalls notwendige Nachforderungen oder kleine Änderungen werden von dem Gewerkenehmer eingefordert.

Phase 3: Datenaufbereitung

Die Daten, der vom Gewerkenehmer erstellten Gesamtdokumentation, können für eine Datenintegration in das CAFM-System nicht im Verhältnis 1:1 übernommen werden, weil sie den systemspezifischen Eigenschaften des CAFM-System in der Regel nicht entsprechen. Dies kann auch nicht erwartet werden, da meist die umsetzungstechnischen Kenntnisse und Hardwarevoraussetzungen bei den Gewerkenehmern beschränkt sind. Eine Datenaufbereitung muss also auch bei einer 100-prozentigen Einhaltung der Dokumentationsvorgaben erfolgen. Im Zuge der Datenaufbereitung werden die Massendaten auf die systemspezifischen Eigenschaften des CAFM-Systemes angeglichen, damit sie mittels entsprechender Tools in das System integriert werden können.

Der erste Schritt bei der Datenaufbereitung ist die prinzipielle Unterscheidung aller zur Verfügung stehender Daten in Bewirtschaftungsdaten und Bestandsdaten. Dabei sind unter Bewirtschaftungsdaten alle die Daten zu verstehen, die ständig für die Realisierung der Bewirtschaftungsprozesse des Gebäudes notwendig sind. Diese Daten müssen ständig aktuell im CAFM-System vorgehalten werden. Die Bestandsdaten hingegen werden nicht ständig für den Bewirtschaftungsbetrieb benötigt. Ihre Existenz ist z. B. für Umbauprozesse oder ähnliches notwendig.

Phase 4: Datenintegration

Grundsätzlich lassen sich vier verschiedene Verfahren für die Datenintegration unterscheiden:

1. Die Integration von Daten durch teil- oder vollautomatische Übernahmeroutinen.
2. Das Ablegen digitaler Dokumente und anschließendes Verknüpfen mit dem CAFM-System.
3. Das Einscannen von Dokumenten, Archivieren in einem Dokumentenarchivierungssystem und Verknüpfen mit dem CAFM-System.
4. Die händische Eingabe von Daten in das CAFM-System.

24.7.4 Kennzeichnungssysteme

Die Einführung eines Allgemeinen Kennzeichnungssystems (AKS) ist die Voraussetzung für die Schaffung einer durchgängigen Kennzeichnungsstruktur für den gesamten Bereich des Anlagengutes „Immobilie". Eine durchgängige Kennzeichnungsstruktur ist die Bedingung für die Einführung eines softwaregestützten FM-Systems. Das AKS fungiert als Schnittstelle zwischen einem Objekt und seinen zugehörigen Informationen (Daten) in den unterschiedlichen Prozessen.

Der Kennzeichnungsschlüssel des AKS besteht aus einem alphanumerischen Code und besitzt nachfolgende Eigenschaften:

- eindeutige und einmalige Kennzeichnung aller Objekte,
- eindeutiges Identifizierungsmerkmal für alle Objekte,
- transparente Codierung und
- digitalisierte und komfortable Verwaltung der Stammdaten und Massendaten.

Durch eine einheitliche, prozessübergreifende Kennzeichnung aller Objekte und Dokumentationen ist ein Datenaustausch zwischen verschiedenen Systemen und verschiedenen Prozessen möglich. Systemübergreifende Datenauswertungen und im besonderen die Datenpflege lassen sich mit einem minimalen Aufwand durchführen.

Konkret bezogen auf die Dokumentation bedeutet dies, dass neben der Einhaltung der formalen, inhaltlichen und strukturellen Forderungen eine durchgehende Kennzeichnung aller Objekte und Unterlagen und deren Verknüpfung ein unerlässlicher Bestandteil für die spätere Datenaufbereitung und -integration ist.

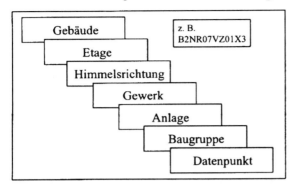

Bild 24-20: Hierarchische Ebenen des AKS-Schlüssels

24.7.5 Stammdatenpflege

Nach der Erzeugung eines integrierten Datenpools hat der Prozess der Dokumentation die elementare Aufgabe, den vorhandenen Datenbestand zu pflegen.

Idealer Weise geschieht die Bestandspflege während der Durchführung der eigentlichen Prozesse, d. h. die Bestandspflege sollte nicht zyklisch die rückwirkende Aufbereitung des Datenpools beinhalten, sondern parallel zu den Prozessabläufen den Datenpool auf aktuellem Stand halten. Dies kann natürlich nur realisiert werden, wenn der Zugriff auf den Datenpool für alle Nutzer möglich ist. Außerdem muss gewährleistet sein, dass lediglich ein Datenpool zur Datenlieferung und -verarbeitung verwendet wird.

Bei einer unzureichenden Aktualität der Daten entstehen mehrere Datenbanken, deren Daten in Quantität und Qualität nicht mehr miteinander übereinstimmen. Die unzureichende Aktualität der Dokumentation wird im praktischen Betrieb dadurch deutlich, dass die Daten der Dokumentation mit der Wirklichkeit nicht übereinstimmen. Wird häufig nacherfasst, wenn Daten benötigt werden, weist dies auf mangelnde Pflege der Dokumentation hin.

Analog zu den einzuhaltenden Rahmenbedingungen bei der Erstellung der Dokumentation für die abgeschlossene Baumaßnahme sind die Unternehmen des Anlagenbaus bzw. der Baunebengewerke auch an dem Prozess der Bestandspflege beteiligt. Jegliche Änderungen, Gewährleistungs- und Instandhaltungsmaßnahmen sowie Erweiterungen an der Immobilie ziehen zwangsläufig die Dokumentation der ausgeführten Prozesse nach sich.

24.8 Kostenrechnung und Controlling

24.8.1 Kostenrechnung und Kalkulation

Die Interpretation des Facility Managements als „ganzheitliches System zur Immobilienbewirtschaftung mit dem Ziel der Werterhaltung der Immobilien und der Produktivsteigerung der Immobiliennutzer" definiert für das Kaufmännische Gebäudemanagement eine in jeder Phase dieses Lebenszyklus gegebene Kosten- und Leistungstransparenz. Für die Projektierungs- und Bauphase wird dieser Anspruch weitestgehend erfüllt — definieren doch für Architekten, Fachplaner und Unternehmen der Baugewerke die Regularien der HOAI, VOB und DIN den entsprechenden Rahmen für eine hochaufgelöste Kostenaussage. Für die Betriebsphase gilt dies im Regelfall nicht. Trotzdem speziell in höher installierten Gebäuden innerhalb der ersten 10 Jahre die Betriebskosten die Investitionskosten erreichen oder sogar überschreiten (charakteristisch ist das Verhältnis zwischen Kapitaldienst und Betriebskosten der Immobilie) ist eine Kostentransparenz nur selten gegeben. Eine Ausnahme stellen die Immobilien der Wohnungswirtschaft dar, für die aufgrund der gesetzlich reglementierten Nebenkostenabrechnung eine detaillierte Kostenrechnung erforderlich ist. Die Kernprozesse des kaufmännischen Gebäudemanagements sind unter anderem Vertragsmanagement, Beschaffung, Objektbuchhaltung und Controlling.

Folgende Anforderungen ergeben sich an das Kaufmännische Gebäudemanagement:

- Kostentransparenz,
- Leistungstransparenz,
- valide und redundanzfreie Anlagenbuchhaltung,
- eindeutige Abgrenzung Eigenleistung - Fremdleistung,
- optimaler Beschaffungsprozess für Fremdleistungen,
- eindeutige Auftraggeber-Auftragnehmer-Strukturen,
- Kosten- und Leistungsrechnung mit genauer Kostenzuordnung,
- Kostenverantwortung für den „Auftraggeber".

Ein Großteil der Anforderungen liegt im Bereich der Kostenrechnung. Die Kosten- und Leistungsrechnung des kaufmännischen Gebäudemanagements hat dabei unter anderem folgende Aspekte zu berücksichtigen:

- Controlling der Kosten,
- Kalkulation und Controlling der Erträge (Umsätze).

Das finanzwirtschaftliche Controlling im Gebäudemanagement setzt insbesondere auf die Kostenträgerrechnung auf.

Kostenträger

Welche Produkte erzeugt ein Betrieb des Gebäudemanagements? Sofern die Bewirtschaftung eines Gebäudes die primäre Aufgabe ist, so ist der Dienstleistungsprozess das eigentliche Produkt (Hinweis: Prozesskostenrechnung). Um eine objektorientierte Analyse der Leistungen zu ermöglichen, kann die Verfügbarkeit jedes einzelnen bewirtschafteten Gebäudes als erbrachtes Produkt gesehen und durch einen Kostenträger dargestellt werden. Die Bewirtschaftung entspricht dann dem Produktionsprozess und führt zu Kosten für die „Herstellung" des Produktes. Diese können durch Material, Fremdleistungen oder Eigenleistungen entstehen und müssen möglichst verursachungsgerecht den einzelnen Produkten also Gebäuden zugewiesen werden.

Sofern die Bewirtschaftung mit Eigenpersonal durchgeführt wird, ist ein wesentlicher Beitrag dazu, der Einsatz einer genauen internen Leistungsverrechnung. So müssen alle Leistungen einer Abteilung dem jeweiligen Kostenträger belastet werden, um den Wertefluss auch verfolgen zu können.

Kostenanalyse des Kostenträgers

Sofern das bewirtschaftete Gebäude der Kostenträger ist, stellt sich nun die Frage, welche Kosten für die „Herstellung" aufgetreten sind. Hier kommen nun spezifische Fragen des Gebäudemanagements zum Tragen (Gewerkekosten, Anlagenkosten). Um diese Fragen zu beantworten, sind zwei Lösungswege denkbar:

- Erweiterung der Kostenartenstruktur (eigene Kostenart für die relevanten Kosten),
- Einrichtung einer Kostenträgerhierarchie.

Beide Konzepte haben ihre Vor- und Nachteile. So ist die Erweiterung der Kostenarten einfacher in der Auswertung, da auf einem Kostenträger jeweils alle Kosten sofort sichtbar sind. Nachteilig wird diese Struktur jedoch für die Leistungserfassung, da z. B. für die Instandhaltung unterschiedlicher Gewerke auch verschiedene Leistungsarten benötigt werden. Im zweiten Modell können identische Leistungsarten für alle Kostenträger genutzt werden, so dass die Menge der Leistungsarten und Kostenarten deutlich reduziert wird.

Erlöse des Kostenträgers

Neben der Kostenbetrachtung ist die Erlösseite des Kostenträgers interessant. Hier treten sowohl Erlöse aus Regelleistungen (geplante Prozesse, wie z. B. Inspektion und Wartung), als auch Erlöse aus variablen Leistungen (wie z. B. Energie, ungeplante Instandsetzung) auf. Ein gut funktionierendes Auftrags- und Rechnungswesen ist speziell für die Abrechnung der variablen Leistungen von vitaler Bedeutung. Die im Rahmen der Kostenrechnung gewonnenen Erkenntnisse bezüglich der bei der Realisierung des Dienstleistungsproduktes auftretenden Gestehungsaufwandes bilden die Basis für die Kalkulation und Bepreisung der Dienstleistungen. In der Kalkulation werden in der Regel Ergebnisse aus der Geschäftsvorfallanalyse der Vorjahre berücksichtigt.

24.8.2 Controlling

Moderne Controllingstrukturen orientieren sich nicht mehr ausschließlich an der finanzwirtschaftlichen Bewertung der Organisation. Eine prozessorientierte Unternehmensführung bedarf zunehmend einer durchgängigen und aktiv in allen Organisationsebenen gelebten Controllingstruktur als Führungsinstrument zur Sicherstellung des Geschäftserfolges. Controllingstrukturen, die ausschließlich eine finanzwirtschaftliche Ausprägung besitzen, erfüllen die Anforderungen der Steuerung von Dienstleistungsprozessen nur teilweise.

Das Controlling ist ein Instrument zur Führung eines Unternehmens. Der Begriff geht zurück auf das englische „control" (steuern, lenken). Es stellt den Führungskräften eines Unternehmens Zahlen zur frühzeitigen Erkennung und Umgehung von Problemen zur Verfügung. Man unterscheidet zwischen operativem und strategischem Controlling. Die Hauptaufgaben des Controllings sind:

- Planung,
- Kontrolle und
- Steuerung.

Die Planung definiert die strategischen und operativen Ziele des Unternehmens. Diese werden in der Regel finanzwirtschaftlich definiert, enthalten aber auch Elemente der Produktions- oder Leistungsplanung. Das wichtigste Instrument der Kontrolle ist der Plan-Ist-Vergleich (PIV), bei dem die operativen Ziele regelmäßig mit den Größen der operativen Planung verglichen werden. Durch die Feststellung von Abweichungen im Ergebnis dieser Analysen, werden Funktionen der Steuerung motiviert oder Veränderungen der Ziele oder Planwerte vorgenommen.

Das wichtigste Kommunikationsinstrument im Controllingprozess sind die Kennzahlen, die zur Definition der operativen und strategischen Ziele herangezogen werden. Kennzahlen sind Zahlen, die im Hinblick auf das Unternehmen und die Unternehmensziele hohen Aussage- und Erkenntniswert besitzen. Jede Kennzahl wird durch Kennwerte definiert. Ein Kennwert entspricht einer Eingabe des Anwenders oder einer Berechnung durch das System.

Ein Kennwert kann z. B. die gesamte Anzahl der Aufträge in einem System sein. Ein anderer Kennwert ist die Anzahl der Aufträge, welche durch Beschwerden ausgelöst wurden. Die Kennzahl „Anteil der Beschwerden" ist dann einfach die Division dieser beiden Kenngrößen.

Beispiel 24-5: $$Kennzahl = \frac{Kennwert\ 1}{Kennwert\ 2}$$

Der Anwender wird immer aufgefordert, Kennwerte im System einzugeben. Ein einmal definierter Kennwert kann somit für mehrere Kennzahlen genutzt werden.

Die zyklische Zusammenstellung von Kennwerten und die Bildung von Kennzahlen ergeben das Berichtswesen (Reporting). Dieses kann in tabellarischer, grafischer oder textlicher Form geschehen. Der Kennzahlenvergleich wird als Benchmarking bezeichnet. Hier unterscheidet man grundsätzlich das interne Benchmarking vom Benchmarking mit Dritten (direkte Wettbewerber oder Branchenbeste).

Controlling als Regelungsfunktion

Das Controlling wird dem Techniker besser durch das Bild eines „Geschlossenen Regelkreises" verdeutlicht. Definiert man die betrieblichen Steuerungsfunktionen derart, sind die Anforderungen an das Controlling klar zu deuten. Das Bild des Regelkreises, der durch den Controllingprozess geschlossen wird, soll am Beispiel der finanzwirtschaftlichen Kennzahl „Offene Forderungen" dargestellt werden.

In diesem Beispiel stellt die Wertschöpfungskette des Unternehmens die Regelstrecke dar. Diese besteht unter anderem aus den betrieblichen Prozessen „Auftragswesen — Leistungserbringung — Rechnungswesen". Im Ergebnis ergibt sich über die Gesamtheit der Geschäftsvorfälle ein Gesamtforderungsbestand, der zum Teil noch nicht durch Zahlung gedeckt ist. Aufgrund des in der Regel begrenzten Liquiditätsrahmens des Unternehmens ergibt sich in der Konsequenz der Sollwert für den Bestand an offenen Forderungen. Der Regler „Controlling" hat in diesem Fall die Aufgabe des dauerhaften Vergleiches zwischen Sollwert und Istwert der „Offenen Forderungen". Als Ergebnis dieses Vergleiches ergeben sich die Signale auf die Stellglieder, wie z. B. die Beschleunigung des Prozesses „Faktura" oder ein aktiveres Mahnwesen.

Grundsätze beim Aufbau von Controllingstrukturen

Die Anforderungen an die Strukturen und Prozesse des Controllings ergeben sich als Ableitung aus dem Geschäftsauftrag und dem Leitbild des Unternehmens. Schlussendlich hat der Controllingprozess zur Aufgabe, die Umsetzung des Geschäftsauftrages und des Leitbildes im Unternehmen dauerhaft sicherzustellen.

Aus dem Geschäftsauftrag und dem Unternehmensleitbild werden strategische Ziele abgeleitet. Diese definieren die für den optimalen Unternehmenserfolg relevanten Erfolgsfaktoren. Um die strategischen Ziele im Rahmen der „regelhaften Geschäftstätigkeit" umsetzbar zu machen, sind hieraus, unter anderem durch Kennzahlenbildung, operative Ziele abzuleiten. Die relevanten Kennzahlen werden in der operativen Ebene des Unternehmens zusammengetragen und münden im Berichtswesen.

In der hiermit definierten Zielkaskade zeigt sich, dass alle Organisationsebenen über identische Erfolgsfaktoren und Ziele geführt werden sollten. Damit ergeben sich je Organisationsebene lediglich Variationen im Aggregationsniveau der Kennzahlen, jedoch nicht im Kennzahlenmodell an sich. Bei konsequenter Anwendung dieses Kaskadenmodells entsteht eine äußerst homogene Controllingstruktur, die darüber hinaus die Voraussetzung für eine IT-Unterstützung des Controllingsystems bietet.

Controlling in der Betriebsphase

Das Controlling in der Betriebsphase zeigt sich häufig als bivalente Aufgabenstellung. Aufgrund der häufig anzutreffenden Situation, dass der Dienstleistungsprozess ein „Gemeinschaftsprodukt" von internen und externen Ressourcen ist, ergibt sich folgende zweigeteilte Controllingsicht. In der Regel ist es für den Auftraggeber unstrittig, dass er seine externen Dienstleister „controllen" (oder besser: kontrollieren) muss. Die gleichen Controllinganforderungen bestehen jedoch auch gegenüber dem dienstleistenden Eigenpersonal.

Der zentrale Fokus des Controllings von extern erbrachten Serviceleistungen ist die Kontrolle von Leistungserfüllung und Preishaltigkeit der Leistung. Die Steuerungsfunktion und der Optimierungsansatz, wie sie zuvor als Kernaufgabe des Controllings dargestellt wurden, kommen bei weitem zu kurz. Ein kennzahlengestütztes System zur Ermittlung der Dienstleistungsgüte kann z. B. über den Indikator „Nutzerzufriedenheit" abgeleitet werden. Die Kontrollfunktion für den gemeinsamen Dienstleistungsprozess und der dadurch resultierenden Haftung für denselben wurde oben bereits erläutert (Haftung für den Verrichtungsgehilfen).

Neben dem externen Leistungscontrolling stellt das ganzheitliche Controlling der Dienstleistungsprozesse für den Auftraggeber das zentrale Führungsinstrument dar. An dieser Stelle ist eine starke Prozessorientierung der Controllingstrukturen anzuraten, da der Dienstleistungsprozess das Produkt darstellt und somit der zentrale Erfolgsfaktor ist. In konsequenter Anwendung dieses Ansatzes ergibt sich für das finanzwirtschaftliche Controlling die Notwendigkeit der Prozesskostenrechnung. Die übliche finanzwirtschaftliche Bewertung der Kosten unter Ausblendung der prozessorientierten Elemente, wie z. B. Effizienz, Servicelevel etc., erfüllt die Ansprüche eines wirksamen Unternehmenscontrollings nur eingeschränkt.

Controlling in der Bauphase

Ein wichtiges Controllingelement des modernen Bauprozesses stellt die Berücksichtigung der Anforderungen und Erfahrungen aus der Bewirtschaftungsphase dar. Idealerweise werden diese bereits in der Planungsphase thematisiert. Das „FM-gerechte" Bauen gewinnt erkennbar an Bedeutung und Dynamik, trotz der gerade im Bauprozess sehr starken Orientierung an Regeln, Normen und insbesondere traditionsgeprägten Strukturen und Abläufen.

Im Sinne des oben beschriebenen „Geschlossenen Controllingregelkreises" ist die Verbindung zwischen Betriebsprozess und Bauprozess herzustellen. Der dazu erforderliche Regler könnte seiner Funktion entsprechend als „Lifecycle-Regler" bezeichnet werden. Der Sollwert dieses Reglers wäre dementsprechend für die Immobile ein über den Lifecycle gesehenes optimales Kosten-Nutzen-Verhältnis. Neben dem heutigen, rein an der Investition orientierten Baucontrolling, fordert das FM-gerechte Bauen neue und speziell den damit definierten Anforderungen angepasste Controllingstrukturen.

Realisierung und EDV-Unterstützung von Controllingmodellen

Jegliche Controllingstruktur steht und fällt mit dem Grad der Akzeptanz und der Anwendung in einer Organisation. Leitet man entsprechend der Zielkaskade für alle Organisationseinheiten (oder bestenfalls sogar für die Zielvereinbarungen mit den Führungskräften) die Ziele aus dem Unternehmensleitbild ab und hält man dabei die Konsistenz des Controllingsystems aufrecht, sind die besten Voraussetzungen für die Etablierung dieses Führungsinstruments geschaffen.

Das Controllingsystem wirkt nur dann, wenn jeder Organisationsbereich und jeder Mitarbeiter dieses Führungssystem anwendet und speziell die für die Kennzahlenbildung erforderlichen Kennwerte zeitnah verfügbar macht.

Die EDV-basierte Abbildung der Kennzahlen rundet das System ab. Eine konsistente Ziel- und Kennzahlenkaskade ist unabdingbare Voraussetzung für den EDV-Einsatz im Controllingprozess. Nur so kann ein automatisiertes und ggf. auch grafisch unterstütztes Berichtswesen aufgebaut werden.

24.9 Bewirtschaftungsaspekte bei der Anlagenprojektierung und im Anlagenbau

„Die Betriebskosten höher installierter Gebäude sind heute so hoch, dass die Bewirtschaftungskosten nach ca. 10 Jahren die ursprünglichen Investitionskosten für ein Bauwerk erreichen!"

Es erscheint daher sinnvoll, neben der Reduzierung der eigentlichen Erstellungskosten auch die im anschließenden Betrieb der Immobilie entstehenden Bewirtschaftungskosten durch die Realisierung intelligenter Konzepte so gering wie möglich zu halten.

Ein FM-orientierter Bauprozess birgt erhebliche Optimierungspotentiale für die spätere Bewirtschaftungsphase der Immobilie. Analysiert man die Kostenstrukturen (Erstellungskosten und Bewirtschaftungskosten), zeigt sich die Notwendigkeit für diesen Ansatz, der sich in den Kernpunkten

- Facility Management-Konzept,
- FM-gerechte Projektorganisation,
- FM-orientierte Bewirtschaftungswerkzeuge und DV-Systeme,
- Dokumentation und Datenbeschaffung sowie
- betriebsorientierte Projektierung und Controlling

artikuliert.

FM-gerechte Projektorganisation im Bauvorhaben

Prinzipiell kann eine FM-gerechte Projektierung und Realisierung eines Bauvorhabens nur garantiert werden, wenn die FM-spezifischen Anforderungen und Vorgaben mit entsprechender Linienkompetenz in den Planungs- und Errichtungsprozess einfließen können. Dies bedeutet, dass der FM-Verantwortliche in der Ebene des Projektsteuerers angesiedelt wird oder über den Bauherren in den Projektablauf eingebunden wird. Eine Einbindung in untere Organisationsebenen bringt keinerlei Erfolg, da die FM-spezifischen Rahmenbedingungen Anforderungen an das Bauprojekt darstellen und diese Forderungen zwingend umzusetzen sind. Dies gelingt nicht bei einer untergeordneten Anordnung des FM-Verantwortlichen im Projektorganigramm. Die zeitlich optimale Eingliederung des FM-Konzeptes in ein Bauvorhaben ist von ähnlich großer Bedeutung.

Dokumentation und Datenbeschaffung im Bauvorhaben

Die für das Bauvorhaben gültigen Dokumentationsvorgaben werden möglichst noch vor Abschluss der Architekten- und Ingenieurverträge in das Projekt integriert. Auf Grundlage dieser Vorgaben werden schon durch die Planung allgemeine Kennzeichnungssysteme angewendet und abschließend die Gesamtdokumentation erstellt. Die übernommene Gesamtdokumentation wird nach CAFM-systemspezifischen Gesichtspunkten adaptiert und in das CAFM-System integriert. Der Gesamtprozess für die Erzeugung eines integrierten Datenpools wurde detailliert in Kapitel 24.7.3 dargestellt.

Betriebsorientierte Projektierung der Bauwerke und Anlagen

Um die Forderungen an einen kostenoptimalen Betrieb der realisierten Immobiliensubstanz erfüllen zu können, sind die Bauteile und Anlagen der Immobilien derart auszugestalten, dass ein Minimum an betriebs- und verbrauchsgebundenen Kosten in der Betriebsphase erreicht werden kann. Aus diesem Grund sind die Planungen und Konzepte der einzelnen Fachsparten einem Bau-Controlling zu unterziehen. Exemplarisch können folgende Ansätze genannt werden:

1. Überprüfung der technischen Konzepte auf ihre Energieverbrauchssituation und die damit verbundenen Auswirkungen auf die verbrauchsgebundenen Kosten.
2. Überprüfung der technischen Konzepte hinsichtlich ihrer Wirkung auf die betriebsgebundenen Kosten (Betriebsführungsstruktur, Automatisierungsgrad, z. B. hinsichtlich automatisiertem Störungsmanagement), Wartungsfreundlichkeit und Optimierbarkeit.

3. Überprüfung der technischen Konzepte hinsichtlich ihrer Regelgüte, speziell im gebäudeübergreifenden Anlagenverbund (z. B. Heizung, Klima, Kälte, BHKW usw. mit ihren gegenseitigen Wechselwirkungen).

4. Überprüfung der Hochbaukonzepte hinsichtlich ihrer Infrastruktur für die zu erbringenden Serviceleistungen (Standorte und Raumbedarf, Zugänglichkeiten und Wege).

5. Überprüfung der Hochbausubstanz hinsichtlich der Auswirkungen auf die betriebsgebundenen Kosten (z. B. Bodenbeläge mit Wirkung auf die Reinigungsleistungen, Glasfassaden o. ä. mit Kostenwirkung bei Unzugänglichkeiten).

6. Überprüfung der Planungen und Konzepte hinsichtlich ihrer Konformität mit den oben dargestellten Rahmenbedingungen für Dokumentation und DV-Struktur.

Diese Liste ließe sich endlos fortsetzen, jedoch zeigen auch diese exemplarischen Beispiele, was unter einer betriebsorientierten Begleitung der Planungs- und Realisierungsprozesses im Sinne eines Planungscontrollings bzw. eines Planungsreviews zu verstehen ist.

Literatur

[1] GEFMA 100: Facility Management — Begriffe, Strukturen, Inhalte, Deutscher Verband für Facility Management e.V., Entwurf 12/1996.

[2] VDMA 24196: Gebäudemanagement — Begriffe und Leistungen, Verband Deutscher Maschinen- und Anlagenbauer e. V., 1996.

[3] AIG 12: Gebäudemanagement — Definition, Untergliederung, Instandhaltungsinformation, Arbeitsgemeinschaft Instandhaltung Gebäudetechnik der Fachgemeinschaft Allgemeine Lufttechnik im VDMA.

[4] DIN 32736, Gebäudemanagement — Begriffe und Leistungen, Beuth Verlag, 08/2000.

[5] DIN 31051, Instandhaltung; Begriffe und Maßnahmen, Beuth Verlag, 01/1985.

[6] *Wöhe, Günther*: Einführung in die Allgemeine Betriebswirtschaftslehre, Verlag Vahlen, 20. Auflage.

Diffusstrahlverhalten 156
dimensionslose Temperatur 306
dimensionsloser mittlerer
   Temperaturunterschied 305
diskretes Modell 214, 217
Diskretisierungsmethode 199, 218
Dissipation 193, 206, 207
Dokumentation 755
Dokumentation von Bauvorhaben 799
Dralldiffusoren 158
Dralldurchlässe 158
Drallregler 297
Drehklang 445
Drehrichtung 285
Drehzahl 674
Drehzahlregelung 280, 300
Drosselgerät 257
Drosselklappen 453
Drosselung 299
Druck 193, 210, 218
Druckbeiwerte 81
Druckbelüftungsanlagen 554
Druckgefälle 234
Druckregelung 719
Druckrückgewinn 239
Drucksaal 597
Druckseite 232
Drucksensoren 673
Druckverhältnisse 77
Druckverlust 232, 397
Düsenbefeuchter 347
dynamische Verfahren der
   Investitionsrechnung 688
dynamischer Druck 233
dynamisches Verhalten 341
dynamisches Verhalten der Regelstrecke 343

EC-Motor 281
Effektivität 305, 307
Eigenfrequenz 492
Einbauverhältnisse 290
Einbauverluste 282, 291
Einfederung 492
Einfrierschutz 403
Einfügungsdämpfung 480
eingeschwungener Zustand 39
Einregulierung 232
einseitige Lüftung 83
Einsparpotentiale 718
einstufige Klimaanlage 62
Einzelraumregelung 135
Einzelwiderstand 232
Elektrischer Dampfbefeuchter 360
Elektro-Luftfilter 380
elektronisches Expansionsventil 585
empirische Konstante 207
endständige Filterstufe 175
Energiefreisetzungsräte 537
Entfeuchtunglast 7
Enthalpiestromabnahme 305
Enthalpiestromzunahme 305
Enthalpietransportgleichung 193
Entrauchungsklappen 551, 559

Entrauchungsleitungen 541
Entrauchungsventilatoren 541
Entwurf 744
Entwurfsbericht 745
Erdwärmesonden 3
Erdwärmetauscher 3
Erhalten der Gebäudesubstanz 58
erzwungene Verdrängungsströmung 152
Expansionsorgane 585
experimentelle Methode 189, 198

Facility Management 757
Faktorisierungsverfahren 694
Faltenbogen 247
Fehlerberechnung 678
Fehlerfortpflanzung 676
Feinfilter 372
Feldeinteilung 613
Fensterlüftung 81
Fensterlüftungsfaktor 53
Fettabscheidekonzept 182
Feuchteband 102, 365, 699
Feuchtelast 57, 58, 62, 65, 66, 73
Feuchteregelung 365
Feuchteübertragung 399
feuerbeständig 559
feuerhemmend 559
Feuerwiderstand 556
Filter-Anwendungsgebiete 376
Filter-Auswahlkriterien 372
Filter-Beurteilungs-Merkmale 379
Filtermedien 375
Filtermerkmale 371
Filterwiederverwendung 374
Finite Volumen Methode 200, 214
finites Bilanzgebiet 215, 216
Finites-Volumen-Verfahren 186
Flächenmanagement 763
Flachriemen 281
Flash-over 537
flexibles Rohr 234
Förderdruck 238
Förderkosten 717
Formstück 232
Fortluftdurchlässe 182
Fraktionsabscheidegrad 379
freie Klimatisierung 48
freie Lüftung 76
freilaufendes Rad 275, 279, 282
Freistrahl 155, 186, 188, 195, 197
Frequenzspektrum 450
Frequenzumrichter 280
Frostschutz 108, 402, 650
Frostschutzmaßnahmen 403
Füllmedium 418
Funktion eines Volumenstromreglers 134
Funktionserhalt 550
Funktionsmessung 652
Funktionsprüfung 650
Fußleistendurchlässe 170

Garantiekurve 670
Gebäudeleitzentrale 790

Gebäudemanagement 761
Gebäudeschutzfunktion 58
GEFMA 757
Gegenstrom 329
Gegenstromführung 306
Gehäusestellung 285
Genauigkeitsklassen 290
Genehmigung 743
Genehmigungsplanung 747
geothermisches Energiepotential 3
Geräteauslegung 605
Gerätereihenfolge 109
Geruchsemission 59–61
Gesamtdruck 233
Gesamtdruckdifferenz 232
Gesamtdruckverlust 162, 232
Geschwindigkeitsfeld 186, 197, 222
Geschwindigkeitsmessung 663
Geschwindigkeitssensoren 653
Gestaltungsgrundsätze 728
Gewebevlies 175
Gitter 194, 198, 200, 214, 216, 221
Glasrohr 415
Gleichstrom 329
Gleichstromführung 308
gleichwertiger Durchmesser 234
Gravitationswärmerohr 418
Grenzfrequenz 464
Grobfilter 372
Grundaufbereitung 599
Grundlagenermittlung 739
Grundwassernutzung 3
Gütegrad 311, 312

Hauptleitung 251
Hauptstrom 249
Heizlast 7, 104
*Helmholtz*resonator 471
HOAI 735
Hochdruckzerstäubung 356
Hochleistungslaufrad 282
Hörsaal 636
Hosenstück 249
HUBau 735
Hybridbefeuchter 357
hydraulische Schaltung 329
hydraulischer Durchmesser 234
Hygiene 349

Impulstransportgleichung 192, 210, 213
Inbetriebnahme 711
indizierte Jahresenergiekosten 697, 698, 708
Induktionsgeräte 146, 458, 526
Induktionsverhältnis 162
Infrastrukturelles Gebäudemanagement 763
inkompressibel 233
innere Kühllast 14
Inspektion 765
Instandhaltung 763
Instandhaltungsplanungssystem 795
Instandhaltungsstrategie 769
Instandsetzung 765
integrierte Gebäudeplanung 3

Investitionsrechenverfahren 686
Isoliergrad 493
Iterationstechnik 219

Jahresenergie- und -medienbedarf 695
Jahreskostenfaktoren für Bedienung
    und Instandhaltung 686
Jahresnutzungsprofil 96

Kaltdampf-Generator 358
Kälteanlagenaggregate 590
Kältemittel 418
Kältemittelverdampfer 581
Kältemittelverdichter 569
Kältemittelverflüssiger 581
Kaltluft 630
Kanalansatzverfahren 659
Kanalnetz 231
Kapazitätsstrom 305
Kapazitätsstromverhältnis 305, 307
Kapillarwärmerohr 419
Kapitalkosten 263
Kapselung 478
Kaskadenregelung 138
Katalogkennlinie 279, 290
Kaufmännisches Gebäudemanagement 763
Keilriemen 281
Kerngeschwindigkeit 168
Klassifikation von Partikel-Luftfiltern 374
Klimaanlage HKBE-AU 598
Klimaanlage mit Dampfbefeuchtung 119
Klimaanlage mit Wäscherbefeuchtung 122
Klimafassaden 90
Klimagebiete 48
Klimasysteme 119
Kniestück 239
Kolbenverdichter 570
Kombinationen von Zu- und
    Abluftdurchlässen 180
Kondensatabführung 410
Kontinuitätsgleichung 192, 215
Konzentrationsfeld 186, 187, 203, 223
Koordinatensystem 192
Körperschallisolierung 491
Kosten im Hochbau 736
Kostenermittlung 690
Kostenrechnung 806
Kraft-Wärme-Kälteverbund 591
Kreislaufverbundsystem 313, 421
Kreisverstärkung 341
Kreuz-Gegenstromführung 316
Kreuzstromführung 309, 310
kritischer Strahlweg 162, 164
Krümmerabzweig 249
Küchen 525
Küchenabzugshauben 182
Kühldecke 610
Kühlen mittels adiabatischer Befeuchtung 725
Kühler, mengengeregelt 331
Kühler, temperaturgeregelt 331
Kühlerhydraulik 111
Kühlgrenzzustand 347
Kühllast durch Außenwände und Dächer 18

Kühllast durch Beleuchtung 15
Kühllast durch Maschinen und Geräte 16
Kühllast durch Personen 15
Kühllast durch Stoffdurchsatz 17
Kühllast infolge Infiltration 21
Kühllast infolge sonstiger Wärmeabgabe 17
Kühllast infolge Strahlung durch
    Fenster 20
Kühllast infolge Transmission durch
    Fenster 20
Kühllast infolge unterschiedlicher
    Nachbarraumtemperaturen 17
Kühllast 7, 39, 64, 104
kühllastbedingter Zuluftvolumenstrom 172
Kulissenschalldämpfer 473
kumulierte Betriebskosten 684
Kunsttoffrohr 416
Kurzschlussströmung 180

Laborabzüge 182
Lage der Abluftöffnungen 175
Lamellenrohrwärmeübertrager 422
Landesbauordnungen 513
Large Eddy Simulation 208
Lastgerade 63, 64, 66
latente Kühllast 8
Laufradschaufelverstellung 288
Laufschaufelverstellung 300
Laufschaufelverstellung bei
    Axialventilatoren 301
Leck 379
Leckluftstrom 395
Leeseite 80
Leistungsbedarf 272
Leistungsverzeichnis 750
Leitbleche 174
Leitschaufel 248
Lochblech 175
Low-*Reynolds*-Number-Modell 208, 209
Luftdurchlass 151, 186, 196, 198, 239,
    455, 468
Luftdurchsatzmesser 660
Luftfeuchtesensoren 671
Luftführungsprinzip 186, 188, 195
Luftgeschwindigkeit 233
luftseitige Betriebsweise 57, 66
Lufttemperaturanstieg 172
Lüftungsanlage 127
Lüftungsanlagen nach DIN 18017-3 523
Lüftungsdecken 176
Lüftungsfläche 53, 84
Lüftungsgitter 158
Lüftungszentralen 522
Luftwechsel 189
Luvseite 80

maschinelle Rauchabzugsanlagen (MRA)
    538
Maschinenabsaugungen 114
mathematisch-numerisches Modell 186,
    192, 197
maximale Temperaturdifferenz 304
maximale Zulufttemperaturbegrenzung 715

Mehrzonenanlage mit eigenen Ventilatoren 131
Mehrzonenanlagen 129
Mehrzonenanlagen mit zentralen
    Ventilatoren 130
Mindestaußenluftmassestrom 57
Mindestaußenluftvolumenstrom 59–61, 63, 65
Mindestaustrittsgeschwindigkeiten 174
Misch- oder VVS-Geräte 106
Mischluft 56
Mischlufttrapez 704
Mischlüftung 152
Mischregler 631
Mischströmung 152
Mischungswegtheorie 206, 217
Mittelwert 204
mittl. isobare spez. Kapazität 305
mittlerer Temperaturunterschied 306
MLüAR
    (Muster-Lüftungsanlagen-Richtlinie) 515
Modellraum 189
Modellregeln 189
Modulbauweise 414
Musterbauordnung 512

Nachtkühlung 101, 639
Nahzone 168, 171
Nasskühltürme 566
Nebenauslassregelung 299
Nebenleitung 251
Nennlastauslegung 163
Netzkennlinie 257
neutrale Linie 77
nichtlineare Regelstreckenkennlinie 342
Nullmethode 659
numerische Berechnung 199
numerische Simulation 200, 226
numerisches Modell 214
Nur-Luft-Klimaanlage 55, 62

Oberflächenkühler im SGK-Prozess 437
Objektbetreuung 755
Objektüberwachung 754
Öffnungswinkel 240
operative Raumtemperatur 31, 666, 667
optimaler Außenluftstrom 46
Optimum-Start-Stop 612
Organisationsentwicklung 767

Parallelbetrieb 293, 724
Parallelbetrieb der Klimaanlagen 603
Partikeldurchmesser 379
Pegelminderung 460
Personal- und Materialkostenanteil 692
Personalentwicklung 767
Planungsprozess 97
Planungsschritte 99
Plattenresonator 471
Plattenwärmeübertrager 310, 585
Poisson-Gleichung 214
Prallplattenluftverteiler 158
Prandtl-Zahl 205
Primärdämpfer 482
Primärluftanlagen 146

Primärwirbel 82
Primärzuluft 56
Proportionalitätsgesetze 272
Prozessabläufe 766
Prüfaerosol 378
Prüfzeugnis 557

Quellluftdurchlass 168, 608
Quellluftinduktionsgeräte 170
Quelllüftung 152, 194
Querlüftung 80
Querschnittsänderungen 466
Querschnittserweiterung 239
Querschnittsverengung 242
Querstromventilatoren 289

Radialventilatoren 274
Randbedingung 187, 194, 197, 210, 226
Rauch- und Wärmeableitung 537
Rauch- und Wärmeabzugsanlagen (RWA) 87
Rauchauslöseeinrichtungen 519
Rauchgasmenge 545
Rauchmelder 541
Rauchschutzklappen 519, 561
Raumbelastungsgrad 153
Raumbuch 737
Raumdämpfung 478
Raumdämpfungsmaß 163
Raumdurchspülung 160
Raumluft 58
Raumluftgeschwindigkeit 662
Raumluftstrom 659
raumlufttechnische Aufgabenstellung 55, 56, 58
Raumlufttemperatur 38, 65, 72, 73
Raumluftzustand 56, 62, 63, 66, 68, 72
Raumtemperatur 68
RBBau 735
Rechteckluftleitungen 484
Reduzierstück 242
Reflektionsgerät 674
Regelklappe 257
Regelstabilität 710
Regelung des Kanaldrucks 622
Regelung von Ventilatoren 297
Regelungskonzept 115
Regelungsstrategie 365
Regenerationstemperaturen 435
Regenerativ-Enthalpieübertrager 399
Regenerativ-Wärmeübertrager 399
regenerative Verfahren 389
Regeneratoren 391
Reibung 232
Reibungskraft 191, 193, 201
Reibungswiderstand 232
Reihenschaltung 296
Reinigung 395
Reinraumbereich 176
rekuperative
    Wärmerückgewinnungsverfahren 389
relative Zuluftfeuchte 56
Relaxationsdämpfer 472
Resonanzdämpfer 471

Reynolds-Gleichung 201, 204
Reynoldsscher Spannungstensor 209
Reynoldszahl 191, 208, 320
Richtungsfaktor 478
Rieselbefeuchter 357
Rohrrauhigkeit 234
Rohrreibungszahl 233
Rohrschalldämpfer 474, 475
Rotations-Regenerator 317
Rotor 391
Rotorabdichtung 393
Rotorantrieb 392
Rückfeuchtzahl 397
Rückkühlwerke 566
Rückströmgebiet 220
Rückströmung 175
Rückwärmzahl 397

Sattelstutzen 249
Saugseite 232
Säulendurchlässe 170
Schachtlösung 517
Schachtlüftung 85
Schachtmündung 86
Schachtquerschnitt 85
Schadstoff 223
Schadstoffemission 59
Schadstoffkonzentration 59, 60, 69, 70
Schadstofflast 195
Schadstoffquelle 186, 187, 193
Schadstoffübertragung 395
Schallabstrahlung 488
Schalldammmaß 486
Schalldämmung 484
Schalldämpfung 460
Schalldruckpegel 163, 675
Schalleinstrahlung 488, 489
Schallleistungspegel 162, 163, 445
Schallübertragung 489
Schatten 11
Schaufelanstellwinkel 288
Schichtenströmung 152
Schleusluftstrom 395
Schleuszone 393
Schlitzdurchlässe 158, 619
Schlupfregelung 280, 301
Schmidt-Zahl 205
Schottlösung 517
Schraubenverdichter 576
Schürzen 174
Schutzdruck 57, 68
Schwankungsgeschwindigkeit 203, 206
Schwankungsgröße 204
Schwebstofffilter 378
Schwerlinien-Verfahren 656
Schwimmerventil 585
Schwingungsisolatoren 494
Scrollverdichter 579
Segmentbogen 248
Sekundärdämpfer 482
Sekundärluft 155
Sekundärspeicherung 41
Sekundärwirbel 82

sensible Kühllast 8
SGK-Anlage mit Kältemaschine 438
Simulationsrechnung 219
sommerlicher Wärmeschutz 47
Sonderbauten 513
Sorptionsgestützte Klimatisierung 431
Sorptionsregenerator 432
Spaltgeschwindigkeit 412
Spaltlänge 411
Spaltluftstrom 395
Speichermasse 389, 395
Speichermaterialien 393
speicherwirksame Bauwerksmasse 48
spezifische Energiekosten 694
spezifischer Druckverlust 234
spezifisches Fensterflächenverhältnis 48
Spiralrippenrohrwärmeübertrager 422
Stabilisierungsring 289
Stabilität im Regelkreis 341
Stabilitätsgrenze 342
Stabilitätskurve 341
Standardleistungsbuch 750
*Stanton*zahl 320
Start-Stop-Optimierung 101
statische Verfahren der
    Investitionsrechnung 687
statischer Druck 233
Staubspeicherfähigkeit 373
Staudruck 233
Stellwinkel 257
stetige Feuchteregelung 706
stöchiometrische Rauchgasmenge 545
Stoffdurchlässe 170
Stoffstromdichte 212
Stofftransportgleichung 193
Stoßdiffusor 241
Strahlausbreitungsweg 162
Strahlbreite 155
Strahleinschnürungen 177
Strahllauflänge 164
Strahllüftung 152
Strahlpumpe 329
Strahlungsübertemperatur 52
Stromaufnahme 673
Stromfunktion 210
Stromlinie 223, 228
Stromtrennung 239
Strömungsfeld 187, 191, 211
Strömungsgeräusch 449
Strömungsversperrungen 175
Stromvereinigung 239
*Strouhal*zahl 452
Stufendralldurchlässe 637
Stützbetrieb 639
Stützstrahl 181
symmetrische Systeme 423
Systemwirkungsgrad 279, 280

T-Stück 249
Tagesamplitude 41
Tagesmittelwert 40
Tangentialströmungen 161
Taupunktregelung 702

Taupunkttemperaturband 705
Taupunktunterschreitung 399
Technische Baubestimmungen 513
Technisches Gebäudemanagement 762
Teilklimaanlage HK-MI 636
Teilklimaanlage mit Wäscherbefeuchtung
    und Wärmerückgewinnung 124
Teillastbetriebsfälle 712
Teillastventile 713
Teilstrecke 259
Teilstrom 249
Tellerventile 158
Temperatur 189, 202, 223
Temperatur- und Feuchteband 103
Temperatur-Zeit-Beanspruchung 549
Temperaturänderung 304
Temperaturdifferenz 193
Temperaturfeld 186, 203, 222
Temperaturgradient 169
Temperatursensoren 664
Temperaturunterschied 304
Temperaturverhältnis 162
thermisch gesteuerte
    Verdrängungsströmung 152
thermischer Auftrieb 76
thermischer Auftriebsdruck 78
thermostatisches Expansionsventil 585
Toleranzen 676
Trägheitskraft 191, 193, 201
Transmissionswärmestrom 39
Transportgleichung 186, 193, 199, 206, 214
Trivialverfahren 655
Trockenexpansionsverdampfer 582
Trockenkühlwerke 567
Trommelläufer 282
Turbo-Kaltwassersatz 590
Turboverdichter 580
turbulente Mischströmung 103
turbulente Reibung 204
turbulente Stoffstromdichte 205
turbulente Wärmestromdichte 205
turbulenzarme Verdrängungsströmung 153
Turbulenzenergie 206
Turbulenzentstehung 201
Turbulenzgrad 213
Turbulenzmodell 205, 206, 217
Typprüfung 177

Übereinstimmungsnachweise 561
Überlagerungsmethode 481
Überströmöffnungen 177
Übertragungseinheiten der Speichermasse 317
Übertragungsfläche 408
Übertragungsgrad 397
Übertragungsluftstrom 395
Ultraschallbefeuchter 357
Umlenkradius 247
Umlenkung 246, 450
Umlenkwinkel 247
Umluft 56, 65, 66
Umluftkühlgeräte K-UM 598
Umluftmassestrom 57
Umschaltregenerator 405

Umwälzpumpe 428
Umwandlungswärmestrom 39
Unsicherheit 677
unsymmetrische Systeme 423
unterbrochene Lüftung 83

variabler Volumenstrom 163
VDMA 758
Ventilator mit Spiralgehäuse 275, 282
Ventilatoranordnung 402
Ventilatoren 269, 444
Ventilatoren in Klimazentralen 293
Ventilatorkennlinie 257, 269
Ventilauslegungen 337
Ventilautorität 337
Ventildimensionierung 709
Ventilentartung 342
Verbrauchsreduzierung 709
Verdichterkälteanlagen 569
Verdrängungsluftdurchlässe 598
Verdrängungslüftung 194
Verdrängungsströmung 103
Verdünnungslüftung 152
Verdunstung 33
Verdunstungsbefeuchter 347
Verdunstungskoeffizient 35
Verfahren von *Ziegler/Nichols* 342
Vergabe 754
Verschmutzung 163, 395
verstellbare Laufradschaufeln 288
Verteilventil 329
vertikale Strahllauflänge 164
Vertragsgestaltung 756
Verzweigung 249, 465
Vollständigkeitsprüfung 649
Volumenstrom 232
Volumenstrom-Messvorrichtung 286
Volumenströme der Anlage 112
Volumenstromregler 163, 170, 618
Volumenvariable
    Einzelraumregelsysteme 133
volumenvariabler Betrieb 717
Vorbemessung 38
Vorentwurf 741
Vorentwurfsbericht 743
Vorhangfassaden 90

wahre Ortszeit 11
Wandgrenzschicht 217
Wandstrahlen 155
Wärmeabsorptionsvermögen 41

Wärmedurchgangskoeffizient 409
Wärmedurchgangsleitwert 305
Wärmekapazitätsströme 426
Wärmelast 51, 57, 58, 62, 65, 66, 68, 72, 195
wärmelastbedingter Volumenstrom 159
Wärmequelle 79, 168, 186, 195, 226
Wärmerohr 418
Wärmerückgewinnungssysteme 388
Wärmeschutzklassen 48
Wärmestrom 305
Wärmeträger 422
Wärmeübertrager 668
Wärmeübertragung 388
Warmluft 630
Wartung 764
Wasser-Luft-Zahl 348
Wassergehalt 72
Wechselspeicheranlage 405
Weitwurfdüsen 158
Wickelfalzrohr 234, 484
Widerstandszahl 239
Winddruck 76
Winddruckkräfte 177
Wirbelgrenzflächen-Effekt 156
Wirbelstärke 210
Wirkungsgrad 283, 373
Wirtschaftliche Regelungskonzepte 367
Wurfweite 155

Zahl der Übertragungseinheiten 305, 307
Zeitschritt 213, 214, 226
Zellenkennzahl 305, 306
Zentrifugalzerstäuber 355
Zerstäubungsbefeuchter 355
Zonennachbehandlung 599
Zuluft 55, 56, 58, 63
Zuluftdurchlässe 151
Zuluftenthalpie 56, 64
Zuluftfelder 174
Zuluftleitung 231
Zuluftmassestrom 56–58, 65, 66, 72, 73
Zuluftöffnung 198, 210, 223
Zuluftparameter 55, 58, 62–64, 65, 68
Zulufttemperatur 56, 63, 64, 66, 72
Zuluftvolumenstrom 63–65, 68, 113
Zuluftwassergehalt 56, 64
Zuluftwechselkoeffizient 58, 63, 66, 68, 72
Zuluftzustand 56, 63–68, 72
Zündung 538
Zweikanalanlage 139, 628
Zweistoffdüsenbefeuchter 355